D1660636

Charles Darwin

Über die Entstehung der Arten durch natürliche Zuchtwahl

Charles Darwin

Über die

Entstehung der Arten

durch natürliche Zuchtwahl

oder

die Erhaltung der begünstigten Rassen im Kampfe um's Dasein

Nach der letzten englischen Ausgabe wiederholt durchgesehen
von
J. Victor Carus

Herausgegeben, eingeleitet
und mit einer Auswahlbibliographie versehen
von
Gerhard H. Müller

Wissenschaftliche Buchgesellschaft
Darmstadt

Reprographischer Nachdruck der 1920 bei der E. Schweizerbart'schen Verlagsbuchhandlung in Stuttgart erschienenen, broschierten, 9., unveränderten Auflage.
(Das Titelblatt trägt noch das Erscheinungsjahr der 8. Auflage, 1899)

Die Erweiterungen der vorliegenden Neuausgabe sind im Inhaltsverzeichnis aufgeführt und durch ein * hinter der Seitenzahl kenntlich gemacht.

CIP-Titelaufnahme der Deutschen Bibliothek

Darwin, Charles:
Über die Entstehung der Arten durch natürliche Zuchtwahl oder die Erhaltung der begünstigten Rassen im Kampf um's Dasein / Charles Darwin. Nach d. letzten engl. Ausg. wiederholt durchges. von J. Victor Carus. Hrsg., eingeleitet u. mit e. Ausw.-Bibliogr. vers. von Gerhard H. Müller. – 9., unveränd. Aufl., reprograph. Nachdr. d. Ausg. Stuttgart, Schweizerbart, 1920. – Darmstadt: Wiss. Buchges., 1988
Einheitssacht.: On the origin of species by means of natural selection, or the preservation of the favoured races in the struggle of life ⟨dt.⟩
ISBN 3-534-01375-1

Weihnachten 1991 geschenkt von: Peter Julius [illegible]

wb-Bestellnummer 01375-1

Satz: Maschinensetzerei Janß, Pfungstadt
Druck und Einband: Wissenschaftliche Buchgesellschaft, Darmstadt
Printed in Germany
Schrift: Linotype Century, 8½/10, 10/12

ISBN 3-534-01375-1

INHALT

EINLEITUNG

Viele grundlegende Arbeiten über Darwins Wege zur Evolutionstheorie, über literarische Quellen, aus denen Darwin schöpfte, und insbesondere über die weitreichenden weltweiten Folgen des revolutionären Buches ›On the Origin of Species‹ findet man gesammelt in dem Band ›Der Darwinismus‹ (1981), herausgegeben von Günter Altner. Doch seit damals – und insbesondere seit dem Gedenkjahr 1982 – ist die Zahl der spezifischen Untersuchungen und Veröffentlichungen noch einmal gewaltig gestiegen (s. die Bibliographie).

„Darwinfest" wurden die weltweiten Veranstaltungs- und Kongreßaktivitäten des Jahres 1982 genannt, über deren publizistische Auswirkungen wir bestens orientiert sind – bis hin zu szientometrischen Detailanalysen. Eine im Jahr 1984 veröffentlichte Studie zur Sekundärliteratur über die Frage, wie Darwin zu seiner Theorie gelangte (was *einen* – wenn auch gewichtigen – Einzelaspekt *aller* Darwinstudien darstellt), führt unter Auslassung von Dissertationen (soweit nicht im Druck erschienen) und im Bewußtsein der Unvollständigkeit angesichts der nach 1982 erschienenen Veröffentlichungen für den Zeitraum 1859–1982 176 Arbeiten zu diesem Thema an und ergänzt die Ausführungen in 359 Anmerkungen (Oldroyd 1984). – Das zuletzt erschienene und wohl für längere Zeit nicht zu übertreffende 1560-Gramm-Werk ›The Darwinian Heritage‹ (Kohn 1985), das aus einem internationalen Darwin-Kongreß 1982 in Florenz hervorgegangen ist, hat bei einer Gesamtseitenzahl von 1138 allein eine zweispaltig gedruckte Bibliographie von 79 Seiten.

Diese Veröffentlichungsflut, deren Erfassung hier auch nicht annähernd Rechnung getragen werden kann, hat neben einem gestiegenen historischen Bewußtsein und einer Potenzierung wissenschaftlicher Erkenntnis noch andere Wurzeln. Es sind dies die durch die Öffnung der Darwin-Archive in Down und Cambridge den Forschern zugänglich gewordenen Materialien, die, nach und nach kommentiert herausgegeben und intensiv benutzt, zu völlig neuen Darstellungen, Interpretationen und Klarstellungen verhalfen. Man untersuchte, welche Randnotizen Darwin in den Büchern, die er las, hinterlassen hatte (im Sinne Lichtenbergs, der die Marginalien als „Signaturen des Fortschrittes des Geistes" bezeichnete), und die ihm zugekommenen Sonderdrucke wissenschaftlicher Aufsätze und Rezensionen wurden daraufhin durchgesehen, ob und wie genau, wie intensiv er sie bearbeitet hatte (Vorzimmer hat dazu 1963 einen im Manuskript vorliegenden Katalog erstellt). Peckham legte 1959 eine Studie vor, in der die von Darwin in den sechs englischen Auflagen des ›Origin‹ durchgeführten Textveränderungen untersucht und dargestellt wurden: von den 3878 Sätzen der ersten Auflage wurden fast 3000 (etwa 75%) zwischen ein- und fünfmal umgeschrieben, über 1500 Sätze wurden bis zur sechsten Auflage hinzugefügt und insgesamt 325 Sätze gestrichen. 1981 erschien eine Konkordanz der ersten Auflage des ›Origin‹, d. h. eine mit Hilfe moderner Datentechnik erstellte Auflistung der Häufigkeit fast aller Wörter in ihrem jeweiligen Satzzusammenhang der 490 Seiten des Buches (Barrett et al. 1981).

Besondere Aufmerksamkeit wurde bei all diesen Arbeiten den erhaltenen Notizbüchern gewidmet. Darwin hat während seines gesamten Lebens Notizen gesammelt und sie zum überwiegenden Teil in einer großen Anzahl verschiedenster Notizbücher verzeichnet, so zum Beispiel während seiner Studienzeit in Edinburgh (1825–1827) und während der großen Reise auf der „Beagle" (1831–1836); diese sind beschreibende Notizbücher. Wichtiger für die wissenschaftliche Analyse des Werdegangs von Darwins Denken waren und sind die sogenannten theoretischen Notizbücher, die nach der Reise entstanden sind. Eine Ausnahme hierzu bildet ein Buch mit „Übergangscharakter", das Rote Notizbuch, das, noch auf dem Schiff, im Mai oder Juni 1836 begonnen wurde und dessen Eintragungen bis zum Mai oder Juni 1837 reichen. Dieses Notizbuch hat insofern eine gewisse Berühmtheit erlangt, als darin die *ersten* Bemerkungen (wahrscheinlich vom März 1837) über die Möglichkeit der Artenveränderung enthalten sind ("if one species does change into another . . ."). An das Rote Notizbuch anschließend folgen – jeweils im Juni/Juli 1837 begonnen – ein Notizbuch A (ausschließlich zu geologischen Themen) und das Notizbuch B, das erste von vier Büchern mit Überlegungen zur Frage der Artveränderung. Die weiteren Notizbücher erhielten die Bezeichnungen C, D und E, wobei die Eintragungen des letzteren am 10. 7. 1839 enden. Weitere Notizbuchfragmente reichen bis in das Jahr 1842, in dem Darwin einen ersten, 35 Seiten umfassenden Entwurf („Erste Bleistiftskizze der Speziestheorie") aus seinen Unterlagen verfaßte. Zwei weitere Notizbücher, M und N, über den Menschen, Moral und Verhalten, wurden ab Mitte 1838 begonnen.

In einem treffenden und hübschen Vergleich wurde die Ergiebigkeit der Manuskripte Darwins für die Historiker der verschiedenen Richtungen gleichgestellt mit der experimentellen Ergiebigkeit der Fruchtfliege *Drosophila* für die biologische Forschung (Pancaldi 1985 in W. Tega 1985).

Eine besondere Rolle unter den zahlreichen Materialien kommt der Korrespondenz Darwins zu, von der seit der ersten umfangreichen Edition seines Sohnes Francis (›The Life and Letters of Charles Darwin‹, 3 Bände, 1887) weitere, mehr oder weniger umfangreiche, Teile weit verstreut veröffentlicht wurden; die veröffentlichten Briefe stellen aber nur etwas über 20% der insgesamt bekannt gewordenen Briefe dar. Nach jahrelanger, weltweiter Nachforschung werden nunmehr in einem Großprojekt alle ermittelten Briefe von und an Charles Darwin (an 321 verschiedenen Stellen, darunter 62 Privatsammlungen, aufbewahrt) geschlossen und reich kommentiert in vielen Bänden herausgegeben (Burkhardt und Smith 1985ff.). Neben den beiden schon verfügbaren Bänden existiert ein 690 Seiten umfassender ›Calendar of the Correspondance of Charles Darwin, 1821–1882‹ (Burkhardt et al. 1985), der 13925 Schriftstücke auflistet und regestenmäßig erfaßt; er wird ergänzt durch Appendizes zu Darwins Schriften, zur Bibliographie gedruckter Schriften, die Korrespondenzstücke enthalten, zu biographischen Angaben der Korrespondenten und durch ein Sach- und Personenregister. Der ›Calendar‹ ist ein unschätzbar wertvolles Werkzeug, das regelrecht dazu auffordert, bestimmte Sachverhalte oder als geklärt geltende Angaben an Hand der Korrespondenz erneut zu überprüfen und gegebenenfalls zu korrigieren. Auch zu psychologischen Deutungen werden die Briefe herangezogen: die schwungvolle Größenzunahme des „C" in Darwins Unterschrift im Laufe der Jahre wird betrachtet als Nachweis eines wachsenden Selbstbewußtseins und der Möglichkeit, bei nach außen überwiegender, fast schmerzender, Bescheidenheit, wenigstens beim Briefschreiben eine Form von Größe zu demonstrieren. Vielleicht ist es aber auch nur ein Zeichen von Eile, denn die beobachtete Größenzunahme ist recht deutlich korreliert mit der seit den 1850er Jahren sprunghaft anwachsenden Zahl zu beantwortender Briefe...

Weniger Beachtung in dieser Fülle des dokumentarischen und interpretierenden Schrifttums fanden Darwins Verleger und Übersetzer, es fehlt eine ausführliche Darstellung zur Geschichte der Übersetzungen der Werke Darwins. Auch hierzu bietet der ›Calendar‹ vielfache Anregung, sich diesen Fragen zu widmen: Darwin ist zuzeiten, insbesondere in den Jahren nach Erscheinen des ›Origin‹, mit Übersetzungsangeboten überhäuft worden. Erfahrungen mit Übersetzungen hatte Darwin bereits, sein erstes Buch, das von Humboldt so gelobte „Reisetagebuch" (1839), wurde als erstes seiner Werke 1844 ins Deutsche übersetzt (von Ernst Dieffenbach [1811–1855], im übrigen auf Anregung von Humboldt und Liebig). Dieses Buch war auch der Anlaß der Bekanntschaft Darwins mit dem Verleger John Murray (1808–1892), der den Reisebericht 1845 in neuer Ausgabe herausbrachte und in drei Jahren etwa 7000 Exemplare davon verkaufte (und später noch viel mehr!). Vierzehn Jahre später wandte sich Darwin wieder an Murray und stellte ihm sein „aufs äußerste verdichtetes", „populäres" Manuskript über die Entstehung der Arten vor, das den folgenden Titel tragen sollte: „An abstract of an essay on the Origin of Species and Varieties through natural selection" (Ein Auszug aus einer Abhandlung über die Entstehung der Arten und Varietäten durch natürliche Auslese). Im Brief an Murray vom 31. März 1859 beschrieb Darwin sein Werk folgendermaßen:

> Das Buch sollte bei einer großen Anzahl wissenschaftlicher und halbwissenschaftlicher Leser Anklang finden, da es die Landwirtschaft, die Geschichte unserer heimischen Erzeugnisse und ganze Gebiete der Zoologie, Botanik und Geologie betrifft. Ich habe mein Bestes getan, aber ob es Erfolg haben wird, vermag ich nicht zu sagen. Ich habe mit großer Überraschung festgestellt, wie sehr sich Freunde und Bekannte für das Thema interessierten. Nur einige kleine Abschnitte sind wirklich schwer verständlich.

Nach *dieser* Beschreibung war Murray – insbesondere in Kenntnis der früheren Publikationen Darwins – überzeugt, das Buch sogar ohne vorherige Einsichtnahme in das Manuskript veröffentlichen zu können. Das änderte sich jedoch, als er von Darwin die ersten drei Kapitel zur Durchsicht erhielt: es wird berichtet, Murray habe gesagt, „daß die Darwinsche Theorie ebenso absurd ist, wie wenn man an eine fruchtbare Vereinigung zwischen einem Schürhaken und einem Kaninchen denken wollte" (Paston 1932), doch entbehrt m. E. diese Aussage des dokumentarischen Nachweises. Sicher ist jedoch, daß Murray zwei Bekannte, einen Juristen und einen Geistlichen, um gutachterliche Äußerungen bat. Trotz verschiedener Einwände wollte keiner ganz vom Druck abraten, und Murray hatte sich zwischenzeitlich auch schon für die Aufrechterhaltung seines Angebotes entschieden. Der Text wurde gesetzt, und Darwin las seit Mitte Juni die Druckfahnen:

Ich komme mit den Korrekturen sehr langsam vorwärts. Ich erinnere mich Ihnen geschrieben zu haben, daß ich meinte, es würden nicht viel Korrekturen zu machen sein. Ich habe offen und ehrlich geschrieben, was ich dachte, ich habe mich aber äußerst bedenklich geirrt. Ich finde den Stil unglaublich schlecht, und es äußerst schwer ihn deutlich und glatt zu machen (an John Murray, 14. 6. 1859).

Die erhöhten Korrekturkosten trug Murray trotz aller Befürchtungen Darwins. Am 10. September waren die letzten Fahnen korrigiert, und der Titel wurde noch einmal gestrafft, Darwin selbst schlug die Streichung des Wortes „Varietäten“ vor; datiert wurde das Buch auf den 1. Oktober 1859. Darwin war erschöpft und reiste unmittelbar danach (am 2. Oktober) zur Kur nach Ilkley (Yorkshire), wo er Anfang November ein Exemplar des nunmehr fertigen Buches erhielt; insgesamt waren für Darwin 12 Autorenexemplare vorgesehen und 41 Exemplare für Buchrezensionen. Auf dem „Sale Dinner“, einer damals üblichen Verlagsveranstaltung für Buchhändler, am 22. November 1859 gingen Aufträge für fast 1500 Exemplare ein, d. h. mehr als verfügbar waren (nämlich 1192 von der Erstauflage von 1250 Exemplaren). Eine neue Auflage mußte sofort in Angriff genommen werden, von der 3000 Exemplare in der zweiten Dezemberhälfte gedruckt wurden; die Titelseite trägt jedoch die Jahresangabe 1860. Wenn auch Darwin nur von geringen Änderungen sprach, waren es doch immerhin 9 von ihm gestrichene Sätze bei 30 hinzugefügten und 483 neuformulierten Sätzen. Die weiteren (3. bis 6.) Auflagen erschienen 1861, 1866, 1869 und 1872.

Darwin hatte schon sehr früh Interesse an einer Übersetzung seines ›Origin‹ ins Deutsche, und schon bald sollte man an ihn in dieser Angelegenheit herantreten.

Heinrich Georg Bronn (1800–1862)

Ein Exemplar des ›Origin‹ wurde auf Darwins Veranlassung auch an den Heidelberger Paläontologen und Zoologen Bronn gesandt, als Zeichen seiner aufrichtigen Hochachtung, wie er ihm selbst am 4. 2. 1860 schrieb. Bronn war der erste Heidelberger Ordinarius für Zoologie (seit 1837) und vertrat dazu noch die Fächer Allgemeine Naturgeschichte und Forstwissenschaft; sein Hauptarbeitsgebiet, das er auch stark in der Lehre berücksichtigte, war aber die damals so genannte „Petrefaktenkunde“, die Paläontologie. Ab 1832 erschien das von einer Heidelberger Professorengruppe, der auch Bronn angehörte, herausgegebene 15bändige Sammelwerk ›Naturgeschichte der drei Reiche, zur allgemeinen Belehrung‹, das 1849 mit einem Atlas abgeschlossen wurde. Bronn verfaßte innerhalb dieser Ausgabe die Bände 13 bis 15 (in mehreren Teilbänden), die unter dem Titel ›Handbuch einer Geschichte der Natur‹ (1841–1849) erschienen. Den zweiten Band über ›Organisches Leben‹ (1843) hatte Darwin in extenso benutzt, wie aus seinem „großen" Manuskript über die „Natural Selection" (1975 von R. C. Stauffer herausgegeben) bekannt ist; auch hatte Darwin sich in einigen Briefen aus jener Zeit im wesentlichen anerkennend über dieses Buch geäußert: dabei ist zu berücksichtigen, wie schwer Darwin deutsche Lektüre fiel.

Auch eine Reihe weiterer gehaltvoller Schriften Bronns erhielt Darwin im Laufe der Zeit zugesandt; wir wissen aus dem im Manuskript vorliegenden Katalog der Darwin Reprint Collection (Vorzimmer 1963) von einzelnen Arbeiten, wie stark Darwin sie bearbeitete: Bronns Antrittsrede als Prorektor der Universität vom 22. 11. 1859 mit dem Titel ›Ueber den Stufengang des organischen Lebens von den Inselfelsen des Oceans an bis auf die Festländer‹ hatte Darwin gründlichst gelesen und sogar mit vielen Anmerkungen versehen.

Bronn hingegen kannte von Darwin mindestens den Reisebericht von der Weltumsegelung mit der „Beagle" (›Journal of Researches . . .‹, 1845) und das Buch ›Geological Observations on South America‹ (1846), denn beide hatte er z. B. in den ›Heidelberger Jahrbüchern für Literatur‹ rezensiert.

Bronn mußte sehr interessiert an dem ihm überlassenen Exemplar des ›Origin‹ sein, war er doch einer der führenden Köpfe in diesem Fachgebiet und durch eigene Forschungen und Publikationen kompetenter Gelehrter. Seit 1830 Mitherausgeber des ›Jahrbuchs für Mineralogie, Geognosie, Geologie und Petrefaktenkunde‹ [1], hat er rasch und entschlossen eine der ersten (siehe den Abschnitt über O. Peschel) Besprechungen von Darwins ›Origin‹ in Deutschland geliefert, die bereits am 2. Februar 1860 in Darwins Händen war; jener hat sie gelesen und leicht mit Anmerkungen versehen.

Bronn war aber auch weitsichtig genug, mit seinem Verleger Schweizerbart (Stuttgart) sofort die Möglichkeit einer Übersetzung von Darwins „überaus lehrreiche Lektüre" bietendem Buch (so in der

[1] Ab 1833 ›Neues Jahrbuch . . .‹; das ›Jahrbuch‹ war die Fortsetzung des von Karl Cäsar von Leonhard (1779–1862) im Jahre 1807 begründeten ›Taschenbuchs für die gesammte Mineralogie‹, in dem auch Goethe publizierte.

Besprechung) zu erörtern, was er Darwin auch mitteilte. Dessen Antwort auf Bronns nicht überlieferten und wohl nicht erhaltenen Brief (Darwin hatte, wie im übrigen noch andere Größen der Geschichte, die für Historiker äußerst unangenehme Usance, seine auf einer Briefnadel aufgespießten Briefe in Abständen zu verbrennen – zumindest bis 1862) folgte schon am 4. Februar 1860:

Lieber und sehr geehrter Herr, – Ich danke Ihnen aufrichtig für Ihren äußerst liebenswürdigen Brief; ich fürchtete, Sie würden die ›Entstehung der Arten‹ sehr mißbilligen und ich habe sie Ihnen bloß als ein Zeichen meiner aufrichtigen Hochachtung geschickt. Ich werde mit großem Interesse Ihre Arbeit über die Naturerzeugnisse von Inseln [= die o. g. Rede ›Ueber den Stufengang des organischen Lebens . . .‹, 1859] lesen, sobald ich sie erhalte. Ich danke Ihnen herzlich für die Notiz im ›Neuen Jahrbuch für Mineralogie‹ und noch dafür, daß Sie mit Schweizerbart wegen einer Übersetzung gesprochen haben; denn mir liegt außerordentlich viel daran, daß das große und intellektuelle Volk der Deutschen etwas von meinem Buch erfahre.

Ich habe meinem Verleger gesagt, daß er sofort ein Exemplar der neuen Ausgabe [= 2. Auflage] an Schweizerbart schicke, und habe auch an Schweizerbart geschrieben, daß ich alle Rechte an Vorteilen für mich selbst aufgebe, so daß ich hoffe, es wird eine Übersetzung erscheinen. Ich fürchte, das Buch wird schwer zu übersetzen sein, und wenn Sie Schweizerbart wegen eines *guten* Übersetzers einen Rat geben könnten, würde das ein großer Dienst sein. Noch mehr, wenn Sie die schwierigeren Teile der Übersetzung mit eignem Auge durchgehen wollten; dies ist aber eine zu große Gefälligkeit, als daß ich sie erwarten könnte. Ich bin sicher, daß es schwer zu übersetzen sein wird, weil es so sehr zusammengedrängt ist.

Nochmals danke ich Ihnen für Ihre noble und edelmütige Sympathie und bleibe mit vollkommener Hochachtung wahrhaft verbunden der Ihrige CH. DARWIN.

P. S. – Die neue Ausgabe bringt einige wenige Verbesserungen; ich werde im Manuskript noch einige weitere Korrekturen und eine kurze historische Vorrede an Schweizerbart schicken.

Wie interessant könnten Sie das Buch machen, wenn Sie es *herausgäben* (ich meine nicht übersetzen) und Anmerkungen in Bezug auf *Widerlegung* oder Bestätigung anhingen. Das Buch ist in England so reichlich verkauft worden, daß ich meinen sollte, ein Herausgeber würde durch die Übersetzung einen Profit machen.[2]

Die in dem obengenannten Brief erwähnte „historische Vorrede“ hatte Darwin gegen Ende Januar 1860 verfaßt; er erwähnt sie in mehreren Briefen. Sie war zunächst vorgesehen für eine amerikanische Ausgabe, aber Darwin nutzte die Gelegenheit, sie auch der deutschen Übersetzung voranzustellen. Diese ›Historische Skizze der Fort-

[2] Nach Francis Darwin (Hrsg.): Leben und Briefe von Charles Darwin, II. Band, Zweite Auflage, Stuttgart 1899.

schritte in den Ansichten über den Ursprung der Arten‹ erschien in England erst 1861 in der dritten Auflage des ›Origin‹.

Bronn übernahm die Übersetzung selbst – mit ausdrücklicher Ermunterung Darwins zu kritischer Äußerung (was er in einem angehängten Kapitel auch tat) – und arbeitete so rasch, daß die Übersetzung wohl im Mai des gleichen Jahres beendet war; am 14. Juli schrieb Darwin an Bronn:

> Bei meiner Rückkehr nach Hause, nach einer Abwesenheit von einiger Zeit, fand ich die Übersetzung des dritten Teils [die Ausgabe erschien in drei Lieferungen] der ›Entstehung der Arten‹, und ich bin entzückt gewesen, ein Schlußkapitel mit kritischen Bemerkungen von Ihnen selbst zu finden. Ich habe die ersten wenigen Sätze und den letzten Satz gelesen und bin vollkommen zufrieden, wirklich mehr noch als zufrieden mit dem offenen und ehrlichen Geiste, in welchem Sie meine Ansichten in Betracht gezogen haben.

Er kam aber offensichtlich erst sehr viel später dazu, die kritischen Äußerungen Bronns richtig zu lesen, und kommentierte sie in einem Brief an Bronn vom 5. Oktober 1860. Im März 1862 begann ein Briefwechsel zwischen Bronn, der die letzten Briefe in Französisch schrieb, und Darwin über die zweite deutsche Auflage des ›Origin‹, zu der Darwin einige Korrekturwünsche hatte. Zugleich wurde die mögliche Übersetzung eines weiteren Buches Darwins diskutiert, das über die Orchideen. Bronn hatte die Übersetzung davon bereits Ende Juni 1862 fertiggestellt, und es konnte noch im gleichen Jahr erscheinen; am 5. Juli 1862 starb Bronn. Ein Brief Darwins an Bronn vom 11. Juli kreuzte sich mit einer Mitteilung über Bronns Tod durch den Verleger Schweizerbart vom gleichen Tage. Insgesamt sind 18 Briefe zwischen Darwin und Bronn erhalten geblieben.

Julius Victor Carus (1823–1903)

Im März 1866 trat Schweizerbart wieder an Darwin wegen einer neuen deutschen Auflage des ›Origin‹ heran. Man hatte auch die Unzulänglichkeit der Übersetzung Bronns erkannt, und es kamen verschiedene Namen für eine Neuübersetzung ins Gespräch. Der Paläontologe und seit 1862 Mitherausgeber des ›Neuen Jahrbuchs für Mineralogie, Geologie und Paläontologie‹, Hans Bruno Geinitz (1814 bis 1900), vor dem Darwin gewarnt wurde, da er im ›Jahrbuch‹ nur gegen dessen Theorie geschrieben habe, lehnte die Neubearbeitung der deutschen Übersetzung des ›Origin‹ ab; er empfahl aber für eine solche Tätigkeit den Leipziger Zoologen Carus und für eine Übersetzung auch den anderen Herausgeber des ›Jahrbuchs‹, den Geologen Gustav von Leonhard (1816–1878). Jener hatte im Jahre 1847 Darwins Buch ›Geological Observations on the Volcanic Islands‹ rezensiert und daraufhin einen Dankesbrief Darwins sowie ein Exemplar von dessen Buch ›Geological Observations on South America‹ erhalten. Am 26. Oktober 1866 berichtete Schweizerbart über seine Verhandlungen mit Carus und über dessen Ansichten zur neuen Ausgabe; am 7. November wandte sich Carus selbst an Darwin: er sei von Schweizerbart gebeten worden, Bronns Übersetzung durchzusehen, was er gerne versuchen wolle. Er fragte besonders nach dem kritischen Schlußkapitel, mit dem er nicht einverstanden sei, und ob Darwin einverstanden sei, es wegzulassen.

Julius V. Carus, dessen Großvater Professor für Philosophie und dessen Vater ab 1844 Ordinarius für Chirurgie war, studierte Medizin, hatte dabei aber ein ausgeprägtes Interesse für die vergleichende Anatomie. Sein Schulfreund Max Müller, Orientalist und Sanskritforscher, der seit 1846 in England lebte, veranlaßte Carus' Aufenthalt in Oxford von 1849 bis 1851 als Präparator am vergleichend-anatomischen Museum der Universität. Zu Ostern 1851 kehrte Carus nach Leipzig zurück, habilitierte sich an der medizinischen Fakultät und las über verschiedene Gebiete der Zoologie, seit dem Wintersemester 1864/65 erstmals „mit Rücksicht auf Darwins Theorie von der Entstehung der Arten". 1853 zum außerordentlichen Professor ernannt, gelang es ihm in den folgenden Jahren nicht, als Ordinarius berufen zu werden. In den Sommern 1873 und 1874 vertrat er in Edinburgh den wissenschaftlichen Leiter der Challenger-Expedition (1872–1876), Charles Wyville Thomson. Das Lebenswerk Carus' ist gekennzeichnet durch mit unbezähmbarer Arbeitskraft erbrachte Leistungen auf wissenschaftlichem (›Handbuch der Zoologie‹, ›Geschichte der Zoologie‹, ›Prodromus faunae mediterraneae‹) und bibliographischem Gebiet (›Bibliotheca zoologica‹, ›Bibliographia zoologica‹ im von Carus begründeten ›Zoologischen Anzeiger‹). Daneben steht die lange Reihe der Übersetzungen aus dem Englischen – ein wichtiger Erwerbszweig für Carus. Er hat nach und nach alle Bücher Darwins übersetzt, die dann auch als Gesamtausgabe in 16 Bänden erschienen. Die Universitäten Oxford (1874), Edinburgh (1898) und, schon weit früher, Jena (1858) verliehen ihm die Ehrendoktorwürde.

Der 1866 begonnene Schriftwechsel zwischen Darwin und Carus dauerte bis 1881; von den insgesamt 166 erhaltenen Briefen ist der letzte ein Brief Darwins an Carus vom 8. Dezember 1881, in dem er für die Korrektur von Errata in seinem letzten Buch (›Die Bildung der Ackererde durch die Tätigkeit der Würmer mit Beobachtungen über deren Lebensweise‹) dankt.

Nach Darwins Tod widmete ihm Carus eine ausführliche Darstellung im Heft 8 der Zeitschrift ›Unsere Zeit‹ (1882).

Oskar Peschel (1826–1875)

Am 5. Februar 1860 schrieb Darwin an seinen Verleger Murray und bedankte sich für dessen Übersendung eines höchst schmeichelhaften Auszuges aus einer deutschen Zeitung.

Es könnte dies ein Artikel aus der Zeitschrift ›Das Ausland. Eine Wochenschrift für Kunde des geistigen und sittlichen Lebens der Völker‹ gewesen sein, in deren Nummern 5 und 6 des 33. Jahrganges (1860) ohne Autorenangabe eine ausführliche Besprechung des ›Origin‹ mit dem folgenden Titel erschienen war: ›Eine neue Lehre über die Schöpfungsgeschichte der organischen Welt‹. Heft 5 hatte als Erscheinungsdatum den 29. Januar 1860 und erschien somit etwa gleichzeitig mit der Besprechung Bronns – weitere Archivstudien mögen die genaue Priorität festlegen.

Aus verschiedenen Quellen, darunter einem unveröffentlichten Verzeichnis seiner meist anonymen Aufsätze in der Zeitschrift ›Das Ausland‹, läßt sich Oskar Peschel als Autor ermitteln. O. Peschel, Geograph und Publizist, hatte nach längeren Aufgaben in der Redaktion der Augsburger ›Allgemeinen Zeitung‹ seit 1. Dezember 1854 die Stellung des Leiters der damals einzigen deutschen Zeitschrift für Länder- und Völkerkunde, ›Das Ausland‹, inne. Peschels Biographen (Ebers 1876, von Hellwald 1876, Ratzel 1887) rühmen einstimmig sein publizistisches Talent und seine für einen studierten Juristen nicht selbstverständlichen Neigungen und Kenntnisse in den Naturwissenschaften. Über seine Besprechung schrieb Ratzel:

> Hellwald behauptet, daß ›Das Ausland‹ unter allen deutschen wissenschaftlichen Zeitschriften zuerst gründlich Notiz von Darwins Origin of Species genommen habe. Jedenfalls ist es erstaunlich zu sehen, wie der gerade mitten in den Vorarbeiten [an einem Buch] zur Geschichte der Erdkunde stehende Mann Zeit fand, sich in die neuen Anschauungen dieses Werkes zu vertiefen, welches mehr als irgend ein anderes in unserem Jahrhundert umgestaltend und fruchtbar auf die Meinungen vom Werden der Welt, von der Schöpfung gewirkt und neue Wege der Forschung geöffnet hat. Peschel würdigte vollkommen die Bedeutung der neuen

Theorie, ließ sich aber weder zu Befehdung noch Anerkennung verleiten, sondern sprach das wahre Wort, welches bis heute Geltung bewahrt hat: „Sie wird sich schwer beweisen lassen, weil dazu eine fortgesetzte Beobachtung durch Jahrtausende nöthig wäre. Sie läßt sich auch nicht völlig widerlegen, weil dazu hunderttausende von Jahren gehören würden." Peschel hat diese vorsichtige Haltung der einflußreichsten naturwissenschaftlichen Hypothese unseres Jahrhunderts nie aufgegeben.

Einige Jahre später, am 28. 10. 1866, schrieb der Münchener Verleger R. Oldenbourg an Darwin und brachte Peschel als möglichen Übersetzer für Darwins im Entstehen begriffenes neues Buch ›The Variation of Animals and Plants under Domestication‹ ins Gespräch. Das Buch erschien unter dem Titel ›Das Variiren der Thiere und Pflanzen im Zustande der Domestication‹ 1868 in zwei Bänden in London und wurde ebenfalls von J. V. Carus übersetzt.

Die Besprechung von Darwins ›Origin‹ durch Peschel ist offensichtlich nie recht bekannt geworden, so daß sie hier im Anhang (S. 586* ff.) noch einmal abgedruckt wird.

ZEITTAFEL CHARLES DARWIN

1809 12. Februar: Geburt von Charles Robert Darwin in Shrewsbury.

1817 Ab Frühjahr Besuch der Schule des Geistlichen G. Case in Shrewsbury. 15. Juli: Tod der Mutter Susannah (* 1765), geb. Wedgwood.

1818 Besuch der Internatsschule des Dr. Samuel Butler bis 1825.

1825 Ab Oktober Medizinstudium in Edinburgh; abgebrochen 1827.

1827 Ab Oktober Zulassung zum Theologiestudium am Christ's College in Cambridge. Das naturwissenschaftliche Interesse überwiegt.

1831 Im Januar Abschlußexamen („Bachelor of Arts"). Angebot zur Teilnahme an der Weltreise auf dem Schiff „Beagle". 27. Dezember: Reisebeginn ab Plymouth.

1836 2. Oktober: Ende der Reise, Ankunft in Falmouth.

1837 Ordnen der Sammlungen. Ab März Wohnung in London. Arbeit am Buch ›Journal and Remarks‹ (Band 3 der Reiseschilderung). Vorträge in der Geologischen Gesellschaft. Erste Aufzeichnungen über die Veränderlichkeit der Arten.

1838 Im Februar Berufung als Sekretär der Geologischen Gesellschaft. Geologische Arbeiten. 11. November: Verlobung mit Emma Wedgwood.

1839 Im Januar Hochzeit. Erstes Buch, der Reisebericht, erscheint. Ende Dezember: Geburt des ersten von zehn Kindern, William Erasmus.

1842 Erscheinen des Buches ›Über den Bau und die Verbreitung der Korallenriffe‹. Erste kurze Skizze zur Theorie der Entstehung der Arten. Im September Übersiedlung nach Down. Beginn der Abfassung des Buches ›Geologische Beobachtungen über die vulkanischen Inseln‹.

1844 Erweiterung der Skizze von 1842 zu einem umfangreicheren Essay. Das Buch ›Geologische Beobachtungen über die vulkanischen Inseln‹ erscheint im November.

1845 Zweite Ausgabe des Reiseberichts unter dem Titel ›Journal of Researches (. . .)‹.

1846	Die ›Geologischen Beobachtungen über Südamerika‹ erscheinen.
1848	Tod von Charles' Vater.
1849	In der ersten Jahreshälfte Krankheit: „völlige Untätigkeit". Dann Arbeit an den vier Monographien über Rankenfüßer, die bis Ende 1854 erscheinen.
1855	Alfred Russel Wallace publiziert in den ›Annals and Magazine of Natural History‹ seinen Aufsatz ›Essay on the law which has regulated the introduction of new species‹ (Abhandlung über das Gesetz, das die Einführung neuer Arten reguliert hat).
1856	Nach Beratung mit Charles Lyell beginnt Charles Darwin mit dem Manuskript einer umfassenden Darstellung über die Entstehung der Arten.
1858	Eingang eines Briefes von A. R. Wallace mit dessen Manuskript ›On the tendency of varieties to depart indefinitely from the original type‹ (Über die Tendenz der Varietäten, unbegrenzt vom Original-Typus abzuweichen). – Der Text von Wallace und ein Auszug aus Darwins Manuskript von 1844 werden mit anderen Materialien in der Linnean Society (London) vorgetragen und im Band 3 (1859) des ›Journal of the Proceedings of the Linnean Society‹ gedruckt. Darwin beginnt sofort mit der Niederschrift eines „Auszuges" aus dem 1856 begonnenen Werk über die Entstehung der Arten.
1859	Die erste Auflage des Buches ›On the Origin of Species (. . .)‹ (Über die Entstehung der Arten . . .) erscheint am 24. November.
1860	2. Auflage des ›Origin‹. Nach dieser Ausgabe erscheint noch im gleichen Jahr die deutsche Übersetzung von Heinrich Georg Bronn.
1862	3. Auflage des ›Origin‹.
1862	Im Mai erscheint das Buch ›On the Various Contrivances by which Orchids are fertilised by Insects‹ (Über die verschiedenen Einrichtungen, durch welche Orchideen von Insekten befruchtet werden). – Ernennung zum Ehrendoktor der Medizin und Chirurgie (Breslau).
1864	Darwin erhält die höchste Auszeichnung für wissenschaftliche Leistungen der Royal Society, die Copley-Medaille.
1866	4. Auflage des ›Origin‹.

1867 Die Monographie ›The Movements and Habits of Climbing Plants‹ (Die Bewegungen und Lebensweise der kletternden Pflanzen) wird veröffentlicht.

1868 Erscheinen der zwei Bände ›The Variation of Animals and Plants under Domestication‹ (Das Variieren der Tiere und Pflanzen im Zustand der Domestikation). – Ernennung zum Ehrendoktor der Medizin und Chirurgie (Bonn).

1869 5. Auflage des ›Origin‹.

1871 Erscheinen des Buches ›The Descent of Man, and Selection in Relation to Sex‹ (Die Abstammung des Menschen und die geschlechtliche Zuchtwahl).

1872 6. Auflage des ›Origin‹. – Das Buch ›The Expression of the Emotions in Man and Animals‹ (Der Ausdruck der Gemütsbewegungen bei dem Menschen und den Tieren).

1875 Erscheinen des Buches ›Insectivorous Plants‹ (Insektenfressende Pflanzen). – Ernennung zum Ehrendoktor der Medizin (Leyden).

1876 Darwin schreibt an seiner Autobiographie. – Ein weiteres Buch, ›The Effects of Cross and Self Fertilisation in the Vegetable Kingdom‹ (Die Wirkungen der Kreuz- und Selbstbefruchtung im Pflanzenreich), erscheint.

1877 Veröffentlichung von ›The different Forms of Flowers on Plants of the same Species‹ (Die verschiedenen Blütenformen an Pflanzen der gleichen Art). Ernennung zum Ehrendoktor der Rechte (Cambridge).

1879 Lebensbeschreibung des Großvaters Erasmus Darwin.

1880 Veröffentlichung des Buches ›The Power of Movement in Plants‹ (Das Bewegungsvermögen der Pflanzen) zusammen mit seinem Sohn Francis.

1881 Erscheinen des letzten Buches ›The Formation of Vegetable Mould, through the Action of Worms, with Observations on their Habits‹ (Die Bildung der Ackererde durch die Tätigkeit der Würmer mit Beobachtungen über deren Lebensweise).

1882 Charles Darwin stirbt am 19. April in Down House und wird am 26. April in der Westminster Abbey in London beigesetzt.

1887 Charles Darwins Sohn Francis veröffentlicht eine bereinigte Fassung der Autobiographie seines Vaters in dem dreibändigenWerk ›Life and Letters of Charles Darwin‹.

Es ist ohne Zweifel die Hauptarbeit meines Lebens

(Charles Darwin in seiner Autobiographie
über das Buch ›On the Origin of Species‹)

Historische Skizze der Fortschritte in den Ansichten über den Ursprung der Arten

(bis zum Erscheinen der ersten Auflage dieses Werkes).

Ich will hier eine kurze Skizze von der Entwicklung der Ansichten über den Ursprung der Arten geben. Bis vor Kurzem glaubte die grosse Mehrzahl der Naturforscher, dass die Arten unveränderlich seien und dass jede einzelne für sich erschaffen worden sei: diese Ansicht ist von vielen Schriftstellern mit Geschick vertheidigt worden. Nur einige wenige Naturforscher nahmen dagegen an, dass Arten einer Veränderung unterliegen und dass die jetzigen Lebensformen durch wirkliche Zeugung aus anderen früher vorhandenen Formen hervorgegangen sind. Abgesehen von einigen, auf unsern Gegenstand zu beziehenden Andeutungen in den Schriftstellern des classischen Alterthums*, war Buffon der erste Schriftsteller, welcher in neuerer

---

* Aristoteles führt in den ‚Physicae auscultationes' (Buch 2, Cap. 8) die Ansicht des Empedokles an, dass der Regen nicht niederfalle, um das Korn wachsen zu machen, ebensowenig wie er falle, um das Korn zu verderben, wenn es unter freiem Himmel gedroschen wird, und wendet nun dieselbe Argumentation auf die Organismen an. Er fügt hinzu (Herr Clair Grece hat mich auf diese Stelle aufmerksam gemacht): „Was demnach steht dem im Wege, dass auch die Theile [des Körpers] in der Natur sich ebenso (zufällig) verhalten, dass z. B. die Zähne durch Nothwendigkeit hervorwachsen, nämlich die vorderen schneidig und tauglich zum Zertheilen, hingegen die Backenzähne breit und brauchbar zum Zermalmen der Nahrung, da sie ja nicht um dessenwillen so werden, sondern dies eben nebenbei erfolgt: und ebenso auch bei den übrigen Theilen, bei welchem das um eines Zweckes willen Wirkende vorhanden zu sein scheint; und die Dinge dann nun, bei welchen alles Einzelne gerade so sich ergab, als wenn es um eines Zweckes willen entstünde, diese hätten sich, nachdem sie grundlos von selbst in tauglicher Weise sich gebildet hätten, auch erhalten; bei welchen aber dies nicht der Fall war, diese seien schon zu Grunde gegangen und giengen noch zu Grunde." [Acht Bücher Physik. Übersetzt von Prantl. p. 89.] Wir finden hier zwar eine dunkle Ahnung des Princips der natürlichen Zuchtwahl bei Empedokles; wie weit aber Aristoteles selbst davon entfernt war, es völlig zu erfassen, zeigen seine Bemerkungen über die Bildung der Zähne.

Zeit denselben in einem wissenschaftlichen Geiste behandelt hat. Da indessen seine Ansichten zu verschiedenen Zeiten sehr schwankten und er sich nicht auf die Ursache oder Mittel der Umwandlung der Arten einlässt, brauche ich hier nicht auf Einzelnheiten einzugehen.

LAMARCK war der erste, dessen Ansichten über diesen Punkt grosses Aufsehen erregten. Dieser mit Recht gefeierte Naturforscher veröffentlichte dieselben zuerst 1801 und dann bedeutend erweitert 1809 in seiner ‚Philosophie Zoologique', sowie 1815 in der Einleitung zu seiner Naturgeschichte der wirbellosen Thiere, in welchen Schriften er die Lehre aufstellte, dass alle Arten, den Menschen eingeschlossen, von anderen Arten abstammen. Er hat das grosse Verdienst, die Aufmerksamkeit zuerst auf die Wahrscheinlichkeit gelenkt zu haben, dass alle Veränderungen in der organischen wie in der unorganischen Welt die Folgen von Naturgesetzen und nicht von wunderbaren Zwischenfällen sind. LAMARCK scheint hauptsächlich durch die Schwierigkeit, Arten und Varietäten von einander zu unterscheiden, durch die fast ununterbrochene Stufenreihe der Formen in manchen Organismen-Gruppen und durch die Analogie mit unseren Züchtungserzeugnissen zu der Annahme einer gradweisen Veränderung der Arten geführt worden zu sein. Was die Mittel betrifft, wodurch die Umwandlung der Arten bewirkt werde, so schreibt er Einiges auf Rechnung einer directen Einwirkung der äusseren Lebensbedingungen. Einiges führt er auf die Wirkung einer Kreuzung der bereits bestehenden Formen und Vieles auf den Gebrauch und Nichtgebrauch der Organe, also auf die Wirkung der Gewohnheit zurück. Dieser letzten Kraft scheint er alle die schönen Anpassungen in der Natur zuzuschreiben, wie z. B. den langen Hals der Giraffe, der sie in den Stand setzt, die Zweige hoher Bäume abzuweiden. Doch nahm er zugleich ein Gesetz fortschreitender Entwicklung an, und da hiernach alle Lebensformen fortzuschreiten streben, so nahm er, um sich von dem Dasein sehr einfacher Lebensformen auch in unseren Tagen Rechenschaft zu geben, für derartige Formen noch eine Generatio spontanea an*.

* Ich habe die obige Angabe der ersten Veröffentlichung Lamarck's aus Isid. Geoffroy St.-Hilaire's vortrefflicher Geschichte der Meinungen über diesen Gegenstand (Histoire naturelle générale T. II, p. 405, 1859) entnommen, wo auch ein vollständiger Bericht von Buffon's Urtheilen über denselben Gegenstand zu finden ist. Es ist merkwürdig, wie weitgehend mein Grossvater, Dr. Erasmus Darwin, die Ansichten Lamarck's und deren irrige Begründung in seiner 1794 erschienenen Zoonomia (1. Bd. p. 500—510) anticipierte. Nach Isid.

Étienne Geoffroy Saint-Hilaire vermuthete, wie sein Sohn in dessen Lebensbeschreibung berichtet, schon um's Jahr 1795, dass unsere sogenannten Species nur Ausartungen eines und des nämlichen Typus seien. Doch erst im Jahre 1828 sprach er öffentlich seine Überzeugung aus, dass sich ein und dieselben Formen nicht unverändert seit dem Anfang der Dinge erhalten haben. Geoffroy scheint die Ursache der Veränderung hauptsächlich in den Lebensbedingungen oder dem „Monde ambiant“ gesucht zu haben. Doch war er vorsichtig im Ziehen von Schlüssen und glaubte nicht, dass jetzt bestehende Arten einer Veränderung unterlägen; sein Sohn sagt: „C'est donc un problème à réserver entièrement à l'avenir, supposé même, que l'avenir doive avoir prise sur lui.“

1813 las Dr. W. C. Wells vor der Royal Society eine „Nachricht über eine Frau der weissen Rasse, deren Haut zum Theil der eines Negers gleicht“; der Aufsatz wurde nicht eher veröffentlicht, als bis seine zwei berühmten Essays „über Thau und Einfach-Sehn“ 1818 erschienen. In diesem Aufsatze erkennt er deutlich das Princip der natürlichen Zuchtwahl an, und dies ist der erste nachgewiesene Fall einer solchen Anerkennung. Er wendete es aber nur auf die Menschenrassen und nur auf besondere Merkmale an. Nachdem er angeführt hat, dass Neger und Mulatten Immunität gegen gewisse tropische Krankheiten besitzen, bemerkt er erstens, dass alle Thiere in einem gewissen Grade abzuändern streben, und zweitens, dass Landwirthe ihre Hausthiere durch Zuchtwahl verbessern. Nun fügt er hinzu: was aber im letzten Falle „durch Kunst geschieht, scheint mit gleicher Wirksamkeit, wenn auch langsamer, bei der Bildung der Varietäten des Menschengeschlechts, welche den von ihnen bewohnten Ländern angepasst sind, durch die Natur zu geschehen. Unter den zufälligen Varietäten von Menschen, die unter den wenigen zerstreuten Einwohnern der mittleren Gegenden von Africa auftreten,

---

Geoffroy Saint-Hilaire war ohne Zweifel auch Goethe einer der eifrigsten Parteigänger für solche Ansichten, wie aus seiner Einleitung zu einem 1794—1795 geschriebenen, aber erst viel später veröffentlichten Werke hervorgeht. Er hat sich nämlich ganz bestimmt dahin ausgesprochen, dass für den Naturforscher in Zukunft die Frage beispielsweise nicht mehr die sei, wozu das Rind seine Hörner habe, sondern wie es zu seinen Hörnern gekommen sei (K. Meding über Goethe als Naturforscher p. 34). — Es ist ein merkwürdiges Beispiel der Art und Weise, wie ähnliche Ansichten ziemlich zu gleicher Zeit auftauchen, dass Goethe in Deutschland, Dr. Darwin in England und (wie wir sofort sehen werden) Ét. Geoffroy St.-Hilaire in Frankreich fast gleichzeitig, in den Jahren 1794 bis 1795, zu gleichen Ansichten über den Ursprung der Arten gelangt sind.

werden einige besser als andere im Stande sein, den Krankheiten des Landes zu widerstehen. In Folge hiervon wird sich diese Rasse vermehren, während die anderen abnehmen, und zwar nicht bloss, weil sie unfähig sind, die Erkrankungen zu überstehen, sondern weil sie nicht im Stande sind, mit ihren kräftigeren Nachbarn zu concurrieren. Nach dem, was bereits gesagt wurde, nehme ich es als ausgemacht an, dass die Farbe dieser kräftigern Rasse dunkel sein wird. Da aber die Neigung, Varietäten zu bilden, noch besteht, so wird sich eine immer dunklere und dunklere Rasse im Laufe der Zeit bilden; und da die dunkelste am besten für das Clima passt, so wird diese zuletzt in dem Lande, in dem sie entstand, wenn nicht die einzige, doch die vorherrschende Rasse werden." Er dehnt dann die Betrachtungen auf die weissen Bewohner kälterer Climate aus. Ich bin Herrn ROWLEY aus den Vereinigten Staaten, welcher durch Mr. BRACE meine Aufmerksamkeit auf die angezogene Stelle in Dr. WELLS' Aufsatz lenkte, hierfür sehr verbunden.

Im vierten Bande der Horticultural Transactions, 1822, und in seinem Werke über die Amaryllidaceae (1837, p. 19, 339) erklärte W. HERBERT, nachheriger Dechant von Manchester, „es sei durch „Horticulturversuche unwiderleglich dargethan, dass Pflanzen-Arten „nur eine höhere und beständigere Stufe von Varietäten seien." Er dehnt die nämliche Ansicht auch auf die Thiere aus und glaubt, dass ursprünglich einzelne Arten jeder Gattung in einem Zustande hoher Bildsamkeit geschaffen worden seien, und dass diese sodann hauptsächlich durch Kreuzung, aber auch durch Abänderung alle unsere jetzigen Arten erzeugt haben.

Im Jahre 1826 sprach Professor GRANT im Schlussparagraphen seiner bekannten Abhandlung über Spongilla (Edinburgh Philos. Journ. XIV, p. 283) seine Meinung ganz klar dahin aus, dass Arten von anderen Arten abgestammt sind und durch fortgesetzte Modificationen verbessert werden. Die nämliche Ansicht hat er auch 1834 im „Lancet" in seiner 55. Vorlesung wiederholt.

Im Jahre 1831 erschien das Buch von PATRICK MATTHEW: ‚Naval Timber and Arboriculture', in welchem er genau dieselbe Ansicht von dem Ursprunge der Arten entwickelt, wie die (sofort zu erwähnende) von Mr. WALLACE und mir im ‚Linnean Journal' entwickelte, und wie die in dem vorliegenden Bande weiter ausgeführt dargestellte. Unglücklicher Weise jedoch theilte MATTHEW seine Ansicht an einzelnen zerstreuten Stellen in dem Anhange zu einem Werke über einen ganz andern Gegenstand mit, so dass sie völlig unbeachtet blieb, bis er selbst 1860 im Gardener's Chronicle vom 7. April die Aufmerksamkeit darauf lenkte. Die Abweichungen seiner Ansicht von der meinigen sind nicht von wesentlicher Bedeutung. Er scheint anzunehmen, dass die Welt in aufeinanderfolgenden Zeiträumen beinahe ausgestorben und dann wieder neu bevölkert worden ist, und stellt als die eine Alternative die Ansicht auf, dass neue Formen wohl erzeugt werden könnten „ohne die Anwesenheit eines Models oder Keimes früherer Aggregate". Ich bin nicht sicher, ob ich alle Stellen richtig verstehe; doch scheint er grossen Werth auf die unmittelbare Wirkung der äusseren Lebensbedingungen zu legen. Er erkannte jedoch deutlich die volle Bedeutung des Princips der natürlichen Zuchtwahl.

Der berühmte Geolog Leopold von Buch spricht sich in seiner vortrefflichen ‚Description physique des Iles Canaries' (1836, p. 147) deutlich darüber aus, dass er glaube, Varietäten werden langsam zu beständigen Arten umgeändert, welche dann nicht mehr im Stande seien, sich zu kreuzen.

Rafinesque schreibt 1836 in seiner ‚New Flora of North America' p. 6: „alle Arten mögen einmal blosse Varietäten ge-„wesen sein, und viele Varietäten werden dadurch allmählich zu „Species, dass sie constante und eigenthümliche Charactere er-„halten", fügt aber später, p. 18, hinzu: „mit Ausnahme jedoch „des Originaltypus oder Stammvaters jeder Gattung".

Im Jahre 1843—44 hat Professor Haldeman die Gründe für und wider die Hypothese der Entwicklung und Umgestaltung der Arten in angemessener Weise zusammengestellt (im Boston Journal of Natural History, Vol. IV, p. 468) und scheint sich mehr zur Annahme einer Veränderlichkeit zu neigen.

Die ‚Vestiges of Creation' sind zuerst 1844 erschienen. In der zehnten sehr verbesserten Ausgabe (1853, p. 155) sagt der ungenannte Verfasser: „das auf reifliche Erwägung gestützte Ergebnis „ist, dass die verschiedenen Reihen beseelter Wesen, von den ein-„fachsten und ältesten an bis zu den höchsten und jüngsten, die „unter Gottes Vorsehung eingetretenen Resultate sind 1) eines den „Lebensformen ertheilten Impulses, der sie in bestimmten Zeiten auf „dem Wege der Fortpflanzung von einer Organisationsstufe zur an-„dern bis zu den höchsten Dicotyledonen und Wirbelthieren er-„hebt, — welche Stufen der Zahl nach nur wenige und gewöhnlich „durch Lücken in der organischen Reihenfolge von einander ge-„schieden sind, die eine practische Schwierigkeit bei Ermittelung der

„Verwandtschaften abgeben; — 2) eines andern Impulses, welcher „mit den Lebenskräften zusammenhängt und im Laufe der Generationen die organischen Gebilde in Übereinstimmung mit den äusseren „Bedingungen, wie Nahrung, Wohnort und meteorische Kräfte, abzuändern strebt; dies sind die ‚Anpassungen' der natürlichen Theologie". Der Verfasser ist offenbar der Meinung, dass die Organisation sich durch plötzliche Sprünge vervollkommne, die Wirkungen der äusseren Lebensbedingungen aber allmählich eintreten. Er folgert mit grossem Nachdrucke aus allgemeinen Gründen, dass Arten keine unveränderlichen Producte seien. Ich vermag jedoch nicht zu ersehen, wie die angenommenen zwei „Impulse" in einem wissenschaftlichen Sinne von den zahlreichen und schönen Zusammenpassungen Rechenschaft geben können, welche wir allerwärts in der ganzen Natur erblicken; ich vermag nicht zu erkennen, dass wir dadurch zur Einsicht gelangen, wie z. B. ein Specht seiner besondern Lebensweise angepasst worden ist. Das Buch hat sich durch seinen glänzenden und hinreissenden Styl sofort eine sehr weite Verbreitung errungen, obwohl es in seinen früheren Auflagen wenig eingehende Kenntnis und einen grossen Mangel an wissenschaftlicher Vorsicht verrieth. Nach meiner Meinung hat es hier zu Lande vortreffliche Dienste dadurch geleistet, dass es die Aufmerksamkeit auf den Gegenstand lenkte, Vorurtheile beseitigte, und so den Boden zur Aufnahme analoger Ansichten vorbereitete.

Im Jahre 1846 sprach der Veteran unter den Geologen, J. d'Omalius d'Halloy in einem vortrefflichen kurzen Aufsatze (im Bulletin de l'Académie Roy. de Bruxelles Tome XIII, p. 581) die Ansicht aus, dass es wahrscheinlicher sei, dass neue Arten durch Descendenz mit Abänderung der alten Charactere hervorgebracht, als einzeln geschaffen worden seien; er hatte diese Meinung zuerst im Jahre 1831 öffentlich ausgedrückt.

In Professor R. Owen's ‚Nature of Limbs', 1849, p. 86 kommt folgende Stelle vor: „Die Idee des Grundtypus war in der Thierwelt „unseres Planeten lange vor dem Dasein der sie jetzt erläuternden „Thierarten in verschiedenen Modificationen bereits offenbart worden. „Von welchen Naturgesetzen oder secundären Ursachen aber das „regelmässige Aufeinanderfolgen und Fortschreiten solcher organischen „Erscheinungen abhängig gewesen ist, das wissen wir bis jetzt noch „nicht." In seiner Ansprache an die Britische Gelehrtenversammlung im Jahre 1858 spricht er (p. LI) vom „Axiom der fortwährenden Thätigkeit der Schöpfungskraft oder des geordneten Werdens lebender

Wesen", — und fügt später (p. XC) nach Bezugnahme auf die geographische Verbreitung hinzu: „Diese Erscheinungen erschüttern „unser Vertrauen zu der Annahme, dass der *Apteryx* in Neu-Seeland „und das rothe Waldhuhn in England verschiedene Schöpfungen in „und für die genannten Inseln allein seien. Auch darf man nicht ver„gessen, dass das Wort Schöpfung für den Zoologen nur einen Pro„cess, man weiss nicht welchen, bedeutet." OWEN führt diese Vorstellung dann weiter aus, indem er sagt, „wenn der Zoolog solche „Fälle, wie den vom rothen Waldhuhn, als eine besondere Schöpfung „des Vogels auf und für eine einzelne Insel aufzählt, so will er da„mit eben nur ausdrücken, dass er nicht begreife, wie derselbe dahin „und eben nur dahin gekommen sei, und dass er durch diese Art seine „Unwissenheit auszudrücken gleichzeitig seinen Glauben ausspreche, „Insel wie Vogel verdanken ihre Entstehung einer grossen ersten „Schöpfungskraft." Wenn wir die in derselben Rede enthaltenen Sätze einen durch den andern erklären, so scheint im Jahre 1858 der ausgezeichnete Forscher in dem Vertrauen erschüttert worden zu sein, dass der *Apteryx* und das rothe Waldhuhn in ihren Heimathländern zuerst auf eine Weise, „man weiss nicht auf welche", oder in Folge eines Processes, „man weiss nicht welches", erschienen seien.

Diese Rede wurde gehalten, nachdem die sofort zu erwähnenden Aufsätze über den Ursprung der Arten von Mr. WALLACE und mir selbst vor der Linnean Society gelesen worden waren. Als die erste Auflage des vorliegenden Werkes erschien, war ich, wie so viele Andere, durch Ausdrücke wie: „Die beständige Wirksamkeit schöpferischer Thätigkeit" so vollständig getäuscht worden, dass ich Professor OWEN zu denjenigen Palaeontologen rechnete, welche von der Unveränderlichkeit der Arten fest überzeugt seien. Es erscheint dies aber (vergl. Anatomy of Vertebrates, Vol. III, p. 796) als ein bedenklicher Irrthum meinerseits. In der letzten Auflage dieses Buches schloss ich aus einer mit den Worten „no doubt the type-form etc." (dasselbe Werk, Vol. I, p. XXXV) beginnenden Stelle (und dieser Schluss scheint mir noch jetzt völlig richtig), dass Professor OWEN annehme, die Zuchtwahl könne wohl bei der Bildung neuer Arten etwas bewirkt haben. Doch ist dies, wie es scheint (vergl. Vol. III, p. 798), ungenau und unbewiesen. Ich gab auch einige Auszüge aus einer Correspondenz zwischen Professor OWEN und dem Herausgeber der London Review, nach denen es sowohl dem Herausgeber als mir offenbar so erschien, als behaupte Professor OWEN die Theorie der natürlichen Zuchtwahl schon vor mir ausgesprochen zu haben;

und über diese Behauptung drückte ich meine Überraschung und meine Befriedigung aus. Soweit es indessen möglich ist, gewisse neuerdings publicierte Stellen zu verstehen (das angeführte Werk, Vol. III, p. 798), bin ich wiederum entweder theilweise oder vollständig in Irrthum gerathen. Es ist ein Trost für mich, dass Andere die streitigen Schriften Professor OWEN's ebenso schwer zu verstehen und miteinander in Übereinstimmung zu bringen finden, wie ich selbst. Was die blosse Aussprache des Princips der natürlichen Zuchtwahl betrifft, so ist es völlig gleichgültig, ob mir darin Professor OWEN vorausgegangen ist oder nicht; denn wie in dieser historischen Skizze nachgewiesen wird, giengen uns beiden schon vor langer Zeit Dr. WELLS und Herr MATTHEW voraus.

ISIDORE GEOFFROY ST.-HILAIRE spricht in seinen im Jahre 1850 gehaltenen Vorlesungen (von welchen ein Auszug in Revue et Magazin de Zoologie 1851, Jan., erschien) seine Meinung über Artencharactere kurz dahin aus, dass „sie für jede Art feststehen, so lange wie sich „dieselbe inmitten der nämlichen Verhältnisse fortpflanze, dass sie „aber abändern, sobald die äusseren Lebensbedingungen wechseln". Im Ganzen „zeigt die Beobachtung der wilden Thiere schon „die beschränkte Veränderlichkeit der Arten. Die Versuche mit „gezähmten wilden Thieren und mit verwilderten Hausthieren zeigen „dies noch deutlicher. Dieselben Versuche beweisen auch, dass die „hervorgebrachten Verschiedenheiten vom Werthe derjenigen sein „können, durch welche wir Gattungen unterscheiden." In seiner ‚Histoire naturelle générale' (1859, T. II, p. 430) führt er ähnliche Folgerungen noch weiter aus.

Aus einer unlängst erschienenen Veröffentlichung scheint hervorzugehen, dass Dr. FREKE schon im Jahre 1851 (Dublin Medical Press, p. 322) die Lehre aufgestellt hat, dass alle organischen Wesen von einer Urform abstammen. Seine Gründe und seine Behandlungsart des Gegenstandes sind aber von den meinigen gänzlich verschieden: da aber sein ‚Origin of Species by means of organic affinity', jetzt (1861) erschienen ist, so dürfte mir der schwierige Versuch, eine Darstellung seiner Ansicht zu geben, wohl erlassen werden.

HERBERT SPENCER hat in einem Essay, welcher zuerst im „Leader" vom März 1852 und später in SPENCER's ‚Essays' 1858 erschien, die Theorie der Schöpfung und die der Entwicklung organischer Wesen mit viel Geschick und grosser Überzeugungskraft einander gegenüber gestellt. Er folgert aus der Analogie mit den Züchtungserzeugnissen, aus den Veränderungen, welchen die Embryonen vieler Arten unterliegen, aus der Schwierigkeit Arten und Varietäten zu unterscheiden, sowie endlich aus dem Princip einer allgemeinen Stufenfolge in der Natur, dass Arten abgeändert worden sind, und schreibt diese Abänderung dem Wechsel der Umstände zu. Derselbe Verfasser hat 1855 die Psychologie nach dem Principe einer nothwendigen stufenweisen Erwerbung jeder geistigen Kraft und Fähigkeit bearbeitet.

Im Jahre 1852 hat NAUDIN, ein ausgezeichneter Botaniker, in einem vorzüglichen Aufsatze über den Ursprung der Arten (Revue horticole, p. 102, später zum Theil wieder abgedruckt in den Nouvelles Archives du Muséum, T. 1, p. 171) ausdrücklich erklärt, dass nach seiner Ansicht Arten in analoger Weise von der Natur, wie Varietäten durch die Cultur gebildet worden seien; den letzten Vorgang schreibt er dem Wahlvermögen des Menschen zu. Er zeigt aber nicht, wie diese Wahl in der Natur vor sich geht. Er nimmt wie Dechant HERBERT an, dass die Arten anfangs bildsamer waren als jetzt, legt Gewicht auf sein sogenanntes Princip der Finalität, „eine unbestimmte geheimnisvolle Kraft, gleichbedeutend mit blinder „Vorbestimmung für die Einen, mit providentiellem Willen für die „Anderen, durch deren unausgesetzten Einfluss auf die lebenden „Wesen in allen Weltaltern die Form, der Umfang und die Dauer „eines jeden derselben je nach seiner Bestimmung in der Ordnung „der Dinge, wozu es gehört, bedingt wird. Es ist diese Kraft „welche jedes Glied mit dem Ganzen in Harmonie bringt, indem sie „dasselbe der Verrichtung anpasst, die es im Gesammtorganismus „der Natur zu übernehmen hat, einer Verrichtung, welche für das„selbe Grund des Daseins ist*.“

Im Jahre 1853 hat ein berühmter Geolog, Graf KEYSERLING (im Bulletin de la Société géologique, Tome X, p. 357), die Meinung ausgesprochen, dass, wie zu den verschiedenen Zeiten neue Krank-

* Nach einigen Citaten in Bronn's „Untersuchungen über die Entwicklungsgesetze“ (p. 79 u. a.) scheint es, als habe der berühmte Botaniker und Palaeontolog Unger im Jahre 1852 die Meinung ausgesprochen, dass Arten sich entwickeln und abändern. Ebenso d'Alton 1821 in Pander und d'Alton's Werk über das fossile Riesenfaulthier. Ähnliche Ansichten entwickelte bekanntlich Oken in seiner mystischen „Naturphilosophie“. Nach anderen Citaten in Godron's Werk ‚Sur l'Espèce‘ scheint es, dass Bory St.-Vincent, Burdach, Poiret und Fries alle eine fortwährende Erzeugung neuer Arten angenommen haben. — Ich will noch hinzufügen, dass von den 34 Autoren, welche in dieser historischen Skizze als solche aufgezählt werden, die an eine Abänderung der Arten oder wenigstens nicht an getrennte Schöpfungsacte glauben, 27 über specielle Zweige der Naturgeschichte oder Geologie geschrieben haben.

heiten durch irgend welches Miasma entstanden sind und sich über die Erde verbreitet haben, so auch zu gewissen Zeiten die Keime der bereits vorhandenen Arten durch Molecüle von besonderer Natur in ihrer Umgebung chemisch afficiert worden sein könnten, so dass nun neue Formen aus ihnen entstanden wären.

Im nämlichen Jahre 1853 lieferte auch Dr. Schaaffhausen einen Aufsatz in die Verhandlungen des naturhistorischen Vereins der Preuss. Rheinlande, worin er die fortschreitende Entwicklung organischer Formen auf der Erde behauptet. Er nimmt an, dass viele Arten sich lange Zeiträume hindurch unverändert erhalten haben, während wenige andere Abänderungen erlitten. Das Auseinanderweichen der Arten ist nach ihm durch die Zerstörung der Zwischenstufen zu erklären. „Lebende Pflanzen und Thiere sind „daher von den untergegangenen nicht als neue Schöpfungen ge„schieden, sondern vielmehr als deren Nachkommen in Folge un„unterbrochener Fortpflanzung zu betrachten.“

Ein bekannter französischer Botaniker, Lecoq, schreibt 1854 in seinen ‚Études sur la géographie botanique‘ T. I, p. 250: „man sieht, „dass unsere Untersuchungen über die Stetigkeit und Veränderlich„keit der Arten uns geradezu auf die von Geoffroy St.-Hilaire und „Goethe ausgesprochenen Vorstellungen führen.“ Einige andere in dem genannten Werke zerstreute Stellen lassen uns jedoch darüber im Zweifel, wie weit Lecoq selbst diesen Vorstellungen zugethan ist.

Die ‚Philosophie der Schöpfung‘ ist 1855 in meisterhafter Weise durch Baden-Powell (in seinen ‚Essays on the Unity of Worlds‘) behandelt worden. Er zeigt auf's treffendste, dass die Einführung neuer Arten „eine regelmässige und nicht eine zufällige Erscheinung“ oder, wie Sir John Herschel es ausdrückt, „eine Natur- im Gegen„satze zu einer Wundererscheinung“ ist.

Der dritte Band des Journal of the Linnean Society enthält zwei von Herrn Wallace und mir am 1. Juli 1858 gelesene Aufsätze, worin, wie in der Einleitung zu vorliegendem Bande erwähnt wird, Wallace die Theorie der natürlichen Zuchtwahl mit ausserordentlicher Kraft und Klarheit entwickelt.

C. E. von Baer, der bei allen Zoologen in höchster Achtung steht, drückte um das Jahr 1859 seine hauptsächlich auf die Gesetze der geographischen Verbreitung gegründete Überzeugung dahin aus, dass jetzt vollständig verschiedene Formen Nachkommen einer einzelnen Stammform sind. (Rud. Wagner, Zoolog.-anthropolog. Untersuchungen. 1861, p. 51.)

Im Juni 1859 hielt Professor Huxley einen Vortrag vor der Royal Institution über die „Bleibenden Typen des Thierlebens". In Bezug auf derartige Fälle bemerkt er: „Es ist schwierig, die Be-„deutung solcher Thatsachen zu begreifen, wenn wir voraussetzen, „dass jede Pflanzen- und Thierart oder jeder grosse Organisations-„typus nach langen Zwischenzeiten durch je einen besondern Act der „Schöpfungskraft gebildet und auf die Erdoberfläche gesetzt worden „ist; man darf nicht vergessen, dass eine solche Annahme weder in „der Tradition noch in der Offenbarung eine Stütze findet, wie sie „denn auch der allgemeinen Analogie in der Natur zuwider ist. Be-„trachten wir andererseits die persistenten Typen in Bezug auf die „Hypothese, wornach die zu irgend einer Zeit lebenden Arten das „Ergebnis allmählicher Abänderung schon früher existierender Arten „sind — eine Hypothese, welche, wenn auch unerwiesen und auf „klägliche Weise von einigen ihrer Anhänger verkümmert, doch die „einzige ist, der die Physiologie einen Halt verleiht —, so scheint „das Dasein dieser Typen zu zeigen, dass das Mass der Modifica-„tion, welche lebende Wesen während der geologischen Zeit er-„fahren haben, sehr gering ist im Vergleich zu der ganzen Reihe „von Veränderungen, welche sie überhaupt erlitten haben."

Im December 1859 veröffentlichte Dr. Hooker seine ‚Einleitung zu der Tasmanischen Flora'. In dem ersten Theile dieses grossen Werkes gibt er die Richtigkeit der Annahme des Ursprungs der Arten durch Abstammung und Umänderung von anderen zu und unterstützt diese Lehre durch viele Originalbeobachtungen.

Im November 1859 erschien die erste Ausgabe dieses Werkes, im Januar 1860 die zweite, im April 1861 die dritte, im Juni 1866 die vierte, im Juli 1869 die fünfte, im Januar 1872 die sechste.

Ueber das Variieren organischer Wesen im Naturzustande; über die natürlichen Mittel der Zuchtwahl; über den Vergleich zwischen domesticierten Rassen und echten Arten.

Theil eines Capitels mit obiger Überschrift aus einem nicht veröffentlichten Werke über die Art (dem ersten Entwurf des vorliegenden, skizziert 1839, ausgeführt 1844); vorgelesen Juni 1858 und mitgetheilt in: Journal of the Proceedings of the Linnean Society. Zoology, Vol. III, 1859. p. 45.

De Candolle hat einmal in beredter Weise erklärt, die ganze Natur sei im Kriege begriffen, ein Organismus kämpfe mit dem andern oder mit der umgebenden Natur. Wenn man sieht, was für ein zufriedenes Aussehen die Natur darbietet, so möchte man dies zunächst bezweifeln; Überlegung führt indess unvermeidlich zu dem Schlusse, dass es wahr ist. Doch ist dieser Krieg nicht fortwährend anhaltend, sondern tritt in kürzeren Zwischenräumen in geringerem Grade, in gelegentlich und nach längerer Zeit wiederkehrenden Perioden heftiger auf, seine Wirkungen werden daher leicht übersehen. Es ist die Lehre von Malthus in den meisten Fällen mit verzehnfachter Kraft anwendbar. Wie es in einem jeden Clima für jeden seiner Bewohner verschiedene Jahreszeiten von grösserem und geringerem Überfluss gibt, so pflanzen sie sich auch sämmtlich jährlich fort; und die moralische Zurückhaltung, welche in einem geringen Grade die Zunahme der Menschheit aufhält, geht gänzlich verloren. Selbst die langsam sich vermehrenden Menschen haben schon ihre Zahl in fünfundzwanzig Jahren verdoppelt, und wenn sie ihre Nahrung mit grösserer Leichtigkeit vermehren könnten, so würden sie ihre Zahl in einer noch kürzern Zeit verdoppeln. Bei Thieren aber, welche keine künstlichen Mittel, die Nahrung zu vermehren, besitzen, muss die Quantität der Nahrung für jede Species im Mittel constant sein, während alle Organismen sich der Zahl nach in einem geometrischen Verhältnisse zu vermehren neigen, in einer ungeheuern Majorität der Fälle sogar in einem enormen Verhältnis. Man nehme an, dass an einem bestimmten Orte acht Vogelpaare leben, und dass nur vier Paare davon jährlich (mit Einschluss doppelter Bruten) nur vier Junge aufziehen, und dass diese in demselben Verhältnisse gleichfalls Junge aufziehen, dann werden nach Verlauf von sieben Jahren (ein kurzes Leben für jeden Vogel, aber mit Ausschluss gewaltsamer Todesursachen) 2048 Vögel anstatt der ursprünglichen sechzehn vorhanden sein. Da diese Zunahme völlig unmöglich ist, so müssen wir schliessen, entweder dass Vögel auch nicht annähernd die Hälfte ihrer Jungen aufziehen oder dass die mittlere Lebensdauer eines Vogels, in Folge von Unglücksfällen, auch nicht annähernd sieben Jahre beträgt. Wahrscheinlich wirken beide Hemmnisse zusammen. Dieselbe Art von Berechnung auf alle Pflanzen und Thiere angewandt, ergibt mehr oder weniger auffallende Resultate, aber in sehr wenig Fällen auffallendere als beim Menschen.

Es sind viele thatsächliche Beispiele dieser Tendenz zu einer rapiden Vermehrung gegeben worden; unter diesen findet sich die ausserordentliche Anzahl gewisser Thiere während gewisser Jahre. Als z. B. während der Jahre 1826 bis 1828 in La Plata in Folge einer Dürre einige Millionen Rinder umkamen, wimmelte factisch das ganze Land von Mäusen. Ich glaube nun, es lässt sich nicht bezweifeln, dass während der Brut-Zeit sämmtliche Mäuse (mit Ausnahme einiger weniger im Überschuss vorhandener Männchen oder Weibchen) sich gewöhnlich paaren; diese erstaunliche Zunahme während dreier Jahre muss daher dem Umstande zugeschrieben werden, dass eine grössere Zahl als gewöhnlich das erste Jahr überlebt und sich dann fortgepflanzt hat, und so fort bis zum dritten Jahr, wo dann ihre Zahl durch den Wiedereintritt nassen Wetters in ihre gewöhnlichen Grenzen zurückgebracht wurde. Wo der Mensch Pflanzen und Thiere in ein neues und günstiges Land eingeführt hat, da ist häufig, wie viele Schilderungen es ergeben, in überraschend wenig Jahren das ganze Land von ihnen bevölkert worden. Diese Zunahme wird natürlich aufhören, sobald das Land vollständig bevölkert ist; und doch haben wir allen Grund zur Annahme, dass nach dem, was wir von wilden Thieren wissen, sie sich sämmtlich im Frühjahr paaren werden. In der Mehrzahl der Fälle ist es äusserst schwierig, sich vorzustellen, in welche Zeit die Hemmnisse fallen, — obschon dieselben ohne Zweifel meist die Samen, Eier und Junge treffen; wenn wir uns aber erinnern, wie unmöglich es selbst beim Menschen (der doch so viel besser gekannt ist als irgend ein anderes Thier) ist, aus wiederholten zufälligen Beobachtungen zu schliessen, welches die mittlere Lebensdauer ist, oder den verschiedenen Procentsatz der Todesfälle und Geburten in verschiedenen Ländern aufzufinden, so darf uns das nicht überraschen, dass wir nicht im Stande sind, aufzufinden, wann bei jedem Thier und bei jeder Pflanze die Hemmnisse eintreten. Man muss sich beständig daran erinnern, dass in den meisten Fällen die Hemmnisse in einem geringen, regelmässigen Grade jährlich, und in äusserst starkem Grade, im Verhältnis zur Constitution des in Frage stehenden Wesens, während ungewöhnlich warmer, kalter, trockener oder nasser Jahre wiederkehren. Man vermindere irgend ein Hemmnis im allergeringsten Grade und die geometrischen Zunahmeverhältnisse von jedem Organismus werden beinahe augenblicklich die Durchschnittszahl der begünstigten Species vergrössern. Die Natur kann mit einer Fläche verglichen werden, auf welcher zehntausend scharfe, sich einander berührende Keile liegen, welche durch beständige Schläge nach innen getrieben werden. Um sich diese Ansicht vollständig zu vergegenwärtigen, ist viel Nachdenken erforderlich. Malthus ‚über den Menschen‘ sollte studiert, und alle solche

Fälle wie von den Mäusen in La Plata, von den Rindern und Pferden bei ihrer ersten Verwilderung in Süd-America, von den Vögeln nach der oben angestellten Berechnung u. s. w. sollten eingehend betrachtet werden. Man überlege sich nur das enorme Vervielfältigungsvermögen, was allen Thieren inhärent und bei allen jährlich in Thätigkeit ist; man bedenke die zahllosen Samen, welche durch hundert sinnreiche Einrichtungen Jahr auf Jahr über die ganze Oberfläche des Landes verstreut werden; und doch haben wir allen Grund zu vermuthen, dass der durchschnittliche Procentsatz aller der Bewohner einer Gegend für gewöhnlich constant bleibt. Man erinnere sich endlich noch daran, dass diese mittlere Zahl von Individuen (solange die äusseren Lebensbedingungen dieselben bleiben) in jedem Lande durch immer wiederkehrende Kämpfe mit anderen Arten oder mit der umgebenden Natur erhalten wird (wie z. B. an den Grenzen der arctischen Regionen, wo die Kälte die Verbreitung des Lebens hemmt), und dass für gewöhnlich jedes Individuum jeder Species seinen Platz behauptet, entweder durch sein eigenes Kämpfen und die Fähigkeit, auf irgend einer Periode seines Lebens vom Eie an aufwärts sich Nahrung zu verschaffen, oder durch das Kämpfen seiner Eltern (bei kurzlebigen Organismen, wo ein grösseres Hemmnis erst nach längeren Intervallen wiederkehrt) mit anderen Individuen derselben oder verschiedener Species.

Wir wollen aber nun annehmen, dass die äusseren Bedingungen in einem Lande sich ändern. Tritt dies nur in geringem Grade ein, so werden in den meisten Fällen die relativen Mengen der Bewohner unbedeutend verändert werden; wenn wir aber annehmen, dass die Zahl der Bewohner klein ist, wie auf einer Insel, und dass der freie Eintritt von anderen Ländern her beschränkt ist, ferner, dass die Veränderung der Bedingungen beständig und stetig fortschreite (wobei neue Wohnstätten gebildet werden): — in einem solchen Falle müssen die ursprünglichen Bewohner aufhören, so vollkommen den veränderten Bedingungen angepasst zu sein, wie sie es vorher waren. In einem früheren Theile dieses Werkes ist gezeigt worden, dass derartige Veränderungen der äusseren Bedingungen, weil sie auf das Reproductionssystem wirken, wahrscheinlich das bewirken werden, dass die Organisation derjenigen Wesen, welche am meisten afficiert wurden (wie im Zustande der Domestication), plastisch wird. Kann es nun bei dem Kampfe, welchen jedes Individuum zum Erlangen seiner Subsistenz zu führen hat, bezweifelt werden, dass jede kleinste Abänderung im Bau, in der Lebensweise oder in den Instincten, welche dieses Individuum besser den neuen Verhältnissen anpassen wird, Einfluss auf seine Lebenskraft und Gesundheit haben wird? Im Kampfe wird es bessere Aussicht haben, leben zu bleiben, und diejenigen von seinen Nachkommen, welche die Abänderung, mag sie auch noch so unbedeutend sein, erben, werden gleichfalls eine bessere Aussicht haben. Jedes Jahr werden mehr Individuen geboren, als leben bleiben können; das geringste Körnchen in der Wage muss mit der Zeit entscheiden, welche Individuen dem Tode verfallen und welche überleben sollen. Wir wollen nun einerseits diese Arbeit der Zuchtwahl, andererseits das Absterben für ein tausend Generationen fortgehen lassen, wer möchte da wohl zu behaupten wagen, dass dies keine Wirkung hervorbringen wird, wenn wir uns daran erinnern, was in wenigen Jahren Bakewell beim Rinde, Western beim Schafe durch das hiermit identische Princip der Auslese zur Nachzucht erreicht hat?

Wir wollen ein Beispiel fingieren von Veränderungen, welche auf einer Insel im Fortschreiten begriffen sind: — wir wollen annehmen, die Organisation eines hundeartigen Thieres, welches hauptsächlich auf Kaninchen, zuweilen aber auch auf Hasen jagt, werde in geringem Grade plastisch; wir nehmen ferner an, dass diese selben Veränderungen es bewirken, dass die Zahl der Kaninchen sehr langsam ab-, die der Hasen dagegen zunimmt. Das Resultat hiervon wird das sein, dass der Fuchs oder Hund dazu getrieben wird, zu versuchen, mehr Hasen zu fangen: da indessen seine Organisation in geringem Grade plastisch ist, so werden diejenigen Individuen, welche die leichtesten Formen, die längsten Beine und das schärfste Gesicht haben, — der Unterschied mag noch so gering sein —, in geringem Masse begünstigt sein und dazu neigen, länger zu leben und während der Zeit des Jahres leben zu bleiben, in welcher die Nahrung am knappsten war; sie werden auch mehr Junge aufziehen, welchen die Tendenz innewohnt, jene unbedeutenden Eigenthümlichkeiten zu erben. Die weniger flüchtigen Individuen werden ganz sicher untergehen. Ich finde ebenso wenig Grund, daran zu zweifeln, dass diese Ursachen in tausend Generationen eine ausgesprochene Wirkung hervorbringen und die Form des Fuchses oder Hundes dem Fangen von Hasen anstatt von Kaninchen anpassen werden, wie daran, dass Windhunde durch Auswahl und sorgfältige Nachzucht veredelt werden können. Dasselbe würde auch für Pflanzen unter ähnlichen Umständen gelten. Wenn die Anzahl der Individuen einer Species mit befiederten Samen durch ein grösseres Vermögen der Verbreitung innerhalb ihres eigenen Gebiets vermehrt werden könnte (vorausgesetzt, dass die Hemmnisse der Vermehrung hauptsächlich die Samen betreffen), so würden diejenigen Samen, welche mit etwas, wenn auch noch so unbedeutend mehr Fiederung versehen wären, mit der Zeit am meisten verbreitet werden; es würde daher eine grössere Zahl so gebildeter Samen keimen und würden Pflanzen hervorzubringen neigen, welche die um ein Geringes besser angepasste Fiederkrone ihrer Samen erben*.

Ausser diesen natürlichen Mitteln der Auslese, durch welche diejenigen Individuen entweder im Ei, oder im Larven- oder im reifen Zustande erhalten werden, welche an den Platz, welchen sie im Naturhaushalt zu füllen haben, am besten angepasst sind, ist noch bei den meisten eingeschlechtlichen Thieren eine zweite Thätigkeit wirksam, welche dasselbe Resultat hervorzubringen strebt, nämlich der Kampf der Männchen um die Weibchen. Dieses Ringen nach dem Sieg wird im Allgemeinen durch das Gesetz eines wirklichen Kampfes entschieden, aber, was die Vögel betrifft, allem Anschein nach durch den Zauber ihres Gesangs, durch ihre Schönheit oder durch ihr Vermögen, den Hof zu machen, wie es bei dem tanzenden Klippenhuhn von Guiana der Fall ist. Die lebenskräftigsten und gesündesten Männchen, die damit auch die am vollkommensten angepassten sind, tragen allgemein in ihren Kämpfen den Sieg davon. Diese Art von Auswahl ist indessen weniger rigorös als die andere; sie erfordert nicht den Tod des weniger Erfolgreichen, gibt ihm aber weniger Nachkommen. Überdies fällt der Kampf in eine Zeit des Jahres, wo Nahrung meist sehr reichlich vorhanden ist; vielleicht dürfte auch die hervorgebrachte Wirkung hauptsächlich in einer Modification der secundären Sexualcharactere bestehen, welche weder in einer Beziehung zur Erlangung von Nahrung, noch zur Vertheidigung gegen Feinde stehen, sondern nur auf das Kämpfen oder Rivalisieren mit anderen Männchen Bezug haben. Die Resultate dieses Kämpfens unter den Männchen lassen sich in manchen Beziehungen mit dem vergleichen, was diejenigen Landwirthe hervorrufen, welche weniger Aufmerksamkeit auf die sorgfältige Auswahl aller ihrer jungen Thiere und mehr auf die gelegentliche Benutzung eines ausgesuchten Männchens wenden.

---

* Ich kann hierin keine grössere Schwierigkeit finden, als darin, dass der Pflanzer seine Varietäten der Baumwollenstaude veredelt. — C. D. 1858.

Auszug eines Briefes an Prof. Asa Gray.

Vom 5. September 1857.

1. Es ist wunderbar, was durch Befolgung des Grundsatzes der Zuchtwahl vom Menschen erreicht werden kann, d. h. durch das Auslesen gewisser Individuen mit irgend einer gewünschten Eigenschaft, das Züchten von ihnen und wieder Auslesen u. s. f. Züchter sind selbst über ihre eigenen Resultate erstaunt gewesen. Sie können auf Unterschiede Einfluss äussern, welche für ein unerzogenes Auge nicht wahrnehmbar sind. Zuchtwahl ist in Europa nur seit dem letzten halben Jahrhundert methodisch befolgt worden; gelegentlich wurde sie aber, und selbst in einem gewissen Grade methodisch in den allerältesten Zeiten befolgt. Seit sehr langer Zeit muss auch eine Art unbewusster Zuchtwahl bestanden haben, nämlich in der Weise, dass, ohne irgend an ihre Nachkommen zu denken, diejenigen Individuen erhalten wurden, welche jeder Menschenrasse unter ihren besonderen Verhältnissen am nützlichsten waren. Das „Ausjäten", wie die Gärtner das Zerstören der vom Typus abweichenden Varietäten nennen, ist eine Art von Zuchtwahl. Ich bin überzeugt, absichtliche und gelegentliche Zuchtwahl ist das hauptsächliche Agens in dem Hervorbringen unserer domesticierten Rassen gewesen; wie sich dies aber auch immer verhalten mag, ihr grosser Einfluss auf die Modification hat sich in neuerer Zeit ganz unbestreitbar herausgestellt. Zuchtwahl wirkt nur durch Anhäufung unbedeutender oder grösserer Abänderungen, welche durch äussere Bedingungen verursacht worden sind oder einfach in der Thatsache ausgedrückt sind, dass bei der Zeugung das Kind nicht seinem Erzeuger absolut ähnlich ist. Der Mensch passt durch sein Vermögen, Abänderungen zu häufen, lebende Wesen seinen Bedürfnissen an, — man kann sagen, er macht die Wolle des einen Schafs gut zu Teppichen, die des andern gut zu Tuch u. s. w.

2. Wenn wir nun annehmen, dass es ein Wesen gäbe, welches nicht bloss nach dem äussern Ansehen urtheilte, sondern die ganze innere Organisation studieren könnte, welches niemals von Launen sich bestimmen liesse, und zu einem bestimmten Zwecke Millionen von Generationen lang zur Nachzucht auswählte; wer wird hier angeben wollen, was hier *nicht* zu erreichen wäre? In der Natur treten irgend welche *unbedeutende* Abänderungen in allen Theilen auf; und ich glaube, es lässt sich zeigen, dass veränderte

Existenzbedingungen die hauptsächliche Ursache davon sind, dass das Kind nicht ganz genau seinen Eltern gleicht; ferner zeigt uns die Geologie, was für Veränderungen in der Natur stattgefunden haben und noch stattfinden. Wir haben Zeit beinahe ohne Schranken; Niemand anders als ein practischer Geolog kann dies vollständig würdigen. Man denke nur an die Eiszeit, während welcher in ihrer ganzen Dauer dieselben Species, wenigstens von Schalthieren, existiert haben; während dieser Zeit müssen Millionen auf Millionen von Generationen gefolgt sein.

3. Ich glaube, es lässt sich nachweisen, dass eine derartige niemals irrende Kraft in der Natürlichen Zuchtwahl (dies ist der Titel meines Buches) thätig ist, welche ausschliesslich zum Besten eines jeden organischen Wesens auswählt. Der ältere De Candolle, W. Herbert und Lyell haben ausgezeichnet über den Kampf um's Dasein geschrieben; aber selbst diese haben sich nicht eindringlich genug ausgedrückt. Man überlege sich nur, dass ein jedes Wesen (selbst der Elefant) in einem solchen Verhältnisse sich vermehrt, dass in wenigen Jahren, oder höchstens in einigen wenigen Jahrhunderten die Oberfläche der Erde nicht im Stande wäre, die Nachkommen eines Paares zu fassen. Ich habe gefunden, dass es sehr schwer ist, beständig im Auge zu behalten, dass die Zunahme einer jeden Species während irgend eines Theiles ihres Lebens oder während einiger kurz aufeinanderfolgender Generationen gehemmt wird. Nur einige wenige von den jährlich geborenen Individuen können leben bleiben, um ihre Art fortzupflanzen. Welcher unbedeutende Unterschied muss da oft bestimmen, welche leben bleiben und welche untergehen sollen!

4. Wir wollen nun den Fall nehmen, dass ein Land irgend eine Veränderung erleidet. Dies wird einige seiner Bewohner dazu bestimmen, unbedeutend zu variieren —, womit ich aber nicht sagen will, dass ich etwa nicht glaubte, die meisten Wesen variierten zu aller Zeit genug, um die Zuchtwahl auf sie einwirken lassen zu können. Einige seiner Bewohner werden vertilgt werden; und die Übrigbleibenden werden der gegenseitigen Einwirkung einer verschiedenen Gesellschaft von Bewohnern ausgesetzt sein, welche, wie ich glaube, bei weitem bedeutungsvoller für ein jedes Wesen ist als das blosse Clima. Bedenkt man die unendlich verschiedenen Methoden, welche lebende Wesen befolgen, durch Kampf mit anderen Organismen sich Nahrung zu verschaffen, zu verschiedenen Zeiten ihres Lebens Gefahren zu entgehen, ihre Eier oder Samen

auszubreiten u. s. w., so kann ich nicht daran zweifeln, dass während Millionen von Generationen gelegentlich Individuen einer Species geboren werden, welche irgend eine unbedeutende, irgend einem Theile ihres Lebenshaushalts vortheilhafte Abänderung darbieten. Derartige Individuen werden eine bessere Aussicht haben, leben zu bleiben und ihren neuen und ein wenig abweichenden Bau fortzupflanzen; die Modification wird auch durch die accumulative Thätigkeit der natürlichen Zuchtwahl in jeder vortheilhaften Ausdehnung vergrössert werden. Die in dieser Weise gebildete Varietät wird entweder mit ihrer elterlichen Form zusammen existieren oder, was noch häufiger der Fall sein wird, dieselbe verdrängen. Ein organisches Wesen, wie der Specht oder die Mistel, kann in dieser Weise einer Menge von Beziehungen angepasst werden —, die natürliche Zuchtwahl häuft eben diejenigen unbedeutenden Abänderungen in allen Theilen seines Baues, welche ihm während irgend eines Theils seines Lebens von Nutzen sind.

5. Vielerlei Schwierigkeiten werden sich mit Rücksicht auf diese Theorie einem jedem darbieten. Ich glaube, viele können völlig befriedigend beantwortet werden. Der Satz „Natura non facit saltum" beseitigt einige der augenfälligsten. Die Langsamkeit der Veränderung und der Umstand, dass nur sehr wenige Individuen zu irgend einer gegebenen Zeit sich verändern, widerlegt andere. Die äusserste Unvollständigkeit unserer geologischen Berichte beseitigt noch andere.

6. Ein anderes Princip, welches das Princip der Divergenz genannt werden kann, spielt, wie ich glaube, eine bedeutungsvolle Rolle beim Ursprung der Arten. Eine und dieselbe Örtlichkeit wird mehr Lebensformen erhalten können, wenn sie von sehr verschiedenartigen Formen bewohnt wird. Wir sehen dies in den vielen generischen Formen auf einem Quadrat-Yard Rasen und in den Pflanzen oder Insecten auf irgend einer kleinen, gleichförmige Verhältnisse darbietenden Insel, welche beinahe ausnahmslos zu ebenso vielen Gattungen und Familien wie Species gehören. Wir können die Bedeutung dieser Thatsachen bei höheren Thieren einsehen, deren Lebensweise wir verstehen. Wir wissen, dass experimentell nachgewiesen worden ist, dass ein Stück Land ein grösseres Gewicht an Heu abgibt, wenn es mit mehreren Species und Gattungen von Gräsern besäet war, als wenn es nur zwei oder drei Species getragen hatte. Man kann nun von jedem organischen Wesen sagen, dass es durch seine so rapide Fortpflanzung auf's

äusserste danach ringe, an Zahl zuzunehmen. Dasselbe wird auch der Fall mit den Nachkommen einer jeden Species sein, nachdem sie verschieden von einander geworden sind und entweder Varietäten oder Subspecies oder echte Species bilden. Und ich meine, aus den vorstehenden Thatsachen folgt, dass die variierenden Nachkommen einer jeden Species es versuchen (nur wenige mit Erfolg), so viele und so verschiedenartige Stellen in dem Haushalte der Natur einzunehmen wie nur möglich. Jede neue Varietät oder Species wird, sobald sie gebildet ist, meist die Stelle ihrer weniger gut angepassten elterlichen Form einnehmen und sie zum Absterben bringen. Ich glaube, dies ist der Ursprung der Classification und der Verwandtschaften organischer Wesen zu allen Zeiten; denn organische Wesen scheinen immer Zweige und Unterzweige zu bilden, wie das Astwerk eines Baumes aus einem gemeinsamen Stamme heraus, wobei die gut gedeihenden und divergierenden Zweige die weniger lebenskräftigen zerstört haben und die abgestorbenen und verlorenen Zweige in ungefährer Weise die abgestorbenen Gattungen und Familien darstellen.

Diese Skizze ist äusserst unvollkommen; aber auf so kleinem Raume kann ich sie nicht besser machen. Ihre Fantasie muss sehr weite Lücken ausfüllen.

Ch. Darwin.

Einleitung.

Als ich an Bord des „Beagle“ als Naturforscher Süd-America erreichte, überraschten mich gewisse Thatsachen in hohem Grade, die sich mir in Bezug auf die Verbreitung der Bewohner und die geologischen Beziehungen der jetzigen zu der frühern Bevölkerung dieses Welttheils darboten. Diese Thatsachen schienen mir, wie sich aus dem letzten Capitel dieses Bandes ergeben wird, einiges Licht auf den Ursprung der Arten zu werfen, dies Geheimnis der Geheimnisse, wie es einer unserer grössten Philosophen genannt hat. Nach meiner Heimkehr im Jahre 1837 kam ich auf den Gedanken, dass sich etwas über diese Frage müsse ermitteln lassen durch ein geduldiges Sammeln und Erwägen aller Arten von Thatsachen, welche möglicherweise in irgend einer Beziehung zu ihr stehen konnten. Nachdem ich fünf Jahre lang in diesem Sinne gearbeitet hatte, glaubte ich eingehender über die Sache nachdenken zu dürfen und schrieb nun einige kurze Bemerkungen darüber nieder; diese führte ich im Jahre 1844 weiter aus und fügte der Skizze die Schlussfolgerungen hinzu, welche sich mir als wahrscheinlich ergaben. Von dieser Zeit an bis jetzt bin ich mit beharrlicher Verfolgung des Gegenstandes beschäftigt gewesen. Ich hoffe, dass man die Anführung dieser auf meine Person bezüglichen Einzelnheiten entschuldigen wird: sie sollen zeigen, dass ich nicht übereilt zu einem Abschlusse gelangt bin.

Mein Werk ist nun (1859) nahezu beendigt; da es aber noch viele weitere Jahre bedürfen wird, um es zu vollenden, und da meine Gesundheit keineswegs fest ist, so hat man mich zur Veröffentlichung dieses Auszugs gedrängt. Ich sah mich noch um so mehr dazu veranlasst, als Herr Wallace beim Studium der Naturgeschichte der Malayischen Inselwelt zu fast genau denselben allgemeinen Schlussfolgerungen über den Ursprung der Arten gelangt ist, wie ich. Im Jahre 1858 sandte er mir eine Abhandlung darüber mit der Bitte zu, sie Sir Charles Lyell zuzustellen, welcher sie der Linné'schen Gesellschaft übersandte, in deren Journal sie nun im dritten Bande abgedruckt worden ist. Sir Ch. Lyell sowohl als Dr. Hooker, welche beide meine Arbeit kannten (der letzte hatte meinen Entwurf von 1844 gelesen), hielten es in ehrender Rücksicht auf mich für rathsam, einige kurze Auszüge aus meinen Niederschriften zugleich mit Wallace's Abhandlung zu veröffentlichen.

Der Auszug, welchen ich hiermit der Lesewelt vorlege, muss nothwendig unvollkommen sein. Er kann keine Belege und Autoritäten für meine verschiedenen Angaben beibringen, und ich muss den Leser bitten, einiges Vertrauen in meine Genauigkeit zu setzen. Zweifelsohne mögen Irrthümer mit untergelaufen sein; doch glaube ich mich überall nur auf verlässige Autoritäten berufen zu haben. Ich kann hier überall nur die allgemeinen Schlussfolgerungen anführen, zu welchen ich gelangt bin, unter Mittheilung von nur wenigen erläuternden Thatsachen, die aber, wie ich hoffe, in den meisten Fällen genügen werden. Niemand kann mehr als ich selbst die Nothwendigkeit fühlen, später alle Thatsachen, auf welche meine Schlussfolgerungen sich stützen, mit ihren Einzelnheiten bekannt zu machen, und ich hoffe dies in einem künftigen Werke zu thun, denn ich weiss wohl, dass kaum ein Punkt in diesem Buche zur Sprache kommt, zu welchem man nicht Thatsachen anführen könnte, die oft zu gerade entgegengesetzten Folgerungen zu führen scheinen. Ein richtiges Ergebnis lässt sich aber nur dadurch erlangen, dass man alle Thatsachen und Gründe, welche für und gegen jede einzelne Frage sprechen, zusammenstellt und sorgfältig gegeneinander abwägt, und dies kann unmöglich hier geschehen.

Ich bedauere sehr, aus Mangel an Raum so vielen Naturforschern nicht meine Erkenntlichkeit für die Unterstützung ausdrücken zu können, die sie mir, mitunter ihnen persönlich ganz unbekannt, in uneigennützigster Weise zu Theil werden liessen. Doch kann ich diese Gelegenheit nicht vorüber gehen lassen, ohne wenigstens die grosse Verbindlichkeit anzuerkennen, welche ich Dr. Hooker dafür schulde, dass er mich in den letzten zwanzig Jahren in jeder möglichen Weise durch seine reichen Kenntnisse und sein ausgezeichnetes Urtheil unterstützt hat.

Wenn ein Naturforscher über den Ursprung der Arten nachdenkt, so ist es wohl begreiflich, dass er in Erwägung der gegenseitigen Verwandtschaftsverhältnisse der Organismen, ihrer embryonalen Beziehungen, ihrer geographischen Verbreitung, ihrer geologischen Aufeinanderfolge und anderer solcher Thatsachen zu dem Schlusse gelangt, die Arten seien nicht selbständig erschaffen, sondern stammen wie Varietäten von anderen Arten ab. Demungeachtet dürfte eine solche Schlussfolgerung, selbst wenn sie wohl gegründet wäre, kein Genüge leisten, solange nicht nachgewiesen werden könnte, auf welche Weise die zahllosen Arten, welche jetzt unsere Erde bewohnen, so abgeändert worden sind, dass sie die jetzige Vollkommenheit des Baues und der gegenseitigen Anpassung erlangten, welche mit Recht unsere Bewunderung erregen. Die Naturforscher verweisen beständig auf die äusseren Bedingungen, wie Clima, Nahrung u. s. w., als die einzigen möglichen Ursachen ihrer Abänderung. In einem beschränkten Sinne mag dies, wie wir später sehen werden, wahr sein. Aber es wäre verkehrt, lediglich äusseren Ursachen z. B. die Organisation des Spechtes, die Bildung seines Fusses, seines Schwanzes, seines Schnabels und seiner Zunge zuschreiben zu wollen, welche ihn so vorzüglich befähigen, Insecten unter der Rinde der Bäume hervorzuholen. Ebenso wäre es verkehrt, bei der Mistelpflanze, welche ihre Nahrung aus gewissen Bäumen zieht und deren Samen von gewissen Vögeln ausgestreut werden müssen, mit ihren Blüthen, welche getrennten Geschlechtes sind und die Thätigkeit gewisser Insecten zur Übertragung des Pollens von der männlichen auf die weibliche Blüthe bedürfen, — es wäre verkehrt, die organische Einrichtung dieses Parasiten mit seinen Beziehungen zu mehreren anderen organischen Wesen als eine Wirkung äusserer Ursachen oder der Gewohnheit oder des Willens der Pflanze selbst anzusehen.

Es ist daher von der grössten Wichtigkeit eine klare Einsicht in die Mittel zu gewinnen, durch welche solche Umänderungen und Anpassungen bewirkt werden. Beim Beginne meiner Beobachtungen schien es mir wahrscheinlich, dass ein sorgfältiges Studium der Hausthiere und Culturpflanzen die beste Aussicht auf Lösung dieser schwierigen Aufgabe gewähren würde. Und ich habe mich nicht getäuscht, sondern habe in diesem wie in allen anderen verwickelten Fällen immer gefunden, dass unsere wenn auch unvollkommene Kenntnisse von der Abänderung der Lebensformen im Zustande der Domestication immer den besten und sichersten Aufschluss gewähren. Ich stehe nicht an, meine Überzeugung von dem hohen Werthe solcher von den Naturforschern gewöhnlich sehr vernachlässigten Studien auszudrücken.

Aus diesem Grunde widme ich denn auch das erste Capitel dieses Auszugs der Abänderung im Zustande der Domestication. Wir werden daraus ersehen, dass ein hoher Grad erblicher Abänderung wenigstens möglich ist, und, was nicht minder wichtig oder noch wichtiger ist, dass das Vermögen des Menschen, geringe Abänderungen durch deren ausschliessliche Auswahl zur Nachzucht, d. h. durch Zuchtwahl, zu häufen, sehr beträchtlich ist. Ich werde dann zur Veränderlichkeit der Arten im Naturzustande übergehen; doch bin ich unglücklicher Weise genöthigt diesen Gegenstand viel zu kurz abzuthun, da er eingehend eigentlich nur durch Mittheilung langer Listen von Thatsachen behandelt werden kann. Wir werden demungeachtet im Stande sein zu erörtern, was für Umstände die Abänderung am meisten begünstigen. Im nächsten Abschnitte soll der Kampf um's Dasein unter den organischen Wesen der ganzen Welt abgehandelt werden, welcher unvermeidlich aus dem hohen geometrischen Verhältnisse ihrer Vermehrung hervorgeht. Es ist dies die Lehre von MALTHUS auf das ganze Thier- und Pflanzenreich angewendet. Da viel mehr Individuen jeder Art geboren werden, als möglicherweise fortleben können, und demzufolge das Ringen um Existenz beständig wiederkehren muss, so folgt daraus, dass ein Wesen, welches in irgend einer für dasselbe vortheilhaften Weise von den übrigen, so wenig es auch sei, abweicht, unter den zusammengesetzten und zuweilen abändernden Lebensbedingungen mehr Aussicht auf Fortdauer hat und demnach von der Natur zur Nachzucht gewählt werden wird. Eine solche zur Nachzucht ausgewählte Varietät ist dann nach dem strengen Erblichkeitsgesetze jedesmal bestrebt, seine neue und abgeänderte Form fortzupflanzen.

Diese natürliche Zuchtwahl ist ein Hauptpunkt, welcher im vierten Capitel ausführlicher abgehandelt werden soll; und wir werden dann finden, wie die natürliche Zuchtwahl gewöhnlich die unvermeidliche Veranlassung zum Erlöschen minder geeigneter Lebensformen wird und das herbeiführt, was ich Divergenz des Characters genannt habe. Im nächsten Abschnitte werden die verwickelten und wenig bekannten Gesetze der Abänderung besprochen. In den fünf folgenden Capiteln sollen die auffälligsten und bedeutendsten Schwierigkeiten, welche der Annahme der Theorie entgegenstehen, angegeben werden, und zwar erstens die Schwierigkeiten der Übergänge oder wie es zu begreifen ist, dass ein einfaches Wesen oder ein einfaches Organ umgeändert und in ein höher entwickeltes Wesen oder ein höher ausgebildetes Organ umgestaltet werden kann; zweitens der Instinct oder die geistigen Fähigkeiten der Thiere; drittens die Bastardbildung oder die Unfruchtbarkeit der gekreuzten Species und die Fruchtbarkeit der gekreuzten Varietäten; und viertens die Unvollkommenheit der geologischen Urkunden. Im nächsten Capitel werde ich die geologische Aufeinanderfolge der Organismen in der Zeit betrachten; im zwölften und dreizehnten deren geographische Verbreitung im Raume; im vierzehnten ihre Classification oder ihre gegenseitigen Verwandtschaften im reifen wie im Embryonal-Zustande. Im letzten Abschnitte endlich werde ich eine kurze Zusammenfassung des Inhaltes des ganzen Werkes mit einigen Schlussbemerkungen geben.

Darüber, dass noch so vieles über den Ursprung der Arten und Varietäten unerklärt bleibt, wird sich niemand wundern, wenn er unsere tiefe Unwissenheit hinsichtlich der Wechselbeziehungen der vielen um uns her lebenden Wesen in Betracht zieht. Wer kann erklären, warum eine Art in grosser Anzahl und weiter Verbreitung vorkommt, während eine andere ihr nahe verwandte Art selten und auf engen Raum beschränkt ist? Und doch sind diese Beziehungen von der höchsten Wichtigkeit, insofern sie die gegenwärtige Wohlfahrt und, wie ich glaube, das künftige Gedeihen und die Modificationen eines jeden Bewohners der Welt bedingen. Aber noch viel weniger wissen wir von den Wechselbeziehungen der unzähligen Bewohner dieser Erde während der vielen vergangenen geologischen Perioden ihrer Geschichte. Wenn daher auch noch so Vieles dunkel ist und noch lange dunkel bleiben wird, so zweifle ich nach den sorgfältigsten Studien und dem unbefangensten Urtheile, dessen ich fähig bin, doch nicht daran, dass die Meinung, welche die meisten Naturforscher hegen und auch ich lange gehegt habe, als wäre nämlich jede Species unabhängig von den übrigen erschaffen worden, eine irrthümliche ist. Ich bin vollkommen überzeugt, dass die Arten nicht unveränderlich sind; dass die zu einer sogenannten Gattung zusammengehörigen Arten in directer Linie von einer andern gewöhnlich erloschenen Art abstammen, in der nämlichen Weise, wie die anerkannten Varietäten irgend einer Art Abkömmlinge dieser Art sind. Endlich bin ich überzeugt, dass die natürliche Zuchtwahl das wichtigste, wenn auch nicht das ausschliessliche Mittel zur Abänderung der Lebensformen gewesen ist.

Erstes Capitel.

Abänderung im Zustande der Domestication.

Ursachen der Veränderlichkeit. — Wirkungen der Gewohnheit und des Gebrauchs und Nichtgebrauchs der Theile. — Correlative Abänderung. — Vererbung. — Charactere domesticierter Varietäten. — Schwierigkeit der Unterscheidung zwischen Varietäten und Arten. — Ursprung cultivierter Varietäten von einer oder mehreren Arten. — Zahme Tauben, ihre Verschiedenheiten, ihr Ursprung. — Früher befolgte Grundsätze bei der Züchtung und deren Folgen. — Planmässige und unbewusste Züchtung. — Unbekannter Ursprung unserer cultivierten Rassen. — Günstige Umstände für das Züchtungsvermögen des Menschen.

Ursachen der Veränderlichkeit.

Wenn wir die Individuen einer Varietät oder Untervarietät unserer älteren Culturpflanzen und Thiere vergleichen, so ist einer der Punkte, die uns zuerst auffallen, dass sie im Allgemeinen mehr von einander abweichen, als die Individuen irgend einer Art oder Varietät im Naturzustande. Erwägen wir nun die ungeheure Verschiedenartigkeit der Pflanzen und Thiere, welche cultiviert und domesticiert worden sind und welche zu allen Zeiten unter den verschiedensten Climaten und Behandlungsweisen abgeändert haben, so werden wir zum Schlusse gedrängt, dass diese grosse Veränderlichkeit unserer Culturerzeugnisse die Wirkung davon ist, dass die Lebensbedingungen minder einförmig und von denen der natürlichen Stammarten etwas abweichend gewesen sind. Auch hat, wie mir scheint, Andrew Knight's Meinung, dass diese Veränderlichkeit zum Theil mit Überfluss an Nahrung zusammenhänge, einige Wahrscheinlichkeit für sich. Es scheint ferner klar zu sein, dass die organischen Wesen einige Generationen hindurch den neuen Lebensbedingungen ausgesetzt sein müssen, um ein merkliches Mass von Veränderung an ihnen auftreten zu lassen, und dass, wenn ihre Organisation einmal abzuändern begonnen hat, sie gewöhnlich durch viele Generationen abzuändern fortfährt. Man kennt keinen Fall, dass ein veränderlicher Organismus im Culturzustande aufgehört hätte zu variieren. Unsere ältesten Culturpflanzen, wie der Weizen z. B., geben noch immer neue Varietäten, und unsere ältesten Hausthiere sind noch immer rascher Umänderung und Veredelung fähig.

Soviel ich nach langer Beschäftigung mit dem Gegenstande zu urtheilen vermag, scheinen die Lebensbedingungen auf zweierlei

Weise zu wirken: direct auf den ganzen Organismus oder nur auf gewisse Theile, und indirect durch Affection der Reproductionsorgane. In Bezug auf die directe Einwirkung müssen wir im Auge behalten, dass in jedem Falle, wie Professor Weismann vor Kurzem betont hat und wie ich in meinem Buche, ‚das Variiren im Zustande der Domestication' gelegentlich gezeigt habe, zwei Factoren thätig sind: nämlich die Natur des Organismus und die Natur der Bedingungen. Das erstere scheint bei weitem das Wichtigere zu sein. Denn nahezu ähnliche Variationen entstehen zuweilen, soviel sich urtheilen lässt, unter unähnlichen Bedingungen; und auf der andern Seite treten unähnliche Abänderungen unter Bedingungen auf, welche nahezu gleichförmig zu sein scheinen. Die Wirkungen auf die Nachkommen sind entweder bestimmte oder unbestimmte. Sie können als bestimmte angesehen werden, wenn alle oder beinahe alle Nachkommen von Individuen, welche während mehrerer Generationen gewissen Bedingungen ausgesetzt gewesen sind, in demselben Masse modificiert werden. Es ist ausserordentlich schwierig, in Bezug auf die Ausdehnung der Veränderungen, welche in dieser Weise bestimmt herbeigeführt worden sind, zu irgend einem Schlusse zu gelangen. Kaum ein Zweifel kann indess über viele unbedeutende Abänderungen bestehen: wie Grösse in Folge der Menge der Nahrung, Farbe in Folge der Art der Nahrung, Dicke der Haut und des Haares in Folge des Clima's u. s. w. Jede der endlosen Varietäten, welche wir im Gefieder unserer Hühner sehen, muss ihre bewirkende Ursache gehabt haben: und wenn eine und dieselbe Ursache gleichmässig eine lange Reihe von Generationen hindurch auf viele Individuen einwirken würde, so würden auch wahrscheinlich alle in derselben Art modificiert werden. Solche Thatsachen, wie die complicierten und ausserordentlichen Auswüchse, welche unveränderlich der Einimpfung eines minutiösen Tröpfchens Gift von einem Gall-Insect folgen, zeigen uns, was für eigenthümliche Modificationen bei Pflanzen aus einer chemischen Änderung in der Natur des Saftes resultieren können.

Unbestimmte Variabilität ist ein viel häufigeres Resultat veränderter Bedingungen als bestimmte Variabilität und hat wahrscheinlich bei der Bildung unserer Culturrassen eine bedeutungsvollere Rolle gespielt. Wir finden unbestimmte Variabilität in den endlosen unbedeutenden Eigenthümlichkeiten, welche die Individuen einer und derselben Art unterscheiden und welche nicht durch Vererbung von einer der beiden elterlichen Formen oder von irgend einem entfernteren Vorfahren erklärt werden können. Selbst stark markierte Verschiedenheiten treten gelegentlich unter den Jungen einer und derselben Brut auf und bei Sämlingen aus derselben Frucht. In langen Zeiträumen erscheinen unter Millionen von Individuen, welche in demselben Lande erzogen und mit beinahe gleichem Futter ernährt wurden, so stark ausgesprochene Structurabweichungen, dass sie Monstrositäten genannt zu werden verdienen; Monstrositäten können aber durch keine bestimmte Trennungslinie von leichteren Abänderungen geschieden werden. Alle derartigen Structurveränderungen, mögen sie nun äusserst unbedeutend oder scharf markiert sein, welche unter vielen zusammenlebenden Individuen erscheinen, können als die unbestimmten Einwirkungen der Lebensbedingungen auf einen jeden individuellen Organismus angesehen werden, in beinahe derselben Weise, wie eine Erkältung verschiedene Menschen nicht in einer bestimmten Weise afficiert, indem sie je nach dem Zustande ihres Körpers oder ihrer Constitution Husten oder Schnupfen, Rheumatismus oder Entzündung verschiedener Organe verursacht.

In Bezug auf das, was ich indirecte Wirkung veränderter Bedingungen genannt habe, nämlich Abänderungen durch Affection des Fortpflanzungssystems, können wir folgern, dass hierbei die Variabilität zum Theil Folge der Thatsache ist, dass dieses System äusserst empfindlich gegen jede Veränderung der Bedingungen ist, zum Theil hervorgerufen wird durch die Ähnlichkeit, welche, wie Kölreuter und andere bemerkt haben, zwischen der einer Kreuzung bestimmter Arten folgenden und der bei allen unter neuen und unnatürlichen Bedingungen aufgezogenen Pflanzen und Thieren beobachteten Variabilität besteht. Viele Thatsachen beweisen deutlich, wie ausserordentlich empfänglich das Reproductivsystem für sehr geringe Veränderungen in den umgebenden Bedingungen ist. Nichts ist leichter, als ein Thier zu zähmen, und wenige Dinge sind schwieriger, als es in der Gefangenschaft zu einer freiwilligen Fortpflanzung zu bringen, selbst wenn die Männchen und Weibchen bis zur Paarung kommen. Wie viele Thiere wollen sich nicht fortpflanzen, obwohl sie schon lange fast frei in ihrem Heimathlande leben! Man schreibt dies gewöhnlich, aber irrthümlich, einem entarteten Instincte zu. Viele Culturpflanzen gedeihen in der äussersten Kraftfülle, und setzen doch nur sehr selten oder auch nie Samen an! In einigen wenigen solchen Fällen hat man entdeckt, dass eine ganz unbedeutende Veränderung, wie etwas mehr oder weniger Wasser zu einer gewissen Zeit des Wachsthums, für oder gegen die Samenbildung entscheidend wird. Ich kann hier nicht in die zahlreichen Einzelnheiten eingehen, die ich über diese merkwürdige Frage gesammelt und an einem andern Orte veröffentlicht habe; um aber zu zeigen, wie eigenthümlich die Gesetze sind, welche die Fortpflanzung der Thiere in Gefangenschaft bedingen, will ich erwähnen, dass Raubthiere selbst aus den Tropengegenden sich bei uns auch in Gefangenschaft ziemlich gern fortpflanzen, mit Ausnahme jedoch der Sohlengänger oder der Familie der bärenartigen Säugethiere, welche nur selten Junge erzeugen; wogegen fleischfressende Vögel nur in den seltensten Fällen oder fast niemals fruchtbare Eier legen. Viele ausländische Pflanzen haben ganz werthlosen Pollen, genau in demselben Zustande, wie die unfruchtbarsten Bastardpflanzen. Wenn wir auf der einen Seite Hausthiere und Culturpflanzen oft selbst in schwachem und krankem Zustande sich in der Gefangenschaft ganz ordentlich fortpflanzen sehen, während auf der andern Seite jung eingefangene Individuen, vollkommen gezähmt, langlebig und kräftig (wovon ich viele Beispiele anführen kann), aber in ihrem Reproductivsysteme in Folge nicht wahrnehmbarer Ursachen so tief afficiert erscheinen, dass dasselbe nicht fungiert, so dürfen wir uns nicht darüber wundern, dass dieses System, wenn es wirklich in der Gefangenschaft in Thätigkeit tritt, dann in nicht ganz regelmässiger Weise fungiert und eine Nachkommenschaft erzeugt, welche von den Eltern etwas verschieden ist. Ich will noch hinzufügen, dass, wie einige Organismen (wie die in Kästen gehaltenen Kaninchen und Frettchen) sich unter den unnatürlichsten Verhältnissen fortpflanzen (was nur beweist, dass ihre Reproductionsorgane nicht afficiert sind), so auch einige Thiere und Pflanzen der Domestication oder Cultur widerstehen und nur sehr gering, vielleicht kaum stärker als im Naturzustande, variieren.

Mehrere Naturforscher haben behauptet, dass alle Abänderungen mit dem Acte der sexuellen Fortpflanzung zusammenhängen. Dies ist aber sicher ein Irrthum; denn ich habe in einem andern Werke eine lange Liste von Spielpflanzen (Sporting plants) mitgetheilt; Gärtner nennen Pflanzen so, welche plötzlich eine einzelne Knospe producierten, welche einen neuen und von dem der übrigen Knospen derselben Pflanze oft sehr abweichenden Character annehmen. Solche Knospenvariationen wie man sie nennen kann, kann man durch Pfropfen, Senker u. s. w., zuweilen auch mittels Samen fortpflanzen. Sie kommen in der Natur selten, im Culturzustande aber durchaus nicht selten vor. Wie man weiss, dass eine einzelne Knospe unter den vielen tausenden Jahr auf Jahr unter gleichförmigen Bedingungen auf demselben Baume entstehenden plötzlich einen neuen Character annimmt und dass Knospen auf verschiedenen Bäumen, welche unter verschiedenen Bedingungen wachsen, zuweilen beinahe die gleiche Varietät hervorgebracht haben, — z. B. Knospen auf Pfirsichbäumen, welche Nectarinen erzeugen, und Knospen auf gewöhnlichen Rosen, welche Moosrosen hervorbringen, — so sehen wir auch offenbar, dass die Natur der Bedingungen für die Bestimmung der besondern Form der Abänderung von völlig untergeordneter Bedeutung ist im Vergleich zur Natur des Organismus, und vielleicht von nicht mehr Bedeutung als die Natur des Funkens für die Bestimmung der Art der Flammen ist, wenn er eine Masse brennbarer Stoffe entzündet.

Wirkungen der Gewöhnung und des Gebrauchs oder Nichtgebrauchs der Theile; Correlative Abänderung; Vererbung.

Veränderte Gewohnheiten bringen eine erbliche Wirkung hervor, wie z. B. die Versetzung von Pflanzen aus einem Clima in's andere deren Blüthezeit ändert. Bei Thieren hat der vermehrte Gebrauch oder Nichtgebrauch der Theile einen noch bemerkbareren Einfluss gehabt; so habe ich bei der Hausente gefunden, dass die Flügelknochen leichter und die Beinknochen schwerer im Verhältnis zum ganzen Skelette sind als bei der wilden Ente; und diese Veränderung kann man getrost dem Umstande zuschreiben, dass die zahme Ente weniger fliegt und mehr geht, als es diese Entenart im wilden Zustande thut. Die erbliche stärkere Entwicklung der Euter bei Kühen und Ziegen in solchen Gegenden, wo sie regelmässig gemolken werden, im Verhältnisse zu denselben Organen in anderen Ländern, wo dies nicht der Fall ist, ist ein anderer Beleg für die Wirkungen des Gebrauchs. Es gibt keine Art von unseren Haus-Säugethieren, welche nicht in dieser oder jener Gegend hängende Ohren hätte; es ist daher die zu dessen Erklärung vorgebrachte Ansicht, dass dieses Hängendwerden der Ohren vom Nichtgebrauch der Ohrmuskeln herrühre, weil das Thier nur selten durch drohende Gefahren beunruhigt werde, ganz wahrscheinlich.

Viele Gesetze regeln die Abänderung, von welchen einige wenige sich dunkel erkennen lassen, und welche nachher noch kurz erörtert werden sollen. Hier will ich nur auf das hinweisen, was man Correlation des Abänderns nennen kann. Wichtige Veränderungen in Embryo oder Larve werden wahrscheinlich auch Veränderungen im reifen Thiere nach sich ziehen. Bei Monstrositäten sind die Wechselbeziehungen zwischen ganz verschiedenen Theilen des Körpers sehr sonderbar, und ISIDORE GEOFFROY ST.-HILAIRE führt davon viele Belege in seinem grossen Werke an. Züchter glauben, dass lange Beine beinahe immer auch von einem verlängerten Kopfe begleitet werden. Einige Fälle von Correlation erscheinen ganz wunderlicher Art; so, dass ganz weisse Katzen mit blauen Augen gewöhnlich taub sind; Mr. TAIT hat indessen vor Kurzem angegeben, dass dies auf die Männchen beschränkt ist. Farbe und Eigenthümlichkeiten der Constitution stehen miteinander in Verbindung, wovon sich viele merkwürdige Fälle bei Pflanzen und Thieren anführen liessen. Aus den von HEUSINGER gesammelten Thatsachen geht hervor, dass auf weisse Schafe und Schweine gewisse Pflanzen schädlich einwirken, während dunkelfarbige nicht afficiert werden. Professor WYMAN hat mir kürzlich einen sehr belehrenden Fall dieser Art mitgetheilt. Auf seine an einige Farmer in Virginien gerichtete Frage, woher es komme, dass alle ihre Schweine schwarz seien, erhielt er zur Antwort, dass die Schweine die Farbwurzel *(Lachnanthes)* frässen, diese färbe ihre Knochen rosa und mache, ausser bei den schwarzen Varietäten derselben, die Hufe abfallen; einer der Crackers (d. h. der Virginia-Ansiedler) fügte hinzu: „wir wählen die schwarzen Glieder eines „Wurfes zum Aufziehen aus, weil sie allein Aussicht auf Gedeihen „geben.“ Unbehaarte Hunde haben unvollständiges Gebiss; von lang- oder grobhaarigen Wiederkäuern behauptet man, dass sie gern lange oder viele Hörner bekommen; Tauben mit Federfüssen haben eine Haut zwischen ihren äusseren Zehen; kurz-schnäbelige Tauben haben kleine Füsse, und die mit langen Schnäbeln grosse Füsse. Wenn man daher durch Auswahl geeigneter Individuen von Pflanzen und Thieren für die Nachzucht irgend eine Eigenthümlichkeit derselben steigert, so wird man fast sicher, ohne es zu wollen, diesen geheimnisvollen Gesetzen der Correlation gemäss noch andere Theile der Structur mit abändern.

Die Resultate der mancherlei entweder unbekannten oder nur undeutlich verstandenen Gesetze der Variation sind ausserordentlich verwickelt und vielfältig. Es ist wohl der Mühe werth, die verschiedenen Abhandlungen über unsere alten Culturpflanzen, wie Hyacinthen, Kartoffeln, selbst Dahlien u. s. w., sorgfältig zu studieren, und es ist wirklich überraschend zu sehen, wie endlos die Menge von einzelnen Verschiedenheiten in der Structur und Constitution ist, durch welche alle ihre Varietäten und Subvarietäten unbedeutend von einander abweichen. Ihre ganze Organisation scheint plastisch geworden zu sein, um bald in dieser und bald in jener Richtung sich etwas von dem elterlichen Typus zu entfernen.

Nicht-erbliche Abänderungen sind für uns ohne Bedeutung. Aber schon die Zahl und Mannichfaltigkeit der erblichen Abweichungen in dem Bau des Körpers, sei es von geringer oder von beträchtlicher physiologischer Wichtigkeit, ist endlos. Dr. Prosper Lucas' Abhandlung, in zwei starken Bänden, ist das Beste und Vollständigste, was man darüber hat. Kein Züchter ist darüber im Zweifel, wie gross die Neigung zur Vererbung ist; „Gleiches erzeugt Gleiches“ ist sein Grundglaube, und nur theoretische Schriftsteller haben dagegen Zweifel erhoben. Wenn irgend eine Abweichung oft zum Vorschein kommt und wir sie in Vater und Kind sehen, so können wir nicht sagen, ob sie nicht etwa von einerlei Grundursache herrühre, die auf beide gewirkt habe. Wenn aber unter Individuen einer Art, welche augenscheinlich denselben Bedingungen ausgesetzt sind, irgend eine sehr seltene Abänderung in Folge eines ausserordentlichen Zusammentreffens von Umständen an einem Individuum zum Vorschein kommt — an einem unter mehreren Millionen — und dann am Kinde wieder erscheint, so nöthigt uns schon die Wahrscheinlichkeitslehre diese Wiederkehr durch Vererbung zu erklären. Jedermann wird ja schon von Fällen gehört haben, wo seltene Erscheinungen, wie Albinismus, Stachelhaut, ganz behaarter Körper u. dgl. bei mehreren Gliedern einer und der nämlichen Familie vorgekommen sind. Wenn aber seltene und fremdartige Abweichungen der Körperbildung sich wirklich vererben, so werden minder fremdartige und ungewöhnliche Abänderungen um so mehr als erblich zugestanden werden müssen. Ja, vielleicht wäre die richtigste Art die Sache anzusehen die, dass man jedweden Character als erblich und die Nichtvererbung als Anomalie betrachtete.

Die Gesetze, welche die Vererbung der Charactere regeln, sind zum grössten Theile unbekannt, und niemand vermag zu sagen, woher es kommt, dass dieselbe Eigenthümlichkeit in verschiedenen Individuen einer Art und in verschiedenen Arten zuweilen vererbt wird und zuweilen nicht; woher es kommt, dass das Kind zuweilen zu gewissen Characteren des Grossvaters oder der Grossmutter oder noch früherer Vorfahren zurückkehrt; woher es kommt, dass eine Eigenthümlichkeit sich oft von einem Geschlechte auf beide Geschlechter überträgt, oder sich auf eines und zwar gewöhnlich aber nicht ausschliesslich auf dasselbe Geschlecht beschränkt. Es ist eine Thatsache von einiger Wichtigkeit für uns, dass Eigenthümlichkeiten, welche an den Männchen unserer Hausthiere zum Vorschein kommen, entweder ausschliesslich oder doch in einem viel bedeutenderen Grade wieder nur auf männliche Nachkommen übergehen. Eine noch wichtigere und wie ich glaube verlässige Regel ist die, dass, in welcher Periode des Lebens sich eine Eigenthümlichkeit auch zeigen möge, sie in der Nachkommenschaft auch immer in dem entsprechenden Alter, wenn auch zuweilen wohl früher, zum Vorschein zu kommen strebt. In vielen Fällen ist dies nicht anders möglich, weil die erblichen Eigenthümlichkeiten z. B. an den Hörnern des Rindviehs an den Nachkommen sich erst im nahezu reifen Alter zeigen können; und ebenso gibt es bekanntlich Eigenthümlichkeiten des Seidenwurms, die nur den Raupen- oder Puppenzustand betreffen. Aber erbliche Krankheiten und einige andere Thatsachen veranlassen mich zu glauben, dass die Regel eine weitere Ausdehnung hat, und dass da, wo kein offenbarer Grund für das Erscheinen einer Abänderung in einem bestimmten Alter vorliegt, doch das Streben bei ihr vorhanden ist, auch am Nachkommen in dem gleichen Lebensabschnitte sich zu zeigen, in welchem sie an dem Erzeuger zuerst eingetreten ist. Ich glaube, dass diese Regel von der grössten Wichtigkeit für die Erklärung der Gesetze der Embryologie ist. Diese Bemerkungen beziehen sich übrigens auf das erste Sichtbarwerden der Eigenthümlichkeit, und nicht auf ihre erste Ursache, die vielleicht schon auf den männlichen oder weiblichen Zeugungsstoff eingewirkt haben kann, in derselben Weise etwa, wie der aus der Kreuzung einer kurzhörnigen Kuh und eines langhörnigen Bullen hervorgegangene Sprössling die grössere Länge seiner Hörner, obschon sie sich erst spät im Leben zeigen kann, offenbar dem Zeugungsstoff des Vaters verdankt.

Da ich des Rückschlags zur grosselterlichen Bildung Erwähnung gethan habe, so will ich hier eine von Naturforschern oft gemachte Angabe anführen, dass nämlich unsere Hausthier-Rassen, wenn sie verwildern, zwar nur allmählich, aber doch unabänderlich, den Character ihrer wilden Stammeltern wieder annehmen, woraus man dann geschlossen hat, dass man von zahmen Rassen nicht auf Arten in ihrem Naturzustande folgern könne. Ich habe jedoch vergeblich zu ermitteln gesucht, auf was für entscheidende Thatsachen sich jene so oft und so bestimmt wiederholte Behauptung stützte. Es möchte sehr schwer sein, ihre Richtigkeit nachzuweisen; denn wir können mit Sicherheit sagen, dass sehr viele der ausgeprägtesten zahmen Varietäten im wilden Zustande gar nicht leben könnten. In vielen Fällen kennen wir nicht einmal den Urstamm und vermögen uns daher noch weniger zu vergewissern, ob eine vollständige Rückkehr eingetreten ist oder nicht. Jedenfalls würde es, um die Folgen der Kreuzung zu vermeiden, nöthig sein, dass nur eine einzelne Varietät in ihrer neuen Heimath in die Freiheit zurückversetzt werde. Ungeachtet aber unsere Varietäten gewiss in einzelnen Merkmalen zuweilen zu ihren Urformen zurückkehren, so scheint es mir doch nicht unwahrscheinlich, dass, wenn man die verschiedenen Abarten des Kohls z. B. einige Generationen hindurch in einem ganz armen Boden zu cultivieren fortführe (in welchem Falle dann allerdings ein Theil des Erfolges der bestimmten Wirkung des Bodens zuzuschreiben wäre), dieselben ganz oder fast ganz wieder in ihre wilde Urform zurückfallen würden. Ob der Versuch nun gelinge oder nicht, ist für unsere Folgerungen von keiner grossen Bedeutung, weil durch den Versuch selber die Lebensbedingungen geändert werden. Liesse sich beweisen, dass unsere cultivierten Rassen eine starke Neigung zum Rückschlag, d. h. zur Ablegung der angenommenen Merkmale an den Tag legen, solange sie unter unveränderten Bedingungen und in beträchtlichen Mengen beisammen gehalten werden, so dass die hier mögliche freie Kreuzung etwaige geringe Abweichungen der Structur, die dann eben verschmölzen, verhütete, — in diesem Falle würde ich zugeben, dass sich von den domesticierten Varietäten nichts in Bezug auf die Arten folgern lasse. Aber es ist nicht ein Schatten von Beweis zu Gunsten dieser Meinung vorhanden. Die Behauptung, dass sich unsere Karren- und Rennpferde, unsere lang- und kurzhörnigen Rinder, unsere mannichfaltigen Federviehsorten und Nahrungsgewächse nicht eine fast unbegrenzte Zahl von Generationen hindurch fortpflanzen lassen, wäre aller Erfahrung entgegen.

Charactere domesticierter Varietäten; Schwierigkeiten der Unterscheidung zwischen Varietäten und Arten; Ursprung der Culturvarietäten von einer oder mehreren Arten.

Wenn wir die erblichen Varietäten oder Rassen unserer domesticierten Pflanzen und Thiere betrachten und dieselben mit nahe verwandten Arten vergleichen, so finden wir meist, wie schon bemerkt wurde, in jeder solchen Rasse eine geringere Übereinstimmung des Characters als bei echten Arten. Auch haben domesticierte Rassen oft einen etwas monströsen Character, womit ich sagen will, dass, wenn sie sich auch von einander und von den übrigen Arten derselben Gattung in mehreren unwichtigen Punkten unterscheiden, sie doch oft im äussersten Grade in irgend einem einzelnen Theile sowohl von den anderen Varietäten als insbesondere von den übrigen nächstverwandten Arten im Naturzustande abweichen. Diese Fälle (und die der vollkommenen Fruchtbarkeit gekreuzter Varietäten, wovon nachher die Rede sein soll) ausgenommen, weichen die cultivierten Rassen einer und derselben Species in gleicher Weise von einander ab, wie die einander nächst verwandten Arten derselben Gattung im Naturzustande, nur sind die Verschiedenheiten dem Grade nach geringer. Man muss dies als richtig zugeben, denn die domesticierten Rassen vieler Thiere und Pflanzen sind von competenten Richtern für Abkömmlinge ursprünglich verschiedener Arten, von anderen competenten Beurtheilern für blosse Varietäten erklärt worden. Gäbe es irgend einen scharf bestimmten Unterschied zwischen einer cultivierten Rasse und einer Art, so könnten dergleichen Zweifel nicht so oft wiederkehren. Oft hat man versichert, dass domesticierte Rassen nicht in Merkmalen von generischem Werthe von einander abweichen. Diese Behauptung lässt sich als nicht correct erweisen; doch gehen die Meinungen der Naturforscher weit auseinander, wenn sie sagen sollen, worin Gattungscharactere bestehen, da alle solche Schätzungen für jetzt nur empirisch sind. Wenn erklärt ist, wie Gattungen in der Natur entstehen, wird sich zeigen, dass wir kein Recht haben zu erwarten, bei unseren domesticierten Rassen oft auf Verschiedenheiten zu stossen, welche Gattungswerth haben.

Wenn wir die Grösse der Structurverschiedenheiten zwischen verwandten domesticierten Rassen zu schätzen versuchen, so werden wir bald dadurch in Zweifel verwickelt, dass wir nicht wissen, ob dieselben von einer oder mehreren Stammarten abstammen. Es wäre von Interesse, wenn sich diese Frage aufklären liesse. Wenn z. B. nachgewiesen werden könnte, dass das Windspiel, der Schweisshund, der Pinscher, der Jagdhund und der Bullenbeisser, welche ihre Form so streng fortpflanzen, Abkömmlinge von nur einer Stammart sind, dann würden solche Thatsachen sehr geeignet sein, uns an der Unveränderlichkeit der vielen einander sehr nahestehenden natürlichen Arten, der Füchse z. B., die so ganz verschiedene Weltgegenden bewohnen, zweifeln zu lassen. Ich glaube nicht, wie wir gleich sehen werden, dass die ganze Verschiedenheit zwischen den Hunderassen im Zustande der Domestication entstanden ist; ich glaube, dass ein gewisser kleiner Theil ihrer Verschiedenheit auf ihre Abkunft von besonderen Arten zurückzuführen ist. Bei scharf markierten Rassen einiger anderer domesticierten Arten ist es anzunehmen oder entschieden zu beweisen, dass alle Rassen von einer einzigen wilden Stammform abstammen.

Es ist oft angenommen worden, der Mensch habe sich solche Pflanzen- und Thierarten zur Domestication ausgewählt, welche ein angeborenes ausserordentlich starkes Vermögen abzuändern und in verschiedenen Climaten auszudauern besitzen. Ich bestreite nicht, dass diese Fähigkeiten den Werth unserer meisten Culturerzeugnisse beträchtlich erhöht haben. Aber wie vermochte ein Wilder zu wissen, als er ein Thier zu zähmen begann, ob dasselbe in folgenden Generationen zu variieren geneigt und in anderen Climaten auszudauern vermögend sein werde? oder hat die geringe Variabilität des Esels und der Gans, das geringe Ausdauerungsvermögen des Renthiers in der Wärme und des Kamels in der Kälte es verhindert, dass sie Hausthiere wurden? Daran kann ich nicht zweifeln, dass, wenn man andere Pflanzen- und Thierarten in gleicher Anzahl wie unsere domesticierten Rassen und aus eben so verschiedenen Classen und Gegenden ihrem Naturzustande entnähme und eine gleich lange Reihe von Generationen hindurch im domesticierten Zustande sich fortpflanzen lassen könnte, sie durchschnittlich in gleichem Umfange variieren würden, wie es die Stammarten unserer jetzt existierenden domesticierten Rassen gethan haben.

In Bezug auf die meisten unserer von Alters her domesticierten Pflanzen und Thiere ist es nicht möglich, zu einem bestimmten Ergebnis darüber zu gelangen, ob sie von einer oder von mehreren Arten abstammen. Die Anhänger der Lehre von einem mehrfältigen Ursprung unserer Hausrassen berufen sich hauptsächlich darauf, dass wir schon in den ältesten Zeiten, auf den ägyptischen Monumenten und in den Pfahlbauten der Schweiz eine grosse Mannichfaltigkeit der gezüchteten Thiere finden, und dass einige dieser alten Rassen den jetzt noch existierenden ausserordentlich ähnlich, oder gar mit ihnen identisch sind. Dies drängt aber nur die Geschichte der Civilisation weiter zurück und lehrt, dass Thiere in einer viel frühern Zeit, als bis jetzt angenommen worden ist, zu Hausthieren gemacht wurden. Die Pfahlbautenbewohner der Schweiz cultivierten mehrere Sorten Weizen und Gerste, die Erbse, den Mohn wegen des Öls und den Flachs und besassen mehrere domesticierte Thiere. Sie standen auch in Verkehr mit anderen Nationen. Alles dies zeigt deutlich, wie HEER bemerkt hat, dass sie in jener frühen Zeit beträchtliche Fortschritte in der Cultur gemacht hatten; und dies setzt wieder eine noch frühere, lange dauernde Periode einer weniger fortgeschrittenen Civilisation voraus, während welcher die von den verschiedenen Stämmen und in den verschiedenen Districten als Hausthiere gehaltenen Arten variiert und getrennte Rassen haben entstehen lassen können. Seit der Entdeckung von Feuerstein-Geräthen in den oberen Bodenschichten so vieler Theile der Welt glauben alle Geologen, dass barbarische Menschen in einem völlig uncivilisierten Zustande in einer unendlich weit zurückliegenden Zeit existiert haben; — und bekanntlich gibt es heutzutage kaum noch einen so wilden Volksstamm, dass er sich nicht wenigstens den Hund gezähmt hätte.

Über den Ursprung der meisten unserer Hausthiere wird man wohl immer im Ungewissen bleiben. Doch will ich hier bemerken, dass ich nach einem mühsamen Sammeln aller bekannten Thatsachen über die domesticierten Hunde in allen Theilen der Erde zu dem Schlusse gelangt bin, dass mehrere wilde Arten von Caniden gezähmt worden sind und dass deren Blut in mehreren Fällen gemischt in den Adern unserer domesticierten Hunderassen fliesst. — In Bezug auf Schaf und Ziege vermag ich mir keine entschiedene Meinung zu bilden. Nach den mir von BLYTH über die Lebensweise, Stimme, Constitution und Bau des Indischen Höckerochsen mitgetheilten Thatsachen ist es beinahe sicher, dass er von einer andern Stammform als unser europäisches Rind herstammt; und dieses letztere glauben einige competente Richter von zwei oder drei wilden Vorfahren ableiten zu müssen, mögen diese nun den Namen Art oder Rasse verdienen. Diesen Schluss kann man allerdings, ebenso wie die specifische Trennung des Höckerochsen vom gemeinen Rind, als durch die neuen ausgezeichneten Untersuchungen RÜTIMEYER's sicher erwiesen ansehen. — Hinsichtlich des Pferdes bin ich mit einigen Zweifeln aus Gründen, die ich hier nicht entwickeln kann, gegen die Meinung mehrerer Schriftsteller anzunehmen geneigt, dass alle seine Rassen zu einer und derselben Art gehören. Nachdem ich mir fast alle Englischen Hühnerrassen lebend gehalten, sie gekreuzt und ihre Skelette untersucht habe, scheint es mir beinahe sicher zu sein, dass sie sämmtlich die Nachkommen des wilden Indischen Huhns, *Gallus bankiva*, sind; zu dieser Folgerung gelangte auch Herr Blyth und Andere, welche diesen Vogel in Indien studiert haben. — In Bezug auf Enten und Kaninchen, von denen einige Rassen in ihrem Körperbau sehr von einander abweichen, ist der Beweis klar, dass sie alle von der gemeinen Wildente und dem wilden Kaninchen stammen.

Die Lehre von der Abstammung unserer verschiedenen Hausthier-Rassen von verschiedenen wilden Stammformen ist von einigen Schriftstellern bis zu einem abgeschmackten Extrem getrieben worden. Sie glauben nämlich, dass jede wenn auch noch so wenig verschiedene Rasse, welche ihren unterscheidenden Character bei der Zucht bewahrt, auch ihre wilde Stammform gehabt habe. Hiernach müsste es wenigstens zwanzig wilde Rinder-, ebenso viele Schaf- und mehrere Ziegen-Arten allein in Europa und mehrere selbst schon innerhalb Gross-Britanniens gegeben haben. Ein Autor meint, es hätten in letzterm Lande ehedem elf wilde und ihm eigenthümliche Schafarten gelebt! Wenn wir nun erwägen, dass Gross-Britannien jetzt keine ihm eigenthümliche Säugethierart, Frankreich nur sehr wenige nicht auch in Deutschland vorkommende, und umgekehrt, besitzt, dass es sich ebenso mit Ungarn, Spanien u. s. w. verhält, dass aber jedes dieser Länder mehrere ihm eigene Rassen von Rind, Schaf u. s. w. hat, so müssen wir zugeben, dass in Europa viele Hausthierstämme entstanden sind; denn von woher könnten sie sonst alle gekommen sein? Und so ist es auch in Ost-Indien. Selbst in Bezug auf die über die ganze Erde hin vorkommenden Rassen des domesticierten Hundes kann ich es, obwohl ich ihre Abstammung von mehreren verschiedenen Arten annehme, nicht in Zweifel ziehen, dass hier ausserordentlich viel von vererbter Abweichung in's Spiel gekommen ist. Denn wer kann glauben, dass Thiere, welche mit dem Italienischen Windspiel, mit dem Schweisshund, mit dem Bullenbeisser, mit dem Mopse, mit dem Blenheimer Jagdhund u. s. w., mit Formen, welche so sehr von allen wilden Caniden abweichen, nahe übereinstimmen, jemals frei im Naturzustande gelebt hätten? Es ist oft hingeworfen worden, alle unsere Hunderassen seien durch Kreuzung einiger weniger Stammarten miteinander entstanden; aber durch Kreuzung können wir nur solche Formen erhalten, welche mehr oder weniger das Mittel zwischen ihren Eltern haben; und wollten wir unsere verschiedenen domesticierten Rassen hierdurch erklären, so müssten wir annehmen, dass einstens die äussersten Formen, wie das italienische Windspiel, der Schweisshund, der Bullenbeisser u. s. w. im wilden Zustande gelebt hätten. Überdies ist die Möglichkeit, durch Kreuzung verschiedene Rassen zu bilden, sehr übertrieben worden. Man kennt wohl viele Fälle, welche beweisen, dass eine Rasse durch gelegentliche Kreuzung mittelst sorgfältiger Auswahl der Individuen, welche irgend einen bezweckten Character darbieten, sich modificieren lässt; es wird aber sehr schwer sein, eine nahezu das Mittel zwischen zwei weit verschiedenen Rassen oder Arten haltende neue Rasse zu züchten. Sir J. SEBRIGHT hat ausdrückliche Versuche in dieser Beziehung angestellt und keinen Erfolg gehabt. Die Nachkommenschaft aus der ersten Kreuzung zwischen zwei reinen Rassen ist so ziemlich, und zuweilen, wie ich bei Tauben gefunden, ausserordentlich übereinstimmend in ihren Merkmalen und alles scheint einfach genug zu sein. Werden aber diese Blendlinge einige Generationen hindurch untereinander gepaart, so werden kaum zwei ihrer Nachkommen einander ähnlich ausfallen, und dann wird die äusserste Schwierigkeit des Erfolges klar.

Rassen der domesticierten Taube, ihre Verschiedenheiten und Ursprung.

Von der Ansicht ausgehend, dass es am zweckmässigsten ist, irgend eine besondere Thiergruppe zum Gegenstande der Forschung zu machen, habe ich mir nach einiger Erwägung die Haustauben dazu ausersehen. Ich habe alle Rassen gehalten, die ich mir kaufen oder sonst verschaffen konnte, und bin auf die freundlichste Weise mit Bälgen aus verschiedenen Weltgegenden bedacht worden; insbesondere durch W. ELLIOT aus Ost-Indien und C. MURRAY aus Persien. Es sind in verschiedenen Sprachen viele Abhandlungen über die Tauben veröffentlicht worden und einige darunter haben durch ihr hohes Alter eine ganz besondere Bedeutung. Ich habe mich mit einigen ausgezeichneten Taubenliebhabern verbunden und mich in zwei Londoner Tauben-Clubs aufnehmen lassen. Die Verschiedenheit der Rassen ist erstaunlich gross. Man vergleiche z. B. die Englische Botentaube und den kurzstirnigen Purzler und betrachte die wunderbare Verschiedenheit in ihren Schnäbeln, welche entsprechende Verschiedenheiten in ihren Schädeln bedingt. Die Englische Botentaube (Carrier) und insbesondere das Männchen ist noch ausserdem merkwürdig durch die wundervolle Entwicklung von Fleischlappen an der Kopfhaut; und in Begleitung hiervon treten wieder die mächtig verlängerten Augenlider, sehr weite äussere Nasenlöcher und eine weite Mundspalte auf. Der kurzstirnige Purzler hat einen Schnabel, im Profil fast wie beim Finken; und die gemeine Purzeltaube hat die eigenthümliche erbliche Gewohnheit, sich in dichten Gruppen zu ansehnlicher Höhe in die Luft zu erheben und dann kopfüber herabzupurzeln. Die „Runt"-Taube ist ein Vogel von beträchtlicher Grösse mit langem, massigem Schnabel und grossen Füssen; einige Unterrassen derselben haben einen sehr langen Hals, andere sehr lange Schwingen und Schwanz, noch andere einen ganz eigenthümlich kurzen Schwanz. Die „Barb"-Taube ist mit der Botentaube verwandt, hat aber, statt des sehr langen, einen sehr kurzen und breiten Schnabel. Der Kröpfer hat Körper, Flügel und Beine sehr verlängert, und sein ungeheuer entwickelter Kropf, den er aufzublähen sich gefällt, mag wohl Verwunderung und selbst Lachen erregen. Die Möventaube (Turbit) besitzt einen sehr kurzen kegelförmigen Schnabel, mit einer Reihe umgewendeter Federn auf der Brust, und hat die Gewohnheit, den obern Theil des Oesophagus beständig etwas aufzutreiben. Der Jacobiner oder die Perückentaube hat die Nackenfedern so weit umgewendet, dass sie eine Perücke bilden, und im Verhältnis zur Körpergrösse lange Schwung- und Schwanzfedern. Der Trompeter und die Lachtaube* rucksen, wie ihre Namen ausdrücken auf eine ganz andere Weise als die anderen Rassen. Die Pfauentaube hat 30—40 statt der in der ganzen grossen Familie der Tauben normalen 12—14 Schwanzfedern und trägt diese Federn in der Weise ausgebreitet und aufgerichtet, dass bei guten Vögeln sich Kopf und Schwanz berühren; die Öldrüse ist gänzlich verkümmert. Noch könnten einige minder ausgezeichnete Rassen aufgezählt werden.

Im Skelette der verschiedenen Rassen weicht die Entwicklung der Gesichtsknochen in Länge, Breite und Krümmung ausserordentlich ab. Die Form sowohl als die Breite und Länge des Unterkieferastes ändern in sehr merkwürdiger Weise. Die Zahl der Sacral- und Schwanzwirbel und der Rippen, die verhältnismässige Breite der letzteren und Anwesenheit ihrer Querfortsätze variieren ebenfalls. Sehr veränderlich sind ferner die Grösse und Form der Lücken oder Öffnungen im Brustbein, sowie der Öffnungswinkel und die relative Grösse der zwei Schenkel des Gabelbeins. Die verhältnismässige Weite der Mundspalte, die verhältnismässige Länge der Augenlider, der äusseren Nasenlöcher und der Zunge, welche

* „The laugher" ist nach brieflicher Mittheilung des Verfassers nicht *C. risoria,* sondern eine andere, in Deutschland wie es scheint unbekannte östliche Varietät der *C. livia.* C.

sich nicht immer nach der des Schnabels richtet, die Grösse des Kropfes und des obern Theils der Speiseröhre, die Entwicklung oder Verkümmerung der Öldrüse, die Zahl der ersten Schwung- und der Schwanzfedern, die relative Länge von Flügeln und Schwanz zu einander und zu der des Körpers, die des Beines und des Fusses, die Zahl der Hornschuppen in der Zehenbekleidung, die Entwicklung von Haut zwischen den Zehen sind Alles abänderungsfähige Punkte im Körperbau. Auch die Periode, wo sich das vollkommene Gefieder einstellt, ist ebenso veränderlich wie die Beschaffenheit des Flaums, womit die Nestlinge beim Ausschlüpfen aus dem Eie bekleidet sind. Form und Grösse der Eier sind der Abänderung unterworfen. Die Art des Flugs ist ebenso merkwürdig verschieden, wie es bei manchen Rassen mit Stimme und Gemüthsart der Fall ist. Endlich weichen bei gewissen Rassen die Männchen und Weibchen in einem geringen Grade von einander ab.

So könnte man wenigstens zwanzig Tauben auswählen, welche ein Ornitholog, wenn man ihm sagte, es seien wilde Vögel, unbedenklich für wohlumschriebene Arten erklären würde. Ich glaube nicht einmal, dass irgend ein Ornitholog die Englische Botentaube, den kurzstirnigen Purzler, die Runt-, die Barb-, die Kropf- und die Pfauentaube in dieselbe Gattung zusammenstellen würde, zumal ihm von einer jeden dieser Rassen wieder mehrere erbliche Unterrassen vorgelegt werden könnten, die er Arten nennen würde.

Wie gross nun aber auch die Verschiedenheit zwischen den Taubenrassen sein mag, so bin ich doch überzeugt, dass die gewöhnliche Meinung der Naturforscher, dass alle von der Felstaube *(Columba livia)* abstammen, richtig ist, wenn man nämlich unter diesem Namen verschiedene geographische Rassen oder Unterarten mit begreift, welche nur in den alleruntergeordnetsten Merkmalen von einander abweichen. Da einige der Gründe, welche mich zu dieser Ansicht bestimmt haben, mehr oder weniger auch auf andere Fälle anwendbar sind, so will ich sie hier kurz angeben. Sind jene verschiedenen Rassen nicht Varietäten und nicht aus der Felstaube hervorgegangen, so müssen sie von wenigstens 7—8 Stammarten herrühren; denn es ist unmöglich, alle unsere domesticierten Rassen durch Kreuzung einer geringern Artenzahl miteinander zu erlangen. Wie wollte man z. B. die Kropftaube durch Paarung zweier Arten miteinander erzielen, wovon nicht eine den ungeheuren Kropf besässe? Die angenommenen wilden Stammarten müssen sämmtlich Felstauben gewesen sein, solche nämlich, die nicht auf Bäumen brüten oder sich auch nur freiwillig auf Bäume setzen. Doch kennt man ausser der *C. livia* und ihren geographischen Unterarten nur noch 2—3 Arten Felstauben, welche aber nicht einen der Charactere unserer zahmen Rassen besitzen. Daher müssten denn die angeblichen Urstämme entweder noch in den Gegenden ihrer ersten Zähmung vorhanden und den Ornithologen unbekannt geblieben sein, was wegen ihrer Grösse, Lebensweise und merkwürdigen Eigenschaften unwahrscheinlich erscheint; oder sie müssten im wilden Zustande ausgestorben sein. Aber Vögel, welche an Felsabhängen nisten und gut fliegen, sind nicht leicht auszurotten, und unsere gemeine Felstaube, welche mit unseren zahmen Rassen gleiche Lebensweise besitzt, hat noch nicht einmal auf einigen der kleineren Britischen Inseln oder an den Küsten des Mittelmeeres ausgerottet werden können. Daher scheint mir die angebliche Ausrottung so vieler Arten, die mit der Felstaube gleiche Lebensweise besitzen, eine sehr übereilte Annahme zu sein. Überdies sind die obengenannten so abweichenden Rassen nach allen Weltgegenden verpflanzt worden und müssten daher wohl einige derselben in ihre Heimath zurückgelangt sein. Und doch ist nicht eine derselben verwildert, obwohl die Feldtaube, d. i. die Felstaube in ihrer nur sehr wenig veränderten Form, in einigen Gegenden verwildert ist. Da nun alle neueren Versuche zeigen, dass es sehr schwer ist ein wildes Thier im Zustande der Zähmung zur Fortpflanzung zu bringen, so wäre man durch die Hypothese eines mehrfältigen Ursprungs unserer Haustauben zur Annahme genöthigt, es seien schon in den alten Zeiten und von halbcivilisierten Menschen wenigstens 7—8 Arten so vollkommen gezähmt worden, dass sie selbst in der Gefangenschaft fruchtbar geworden sind.

Ein Beweisgrund von grossem Gewichte und auch anderweitiger Anwendbarkeit ist der, dass die oben aufgezählten Rassen, obwohl sie im Allgemeinen in Constitution, Lebensweise, Stimme, Färbung und den meisten Theilen ihres Körperbaues mit der Felstaube übereinkommen, doch in anderen Theilen gewiss sehr abnorm sind; wir würden uns in der ganzen grossen Familie der Columbiden vergeblich nach einem Schnabel, wie ihn die Englische Botentaube oder der kurzstirnige Purzler oder die Barbtaube besitzen, — oder nach umgedrehten Federn, wie sie die Perückentaube hat, — oder nach einem Kropfe, wie beim Kröpfer, — oder nach einem Schwanze, wie bei der Pfauentaube, umsehen. Man müsste daher annehmen, dass der halbcivilisierte Mensch nicht allein bereits mehrere Arten vollständig gezähmt, sondern auch absichtlich oder zufällig ausserordentlich abnorme Arten dazu erkoren habe, und dass diese Arten seitdem alle erloschen oder verschollen seien. Das Zusammentreffen so vieler seltsamer Zufälligkeiten ist denn doch im höchsten Grade unwahrscheinlich.

Noch möchten hier einige Thatsachen in Bezug auf die Färbung des Gefieders bei Tauben Berücksichtigung verdienen. Die Felstaube ist schieferblau mit weissen (bei der ostindischen Subspecies, *C. intermedia* STRICKL., blaulichen) Weichen, hat am Schwanze eine schwarze Endbinde und am Grunde der äusseren Federn desselben einen weissen äussern Rand; auch haben die Flügel zwei schwarze Binden. Einige halb-domesticierte und andere ganz wilde Unterrassen haben auch ausser den beiden schwarzen Binden noch schwarze Würfelflecke auf den Flügeln. Diese verschiedenen Zeichnungen kommen bei keiner andern Art der ganzen Familie vereinigt vor. Nun treffen aber auch bei jeder unserer zahmen Rassen zuweilen und selbst bei gut gezüchteten Vögeln alle jene Zeichnungen gut entwickelt zusammen, selbst bis auf die weissen Ränder der äusseren Schwanzfedern. Ja, wenn man zwei oder mehr Vögel von verschiedenen Rassen, von welchen keine blau ist oder eine der erwähnten Zeichnungen besitzt, miteinander paart, so sind die dadurch erzielten Blendlinge sehr geneigt, diese Charactere plötzlich anzunehmen. So kreuzte ich, um von mehreren Fällen, die mir vorgekommen sind, einen anzuführen, einfarbig weisse Pfauentauben, die sehr constant bleiben, mit einfarbig schwarzen Barbtauben, von deren zufällig äusserst seltenen blauen Varietäten mir kein Fall in England bekannt ist, und erhielt eine braune, schwarze und gefleckte Nachkommenschaft. Ich kreuzte nun auch eine Barb- mit einer Blässtaube, einem weissen Vogel mit rothem Schwanze und rother Blässe von sehr beständiger Rasse, und die Blendlinge waren dunkelfarbig und fleckig. Als ich ferner einen der von Pfauen- und von Barb-Tauben erzielten Blendlinge mit einem der Blendlinge von Barb- und von Bläss-Tauben paarte, kam ein Enkel mit schön blauem Gefieder, weissen Weichen, doppelter schwarzer Flügelbinde, schwarzer Schwanzbinde und weissen Seitenrändern der Steuerfedern, Alles wie bei der wilden Felstaube, zum Vorschein. Man kann diese Thatsachen aus dem bekannten Princip des Rückschlags zu voreltlichen Characteren begreifen, wenn alle zahmen Rassen von der Felstaube abstammen. Wollten wir aber dies läugnen, so müssten wir eine von den zwei folgenden sehr unwahrscheinlichen Voraussetzungen machen: Entweder, dass all' die verschiedenen angenommenen Stammarten wie die Felstaube gefärbt und gezeichnet gewesen seien (obwohl keine andere lebende Art mehr so gefärbt und gezeichnet ist), so dass in dessen Folge noch bei allen Rassen eine Neigung, zu dieser anfänglichen Färbung und Zeichnung zurückzukehren, vorhanden wäre; oder, dass jede und auch die reinste Rasse seit etwa den letzten zwölf oder höchstens zwanzig Generationen einmal mit der Felstaube gekreuzt worden sei; ich sage: zwölf oder zwanzig Generationen, denn es ist kein Beispiel bekannt, dass gekreuzte Nachkommen auf einen Vorfahren fremden Blutes nach einer noch grössern Zahl von Generationen zurückschlagen. Wenn in einer Rasse nur einmal eine Kreuzung stattgefunden hat, so wird die Neigung zu einem aus einer solchen Kreuzung abzuleitenden Character zurückzukehren natürlich um so kleiner und kleiner werden, je weniger fremdes Blut noch in jeder spätern Generation übrig ist. Hat aber keine Kreuzung stattgefunden und ist gleichwohl in der Zucht die Neigung der Rückkehr zu einem Character vorhanden, der in irgend einer frühern Generation verloren gegangen war, so ist trotz Allem, was man etwa Gegentheiliges anführen mag, die Annahme geboten, dass sich diese Neigung in ungeschwächtem Grade durch eine unbestimmte Reihe von Generationen forterhalten könne. Diese zwei ganz verschiedenen Fälle von Rückschlag sind in Schriften über Erblichkeit oft miteinander verwechselt worden.

Endlich sind die Bastarde oder Blendlinge, welche durch die Kreuzung der verschiedenen Taubenrassen erzielt werden, alle vollkommen fruchtbar. Ich kann dies nach meinen eigenen Versuchen bestätigen, die ich absichtlich mit den aller-verschiedensten Rassen angestellt habe. Dagegen wird es aber schwer und vielleicht unmöglich sein, einen Fall anzuführen, wo ein Bastard von zwei bestimmt verschiedenen Arten vollkommen fruchtbar gewesen wäre. Einige Schriftsteller nehmen an, langdauernde Domestication beseitige allmählich diese Neigung zur Unfruchtbarkeit. Aus der Geschichte des Hundes und einiger anderen Hausthiere zu schliessen, ist diese Hypothese wahrscheinlich vollkommen richtig, wenn sie aufeinander sehr nahe verwandte Arten angewendet wird. Aber eine Ausdehnung der Hypothese bis zu der Behauptung, dass Arten, die ursprünglich von einander eben so verschieden gewesen, wie es Botentaube, Purzler, Kröpfer und Pfauenschwanz jetzt sind, unter einander eine vollkommen fruchtbare Nachkommenschaft liefern, scheint mir äusserst voreilig zu sein.

Diese verschiedenen Gründe und zwar: die Unwahrscheinlichkeit, dass der Mensch schon in früher Zeit sieben bis acht wilde Taubenarten zur Fortpflanzung im gezähmten Zustande vermocht habe, — Arten, welche wir weder im wilden noch im verwilderten Zustande kennen; der Umstand, dass diese Species Merkmale darbieten, welche im Vergleich mit allen anderen Columbiden sehr abnorm sind, trotzdem die Arten in den meisten Beziehungen der Felstaube so ähnlich sind; das gelegentliche Wiedererscheinen der blauen Farbe und der verschiedenen schwarzen Zeichnungen in allen Rassen sowohl im Falle einer reinen Züchtung als der Kreuzung, endlich die vollkommene Fruchtbarkeit der Blendlinge: — alle diese Gründe zusammengenommen lassen uns mit Sicherheit schliessen, dass alle unsere domesticierten Taubenrassen von *Columba livia* und deren geographischen Unterarten abstammen.

Zu Gunsten dieser Ansicht will ich ferner noch anführen: 1) dass die Felstaube, *C. livia*, in Europa wie in Indien zur Zähmung geeignet gefunden worden ist, und dass sie in ihren Gewohnheiten wie in vielen Punkten ihrer Structur mit allen unseren zahmen Rassen übereinkommt. 2) Obwohl eine Englische Botentaube oder ein kurzstirniger Purzler sich in gewissen Characteren weit von der Felstaube entfernen, so ist es doch dadurch, dass man die verschiedenen Unterformen dieser Rassen, und besonders die aus entfernten Gegenden abstammenden, miteinander vergleicht, möglich, zwischen ihnen und der Felstaube eine fast ununterbrochene Reihe herzustellen; dasselbe können wir in einigen anderen Fällen thun, wenn auch nicht mit allen Rassen. 3) Diejenigen Charactere, welche die verschiedenen Rassen hauptsächlich von einander unterscheiden, wie die Fleischwarzen und die Länge des Schnabels der Englischen Botentaube, die Kürze des Schnabels beim Purzler und die Zahl der Schwanzfedern der Pfauentaube, sind bei jeder Rasse in eminentem Grade veränderlich; die Erklärung dieser Erscheinung wird sich uns darbieten, wenn von der Zuchtwahl die Rede sein wird. 4) Tauben sind bei vielen Völkern beobachtet und mit äusserster Sorgfalt und Liebhaberei gepflegt worden. Man hat sie schon vor Tausenden von Jahren in mehreren Weltgegenden domesticiert; die älteste Nachricht über Tauben stammt aus der Zeit der fünften ägyptischen Dynastie, etwa 3000 Jahre v. Chr., wie mir Professor Lepsius mitgetheilt hat; aber Birch sagt mir, dass Tauben schon auf einem Küchenzettel der vorangehenden Dynastie vorkommen. Von Plinius vernehmen wir, dass zur Zeit der Römer ungeheure Summen für Tauben ausgegeben worden sind; „ja es ist dahin gekommen, dass man ihrem Stamm-

„baum und Rasse nachrechnete.“ Um das Jahr 1600 schätzte sie Akber Khan in Indien so sehr, dass ihrer nicht weniger als 20000 zur Hofhaltung gehörten. „Die Monarchen von Iran und Turan „sandten ihm einige sehr seltene Vögel und,“ berichtet der höfliche Historiker weiter, „Ihre Majestät haben durch Kreuzung der Rassen, „welche Methode früher nie angewendet worden war, dieselben in „erstaunlicher Weise verbessert.“ Um diese nämliche Zeit waren die Holländer eben so sehr, wie früher die Römer, auf die Tauben erpicht. Die äusserste Wichtigkeit dieser Betrachtungen für die Erklärung der ausserordentlichen Veränderungen, welche die Tauben erfahren haben, wird uns erst bei den späteren Erörterungen über die Zuchtwahl deutlich werden. Wir werden dann auch sehen, woher es kommt, dass die Rassen so oft ein etwas monströses Aussehen haben. Endlich ist ein sehr günstiger Umstand für die Erzeugung verschiedener Rassen, dass bei den Tauben ein Männchen mit einem Weibchen leicht lebenslänglich zusammengepaart werden kann, und dass verschiedene Rassen in einem und dem nämlichen Vogelhaus beisammen gehalten werden können.

Ich habe den wahrscheinlichen Ursprung der zahmen Taubenrassen mit einiger, wenn auch noch ganz ungenügender Ausführlichkeit besprochen, weil ich selbst zur Zeit, wo ich anfieng, Tauben zu halten und ihre verschiedenen Formen zu beobachten und während ich wohl wusste, wie rein sich die Rassen halten, es für ganz eben so schwer hielt zu glauben, dass alle ihre Rassen, seit sie zuerst domesticiert wurden, einem gemeinsamen Stammvater entsprossen sein könnten, als es einem Naturforscher schwer fallen würde, an die gemeinsame Abstammung aller Finken oder irgend einer andern Vogelgruppe im Naturzustande zu glauben. Insbesondere machte mich ein Umstand sehr betroffen, dass nämlich fast alle Züchter von Hausthieren und Culturpflanzen, mit welchen ich je gesprochen oder deren Schriften ich gelesen habe, vollkommen überzeugt sind, dass die verschiedenen Rassen, welche ein jeder von ihnen erzogen, von eben so vielen ursprünglich verschiedenen Arten herstammen. Fragt man, wie ich es gethan habe, irgend einen berühmten Züchter der Hereford-Rindviehrasse, ob dieselbe nicht etwa von der langhörnigen Rasse oder beide von einer gemeinsamen Stammform abstammen könnten, so wird er die Frager auslachen. Ich habe nie einen Tauben-, Hühner-, Enten- oder Kaninchen-Liebhaber gefunden, der nicht vollkommen überzeugt gewesen wäre, dass jede Hauptrasse von einer andern Stammart herkomme. Van Mons zeigt in seinem Werke über die Äpfel und Birnen, wie völlig ungläubig er darin ist, dass die verschiedenen Sorten, wie z. B. Ribston-pippin oder der Codlin-Apfel je von Samen des nämlichen Baumes entsprungen sein könnten. Und so könnte ich unzählige andere Beispiele anführen. Dies lässt sich, wie ich glaube, einfach erklären. In Folge langjähriger Studien haben diese Leute eine grosse Empfindlichkeit für die Unterschiede zwischen den verschiedenen Rassen erhalten; und obgleich sie wohl wissen, dass jede Rasse etwas variiert, da sie ja eben durch die Zuchtwahl solcher geringer Abänderungen ihre Preise gewinnen, so gehen sie doch nicht von allgemeineren Schlüssen aus und rechnen nicht den ganzen Betrag zusammen, der sich durch Häufung kleiner Abänderungen während vieler aufeinanderfolgenden Generationen ergeben muss. Werden nicht jene Naturforscher, welche, obschon viel weniger als diese Züchter mit den Gesetzen der Vererbung bekannt und nicht besser als sie über die Zwischenglieder in der langen Reihe der Nachkommenschaft unterrichtet, doch annehmen, dass viele von unseren Hausthierrassen von gleichen Eltern abstammen, — werden sie nicht vorsichtig sein lernen, wenn sie die Annahme verlachen, dass Arten im Naturzustand in gerader Linie von anderen Arten abstammen?

Früher befolgte Grundsätze bei der Zuchtwahl und deren Folgen.

Wir wollen nun kurz untersuchen, wie die domesticierten Rassen schrittweise von einer oder von mehreren einander nahe verwandten Arten erzeugt worden sind. Dem directen und bestimmten Einflusse äusserer Lebensbedingungen kann dabei wohl ein gewisses Resultat zugeschrieben werden, ebenso der Angewöhnung; es wäre aber kühn, solchen Einwirkungen die Verschiedenheiten zwischen einem Karrengaul und einem Rennpferde, zwischen einem Windspiele und einem Schweisshund, einer Boten- und einer Purzeltaube zuschreiben zu wollen. Eine der merkwürdigsten Eigenthümlichkeiten, die wir an unseren domesticierten Rassen wahrnehmen, ist ihre Anpassung nicht zu Gunsten des eigenen Vortheils der Pflanze oder des Thieres, sondern zu Gunsten des Nutzens und der Liebhaberei des Menschen. Einige ihm nützliche Abänderungen sind zweifelsohne plötzlich oder auf einmal entstanden, wie z. B. manche Botaniker glauben, dass die Weberkarde mit ihren Haken, welchen keine mechanische Vorrichtung an Brauchbarkeit gleichkommt, nur eine Varietät des wilden *Dipsacus* ist; und diese ganze Abänderung mag wohl plötzlich in irgend einem Sämlinge dieses letztern zum Vorschein gekommen sein. So ist es wahrscheinlich auch mit den Dachshunden der Fall; und es ist bekannt, dass ebenso das americanische Ancon- oder Otter-Schaf entstanden ist. Wenn wir aber das Rennpferd mit dem Karrengaul, das Dromedar mit dem Kamel, die für Culturland tauglichen mit den für Bergweide passenden Schafrassen, deren Wollen sich zu ganz verschiedenen Zwecken eignen, wenn wir die mannichfaltigen Hunderassen vergleichen, deren jede dem Menschen in einer andern Weise dient, — wenn wir den im Kampfe so ausdauernden Streithahn mit anderen friedfertigen und trägen Rassen, welche „immer legen und niemals zu brüten verlangen", oder mit dem so kleinen und zierlichen Bantam-Huhne vergleichen, — wenn wir endlich das Heer der Acker-, Obst-, Küchen- und Zierpflanzenrassen in's Auge fassen, von welchen eine jede dem Menschen zu anderm Zwecke und in anderer Jahreszeit so nützlich oder für seine Augen so angenehm ist, so müssen wir doch wohl an mehr denken, als an blosse Veränderlichkeit. Wir können nicht annehmen, dass diese Varietäten auf einmal so vollkommen und so nutzbar entstanden seien, wie wir sie jetzt vor uns sehen, und kennen in der That von manchen ihre Geschichte genau genug, um zu wissen, dass dies nicht der Fall gewesen ist. Der Schlüssel liegt in dem accumulativen Wahlvermögen des Menschen: die Natur liefert allmählich mancherlei Abänderungen; der Mensch summiert sie in gewissen ihm nützlichen Richtungen. In diesem Sinne kann man von ihm sagen, er habe sich nützliche Rassen geschaffen.

Die bedeutende Wirksamkeit dieses Princips der Zuchtwahl ist nicht hypothetisch; denn es ist Thatsache, dass einige unserer ausgezeichnetsten Viehzüchter selbst innerhalb nur eines Menschenalters mehrere Rinder und Schafrassen in beträchtlichem Grade modificiert haben. Um das, was sie geleistet haben, in seinem ganzen Umfange zu würdigen, ist es fast nothwendig, einige von den vielen diesem Zwecke gewidmeten Schriften zu lesen und die Thiere selbst zu sehen. Züchter sprechen gewöhnlich von der Organisation eines Thieres, wie von etwas völlig Plastischem, das sie fast ganz nach ihrem Gefallen modeln könnten. Wenn es der Raum gestattete, so könnte ich viele Stellen aus Schriften der sachkundigsten Gewährsmänner als Belege anführen. YOUATT, der wahrscheinlich besser als fast irgend ein Anderer mit den landwirthschaftlichen Werken bekannt und selbst ein sehr guter Beurtheiler eines Thieres war, sagt von diesem Princip der Zuchtwahl, es sei das, „was den Landwirth befähige, den Character seiner Heerde „nicht allein zu modificieren, sondern gänzlich zu ändern. Es ist „der Zauberstab, mit dessen Hülfe er jede Form in's Leben ruft, „die ihm gefällt." Lord Somerville sagt in Bezug auf das, was die Züchter hinsichtlich der Schafrassen geleistet: „Es ist, als „hätten sie eine in sich vollkommene Form an die Wand gezeichnet „und dann belebt." In Sachsen ist die Wichtigkeit jenes Princips für die Merinozucht so anerkannt, dass die Leute es gewerbsmässig verfolgen. Die Schafe werden auf einen Tisch gelegt und studiert, wie ein Gemälde von Kennern geprüft wird. Dieses wird je nach Monatsfrist dreimal wiederholt, und die Schafe werden jedesmal gezeichnet und classificiert, so dass nur die allerbesten zuletzt zur Nachzucht genommen werden.

Was englische Züchter bis jetzt schon geleistet haben, geht aus den ungeheuren Preisen hervor, die man für Thiere bezahlt, die einen guten Stammbaum aufzuweisen haben; und deren hat man jetzt nach allen Weltgegenden ausgeführt. Die Veredlung rührt im Allgemeinen keineswegs davon her, dass man verschiedene Rassen miteinander gekreuzt hat. Alle die besten Züchter sprechen sich streng gegen dieses Verfahren aus, es sei denn zuweilen zwischen einander nahe verwandten Unterrassen. Und hat eine solche Kreuzung stattgefunden, so ist die sorgfältigste Auswahl weit nothwendiger, als selbst in gewöhnlichen Fällen. Wenn es sich bei der Wahl nur darum handelte, irgend welche sehr auffallende Varietät auszusondern und zur Nachzucht zu verwenden, so wäre das Princip so handgreiflich, dass es sich kaum der Mühe lohnte, davon zu sprechen. Aber seine Wichtigkeit besteht in dem grossen Erfolge einer durch Generationen fortgesetzten Häufung dem ungeübten Auge ganz unkenntlicher Abänderungen in einer Richtung hin: Abänderungen, die ich z. B. vergebens herauszufinden versucht habe. Nicht ein Mensch unter tausend hat ein hinreichend scharfes Auge und Urtheil, um ein ausgezeichneter Züchter zu werden. Ist er mit diesen Eigenschaften versehen, studiert er seinen Gegenstand Jahre lang und widmet ihm seine ganze Lebenszeit mit unbeugsamer Beharrlichkeit, so wird er Erfolg haben und grosse Verbesserungen bewirken. Mangelt ihm aber eine jener Eigenschaften, so wird er sicher nichts ausrichten. Es haben wohl nur wenige davon eine Vorstellung, was für ein Grad von natürlicher Befähigung und wie viele Jahre Übung dazu gehören, um nur ein geschickter Taubenzüchter zu werden.

Die nämlichen Grundsätze werden beim Gartenbau befolgt; nur treten die Abänderungen hier oft plötzlicher auf. Doch glaubt Niemand, dass unsere edelsten Gartenerzeugnisse durch eine einfache Abänderung unmittelbar aus der wilden Urform entstanden seien. In einigen Fällen können wir beweisen, dass dies nicht geschehen ist, indem genaue Protocolle darüber geführt worden sind; um hier ein Beispiel von untergeordneter Bedeutung anzuführen, können wir uns auf die stetig zunehmende Grösse der Stachelbeeren beziehen. Wir nehmen eine erstaunliche Veredlung in manchen Zierblumen wahr, wenn man die heutigen Blumen mit Abbildungen vergleicht, die vor 20—30 Jahren davon gemacht worden sind. Wenn eine Pflanzenrasse einmal wohl ausgebildet worden ist, so sucht sich der Samenzüchter nicht die besten Pflanzen aus, sondern entfernt nur diejenigen aus den Samenbeeten, welche am weitesten von ihrer eigenthümlichen Form abweichen. Bei Thieren findet diese Art von Auswahl ebenfalls statt; denn es dürfte kaum Jemand so sorglos sein, seine schlechtesten Thiere zur Nachzucht zu verwenden.

Bei den Pflanzen gibt es noch ein anderes Mittel, die sich häufenden Wirkungen der Zuchtwahl zu beobachten, wenn man nämlich die Verschiedenheit der Blüthen in den mancherlei Varietäten einer Art im Blumengarten, die Verschiedenheit der Blätter, Hülsen, Knollen oder was sonst für Theile in Betracht kommen, im Küchengarten, im Vergleiche zu den Blüthen der nämlichen Varietäten, und die Verschiedenheit der Früchte bei den Varietäten einer Art im Obstgarten, im Vergleich zu den Blättern und Blüthen derselben Varietätenreihe, miteinander vergleicht. Wie verschieden sind die Blätter der Kohlsorten und wie ähnlich einander die Blüthen! wie unähnlich die Blüthen der Pensées und wie ähnlich die Blätter! wie sehr weichen die Früchte der verschiedenen Stachelbeersorten in Grösse, Farbe, Gestalt und Behaarung von einander ab, während an den Blüthen nur ganz unbedeutende Verschiedenheiten zu bemerken sind! Nicht als ob die Varietäten, die in einer Beziehung sehr bedeutend verschieden sind, es in anderen Punkten gar nicht wären: dies ist schwerlich je und (ich spreche nach sorgfältigen Beobachtungen) vielleicht niemals der Fall! Die Gesetze der Correlation der Abänderungen, deren Wichtigkeit nie übersehen werden sollte, werden immer einige Verschiedenheiten veranlassen; im Allgemeinen kann ich aber nicht daran zweifeln, dass die fortgesetzte Auswahl geringer Abänderungen in den Blättern, in den Blüthen oder in der Frucht solche Rassen erzeuge, welche hauptsächlich in diesen Theilen von einander abweichen.

Man könnte einwenden, das Princip der Zuchtwahl sei erst seit kaum drei Vierteln eines Jahrhunderts zu planmässiger Anwendung gebracht worden; gewiss ist es erst seit den letzten Jahren mehr in Übung und sind viele Schriften darüber erschienen; die Ergebnisse sind denn auch in einem entsprechenden Grade immer rascher und erheblicher geworden. Es ist aber nicht entfernt wahr, dass dieses Princip eine neue Entdeckung sei. Ich könnte mehrere Belegstellen anführen, aus welchen sich die volle Anerkennung seiner Wichtigkeit schon in sehr alten Schriften ergibt. Selbst in den rohen und barbarischen Zeiten der englischen Geschichte sind ausgesuchte Zuchtthiere oft eingeführt und ist ihre Ausfuhr gesetzlich verboten worden; auch war die Entfernung der Pferde unter einer gewissen Grösse angeordnet, was sich mit dem obenerwähnten Ausjäten der Pflanzen vergleichen lässt. Das Princip der Zuchtwahl finde ich auch in einer alten chinesischen Encyklopädie bestimmt angegeben. Ausführliche Regeln darüber sind bei einigen Römischen Classikern niedergelegt. Aus einigen Stellen in der Genesis erhellt, dass man schon in jener frühen Zeit der Farbe der Hausthiere seine Aufmerksamkeit zugewendet hat. Wilde kreuzen noch jetzt zuweilen ihre Hunde mit wilden Hundearten, um die Rasse zu verbessern, wie es nach PLINIUS' Zeugnis auch vormals geschehen ist. Die Wilden in Süd-Africa paaren ihre Zugochsen nach der Farbe zusammen, wie einige Eskimos ihre Zughunde. LIVINGSTONE berichtet, wie hoch gute Hausthierrassen von den Negern im innern Africa, welche nie mit Europäern in Berührung gewesen sind, geschätzt werden. Einige der angeführten Thatsachen sind zwar keine Belege für wirkliche Zuchtwahl; aber sie zeigen, dass die Zucht der Hausthiere schon in alten Zeiten ein Gegenstand aufmerksamer Sorgfalt gewesen, und dass sie es bei den rohesten Wilden jetzt ist. Es hätte aber in der That doch befremden müssen, wenn der Zuchtwahl keine Aufmerksamkeit geschenkt worden wäre, da die Erblichkeit der guten und schlechten Eigenschaften so augenfällig ist.

Unbewusste Zuchtwahl.

In jetziger Zeit versuchen es ausgezeichnete Züchter durch planmässige Wahl, mit einem bestimmten Ziele vor Augen, neue Stämme oder Unterrassen zu bilden, die alles bis jetzt im Lande

Vorhandene übertreffen sollen. Für unsern Zweck jedoch ist diejenige Art von Zuchtwahl wichtiger, welche man die unbewusste nennen kann und welche das Resultat des Umstandes ist, dass Jedermann von den besten Thieren zu besitzen und nachzuziehen sucht. So wird Jemand, der Hühnerhunde halten will, natürlich zuerst möglichst gute Hunde zu bekommen suchen und nachher die besten seiner eigenen Hunde zur Nachzucht bestimmen; dabei hat er aber nicht die Absicht oder die Erwartung, die Rasse hierdurch bleibend zu ändern. Demungeachtet lässt sich annehmen, dass dieses Verfahren, einige Jahrhundert lang fortgesetzt, eine jede Rasse ändern und veredeln wird, wie Bakewell, Collins u. A. durch ein gleiches und nur etwas planmässigeres Verfahren schon während ihrer eigenen Lebenszeit die Formen und Eigenschaften ihrer Rinderheerden wesentlich verändert haben. Langsame und unmerkbare Veränderungen dieser Art können nicht erkannt werden, wenn nicht wirkliche Messungen oder sorgfältige Zeichnungen der fraglichen Rassen vor langer Zeit gemacht worden sind, welche zur Vergleichung dienen können. In manchen Fällen kann man jedoch noch unveredelte oder wenig veränderte Individuen einer und derselben Rasse in weniger civilisierten Gegenden auffinden, wo die Veredlung derselben weniger fortgeschritten ist. So hat man Grund zu glauben, dass König Karl's Jagdhundrasse* seit der Zeit dieses Monarchen unbewusster Weise beträchtlich verändert worden ist. Einige völlig sachkundige Gewährsmänner hegen die Überzeugung, dass der Spürhund in gerader Linie vom Jagdhund abstammt und wahrscheinlich durch langsame Veränderung aus demselben hervorgegangen ist. Es ist bekannt, dass der Vorstehehund im letzten Jahrhundert grosse Umänderung erfahren hat, und in diesem Falle glaubt man, es sei die Umänderung hauptsächlich durch Kreuzung mit dem Fuchshunde bewirkt worden; aber was uns angeht, ist, dass diese Umänderung unbewusst und allmählich geschehen und

---

* Herr Darwin ertheilt mir über die hier genannten Englischen Hunderassen folgende Auskunft:

der Jagdhund (Spaniel) ist klein, rauhhaarig, mit hängenden Ohren und gibt auf der Fährte des Wildes Laut;

der Spürhund (Setter) ist ebenfalls rauhhaarig, aber gross, und drückt sich, wenn er Wind vom Wilde hat, ohne Laut zu geben, lange Zeit regungslos auf den Boden;

der Vorstehehund (Pointer) endlich entspricht dem deutschen Hühnerhunde und ist in England gross und glatthaarig. Bronn.

dennoch so beträchtlich ist, dass, obwohl der alte spanische Vorstehehund gewiss aus Spanien gekommen, Herr Borrow mich doch versichert hat, in ganz Spanien keine einheimische Hunderasse gesehen zu haben, die unserm Vorstehehund gliche.

Durch ein ähnliches Wahlverfahren und sorgfältige Erziehung ist die ganze Masse der englischen Rennpferde dahin gelangt, in Schnelligkeit und Grösse ihren arabischen Urstamm zu übertreffen, so dass dieser letzte bei den Bestimmungen über die Goodwood-Rennen hinsichtlich des zu tragenden Gewichtes begünstigt werden musste. Lord Spencer u. A. haben gezeigt, dass in England das Rindvieh an Schwere und früher Reife gegen die früher hier gehaltenen Heerden zugenommen hat. Vergleicht man die Nachrichten, welche in alten Taubenbüchern über Boten- und Purzeltauben enthalten sind, mit diesen Rassen, wie sie jetzt in England, Indien und Persien vorkommen, so kann man, scheint mir, deutlich die Stufen verfolgen, welche sie allmählich zu durchlaufen hatten, um endlich so weit von der Felstaube abzuweichen.

Youatt giebt ein vortreffliches Beispiel von den Wirkungen einer fortdaueruden Zuchtwahl, welche man insofern als unbewusste betrachten kann, als die Züchter nie das von ihnen erlangte Ergebnis selbst erwartet oder gewünscht haben können, nämlich die Erziehung zweier ganz verschiedener Stämme. Die beiden Heerden von Leicester-Schafen, welche Mr. Buckley und Mr. Burgess halten, sind, wie Youatt bemerkt, „seit länger als 50 Jahren rein aus der „ursprünglichen Stammform Bakewell's gezüchtet worden. Unter „Allen, welche mit der Sache bekannt sind, denkt Niemand auch „nur von fern daran, dass die beiden Eigner dieser Heerden dem „reinen Bakewell'schen Stamme jemals fremdes Blut beigemischt „hätten, und doch ist jetzt die Verschiedenheit zwischen deren „Heerden so gross, dass man glaubt, ganz verschiedene Rassen „zu sehen."

Gäbe es Wilde, die so barbarisch wären, dass sie keine Ahnung von der Erblichkeit des Characters ihrer Hausthiere hätten, so würden sie doch jedes ihnen zu einem besondern Zwecke vorzugsweise nützliche Thier während einer Hungersnoth und anderer Unglücksfälle, denen Wilde so leicht ausgesetzt sind, sorgfältig zu erhalten bedacht sein, und ein derartig auserwähltes Thier würde mithin mehr Nachkommenschaft als ein anderes von geringerem Werthe hinterlassen, so dass schon auf diese Weise eine unbewusste Auswahl zur Züchtung stattfände. Welchen Werth selbst die Bar-

baren des Feuerlandes auf ihre Thiere legen, sehen wir, wenn sie in Zeiten der Noth lieber ihre alten Weiber als ihre Hunde tödten und verzehren, weil ihnen diese nützlicher sind als jene.

Bei den Pflanzen kann man dasselbe stufenweise Veredlungsverfahren in der gelegentlichen Erhaltung der besten Individuen wahrnehmen, mögen sie nun hinreichend oder nicht genügend verschieden sein, um bei ihrem ersten Erscheinen schon als eine eigene Varietät zu gelten, und mögen dabei zwei oder mehr Rassen oder Arten durch Kreuzung miteinander verschmolzen worden sein. Wir erkennen dies klar aus der zunehmenden Grösse und Schönheit der Blumen von Pensées, Dahlien, Pelargonien, Rosen u. a. Pflanzen im Vergleich mit den älteren Varietäten derselben Arten oder mit ihren Stammformen. Niemand wird erwarten, ein Stiefmütterchen (Pensée) oder eine Dahlie erster Qualität aus dem Samen einer wilden Pflanze zu erhalten, oder eine Schmelzbirne erster Sorte aus dem Samen einer wilden Birne zu erziehen, obwohl es von einem wildgewachsenen Sämlinge der Fall sein könnte, welcher von einer im Garten gezogenen Varietät herrührt. Die Birne ist zwar schon in der classischen Zeit cultiviert worden, scheint aber nach Plinius' Bericht eine Frucht von sehr untergeordneter Qualität gewesen zu sein. Ich habe in Gartenbauschriften den Ausdruck grossen Erstaunens über die wunderbare Geschicklichkeit der Gärtner gefunden, die aus so dürftigem Material so glänzende Erfolge erzielt hätten; aber ihre Kunst war ohne Zweifel einfach und ist, wenigstens in Bezug auf das Endergebnis, beinahe unbewusst ausgeübt worden. Sie bestand nur darin, dass sie die jederzeit beste Varietät wieder aussäeten und, wenn dann zufällig eine neue, etwas bessere Abänderung zum Vorschein kam, nun diese zur Nachzucht wählten u. s. w. Aber die Gärtner der classischen Zeit, welche die beste Birne, die sie erhalten konnten, cultivierten, hatten keine Idee davon, was für eine herrliche Frucht wir einst essen würden; und doch verdanken wir dieses treffliche Obst in einem geringen Grade wenigstens dem Umstande, dass schon sie begonnen haben, die besten Varietäten, die sie nur irgend finden konnten, auszuwählen und zu erhalten.

Ein bedeutender Grad von Veränderung, der sich hiernach in unseren Culturpflanzen langsamer und unbewusster Weise angehäuft hat, erklärt, glaube ich, die bekannte Thatsache, dass wir in einer Anzahl von Fällen die wilde Mutterpflanze nicht wieder erkennen und daher nicht anzugeben vermögen, woher die am längsten in unseren Blumen- und Küchengärten angebauten Pflanzen stammen.

Wenn es aber Hunderte und Tausende von Jahren bedurft hat, um unsere Culturpflanzen bis auf deren jetzige, dem Menschen so nützliche Stufe zu veredeln oder zu modificieren, so wird es uns auch begreiflich, warum weder Australien, noch das Cap der guten Hoffnung, noch irgend ein anderes von ganz uncivilisierten Menschen bewohntes Land uns eine der Cultur werthe Pflanze geboten hat. Nicht als ob diese an Pflanzenarten so reichen Länder in Folge eines eigenen Zufalles gar nicht mit Urformen nützlicher Pflanzen von der Natur versehen worden wären; ihre einheimischen Pflanzen sind nur nicht durch unausgesetzte Zuchtwahl bis zu einem Grade veredelt worden, welcher mit dem veredelten Zustande der Pflanzen in den schon von Alters her cultivierten Ländern vergleichbar wäre.

Was die Hausthiere nicht civilisierter Völker betrifft, so darf man nicht übersehen, dass dieselben sich beinahe immer ihre eigene Nahrung zu erkämpfen haben, wenigstens zu gewissen Jahreszeiten. In zwei sehr verschieden beschaffenen Gegenden können Individuen einer und derselben Species, aber von etwas verschiedener Bildung und Constitution, oft die einen in der ersten und die anderen in der zweiten Gegend besser fortkommen; und hier können sich durch eine Art natürlicher Zuchtwahl, wie nachher weiter erklärt werden soll, zwei Unterrassen bilden. Dies erklärt vielleicht zum Theile, was einige Schriftsteller anführen, dass die Thierrassen der Wilden mehr die Charactere besonderer Species an sich tragen, als die bei civilisierten Völkern gehaltenen Varietäten.

Nach der hier aufgestellten Ansicht von der bedeutungsvollen Rolle, welche die Zuchtwahl des Menschen gespielt hat, erklärt es sich auch sofort, woher es kommt, dass unsere domesticierten Rassen sich in ihrer Structur oder in ihrer Lebensweise den Bedürfnissen und Launen des Menschen anpassen. Es lassen sich daraus ferner, wie ich glaube, der oft abnorme Character unserer Hausrassen und auch die gewöhnlich in äusseren Merkmalen so grossen, in inneren Theilen oder Organen aber verhältnismässig so unbedeutenden Verschiedenheiten derselben begreifen. Der Mensch kann kaum oder nur sehr schwer andere als äusserlich sichtbare Abweichungen der Structur bei seiner Auswahl beachten, und er kümmert sich in der That nur selten um das Innere. Er kann durch Zuchtwahl nur auf solche Abänderungen einwirken, welche ihm von der Natur selbst in anfänglich geringem Grade dargeboten werden. So würde nie Jemand versuchen, eine Pfauentaube zu machen, wenn er nicht zuvor schon eine Taube mit einem in etwas ungewöhnlicher Weise entwickelten Schwanze gesehen hätte, oder einen Kröpfer, wenn er nicht eine Taube gefunden hätte mit einem ungewöhnlich grossen Kropfe. Je abnormer und ungewöhnlicher ein Character bei seinem ersten Erscheinen war, desto mehr wird derselbe die Aufmerksamkeit gefesselt haben. Doch ist ein derartiger Ausdruck, wie „versuchen eine Pfauentaube zu machen", in den meisten Fällen äusserst incorrect. Denn der, welcher zuerst eine Taube mit einem etwas stärkeren Schwanze zur Nachzucht auswählte, hat sich gewiss nicht träumen lassen, was aus den Nachkommen dieser Taube durch theils unbewusste, theils planmässige Zuchtwahl werden würde. Vielleicht hat der Stammvater aller Pfauentauben nur vierzehn etwas ausgebreitete Schwanzfedern gehabt, wie die jetzige javanische Pfauentaube oder wie einzelne Individuen verschiedener anderer Rassen, an welchen man bis zu 17 Schwanzfedern gezählt hat. Vielleicht hat die erste Kropftaube ihren Kropf nicht stärker aufgeblähet, als es jetzt die Möventaube mit dem obern Theile der Speiseröhre zu thun pflegt, eine Gewohnheit, welche bei allen Taubenliebhabern unbeachtet bleibt, weil sie keinen Gesichtspunkt für ihre Zuchtwahl abgibt.

Man darf aber nicht annehmen, dass es erst einer grossen Abweichung in der Structur bedürfe, um den Blick des Liebhabers auf sich zu ziehen; er nimmt äusserst kleine Verschiedenheiten wahr, und es ist in des Menschen Art begründet, auf eine wenn auch geringe Neuigkeit in seinem eigenen Besitze Werth zu legen. Auch darf der anfangs auf geringe individuelle Abweichungen bei Individuen einer und derselben Art gelegte Werth nicht nach demjenigen beurtheilt werden, welcher denselben Verschiedenheiten jetzt beigelegt wird, nachdem einmal mehrere reine Rassen hergestellt sind. Viele geringe Abänderungen treten bekanntlich bei Tauben gelegentlich auf; sie werden aber als Fehler oder als Abweichungen vom vollkommenen Typus einer Rasse jedesmal verworfen. Die gemeine Gans hat keine auffallenden Varietäten geliefert; daher sind die Toulouse- und die gewöhnliche Rasse, welche nur in der Farbe, dem biegsamsten aller Charactere, verschieden sind, bei unseren Geflügel-Ausstellungen als verschiedene ausgestellt worden.

Diese Ansichten erklären ferner, wie ich meine, eine zuweilen gemachte Bemerkung, dass wir nämlich kaum etwas über den Ursprung oder die Geschichte irgend einer unserer domesticierten Rassen wissen. Man kann indessen von einer Rasse, wie von einem Sprachdialecte, in Wirklichkeit kaum sagen, dass sie einen bestimmten Ursprung gehabt habe. Jemand erhält und gebraucht irgend ein Individuum mit geringen Abweichungen des Körperbaues zur Nachzucht, oder er verwendet mehr Sorgfalt als gewöhnlich darauf, seine besten Thiere miteinander zu paaren, und verbessert dadurch seine Zucht; und die verbesserten Thiere verbreiten sich langsam in die unmittelbare Nachbarschaft. Da sie aber bis jetzt noch schwerlich einen besondern Namen haben und sie noch nicht sonderlich geschätzt sind, so achtet Niemand auf ihre Geschichte. Wenn sie dann durch dasselbe langsame und allmähliche Verfahren noch weiter veredelt worden sind, breiten sie sich immer weiter aus und werden jetzt als etwas Besonderes und Werthvolles anerkannt und erhalten wahrscheinlich nun zunächst einen Provincialnamen. In halb-civilisierten Gegenden mit wenig freiem Verkehr dürfte die Ausbreitung und Anerkennung einer neuen Unterrasse ein langsamer Vorgang sein. Sobald aber die einzelnen werthvolleren Eigenschaften der neuen Unterrasse einmal vollständig anerkannt sind, wird stets das von mir sogenannte Princip der unbewussten Zuchtwahl — vielleicht zu einer Zeit mehr als zur andern, je nachdem eine Rasse in der Mode steigt oder fällt, und vielleicht mehr in einer Gegend als in der andern, je nach der Civilisationsstufe ihrer Bewohner — langsam auf die Häufung der characteristischen Züge der Rasse hinwirken, welcher Art sie auch sein mögen. Aber es ist unendlich wenig Wahrscheinlichkeit vorhanden, dass sich ein Bericht über derartige langsame, wechselnde und unmerkliche Veränderungen werde erhalten haben.

Günstige Umstände für das Wahlvermögen des Menschen.

Ich habe nun einige Worte über die dem Wahlvermögen des Menschen günstigen oder ungünstigen Umstände zu sagen. Ein hoher Grad von Veränderlichkeit ist insofern offenbar günstig, als er ein reicheres Material zur Auswahl für die Züchtung liefert. Nicht als ob bloss individuelle Verschiedenheiten nicht vollkommen genügten, um mit äusserster Sorgfalt durch Häufung endlich eine bedeutende Umänderung in fast jeder gewünschten Richtung zu erwirken. Da aber solche dem Menschen offenbar nützliche oder gefällige Variationen nur zufällig vorkommen, so muss die Aussicht auf deren Erscheinen mit der Anzahl der gehaltenen Individuen zunehmen. Daher ist eine grosse Zahl von der höchsten Bedeutung für den Erfolg. Mit Rücksicht auf dieses Princip hat früher Marshall, in Bezug auf die Schafe in einigen Theilen von Yorkshire, gesagt, dass, „weil sie gewöhnlich nur armen Leuten ge„hören und meistens in kleine Loose vertheilt sind, sie nie ver„edelt werden können." Auf der andern Seite haben Handelsgärtner, welche dieselben Pflanzen in grossen Massen erziehen, gewöhnlich mehr Erfolg als blosse Liebhaber in Bildung neuer und werthvoller Varietäten. Eine grosse Anzahl von Individuen einer Thier- oder Pflanzenform kann nur da aufgezogen werden, wo die Bedingungen ihrer Vermehrung günstig sind. Sind nur wenig Individuen einer Art vorhanden, so werden sie gewöhnlich alle, wie auch ihre Beschaffenheit sein mag, zur Nachzucht zugelassen, und dies hindert bedeutend ihre Auswahl. Aber wahrscheinlich der wichtigste Punkt von allen ist, dass das Thier oder die Pflanze für den Besitzer so nützlich oder so werthvoll ist, dass er die genaueste Aufmerksamkeit auf jede, auch die geringste Abänderung in den Eigenschaften und dem Körperbaue eines jeden Individuums wendet. Wird keine solche Aufmerksamkeit angewendet, so ist auch nichts zu erreichen. Ich habe es mit Nachdruck hervorheben hören, es sei ein sehr glücklicher Zufall gewesen, dass die Erdbeere gerade zu variieren begonnen habe, als Gärtner die Pflanze näher zu beobachten anfiengen. Zweifelsohne hatte die Erdbeere immer variiert, seitdem sie angepflanzt worden war, aber man hatte die geringen Abänderungen vernachlässigt. Sobald jedoch Gärtner später individuelle Pflanzen mit etwas grösseren, früheren oder besseren Früchten heraushoben, Sämlinge davon erzogen und dann wieder die besten Sämlinge und deren Abkommen zur Nachzucht verwendeten, lieferten diese, unterstützt durch die Kreuzung mit besonderen Arten, die vielen bewundernswerthen Varietäten der Erdbeere, welche während des letzten halben Jahrhunderts erzielt worden sind.

Bei Thieren ist die Leichtigkeit, womit ihre Kreuzung gehindert werden kann, ein wichtiges Element bei der Bildung neuer Rassen, wenigstens in einem Lande, welches bereits mit anderen Rassen besetzt ist. Hier spielt auch die Einzäunung der Ländereien eine Rolle. Wandernde Wilde oder die Bewohner offener Ebenen besitzen selten mehr als eine Rasse von einer und derselben Species. Man kann zwei Tauben lebenslänglich zusammenpaaren, und dies ist eine grosse Bequemlichkeit für den Liebhaber, weil er viele Rassen veredeln und rein erhalten kann, trotzdem sie im nämlichen Vogelhause nebeneinander leben. Dieser Umstand muss die Bildung und Veredlung neuer Rassen sehr befördert haben. Ich will noch hinzufügen, dass man die Tauben sehr rasch und in grosser Anzahl vermehren und die schlechten Vögel reichlich beseitigen kann, weil sie getödtet zur Speise dienen. Auf der andern Seite lassen sich Katzen ihrer nächtlichen Wanderungen wegen nicht leicht zusammenpaaren; daher sieht man auch, trotzdem dass Frauen und Kinder sie gern haben, selten eine neue Rasse aufkommen; solche Rassen, wie wir dergleichen zuweilen sehen, sind immer aus irgend einem andern Lande eingeführt. Obwohl ich nicht bezweifle, dass einige domesticierte Thiere weniger als andere variieren, so wird doch die Seltenheit oder der gänzliche Mangel verschiedener Rassen, bei Katze, Esel, Pfau, Gans u. s. w. hauptsächlich davon herrühren, dass keine Zuchtwahl bei ihnen in Anwendung gekommen ist: bei Katzen, wegen der Schwierigkeit sie zu paaren; bei Eseln, weil sie bei uns nur in geringer Anzahl von armen Leuten gehalten werden und ihrer Zucht nur geringe Aufmerksamkeit geschenkt wird, wogegen dieses Thier in einigen Theilen von Spanien und den Vereinigten Staaten durch sorgfältige Zuchtwahl in erstaunlicher Weise abgeändert und veredelt worden ist; — bei Pfauen, weil sie nicht leicht aufzuziehen sind und keine grosse Zahl beisammen gehalten wird; bei Gänsen, weil sie nur aus zwei Gründen geschätzt werden, wegen ihrer Federn und ihres Fleisches, und besonders, weil sie noch nicht zur Züchtung neuer Rassen gereizt haben; doch scheint die Gans unter den Verhältnissen, in welche sie bei ihrer Domestication gebracht ist, auch eine eigenthümlich unbiegsame Organisation zu besitzen, wenngleich sie in einem geringen Grade variiert hat, wie ich an einem andern Orte beschrieben habe.

Einige Schriftsteller haben behauptet, dass die Höhe der Abänderung in unseren domesticierten Formen bald erreicht werde und später niemals überschritten werden könne. Es würde ziemlich voreilig sein, zu behaupten, dass die Grenze in irgend einem Falle erreicht worden sei; denn fast alle unsere Pflanzen und Thiere sind in neuerer Zeit in vielfacher Weise veredelt worden, und dies setzt Abänderung voraus. Es würde gleichfalls voreilig sein, zu behaupten, dass jetzt bis zu ihrer äussersten Grenze entwickelte Charactere nicht wieder, nachdem sie Jahrhunderte lang fixiert geblieben sind, unter neuen Lebensbedingungen variieren könnten. Es wird, wie Wallace sehr wahr bemerkt hat, zuletzt einmal eine Grenze erreicht werden. So muss es z. B. für die Schnelligkeit jedes Landthieres eine Grenze geben, da diese von der zu überwindenden Reibung, dem zu befördernden Körpergewicht und der Zusammenziehungskraft der

Muskelfasern bestimmt wird. Was uns aber hier angeht, ist, dass die domesticierten Varietäten einer und derselben Art untereinander mehr als die distincten Arten derselben Gattungen in fast allen den Merkmalen abweichen, welchen der Mensch seine Aufmerksamkeit zugewendet und welche er bei der Zuchtwahl beachtet hat. Isidore Geoffroy St.-Hilaire hat dies in Bezug auf die Grösse nachgewiesen; dasselbe gilt für die Farbe und wahrscheinlich für die Länge des Haares. In Bezug auf die Schnelligkeit, welche von vielen körperlichen Eigenthümlichkeiten abhängt, war Eclipse bei weitem schneller und ein Karrengaul ist unvergleichlich stärker als irgend zwei natürliche zu der nämlichen Gattung gehörende Arten. Dasselbe gilt für Pflanzen: die Samen der verschiedenen Varietäten der Bohne oder des Maises sind wahrscheinlich an Grösse verschiedener als die Samen der verschiedenen Arten irgend einer Gattung der nämlichen zwei Familien. Dieselbe Bemerkung gilt auch in Bezug auf die Früchte der verschiedenen Varietäten der Pflaume und noch mehr in Bezug auf die Melone, ebenso wie in vielen anderen analogen Fällen.

Versuchen wir nun das über den Ursprung unserer domesticierten Thier- und Pflanzenrassen Gesagte zusammenzufassen. Veränderte Lebensbedingungen sind von höchster Bedeutung als Ursache der Variabilität, und zwar sowohl deshalb, weil sie direct auf die Organisation einwirken, als auch weil sie indirect das Fortpflanzungssystem afficieren. Es ist nicht wahrscheinlich, dass Veränderlichkeit als eine inhärente und nothwendige Eigenschaft allen organischen Wesen unter allen Umständen zukomme. Die grössere oder geringere Stärke der Vererbung und des Rückschlags bestimmen es, ob Abänderungen bestehen bleiben werden. Die Variabilität wird durch viele unbekannte Gesetze geregelt, von denen wahrscheinlich das der Correlation des Wachsthums das bedeutungsvollste ist. Etwas mag der bestimmten Einwirkung der äusseren Lebensbedingungen zugeschrieben werden; wie viel aber, das wissen wir nicht. Etwas, und vielleicht viel, mag dem Gebrauche und Nichtgebrauche der Organe zugeschrieben werden. Dadurch wird das Endergebnis unendlich verwickelt. In einigen Fällen hat wahrscheinlich die Kreuzung ursprünglich verschiedener Arten einen wesentlichen Antheil an der Bildung unserer Rassen gehabt. Wenn in einem Lande einmal mehrere Rassen entstanden sind, so hat ihre gelegentliche Kreuzung unter Hülfe der Zuchtwahl zweifelsohne mächtig zur Bildung neuer Rassen mitgewirkt; aber die Wichtigkeit der Kreuzung ist sehr übertrieben worden sowohl in Bezug auf die Thiere, als auf die Pflanzen, die aus Samen weiter gezogen werden. Bei solchen Pflanzen dagegen, welche zeitweise durch Stecklinge, Knospen u. s. w. fortgepflanzt werden, ist die Wichtigkeit der Kreuzung unermesslich, weil der Pflanzenzüchter hier die ausserordentliche Veränderlichkeit sowohl der Bastarde als der Blendlinge und die häufige Unfruchtbarkeit der Bastarde ganz ausser Acht lassen kann; doch haben die Fälle, wo Pflanzen nicht aus Samen fortgepflanzt werden, wenig Bedeutung für uns, weil ihre Dauer nur vorübergehend ist. Die über alle diese Ursachen der Abänderung bei weitem vorherrschende Kraft scheint die fortdauernd accumulative Wirkung der Zuchtwahl gewesen zu sein, mag sie nun planmässig und schneller oder unbewusst, und zwar langsamer, aber wirksamer in Anwendung gekommen sein.

Zweites Capitel.

Abänderung im Naturzustande.

Variabilität. — Individuelle Verschiedenheiten. — Zweifelhafte Arten. — Weit und sehr verbreitete und gemeine Arten variieren am meisten. — Arten der grösseren Gattungen jeden Landes variieren häufiger als die der kleineren Genera. — Viele Arten der grossen Gattungen gleichen den Varietäten darin, dass sie sehr nahe, aber ungleich miteinander verwandt sind und beschränkte Verbreitungsbezirke haben.

Ehe wir die Grundsätze, zu welchen wir im vorigen Capitel gelangt sind, auf die organischen Wesen im Naturzustande anwenden, müssen wir kurz untersuchen, ob diese letzten irgendwie veränderlich sind oder nicht. Um diesen Gegenstand nur einigermassen eingehend zu behandeln, müsste ich ein langes Verzeichnis trockener Thatsachen geben; doch will ich diese für ein künftiges Werk versparen. Auch will ich hier nicht die verschiedenen Definitionen erörtern, welche man von dem Worte „Species“ gegeben hat. Keine derselben hat bis jetzt alle Naturforscher befriedigt; doch weiss jeder Naturforscher ungefähr, was er meint, wenn er von einer Species spricht. Allgemein schliesst die Bezeichnung das unbekannte Element eines besondern Schöpfungsactes ein. Der Ausdruck „Varietät“ ist fast eben so schwer zu definieren; Gemeinsamkeit der Abstammung ist indess hier meistens einbedungen, obwohl sie selten bewiesen werden kann. Auch finden sich Formen, die man Monstrositäten nennt; sie gehen aber stufenweise in Varietäten über. Unter einer „Monstrosität“ versteht man nach meiner Meinung irgend eine beträchtliche Abweichung der Structur, welche der Art meistens nachtheilig oder doch nicht nützlich ist. Einige Schriftsteller gebrauchen noch den Ausdruck „Variation“ in einem technischen Sinne, um Abänderungen zu bezeichnen, welche directe Folge äusserer Lebensbedingungen sind, und die „Variationen“ dieser Art gelten nicht für erblich. Wer kann indessen behaupten, dass die zwerghafte Beschaffenheit der Conchylien im Brackwasser der Ostsee, oder die Zwergpflanzen auf den Höhen der Alpen, oder der dichtere Pelz eines Thieres in höheren Breiten nicht in einigen Fällen auf wenigstens einige Generationen vererbt werden? und in diesem Falle würde man, glaube ich, die Form eine „Varietät“ nennen.

Es mag wohl zweifelhaft sein, ob plötzliche und grosse Abweichungen der Structur, wie wir sie gelegentlich bei unseren domesticierten Rassen, zumal unter den Pflanzen, auftauchen sehen, im Naturzustande je dauernd fortgepflanzt werden. Fast jeder Theil eines jeden organischen Wesens steht in einer so schönen Beziehung zu seinen complicierten Lebensbedingungen, dass es eben so unwahrscheinlich scheint, dass irgend ein Theil auf einmal in seiner ganzen Vollkommenheit erschienen sei, wie dass ein Mensch irgend eine zusammengesetzte Maschine sogleich in vollkommenem Zustande erfunden habe. Im domesticierten Zustande kommen oft Monstrositäten vor, welche normalen Bildungen in sehr verschiedenen Thieren ähnlich sind. So sind oft Schweine mit einer Art Rüssel geboren worden. Wenn nun irgend eine wilde Art der Gattung Schwein von Natur einen Rüssel besessen hätte, so hätte man schliessen können, dass derselbe plötzlich als Monstrosität erschienen sei. Es ist mir aber bis jetzt nach eifrigem Suchen nicht gelungen, Fälle zu finden, wo Monstrositäten normalen Bildungen bei nahe verwandten Formen ähnlich wären; und nur solche haben Bezug auf vorliegende Frage. Treten monströse Formen dieser Art je im Naturzustande auf und sind sie fähig, sich fortzupflanzen (was nicht immer der Fall ist), so würde, da sie nur selten und einzeln vorkommen, ihre Erhaltung von ungewöhnlich günstigen Umständen abhängen. Sie würden sich auch in der ersten und den folgenden Generationen mit der gewöhnlichen Form kreuzen und würden auf diese Weise fast unvermeidlich ihren abnormen Character verlieren. Ich werde aber in einem spätern Capitel auf die Erhaltung und Fortpflanzung einzelner und gelegentlicher Abänderungen zurückzukommen haben.

Individuelle Verschiedenheiten.

Die vielen geringen Verschiedenheiten, welche oft unter den Abkömmlingen von einerlei Eltern vorkommen, oder unter solchen, von denen man einen derartigen Ursprung annehmen darf, kann man individuelle Verschiedenheiten nennen, da sie bei Individuen der nämlichen Art beobachtet werden, welche auf begrenztem Raume nahe beisammen wohnen. Niemand glaubt, dass alle Individuen einer Art factisch genau nach einem und demselben Modell gebildet seien. Diese individuellen Verschiedenheiten sind nun gerade von der grössten Bedeutung für uns, weil sie oft vererbt werden, wie schon Jedermann zu beobachten Gelegenheit gehabt haben muss; hierdurch liefern sie der natürlichen Zuchtwahl Material zur Einwirkung und zur Häufung, in der nämlichen Weise wie der Mensch in seinen cultivierten Rassen individuelle Verschiedenheiten in irgend einer gegebenen Richtung häuft. Diese individuellen Verschiedenheiten betreffen in der Regel nur die in den Augen des Naturforschers unwesentlichen Theile; ich könnte jedoch aus einer langen Liste von Thatsachen nachweisen, dass auch Theile, die man als wesentliche bezeichnen muss, mag man sie von physiologischem oder von classificatorischem Gesichtspunkte aus betrachten, zuweilen bei den Individuen von einerlei Arten variieren. Ich bin überzeugt, dass die erfahrensten Naturforscher erstaunt sein würden über die Menge von Fällen von Variabilität sogar in wichtigen Theilen des Körpers, die sie nach glaubwürdigen Autoritäten zusammenbringen könnten, wie ich sie im Laufe der Jahre zusammengetragen habe. Man muss sich aber dabei noch erinnern, dass die Systematiker durchaus nicht erfreut sind, Veränderlichkeit in wichtigen Characteren zu entdecken, und dass es nicht viele gibt, welche mühsam innere wichtige Organe untersuchen und in vielen Exemplaren einer und der nämlichen Art miteinander vergleichen. So würde man nimmer erwartet haben, dass die Verzweigungen der Hauptnerven dicht am grossen Centralnervenknoten eines Insectes in einer und derselben Species abändern könnten, sondern vielmehr gedacht haben, Veränderungen dieser Art könnten nur langsam und stufenweise hervorgebracht worden sein. Und doch hat Sir John Lubbock kürzlich bei *Coccus* einen Grad von Veränderlichkeit an diesen Hauptnerven nachgewiesen, welcher beinahe an die unregelmässige Verzweigung eines Baumstammes erinnert. Ebenso hat dieser ausgezeichnete Naturforscher, wie ich hinzufügen will, kürzlich gezeigt, dass die Muskeln in den Larven gewisser Insecten von Gleichförmigkeit weit entfernt sind. Die Schriftsteller bewegen sich oft in einem Kreise, wenn sie behaupten, dass wichtige Organe niemals variieren; denn diese selben Schriftsteller zählen in der Praxis diejenigen Organe zu den wichtigen (wie einige wenige ehrlich genug sind, zu gestehen), welche nicht variiern, und unter dieser Voraussetzung kann dann allerdings niemals ein Beispiel angeführt werden von einem wichtigen Organe, welches variiere; aber von jedem andern Gesichtspunkte aus lassen sich deren ganz sicher viele aufzählen.

Mit den individuellen Verschiedenheiten steht noch ein anderer Punkt in Verbindung, welcher äusserst verwirrend ist: ich meine die Gattungen, welche man „protëische" oder „polymorphe" genannt hat, weil deren Arten einen ganz aussergewöhnlichen Grad von Veränderlichkeit zeigen. In Bezug auf viele dieser Formen stimmen kaum zwei Naturforscher darüber miteinander überein, ob dieselben als Arten oder als Varietäten zu betrachten seien. Ich will *Rubus*, *Rosa* und *Hieracium* unter den Pflanzen, mehrere Insecten und Brachiopodengenera unter den Thieren als Beispiele anführen. In den meisten dieser polymorphen Gattungen haben einige Arten feste und bestimmte Charactere. Gattungen, welche in einer Gegend polymorph sind, scheinen es mit einigen wenigen Ausnahmen auch in anderen Gegenden zu sein, und es auch, nach den Brachiopoden zu urtheilen, in früheren Zeiten gewesen zu sein. Diese Thatsachen nun sind insofern sehr auffallend, als sie zu zeigen scheinen, dass diese Art von Veränderlichkeit von den Lebensbedingungen unabhängig ist. Ich bin zu vermuthen geneigt, dass wir wenigstens bei einigen dieser polymorphen Gattungen solche Abänderungen vor uns haben, welche der Species weder nützlich noch schädlich sind und welche daher bei der natürlichen Zuchtwahl nicht berücksichtigt und befestigt worden sind, wie nachher erläutert werden soll.

Individuen einer und derselben Art bieten oft, wie allgemein bekannt ist, unabhängig von einer Variation grosse Verschiedenheiten der Structur dar, wie die beiden Geschlechter mancher Thiere, wie die zwei oder drei Formen steriler Weibchen oder Arbeiter bei Insecten, wie die unreifen oder Larvenzustände vieler niederen Thiere. Es gibt auch noch andere Fälle von Dimorphismus und Trimorphismus sowohl bei Pflanzen als bei Thieren. So hat Wallace, der vor Kurzem die Aufmerksamkeit besonders auf diesen Gegenstand gelenkt hat, gezeigt, dass die Weibchen gewisser Schmetterlingsarten im Malayischen Archipel regelmässig unter zwei oder selbst drei auffallend verschiedenen Formen auftreten, welche nicht durch intermediäre Varietäten verbunden werden. Neuerlich hat Fritz Müller analoge, aber noch ausserordentlichere Fälle von den Männchen gewisser brasilianischer Crustaceen beschrieben; so kommt das Männchen einer *Tanais* regelmässig unter zwei weit von einander verschiedenen Formen vor, das eine hat viel stärkere und verschieden geformte Scheeren, das andere mit viel reichlicher entwickelten Riechhaaren versehene Antennen. Obgleich nun aber in den meisten von diesen Fällen die dimorphen und trimorphen Formen, sowohl bei Thieren als bei Pflanzen, jetzt durch keine Zwischenglieder zusammenhängen, so ist es doch wahrscheinlich, dass sie einmal so zusammengehangen haben. Wallace beschreibt z. B. einen Schmetterling, der auf einer und derselben Insel eine grosse Reihe durch Zwischenglieder verbundener Varietäten darbietet und die äussersten Glieder dieser Reihe gleichen sehr den beiden Formen einer verwandten dimorphen Art, welche auf einem andern Theile des Malayischen Archipels vorkömmt. Dasselbe gilt für Ameisen; die verschiedenen Arbeiterformen sind gewöhnlich völlig verschieden: in manchen Fällen aber werden, wie wir später sehen werden, die verschiedenen Formen durch fein abgestufte Varietäten miteinander verbunden. Es erscheint allerdings zuerst als eine höchst merkwürdige Thatsache, dass derselbe weibliche Schmetterling das Vermögen haben sollte, gleichzeitig drei weibliche und eine männliche Form zu erzeugen; dass eine Zwitterpflanze aus derselben Samenkapsel drei verschiedene Zwitterformen erzeugen sollte, welche drei verschiedene Formen Weibchen und drei oder selbst sechs verschiedene Formen Männchen enthalten. Nichtsdestoweniger sind aber diese Fälle nur beinahe übertrieben zu nennende Belege für jene allgemeine Thatsache, dass jedes weibliche Thier Männchen und Weibchen hervorbringt, die in einigen Fällen in so wunderbarer Weise von einander verschieden sind.

Zweifelhafte Arten.

Diejenigen Formen, welche zwar in beträchtlichem Masse den Character einer Art besitzen, aber anderen Formen so ähnlich oder durch Mittelstufen mit solchen so enge verkettet sind, dass die Naturforscher sie nicht gern als besondere Arten anführen wollen, sind in mehreren Beziehungen die wichtigsten für uns. Wir haben allen Grund zu glauben, dass viele von diesen zweifelhaften und engverwandten Formen ihre Charactere lange Zeit beharrlich behauptet haben, eine so lange Zeit, so viel wir wissen, wie gute und echte Species. Practisch genommen pflegt ein Naturforscher, welcher zwei Formen durch Zwischenglieder miteinander zu verbinden vermag, die eine als eine Varietät der andern zu behandeln, wobei er die gewöhnlichere, zuweilen aber auch die zuerst beschriebene als die Art, die andere als die Varietät ansieht. Bisweilen treten aber auch sehr schwierige Fälle, die ich hier nicht aufzählen will, bei der Entscheidung der Frage ein, ob eine Form als Varietät der andern anzusehen sei oder nicht, sogar wenn beide durch Zwischenglieder eng miteinander verbunden sind; auch will die gewöhnliche Annahme, dass diese Zwischenglieder Bastarde seien, nicht immer genügen, um die Schwierigkeit zu beseitigen. In sehr vielen Fällen jedoch wird eine Form als eine Varietät der andern erklärt, nicht weil die Zwischenglieder wirklich gefunden worden sind, sondern weil Analogie den Beobachter verleitet anzunehmen, entweder dass solche noch irgendwo vorhanden sind, oder dass sie früher vorhanden gewesen sind; und damit ist dann Zweifeln und Vermuthungen Thüre und Thor geöffnet.

Wenn es sich daher darum handelt zu bestimmen, ob eine Form als Art oder als Varietät zu bestimmen sei, scheint die Meinung der Naturforscher von gesundem Urtheil und reicher Erfahrung der einzige Führer zu bleiben. Gleichwohl können wir in vielen Fällen nur nach einer Majorität der Meinungen entscheiden; denn es lasssen sich nur wenige ausgezeichnete und gutgekannte Varietäten namhaft machen, die nicht schon bei wenigstens einem oder dem andern sachkundigen Richter als Species gegolten hätten.

Dass Varietäten von so zweifelhafter Natur keineswegs selten sind, kann nicht in Abrede gestellt werden. Man vergleiche die von verschiedenen Botanikern geschriebenen Floren von Gross-Britannien, Frankreich oder den Vereinigten Staaten miteinander und sehe, was für eine erstaunliche Anzahl von Formen von dem einen Botaniker als gute Arten und von dem andern als blosse Varietäten angesehen wird. Herr H. C. WATSON, welchem ich zur innigsten Erkenntlichkeit für Unterstützung aller Art verbunden bin, hat mir 182 Britische Pflanzen bezeichnet, welche gewöhnlich als Varietäten betrachtet werden, aber auch schon alle von Botanikern für Arten erklärt worden sind; und bei Aufstellung dieser Liste hat er noch manche unbedeutendere, aber auch schon von einem oder dem andern Botaniker als Art aufgenommene Varietät übergangen und einige sehr polymorphe Gattungen gänzlich ausser Acht gelassen. Unter gewissen Gattungen, mit Einschluss der am meisten polymorphen Formen, führt BABINGTON 251, BENTHAM dagegen nur 112 Arten auf, ein Unterschied von 139 zweifelhaften Formen! Unter den Thieren, welche sich zu jeder Paarung vereinigen und sehr ortswechselnd sind, können dergleichen zweifelhafte, von verschiedenen Zoologen bald als Arten bald als Varietäten angesehene Formen nicht so leicht in einer Gegend beisammen vorkommen, sind aber in getrennten Gebieten nicht selten. Wie viele jener nordamericanischen und europäischen Insecten und Vögel, die nur sehr wenig von einander abweichen, sind von dem einen ausgezeichneten Naturforscher als unzweifelhafte Arten und von dem andern als Varietäten oder sogenannte climatische Rassen bezeichnet worden! In mehreren werthvollen Aufsätzen, die WALLACE neuerdings über die verschiedenen Thierformen, besonders über die Lepidopteren des grossen Malayischen Archipels veröffentlicht hat, weist er nach, dass man sie in vier Gruppen theilen kann, nämlich in variable Formen, in Localformen, in geographische Rassen oder Subspecies und in echte repräsentierende Arten. Die ersten oder die variablen Formen variieren bedeutend innerhalb der Grenzen einer und derselben Insel. Die localen Formen sind auf jeder einzelnen Insel mässig constant und bestimmt; vergleicht man aber alle derartigen Formen von den verschiedenen Inseln miteinander, so stellen sich die Unterschiede als so gering und allmählich abgestuft heraus, dass es unmöglich wird, sie zu bestimmen oder zu beschreiben, obschon die extremen Formen hinreichend scharf bestimmt sind. Die geographischen Rassen oder Subspecies sind vollständig fixierte und isolierte Localformen; da sie aber nicht durch stark markierte und bedeutungsvolle Charactere von einander abweichen, „so kann kein etwa möglicher Beweis, sondern nur individuelle Meinung bestimmen, welche derselben man als Art und „welche man als Varietät betrachten soll.“ Repräsentierende Arten endlich nehmen im Naturhaushalte jeder Insel dieselbe Stelle ein, wie die localen Formen und Subspecies; da sie aber ein grösseres Mass von Verschiedenheit, als das zwischen localen Formen und Subspecies, von einander trennt, so werden sie allgemein von den Naturforschern für gute Arten genommen. Nichtsdestoweniger lässt sich kein bestimmtes Kriterium angeben, nach welchem man variable Formen, locale Formen, Subspecies und repräsentierende Arten als solche erkennen kann.

Als ich vor vielen Jahren die Vögel von den einzelnen Inseln der Galapagos-Gruppe miteinander und mit denen des americanischen

Festlandes verglich und andere sie vergleichen sah, war ich sehr darüber erstaunt, wie gänzlich schwankend und willkürlich der Unterschied zwischen Art und Varietät ist. Auf den Inselchen der kleinen Madeira-Gruppe kommen viele Insecten vor, welche in WOLLASTON's bewunderungswürdigem Werke als Varietäten characterisiert sind, welche aber gewiss von vielen Entomologen als besondere Arten aufgestellt werden würden. Selbst Irland besitzt einige wenige jetzt allgemein als Varietäten angesehene Thiere, welche aber von einigen Zoologen für Arten erklärt worden sind. Mehrere erfahrene Ornithologen betrachten unser britisches Rothhuhn *(Lagopus)* nur als eine scharf ausgezeichnete Rasse der norwegischen Art, während die Mehrzahl solches für eine unzweifelhafte und Gross-Britannien eigenthümliche Art erklärt. Eine weite Entfernung zwischen den Heimathsorten zweier zweifelhafter Formen bestimmt viele Naturforscher, dieselben für zwei Arten zu erklären; aber, hat man mit Recht gefragt, welche Entfernung genügt dazu? Wenn man die Entfernung zwischen Europa und America gross nennt, wird dann auch jene zwischen Europa und den Azoren oder Madeira oder den Canarischen Inseln oder zwischen den verschiedenen Inseln dieser kleinen Archipele genügen?

B. D. WALSH, ein ausgezeichneter Entomolog der Vereinigten Staaten, hat neuerdings sogenannte phytophage Varietäten und phytophage Arten beschrieben. Die meisten pflanzenfressenden Insecten leben von einer Art oder von einer Gruppe von Pflanzen; einige leben ohne Unterschied von vielen Arten, ohne indessen deshalb abzuändern. WALSH hat nun aber mehrere derartige Fälle beobachtet, wo Insecten, welche auf verschiedenen Pflanzen lebend gefunden wurden, entweder im Larven- oder im erwachsenen Zustande oder in beiden, geringe, aber constante Verschiedenheiten in Farbe, Grösse oder in der Beschaffenheit ihrer Secrete darboten. In einigen Fällen fand man nur die Männchen, in anderen Fällen Männchen und Weibchen in dieser Weise unbedeutend von einander verschieden. Sind die Verschiedenheiten etwas stärker ausgeprägt und sind beide Geschlechter und alle Altersstände afficiert, dann werden die betreffenden Formen von allen Entomologen für Species erklärt. Aber kein Beobachter kann für einen andern genau bestimmen, selbst wenn er es für sich thun kann, welche von diesen phytophagen Formen Varietäten, welche Arten zu nennen sind. WALSH bezeichnet diejenigen Formen, von denen man voraussetzen kann, dass sie sich reichlich kreuzen, als Varietäten, und diejenigen, welche diese Fähigkeit zu kreuzen verloren zu haben scheinen, als Arten. Da die Verschiedenheiten davon abhängen, dass sich die Insecten lange von verschiedenen Pflanzen ernährt haben, so kann man nicht erwarten, jetzt Zwischenglieder zwischen den verschiedenen Formen zu finden. Der Naturforscher verliert dadurch den besten Führer zu der Bestimmung, ob solche zweifelhafte Formen für Varietäten oder Species zu halten sind. Dies kommt nothwendig in gleicher Weise bei nahe verwandten Organismen vor, welche verschiedene Continente oder Inseln bewohnen. Hat aber auf der andern Seite ein Thier oder eine Pflanze eine weite Verbreitung über einen und denselben Continent, oder bewohnt es viele Inseln desselben Archipels, und bietet es in den verschiedenen Gebieten verschiedene Formen dar, so ist die Wahrscheinlichkeit immer gross, Zwischenglieder zu finden, welche die extremen Formen miteinander verbinden; diese werden dann auf den Rang von Varietäten herabgesetzt.

Einige wenige Naturforscher behaupten, dass Thiere niemals Varietäten darbieten; dann legen sie aber den geringsten Verschiedenheiten specifischen Werth bei; und wenn selbst dieselbe identische Form in zwei verschiedenen Ländern oder in zwei verschiedenen geologischen Formationen gefunden wird, so glauben sie, dass zwei verschiedene Arten im nämlichen Gewande verborgen enthalten sind. Der Ausdruck Art wird dadurch zu einer nutzlosen Abstraction, unter der man einen besondern Schöpfungsact versteht und annimmt. Es ist sicher, dass viele von competenten Richtern für Varietäten angesehene Formen so vollständig dem Character nach Arten ähnlich sind, dass sie von anderen ebenso competenten Männern dafür gehalten worden sind. Aber es ist vergebene Arbeit, die Frage zu erörtern, ob sie Arten oder Varietäten genannt werden sollen, solange noch keine Definition dieser zwei Ausdrücke allgemein angenommen ist.

Viele dieser stark ausgeprägten Varietäten oder zweifelhaften Arten verdienten wohl eine nähere Betrachtung; denn man hat vielerlei interessante Beweismittel aus ihrer geographischen Verbreitung, analogen Variation, Bastardbildung u. s. w. herbeigeholt, um bei Feststellung der ihnen gebührenden Rangstufe mitzuhelfen. Doch erlaubt mir der Raum nicht, sie hier zu erörtern. Sorgfältige Untersuchung wird in vielen Fällen ohne Zweifel die Naturforscher zur Verständigung darüber bringen, wofür die zweifelhaften Formen zu halten sind. Doch müssen wir bekennen, dass gerade in den am besten bekannten Ländern die meisten zweifelhaften Formen zu finden sind. Ich war über die Thatsache erstaunt, dass man, wenn irgend welche Thiere und Pflanzen in ihrem Naturzustande dem Menschen sehr nützlich sind oder aus irgend einer andern Ursache seine besondere Aufmerksamkeit erregen, beinahe ganz allgemein Varietäten davon angeführt finden wird. Diese Varietäten werden überdies oft von einigen Autoren als Arten bezeichnet. Wie sorgfältig ist die gemeine Eiche studiert worden! Nun macht aber ein deutscher Autor über ein Dutzend Arten aus den Formen, welche bis jetzt von anderen Botanikern fast ganz allgemein als Varietäten angesehen wurden; und in England können die höchsten botanischen Gewährsmänner und vorzüglichsten Practiker angeführt werden, welche nachweisen, die einen, dass die Trauben- und die Stieleiche gut unterschiedene Arten, die anderen, dass sie blosse Varietäten sind.

Ich will hier auf eine neuerdings erschienene merkwürdige Arbeit A. De Candolle's über die Eichen der ganzen Erde verweisen. Nie hat Jemand grösseres Material zur Unterscheidung der Arten gehabt oder hätte dasselbe mit mehr Eifer und Scharfsinn verarbeiten können. Er gibt zuerst im Detail alle die vielen Punkte, in denen der Bau der verschiedenen Arten variiert, und schätzt numerisch die Häufigkeit der Abänderungen. Er führt speciell über ein Dutzend Merkmale auf, von denen man findet, dass sie selbst an einem und demselben Zweige, zuweilen je nach dem Alter und der Entwicklung, zuweilen ohne nachweisbaren Grund variieren. Derartige Merkmale haben natürlich keinen specifischen Werth, sie sind aber, wie Asa Gray in seinem Bericht über diese Abhandlung bemerkt, von der Art, wie sie gewöhnlich in Speciesbestimmungen aufgenommen werden. De Candolle sagt dann weiter, dass er die Formen als Arten betrachtet, welche in Merkmalen von einander abweichen, die nie auf einem und demselben Baume variieren und nie durch Zwischenzustände zusammenhängen. Nach dieser Erörterung, dem Resultate so vieler Arbeit, bemerkt er mit Nachdruck: „Diejenigen sind im Irrthum, welche immer wiederholen, „dass die Mehrzahl unserer Arten deutlich begrenzt ist und dass „die zweifelhaften Arten eine geringe Minorität bilden. Dies schien „so lange wahr zu sein, als man eine Gattung unvollkommen kannte „und ihre Arten auf wenig Exemplare gegründet wurden, d. h. „provisorisch waren. Sobald wir dazu kommen, sie besser zu kennen, „strömen die Zwischenformen herbei und die Zweifel über die Grenzen

„der Arten erheben sich.“ Er fügt auch noch hinzu, dass es gerade die bestbekannten Arten sind, welche die grösste Anzahl spontaner Varietäten und Subvarietäten darbieten. So hat *Quercus robur* achtundzwanzig Varietäten, welche mit Ausnahme von sechs sich sämmtlich um drei Subspecies gruppieren, nämlich *Q. pedunculata, sessiliflora* und *pubescens.* Die Formen, welche diese drei Subspecies miteinander verbinden, sind vergleichsweise selten: und wenn, wie ASA GRAY ferner bemerkt, diese jetzt seltenen Übergangsformen völlig aussterben sollten, so würden sich die drei Subspecies genau ebenso zu einander verhalten, wie die vier oder fünf provisorisch angenommenen Arten, welche sich eng um die typische *Quercus robur* gruppieren. Endlich gibt DE CANDOLLE noch zu, dass von den 300 Arten, welche in seinem Prodromus als zur Familie der Eichen gehörig werden aufgezählt werden, wenigstens zwei Drittel provisorisch, d. h. nicht genau genug gekannt sind, um der oben angegebenen Definition der Species zu genügen. Ich muss hinzufügen, dass DE CANDOLLE die Arten nicht mehr für unveränderliche Schöpfungen hält, sondern zu dem Schluss gelangt, dass die Ableitungstheorie die natürlichste „und die am besten mit den bekannten Thatsachen der Palaeontologie, Pflanzengeographie und „Thiergeographie, des anatomischen Baues und der Classification „übereinstimmende ist“.

Wenn ein junger Naturforscher eine ihm ganz unbekannte Gruppe von Organismen zu studieren beginnt, so macht ihn anfangs die Frage verwirrt, was für Unterschiede er für specifische halten soll und welche von ihnen nur Varietäten angehören; denn er weiss noch nichts von der Art und der Grösse der Abänderungen, deren die Gruppe fähig ist; und dies beweist eben wieder, wie allgemein wenigstens einige Variation ist. Wenn er aber seine Aufmerksamkeit auf eine einzige Classe innerhalb eines bestimmten Landes beschränkt, so wird er bald darüber im Klaren sein, wofür er die meisten dieser zweifelhaften Formen anzuschlagen habe. Er wird im Allgemeinen geneigt sein, viele Arten zu machen, weil ihm, so wie den vorhin erwähnten Tauben- oder Hühnerfreunden, die Verschiedenheiten der beständig von ihm studierten Formen sehr beträchtlich scheinen und weil er noch wenig allgemeine Kenntnis von analogen Verschiedenheiten in anderen Gruppen und anderen Ländern zur Berichtigung jener zuerst empfangenen Eindrücke besitzt. Dehnt er nun den Kreis seiner Beobachtung weiter aus, so wird er auf weitere schwierige Fälle stossen; denn er wird einer grossen Anzahl nahe verwandter Formen begegnen. Erweitern sich seine Erfahrungen aber noch mehr, so wird er endlich für sich selbst klar darüber werden, was Varietät und was Species zu nennen sei; doch wird er zu diesem Ziele nur gelangen, wenn er eine grosse Abänderungsfähigkeit zugibt, und er wird die Richtigkeit seiner Annahme von anderen Naturforschern oft in Zweifel gezogen sehen. Wenn er nun überdies verwandte Formen aus anderen jetzt nicht unmittelbar aneinandergrenzenden Ländern zu studieren Gelegenheit erhält, in welchem Falle er kaum hoffen darf, die Mittelglieder zwischen seinen zweifelhaften Formen zu finden, so wird er sich fast ganz auf Analogie verlassen müssen, und seine Schwierigkeiten kommen auf den Höhepunkt.

Eine bestimmte Grenzlinie ist bis jetzt sicherlich nicht gezogen worden, weder zwischen Arten und Unterarten, d. h. solchen Formen, welche nach der Meinung einiger Naturforscher den Rang einer Species nahezu, aber doch nicht ganz erreichen, noch zwischen Unterarten und ausgezeichneten Varietäten, noch endlich zwischen den geringeren Varietäten und individuellen Verschiedenheiten. Diese Verschiedenheiten greifen in einer unmerklichen Reihe ineinander, und eine Reihe erweckt die Vorstellung von einem wirklichen Übergang.

Ich betrachte daher die individuellen Abweichungen, wenn schon sie für den Systematiker nur wenig Werth haben, als für uns von grosser Bedeutung, weil sie den ersten Schritt zu solchen unbedeutenden Varietäten bilden, welche man in naturgeschichtlichen Werken der Erwähnung kaum schon werth zu halten pflegt. Ich sehe ferner diejenigen Varietäten, welche etwas erheblicher und beständiger sind, als die uns zu den mehr auffälligen und bleibenderen Varietäten führende Stufe an, wie uns diese zu den Subspecies und endlich zu den Species leiten. Der Übergang von einer dieser Verschiedenheitsstufen in die andere nächsthöhere mag in vielen Fällen lediglich von der Natur des Organismus und der langwährenden Einwirkung verschiedener äusserer Bedingungen, welchen derselbe ausgesetzt war, herrühren; aber in Bezug auf die bedeutungsvolleren und adaptiven Charactere kann er der später zu erörternden accumulativen Wirkung der natürlichen Zuchtwahl und der Einwirkung des vermehrten Gebrauchs und Nichtgebrauchs von Theilen zugeschrieben werden. Ich glaube daher, dass man eine gut ausgeprägte Varietät mit Recht eine beginnende Species nennen kann; ob sich aber dieser Glaube rechtfertigen lasse, muss nach dem Gewicht der im Verlaufe dieses Werkes beigebrachten Thatsachen und Betrachtungen ermessen werden.

Man hat nicht nöthig, anzunehmen, dass alle Varietäten oder beginnenden Species sich nothwendig zum Range einer Art erheben. Sie können in diesem beginnenden Zustande wieder erlöschen; oder sie können als Varietäten sehr lange Zeiträume hindurch feststehen bleiben, wie WOLLASTON von den Varietäten gewisser fossiler Landschneckenarten auf Madeira und GASTON DE SAPORTA von Pflanzen gezeigt hat. Gediehe eine Varietät derartig, dass sie die elterliche Species an Zahl überträfe, so würde man sie für die Art und die Art für die Varietät einordnen; oder sie könnte die elterliche Art verdrängen und ausmerzen; oder endlich beide könnten nebeneinander fortbestehen und für unabhängige Arten gelten. Wir werden jedoch nachher auf diesen Gegenstand zurückkommen.

Aus diesen Bemerkungen geht hervor, dass ich den Kunstausdruck „Species“ als einen arbiträren und der Bequemlichkeit halber auf eine Reihe von einander sehr ähnlichen Individuen angewendeten betrachte, und dass er von dem Kunstausdrucke „Varietät“, welcher auf minder abweichende und noch mehr schwankende Formen Anwendung findet, nicht wesentlich verschieden ist. Eben so wird der Ausdruck „Varietät“ im Vergleich zu blossen individuellen Verschiedenheiten nur arbiträr und der Bequemlichkeit wegen benutzt.

Weit und sehr verbreitete und gemeine Arten variieren am meisten.

Durch theoretische Betrachtungen geleitet, glaubte ich, dass sich einige interessante Ergebnisse in Bezug auf die Natur und die Beziehungen der am meisten variierenden Arten darbieten würden, wenn ich alle Varietäten aus verschiedenen wohlbearbeiteten Floren tabellarisch zusammenstellte. Anfangs schien mir dies eine einfache Sache zu sein. Aber Herr H. C. WATSON, dem ich für seinen werthvollen Rath und Beistand in dieser Beziehung sehr dankbar bin, überzeugte mich bald, dass dies mit vielen Schwierigkeiten verknüpft ist, was späterhin Dr. HOOKER in noch bestimmterer Weise bestätigte. Ich behalte mir daher für ein künftiges Werk die Erörterung dieser Schwierigkeiten und die Tabellen über die Zahlenverhältnisse der variierenden Species vor. Dr. HOOKER erlaubt mir noch hinzuzufügen, dass, nachdem er sorgfältig meine handschriftlichen Aufzeichnungen durchgelesen und meine Tabellen geprüft hat, er die in dem Folgenden mitgetheilten Sätze für vollkommen wohl begründet hält. Der ganze Gegenstand aber, welcher hier nothwendig nur sehr kurz abgehandelt werden kann, ist ziemlich verwickelt, zumal Bezugnahmen auf den „Kampf um's Dasein“, auf die „Divergenz der Charactere“ und andere erst später zu erörternde Fragen nicht vermieden werden können.

ALPHONSE DE CANDOLLE u. a. Botaniker haben gezeigt, dass solche Pflanzen, die sehr weit ausgedehnte Verbreitungsbezirke besitzen, gewöhnlich auch Varieten darbieten, wie es sich ohnedies schon hätte erwarten lassen, da sie verschiedenen physikalischen Einflüssen ausgesetzt sind und mit anderen Gruppen von Organismen in Concurrenz kommen, was, wie sich nachher ergeben wird, ein Umstand von gleicher oder selbst noch grösserer Bedeutung ist. Meine Tabellen zeigen aber ferner, dass auch in einem bestimmt begrenzten Gebiete die gemeinsten, d. h. die in den zahlreichsten Individuen vorkommenden Arten und jene, welche innerhalb ihrer eigenen Gegend am meisten verbreitet sind (was von „weiter Verbreitung“ und in gewisser Weise von „Gemeinsein“ wohl zu unterscheiden ist), am häufigsten zur Entstehung von Varietäten Veranlassung geben, welche hinreichend ausgeprägt sind, um sie in botanischen Werken aufgezählt zu finden. Es sind mithin die am besten gedeihenden oder, wie man sie nennen kann, die dominierenden Arten, — nämlich die am weitesten über die Erdoberfläche und in ihrer eigenen Gegend am allgemeinsten verbreiteten und die an Individuen reichsten Arten, welche am öftesten wohl ausgeprägte Varietäten oder, wofür ich sie halte, beginnende Species liefern. Und dies dürfte vielleicht vorauszusehen gewesen sein; denn so wie Varietäten, um einigermassen stet zu werden, nothwendig mit anderen Bewohnern der Gegend zu kämpfen haben, so werden auch die bereits herrschend gewordenen Arten am meisten geeignet sein, Nachkommen zu liefern, welche, wenn auch in einem geringen Grade modificiert, doch diejenigen Vorzüge erben, durch welche ihre Eltern befähigt wurden, über ihre Landesgenossen das Übergewicht zu erringen. Bei diesen Bemerkungen über das Übergewicht ist jedoch zu berücksichtigen, dass sie sich nur auf diejenigen Formen beziehen, welche zu einander und namentlich zu Gliedern derselben Gattung oder Classe mit ganz ähnlicher Lebensweise im Verhältnisse der Concurrenz stehen. Hinsichtlich der Individuenzahl oder der Gemeinheit einer Art erstreckt sich daher die Vergleichung natürlich nur auf Glieder der nämlichen Gruppe. Man kann eine der höheren Pflanzen eine herrschende nennen, wenn sie an Individuen reicher und weiter verbreitet als die anderen unter nahezu ähnlichen Verhältnissen lebenden Pflanzen des nämlichen Landes ist. Eine solche Pflanze wird darum nicht weniger eine herrschende sein, weil etwa eine Conferve des Wassers oder ein schmarotzender Pilz unendlich viel zahlreicher an Individuen und noch weiter verbreitet ist als sie. Wenn aber eine Conferve oder ein Schmarotzerpilz seine Verwandten in den oben genannten Beziehungen übertrifft, dann würden diese Formen unter den Pflanzen ihrer eigenen Classe herrschende sein.

Arten der grösseren Gattungen in jedem Lande variieren häufiger als die Arten der kleineren Genera.

Wenn man die ein Land bewohnenden Pflanzen, wie sie in einer Flora desselben beschrieben sind, in zwei gleiche Mengen theilt, auf die eine Seite alle Arten aus grossen (d. h. viele Arten umfassenden), und auf die andere Seite alle Arten aus kleinen Gattungen bringt, so wird man eine etwas grössere Anzahl sehr gemeiner und sehr verbreiteter oder herrschender Arten auf Seiten der grossen Genera finden. Auch dies hat vorausgesehen werden können; denn schon die einfache Thatsache, dass viele Arten einer und der nämlichen Gattung ein Land bewohnen, zeigt, dass die organischen und unorganischen Verhältnisse des Landes etwas für die Gattung Günstiges enthalten, daher man erwarten durfte, in den grösseren oder viele Arten enthaltenden Gattungen auch eine verhältnismässig grössere Anzahl herrschender Arten zu finden. Aber es gibt so viele Ursachen, welche dieses Ergebnis zu verhüllen streben, dass ich erstaunt bin, in meinen Tabellen auch selbst eine kleine Majorität auf Seiten der grösseren Gattungen zu finden. Ich will hier nur zwei Ursachen dieser Verhüllung anführen. Süsswasser- und Salzpflanzen haben gewöhnlich weit ausgedehnte Bezirke und eine grosse Verbreitung; dies scheint aber mit der Natur ihrer Standorte zusammenzuhängen und hat wenig oder gar keine Beziehung zu der Grösse der Gattungen, wozu sie gehören. Ebenso sind Pflanzen von unvollkommenen Organisationsstufen gewöhnlich viel weiter als die höher organisierten verbreitet, und auch hier besteht kein nahes Verhältnis zur Grösse der Gattungen. Die Ursache weiter Verbreitung niedrig organisierter Pflanzen wird in dem Capitel über die geographische Verbreitung erörtert werden.

Der Umstand, dass ich die Arten nur als stark ausgeprägte und wohl umschriebene Varietäten betrachte, führte mich zu der Voraussetzung, dass die Arten der grösseren Gattungen eines Landes öfter Varietäten darbieten würden als die der kleineren; denn wo immer sich viele einander nahe verwandte Arten (d. h. Arten derselben Gattungen) gebildet haben, sollten sich, als allgemeine Regel, auch viele Varietäten derselben oder beginnende Arten jetzt bilden, — wie man da, wo viele grosse Bäume wachsen, viele junge Bäumchen aufkommen zu sehen erwarten darf. Wo viele Arten einer Gattung durch Abänderung entstanden sind, da sind die Umstände günstig für Abänderung gewesen; und man möchte mithin auch erwarten, sie noch jetzt dafür günstig zu finden. Wenn wir dagegen jede Art als einen besonderen Act der Schöpfung betrachten, so ist kein Grund einzusehen, weshalb verhältnismässig mehr Varietäten in einer artenreichen Gruppe als in einer solchen mit wenigen Arten vorkommen sollten.

Um die Richtigkeit dieser Voraussetzung zu prüfen, habe ich die Pflanzenarten von zwölf verschiedenen Ländern und die Käferarten von zwei verschiedenen Gebieten in je zwei einander fast gleiche Mengen getheilt, die Arten der grossen Gattungen auf die eine und die der kleinen auf die andere Seite, und es hat sich unwandelbar überall dasselbe Ergebnis gezeigt, dass eine verhältnismässig grössere Anzahl von Arten auf Seite der grossen Gattungen Varietäten haben als auf Seite der kleinen. Überdies bieten diejenigen Arten der grossen Genera, welche überhaupt Varietäten haben, unveränderlich eine verhältnismässig grössere Zahl von Varietäten dar, als die der kleineren. Zu diesen beiden Ergebnissen gelangt man auch, wenn man die Eintheilung anders macht und alle kleinsten Gattungen, solche mit nur 1—4 Arten, ganz aus den Tabellen ausschliesst. Diese Thatsachen haben einen völlig klaren Sinn, wenn man von der Ansicht ausgeht, dass Arten nur streng ausgeprägte und bleibende Varietäten sind; denn wo immer viele Arten einer und derselben Gattung gebildet worden sind oder wo, wenn der Ausdruck erlaubt ist, die Artenfabrication thätig betrieben worden ist, dürfen wir gewöhnlich diese Fabrication auch noch in Thätigkeit finden, zumal wir alle Ursache haben zu glauben, dass das Fabricationsverfahren neuer Arten ein sehr langsames ist. Und dies ist sicherlich der Fall, wenn man Varietäten als beginnende Arten betrachtet; denn meine Tabellen zeigen deutlich als allgemeine Regel, dass, wo immer viele Arten einer Gattung gebildet worden sind, die Arten dieser Gattung eine den Durchschnitt übersteigende Anzahl von Varietäten oder von beginnenden neuen Arten darbieten. Damit soll nicht gesagt werden, dass alle grossen Gattungen jetzt sehr variieren und daher in Vermehrung ihrer Artenzahl begriffen sind, oder dass kein kleines Genus jetzt Varietäten bilde und wachse; denn dieser Fall wäre sehr verderblich für meine Theorie, zumal uns die Geologie klar beweist, dass kleine Genera im Laufe der Zeiten oft sehr gross geworden, und dass grosse Gattungen, nachdem sie ihr Maximum erreicht, wieder zurückgesunken und endlich verschwunden sind. Alles, was wir hier beweisen wollen, ist, dass da, wo viele Arten in einer Gattung gebildet worden, auch noch jetzt durchschnittlich viele in Bildung begriffen sind; und dies ist gewiss richtig.

Viele Arten der grösseren Gattungen gleichen Varietäten darin, dass sie sehr nahe, aber ungleich miteinander verwandt sind und beschränkte Verbreitungsbezirke haben.

Es gibt noch andere beachtenswerthe Beziehungen zwischen den Arten grosser Gattungen und ihren aufgeführten Varietäten. Wir haben gesehen, dass es kein untrügliches Unterscheidungsmerkmal zwischen Arten und gut ausgeprägten Varietäten gibt; und in jenen Fällen, wo Mittelglieder zwischen zweifelhaften Formen noch nicht gefunden wurden, sind die Naturforscher genöthigt, ihre Bestimmung von der Grösse der Verschiedenheiten zwischen zwei Formen abhängig zu machen, indem sie nach Analogie urtheilen, ob deren Betrag genüge, um nur eine oder alle beide zum Range von Arten zu erheben. Der Betrag der Verschiedenheit ist mithin ein sehr wichtiges Kriterium bei der Bestimmung, ob zwei Formen für Arten oder für Varietäten gelten sollten. Nun haben Fries in Bezug auf die Pflanzen und Westwood hinsichtlich der Insecten die Bemerkung gemacht, dass in grossen Gattungen der Grad der Verschiedenheit zwischen den Arten oft ausserordentlich klein ist. Ich habe dies numerisch durch Mittelzahlen zu prüfen gesucht und, soweit meine noch unvollkommenen Ergebnisse reichen, bestätigt gefunden. Ich habe mich deshalb auch bei einigen scharfsinnigen und erfahrenen Beobachtern befragt und nach Auseinandersetzung der Sache gefunden, dass wir übereinstimmten. In dieser Hinsicht gleichen demnach die Arten der grossen Gattungen den Varietäten mehr, als die Arten der kleinen Gattungen. Man kann die Sache aber auch anders ausdrücken und sagen, dass in den grösseren Gattungen, wo eine den Durchschnitt übersteigende Anzahl von Varietäten oder beginnenden Species noch jetzt fabriciert wird, viele der bereits fertigen Arten doch bis zu einem gewissen Grade Varietäten gleichen, insofern sie durch ein geringeres Mass von Verschiedenheit als das gewöhnliche von einander getrennt werden.

Überdies stehen die Arten grosser Gattungen in den nämlichen Verwandtschaftsbeziehungen zu einander wie die Varietäten einer Art. Kein Naturforscher behauptet, dass alle Arten einer Gattung in gleichem Grade von einander verschieden sind; sie können daher gewöhnlich noch in Subgenera, in Sectionen oder noch kleinere Gruppen getheilt werden. Wie FRIES richtig bemerkt, sind diese kleinen Artengruppen gewöhnlich wie Satelliten um gewisse andere Arten geschaart. Und was sind Varietäten anders als Formengruppen von ungleicher gegenseitiger Verwandtschaft und um gewisse Formen geordnet, um die Stammarten nämlich? Unzweifelhaft besteht ein äusserst wichtiger Differenzpunkt zwischen Varietäten und Arten; dass nämlich die Grösse der Verschiedenheit zwischen Varietäten, wenn man sie miteinander oder mit ihren Stammarten vergleicht, weit kleiner ist, als der zwischen den Arten derselben Gattung. Wenn wir aber zur Erörterung des Princips, wie ich es nenne, der „Divergenz der Charactere" kommen, so werden wir sehen, wie dies zu erklären ist, und wie die geringeren Verschiedenheiten zwischen Varietäten zu den grösseren Verschiedenheiten zwischen Arten anzuwachsen streben.

Es gibt noch einen andern Punkt, welcher der Beachtung werth ist. Varietäten haben gewöhnlich eine sehr beschränkte Verbreitung; dies versteht sich eigentlich schon von selbst, denn wäre eine Varietät weiter verbreitet, als ihre angebliche Stammart, so würden ihre Bezeichnungen umgekehrt werden. Es ist aber auch Grund zur Annahme vorhanden, dass diejenigen Arten, welche sehr nahe mit anderen Arten verwandt sind und insofern Varietäten gleichen, oft sehr enge Verbreitungsgrenzen haben. So hat mir z. B. Herr H. C. WATSON in dem wohlgesichteten Londoner Pflanzencatalog (vierte Ausgabe) 63 Pflanzen bezeichnet, welche darin als Arten aufgeführt sind, die er aber für so nahe mit anderen Arten verwandt hält, dass ihr Rang zweifelhaft wird. Diese 63 für Arten gehaltenen Formen verbreiten sich im Mittel über $6,_9$ der Provinzen, in welche WATSON Gross-Britannien eingetheilt hat. Nun sind im nämlichen Cataloge auch 53 anerkannte Varietäten aufgezählt, und diese erstrecken sich über $7,_7$ Provinzen, während die Arten, wozu diese Varietäten gehören, sich über $14,_3$ Provinzen ausdehnen. Daher denn die anerkannten Varietäten eine beinahe ebenso beschränkte mittlere Verbreitung besitzen, als jene nahe verwandten Formen, welche WAT-

SON als zweifelhafte Arten bezeichnet hat, die aber von englischen Botanikern fast ganz allgemein für gute und echte Arten genommen werden.

Schluss.

Es können denn also Varietäten von Arten nicht unterschieden werden, ausser: erstens durch die Entdeckung von verbindenden Mittelgliedern, und zweitens durch ein gewisses unbestimmtes Mass von Verschiedenheit zwischen ihnen; denn zwei Formen werden, wenn sie nur sehr wenig von einander abweichen, allgemein nur als Varietäten angesehen, wenn sie auch durch Mittelglieder nicht verbunden werden können; der Betrag von Verschiedenheit aber, welcher zur Erhebung zweier Formen zum Artenrang für nöthig gehalten wird, kann nicht bestimmt werden. In Gattungen, welche mehr als die mittlere Artenzahl in einer Gegend haben, zeigen die Arten auch mehr als die Mittelzahl von Varietäten. In grossen Gattungen sind die Arten gern nahe, aber in ungleichem Grade miteinander verwandt und bilden kleine um gewisse andere Arten sich ordnende Gruppen. Mit anderen sehr nahe verwandte Arten sind allem Anschein nach von beschränkter Verbreitung. In allen diesen verschiedenen Beziehungen zeigen die Arten grosser Gattungen eine grosse Analogie mit Varietäten. Und man kann diese Analogien ganz gut verstehen, wenn Arten einst nur Varietäten gewesen und aus diesen hervorgegangen sind; wogegen diese Analogien vollständig unerklärlich sein würden, wenn jede Species unabhängig erschaffen worden wäre.

Wir haben nun auch gesehen, dass es die am besten gedeihenden oder herrschenden Species der grösseren Gattungen in jeder Classe sind, welche im Durchschnitt genommen die grösste Zahl von Varietäten liefern; und Varietäten haben, wie wir hernach sehen werden, Neigung in neue und bestimmte Arten verwandelt zu werden. Dadurch neigen auch die grossen Gattungen zur Vergrösserung, und in der ganzen Natur streben die Lebensformen, welche jetzt herrschend sind, durch Hinterlassung vieler abgeänderter und herrschender Abkömmlinge noch immer herrschender zu werden. Aber auf nachher zu erläuternden Wegen streben auch die grösseren Gattungen immer mehr sich in kleine aufzulösen. Und so werden die Lebensformen auf der ganzen Erde in Gruppen abgetheilt, welche anderen Gruppen untergeordnet sind.

Drittes Capitel.

Der Kampf um's Dasein.

Seine Beziehung zur natürlichen Zuchtwahl. — Der Ausdruck im weiten Sinne gebraucht. — Geometrisches Verhältnis der Zunahme. — Rasche Vermehrung naturalisierter Pflanzen und Thiere. — Natur der Hindernisse der Zunahme. — Allgemeine Concurrenz. — Wirkungen des Clima. — Schutz durch die Zahl der Individuen. — Verwickelte Beziehungen aller Thiere und Pflanzen in der ganzen Natur. — Kampf um's Dasein am heftigsten zwischen Individuen und Varietäten einer Art, oft auch heftig zwischen Arten einer Gattung. — Beziehung von Organismus zu Organismus die wichtigste aller Beziehungen.

Ehe wir auf den Gegenstand dieses Capitels eingehen, muss ich einige Bemerkungen voraussenden, um zu zeigen, in welcher Beziehung der Kampf um's Dasein zur natürlichen Zuchtwahl steht. Es ist im letzten Capitel gezeigt worden, dass die Organismen im Naturzustande eine gewisse individuelle Variabilität besitzen, und ich wüsste in der That nicht, dass dies je bestritten worden wäre. Es ist für uns unwesentlich, ob eine Menge von zweifelhaften Formen Art, Unterart oder Varietät genannt werde, welchen Rang z. B. die 200 bis 300 zweifelhaften Formen britischer Pflanzen einzunehmen berechtigt sind, wenn die Existenz ausgeprägter Varietäten zulässig ist. Aber das blosse Vorhandensein individueller Variabilität und einiger weniger wohlausgeprägter Varietäten, wenn auch nothwendig als Grundlage für den Hergang, hilft uns nicht viel, um zu begreifen, wie Arten in der Natur entstehen. Wie sind alle jene vortrefflichen Anpassungen von einem Theile der Organisation an den andern und an die äusseren Lebensbedingungen und von einem organischen Wesen an ein anderes bewirkt worden? Wir sehen diese schöne Anpassung ausserordentlich deutlich bei dem Specht und der Mistelpflanze und nur wenig minder deutlich am niedersten Parasiten, welcher sich an das Haar eines Säugethieres oder die Federn eines Vogels anklammert; am Bau des Käfers, welcher in's Wasser untertaucht; am befiederten Samen, der vom leichtesten Lüftchen getragen wird; kurz, wir sehen schöne Anpassungen überall und in jedem Theile der organischen Welt.

Ferner kann man fragen, wie kommt es, dass die Varietäten, welche ich beginnende Arten genannt habe, zuletzt in gute und distincte Species umgewandelt werden, welche in den meisten Fällen offenbar unter sich viel mehr, als die Varietäten der nämlichen Art verschieden sind? Wie entstehen jene Gruppen von Arten, welche das bilden, was man verschiedene Genera nennt, und welche mehr als die Arten dieser Genera von einander abweichen? Alle diese Resultate folgen, wie wir im nächsten Abschnitte ausführlicher sehen werden, aus dem Kampfe um's Dasein. In diesem Wettkampfe werden Abänderungen, wie gering und auf welche Weise immer sie entstanden sein mögen, wenn sie nur für die Individuen einer Species in deren unendlich verwickelten Beziehungen zu anderen organischen Wesen und zu den physikalischen Lebensbedingungen einigermassen vortheilhaft sind, die Erhaltung solcher Individuen zu unterstützen neigen und sich meistens durch Vererbung auf deren Nachkommen übertragen. Ebenso wird der Nachkömmling mehr Aussicht haben, leben zu bleiben; denn von den vielen Individuen dieser Art, welche von Zeit zu Zeit geboren werden, kann nur eine kleine Zahl am Leben bleiben. Ich habe dieses Princip, wodurch jede solche geringe, wenn nur nützliche, Abänderung erhalten wird, mit dem Namen „natürliche Zuchtwahl“ belegt, um seine Beziehung zum Wahlvermögen des Menschen zu bezeichnen. Doch ist der von Herbert Spencer oft gebrauchte Ausdruck „Überleben des Passendsten“ zutreffender und zuweilen gleich bequem. Wir haben gesehen, dass der Mensch durch Auswahl zum Zwecke der Nachzucht grosse Erfolge sicher zu erzielen, und durch die Häufung kleiner, aber nützlicher Abweichungen, die ihm durch die Hand der Natur dargeboten werden, organische Wesen seinen eigenen Bedürfnissen anzupassen im Stande ist. Aber die natürliche Zuchtwahl ist, wie wir nachher sehen werden, eine unaufhörlich zur Thätigkeit bereite Kraft und des Menschen schwachen Bemühungen so unermesslich überlegen, wie es die Werke der Natur überhaupt denen der Kunst sind.

Wir wollen nun den Kampf um's Dasein etwas mehr im Einzelnen erörtern. In meinem spätern Werke über diesen Gegenstand soll er, wie er es verdient, in grösserer Ausführlichkeit besprochen werden. Der ältere De Candolle und Lyell haben des weitern und in philosophischer Weise nachgewiesen, dass alle organischen Wesen im Verhältnisse einer harten Concurrenz zu einander stehen. In Bezug auf die Pflanzen hat Niemand diesen Gegenstand mit mehr Geist und Geschick behandelt als W. Herbert, der Dechant von Manchester, offenbar in Folge seiner ausgezeichneten Gartenbaukenntnisse. Nichts ist leichter, als in Worten die Wahrheit des allgemeinen Wettkampfes um's Dasein zuzugestehen, aber auch nichts schwerer — wie ich wenigstens gefunden habe — als sie beständig im Sinne zu behalten. Wenn wir aber dieselbe dem Geiste nicht ganz fest eingeprägt haben, wird der ganze Haushalt der Natur, mit allen den Thatsachen der Verbreitungsweise, der Seltenheit und des Häufigseins, des Erlöschens und Abänderns, nur dunkel begriffen oder ganz missverstanden werden. Wir sehen das Antlitz der Natur in Heiterkeit strahlen, wir sehen oft Überfluss an Nahrung; aber wir sehen nicht oder vergessen, dass die Vögel, welche um uns her müssig und sorglos ihren Gesang erschallen lassen, meistens von Insecten oder Samen leben und mithin beständig Leben zerstören; oder wir vergessen, wie viele dieser Sänger oder ihrer Eier und ihrer Nestlinge unaufhörlich von Raubvögeln und Raubthieren zerstört werden; wir behalten nicht immer im Sinne, dass, wenn auch das Futter jetzt im Überfluss vorhanden sein mag, dies doch nicht zu allen Zeiten jedes umlaufenden Jahres der Fall ist.

Der Ausdruck, Kampf um's Dasein, im weiten Sinne gebraucht.

Ich will vorausschicken, dass ich diesen Ausdruck in einem weiten und metaphorischen Sinne gebrauche, unter dem sowohl die Abhängigkeit der Wesen von einander, als auch, was wichtiger ist, nicht allein das Leben des Individuums, sondern auch Erfolg in Bezug auf das Hinterlassen von Nachkommenschaft einbegriffen wird. Man kann mit Recht sagen, dass zwei hundeartige Raubthiere in Zeiten des Mangels um Nahrung und Leben miteinander kämpfen. Aber man kann auch sagen, eine Pflanze kämpfe am Rande der Wüste um ihr Dasein gegen die Trocknis, obwohl es angemessener wäre zu sagen, sie hänge von der Feuchtigkeit ab. Von einer Pflanze, welche alljährlich tausend Samen erzeugt, unter welchen im Durchschnitt nur einer zur Entwicklung kommt, kann man noch richtiger sagen, sie kämpfe um's Dasein mit anderen Pflanzen derselben oder anderer Arten, welche bereits den Boden bekleiden. Die Mistel ist vom Apfelbaum und einigen wenigen anderen Baumarten abhängig; doch kann man nur in einem weit hergeholten Sinne sagen, sie kämpfe mit diesen Bäumen; denn wenn zu viele dieser Schmarotzer auf demselben Baume wachsen, so wird er verkümmern und sterben. Wachsen aber mehrere Sämlinge derselben dicht auf einem Aste beisammen, so kann man in zutreffenderer Weise sagen, sie kämpfen miteinander. Da die Samen der Mistel von Vögeln ausgestreut werden, so hängt ihr Dasein mit von dem der Vögel ab, und man kann metaphorisch sagen, sie kämpfen mit anderen beerentragenden Pflanzen, damit sie die Vögel veranlasse, eher ihre Früchte zu verzehren und ihre Samen auszustreuen, als die der anderen. In diesen mancherlei Bedeutungen, welche ineinander übergehen, gebrauche ich der Bequemlichkeit halber den allgemeinen Ausdruck „Kampf um's Dasein“.

Geometrisches Verhältnis der Zunahme.

Ein Kampf um's Dasein tritt unvermeidlich ein in Folge des starken Verhältnisses, in welchem sich alle Organismen zu vermehren streben. Jedes Wesen, welches während seiner natürlichen Lebenszeit mehrere Eier oder Samen hervorbringt, muss während einer Periode seines Lebens oder zu einer gewissen Jahreszeit oder gelegentlich einmal in einem Jahre eine Zerstörung erfahren, sonst würde seine Zahl zufolge der geometrischen Zunahme rasch zu so ausserordentlicher Grösse anwachsen, dass kein Land das Erzeugte zu ernähren im Stande wäre. Da daher mehr Individuen erzeugt werden, als möglicher Weise fortbestehen können, so muss in jedem Falle ein Kampf um die Existenz eintreten, entweder zwischen den Individuen einer Art oder zwischen denen verschiedener Arten, oder zwischen ihnen und den äusseren Lebensbedingungen. Es ist die Lehre von Malthus in verstärkter Kraft auf das gesammte Thier- und Pflanzenreich übertragen; denn in diesem Falle ist keine künstliche Vermehrung der Nahrungsmittel und keine vorsichtige Enthaltung vom Heirathen möglich. Obwohl daher einige Arten jetzt in mehr oder weniger rascher Zahlenzunahme begriffen sein mögen: alle können es nicht zugleich, denn die Welt würde sie nicht fassen.

Es gibt keine Ausnahme von der Regel, dass jedes organische Wesen sich auf natürliche Weise in einem so hohen Masse vermehrt, dass, wenn nicht Zerstörung eintrete, die Erde bald von der Nachkommenschaft eines einzigen Paares bedeckt sein würde. Selbst der Mensch, welcher sich doch nur langsam vermehrt, verdoppelt seine Anzahl in fünfundzwanzig Jahren, und bei so fortschreitender Vervielfältigung würde die Erde schon in weniger als tausend Jahren buchstäblich keinen Raum mehr für seine Nachkommenschaft haben. Linné hat schon berechnet, dass, wenn eine einjährige Pflanze nur zwei Samen erzeugte (und es gibt keine Pflanze, die so wenig productiv wäre) und ihre Sämlinge im nächsten Jahre wieder zwei gäben u. s. w., sie in zwanzig Jahren schon eine Million Pflanzen liefern würde. Man sieht den Elephanten als das sich am langsamsten vermehrende von allen bekannten

Thieren an. Ich habe das wahrscheinliche Minimalverhältnis seiner natürlichen Vermehrung zu berechnen gesucht; die Voraussetzung wird die sicherste sein, dass seine Fortpflanzung erst mit dem dreissigsten Jahre beginne und bis zum neunzigsten Jahre währe, dass er in dieser Zeit sechs Junge zur Welt bringe und dass er hundert Jahre alt wird. Verhält es sich so, dann würden nach Verlauf von 740—750 Jahren nahezu neunzehn Millionen Elephanten, Nachkömmlinge des ersten Paares, am Leben sein.

Doch wir haben bessere Belege für diese Sache, als blosse theoretische Berechnungen, nämlich die zahlreich aufgeführten Fälle von erstaunlich rascher Vermehrung verschiedener Thierarten im Naturzustande, wenn die natürlichen Bedingungen zwei oder drei Jahre lang ihnen günstig gewesen sind. Noch schlagender sind die von unseren in verschiedenen Weltgegenden verwilderten Hausthierarten hergenommenen Beweise, so dass, wenn die Behauptungen von der Zunahme der sich doch nur langsam vermehrenden Rinder und Pferde in Süd-America und neuerlich in Australien nicht sicher bestätigt wären, sie ganz unglaublich erscheinen müssten. Ebenso ist es mit den Pflanzen. Es liessen sich Fälle von eingeführten Pflanzen aufzählen, welche auf ganzen Inseln in weniger als zehn Jahren gemein geworden sind. Mehrere von den Pflanzen, welche jetzt auf den weiten Ebenen des La-Plata-Gebietes am zahlreichsten verbreitet sind und Flächen von Quadratmeilen an Ausdehnung fast mit Ausschluss aller anderen Pflanzen bedecken, wie die Artischocke und eine hohe Distel, sind von Europa eingeführt worden; und ebenso gibt es, wie ich von Dr. Falconer gehört, in Ost-Indien Pflanzen, welche jetzt vom Cap Comorin bis zum Himalaya verbreitet und doch erst seit der Entdeckung von America von dorther eingeführt worden sind. In Fällen dieser Art, — und es könnten zahllose andere angeführt werden —, wird Niemand annehmen, dass die Fruchtbarkeit solcher Pflanzen und Thiere plötzlich und zeitweise in einem irgendwie merklichen Grade zugenommen habe. Die handgreifliche Erklärung ist, dass die äusseren Lebensbedingungen sehr günstig, dass in dessen Folge die Zerstörung von Jung und Alt geringer und dass fast alle Abkömmlinge im Stande gewesen sind, sich fortzupflanzen. In solchen Fällen genügt schon das geometrische Verhältnis der Zahlenvermehrung, dessen Resultat stets in Erstaunen versetzt, um einfach die ausserordentlich schnelle Zunahme und die weite Verbreitung naturalisierter Einwanderer in ihrer neuen Heimath zu erklären.

Im Naturzustande bringt fast jede erwachsene Pflanze jährlich Samen hervor, und unter den Thieren sind nur sehr wenige, die sich nicht jährlich paarten. Wir können daher mit Zuversicht behaupten, dass alle Pflanzen und Thiere sich in geometrischem Verhältnisse zu vermehren strebten, dass sie jede Gegend, in welcher sie nur irgendwie existieren könnten, sehr rasch zu bevölkern im Stande sein würden, und dass dieses Streben zur geometrischen Vermehrung zu irgend einer Zeit ihres Lebens durch zerstörende Eingriffe beschränkt werden muss. Unsere genauere Bekanntschaft mit den grösseren Hausthieren könnte zwar, wie ich glaube, unsere Meinung in dieser Beziehung leicht irre leiten, da wir keine grosse Zerstörung sie treffen sehen; aber wir vergessen, dass Tausende jährlich zu unserer Nahrung geschlachtet werden, und dass im Naturzustande wohl ebenso viele irgendwie beseitigt werden müssten.

Der einzige Unterschied zwischen den Organismen, welche jährlich Tausende von Eiern oder Samen hervorbringen, und jenen, welche deren nur äusserst wenige liefern, besteht darin, dass die sich langsam Vermehrenden ein paar Jahre mehr brauchen werden, um unter günstigen Verhältnissen einen Bezirk zu bevölkern, sei derselbe auch noch so gross. Der Condor legt zwei Eier und der Strauss deren zwanzig, und doch dürfte in einer und derselben Gegend der Condor leicht der häufigere von beiden werden. Der Eissturmvogel (*Procellaria glacialis*) legt nur ein Ei, und doch glaubt man, dass er der zahlreichste Vogel in der Welt ist. Die eine Fliege legt hundert Eier und die andere, wie z. B. *Hippobosca*, deren nur eines; diese Verschiedenheit bestimmt aber nicht die Menge der Individuen, die in einem Bezirk ihren Unterhalt finden können. Eine grosse Anzahl von Eiern ist von Wichtigkeit für diejenigen Arten, deren Nahrungsvorräthe raschen Schwankungen unterworfen sind; denn sie gestattet eine Vermehrung der Individuenzahl in kurzer Frist. Aber die wirkliche Bedeutung einer grossen Zahl von Eiern oder Samen liegt darin, dass sie eine stärkere Zerstörung, welche zu irgend einer Lebenszeit erfolgt, ausgleicht; und diese Zeit des Lebens ist in der grossen Mehrheit der Fälle eine sehr frühe. Kann ein Thier in irgend einer Weise seine eigenen Eier und Jungen schützen, so mag es deren nur eine geringere Anzahl erzeugen: es wird doch die ganze durchschnittliche Anzahl aufbringen; werden aber viele Eier oder Junge zerstört, so müssen deren viele erzeugt werden, wenn die Art nicht untergehen soll. Wird eine Baumart durchschnittlich tausend Jahre alt, so würde es zur Erhaltung ihrer vollen Anzahl genügen, wenn sie in tausend Jahren nur einen Samen hervorbrächte, vorausgesetzt, dass dieser eine nie zerstört und mit Sicherheit auf einen geeigneten Platz zur Keimung gebracht würde. So hängt in allen Fällen die mittlere Anzahl von Individuen einer jeden Pflanzen- oder Thierart nur indirect von der Zahl ihrer Samen oder Eier ab.

Bei Betrachtung der Natur ist es nöthig, die vorstehenden Betrachtungen fortwährend im Auge zu behalten und nie zu vergessen, dass man von jedem einzelnen organischen Wesen sagen kann, es strebe nach der äussersten Vermehrung seiner Anzahl, dass jedes in irgend einem Zeitabschnitte seines Lebens in einem Kampfe begriffen ist, und dass eine grosse Zerstörung unvermeidlich in jeder Generation oder in wiederkehrenden Perioden die jungen oder alten Individuen befällt. Wird irgend ein Hindernis beseitigt oder die Zerstörung um noch so wenig gemindert, so wird beinahe augenblicklich die Zahl der Individuen zu jeder Höhe anwachsen.

Natur der Hindernisse der Zunahme.

Was für Hindernisse es sind, welche das natürliche Streben jeder Art nach Vermehrung ihrer Individuenzahl beschränken, ist sehr dunkel. Betrachtet man die am kräftigsten gedeihenden Arten, so wird man finden, dass, je grösser ihre Zahl wird, desto mehr ihr Streben nach weiterer Vermehrung zunimmt. Wir wissen nicht einmal in einem einzelnen Falle genau, welches die Hindernisse der Vermehrung sind. Dies wird jedoch Niemanden überraschen, der sich erinnert, wie unwissend wir in dieser Beziehung selbst bei dem Menschen sind, welcher doch so ohne Vergleich besser bekannt ist als irgend eine andere Thierart. Dieser Gegenstand ist bereits von mehreren Schriftstellern ganz gut behandelt worden, und ich hoffe denselben in einem spätern Werke mit einiger Ausführlichkeit behandeln zu können, besonders in Bezug auf die wildlebenden Thiere Süd-America's. Hier mögen nur einige wenige Bemerkungen Raum finden, nur um dem Leser einige Hauptpunkte in's Gedächtnis zu rufen. Eier oder ganz junge Thiere scheinen im Allgemeinen am meisten zu leiden, doch ist dies nicht ganz ohne Ausnahme der Fall. Bei Pflanzen findet zwar eine ungeheure Zerstörung von Samen statt; aber nach mehreren von mir angestellten Beobachtungen scheint es, als litten die Sämlinge am meisten dadurch, dass sie auf einem schon mit anderen Pflanzen dicht bestockten Boden wachsen. Auch werden die Sämlinge noch in grosser Menge durch verschiedene Feinde vernichtet. So notierte ich mir z. B. auf einer umgegrabenen und rein gemachten Fläche Landes von 3′ Länge und 2′ Breite, wo keine Erstickung durch andere Pflanzen drohte, alle Sämlinge unserer einheimischen Kräuter, wie sie aufgiengen, und von den 357 wurden nicht weniger als 295 hauptsächlich durch Schnecken und Insecten zerstört. Wenn man Rasen, der lange Zeit immer geschnitten wurde (und der Fall wird der nämliche bleiben, wenn er durch Säugethiere kurz abgeweidet wird), wachsen lässt, so werden die kräftigeren Pflanzen allmählich die minder kräftigen, wenn auch voll ausgewachsenen, tödten; und in einem solchen Falle giengen von zwanzig auf einem nur 3′ zu 4′ grossen Fleck geschnittenen Rasens wachsenden Arten neun zu Grunde, da man den anderen nun gestattete, frei aufzuwachsen.

Die für eine jede Art vorhandene Nahrungsmenge bestimmt natürlich die äusserste Grenze, bis zu welcher sie sich vermehren kann; aber sehr häufig hängt die Bestimmung der Durchschnittszahlen einer Thierart nicht davon ab, dass sie Nahrung findet, sondern dass sie selbst wieder einer andern zur Beute wird. Es scheint daher wenig Zweifel unterworfen zu sein, dass der Bestand an Feld- und Haselhühnern, Hasen u. s. w. auf grossen Gütern hauptsächlich von der Zerstörung der kleinen Raubthiere abhängig ist. Wenn in England in den nächsten zwanzig Jahren kein Stück Wildpret geschossen, aber auch keines dieser Raubthiere zerstört würde, so würde, nach aller Wahrscheinlichkeit, der Wildstand nachher geringer sein als jetzt, obwohl jetzt Hunderttausende von Stücken Wildes jährlich erlegt werden. Andererseits gibt es aber auch manche Fälle, wo, wie beim Elephanten, eine Zerstörung durch Raubthiere gar nicht stattfindet; denn selbst der indische Tiger wagt es nur sehr selten, einen jungen, von seiner Mutter geschützten Elephanten anzugreifen.

Das Clima hat ferner einen wesentlichen Antheil an Bestimmung der durchschnittlichen Individuenzahl e'ner Art, und wiederkehrende Perioden äusserster Kälte oder Trockenheit scheinen zu den wirksamsten aller Hemmnisse zu gehören. Ich schätze, hauptsächlich nach der geringen Anzahl von Nestern im nachfolgenden Frühling, dass der Winter 1854—55 auf meinem eigenen Grundstücke vier Fünftheile aller Vögel zerstört hat; und dies ist eine furchtbare Zerstörung, wenn wir denken, dass bei dem Menschen eine Sterblichkeit von 10 Procent bei Epidemien schon ganz ausserordentlich stark ist. Die Wirkung des Clima scheint beim ersten Anblick ganz unabhängig von dem Kampfe um's Dasein zu sein; insofern aber das Clima hauptsächlich die Nahrung vermindert, veranlasst es den heftigsten

Kampf zwischen den Individuen, welche von derselben Nahrung leben, mögen sie nun einer oder verschiedenen Arten angehören. Selbst wenn das Clima, z. B. äusserst strenge Kälte, unmittelbar wirkt, so werden die mindest kräftigen oder diejenigen Individuen, die beim vorrückenden Winter am wenigsten Futter bekommen haben, am meisten leiden. Wenn wir von Süden nach Norden oder aus einer feuchten in eine trockene Gegend wandern, werden wir stets einige Arten immer seltener und seltener werden und zuletzt gänzlich verschwinden sehen; und da der Wechsel des Clima zu Tage liegt, so werden wir am ehesten versucht sein, den ganzen Erfolg seiner directen Einwirkung zuzuschreiben. Und doch ist dies eine falsche Ansicht; wir vergessen dabei, dass jede Art selbst da, wo sie am häufigsten ist, in irgend einer Zeit ihres Lebens beständig durch Feinde oder durch Concurrenten um Nahrung oder um denselben Wohnort ungeheure Zerstörung erfährt; und wenn diese Feinde oder Concurrenten nur im mindesten durch irgend einen Wechsel des Clima begünstigt werden, so werden sie an Zahl zunehmen, und da jedes Gebiet bereits vollständig mit Bewohnern besetzt ist, so muss die andere Art abnehmen. Wenn wir auf dem Wege nach Süden eine Art in Abnahme begriffen sehen, so können wir sicher sein, dass die Ursache ebensosehr in der Begünstigung anderer Arten liegt, als in der Benachtheiligung dieser einen, ebenso, wenn wir nordwärts gehen, obgleich in einem etwas geringeren Grade, weil die Zahl aller Arten und somit aller Mitbewerber gegen Norden hin abnimmt. Daher kommt es, dass, wenn wir nach Norden gehen oder einen Berg besteigen, wir weit öfter verkümmerten Formen begegnen, welche von unmittelbar schädlichen Einflüssen des Clima herrühren, als wenn wir nach Süden oder bergab gehen. Erreichen wir endlich die arctischen Regionen, oder die schneebedeckten Bergspitzen oder vollkommene Wüsten, so findet das Ringen um's Dasein fast ausschliesslich gegen die Elemente statt.

Dass das Clima vorzugsweise indirect durch Begünstigung anderer Arten wirkt, ergibt sich klar aus der ausserordentlichen Menge solcher Pflanzen in unseren Gärten, welche zwar vollkommen im Stande sind, unser Clima zu ertragen, aber niemals naturalisiert werden können, weil sie weder den Wettkampf mit unseren einheimischen Pflanzen aushalten noch der Zerstörung durch unsere einheimischen Thiere widerstehen können.

Wenn sich eine Art durch sehr günstige Umstände auf einem kleinen Raume zu übermässiger Anzahl vermehrt, so sind Epidemien (so scheint es wenigstens bei unseren Jagdthieren gewöhnlich der Fall zu sein) oft die Folge davon, und hier haben wir ein vom Kampfe um's Dasein unabhängiges Hemmnis. Doch scheint selbst ein Theil dieser sogenannten Epidemien von parasitischen Würmern herzurühren, welche durch irgend eine Ursache, vielleicht durch die Leichtigkeit der Verbreitung auf den gedrängt zusammenlebenden Thieren, unverhältnismässig begünstigt worden sind; und so fände hier gewissermassen ein Kampf zwischen den Schmarotzern und ihren Nährthieren statt.

Andererseits ist in vielen Fällen ein grosser Bestand von Individuen derselben Art im Verhältnis zur Anzahl ihrer Feinde unumgänglich für ihre Erhaltung nöthig. Man kann daher leicht Getreide, Rapssaat u. s. w. in Masse auf unseren Feldern erziehen, weil hier deren Samen im Vergleich zu den Vögeln, welche davon leben, in grossem Übermasse vorhanden sind; und doch können diese Vögel, wenn sie auch in der einen Jahreszeit mehr als nöthig Futter haben, nicht im Verhältnis zur Menge dieses Futters zunehmen, weil ihre Zahlenzunahme im Winter wieder aufgehalten wird. Dagegen weiss jeder, der es versucht hat, wie mühsam es ist, Samen aus ein paar Pflanzen Weizen oder anderen solchen Pflanzen im Garten zu erziehen. Ich habe in solchen Fällen jedes einzelne Samenkorn verloren. Diese Ansicht von der Nothwendigkeit eines grossen Bestandes einer Art für ihre Erhaltung erklärt, wie mir scheint, einige eigenthümliche Fälle in der Natur, wie z. B. dass sehr seltene Pflanzen zuweilen auf den wenigen Flecken, wo sie vorkommen, ausserordentlich zahlreich auftreten, und dass manche gesellige Pflanzen selbst auf der äussersten Grenze ihres Verbreitungsbezirkes gesellig, d. h. in sehr grosser Anzahl beisammen gefunden werden. In solchen Fällen kann man nämlich glauben, eine Pflanzenart vermöge nur da zu bestehen, wo die Lebensbedingungen so günstig sind, dass ihrer viele beisammen leben und so die Art vor äusserster Zerstörung bewahren können. Ich muss hinzufügen, dass die guten Folgen einer häufigen Kreuzung und die schlimmen einer reinen Inzucht ohne Zweifel in einigen dieser Fälle mit in Betracht kommen; doch will ich mich über diesen verwickelten Gegenstand hier nicht weiter verbreiten.

Complicierte Beziehungen aller Pflanzen und Thiere zu einander im Kampfe um's Dasein.

Man führt viele Beispiele auf, aus denen sich ergiebt, wie verwickelt und wie unerwartet die gegenseitigen Beschränkungen und

Beziehungen zwischen organischen Wesen sind, die in einerlei Gegend miteinander zu kämpfen haben. Ich will nur ein solches Beispiel anführen, das mich, wenn es auch einfach ist, interessiert hat. In Staffordshire auf dem Gute eines Verwandten, wo ich reichliche Gelegenheit zur Untersuchung hatte, befand sich eine grosse, äusserst unfruchtbare Haide, die nie von eines Menschen Hand berührt worden war. Doch waren einige hundert Acker derselben, von genau gleicher Beschaffenheit mit den übrigen, fünfundzwanzig Jahre zuvor eingezäunt und mit Kiefern bepflanzt worden. Die Veränderung in der ursprünglichen Vegetation des bepflanzten Theiles war äusserst merkwürdig, mehr als man gewöhnlich beim Übergange von einem ganz verschiedenen Boden zu einem andern wahrnimmt. Nicht allein erschienen die Zahlenverhältnisse zwischen den Haidepflanzen gänzlich verändert, sondern es gediehen auch in der Pflanzung noch zwölf solche Arten, Ried- u. a. Gräser ungerechnet, von welchen auf der Haide nichts zu finden war. Die Wirkung auf die Insecten muss noch viel grösser gewesen sein, da in der Pflanzung sechs Species insectenfressender Vögel sehr gemein waren, von welchen in der Haide nichts zu sehen war, welche dagegen von zwei bis drei anderen Arten solcher besucht wurde. Wir beobachten hier, wie mächtig die Folgen der Einführung einer einzelnen Baumart gewesen ist, indem sonst durchaus nichts geschehen war, mit Ausnahme der Einzäunung des Landes, so dass das Vieh nicht hinein konnte. Was für ein wichtiges Element aber die Einfriedigung sei, habe ich deutlich in der Nähe von Farnham in Surrey gesehen. Hier finden sich ausgedehnte Haiden, mit ein paar Gruppen alter Kiefern auf den Rücken der entfernteren Hügel; in den letzten 10 Jahren waren ansehnliche Strecken eingefriedigt worden, und innerhalb dieser Einfriedigungen schoss in Folge von Selbstaussaat eine Menge junger Kiefern auf, so dicht beisammen, dass nicht alle fortleben konnten. Nachdem ich mich vergewissert hatte, dass diese jungen Stämmchen nicht gesäet oder gepflanzt worden waren, war ich so erstaunt über deren Anzahl, dass ich mich sofort nach mehreren Aussichtspunkten wandte, um Hunderte von Ackern der nicht eingefriedigten Haide zu überblicken, wo ich jedoch ausser den gepflanzten alten Gruppen buchstäblich genommen auch nicht eine einzige Kiefer zu finden vermochte. Als ich mich jedoch genauer zwischen den Pflanzen der freien Haide umsah, fand ich eine Menge Sämlinge und kleiner Bäumchen, welche aber fortwährend von den Heerden abgeweidet worden waren. Auf einem ein Yard im Quadrat messenden Fleck, mehrere hundert Yards von den alten Baumgruppen entfernt, zählte ich 32 solcher abgeweideten Bäumchen, wovon eines mit 26 Jahresringen viele Jahre hindurch versucht hatte, sich über die Haidepflanzen zu erheben, aber immer vergebens. Kein Wunder also, dass, sobald das Land eingefriedigt worden war, es dicht von kräftigen jungen Kiefern überzogen wurde. Und doch war die Haide so äusserst unfruchtbar und so ausgedehnt, dass Niemand geglaubt hätte, dass das Vieh hier so gründlich und so erfolgreich nach Futter gesucht haben würde.

Wir sehen hier das Vorkommen der Kiefer in absoluter Abhängigkeit vom Vieh; in anderen Weltgegenden ist dagegen das Vieh von gewissen Insecten abhängig. Vielleicht bildet Paraguay das merkwürdigste Beispiel dar; denn hier sind weder Rinder, noch Pferde, noch Hunde jemals verwildert, obwohl sie im Süden und Norden davon in verwildertem Zustande umherschwärmen. Azara und Rengger haben gezeigt, dass die Ursache dieser Erscheinung in Paraguay in dem häufigern Vorkommen einer gewissen Fliege zu finden ist, welche ihre Eier in den Nabel der neugeborenen Jungen dieser Thierarten legt. Die Vermehrung dieser so zahlreich auftretenden Fliegen muss regelmässig durch irgend ein Gegengewicht und vermuthlich durch andere parasitische Insecten aufgehalten werden. Wenn daher gewisse insectenfressende Vögel in Paraguay abnähmen, so würden die parasitischen Insecten wahrscheinlich zunehmen, und dies würde die Zahl der den Nabel aufsuchenden Fliegen vermindern; dann würden Rind und Pferd verwildern, was dann wieder (wie ich in einigen Theilen Süd-America's wirklich beobachtet habe) eine bedeutende Veränderung in der Pflanzenwelt veranlassen würde. Dies müsste nun ferner in hohem Grade auf die Insecten und hierdurch, wie wir in Staffordshire gesehen haben, auf die insectenfressenden Vögel wirken, und so fort in immer verwickelteren Kreisen. Es soll damit nicht gesagt sein, dass in der Natur die Verhältnisse immer so einfach sind, wie hier. Kampf um Kampf mit veränderlichem Erfolge muss immer wiederkehren; aber auf die Länge halten auch die Kräfte einander so genau das Gleichgewicht, dass die Natur auf weite Perioden hinaus immer ein gleiches Aussehen behält, obwohl gewiss oft die unbedeutendste Kleinigkeit genügen würde, einem organischen Wesen den Sieg über das andere zu verleihen. Demungeachtet ist unsere Unwissenheit so tief und unsere Anmassung so gross, dass wir uns wundern, wenn wir von dem Erlöschen eines organischen Wesens vernehmen; und da wir die Ursache nicht sehen, so rufen wir Umwälzungen zu Hülfe, um die Welt verwüsten zu lassen, oder erfinden Gesetze über die Dauer der Lebensformen!

Ich werde versucht durch ein weiteres Beispiel nachzuweisen, wie Pflanzen und Thiere, welche auf der Stufenleiter der Natur weit von einander entfernt stehen, durch ein Gewebe von verwickelten Beziehungen miteinander verkettet werden. Ich werde nachher Gelegenheit haben zu zeigen, dass die ausländische *Lobelia fulgens* in meinem Garten niemals von Insecten besucht wird und in Folge dessen wegen ihres eigenthümlichen Blüthenbaues nie eine Frucht ansetzt. Beinahe alle unsere Orchideen müssen unbedingt von Insecten besucht werden, um ihre Pollenmassen wegzunehmen und sie so zu befruchten. Ich habe durch Versuche ermittelt, dass Hummeln zur Befruchtung des Stiefmütterchens oder Pensées *(Viola tricolor)* fast unentbehrlich sind, indem andere Bienen sich nie auf dieser Blume einfinden. Ebenso habe ich gefunden, dass der Besuch der Bienen zur Befruchtung von mehreren unserer Kleearten nothwendig ist. So lieferten mir z. B. zwanzig Köpfe weissen Klee's *(Trifolium repens)* 2290 Samen, während 20 andere Köpfe dieser Art, welche den Bienen unzugänglich gemacht worden waren, nicht einen Samen zur Entwicklung brachten. Ebenso ergaben 100 Köpfe rothen Klee's *(Trifolium pratense)* 2700 Samen, und die gleiche Anzahl gegen Hummeln geschützter Stöcke nicht einen! Hummeln allein besuchen diesen rothen Klee, indem andere Bienenarten den Nectar dieser Blumen nicht erreichen können. Auch von Motten hat man vermuthet, dass sie die Kleearten befruchten; ich zweifle aber wenigstens daran, dass dies mit dem rothen Klee der Fall ist, indem sie nicht schwer genug sind, die Seitenblätter der Blumenkrone niederzudrücken. Man darf daher wohl als sehr wahrscheinlich annehmen, dass wenn die ganze Gattung der Hummeln in England sehr selten oder ganz vertilgt würde, auch Stiefmütterchen und rother Klee sehr selten werden oder ganz verschwinden würden. Die Zahl der Hummeln in einem Districte hängt in einem beträchtlichen Masse von der Zahl der Feldmäuse ab, welche deren Nester und Waben zerstören. Oberst Newman, welcher die Lebensweise der Hummeln lange beobachtet hat, glaubt, dass durch ganz England über zwei Drittel derselben auf diese Weise zerstört werden. Nun hängt aber, wie Jedermann weiss, die Zahl der Mäuse in grossem Masse von der Zahl der Katzen ab, so dass Newman sagt, in der Nähe von Dörfern und Flecken habe er die Zahl der Hummelnester grösser als irgendwo anders gefunden, was er der reichlicheren Zerstörung der Mäuse durch die Katzen zuschreibt. Daher ist es denn völlig glaublich, dass die Anwesenheit eines katzenartigen Thieres in grösserer Zahl in irgend einem Bezirke durch Vermittelung zunächst von Mäusen und dann von Bienen auf die Menge gewisser Pflanzen daselbst von Einfluss sein kann!

Bei jeder Species thun wahrscheinlich verschiedene Momente der Vermehrung Einhalt, solche die in verschiedenen Perioden des Lebens, und solche die während verschiedener Jahreszeiten oder Jahre wirken. Eines oder einige derselben mögen im Allgemeinen die mächtigsten sein; aber alle zusammen werden dazu beitragen, die Durchschnittszahl der Individuen oder selbst die Existenz der Art zu bestimmen. In manchen Fällen lässt sich nachweisen, dass sehr verschiedene Ursachen in verschiedenen Gegenden auf die Häufigkeit einer und derselben Species einwirken. Wenn wir Büsche und Pflanzen betrachten, welche ein dicht bewachsenes Ufer überziehen, so werden wir versucht, ihre Arten und deren Zahlenverhältnisse dem zuzuschreiben, was wir Zufall nennen. Doch wie falsch ist diese Ansicht! Jedermann hat gehört, dass, wenn in America ein Wald niedergehauen wird, eine ganz verschiedene Pflanzenwelt zum Vorschein kommt, und doch ist beobachtet worden, dass die alten Indianerruinen im Süden der Vereinigten Staaten, wo der frühere Baumbestand abgetrieben worden sein musste, jetzt wieder eben dieselbe bunte Mannichfaltigkeit und dasselbe Artenverhältnis wie die umgebenden unberührten Wälder darbieten. Welch' ein Kampf muss hier Jahrhunderte lang zwischen den verschiedenen Baumarten stattgefunden haben, deren jede ihre Samen jährlich zu Tausenden abwirft! Was für ein Krieg zwischen Insect und Insect, zwischen Insecten, Schnecken und anderen Thieren mit Vögeln und Raubthieren, welche alle sich zu vermehren strebten, alle sich von einander oder von den Bäumen und ihren Samen und Sämlingen, oder von jenen anderen Pflanzen nährten, welche anfänglich den Boden überzogen und hierdurch das Aufkommen der Bäume gehindert hatten! Wirft man eine Hand voll Federn in die Luft, so müssen alle nach bestimmten Gesetzen zu Boden fallen; aber wie einfach ist das Problem, wohin eine jede fallen wird, im Vergleich zu der Wirkung und Rückwirkung der zahllosen Pflanzen und Thiere, welche im Laufe von Jahrhunderten das Zahlenverhältnis und die Arten der Bäume bestimmt haben, welche jetzt auf den alten indianischen Ruinen wachsen!

Die Abhängigkeit eines organischen Wesens von einem andern, wie die des Parasiten von seinem Ernährer, findet in der Regel zwischen solchen Wesen statt, welche auf der Stufenleiter der Natur weit auseinander stehen. Dies ist gleichfalls oft bei solchen der Fall, von denen man auch im strengen Sinne sagen kann, sie kämpfen miteinander um ihr Dasein, wie grasfressende Säugethiere und Heuschrecken. Aber der Kampf wird fast ohne Ausnahme am heftigsten zwischen den Individuen einer Art sein; denn sie bewohnen dieselben Bezirke, verlangen dasselbe Futter und sind denselben Gefahren ausgesetzt. Bei Varietäten der nämlichen Art wird der Kampf meistens eben so heftig sein, und zuweilen sehen wir den Streit schon in kurzer Zeit entschieden. So werden z. B., wenn wir verschiedene Weizenvarietäten durcheinander säen und ihren gemischten Samenertrag wieder aussäen, einige Varietäten, welche dem Clima und Boden am besten entsprechen oder von Natur die fruchtbarsten sind, die anderen besiegen und, indem sie mehr Samen liefern, sie schon nach wenigen Jahren gänzlich verdrängen. Um eine gemischte Menge selbst von so äusserst nahe verwandten Varietäten aufzubringen, wie die verschiedenfarbigen *Lathyrus odoratus* sind, muss man sie jedes Jahr gesondert ernten und dann die Samen in erforderlichem Verhältnisse jedesmal auf's Neue mengen, wenn nicht die schwächeren Sorten von Jahr zu Jahr abnehmen und endlich ganz ausgehen sollen. Dasselbe gilt ferner auch für die Schafrassen. Man hat versichert, dass gewisse Gebirgsvarietäten derselben andere Gebirgsvarietäten zum Aussterben bringen, so dass sie nicht zusammen gehalten werden können. Dasselbe Resultat hat sich ergeben, als man verschiedene Varietäten des medicinischen Blutegels zusammen hielt. Man kann selbst bezweifeln, ob die Varietäten von irgend einer unserer domesticierten Pflanzen- oder Thierformen so genau dieselbe Stärke, Lebensweise und Constitution besitzen, dass sich die ursprünglichen Zahlenverhältnisse eines gemischten Bestandes derselben (unter Verhinderung von Kreuzungen) auch nur ein halbes Dutzend Generationen hindurch zu erhalten vermöchten, wenn man sie in derselben Weise wie die organischen Wesen im Naturzustande miteinander kämpfen liesse und der Samen oder die Jungen nicht alljährlich in richtigem Verhältnisse erhalten würden.

Kampf um's Dasein am heftigsten zwischen Individuen und Varietäten derselben Art.

Da die Arten einer Gattung gewöhnlich, doch keineswegs immer, viel Ähnlichkeit miteinander in Lebensweise und Constitution und immer in der Structur besitzen, so wird der Kampf zwischen Arten einer Gattung, wenn sie in Concurrenz miteinander gerathen, gewöhnlich ein heftigerer sein, als zwischen Arten verschiedener Genera. Wir sehen dies an der neuerlichen Ausbreitung einer Schwalbenart über einen Theil der Vereinigten Staaten, welche die Abnahme einer andern Art veranlasst hat. Die neuerliche Vermehrung der Misteldrossel in einigen Theilen von Schottland hat daselbst die Abnahme der Singdrossel zur Folge gehabt. Wie oft hören wir, dass eine Rattenart in den verschiedensten Climaten den Platz einer andern eingenommen hat. In Russland hat die kleine asiatische Schabe *(Blatta)* ihren grössern Verwandten überall vor sich hergetrieben. In Australien ist die eingeführte Stockbiene im Begriff, die kleine einheimische Biene ohne Stachel rasch zu vertilgen. Man weiss, dass eine Art Feldsenf eine andere verdrängt hat; und so noch in anderen Fällen. Wir können dunkel erkennen, warum die Concurrenz zwischen den verwandtesten Formen, welche nahezu denselben Platz im Haushalte der Natur ausfüllen, am heftigsten ist; aber wahrscheinlich werden wir in keinem einzigen Falle genauer anzugeben im Stande sein, wie es zugegangen ist, dass in dem grossen Wettringen um das Dasein die eine den Sieg über die andere davongetragen hat.

Aus den vorangehenden Bemerkungen lässt sich ein Folgesatz von grösster Wichtigkeit ableiten, nämlich, dass die Structur eines jeden organischen Gebildes auf die wesentlichste, aber oft verborgene Weise zu der aller anderen organischen Wesen in Beziehung steht, mit welchen es in Concurrenz um Nahrung oder Wohnung kommt, oder vor welchen es zu fliehen hat, oder von welchen es lebt. — Dies erhellt eben so deutlich aus dem Baue der Zähne und der Klauen des Tigers, wie aus der Bildung der Beine und Krallen des Parasiten, welcher an des Tigers Haaren hängt. Zwar an dem zierlich gefiederten Samen des Löwenzahns wie an den abgeplatteten und gewimperten Beinen des Wasserkäfers scheint anfänglich die Beziehung nur auf das Luft- und Wasserelement beschränkt zu sein. Aber der Vortheil gefiederter Samen steht ohne Zweifel in der engsten Beziehung zu dem Umstande, dass das Land von anderen Pflanzen bereits dicht besetzt ist, so dass die Samen in der Luft erst weit umher treiben und auf einen noch freien Boden fallen können. Den Wasserkäfer dagegen befähigt die Bildung seiner Beine, welche so vortrefflich zum Untertauchen eingerichtet sind, mit anderen Wasserinsecten in Concurrenz zu treten, nach seiner eigenen Beute zu jagen und anderen Thieren zu entgehen, welche ihn zu ihrer Ernährung verfolgen.

Der Vorrath von Nahrungsstoff, welcher in den Samen vieler Pflanzen niedergelegt ist, scheint anfänglich keinerlei Beziehung zu anderen Pflanzen zu haben. Aber nach dem lebhaften Wachsthum der jungen Pflanzen, welche aus solchen Samen (wie Erbsen, Bohnen u. s. w.) hervorgehen, wenn sie mitten in hohes Gras gesäet worden sind, darf man vermuthen, dass jener Nahrungsvorrath hauptsächlich dazu bestimmt ist, das Wachsthum des jungen Sämlings zu begünstigen, während er mit anderen Pflanzen von kräftigem Gedeihen rund um ihn herum zu kämpfen hat.

Man betrachte eine Pflanze in der Mitte ihres Verbreitungsbezirkes, warum verdoppelt oder vervierfacht sie nicht ihre Zahl? Wir wissen, dass sie recht gut etwas mehr oder weniger Hitze oder Kälte, Trocknis oder Feuchtigkeit ertragen kann; denn anderwärts verbreitet sie sich in etwas wärmere oder kältere, feuchtere oder trockenere Bezirke. In diesem Falle sehen wir wohl ein, dass, wenn wir in Gedanken der Pflanze das Vermögen noch weiterer Zunahme zu verleihen wünschten, wir ihr irgend einen Vortheil über die anderen mit ihr concurrierenden Pflanzen oder über die sich von ihr nährenden Thiere gewähren müssten. An den Grenzen ihrer geographischen Verbreitung würde eine Veränderung ihrer Constitution in Bezug auf das Clima offenbar von wesentlichem Vortheil für unsere Pflanze sein. Wir haben jedoch Grund zu glauben, dass nur wenige Pflanzen- oder Thierarten sich so weit verbreiten, dass sie durch die Strenge des Climas allein zerstört werden. Erst wenn wir die äussersten Grenzen des Lebens überhaupt erreichen, in den arctischen Regionen oder am Rande der dürresten Wüste, hört auch die Concurrenz auf. Mag das Land noch so kalt oder trocken sein, immer werden noch einige wenige Arten oder die Individuen derselben Art um das wärmste oder feuchteste Fleckchen concurrieren.

Daher können wir auch einsehen, dass, wenn eine Pflanzen- oder eine Thierart in eine neue Gegend zwischen neue Concurrenten versetzt wird, die äusseren Lebensbedingungen derselben meistens wesentlich andere werden, wenn auch das Clima genau dasselbe wie in der alten Heimath bleibt. Wünschten wir das durchschnittliche Zahlenverhältnis dieser Art in ihrer neuen Heimath zu steigern, so müssten wir ihre Natur in einer andern Weise modificieren, als es in ihrer alten Heimath hätte geschehen müssen; denn wir würden ihr einen Vortheil über eine andere Reihe von Concurrenten oder Feinden, als sie dort gehabt hat, zu verschaffen haben.

Es ist ganz gut, in dieser Weise einmal in Gedanken zu versuchen, irgend einer Form einen Vortheil über eine andere zu verschaffen. Wahrscheinlich wüssten wir nicht in einem einzigen Falle, was wir zu thun hätten, um Erfolg zu haben. Dies sollte uns die Überzeugung von unserer Unwissenheit über die Wechselbeziehungen zwischen allen organischen Wesen aufdrängen: eine Überzeugung, welche eben so nothwendig als schwer zu erlangen ist. Alles, was wir thun können, ist: stets im Sinne zu behalten, dass jedes organische Wesen nach Zunahme in einem geometrischen Verhältnisse strebt; dass jedes zu irgend einer Zeit seines Lebens oder zu einer gewissen Jahreszeit, in jeder Generation oder nach Zwischenräumen um's Dasein kämpfen muss und grosser Vernichtung ausgesetzt ist. Wenn wir über diesen Kampf um's Dasein nachdenken, so mögen wir uns mit dem festen Glauben trösten, dass der Krieg der Natur nicht ununterbrochen ist, dass keine Furcht gefühlt wird, dass der Tod im Allgemeinen schnell ist, und dass der Kräftige, der Gesunde und Glückliche überlebt und sich vermehrt.

Viertes Capitel.

Natürliche Zuchtwahl oder Überleben des Passendsten.

Natürliche Zuchtwahl; — ihre Wirksamkeit im Vergleich zu der des Menschen; — ihre Wirkung auf Eigenschaften von geringer Wichtigkeit; — ihre Wirksamkeit in jedem Alter und auf beide Geschlechter. — Geschlechtliche Zuchtwahl. — Über die Allgemeinheit der Kreuzung zwischen Individuen der nämlichen Art. — Günstige und ungünstige Umstände für die natürliche Zuchtwahl, insbesondere Kreuzung, Isolierung und Individuenzahl. — Langsame Wirkung. — Aussterben durch natürliche Zuchtwahl verursacht. — Divergenz der Charactere in Bezug auf die Verschiedenheit der Bewohner eines kleinen Gebiets und auf Naturalisation. — Wirkung der natürlichen Zuchtwahl auf die Abkömmlinge gemeinsamer Eltern durch Divergenz der Charactere und durch Aussterben. — Erklärt die Gruppierung aller organischen Wesen. — Fortschritt in der Organisation. — Erhaltung niederer Formen. — Convergenz der Charactere. — Unbeschränkte Vermehrung der Arten. — Zusammenfassung.

Wie wird der Kampf um's Dasein, welcher im letzten Capitel kurz abgehandelt wurde, in Bezug auf Variation wirken? Kann das Princip der Auswahl für die Nachzucht, die Zuchtwahl, welche in der Hand des Menschen so viel leistet, in der Natur zur Anwendung kommen? Ich glaube, wir werden sehen, dass ihre Thätigkeit eine äusserst wirksame ist. Wir müssen die endlose Anzahl unbedeutender Abänderungen und individueller Verschiedcnheiten bei den Erzeugnissen unserer Züchtung und in minderem Grade bei den Wesen im Naturzustande, ebenso auch die Stärke der Neigung zur Vcrerbung im Auge behalten. Im Zustande der Domestication, kann man wohl sagen, wird die ganze Organisation in gewissem Grade plastisch. Aber die Veränderlichkeit, welche wir an unseren Culturerzeugnissen fast allgemein antreffen, ist, wie HOOKER und ASA GRAY richtig bemerkt haben, nicht direct durch den Menschen herbeigeführt worden; er kann weder Varietäten entstehen machen, noch ihr Entstehen hindern; er kann nur die vorkommenden erhalten und häufen. Absichtslos setzt er organische Wesen neuen und sich verändernden Lebensbedingungen aus und Variabilität ist Folge hiervon; aber ähnliche Änderungen der Lebensbedingungen können auch in der Natur vorkommen und kommen wirklich vor. Wir müssen auch dessen eingedenk sein, wie unendlich verwickelt und wie scharf abgepasst die gegenseitigen Beziehungen aller organischen Wesen zu cinander und zu ihren physikalischen Lebensbedingungen sind; und folglich, welche unendlich mannichfaltige Abänderungen der Structur einem jeden Wesen unter wechselnden Lebensbedingungen nützlich sein können. Kann man es denn, wenn man sieht, dass viele für den Menschen nützliche Abänderungen unzweifelhaft vorgekommen sind, für unwahrscheinlich halten, dass auch andere mehr oder weniger einem jeden Wesen in dem grossen und verwickelten Kampfe um's Leben vortheilhafte Abänderungen im Laufe vieler aufeinanderfolgenden Generationen zuweilen vorkommen werden? Wenn solche aber vorkommen, bleibt dann noch zu bezweifeln (wenn wir uns daran erinnern, dass offenbar viel mehr Individuen geboren werden, als möglicher Weise fortleben können), dass diejenigen Individuen, welche irgend einen, wenn auch noch so geringen Vortheil vor anderen voraus besitzen, die meiste Wahrscheinlichkeit haben, die anderen zu überdauern und wieder ihresgleichen hervorzubringen? Andererseits können wir sicher sein, dass eine im geringsten Grade nachtheilige Abänderung unnachsichtlich zur Zerstörung der Form führt. Diese Erhaltung günstiger individueller Verschiedenheiten und Abänderungen und die Zerstörung jener, welche nachtheilig sind, ist es, was ich natürliche

Zuchtwahl nenne oder Überleben des Passendsten. Abänderungen, welche weder vortheilhaft noch nachtheilig sind, werden von der natürlichen Zuchtwahl nicht berührt und bleiben entweder ein schwankendes Element, wie wir es vielleicht in den sogenannten polymorphen Arten sehen, oder werden endlich fixiert in Folge der Natur des Organismus oder der Natur der Bedingungen.

Mehrere Schriftsteller haben den Ausdruck natürliche Zuchtwahl missverstanden oder unpassend gefunden. Die einen haben selbst gemeint, natürliche Zuchtwahl führe zur Veränderlichkeit, während sie doch nur die Erhaltung solcher Abänderungen einschliesst, welche dem Organismus in seinen eigenthümlichen Lebensbeziehungen von Nutzen sind. Niemand macht dem Landwirth einen Vorwurf daraus, dass er von den grossen Wirkungen der Zuchtwahl des Menschen spricht, und in diesem Falle müssen die von der Natur dargebotenen individuellen Verschiedenheiten, welche der Mensch in bestimmter Absicht zur Nachzucht wählt, nothwendiger Weise zuerst überhaupt vorkommen. Andere haben eingewendet, dass der Ausdruck Wahl ein bewusstes Wählen in den Thieren voraussetze, welche verändert werden; ja man hat selbst eingeworfen, da doch die Pflanzen keinen Willen hätten, sei auch der Ausdruck auf sie nicht anwendbar! Es unterliegt allerdings keinem Zweifel, dass buchstäblich genommen, natürliche Zuchtwahl ein falscher Ausdruck ist; wer hat aber je den Chemiker getadelt, wenn er von den Wahlverwandtschaften der verschiedenen Elemente spricht? und doch kann man nicht sagen, dass eine Säure sich die Basis auswähle, mit der sie sich vorzugsweise verbinden wolle. Man hat gesagt, ich spreche von der natürlichen Zuchtwahl wie von einer thätigen Macht oder Gottheit; wer wirft aber einem Schriftsteller vor, wenn er von der Anziehung redet, welche die Bewegung der Planeten regelt? Jedermann weiss, was damit gemeint und was unter solchen bildlichen Ausdrücken verstanden wird; sie sind ihrer Kürze wegen fast nothwendig. Eben so schwer ist es, eine Personificierung des Wortes Natur zu vermeiden; und doch verstehe ich unter Natur bloss die vereinte Thätigkeit und Leistung der mancherlei Naturgesetze, und unter Gesetzen die nachgewiesene Aufeinanderfolge der Erscheinungen. Bei ein wenig Bekanntschaft mit der Sache sind solche oberflächliche Einwände bald vergessen.

Wir werden den wahrscheinlichen Hergang bei der natürlichen Zuchtwahl am besten verstehen, wenn wir den Fall annehmen, eine

Gegend erfahre irgend eine geringe physikalische Veränderung, z. B. im Clima. Das Zahlenverhältnis seiner Bewohner wird fast unmittelbar eine Veränderung erleiden, und eine oder die andere Art wird wahrscheinlich ganz erlöschen. Wir dürfen ferner aus dem, was wir von dem innigen und verwickelten Abhängigkeits-Verhältnisse der Bewohner einer Gegend von einander kennen gelernt haben, schliessen, dass, unabhängig von dem Climawechsel an sich, die Änderung im Zahlenverhältnisse eines Theiles ihrer Bewohner auch sehr wesentlich auf die anderen wirke. Hat diese Gegend offene Grenzen, so werden sicherlich neue Formen einwandern: und auch dies wird die Beziehungen eines Theiles der alten Bewohner ernstlich stören; denn erinnern wir uns, wie folgenreich die Einführung einer einzigen Baum- oder Säugethierart in den früher mitgetheilten Beispielen gewesen ist. Handelte es sich dagegen um eine Insel oder um ein zum Theil von Schranken umschlossenes Land, in welches neue und besser angepasste Formen nicht reichlich eindringen können, so werden sich Punkte im Hausstande der Natur ergeben, welche sicherlich besser dadurch ausgefüllt werden, dass einige der ursprünglichen Bewohner irgend eine Abänderung erfahren; denn, wäre das Land der Einwanderung geöffnet gewesen, so würden sich wohl Eindringlinge dieser Stellen bemächtigt haben. In solchen Fällen werden daher geringe Abänderungen, welche in irgend welcher Weise Individuen einer oder der andern Species durch bessere Anpassung an die geänderten Lebensbedingungen begünstigen, erhalten zu werden neigen und die natürliche Zuchtwahl wird freien Spielraum finden, in ihrer Verbesserung thätig zu sein.

Wie in dem ersten Capitel gezeigt wurde, ist Grund zur Annahme vorhanden, dass Veränderungen in den Lebensbedingungen eine Neigung zu vermehrter Variabilität verursachen; in den vorangehenden Fällen ist eine Änderung der Lebensbedingungen angenommen worden, und diese wird gewiss für die natürliche Zuchtwahl insofern günstig gewesen sein, als mit ihr mehr Aussicht auf das Vorkommen nützlicher Abänderungen verbunden war. Kommen nützliche Abänderungen nicht vor, so kann die Natur keine Auswahl zur Züchtung treffen. Man darf nicht vergessen, dass unter dem Ausdruck „Abänderungen“ stets auch blosse individuelle Verschiedenheiten mit eingeschlossen sind. Wie der Mensch grosse Erfolge bei seinen domesticierten Thieren und Pflanzen durch Häufung bloss individueller Verschiedenheiten in einer und derselben gegeben Richtung erzielen kann, so vermag es die natürliche Zuchtwahl, aber noch viel leichter, da ihr unvergleichlich längere Zeiträume für ihre Wirkungen zu Gebote stehen. Auch glaube ich nicht, dass irgend eine grosse physikalische Veränderung, z. B. des Clima's, oder ein ungewöhnlicher Grad von Isolierung gegen die Einwanderung wirklich nöthig ist, um neue und noch unausgefüllte Stellen zu schaffen, welche die natürliche Zuchtwahl durch Abänderung und Verbesserung einiger variierender Bewohner des Landes ausfüllen könne. Denn da alle Bewohner eines jeden Landes mit gegenseitig genau abgewogenen Kräften beständig im Kampfe miteinander liegen, so genügen oft schon äusserst geringe Modificationen in der Bildung oder Lebensweise einer Art, um ihr einen Vortheil über andere zu geben; und weitere Abänderungen in gleicher Richtung werden ihr Übergewicht oft noch vergrössern, so lange wie die Art unter den nämlichen Lebensbedingungen fortbesteht und aus ähnlichen Subsistenz- und Vertheidigungsmitteln Nutzen zieht. Es lässt sich kein Land anführen, in welchem alle eingeborenen Bewohner bereits so vollkommen aneinander und an die äusseren Bedingungen, unter denen sie leben, angepasst wären, dass keiner unter ihnen mehr einer Veredlung oder noch bessern Anpassung fähig wäre; denn in allen Ländern sind die eingeborenen Arten so weit von naturalisierten Erzeugnissen besiegt worden, dass diese Fremdlinge im Stande gewesen sind, festen Besitz vom Lande zu nehmen. Und da die Fremdlinge überall einige der Eingeborenen geschlagen haben, so darf man hieraus wohl ruhig schliessen, dass diese mit Vortheil hatten modificiert werden können, um solchen Eindringlingen mehr Widerstand zu leisten.

Da nun der Mensch durch methodisch und unbewusst ausgeführte Wahl zum Zwecke der Nachzucht so grosse Erfolge erzielen kann und gewiss erzielt hat, was mag nicht die natürliche Zuchtwahl leisten können? Der Mensch kann nur auf äusserliche und sichtbare Charactere wirken; die Natur (wenn es gestattet ist, so die natürliche Erhaltung oder das Überleben des Passendsten zu personificieren) fragt nicht nach dem Aussehen, ausser wo es irgend einem Wesen nützlich sein kann. Sie kann auf jedes innere Organ, auf jede Schattierung einer constitutionellen Verschiedenheit, auf die ganze Maschinerie des Lebens wirken. Der Mensch wählt nur zu seinem eigenen Nutzen; die Natur nur zum Nutzen des Wesens, das sie aufzieht. Jeder von ihr ausgewählte Character wird daher in voller Thätigkeit erhalten, wie schon in der Thatsache seiner Auswahl liegt. Der Mensch dagegen hält die Eingeborenen aus vielerlei

Climaten in derselben Gegend beisammen und lässt selten irgend einen ausgewählten Character in einer besondern und ihm entsprechenden Weise thätig werden. Er füttert eine lang- und eine kurzschnäbelige Taube mit demselben Futter; er beschäftigt ein langrückiges oder ein langbeiniges Säugethier nicht in einer besondern Art; er setzt das lang- und das kurzwollige Schaf demselben Clima aus. Er lässt die kräftigeren Männchen nicht um ihre Weibchen kämpfen. Er zerstört nicht mit Beharrlichkeit alle unvollkommeneren Thiere, sondern schützt vielmehr alle seine Erzeugnisse, so viel in seiner Macht liegt, in jeder verschiedenen Jahreszeit. Oft beginnt er seine Auswahl mit einer halbmonströsen Form oder mindestens mit einer Abänderung, welche hinreichend auffallend ist, seine Augen zu fesseln oder ihm offenbaren Nutzen zu versprechen. In der Natur dagegen können schon die geringsten Abweichungen in Bau oder der Constitution das bisherige genau abgewogene Gleichgewicht im Kampfe um's Leben aufheben und hierdurch ihre Erhaltung bewirken. Wie flüchtig sind die Wünsche und die Anstrengungen des Menschen! wie kurz ist seine Zeit! wird dürftig werden mithin seine Resultate denjenigen gegenüber sein, welche die Natur im Verlaufe ganzer geologischer Perioden angehäuft hat! Dürfen wir uns daher wundern, wenn die Naturproducte einen weit „echteren" Character als die des Menschen haben, wenn sie den verwickeltsten Lebensbedingungen unendlich besser angepasst sind und das Gepräge einer weit höheren Meisterschaft an sich tragen?

Man kann figürlich sagen, die natürliche Zuchtwahl sei täglich und stündlich durch die ganze Welt beschäftigt, eine jede, auch die geringste Abänderung zu prüfen, sie zu verwerfen, wenn sie schlecht, und sie zu erhalten und zu vermehren, wenn sie gut ist. Still und unmerkbar ist sie überall und allezeit, wo sich die Gelegenheit darbietet, mit der Vervollkommnung eines jeden organischen Wesens in Bezug auf dessen organische und unorganische Lebensbedingungen beschäftigt. Wir sehen nichts von diesen langsam fortschreitenden Veränderungen, bis die Hand der Zeit auf eine abgelaufene Weltperiode hindeutet, und dann ist unsere Einsicht in die längst verflossenen geologischen Zeiten so unvollkommen, dass wir nur noch das Eine wahrnehmen, dass die Lebensformen jetzt verschieden von dem sind, was sie früher gewesen sind.

Um irgend einen beträchtlichen Grad von Modification bei einer Species hervorzubringen, muss eine einmal aufgetretene Varietät, wenn auch vielleicht erst nach einem langen Zeitraum, von neuem variieren oder individuelle Verschiedenheiten derselben günstigen Art wie früher darbieten, und diese müssen wieder erhalten werden und so Schritt für Schritt weiter. Wenn man sieht, dass individuelle Verschiedenheiten aller Art beständig vorkommen, so kann dies kaum als eine nicht zu beweisende Vermuthung angesehen werden. Ob es aber alles wirklich stattgefunden hat, kann nur danach beurtheilt werden, dass man zusieht, wie weit die Hypothese mit den allgemeinen Erscheinungen der Natur übereinstimmt und sie erklärt. Andererseits beruht aber auch die gewöhnliche Meinung, dass der Betrag der möglichen Abänderung eine scharf begrenzte Grösse sei, auf einer blossen Voraussetzung.

Obwohl die natürliche Zuchtwahl nur durch und für das Gute eines jeden Wesens wirken kann, so werden doch wohl auch Eigenschaften und Bildungen dadurch berührt, denen wir nur eine untergeordnete Wichtigkeit beizulegen geneigt sind. Wenn wir sehen, dass blattfressende Insecten grün, rindenfressende graugefleckt, das Alpen-Schneehuhn im Winter weiss, die schottische Art haidenfarbig sind, so müssen wir glauben, dass solche Farben den genannten Vögeln und Insecten dadurch nützlich sind, dass sie dieselben vor Gefahren schützen. Waldhühner würden sich, wenn sie nicht in irgend einer Zeit ihres Lebens der Zerstörung ausgesetzt wären, in endloser Anzahl vermehren. Man weiss, dass sie sehr von Raubvögeln leiden, und Habichte werden durch das Gesicht auf ihre Beute geführt, und zwar in einem Grade, dass man in manchen Gegenden von Europa vor dem Halten von weissen Tauben warnt, weil diese der Zerstörung am meisten ausgesetzt sind. Es dürfte daher die natürliche Zuchtwahl entschieden dahin wirken, jeder Art von Waldhühnern die ihr eigenthümliche Farbe zu verleihen und, wenn solche einmal hergestellt ist, dieselbe echt und beständig zu erhalten. Auch dürfen wir nicht glauben, dass die zufällige Zerstörung eines Thieres von irgend einer besondern Färbung nur wenig Wirkung habe; wir müssen uns daran erinnern, wie wesentlich es ist, aus einer weissen Schafheerde jedes Lämmchen zu beseitigen, das die geringste Spur von schwarz an sich hat. Wir haben oben gesehen, wie in Virginien die Farbe der Schweine, welche sich von der Farbwurzel nähren, über deren Leben und Tod entscheidet. Bei den Pflanzen rechnen die Botaniker den flaumigen Überzug der Früchte und die Farbe ihres Fleisches mit zu den mindest wichtigen Merkmalen; und doch hören wir von einem ausgezeichneten Gärtner, Downing, dass in den Vereinigten Staaten nackthäutige Früchte viel mehr durch einen

Käfer, einen *Curculio*, leiden, als die flaumigen, und dass die purpurfarbenen Pflaumen von einer gewissen Krankheit viel mehr leiden, als die gelben, während eine andere Krankheit die gelbfleischigen Pfirsiche viel mehr angreift, als die mit andersfarbigem Fleische. Wenn bei aller Hülfe der Kunst diese geringen Verschiedenheiten schon einen grossen Unterschied im Anbau der verschiedenen Varietäten bedingen, so werden gewiss im Zustande der Natur, wo die Bäume mit anderen Bäumen und mit einer Menge von Feinden zu kämpfen haben, derartige Verschiedenheiten äusserst wirksam entscheiden, welche Varietät erhalten bleiben soll, ob eine glatte oder eine flaumige, ob eine gelb- oder rothfleischige Frucht.

Betrachten wir eine Menge kleiner Verschiedenheiten zwischen Species, welche, soweit unsere Unkenntnis zu urtheilen gestattet, ganz unwesentlich zu sein scheinen, so dürfen wir nicht vergessen, dass auch Clima, Nahrung u. s. w. ohne Zweifel einigen unmittelbaren Einfluss geäussert haben. Es ist auch nothwendig, uns daran zu erinnern, dass, wenn ein Theil variiert und wenn diese Modificationen durch natürliche Zuchtwahl gehäuft werden, nach dem Gesetze der Correlation dann wieder andere Modificationen oft der unerwartetsten Art eintreten.

Wie wir sehen, dass die Abänderungen, welche im Culturzustande zu irgend einer bestimmten Zeit des Lebens hervortreten, auch beim Nachkömmling in der gleichen Lebensperiode wieder zu erscheinen geneigt sind, — z. B. in Form, Grösse und Geschmack der Samen vieler Varietäten unserer Küchen- und Ackergewächse, in den Raupen und Cocons der Seidenwurmvarietäten, in den Eiern des Hofgeflügels und in der Färbung des Dunenkleides seiner Jungen, in den Hörnern unserer Schafe und Rinder, wenn sie fast erwachsen sind, — so wird auch die natürliche Zuchtwahl im Naturzustande fähig sein, dadurch in einem jeden Alter auf die organischen Wesen zu wirken und sie zu modificieren, dass sie die für eine jede Lebenszeit nützlichen Abänderungen häuft und sie in einem entsprechenden Alter vererbt. Wenn es für eine Pflanze von Nutzen ist, ihre Samen immer weiter und weiter mit dem Winde umherzustreuen, so ist meiner Ansicht nach für die Natur die Schwierigkeit, dies Vermögen durch Zuchtwahl zu bewirken nicht grösser, als es für den Baumwollenpflanzer ist, durch Züchtung die Baumwolle in den Fruchtkapseln seiner Pflanzen zu vermehren und zu verbessern. Natürliche Zuchtwahl kann die Larve eines Insectes modificieren und zu zwanzigerlei Bedürfnissen geeignet anpassen, welche ganz verschieden sind von jenen, die das reife Thier betreffen; und diese Abänderungen in der Larve können durch Correlation auf die Structur des reifen Insectes wirken. So können auch umgekehrt gewisse Veränderungen im reifen Insecte die Structur der Larve berühren; in allen Fällen wird aber die natürliche Zuchtwahl das Thier dagegen sicher stellen, dass die Modificationen nicht nachtheiliger Art sind, denn wären sie so, so würde die Species aussterben.

Natürliche Zuchtwahl kann auch die Structur der Jungen im Verhältnis zu den Eltern und der Eltern im Verhältnis zu den Jungen modificieren. Bei gesellig lebenden Thieren passt sie die Structur eines jeden Individuum dem Besten der ganzen Gemeinde an, vorausgesetzt, dass die Gemeinde bei dem erzüchteten Wechsel gewinne. Was die natürliche Zuchtwahl nicht bewirken kann, das ist: Umänderung der Structur einer Species ohne Vortheil für sie, zu Gunsten einer andern Species; und obwohl in naturhistorischen Werken Beispiele hierfür angeführt werden, so kann ich doch nicht einen Fall finden, welcher eine Prüfung aushielte. Selbst ein organisches Gebilde, das nur einmal im Leben eines Thieres gebraucht wird, kann, wenn es ihm von grosser Wichtigkeit ist, durch die natürliche Zuchtwahl bis zu jedem Betrage modificiert werden, wie z. B. die grossen Kinnladen einiger Insecten, welche ausschliesslich zum Öffnen ihres Cocons dienen, oder das harte Spitzchen auf dem Ende des Schnabels junger Vögel, womit sie beim Ausschlüpfen die Eischale aufbrechen. Man hat versichert, dass von den besten kurzschnäbeligen Purzeltauben mehr im Ei zu Grunde gehen, als auszuschlüpfen im Stande sind, was Liebhaber mitunter veranlasst, beim Durchbrechen der Schale mitzuhelfen. Wenn nun die Natur den Schnabel einer Taube zu deren eigenem Nutzen im ausgewachsenen Zustande sehr zu verkürzen hätte, so würde dieser Process sehr langsam vor sich gehen, und es müsste dabei zugleich die strengste Auswahl derjenigen jungen Vögel im Ei stattfinden, welche den stärksten und härtesten Schnabel besitzen, weil alle mit weichem Schnabel unvermeidlich zu Grunde gehen würden; oder aber es müsste eine Auswahl der zartesten und zerbrechlichsten Eischalen erfolgen, deren Dicke bekanntlich so wie jedes andere Gebilde variiert.

Es dürfte am Platze sein, hier zu bemerken, dass bei allen Wesen gelegentlich eine bedeutende Zerstörung eintritt, welche auf den Verlauf der natürlichen Zuchtwahl keinen oder nur einen geringen Einfluss haben kann. Es wird z. B. jährlich eine ungeheure Zahl von Eiern oder Samen verzehrt, und diese könnten durch natürliche Zuchtwahl nur dann modificiert werden, wenn sie in irgend einer solchen Weise abänderten, welche sie gegen ihre Feinde schützte. Und doch könnten viele dieser Eier oder Samen, wären sie nicht zerstört worden, vielleicht Individuen ergeben haben, welche ihren Lebensbedingungen besser angepasst waren als irgend eines von denen, welche zufällig leben blieben. Ferner muss eine ungeheure Zahl reifer Thiere und Pflanzen, mögen sie die ihren Bedingungen am besten angepassten gewesen sein oder nicht, jährlich durch zufällige Ursachen zerstört werden, welche nicht im geringsten Grade durch gewisse Veränderungen des Baues oder der Constitution, die in anderer Weise für die Species wohlthätig sein könnten, in ihrer Wirkung beschränkt werden würden. Mag aber auch die Zerstörung von Erwachsenen noch so reichlich sein, wenn nur die Zahl, welche in irgend einem Bezirke existieren kann, nicht durch solche Ursachen gänzlich herabgedrückt wird; oder ferner, mag die Zerstörung von Eiern oder Samen so gross sein, dass nur der hundertste oder tausendste Theil entwickelt wird, — es werden doch von denen, welche leben bleiben, die am besten angepassten Individuen, unter der Voraussetzung, dass überhaupt Variabilität in einer günstigen Richtung eintritt, ihre Art in grösseren Zahlen fortzupflanzen streben als die weniger gut angepassten. Wird die Anzahl durch die eben angedeuteten Ursachen gänzlich niedergehalten, wie es oft der Fall gewesen sein wird, so wird die natürliche Zuchtwahl in gewissen wohlthätigen Richtungen wirkungslos sein. Dies ist aber kein triftiger Einwand gegen ihre Wirksamkeit zu anderen Zeiten und in anderen Weisen; denn wir sind weit davon entfernt, für die Annahme irgend einen Grund zu haben, dass jemals viele Species zu derselben Zeit in demselben Bezirke eine Modification und Verbesserung erfahren.

Geschlechtliche Zuchtwahl.

Wie im Zustande der Domestication Eigenthümlichkeiten oft an einem Geschlechte zum Vorschein kommen und sich erblich an dieses Geschlecht heften, so wird es wohl ohne Zweifel auch im Naturzustande geschehen. Hierdurch wird es möglich, dass die natürliche Zuchtwahl beide Geschlechter in Bezug auf verschiedene Gewohnheiten des Lebens, wie es zuweilen der Fall ist, oder das eine Geschlecht in Beziehung auf das andere Geschlecht modificiert, wie es gewöhnlich vorkommt. Dies veranlasst mich, einige Worte über das zu sagen, was ich geschlechtliche Zuchtwahl genannt habe

Diese Form der Zuchtwahl hängt nicht von einem Kampfe um's Dasein in Beziehung auf andere organische Wesen oder auf äussere Bedingungen ab, sondern von einem Kampfe zwischen den Individuen des einen Geschlechts, meistens den Männchen, um den Besitz des andern Geschlechts. Das Resultat desselben besteht nicht im Tode, sondern in einer spärlicheren oder ganz ausfallenden Nachkommenschaft des erfolglosen Concurrenten. Diese geschlechtliche Auswahl ist daher minder rigorös als die natürliche. Im Allgemeinen werden die kräftigsten, die ihre Stelle in der Natur am besten ausfüllenden Männchen die meiste Nachkommenschaft hinterlassen. In manchen Fällen jedoch wird der Sieg nicht sowohl von der Stärke im Allgemeinen, sondern von besonderen, nur dem Männchen verliehenen Waffen abhängen. Ein geweihloser Hirsch und ein spornloser Hahn haben wenig Aussicht, zahlreiche Erben zu hinterlassen. Eine geschlechtliche Zuchtwahl, welche stets dem Sieger die Fortpflanzung ermöglicht, wird ihm unbezähmbaren Muth, lange Spornen und starke Flügel verleihen, um den gespornten Lauf einschlagen zu können, in derselben Weise, wie es der brutale Kampfhuhnzüchter durch sorgfältige Auswahl seiner besten Hähne thut. Wie weit hinab in der Stufenleiter der Natur dergleichen Kämpfe noch vorkommen, weiss ich nicht. Man hat männliche Alligatoren beschrieben, wie sie um den Besitz eines Weibchens kämpfen, brüllen und sich wie Indianer in einem kriegerischen Tanze im Kreise drehen; männliche Salmen hat man den ganzen Tag lang miteinander kämpfen sehen; männliche Hirschkäfer haben zuweilen Wunden von den mächtigen Kiefern anderer Männchen; und die Männchen gewisser Hymenopteren sah der als Beobachter unerreichbare Fabre um ein besonderes Weibchen kämpfen, das wie ein scheinbar unbetheiligter Zuschauer des Kampfes daneben sass und sich dann mit dem Sieger zurückzog. Übrigens ist der Kampf vielleicht am heftigsten zwischen den Männchen polygamer Thiere, und diese scheinen auch am gewöhnlichsten mit besonderen Waffen dazu versehen zu sein. Die Männchen der Raubsäugethiere sind schon an sich wohl bewehrt; doch pflegen ihnen und anderen durch geschlechtliche Zuchtwahl noch besondere Vertheidigungsmittel verliehen zu werden, wie dem Löwen seine Mähne, dem männlichen Salmen die hakenförmige Verlängerung seiner Unterkinnlade; denn der Schild mag für den Sieg eben so wichtig sein, wie das Schwert oder der Speer.

Unter den Vögeln hat der Bewerbungskampf oft einen friedlicheren Character. Alle, welche diesem Gegenstand Aufmerksamkeit geschenkt haben, glauben, die eifrigste Rivalität finde unter denjenigen zahlreichen männlichen Vögeln statt, welche die Weibchen durch Gesang anzuziehen suchen. Die Steindrossel in Guinea, die Paradiesvögel u. e. a. schaaren sich zusammen, und ein Männchen um das andere entfaltet mit der ausgesuchtesten Sorgfalt sein prächtiges Gefieder; sie paradieren auch in theatralischen Stellungen vor den Weibchen, welche als Zuschauer dastehen und sich zuletzt den anziehendsten Bewerber erkiesen. Sorgfältige Beobachter der in Gefangenschaft gehaltenen Vögel wissen sehr wohl, dass oft individuelle Bevorzugungen und Abneigungen stattfinden; so hat Sir R. Heron beschrieben, wie ein scheckiger Pfauhahn ausserordentlich anziehend für alle seine Hennen gewesen ist. Ich kann hier nicht in die nothwendigen Einzelnheiten eingehen; wenn jedoch der Mensch im Stande ist, seinen Bantam-Hühnern in kurzer Zeit eine elegante Haltung und Schönheit je nach seinen Begriffen von Schönheit zu geben, so kann ich keinen genügenden Grund zum Zweifel finden, dass weibliche Vögel, indem sie Tausende von Generationen hindurch den melodiereichsten oder schönsten Männchen, je nach ihren Begriffen von Schönheit, bei der Wahl den Vorzug geben, nicht ebenfalls einen merklichen Effect bewirken können. Einige wohlbekannte Gesetze in Betreff des Gefieders männlicher und weiblicher Vögel im Vergleich zu dem der jungen lassen sich zum Theil daraus erklären, dass die geschlechtliche Zuchtwahl auf Abänderungen wirkt, welche in verschiedenen Altersstufen auftreten und auf die Männchen allein oder auf beide Geschlechter in entsprechendem Alter vererbt werden. Ich habe aber hier keinen Raum, weiter auf diesen Gegenstand einzugehen.

Wenn daher Männchen und Weibchen einer Thierart die nämliche allgemeine Lebensweise haben, aber in Bau, Farbe oder Schmuck von einander abweichen, so sind nach meiner Meinung diese Verschiedenheiten hauptsächlich durch die geschlechtliche Zuchtwahl verursacht worden; d. h. individuelle Männchen haben in aufeinanderfolgenden Generationen einige kleine Vortheile über andere Männchen gehabt durch ihre Waffen, Vertheidigungsmittel oder Reize und haben diese Vortheile allein auf ihre männlichen Nachkommen übertragen. Doch möchte ich nicht alle solche Geschlechtsverschiedenheiten aus dieser Quelle ableiten; denn wir sehen bei unseren domesticierten Thieren Eigenthümlichkeiten entstehen und auf das männliche Geschlecht beschränkt werden, welche augenscheinlich nicht durch die Zuchtwahl des Menschen verstärkt worden sind. Der Haarbüschel auf der Brust des Puterhahns kann ihm von keinem Nutzen sein und es ist zweifelhaft, ob er für die Augen des Weibchens für ornamental gilt; — und wirklich, hätte sich dieser Büschel erst im Zustande der Zähmung gebildet, er würde eine Monstrosität genannt worden sein.

Erläuterungen der Wirkungsweise der natürlichen Zuchtwahl oder des Überlebens des Passendsten.

Um klar zu machen, wie nach meiner Meinung die natürliche Zuchtwahl wirke, muss ich um die Erlaubnis bitten, ein oder zwei erdachte Beispiele zur Erläuterung zu geben. Denken wir uns zunächst einen Wolf, der von verschiedenen Thieren lebt, die er sich theils durch List, theils durch Stärke und theils durch Schnelligkeit verschafft, und nehmen wir an, seine schnellste Beute, eine Hirschart z. B., hätte sich in Folge irgend einer Veränderung in einer Gegend sehr vervielfältigt, oder andere zu seiner Nahrung dienende Thiere hätten sich in der Jahreszeit, wo sich der Wolf seine Beute am schwersten verschaffen kann, sehr vermindert. Unter solchen Umständen hätten die schnellsten und schlanksten Wölfe am meisten Aussicht auf Fortkommen und somit auf Erhaltung und Verwendung zur Nachzucht, immerhin vorausgesetzt, dass sie dabei Stärke genug behielten, um sich ihrer Beute in dieser oder irgend einer andern Jahreszeit zu bemeistern, wo sie veranlasst sein könnten, auf die Jagd anderer Thiere auszugehen. Ich finde ebenso wenig Ursache daran zu zweifeln, dass dies das Resultat sein würde, wie daran, dass der Mensch auch die Schnelligkeit seines Windhundes durch sorgfältige und planmässige Auswahl oder durch jene unbewusste Zuchtwahl zu erhöhen im Stande ist, welche schon stattfindet, wenn nur Jedermann die besten Hunde zu halten strebt, ohne einen Gedanken an Veredlung der Rasse. Ich kann hinzufügen, dass Herrn Pierce zufolge zwei Varietäten des Wolfes die Catskill-Berge in den Vereinigten Staaten bewohnen, die eine von leichter windhundartiger Form, welche Hirsche jagt, die andere plumper mit kürzeren Füssen, welche häufiger Schafheerden angreift.

Man muss beachten, dass ich in dem obigen Beispiel von den schlanksten individuellen Wölfen und nicht von einer einzelnen scharf markierten Abänderung sage, dass sie erhalten worden seien. In den früheren Ausgaben dieses Buches sprach ich zuweilen so, als sei diese letzte Alternative häufig eingetreten. Ich bemerkte die grosse Bedeutung individueller Verschiedenheiten und dies führte mich dazu, ausführlich die Wirkungen einer von Menschen ausgeführten unbewussten Zuchtwahl zu erörtern, welche auf der Erhaltung der mehr oder weniger werthvollen Individuen und der Zerstörung der schlechtesten beruht. Ich bemerkte gleichfalls, dass die Erhaltung irgend einer gelegentlichen Structurabweichung, wie einer Monstrosität, im Naturzustande ein seltenes Ereignis sein würde und dass, würde sie anfangs erhalten, sie durch spätere Kreuzung mit gewöhnlichen Individuen allgemein verloren gehen würde. Ehe ich aber einen schönen und werthvollen Artikel in der North British Review (1867) gelesen hatte, versäumte ich doch dem Umstande Gewicht beizulegen, wie selten einzelne Abänderungen, mögen sie unbedeutend oder scharf markiert sein, sich erhalten können. Der Verfasser nimmt den Fall eines Thierpaares an, welches während seiner Lebenszeit zweihundert Nachkommen erzeugt, von denen aber aus verschiedenen zerstörenden Ursachen im Mittel nur zwei überleben und ihre Art fortpflanzen. Für die meisten höheren Thiere ist dies eine extreme Schätzung, aber durchaus nicht so für viele der niederen Organismen. Der Verfasser zeigt dann, dass, wenn ein einzelnes in irgend einer Weise variierendes Individuum geboren würde und es doppelt so viel Aussicht hätte fortzuleben wie die anderen Individuen, die Wahrscheinlichkeit doch sehr gegen sein Fortleben sein würde. Angenommen es bliebe leben und pflanzte sich fort und die Hälfte seiner Jungen erbte die günstige Abänderung, so würde das Junge doch, wie der Verfasser weiter zeigt, nur unbedeutend mehr Aussicht haben leben zu bleiben und zu zeugen; und diese Aussicht würde in den folgenden Generationen immer weiter abnehmen. Ich glaube, man kann die Richtigkeit dieser Bemerkungen nicht bestreiten. Wenn z. B. ein Vogel irgend welcher Art sich seine Nahrung leichter durch den Besitz eines gekrümmten Schnabels verschaffen könnte und wenn einer mit einem stark gekrümmten Schnabel geboren würde und demzufolge gut gediehe, so würde doch die Wahrscheinlichkeit sehr gering sein, dass dies eine Individuum seine Form bis zum Verdrängen der gewöhnlichen fortpflanzte. Aber nach dem, was wir im Zustande der Domestication vorgehen sehen, zu urtheilen, kann darüber kaum ein Zweifel sein, dass dies Resultat eintreten würde, wenn viele Generationen hindurch eine grosse Zahl von Individuen mit mehr oder weniger gebogenen Schnäbeln erhalten und eine noch grössere Zahl mit den gerädesten Schnäbeln zerstört würde.

Man darf indessen nicht übersehen, dass gewisse im Ganzen stark ausgeprägte Abänderungen, welche Niemand für blosse individuelle Verschiedenheiten erklären dürfte, häufig in Folge des Umstandes wiederkehren, dass eine ähnliche Organisation ähnliche Einflüsse erfährt. Von dieser Thatsache könnten von unseren domesticierten Formen zahlreiche Beispiele angeführt werden. Wenn in solchen Fällen ein variierendes Individuum seinen Nachkommen nicht wirklich seinen neu erlangten Character überlieferte, so würde es, solange die bestehenden Bedingungen dieselben blieben, ohne Zweifel eine noch stärkere Neigung überliefern, in derselben Weise zu variieren. Es lässt sich auch kaum daran zweifeln, dass die Neigung in einer und derselben Art und Weise zu variieren, häufig so stark gewesen ist, dass alle Individuen derselben Species ohne Hülfe irgend einer Form von Zuchtwahl ähnlich modificiert worden sind. Es könnte aber auch nur der dritte, vierte oder zehnte Theil der Individuen in dieser Weise afficiert worden sein, und solcher Fälle können mehrere angeführt werden. So bildet einer Schätzung Graba's zufolge ungefähr ein Fünftel der Lumme *(Uria)* auf den Faröern eine so scharf markierte Varietät, dass sie früher als eine distincte Species bezeichnet wurde unter dem Namen *Uria lacrymans*. Wenn nun in derartigen Fällen die Abänderung von einer vortheilhaften Natur wäre, so würde die ursprüngliche Form bald in Folge des Überlebens des Passendsten durch die modificierte verdrängt werden.

Auf das Ausmerzen von Abänderungen aller Art in Folge von Kreuzung werde ich zurückzukommen haben; es mag indessen hier bemerkt werden, dass die meisten Thiere und Pflanzen an ihrer eigenen Heimath hängen und nicht ohne Noth umher wandern. Wir sehen dies selbst bei Zugvögeln, welche beinahe immer nach demselben Orte zurückkehren. Es würde folglich allgemein jede neu gebildete Varietät zuerst local sein, wie es auch bei Varietäten im Naturzustande die allgemeine Regel zu sein scheint, so dass ähnlich modificierte Individuen bald in einer kleinen Menge zusammen existieren und auch oft zusammen sich fortpflanzen würden. Wäre die neue Varietät in ihrem Kampfe um's Leben erfolgreich, so würde sie sich langsam von einem centralen Punkte aus verbreiten, an den Rändern des sich stets vergrössernden Kreises mit den unveränderten Individuen concurrierend und dieselben besiegend.

Es dürfte der Mühe werth sein, ein anderes und complicierteres Beispiel für die Wirkung natürlicher Zuchtwahl zu geben. Gewisse Pflanzen scheiden eine süsse Flüssigkeit aus, wie es scheint, um irgend etwas Nachtheiliges aus ihrem Safte zu entfernen. Dies wird z. B. bei manchen Leguminosen durch Drüsen am Grunde der Stipulae und beim gemeinen Lorbeer auf dem Rücken seiner Blätter bewirkt. Diese Flüssigkeit, wenn auch nur in geringer Menge vorhanden, wird von Insecten begierig aufgesucht; aber ihre Besuche sind in keiner Weise für die Pflanzen von Vortheil. Nehmen wir nun an, es werde ein wenig solchen süssen Saftes oder Nectars von der innern Seite der Blüthen einer gewissen Anzahl von Pflanzen irgend einer Species ausgesondert. In diesem Falle werden die Insecten, welche den Nectar aufsuchen, mit Pollen bestäubt werden und denselben oft von einer Blume auf die andere übertragen. Die Blumen zweier verschiedener Individuen einer und derselben Art würden dadurch gekreuzt werden; und die Kreuzung liefert, wie sich vollständig beweisen lässt, kräftige Sämlinge, welche mithin die beste Aussicht haben zu gedeihen und auszudauern. Die Pflanzen mit Blüthen, welche die stärksten Drüsen oder Nectarien besitzen und den meisten Nectar liefern, werden am öftesten von Insecten besucht und am öftesten mit anderen gekreuzt werden und so mit der Länge der Zeit allmählich die Oberhand gewinnen und eine locale Varietät bilden. Ebenso werden diejenigen Blüthen, deren Staubfäden und Staubwege so gestellt sind, dass sie je nach Grösse und sonstigen Eigenthümlichkeiten der sie besuchenden Insecten in irgend einem Grade die Übertragung ihres Samenstaubs erleichtern, gleicherweise begünstigt. Wir hätten auch den Fall annehmen können, die zu den Blumen kommenden Insecten wollten Pollen statt Nectar einsammeln; es wäre nun zwar die Entführung des Pollens, der allein zur Befruchtung der Pflanze erzeugt wird, dem Anscheine nach einfach ein Verlust für dieselbe; wenn jedoch anfangs gelegentlich und nachher gewohnheitsgemäss ein wenig Pollen von den ihn verzehrenden Insecten entführt und von Blume zu Blume getragen und hierdurch eine Kreuzung bewirkt würde, möchten auch neun Zehntel der ganzen Pollenmasse zerstört werden, so könnte dies doch für die so beraubten Pflanzen ein grosser Vortheil sein, und diejenigen Individuen, welche mehr und mehr Pollen erzeugen und immer grössere Antheren bekommen, würden zur Nachzucht gewählt werden.

Wenn nun unsere Pflanze durch lange Fortdauer dieses Processes für die Insecten sehr anziehend geworden ist, so werden diese, ihrerseits ganz unabsichtlich, regelmässig Pollen von Blüthe zu Blüthe bringen; und dass sie dies mit Erfolg thun, könnte ich durch viele auffallende Beispiele belegen. Ich will nur einen Fall anführen, welcher zugleich als Erläuterung eines der Schritte zur Trennung der Geschlechter bei Pflanzen dient. Einige Stechpalmenstämme bringen nur männliche Blüthen hervor, welche vier nur wenig Pollen erzeugende Staubgefässe und ein verkümmertes Pistill enthalten; andere Stämme liefern nur weibliche Blüthen, die ein vollständig entwickeltes Pistill und vier Staubfäden mit verschrumpften Antheren einschliessen, in welchen nicht ein Pollenkörnchen zu entdecken ist. Nachdem ich einen weiblichen Stamm genau 60 Yards von einem männlichen entfernt gefunden hatte, nahm ich die Stigmata aus zwanzig Blüthen von verschiedenen Zweigen unter das Mikroskop und entdeckte an allen ohne Ausnahme einige Pollenkörner und an einigen sogar eine ungeheure Menge derselben. Da der Wind schon einige Tage lang vom weiblichen gegen den männlichen Stamm hin geweht hatte, so konnte er nicht den Pollen dahin geführt haben. Das Wetter war schon einige Tage lang kalt und stürmisch und daher nicht günstig für die Bienen gewesen, und demungeachtet war jede von mir untersuchte weibliche Blüthe durch die Bienen befruchtet worden, welche beim Aufsuchen von Nectar von Baum zu Baum geflogen waren. — Doch kehren wir nun zu unserm ersonnenen Falle zurück. Sobald jene Pflanze in solchem Grade anziehend für die Insecten gemacht worden ist, dass sie den Pollen regelmässig von einer Blüthe zur andern tragen, wird ein anderer Process beginnen. Kein Naturforscher zweifelt an dem Vortheil der sogenannten „physiologischen Theilung der Arbeit“; daher darf man glauben, es sei für eine Pflanzenart von Vortheil, in einer Blüthe oder an einem ganzen Stocke nur Staubgefässe und in der andern Blüthe oder auf dem andern Stocke nur Pistille hervorzubringen. Bei cultivierten oder in neue Existenzbedingungen versetzten Pflanzen schlagen manchmal die männlichen und zuweilen die weiblichen Organe mehr oder weniger fehl. Nehmen wir nun an, dies geschehe in einem wenn auch noch so geringen Grade im Naturzustande derselben, so würden, da der Pollen schon regelmässig von einer Blüthe zur andern geführt wird und eine noch vollständigere Trennung der Geschlechter bei unserer Pflanze ihr nach dem Principe der Arbeitstheilung vortheilhaft ist, Individuen mit einer mehr und mehr entwickelten Tendenz dazu fortwährend begünstigt und zur Nachzucht ausgewählt werden, bis endlich die Trennung der Geschlechter vollständig wäre. Es würde zu viel Raum erfordern, die verschiedenen Wege, durch Dimorphismus und andere Mittel, nachzuweisen, auf welchen die Trennung der Geschlechter bei Pflanzen verschiedener Arten offenbar jetzt fortschreitet. Indess will ich noch anführen, dass sich nach Asa Gray einige Arten von Stechpalmen in Nord-America in einem genau intermediären Zustande befinden, deren Blüthen, wie der genannte Botaniker sich ausdrückt, mehr oder weniger diöcisch-polygam sind.

Kehren wir nun zu den von Nectar lebenden Insecten zurück; wir können annehmen, die Pflanze, deren Nectarbildung wir durch fortdauernde Zuchtwahl langsam vergrössert haben, sei eine gemeine Art und gewisse Insecten seien hauptsächlich auf deren Nectar als ihre Nahrung angewiesen. Ich könnte durch viele Beispiele nachweisen, wie sehr die Bienen bestrebt sind, Zeit zu ersparen. Ich will mich nur auf ihre Gewohnheit berufen, in den Grund gewisser Blumen Öffnungen zu schneiden, um durch diese den Nectar zu saugen, in welche sie mit ein wenig mehr Mühe durch die Mündung hinein gelangen könnten. Dieser Thatsachen eingedenk, darf man annehmen, dass unter gewissen Umständen individuelle Verschiedenheiten in der Länge und Krümmung des Rüssels u. s. w., wenn auch viel zu unbedeutend für unsere Wahrnehmung, dadurch von Nutzen für eine Biene oder ein anderes Insect sein können, dass gewisse Individuen im Stande sind, ihr Futter schneller zu erlangen als andere; die Stöcke, zu denen sie gehören, würden daher gedeihen und viele, dieselben Eigenthümlichkeiten erbende Schwärme ausgehen lassen. Die Röhren der Blumenkronen des rothen und des Incarnatklees *(Trifolium pratense* und *Tr. incarnatum)* scheinen bei flüchtiger Betrachtung nicht sehr an Länge von einander abzuweichen; demungeachtet kann die Honig- oder Korbbiene *(Apis mellifica)* den Nectar leicht aus dem Incarnatklee, aber nicht aus dem rothen saugen, welcher daher nur von Hummeln besucht wird; ganze Felder rothen Klees bieten daher der Korbbiene vergebens einen Überfluss von köstlichem Nectar dar. Dass die Korbbiene diesen Nectar ausserordentlich liebt, ist gewiss; denn ich habe wiederholt, obschon bloss im Herbste viele dieser Bienen den Nectar durch Löcher an der Basis der Blüthenröhre aussaugen sehen, welche die Hummeln in die Basis der Corolle gebissen hatten. Die Verschiedenheit in der Länge der Corolle bei beiden Kleearten, von welchen der Besuch der Honigbiene abhängt, muss sehr unbedeutend sein; denn mir ist versichert worden, dass, wenn rother Klee gemäht worden ist, die Blüthen des zweiten Triebs etwas kleiner sind und ausserordentlich zahlreich von Bienen besucht werden. Ich weiss nicht, ob diese Angabe richtig, ebenso ob die andere Mittheilung zuverlässig ist, dass nämlich die ligurische (italienische) Biene, welche allgemein nur als Varietät angesehen wird und sich reichlich mit der gemeinen Honigbiene kreuzt, im Stande ist, den Nectar des gewöhnlichen rothen Klees zu erreichen und zu saugen. In einer Gegend, wo diese Kleeart reichlich vorkommt, kann es daher für die Honigbiene von grossem Vortheil sein, einen ein wenig längeren oder verschieden gebauten Rüssel zu besitzen. Da auf der andern Seite die Fruchtbarkeit dieses Klees absolut davon abhängt, dass Bienen die Blüthen besuchen, so würde, wenn die Hummeln in einer Gegend selten werden sollten, eine kürzere oder tiefer getheilte Blumenkrone von grösstem Nutzen für den rothen Klee werden, damit die Honigbienen in den Stand gesetzt würden, an ihren Blüthen zu saugen. Auf diese Weise begreife ich, wie eine Blüthe und eine Biene nach und nach, sei es gleichzeitig oder eins nach dem andern, abgeändert und auf die vollkommenste Weise einander angepasst werden können, und zwar durch fortwährende Erhaltung von Individuen mit beiderseits nur ein wenig einander günstigeren Abweichungen der Structur.

Ich weiss wohl, dass die durch die vorangehenden ersonnenen Beispiele erläuterte Lehre von der natürlichen Zuchtwahl denselben Einwendungen ausgesetzt ist, welche man anfangs gegen Ch. Lyell's grossartige Ansichten in „the Modern Changes of the Earth, as illustrative of Geology“ vorgebracht hat; indessen hört man jetzt die Wirkung der jetzt noch thätigen Momente in ihrer Anwendung auf die Aushöhlung der tiefsten Thäler oder auf die Bildung der längsten binnenländischen Klippenlinien selten mehr als eine unwichtige und unbedeutende Ursache bezeichnen. Die natürliche Zuchtwahl wirkt nur durch Erhaltung und Häufung kleiner vererbter Modificationen, deren jede dem erhaltenen Wesen von Vortheil ist; und wie die neuere Geologie solche Ansichten, wie die Aushöhlung grosser Thäler durch eine einzige Diluvialwoge, fast ganz verbannt hat, so wird auch die natürliche Zuchtwahl den Glauben an eine fortgesetzte Schöpfung neuer organischer Wesen oder an grosse und plötzliche Modificationen ihrer Structur verbannen.

Über die Kreuzung der Individuen.

Ich muss hier eine kleine Abschweifung einschalten. Es liegt natürlich auf der Hand, dass bei Pflanzen und Thieren getrennten Geschlechtes jedesmal (mit Ausnahme der merkwürdigen und noch nicht aufgeklärten Fälle von Parthenogenesis) zwei Individuen sich zur Zeugung vereinigen müssen. Bei Hermaphroditen aber ist dies keineswegs einleuchtend. Demungeachtet haben wir Grund zu glauben, dass bei allen Hermaphroditen zwei Individuen gewöhnlich oder nur gelegentlich zur Fortpflanzung ihrer Art zusammenwirken. Diese Ansicht wurde vor langer Zeit in zweifelhafter Weise von Sprengel, Knight und Kölreuter hingestellt. Wir werden sogleich ihre Wichtigkeit erkennen. Zwar kann ich diese Frage nur in äusserster Kürze abhandeln; jedoch habe ich die Materialien für eine ausführlichere Erörterung vorbereitet. Alle Wirbelthiere, alle Insecten und noch einige andere grosse Thiergruppen paaren sich für jede Geburt. Neuere Untersuchungen haben die Anzahl früher angenommener Hermaphroditen sehr vermindert, und von den wirklichen Hermaphroditen paaren sich viele, d. h. zwei Individuen vereinigen sich regelmässig zur Reproduction; dies ist alles, was uns hier angeht. Doch gibt es auch viele andere hermaphrodite Thiere, welche sich gewiss gewöhnlich nicht paaren, und die ungeheure Majorität der Pflanzen sind Hermaphroditen. Man kann nun fragen, was ist in diesen Fällen für ein Grund zur Annahme vorhanden, dass jedesmal zwei Individuen zur Reproduction zusammenwirken? Da es hier nicht möglich ist, in Einzelnheiten einzugehen, so muss ich mich auf einige allgemeine Betrachtungen beschränken.

Für's erste habe ich eine so grosse Masse von Thatsachen gesammelt und so viele Versuche angestellt, — welche übereinstimmend mit der fast allgemeinen Überzeugung der Züchter beweisen, dass bei Thieren wie bei Pflanzen eine Kreuzung zwischen verschiedenen Varietäten, oder zwischen Individuen einer und derselben Varietät, aber von verschiedenen Linien, der Nachkommenschaft Stärke und Fruchtbarkeit verleiht, und andererseits, dass enge Inzucht Kraft und Fruchtbarkeit vermindert, — dass diese Thatsachen allein mich glauben machen, es sei ein allgemeines Naturgesetz, dass kein organisches Wesen sich selbst für eine Ewigkeit von Generationen befruchten könne, dass vielmehr eine Kreuzung mit einem andern Individuum von Zeit zu Zeit, vielleicht nach langen Zwischenräumen, unentbehrlich sei.

Von dem Glauben ausgehend, dass dies ein Naturgesetz ist, werden wir, meine ich, verschiedene grosse Classen von Thatsachen, wie z. B. die folgenden, verstehen, welche nach jeder andern Ansicht unerklärlich sind. Jeder Blendlingszüchter weiss, wie nachtheilig für die Befruchtung einer Blüthe es ist, wenn sie der Feuchtigkeit ausgesetzt wird. Und doch, was für eine Menge von Blüthen haben Staubbeutel und Narben vollständig dem Wetter ausgesetzt! Ist aber eine Kreuzung von Zeit zu Zeit unerlässlich, so erklärt sich dieses Ansgesetztsein aus der Nothwendigkeit, dass die Blumen für den Eintritt fremden Pollens völlig offen seien, und zwar um so mehr, als die eigenen Staubgefässe und Pistille der Blüthe gewöhnlich so nahe beisammen stehen, dass Selbstbefruchtung unvermeidlich scheint. Andererseits aber haben viele Blumen ihre Befruchtungswerkzeuge sehr enge eingeschlossen, wie die der Papilionaceen; aber diese Blumen bieten beinahe ausnahmslos sehr schöne und merkwürdige Anpassungen in Beziehung zum Besuche der Insecten dar. Zur Befruchtung vieler Schmetterlingsblüthen ist der Besuch der Bienen so nothwendig, dass ihre Fruchtbarkeit sehr abnimmt, wenn dieser Besuch verhindert wird. Nun ist es aber kaum möglich, dass Insecten von Blüthe zu Blüthe fliegen, ohne zum grossen Vortheil der Pflanze den Pollen der einen zur andern zu bringen. Die Insecten wirken dabei wie ein Kamelhaarpinsel, und es ist ja vollkommen zur Befruchtung genügend, wenn man mit einem und demselben Pinselchen zuerst das Staubgefäss der einen Blume und dann die Narbe der andern berührt. Man darf aber nicht vermuthen, dass die Bienen hierdurch viele Bastarde zwischen verschiedenen Arten erzeugen; denn, wenn man den eigenen Pollen einer Pflanze und den einer andern Art auf dieselbe Narbe streicht, so hat der erste eine so überwiegende Wirkung, dass er, wie schon Gärtner gezeigt hat, jeden Einfluss des andern ausnahmslos und vollständig zerstört.

Wenn die Staubgefässe einer Blüthe sich plötzlich gegen das Pistill schnellen oder sich eines nach dem andern langsam gegen dasselbe neigt, so scheint diese Einrichtung nur auf Sicherung der Selbstbefruchtung berechnet, und ohne Zweifel ist sie auch für diesen Zweck von Nutzen. Aber die Thätigkeit der Insecten ist oft nothwendig, um die Staubfäden vorschnellen zu machen, wie Kölreuter beim Sauerdorn gezeigt hat; und gerade bei dieser Gattung *(Berberis)*, welche so vorzüglich zur Selbstbefruchtung eingerichtet zu sein scheint, hat man die bekannte Thatsache beobachtet, dass, wenn man nahe verwandte Formen oder Varietäten dicht nebeneinander pflanzt, es in Folge der reichlichen von selbst eintretenden Kreuzung kaum möglich ist, noch reine Sämlinge zu erhalten. In vielen anderen Fällen aber findet man statt der Einrichtungen zur Begünstigung der Selbstbefruchtung weit mehr speciell solche, welche sehr wirksam verhindern, dass das Stigma den Samenstaub der nämlichen Blüthe erhalte, wie ich aus C. SPRENGEL's und Anderer Werke, ebenso wie nach meinen eigenen Beobachtungen nachweisen könnte. So ist z. B. bei *Lobelia fulgens* eine wirklich schöne und sehr künstliche Einrichtung vorhanden, wodurch alle die unendlich zahlreichen Pollenkörnchen aus den verwachsenen Antheren einer jeden Blüthe fortgeführt werden, ehe das Stigma derselben individuellen Blüthe bereit ist dieselben aufzunehmen. Da nun, wenigstens in meinem Garten, diese Blüthen niemals von Insecten besucht werden, so haben sie auch niemals Samen angesetzt, trotzdem ich dadurch, dass ich auf künstlichem Wege den Pollen einer Blüthe auf die Narbe der andern übertrug, mich in den Besitz zahlreicher Sämlinge zu setzen vermochte. Eine andere *Lobelia*-Art, die von Bienen besucht wird, bildet dagegen in meinem Garten reichlich Samen. In sehr vielen anderen Fällen, wo zwar keine besondere mechanische Einrichtung vorhanden ist, um das Stigma einer Blume an der Aufnahme des eigenen Samenstaubs zu hindern, platzen aber doch entweder, wie sowohl SPRENGEL als neuerdings HILDEBRAND und Andere gefunden, die Staubbeutel schon, bevor die Narbe zur Befruchtung reif ist, oder das Stigma ist vor dem Pollen derselben Blüthe reif, so dass diese sogenannten dichogamen Pflanzen in der That getrennte Geschlechter haben und fortwährend gekreuzt werden müssen. So verhält es sich mit den früher erwähnten wechselseitig dimorphen und trimorphen Pflanzen. Wie wundersam erscheinen diese Thatsachen! Wie wundersam, dass der Pollen und die Oberfläche des Stigmas einer und derselben Blüthe, die doch so nahe zusammengerückt sind, als sollte dadurch die Selbstbefruchtung unvermeidlich werden, in so vielen Fällen völlig unnütz für einander sind! Wie einfach sind dagegen diese Thatsachen aus der Annahme zu erklären, dass von Zeit zu Zeit eine Kreuzung mit einem andern Individuum vortheilhaft oder sogar unentbehrlich ist!

Wenn man verschiedene Varietäten von Kohl, Rettig, Lauch u. e. a. Pflanzen sich dicht nebeneinander besamen lässt, so erweist sich die Mehrzahl der Sämlinge, wie ich gefunden habe, als Blendlinge. So erzog ich z. B. 233 Kohlsämlinge aus einigen Stöcken von verschiedenen Varietäten, die nahe beieinander wuchsen, und von diesen entsprachen nur 78 der Varietät des Stocks, von dem die Samen eingesammelt worden waren, und selbst diese waren nicht alle echt. Nun ist aber das Pistill einer jeden Kohlblüthe nicht allein von deren eignen sechs Staubgefässen, sondern auch von denen aller übrigen Blüthen derselben Pflanze nahe umgeben und der Pollen jeder Blüthe gelangt ohne Insectenhülfe leicht auf deren eigenes Stigma; denn ich habe gefunden, dass eine sorgfältig gegen Insecten geschützte Pflanze die volle Zahl von Schoten entwickelte. Woher kommt es nun aber, dass sich eine so grosse Anzahl von Sämlingen als Blendlinge erwies? Ich vermuthe, dass es davon herrühren muss, dass der Pollen einer verschiedenen Varietät eine überwiegende Wirkung über den eigenen Pollen der Blüthe äusserst und zwar eben in Folge des allgemeinen Naturgesetzes, dass die Kreuzung zwischen verschiedenen Individuen derselben Species für diese nützlich ist. Werden dagegen verschiedene Arten miteinander gekreuzt, so ist der Erfolg gerade umgekehrt, indem der eigene Pollen einer Art einen über den der andern überwiegenden Einfluss hat. Doch auf diesen Gegenstand werde ich in einem spätern Capitel zurückkommen.

Handelt es sich um mächtige mit zahllosen Blüthen bedeckte Bäume, so kann man einwenden, dass deren Pollen nur selten von einem Baume auf den andern übertragen werden und höchstens nur von einer Blüthe auf eine andere Blüthe desselben Baumes gelangen kann, dass aber die einzelnen Blüthen eines Baumes nur in einem beschränkten Sinne als verschiedene Individuen angesehen werden können. Ich halte diese Einrede für triftig; doch hat die Natur in dieser Hinsicht vorgesorgt, indem sie den Bäumen eine starke Neigung zur Bildung von Blüthen getrennten Geschlechtes gegeben hat. Sind die Geschlechter getrennt, wenn gleich männliche und weibliche Blüthen auf einem Stamme vereinigt sein können, so muss regelmässig Pollen von einer Blüthe zur andern geführt werden; und dies vergrössert die Wahrscheinlichkeit, dass gelegentlich auch Pollen von einem Baume zum andern gebracht wird. Ich finde, dass in England Bäume, welche zu allen möglichen Ordnungen gehören, öfter als andere Pflanzen getrennte Geschlechter haben, und tabellarische Zusammenstellungen der neuseeländischen Bäume, welche Dr. Hooker, und der Vereinigten Staaten, welche Asa Gray mir auf meine Bitte angefertigt haben, haben zu demselben voraus erwarteten Ergebnisse geführt. Doch hat mir andererseits Dr. Hooker mitgetheilt, dass diese Regel nicht für Australien gelte; wenn aber die meisten australischen Bäume dichogam sind, so ist das Resultat dasselbe, als wenn sie Blüthen mit getrennten Geschlechtern trügen. Ich habe diese wenigen Bemerkungen über die Geschlechtsverhältnisse der Bäume nur machen wollen, um die Aufmerksamkeit darauf zu lenken.

Um nun auch kurz der Thiere zu gedenken, so gibt es unter den Landbewohnern mehrere Zwitterformen, wie Schnecken und Regenwürmer; aber diese paaren sich alle. Ich habe noch kein Beispiel kennen gelernt, wo ein Landthier sich selbst befruchten könne. Man kann diese merkwürdige Thatsache, welche einen so schroffen Gegensatz zu den Landpflanzen bildet, nach der Ansicht, dass eine Kreuzung von Zeit zu Zeit unumgänglich nöthig sei, erklären; denn wegen der Beschaffenheit des befruchtenden Elementes gibt es kein Mittel, durch welches, wie durch Insecten und Wind bei den Pflanzen, eine gelegentliche Kreuzung zwischen Landthieren anders bewirkt werden könnte, als durch die unmittelbare Zusammenwirkung der beiderlei Individuen. Bei den Wasserthieren dagegen gibt es viele sich selbst befruchtende Hermaphroditen; hier liefern aber die Strömungen des Wassers ein handgreifliches Mittel für gelegentliche Kreuzungen. Und wie bei den Pflanzen, so habe ich auch bei den Thieren, sogar nach Besprechung mit einer der ersten Autoritäten, mit Professor HUXLEY, vergebens gesucht, auch nur eine hermaphroditische Thierart zu finden, deren Geschlechtsorgane so vollständig im Körper eingeschlossen wären, dass ihre Erreichung von aussen her und dadurch der gelegentliche Einfluss eines andern Individuum physisch unmöglich gemacht würde. Die Cirripeden schienen mir zwar lange Zeit einen in dieser Beziehung sehr schwierigen Fall darzubieten; ich bin aber durch einen glücklichen Umstand in die Lage gesetzt gewesen, schon anderwärts zeigen zu können, dass zwei Individuen, wenn sie auch beide in der Regel sich selbst befruchtende Zwitter sind, sich doch zuweilen kreuzen.

Es muss den meisten Naturforschern als eine sonderbare Ausnahme schon aufgefallen sein, dass sowohl bei Pflanzen als bei Thieren mehrere Arten in einer Familie und oft sogar in einer Gattung beisammen stehen, welche, obwohl im grössern Theile ihrer übrigen Organisation unter sich nahe übereinstimmend, doch nicht selten die einen von ihnen Zwitter und die anderen eingeschlechtig sind. Wenn aber auch alle Hermaphroditen sich von Zeit zu Zeit mit anderen Individuen kreuzen, so wird in der That der Unterschied zwischen hermaphroditischen und eingeschlechtigen Arten, was ihre Geschlechtsfunctionen betrifft, ein sehr kleiner.

Nach diesen mancherlei Betrachtungen und den vielen einzelnen Fällen, die ich gesammelt habe, jedoch hier nicht mittheilen kann, scheint im Pflanzen- wie im Thierreiche eine von Zeit zu Zeit erfolgende Kreuzung zwischen verschiedenen Individuen ein sehr allgemein, wenn nicht universell gültiges Naturgesetz zu sein.

Umstände, welche der Bildung neuer Formen durch natürliche Zuchtwahl günstig sind.

Dies ist ein äusserst verwickelter Gegenstand. Ein bedeutender Grad von Veränderlichkeit, unter welchem Ausdruck individuelle Verschiedenheiten stets mit einverstanden werden, wird offenbar der Thätigkeit der natürlichen Zuchtwahl günstig sein. Eine grosse Anzahl von Individuen gleicht dadurch, dass sie mehr Aussicht auf das Hervortreten nutzbarer Abänderungen in einem gegebenen Zeitraum darbietet, einen geringern Betrag von Veränderlichkeit in jedem einzelnen Individuum aus und ist, wie ich glaube, eine äusserst wichtige Bedingung des Erfolges. Obwohl die Natur lange Zeiträume für die Wirksamkeit der natürlichen Zuchtwahl gewährt, so gestattet sie doch keine von unendlicher Länge; denn da alle organischen Wesen eine jede Stelle im Haushalte der Natur einzunehmen streben, so wird eine Art, welche nicht gleichen Schrittes mit ihren Concurrenten verändert und verbessert wird, aussterben. Wenn vortheilhafte Abänderungen sich nicht wenigstens auf einige Nachkommen vererben, so vermag die natürliche Zuchtwahl nichts auszurichten. Die Neigung zum Rückschlag mag die Thätigkeit der natürlichen Zuchtwahl oft hemmen oder aufheben: da jedoch diese Neigung den Menschen nicht an der Bildung so vieler erblichen Rassen im Thier- wie im Pflanzenreiche gehindert hat, wie sollte sie die Vorgänge der natürlichen Zuchtwahl verhindert haben?

Bei planmässiger Zuchtwahl wählt der Züchter nach einem bestimmten Zwecke, und liesse er die Individuen sich frei kreuzen, so würde sein Werk gänzlich fehlschlagen. Haben aber viele Menschen, ohne die Absicht ihre Rasse zu veredeln, ungefähr gleiche Ansichten von Vollkommenheit, und sind alle bestrebt, nur die besten und vollkommensten Thiere sich zu verschaffen und zur Nachzucht zu verwenden, so wird, wenn auch langsam, doch sicher aus diesem unbewussten Processe der Zuchtwahl eine Verbesserung hervorgehen, trotzdem dass keine Trennung der zur Zucht ausgewählten Thiere stattfindet. So wird es auch in der Natur sein. Findet sich ein beschränktes Gebiet mit einer nicht so vollkommen ausgefüllten Stelle wie es wohl sein könnte in seiner geselligen Zusammensetzung, so wird die natürliche Zuchtwahl bestrebt sein, alle Individuen zu erhalten, die, wenn auch in verschiedenem Grade, doch in der angemessenen Richtung so variieren, dass sie die Stelle allmählich auszufüllen im Stande sind. Ist jenes Gebiet aber sehr gross, so werden seine verschiedenen Bezirke fast sicher ungleiche Lebensbedingungen darbieten; und wenn dann durch den Einfluss der natürlichen Zuchtwahl eine Species in den verschiedenen Bezirken abgeändert wird, so wird an den Grenzen dieser Bezirke eine Kreuzung der neu gebildeten Varietäten eintreten. Wir werden aber im sechsten Capitel sehen, dass intermediäre Varietäten, welche intermediäre Bezirke bewohnen, in der Länge der Zeit allgemein von einer der anstossenden Varietäten verdrängt werden. Die Kreuzung wird hauptsächlich diejenigen Thiere berühren, welche sich zu jeder Fortpflanzung paaren, viel wandern und sich nicht rasch vervielfältigen. Daher bei Thieren dieser Art, Vögeln z. B., Varietäten gewöhnlich auf getrennte Gegenden beschränkt sein werden, wie es auch, wie ich finde, der Fall ist. Bei Zwitterorganismen, welche sich nur von Zeit zu Zeit mit andern kreuzen, sowie bei solchen Thieren, die zu jeder Verjüngung ihrer Art sich paaren, aber wenig wandern und sich sehr rasch vervielfältigen können, dürfte sich eine neue und verbesserte Varietät an irgend einer Stelle rasch bilden und sich dort in Masse zusammenhalten und später ausbreiten, so dass sich die Individuen der neuen Varietät hauptsächlich miteinander kreuzen würden. Nach diesem Principe ziehen Pflanzschulenbesitzer es immer vor, Samen von einer grossen Pflanzenmasse gleicher Varietät zu ziehen, weil hierdurch die Möglichkeit einer Kreuzung mit anderen Varietäten gemindert wird.

Selbst bei Thieren mit langsamer Vermehrung, die sich zu jeder Fortpflanzung paaren, dürfen wir nicht annehmen, dass die Wirkungen der natürlichen Zuchtwahl stets durch freie Kreuzung beseitigt werden; denn ich kann eine lange Liste von Thatsachen beibringen, woraus sich ergibt, dass innerhalb eines und desselben Gebietes Varietäten der nämlichen Thierart lange unterschieden bleiben können, weil sie verschiedene Stationen innehaben, in etwas verschiedener Jahreszeit sich fortpflanzen, oder weil nur Individuen von einerlei Varietät sich miteinander zu paaren vorziehen.

Kreuzung verschiedener Individuen spielt in der Natur insofern eine grosse Rolle, als sie die Individuen einer Art oder einer Varietät rein und einförmig in ihrem Character erhält. Sie wird dies offenbar weit wirksamer zu thun vermögen bei solchen Thieren, die sich für jede Fortpflanzung paaren; aber wie ich schon vorher angegeben habe, haben wir zu vermuthen Ursache, dass bei allen Pflanzen und bei allen Thieren von Zeit zu Zeit Kreuzungen erfolgen. Selbst wenn dies nur nach langen Zwischenräumen wieder einmal erfolgt, so werden die hierbei erzielten Abkömmlinge die durch lange Selbstbefruchtung erzielte Nachkommenschaft an Stärke und Fruchtbarkeit so sehr übertreffen, dass sie mehr Aussicht haben dieselben zu überleben und sich fortzupflanzen; und so wird auf die Länge der Einfluss der wenn auch nur seltenen Kreuzungen doch gross sein. In Bezug auf organische Wesen, welche äusserst niedrig auf der Stufenleiter stehen, welche sich nicht geschlechtlich fortpflanzen und nicht conjugieren, welche sich also unmöglich kreuzen können, ist zu bemerken, dass bei ihnen eine Gleichförmigkeit des Characters, solange ihre äusseren Lebensbedingungen die nämlichen bleiben, nur in Folge der Vererbung und in Folge der natürlichen Zuchtwahl, welche jede zufällige Abweichung von dem eigenen Typus immer wieder zerstört, erhalten werden kann. Wenn aber die Lebensbedingungen sich ändern und jene Wesen Abänderungen erleiden, so kann ihre hiernach abgeänderte Nachkommenschaft nur dadurch Einförmigkeit des Characters behaupten, dass natürliche Zuchtwahl ähnliche vortheilhafte Abänderungen erhält.

Auch die Isolierung ist ein wichtiges Element bei der durch natürliche Zuchtwahl bewirkten Veränderung der Arten. In einem umgrenzten oder isolierten Gebiete werden, wenn es nicht sehr gross ist, die organischen wie die unorganischen Lebensbedingungen gewöhnlich beinahe einförmig sein; so dass die natürliche Zuchtwahl streben wird, alle abändernden Individuen einer und derselben Art in gleicher Weise zu modificieren. Auch Kreuzungen mit solchen Individuen derselben Art, welche die den Bezirk umgrenzenden Gegenden bewohnen, werden hier verhindert. Moritz Wagner hat vor Kurzem einen interessanten Aufsatz über diesen Gegenstand veröffentlicht und gezeigt, dass der in Bezug auf das Verhindern von Kreuzungen zwischen neu gebildeten Varietäten durch Isolierung geleistete Dienst wahrscheinlich selbst noch grösser ist, als ich angenommen hatte. Aber aus bereits angeführten Gründen kann ich darin mit diesem Naturforscher durchaus nicht übereinstimmen, dass Wanderungen und Isolierung zur Bildung neuer Arten nothwendige Momente seien. Die Bedeutung der Isolierung ist aber ferner insofern gross, als sie nach irgend einer physikalischen Veränderung wie im Clima, in der Höhe des Landes u. s. w. die Einwanderung besser passender Organismen hindert; es bleiben daher die neuen Stellen im Naturhaushalte der Gegend offen für die

Bewerbung und Anpassung der alten Bewohner. Isolierung wird endlich dafür Zeit geben, dass eine neue Varietät langsam verbessert wird; und dies kann mitunter von grosser Bedeutung sein. Wenn dagegen ein isoliertes Gebiet sehr klein ist, entweder der dasselbe umgebenden Schranken halber oder in Folge seiner ganz eigenthümlichen physikalischen Verhältnisse, so wird nothwendig auch die Gesammtzahl seiner Bewohner sehr klein sein; und dies verzögert die Bildung neuer Arten durch natürliche Zuchtwahl, weil die Wahrscheinlichkeit des Auftretens günstiger individueller Verschiedenheiten vermindert ist.

Der blosse Verlauf der Zeit an und für sich thut nichts für und nichts gegen die natürliche Zuchtwahl. Ich bemerke dies ausdrücklich, weil man irrig behauptet hat, dass ich dem Zeitelement einen allmächtigen Antheil bei der Modification der Arten zugestehe, als ob alle Lebensformen mit der Zeit nothwendig durch die Wirksamkeit eines in ihnen liegenden Gesetzes eine allmähliche Veränderung erfahren müssten. Zeit ist aber nur insofern von Bedeutung, und hier zwar von grosser Bedeutung, als sie überhaupt mehr Aussicht darbietet, dass wohlthätige Abänderungen auftreten und dass sie zur Zucht gewählt, gehäuft und fixiert werden. Auch strebt sie die directe Wirkung der physikalischen Lebensbedingungen, in Beziehung zur Constitution eines jeden Organismus, zu vergrössern.

Wenden wir uns zur Prüfung der Wahrheit dieser Bemerkungen an die Natur und betrachten wir irgend ein kleines abgeschlossenes Gebiet, eine oceanische Insel z. B., so werden wir finden, dass, obwohl die Gesammtzahl der dieselbe bewohnenden Arten nur klein ist, wie sich in dem Capitel über geographische Verbreitung ergeben wird, doch eine verhältnismässig sehr grosse Zahl dieser Arten endemisch, d. h. hier an Ort und Stelle und nirgend anderwärts erzeugt worden ist. Auf den ersten Blick scheint es demnach, als müsse eine oceanische Insel ausserordentlich günstig zur Hervorbringung neuer Arten gewesen sein. Wir dürften uns aber hierin sehr täuschen; denn um thatsächlich zu ermitteln, ob ein kleines, abgeschlossenes Gebiet oder eine weite offene Fläche wie ein Continent für die Erzeugung neuer organischer Formen mehr geeignet gewesen sei, müssten wir auch die Vergleichung innerhalb gleich-langer Zeiträume anstellen können, und dies sind wir nicht im Stande zu thun.

Obwohl nun Isolierung bei Erzeugung neuer Arten ein sehr wichtiger Umstand ist, so möchte ich doch im Ganzen genommen glauben, dass eine grosse Ausdehnung des Gebietes noch wichtiger insbesondere für die Hervorbringung solcher Arten ist, die sich einer langen Dauer und weiten Verbreitung fähig zeigen sollen. Über einen grossen und offenen Bezirk hin wird nicht nur die Aussicht für das Auftreten vortheilhafter Abänderungen wegen der grösseren Anzahl sich dort erhaltender Individuen einer Art günstiger, es werden auch die Lebensbedingungen wegen der grossen Anzahl schon vorhandener Arten viel verwickelter sein; und wenn einige von diesen zahlreichen Arten modificiert und verbessert werden, so müssen auch andere in entsprechendem Grade verbessert werden oder sie gehen unter. Eben so wird jede neue Form, sobald sie sich bedeutend verbessert hat, fähig sein, sich über das offene und zusammenhängende Gebiet auszubreiten, und wird hierdurch in Concurrenz mit vielen anderen treten. Ausserdem aber werden grosse Gebiete, wenn sie auch jetzt zusammenhängend sind, in Folge früherer Schwankungen ihrer Oberfläche, oft von unterbrochener Beschaffenheit gewesen sein, so dass hier die guten Wirkungen der Isolierung allgemein bis zu einem gewissen Grade mit concurriert haben werden. Ich komme demnach zum Schlusse, dass, wenn kleine abgeschlossene Gebiete auch in manchen Beziehungen wahrscheinlich in hohem Grade für die Erzeugung neuer Arten günstig gewesen sind, doch auf grossen Flächen der Verlauf der Modification im Allgemeinen rascher gewesen sein wird; und, was noch wichtiger ist, die auf den grossen Flächen entstandenen neuen Formen, welche bereits den Sieg über viele Mitbewerber davongetragen haben, werden diejenigen sein, die sich am weitesten verbreiten und die grösste Zahl von neuen Varietäten und Arten liefern. Sie spielen mithin eine bedeutungsvollere Rolle in der wechselnden Geschichte der organischen Welt.

Wir können von diesen Gesichtspunkten aus vielleicht einige Thatsachen verstehen, welche in unserm Capitel über die geographische Verbreitung nochmals werden erwähnt werden, z. B. die Thatsache, dass die Erzeugnisse des kleinern australischen Continentes jetzt vor denen des grössern europäisch-asiatischen Bezirkes im Weichen begriffen sind. Daher kommt es ferner, dass festländische Erzeugnisse allenthalben so reichlich auf Inseln naturalisiert worden sind. Auf einer kleinen Insel wird der Wettkampf um's Dasein viel weniger heftig, Modificationen werden weniger und Aussterben wird geringer gewesen sein. Wir können hiernach einsehen, woher es kommt, dass die Flora von Madeira nach Oswald

Heer in einem gewissen Grade der erloschenen Tertiärflora Europa's gleicht. Alle Süsswasserbecken zusammengenommen nehmen dem Meere wie dem trockenen Lande gegenüber nur eine kleine Fläche ein, und demgemäss wird die Concurrenz zwischen den Süsswasser-Erzeugnissen minder heftig gewesen sein als anderwärts; neue Formen werden langsamer entstanden und alte langsamer erloschen sein. Und gerade im süssen Wasser finden wir sieben Gattungen ganoider Fische als übriggebliebene Vertreter einer einst vorherrschenden Ordnung der Classe; und im süssen Wasser finden wir auch einige der anomalsten Wesen, welche auf der Erde bekannt sind, den *Ornithorhynchus* und den *Lepidosiren*, welche, gleich fossilen Formen bis zu einem gewissen Grade Ordnungen miteinander verbinden, welche jetzt auf der natürlichen Stufenleiter weit von einander entfernt stehen. Man kann daher diese anomalen Formen „lebende Fossile“ nennen. Sie haben sich bis auf den heutigen Tag erhalten, weil sie eine beschränkte Fläche bewohnt haben und in Folge dessen einer weniger verschiedenartigen und deshalb minder heftigen Concurrenz ausgesetzt gewesen sind.

Fassen wir die der natürlichen Zuchtwahl günstigen und ungünstigen Umstände schliesslich zusammen, soweit die äusserst verwickelte Beschaffenseit des Gegenstandes solches gestattet. Ich gelange zu dem Schlusse: dass für Landerzeugnisse ein grosser continentaler Bezirk, welcher viele Niveauveränderungen erfahren hat, für Hervorbringung vieler neuen zu langer Dauer und weiter Verbreitung geeigneten Lebensformen die günstigsten Bedingungen dargeboten hat. Solange ein solcher Bezirk ein Festland war, werden seine Bewohner zahlreich an Arten und Individuen gewesen und sehr lebhafter Concurrenz ausgesetzt gewesen sein. Ist sodann der Continent durch Senkungen in einzelne grosse Inseln umgewandelt worden, so werden noch immer viele Individuen derselben Art auf jeder Insel übrig geblieben sein; eine Kreuzung an den Grenzen des Verbreitungsbezirks jeder neuen Art wird verhindert worden sein. Nach irgend welchen physikalischen Veränderungen konnten keine Einwanderungen mehr stattfinden, daher die neu entstehenden Stellen in dem Naturhaushalt jeder Insel durch Abänderungen ihrer alten Bewohner ausgefüllt werden mussten. Um die Varietäten einer jeden gehörig umzugestalten und zu vervollkommnen, wird Zeit gelassen worden sein. Wurden durch eine neue Hebung die Inseln wieder in ein Festlandgebiet verwandelt, so wird wieder eine heftige Concurrenz eingetreten sein. Die am meisten begünstigten oder verbesserten Varietäten werden im Stande gewesen sein, sich auszubreiten, viele minder vollkommene Formen werden erloschen sein und die Verhältniszahlen der verschiedenen Bewohner des wieder vereinigten Continents werden sich wiederum bedeutend geändert haben. Es wird daher wiederum der natürlichen Zuchtwahl ein reiches Feld zur fernern Verbesserung der Bewohner und zur Hervorbringung neuer Arten geboten sein.

Ich gebe vollkommen zu, dass die natürliche Zuchtwahl immer mit äusserster Langsamkeit wirkt. Sie kann nur dann wirken, wenn in dem Naturhaushalte eines Gebietes Stellen vorhanden sind, welche dadurch besser besetzt werden können, dass einige seiner Bewohner irgend welche Abänderung erfahren. Das Vorhandensein solcher Stellen wird oft von gewöhnlich sehr langsam eintretenden physikalischen Veränderungen und davon abhängen, dass die Einwanderung besser angepasster Formen gehindert ist. Da einige wenige der alten Bewohner Abänderungen erleiden, so werden die Wechselbeziehungen anderer Bewohner zu einander häufig gestört werden; und dies schafft neue Stellen, welche geeignet sind, von besser angepassten Formen ausgefüllt zu werden; aber alles dies wird sehr langsam von statten gehen. Obgleich alle Individuen einer und derselben Art in einem gewissen geringen Grade von einander verschieden sind, so wird es häufig lange dauern, ehe Verschiedenheiten der richtigen Art in den verschiedenen Theilen der Organisation eintreten. Das Resultat wird durch häufige Kreuzung oft sehr verlangsamt werden. Viele werden der Meinung sein, dass diese verschiedenen Ursachen ganz genügend seien, um die Thätigkeit der natürlichen Zuchtwahl vollständig aufzuheben; ich bin jedoch nicht dieser Ansicht. Ich glaube aber, dass natürliche Zuchtwahl im Hervorbringen von Veränderungen meist sehr langsam, nur in langen Zwischenräumen und nur auf sehr wenig Bewohner einer Gegend zugleich wirkt. Ich glaube ferner, dass diese langsamen und aussetzenden Erfolge ganz gut dem entsprechen, was uns die Geologie in Bezug auf die Schnelligkeit und Art der Veränderung lehrt, welche die Bewohner der Erde allmählich erfahren haben.

Wie langsam aber auch der Process der Zuchtwahl sein mag: wenn der schwache Mensch in kurzer Zeit schon so viel durch seine künstliche Zuchtwahl thun kann, so vermag ich keine Grenze für den Umfang der Veränderungen, für die Schönheit und endlose Verflechtung der Anpassungen aller organischen Wesen aneinander und an ihre natürliche Lebensbedingung zu erkennen, welche die natürliche Zuchtwahl, d. h. das Überleben des Passendsten, im Verlaufe langer Zeiträume zu bewirken im Stande gewesen sein mag.

Aussterben durch natürliche Zuchtwahl verursacht.

Dieser Gegenstand wird in dem Abschnitte über Geologie vollständiger abgehandelt werden; wir müssen ihn aber hier berühren, weil er mit der natürlichen Zuchtwahl eng zusammenhängt. Natürliche Zuchtwahl wirkt nur durch Erhaltung irgendwie vortheilhafter Abänderungen, welche folglich die anderen überdauern. In Folge des geometrischen Verhältnisses der Vervielfältigung aller organischen Wesen ist jeder Bezirk schon mit lebenden Bewohnern in voller Zahl besetzt und hieraus folgt, dass, wie die begünstigten Formen an Menge zunehmen, so die minder begünstigten Formen allmählich abnehmen und seltener werden. Seltenwerden ist, wie die Geologie uns lehrt, der Vorläufer des Aussterbens. Man sieht auch leicht ein, dass eine nur durch wenige Individuen vertretene Form durch bedeutende Schwankungen in der Beschaffenheit der Jahreszeiten oder durch ein zeitweises Zunehmen der Zahl ihrer Feinde grosse Gefahr gänzlicher Vertilgung läuft. Doch können wir noch weiter gehen; denn so wie neue Formen erzeugt werden, so müssen viele alten unvermeidlich erlöschen, wenn wir nicht annehmen, dass die Zahl der specifischen Formen beständig und in's Unendliche anwachsen könne. Die Geologie zeigt uns deutlich, dass die Zahl der Arten nicht in's Unbegrenzte gewachsen ist, und wir werden gleich zu zeigen versuchen, woher es kommt, dass die Artenzahl auf der Erdoberfläche nicht unermesslich gross geworden ist.

Wir haben gesehen, dass diejenigen Arten, welche die zahlreichsten an Individuen sind, die meiste Wahrscheinlichkeit für sich haben, innerhalb einer gegebenen Zeit vortheilhafte Abänderungen hervorzubringen. Die im zweiten Capitel mitgetheilten Thatsachen können zum Beweise hierfür dienen, indem sie zeigen, dass es gerade die gemeinen und verbreiteten oder herrschenden Arten sind, welche die grösste Anzahl ausgezeichneter Varietäten liefern. Daher werden denn auch die seltenen Arten in einer gegebenen Periode weniger rasch umgeändert oder verbessert werden und demzufolge in dem Kampfe um's Dasein mit den umgeänderten und verbesserten Abkömmlingen der gemeineren Arten unterliegen.

Aus diesen verschiedenen Betrachtungen scheint mir nun unvermeidlich zu folgen, dass, wie im Laufe der Zeit neue Arten durch natürliche Zuchtwahl entstehen, andere seltener und seltener und endlich erlöschen werden. Diejenigen Formen werden natürlich am meisten leiden, welche in engster Concurrenz mit denen stehen, welche eine Veränderung und Verbesserung erfahren. Und wir haben in dem Capitel über den Kampf um's Dasein gesehen, dass es die miteinander am nächsten verwandten Formen — Varietäten der nämlichen Art und Arten der nämlichen oder einander zunächst verwandter Gattungen — sind, welche, weil sie nahezu gleichen Bau, Constitution und Lebensweise haben, meistens auch in die heftigste Concurrenz miteinander gerathen. Jede neue Varietät oder Art wird folglich während des Verlaufes ihrer Bildung im Allgemeinen am stärksten ihre nächst verwandten Formen bedrängen und sie zum Aussterben zu zwingen suchen. Wir sehen den nämlichen Process der Austilgung unter unseren domesticierten Erzeugnissen vor sich gehen, in Folge der Auswahl veredelter Formen durch den Menschen. Ich könnte mit vielen merkwürdigen Belegen zeigen, wie schnell neue Rassen von Rindern, Schafen und anderen Thieren oder neue Varietäten von Blumen die Stelle der früheren und unvollkommeneren einnehmen. Es ist geschichtlich bekannt, dass in Yorkshire das alte schwarze Rind durch die Langhornrasse verdrängt und dass diese wiederum nach dem Ausdruck eines landwirthschaftlichen Schriftstellers, „wie durch eine mörderische Seuche „von den Kurzhörnern weggefegt worden ist.“

Divergenz des Characters.

Das Princip, welches ich mit diesem Ausdruck bezeichne, ist von hoher Bedeutung und erklärt nach meiner Meinung verschiedene wichtige Thatsachen. Erstens weichen Varietäten, und selbst sehr ausgeprägte, obwohl sie etwas vom Character der Species an sich haben, wie in vielen Fällen aus den hoffnungslosen Zweifeln über ihren Rang erhellt, doch gewiss viel weniger als gute und verschiedene Arten von einander ab. Demungeachtet sind nach meiner Anschauungsweise Varietäten Arten im Processe der Bildung oder, wie ich sie genannt habe, beginnende Species. Auf welche Weise wächst nun jene kleinere Verschiedenheit zwischen Varietäten zur grössern specifischen Verschiedenheit an? Dass dies allgemein geschehe, müssen wir daraus schliessen, dass die meisten der unzähligen in der ganzen Natur vorhandenen Arten wohl ausgeprägte Verschiedenheiten darbieten, während Varietäten, die von uns angenommenen Prototypen und Erzeuger künftiger wohl unterschiedener Arten, nur geringe und wenig ausgeprägte Unterschiede darbieten. Der blosse Zufall, wie man es nennen könnte, möchte wohl die Abweichung einer Varietät von ihren Eltern in irgend einem Merkmal und dann die Abweichung des Nachkömmlings dieser Varietät von seinen Eltern in denselben Merkmalen und in einem höhern Grade veranlassen können; doch würde dies nicht allein genügen, ein so gewöhnliches und grosses Mass von Verschiedenheit zu erklären, wie es zwischen Varietäten einer Art und zwischen Arten einer Gattung vorhanden ist.

Wie es stets mein Brauch war, so habe ich auch diesen Gegenstand mit Hülfe unserer Culturerzeugnisse mir zu erklären gesucht. Wir werden dabei etwas Analoges finden. Man wird zugeben, dass die Bildung so weit auseinander laufender Rassen wie die des Kurzhorn- und des Hereford-Rindes, des Renn- und des Karrenpferdes, der verschiedenen Taubenrassen u. s. w. durch bloss zufällige Häufung der Abänderungen ähnlicher Art während vieler aufeinanderfolgender Generationen niemals hätte zu Stande kommen können. Wenn nun aber in der Wirklichkeit ein Liebhaber z. B. seine Freude an einer Taube mit merklich kürzerm und ein anderer die seinige an einer Taube mit viel längerm Schnabel hätte, so würden sich beide bestreben (wie es mit den Unterrassen der Purzeltauben wirklich der Fall gewesen), da „Liebhaber Mittel-„formen nicht bewundern und nicht bewundern werden, sondern Extreme lieben", zur Nachzucht Vögel mit immer kürzeren und kürzeren oder immer längeren und längeren Schnäbeln zu wählen. Ebenso können wir annehmen, dass in einer frühern Zeit die Leute der einen Nation flüchtigere und die einer andern stärkere und schwerere Pferde bedurft haben. Die ersten Unterschiede werden nur sehr gering gewesen sein; wenn nun aber im Laufe der Zeit einige Züchter fortwährend die flüchtigeren, und andere ebenso die schwereren Pferde zur Nachzucht auswählten, so werden die Verschiedenheiten immer grösser und als Unterscheidungszeichen für zwei Unterrassen angesehen werden. Endlich würden nach Verlauf von Jahrhunderten diese Unterrassen sich zu zwei wohlbegründeten und verschiedenen Rassen ausgebildet haben. In der Zeit, als die Verschiedenheiten langsam zunahmen, werden die unvollkommeneren Thiere von mittlerm Character, die weder sehr leicht noch sehr schwer waren, nicht zur Zucht benutzt worden sein und damit zum Verschwinden geneigt haben. Daher sehen wir denn in diesen

Erzeugnissen des Menschen die Wirkungen des Princips der Divergenz, wie man es nennen könnte, welche anfangs kaum bemerkbare Verschiedenheiten immer zunehmen und die Rassen immer weiter unter sich wie von ihren gemeinsamen Stammeltern abweichen lässt.

Aber wie, kann man fragen, lässt sich ein solches Princip auf die Natur anwenden? Ich glaube, dass es schon durch den einfachen Umstand eine äusserst erfolgreiche Anwendung finden kann und auch findet (obwohl ich selbst dies lange Zeit nicht erkannt habe), dass, je weiter die Abkömmlinge einer Species im Bau, Constitution und Lebensweise auseinander gehen, sie um so besser geeignet sein werden, viele und sehr verschiedene Stellen im Haushalte der Natur einzunehmen und somit befähigt werden, an Zahl zuzunehmen.

Dies zeigt sich deutlich bei Thieren mit einfacher Lebensweise. Nehmen wir ein vierfüssiges Raubthier zum Beispiel, dessen Zahl in einer Gegend schon längst zu dem vollen Betrage angestiegen ist, welchen die Gegend zu ernähren vermag. Hat sein natürliches Vervielfältigungsvermögen freies Spiel gehabt, so kann dieselbe Thierart (vorausgesetzt, dass die Gegend keine Veränderung ihrer natürlichen Verhältnisse erfahre) nur dann noch weiter zunehmen, wenn ihre Nachkommen in der Weise abändern, dass sie allmählich solche Stellen einnehmen können, welche jetzt andere Thiere schon innehaben, wenn z. B. einige derselben geschickt werden, auf neue Arten von lebender oder todter Beute auszugehen, wenn sie neue Standorte bewohnen, Bäume erklimmen, in's Wasser gehen oder vielleicht auch einen Theil ihrer Raubthiernatur aufgeben. Je mehr nun diese Nachkommen unseres Raubthieres in Organisation und Lebensweise verschiedenartig werden, desto mehr Stellen werden sie fähig sein, in der Natur einzunehmen. Und was von einem Thiere gilt, das gilt durch alle Zeiten von allen Thieren, vorausgesetzt, dass sie variieren; denn ausserdem kann natürliche Zuchtwahl nichts ausrichten. Und dasselbe gilt von den Pflanzen. Es ist durch Versuche dargethan worden, dass, wenn man eine Strecke Landes mit nur einer Grasart und eine ähnliche Strecke Landes mit Gräsern verschiedener Gattungen besäet, man im letzten Falle eine grössere Anzahl von Pflanzen erzielen und ein grösseres Gewicht von Heu einbringen kann, als im ersten Falle. Zum nämlichen Ergebnis ist man gelangt, wenn man eine Varietät und wenn man verschiedene gemischte Varietäten von Weizen auf gleich grosse Grundstücke säete. Wenn daher eine Grasart immer weiter in Varietäten auseinandergeht, und wenn immer wieder diejenigen

Varietäten, welche unter sich in derselben Weise, wenn auch in sehr geringem Grade, wie die Arten und Gattungen der Gräser verschieden sind, zur Nachzucht gewählt werden, so wird eine grössere Anzahl einzelner Stöcke dieser Grasart mit Einschluss ihrer Varietäten auf gleicher Fläche wachsen können als zuvor. Bekanntlich streut jede Grasart und jede Varietät jährlich eine fast zahllose Menge von Samen aus, so dass man fast sagen könnte, ihr hauptsächlichstes Streben sei Vermehrung der Individuenzahl. Daher werden im Verlaufe von vielen tausend Generationen gerade die am weitesten auseinander gehenden Varietäten einer Grasart immer am meisten Aussicht auf Erfolg und auf Vermehrung ihrer Anzahl und dadurch auf Verdrängung der weniger verschiedenen Varietäten für sich haben; und sind diese Varietäten nun weit von einander verschieden geworden, so nehmen sie den Character der Arten an.

Die Wahrheit des Princips, dass die grösste Summe von Leben durch die grösste Differenzierung der Structur vermittelt werden kann, lässt sich unter vielerlei natürlichen Verhältnissen erkennen. Auf einem äusserst kleinen Bezirke, zumal wenn er der Einwanderung offen ist, wo das Ringen der Individuen miteinander sehr heftig sein muss, finden wir stets eine grosse Mannichfaltigkeit unter seinen Bewohnern. So fand ich z. B. auf einem 3' langen und 4' breiten Stück Rasen, welches viele Jahre lang genau denselben Bedingungen ausgesetzt gewesen war, zwanzig Arten von Pflanzen, und diese gehörten zu achtzehn Gattungen und acht Ordnungen, woraus sich ergibt, wie verschieden von einander diese Pflanzen sind. So ist es auch mit den Pflanzen und Insecten auf kleinen einförmigen Inseln; und ebenso in kleinen Süsswasserbehältern. Die Landwirthe wissen, dass sie bei einer Fruchtfolge mit Pflanzenarten aus den verschiedensten Ordnungen am meisten Futter erziehen können, und die Natur bietet, was man eine simultane Fruchtfolge nennen könnte. Die meisten Pflanzen und Thiere, welche rings um ein kleines Grundstück wohnen, würden auch auf diesem Grundstücke (wenn es nicht in irgend einer Beziehung von sehr eigenthümlicher Beschaffenheit ist) leben können und streben so zu sagen in hohem Grade danach, da zu leben; wo sie aber in nächste Concurrenz miteinander kommen, da sehen wir ihre aus der Differenzierung ihrer Organisation und der diese begleitenden Verschiedenartigkeit der Lebensweise und Constitution sich ergebenden wechselseitigen Vortheile es bedingen, dass die am unmittelbarsten miteinander ringenden Bewohner der allgemeinen

Regel zufolge Formen sind, welche wir als zu verschiedenen Gattungen und Ordnungen gehörig bezeichnen.

Dasselbe Princip erkennt man, wo der Mensch Pflanzen in fremden Ländern zu naturalisieren strebt. Man hätte erwarten dürfen, dass diejenigen Pflanzen, die mit Erfolg in einem Lande naturalisiert werden können, im Allgemeinen nahe verwandt mit den eingeborenen seien; denn diese betrachtet man gewöhnlich als besonders für ihre Heimath geschaffen und angepasst. Ebenso hätte man vielleicht erwartet, dass die naturalisierten Pflanzen zu einigen wenigen Gruppen gehörten, welche nur etwa gewissen Stationen ihrer neuen Heimath angepasst wären. Aber die Sache verhält sich ganz anders; ALPHONSE DE CANDOLLE hat in seinem grossen und vortrefflichen Werke ganz wohl gezeigt, dass die Floren durch Naturalisierung, im Verhältnis zu der Anzahl der eingeborenen Gattungen und Arten, weit mehr an neuen Gattungen als an neuen Arten gewinnen. Um nur ein Beispiel zu geben, so sind in der letzten Ausgabe von Dr. ASA GRAY'S ‚Manual of the Flora of the Northern United States' 260 naturalisierte Pflanzenarten aufgezählt, und diese gehören zu 162 Gattungen. Wir sehen hieraus, dass diese naturalisierten Pflanzen von sehr verschiedener Natur sind. Überdies weichen sie auch von den eingeborenen in hohem Grade ab; denn von jenen 162 naturalisierten Gattungen sind nicht weniger als hundert ganz fremdländisch; die in den Vereinigten Staaten jetzt lebenden Gattungen haben also hierdurch eine verhältnismässig bedeutende Vermehrung erfahren.

Berücksichtigt man die Natur der Pflanzen und Thiere, welche erfolgreich mit den eingeborenen einer Gegend gerungen haben und in dessen Folge naturalisiert worden sind, so kann man eine ungefähre Vorstellung davon gewinnen, wie etwa einige der eingeborenen hätten modificiert werden müssen, um einen Vortheil über die anderen eingeborenen zu erlangen: wir können wenigstens schliessen, dass eine Differenzierung ihrer Structur bis zu einer generischen Verschiedenheit für sie erspriesslich gewesen wäre.

Der Vortheil einer Differenzierung der Structur der Bewohner einer und derselben Gegend ist in der That derselbe, wie er für einen individuellen Organismus aus der physiologischen Theilung der Arbeit in seinen Organen entspringt, ein von H. MILNE EDWARDS so trefflich erläuterter Gegenstand. Kein Physiolog zweifelt daran, dass ein Magen, welcher nur zur Verdauung von vegetabilischen oder von animalischen Substanzen geeignet ist, die meiste Nahrung aus diesen Stoffen zieht. So werden auch in dem grossen Naturhaushalte eines

Landes um so mehr Individuen von Pflanzen und Thieren ihren Unterhalt zu finden im Stande sein, je weiter und vollkommener dieselben für verschiedene Lebensweisen differenziert sind. Eine Anzahl von Thieren mit nur wenig differenzierter Organisation kann schwerlich mit einer andern von vollständiger differenziertem Baue concurrieren. So wird man z. B. bezweifeln müssen, ob die australischen Beutelthiere, welche nach WATERHOUSE's u. A. Bemerkung in nur wenig von einander abweichende Gruppen getheilt sind und unsere Raubthiere, Wiederkäuer und Nager nur unvollkommen vertreten, im Stande sein würden, mit diesen wohl ausgesprochenen Ordnungen zu concurrieren. In den australischen Säugethieren erblicken wir den Process der Differenzierung auf einer noch frühen und unvollkommenen Entwicklungsstufe.

Die wahrscheinlichen Folgen der Wirkung der natürlichen Zuchtwahl auf die Abkömmlinge gemeinsamer Eltern durch Divergenz der Charactere und durch Aussterben.

Nach den vorangehenden Erörterungen, welche sehr zusammengedrängt sind, können wir annehmen, dass die abgeänderten Nachkommen irgend einer Species um so mehr Erfolg haben werden, je mehr sie in ihrer Organisation differenziert und hierdurch geeignet worden sind, sich auf die bereits von anderen Wesen eingenommenen Stellen einzudrängen. Wir wollen nun zusehen, wie dieses Princip von der Herleitung eines Vortheils aus der Divergenz des Characters, in Verbindung mit den Principien der natürlichen Zuchtwahl und des Aussterbens, wirkt.

Das beigefügte Schema wird uns diese sehr verwickelte Frage leichter verstehen helfen. Gesetzt, es bezeichnen die Buchstaben *A* bis *L* die Arten einer in ihrem Vaterlande grossen Gattung; es wird angenommen, dass diese Arten einander in ungleichen Graden ähnlich sind, wie es eben in der Natur so allgemein der Fall zu sein pflegt und was im Schema durch verschiedene Entfernung jener Buchstaben von einander ausgedrückt werden soll. Wir wählen eine grosse Gattung, weil wir schon im zweiten Capitel gesehen haben, dass in grossen Gattungen verhältnismässig mehr Arten variieren als in kleinen und die variierenden Arten grosser Gattungen eine grössere Anzahl von Varietäten darbieten. Wir haben ferner gesehen, dass die gemeinsten und am weitesten verbreiteten Arten mehr als die seltenen und auf kleine Wohnbezirke beschränkten abändern. Es sei nun *A* eine gemeine, weit verbreitete und abändernde Art einer in ihrem Vaterlande grossen Gattung; der kleine Fächer divergierender Punktlinien von ungleicher Länge, welche von *A* ausgehen, möge ihre variierende Nachkommenschaft darstellen. Es wird ferner angenommen, die Abänderungen seien ausserordentlich gering aber von der mannichfaltigsten Beschaffenheit, treten nicht alle gleichzeitig, sondern oft nach langen Zwischenräumen auf, und endlich sollen sie nicht alle gleich lange Zeiten dauern. Nur jene Abänderungen, welche in irgend einer Beziehung nützlich sind, werden erhalten oder zur natürlichen Zuchtwahl verwendet werden. Und hier tritt die Bedeutung des Princips hervor, das die Divergenz des Characters darbietet; denn diese wird allgemein zu den verschiedensten und am weitesten auseinandergehenden Abänderungen führen (welche durch die äusseren punktierten Linien dargestellt sind), wie sie durch natürliche Zuchtwahl erhalten und gehäuft werden. Wenn nun in unserem Schema eine der punktierten Linien eine der wagerechten Linien erreicht und dort mit einem kleinen numerierten Buchstaben bezeichnet erscheint, so wird angenommen, dass darin eine Summe von Abänderung gehäuft sei, genügend zur Bildung einer ziemlich gut ausgeprägten Varietät, wie sie der Aufnahme in ein systematisches Werk werth geachtet werden würde.

Die Zwischenräume zwischen je zwei wagerechten Linien des Schemas mögen je tausend oder noch mehr Generationen entsprechen. Nach tausend Generationen hätte die Art *A* zwei ziemlich gut ausgeprägte Varietäten a^1 und m^1 hervorgebracht. Diese zwei Varietäten werden im Allgemeinen beständig denselben Bedingungen ausgesetzt sein, welche ihre Stammeltern zur Abänderung veranlassten, und das Streben nach Abänderung ist an sich erblich. Sie werden daher nach weiterer Abänderung und gewöhnlich in nahezu derselben Art und Richtung streben wie ihre Stammeltern. Überdies werden diese zwei Varietäten, als nur erst wenig modifizierte Formen, diejenigen Vorzüge wieder zu erben geneigt sein, welche ihren gemeinsamen Eltern *A* das numerische Übergewicht über die meisten anderen Bewohner derselben Gegend verschafft hatten; sie werden gleicherweise an denjenigen allgemeineren Vortheilen theilnehmen, welche die Gattung, wozu ihre Stammeltern gehörten, zu einer grossen Gattung ihres Vaterlandes erhoben. Und wir wissen, dass alle diese Umstände zur Hervorbringung neuer Varietäten günstig sind.

Wenn denn nun diese zwei Varietäten ebenfalls veränderlich sind, so werden die divergentesten unter ihren Abänderungen gewöhnlich während der nächsten tausend Generationen fortbestehen.

Nach dieser Zeit, ist in unserem Schema angenommen, habe Varietät a^1 die Varietät a^2 hervorgebracht, die nach dem Differenzirungsprincipe weiter als a^1 von A verschieden ist. Varietät m^1 hat der Annahme nach zwei andere Varietäten m^2 und s^2 ergeben, welche unter sich, und noch beträchtlicher von ihrer gemeinsamen Stammform A abweichen. So können wir den Vorgang für eine beliebig lange Zeit von Stufe zu Stufe fortführen; einige der Varietäten werden von je tausend zu tausend Generationen bald nur eine einzige Abänderung aber in einem immer weiter und weiter modifizierten Zustande, bald auch zwei oder drei derselben hervorbringen, während andere gar keine neuen Formen darbieten. Auf diese Weise werden gewöhnlich die Varietäten oder abgeänderten Nachkommen einer gemeinsamen Stammform A im Ganzen immer zahlreicher werden und immer weiter im Character auseinanderlaufen. In dem Schema ist der Vorgang bis zur zehntausendsten Generation, — und in einer gedrängtern und vereinfachten Weise bis zur vierzehntausendsten Generation dargestellt.

Doch muss ich hier bemerken, dass ich nicht der Meinung bin, dass der Process jemals so regelmässig und beständig vor sich gehe, wie er im Schema dargestellt ist, obwohl er auch da schon etwas unregelmässig erscheint; es ist viel wahrscheinlicher, dass eine jede Form lange Zeit hindurch unverändert bleibt und dann wieder einer Modifizierung unterliegt. Ebenso bin ich nicht der Ansicht, dass die am weitesten differierenden Varietäten unabänderlich erhalten werden. Oft kann eine Mittelform von langer Dauer sein und entweder mehr als eine in ungleichem Grade abgeänderte Varietät hervorbringen oder nicht; denn die natürliche Zuchtwahl wird sich immer nach der Beschaffenheit der noch gar nicht oder nur unvollständig von anderen Wesen eingenommenen Stellen richten; und dies wird von unendlich verwickelten Beziehungen abhängen. Doch werden der allgemeinen Regel zufolge die Abkömmlinge irgend einer Art um so besser befähigt sein, mehr Stellen einzunehmen, und ihre abgeänderte Nachkommen werden sich um so stärker vermehren, je verschiedenartiger sie in ihrer Organisation geworden sind. In unserem Schema ist die Successionslinie in regelmässigen Zwischenräumen durch kleine numerierte Buchstaben unterbrochen, zur Bezeichnung der nacheinander auftretenden Formen, welche genügend verschieden geworden sind, um als Varietäten angeführt zu werden. Aber diese Unterbrechungen sind nur imaginär und hätten anderwärts eingeschoben werden können, nach für die Häufung eines ansehnlichen Betrags divergenter Abänderung hinlänglich langen Zwischenräumen.

Da alle die modifizierten Abkömmlinge einer gemeinen und weit verbreiteten Art einer grossen Gattung an den gemeinsamen Verbesserungen theilzunehmen streben, welche den Erfolg ihrer Stammeltern im Leben bedingt haben, so werden sie im Allgemeinen sowohl an Zahl als an Divergenz des Characters zunehmen; und dies ist im Schema durch die verschiedenen von *A* ausgehenden Verzweigungen ausgedrückt. Die abgeänderten Nachkommen der späteren und weiter verbesserten Zweige der Descendenzlinien werden wahrscheinlich oft die Stelle der früheren und minder vervollkommneten einnehmen und sie verdrängen, und dies ist im Schema dadurch ausgedrückt, dass einige der unteren Zweige nicht bis zu den nächst höheren Horizontallinien hinauf reichen. In einigen Fällen wird ohne Zweifel der Process der Abänderung auf eine einzelne Linie der Descendenz beschränkt bleiben und die Zahl der modifizierten Nachkommen nicht vermehrt werden, wenn auch das Mass divergenter Modification in den aufeinanderfolgenden Generationen zugenommen hat. Dieser Fall würde in dem Schema dargestellt werden, wenn alle von *A* ausgehenden Linien, ausgenommen die von a^1 bis a^{10}, beseitigt würden. Auf diese Weise sind allem Anscheine nach z. B. die englischen Rennpferde und englischen Vorstehehunde langsam vom Character ihrer Stammform abgewichen, ohne je neue Abzweigungen oder Nebenrassen abgegeben zu haben.

Es wird nun der Fall gesetzt, dass die Art *A* nach zehntausend Generationen drei Formen, a^{10}, f^{10} und m^{10} hervorgebracht habe, welche in Folge der Divergenz ihrer Charactere während der aufeinanderfolgenden Generationen weit, aber vielleicht in ungleichem Grade unter sich und von ihren Stammeltern verschieden geworden sind. Nehmen wir nur einen äusserst kleinen Betrag von Veränderung zwischen je zwei Horizontalen unseres Schemas an, so könnten unsere drei Formen noch immer nur wohl ausgeprägte Varietäten sein; wir haben aber nur nöthig, uns die Abstufungen in diesem Processe der Modification etwas zahlreicher oder dem Grade nach bedeutender zu denken, um diese drei Formen in zweifelhafte oder endlich gute Arten zu verwandeln. Alsdann drückt das Schema die Stufen aus, auf welchen die kleinen nur Varietäten characterisierenden Verschiedenheiten in grössere schon Arten unterscheidende Verschiedenheiten übergehen. Denkt man sich denselben Process durch eine noch grössere Anzahl von Generationen fortgesetzt (wie es oben im Schema in gedrängter Weise geschehen), so erhalten wir acht von *A* abstammende Arten, mit a^{14} bis m^{14} bezeichnet. So werden, wie ich glaube, Arten vervielfältigt und Gattungen gebildet.

In einer grossen Gattung dürfte wahrscheinlich mehr als eine Art variieren. Im Schema habe ich angenommen, dass eine zweite Art *I* in analogen Abstufungen nach zehntausend Generationen entweder zwei wohlausgezeichnete Varietäten (w^{10} und z^{10}), oder zwei Arten hervorgebracht habe, je nachdem man sich den Betrag der Veränderung, welcher zwischen zwei wagerechten Linien liegt, kleiner oder grösser denkt. Nach vierzehntausend Generationen werden nach unserer Annahme sechs neue durch die Buchstaben n^{14} bis z^{14} bezeichnete Arten entstanden sein. In jeder Gattung werden die bereits in ihrem Character sehr auseinander gegangenen Arten die grösste Anzahl modifizierter Nachkommen hervorzubringen streben, indem diese die beste Aussicht haben, neue und von einander sehr verschiedene Stellen im Naturhaushalte einzunehmen; daher habe ich im Schema die extreme Art *A* und die nahezu extreme Art *I* als solche gewählt, welche bedeutend variiert und zur Bildung neuer Varietäten und Arten Veranlassung gegeben haben. Die anderen neun mit grossen Buchstaben *(B—H, K, L)* bezeichneten Arten unserer ursprünglichen Gattung sollen durch lange aber ungleiche Zeiträume fortfahren, nicht abgeänderte Nachkommen zu hinterlassen, was im Schema durch die punktierten Linien ausgedrückt ist, welche nach aufwärts ungleich verlängert sind.

Inzwischen dürfte während des auf unserem Schema dargestellten Umänderungsprocesses noch ein anderes unserer Principien, das des Aussterbens, eine wichtige Rolle gespielt haben. Da in jeder vollständig bevölkerten Gegend natürliche Zuchtwahl nothwendig dadurch wirkt, dass die gewählte Form in dem Kampfe um's Dasein irgend einen Vortheil vor den übrigen Formen voraus hat, so wird in den verbesserten Abkömmlingen einer Art ein beständiges Streben vorhanden sein, auf jeder fernern Generationsstufe ihre Vorgänger und ihren Urstamm zu ersetzen und zum Aussterben zu bringen. Denn man muss sich erinnern, dass die Concurrenz gewöhnlich am heftigsten zwischen solchen Formen ist, welche einander in Organisation, Constitution und Lebensweise am nächsten stehen. Daher werden alle Zwischenformen zwischen den früheren und späteren, das ist zwischen den weniger und mehr verbesserten Zuständen einer und derselben Art, sowie die ursprüngliche Stammart selbst gewöhnlich zum Erlöschen geneigt sein. Eben so wird es sich wahrscheinlich mit vielen ganzen Seitenlinien verhalten, welche durch spätere und vollkommenere Linien besiegt werden. Wenn dagegen die abgeänderte Nachkommenschaft einer Species in eine verschiedene Gegend kommt oder sich irgend einem ganz neuen Standorte rasch anpasst, wo Stammform und Nachkommen nicht in Concurrenz gerathen, dann können beide fortbestehen.

Nimmt man daher bei unserem Schema an, dass es ein grosses Mass von Abänderung darstelle, so werden die Art *A* und alle früheren Abänderungen derselben erloschen und durch acht neue Arten a^{14}—m^{14} ersetzt sein, und die Art *I* wird durch sechs neue Arten n^{14}—z^{14} ersetzt sein.

Wir können aber noch weiter gehen. Wir haben angenommen, dass die ursprünglichen Arten unserer Gattung einander in ungleichem Grade ähnlich seien, wie das in der Natur so gewöhnlich der Fall ist; dass die Art *A* näher mit *B*, *C* und *D* als mit den anderen verwandt sei und *I* mehr mit *G*, *H*, *K*, *L* als mit den übrigen; dass ferner diese zwei Arten *A* und *I* sehr gemein und weit verbreitet seien, so dass sie schon ursprünglich einige Vorzüge vor den meisten anderen Arten derselben Gattung voraus gehabt haben müssen. Ihre modifizierten Nachkommen, vierzehn an Zahl bei der vierzehntausendsten Generation, werden wahrscheinlich einige der nämlichen Vorzüge geerbt haben; auch sind sie auf jeder weitern Stufe der Descendenz in einer divergenten Weise abgeändert und verbessert worden, so dass sie sich zur Besetzung vieler passenden Stellen im Naturhaushalte ihres Vaterlandes geeignet haben. Es scheint mir daher äusserst wahrscheinlich, dass sie nicht allein ihre Eltern *A* und *I* ersetzt und vertilgt haben werden, sondern auch einige andere diesen zunächst verwandte ursprüngliche Species. Es werden daher nur sehr wenige der ursprünglichen Arten Nachkommen bis in die vierzehntausendste Generation hinterlassen haben. Wir können annehmen, dass nur eine, *F*, von den zwei mit den anderen ursprünglichen neun am wenigsten nahe verwandten Arten *(E* und *F)*, Nachkommen bis zu dieser späten Generation erhalten hat.

Der neuen von den elf ursprünglichen Arten unseres Schema abgeleiteten Species sind nun fünfzehn. Dem divergenten Streben der natürlichen Zuchtwahl gemäss wird der äusserste Betrag von Character-Verschiedenheit zwischen den Arten a^{14} und z^{14} viel grösser als der zwischen den unter sich verschiedensten der elf ursprünglichen Arten sein. Überdies werden die neuen Arten in sehr ungleichem Grade miteinander verwandt sein. Unter den acht Nachkommen von *A* werden die drei a^{14}, q^{14} und p^{14} nahe verwandt sein, weil sie sich erst spät von a^{10} abgezweigt haben, wogegen b^{14} und f^{14} als alte Abzweigungen von a^5 in einem gewissen Grade von jenen drei erstgenannten verschieden sind; und endlich werden o^{14}, e^{14} und m^{14} zwar unter sich nahe verwandt sein, aber weil sie beim ersten Beginne des Abänderungs-Processes divergiert haben, weit von den anderen fünf Arten abstehen und eine besondere Untergattung oder sogar eine eigene Gattung bilden.

Die sechs Nachkommen von *I* werden zwei Subgenera oder selbst Genera bilden. Da aber die Stammart *I* von *A* sehr verschieden war und weit entfernt, fast am andern Ende der Artenreihe der ursprünglichen Gattung stand, so werden diese sechs Nachkommen von *I*, nur in Folge der Vererbung, beträchtlich von den acht Nachkommen von *A* abweichen; überdies wurde angenommen, dass diese zwei Gruppen sich in auseinander gehenden Richtungen verändert haben. Auch sind die intermediären Arten, welche die ursprünglichen Species *A* und *I* miteinander verbanden (was zu beachten sehr wichtig ist), mit Ausnahme von *F* sämmtlich erloschen, ohne Nachkommenschaft hinterlassen zu haben. Daher werden die sechs neuen von *I* entsprossenen und die acht von *A* abstammenden Species zu zwei sehr verschiedenen Gattungen oder selbst zu besonderen Unterfamilien gerechnet werden müssen.

So kommt es, wie ich meine, dass zwei oder mehr Gattungen durch Abstammung mit Modification aus zwei oder mehr Arten eines und desselben Genus entspringen können. Und von den zwei oder mehr Stammarten ist angenommen worden, dass sie von einer Art einer noch frühern Gattung herrühren. In unserem Schema ist dies durch die unterbrochenen Linien unter den grossen Buchstaben angedeutet, welche gruppenweise abwärts gegen einen einzigen Punkt convergieren. Dieser Punkt stellt eine einzelne Species, die angenommene Stammart unserer verschiedenen neuen Subgenera und Genera dar.

Es ist der Mühe werth, einen Augenblick bei dem Character der neuen Art F^{14} zu verweilen, von welcher angenommen wird, dass sie keine grosse Divergenz des Characters erfahren, vielmehr die Form von *F* unverändert oder mit nur geringer Abänderung beibehalten habe. In diesem Falle werden ihre verwandtschaftlichen Beziehungen zu den anderen vierzehn neuen Arten eigenthümlicher und weitläufiger Art sein. Von einer zwischen den zwei jetzt als erloschen und unbekannt angenommenen Stammarten *A* und *I* stehenden Species abstammend, wird sie in ihrem Character einigermassen das Mittel zwischen den zwei von diesen Arten abstammenden Gruppen halten. Da aber beide Gruppen in ihren Characteren vom Typus ihrer Stammeltern fortdauernd auseinandergelaufen sind, so wird die neue Art F^{14} das Mittel nicht unmittelbar zwischen ihnen, sondern vielmehr zwischen den Typen beider Gruppen halten; und jeder Naturforscher dürfte im Stande sein, sich ein Beispiel dieser Art in's Gedächtnis zu rufen.

In dem Schema entspricht nach unserer bisherigen Annahme jeder Abstand zwischen zwei Horizontalen tausend Generationen; es kann aber ein jeder auch einer Million oder mehreren Millionen von Generationen und zugleich einem Theile der aufeinanderfolgenden, organische Reste enthaltenden Schichten unserer Erdrinde entsprechen. In unserem Capitel über Geologie werden wir wieder auf diesen Gegenstand zurück zu kommen haben und werden dann, denke ich, finden, dass unser Schema geeignet ist, Licht über die Verwandtschaft erloschener Wesen zu verbreiten, welche, wenn auch im Allgemeinen zu denselben Ordnungen, Familien oder Gattungen mit den jetzt lebenden gehörig, doch in ihrem Character oft in gewissem Grade das Mittel zwischen jetzt lebenden Gruppen halten; und man wird diese Thatsache begreiflich finden, da die erloschenen Arten in verschiedenen sehr frühen Zeiten gelebt haben, wo die sich verzweigenden Descendenzlinien noch wenig auseinander gegangen waren.

Ich finde keinen Grund, den Verlauf der Abänderung, wie er bisher auseinander gesetzt worden, bloss auf die Bildung der Gattungen zu beschränken. Nehmen wir in unserem Schema den von jeder aufeinanderfolgenden Gruppe divergierender punktierter Linien dargestellten Betrag von Abänderung sehr gross an, so werden die mit a^{14} bis p^{14}, mit b^{14} bis f^{14} und mit o^{14} bis m^{14} bezeichneten Formen drei sehr verschiedene Genera darstellen. Wir werden dann auch zwei sehr verschiedene von *I* abstammende Gattungen haben, welche von den Nachkommen von *A* sehr abweichen. Diese beiden Gruppen von Gattungen werden daher zwei distincte Familien oder Ordnungen bilden, je nach dem Masse der angenommenermassen vom Schema dargestellten divergenten Abänderung. Und diese zwei neuen Familien oder Ordnungen stammen von zwei Arten der ursprünglichen Gattung ab, die selbst wieder als von einer noch ältern und unbekannten Form abstammend angenommen werden.

Wir haben gesehen, dass es in jedem Lande die Arten der grösseren Gattungen sind, welche am häufigsten Varietäten oder anfangende Arten bilden. Dies war in der That zu erwarten; denn, wie die natürliche Zuchtwahl durch eine im Kampf um's Dasein vor den anderen bevorzugte Form wirkt, so wird sie hauptsächlich auf diejenigen wirken, welche bereits einige Vortheile voraus haben; und die Grösse einer Gruppe zeigt, dass ihre Arten von einem gemeinsamen Vorfahren einige Vorzüge gemeinschaftlich ererbt haben. Daher wird der Wettkampf in Erzeugung neuer und abgeänderter Sprösslinge hauptsächlich zwischen den grösseren Gruppen stattfinden, welche sich alle an Zahl zu vergrössern streben. Eine grosse Gruppe wird langsam eine andere grosse Gruppe überwinden, deren Zahl verringern und so deren Aussicht auf künftige Abänderung und Verbesserung vermindern. Innerhalb einer und derselben grossen Gruppe werden die späteren und höher vervollkommneten Untergruppen immer bestrebt sein, durch Verzweigung und durch Besetzung von möglichst vielen Stellen im Haushalte der Natur die früheren und minder vervollkommneten Untergruppen allmählich zu verdrängen. Kleine und unterbrochene Gruppen und Untergruppen werden endlich verschwinden. In Bezug auf die Zukunft kann man vorhersagen, dass diejenigen Gruppen organischer Wesen, welche jetzt gross und siegreich und am wenigsten durchbrochen sind, d. h. bis jetzt am wenigsten durch Erlöschung gelitten haben, noch auf lange Zeit hinaus zunehmen werden. Welche Gruppen aber zuletzt vorwalten werden, kann niemand vorhersagen; denn wir wissen, dass viele Gruppen von ehedem sehr ausgedehnter Entwicklung heutzutage erloschen sind. Blicken wir noch weiter in die Zukunft hinaus, so lässt sich voraussehen, dass in Folge der fortdauernden und steten Zunahme der grossen Gruppen eine Menge kleiner gänzlich erlöschen wird ohne abgeänderte Nachkommen zu hinterlassen, und dass demgemäss von den zu irgend einer Zeit lebenden Arten nur äusserst wenige ihre Nachkommenschaft bis in eine ferne Zukunft erstrecken werden. Ich werde in dem Capitel über Classification auf diesen Gegenstand zurückzukommen haben und will hier nur noch bemerken, dass es uns, da nach dieser Ansicht nur äusserst wenige der ältesten Species Abkömmlinge bis auf den heutigen Tag hinterlassen haben und die Abkömmlinge von einer und derselben Species heutzutage eine Classe bilden, begreiflich werden muss, warum es in jeder Hauptabtheilung des Pflanzen- und Thierreiches nur so wenige Classen gibt. Obwohl indessen nur äusserst wenige der ältesten Arten noch jetzt lebende und abgeänderte Nachkommen hinterlassen haben, so mag doch die Erde in den ältesten geologischen Zeitabschnitten fast ebenso bevölkert gewesen sein, mit zahlreichen Arten aus mannichfaltigen Gattungen, Familien, Ordnungen und Classen, wie heutigen Tages.

Über die Stufe, bis zu welcher die Organisation sich zu erheben strebt.

Natürliche Zuchtwahl wirkt ausschliesslich durch Erhaltung und Häufung solcher Abweichungen, welche dem Geschöpfe, das sie betroffen, unter den organischen und unorganischen Bedingungen des Lebens, welchen es in allen Perioden des Lebens ausgesetzt ist, nützlich sind. Das Endergebnis ist, dass jedes Geschöpf einer immer grössern Verbesserung im Verhältnis zu seinen Lebensbedingungen entgegenstrebt. Diese Verbesserung führt unvermeidlich zu der stufenweisen Vervollkommnung der Organisation der Mehrzahl der über die ganze Erdoberfläche verbreiteten Wesen. Doch kommen wir hier auf einen sehr schwierigen Gegenstand; denn noch kein Naturforscher hat eine allgemein befriedigende Definition davon gegeben, was unter Vervollkommnung der Organisation zu verstehen sei. Bei den Wirbelthieren kommt deren geistige Befähigung und Annäherung an den Körperbau des Menschen offenbar mit in Betracht. Man könnte glauben, dass die Grösse der Veränderungen, welche die verschiedenen Theile und Organe während ihrer Entwicklung vom Embryozustande an bis zum reifen Alter zu durchlaufen haben, als Massstab der Vergleichung dienen könne; doch kommen Fälle vor, wie bei gewissen parasitischen Krustern, wo mehrere Theile des Körpers unvollkommener werden, so dass man das reife Thier nicht höher organisiert als seine Larve nennen kann. VON BAER's Massstab scheint noch der beste und allgemeinst anwendbare zu sein, nämlich das Mass der Differenzierung der verschiedenen Theile eines und desselben Thieres, „im reifen Alter", wie ich hinzufügen möchte, und ihre Specialisation für verschiedene Verrichtungen, oder Vollständigkeit der Theilung der physiologischen Arbeit, wie H. MILNE EDWARDS sagen würde. Wie dunkel aber dieser Gegenstand ist, sehen wir, wenn wir z. B. die Fische betrachten, unter denen manche Naturforscher diejenigen am höchsten stellen, welche wie die Haie, sich den Reptilien am meisten nähern, während andere die gewöhnlichen Knochenfische oder Teleosteer als die höchsten ansehen, weil sie die ausgebildetste Fischform haben und am meisten von allen anderen Wirbelthierclassen abweichen.

Noch deutlicher erkennen wir die Schwierigkeit, wenn wir uns zu den Pflanzen wenden, wo der von der geistigen Befähigung hergenommene Massstab natürlich ganz wegfällt; und hier stellen einige Botaniker diejenigen Pflanzen am höchsten, welche sämmtliche Organe, wie Kelch- und Kronenblätter, Staubfäden und Staubwege in jeder Blüthe vollständig entwickelt besitzen, während Andere wohl mit mehr Recht jene für die vollkommensten erachten, deren verschiedene Organe stärker metamorphosiert und auf geringere Zahlen zurückgeführt sind.

Wenn wir den Betrag der Differenzierung und Specialisierung der einzelnen Organe in jedem Wesen im erwachsenen Zustande als den besten Massstab für die Höhe der Organisation der Formen annehmen (was mithin auch die fortschreitende Entwicklung des Gehirnes für die geistigen Leistungen mit in sich begreift), so muss die natürliche Zuchtwahl offenbar zur Erhöhung oder Vervollkommnung führen; denn alle Physiologen geben zu, dass die Specialisierung der Organe, insofern sie in diesem Zustande ihre Aufgaben besser erfüllen, für jeden Organismus von Vortheil ist; und daher liegt Häufung der zur Specialisierung führenden Abänderungen innerhalb des Zieles der natürlichen Zuchtwahl. Auf der andern Seite sehen wir aber auch, dass es unter Berücksichtigung des Umstandes, dass alle organischen Wesen sich in raschem Verhältnis zu vervielfältigen und jeden noch nicht oder nur schlecht besetzten Platz im Haushalte der Natur einzunehmen streben, der natürlichen Zuchtwahl wohl möglich ist, ein organisches Wesen solchen Verhältnissen anzupassen, wo ihm manche Organe nutzlos oder überflüssig sind; und in derartigen Fällen wird Rückschritt auf der Stufenleiter der Organisation stattfinden. Ob die Organisation im Ganzen seit den frühesten geologischen Zeiten bis jetzt wirklich fortgeschritten sei, wird zweckmässiger in unserem Capitel über die geologische Aufeinanderfolge der organischen Wesen zu erörtern sein.

Man könnte nun aber einwenden, wie es denn komme, dass, wenn hiernach alle organischen Wesen bestrebt sind, höher auf der Stufenleiter emporzusteigen, auf der ganzen Erdoberfläche noch eine Menge der unvollkommensten Wesen vorhanden sind, und warum in jeder grossen Classe einige Formen viel höher als die anderen entwickelt sind? Warum haben diese höher ausgebildeten Formen nicht schon überall die minder vollkommenen ersetzt und vertilgt? Lamarck, der an eine angeborene und unvermeidliche Neigung zur Vervollkommnung in allen Organismen glaubte, scheint diese Schwierigkeit so stark gefühlt zu haben, dass er sich zur Annahme veranlasst sah, einfache Formen würden fortwährend durch Generatio spontanea neu erzeugt. Indessen hat die Wissenschaft bis jetzt die Richtigheit dieser Annahme noch nicht bewiesen, was immer auch vielleicht die Zukunft noch enthüllen mag. Nach meiner Theorie dagegen bietet die fortdauernde Existenz niedrig organisierter Thiere keine Schwierigkeit dar; denn die natürliche Zuchtwahl oder das Überleben des Passendsten schliesst denn doch nicht nothwendig fortschreitende Entwicklung ein; sie benützt nur solche Abänderungen, welche auftreten und für jedes Wesen in seinen verwickelten Lebensbeziehungen vortheilhaft sind. Und nun kann man fragen, welchen Vortheil (soweit wir urtheilen können) ein Infusorium, ein Eingeweidewurm, oder selbst ein Regenwurm davon haben könne, hoch organisiert zu sein? Wäre dies kein Vortheil, so würden diese Formen auch durch natürliche Zuchtwahl wenig oder gar nicht vervollkommnet werden und mithin für unendliche Zeiten auf ihrer tiefen Organisationsstufe stehen bleiben. In der That lehrt uns die Geologie, dass einige der niedrigsten Formen, wie Infusorien und Rhizopoden, schon seit unermesslichen Zeiten nahezu auf ihrer jetzigen Stufe stehen geblieben sind. Demungeachtet möchte es voreilig sein anzunehmen, dass die meisten der vielen jetzt vorhandenen niedrigen Formen seit dem ersten Erwachen des Lebens keinerlei Vervollkommnung erfahren hätten; denn jeder Naturforscher, der je solche Organismen zergliedert hat, welche jetzt für sehr tief auf der Stufenleiter der Natur stehend gelten, muss oft über deren wunderbare und herrliche Organisation erstaunt gewesen sein.

Nahezu dieselben Bemerkungen lassen sich hinsichtlich der grossen Verschiedenheit zwischen den Graden der Organisationshöhe innerhalb einer und derselben grossen Gruppe machen; so z. B. hinsichtlich des gleichzeitigen Vorkommens von Säugethieren und Fischen unter den Wirbelthieren oder von Mensch und *Ornithorhynchus* unter den Säugethieren, von Hai und Amphioxus unter den Fischen, indem dieser letztere Fisch sich in der äussersten Einfachheit seiner Organisation den wirbellosen Thieren nähert. Aber Säugethiere und Fische gerathen kaum in Concurrenz miteinander; das Fortschreiten der ganzen Classe der Säugethiere oder gewisser Glieder dieser Classe auf die höchste Stufe der Organisation wird sie nicht dahin führen, die Stelle der Fische einzunehmen. Die Physiologen glauben, das Gehirn müsse mit warmem Blute versorgt werden, um seine höchste Thätigkeit zu entfalten, und dazu ist Luftrespiration nothwendig, so dass warmblütige Säugethiere, wenn sie das Wasser bewohnen, den Fischen gegenüber sogar in gewissem Nachtheile sind, weil sie des Athmens wegen beständig an die Oberfläche zu kommen haben. Eben so werden in der Classe der Fische Glieder der Familie der Haie wahrscheinlich nicht geneigt sein, den Amphioxus zu verdrängen; denn dieser hat, wie ich von Fritz Müller höre, auf dem unfruchtbaren sandigen Ufer von Süd-Brasilien eine anomale Annelide zum einzigen Genossen und Concurrenten. Die drei untersten Säugethierordnungen, die Beutelthiere, die Zahnlosen und die Nager existieren in Süd-America in einerlei Gegend gleichzeitig mit zahlreichen Affen, und stören wahrscheinlich einander wenig. Obwohl die Organisation im Allgemeinen auf der ganzen Erde fortgeschritten oder im Fortschreiten begriffen sein mag, so wird die Stufenleiter der Vollkommenheit doch immer noch viele Abstufungen darbieten; denn die hohe Organisationsstufe gewisser ganzer Classen oder einzelner Glieder einer jeden derselben führen in keiner Weise nothwendig zum Erlöschen derjenigen Gruppen, mit welchen sie nicht in nahe Concurrenz treten. In einigen Fällen scheinen, wie wir hernach sehen werden, tief organisierte Formen sich bis auf den heutigen Tag dadurch erhalten zu haben, dass sie eigenthümliche oder streng beschränkte Wohnorte haben, wo sie einer weniger heftigen Concurrenz ausgesetzt gewesen sind und wo ihre geringe Anzahl die Aussicht auf das Auftreten begünstigender Abänderungen geschmälert hat.

Ich glaube demnach, dass das Vorkommen zahlreicher niedrig organisierter Formen über die ganze Erdoberfläche Folge von verschiedenen Ursachen ist. In einigen Fällen mag es an Abänderungen oder individuellen Verschiedenheiten von vortheilhafter Art gefehlt haben, mit deren Hülfe die natürliche Zuchtwahl zu wirken und welche sie zu häufen vermocht hätte. Wahrscheinlich in keinem Falle ist die Zeit ausreichend gewesen, um den höchsten möglichen Grad der Entwicklung zu erreichen. In einigen wenigen Fällen ist wohl auch das eingetreten, was wir einen Rückschritt der Organisation nennen müssen. Aber die Hauptursache liegt in der Thatsache, dass unter sehr einfachen Lebensbedingungen eine hohe Organisation ohne Nutzen, möglicherweise sogar von wirklichem Nachtheil sein würde, weil sie zarter, empfindlicher und leichter zu stören und zu beschädigen ist.

Wenn man auf das erste Erwachen des Lebens zurückblickt,

wo alle organischen Wesen, wie wir uns wohl vorstellen können, noch die einfachste Structur besassen: wie können da, hat man gefragt, die ersten Fortschritte in der Vervollkommnung oder der Differenzierung der Organe begonnen haben? Herbert Spencer würde wahrscheinlich antworten, dass, sobald die einfachen einzelligen Organismen durch Wachsthum oder Theilung zu mehrzelligen Gebilden geworden oder auf eine sie tragende Fläche geheftet worden wären, sein Gesetz in Wirksamkeit getreten sei, dass „homologe Einheiten irgend welcher Ordnung in dem Verhält-„nisse differenziert werden, als ihre Beziehungen zu den auf sie „wirkenden Kräften verschieden werden“. Da uns aber keine Thatsachen leiten können, so ist jede Speculation über diesen Punkt beinahe nutzlos. Es wäre jedoch ein Irrthum, anzunehmen, dass kein Kampf um's Dasein und mithin keine natürliche Zuchtwahl eher stattgefunden hätte, als bis erst vielerlei Formen hervorgebracht worden wären. Abänderungen einer einzelnen Art auf einem abgesonderten Standorte mögen vortheilhaft gewesen sein und so entweder die ganze Masse von Individuen umgestaltet oder die Entstehung zweier verschiedenen Formen vermittelt haben. Doch ich muss auf dasjenige zurückkommen, was ich schon am Ende der Einleitung ausgesprochen habe, dass sich Niemand wundern darf, wenn jetzt noch Vieles in Bezug auf den Ursprung der Arten unerklärt bleiben muss, wenn wir unsere gänzliche Unwissenheit über die Wechselbeziehungen der Erdenbewohner während der Jetztzeit und noch mehr während der verflossenen Perioden ihrer Geschichte in Rechnung bringen.

Convergenz des Characters.

H. C. Watson glaubt, ich habe die Wichtigkeit des Princips der Divergenz der Charactere (an welches er jedoch offenbar selbst glaubt) überschätzt, und sagt, dass auch die „Convergenz der Charactere“, wie man es nennen könne, mit in Betracht zu ziehen sei. Wenn zwei Species von zwei verschiedenen, aber verwandten Gattungen eine Anzahl neuer divergenter Arten hervorgebracht hätten, so könnte man sich wohl vorstellen, dass diese sich so sehr einander näherten, dass sie sämmtlich in eine und dieselbe Gattung zusammenzustellen wären; hierbei würden also die Nachkommen zweier verschiedener Gattungen in eine convergieren. Es würde aber in den meisten Fällen äusserst voreilig sein, eine grosse und allgemeine Ähnlichkeit der Bildung bei den modificierten Nachkommen weit von einander verschiedener Formen einer Convergenz zuzuschreiben. Die Form eines Krystalls wird nur durch die molecularen Kräfte bestimmt, und es hat nichts Überraschendes, dass unähnliche Substanzen zuweilen eine und dieselbe Form annehmen; bei organischen Wesen aber muss man sich daran erinnern, dass die Form eines jeden von einer unendlichen Menge complicierter Beziehungen abhängt, nämlich von den aufgetretenen Abänderungen, welche von Ursachen herrühren, die viel zu verwickelt sind, um einzeln verfolgt werden zu können, — von der Natur der Abänderungen, welche erhalten oder ausgewählt worden sind, und dies hängt von den umgebenden physikalischen Bedingungen und in einem noch höheren Grade von den umgebenden Organismen ab, mit denen jedes Wesen in Concurrenz gekommen ist, — und endlich von der Vererbung (an sich schon ein fluctuierendes Element) von zahllosen Vorfahren, deren Formen sämmtlich wieder durch in gleicher Weise complicierte Verhältnisse bestimmt worden sind. Es ist unglaublich, dass die Nachkommen zweier Organismen, welche ursprünglich in einer auffallenden Art und Weise von einander verschieden gewesen sind, später je so nahe convergieren sollten, dass sie sich einer Identität in ihrer gesammten Organisation näherten. Wäre dies eingetreten, so würden wir, unabhängig von einem genetischen Zusammenhang, derselben Form wiederholt in weit von einander entfernt liegenden geologischen Formationen begegnen; und hier widerspricht der Ausschlag des thatsächlichen Beweismaterials jeder derartigen Annahme.

Watson hat auch eingewendet, dass die fortwährende Thätigkeit der natürlichen Zuchtwahl mit Divergenz der Charactere zuletzt zu einer unbegrenzten Anzahl von Artenformen führen müsse. Soweit die bloss unorganischen äusseren Lebensbedingungen in Betracht kommen, scheint es wohl wahrscheinlich, dass sich bald eine genügende Anzahl von Species allen erheblicheren Verschiedenheiten der Wärme, der Feuchtigkeit u. s. w. angepasst haben würde; — doch gebe ich vollkommen zu, dass die Wechselbeziehungen zwischen den organischen Wesen von noch grösserer Bedeutung sind; und in dem Masse als die Zahl der Arten in jedem Lande sich beständig vermehrt, müssen auch die organischen Lebensbedingungen immer verwickelter werden. Demgemäss scheint es denn beim ersten Anblick keine Grenze für den Betrag nutzbarer Structurvervielfältigung und somit auch keine für die hervorzubringende Artenzahl zu geben. Wir wissen nicht, dass selbst das reichlichst bevölkerte Gebiet der Erdoberfläche vollständig mit specifischen Formen versorgt sei; am Cap der guten Hoffnung und in Australien, die eine so erstaunliche Menge von Arten darbieten, sind noch viele europäische Arten naturalisiert worden. Die Geologie jedoch lehrt uns, dass von der frühern Zeit der langen Tertiärperiode an die Zahl der Molluskenarten, und von dem mittlern Theile derselben Periode an die Zahl der Säugethiere nicht bedeutend oder gar nicht zugenommen hat. Was ist es nun, dass die unendliche Zunahme der Zahl der Arten beeinträchtigt? Die Summe des Lebens (ich meine nicht die Zahl der Artenformen) auf einem gegebenen Gebiete muss eine bestimmte Grenze haben, da es in so hohem Masse von den physikalischen Verhältnissen abhängt, so dass, wenn das Gebiet von sehr vielen Arten bewohnt ist, jede oder nahezu jede Art nur durch wenige Individuen vertreten sein wird; und solche Species befinden sich mithin in Gefahr, schon durch eine zufällige Schwankung in der Natur der Jahreszeiten oder in der Zahl ihrer Feinde zu Grunde zu gehen. Der Vertilgungsprocess wird in diesen Fällen rasch von Statten gehen, während die Neubildung der Arten stets langsam erfolgen muss. Nehmen wir den äussersten Fall an, dass es in England eben so viele Arten als Individuen gäbe, so würde der erste strenge Winter oder trockene Sommer Tausende und Tausende von Arten zu Grunde richten. Seltene Arten (und jede Art wird selten werden, wenn die Artenzahl in einer Gegend in's Unendliche wächst) werden nach dem oft entwickelten Principe in einem gegebenen Zeitraume nur wenige vortheilhafte Abänderungen darbieten, folglich wird der Process der Erzeugung neuer specifischer Formen hierdurch verlangsamt werden. Wird irgend eine Art sehr selten, so muss auch die Paarung unter nahen Verwandten, die nahe Inzucht, zu ihrer Vertilgung mitwirken; es haben einige Schriftsteller diesen Umstand als Grund für das allmähliche Aussterben des Auerochsen in Lithauen, des Hirsches in Schottland, des Bären in Norwegen u. s. w. angeführt. Endlich (und dies scheint mir das Wichtigste zu sein) wird eine herrschende Species, die bereits viele Concurrenten in ihrer eigenen Heimath überwunden hat, sich immer weiter auszubreiten und andere zu verdrängen streben. Alphonse De Candolle hat gezeigt, dass diejenigen Arten, welche sich weit ausbreiten, gewöhnlich nach s e h r weiter Ausbreitung streben; in Folge hiervon werden sie in die Lage kommen, in verschiedenen Gebieten verschiedene Mitbewerber zu verdrängen und zu vertilgen und somit die übermässige Zunahme specifischer Formen in der ganzen Welt zu hemmen. Dr. Hooker hat kürzlich nachgewiesen, dass auf der

Südostspitze Australiens, wo offenbar viele Eindringlinge aus mancherlei Weltgegenden vorkommen, die endemischen australischen Arten sehr an Zahl abgenommen haben. Ich masse mir nicht an zu sagen, welches Gewicht allen diesen Momenten beizulegen ist; doch müssen sie im Vereine miteinander jedenfalls der Neigung zu einer unendlichen Vermehrung der Artenformen in jeder Gegend eine Grenze setzen.

Zusammenfassung des Capitels.

Wenn unter sich ändernden Lebensbedingungen die organischen Wesen in beinahe allen Theilen ihres Baues individuelle Verschiedenheiten darbieten, was nicht bestritten werden kann; wenn ferner wegen des geometrischen Verhältnisses ihrer Vermehrung alle Arten in irgend einem Alter, zu irgend einer Jahreszeit oder in irgend einem Jahre einen heftigen Kampf um ihr Dasein zu kämpfen haben, was sicher nicht zu leugnen ist: dann meine ich, — in Anbetracht der unendlichen Verwicklung der Beziehungen aller organischen Wesen zu einander und zu ihren Lebensbedingungen, welche es verursacht, dass eine endlose Verschiedenartigkeit der Organisation, Constitution und Lebensweise ihnen vortheilhaft sein kann, — dass es eine ganz ausserordentliche Thatsache sein würde, wenn nicht jeweils auch eine zu eines jeden Wesens eigener Wohlfahrt dienende Abänderung vorgekommen wäre, wie deren so viele vorgekommen sind, die dem Menschen vortheilhaft waren. Wenn aber solche für ein organisches Wesen nützliche Abänderungen jemals wirklich vorkommen, so werden sicherlich die dadurch ausgezeichneten Individuen die meiste Aussicht haben, in dem Kampfe um's Dasein erhalten zu werden, und nach dem mächtigen Princip der Vererbung werden diese wieder danach streben, ähnlich ausgezeichnete Nachkommen zu erzeugen. Dies Princip der Erhaltung oder des Überlebens des Passendsten habe ich der Kürze wegen natürliche Zuchtwahl genannt; es führt zur Vervollkommnung eines jeden Geschöpfes seinen organischen und unorganischen Lebensbedingungen gegenüber und mithin auch in den meisten Fällen zu dem, was man als eine Vervollkommnung der Organisation ansehen muss. Demungeachtet werden tiefer stehende und einfache Formen lange andauern, wenn sie ihren einfachen Lebensbedingungen gut angepasst sind.

Die natürliche Zuchtwahl kann nach dem Grundsatze, dass Eigenschaften auf entsprechenden Altersstufen vererbt werden, eben so leicht das Ei, den Samen oder das Junge wie das Erwachsene modifizieren. Bei vielen Thieren wird die geschlechtliche Zuchtwahl noch die gewöhnliche Zuchtwahl unterstützt haben, indem sie den kräftigsten und geeignetsten Männchen die zahlreichste Nachkommenschaft sicherte. Geschlechtliche Zuchtwahl vermag auch solche Charactere zu verleihen, welche den Männchen allein in ihren Kämpfen oder in ihrer Mitbewerbung mit anderen Männchen nützlich sind, und diese Charactere werden einem Geschlechte oder beiden überliefert je nach der vorherrschenden Form der Vererbung.

Ob nun aber die natürliche Zuchtwahl zur Anpassung der verschiedenen Lebensformen an die mancherlei äusseren Bedingungen und Wohnorte wirklich mitgewirkt habe, muss nach dem allgemeinen Sinn und dem Werthe der in den folgenden Capiteln zu liefernden Beweise beurtheilt werden. Doch haben wir bereits gesehen, dass dieselbe auch Aussterben verursacht; und die Geologie zeigt uns klar, in welch' ausgedehntem Grade das Aussterben bereits in die Geschichte der organischen Welt eingegriffen hat. Auch führt natürliche Zuchtwahl zur Divergenz der Charactere; denn je mehr die Wesen in Structur, Lebensweise und Constitution abändern, desto mehr kann eine grosse Zahl derselben in einem und demselben Gebiete nebeneinander bestehen, — wofür man die Beweise bei Betrachtung der Bewohner eines kleinen Landflecks oder der naturalisierten Erzeugnisse in fremden Ländern findet. Je mehr daher während der Umänderung der Nachkommen einer jeden Art und während des beständigen Kampfes aller Arten um Vermehrung ihrer Individuenzahl jene Nachkommen differenziert werden, desto besser wird ihre Aussicht auf Erfolg im Ringen um's Dasein sein. Auf diese Weise streben die kleinen Verschiedenheiten zwischen den Varietäten einer und derselben Species dahin, stets grösser zu werden, bis sie den grösseren Verschiedenheiten zwischen den Arten einer Gattung oder selbst zwischen verschiedenen Gattungen gleich kommen.

Wir haben gesehen, dass es die gemeinen, die weit verbreiteten und allerwärts zerstreuten Arten grosser Gattungen in jeder Classe sind, die am meisten abändern; und diese streben dahin, auf ihre abgeänderten Nachkommen dieselbe Überlegenheit zu vererben, welche sie selbst jetzt in ihrem Vaterlande zu herrschenden machen. Natürliche Zuchtwahl führt, wie soeben bemerkt worden ist, zur Divergenz der Charactere und zu starkem Aussterben der minder vollkommenen und der mittleren Lebensformen. Aus diesen Principien lassen sich die Natur der Verwandtschaften und die im Allgemeinen deutlich ausgesprochenen Verschiedenheiten der unzähligen organischen Wesen aus jeder Classe auf der ganzen Erdoberfläche erklären. Es ist eine wirklich wunderbare Thatsache, obwohl wir das Wunder aus Vertrautheit damit zu übersehen pflegen, dass alle Thiere und Pflanzen durch alle Zeiten und allen Raum so miteinander verwandt sind, dass sie Gruppen bilden, die anderen subordiniert sind, so dass nämlich, wie wir allerwärts erkennen, Varietäten einer Art einander am nächsten stehen, dass Arten einer Gattung weniger und ungleiche Verwandtschaft zeigen und Untergattungen und Sectionen bilden, dass Arten verschiedener Gattungen einander viel weniger nahe stehen, und dass Gattungen, mit verschiedenen Verwandtschaftsgraden zu einander, Unterfamilien, Familien, Ordnungen, Unterclassen und Classen bilden. Die verschiedenen einer Classe untergeordneten Gruppen können nicht in einer Linie aneinander gereiht werden, sondern scheinen vielmehr um gewisse Punkte und diese wieder um andere Mittelpunkte gruppiert zu sein, und so weiter in fast endlosen Kreisen. Wäre jede Art unabhängig von der andern geschaffen worden, so würde keine Erklärung dieser Art von Classification möglich sein; sie wird aber erklärt durch die Erblichkeit und durch die verwickelte Wirkungsweise der natürlichen Zuchtwahl, welche Aussterben und Divergenz der Charactere verursacht wie mit Hülfe der schematischen Darstellung gezeigt worden ist.

Die Verwandtschaften aller Wesen einer Classe zu einander sind manchmal in Form eines grossen Baumes dargestellt worden. Ich glaube, dieses Bild entspricht sehr der Wahrheit. Die grünen und knospenden Zweige stellen die jetzigen Arten, und die in vorangehenden Jahren entstandenen die lange Aufeinanderfolge erloschener Arten vor. In jeder Wachsthumsperiode haben alle wachsenden Zweige nach allen Seiten hinaus zu treiben und die umgebenden Zweige und Äste zu überwachsen und zu unterdrücken gestrebt, ganz so wie Arten und Artengruppen andere Arten in dem grossen Kampfe um's Dasein überwältigt haben. Die grossen in Zweige getheilten und in immer kleinere und kleinere Verzweigungen abgetheilten Äste sind zur Zeit, wo der Stamm noch jung war, selbst knospende Zweige gewesen; und diese Verbindung der früheren mit den jetzigen Knospen durch sich verästelnde Zweige mag ganz wohl die Classification aller erloschenen und lebenden Arten in, anderen Gruppen subordinierte Gruppen darstellen. Von den vielen Zweigen, welche munter gediehen, als der Baum noch ein blosser Busch war, leben nur noch zwei oder drei, die jetzt als mächtige Äste alle anderen Verzweigungen abgeben; und so haben von den Arten, welche in längst vergangenen geologischen

Zeiten lebten, nur sehr wenige noch lebende und abgeänderte Nachkommen. Von der ersten Entwicklung eines Baumes an ist mancher Ast und mancher Zweig verdorrt und verschwunden, und diese verlorenen Äste von verschiedener Grösse mögen jene ganzen Ordnungen, Familien und Gattungen vorstellen, welche, uns nur im fossilen Zustande bekannt, keine lebenden Vertreter mehr haben. Wie wir hier und da einen vereinzelten dünnen Zweig aus einer Gabeltheilung tief unten am Stamme hervorkommen sehen, welcher durch irgend einen Zufall begünstigt an seiner Spitze noch fortlebt, so sehen wir zuweilen ein Thier, wie *Ornithorhynchus* oder *Lepidosiren*, welches durch seine Verwandtschaften gewissermassen zwei grosse Zweige der belebten Welt, zwischen denen es in der Mitte steht, miteinander verbindet und vor einer verderblichen Concurrenz offenbar dadurch gerettet worden ist, dass es irgend eine geschützte Station bewohnte. Wie Knospen durch Wachsthum neue Knospen hervorbringen und, wie auch diese wieder, wenn sie kräftig sind, sich nach allen Seiten ausbreiten und viele schwächere Zweige überwachsen, so ist es, wie ich glaube, durch Zeugung mit dem grossen Baume des Lebens ergangen, der mit seinen todten und abgebrochenen Ästen die Erdrinde erfüllt, und mit seinen herrlichen und sich noch immer weiter theilenden Verzweigungen ihre Oberfläche bekleidet.

Fünftes Capitel.

Gesetze der Abänderung.

Wirkungen veränderter Bedingungen. — Gebrauch und Nichtgebrauch der Organe in Verbindung mit natürlicher Zuchtwahl; — Flieg- und Sehorgane. — Acclimatisierung. — Correlative Abänderung. — Compensation und Öconomie des Wachsthums. — Falsche Wechselbeziehungen. — Vielfache, rudimentäre und niedrig organisierte Bildungen sind veränderlich. — In ungewöhnlicher Weise entwickelte Theile sind sehr veränderlich; — specifische mehr als Gattungscharactere. — Secundäre Geschlechtscharactere veränderlich. — Zu einer Gattung gehörige Arten variieren auf analoge Weise. — Rückschlag zu längst verlorenen Characteren. — Zusammenfassung.

Ich habe bisher von den Abänderungen, — die so gemein und mannichfaltig bei Organismen im Culturzustande und in etwas minderm Grade häufig bei solchen im Naturzustande sind, — zuweilen so gesprochen, als ob dieselben vom Zufall abhängig wären. Dies ist natürlich eine ganz incorrecte Ausdrucksweise; sie dient aber dazu, unsere gänzliche Unwissenheit über die Ursache jeder besondern Abweichung zu beurkunden. Einige Schriftsteller sehen es ebensosehr für die Function des Reproductivsystems an, individuelle Verschiedenheiten oder ganz leichte Abweichungen des Baues hervorzubringen, wie das Kind den Eltern gleich zu machen. Aber die Thatsache des viel häufigeren Vorkommens sowohl von Abänderungen als von Monstrositäten bei den der Domestication unterworfenen als bei den im Naturzustande lebenden Organismen und die grössere Veränderlichkeit der Arten mit weiten Verbreitungsgebieten als der mit beschränkter Verbreitung leiten mich zu der Folgerung, dass Variabilität in directer Beziehung zu den Lebensbedingungen steht, welchen jede Art mehrere Generationen lang ausgesetzt gewesen ist. Ich habe im ersten Capitel zu zeigen versucht, dass veränderte Bedingungen auf zweierlei Weise wirken: direct auf die ganze Organisation oder nur auf gewisse Theile, und indirect auf das Reproductivsystem. In allen diesen Fällen sind zwei Factoren thätig: die Natur des Organismus, welches der weitaus wichtigste von beiden ist, und die Natur der Bedingungen. Die directe Wirkung veränderter Bedingungen führt zu bestimmten oder unbestimmten Resultaten. Im letzten Falle scheint die Organisation plastisch geworden zu sein, und wir finden eine grosse fluctuierende Variabilität. Im erstern Falle ist die Natur des Organismus derartig, dass sie leicht nachgibt, wenn sie gewissen Bedingungen unterworfen wird, und alle oder nahezu alle Individuen werden in derselben Weise modifiziert.

Inwieweit Verschiedenheiten der äusseren Bedingungen, wie Clima, Nahrung u. s. w., in einer bestimmten Weise eingewirkt haben, ist sehr schwer zu entscheiden. Wir haben Grund zu glauben, dass im Laufe der Zeit die Wirkungen grösser gewesen sind, als es durch irgend welche klare Belege als wirklich geschehen nachgewiesen werden kann. Wir können aber getrost schliessen, dass die zahllosen zusammengesetzten Anpassungen des Baues, welche wir durch die ganze Natur zwischen verschiedenen organischen Wesen bestehen sehen, nicht einfach einer solchen Wirkung zugeschrieben werden können. In den folgenden Fällen scheinen die Lebensbedingungen eine geringe bestimmte Wirkung hervorgebracht zu haben. Edward Forbes behauptet, dass Conchylien an der südlichen Grenze ihres Verbreitungsbezirks und wenn sie in seichtem Wasser leben, glänzendere Farben annehmen, als dieselben Arten in ihrem nördlicheren Verbreitungsbezirk oder in grösseren Tiefen darbieten. Doch ist dies gewiss nicht für alle Fälle richtig. GOULD glaubt, dass Vögel derselben Art in einer stets heitern Atmosphäre glänzender gefärbt sind, als wenn sie auf einer Insel oder in der Nähe der Küste leben. So ist auch WOLLASTON überzeugt, dass der Aufenthalt in der Nähe des Meeres Einfluss auf die Farben der Insecten habe. MOQUIN-TANDON gibt eine Liste von Pflanzen, welche an der Seeküste mehr oder weniger fleischige Blätter bekommen, auch wenn sie an anderen Standorten nicht fleischig sind. Diese unbedeutend abändernden Organismen sind insofern interessant, als sie Charactere darbieten, welche denen analog sind, welche auf ähnliche Lebensbedingungen beschränkte Arten besitzen.

Wenn eine Abänderung für ein Wesen von dem geringsten Nutzen ist, so vermögen wir nicht zu sagen, wieviel davon von der häufenden Thätigkeit der natürlichen Zuchtwahl und wieviel von dem bestimmten Einfluss äusserer Lebensbedingungen herzuleiten ist. So ist es den Pelzhändlern wohl bekannt, dass Thiere einer Art um so dichtere und bessere Pelze besitzen, je weiter nach Norden sie gelebt haben. Aber wer vermöchte zu sagen, wieviel von diesem Unterschied davon herrührt, dass die am wärmsten gekleideten Individuen viele Generationen hindurch begünstigt und erhalten worden sind, und wieviel von dem directen Einflusse des strengen Climas? Denn es scheint wohl, als ob das Clima einige unmittelbare Wirkung auf die Beschaffenheit des Haares unserer Hausthiere ausübe.

Es lassen sich Beispiele dafür anführen, dass ähnliche Varietäten bei einer und derselben Species unter den denkbar verschiedensten Lebensbedingungen entstanden sind, während andererseits verschiedene Varietäten unter offenbar denselben äusseren Bedingungen zum Vorschein gekommen sind. So sind ferner jedem Naturforscher auch zahllose Beispiele von sich echt erhaltenden Arten ohne alle Varietäten bekannt, obwohl dieselben in den entgegengesetztesten Climaten leben. Derartige Betrachtungen veranlassen mich, weniger Gewicht auf den directen und bestimmten Einfluss der Lebensbedingungen zu legen, als auf eine Neigung zum Abändern, welche von Ursachen abhängt, über die wir vollständig unwissend sind.

In einem gewissen Sinne kann man sagen, dass die Lebensbedingungen nicht allein Veränderlichkeit entweder direct oder indirect verursachen, sondern auch natürliche Zuchtwahl einschliessen; denn es hängt von der Natur der Lebensbedingungen ab, ob diese oder jene Varietät erhalten werden soll. Wenn aber der Mensch das zur Zucht auswählende Agens ist, dann sehen wir klar, dass diese zwei Elemente der Veränderung von einander verschieden sind; Veränderlichkeit wird auf irgend eine gewisse Weise angeregt; es ist aber der Wille des Menschen, welcher die Abänderungen in diesen oder jenen bestimmten Richtungen anhäuft, und es ist diese letzte Wirkung, welche dem Überleben des Passendsten im Naturzustande entspricht.

Wirkungen des vermehrten Gebrauchs und Nichtgebrauchs der Theile unter der Leitung der natürlichen Zuchtwahl.

Die im ersten Capitel angeführten Thatsachen lassen wenig Zweifel daran übrig, dass bei unseren Hausthieren der Gebrauch gewisse Theile gestärkt und vergrössert und der Nichtgebrauch sie verkleinert hat, und dass solche Abänderungen erblich sind. In der freien Natur hat man keinen Massstab zur Vergleichung der Wirkungen lang fortgesetzten Gebrauches oder Nichtgebrauches, weil wir die elterlichen Formen nicht kennen; doch tragen manche Thiere Bildungen an sich, die sich am besten als Folge des Nichtgebrauches erklären lassen. Wie Professor R. Owen bemerkt hat, gibt es keine grössere Anomalie in der Natur, als dass ein Vogel nicht fliegen könne, und doch sind mehrere Vögel in dieser Lage. Die südamericanische Dickkopfente kann nur über der Oberfläche des Wassers hinflattern und hat Flügel von fast der nämlichen Beschaffenheit wie die Aylesburyer Hausenten-Rasse; es ist eine merkwürdige Thatsache, dass nach der Angabe von Mr. Cunningham die jungen Vögel fliegen können, während die erwachsenen dies Vermögen verloren haben. Da die grossen am Boden weidenden Vögel selten zu anderen Zwecken fliegen, als um einer Gefahr zu entgehen, so ist es wahrscheinlich, dass die fast ungeflügelte Beschaffenheit verschiedener Vogelarten, welche einige oceanische Inseln jetzt bewohnen oder früher bewohnt haben, wo sie keine Verfolgungen von Raubthieren zu gewärtigen hatten, vom Nichtgebrauche ihrer Flügel herrührt. Der Strauss bewohnt zwar Continente und ist von Gefahren bedroht, denen er nicht durch Flug entgehen kann; aber er kann sich selbst durch Stossen mit den Füssen gegen seine Feinde so gut vertheidigen wie einige der kleineren Vierfüsser. Man kann sich vorstellen, dass der Urerzeuger der Gattung der Strausse eine Lebensweise etwa wie die Trappe gehabt habe, und dass er in dem Masse, wie er in einer langen Generationsreihe immer grösser und schwerer geworden ist, seine Beine immer mehr und seine Flügel immer weniger gebraucht habe, bis er endlich ganz unfähig geworden sei, zu fliegen.

KIRBY hat bemerkt (und ich habe dieselbe Thatsache beobachtet), dass die Vordertarsen vieler männlicher Kothkäfer oft abgebrochen sind; er untersuchte siebenzehn Exemplare seiner Sammlung und fand in keinem auch nur eine Spur mehr davon. *Onitis Apelles* hat seine Tarsen so gewöhnlich verloren, dass man dies Insect so beschrieben hat, als fehlten sie ihm gänzlich. In einigen anderen Gattungen sind sie wohl vorhanden, aber nur in verkümmertem Zustande. Dem *Ateuchus* oder heiligen Käfer der Ägypter fehlen sie gänzlich. Die Beweise für die Erblichkeit zufälliger Verstümmelungen sind für jetzt nicht entscheidend; aber der von BROWN-SÉQUARD beobachtete merkwürdige Fall von der Vererbung der an einem Meerschweinchen durch Beschädigung des Rückenmarks verursachten Epilepsie auf dessen Nachkommen sollte uns vorsichtig machen, wenn wir die Neigung dazu leugnen wollten. Daher scheint es vielleicht am gerathensten, den gänzlichen Mangel der Vordertarsen des *Ateuchus* und ihren verkümmerten Zustand in einigen anderen Gattungen nicht als Fälle vererbter Verstümmelungen, sondern lieber als von der lange fortgesetzten Wirkung ihres Nichtgebrauches bei deren Stammvätern abhängend anzusehen; denn da die Tarsen vieler Kothkäfer fast immer verloren gehen, so muss dies schon früh im Leben geschehen; sie können daher bei diesen Insecten weder von wesentlichem Nutzen sein, noch viel gebraucht werden.

In einigen Fällen können wir leicht dem Nichtgebrauche gewisse Abänderungen der Organisation zuschreiben, welche jedoch gänzlich oder hauptsächlich von natürlicher Zuchtwahl herrühren. WOLLASTON hat die merkwürdige Thatsache entdeckt, dass von den 550 Käferarten, welche Madeira bewohnen (man kennt aber jetzt mehr), 200 so unvollkommene Flügel haben, dass sie nicht fliegen können, und dass von den 29 endemischen Gattungen nicht weniger als 23 lauter solche Arten enthalten. Mehrere Thatsachen, — dass nämlich fliegende Käfer in vielen Theilen der Welt häufig in's Meer geweht werden und zu Grunde gehen, dass die Käfer auf Madeira nach WOLLASTON's Beobachtung meistens verborgen liegen, bis der Wind ruht und die Sonne scheint, dass die Zahl der flügellosen

Käfer an den ausgesetzten kahlen Desertas verhältnismässig grösser als in Madeira selbst ist, und zumal die ausserordentliche Thatsache, worauf Wollaston so nachdrücklich aufmerksam macht, dass gewisse grosse, anderwärts äussert zahlreiche Käfergruppen, welche in Folge ihrer Lebensweise viel zu fliegen absolut genöthigt sind, auf Madeira beinahe gänzlich fehlen, — diese mancherlei Gründe lassen mich glauben, dass die ungeflügelte Beschaffenheit so vieler Käfer dieser Insel hauptsächlich von natürlicher Zuchtwahl, doch wahrscheinlich in Verbindung mit Nichtgebrauch herrühre. Denn während vieler aufeinanderfolgender Generationen wird jeder individuelle Käfer, der am wenigsten flog, entweder weil seine Flügel wenn auch um ein noch so geringes weniger entwickelt waren, oder weil er der indolenteste war, die meiste Aussicht gehabt haben, alle anderen zu überleben, weil er nicht in's Meer geweht wurde; und auf der andern Seite werden diejenigen Käfer, welche am liebsten flogen, am öftesten in die See getrieben und vernichtet worden sein.

Diejenigen Insecten auf Madeira dagegen, welche sich nicht am Boden aufhalten und, wie die an Blumen lebenden Käfer und Schmetterlinge, ihrer Lebensweise wegen von ihren Flügeln Gebrauch machen müssen, um ihren Unterhalt zu gewinnen, haben nach Wollaston's Vermuthung keineswegs verkümmerte, sondern vielmehr stärker entwickelte Flügel. Dies ist mit der Thätigkeit der natürlichen Zuchtwahl völlig verträglich. Denn wenn ein neues Insect zuerst auf die Insel kommt, wird das Streben der natürlichen Zuchtwahl, die Flügel zu verkleinern oder zu vergrössern davon abhängen, ob eine grössere Anzahl von Individuen durch erfolgreiches Ankämpfen gegen die Winde, oder durch mehr oder weniger häufigen Verzicht auf diesen Versuch sich rettet. Es ist derselbe Fall, wie bei den Matrosen eines in der Nähe der Küste gestrandeten Schiffes; für diejenigen, welche gut schwimmen können, wäre es besser gewesen, wenn sie noch weiter hätten schwimmen können, während es für die schlechten Schwimmer besser gewesen wäre, wenn sie gar nicht hätten schwimmen können und sich an das Wrack gehalten hätten.

Die Augen der Maulwürfe und einiger wühlenden Nager sind an Grösse verkümmert und in manchen Fällen ganz von Haut und Pelz bedeckt. Dieser Zustand der Augen rührt wahrscheinlich von fortwährendem Nichtgebrauche her, dessen Wirkung aber vielleicht durch natürliche Zuchtwahl unterstützt worden ist. Ein südamericanischer Nager, der Tucu-tuco oder *Ctenomys*, hat eine noch mehr unterirdische Lebensweise als der Maulwurf, und ein Spanier, welcher oft dergleichen gefangen hatte, versicherte mir, dass derselbe oft ganz blind sei; einer, den ich lebend gehalten habe, war es gewiss und zwar, wie die Section ergab, in Folge einer Entzündung der Nickhaut. Da häufige Augenentzündungen einem jeden Thiere nachtheilig werden müssen, und da für Thiere mit unterirdischer Lebensweise die Augen gewiss nicht nothwendig sind, so wird eine Verminderung ihrer Grösse, die Adhäsion der Augenlider und das Wachsthum des Felles über dieselben in solchem Falle für sie von Nutzen sein; und wenn dies der Fall, so wird die natürliche Zuchtwahl die Wirkung des Nichtgebrauches beständig unterstützen.

Es ist wohl bekannt, dass mehrere Thiere aus den verschiedensten Classen, welche die Höhlen in Kärnthen und Kentucky bewohnen, blind sind. Bei einigen Krabben ist der Augenstiel noch vorhanden, obwohl das Auge verloren ist; das Teleskopengestell ist geblieben, obwohl das Teleskop mit seinen Gläsern fehlt. Da man sich schwer davon eine Vorstellung machen kann, wie Augen, wenn auch unnütz, den in Dunkelheit lebenden Thieren schädlich werden sollten, so schreibe ich ihren Verlust auf Rechnung des Nichtgebrauchs. Bei einer der blinden Thierarten nämlich, bei der Höhlenratte *(Neotoma)*, wovon Professor SILLIMAN eine halbe englische Meile weit einwärts vom Eingange der Höhle und mithin noch nicht gänzlich im tiefsten Hintergrunde zwei gefangen hatte, waren die Augen gross und glänzend und erlangten, wie mir Prof. SILLIMAN mitgetheilt hat, nachdem sie einen Monat lang allmählich verstärktem Lichte ausgesetzt worden waren, ein schwaches Wahrnehmungsvermögen für Gegenstände.

Es ist schwer, sich noch ähnlichere Lebensbedingungen vorzustellen, als tiefe Kalksteinhöhlen in nahezu ähnlichem Clima, so dass, wenn man von der gewöhnlichen Ansicht ausgeht, dass die blinden Thiere für die americanischen und für die europäischen Höhlen besonders erschaffen worden seien, auch eine grosse Ähnlichkeit derselben in Organisation und Stellung wohl hätte erwartet werden können. Dies ist aber zwischen den beiderseitigen Faunen im Ganzen genommen keineswegs der Fall, und SCHIÖDTE bemerkt, allein in Bezug auf die Insecten, dass „die ganze Erscheinung nur als eine rein örtliche betrachtet werden dürfe, indem die Ähnlichkeit, die sich zwischen einigen wenigen Bewohnern der Mammuthhöhle in Kentucky und der Kärnthnerhöhlen herausstellte, nur ein ganz einfacher Ausdruck der Analogie sei, die zwischen den Faunen

Nord-America's und Europa's überhaupt bestehe." Nach meiner Meinung muss man annehmen, dass americanische Thiere, welche in den meisten Fällen mit gewöhnlichem Sehvermögen ausgerüstet waren, in nacheinanderfolgenden Generationen von der äussern Welt her immer tiefer und tiefer in die entferntesten Schlupfwinkel der Kentuckyer Höhle eingedrungen sind, wie es europäische in die Höhlen von Kärnthen gethan haben. Und wir haben einigen Anhalt für diese stufenweise Veränderung der Lebensweise; denn SCHIÖDTE bemerkt: „Wir betrachten demnach diese unterirdischen „Faunen als kleine in die Erde eingedrungene Abzweigungen der „geographisch-begrenzten Faunen der nächsten Umgegenden, welche „in dem Grade, als sie sich weiter in die Dunkelheit hineinerstreckten, „sich den sie umgebenden Verhältnissen anpassten; Thiere, von ge-„wöhnlichen Formen nicht sehr entfernt, bereiten den Übergang „vom Tage zu Dunkelheit vor; dann folgen die für's Zwielicht ge-„bildeten und zuletzt endlich die für's gänzliche Dunkel bestimmten, „deren Bildung ganz eigenthümlich ist." Diese Bemerkungen SCHIÖDTE's beziehen sich aber, was zu beachten ist, nicht auf einerlei, sondern auf ganz verschiedene Species. In der Zeit, in welcher ein Thier nach zahllosen Generationen die hintersten Theile der Höhle erreicht hat, wird nach dieser Ansicht Nichtgebrauch die Augen mehr oder weniger vollständig unterdrückt und natürliche Zuchtwahl oft andere Veränderungen erwirkt haben, die wie verlängerte Fühler oder Fressspitzen, einigermassen das Gesicht ersetzen. Ungeachtet dieser Modificationen dürfen wir erwarten, bei den Höhlenthieren America's noch Verwandtschaften mit den anderen Bewohnern dieses Continents, und bei den Höhlenbewohnern Europa's solche mit den übrigen europäischen Thieren zu sehen. Und dies ist bei einigen americanischen Höhlenthieren der Fall, wie ich von Professor DANA höre; ebenso stehen einige europäische Höhleninsecten manchen in der Umgegend der Höhlen wohnenden Arten ganz nahe. Es dürfte sehr schwer sein, eine vernünftige Erklärung von der Verwandtschaft der blinden Höhlenthiere mit den anderen Bewohnern der beiden Continente aus dem gewöhnlichen Gesichtspunkte einer unabhängigen Erschaffung zu geben. Dass einige von den Höhlenbewohnern der Alten und der Neuen Welt in naher verwandtschaftlicher Beziehung zu einander stehen, lässt sich aus den wohlbekannten Verwandtschaftsverhältnissen ihrer meisten übrigen Erzeugnisse zu einander erwarten. Da eine blinde *Bathyscia*-Art an schattigen Felsen ausserhalb der Höhlen in grosser

Anzahl gefunden wird, so hat der Verlust des Gesichtes bei der die Höhle bewohnenden Art dieser einen Gattung wahrscheinlich in keiner Beziehung zum Dunkel ihrer Wohnstätte gestanden; denn es ist ganz begreiflich, dass ein bereits des Sehvermögens beraubtes Insect sich an die Bewohnung einer dunklen Höhle leicht accommodieren wird. Eine andere blinde Gattung, *Anophthalmus*, bietet die merkwürdige Eigenthümlichkeit dar, dass, wie MURRAY bemerkte, ihre verschiedenen Arten bis jetzt nirgend anders gefunden worden sind, als in Höhlen; doch sind die, welche die verschiedenen Höhlen von Europa und von America bewohnen, von einander verschieden. Es ist jedoch möglich, dass die Stammväter dieser verschiedenen Species, während sie noch mit Augen versehen waren, früher über beide Continente weit verbreitet gewesen und dann ausgestorben sind, ausgenommen an ihren jetzigen abgelegenen Wohnstätten. Weit entfernt, mich darüber zu wundern, dass einige der Höhlenthiere von sehr anomaler Beschaffenheit sind, wie AGASSIZ von dem blinden Fische *Amblyopsis* bemerkt, und wie es mit dem blinden Amphibium *Proteus* in Europa der Fall ist, bin ich vielmehr erstaunt, dass sich nicht mehr Trümmer alten Lebens unter ihnen erhalten haben, da die Bewohner solcher dunkler Wohnungen einer minder strengen Concurrenz ausgesetzt gewesen sein müssen.

Acclimatisierung.

Lebensweise ist bei Pflanzen erblich, so in Bezug auf die Blüthezeit, die Zeit des Schlafes, die für die Samen zum Keimen nöthige Regenmenge u. s. w., und dies veranlasst mich, hier noch Einiges über Acclimatisierung zu sagen. Da es äusserst gewöhnlich ist, dass verschiedene Arten einer und derselben Gattung heisse, sowie kalte Gegenden bewohnen, so muss, wenn es richtig ist, dass alle Arten einer Gattung von einer einzigen elterlichen Form abstammen, Acclimatisierung während einer langen continuierlichen Descendenz leicht bewirkt werden können. Es ist notorisch, dass jede Art dem Clima ihrer eigenen Heimath angepasst ist; Arten aus einer arctischen oder auch nur aus einer gemässigten Gegend können in einem tropischen Clima nicht ausdauern, und umgekehrt. So können auch ferner manche Fettpflanzen nicht in einem feuchten Clima fortkommen. Doch wird der Grad der Anpassung der Arten an das Clima, worin sie leben, oft überschätzt. Wir können dies schon aus unserer oftmaligen Unfähigkeit, vorauszusagen, ob eine eingeführte Pflanze unser Clima vertragen werde oder nicht, sowie aus der grossen Anzahl von Pflanzen und Thieren entnehmen, welche aus wärmerem Clima zu uns verpflanzt hier ganz wohl gedeihen. Wir haben Grund anzunehmen, dass Arten im Naturzustande durch die Concurrenz anderer organischer Wesen eben so sehr oder noch stärker als durch ihre Anpassung an besondere Climate in ihrer Verbreitung beschränkt werden. Mag aber diese Anpassung im Allgemeinen eine sehr genaue sein oder nicht: wir haben bei einigen wenigen Pflanzenarten Beweise dafür, dass dieselben schon von der Natur in gewissem Grade an ungleiche Temperaturen gewöhnt, d. h. acclimatisiert werden. So zeigen die *Pinus*- und *Rhododendron*-Arten, welche aus Samen erzogen worden sind, die Dr. HOOKER von denselben, aber in verschiedenen Höhen am Himalaya wachsenden Arten gesammelt hat, hier in England ein verschiedenes Vermögen der Kälte zu widerstehen. Herr THWAITES theilt mir mit, dass er ähnliche Thatsachen auf Ceylon beobachtet habe, und H. C. WATSON hat analoge Erfahrungen mit europäischen Arten von Pflanzen gemacht, die von den Azoren nach England gebracht worden sind; und ich könnte noch weitere Fälle anführen. In Bezug auf Thiere liessen sich manche wohl beglaubigte Fälle anführen, dass Arten innerhalb der geschichtlichen Zeit ihre Verbreitung weit aus wärmeren nach kälteren Zonen oder umgekehrt ausgedehnt haben; jedoch wissen wir nicht mit Bestimmtheit, ob diese Thiere ihrem heimathlichen Clima enge angepasst gewesen sind, obwohl wir dies in allen gewöhnlichen Fällen voraussetzen; auch wissen wir nicht, ob sie später eine specielle Acclimatisierung an ihre neue Heimath erfahren haben, so dass sie derselben besser angepasst wurden, als sie es zuerst waren.

Da wir annehmen können, dass unsere Hausthiere ursprünglich von noch uncivilisierten Menschen gewählt worden sind, weil sie ihnen nützlich und in der Gefangenschaft leicht fortzupflanzen waren, und nicht wegen ihrer erst später gefundenen Tauglichkeit zu weit ausgedehnter Verpflanzung, so kann das gewöhnlich vorhandene und ausserordentliche Vermögen unserer Hausthiere, nicht bloss die verschiedensten Climate auszuhalten, sondern in diesen (und dies ist ein viel gewichtigeres Zeugnis) vollkommen fruchtbar zu sein, als Argument dafür dienen, dass auch eine verhältnismässig grosse Anzahl anderer Thiere, die sich jetzt noch im Naturzustande befinden, leicht dazu gebracht werden könnte, sehr verschiedene Climate zu ertragen. Wir dürfen jedoch die vorstehende Folgerung nicht zu weit treiben, weil einige unserer Hausthiere wahrscheinlich von verschiedenen wilden Stämmen herrühren, wie z. B. in unseren Haushundrassen das Blut eines tropischen und eines arctischen Wolfes gemischt sein könnte. Ratten und Mäuse können nicht als Hausthiere angesehen werden; und doch sind sie vom Menschen in viele Theile der Welt übergeführt worden und besitzen jetzt eine viel weitere Verbreitung als irgend ein anderes Nagethier, indem sie frei unter dem kalten Himmel der Faröer im Norden und der Falklands-Inseln im Süden, wie auf vielen Inseln der Tropenzone leben. Daher kann man die Anpassung an ein besonderes Clima als eine mit Leichtigkeit auf eine angeborene, den meisten Thieren eigene, weite Biegsamkeit der Constitution gepfropfte Eigenschaft betrachten. Dieser Ansicht zufolge hat man die Fähigkeit des Menschen selbst und seiner meisten Hausthiere, die verschiedensten Climate zu ertragen, und die Thatsache, dass die ausgestorbenen Elephanten und Rhinocerosarten ein Eisclima ertragen haben, während deren jetzt lebende Arten alle eine tropische oder subtropische Heimath haben, nicht als Anomalien zu betrachten, sondern lediglich als Beispiele einer sehr gewöhnlichen Biegsamkeit der Constitution anzusehen, welche nur unter besonderen Umständen zur Geltung gelangt ist.

Wie viel von der Acclimatisierung der Arten an ein besonderes Clima bloss Gewohnheitssache sei, und wie viel von der natürlichen Zuchtwahl von Varietäten mit verschiedenen angeborenen Körperconstitutionen abhänge, oder wie weit beide Ursachen zusammenwirken, ist eine dunkle Frage. Dass Gewohnheit oder Lebensweise einigen Einfluss habe, muss ich sowohl nach der Analogie als nach den immer wiederkehrenden Warnungen wohl glauben, welche in allen landwirthschaftlichen Werken, selbst in alten chinesischen Encyclopädien, enthalten sind, recht vorsichtig bei Versetzung von Thieren aus einer Gegend in die andere zu sein. Und da es nicht wahrscheinlich ist, dass die Menschen mit Erfolg so viele Rassen und Unterrassen ausgewählt haben, welche ihren eigenen Gegenden angepasste Constitutionen gehabt hätten, so muss das Ergebnis, wie ich denke, vielmehr von der Gewöhnung herrühren. Andererseits würde die natürliche Zuchtwahl beständig diejenigen Individuen zu erhalten streben, welche mit den für ihre Heimathgegenden am besten geeigneten Körperconstitutionen geboren sind. In Schriften über verschiedene Sorten cultivierter Pflanzen heisst es von gewissen Varietäten, dass sie dieses oder jenes Clima besser als andere ertragen. Dies ergibt sich sehr schlagend aus den in den Vereinigten Staaten erschienenen Werken über Obstbaumzucht, worin beständig gewisse Varietäten für die nördlichen und andere für die südlichen Staaten empfohlen werden; und da die meisten dieser Abarten noch neuen Ursprungs sind, so kann man die Verschiedenheit ihrer Constitutionen in dieser Beziehung nicht der Gewöhnung zuschreiben. Man hat selbst die Jerusalem-Artischocke, welche sich in England nie aus Samen fortgepflanzt und daher niemals neue Varietäten geliefert hat (denn sie ist jetzt noch so empfindlich wie je), als Beweis angeführt, dass es nicht möglich sei, eine Acclimatisierung zu bewirken! Zu gleichem Zwecke hat man sich auch oft auf die Schminkbohne, und zwar mit viel grösserem Nachdrucke berufen. So lange aber nicht Jemand einige Dutzend Generationen hindurch Schminkbohnen so frühzeitig ausgesäet haben wird, dass ein sehr grosser Theil derselben durch Frost zerstört wird, und dann m't der gehörigen Vorsicht zur Vermeidung von Kreuzungen seine Samen von den wenigen überlebenden Stücken genommen und von deren Sämlingen mit gleicher Vorsicht abermals seine Samen erzogen haben wird, so lange wird man nicht sagen können, dass auch nur der Versuch angestellt worden sei. Auch darf man nicht etwa annehmen, dass nicht zuweilen Verschiedenheiten in der Constitution dieser verschiedenen Bohnensämlinge zum Vorschein kämen; denn es ist bereits ein Bericht darüber erschienen, um wie viel einige dieser Arten härter sind als andere; auch habe ich selbst ein sehr auffallendes Beispiel dieser Thatsache beobachtet.

Im Ganzen kann man, glaube ich, schliessen, dass Gewöhnung oder Gebrauch und Nichtgebrauch in manchen Fällen einen beträchtlichen Einfluss auf die Abänderung der Constitution und des Baues ausgeübt haben, dass jedoch diese Wirkungen oft in ansehnlichem Grade mit der natürlichen Zuchtwahl angeborener Varietäten combiniert, zuweilen von ihr überboten worden ist.

Correlative Abänderung.

Ich will mit diesem Ausdrucke sagen, dass die ganze Organisation während ihrer Entwicklung und ihres Wachsthums so in sich verkettet ist, dass, wenn in irgend einem Theile geringe Abänderungen auftreten und von der natürlichen Zuchtwahl gehäuft werden, auch andere Theile geändert werden. Dies ist ein sehr wichtiger, aber äusserst unvollständig gekannter Punkt, auch können hier ohne Zweifel leicht völlig verschiedene Classen von Thatsachen miteinander verwechselt werden. Wir werden gleich sehen, dass einfache Vererbung oft fälschlich den Schein einer Correlation darbietet. Eins der augenfälligsten Beispiele wirklicher Correlation ist, dass Abänderungen im Baue der Larve oder des Jungen naturgemäss auch die Organisation des Erwachsenen zu berühren streben. Die mehrzähligen homologen und in einer frühen Embryonalzeit im Bau miteinander identischen Theile des Körpers, welche auch nothwendigerweise ähnlichen Bedingungen ausgesetzt sind, scheinen ausserordentlich geneigt zu sein, in ähnlicher Weise zu variieren; wir sehen dies an der rechten und linken Seite des Körpers, welche in gleicher Weise abzuändern pflegen, an den vorderen und hinteren Gliedmassen und sogar an den Kinnladen, welche in gleicher Weise wie die Gliedmassen variieren, wie ja einige Anatomen den Unterkiefer für ein Homologon der Gliedmassen halten. Diese Neigungen können, wie ich nicht bezweifle, mehr oder weniger vollständig von natürlicher Zuchtwahl beherrscht werden; so hat es einmal eine Hirschfamilie nur mit einem Gehörne auf einer Seite gegeben, und wäre diese Eigenheit von irgend einem grössern Nutzen für die Rasse gewesen, so würde sie durch natürliche Zuchtwahl vermuthlich zu einer bleibenden gemacht worden sein.

Homologe Theile streben, wie einige Autoren bemerkt haben, danach zu verwachsen, wie man es oft in monströsen Pflanzen sieht; und nichts ist gewöhnlicher, als die Vereinigung homologer Theile in normalen Bildungen, wie z. B. die Vereinigung der Kronenblätter zu einer Röhre. Harte Theile scheinen auf die Form anliegender weicher einzuwirken; wie denn einige Schriftsteller glauben, dass bei den Vögeln die Verschiedenheit in der Form des Beckens die merkwürdige Verschiedenheit in der Form ihrer Nieren verursache. Andere glauben, dass beim Menschen die Gestalt des Beckens der Mutter durch Druck auf die Schädelform des Kindes wirke. Bei Schlangen bedingen nach Schlegel die Form des Körpers und die Art des Schlingens die Form mehrerer der wichtigsten Eingeweide.

Die Natur des correlativen Bandes ist häufig ganz dunkel. Isidore Geoffroy Saint-Hilaire hat auf nachdrückliche Weise hervorgehoben, dass gewisse Missbildungen sehr häufig und andere sehr selten zusammen vorkommen, ohne dass wir irgend einen Grund anzugeben vermöchten. Was kann eigenthümlicher sein, als bei Katzen die Beziehung zwischen völliger Weisse und blauen Augen einer- und Taubheit andererseits, oder zwischen einem gelb, schwarz und weiss gefleckten Pelze und dem weiblichen Geschlechte; oder bei Tauben die Beziehung zwischen den gefiederten Füssen und der Spannhaut zwischen den äusseren Zehen, oder die zwischen der Anwesenheit von mehr oder weniger Flaum an den eben ausgeschlüpften Vögeln mit der künftigen Farbe ihres Gefieders; oder endlich die Beziehung zwischen Behaarung und Zahnbildung des nackten türkischen Hundes, obschon hier zweifellos Homologie mit in's Spiel kommt? Mit Bezug auf diesen letzten Fall von Correlation scheint es mir kaum zufällig zu sein, dass diejenigen zwei Säugethierordnungen, welche am abnormsten in ihrer Hautbekleidung, auch am abweichendsten in ihrer Zahnbildung sind: nämlich die Cetaceen (Wale) und die Edentaten (Schuppenthiere, Gürtelthiere u. s. w.); es finden sich indessen so viele Ausnahmen von dieser Regel, wie Mr. MIVART bemerkt hat, dass sie geringen Werth hat.

Ich kenne keinen Fall, der besser geeignet wäre, die grosse Bedeutung der Gesetze der Correlation und Variation, unabhängig von der Nützlichkeit und somit auch von der natürlichen Zuchtwahl, darzuthun, als den der Verschiedenheit der äusseren und inneren Blüthen im Blüthenstande einiger Compositen und Umbelliferen. Jedermann kennt den Unterschied zwischen den mittleren und den Randblüthen z. B. des Gänseblümchens *(Bellis)*, und diese Verschiedenheit ist oft mit einer theilweisen oder vollständigen Verkümmerung der reproductiven Organe verbunden. Aber bei einigen der genannten Pflanzen unterscheiden sich auch die Früchte der beiderlei Blüthen in Grösse und Sculptur. Diese Verschiedenheiten sind von einigen Botanikern dem Drucke der Hüllen auf die Blüthen oder ihrem gegenseitigen Drucke zugeschrieben worden, und die Fruchtformen in den Strahlenblüthchen einiger Compositen unterstützen diese Ansicht; keineswegs sind es aber, wie mir Dr. HOOKER mittheilt, bei den Umbelliferen die Arten mit den dichtesten Umbellen, welche am häufigsten eine Verschiedenheit zwischen den inneren und äusseren Blüthen wahrnehmen lassen. Man hätte denken können, dass die Entwicklung der randständigen Kronenblätter die Verkümmerung der reproductiven Organe dadurch veranlasst hätte, dass sie ihnen Nahrung entzögen; dies kann aber kaum die einzige Ursache sein; denn bei einigen Compositen zeigt sich ein Unterschied in der Grösse der Früchte der inneren und der Strahlenblüthen, ohne irgend eine Verschiedenheit der Corolle. Möglich, dass diese mancherlei Unterschiede mit irgend einem Unterschiede in dem Zufluss der Säfte zu den mittel- und den randständigen Blüthen zusammenhängen; wir wissen wenigstens, dass bei unregelmässigen Blüthen die der Achse zunächst stehenden am öftesten der Pelorienbildung unterworfen sind, d. h. in abnormer Weise regelmässig werden. Ich will als Beispiel hiervon und zugleich als auffallenden Fall von Correlation anführen, dass bei vielen Pelargonien die zwei oberen Kronenblätter der centralen Blüthe der Dolde oft die dunkler gefärbten Flecken verlieren, und dass, wenn dies der Fall ist, das anhängende Nectarium gänzlich verkümmert; hierdurch wird die centrale Blüthe pelorisch oder regelmässig. Fehlt der Fleck nur an einem der zwei oberen Kronenblätter, so wird das Nectarium nicht vollständig abortiert, sondern nur stark verkürzt.

Hinsichtlich der Entwicklung der Blumenkronen ist C. SPRENGEL's Idee, dass die Strahlenblumen zur Anziehung der Insecten bestimmt seien, deren Wirksamkeit für die Befruchtung dieser Pflanzen äusserst vortheilhaft oder nothwendig ist, sehr wahrscheinlich, und wenn sich die Sache wirklich so verhält, so kann natürliche Zuchtwahl mit in's Spiel kommen. Dagegen scheint es unmöglich, dass die Verschiedenheit zwischen dem Bau der äusseren und der inneren Früchte, welche nicht immer in Correlation mit irgend einer verschiedenen Bildung der Corolle steht, irgend wie den Pflanzen von Nutzen sein kann. Jedoch erscheinen bei den Doldenpflanzen die Unterschiede von so auffallender Wichtigkeit (da in mehreren Fällen die Früchte der äusseren Blüthen orthosperm und die der mittelständigen coelosperm sind), dass der ältere DE CANDOLLE seine Hauptabtheilungen in dieser Pflanzenordnung auf derartige Verschiedenheiten gründete. Modificationen der Structur, welche von Systematikern als sehr werthvoll betrachtet werden, können daher von den Gesetzen der Abänderung und der Correlation bedingt sein, und zwar, soweit wir es beurtheilen können, ohne selbst den geringsten Vortheil für die Species darzubieten.

Wir können häufig irriger Weise der correlativen Abänderung solche Bildungen zuschreiben, welche ganzen Artengruppen gemein sind und welche in Wahrheit ganz einfach von Erblichkeit abhängen. Denn ein alter Urerzeuger kann durch natürliche Zuchtwahl irgend eine Eigenthümlichkeit seiner Structur und nach Tausenden von Generationen irgend eine andere davon unabhängige Abänderung erlangt haben; und wenn dann beide Modificationen auf eine ganze Gruppe von Nachkommen mit verschiedener Lebensweise übertragen worden sind, so wird man natürlich glauben, sie stünden in einer nothwendigen Wechselbeziehung zu einander. Einige andere Fälle von Correlation sind offenbar nur von der Art und Weise bedingt, in welcher die natürliche Zuchtwahl ihre Thätigkeit allein äussern kann. Wenn z. B. ALPHONSE DE CANDOLLE bemerkt, dass geflügelte

Samen nie in Früchten vorkommen, die sich nicht öffnen, so möchte ich diese Regel durch die Thatsache erklären, dass Samen unmöglich durch natürliche Zuchtwahl allmählich beflügelt werden können, ausser in Früchten, die sich öffnen; denn nur in diesem Falle können diejenigen Samen, welche etwas besser zur weiten Fortführung geeignet sind, vor anderen, weniger zu einer weiten Verbreitung geeigneten, einen Vortheil erlangen.

Compensation und Öconomie des Wachsthums.

Der ältere Geoffroy und Goethe haben ziemlich zu derselben Zeit ein Gesetz aufgestellt, das der Compensation oder des Gleichgewichts des Wachsthums, oder, wie Goethe sich ausdrückt, „die „Natur ist genöthigt, auf der einen Seite zu öconomisieren, um auf „der andern mehr geben zu können.“ Dies passt in gewisser Ausdehnung, wie mir scheint, ganz gut auf unsere Culturerzeugnisse; denn wenn einem Theile oder Organe Nahrung im Überfluss zuströmt, so fliesst sie selten, oder wenigstens nicht in Überfluss, auch einem andern zu; daher kann man eine Kuh z. B. nicht dahin bringen, viel Milch zu geben und zugleich schnell fett zu werden. Ein und dieselbe Kohlvarietät kann nicht eine reichliche Menge nahrhafter Blätter und zugleich einen guten Ertrag von Öl haltenden Samen liefern. Wenn in unserem Obste die Samen verkümmern, gewinnt die Frucht selbst an Grösse und Güte. Bei unseren Hühnern ist eine grosse Federhaube auf dem Kopfe gewöhnlich mit einem verkleinerten Kamm und ein grosser Bart mit verkleinerten Fleischlappen verbunden. Dagegen ist kaum anzunehmen, dass dieses Gesetz auch auf Arten im Naturzustande allgemein anwendbar sei, obwohl viele gute Beobachter und namentlich Botaniker an seine Richtigkeit glauben. Ich will hier jedoch keine Beispiele anführen, denn ich kann kaum ein Mittel finden, einerseits zwischen der durch natürliche Zuchtwahl bewirkten ansehnlichen Vergrösserung eines Theiles und der durch gleiche Ursache oder durch Nichtgebrauch veranlassten Verminderung eines andern und nahe dabei befindlichen Organes, und andererseits der Verkümmerung eines Organes durch Nahrungseinbusse in Folge excessiver Entwicklung eines andern nahe dabei befindlichen Theiles zu unterscheiden.

Ich vermuthe auch, dass einige der Fälle, die man als Beweise der Compensation vorgebracht hat, sich mit einigen anderen Thatsachen unter ein noch allgemeineres Princip zusammenfassen lassen, das Princip nämlich, dass die natürliche Zuchtwahl fortwährend bestrebt ist, in jedem Theile der Organisation zu sparen. Wenn unter veränderten Lebensverhältnissen eine bisher nützliche Vorrichtung weniger nützlich wird, so dürfte wohl ihre Verminderung begünstigt werden, indem es ja für das Individuum vortheilhaft ist, wenn es seine Säfte nicht zur Ausbildung nutzloser Organe verschwendet. Nur auf diese Weise kann ich eine Thatsache begreiflich finden, welche mich, als ich mit der Untersuchung über die Cirripeden beschäftigt war, überraschte, und von welcher noch viele analoge Beispiele angeführt werden könnten, nämlich dass, wenn ein Cirripede an einem andern als Schmarotzer lebt und daher geschützt ist, er mehr oder weniger vollständig seine eigene Kalkschale verliert. Dies ist mit dem Männchen von *Ibla* und in einer wahrhaft ausserordentlichen Weise mit *Proteolepas* der Fall; denn während der Panzer aller anderen Cirripeden aus den drei hochwichtigen und mit starken Nerven und Muskeln versehenen ungeheuer entwickelten Vordersegmenten des Kopfes besteht, ist bei dem parasitischen und geschützten *Proteolepas* der ganze Vordertheil des Kopfes zu dem unbedeutendsten an die Basen der Greifantennen befestigten Rudimente verkümmert. Nun dürfte die Ersparung eines grossen und zusammengesetzten Gebildes, wenn es überflüssig wird, ein entschiedener Vortheil für jedes spätere Individuum der Species sein; denn im Kampfe um's Dasein, welchen jedes Thier zu kämpfen hat, würde jedes einzelne um so mehr Aussicht, sich zu behaupten, erlangen, je weniger Nährstoff zur Entwicklung eines nutzlos gewordenen Organes verloren geht.

Darnach, glaube ich, wird die natürliche Zuchtwahl auf die Länge immer darnach streben, jeden Theil der Organisation zu reducieren und zu ersparen, sobald er durch eine veränderte Lebensweise überflüssig wird, und zwar durchaus ohne deshalb zu verursachen, dass ein anderer Theil in entsprechendem Grade sich stärker entwickelt. Und ebenso dürfte sie umgekehrt vollkommen im Stande sein, ein Organ stärker auszubilden, ohne die Verminderung eines andern benachbarten Theiles als nothwendige Compensation zu verlangen.

Vielfache, rudimentäre und niedrig organisierte Bildungen sind veränderlich.

Nach Isidore Geoffroy Saint-Hilaire's Bemerkung scheint es bei Varietäten wie bei Arten Regel zu sein, dass, wenn irgend ein Theil oder ein Organ sich oftmals im Baue eines Individuums wiederholt, wie die Wirbel in den Schlangen und die Staubgefässe in den polyandrischen Blüthen, seine Zahl veränderlich wird, während die Zahl desselben Organes oder Theiles beständig bleibt, falls es sich weniger oft wiederholt. Derselbe Autor, sowie einige Botaniker haben ferner die Bemerkung gemacht, dass vielzählige Theile auch Veränderungen in ihrer Structur sehr ausgesetzt sind. Insofern nun diese „vegetative Wiederholung", wie R. Owen sie nennt, ein Anzeigen niedriger Organisation ist, stimmen die vorangehenden Bemerkungen m't der allgemein verbreiteten Ansicht der Naturforscher zusammen, dass solche Wesen, welche tief auf der Stufenleiter der Natur stehen, veränderlicher als die höheren sind. Ich vermuthe, dass in diesem Falle unter tiefer Organisation eine nur geringe Differenzierung der Organe für verschiedene besondere Verrichtungen gemeint ist. Solange ein und dasselbe Organ verschiedene Leistungen zu verrichten hat, lässt sich vielleicht einsehen, warum es veränderlich bleibt, d. h., warum die natürliche Zuchtwahl nicht jede kleine Abweichung der Form ebenso sorgfältig zu erhalten oder zu unterdrücken sucht, als wenn dasselbe Organ nur zu einem besondern Zweck allein bestimmt ist. So können Messer, welche allerlei Dinge zu schneiden bestimmt sind, im Ganzen so ziemlich von beinahe jeder beliebigen Form sein, während ein nur zu einerlei Gebrauch bestimmtes Werkzeug auch eine besondere Form haben muss. Man sollte nie vergessen, dass natürliche Zuchtwahl allein durch den Vortheil eines jeden Wesens und zu demselben wirken kann.

Rudimentäre Organe sind nach der allgemeinen Annahme sehr zur Veränderlichkeit geneigt. Wir werden auf diesen Gegenstand zurückzukommen haben, und ich will hier nur bemerken, dass ihre Veränderlichkeit durch ihre Nutzlosigkeit bedingt zu sein scheint, und in Folge dessen davon, dass in diesem Falle natürliche Zuchtwahl nichts vermag, um Abweichungen ihres Baues zu verhindern.

Ein in ausserordentlicher Stärke oder Weise in irgend einer Species entwickelter Theil hat, in Vergleich mit demselben Theile in verwandten Arten, eine grosse Neigung zur Veränderlichkeit.

Vor mehreren Jahren wurde ich durch eine in diesem Sinne von Waterhouse gemachte Bemerkung überrascht. Auch Professor Owen scheint zu einer nahezu ähnlichen Ansicht gelangt zu sein. Es ist keine Hoffnung vorhanden, Jemanden von der Wahrheit des obigen Satzes zu überzeugen, ohne die lange Reihe von Thatsachen, die ich gesammelt habe, aber hier nicht mittheilen kann, aufzuzählen.

Ich kann nur meine Überzeugung aussprechen, dass es eine sehr allgemeine Regel ist. Ich kenne zwar mehrere Fehlerquellen, hoffe aber, sie genügend berücksichtigt zu haben. Es ist hier zu bemerken, dass diese Regel durchaus nicht etwa auf einen wenn auch an sich noch so ungewöhnlich entwickelten Theil Anwendung findet, wofern er nicht in einer Species, oder in einigen wenigen, im Vergleich mit demselben Theile bei vielen nahe verwandten Arten ungewöhnlich ausgebildet ist. So ist die Flügelbildung der Fledermäuse in der Classe der Säugethiere äusserst abnorm; doch würde sich jene Regel nicht hierauf beziehen, weil diese Bildung der ganzen Gruppe der Fledermäuse zukommt; sie würde nur anwendbar sein, wenn die Flügel einer Fledermausart in einer merkwürdigen Weise im Vergleiche mit den Flügeln der anderen Arten derselben Gattung vergrössert wären. Die Regel bezieht sich daher sehr scharf auf die „secundären Sexualcharactere", wenn sie in irgend einer ungewöhnlichen Weise entwickelt sind. Mit diesem von Hunter gebrauchten Ausdrucke werden diejenigen Merkmale bezeichnet, welche nur dem Männchen oder dem Weibchen allein zukommen, aber mit dem Fortpflanzungsacte nicht in unmittelbarem Zusammenhange stehen. Die Regel findet sowohl auf Männchen wie auf Weibchen Anwendung, doch seltener auf Weibchen, weil auffallende Charactere dieser Art bei Weibchen überhaupt seltener sind. Die offenbare Anwendbarkeit der Regel auf die Fälle von secundären Sexualcharacteren dürfte mit der grossen und, wie ich meine, kaum zu bezweifelnden Veränderlichkeit dieser Charactere überhaupt, mögen sie in irgend einer ungewöhnlichen Weise entwickelt sein oder nicht, zusammenhängen. Dass sich aber unsere Regel nicht auf die secundären Sexualcharactere allein bezieht, erhellt aus den hermaphroditischen Cirripeden; und ich will hier hinzufügen, dass ich bei der Untersuchung dieser Ordnung Waterhouse's Bemerkung besondere Beachtung geschenkt habe und vollkommen von der fast unveränderlichen Anwendbarkeit dieser Regel auf die Cirripeden überzeugt bin. In einem spätern Werke werde ich eine Liste aller merkwürdigen Fälle geben; hier aber will ich nur einen anführen, welcher die Regel in ihrer ausgedehntesten Anwendbarkeit erläutert. Die Deckelklappen der sitzenden Cirripeden (Balaniden) sind in jedem Sinne des Wortes sehr wichtige Gebilde und sind selbst von einer Gattung zur andern nur wenig verschieden. Aber in den verschiedenen Arten einer Gattung, *Pyrgoma*, bieten diese Klappen einen wundersamen Grad von Verschiedenartigkeit dar. Die homologen Klappen sind in verschiedenen Arten zuweilen ganz unähnlich in Form, und der Betrag möglicher Abweichung bei den Individuen einer und derselben Art ist so gross, dass man ohne Übertreibung behaupten darf, die Varietäten einer und derselben Species weichen in den Merkmalen dieser wichtigen Klappen weiter von einander ab, als es sonst Arten thun, welche zu verschiedenen Gattungen gehören.

Da bei Vögeln die Individuen der nämlichen Species innerhalb einer und derselben Gegend ausserordentlich wenig variieren, so habe ich auch sie in dieser Hinsicht besonders geprüft; und die Regel scheint sicher in dieser Classe sich gut zu bewähren. Ich kann nicht ausfindig machen, ob sie auch auf Pflanzen anwendbar ist, und mein Vertrauen auf ihre Allgemeinheit würde hierdurch sehr erschüttert worden sein, wenn nicht eben die grosse Veränderlichkeit der Pflanzen überhaupt es ganz besonders schwierig machte, die relativen Veränderlichkeitsgrade zu vergleichen.

Wenn wir bei irgend einer Species einen Theil oder ein Organ in merkwürdigem Grade oder in auffallender Weise entwickelt sehen, so läge es am nächsten, anzunehmen, dass dasselbe für diese Art von grosser Wichtigkeit sein müsse, und doch ist der Theil in diesem Falle ausserordentlich veränderlich. Woher kommt dies? Aus der Ansicht, dass jede Art mit allen ihren Theilen, wie wir sie jetzt sehen, unabhängig erschaffen worden sei, können wir keine Erklärung schöpfen. Dagegen verbreitet, wie ich glaube, die Annahme, dass Artengruppen eine gemeinsame Abstammung von anderen Arten haben und durch natürliche Zuchtwahl modifiziert worden sind, einiges Licht über die Frage. Zunächst will ich einige vorläufige Bemerkungen machen. Wenn bei unseren Hausthieren ein einzelner Theil oder das ganze Thier vernachlässigt und bei der Nachzucht keine Auswahl angewandt wird, so wird ein solcher Theil (wie z. B. der Kamm bei den Dorking-Hühnern) oder die ganze Rasse aufhören, einen einförmigen Character zu bewahren. Man wird dann sagen, die Rasse arte aus. In rudimentären und solchen Organen, welche nur wenig für einen besondern Zweck differenziert worden sind, sowie vielleicht in polymorphen Gruppen, sehen wir einen fast parallelen Fall; denn in solchen Fällen ist die natürliche Zuchtwahl nicht in's Spiel gekommen oder hat nicht dazu kommen können, und die Organisation bleibt hiernach in einem schwankenden Zustande. Was uns aber hier noch näher angeht, das ist, dass eben bei unseren Hausthieren diejenigen Charactere, welche in der

Jetztzeit durch fortgesetzte Zuchtwahl rascher Abänderung unterliegen, auch ebenso sehr zu variieren geneigt sind. Man vergleiche einmal die Individuen einer und derselben Taubenrasse; was für ein wunderbar grosses Mass von Verschiedenheit zeigt sich in den Schnäbeln der Purzeltauben, in den Schnäbeln und Hautlappen der verschiedenen Botentauben, in Haltung und Schwanz der Pfauentaube u. s. w.; und dies sind die Punkte, auf welche die englischen Liebhaber jetzt hauptsächlich achten. Schon bei den nämlichen Unterrassen, wie z. B. bei den kurzstirnigen Purzlern, sind bekanntlich nahezu vollkommene Thiere schwer zu züchten; es kommen dabei viele zum Vorschein, welche weit von dem Musterbilde abweichen. Man kann daher in Wahrheit sagen, es finde ein beständiger Kampf statt einerseits zwischen dem Streben zum Rückschlag in einen minder vollkommenen Zustand und ebenso einer angeborenen Neigung zu weiterer Veränderung, und andererseits dem Einflusse fortwährender Zuchtwahl zur Reinerhaltung der Rasse. Auf die Länge gewinnt die Zuchtwahl den Sieg, und wir fürchten nicht mehr so weit vom Ziele abzuweichen, dass wir von einem guten kurzstirnigen Stamm nur einen gemeinen Purzler erhielten. Solange aber die Zuchtwahl noch in raschem Fortschritte begriffen ist, wird immer eine grosse Unbeständigkeit in den der Veränderung unterliegenden Gebilden zu erwarten sein.

Doch kehren wir zur Natur zurück. Ist ein Theil in irgend einer Species im Vergleich mit den anderen Arten derselben Gattung auf aussergewöhnliche Weise entwickelt, so können wir schliessen, derselbe habe seit der Abzweigung der verschiedenen Arten von der gemeinsamen Stammform der Gattung einen ungewöhnlichen Betrag von Modification erfahren. Diese Zeit der Abzweigung wird selten in einem extremen Grade weit zurückliegen, da Arten sehr selten länger als eine geologische Periode dauern. Ein ungewöhnlicher Betrag von Modification setzt ein ungewöhnlich langes und ausgedehntes Mass von Veränderlichkeit voraus, deren Product durch Zuchtwahl zum Besten der Species fortwährend gehäuft worden ist. Da aber die Veränderlichkeit des ausserordentlich entwickelten Theiles oder Organes in einer nicht sehr weit zurückliegenden Zeit so gross und andauernd gewesen ist, so dürften wir als allgemeine Regel auch jetzt noch mehr Veränderlichkeit in solchen als in anderen Theilen der Organisation, welche eine viel längere Zeit hindurch beständig geblieben sind, anzutreffen erwarten. Und dies findet nach meiner Überzeugung statt. Dass aber der Kampf zwischen natürlicher Zuchtwahl einerseits und der Neigung zum Rückschlag und zur Variabilität andererseits mit der Zeit aufhören werde, und dass auch die am abnormsten gebildeten Organe beständig werden können, sehe ich keinen Grund zu bezweifeln. Wenn daher ein Organ, wie unregelmässig es auch sein mag, in annähernd gleicher Beschaffenheit auf viele bereits abgeänderte Nachkommen übertragen worden ist, wie dies mit dem Flügel der Fledermaus der Fall ist, so muss es meiner Theorie zufolge schon eine unermessliche Zeit hindurch in dem gleichen Zustande vorhanden gewesen sein; und in Folge hiervon ist es jetzt nicht veränderlicher als irgend ein anderes Organ. Nur in denjenigen Fällen, wo die Modification noch verhältnismässig neu und ausserordentlich gross ist, sollten wir daher die „generative Veränderlichkeit", wie wir es nennen können, noch in hohem Grade vorhanden finden. Denn in diesem Falle wird die Veränderlichkeit nur selten schon durch fortgesetzte Zuchtwahl der in irgend einer geforderten Weise und Stufe variierenden und durch fortwährende Beseitigung der zum Rückschlag auf einen frühern und weniger modifizierten Zustand neigenden Individuen zu einem festen Ziele gelangt sein.

Specifische Charactere sind veränderlicher als Gattungscharactere.

Das in dem vorigen Abschnitte erörterte Princip kann auch auf den vorliegenden Gegenstand angewendet werden. Es ist notorisch, dass die specifischen mehr als die Gattungscharactere abzuändern geneigt sind. Ich will an einem einfachen Beispiele zeigen, was ich meine. Wenn in einer grossen Pflanzengattung einige Arten blaue Blüthen und andere rothe haben, so wird die Farbe nur ein Artcharacter sein und daher auch niemand überrascht werden, wenn eine blaublühende Art in Roth variiert oder umgekehrt. Wenn aber alle Arten blaue Blumen haben, so wird die Farbe zum Gattungscharacter, und ihre Veränderung würde schon eine ungewöhnliche Erscheinung sein. Ich habe gerade dieses Beispiel gewählt, weil eine Erklärung, welche die meisten Naturforscher sonst beizubringen geneigt sein würden, darauf nicht anwendbar ist, dass nämlich specifische Charactere deshalb mehr als generische veränderlich erscheinen, weil sie von Theilen entlehnt sind, die eine geringere physiologische Wichtigkeit besitzen als diejenigen, welche gewöhnlich zur Characterisierung der Gattungen dienen. Ich glaube zwar, dass diese Erklärung theilweise, indessen nur indirect, richtig ist; ich werde jedoch auf diesen Punkt in dem

Abschnitte über Classification zurückkommen. Es dürfte fast überflüssig sein, Beispiele zur Unterstützung der obigen Behauptung anzuführen, dass gewöhnliche Artcharactere veränderlicher sind als Gattungscharactere; was aber die wichtigen Charactere betrifft, so habe ich in naturhistorischen Werken wiederholt bemerkt, dass, wenn ein Schriftsteller durch die Wahrnehmung überrascht war, dass irgend ein wichtiges Organ, welches sonst in einer ganzen grossen Artengruppe beständig zu sein pflegt, in nahe verwandten Arten ansehnlich verschieden ist, dasselbe dann auch in den Individuen einer und derselben Art variabel ist. Diese Thatsache zeigt, dass ein Character, der gewöhnlich von generischem Werthe ist, wenn er zu specifischem Werthe herabsinkt, oft veränderlich wird, wenn auch seine physiologische Wichtigkeit die nämliche bleibt. Etwas Ähnliches findet auch auf Monstrositäten Anwendung: wenigstens scheint ISIDORE GEOFFROY SAINT-HILAIRE keinen Zweifel darüber zu hegen, dass ein Organ um so mehr individuellen Anomalien unterliege, je mehr es in den verschiedenen Arten derselben Gruppen normal verschieden ist.

Wie wäre es nach der gewöhnlichen Meinung, welche jede Art unablässig erschaffen worden sein lässt, zu erklären, dass derjenige Theil der Organisation, welcher von demselben Theile in anderen unabhängig erschaffenen Arten derselben Gattung verschieden ist, veränderlicher ist als die Theile, welche in den verschiedenen Arten einer Gattung nahe übereinstimmen? Ich sehe keine Möglichkeit ein, dies zu erklären. Wenn wir aber von der Ansicht ausgehen, dass Arten nur wohl unterschiedene und beständig gewordene Varietäten sind, so werden wir häufig auch zu finden erwarten dürfen, dass dieselben noch jetzt in den Theilen ihrer Organisation abzuändern fortfahren, welche erst in verhältnismässig neuer Zeit variiert haben und dadurch verschieden geworden sind. Oder, um den Fall in einer andern Weise darzustellen: die Merkmale, worin alle Arten einer Gattung einander gleichen und worin dieselben von verwandten Gattungen abweichen, heissen generische, und diese Merkmale zusammengenommen können der Vererbung von einem gemeinschaftlichen Stammvater zugeschrieben werden; denn nur selten kann es der Zufall gewollt haben, dass die natürliche Zuchtwahl verschiedene, mehr oder weniger abweichenden Lebensweisen angepasste Arten in genau derselben Weise modifiziert haben sollte; und da diese sogenannten generischen Charactere schon aus der Zeit her vererbt worden sind, ehe und bevor sich die verschiedenen

Arten von ihrer gemeinsamen Stammform abgezweigt haben, und da sie später nicht mehr variiert haben oder gar nicht oder nur in einem unerheblichen Grade verschieden geworden sind, so ist es nicht wahrscheinlich, dass sie noch heutigen Tages abändern. Andererseits nennt man die Punkte, wodurch sich Arten von anderen Arten derselben Gattung unterscheiden, specifische Charactere; und da diese seit der Zeit der Abzweigung der Arten von der gemeinsamen Stammform variiert haben und verschieden geworden sind, so ist es wahrscheinlich, dass dieselben noch jetzt oft einigermassen veränderlich sind, wenigstens veränderlicher als diejenigen Theile der Organisation, welche während einer sehr viel längeren Zeit beständig geblieben sind.

Secundäre Geschlechtscharactere sind veränderlich.

Ohne dass ich nöthig habe, dabei auf Einzelnheiten einzugehen, werden mir, denke ich, Naturforscher wohl zugeben, dass secundäre Geschlechtscharactere sehr veränderlich sind; man wird mir wohl auch ferner zugeben, dass die zu einerlei Gruppe gehörigen Arten hinsichtlich dieser Charactere weiter als in anderen Theilen ihrer Organisation von einander verschieden sind. Vergleicht man beispielsweise die Grösse der Verschiedenheit zwischen den Männchen der hühnerartigen Vögel, bei welchen secundäre Geschlechtscharactere vorzugsweise stark entwickelt sind, mit der Grösse der Verschiedenheit zwischen ihren Weibchen, so wird die Wahrheit dieser Behauptung eingeräumt werden. Die Ursache der ursprünglichen Veränderlichkeit dieser Charactere liegt nicht sofort auf der Hand; doch lässt sich begreifen, wie es komme, dass dieselben nicht ebenso einförmig und beständig gemacht worden sind wie andere Theile der Organisation; denn die secundären Geschlechtscharactere sind durch geschlechtliche Zuchtwahl gehäuft worden, welche weniger streng in ihrer Wirksamkeit als die gewöhnliche Zuchtwahl ist, indem sie die minder begünstigten Männchen nicht zerstört, sondern bloss mit weniger Nachkommenschaft versieht. Welches aber auch immer die Ursache der Veränderlichkeit dieser secundären Geschlechtscharactere sein mag: da sie nun einmal sehr veränderlich sind, so wird die geschlechtliche Zuchtwahl darin einen weiten Spielraum für ihre Thätigkeit gefunden haben und somit den Arten einer Gruppe leicht einen grössern Betrag von Verschiedenheit in ihren Geschlechtscharacteren als in anderen Theilen ihrer Organisation haben verleihen können.

Es ist eine merkwürdige Thatsache, dass die secundären Geschlechtsverschiedenheiten zwischen beiden Geschlechtern einer Art sich gewöhnlich in genau denselben Theilen der Organisation entfalten, in denen auch die verschiedenen Arten einer Gattung von einander abweichen. Um dies zu erläutern, will ich nur zwei Beispiele anführen, welche zufällig als die ersten auf meiner Liste stehen; und da die Verschiedenheiten in diesen Fällen von sehr ungewöhnlicher Art sind, so kann die Beziehung kaum zufällig sein. Eine gleiche Anzahl von Tarsalgliedern ist allgemein ein sehr grossen Gruppen von Käfern gemeinsam zukommender Character; aber in der Familie der Engidae ändert nach WESTWOOD's Beobachtung diese Zahl sehr ab; und hier ist die Zahl in den zwei Geschlechtern einer und derselben Art verschieden. Ebenso ist bei den grabenden Hymenopteren der Verlauf der Flügeladern ein Character von höchster Wichtigkeit, weil er sich in grossen Gruppen gleich bleibt; in einigen Gattungen jedoch ändert die Aderung von Art zu Art und gleicher Weise auch in den zwei Geschlechtern der nämlichen Art ab. Sir J. LUBBOCK hat kürzlich bemerkt, dass einige kleine Kruster vortreffliche Belege für dieses Gesetz darbieten. „Bei *Pontella* z. B. sind es hauptsächlich die vorderen „Fühler und das fünfte Beinpaar, welche die Geschlechtscharactere „liefern; und dieselben Organe bieten auch hauptsächlich die Arten„unterschiede dar.“ Diese Beziehung hat nach meiner Anschauungsweise eine naheliegende Bedeutung: ich betrachte nämlich alle Arten einer Gattung ebenso gewiss als Abkömmlinge desselben Stammvaters, wie die zwei Geschlechter irgend einer dieser Arten. Folglich: was immer für ein Theil der Organisation des gemeinsamen Stammvaters oder seiner ersten Nachkommen veränderlich geworden ist, es werden höchst wahrscheinlich die natürliche und geschlechtliche Zuchtwahl aus Abänderungen dieser Theile Vortheile gezogen haben, um die verschiedenen Arten ihren verschiedenen Stellen im Haushalte der Natur und ebenso um die zwei Geschlechter einer nämlichen Species einander anzupassen, oder endlich die Männchen in den Stand zu setzen, mit anderen Männchen um den Besitz der Weibchen zu kämpfen.

Schliesslich gelange ich also zu der Folgerung, dass die grössere Veränderlichkeit der specifischen Charactere oder derjenigen, durch welche sich Art von Art unterscheidet, gegenüber den generischen Merkmalen oder denjenigen, welche alle Arten einer Gattung gemein haben, — dass die oft äusserst grosse Veränderlichkeit des in irgend einer einzelnen Art ganz ungewöhnlich entwickelten Theiles im Vergleich mit demselben Theile bei den anderen Gattungsverwandten, und die geringe Veränderlichkeit eines wenn auch ausserordentlich entwickelten, aber einer ganzen Gruppe von Arten gemeinsamen Theiles, — dass die grosse Variabilität secundärer Geschlechtscharactere und das grosse Mass von Verschiedenheit dieser selben Merkmale bei einander nahe verwandten Arten — dass die so allgemeine Entwicklung secundärer Geschlechts- und gewöhnlicher Artcharactere in einerlei Theilen der Organisation, — dass alles dieses eng untereinander verkettete Thatsachen sind. Alles dies ist hauptsächlich eine Folge davon, dass die zu einer nämlichen Gruppe gehörigen Arten von einem gemeinsamen Urerzeuger herrühren, von welchem sie vieles gemeinsam ererbt haben; — dass Theile, welche erst neuerlich noch starke Abänderungen erlitten haben, noch leichter fortwährend zu variieren geneigt sind als solche, welche schon seit langer Zeit vererbt sind und nicht variiert haben; — dass die natürliche Zuchtwahl je nach der Zeitdauer mehr oder weniger vollständig die Neigung zum Rückschlag und zu weiterer Variabilität überwunden hat; — dass die sexuelle Zuchtwahl weniger streng als die gewöhnliche ist; — endlich, dass Abänderungen in einerlei Organen durch natürliche und durch sexuelle Zuchtwahl gehäuft und für secundäre Geschlechts- und gewöhnliche specifische Zwecke verwandt worden sind.

Verschiedene Arten zeigen analoge Abänderungen, so dass eine Varietät einer Species oft einen einer verwandten Species eigenen Character annimmt oder zu einigen von den Merkmalen einer frühern Stammart zurückkehrt.

Diese Sätze werden am leichtesten verständlich durch Betrachtung der Hausthierrassen. Die allerverschiedensten Taubenrassen bieten in weit von einander entfernt gelegenen Ländern Untervarietäten mit umgewendeten Federn am Kopfe und mit Federn an den Füssen dar, mit Merkmalen, welche die ursprüngliche Felstaube nicht besitzt; dies sind also analoge Abänderungen in zwei oder mehreren verschiedenen Rassen. Die häufige Anwesenheit von vierzehn oder selbst sechzehn Schwanzfedern im Kröpfer kann man als eine die normale Bildung einer andern Abart, der Pfauentaube, vertretende Abweichung betrachten. Ich setze voraus, dass Niemand daran zweifeln wird, dass alle solche analogen Abänderungen davon herrühren, dass die verschiedenen Taubenrassen die gleiche

Constitution und daher die gleiche Neigung unter denselben unbekannten Einflüssen zu variieren von einem gemeinsamen Erzeuger geerbt haben. Im Pflanzenreiche zeigt sich ein Fall von analoger Abänderung in dem verdickten Strunke (gewöhnlich wird er die Wurzel genannt) der Schwedischen Rübe und der *Ruta baga*, Pflanzen, welche mehrere Botaniker nur als durch die Cultur aus einer gemeinsamen Stammform hervorgebrachte Varietäten ansehen. Wäre dies aber nicht richtig, so hätten wir einen Fall analoger Abänderung in zwei sogenannten verschiedenen Arten, und diesen kann noch die gemeine Rübe als dritte beigezählt werden. Nach der gewöhnlichen Ansicht, dass jede Art unabhängig geschaffen worden sei, würden wir diese Ähnlichkeit der drei Pflanzen in ihrem verdickten Stengel nicht der wahren Ursache ihrer gemeinsamen Abstammung und einer daraus folgenden Neigung, in ähnlicher Weise zu variieren, zuzuschreiben haben, sondern drei verschiedenen, aber enge unter sich verwandten Schöpfungsacten. Viele ähnliche Fälle analoger Abänderung sind von Naudin in der grossen Familie der Kürbisse, von anderen Schriftstellern bei unseren Cerealien beobachtet worden. Ähnliche bei Insecten unter ihren natürlichen Verhältnissen vorkommende Fälle hat kürzlich mit vielem Geschick Walsh erörtert, der sie unter sein Gesetz der „gleichförmigen Variabilität“ gebracht hat.

Bei den Tauben indessen haben wir noch einen andern Fall, nämlich das in allen Rassen gelegentliche Zum-vorschein-kommen von schieferblauen Vögeln mit zwei schwarzen Flügelbinden, weissen Weichen, einer Querbinde auf dem Ende des Schwanzes und einem weissen äussern Rande am Grunde der äusseren Schwanzfedern. Da alle diese Merkmale für die elterliche Felstaube bezeichnend sind, so glaube ich, wird Niemand bezweifeln, dass es sich hier um einen Fall von Rückschlag und nicht um eine neue, aber analoge Abänderung in verschiedenen Rassen handelt. Wir werden, denke ich, dieser Folgerung um so mehr vertrauen können, als, wie wir bereits gesehen haben, diese Farbenzeichnungen sehr gern in den Blendlingen zweier ganz distincter und verschieden gefärbter Rassen zum Vorschein kommen; und in diesem Falle ist auch in den äusseren Lebensbedingungen nichts zu finden, was das Wiedererscheinen der schieferblauen Farbe mit den übrigen Farbenzeichen verursachen könnte, ausser dem Einfluss des blossen Kreuzungsactes auf die Gesetze der Vererbung.

Es ist ohne Zweifel eine sehr überraschende Thatsache, dass

seit vielen und vielleicht Hunderten von Generationen verlorene Merkmale wieder zum Vorschein kommen. Wenn jedoch eine Rasse nur einmal mit einer andern Rasse gekreuzt worden ist, so zeigt der Blendling die Neigung, gelegentlich zum Character der fremden Rasse zurückzukehren, noch einige, man sagt ein dutzend, ja selbst zwanzig Generationen lang. Nun ist zwar nach zwölf Generationen, nach der gewöhnlichen Ausdrucksweise, das Blut des einen fremden Vorfahren nur noch im Verhältnis 1 in 2048 vorhanden, und doch genügt nach der, wie wir sehen, allgemeinen Annahme dieser äusserst geringe Bruchtheil fremden Blutes noch, um eine Neigung zum Rückschlag in jenen Urstamm zu unterhalten. In einer Zucht, welche nicht gekreuzt worden ist, sondern worin beide Eltern einige von den Characteren ihrer gemeinsamen Stammart eingebüsst haben, dürfte die Neigung, den verlorenen Character wieder herzustellen, mag sie stärker oder schwächer sein, wie schon früher bemerkt worden, trotz Allem, was man Gegentheiliges sehen mag, sich fast jede beliebige Anzahl von Generationen hindurch erhalten. Wenn ein Merkmal, das in einer Rasse verloren gegangen ist, nach einer grossen Anzahl von Generationen wiederkehrt, so ist die wahrscheinlichste Hypothese nicht die, dass ein Individuum jetzt plötzlich nach einem mehrere hundert Generationen ältern Vorgänger zurückstrebt, sondern die, dass in jeder der aufeinanderfolgenden Generationen das fragliche Merkmal noch latent vorhanden gewesen ist und nun endlich unter unbekannten günstigen Verhältnissen zum Durchbruch gelangt. So ist es z. B. wahrscheinlich, dass in jeder Generation der Barb-Taube, welche nur selten einen blauen Vogel hervorbringt, das latente Streben, ein blaues Gefieder hervorzubringen, vorhanden ist. Die Unwahrscheinlichkeit, dass eine latente Neigung durch eine endlose Zahl von Generationen fortgeerbt werde, ist an sich nicht grösser, als die thatsächlich bekannte Vererbung eines ganz unnützen oder rudimentären Organes. Und wir können allerdings zuweilen beobachten, dass ein solches Streben, ein Rudiment hervorzubringen, vererbt wird.

Da nach meiner Theorie alle Arten einer Gattung gemeinsamer Abstammung sind, so ist zu erwarten, dass sie zuweilen in analoger Weise variieren, so dass die Varietäten zweier oder mehrerer Arten einander, oder die Varietät einer Art in einigen ihrer Charactere einer andern und verschiedenen Art gleicht, welche ja nach meiner Meinung nur eine ausgebildete und bleibend gewordene Abart ist. Doch dürften solche, ausschliesslich durch analoge Abänderung erlangte Charactere nur unwesentlicher Art sein: denn die Erhaltung aller functionell wesentlichen Merkmale wird durch natürliche Zuchtwahl in Übereinstimmung mit den verschiedenen Lebensweisen der Arten bestimmt worden sein. Es wird ferner zu erwarten sein, dass die Arten einer nämlichen Gattung zuweilen Fälle von Rückschlag zu den Characteren alter Vorfahren zeigen. Da wir jedoch niemals die gemeinsame Stammform irgend einer natürlichen Gruppe wirklich kennen, so vermögen wir nicht zwischen Rückschlagsmerkmalen und analogen Characteren zu unterscheiden. Wenn wir z. B. nicht wüssten, dass die Felstaube nicht mit Federfüssen oder mit umgewendeten Federn versehen ist, so hätten wir nicht sagen können, ob diese Charactere in unseren Haustaubenrassen Erscheinungen des Rückschlags zur Stammform oder bloss analoge Abänderungen seien; wohl aber hätten wir annehmen dürfen, dass die blaue Färbung ein Beispiel von Rückschlag sei, wegen der Anzahl anderer Zeichnungen, welche mit der blauen Färbung in Correlation stehen und wahrscheinlich doch nicht bloss in Folge einfacher Abänderung damit zusammengetroffen sein würden. Und noch mehr würden wir dies geschlossen haben, weil die blaue Farbe und die anderen Zeichnungen so oft wiedererscheinen, wenn Rassen von verschiedener Färbung miteinander gekreuzt werden. Obwohl es daher in der Natur gewöhnlich zweifelhaft bleibt, welche Fälle als Rückschlag zu alten Stammcharacteren und welche als neue, aber analoge Abänderungen zu betrachten sind, so sollten wir doch nach meiner Theorie zuweilen finden, dass die abändernden Nachkommen einer Art Charactere annehmen, welche bereits in einigen anderen Gliedern derselben Gruppe vorhanden sind. Und dies ist zweifelsohne der Fall.

Ein grosser Theil der Schwierigkeit, veränderliche Arten zu unterscheiden, rührt davon her, dass ihre Varietäten gleichsam einigen der anderen Arten der nämlichen Gattung nachahmen. Auch könnte man ein ansehnliches Verzeichnis von Formen geben, welche das Mittel zwischen zwei anderen Formen halten und welche selbst nur zweifelhaft als Arten aufgeführt werden können; und daraus ergibt sich, wenn man nicht alle diese nahe verwandten Formen als unabhängig erschaffen ansehen will, dass die einen durch Abänderung einige Charactere der anderen angenommen haben. Aber den besten Beweis analoger Abänderung bieten Theile oder Organe dar, welche allgemein im Character constant sind, zuweilen aber so abändern, dass sie einigermassen den Character desselben Organs oder Theiles in einer verwandten Art annehmen. Ich habe ein langes Verzeichnis von solchen Fällen zusammengebracht, kann aber auch solches leider hier nicht mittheilen, sondern bloss wiederholen, dass solche Fälle vorkommen und mir sehr merkwürdig zu sein scheinen.

Ich will jedoch einen eigenthümlichen und complicierten Fall anführen, zwar nicht deshalb, weil er einen wichtigen Character betrifft, wohl aber, weil er in verschiedenen Arten derselben Gattung theils im Natur- und theils im domesticierten Zustande vorkommt. Es ist fast sicher ein Fall von Rückschlag. Der Esel hat manchmal sehr deutliche Querbinden auf seinen Beinen, wie das Zebra. Man hat mir versichert, dass diese beim Füllen am deutlichsten zu sehen sind, und meinen Nachforschungen zufolge glaube ich, dass dies richtig ist. Der Streifen an der Schulter ist zuweilen doppelt und sehr veränderlich in Länge und Umriss. Man hat auch einen weissen Esel, der k e i n Albino ist, sowohl ohne Rücken- als auch ohne Schulterstreifen beschrieben; und diese Streifen sind auch bei dunkelfarbigen Thieren zuweilen sehr undeutlich oder wirklich ganz verloren gegangen. Der Kulan von Pallas soll mit einem doppelten Schulterstreifen gesehen worden sein. Blyth hat ein Exemplar des *Hemionus* mit einem deutlichen Schulterstreifen gesehen, obschon dies Thier eigentlich keinen solchen besitzt; und Colonel Poole hat mir mitgetheilt, dass die Füllen dieser Art gewöhnlich an den Beinen und schwach an der Schulter gestreift sind. Das Quagga, obwohl am Körper ebenso deutlich gestreift wie das Zebra, ist an den Beinen ohne Binden; doch hat Dr. Gray ein Individuum mit sehr deutlichen, zebraähnlichen Binden an den Sprunggelenken abgebildet.

Was das Pferd betrifft, so habe ich in England Fälle vom Vorkommen des Rückenstreifens bei Pferden der verschiedensten Rassen und von a l l e n Farben gesammelt. Querbinden auf den Beinen sind nicht selten bei Graubraunen, Mausfarbenen und einmal bei einem Kastanienbraunen vorgekommen. Auch ein schwacher Schulterstreifen tritt zuweilen bei Graubraunen auf, und eine Spur davon habe ich an einem Braunen gefunden. Mein Sohn hat mir eine sorgfältige Untersuchung und Zeichnung eines graubraunen Belgischen Karrenpferdes mitgetheilt mit einem doppelten Streifen auf jeder Schulter und mit Streifen an den Beinen; ich selbst habe einen graubraunen Devonshire-Pony gesehen, und ein kleiner graubrauner Walliser Pony ist mir sorgfältig beschrieben worden, welche alle mit drei parallelen Streifen auf jeder Schulter versehen waren.

Im nordwestlichen Theile Ostindiens ist die Kattywar-Pferderasse so allgemein gestreift, dass, wie ich von Colonel POOLE vernehme, welcher dieselbe im Auftrage der indischen Regierung untersuchte, ein Pferd ohne Streifen nicht für Reinblut angesehen wird. Das Rückgrat ist immer gestreift; die Streifen auf den Beinen sind wie der Schulterstreifen, welcher zuweilen doppelt und selbst dreifach ist, gewöhnlich vorhanden; überdies sind die Seiten des Gesichts zuweilen gestreift. Die Streifen sind oft beim Füllen am deutlichsten und verschwinden zuweilen im Alter vollständig. POOLE hat ganz junge, sowohl graue als braune neugeborene Kattywar-Füllen gestreift gefunden. Auch habe ich nach Mittheilungen, welche ich Herrn W. W. EDWARDS verdanke, Grund zu vermuthen, dass bei englischen Rennpferden der Rückenstreifen häufiger an Füllen als an erwachsenen Pferden vorkommt. Ich habe selbst kürzlich ein Füllen von einer braunen Stute (der Tochter eines turkomannischen Hengstes und einer flämischen Stute) und einem braunen englischen Rennpferd gezogen. Dieses Füllen war, als es eine Woche alt war, an der Kruppe sowie am Vorderkopf mit zahlreichen sehr schmalen dunklen Zebrastreifen und an den Beinen mit schwachen solchen Streifen versehen; alle Streifen verschwanden bald vollständig. Ohne hier noch weiter in Einzelnheiten einzugehen, will ich anführen, dass ich Fälle von Bein- und Schulterstreifen bei Pferden von ganz verschiedenen Rassen in verschiedenen Gegenden, von England bis Ost-China und von Norwegen im Norden bis zum Malayischen Archipel im Süden, gesammelt habe. In allen Theilen der Welt kommen diese Streifen weitaus am öftesten an Graubraunen und Mausfarbenen vor. Unter Graubraunen („dun") schlechthin begreife ich hier Pferde mit einer langen Reihe von Farbenabstufungen von einer zwischen Braun und Schwarz liegenden Farbe an bis fast zum Rahmfarbigen.

Ich weiss, dass Colonel HAMILTON SMITH, der über diesen Gegenstand geschrieben hat, annimmt, unsere verschiedenen Pferderassen rührten von verschiedenen Stammarten her, wovon eine, die graubraune, gestreift gewesen sei, und alle oben beschriebenen Streifungen wären Folge früherer Kreuzungen mit dem graubraunen Stamme. Jedoch darf man diese Ansicht getrost verwerfen; denn es ist höchst unwahrscheinlich, dass das schwere belgische Karrenpferd, die Walliser Ponies, die norwegischen Pferde, die schlanke

Kattywar-Rasse u. a., die in den verschiedensten Theilen der Welt zerstreut sind, sämmtlich mit einer vermeintlichen ursprünglichen Stammform gekreuzt worden wären.

Wenden wir uns nun zu den Wirkungen der Kreuzung zwischen den verschiedenen Arten der Pferdegattung. Rollin versichert, dass der gemeine Maulesel, von Esel und Pferd, besonders gern Querstreifen auf den Beinen hat, und nach Gosse kommt dies in den Vereinigten Staaten in zehn Fällen neunmal vor. Ich habe einmal einen Maulesel gesehen mit so stark gestreifen Beinen, dass Jedermann zuerst geneigt gewesen sein würde, ihn für einen Zebra-Bastard zu halten; und W. C. Martin hat in seinem vorzüglichen Werke über das Pferd die Abbildung von einem ähnlichen Maulesel mitgetheilt. In vier in Farben ausgeführten Bildern von Bastarden des Esels mit dem Zebra, die ich gesehen habe, fand ich die Beine viel deutlicher gestreift als den übrigen Körper, und bei einem derselben war ein doppelter Schulterstreifen vorhanden. In Lord Morton's berühmtem Falle eines Bastards von einem Quaggahengst und einer kastanienbraunen Stute war dieser und selbst das nachher von derselben Stute mit einem schwarzen arabischen Hengste erzielte reine Füllen an den Beinen viel deutlicher quergestreift, als selbst das reine Quagga. Endlich, und dies ist ein anderer äusserst merkwürdiger Fall, hat Dr. Gray (dem noch, wie er mir mittheilte, ein zweites Beispiel dieser Art bekannt war) einen Bastard von Esel und *Hemionus* abgebildet; und dieser Bastard hatte, obwohl der Esel nur zuweilen und der *Hemionus* niemals Streifen auf den Beinen und letzterer nicht einmal einen Schulterstreifen hat, nichtsdestoweniger alle vier Beine quer gestreift, und auch die Schulter war mit drei kurzen Streifen wie beim braunen Devonshire und dem Walliser Pony versehen; auch waren sogar einige Streifen wie beim Zebra an den Seiten des Gesichts vorhanden. Durch diese letzte Thatsache drängte sich mir die Überzeugung, dass auch nicht ein Farbenstreifen durch sogenannten Zufall entstehe, so eindringlich auf, dass ich allein durch das Auftreten von Gesichtsstreifen bei diesem Bastarde von Esel und *Hemionus* veranlasst wurde, Colonel Poole zu fragen, ob solche Gesichtsstreifen jemals bei der stark gestreiften Kattywar-Pferderasse vorkommen, was er, wie wir oben gesehen haben, bejahte.

Was haben wir nun zu diesen verschiedenen Thatsachen zu sagen? Wir sehen mehrere verschiedene Arten der Gattung *Equus* durch einfache Abänderung Streifen an den Beinen wie beim Zebra oder an der Schulter wie beim Esel erlangen. Beim Pferde sehen wir diese Neigung stark hervortreten, so oft eine graubräunliche Färbung zum Vorschein kommt, eine Färbung, welche sich der allgemeinen Farbe der anderen Arten dieser Gattung nähert. Das Auftreten der Streifen ist von keiner Veränderung der Form und von keinem andern neuen Character begleitet. Wir sehen diese Neigung, streifig zu werden, sich am meisten bei Bastarden zwischen mehreren der von einander verschiedensten Arten entwickeln. Vergleichen wir nun damit den vorhergehenden Fall von den verschiedenen Rassen der Tauben: sie rühren von einer Stammart (mit 2—3 geographischen Varietäten oder Unterarten) her, welche bläulich von Farbe und mit einigen bestimmten Bändern und anderen Zeichnungen versehen ist; und wenn eine ihrer Rassen in Folge einfacher Abänderung wieder einmal eine bläuliche Färbung annimmt, so erscheinen unfehlbar auch jene Bänder und anderen Zeichnungen der Stammform wieder, doch ohne irgend eine andere Veränderung der Form und des Characters. Wenn man die ältesten und echtesten Arten von verschiedener Farbe miteinander kreuzt, so tritt in den Blendlingen eine starke Neigung hervor, die ursprüngliche schieferblaue Farbe mit den schwarzen und weissen Binden und Streifen wieder anzunehmen. Ich habe behauptet, die wahrscheinlichste Hypothese zur Erklärung des Wiedererscheinens sehr alter Charactere sei die Annahme einer „Tendenz“ in den Jungen einer jeden neuen Generation, den längst verlorenen Character wieder hervorzuholen, welche Tendenz in Folge unbekannter Ursachen zuweilen zum Durchbruch komme. Und wir haben soeben gesehen, dass in verschiedenen Arten der Pferdegattung die Streifen bei den Jungen deutlicher sind oder gewöhnlicher auftreten als bei den Alten. Man nenne nun die Taubenrassen, deren einige schon Jahrhunderte lang sich echt erhalten haben, Species, und die Erscheinung wäre genau dieselbe, wie bei den Arten der Pferdegattung. Ich für meinen Theil wage getrost über Tausende und Tausende von Generationen rückwärts zu schauen und sehe ein Thier, wie ein Zebra gestreift, aber sonst vielleicht sehr abweichend davon gebaut, welches der gemeinsame Stammvater unseres domesticierten Pferdes (rühre es nun von einem oder von mehreren wilden Stämmen her), des Esels, des *Hemionus*, des Quagga's und des Zebra's ist.

Wer an die unabhängige Erschaffung der einzelnen Pferdespecies glaubt, wird vermuthlich sagen, dass einer jeden Art die Neigung im freien wie im domesticierten Zustande auf so eigenthümliche Weise zu variieren anerschaffen worden sei, derzufolge sie oft wie andere Arten derselben Gattung gestreift erscheine; und dass einer jeden derselben eine starke Neigung anerschaffen sei, bei einer Kreuzung mit Arten aus den entferntesten Weltgegenden Bastarde zu liefern, welche in der Streifung nicht ihren eigenen Eltern, sondern anderen Arten derselben Gattung gleichen. Sich zu dieser Ansicht bekennen, heisst nach meiner Meinung eine thatsächliche für eine nicht thatsächliche oder wenigstens unbekannte Ursache aufgeben. Sie macht aus den Werken Gottes nur Täuschung und Nachäfferei; — und ich würde dann beinahe ebenso gern mit den alten und unwissenden Kosmogonisten annehmen, dass die fossilen Muscheln nie einem lebenden Thiere angehört, sondern im Gesteine erschaffen worden seien, um die jetzt an der Seeküste lebenden Schalthiere nachzuahmen.

Zusammenfassung.

Wir sind in tiefer Unwissenheit über die Gesetze, wornach Abänderungen erfolgen. Nicht in einem von hundert Fällen dürfen wir behaupten, den Grund zu kennen, warum dieser oder jener Theil variiert hat. Doch, wo immer wir die Mittel haben, eine Vergleichung anzustellen, da scheinen bei Erzeugung der geringeren Abweichungen zwischen Varietäten derselben Art wie in Hervorbringung der grösseren Unterschiede zwischen Arten derselben Gattung die nämlichen Gesetze gewirkt zu haben. Veränderte Bedingungen rufen meist fluctuierende Variabilität hervor; zuweilen aber verursachen sie directe und bestimmte Wirkungen; und diese können im Laufe der Zeit scharf ausgesprochen werden. Doch haben wir hierfür keine genügenden Beweise. Wesentliche Wirkungen dürften Angewöhnung an eine bestimmte Lebensweise auf das Hervorrufen von Eigenthümlichkeiten der Constitution, Gebrauch der Organe auf ihre Verstärkung und Nichtgebrauch auf ihre Schwächung und Verkleinerung gehabt haben. Homologe Theile sind geneigt, in gleicher Weise abzuändern, und streben, unter sich zu verwachsen. Modificationen in den harten und in den äusseren Theilen berühren zuweilen weichere und innere Organe. Wenn sich ein Theil stark entwickelt, strebt er vielleicht anderen benachbarten Theilen Nahrung zu entziehen: und jeder Theil des organischen Baues, welcher ohne Nachtheil für das Individuum erspart werden kann, wird erspart. Veränderungen der Structur in einem frühen Alter können die sich später entwickelnden Theile afficieren; unzwe'felhaft kommen aber noch viele Fälle von correlativer Abänderung vor, deren Natur wir durchaus nicht im Stande sind, zu begreifen. Vielzählige Theile sind veränderlich in Zahl und Structur, vielleicht deshalb, weil dieselben durch natürliche Zuchtwahl für einzelne Verrichtungen nicht genug specialisiert sind, so dass ihre Modificationen durch natürliche Zuchtwahl nicht besonders beschränkt worden sind. Aus demselben Grunde werden wahrscheinlich auch die auf tiefer Organisationsstufe stehenden Organismen veränderlicher sein als die höher entwickelten und in ihrer ganzen Organisation mehr differenzierten. Rudimentäre Organe bleiben ihrer Nutzlosigkeit wegen von der natürlichen Zuchtwahl unbeachtet und sind deshalb veränderlich. Specifische Charactere, solche nämlich, welche erst seit der Abzweigung der verschiedenen Arten einer Gattung von einem gemeinsamen Erzeuger auseinander gelaufen, sind veränderlicher als generische Merkmale, welche sich schon lange vererbt haben, ohne in dieser Zeit eine Abänderung erlitten zu haben. Wir haben in diesen Bemerkungen nur auf die einzelnen noch veränderlichen Theile und Organe Bezug genommen, weil sie erst neuerlich variiert haben und einander unähnlich geworden sind; wir haben jedoch schon im zweiten Capitel gesehen, dass das nämliche Princip auch auf das ganze Individuum anwendbar ist; denn in einem Bezirke, wo viele Arten einer Gattung gefunden werden, d. h., wo früher viele Abänderung und Differenzierung stattgefunden hat oder wo die Fabrication neuer Artenformen lebhaft gewesen ist, in diesem Bezirke und unter diesen Arten finden wir jetzt durchschnittlich auch die meisten Varietäten. Secundäre Sexualcharactere sind sehr veränderlich, und solche Charactere sind in den Arten einer nämlichen Gruppe sehr verschieden. Veränderlichkeit in denselben Theilen der Organisation ist gewöhnlich mit Vortheil dazu benutzt worden, die secundären Sexualverschiedenheiten für die zwei Geschlechter einer Species und die Artenverschiedenheiten für die mancherlei Arten der nämlichen Gattung hervorzubringen. Irgend ein in ausserordentlicher Grösse oder Weise entwickeltes Glied oder Organ, im Vergleich mit der Entwicklung desselben Gliedes oder Organes in den nächstverwandten Arten, muss seit dem Auftreten der Gattung ein ausserordentliches Mass von Abänderung durchlaufen haben, woraus wir dann noch begreiflich finden, warum dasselbe noch jetzt in viel höherem Grade als andere Theile variabel ist; denn Abänderung ist ein langsamer und langwährender Process, und die natürliche Zuchtwahl wird in solchen

Fällen noch nicht die Zeit gehabt haben, das Streben nach fernerer Veränderung und nach dem Rückschlag zu einem weniger modificierten Zustande zu überwinden. Wenn aber eine Art mit irgend einem ausserordentlich entwickelten Organe Stamm vieler abgeänderter Nachkommen geworden ist — was nach meiner Ansicht ein sehr langsamer und daher viele Zeit erheischender Vorgang ist —, dann mag auch die natürliche Zuchtwahl im Stande gewesen sein, dem Organe, wie ausserordentlich es auch entwickelt sein mag, schon ein festes Gepräge aufzudrücken. Haben Arten nahezu die nämliche Constitution von einem gemeinsamen Erzeuger geerbt und sind sie ähnlichen Einflüssen ausgesetzt, so werden sie natürlich auch geneigt sein, analoge Abänderungen darzubieten, oder es können diese selben Arten gelegentlich auf einige der Charactere ihrer früheren Ahnen zurückschlagen. Obwohl neue und wichtige Modificationen aus dieser Umkehr und jenen analogen Abänderungen nicht hervorgehen mögen, so tragen solche Modificationen doch zur Schönheit und harmonischen Mannichfaltigkeit der Natur bei.

Was aber auch die Ursache des ersten kleinen Unterschiedes zwischen Eltern und Nachkommen sein mag, und eine Ursache muss für einen jeden da sein, so haben wir zu der Annahme Ursache, dass es doch nur die stete Häufung der für das Individuum nützlichen Verschiedenheiten ist, welche alle jene bedeutungsvolleren Abänderungen der Structur einer jeden Art in Bezug zu deren Lebensweise hervorgebracht hat.

Sechstes Capitel.

Schwierigkeiten der Theorie.

Schwierigkeiten der Theorie einer Descendenz mit Modificationen. — Abwesenheit oder Seltenheit der Übergangsvarietäten. — Übergänge in der Lebensweise. — Differenzierte Gewohnheiten bei einer und derselben Art. — Arten mit weit von denen ihrer Verwandten abweichender Lebensweise. — Organe von äusserster Vollkommenheit. — Übergangsweisen. — Schwierige Fälle. — Natura non facit saltum. — Organe von geringer Wichtigkeit. — Organe nicht in allen Fällen absolut vollkommen. — Das Gesetz von der Einheit des Typus und von den Existenzbedingungen enthalten in der Theorie der natürlichen Zuchtwahl.

Schon lange bevor der Leser zu diesem Theile unseres Buches gelangt ist, wird sich ihm eine Menge von Schwierigkeiten dargeboten haben. Einige derselben sind von solchem Gewichte, dass ich bis auf den heutigen Tag nicht an sie denken kann, ohne in gewissem Masse schwankend zu werden; aber nach meinem besten Wissen sind die meisten von ihnen nur scheinbare, und diejenigen, welche wirklich bestehen, dürften meiner Theorie nicht verderblich werden.

Diese Schwierigkeiten und Einwendungen lassen sich in folgende Rubriken zusammenfassen:

Erstens: Wenn Arten aus anderen Arten durch unmerkbar kleine Abstufungen entstanden sind, warum sehen wir nicht überall unzählige Übergangsformen? Warum bietet nicht die ganze Natur ein Gewirr von Formen dar, statt dass die Arten, wie sie sich uns zeigen, wohl begrenzt sind?

Zweitens: Ist es möglich, dass ein Thier, z. B. mit der Constitution und Lebensweise einer Fledermaus, durch Umbildung irgend eines andern Thieres mit ganz verschiedener Lebensweise und verschiedenem Bau entstanden ist? Ist es glaublich, dass natürliche Zuchtwahl einerseits ein Organ von so unbedeutender Wichtigkeit, wie z. B. den Schwanz einer Giraffe, welcher als Fliegenwedel dient, und andererseits ein Organ von so wundervoller Structur, wie das Auge, hervorbringen kann?

Drittens: Können Instincte durch natürliche Zuchtwahl erlangt und abgeändert werden? Was sollen wir z. B. zu einem so wunderbaren Instincte sagen, wie der ist, welcher die Bienen veranlasst, Zellen zu bauen, und durch welchen die Entdeckungen der gelehrtesten Mathematiker praktisch anticipiert worden sind?

Viertens: Wie ist es zu begreifen, dass Species bei der Kreuzung miteinander unfruchtbar sind oder unfruchtbare Nachkommen geben, während, wenn Varietäten miteinander gekreuzt werden, deren Fruchtbarkeit ungeschwächt bleibt?

Die zwei ersten dieser Hauptfragen sollen hier, einige verschiedene Einwürfe in dem nächsten Capitel, Instinct und Bastardbildung in den beiden darauffolgenden Capiteln erörtert werden.

Mangel oder Seltenheit vermittelnder Varietäten.

Da die natürliche Zuchtwahl nur durch Erhaltung nützlicher Abänderungen wirkt, so wird jede neue Form in einer schon vollständig bevölkerten Gegend dahin streben, ihre eigene minder vervollkommnete Stammform, sowie alle anderen minder vollkommenen Formen, mit welchen sie in Concurrenz kommt, zu verdrängen und endlich zu vertilgen. Aussterben und natürliche Zuchtwahl gehen daher Hand in Hand. Wenn wir folglich jede Species als Abkömmling von irgend einer andern unbekannten Form betrachten, so werden Urstamm und Übergangsformen gewöhnlich schon durch den Bildungs- und Vervollkommnungsprocess der neuen Form selbst zum Aussterben gebracht worden sein.

Da nun aber doch dieser Theorie zufolge zahllose Übergangsformen existiert haben müssen, warum finden wir sie nicht in unendlicher Menge in den Schichten der Erdrinde eingebettet? Es wird angemessener sein, diese Frage in dem Capitel von der Unvollständigkeit der geologischen Urkunden zu erörtern. Hier will ich nur anführen, dass ich die Antwort hauptsächlich darin zu finden glaube, dass jene Urkunden unvergleichbar weniger vollständig sind, als man gewöhnlich annimmt. Die Erdrinde ist ein ungeheures Museum, dessen naturgeschichtliche Sammlungen aber nur unvollständig und in einzelnen Zeitabschnitten eingebracht worden sind, die unendlich weit auseinander liegen.

Man kann nun aber einwenden, dass, wenn mehrere nahe verwandte Arten in einerlei Gegend beisammen wohnen, wir sicher in der Gegenwart viele Zwischenformen finden müssten. Nehmen wir einen einfachen Fall an. Wenn man einen Continent von Norden nach Süden durchreist, so trifft man gewöhnlich in aufeinanderfolgenden Zwischenräumen auf andere einander nahe verwandte oder stellvertretende Arten, welche offenbar ungefähr dieselbe Stelle in dem Naturhaushalte des Landes einnehmen. Diese stellvertretenden Arten grenzen oft aneinander oder greifen in ihr Gebiet gegenseitig ein, und in dem Masse, als die eine seltener und seltener wird, wird die andere immer häufiger, bis die eine die andere ersetzt. Vergleichen wir aber diese Arten da, wo sie sich mengen, miteinander, so sind sie in allen Theilen ihres Baues gewöhnlich noch ebenso vollkommen von einander unterschieden, wie die aus der Mitte des Verbreitungsbezirks einer jeden entnommenen Exemplare. Nun sind indess nach meiner Theorie alle diese Arten von einer gemeinsamen Stammform ausgegangen; jede derselben ist erst während des Modificationsprocesses den Lebensbedingungen ihrer Gegend angepasst worden und hat dort ihren Urstamm sowohl als alle Übergangsvarietäten zwischen ihrer frühern und jetzigen Form ersetzt und verdrängt. Wir dürfen daher jetzt nicht mehr erwarten, in jeder Gegend noch zahlreiche Übergangsformen zu finden, obwohl dieselben existiert haben müssen und ihre Reste wohl auch in die Erdschichten aufgenommen worden sein können. Aber warum finden wir in den Zwischengegenden, wo doch die äusseren Lebensbedingungen einen Übergang von denen des einen in die des andern Bezirkes bilden, nicht jetzt noch nahe verwandte Übergangsvarietäten? Diese Schwierigkeit hat mir lange Zeit viel Kopfzerbrechen verursacht; indessen glaube ich jetzt, sie lasse sich grossentheils erklären.

An erster Stelle sollten wir sehr vorsichtig mit der Annahme sein, dass eine Gegend, weil sie jetzt zusammenhängend ist, auch schon seit langer Zeit zusammenhängend gewesen sei. Die Geologie veranlasst uns zur Annahme, dass fast jeder Continent selbst noch in der spätern Tertiärzeit in viele Inseln getheilt gewesen ist; und auf solchen Inseln können sich verschiedene Arten gebildet haben, ohne die Möglichkeit mittlerer Varietäten in den Zwischengegenden zu liefern. In Folge der Veränderungen der Landform und des Clima's mögen auch die jetzt zusammenhängenden Meeresgebiete noch in verhältnismässig später Zeit viel weniger zusammenhängend und einförmig gewesen sein, als sie es jetzt sind. Doch will ich von diesem Mittel, der Schwierigkeit zu entgehen, absehen; denn ich glaube, dass viele vollkommen unterschiedene Arten auf ganz zusammenhängenden Gebieten entstanden sind, wenn ich auch nicht daran zweifle, dass der früher unterbrochene Zustand jetzt zusammenhängender Gebiete einen wesentlichen Antheil an der Bildung neuer Arten, zumal sich häufig kreuzender und wandernder Thiere, gehabt hat.

Hinsichtlich der jetzigen Verbreitung von Arten über weite Gebiete finden wir allgemein, dass sie auf einem grossen Theile derselben ziemlich zahlreich vorkommen, dann aber ziemlich plötzlich gegen die Grenzen hin immer seltener werden und endlich ganz verschwinden; daher ist das neutrale Gebiet zwischen zwei stellvertretenden Arten gewöhnlich nur schmal im Vergleich zu dem einer jeden Art eigenen. Wir begegnen derselben Thatsache, wenn wir an Gebirgen emporsteigen; und zuweilen ist es sehr auffällig, wie plötzlich, nach ALPHONSE DE CANDOLLE's Beobachtung, eine gemeine Art in den Alpen verschwindet. EDW. FORBES hat dieselbe Thatsache beobachtet, als er die Tiefen des Meeres mit dem Schleppnetze untersuchte. Diese Thatsache muss alle diejenigen in Verlegenheit setzen, welche die äusseren Lebensbedingungen, wie Clima und Höhe, als die allmächtigen Ursachen der Verbreitung der Organismenformen betrachten, indem der Wechsel von Clima und

Höhe oder Tiefe überall ein allmählicher und unmerkbarer ist. Wenn wir uns aber erinnern, dass fast jede Art, selbst im Mittelpunkte ihrer Heimath, zu unermesslicher Zahl anwachsen würde, wenn sie nicht in Concurrenz mit anderen Arten stünde, — dass fast alle von anderen Arten leben oder ihnen zur Nahrung dienen, — kurz, dass jedes organische Wesen mittelbar oder unmittelbar auf die bedeutungsvollste Weise zu anderen Organismen in Beziehung steht, so erkennen wir, dass das Mass der Verbreitung der Bewohner irgend einer Gegend keineswegs ausschliesslich von der unmerklichen Veränderung physikalischer Bedingungen, sondern zu einem grossen Theile von der Anwesenheit oder Abwesenheit anderer Arten abhängt, von welchen sie leben, durch welche sie zerstört werden oder mit welchen sie in Concurrenz stehen; und da diese Arten bereits scharf bestimmt sind und nicht mehr unmerklich ineinander übergehen, so muss die Verbreitung einer Species, welche doch eben von der Verbreitung anderer abhängt, scharf umgrenzt zu werden streben. Überdies wird jede Art an den Grenzen ihres Verbreitungsbezirkes, wo ihre Anzahl geringer wird, durch Schwankungen in der Menge ihrer Feinde oder ihrer Beute oder in dem Wesen der Jahreszeiten einer gänzlichen Zerstörung im äussersten Grade ausgesetzt sein; und hierdurch wird ihre geographische Verbreitung noch schärfer bestimmt werden.

Da verwandte oder stellvertretende Arten, wenn sie ein zusammenhängendes Gebiet bewohnen, gewöhnlich in einer solchen Weise vertheilt sind, dass jede von ihnen ein weites Gebiet einnimmt, und dass diese Gebiete durch verhältnismässig enge neutrale Zwischenräume getrennt werden, in welchen jede Art beinahe plötzlich seltener und seltener wird, — so wird dieselbe Regel, da Varietäten nicht wesentlich von Arten verschieden sind, wahrscheinlich auf die einen wie die anderen Anwendung finden; und wenn wir in Gedanken eine veränderliche Species einem sehr grossen Gebiete anpassen, so werden wir zwei Varietäten zwei grossen Untergebieten desselben und eine dritte Varietät dem schmalen Zwischengebiete anzupassen haben. Diese Zwischenvarietät wird, weil sie einen schmalen und kleinern Raum bewohnt, auch in geringerer Anzahl vorhanden sein; und in Wirklichkeit genommen, passt diese Regel, soviel ich ermitteln kann, ganz gut auf Varietäten im Naturzustande. Ich habe auffallende Belege für diese Regel bei Varietäten von der Gattung *Balanus* gefunden, welche zwischen ausgeprägteren Varietäten derselben das Mittel halten. Und ebenso dürfte auch aus den Belehrungen, die ich den Herren Watson, Asa Gray und Wollaston verdanke, hervorgehen, dass Mittelvarietäten, wo deren zwischen zwei anderen Formen vorkommen, der Zahl nach weit hinter jenen zurückstehen, die sie verbinden. Wenn wir nun diese Thatsachen und Folgerungen als zuverlässig ansehen können und daraus schliessen, dass Varietäten, welche zwei andere Varietäten miteinander verbinden, gewöhnlich in geringerer Anzahl als diese letzten vorhanden gewesen sind, so kann man, wie ich glaube, daraus auch begreifen, warum Zwischenvarietäten keine lange Dauer haben, warum sie einer allgemeinen Regel zufolge früher vertilgt werden und verschwinden müssen, als diejenigen Formen, welche sie ursprünglich miteinander verbanden.

Denn eine jede in geringerer Anzahl vorhandene Form wird, wie schon früher bemerkt worden ist, überhaupt mehr als die in reichlicher Menge verbreiteten in Gefahr sein, zum Aussterben gebracht zu werden; und in diesem besondern Falle dürfte die Zwischenform vorzugsweise den Übergriffen der zwei nahe verwandten Formen zu ihren beiden Seiten ausgesetzt sein. Aber eine weit wichtigere Betrachtung scheint mir die zu sein, dass während des Processes weiterer Umbildung, wodurch nach meiner Theorie zwei Varietäten zu zwei ganz verschiedenen Species erhoben und ausgebildet werden, die zwei Varietäten, welche in grösserer Anzahl vorhanden sind, weil sie grössere Flächen bewohnen, einen grossen Vortheil gegen die mittlere Varietät haben werden, welche in kleinerer Anzahl nur einen schmalen dazwischenliegenden Raum bewohnt. Denn Formen, welche in grösster Anzahl vorhanden sind, werden immer eine bessere Aussicht als die in geringerer Zahl vorhandenen seltenen Formen haben, innerhalb einer gegebenen Periode noch andere nützliche Abänderungen der natürlichen Zuchtwahl darzubieten. Daher werden in dem Kampfe um's Dasein die gemeineren Formen die selteneren zu verdrängen und zu ersetzen streben, weil diese sich nur langsam abzuändern und zu vervollkommnen vermögen. Es scheint mir hier dasselbe Princip zu gelten, wonach, wie im zweiten Capitel gezeigt wurde, die gemeinen Arten einer Gegend durchschnittlich auch eine grössere Anzahl von Varietäten darbieten als die selteneren. Ich kann, um meine Meinung zu erläutern, einmal annehmen, es sollten drei Schafvarietäten gehalten werden, von welchen eine für eine ausgedehnte Gebirgsgegend, die zweite für einen verhältnismässig schmalen hügeligen Streifen und die dritte für weite Ebenen an deren Fusse geeignet sein soll; ich will ferner annehmen, die Bewohner seien alle mit gleichem Geschick und Eifer bestrebt, ihre Rassen durch Zuchtwahl zu verbessern; in diesem Falle wird die Wahrscheinlichkeit des Erfolges ganz auf Seiten der grossen Heerdenbesitzer im Gebirge und in der Ebene sein, weil diese ihre Rassen schneller als die kleinen in der schmalen hügeligen Zwischenzone veredeln; die Folge wird sein, dass die verbesserte Rasse des Gebirges oder der Ebene bald die Stelle der minder verbesserten Hügellandrasse einnehmen wird; und so werden die zwei Rassen, welche ursprünglich schon in grösserer Anzahl existiert haben, in unmittelbare Berührung miteinander kommen ohne fernere Einschaltung der verdrängten Zwischenrasse.

In Summa glaube ich, dass Arten doch leidlich gut umschriebene Objecte werden und zu keiner Zeit ein unentwirrbares Chaos veränderlicher und vermittelnder Formen darbieten: erstens, weil sich neue Varietäten nur sehr langsam bilden, indem Abänderung ein äusserst langsamer Vorgang ist und natürliche Zuchtwahl so lange nichts auszurichten vermag, als nicht günstige individuelle Verschiedenheiten oder Abänderungen vorkommen und nicht ein Platz im Naturhaushalte der Gegend durch Modification eines oder des andern ihrer Bewohner besser ausgefüllt werden kann. Und das Auftreten solcher neuen Stellen wird von langsamen Veränderungen des Clima's oder der zufälligen Einwanderung neuer Bewohner und in wahrscheinlich v'el bedeutungsvollerem Grade noch davon abhängen, dass einige von den alten Bewohnern langsam abgeändert werden, wobei dann die hierdurch entstehenden neuen Formen mit den alten in Wechselwirkung gerathen. Daher dürften wir in jeder Gegend und zu jeder Zeit nur wenige Arten zu sehen bekommen, welche einigermassen bleibende geringe Modificationen der Structur darbieten. Und dies sehen wir auch sicherlich.

Zweitens: viele jetzt zusammenhängende Bezirke der Erdoberfläche müssen noch in der jetzigen Erdperiode in verschiedene Theile getrennt gewesen sein, in denen viele Formen, zumal solche, welche sich für jede Brut begatten und beträchtlich wandern, sich einzeln weit genug zu differenzieren vermochten, um als Species gelten zu können. Zwischenvarietäten zwischen diesen verschiedenen stellvertretenden Species und ihrer gemeinsamen Stammform müssen in diesem Falle wohl vordem in jedem dieser isolierten Theile des Bezirkes existiert haben, sind aber später während des Verlaufs der natürlichen Zuchtwahl ersetzt und ausgetilgt worden, so dass sie lebend nicht mehr vorhanden sind.

Drittens: wenn zwei oder mehrere Varietäten in den verschiedenen Theilen eines völlig zusammenhängenden Bezirkes gebildet worden sind, so werden wahrscheinlich Zwischenvarietäten zuerst in den schmalen Zwischenzonen entstanden sein; sie werden aber nur eine kurze Dauer gehabt haben. Denn diese Zwischenvarietäten werden aus schon entwickelten Gründen (nach dem nämlich, was wir über die jetzige Verbreitung einander nahe verwandter oder stellvertretender Arten und anerkannter Varietäten wissen) in den Zwischenzonen in geringerer Anzahl, als die Hauptvarietäten, die sie verbinden, vorhanden sein. Schon aus diesem Grunde allein werden die Zwischenvarietäten gelegentlicher Vertilgung ausgesetzt sein, werden aber während des Processes weiterer Modification beinahe sicher durch natürliche Zuchtwahl von den Formen, welche sie miteinander verketten, geschlagen und ersetzt werden; denn diese werden, weil sie in grösserer Anzahl vorhanden sind, mehr Varietäten darbieten und daher durch natürliche Zuchtwahl weiter verbessert werden und weitere Vortheile erlangen.

Endlich müssen auch, nicht bloss zu einer, sondern zu allen Zeiten, wenn meine Theorie richtig ist, zahllose Zwischenvarietäten, welche die Arten einer nämlichen Gruppe eng miteinander verbinden, sicher existiert haben; aber gerade der Process der natürlichen Zuchtwahl strebt, wie so oft bemerkt worden ist, beständig darnach, sowohl die Stammform als die Mittelglieder zu vertilgen. Daher könnte ein Beweis ihrer früheren Existenz höchstens noch unter den fossilen Resten der Erdrinde gefunden werden, welche aber, wie in einem spätern Abschnitte gezeigt werden soll, nur in äusserst unvollkommener und unzusammenhängender Weise erhalten worden sind.

Ursprung und Übergänge von Organismen mit eigenthümlicher Lebensweise und Structur.

Gegner solcher Ansichten, wie ich sie vertrete, haben mir die Frage vorgehalten, wie denn z. B. ein Landraubthier in ein Wasserraubthier habe verwandelt werden können; denn wie hätte denn das Thier in einem Zwischenzustande bestehen können? Es würde leicht sein, zu zeigen, dass innerhalb derselben Raubthiergruppe Thiere vorhanden sind, welche jede Mittelstufe zwischen wahren Land- und echten Wasserthieren einnehmen; und da ein Jedes durch einen Kampf um's Dasein existiert, so ist auch klar, dass Jedes durch seine verschiedene Lebensweise wohl für seine Stelle im Naturhaushalte geeignet sein muss. So hat z. B. die nord-americanische *Mustela vison* eine Schwimmhaut zwischen den Zehen und gleicht der Fischotter in ihrem Pelz, ihren kurzen Beinen und der Form des Schwanzes. Den Sommer hindurch taucht dieses Thier in's Wasser und nährt sich von Fischen; während des langen Winters aber verlässt es die gefrorenen Gewässer und lebt gleich anderen Iltissen von Mäusen und Landthieren. Hätte man einen andern Fall gewählt und mir die Frage gestellt, auf welche Weise ein insectenfressender Vierfüssler in eine fliegende Fledermaus verwandelt worden sei, so wäre diese Frage weit schwieriger zu beantworten gewesen. Doch haben nach meiner Meinung solche Schwierigkeiten kein grosses Gewicht.

Hier wie in anderen Fällen befinde ich mich in einem grossen Nachtheil; denn aus den vielen treffenden Belegen, die ich gesammelt habe, kann ich nur ein oder zwei Beispiele von Übergangsformen der Lebensweise und Organisation bei nahe verwandten Arten derselben Gattung und von vorübergehend oder bleibend veränderter Lebensweise einer und derselben Species anführen. Und mir scheint, als sei nur ein langes Verzeichnis solcher Beispiele genügend, die Schwierigkeiten der Erklärung irgend eines so eigenthümlichen Falles zu verringern, wie der der Fledermaus ist.

Sehen wir uns in der Familie der Eichhörnchen um, so finden wir hier die schönsten Abstufungen von Thieren mit nur unbedeutend abgeplattetem Schwanze und, nach Sir J. Richardson's Bemerkung, von anderen mit einem etwas verbreiterten Hinterleibe und vollerer Haut an den Seiten des Körpers bis zu den sogenannten fliegenden Eichhörnchen; und bei Flughörnchen sind die Hintergliedmassen und selbst der Anfang des Schwanzes durch eine ansehnliche Ausbreitung der Haut miteinander verbunden, welche als Fallschirm dient und diese Thiere befähigt, auf erstaunliche Entfernungen von einem Baum zum andern durch die Luft zu gleiten. Es ist kein Zweifel, dass jeder Art von Eichhörnchen in ihrer Heimath jeder Theil dieser eigenthümlichen Organisation nützlich ist, indem er sie in den Stand setzt, den Verfolgungen der Raubvögel oder anderer Raubthiere zu entgehen, oder Nahrung schneller einzusammeln oder wie wir anzunehmen Grund haben, auch die Gefahr gelegentlichen Fallens zu vermindern. Aus dieser Thatsache folgt aber noch nicht, dass die Organisation eines jeden Eichhörnchens auch die bestmögliche für alle natürlichen Verhältnisse sei. Gesetzt, Clima und Vegetation veränderten sich, neue Nagethiere träten als Concurrenten auf, oder neue Raubthiere wanderten ein oder alte erführen eine Abänderung, so müssten wir aller Analogie nach auch vermuthen, dass wenigstens einige der Eichhörnchen sich an Zahl vermindern oder ganz aussterben würden, wenn ihre Organisation nicht ebenfalls in entsprechender Weise abgeändert und verbessert würde. Daher finde ich, zumal bei einem Wechsel der äusseren Lebensbedingungen, keine Schwierigkeit für die Annahme, dass Individuen mit immer vollerer Seitenhaut vorzugsweise erhalten worden sind, bis endlich, da jede Modification von Nutzen ist und da auch jede fortgepflanzt wird, durch Häufung aller einzelnen Effecte dieses Processes natürlicher Zuchtwahl aus dem Eichhörnchen ein Flughörnchen geworden ist.

Betrachten wir nun den sogenannten fliegenden Lemur oder den *Galeopithecus*, welcher vordem zu den Fledermäusen gezählt wurde, von dem man aber jetzt annimmt, dass er zu den Insectivoren gehöre. Er hat eine sehr breite Seitenhaut, welche von den Winkeln der Kinnladen bis zum Schwanze reichend die Beine und verlängerten Finger einschliesst, auch mit einem Ausbreitemuskel versehen ist. Obwohl jetzt keine, das Gleiten durch die Luft ermöglichenden, abgestuften Zwischenformen den *Galeopithecus* mit den anderen Insectivoren verbinden, so sehe ich doch keine Schwierigkeiten für die Annahme, dass solche Zwischenglieder einmal existiert und sich auf ähnliche Art von Stufe zu Stufe entwickelt haben, wie die noch wenig gut gleitenden Eichhörnchen, und dass jeder Grad dieser Bildung für den Besitzer von Nutzen gewesen ist. Auch kann ich keine unüberwindlichen Schwierigkeiten darin erblicken, es ferner für möglich zu halten, dass die durch die Flughaut verbundenen Finger und der Vorderarm des *Galeopithecus* sich in Folge natürlicher Zuchtwahl allmählich verlängert haben; und dies würde genügen, denselben, was die Flugwerkzeuge betrifft, in eine Fledermaus zu verwandeln. Bei gewissen Fledermäusen, deren Flughaut nur von der Schulterhöhe bis zum Schwanze geht und die Hinterbeine einschliesst, sehen wir vielleicht noch die Spuren einer Vorrichtung, welche ursprünglich mehr dazu gemacht war, durch die Luft zu gleiten als zu fliegen.

Wenn etwa ein Dutzend Vogelgattungen erlöschen sollte, wer hätte auch nur die Vermuthung wagen dürfen, dass es jemals Vögel gegeben habe, welche wie die Dickkopf-Ente (*Micropterus brachypterus* Eyton) ihre Flügel nur als Klappen zum Flattern über den Wasserspiegel hin, oder wie die Penguine als Ruder im Wasser und als Vorderbeine auf dem Lande, oder wie der Strauss als Segel gebraucht oder welche endlich wie der *Apteryx* functionell zwecklose Flügel besessen hätten? Und doch ist die Organisation eines jeden dieser Vögel unter den Lebensbedingungen, worin er sich befindet und um sein Dasein zu kämpfen hat, für ihn vortheilhaft; sie ist aber nicht nothwendig die beste unter allen möglichen Einrichtungen. Aus diesen Bemerkungen darf übrigens nicht gefolgert werden, dass irgend eine der oben angeführten Abstufungen der Flügelbildungen, die vielleicht alle nur Folge des Nichtgebrauches sind, einer natürlichen Stufenreihe angehöre, auf welcher emporsteigend die Vögel das vollkommene Flugvermögen erlangt haben; aber sie können wenigstens zu zeigen dienen, was für mancherlei Wege des Übergangs möglich sind.

Wenn man sieht, dass eine kleine Anzahl von Formen aus derartigen Classen wasserathmender Thiere wie Kruster und Mollusken zum Leben auf dem Lande geschickt sind, wenn man sieht, dass es fliegende Vögel, fliegende Säugethiere, fliegende Insecten von den verschiedenartigsten Typen gibt und dass es vordem auch fliegende Reptilien gegeben hat, so wird es auch begreiflich, dass fliegende Fische, welche jetzt weit durch die Luft gleiten und mit Hilfe ihrer flatternden Brustflossen sich leicht über den Meeresspiegel erheben und senken, allmählich zu vollkommen beflügelten Thieren hätten umgewandelt werden können. Und wäre dies einmal bewirkt worden, wer wurde sich dann je einbilden, dass sie in einer früheren Zeit Bewohner des offenen Meeres gewesen seien und ihre beginnenden Flugorgane, wie uns jetzt bekannt ist, bloss gebraucht haben, um dem Rachen anderer Fische zu entgehen?

Wenn wir ein Organ zu irgend einem besondern Zwecke hoch ausgebildet sehen, wie eben die Flügel des Vogels zum Fluge, so müssen wir bedenken, dass Thiere, welche frühe Übergangsstufen solcher Bildungen zeigen, selten noch bis in die Jetztzeit erhalten sein werden; denn sie werden durch ihre Nachkommen verdrängt worden sein, welche mittelst natürlicher Zuchtwahl allmählich vollkommener geworden sind. Wir können ferner schliessen, dass Übergangsstufen zwischen Bildungen, welche zu ganz verschiedenen Lebensweisen dienen, in früherer Zeit selten in grosser Anzahl und unter vielerlei untergeordneten Gestalten ausgebildet worden sein werden. So scheint es, um zu dem gewählten Beispiele von einem fliegenden Fische zurückzukehren, mir nicht wahrscheinlich zu sein, dass zu wirklichem Fluge befähigte Fische sich in vielerlei untergeordneten Formen, zur Erhaschung von verschiedenartiger Beute auf mancherlei Wegen, zu Wasser und zu Land, entwickelt haben würden, bis ihre Flugwerkzeuge eine so hohe Stufe von Vollkommenheit erlangt hätten, dass sie im Kampfe um's Dasein ein entschiedenes Übergewicht über andere Thiere erlangten. Daher wird die Wahrscheinlichkeit, Arten auf Übergangsstufen der Organisation noch im fossilen Zustande zu entdecken, immer nur gering sein, weil sie in geringerer Anzahl als die Arten mit völlig entwickelten Bildungen existiert haben.

Ich will nun zwei oder drei Beispiele sowohl von verschiedenartig gewordener als auch von veränderter Lebensweise bei den Individuen einer und derselben Art anführen. In allen Fällen wird es der natürlichen Zuchtwahl leicht sein, ein Thier durch irgend eine Abänderung seines Baues für seine veränderte Lebensweise oder ausschliesslich für nur eine seiner verschiedenen Gewohnheiten geschickt zu machen. Es ist indessen schwer und für uns unwesentlich zu sagen, ob im Allgemeinen zuerst die Lebensweise und dann die Organisation sich ändern, oder ob geringe Modificationen des Baues zu einer Änderung der Gewohnheiten führen; wahrscheinlich ändern oft beide fast gleichzeitig ab. Was Änderung der Gewohnheiten betrifft, so wird es genügen, auf die Menge britischer Insectenarten zu verweisen, welche jetzt von ausländischen Pflanzen oder ganz ausschliesslich von Kunsterzeugnissen leben. Vom Verschiedenartigwerden der Gewohnheiten liessen sich zahllose Beispiele anführen. Ich habe oft in Süd-America eine Würgerart *(Saurophagus sulphuratus)* beobachtet, die das eine Mal wie ein Thurmfalke über einem Fleck und dann wieder über einem andern schwebte und ein andermal steif am Rande des Wassers stand und dann plötzlich wie ein Eisvogel auf den Fisch hinabstürzte. Hier in England sieht man die Kohlmeise *(Parus major)* bald fast wie einen Baumläufer an den Zweigen herum klimmen, bald nach Art des Würgers kleine Vögel durch Hiebe auf den Kopf tödten; und oft habe ich gesehen und gehört, wie sie die Samen eines Eibenbaumes auf einem Zweige aufhämmerte, also sie wie ein Nusshacker aufbrach. In Nord-America sah HEARNE den schwarzen Bär vier Stunden lang mit weit geöffnetem Munde im Wasser umherschwimmen, um fast nach Art der Wale Wasserinsecten zu fangen.

Da wir zuweilen Individuen Gewohnheiten befolgen sehen, welche von denen anderer Individuen ihrer Art und anderer Arten derselben Gattung weit abweichen, so könnten wir erwarten, dass solche Individuen mitunter zur Entstehung neuer Arten mit abweichenden Sitten und einer nur unbedeutend oder beträchtlich vom eigenen Typus abweichenden Organisation Veranlassung geben. Und solche Fälle kommen in der Natur vor. Kann es ein auffallenderes Beispiel von Anpassung geben, als den Specht, welcher an Bäumen umherklettert, um Insecten in den Rissen der Baumrinde aufzusuchen? Und doch gibt es in Nord-America Spechte, welche grossentheils von Früchten leben, und andere mit verlängerten Flügeln, welche Insecten im Fluge haschen. Auf den Ebenen von La Plata, wo kaum ein Baum wächst, gibt es einen Specht *(Colaptes campestris)*, welcher zwei Zehen vorn und zwei hinten, eine lange spitze Zunge, steife Schwanzfedern und einen geraden kräftigen Schnabel besitzt. Doch sind die Schwanzfedern nur steif genug, um den Vogel in senkrechter Stellung auf einem Pfahle zu unterstützen, und nicht so steif wie bei den typischen Spechten. Auch der Schnabel ist weniger gerade und nicht so stark wie bei den typischen Spechten, obwohl stark genug, um in's Holz zu bohren. Demnach ist dieser *Colaptes* in allen wesentlichen Theilen seiner Organisation ein echter Specht. So unbedeutende Charactere sogar wie seine Färbung, der schrille Ton seiner Stimme und der wellige Flug, Alles überzeugte mich von seiner nahen Blutverwandtschaft mit unseren gewöhnlichen Spechten. Aber dieser Specht klettert, wie ich sowohl nach meinen eigenen wie nach den Beobachtungen des genauen Azara versichern kann, in gewissen grossen Bezirken niemals an Bäumen, und baut sein Nest in Höhlen an Ufern. In gewissen anderen Bezirken besucht aber dieser selbe Specht, wie Mr. Hudson angibt, Bäume und bohrt Löcher in Baumstämme behufs des Nestbaues. Ich will noch als ferneres Beispiel der abgeänderten Lebensweise in dieser Gattung erwähnen, dass de Saussure einen mexicanischen *Colaptes* beschrieben und von ihm mitgetheilt hat, dass er in hartes Holz Löcher bohrt, um einen Vorrath von Eicheln hineinzulegen.

Sturmvögel sind unter allen Vögeln diejenigen, die am meisten in der Luft leben und am meisten oceanisch sind, und doch gibt es in den ruhigen stillen Meerengen des Feuerlandes eine Art, *Puffinuria Berardi*, die nach ihrer Lebensweise im Allgemeinen, nach ihrer erstaunlichen Fähigkeit zu tauchen, nach ihrer Art zu schwimmen und zu fliegen, wenn sie zu fliegen genöthigt wird, von Jedem für einen Alk oder Lappentaucher *(Podiceps)* gehalten werden würde; sie ist aber nichtsdestoweniger ihrem Wesen nach ein Sturmvogel nur mit einigen tiefeindringenden zu ihrer neuen Lebensweise in Beziehung stehenden Änderungen der Organisation, während beim Spechte von La Plata der Körperbau nur unbedeutende Veränderungen erfahren hat. Bei der Wasseramsel *(Cinclus)* dagegen würde man auch bei der genauesten Untersuchung des todten Körpers nicht im mindesten eine halb und halb an's Wasser gebundene Lebensweise vermuthet haben. Und doch verschafft sich dieser mit der Drosselfamilie verwandte Vogel seinen ganzen Unterhalt nur durch Tauchen, wobei er seine Flügel unter Wasser gebraucht und mit seinen Füssen Steine ergreift. Alle Glieder der Hymenopteren-Ordnung sind Landthiere, mit Ausnahme der Gattung *Proctotrupes*, welche, wie Sir John Lubbock neuerdings gefunden hat, in ihrer Lebensweise ein Wasserthier ist. S'e geht oft in's Wasser, taucht unter, nicht mit Hilfe ihrer Beine, sondern ihrer Flügel und bleibt bis zu vier Stunden unter Wasser. Und doch kann in ihrem Bau nicht die geringste, mit so abnormer Lebensweise in Übereinstimmung zu bringende Modification nachgewiesen werden.

Wer des Glaubens ist, dass jedes Wesen so geschaffen worden ist, wie wir es jetzt erblicken, muss schon gelegentlich überrascht gewesen sein, ein Thier zu finden, dessen Organisation und Lebensweise durchaus nicht miteinander in Einklang standen. Was kann klarer sein, als dass die Füsse der Enten und Gänse mit der grossen Haut zwischen den Zehen zum Schwimmen gemacht sind? und doch gibt es Hochlandgänse mit solchen Schwimmfüssen, welche selten oder nie in's Wasser gehen; — und ausser Audubon hat noch Niemand den Fregattenvogel, dessen vier Zehen sämmtlich durch eine Schwimmhaut verbunden sind, sich auf den Spiegel des Meeres niederlassen sehen. Andererseits sind Lappentaucher *(Podiceps)* und Wasserhühner *(Fulica)* ausgezeichnete Wasservögel, und doch sind ihre Zehen nur mit einer Schwimmhaut gesäumt. Was scheint klarer zu sein, als dass die langen, durch keine Haut verbundenen Zehen der Sumpfvögel ihnen dazu gegeben sind, damit sie über Sumpfböden und schwimmende Wasserpflanzen hinwegschreiten können? Rohrhuhn und Landralle sind Glieder dieser Ordnung; und doch ist das Rohrhuhn *(Ortygometra)* fast eben so sehr Wasservogel wie das Wasserhuhn, und die Landralle *(Crex)* fast eben so sehr Landvogel wie die Wachtel oder das Feldhuhn. In derartigen Fällen, und viele andere könnten noch angeführt werden, hat sich die Lebensweise geändert ohne eine entsprechende Änderung des Baues. Man kann sagen, der Schwimmfuss der Hochlandgans sei verkümmert in seiner Verrichtung, aber nicht in seiner Form. Beim Fregattenvogel dagegen zeigt der tiefe Ausschnitt der Schwimmhaut zwischen den Zehen, dass eine Veränderung der Fussbildung begonnen hat.

Wer an zahllose getrennte Schöpfungsacte glaubt, wird sagen, dass es in diesen Fällen dem Schöpfer gefallen habe, ein Wesen von dem einen Typus für den Platz eines Wesens von dem andern Typus zu bestimmen. Dies scheint mir aber nur eine Umschreibung der Thatsache in einer würdevoll klingensollenden Ausdrucksweise zu sein. Wer an den Kampf um's Dasein und an das Princip der natürlichen Zuchtwahl glaubt, der wird anerkennen, dass jedes organische Wesen beständig nach Vermehrung seiner Anzahl strebt und dass, wenn es in Organisation oder Gewohnheiten auch noch so wenig variiert, und hierdurch einen Vortheil über irgend einen andern Bewohner der Gegend erlangt, es dessen Stelle einnehmen kann, wie verschieden dieselbe auch von seiner eigenen bisherigen Stelle sein mag. Er wird deshalb nicht darüber erstaunt sein, Gänse und Fregattenvögel mit Schwimmfüssen zu sehen, wovon die einen auf dem trockenen Lande leben und die anderen sich nur selten auf's Wasser niederlassen, oder langzehige Wiesenknarren *(Crex)* zu finden, welche auf Wiesen statt in Sümpfen wohnen; oder dass es Spechte da gibt, wo kaum ein Baum wächst, dass es Drosseln und Hymenopteren gibt, welche tauchen, und Sturmvögel mit der Lebensweise der Alke.

Organe von äusserster Vollkommenheit und Zusammengesetztheit.

Die Annahme, dass sogar das Auge mit allen seinen unnachahmlichen Vorrichtungen, um den Focus den mannichfaltigsten Entfernungen anzupassen, verschiedene Lichtmengen zuzulassen und die sphärische und chromatische Abweichung zu verbessern, nur durch natürliche Zuchtwahl zu dem geworden sei, was es ist, scheint, ich will es offen gestehen, im höchsten möglichen Grade absurd zu sein. Als es zum ersten Male ausgesprochen wurde, dass die Sonne stille stehe, und die Erde sich um ihre Achse drehe, erklärte der gemeine Menschenverstand diese Lehre für falsch; aber das alte Sprichwort „vox populi, vox dei" hat, wie jeder Forscher weiss, in der Wissenschaft keine Geltung. Die Vernunft sagt mir, dass wenn zahlreiche Abstufungen von einem unvollkommenen und einfachen bis zu einem vollkommenen und zusammengesetzten Auge, die alle nützlich für ihren Besitzer sind, nachgewiesen werden können, was sicher der Fall ist, — wenn ferner das Auge auch nur im geringsten Grade variiert und seine Abänderungen erblich sind, was gleichfalls sicher der Fall ist, — und wenn solche Abänderungen eines Organes je nützlich für ein Thier sind, dessen äussere Lebensbedingungen sich ändern: dann dürfte die Schwierigkeit der Annahme, dass ein vollkommenes und zusammengesetztes Auge durch natürliche Zuchtwahl gebildet werden könne, wie unübersteiglich sie auch für unsere Einbildungskraft scheinen mag, doch die Theorie nicht völlig umstürzen. Die Frage, wie ein Nerv für Licht empfänglich werde, beunruhigt uns schwerlich mehr, als die, wie das Leben selbst ursprünglich entstehe; doch will ich bemerken, dass es, wie manche der niedersten Organismen, bei denen keine Nerven nachgewiesen werden können, als für das Licht empfindlich bekannt sind, nicht unmöglich erscheint, dass gewisse sensitive Elemente ihrer Sarcode aggregiert und zu Nerven entwickelt worden sind, die mit dieser specifischen Empfindlichkeit begabt sind.

Suchen wir nach den Abstufungen, durch welche ein Organ in irgend einer Species vervollkommnet worden ist, so sollten wir ausschliesslich bei deren directen Vorgängern in gerader Linie nachsehen. Dies ist aber schwerlich jemals möglich, und wir sind in jedem dieser Fälle genöthigt, uns unter den anderen Arten und Gattungen derselben Gruppe, d. h. bei den Seitenabkömmlingen derselben ursprünglichen Stammform umzusehen, um zu finden, was für Abstufungen möglich sind, und ob es wahrscheinlich ist, dass irgend welche Abstufungen ohne alle oder mit nur geringer Abänderung vererbt worden seien. Aber selbst der Zustand eines und desselben Organs in verschiedenen Classen kann beiläufig Licht auf den Weg werfen, auf dem es vervollkommnet worden ist.

Das einfachste Organ, welches ein Auge genannt werden kann, besteht aus einem, von Pigmentzellen umgebenen und von durchscheinender Haut bedeckten Sehnerven, aber noch ohne Linse oder andere lichtbrechende Körper. Nach Jourdain können wir aber selbst noch einen Schritt weiter hinabgehen; wir finden dann Aggregate von Pigmentzellen, welche ohne einen Sehnerven zu besitzen, einfach auf der Sarcodemasse aufliegen und allem Anscheine nach als Sehorgane dienen. Augen der erwähnten einfachen Art gestatten kein deutliches Sehen, sondern dienen nur dazu, Licht von Dunkelheit zu unterscheiden. Bei manchen Seesternen sind kleine Vertiefungen in dem den Nerven umgebenden Pigmentlager, wie es der ebengenannte Schriftsteller beschreibt, mit einer durchsichtigen gallertigen Masse erfüllt, welche mit einer gewölbten Oberfläche, wie die Hornhaut bei höheren Thieren, nach aussen vorragt. Er vermuthet, dass diese Einrichtung nicht dazu diene, ein Bild entstehen zu lassen, sondern nur die Lichtstrahlen zu concentrieren und ihre Wahrnehmung leichter zu machen. In dieser Concentration der Strahlen erhalten wir den ersten und weitaus wichtigsten Schritt zur Bildung eines wahren, Bilder entwerfenden Auges; denn wir haben nun bloss die freie Endigung des Sehnerven, der in manchen niederen Thieren tief im Körper vergraben, bei anderen der Oberfläche näher liegt, in die richtige Entfernung von dem concentrierenden Apparate zu bringen, und ein Bild muss dann auf ihm entstehen.

In der grossen Classe der Gliederthiere können wir von einem einfach mit Pigment überzogenen Sehnerven ausgehen, welches weder eine Linse noch eine andere optische Einrichtung darbietet, wenngleich das Pigment zuweilen eine Art Pupille bildet. Bei Insecten weiss man jetzt, dass die zahlreichen Facetten auf der Hornhaut der grossen zusammengesetzten Augen wahre Linsen bilden und dass die Kegel eigenthümlich modificierte Nervenfäden einschliessen. Es ist aber die Structur der Augen bei den Gliederthieren so mannichfach, dass Joh. Müller früher drei Hauptclassen von zusammengesetzten Augen mit sieben Unterabtheilungen annahm, zu denen er noch eine vierte Hauptclasse fügt, die der aggregierten einfachen Augen.

Wenn wir diese, in Bezug auf die grosse, mannichfaltige und abgestufte Reihe der Augenbildung bei niederen Tieren hier nur allzu kurz und unvollständig angedeuteten Thatsachen erwägen und ferner bedenken, wie klein die Anzahl aller lebenden Arten im Vergleich zu den bereits erloschenen sein muss, so kann ich doch keine allzu grosse Schwierigkeit für die Annahme finden, dass der einfache Apparat eines von Pigment umgebenen und von durchsichtiger Haut bedeckten Sehnerven durch natürliche Zuchtwahl in ein so vollkommenes optisches Werkzeug umgewandelt worden sei, wie es bei irgend einer Form der Gliederthiere gefunden wird.

Wer nun so weit gehen will, braucht, wenn er nach dem Durchlesen dieses Buches findet, dass sich durch die Theorie der Descendenz mit Modificationen eine grosse Menge von anderweitig unerklärbaren Thatsachen begreifen lässt, kein Bedenken zu haben, einen Schritt weiter zu gehen und anzunehmen, dass durch natürliche Zuchtwahl auch ein so vollkommenes Gebilde, wie das Adlerauge ist, hergestellt werden könne, wenn ihm auch in diesem Falle die Zwischenstufen gänzlich unbekannt sind. Es ist eingewendet worden, dass, um das Auge zu modificieren und es doch als vollkommenes Werkzeug zu erhalten, viele Veränderungen gleichzeitig bewirkt worden sein müssen, was, wie man meint, nicht durch natürliche Zuchtwahl geschehen könne. Wie ich aber in meinem Werke über „Variieren der Thiere im Zustande der Domestication" zu zeigen versucht habe, ist es nicht nothwendig anzunehmen, dass alle Modificationen gleichzeitig waren, wenn sie äusserst gering und allmählich waren. Verschiedene Arten der Modification werden auch demselben allgemeinen Zwecke dienen können; so bemerkt Mr. Wallace: „wenn eine Linse eine zu kurze oder eine zu weite Brennweite hat, „so kann sie entweder durch eine Änderung in der Krümmung oder „durch eine Änderung in der Dichte verbessert werden; ist die „Krümmung unregelmässig und treffen die Strahlen nicht in einem „Punkte zusammen, so wird jede Zunahme der Regelmässigkeit der „Krümmung eine Verbesserung sein. So sind die Contraction der „Iris und die Muskelbewegungen des Auges beides für das Sehen „nicht wesentlich, sondern nur Verbesserungen, welche auf jedem „Punkte der Bildung des Werkzeugs hätten hinzugefügt und ver„vollkommnet werden können." Innerhalb der Wirbelthiere, der am höchsten organisierten Abtheilung des Thierreichs können wir von einem so einfachen Auge ausgehen, dass es, wie beim *Amphioxus*, nur aus einer kleinen mit Pigment ausgekleideten und mit einem Nerven versehenen faltenartigen Einstülpung der Haut besteht, nur von durchscheinender Haut bedeckt, ohne irgend einen andern Apparat. In den beiden Classen der Fische und Reptilien ist, wie Owen bemerkt, „die Reihe von Abstufungen der dioptrischen „Bildungen sehr gross." Es ist eine sehr bezeichnende Thatsache, dass selbst beim Menschen, nach Virchow's [und Früherer] Autorität, die Linse sich ursprünglich nur aus einer Anhäufung von Epidermiszellen in einer sackförmigen Falte der Haut entwickelt, während der Glaskörper sich aus dem embryonalen subcutanen Gewebe bildet. Es ist allerdings für einen Forscher, welcher den Ursprung und die Bildungsweise des Auges mit all' seinen wunderbaren und doch nicht absolut vollkommenen Eigenschaften erwägt, unumgänglich, seine Phantasie von seiner Vernunft besiegen zu lassen. Ich habe aber selbst die Schwierigkeit viel zu lebhaft empfunden, um mich darüber zu wundern, wenn Andere zaudern, das Princip der natürlichen Zuchtwahl in einer so überraschend weiten Ausdehnung anzunehmen.

Man kann kaum vermeiden, das Auge mit einem Teleskop zu vergleichen. Wir wissen, dass dieses Werkzeug durch lang fortgesetzte Anstrengungen der höchsten menschlichen Intelligenz verbessert worden ist, und folgern natürlich daraus, dass das Auge seine Vollkommenheit durch einen ziemlich analogen Process erlangt habe. Könnte aber dieser Schluss nicht voreilig sein? Haben wir ein Recht, anzunehmen, der Schöpfer wirke vermöge intellectueller Kräfte ähnlich denen des Menschen? Sollten wir das Auge einem optischen Instrumente vergleichen, so müssten wir in Gedanken eine dicke Schicht eines durchsichtigen Gewebes nehmen, mit von Flüssigkeit erfüllten Räumen und mit einem für Licht empfänglichen Nerven darunter, und dann annehmen, dass jeder Theil dieser Schicht langsam aber unausgesetzt seine Dichte verändere, so dass verschiedene Lagen von verschiedener Dichte und Dicke in ungleichen Entfernungen von einander entstehen, und dass auch die Oberfläche einer jeden Lage langsam ihre Form ändere. Wir müssten ferner annehmen, dass eine Kraft, durch die natürliche Zuchtwahl oder das Überleben des Passendsten dargestellt, vorhanden sei, welche aufmerksam auf jede geringe zufällige Veränderung in den durchsichtigen Lagen achte, und jede Abänderung sorgfältig erhalte, welche unter veränderten Umständen in irgend einer Weise oder in irgend einem Grade ein deutlicheres Bild hervorzubringen geschickt wäre. Wir müssten annehmen, jeder neue Zustand des Instrumentes werde millionenfach vervielfältigt, und jeder werde so lange erhalten, bis ein besserer hervorgebracht sei, dann würden aber die alten sämmtlich zerstört. Bei lebenden Körpern bringt die Abänderung jene geringen Verschiedenheiten hervor, die Zeugung vervielfältigt sie fast in's Unendliche und die natürliche Zuchtwahl findet mit nie irrendem Tacte jede Verbesserung heraus. Denkt man sich nun diesen Process Millionen Jahre lang und jedes Jahr an Millionen von Individuen der mannichfaltigsten Art fortgesetzt: sollte man da nicht erwarten, dass das lebende optische Instrument endlich in demselben Grade vollkommener als das gläserne werden müsse, wie des Schöpfers Werke überhaupt vollkommener sind, als die des Menschen?

Übergangsweisen.

Liesse sich irgend ein zusammengesetztes Organ nachweisen, dessen Vollendung nicht möglicherweise durch zahlreiche kleine aufeinanderfolgende Modificationen hätte erfolgen können, so müsste meine Theorie unbedingt zusammenbrechen. Ich vermag jedoch keinen solchen Fall aufzufinden. Zweifelsohne bestehen viele Organe, deren Vervollkommnungsstufen wir nicht kennen, insbesondere bei sehr vereinzelt stehenden Arten, deren verwandte Formen nach meiner Theorie in weitem Umkreise erloschen sind. So muss auch, wo es sich um ein allen Gliedern einer grossen Classe gemeinsames Organ handelt, dieses Organ schon in einer sehr frühen Vorzeit gebildet worden sein, seit welcher sich erst alle Glieder dieser Classe entwickelt haben; und wenn wir die frühesten Übergangsstufen entdecken wollen, welche das Organ durchlaufen hat, so müssten wir uns bei den frühesten Anfangsformen umsehen, welche jetzt schon längst wieder erloschen sind.

Wir sollten äusserst vorsichtig sein mit der Behauptung, ein Organ habe nicht durch stufenweise Veränderungen irgend einer Art gebildet werden können. Man könnte zahlreiche Fälle anführen, wie bei den niederen Thieren ein und dasselbe Organ zu derselben Zeit ganz verschiedene Verrichtungen besorgt; athmet doch und verdaut und excerniert der Nahrungscanal in der Larve der Libellen wie in dem Fische *Cobitis.* Wendet man die *Hydra* wie einen Handschuh um, das Innere nach aussen, so verdaut die äussere Oberfläche und die innere athmet. In solchen Fällen könnte die natürliche Zuchtwahl das ganze Organ oder einen Theil desselben, welches bisher zweierlei Verrichtungen gehabt hat, ausschliesslich nur für einen der beiden Zwecke specialisieren und so in unmerklichen Schritten die ganze Natur des Organes allmählich umändern, wenn damit irgend ein Vortheil erreicht würde. Es sind viele Fälle von Pflanzen bekannt, welche regelmässig zu einer und derselben Zeit verschieden gebildete Blüthen producieren; sollten derartige Pflanzen nur eine Form hervorbringen, so würde verhältnismässig eine grosse Veränderung in ihrem specifischen Character eintreten. Es ist indessen wahrscheinlich, dass die zwei Arten von Blüthen auf derselben Pflanze ursprünglich durch fein graduierte Abstufungen hervorgebracht worden sind, welche in einigen Fällen noch verfolgt werden können.

Ferner verrichten zuweilen zwei verschiedene Organe oder ein und dasselbe Organ unter zwei sehr verschiedenen Formen gleichzeitig einerlei Function in demselben Individuum, und dies ist ein äusserst wichtiges Übergangsmittel. So gibt es, um ein Beispiel anzuführen, Fische mit Kiemen, womit sie die im Wasser vertheilte Luft einathmen, während sie zu gleicher Zeit atmosphärische Luft mit ihrer Schwimmblase athmen, welches Organ zu dem Ende durch einen Luftgang mit dem Schlunde verbunden und innerlich von sehr gefässreichen Zwischenwänden durchzogen ist. Um noch ein anderes Beispiel aus dem Pflanzenreich zu geben: Pflanzen klettern durch drei verschiedene Mittel, durch eine spirale Windung, durch Ergreifen von Stützen mittelst ihrer empfindlichen Ranken und durch die Emission von Luftwurzeln; diese drei Mittel findet man gewöhnlich in besonderen Gattungen oder Familien; einige wenige Pflanzen bieten aber zwei oder selbst alle drei Mittel in demselben Individuum vereint dar. In allen solchen Fällen kann das eine der beiden dieselbe Function vollziehenden Organe leicht verändert und so vervollkommnet werden, dass es immer mehr die ganze Arbeit allein übernimmt, wobei es während dieses Modificationsprocesses durch das andere Organ unterstützt wird; und dann kann das andere entweder zu einer neuen und ganz verschiedenen Bestimmung modificiert werden oder gänzlich verkümmern.

Das Beispiel von der Schwimmblase der Fische ist sehr belehrend, weil es uns die hochwichtige Thatsache zeigt, wie ein ursprünglich zu einem besonderen Zwecke, zum Flottieren, gebildetes Organ für eine ganz andere Verrichtung umgeändert werden kann, und zwar für die Athmung. Auch ist die Schwimmblase als ein accessorischer Theil für das Gehörorgan mancher Fische mitverarbeitet worden. Alle Physiologen geben zu, dass die Schwimmblase in Lage und Structur den Lungen höherer Wirbelthiere „homolog“ oder „ideell gleich“ sei; daher ist kein Grund vorhanden, daran zu zweifeln, dass die Schwimmblase wirklich in eine Lunge oder in ein ausschliesslich zum Athmen benutztes Organ verwandelt worden sei.

Nach dieser Ansicht kann man wohl schliessen, dass alle Wirbelthiere mit echten Lungen auf dem Wege der gewöhnlichen Fortpflanzung von einer alten unbekannten Urform abstammen, welche mit einem Schwimmapparat oder einer Schwimmblase versehen war. So mag man sich, wie ich aus Professor Owen's interessanter Beschreibung dieser Theile entnehme, die sonderbare Thatsache erklären, wie es komme, dass jedes Theilchen von Speise und Trank, das wir zu uns nehmen, über die Mündung der Luftröhre weggleiten muss, mit einiger Gefahr, in die Lungen zu fallen, der sinnreichen Einrichtung ungeachtet, wodurch der Kehldeckel die Stimmritze schliesst. Bei den höheren Wirbelthieren sind die Kiemen gänzlich verschwunden, aber die Spalten an den Seiten des Halses und der bogenförmige Verlauf der Arterien deuten in dem Embryo noch ihre frühere Stelle an. Doch ist es begreiflich, dass die jetzt gänzlich verschwundenen Kiemen durch natürliche Zuchtwahl zu einem ganz andern Zwecke umgearbeitet worden sind; so hat z. B.

Landois gezeigt, dass sich die Flügel der Insecten von den Tracheen aus entwickeln; es ist daher in hohem Grade wahrscheinlich, dass in dieser grossen Classe Organe, die einst zur Athmung gedient haben, jetzt factisch zu Flugorganen umgewandelt worden sind.

Was die Übergangsstufen der Organe betrifft, so ist es so wichtig, sich mit der Wahrscheinlichkeit einer Umwandlung einer Function in die andere vertraut zu machen, dass ich noch ein weiteres Beispiel anführen will. Die gestielten Cirripeden haben zwei kleine Hautfalten, von mir Eierzügel genannt, welche bestimmt sind, mittelst einer klebrigen Absonderung die Eier festzuhalten, bis sie im Eiersack ausgebrütet sind. Diese Rankenfüssler haben keine Kiemen, indem die ganze Oberfläche des Körpers und Sackes mit Einschluss der kleinen Zügel zur Athmung dient. Die Balaniden oder sitzenden Cirripeden dagegen haben keine solchen eiertragenden Zügel oder Frena, indem die Eier lose auf dem Grunde des Sackes in der gut verschlossenen Schale liegen; aber sie haben in derselben relativen Lage wie die Frena grosse stark gefaltete Membranen, welche mit den Kreislauflacunen des Sacks und des Körpers frei communicieren und von allen Forschern für Kiemen erklärt worden sind. Nun denke ich, wird Niemand bestreiten, dass die Eierzügel der einen Familie streng homolog mit den Kiemen der anderen sind, wie sie denn auch in der That stufenweise ineinander übergehen. Daher darf man nicht bezweifeln, dass die beiden kleinen Hautfalten, welche ursprünglich als Eierzügel gedient haben, welche aber auch in geringerem Grade schon bei der Athmung mitwirkten, durch natürliche Zuchtwahl stufenweise in Kiemen verwandelt worden sind bloss durch Zunahme ihrer Grösse bei gleichzeitiger Verkümmerung ihrer adhäsiven Drüsen. Wären alle gestielten Cirripeden erloschen (und sie haben bereits mehr Vertilgung erfahren als die sitzenden): wer hätte sich je denken können, dass die Athmungsorgane der Balaniden ursprünglich den Zweck gehabt hätten, die zu frühzeitige Ausführung der Eier aus dem Eiersacke zu verhindern?

Es gibt noch eine andere mögliche Art des Übergangs, nämlich die Beschleunigung oder Verlangsamung der Reproductionsperiode. Dies ist vor Kurzem von Prof. Cope und Anderen in den Vereinigten Staaten betont worden. Man weiss jetzt, dass einige Thiere in einem sehr frühen Alter fortpflanzungsfähig sind, ehe sie die Charactere des vollkommenen Zustandes erlangt haben; und wenn dies Vermögen in einer Species durchaus gut entwickelt werden würde, so scheint es wohl wahrscheinlich, dass der erwachsene Entwicklungszustand früher oder später werde verloren werden. In diesem Falle, und besonders wenn die Larve von der reifen Form bedeutend abwiche, würde der Character der Species sehr verändert und degradiert. Ferner fahren nicht wenig Thiere, noch nachdem sie die Reife erlangt haben, immer fort ihre Charactere, beinahe während ihres ganzen Lebens, zu ändern. So ändert sich z. B. bei Säugethieren die Form des Schädels häufig mit dem Alter, wofür Dr. Murie einige auffallende Beispiele von Robben angeführt hat; Jedermann weiss, wie das Geweihe der Hirsche immer mehr und mehr verzweigt wird und wie sich die Schmuckfedern einiger Vögel immer schöner entwickeln, je älter die Thiere werden. Prof. Cope gibt an, dass die Zähne gewisser Eidechsen mit dem vorschreitenden Alter ihre Form ändern; bei den Crustaceen nehmen nicht bloss viele bedeutungslose, sondern auch einige wichtige Theile, wie Fritz Müller geschildert hat, nach der Reife eine neue Beschaffenheit an. In allen solchen Fällen — und es liessen sich noch viele anführen — würde, wenn das Eintreten des fortpflanzungsfähigen Alters verzögert würde, der Character der Species, wenigstens in ihrem erwachsenen Zustande, modificiert werden; auch ist es nicht unwahrscheinlich, dass die vorausgehenden früheren Entwicklungsstufen in manchen Fällen durcheilt und schliesslich verloren würden. Ob Species häufig oder ob überhaupt jemals durch diese vergleichsweise plötzliche Art des Übergangs modificiert worden sind, darüber kann ich mir keine Meinung bilden; wenn es aber vorgekommen ist, so werden wahrscheinlich die Verschiedenheiten zwischen den Jungen und den Erwachsenen und zwischen den Erwachsenen und den Alten ursprünglich in allmählichen Abstufungen erlangt worden sein.

Fälle von besonderer Schwierigkeit in Bezug auf die Theorie der natürlichen Zuchtwahl.

Obwohl wir äusserst vorsichtig bei der Annahme sein müssen, dass ein Organ nicht könne durch ganz allmähliche Übergänge gebildet worden sein, so kommen doch unzweifelhaft sehr schwierige Fälle vor.

Einen der schwierigsten bilden die geschlechtslosen Insecten, welche oft sehr abweichend sowohl von den Männchen als den fruchtbaren Weibchen ihrer Species gebildet sind, auf welchen Fall ich jedoch im achten Capitel zurückkommen werde. Die electrischen

Organe der Fische bieten einen andern Fall von besonderer Schwierigkeit dar; denn es ist unmöglich, sich vorzustellen, durch welche Abstufungen die Bildung dieser wundersamen Organe bewirkt worden sein mag. Dies ist indessen nicht überraschend, denn wir wissen nicht einmal, welches ihr Nutzen ist. Bei *Gymnotus* und *Torpedo* dienen sie ohne Zweifel als kräftige Vertheidigungswaffen und vielleicht als Mittel, Beute zu verschaffen; doch entwickelt ein analoges Organ im Schwanze der Rochen, wie MATTEUCCI beobachtet hat, nur wenig Electricität, selbst wenn das Thier stark gereizt wird, und zwar so wenig, dass es kaum zu den genannten Zwecken dienen kann. Überdies liegt, wie R. M'DONNELL gezeigt hat, ausser dem eben erwähnten Organ noch ein anderes in der Nähe des Kopfes, von dem man nicht weiss, dass es electrisch wäre, welches aber das wirkliche Homologon der electrischen Batterie bei *Torpedo* ist. Es wird allgemein angenommen, dass zwischen diesen Organen und den gewöhnlichen Muskeln eine enge Analogie besteht, in dem feineren Bau, in der Vertheilung der Nerven und in der Art und Weise, wie verschiedene Reagentien auf sie einwirken. Es ist auch noch besonders zu beachten, dass die Contraction der Muskeln von einer electrischen Entladung begleitet wird. Dr. RADCLIFFE hebt noch hervor: „in dem electrischen Apparate der *Torpedo* scheint „während der Ruhe eine Ladung vorhanden zu sein, welche in jeder „Hinsicht der entspricht, die in Muskel und Nerv während der „Ruhe vorhanden ist; und die Entladung bei *Torpedo* dürfte, statt „eigenthümlich zu sein, nur eine andere Form jener Entladung sein, „welche die Thätigkeit der Muskeln und motorischen Nerven be-„gleitet." Weiter können wir für jetzt noch nicht auf eine Erklärung eingehen; da wir aber so wenig von dem Gebrauch dieser Organe wissen, und da wir endlich nichts von der Lebensweise und dem Bau der Urerzeuger der jetzt existierenden electrischen Fische wissen, so wäre es äusserst voreilig, zu behaupten, dass keine nützlichen Übergänge möglich wären, durch welche die electrischen Organe sich stufenweise hätten entwickeln können.

Diese Organe scheinen aber auf den ersten Blick noch eine andere und weit ernstlichere Schwierigkeit darzubieten, denn sie kommen in ungefähr einem Dutzend Fischarten vor, von denen mehrere verwandtschaftlich sehr weit von einander entfernt sind. Wenn ein und dasselbe Organ in verschiedenen Gliedern einer und derselben Classe und zumal bei Formen mit sehr auseinandergehenden Gewohnheiten auftritt, so können wir gewöhnlich seine

Anwesenheit durch Erbschaft von einem gemeinsamen Vorfahren und seine Abwesenheit bei anderen Gliedern durch Verlust in Folge von Nichtgebrauch oder natürlicher Zuchtwahl erklären. Hätte sich das electrische Organ von einem alten damit versehen gewesenen Vorgänger vererbt, so hätten wir erwarten dürfen, dass alle electrischen Fische auch sonst in näherer Weise miteinander verwandt seien; dies ist aber durchaus nicht der Fall. Nun gibt auch die Geologie durchaus keine Veranlassung zu glauben, dass vordem die meisten Fische mit electrischen Organen versehen gewesen seien, welche ihre modificierten Nachkommen eingebüsst hätten. Betrachten wir uns aber die Sache näher, so finden wir, dass bei den verschiedenen mit electrischen Organen versehenen Fischen diese Organe in verschiedenen Theilen des Körpers liegen, dass sie im Bau, wie in der Anordnung der verschiedenen Platten, und nach Pacini in dem Vorgang oder den Mitteln, durch welche Electricität erregt wird, von einander abweichen, endlich auch darin, dass die nöthige Nervenkraft (und dies ist vielleicht unter allen der wichtigste Unterschied) durch Nerven von ganz verschiedenem Ursprunge zugeführt wird. Es können daher bei den verschiedenen Fischen, die mit electrischen Organen versehen sind, diese nicht als homolog, sondern nur als analog in der Function betrachtet werden. Folglich haben wir auch keinen Grund anzunehmen, dass sie von einer gemeinsamen Stammform vererbt wären; denn wäre dies der Fall, so würden sie einander in allen Beziehungen gleichen. Die grössere Schwierigkeit, zu erklären, wie ein allem Anschein nach gleiches Organ in mehreren entfernt miteinander verwandten Arten auftrat, verschwindet, es bleibt nur die geringere, aber noch immer grosse, durch welche allmähliche Zwischenstufen diese Organe sich in jeder der verschiedenen Gruppen von Fischen entwickelt haben.

Die Anwesenheit leuchtender Organe in einigen wenigen Insecten aus den verschiedensten Familien und Ordnungen, die aber in verschiedenen Körpertheilen gelegen sind, bietet bei dem jetzigen Stande unserer Unwissenheit eine fast genau parallele Schwierigkeit wie die electrischen Organe dar. Man könnte noch mehr ähnliche Fälle anführen: wie z. B. im Pflanzenreiche die ganz eigenthümliche Entwicklung einer Masse von Pollenkörnern auf einem Fussgestelle, mit einer klebrigen Drüse an dessen Ende, bei *Orchis* und bei *Asclepias* ganz dieselbe ist, also bei zwei unter den Blüthenpflanzen so weit wie möglich auseinanderstehenden Gattungen; aber auch hier sind die Theile einander nicht homolog. In allen Fällen, wo in der Organisationsreihe sehr weit von einander entfernt stehende Arten mit ähnlichen und eigenthümlichen Organen versehen sind, wird man finden, dass, wenn auch die allgemeine Erscheinung und Function des Organs identisch ist, sich doch immer einige Grundverschiedenheiten zwischen ihnen entdecken lassen. So sind z. B. die Augen der Cephalopoden oder Tintenfische und der Wirbelthiere einander wunderbar gleich; und bei so weit auseinanderstehenden Gruppen kann nicht ein Theil dieser Ähnlichkeit der Vererbung von einem gemeinsamen Urerzeuger zugeschrieben werden. Mr. Mivart hat diesen Fall als einen von besonderer Schwierigkeit angeführt; ich bin aber nicht im Stande, die Stärke des Arguments einzusehen. Ein zum Sehen bestimmtes Organ muss aus durchscheinendem Gewebe gebildet sein und irgend eine Form von Linse enthalten, um ein Bild auf dem Hintergrunde einer dunklen Kammer zu bilden. Über diese oberflächliche Ähnlichkeit hinaus findet sich kaum irgend welche wirkliche Gleichheit zwischen den Augen der Tintenfische und Wirbelthiere, wie man beim Nachschlagen von Hensen's ausgezeichneter Arbeit über diese Organe bei den Cephalopoden sehen kann. Es ist mir unmöglich, hier auf Einzelnheiten einzugehen; ich will indessen einige wenige Differenzpunkte anführen. Die Crystalllinse besteht bei den höheren Tintenfischen aus zwei Theilen wie zwei Linsen, von welchen einer hinter dem andern liegt, und welche beide eine von der bei Wirbelthieren vorkommenden sehr verschiedene Structur und Disposition haben. Die Retina ist völlig verschieden, mit einer factischen Lagenumkehrung der Elementartheile und mit einem grossen in den Augenhäuten eingeschlossenen Nervenknoten. Die Beziehungen der Muskeln sind so verschieden, wie man sich nur möglicherweise vorstellen kann, und so 'n noch anderen Punkten. Es ist daher durchaus nicht leicht, zu unterscheiden, wie weit bei der Beschreibung der Augen der Cephalopoden und Wirbelthiere die nämlichen Ausdrücke angewendet werden dürfen. Es steht natürlich Jedermann frei, zu leugnen, dass in beiden Fällen sich das Auge durch natürliche Zuchtwahl geringer aufeinanderfolgender Abänderungen hat entwickeln können; wird dies aber in dem einen Falle zugegeben, so ist es offenbar in dem andern möglich; und fundamentale Verschiedenheiten des Baues der Sehorgane in zwei Gruppen hätte man in Übereinstimmung mit dieser Ansicht von ihrer Bildungsweise voraussehen können. Wie zwei Menschen zuweilen unabhängig von einander auf genau die nämliche Erfindung verfallen sind, so scheint auch in den vorstehend angeführten Fällen die natürliche Zuchtwahl, die zum Besten eines jeden Wesens wirkt und aus allen günstigen Abänderungen Vortheil zieht, soweit die Function in Betracht kommt, ähnliche Theile in verschiedenen organischen Wesen gebildet zu haben, welche keine der ihnen gemeinsamen Bildungen einer Abstammung von einem gemeinsamen Urerzeuger verdanken.

Fritz Müller hat mit grosser Sorgfalt eine nahezu ähnliche Argumentation angestellt, um die von mir in dieser Schrift vorgebrachten Ansichten zu prüfen. Mehrere Krusterfamilien umfassen einige wenige Arten, welche einen luftathmenden Apparat besitzen und im Stande sind, ausserhalb des Wassers zu leben. In zwei dieser Familien, welche Müller besonders untersuchte und die nahe miteinander verwandt sind, stimmen die Arten in allen wichtigen Characteren äusserst enge miteinander überein: nämlich im Bau ihrer Sinnesorgane, in ihrem Circulationssystem, in der Stellung jedes einzelnen Haarbüschels, mit denen ihr in beiden Fällen gleich complicierter Magen ausgekleidet ist, und endlich in dem ganzen Bau der wasserathmenden Kiemen, selbst bis auf die mikroskopischen Häkchen, durch welche dieselben gereinigt werden. Es hätte sich daher erwarten lassen, dass der gleich wichtige luftathmende Apparat in den wenigen Arten beider Familien, welche auf dem Lande leben, derselbe sein werde; denn warum sollte dieser eine Apparat, der zu demselben speciellen Zwecke verliehen wurde, verschieden angelegt sein, während alle übrigen wichtigen Organe äusserst ähnlich oder beinahe identisch sind?

Fritz Müller sagte sich nun, dass diese grosse Ähnlichkeit in so vielen Punkten des Baues in Übereinstimmung mit den von mir vorgebrachten Ansichten durch Vererbung von einer gemeinsamen Stammform zu erklären sei. Da aber sowohl die grösste Mehrzahl der Arten der beiden obigen Familien, als auch überhaupt die meisten anderen Crustaceen ihrer Lebensweise nach Wasserthiere sind, so ist es im höchsten Grade unwahrscheinlich, dass ihre gemeinschaftliche Stammform zum Luftathmen bestimmt gewesen sei. Müller wurde hierdurch darauf geführt, den Apparat in den luftathmenden Arten sorgfältig zu untersuchen, und fand, dass er bei jeder derselben in mehreren wichtigen Punkten, wie in der Lage der Öffnungen, in der Art, wie sich diese öffnen und schliessen und in mehreren accessorischen Details verschieden sei. Unter der Annahme nun, dass verschiedenen Familien angehörige Arten langsam immer mehr und mehr einem Leben ausserhalb des Wassers und der Luftathmung angepasst worden sind, sind derartige Verschiedenheiten verständlich. Denn diese Species werden, da sie verschiedenen Familien angehören, in gewissem Grade von einander abweichen; und in Übereinstimmung mit dem Grundsatze, dass die Natur jeder Abänderung von zwei Factoren abhängt, nämlich von der Natur des Organismus und der der Lebensbedingungen, wird zuverlässig die Variabilität dieser Kruster nicht genau dieselbe gewesen sein. Folglich wird die natürliche Zuchtwahl verschiedenes Material und verschiedene Abänderungen für ihre Wirksamkeit vorgefunden haben, um zu demselben functionellen Resultate zu gelangen; und die auf diese Weise erlangten Bildungen werden fast nothwendig verschiedene geworden sein. Nach der Hypothese verschiedener Schöpfungsacte bleibt der Fall unverständlich. Diese Anschauungsweise scheint FRITZ MÜLLER nachdrücklich dahin geführt zu haben, die von mir in der vorliegenden Schrift aufgestellten Ansichten anzunehmen.

Ein anderer ausgezeichneter Zoologe, der verstorbene Professor CLAPARÈDE, hat in derselben Weise gefolgert und ist zu demselben Resultate gelangt. Er zeigt, dass es parasitische, zu verschiedenen Unterfamilien und Familien gehörige Milben (Acaridae) gibt, welche mit Haarklammern versehen sind. Diese Organe müssen sich unabhängig von einander entwickelt haben, da sie nicht von einem gemeinsamen Urerzeuger vererbt worden sein können; und in den verschiedenen Gruppen werden sie gebildet durch Modification der Vorderfüsse, der Hinterfüsse, der Maxillen oder Lippen, und der Anhänge an der untern Seite des hintern Körpertheils.

In den verschiedenen jetzt erörterten Fällen haben wir gesehen, dass in durchaus nicht oder nur entfernt miteinander verwandten Wesen durch, dem Anscheine aber nicht der Entwicklung nach, nahezu ähnliche Organe derselbe Zweck erreicht und dieselbe Function ausgeführt wird. Andererseits herrscht aber durch die ganze Natur die allgemeine Regel, dass selbst da, wo die einzelnen Wesen nahe miteinander verwandt sind, derselbe Zweck durch die verschiedenartigsten Mittel erreicht wird. Wie verschieden im Bau ist der befiederte Flügel eines Vogels und das von Haut überzogene Flugorgan einer Fledermaus; noch verschiedener sind die vier Flügel eines Schmetterlings, die zwei Flügel einer Fliege und die beiden Flügel eines Käfers mit ihren Flügeldecken. Zweischalige Muscheln brauchen sich nur zu öffnen und zu schliessen;

aber auf eine wievielfältige Weise ist das Schloss gebaut, von den zahlreichen Formen gut ineinander passender Zähne einer *Nucula* bis zu dem einfachen Ligament eines *Mytilus!* Die Verbreitung der Samenkörner beruht entweder auf ihrer ausserordentlichen Kleinheit oder darauf, dass ihre Kapsel in eine leichte ballonartige Hülle umgewandelt ist, oder, dass sie in eine mehr oder weniger consistente fleischige Masse eingebettet sind, welche aus den verschiedenartigsten Theilen gebildet, sowohl nahrhaft als durch ihre Färbung so ausgezeichnet ist, dass sie Vögel zum Fressen anlockt; oder darauf, dass sie sich mit Häkchen und Klammern vielfacher Art und mit rauhen Grannen an den Pelz der Säugethiere anhängen, oder endlich, dass sie mit Flügeln oder Fiedern ebenso verschiedenartig in Gestalt wie zierlich im Bau versehen sind, so dass sie von jedem Windhauch verweht werden. Ich will noch ein anderes Beispiel anführen; denn der Gegenstand, dass derselbe Zweck durch die verschiedenartigsten Mittel erreicht wird, ist wohl des Nachdenkens werth. Einige Schriftsteller behaupten, dass die organischen Wesen nur der blossen Verschiedenheit wegen, beinahe wie Spielsachen in einem Laden, auf vielfache Weisen gebildet worden sind; eine solche Ansicht von der Natur ist indess unhaltbar. Bei getrennt geschlechtlichen Pflanzen und bei solchen, welche zwar Hermaphroditen sind, wo aber doch der Pollen nicht von selbst auf die Narbe fällt, ist zur Befruchtung irgend eine Hülfe nöthig. Bei mehreren Arten wird dies dadurch bewirkt, dass die leichten und nicht zusammenhängenden Pollenkörner bloss zufällig vom Wind auf die Narbe geweht werden; dies ist der denkbar einfachste Plan. Ein fast ebenso einfacher, aber sehr verschiedener Plan ist der, dass in vielen Fällen eine symmetrische Blüthe wenige Tropfen Nectar absondert und demzufolge von Insecten besucht wird; diese tragen dann den Pollen von den Antheren auf die Narbe.

Von dieser einfachen Form an bietet sich eine unerschöpfliche Zahl verschiedener Einrichtungen dar, welche alle demselben Zwecke dienen und wesentlich in derselben Weise ausgeführt sind, aber doch Veränderungen in jedem Blüthentheile mit sich bringen: der Nectar wird in verschieden geformten Receptakeln angehäuft, die Staubfäden und Pistille sind vielfach modificiert und bilden zuweilen klappenartige Einrichtungen, zuweilen sind sie in Folge von Irritabilität oder Elasticität genau abgepasster Bewegungen fähig. Von solchen Bildungen kommen wir dann zu einer solchen Höhe vollendeter Anpassung, wie Crüger neuerdings bei *Coryanthes* beschrieben hat. Bei dieser Orchidee ist das Labellum oder die Unterlippe zu einem grossen eimerartigen Gefässe ausgehöhlt, in welches fortwährend aus zwei über ihm stehenden absondernden Hörnern Tropfen fast reinen Wassers herabfallen; ist der Eimer halb voll, so fliesst das Wasser durch einen Abguss an der einen Seite ab. Der Basaltheil des Labellum krümmt sich über den Eimer und ist selbst kammerartig ausgehöhlt mit zwei seitlichen Eingängen; innerhalb dieser Kammern finden sich einige merkwürdige fleischige Leisten. Der genialste Mensch hätte, wenn er nicht Zeuge dessen war, was hier vorgeht, sich nicht vorstellen können, welchem Zwecke alle diese Theile dienten. Crüger sah aber, wie Mengen von Hummeln die riesigen Blüthen dieser Orchideen am frühen Morgen besuchten, nicht um den Nectar zu saugen, sondern um die fleischigen Leisten in der Kammer oberhalb des Eimers abzunagen. Dabei stiessen sie einander häufig in den Eimer; dadurch wurden ihre Flügel nass, so dass sie nicht fliegen konnten, sondern durch den vom Ausguss gebildeten Gang kriechen mussten. Crüger hat eine förmliche Procession von Hummeln aus ihrem unfreiwilligen Bade kriechen sehen. Der Gang ist eng und vom Säulchen bedeckt, so dass eine Hummel, wenn sie sich durchzwängt, erst ihren Rücken am klebrigen Stigma und dann an den Klebdrüsen der Pollenmassen reibt. Die Pollenmassen werden dadurch an den Rücken der ersten Hummel angeklebt, welche zufällig durch den Gang einer kürzlich entfalteten Blüthe kriecht und werden fortgetragen. Crüger hat mir eine Blüthe in Spiritus geschickt mit einer Hummel, welche, ehe sie ganz durch den Gang gekrochen war, getödtet worden war; an ihrem Rücken war eine Pollenmasse befestigt. Fliegt die so ausgestattete Hummel nach einer andern Blüthe oder ein zweites Mal nach derselben, und wird von ihren Genossen in den Eimer gestossen, so kommt nothwendig, wenn sie nun durch den Gang kriecht, zuerst die Pollenmasse mit dem klebrigen Stigma in Contact und die Blüthe wird befruchtet. Und jetzt erst sehen wir den vollen Nutzen aller Theile der Blüthe, der wasserabsondernden Hörner, des halb mit Wasser erfüllten Eimers ein, welcher die Hummeln am Fortfliegen hindert und dadurch zwingt, durch den Ausguss zu kriechen und sich an den passend gestellten klebrigen Pollenmassen und der klebrigen Narbe zu reiben.

Der Bau der Blüthe einer andern nahe verwandten Orchidee, *Catasetum*, ist sehr verschieden, doch dient er demselben Ende und ist gleich merkwürdig. Wie bei *Coryanthes* besuchen auch diese

Blüthen die Bienen, um das Labellum zu benagen. Dabei können sie nicht vermeiden einen langen, spitz zulaufenden sensitiven Fortsatz zu berühren, den ich Antenne genannt habe. Die Antenne überträgt, wenn sie berührt wird, eine Empfindung oder eine Schwingung auf eine gewisse Membran, welche augenblicklich zum Bersten gebracht wird, und hierdurch wird eine Feder frei, welche die Pollenmasse wie einen Pfeil in der passenden Richtung vorschnellt und ihr klebriges Ende an den Rücken der Bienen heftet. Die Pollenmasse einer männlichen Pflanze (denn die Geschlechter sind bei diesen Orchideen getrennt) wird nun auf die Blüthe einer weiblichen Pflanze übertragen, wo sie mit der Narbe in Berührung gebracht wird. Diese ist hinreichend klebrig, um gewisse elastische Fäden zu zerreissen und die Pollenmasse zurückzuhalten, die nun das Geschäft der Befruchtung besorgt.

Man kann wohl fragen, wie können wir uns in den vorstehenden und in unzähligen anderen Fällen die allmähliche Stufenreihe von Complexität und die mannichfaltigen Mittel zur Erreichung desselben Zweckes verständlich machen? Ohne Zweifel ist die Antwort, wie schon bemerkt wurde, dass wenn zwei bereits in einem geringen Grade von einander abweichende Formen variieren, die Variabilität nicht genau von derselben Art und folglich auch die durch natürliche Zuchtwahl zu demselben allgemeinen Ende bewirkten Resultate nicht dieselben sein werden. Wir müssen uns auch daran erinnern, dass jeder hoch entwickelte Organismus bereits eine lange Reihe von Modificationen durchlaufen hat, und dass jede Modification eines Theils vererbt zu werden strebt; sie wird daher nicht leicht verloren gehen, sondern immer und immer wieder weiter modificiert werden. Die Structur eines jeden Theils jeder Species, welchem Zwecke er auch dient, ist daher die Summe der vielen vererbten Abänderungen, welche diese Art während ihrer successiven Anpassungen an veränderte Lebensweisen und Lebensbedingungen durchlaufen hat.

Obwohl es endlich in vielen Fällen sehr schwer auch nur zu muthmassen ist, durch welche Übergänge viele Organe zu ihrer jetzigen Beschaffenheit gelangt seien, so bin ich doch in Betracht der sehr geringen Anzahl noch lebender und bekannter Formen im Vergleich mit den untergegangenen und unbekannten sehr darüber erstaunt gewesen, zu finden, wie selten ein Organ vorkommt, von dem man keine Übergangsstufen kennt, welche auf dessen jetzige Form hinführen. Es ist gewiss richtig, dass neue Organe sehr selten oder nie plötzlich bei einem Wesen erscheinen, als ob sie für irgend einen besondern Zweck erschaffen worden wären; — wie es auch schon durch die alte, obwohl etwas übertriebene naturgeschichtliche Regel „Natura non facit saltum“ anerkannt wird. Wir finden diese Annahme in den Schriften fast aller erfahrenen Naturforscher: MILNE EDWARDS hat es treffend mit den Worten ausgedrückt: Die Natur ist verschwenderisch in Abänderungen, aber geizig in Neuerungen. Warum sollte es nach der Schöpfungstheorie so viel Abänderung und so wenig wirklich Neues geben? woher sollte es kommen, dass alle Theile und Organe so vieler unabhängiger Wesen, von welchen allen doch angenommen wird, dass sie für ihre besonderen Stellen in der Natur erschaffen worden sind, doch durch ganz allmähliche Übergänge miteinander verkettet sind? Warum sollte die Natur nicht plötzlich von der einen Einrichtung zur andern springen? Nach der Theorie der natürlichen Zuchtwahl können wir deutlich einsehen, warum sie dies nicht gethan hat; denn die natürliche Zuchtwahl wirkt nur dadurch, dass sie sich kleine allmähliche Abänderungen zu Nutze macht; sie kann nie einen grossen und plötzlichen Sprung machen, sondern muss mit kurzen und sicheren, aber langsamen Schritten vorschreiten.

Organe von anscheinend geringer Wichtigkeit von der natürlichen Zuchtwahl beeinflusst.

Da die natürliche Zuchtwahl mit Leben und Tod arbeitet, indem sie nämlich die passendsten Individuen am Leben erhält und die weniger gut angepassten unterdrückt, so schien mir manchmal der Ursprung oder die Bildung von Theilen geringer Bedeutung sehr schwer zu begreifen. Diese Schwierigkeit, obwohl von ganz anderer Art, schien mir manchmal beinahe eben so gross zu sein, wie die hinsichtlich der vollkommensten und zusammengesetztesten Organe.

Erstens wissen wir viel zu wenig von dem ganzen Haushalte irgend eines organischen Wesens, um sagen zu können, welche geringe Modificationen für dasselbe wichtig sein können und welche nicht wichtig sind. In einem frühern Capitel habe ich Beispiele von sehr geringfügigen Characteren, wie den Flaum der Früchte und die Farbe ihres Fleisches, wie die Farbe der Haut und Haare einiger Vierfüsser angeführt, welche, insofern sie mit constitutionellen Verschiedenheiten im Zusammenhang stehen oder auf die Angriffe der Insecten von Einfluss sind, bei der natürlichen Zuchtwahl gewiss mit in Betracht kommen. Der Schwanz der Giraffe sieht wie ein künstlich gemachter Fliegenwedel aus, und es scheint anfangs unglaublich zu sein, dass derselbe seinem gegenwärtigen Zwecke durch kleine aufeinanderfolgende Modificationen, von denen eine jede einer so unbedeutenden Bestimmung, nämlich Fliegen zu verscheuchen, immer besser und besser angepasst war, hergerichtet worden sein solle. Doch sollten wir uns selbst in diesem Falle hüten uns allzu bestimmt auszusprechen, indem wir ja wissen, dass das Dasein und die Verbreitungsweise des Rindes und anderer Thiere in Süd-America unbedingt von deren Vermögen abhängt, den Angriffen der Insecten zu widerstehen; daher wären Individuen, welche einigermassen mit Mitteln zur Vertheidigung gegen diese kleinen Feinde versehen sind, geschickt, sich über neue Weideplätze zu verbreiten, und würden dadurch grosse Vortheile erlangen. Nicht als ob grosse Säugethiere (einige seltene Fälle ausgenommen) wirklich durch Fliegen vertilgt würden; aber sie werden von ihnen so unausgesetzt geplagt und geschwächt, dass sie Krankheiten mehr ausgesetzt werden oder bei eintretender Hungersnoth nicht so gut im Stande sind, sich Nahrung zu suchen, oder den Nachstellungen der Raubthiere in weit grösserer Anzahl erliegen.

Organe von jetzt unwesentlicher Bedeutung sind wahrscheinlich in manchen Fällen frühen Vorfahren von hohem Werthe gewesen und nach früherer langsamer Vervollkommnung in ungefähr demselben Zustande auf deren Nachkommen vererbt worden, obwohl ihr jetziger Nutzen nur noch sehr unbedeutend ist; dagegen werden wirklich schädliche Abweichungen in ihrem Baue durch natürliche Zuchtwahl immer gehindert worden sein. Wenn man beobachtet, was für ein wichtiges Organ der Ortsbewegung der Schwanz für die meisten Wasserthiere ist, so lässt sich seine allgemeine Anwesenheit und Verwendung zu mancherlei Zwecken bei so vielen Landthieren, welche durch ihre Lungen oder modificierten Schwimmblasen ihre Abstammung von Wasserthieren verrathen, vielleicht daraus erklären. Nachdem einmal ein wohl entwickelter Schwanz bei einem Wasserthiere gebildet worden war, kann derselbe später zu den mannichfaltigsten Zwecken umgearbeitet worden sein, zu einem Fliegenwedel, zu einem Greifwerkzeug oder zu einem Mittel schneller Wendung im Laufe, wie es beim Hunde der Fall ist, obwohl die Hülfe in letzterem Falle nur schwach sein mag, indem ja der Hase, fast ganz ohne Schwanz, sich noch schneller zu wenden im Stande ist.

Zweitens dürften wir mitunter darin irren, dass wir Characteren eine grosse Wichtigkeit beilegen und glauben, dass sie durch natürliche Zuchtwahl entwickelt worden seien. Wir dürfen durchaus nicht die directe Wirkung veränderter Lebensbedingungen übersehen, ebenso wenig die der sogenannten spontanen Abänderungen, welche in einem völlig untergeordneten Grade von der Beschaffenheit der Lebensbedingungen abzuhängen scheinen, ferner die der Neigung zum Rückschlag auf lange verlorene Charactere und der complicierten Gesetze des Wachsthums, wie Correlation, Compensation, Druck eines Theils auf einen andern u. s. w. Endlich dürfen wir die Wirkungen der geschlechtlichen Zuchtwahl nicht unbeachtet lassen, durch welche Charactere, die dem einen Geschlecht von Nutzen sind, häufig erlangt und dann mehr oder weniger vollkommen auf das andere Geschlecht überliefert werden, trotzdem sie diesem von keinem Nutzen sind. Überdies kann eine auf einem solchen Wege indirect erlangte Abänderung der Structur anfangs oft ohne Vortheil für die Art gewesen sein, kann aber späterhin bei deren unter neue Lebensbedingungen versetzten und neue Lebensweisen erlangenden modificierten Nachkommen mit Vortheil benutzt worden sein.

Wenn nur grüne Spechte existierten und wir wüssten nicht, dass es viele schwarze und bunte Arten gäbe, so würden wir sicher gemeint haben, dass die grüne Farbe eine schöne Anpassung sei, diese an den Bäumen herumkletternden Vögel vor den Augen ihrer Feinde zu verbergen, dass es mithin ein für die Species wichtiger und durch natürliche Zuchtwahl erlangter Character sei: so aber, wie sich die Sache verhält, rührt die Färbung wahrscheinlich von geschlechtlicher Zuchtwahl her. Eine kletternde Palmenart im Malayischen Archipel steigt bis zu den höchsten Baumgipfeln empor mit Hülfe ausgezeichnet gebildeter Haken, welche büschelweise an den Enden der Zweige befestigt sind, und diese Einrichtung ist zweifelsohne für die Pflanze von grösstem Nutzen. Da wir jedoch nahezu ähnliche Haken an vielen Pflanzen sehen, welche nicht klettern, und da wir in Folge der Verbreitung der dorntragenden Arten in Africa und Süd-America anzunehmen Ursache haben, dass diese Haken einen Schutz gegen die die Pflanzen abweidenden Säugethiere sind, so mögen dieselben auch bei jener Palme anfänglich zu diesem Zwecke entwickelt worden, und von der Pflanze erst später, als sie noch sonstige Abänderung erfuhr und ein Kletterer wurde, zu ihrem Vortheil benützt worden sein. Die nackte Haut am Kopfe des Geiers wird gewöhnlich als eine unmittelbare Anpassung des damit oft in faulen Cadavern wühlenden Thieres betrachtet; dies kann der Fall sein, es ist aber auch möglicherweise der directen Wirkung faulender Stoffe zuzuschreiben; inzwischen müssen wir vorsichtig sein mit derartigen Deutungen, da ja auch die Kopfhaut des ganz säuberlich fressenden

Truthahns nackt ist. Die Nähte an den Schädeln junger Säugethiere sind als eine schöne Anpassung zur Erleichterung der Geburt dargestellt worden, und ohne Zweifel erleichtern sie dieselbe oder sind sogar für diesen Act unentbehrlich; da aber solche Nähte auch an den Schädeln junger Vögel und Reptilien vorkommen, welche nur aus einer zerbrochenen Eischale zu schlüpfen brauchen, so dürfen wir schliessen, dass diese Bildungseigenthümlichkeit auf den Wachsthumsgesetzen beruht und dass bei der Geburt der höheren Wirbelthiere Vortheil daraus gezogen worden ist.

Wir wissen ganz und gar nichts über die Ursachen, welche unbedeutende Abänderungen oder individuelle Verschiedenheiten veranlassen, und werden dieser Unwissenheit uns unmittelbar bewusst, wenn wir über die Verschiedenheiten unserer Hausthierrassen in verschiedenen Ländern, und ganz besonders in minder civilisierten Ländern, wo nur wenig planmässige Zuchtwahl angewendet worden ist, nachdenken. Die in verschiedenen Gegenden von wilden Völkern gehaltenen Hausthiere haben oft um ihr eigenes Dasein zu kämpfen und sind bis zu einem gewissen Grade der Wirkung der natürlichen Zuchtwahl ausgesetzt; und Individuen mit einer etwas verschiedenen Constitution gedeihen zuweilen am besten in verschiedenen Climaten. Beim Rinde steht die Empfänglichkeit für die Angriffe der Fliegen, ebenso wie die Leichtigkeit, durch gewisse Pflanzen vergiftet zu werden, mit der Farbe in Correlation, so dass auf diese Weise selbst die Farbe der Wirkung der natürlichen Zuchtwahl unterworfen ist. Einige Beobachter sind der Überzeugung, dass ein feuchtes Clima den Haarwuchs afficiere, und dass Hörner mit dem Haare in Correlation stehen. Gebirgsrassen sind überall von Niederungsrassen verschieden, und ein gebirgiges Land wird wahrscheinlich auf die Hinterbeine und möglicherweise selbst auf die Form des Beckens wirken, sofern diese daselbst mehr in Anspruch genommen werden; nach dem Gesetze homologer Variation werden dann wahrscheinlich auch die vorderen Gliedmassen und der Kopf mit betroffen werden. Auch dürfte die Form des Beckens der Mutter durch Druck auf die Kopfform des Jungen in ihrem Leibe wirken. Wir haben auch Grund zu vermuthen, dass das nothwendiger Weise in hohen Gebirgen mühevollere Athmen auch die Weite des Brustkastens vergrössert, und hier wiederum würde Correlation in's Spiel kommen. Die Wirkung verminderter Bewegung auf die Gesammtorganisation in Verbindung mit reichlichem Futter ist wahrscheinlich von noch grösserer Wichtigkeit; und darin liegt, wie H. von Na-

THUSIUS kürzlich in seiner ausgezeichneten Abhandlung nachgewiesen hat, offenbar eine Hauptursache der grossen Veränderungen, welche die verschiedenen Schweinerassen erlitten haben. Wir haben aber viel zu wenig Erfahrung, um über die vergleichsweise Wichtigkeit der verschiedenen bekannten und unbekannten Abänderungsursachen Betrachtungen anzustellen, und ich habe die vorstehenden Bemerkungen nur gemacht, um zu zeigen, dass, wenn wir nicht im Stande sind, die characteristischen Verschiedenheiten unserer verschiedenen cultivierten Rassen zu erklären, welche doch nichtsdestoweniger der allgemeinen Annahme zufolge durch gewöhnliche Fortpflanzung von einer oder wenigen Stammformen entstanden sind, wir auch unsere Unwissenheit über die genaue Ursache geringer analoger Verschiedenheiten zwischen echten Arten nicht zu hoch anschlagen dürfen.

Wie weit die Nützlichkeitstheorie richtig ist; wie Schönheit erzielt wird.

Die vorangehenden Bemerkungen veranlassen mich, einige Worte über die neuerlich von mehreren Naturforschern eingelegte Verwahrung gegen die Nützlichkeitslehre zu sagen, nach welcher nämlich alle Einzelnheiten der Bildung zum Vortheil ihres Besitzers hervorgebracht sein sollen. Dieselben sind der Meinung, dass sehr viele organische Gebilde nur der Schönheit wegen vorhanden seien, um die Augen des Menschen oder den Schöpfer zu ergötzen (doch liegt die letztere Annahme jenseits der Grenzen wissenschaftlicher Erörterungen), oder, wie bereits erwähnt und erörtert wurde, der blossen Abwechslung wegen. Derartige Lehren müssten, wären sie richtig, meiner Theorie unbedingt verderblich werden. Ich gebe vollkommen zu, dass manche Bildungen jetzt von keinem unmittelbaren Nutzen für deren Besitzer und vielleicht nie von Nutzen für deren Vorfahren gewesen sind; dies beweist aber noch nicht, dass sie nur der Schönheit oder der Abwechslung wegen gebildet wurden. Ohne Zweifel haben die bestimmte Einwirkung veränderter Lebensbedingungen und die verschiedenartigen kürzlich speciell angeführten Modificationsursachen sämmtlich eine Wirkung und wahrscheinlich eine grosse Wirkung, unabhängig von einem dadurch erlangten Vortheil, hervorgebracht. Aber eine noch wichtigere Erwägung ist die, dass der Haupttheil der Organisation eines jeden lebenden Wesens durch Erbschaft erworben ist, daher denn auch, obschon zweifelsohne jedes Wesen für seinen Platz im Haushalte der Natur sicherlich ganz gut angepasst ist, viele Bildungen keine sehr nahen und directen Beziehungen zur gegenwärtigen Lebensweise jeder Species haben. So können wir kaum glauben, dass der Schwimmfuss des Fregattenvogels oder der Landgans *(Chloëphaga maghellanica)* diesen Vögeln von speciellem Nutzen sei; wir können nicht annehmen, dass die nämlichen Knochen im Arme des Affen, im Vorderfusse des Pferdes, im Flügel der Fledermaus und im Ruder des Seehundes allen diesen Thieren einen speciellen Nutzen bringen. Wir können diese Bildungen getrost der Vererbung zuschreiben; aber zweifelsohne sind Schwimmfüsse dem Urerzeuger jener Gans und des Fregattenvogels eben so nützlich gewesen, wie sie den meisten jetzt lebenden Wasservögeln sind. So dürfen wir annehmen, dass der Stammvater des Seehundes nicht einen Ruderfuss, sondern einen fünfzehigen Geh- oder Greiffuss besessen habe; wir dürfen ferner annehmen, dass die einzelnen Knochen in den Beinen des Affen, des Pferdes, der Fledermaus ursprünglich nach dem Principe der Nützlichkeit entwickelt worden sind, wahrscheinlich durch Reduction zahlreicherer Knochen in der Flosse irgend eines alten fischähnlichen Urerzeugers der ganzen Classe. Es ist kaum möglich zu entscheiden, wie viel auf Rechnung solcher Ursachen der Abänderung, wie der bestimmten Wirkung äusserer Lebensbedingungen, sogenannter spontaner Abänderungen, und der complicierten Gesetze des Wachsthums zu bringen ist; aber mit diesen wichtigen Ausnahmen können wir schliessen, dass der Bau jedes lebenden Geschöpfes direct oder indirect seinem Besitzer entweder jetzt noch von Nutzen ist oder früher von Nutzen war.

In Bezug auf die Ansicht, dass die organischen Wesen zum Entzücken des Menschen schön erschaffen worden seien, — eine Ansicht, von der versichert wurde, sie sei verderblich für meine Theorie — will ich zunächst bemerken, dass das Gefühl der Schönheit offenbar von dem Geiste des Menschen ausgeht, ganz ohne Rücksicht auf irgend eine reale Qualität des bewunderten Gegenstandes, und dass die Idee von dem, was schön ist, kein eingeborenes und unveränderliches Element ist. Wir sehen dies z. B. bei den Männern der verschiedenen Rassen, welche einen völlig verschiedenen Massstab für die Schönheit ihrer Frauen haben. Wären schöne Objecte allein zur Befriedigung des Menschen erschaffen worden, so müsste gezeigt werden, dass es, ehe der Mensch erschien, weniger Schönheit auf der Oberfläche der Erde gegeben habe, als seitdem er auf die Bühne gekommen ist. Wurden die schönen *Voluta*- und *Conus*-Schalen der eocenen Periode und die so graciös sculpturierten

Ammoniten der Secundärzeit erschaffen, dass sie der Mensch nach Jahrtausenden in seinen Sammlungen bewundere? Wenig Objecte sind schöner als die minutiösen Kieselschalen der Diatomeen: wurden diese erschaffen, um unter stark vergrössernden Mikroskopen untersucht und bewundert zu werden? Im letzteren Falle wie in vielen anderen ist die Schönheit dem Anscheine nach gänzlich eine Folge der Symmetrie des Wachsthums. Die Blüthen rechnet man zu den schönsten Erzeugnissen der Natur; sie sind indessen im Contrast zu den grünen Blättern auffallend und in Folge davon gleichzeitig schön gemacht worden, damit sie leicht von Insecten bemerkt würden. Ich bin zu diesem Schlusse gelangt, weil ich es als eine unwandelbare Regel erkannt habe, dass, wenn eine Blüthe durch den Wind befruchtet wird, sie nie eine lebhaft gefärbte Corolle hat. Ferner bringen mehrere Pflanzen gewöhnlich zwei Arten von Blüthen hervor; die eine Art offen und gefärbt, um Insecten anzulocken, die andere geschlossen, nicht gefärbt, und ohne Nectar, die nie von Insecten besucht wird. Wir können hieraus schliessen, dass, wenn Insecten niemals auf der Erdoberfläche existiert hätten, die Vegetation nicht mit schönen Blüthen geziert worden wäre, sondern nur solche armselige Blüthen erzeugt hätte, wie sie jetzt unsere Tannen, Eichen, Nussbäume, Eschen, Gräser, Spinat, Ampfer und Nesseln tragen, welche sämmtlich durch die Thätigkeit des Windes befruchtet werden. Ein ähnliches Raisonnement passt auch auf die verschiedenen Arten von Früchten; dass eine reife Erdbeere oder Kirsche für das Auge eben so angenehm ist wie für den Gaumen, dass die lebhaft gefärbte Frucht des Spindelbaums und die scharlachrothen Beeren der Stechpalme schön sind, wird Jedermann zugeben. Diese Schönheit dient aber nur dazu, Vögel und andere Thiere dazu zu bewegen, diese Früchte zu fressen und dadurch die Samen zu verbreiten. Dass dies der Fall ist, schliesse ich daraus, dass ich bis jetzt keine Ausnahme von der Regel gefunden habe, dass die in Früchten irgend welcher Art (d. h. in einer fleischigen oder pulpösen Hülle) eingeschlossenen Samen, wenn die Frucht irgend glänzend gefärbt oder nur auffallend, weiss oder schwarz, ist, stets auf diese Weise verbreitet werden.

Auf der andern Seite gebe ich gern zu, dass eine grosse Anzahl männlicher Thiere, wie alle unsere prächtigst geschmückten Vögel, manche Fische, Reptilien und Säugethiere und eine Schaar prachtvoll gefärbter Schmetterlinge der Schönheit wegen schön geworden sind; dies ist aber nicht zum Vergnügen des Menschen bewirkt worden, sondern durch geschlechtliche Zuchtwahl, d. h. es sind beständig die schöneren Männchen von den Weibchen vorgezogen worden. Dasselbe gilt auch von dem Gesang der Vögel. Aus allem diesem können wir schliessen, dass ein ähnlicher Geschmack für schöne Farben und musikalische Töne sich durch einen grossen Theil des Thierreichs hindurchzieht. Wo das Weibchen ebenso schön gefärbt ist, wie das Männchen, was bei Vögeln und Schmetterlingen nicht selten der Fall ist, da liegt die Ursache allem Anscheine nach darin, dass die durch geschlechtliche Zuchtwahl erlangten Farben auf beide Geschlechter, statt nur auf das Männchen, vererbt worden sind. Wie das Gefühl der Schönheit in seiner einfachsten Form, — d. h. die Empfindung einer eigenthümlichen Art von Vergnügen an gewissen Farben, Formen und Lauten — sich zuerst im Geiste des Menschen und der niederen Thiere entwickelt hat, ist ein sehr dunkler Gegenstand. Dieselbe Schwierigkeit bietet sich dar, wenn wir untersuchen, woher es kommt, dass gewisse Geschmäcke und Gerüche Vergnügen machen und andere Missvergnügen. In allen diesen Fällen scheint die Gewöhnung in einer gewissen Ausdehnung in's Spiel gekommen zu sein; es muss aber auch irgend eine fundamentale Ursache in der Constitution des Nervensystems bei jeder Species vorhanden sein.

Natürliche Zuchtwahl kann unmöglich irgend eine Abänderung in irgend einer Species hervorbringen, welche nur einer andern Species zum ausschliesslichen Vortheil gereicht, obwohl in der ganzen Natur eine Species ohne Unterlass von der Organisation anderer Nutzen und Vortheil zieht. Aber natürliche Zuchtwahl kann auch oft hervorbringen und bringt oft in Wirklichkeit solche Gebilde hervor, welche anderen Thieren zum unmittelbaren Nachtheil gereichen, wie wir im Giftzahne der Kreuzotter und in der Legeröhre des *Ichneumon* sehen, welcher mit deren Hülfe seine Eier in den Körper anderer lebenden Insecten einführt. Liesse sich beweisen, dass irgend ein Theil der Organisation einer Species zum ausschliesslichen Besten einer andern Species gebildet worden sei, so wäre meine Theorie vernichtet, weil eine solche Bildung nicht durch natürliche Zuchtwahl hätte hervorgebracht werden können. Obwohl in naturhistorischen Schriften vielerlei Behauptungen in diesem Sinne gefunden werden können, so kann ich doch keine einzige darunter von einigem Gewichte finden. So gesteht man zu, dass die Klapperschlange einen Giftzahn zu ihrer eigenen Vertheidigung und zur Tödtung ihrer Beute besitzt; aber einige Autoren nehmen auch an, dass sie ihre Klapper gleichzeitig auch zu ihrem eigenen Nachtheile erhalten habe, nämlich um ihre Beute zu warnen. Man könnte jedoch ebenso gut behaupten, die Katze mache die Krümmungen mit dem Ende ihres Schwanzes, wenn sie im Begriffe einzuspringen ist, in der Absicht, um die bereits zum Tode verurtheilte Maus zu warnen. Viel wahrscheinlicher ist die Ansicht, dass die Klapperschlange ihre Klapper benutze, die Brillenschlange ihren Kragen ausdehne, die Buff-Otter während ihres lauten und scharfen Zischens anschwelle, um die vielen Vögel und Säugethiere zu beunruhigen, welche bekanntlich auch die giftigsten Species angreifen. Schlangen handeln hier nach demselben Princip, welches die Hennen ihre Federn erzittern und ihre Flügel ausbreiten macht, wenn ein Hund sich ihren Küchlein nähert. Doch, ich habe hier nicht Raum, auf die vielerlei Weisen weiter einzugehen, auf welche die Thiere ihre Feinde abzuschrecken versuchen.

Natürliche Zuchtwahl kann niemals in einer Species irgend ein Gebilde erzeugen, was für dieselbe mehr schädlich als wohlthätig ist, indem sie ausschliesslich nur durch und zu deren Vortheil wirkt. Kein Organ kann, wie Paley bemerkt hat, gebildet werden, um seinem Besitzer Qual und Schaden zu bringen. Eine genaue Abwägung zwischen Nutzen und Schaden, welchen ein jeder Theil verursacht, wird immer zeigen, dass er im Ganzen genommen vortheilhaft ist. Wird etwa in späterer Zeit bei wechselnden Lebensbedingungen ein Theil schädlich, so wird er entweder abgeändert, oder die Art geht zu Grunde, wie ihrer Myriaden zu Grunde gegangen sind.

Natürliche Zuchtwahl strebt danach, jedes organische Wesen ebenso vollkommen oder ein wenig vollkommener als die übrigen Bewohner derselben Gegend zu machen, mit welchem dasselbe um sein Dasein zu kämpfen hat. Und wir sehen, dass dies der Grad von Vollkommenheit ist, welcher im Naturzustande erreicht wird. Die Neu-Seeland eigenthümlichen Naturerzeugnisse sind vollkommen, eines mit dem andern verglichen, aber sie weichen jetzt weit zurück vor den vordringenden Legionen aus Europa eingeführter Pflanzen und Thiere. Natürliche Zuchtwahl wird keine absolute Vollkommenheit herstellen; auch begegnen wir, so viel sich beurtheilen lässt, einer so hohen Stufe nirgends im Naturzustande. Die Correction für die Aberration des Lichtes ist, wie Joh. Müller erklärt, selbst in dem vollkommensten aller Organe, dem menschlichen Auge, noch nicht vollständig. HELMHOLTZ, dessen Urtheilsfähigkeit Niemand bestreiten wird, fügt, nachdem er in den kräftigsten Ausdrücken die wundervollen Kräfte des menschlichen Auges beschrieben hat, die merkwürdigen Worte hinzu: „Das was wir von Ungenauigkeit und „Unvollkommenheit in dem optischen Apparate und in dem Bilde „auf der Netzhaut entdeckt haben, ist nichts im Vergleich mit der „Ungenauigkeit, der wir soeben auf dem Gebiete der Empfindungen „begegnet sind. Man könnte sagen, dass die Natur daran ein Ge„fallen gefunden hat, Widersprüche zu häufen, um alle Grundlagen „zu einer Theorie einer präexistierenden Harmonie zwischen der „äussern und innern Welt zu beseitigen." Wenn uns unsere Vernunft zu begeisterter Bewunderung einer Menge unnachahmlicher Einrichtungen in der Natur auffordert, so lehrt uns auch diese nämliche Vernunft, dass, trotzdem wir leicht nach beiden Seiten irren können, andere Einrichtungen weniger vollkommen sind. Können wir den Stachel der Biene als vollkommen betrachten, der, wenn er, einmal gegen die Angriffe so vieler Arten von Feinden angewandt, den unvermeidlichen Tod seines Besitzers verursacht, weil er seiner Widerhaken wegen nicht mehr aus der Wunde, die er gemacht hat, zurückgezogen werden kann, ohne die Eingeweide des Insects herauszureissen und so unvermeidlich den Tod des Insects nach sich zu ziehen?

Nehmen wir an, der Stachel der Biene sei bei einer sehr frühen Stammform bereits als Bohr- und Sägewerkzeug vorhanden gewesen, wie es häufig bei anderen Gliedern der Hymenopterenordnung vorkommt, und sei für seine gegenwärtige Bestimmung (mit dem ursprünglich zur Hervorbringung von Gallenauswüchsen oder anderen Zwecken bestimmten, später verschärften Gifte) umgeändert aber nicht zugleich vollkommen gemacht worden, so können wir vielleicht begreifen, warum der Gebrauch dieses Stachels so oft den eigenen Tod des Insects veranlasst; denn wenn allgemein das Vermögen zu stechen dem ganzen socialen Bienenstaate nützlich ist, so wird er allen Anforderungen der natürlichen Zuchtwahl entsprechen, obwohl seine Anwendung den Tod einiger wenigen Glieder desselben veranlasst. Wenn wir über das wirklich wunderbar scharfe Witterungsvermögen erstaunen, mit dessen Hülfe manche Insectenmännchen ihre Weibchen ausfindig zu machen im Stande sind, können wir dann auch die für diesen einen Zweck bestimmte Erzeugung von Tausenden von Drohnen bewundern, welche der Gemeinde für jeden andern Zweck gänzlich nutzlos sind und zuletzt von ihren arbeitenden aber unfruchtbaren Schwestern umgebracht werden? Es mag schwer sein, aber wir müssen den wilden instinctiven Hass der Bienenkönigin bewundern, welcher sie dazu treibt, die jungen Königinnen, ihre Töchter, augenblicklich nach ihrer Geburt zu tödten oder selbst in dem Kampfe zu Grunde zu gehen; denn unzweifelhaft ist dies zum Besten der Gemeinde, und mütterliche Liebe oder mütterlicher Hass, obwohl dieser letzte glücklicher Weise äusserst selten ist, gilt dem unerbittlichen Principe der natürlichen Zuchtwahl völlig gleich. Wenn wir die verschiedenen sinnreichen Einrichtungen vergleichen, vermöge welcher die Blüthen der Orchideen und vieler anderer Pflanzen durch die Thätigkeit der Insecten befruchtet werden, können wir dann die Anordnung bei unseren Nadelhölzern als eine gleich vollkommene ansehen, vermöge welcher grosse und dichte Staubwolken von Pollen hervorgebracht werden müssen, damit einige Körnchen davon durch einen günstigen Lufthauch den Ei'chen zugeführt werden?

Zusammenfassung des Capitels; das Gesetz der Einheit des Typus und der Existenzbedingungen von der Theorie der natürlichen Zuchtwahl umfasst.

Wir haben in diesem Capitel einige von den Schwierigkeiten und Einwendungen erörtert, welche meiner Theorie entgegengestellt werden könnten. Viele derselben sind ernster Art; doch glaube ich, dass durch ihre Erörterung einiges Licht über mehrere Thatsachen verbreitet worden ist, welche nach der Theorie der unabhängigen Schöpfungsacte ganz dunkel geblieben sein würden. Wir haben gesehen, dass Arten in einer bestimmten Periode nicht in's Endlose abändern können und nicht durch zahllose Übergangsformen untereinander zusammenhängen, theils weil der Process der natürlichen Zuchtwahl immer sehr langsam ist und in jeder bestimmten Zeit nur auf sehr wenige Formen wirkt, und theils weil gerade dieser selbe Process der natürlichen Zuchtwahl auch die fortwährende Verdrängung und Erlöschung vorausgehender und mittlerer Abstufungen schon in sich schliesst. Nahe verwandte Arten, welche jetzt auf einer zusammenhängenden Fläche wohnen, müssen oft gebildet worden sein, als die Fläche noch nicht zusammenhängend war und die Lebensbedingungen nicht unmerkbar von einer Stelle zur andern abänderten. Wenn zwei Varietäten an zwei Stellen eines zusammenhängenden Gebietes sich bildeten, so wird oft auch eine mittlere Varietät für eine mittlere Zone passend entstanden sein; aber aus den angegebenen Gründen wird die mittlere Varietät gewöhnlich in geringerer Anzahl als die zwei durch sie verbundenen Abänderungen vorhanden gewesen sein, welche letztere mithin im Verlaufe weiterer Umbildung sich durch ihre grössere Anzahl in entschiedenem Vortheil vor der weniger zahlreichen mittleren Varietät befanden und mithin gewöhnlich auch im Stande waren, sie zu ersetzen und zu vertilgen.

Wir haben in diesem Capitel gesehen, wie vorsichtig man sein muss zu schliessen, dass die verschiedenartigsten Formen der Lebensweise nicht ineinander übergehen können, dass z. B. eine Fledermaus nicht etwa auf dem Wege natürlicher Zuchtwahl entstanden sein könne aus einem Thiere, welches anfangs bloss durch die Luft zu gleiten im Stande war.

Wir haben gesehen, dass eine Art unter veränderten Lebensbedingungen ihre Lebensweise ändern oder vermannichfaltigen und manche Sitten annehmen kann, die von denen ihrer nächsten Verwandten abweichen. Hiernach können wir begreifen (wenn wir uns zugleich erinnern, dass jedes organische Wesen zu leben versucht, wo es nur immer leben kann), wie es zugegangen ist, dass es Landgänse mit Schwimmfüssen, am Boden lebende Spechte, tauchende Drosseln und Sturmvögel mit den Sitten von Alken gebe.

Obwohl die Meinung, dass ein so vollkommenes Organ, wie es das Auge ist, durch natürliche Zuchtwahl hervorgebracht werden könne, mehr als genügt um jeden wankend zu machen, so ist doch keine logische Unmöglichkeit vorhanden, dass irgend ein Organ unter sich verändernden Lebensbedingungen durch eine lange Reihe von Abstufungen in seiner Zusammensetzung, deren jede dem Besitzer nützlich ist, endlich jeden begreiflichen Grad von Vollkommenheit auf dem Wege natürlicher Zuchtwahl erlange. In Fällen, wo wir keine Zwischenzustände oder Übergangsformen kennen, müssen wir uns wohl sehr hüten zu schliessen, dass solche niemals bestanden hätten, denn die Metamorphosen vieler Organe zeigen, welche wunderbaren Veränderungen in ihren Verrichtungen wenigstens möglich sind. So ist z. B. eine Schwimmblase offenbar in eine luftathmende Lunge verwandelt worden. Übergänge müssen namentlich da oft in hohem Grade erleichtert worden sein, wo ein und dasselbe Organ mehrere sehr verschiedene Verrichtungen gleichzeitig zu besorgen hatte und dann entweder zum Theil oder ganz für eine von diesen Verrichtungen specialisiert wurde, ferner auch da, wo gleichzeitig zwei verschiedene Organe dieselbe Function ausübten und das eine mit Unterstützung des andern sich weiter vervollkommnen konnte.

Wir haben bei zwei in der Stufenleiter der Natur sehr weit auseinanderstehenden Wesen gesehen, dass ein in beiden demselben Zwecke dienendes und äusserlich sehr ähnlich erscheinendes Organ besonders und unabhängig sich gebildet haben konnte; werden aber derartige Organe näher untersucht, so können beinahe immer wesentliche Differenzen in ihrem Baue nachgewiesen werden, und dies folgt natürlich aus dem Principe der natürlichen Zuchtwahl. Auf der andern Seite ist eine unendliche Verschiedenheit der Structur zur Erreichung desselben Zweckes die allgemeine Regel in der ganzen Natur; und dies folgt wieder ebenso natürlich aus demselben grossen Principe.

Wir sind in vielen Fällen viel zu unwissend, um behaupten zu können, dass ein Theil oder Organ für das Gedeihen einer Art so unwesentlich sei, dass Abänderungen seiner Bildung nicht durch natürliche Zuchtwahl mittelst langsamer Häufung hätten bewirkt werden können. In vielen anderen Fällen sind Modificationen wahrscheinlich das directe Resultat der Gesetze der Abänderung oder des Wachsthums, unabhängig davon, dass dadurch ein Vortheil erreicht wurde. Doch dürfen wir zuversichtlich annehmen, dass selbst solche Bildungen später mit Vortheil benutzt und unter neuen Lebensbedingungen weiter zum Besten einer Art modificiert worden sind. Wir dürfen ferner glauben, dass ein früher hochwichtiger Theil (wie der Schwanz eines Wasserthieres von den davon abstammenden Landthieren) später beibehalten worden ist, obwohl er für dieselben von so geringer Bedeutung ist, dass er in seinem jetzigen Zustande nicht durch natürliche Zuchtwahl erworben sein könnte.

Natürliche Zuchtwahl kann bei keiner Species etwas erzeugen, das zum ausschliesslichen Nutzen oder Schaden einer andern wäre, doch kann sie Theile, Organe und Excretionen herstellen, welche zwar für eine andere Art sehr nützlich und sogar unentbehrlich oder andererseits in hohem Grade verderblich, aber doch in allen Fällen zugleich nützlich für den Besitzer sind. Natürliche Zuchtwahl wirkt in jeder wohlbevölkerten Gegend durch die Concurrenz der Bewohner untereinander und kann folglich auf Verbesserung und Kräftigung für den Kampf um's Dasein lediglich nach dem für diese besondere Gegend gültigen Massstab hinwirken. Daher müssen die Bewohner einer, und zwar gewöhnlich der kleinern Gegend oft vor denen einer andern und gemeiniglich grössern zurückweichen.

Denn in der grössern Gegend werden mehr Individuen und mehr differenzierte Formen existiert haben, wird die Concurrenz stärker und mithin das Ziel der Vervollkommnung höher gesteckt gewesen sein. Natürliche Zuchtwahl wird nicht nothwendig zur absoluten Vollkommenheit führen, und diese ist auch, soviel wir mit unseren beschränkten Fähigkeiten zu beurtheilen vermögen, nirgends zu finden.

Nach der Theorie der natürlichen Zuchtwahl lässt sich die ganze Bedeutung des alten Glaubenssatzes in der Naturgeschichte „Natura non facit saltum“ verstehen. Dieser Satz ist, wenn wir nur die jetzigen Bewohner der Erde berücksichtigen, nicht ganz richtig, muss aber nach meiner Theorie vollkommen wahr sein, wenn wir alle, bekannten oder unbekannten, Wesen vergangener Zeiten mit einschliessen.

Es wird allgemein anerkannt, dass alle organischen Wesen nach zwei grossen Gesetzen gebildet worden sind: Einheit des Typus und Bedingungen der Existenz. Unter Einheit des Typus begreift man die Übereinstimmung im Grundplane des Baues, wie wir ihn bei den Gliedern einer und derselben Classe finden und welcher ganz unabhängig von ihrer Lebensweise ist. Nach meiner Theorie erklärt sich die Einheit des Typus aus der Einheit der Abstammung. Der Ausdruck Existenzbedingungen, so oft von dem berühmten Cuvier betont, ist in meinem Principe der natürlichen Zuchtwahl vollständig mit inbegriffen. Denn die natürliche Zuchtwahl wirkt dadurch, dass sie die veränderlichen Theile eines jeden Wesens seinen organischen und unorganischen Lebensbedingungen entweder jetzt anpasst oder in längst vergangenen Zeiten angepasst hat. Diese Anpassungen können in vielen Fällen durch den vermehrten Gebrauch oder Nichtgebrauch unterstützt, durch directe Einwirkung äusserer Lebensbedingungen leicht afficiert werden und sind in allen Fällen den verschiedenen Wachsthums- und Abänderungsgesetzen unterworfen. Daher ist denn auch das Gesetz der Existenzbedingungen in der That das höhere, indem es vermöge der Erblichkeit früherer Abänderungen und Anpassungen das der Einheit des Typus mit in sich begreift.

Siebentes Capitel.

Verschiedene Einwände gegen die Theorie der natürlichen Zuchtwahl.

Langlebigkeit. — Modificationen nicht nothwendig gleichzeitig. — Modificationen scheinbar ohne directen Nutzen. — Progressive Entwicklung. — Charactere von geringer functioneller Bedeutung die constantesten. — Natürliche Zuchtwahl vermeintlich ungenügend, die Anfangsstufen nützlicher Gebilde zu erklären. — Ursachen, welche das Erlangen nützlicher Bildungen durch natürliche Zuchtwahl stören. — Abstufungen des Baues bei veränderten Functionen. — Sehr verschiedene Organe bei Gliedern der nämlichen Classe aus einer und derselben Quelle entwickelt. — Gründe, nicht an grosse und plötzliche Modificationen zu glauben.

Ich will dies Capitel der Betrachtung mehrerer verschiedenartigen Einwendungen widmen, welche gegen meine Anschauungsweise erhoben worden sind, da einige der früheren Erörterungen hierdurch vielleicht klarer werden; es wäre aber nutzlos, alle Einwände zu erörtern, da viele von Schriftstellern ausgegangen sind, welche sich nicht die Mühe genommen haben, den Gegenstand eingehend zu erfassen. So hat ein distinguierter deutscher Naturforscher behauptet, die schwächste Seite meiner Theorie sei die, dass ich alle organischen Wesen für unvollkommen halte. Ich habe aber wirklich nur gesagt, dass sie alle im Verhältnis zu den Bedingungen, unter welchen sie leben, nicht so vollkommen sind, wie sie sein könnten; und dass dies der Fall ist, beweisen die vielen eingeborenen Formen, welche ihre Stellen im Naturhaushalte in vielen Theilen der Erde sich naturalisierenden Eindringlingen abgetreten haben. Auch können organische Wesen, selbst wenn sie zu irgend einer Zeit ihren Lebensbedingungen vollkommen angepasst waren, nicht so bleiben, wenn ihre Bedingungen sich ändern, sie müssen sich dann selbst gleichfalls ändern. Niemand wird aber bestreiten, dass die physikalischen Verhältnisse eines jeden Landes ebenso wie die Zahlen und Arten seiner Bewohner viele Veränderungen erfahren haben.

Ein Kritiker hat vor Kurzem mit einer gewissen Schaustellung mathematischer Genauigkeit behauptet, dass Langlebigkeit ein grosser Vortheil für alle Species sei, so dass der, welcher an natürliche Zuchtwahl glaubt, „seinen genealogischen Stammbaum in einer solchen Weise arrangieren muss“, dass alle Abkömmlinge längeres Leben haben als ihre Vorfahren! Kann es unser Kritiker nicht begreifen, dass eine zweijährige Pflanze oder eines der niederen Thiere sich in ein kaltes Clima hinein erstrecken und dort jeden Winter umkommen kann; und dass diese Formen trotzdem, in Folge der durch die natürliche Zuchtwahl erlangten Vortheile, von Jahr zu Jahr mittelst ihrer Samen oder Eier fortleben können? E. Ray Lankester hat kürzlich diesen Gegenstand erörtert und gelangt, soweit dessen ausserordentliche Complexität ihm ein Urtheil zu bilden gestattet, zu dem Schlusse, dass Langlebigkeit im Allgemeinen zu dem Standpunkt jeder Species auf der Stufenleiter der Organisation ebenso wie zu der Grösse des Aufwandes, welchen die Fortpflanzung und die allgemeine Lebensthätigkeit erheischt, in Verhältnis stehe. Wahrscheinlich sind diese Beziehungen in grossem Masse durch die natürliche Zuchtwahl bestimmt worden.

Man hat gefolgert, dass, da keine der Thier- und Pflanzenarten Ägyptens, von welchen wir irgend etwas Genaueres wissen, während der letzten drei- oder viertausend Jahre sich verändert habe, wahrscheinlich auch keine andere in irgend einem Theile der Welt dies gethan habe. Diese Schlussfolgerung beweist aber, wie G. H. Lewes bemerkt hat, zu viel; denn die alten domesticierten, auf den ägyptischen Monumenten abgebildeten oder einbalsamiert erhaltenen Rassen sind den jetzigen lebenden sehr ähnlich oder selbst mit ihnen identisch; und doch geben alle Naturforscher zu, dass solche Rassen durch die Modification ihrer ursprünglichen natürlichen Typen erzeugt worden sind. Die vielen Thierarten, welche seit dem Beginne der Eiszeit unverändert geblieben sind, würden eine unvergleichlich triftigere Einrede dargeboten haben; denn diese sind einem grossen Climawechsel ausgesetzt gewesen und sind über weite Entfernungen gewandert, während in Ägypten innerhalb der letzten einigen tausend Jahre die Lebensbedingungen, soweit wir es wissen, absolut gleichförmig geblieben sind. Die Thatsache, dass wenig oder gar keine Modification seit der Eiszeit eingetreten ist, würde denjenigen gegenüber einen belangreichen Einwand dargeboten haben, welche an ein eingeborenes und nothwendiges Gesetz der Entwicklung glauben, ist aber in Bezug auf die Lehre der natürlichen Zuchtwahl oder des Überlebens des Passendsten ohne Einfluss, welche davon ausgeht, dass, wenn Abänderungen oder individuelle Verschiedenheiten von einer wohlthätigen Art zufällig auftreten, diese erhalten werden; dies wird aber nur unter gewissen günstigen Bedingungen erreicht werden.

Der berühmte Paläontolog Bronn fragt am Schlusse seiner

Übersetzung dieses Werkes, wie nach dem Principe der natürlichen Zuchtwahl eine Varietät unmittelbar neben der elterlichen Art leben könne? Wenn beide unbedeutend verschiedenen Lebensweisen und Lebensbedingungen angepasst worden sind, so können sie zusammen leben; und wenn wir polymorphe Arten, bei denen die Variabilität von einer eigenthümlichen Art zu sein scheint, und alle bloss zeitweiligen Abänderungen, wie Grösse, Albinismus u. s. w., bei Seite lassen, so findet man allgemein, dass die beständigen Varietäten, soweit ich es ausfindig machen kann, bestimmte Stationen bewohnen, wie Hochland oder Tiefland, trockene oder feuchte Districte. Überdies scheinen bei Thieren welche viel umherwandern und sich reichlich kreuzen, ihre Varietäten allgemein auf bestimmte Regionen beschränkt zu sein.

Bronn behauptet auch, dass verschiedene Species niemals in einzelnen Merkmalen von einander abweichen, sondern in vielen Theilen; und er fragt, woher es komme, dass immer viele Theile der Organisation zu derselben Zeit durch Abänderung und natürliche Zuchtwahl modificiert worden sein sollten? Es liegt aber keine Nöthigung vor, zu vermuthen, dass alle Theile irgend eines Wesens gleichzeitig modificiert worden seien. Die allerauffallendsten Modificationen, irgend einem Zwecke ausgezeichnet angepasst, können, wie früher bemerkt wurde, durch nacheinander auftretende Abänderungen, wenn diese nur gering waren, erst in einem Theile, dann in einem andern erlangt worden sein; und da sie alle zusammen überliefert werden, so wird es uns so erscheinen, als wären sie gleichzeitig entwickelt worden. Die beste Antwort auf die obige Einwendung bieten indessen diejenigen domesticierten Rassen dar, welche hauptsächlich durch das Zuchtwahlvermögen des Menschen zu irgend einem speciellen Zwecke modificiert worden sind. Man betrachte das Rennpferd und den Karrengaul, oder den Windhund und die Dogge. Ihr ganzes Körpergerüst und selbst ihre geistigen Eigenthümlichkeiten sind modificiert worden; wenn wir aber Schritt für Schritt die Geschichte ihrer Umwandlung verfolgen könnten — und die letzten Schritte können verfolgt werden —, so würden wir keine grossen und gleichzeitig auftretenden Veränderungen sehen, sondern finden, dass erst ein Theil und dann ein anderer unbedeutend modificiert und verbessert wurde. Selbst wenn die Zuchtwahl vom Menschen auf einen Character allein angewendet worden ist — wofür unsere cultivierten Pflanzen die besten Beispiele darbieten —, wird man unveränderlich finden, dass zwar dieser eine

Theil, mag es nun die Blüthe, die Frucht oder die Blätter sein, bedeutend verändert worden ist, dass aber auch beinahe alle übrigen Theile unbedeutend modificiert worden sind. Dies lässt sich zum Theil dem Principe der Correlation des Wachsthums, zum Theil der sogenannten spontanen Abänderung zuschreiben.

Einen viel ernstern Einwand hat Bronn und neuerdings Broca gemacht, nämlich, dass viele Charactere für ihre Besitzer von durchaus gar keinem Nutzen zu sein scheinen und daher nicht von der natürlichen Zuchtwahl beeinflusst worden sein können. Bronn führt die Länge der Ohren und des Schwanzes in den verschiedenen Arten der Hasen und Mäuse, die complicierten Schmelzfalten an den Zähnen vieler Säugethiere, und eine Menge analoger Fälle an. In Bezug auf Pflanzen ist dieser Gegenstand von Nägeli in einem vortrefflichen Aufsatze erörtert worden. Er giebt zu, dass natürliche Zuchtwahl Vieles bewirkt hat; er hebt aber hervor, dass die Pflanzenfamilien hauptsächlich in morphologischen Characteren von einander abweichen, welche für die Wohlfahrt der Art völlig bedeutungslos zu sein scheinen. Er glaubt in Folge dessen an eine eingeborene Neigung zu einer progressiven und vollkommneren Entwicklung. Er führt speciell die Anordnung der Zellen in den Geweben und die der Blätter an der Achse als Fälle an, in denen natürliche Zuchtwahl nicht thätig gewesen sein könne. Diesen liessen sich noch die Zahlenverhältnisse der Blüthentheile, die Stellung der Ei'chen, die Form des Samens, wenn diese nicht für die Aussaat von irgend einem Nutzen ist, und noch Anderes hinzufügen.

Der obige Einwand hat viel Gewicht. Nichtsdestoweniger müssen wir aber erstens äusserst vorsichtig sein, ehe wir uns anzugeben entscheiden, welche Gebilde jetzt für eine jede Species von Nutzen sind oder es früher gewesen sind. Zweitens sollten wir uns immer daran erinnern, dass, wenn ein Theil modificiert wird, es auch durch gewisse, nur undeutlich erkannte Ursachen andere Theile werden, so durch vermehrten oder verminderten Nahrungszufluss nach einem Theile hin, durch gegenseitigen Druck, dadurch, dass ein früh entwickelter Theil einen später entwickelten afficiert und dergl. mehr, ebenso aber auch durch andere Ursachen, welche zu den vielen mysteriösen Fällen von Correlation hinleiten, welche wir nicht im Mindesten verstehen. Diese Einflüsse können der Kürze wegen sämmtlich unter dem Ausdrucke der Gesetze des Wachsthums vereinigt werden. Drittens müssen wir dem Antheile der directen und bestimmten Wirkung veränderter Lebensbedingungen

Rechnung tragen, wie auch der sogenannten spontanen Abänderungen, bei denen die Natur der Bedingungen dem Anscheine nach eine völlig untergeordnete Rolle spielt. Gute Beispiele von spontanen Abänderungen bieten Knospenvarietäten dar, wie das Auftreten einer Moosrose an einer gewöhnlichen Rose, oder einer Nectarine an einem Pfirsichbaum. Wenn wir uns aber der Wirksamkeit eines minutiösen Tropfen Giftes bei der Bildung complicierter Gallenauswüchse erinnern, so dürfen wir uns in diesen letzten Fällen nicht zu sicher fühlen, dass die obigen Abänderungen nicht die Wirkung irgend welcher localen Veränderung in der Beschaffenheit des Saftes sind, welche wiederum Folge irgend welcher Veränderungen der Lebensbedingungen sind. Für jede unbedeutende individuelle Verschiedenheit muss es ebenso gut wie für stärker ausgeprägte Abänderungen, welche gelegentlich auftreten, irgend eine bewirkende Ursache geben, und wenn die unbekannte Ursache dauernd in Wirksamkeit bleiben sollte, so ist es beinahe gewiss, dass alle Individuen der Species in ähnlicher Weise modificiert werden würden.

In den früheren Auflagen dieses Werkes unterschätzte ich, wie es mir jetzt wahrscheinlich scheint, die Häufigkeit und die Bedeutung der als Folgen spontaner Variabilität auftretenden Modificationen. Es ist aber unmöglich, dieser Ursache die unzähligen Structureinrichtungen zuzuschreiben, welche der Lebensweise jeder Species so gut angepasst sind. Ich kann hieran nicht mehr glauben als daran, dass die so gut angepassten Formen eines Rennpferdes oder eines Windhundes hierdurch erklärt werden können, welche den älteren Naturforschern so viel Überraschung gewährten, ehe das Princip der Zuchtwahl durch den Menschen gehörig verstanden wurde.

Es dürfte sich wohl der Mühe verlohnen, einige der vorstehenden Bemerkungen zu erläutern. In Bezug auf die vermeintliche Nutzlosigkeit verschiedener Theile und Organe ist es kaum nothwendig, zu bemerken, dass selbst bei den höheren und am besten bekannten Thieren viele Gebilde existieren, welche so hoch entwickelt sind, dass Niemand daran zweifelt, dass sie von Bedeutung sind; und doch ist ihr Gebrauch noch nicht, oder erst ganz neuerdings, ermittelt worden. Da Bronn die Länge der Ohren und des Schwanzes in den verschiedenen Arten der Mäuse als Beispiele, wenn auch geringfügige, von Verschiedenheiten anführt, welche von keinem speciellen Nutzen sein können, so will ich doch erwähnen dass nach der Angabe des Dr. Schöbl die äusseren Ohren der gemeinen Maus in einer ausserordentlichen Weise mit Nerven versehen sind, so dass sie ohne Zweifel als Tastorgane dienen; es kann daher die Länge der Ohren kaum völlig bedeutungslos sein. Wir werden auch sofort sehen, dass der Schwanz in einigen Species ein sehr nützliches Greiforgan ist; sein Gebrauch würde daher bedeutend durch die Länge beeinflusst werden.

Was die Pflanzen betrifft, auf welche ich mich wegen Nägeli's Abhandlung in den folgenden Bemerkungen beschränken werde, so wird man zugeben, dass die Blüthen der Orchideen eine Menge merkwürdiger Structureinrichtungen darbieten, welche vor wenig Jahren für blosse morphologische Verschiedenheiten ohne specielle Function angesehen worden wären; jetzt weiss man aber, dass sie für die Befruchtung der Arten durch Insectenhülfe von der grössten Bedeutung und wahrscheinlich durch natürliche Zuchtwahl erlangt worden sind. Bis vor Kurzem würde Niemand gemeint haben, dass die verschiedenen Längen der Staubfäden und Pistille und deren Anordnung bei dimorphen und trimorphen Pflanzen von irgend welchem Nutzen sein könnten; jetzt wissen wir aber, dass dies der Fall ist.

In gewissen ganzen Pflanzengruppen stehen die Ei'chen aufrecht, in anderen sind sie aufgehängt; und in einigen wenigen Pflanzen nimmt innerhalb eines und desselben Ovarium das eine Ei'chen die erstere, ein zweites die letztere Stellung ein. Diese Stellungen erscheinen auf den ersten Blick rein morphologisch, oder von keiner physiologischen Bedeutung. Dr. Hooker theilt mir aber mit, dass von den Ei'chen in einem und demselben Ovarium in manchen Fällen nur die oberen und in anderen Fällen nur die unteren befruchtet werden. Er vermuthet, dass dies wahrscheinlich von der Richtung abhängt, in welcher die Pollenschläuche in das Ovarium eintreten. Ist dies der Fall, so würde die Stellung der Ei'chen, selbst wenn das eine aufrecht, das andere aufgehängt ist, eine Folge der Auswahl irgend welcher unbedeutenden Abweichungen in der Stellung sein, welche die Befruchtung und die Samenbildung begünstigten.

Mehrere zu verschiedenen Ordnungen gehörige Pflanzen bringen gewohnheitsgemäss zwei Arten von Blüthen hervor, die einen offen und von gewöhnlichem Bau, die anderen geschlossen und unvollkommen. Diese beiden Arten von Blüthen sind manchmal wunderbar in ihrer Structur verschieden; doch kann man sehen, dass sie an einer und derselben Pflanze gradweise ineinander übergehen. Die gewöhnlichen und offenen Blüthen können gekreuzt werden, und hierdurch werden die Vortheile gesichert, welche diesem Processe gewiss folgen. Die geschlossenen und unvollkommenen Blüthen sind indessen offenbar von grosser Bedeutung, da sie mit äusserster Sicherheit einen grossen Vorrath von Samen liefern mit wunderbar wenig Verbrauch von Pollen. Die beiden Blüthenarten differieren, wie eben erwähnt, häufig bedeutend im Bau. In den unvollkommenen Blüthen sind die Kronenblätter fast immer zu blossen Rudimenten verkümmert, die Pollenkörner sind im Durchmesser reduciert. Fünf der alternierenden Staubfäden sind bei *Ononis columnae* rudimentär; und bei einigen Arten von *Viola* sind drei Staubfäden in diesem Zustande, während zwei ihre gewöhnliche Function beibehalten haben, aber von sehr geringer Grösse sind. Unter dreissig solcher geschlossener Blüthen bei einem indischen Veilchen (der Name ist unbekannt, da die Pflanzen bis jetzt bei mir noch keine vollkommene Blüthen hervorgebracht haben) waren bei sechs die Kelchblätter, deren Normalzahl fünf ist, auf drei reduciert. In einer Section der Malpighiaceae werden nach A. De Jussieu die geschlossenen Blüthen noch weiter modificiert; denn die fünf den Kelchblättern gegenüberstehenden Staubfäden sind alle abortiert, und nur ein, einem Kronenblatte gegenüber stehender sechster Staubfaden ist entwickelt. Dieser Staubfaden ist in den gewöhnlichen Blüthen dieser Arten nicht vorhanden. Der Griffel ist abortiert; und die Ovarien sind von drei auf zwei reduciert. Obgleich nun wohl die natürliche Zuchtwahl die Kraft gehabt haben mag, die Entfaltung einiger dieser Blüthen zu verhindern und die Pollenmenge zu reducieren, wenn sie durch den Verschluss der Blüthen überflüssig geworden ist, so kann doch kaum irgend eine der oben erwähnten speciellen Modificationen hierdurch bestimmt worden sein, sondern muss den Gesetzen des Wachsthums, mit Einschluss der functionellen Unthätigkeit einzelner Theile, während des Fortgangs der Reduction des Pollens und des Verschliessens der Blüthe gefolgt sein.

Es ist so nothwendig, die bedeutungsvollen Wirkungen der Gesetze des Wachsthums zu würdigen, dass ich noch einige weitere Fälle einer andern Art hinzufügen will, nämlich von Verschiedenheiten in einem und demselben Theile oder Organ, welche Folgen von Verschiedenheiten in der relativen Stellung an einer und derselben Pflanze sind. Bei der spanischen Kastanie und bei gewissen

Kieferbäumen sind nach Schacht die Divergenzwinkel der Blätter an den nahezu horizontalen und an den aufrechtstehenden Zweigen verschieden. Bei der gemeinen Raute und einigen anderen Pflanzen öffnet sich zuerst eine Blüthe, gewöhnlich die centrale oder terminale, und hat fünf Kelch- und Kronenblätter und fünf Ovarialfächer, während alle übrigen Blüthen an der Pflanze tetramer sind. Bei der britischen *Adoxa* hat meist die oberste Blüthe zwei Kelchklappen und die anderen Organe vierzählig, während die umgebenden Blüthen meist drei Kelchklappen und die übrigen Organe pentamer haben. Bei vielen Compositen und Umbelliferen (und bei einigen anderen Pflanzen) haben die randständigen Blüthen viel entwickeltere Corollen als die centralen Blüthen, und dies scheint häufig mit der Abortion der Reproductionsorgane in Zusammenhang zu stehen. Eine noch merkwürdigere Thatsache, welche schon früher angedeutet wurde, ist die, dass die Achenen oder Samen des Randes und des Centrums bedeutend in Form, Farbe und anderen Merkmalen verschieden sind. Bei *Carthamus* und einigen anderen Compositen sind nur die centralen Achenen mit einem Pappus versehen, und bei *Hyoseris* liefert ein und derselbe Blüthenkopf drei verschiedene Formen von Achenen. Bei gewissen Umbelliferen sind nach Tausch die äusseren Samen orthosperm und die centralen coelosperm; und dies ist eine Verschiedenheit, welche De Candolle bei anderen Species als von der höchsten systematischen Bedeutung angesehen hat. Prof. Braun erwähnt eine Gattung der Fumariaceen, bei welcher die Blüthen im unteren Theile des Blüthenstandes ovale, gerippte, einsamige Nüsschen tragen, im oberen Theile der Inflorescenz dagegen lancettförmige, zweiklappige und zweisamige Schoten. Soweit wir es beurtheilen können, kann in diesen verschiedenen Fällen, ausgenommen die stark entwickelten Randblüthen, welche dadurch von Nutzen sind, dass sie die Blüthen für die Insecten auffallend machen, natürliche Zuchtwahl nicht oder nur in einer völlig untergeordneten Weise in's Spiel gekommen sein. Alle diese Modificationen sind eine Folge der relativen Stellung und der gegenseitigen Wirkung der Theile aufeinander; und es kann kaum bezweifelt werden, dass, wenn alle Blüthen und Blätter einer und derselben Pflanze denselben äusseren und inneren Bedingungen ausgesetzt worden wären, sie auch sämmtlich in derselben Art und Weise modificiert worden sein würden.

In zahlreichen anderen Fällen sehen wir Modificationen der Structur, welche von den Botanikern als allgemein sehr bedeutungsvoll angesehen werden, nur an einigen Blüthen einer und derselben Pflanze oder an versch'edenen Pflanzen auftreten, welche unter denselben Bedingungen dicht beisammen wachsen. Da diese Abänderungen von keinem speciellen Nutzen für die Pflanze zu sein scheinen, können sie nicht von der natürlichen Zuchtwahl beeinflusst worden sein. Über die Ursache befinden wir uns in völliger Unwissenheit; wir können sie nicht einmal, wie in der zuletzt angeführten Classe von Fällen, einer nächstliegenden Ursache, wie der relativen Stellung, zuschreiben.

Ich will nur einige wenige Fälle speciell anführen. Da so häufig Blüthen auf einer und derselben Pflanze beobachtet werden, welche ganz durcheinander tetramer, pentamer u. s. w. sind, so ist es nicht nöthig, erst noch Beispiele anzuführen; da aber numerische Abänderungen in allen Fällen, wo der Theile weniger sind, vergleichsweise selten sind, so möchte ich erwähnen, dass nach De Candolle die Blüthen von *Papaver bracteatum* zwei Kelchblätter mit vier Kronenblättern (und dies ist der gewöhnliche Typus beim Mohne) oder drei Kelchblätter mit sechs Kronenblättern darbieten. Die Art, wie die Kronenblätter in der Knospe gefaltet sind, ist in den meisten Gruppen ein sehr constanter und morphologischer Character; Professor Asa Gray führt aber an, dass bei einigen Arten von *Mimulus* die Aestivation fast ebenso häufig die der Rhinantideen als die der Antirhinideen ist, zu welch' letzterer Gruppe die Gattung gehört. Aug. St. Hilaire führt die folgenden Fälle an: die Gattung *Zanthoxylon* gehört zu einer Abtheilung der Rutaceen mit einem einzigen Ovarium; aber in einigen Arten kann man Blüthen an einer und derselben Pflanze finden, ja selbst in derselben Rispe, mit entweder einem oder zwei Ovarien. Bei *Helianthemum* ist die Kapsel als ein- oder dreifächerig beschrieben worden und bei *H. mutabile* „une lame, „plus ou moins large s'étend entre le péricarpe et le placenta“. Auch bei den Blüthen von *Saponaria officinalis* beobachtete Dr. Masters Beispiele sowohl von marginaler als von freier centraler Placentation. Endlich fand St. Hilaire nach der südlichen Verbreitungsgrenze der *Gomphia oleaeformis* zu zwei Formen, von denen er anfangs nicht zweifelte, dass es distincte Arten seien, welche er aber später auf demselben Busch wachsen sah, und fügt dann hinzu: „Voilà donc dans un même individu des loges et un style qui se „rattachent tantôt à un axe verticale et tantôt à un gynobase.“

Wir sehen hieraus, dass bei Pflanzen viele morphologische Veränderungen den Gesetzen des Wachsthums und der gegenseitigen

Einwirkung der Theile, unabhängig von natürlicher Zuchtwahl, zugeschrieben werden können. Kann man aber, mit Bezug auf Nägeli's Lehre von einer angeborenen Neigung zur Vervollkommnung oder zur progressiven Entwicklung, bei diesen scharf ausgesprochenen Abänderungen sagen, dass sie gerade im Acte des Fortschreitens nach einer höhern Stufe der Entwicklung entdeckt worden sind? Ich würde im Gegentheile aus der blossen Thatsache, dass die in Frage stehenden Theile an einer und derselben Pflanze bedeutend verschieden sind oder variieren, folgern, dass solche Modificationen von äusserst geringer Bedeutung für die Pflanzen selbst sind, von welcher Bedeutung sie auch uns bei unserer Classification sein mögen. Von dem Erlangen eines nutzlosen Theiles kann man kaum sagen, dass es einen Organismus in der natürlichen Stufenleiter erhöhe; und was die oben beschriebenen unvollkommenen geschlossenen Blüthen betrifft, so müsste hier, wenn irgend ein neues Princip zu Hülfe genommen werden sollte, dies vielmehr das eines Rückschrittes sein, als eines Fortschrittes; dasselbe müsste man auch bei vielen parasitischen und degradierten Thieren annehmen. Wir sind in Betreff der erregenden Ursache der oben speciell angegebenen Modificationen völlig unwissend; würde aber die unbekannte Ursache eine Zeit lang beinahe gleichförmig einwirken, dann könnten wir auch schliessen, dass das Resultat beinahe gleichförmig sein würde; und in diesem Falle würden alle Individuen der Species in der nämlichen Weise modificiert werden.

Nach der Thatsache, dass die obigen Charactere für das Wohlbefinden der Species bedeutungslos sind, würden irgend welche unbedeutenden Abänderungen, welche an ihnen vorkämen, nicht durch natürliche Zuchtwahl gehäuft oder vergrössert worden sein. Eine Bildung, welche durch lang andauernde Zuchtwahl entwickelt worden ist, wird, wenn sie aufhört, der Art von Nutzen zu sein, allgemein variabel, wie wir es bei den rudimentären Organen sehen; denn sie wird nun nicht mehr durch diese nämliche Kraft der Zuchtwahl reguliert werden. Sind aber durch die Natur des Organismus und der Bedingungen Modificationen hervorgebracht worden, welche für die Wohlfahrt der Species ohne Bedeutung sind, so können sie in nahezu demselben Zustande zahlreichen, in anderen Beziehungen modificierten Nachkommen überliefert werden und sind auch dem Anscheine nach häufig überliefert worden. Es kann für die grössere Zahl der Säugethiere, Vögel oder Reptilien von keiner grossen Bedeutung gewesen sein, ob sie mit Haaren, Federn oder Schuppen bekleidet waren; und doch sind beinahe allen Säugethieren Haare, allen Vögeln Federn, und allen echten Reptilien Schuppen überliefert worden. Eine Bildung, welche vielen verwandten Formen gemeinsam ist, wird von uns als von hoher systematischer Bedeutung angesehen und wird demzufolge auch oft als von hoher vitaler Wichtigkeit für die Art angenommen. So bin ich zu glauben geneigt, dass morphologische Differenzen, welche wir als bedeutungsvoll betrachten, wie die Anordnung der Blätter, die Abtheilungen der Blüthe oder des Ovarium, die Stellung der Ei'chen u. s. w. zuerst in vielen Fällen als fluctuierende Abänderungen erschienen sind, welche früher oder später durch die Natur des Organismus und der umgebenden Bedingungen, ebenso wie durch die Kreuzung verschiedener Individuen, aber nicht durch die natürliche Zuchtwahl constant geworden sind; denn da diese morphologischen Charactere die Wohlfahrt der Art nicht berühren, so können auch unbedeutende Abänderungen an ihnen nicht von natürlicher Zuchtwahl beeinflusst oder gehäuft worden sein. Es ist ein merkwürdiges Resultat, zu dem wir hiermit gelangen, dass nämlich Charactere von geringer vitaler Bedeutung für die Art dem Systematiker die wichtigsten sind. Wie wir aber später bei Behandlung des genetischen Princips der Classification sehen werden, ist dies durchaus nicht so paradox wie es zuerst erscheint.

Obgleich wir keine sicheren Beweise für die Existenz einer eingebornen Neigung zur progressiven Entwicklung bei organischen Wesen haben, so folgt diese doch, wie ich im vierten Capitel zu zeigen versucht habe, nothwendig der beständigen Thätigkeit der natürlichen Zuchtwahl. Denn die beste Definition, welche jemals von einem hohen Massstabe der Organisation gegeben worden ist, ist die, dass dies der Grad sei, bis zu welchem Theile specialisiert oder verschiedenartig geworden sind. Und die natürliche Zuchtwahl strebt diesem Ziele zu, insofern hierdurch die Theile in den Stand gesetzt werden, ihre Function erfolgreicher zu verrichten.

Ein ausgezeichneter Zoolog, Mr. St. George Mivart, hat vor Kurzem alle die Einwände gegen die Theorie der natürlichen Zuchtwahl, wie sie von Wallace und mir aufgestellt worden ist, zusammengestellt und sie mit viel Geschick und Nachdruck erläutert. In dieser Art vorgeführt bilden sie eine furchteinflössende Heeresmacht; und da es nicht in Mr. Mivart's Plan lag, die verschiedenen, seinen Schlussfolgerungen entgegenstehenden Thatsachen und Betrachtungen aufzuführen, so wird dem Leser, welcher die für beide

Seiten der Frage vorzubringenden Beweise etwa zu erwägen wünscht, keine kleine Anstrengung des Verstandes und Gedächtnisses zugemuthet. Bei der Erörterung specieller Fälle übergeht Mr. Mivart die Wirkungen des vermehrten Gebrauchs und Nichtgebrauchs an Theilen, von welchen ich immer behauptet habe, dass sie sehr bedeutungsvoll seien, und welche ich in meinem Buche über „das Variieren im Zustande der Domestication“ in grösserer Ausführlichkeit behandelt habe, als wie ich glaube irgend ein anderer Schriftsteller. Er nimmt auch häufig an, dass ich der Abänderung unabhängig von natürlicher Zuchtwahl nichts zuschreibe, während ich in dem oben angezogenen Werke eine grössere Zahl von sicher begründeten Thatsachen zusammengestellt habe, als in irgend einem andern mir bekannten Werke zu finden ist. Mein Urtheil mag vielleicht nicht zuverlässig sein; aber nachdem ich Mr. Mivart's Buch sorgfältig durchgelesen und jeden Abschnitt mit dem verglichen hatte, was ich über denselben Gegenstand gesagt habe, fühlte ich mich von der allgemeinen Gültigkeit der Schlussfolgerungen, zu denen ich hier gelangt bin, so sehr überzeugt, wie noch nie zuvor, wenn dieselben auch natürlicherweise bei einem so verwickelten Gegenstande dem Irrthume im Einzelnen sehr ausgesetzt sind.

Alle Einwände Mr. Mivart's werden in dem vorliegenden Bande betrachtet werden oder sind bereits in Betracht gezogen worden. Der eine neue Satz, welcher viele Leser frappiert zu haben scheint, ist, „dass natürliche Zuchtwahl ungenügend ist, die Anfangsstufen nützlicher Structureinrichtungen zu erklären.“ Dieser Gegenstand steht in innigem Zusammenhang mit der Abstufung der Charactere, welche oft von einer Änderung der Function begleitet wird, — z. B. die Umwandlung einer Schwimmblase in Lungen —, Punkte, welche in dem letzten Capitel von zwei Gesichtspunkten aus erörtert wurden. Nichtsdestoweniger will ich hier einige von Mr. Mivart vorgebrachte Fälle in ziemlicher Ausführlichkeit betrachten und dabei die illustrativsten auswählen, da mich der Mangel an Raum abhält, sie alle durchzugehen.

Der ganze Körperbau der Giraffe ist durch deren hohe Statur, den sehr verlängerten Hals, Vorderbeine, Kopf und Zunge wundervoll für das Abweiden hoher Baumzweige angepasst. Sie kann dadurch Nahrung erlangen jenseits der Höhe, bis zu welcher die anderen Ungulaten oder Hufthiere, welche dieselbe Gegend bewohnen, hinaufreichen können; und dies wird während der Zeiten der Hungersnöthe für sie ein grosser Vortheil sein. Das Niata-Rind in Süd-

America zeigt uns, welchen bedeutenden Unterschied im Erhalten des Lebens eines Thieres geringe Verschiedenheit im Bau während derartiger Zeiten bewirken könne. Diese Rinder können ebensogut wie andere Gras abweiden; aber wegen des Vorspringens des Unterkiefers können sie während der häufig wiederkehrenden Zeiten der Dürre die Zweige der Bäume, Rohr u. s. w., zu welcher Nahrung das gewöhnliche Rind und die Pferde dann getrieben werden, nicht abpflücken; so dass 'n solchen Zeiten die Niata-Rinder umkommen, wenn sie nicht von ihren Besitzern gefüttert werden. Ehe wir auf Mr. MIVART's Einwand kommen, wird es zweckmässig sein, noch einmal zu erklären, wie die natürliche Zuchtwahl in allen gewöhnlichen Fällen wirken wird. Der Mensch hat einige seiner Thiere dadurch modificiert, — ohne nothwendig auf specielle Punkte ihres Baues zu achten —, dass er einfach entweder die flüchtigsten Thiere erhalten und zur Zucht benutzt hat, wie bei den Rennpferden und Windhunden, oder dass er von den siegreichen Thieren weiter gezüchtet hat, wie bei den Kampfhühnern. So werden im Naturzustande, als die Giraffe entstand, diejenigen Individuen, welche am höchsten abweiden und in Zeiten der Hungersnöthe im Stande waren, selbst nur einen oder zwei Zoll höher hinauf zu reichen als die anderen, oft erhalten worden sein, denn sie werden die ganze Gegend beim Suchen von Nahrung durchstrichen haben. Dass die Individuen einer und der nämlichen Art häufig unbedeutend in der relativen Länge aller ihrer Theile verschieden sind, lässt sich aus vielen naturgeschichtlichen Werken ersehen, in denen sorgfältige Messungen gegeben sind. Diese geringen proportionalen Verschiedenheiten, welche Folgen der Wachsthums- und Abänderungsgesetze sind, sind für die meisten Species nicht vom mindesten Nutzen oder bedeutungsvoll. Aber bei der Giraffe wird es sich während des Processes ihrer Bildung in Anbetracht ihrer wahrscheinlichen Lebensweise anders verhalten haben; denn diejenigen Individuen, welche irgend einen Theil oder mehrere Theile ihres Körpers etwas mehr als gewöhnlich verlängert hatten, werden allgemein leben geblieben sein. Diese werden sich gekreuzt und Nachkommen hinterlassen haben, welche entweder dieselben körperlichen Eigenthümlichkeiten oder die Neigung, wieder in derselben Art und Weise zu variieren, erbten, während in demselben Punkte weniger begünstigte Individuen dem Aussterben am meisten ausgesetzt waren.

Wir sehen hier, dass es nicht nöthig ist, einzelne Paare zu trennen, wie es der Mensch thut, wenn er eine Rasse methodisch veredelt; die natürliche Zuchtwahl wird alle vorzüglichen Individuen erhalten und damit separieren, ihnen gestatten, sich reichlich zu kreuzen und alle untergeordneteren Individuen zerstören. Dauert dieser Process, welcher genau dem entspricht, was ich beim Menschen unbewusste Zuchtwahl genannt habe, lange Zeit an, ohne Zweifel in einer äussert bedeutungsvollen Weise mit den vererbten Wirkungen des vermehrten Gebrauchs der Theile combiniert, so scheint es mir beinahe sicher zu sein, dass ein gewöhnliches Hufthier in eine Giraffe verwandelt werden könnte.

Gegen diese Folgerung bringt Mr. Mivart zwei Einwendungen vor. Die eine ist, dass er sagt, die vermehrte Körpergrösse würde offenbar eine vergrösserte Nahrungsmenge erfordern, und er hält es für „problematisch, ob die daraus entstehenden Nachtheile nicht „in Zeiten, wo die Nahrung knapp ist, die Vortheile mehr als auf„wiegen würden.“ Da aber die Giraffe factisch in Süd-Africa in grosser Anzahl existiert und da einige der grössten Antilopen der Welt, grösser als ein Ochse, dort äusserst zahlreich sind, warum sollten wir daran zweifeln, dass, soweit die Grösse in Betracht kommt, zwischen inneliegende Abstufungen früher dort existiert haben und wie jetzt schweren Hungerszeiten ausgesetzt gewesen sind? Sicherlich wird die Fähigkeit, auf jeder Stufe der vermehrten Grösse einen Nahrungsvorrath erreichen zu können, welcher von den anderen huftragenden Säugethieren des Landes unberührt gelassen wurde, für die entstehende Giraffe von Vortheil gewesen sein. Auch dürfen wir die Thatsache nicht übersehen, dass vermehrte Körpergrösse als Schutz gegen beinahe alle Raubthiere, mit Ausnahme des Löwen, dienen wird; und gegen dies Thier wird, wie Chauncey Wright bemerkt hat, ihr langer Hals, und zwar je länger je besser, als Wachtthurm dienen. Es ist gerade dieser Ursache wegen, wie Sir S. Baker bemerkt, dass kein Thier so schwer zu jagen ist wie die Giraffe. Das Thier gebraucht auch seinen langen Hals als Angriffs- und Vertheidigungsmittel, dadurch, dass es seinen mit stumpfartigen Hörnern bewaffneten Kopf heftig herumschwingt. Die Erhaltung einer jeden Species kann selten durch einen einzigen Vortheil bestimmt werden, wohl aber durch eine Vereinigung aller, grosser und kleiner.

Mr. Mivart frägt dann (und dies ist sein zweiter Einwand): wenn natürliche Zuchtwahl so vielvermögend ist und wenn die Fähigkeit, hoch hinauf die Zweige abweiden zu können, ein so grosser Vortheil ist, warum hat da kein anderes huftragendes Säugethier, ausser der Giraffe und in einem geringen Grade dem Kamel, Guanaco und der *Macrauchenia*, einen langen Hals erhalten? oder ferner, warum hat kein Glied der Gruppe einen langen Rüssel erhalten? In Bezug auf Süd-Africa, welches früher von zahlreichen Heerden der Giraffe bewohnt wurde, ist die Antwort nicht schwer und kann am besten durch ein Beispiel erläutert werden. Auf jeder Wiese in England, auf welcher Bäume wachsen, sehen wir die niedrigen Zweige durch das Abweiden der Pferde oder Rinder bis genau zu gleicher Höhe gestutzt oder eingeebnet; und was für ein Vortheil würde es nun z. B. für Schafe sein, wenn solche da gehalten würden, unbedeutend längere Hälse zu erlangen? Auf jedem Gebiete wird irgend eine Art von Thieren beinahe sicher im Stande sein, ihr Futter höher herab zu holen als andere; und es ist beinahe gleich sicher, dass allein diese eine Art ihren Hals durch natürliche Zuchtwahl und die Wirkungen vermehrten Gebrauchs zu diesem Behufe verlängert erhalten wird. In Süd-Africa muss die Concurrenz um das Abweiden höherer Zweige der Acazien und anderer Bäume zwischen Giraffen und Giraffen und nicht zwischen diesen und anderen huftragenden Säugethieren bestehen.

Warum in anderen Theilen der Welt verschiedene zu dieser nämlichen Ordnung gehörige Thiere nicht entweder einen verlängerten Hals oder einen Rüssel erhalten haben, kann nicht bestimmt beantwortet werden; es ist aber ebenso unverständig, auf eine solche Frage eine bestimmte Antwort zu erwarten, wie auf die, warum irgend ein Ereigniss in der Geschichte der Menschheit sich nicht in einem Lande zugetragen hat, während es sich in einem andern zutrug. In Bezug auf die Bedingungen, welche die Zahlenverhältnisse und die Verbreitung einer jeden Species bestimmen, sind wir unwissend; und wir können nicht einmal vermuthen, was für Structuränderungen vortheilhaft wären, um sie in irgend einem neuen Lande vermehren zu lassen. In einer allgemeinen Art und Weise können wir indessen sehen, dass verschiedene Ursachen die Entwicklung eines langen Halses oder eines Rüssels gehindert haben dürften. Um das Laub der Bäume von einer beträchtlichen Höhe herab erreichen zu können, ist (ohne die Fähigkeit zu klettern, wofür die Hufthiere ganz besonders ungeschickt gebaut sind) eine bedeutend vermehrte Körpergrösse nothwendig; und wir wissen, dass einige Gebiete merkwürdig wenig grosse Säugethiere ernähren, wie z. B. Süd-America, trotzdem es ein so üppiges Land ist, während Süd-Africa deren in einem ganz unvergleichlichen Grade besitzt.

Warum sich dies so verhält, wissen wir nicht, auch nicht, warum die späteren Zeiten der Tertiärperiode so viel günstiger für ihre Existenz gewesen sind, als die Jetztzeit. Was auch die Ursachen davon sein mögen, wir können einsehen, dass gewisse Gebiete und Zeiten für die Entwicklung eines so grossen Säugethieres, wie die Giraffe ist, viel günstiger als andere gewesen sein werden.

Damit ein Thier irgend ein Gebilde besonders und in bedeutender Entwicklung erhalte, ist es beinahe unumgänglich nothwendig, dass mehrere andere Theile modificiert und einander angepasst werden. Obgleich jeder Theil des Körpers unbedeutend variiert, so folgt doch daraus nicht, dass die nothwendigen Theile immer in dem richtigen Sinne und in dem richtigen Grade abändern. Bei den verschiedenen Species unserer domesticierten Thiere wissen wir, dass die Theile in einer verschiedenen Weise und in verschiedenem Grade abändern, und dass manche Arten viel variabler sind als andere. Selbst wenn die passenden Varietäten aufträten, folgt daraus noch nicht, dass die natürliche Zuchtwahl auf sie einzuwirken und ein Gebilde hervorzubringen vermöchte, welches für die Species wohlthätig wäre. Wenn z. B. die Zahl der in einer Gegend existierenden Individuen hauptsächlich durch die Zerstörung durch Raubthiere, durch äussere oder innere Parasiten u. s. w. bestimmt wird, wie es häufig der Fall zu sein scheint, dann wird die natürliche Zuchtwahl nur wenig zu thun im Stande sein oder wird bedeutend verzögert werden, wenn sie irgend ein besonderes Organ zur Erlangung der Nahrung modificieren will. Endlich ist die natürliche Zuchtwahl ein langsamer Process und die nämlichen günstigen Bedingungen müssen lange andauern, damit irgend eine ausgesprochene Wirkung hervorgebracht werde. Ausgenommen durch Anführung derartiger allgemeiner und unbestimmter Ursachen können wir nicht erklären, warum nicht Hufthiere in vielen Theilen der Erde einen verlängerten Hals oder andere Mittel die höheren Zweige der Bäume abzuweiden, erhalten haben.

Einwendungen derselben Art wie die vorstehenden sind von vielen Schriftstellern vorgebracht worden. In jedem Falle haben wahrscheinlich ausser den allgemeinen eben angedeuteten verschiedenartige Ursachen das Erlangen von Gebilden durch natürliche Zuchtwahl gestört, welche, wie man glauben könnte, für die Species wohlthätig sein würden. Ein Schriftsteller frägt, warum der Strauss nicht das Flugvermögen erlangt habe? Aber schon ein nur augenblickliches Nachdenken dürfte ergeben, was für eine enorme

Nahrungsmenge nothwendig sein würde, diesem Wüstenvogel die Kraft zu geben, seinen ungeheuren Körper durch die Luft zu tragen. Oceanische Inseln werden von Fledermäusen und Robben bewohnt, aber von keinem Landsäugethier: da indessen einige dieser Fledermäuse eigenthümlichen Species angehören, müssen sie ihre jetzige Heimath schon lange bewohnt haben. Sir CHARLES LYELL frägt daher und führt auch gewisse Gründe als Antwort an, warum nicht Robben und Fledermäuse auf solchen Inseln Formen geboren haben, welche auf dem Lande zu leben geschickt wären. Robben würden aber nothwendigerweise zunächst in fleischfressende Landthiere von beträchtlicher Grösse und Fledermäuse in insectenfressende Landthiere umgewandelt werden; für die ersten würde es an Beute fehlen; den Fledermäusen würden auf der Erde lebende Insecten zur Nahrung dienen; diesen würden aber bereits in hohem Grade die Reptilien und Vögel nachstellen, welche zuerst die meisten oceanischen Inseln colonisieren und in Menge bevölkern. Allmähliche Übergänge des Baues, von denen jede Stufe einer sich umändernden Art von Vortheil ist, werden nur unter gewissen eigenthümlichen Bedingungen begünstigt werden. Ein im engeren Sinne terrestrisches Thier könnte dadurch, dass es gelegentlich in seichtem Wasser, dann in Strömen und Seen nach Beute jagt, endlich in ein so durch und durch wasserlebendes Thier verwandelt werden, dass es dem offenen Meere Stand hält. Robben dürften aber auf oceanischen Inseln nicht die für ihre allmähliche Rückverwandlung in die Form eines Landthieres günstigen Bedingungen finden. Wie früher gezeigt wurde, erlangten Fledermäuse ihre Flughäute wahrscheinlich dadurch, dass sie zuerst wie die sogenannten fliegenden Eichhörnchen von Baum zu Baum durch die Luft glitten um ihren Feinden zu entgehen oder um das Herabstürzen zu vermeiden; wenn aber das rechte Flugvermögen einmal erlangt worden ist, so dürfte es wohl niemals, wenigstens für den angegebenen Zweck in das weniger wirksame Vermögen, durch die Luft zu gleiten, zurückverwandelt werden. Es könnten allerdings bei Fledermäusen wie bei vielen Vögeln die Flügel durch Nichtgebrauch bedeutend an Grösse reduciert werden oder auch vollständig verloren gehen; in diesem Falle würde es aber nothwendig sein, dass sie zuerst das Vermögen erlangten, allein mittelst ihrer Hinterbeine schnell auf dem Boden zu laufen, um mit Vögeln oder anderen am Boden lebenden Thieren concurrieren zu können; und für eine derartige Veränderung scheinen die Fledermäuse merkwürdig schlecht angepasst zu sein. Diese muthmasslichen Bemerkungen sind nur zu dem Ende gemacht worden, um zu zeigen, dass ein Übergang von einer Structureinrichtung zur andern, wobei jede Stufe von Vortheil wäre, eine ausserordentlich complicierte Sache ist, und dass darin nichts Befremdendes liegt, dass in irgend einem besondern Falle ein solcher Übergang nicht stattgefunden hat.

Endlich hat mehr als ein Schriftsteller gefragt, warum einige Thiere so viel höher entwickelte Geisteskräfte erhalten haben als andere, da eine derartige Entwicklung allen wohlthätig sein würde? Warum haben Affen nicht die intellectuellen Fähigkeiten des Menschen erlangt? Dies könnte verschiedenen Ursachen zugeschrieben werden; da sie aber nur Muthmassungen enthalten und ihre relative Wahrscheinlichkeit nicht abgewogen werden kann, würde es nutzlos sein, sie anzuführen. Eine bestimmte Antwort auf die letzte Frage sollte man nicht erwarten, wenn man sieht, dass Niemand das noch einfachere Problem lösen kann, warum von zwei Rassen von Wilden die eine auf der Stufenleiter der Civilisation höher gestiegen ist als die andere; und dies setzt allem Anscheine nach eine vermehrte Hirnthätigkeit voraus.

Wir wollen aber auf Mr. MIVART's andere Einwände zurückkommen. Insecten gleichen häufig des Schutzes wegen verschiedenen Gegenständen, wie grünen oder abgestorbenen Blättern, todten Zweigen, Flechtenstückchen, Blüthen, Dornen, Vogelexcrementen und anderen lebenden Insecten; auf den letztern Punkt werde ich noch später zurückkommen. Die Ähnlichkeit ist oft wunderbar gross, und nicht auf die Farbe beschränkt, sondern erstreckt sich auch auf die Form und selbst auf die Art und Weise wie sich die Insecten halten. Die Raupen, welche wie todte Zweige von dem Buschwerk abstehen, von dem sie sich ernähren, bieten ein ausgezeichnetes Beispiel einer Ähnlichkeit dieser Art dar. Die Fälle von Nachahmung solcher Gegenstände wie Vogelexcremente sind selten und exceptionell. Über diesen Punkt bemerkt Mr. MIVART: „Da nach „Mr. DARWIN's Theorie eine constante Neigung zu einer unbestimm„ten Variation vorhanden ist und da die äusserst geringen be„ginnenden Abänderungen nach allen Richtungen gehen werden, „so müssen sie sich zu neutralisieren und anfangs so unstäte Modi„ficationen zu bilden streben, dass es schwierig, wenn nicht un„möglich ist, einzusehen, wie solche unbestimmte Schwankungen „infinitesimaler Anfänge jemals eine hinreichend erkennbare Ähnlich-

„keit mit einem Blatte, einem Bambus oder einem andern Gegen-„stande zu Stande bringen können, so dass die natürliche Zucht-„wahl sie ergreifen und dauernd erhalten kann.“

Aber in allen den vorstehend angeführten Fällen boten die Insecten in ihrem ursprünglichen Zustande ohne Zweifel eine gewisse allgemeine und zufällige Ähnlichkeit mit einem gewöhnlich an den von ihnen bewohnten Standorten zu findenden Gegenstande dar. Auch ist dies durchaus nicht unwahrscheinlich, wenn man die beinahe unendliche Zahl umgebender Gegenstände und die Verschiedenartigkeit der Form und Farbe bei den Mengen von Insecten, welche existieren, in Betracht zieht. Da eine gewisse oberflächliche Ähnlichkeit als ein erster Ausgangspunkt nothwendig ist, so können wir einsehen, woher es kommt, dass die grösseren und höheren Thiere, soweit es mir bekannt ist, nur mit der Ausnahme eines Fisches, des Schutzes wegen speciellen Objecten nicht ähnlich sehen, sondern nur der Fläche, welche sie gewöhnlich umgibt, und dies dann hauptsächlich in der Farbe. Wenn man annimmt, dass ein Insect zufällig ursprünglich in irgend einem Grade einem abgestorbenen Zweige oder einem vertrockneten Blatte ähnlich war, und dass es unbedeutend nach vielen Richtungen hin variierte, dann werden alle die Abänderungen, welche das Insect überhaupt nur solchen Gegenständen ähnlicher machten und dadurch sein Verbergen begünstigten, erhalten werden, während andere Änderungen vernachlässigt und schliesslich verloren sein werden; oder sie werden, wenn sie das Insect überhaupt nur dem nachgeahmten Gegenstande weniger ähnlich machen, beseitigt werden. Mr. Mivart's Einwand würde allerdings von Belang sein, wenn wir die angeführten Ähnlichkeiten unabhängig von natürlicher Zuchtwahl durch blosse fluctuierende Abänderung zu erklären versuchen wollten; wie aber die Sache wirklich steht, ist er von keinem Belang.

Ich kann auch nicht sehen, dass Mr. Mivart's Schwierigkeit in Bezug auf „die letzten Züge der Vollkommenheit bei der Mimicrie“ Gewicht beizulegen wäre; wie z. B. in dem von Mr. Wallace angeführten Fall eines „wandelnden Stab“-Insectes (*Ceroxylus laceratus*), welches „einem mit kriechendem Moos oder Jungermannien überwachsenen Stabe“ gleicht. Diese Ähnlichkeit war so gross, dass ein eingeborener Dyak behauptete, die blättrigen Auswüchse wären wirklich Moos. Insecten wird von Vögeln und anderen Feinden nachgestellt, deren Gesicht wahrscheinlich schärfer als unseres ist, und jede Abstufung der Ähnlichkeit, welche das Insect darin unterstützt, der Betrachtung oder Entdeckung zu entgehen, wird seine Erhaltung zu fördern dienen, und je vollkommener die Ähnlichkeit ist, um so besser ist es für das Insect. Betrachtet man die Natur der Verschiedenheiten zwischen den Species der Gruppe, welche den obigen *Ceroxylus* einschliesst, so findet man nichts Unwahrscheinliches darin, dass dies Insect in den Unregelmässigkeiten an seiner Oberfläche abgeändert hat und dass diese mehr oder weniger grün gefärbt wurden; denn in einer jeden Gruppe sind diejenigen Charactere, welche in den verschiedenen Species verschieden sind, am meisten zum Abändern geneigt, während die generischen Charactere, oder diejenigen, welche sämmtlichen Arten gemeinsam zukommen, die constantesten sind.

Der Grönland-Wal ist eines der wunderbarsten Thiere auf der Welt, und die Barten oder das Fischbein stellen eine seiner grössten Eigenthümlichkeiten dar. Das Fischbein besteht auf jeder Seite des Oberkiefers aus einer Reihe von ungefähr dreihundert Platten oder Barten, welche quer zu der Längsachse des Mundes dicht hintereinander stehen. Innerhalb der Hauptreihe liegen einige secundäre Reihen. Die unteren Enden und die inneren Ränder sämmtlicher Barten sind in steife Borsten aufgelöst, welche den ganzen riesigen Gaumen bedecken und dazu dienen, das Wasser zu seihen oder zu filtrieren, um dadurch die kleinen Beutethierchen zu fangen, von denen das grosse Thier lebt. Die mittelste und längste Lamelle oder Barte ist beim Grönland-Wal zehn, zwölf oder selbst fünfzehn Fuss lang. Bei den verschiedenen Arten der Walfische finden sich indessen Abstufungen in der Länge; nach Scoresby ist die mittlere Lamelle bei einer Species einen Fuss, bei einer andern drei Fuss, bei einer dritten achtzehn Zoll und bei der *Balaenoptera rostrata* nur ungefähr neun Zoll lang. Auch ist die Beschaffenheit des Fischbeins bei den verschiedenen Species verschieden.

In Bezug auf das Fischbein bemerkt Mr. Mivart, „dass, wenn „es einmal eine solche Grösse und Entwicklung erreicht hätte, dass „es überhaupt von Nutzen wäre, dann seine Erhaltung und Vergrösserung innerhalb der nützlichen Grenzen von der natürlichen „Zuchtwahl befördert werden würde. Wie lässt sich aber der Anfang einer solchen nutzbaren Entwicklung erlangen?“ In Antwort hierauf kann gefragt werden, warum könnten nicht die früheren Urerzeuger der Bartenwalfische einen Mund besessen haben, dessen Einrichtung in etwas der ähnlich gewesen wäre, wie sie der lamellentragende Schnabel einer Ente darbietet? Enten ernähren sich wie Walfische in der Art, dass sie das Wasser oder den Schlamm durchseihen, und die Familie der Enten ist hiernach zuweilen die der Criblatores oder Seiher genannt worden. Ich hoffe, dass man mir hier nicht fälschlich nachsagt, dass ich meinte, die Urerzeuger der Bartenwalfische hätten factisch lamellierte Mundränder wie ein Entenschnabel besessen. Ich wünschte nur zu zeigen, dass dies nicht unglaublich ist, und dass die ungeheuren Fischbeinplatten beim Grönland-Wal sich aus solchen Lamellen durch ganz allmählich abgestufte Zustände, von denen jede seinem Besitzer von Nutzen war, entwickelt haben können.

Der Schnabel der Löffel-Ente *(Spatula clypeata)* ist ein noch wundervolleres und complicierteres Gebilde, als der Mund eines Walfisches. Der Oberkiefer ist auf jeder Seite (in dem von mir untersuchten Exemplar) mit einer kammartigen Reihe von 188 dünnen, elastischen Lamellen versehen, welche schräg so abgestutzt sind, dass sie zugespitzt enden, und quer auf die Längsachse des Schnabels stehen. Sie entspringen vom Gaumen und sind durch biegsame Membranen an die Seite des Kiefers befestigt. Diejen'gen, welche nach der Mitte zu stehen, sind die längsten, nämlich ungefähr ein Drittel Zoll lang und springen 0,14 Zoll unter dem Rande vor. An ihrer Basis findet sich eine kurze Reservereihe schräg querstehender Lamellen. In diesen verschiedenen Beziehungen gleichen sie den Fischbeinplatten im Munde eines Walfisches. Aber nach dem Schnabelende hin werden sie bedeutend verschieden, indem sie hier nach innen vorspringen, anstatt gerade nach unten gerichtet zu sein. Der ganze Kopf der Löffel-Ente, obschon unvergleichlich weniger massig, hat ungefähr ein Achtzehntel der Länge des Kopfes einer mässig grossen *Balaenoptera rostrata,* bei welcher Species das Fischbein nur neun Zoll lang ist, so dass, wenn man den Kopf der Löffel-Ente so gross machen könnte wie der der *Balaenoptera* ist, die Lamellen sechs Zoll Länge erreichen würden, d. i. also zwei Drittel der Bartenlänge in dieser Walfischart. Die untere Kinnlade der Löffel-Ente ist mit Lamellen von gleicher Länge wie die oberen, aber feineren, versehen; und durch diesen Besitz von Platten weicht sie auffallend vom Unterkiefer eines Walfisches ab, welcher kein Fischbein besitzt. Andererseits sind aber die Enden dieser unteren Lamellen in feine borstige Spitzen ausgezogen, so dass sie den Fischbeinbarten merkwürdig ähnlich sind. In der Gattung *Prion,* einem Gliede der von den Enten verschiedenen Familie der

Sturmvögel, ist der Oberkiefer allein mit Lamellen versehen, welche gut entwickelt sind und unter dem Rande vorspringen; in dieser Hinsicht gleicht also der Schnabel dieses Vogels dem Munde eines Walfisches.

Von der hoch entwickelten Structureigenthümlichkeit des Schnabels der Löffel-Ente können wir (wie ich durch Untersuchung von Exemplaren gelernt habe, die mir Mr. Salvin gesandt hat), ohne eine grosse Unterbrechung der Reihe, soweit die zweckmässige Einrichtung zum Durchseihen in Betracht kommt, zu dem Schnabel der *Merganetta armata* und in gewisser Beziehung zu dem der *Aix sponsa* und von dieser zu dem Schnabel der gemeinen Ente kommen. In dieser letztern Art sind die Lamellen viel grösser als bei der Löffel-Ente und fest an die Seiten des Kiefers geheftet; es sind davon nur ungefähr 50 auf jeder Seite vorhanden und sie springen durchaus nicht unterhalb des Kieferrandes vor. Sie sind oben quer abgestutzt und mit durchscheinendem härtlichem Gewebe bedeckt, wie zum Zermalmen der Nahrung. Die Ränder der Unterkinnladen werden von zahlreichen feinen Leisten gekreuzt, welche sehr wenig vorspringen. Obgleich hiernach der Schnabel als Seihe-Apparat sehr dem der Löffel-Ente nachsteht, so gebraucht doch dieser Vogel, wie Jedermann weiss, den Schnabel beständig zu diesem Zwecke. Wie ich von Mr. Salvin erfahre, gibt es andere Species, bei denen die Lamellen beträchtlich weniger entwickelt sind, als bei der gemeinen Ente; ich weiss aber nicht, ob auch diese den Schnabel zum Seihen des Wassers benutzen.

Wenden wir uns zu einer andern Gruppe derselben Familie. Bei der ägyptischen Gans *(Chenalopex)* gleicht der Schnabel sehr nahe dem der gemeinen Ente; die Lamellen sind aber nicht so zahlreich und nicht so distinct von einander, auch springen sie nicht so weit nach innen vor. Und doch benutzt diese Ente, wie mir Mr. Bartlett mitgetheilt hat, „ihren Schnabel wie eine Ente, „indem sie das Wasser durch die Ränder auswirft.“ Ihre hauptsächlichste Nahrung ist indessen Gras, welches sie wie die gemeine Gans abpflückt. Bei diesem letztern Vogel sind die Lamellen des Oberkiefers viel gröber als bei der gemeinen Ente, beinahe zusammenfliessend, ungefähr 27 an Zahl auf jeder Seite, und enden nach oben in zahnartigen Knöpfen. Auch der Gaumen ist mit harten, abgerundeten Vorsprüngen bedeckt. Die Ränder der Unterkinnlade sind mit viel vorspringenderen, gröberen und schärferen Zähnen als bei der Ente sägenartig besetzt. Die gemeine Gans seiht das Wasser nicht, sondern braucht ihren Schnabel ausschliesslich dazu, Kräuter zu zerreissen oder zu schneiden, für welchen Gebrauch er so gut eingerichtet ist, dass sie kürzeres Gras als fast irgend ein anderes Thier pflücken kann. Wie ich von Mr. Bartlett höre, gibt es auch Gänse, bei denen die Lamellen noch weniger entwickelt sind als bei der gemeinen Gans.

Wir sehen hieraus, dass ein zu der Entenfamilie gehöriger Vogel mit einem wie der der gemeinen Gans gebauten und nur für das Grasen eingerichteten Schnabel oder selbst ein Vogel mit einem Schnabel, der noch weniger entwickelte Lamellen hat, durch langsame Abänderungen in eine Art wie die ägyptische Gans, diese in eine wie die gemeine Ente, und endlich in eine wie die Löffel-Ente verwandelt werden könnte, welche mit einem beinahe ausschliesslich zum Durchseihen des Wassers eingerichtetem Schnabel versehen ist; denn dieser Vogel kann kaum irgend einen Theil seines Schnabels, mit Ausnahme der hakigen Spitze, zum Ergreifen und Zerreissen fester Nahrung gebrauchen. Der Schnabel einer Gans könnte auch, wie ich noch hinzufügen will, durch kleine Abänderungen in einen mit vorspringenden, rückwärts gekrümmten Zähnen versehenen verwandelt werden, wie der des *Merganser* (einem Vogel derselben Familie), welcher dem weit von jenem verschiedenen Zwecke dient, lebendige Fische zu fangen.

Doch kehren wir zu den Walfischen zurück. Der *Hyperoodon bidens* hat keine echten Zähne in einem functionsfähigen Zustande, aber sein Gaumen ist nach Lacépède durch den Besitz kleiner ungleicher harter Hornpunkte rauh geworden. Es liegt daher in der Annahme nichts Unwahrscheinliches, dass irgend eine frühe Cetaceenform mit ähnlichen Hornpunkten am Gaumen versehen war, welche aber regelmässiger gestellt waren und wie die Höcker am Schnabel der Gans dem Thiere halfen, seine Nahrung zu ergreifen und zu zerreissen. War dies der Fall, so wird man kaum läugnen können, dass die Punkte durch Abänderung und natürliche Zuchtwahl in ebenso wohl entwickelte Lamellen verwandelt werden konnten, wie die der ägyptischen Gans, in welchem Falle sie dann beiden Zwecken dienten, sowohl dem Ergreifen der Nahrung als dem Durchseihen des Wassers, dann in Lamellen wie die der gemeinen Ente, und so immer weiter, bis sie so gut gebildet waren, wie die der Löffel-Ente, in welchem Falle sie ausschliesslich als Apparat zum Filtrieren des Wassers gedient haben werden. Von dieser Stufe, auf welcher die Lamellen im Verhältnis zur Kopflänge zwei Drittel der Länge der Fischbeinplatten von *Balaenoptera rostrata* hatten, führen uns dann Abstufungen, welche man in noch jetzt lebenden Cetaceen beobachten kann, zu den enormen F'schbeinplatten beim Grönland-Wale. Es liegt auch hier nicht der geringste Grund zu zweifeln vor, dass jeder Fortschritt in dieser Stufenreihe gewissen alten Cetaceen ebenso nutzbar gewesen sein könne, wo die Functionen der Theile sich während des Fortschritts der Entwicklung langsam änderten, wie es die Abstufungen im Bau der Schnäbel bei den verschiedenen jetzt lebenden Vögeln aus der Familie der Enten sind. Wir müssen uns daran erinnern, dass jede Entenspecies einem harten Kampf um's Dasein ausgesetzt ist, und dass der Bau eines jeden Körpertheils ihren Lebensbedingungen angepasst sein muss.

Die Pleuronectiden oder Plattfische sind merkwürdig wegen ihrer unsymmetrischen Körper. Sie liegen in der Ruhe auf einer Seite, — die grössere Zahl der Species auf der linken, einige dagegen auf der rechten; und gelegentlich kommen erwachsene Exemplare mit einer umgekehrten Asymmetrie vor. Die untere Fläche, auf der der Fisch liegt, gleicht auf den ersten Blick der Bauchfläche eines gewöhnlichen Fisches; sie ist von weisser Farbe, in vielen Beziehungen weniger entwickelt als die obere Seite, die seitlichen Flossen sind häufig von geringerer Grösse. Aber die Augen bieten die merkwürdigste Eigenthümlichkeit dar; denn beide befinden sich auf der obern Seite des Kopfes. Während der frühen Jugend indessen stehen sie einander gegenüber und der ganze Körper ist in dieser Zeit noch symmetrisch, auch sind beide Seiten gleich gefärbt. Bald aber beginnt das der untern Seite angehörende Auge langsam um den Kopf herum auf die obere Seite zu gleiten, tritt indessen dabei nicht direct quer durch den Schädel, wie man früher glaubte, dass es der Fall wäre. Es ist nun ganz offenbar, dass, wenn das untere Auge nicht in dieser Art herumwanderte, es von dem in seiner gewöhnlichen Stellung auf der einen Seite liegenden Fische gar nicht benutzt werden könnte. Auch würde das untere Auge sehr leicht von dem sandigen Boden durch Reiben verletzt werden. Dass die Pleuronectiden durch ihren abgeplatteten und unsymmetrischen Körperbau ihrer Lebensweise wunderbar gut angepasst sind, zeigt sich offenbar dadurch, dass mehrere Species, wie die Solen, Seezungen, Flundern u. s. w. äusserst gemein sind. Die hauptsächlichsten hierdurch erlangten Vortheile scheinen einmal der Schutz vor ihren Feinden und dann die Leichtigkeit der Ernährung auf dem Meeresgrunde zu sein. Die verschiedenen Glieder der Familie bieten indessen, wie SCHIÖDTE bemerkt, „eine „lange Reihe von Formen dar mit einem allmählichen Übergange „von *Hippoglossus pinguis*, welcher in keinem irgendwie beträcht„lichen Grade die Gestalt ändert, in welcher er die Eihüllen ver„lässt, zu den Seezungen, welche vollkommen auf eine Seite um„geworfen sind.“

Mr. MIVART hat diesen Fall aufgenommen und bemerkt, dass eine plötzliche spontane Umwandlung in der Stellung der Augen kaum denkbar ist, worin ich vollständig mit ihm übereinstimme. Er fügt dann hinzu: „wenn das Hinüberwandern stufenweise er„folgte, dann ist es durchaus nicht klar, wie ein solches Wandern „des einen Auges um einen äusserst geringen Bruchtheil der ganzen „Entfernung bis zur andern Seite des Kopfes für das Individuum „wohlthätig sein konnte. Es scheint selbst, als müsse eine der„artige beginnende Umwandlung eher schädlich gewesen sein.“ Er hätte aber eine Antwort auf diesen Einwand in den ausgezeichneten, im Jahre 1867 veröffentlichten Beobachtungen von MALM finden können. Die Pleuronectiden oder Schollen können, solange sie sehr jung und noch symmetrisch sind, wo ihre Augen noch auf den gegenüberliegenden Seiten des Kopfes stehen, eine senkrechte Stellung nicht lange beibehalten, und zwar in Folge der excessiven Höhe ihres Körpers, der geringen Grösse ihrer paarigen Flossen und wegen des Umstandes, dass ihnen eine Schwimmblase fehlt. Sie werden daher sehr bald müde und fallen auf die eine Seite zu Boden. Während sie so ruhig daliegen, drehen sie häufig, wie MALM beobachtete, das untere Auge aufwärts, um über sich zu sehen, und sie thun dies so kräftig, dass das Auge scharf gegen den obern Augenhöhlenrand gedrückt wird. Die Stirn zwischen den Augen wird in Folge dessen, wie deutlich gesehen werden konnte, zeitweise der Breite nach zusammengezogen. Bei einer Gelegenheit sah MALM einen jungen Fisch das untere Auge durch einen Winkelabstand von ungefähr siebzig Grad heben und senken.

Wir müssen uns daran erinnern, dass der Schädel in diesem frühen Alter knorplig und biegsam ist, so dass er der Muskelanstrengung leicht nachgibt. Es ist auch von höheren Thieren bekannt, dass der Schädel selbst nach der Zeit der frühesten Jugend nachgibt und in seiner Form geändert wird, wenn die Haut oder die Muskeln durch Krankheit oder irgend einen Zufall permanent zusammengezogen werden. Bei langohrigen Kaninchen zieht, wenn das eine Ohr nach vorn und unten herabhängt, das Gewicht desselben alle Knochen des Schädels auf dieselbe Seite, wovon ich eine Abbildung gegeben habe. MALM führt an, dass die eben ausgeschlüpften Jungen von Barschen, Lachsen und anderen symmetrischen Fischen die Gewohnheit haben, gelegentlich am Boden auf der einen Seite auszuruhen; auch hat er beobachtet, dass sie dann häufig ihre unteren Augen anstrengen, um nach oben zu sehen, und hierdurch werden ihre Schädel leicht gekrümmt. Diese Fische sind indessen bald im Stande, sich in einer senkrechten Stellung zu erhalten; es wird daher keine dauernde Wirkung hervorgebracht. Die Pleuronectiden dagegen liegen, je älter sie werden, in Folge der zunehmenden Plattheit ihrer Körper, desto gewöhnlicher auf der einen Seite, und dadurch wird eine dauernde Wirkung auf die Form des Kopfes und auf die Stellung der Augen hervorgebracht. Nach Analogie zu schliessen wird ohne Zweifel die Neigung zur Verdrehung durch das Princip der Vererbung vergrössert werden. SCHIÖDTE glaubt, im Gegensatz zu einigen Forschern, dass die Pleuronectiden selbst im Embryonalzustande nicht vollkommen symmetrisch sind; und wenn dies der Fall ist, so können wir einsehen, woher es kommt, dass gewisse Species, während sie jung sind, beständig auf die linke Seite herum fallen und auf dieser ruhen, andere Arten auf die rechte Seite. MALM fügt als Bestätigung der obenangeführten Ansicht hinzu, dass der erwachsene *Trachypterus arcticus*, welcher nicht zu der Familie der Pleuronectiden gehört, am Boden auf seiner linken Seite ruht und diagonal durch's Wasser schwimmt, und bei diesem Fische sind, wie angegeben wird, die beiden Seiten des Kopfes etwas unähnlich. Unsere grosse Autorität in Fischen, Dr. GÜNTHER, schliesst seinen Auszug aus MALM's Aufsatz mit der Bemerkung, dass „der Verfasser eine sehr einfache „Erklärung des abnormen Zustandes der Pleuronectiden gibt“.

Wir sehen hieraus, dass die ersten Stufen des Hinüberwanderns des Auges von der einen Seite des Kopfes zur andern, von denen Mr. MIVART meint, dass sie schädlich sein dürften, der ohne Zweifel für das Individuum wie für die Species wohlthätigen Angewöhnung zugeschrieben werden können, zu versuchen, mit beiden Augen nach oben zu sehen, während der Fisch mit der einen Seite am Boden liegt. Wir können auch den vererbten Wirkungen des Gebrauchs die Thatsache zuschreiben, dass bei mehreren Arten von Plattfischen der Mund nach der untern Fläche gebogen ist, wobei die Kieferknochen auf dieser, der augenlosen Seite des Kopfes stärker und wirkungskräftiger sind, als auf der andern, damit, wie Dr. Traquair vermuthet, der Fisch mit Leichtigkeit am Boden Nahrung aufnehmen könne. Auf der andern Seite wird Nichtgebrauch den geringer entwickelten Zustand der ganzen untern Hälfte des Körpers, mit Einschluss der paarigen Flossen, erklären; doch glaubt Yarrell, dass die reducierte Grösse dieser Flossen für den Fisch vortheilhaft sei, da „so viel weniger Platz für ihre Thätigkeit vorhanden ist, als „für die grösseren oberen Flossen". Vielleicht kann die geringere Zahl von Zähnen in der nach oben liegenden Hälfte der beiden Kieferknochen, nämlich vier bis sieben gegen fünfundzwanzig bis dreissig in der untern, bei der Scholle gleichfalls durch Nichtgebrauch erklärt werden. Aus dem farblosen Zustande der Bauchfläche der meisten Fische und vieler anderen Thiere können wir wohl richtig schliessen, dass das Fehlen der Farbe an derjenigen Seite, mag dies die rechte oder die linke sein, welche nach unten liegt, Folge des Ausschlusses des Lichtes ist. Man kann aber nicht annehmen, dass das eigenthümlich gefleckte Ansehen der obern Seite der Seezunge, welches dem sandigen Grunde des Meeres so sehr ähnlich ist, oder das einigen Species eigene Vermögen, ihre Farbe, wie neuerdings Pouchet gezeigt hat, in Übereinstimmung mit der umgebenden Fläche zu verändern, oder die Anwesenheit von knöchernen Höckern an der obern Seite des Steinbutts Folge der Einwirkung des Lichtes sind. Hier ist wahrscheinlich natürliche Zuchtwahl in's Spiel gekommen, ebenso wie beim Anpassen der allgemeinen Körpergestalt und vieler anderer Eigenthümlichkeiten dieser Fische an ihre Lebensweise. Wir müssen, wie ich schon vorhin betont habe, im Auge behalten, dass die vererbten Wirkungen des vermehrten Gebrauchs der Theile und vielleicht auch ihres Nichtgebrauchs durch die natürliche Zuchtwahl verstärkt werden. Denn alle spontanen Abänderungen in der passenden Richtung werden hierdurch erhalten werden, wie es auch diejenigen Individuen werden, welche im höchsten Grade die Wirkungen des vermehrten und wohlthätigen Gebrauchs irgend eines Theiles erben. Zu entscheiden, wie viel in jedem einzelnen besondern Falle den Wirkungen des Gebrauchs und wie viel der natürlichen Zuchtwahl zugeschrieben werden muss, scheint unmöglich zu sein.

Ich will noch ein anderes Beispiel einer Structureinrichtung anführen, welche ihren Ursprung allem Anschein nach ausschliesslich dem Gebrauch oder der Gewohnheit verdankt. Das Ende des

Schwanzes ist bei einigen americanischen Affen in ein wunderbar vollkommenes Greiforgan verwandelt worden und dient als eine fünfte Hand. Ein Kritiker, welcher mit Mr. Mivart in jeder Einzelnheit übereinstimmt, bemerkt über dies Gebilde: „Es ist unmög-„lich, zu glauben, dass in irgend einer noch so grossen Anzahl von „Jahren die erste unbedeutend auftretende Neigung zum Erfassen „das Leben der damit versehenen Individuen erhalten oder die „Wahrscheinlichkeit, dass diese nun Nachkommen erzeugen und „aufziehen, vergrössern könne.“ Für einen solchen Glauben ist aber keine Nothwendigkeit vorhanden. Gewohnheit (und diese setzt fast voraus, dass irgend eine Wohlthat, gross oder klein, aus ihr hergeleitet wird) genügt aller Wahrscheinlichkeit nach für die Aufgabe. Brehm sah die Jungen eines africanischen Affen *(Cercopithecus)* sich an der untern Körperfläche ihrer Mutter mit den Händen festhalten; gleichzeitig schlangen sie aber ihre kleinen Schwänze um den ihrer Mutter. Professor Henslow hielt einige Saatmäuse *(Mus messorius)* in Gefangenschaft, welche keinen, seinem Bau nach prehensilen Schwanz besitzen; aber er beobachtete häufig, dass sie ihre Schwänze um die Zweige eines Busches schlangen, den man in ihren Käfig gestellt hatte, und sich damit beim Klettern halfen. Einen analogen Bericht habe ich auch von Dr. Günther erhalten, welcher gesehen hat, wie sich eine Maus an dem Schwanze aufhieng. Wäre die Saatmaus in strengerem Sinne baumlebend, so würde vielleicht ihr Schwanz seinem Baue nach prehensil gemacht worden sein, wie es bei einigen zu derselben Ordnung gehörigen Thieren der Fall ist. Warum der *Cercopithecus* nicht mit dieser Einrichtung versehen worden ist, da er doch im jugendlichen Alter die obige Gewohnheit zeigt, dürfte schwer zu sagen sein. Es ist indessen möglich, dass der lange Schwanz dieses Affen ihm bei Ausführung seiner ungeheuren Sprünge von grösserem Nutzen als Balancierorgan denn als Greiforgan ist.

Die Milchdrüsen sind der ganzen Classe der Säugethiere eigen und für ihre Existenz unentbehrlich; sie müssen sich daher zu einer äusserst frühen Zeit entwickelt haben, und über die Art und Weise ihrer Entwicklung können wir nichts Positives wissen. Mr. Mivart fragt: „Ist es wohl zu begreifen, dass das Junge irgend eines Thieres „vor Zerstörung geschützt wurde, dadurch, dass es zufällig einen „Tropfen einer wohl kaum nahrhaften Flüssigkeit aus einer zufällig „hypertrophierten Hautdrüse seiner Mutter sog? Und selbst wenn „dies einmal der Fall gewesen ist, welche Wahrscheinlichkeit lag da

„vor für die dauernde Erhaltung einer derartigen Abänderung?" Der Fall ist aber hier nicht richtig dargestellt. Die meisten Anhänger der Evolutionslehre geben zu, dass die Säugethiere von einer Beutelthierform abstammen; und ist dies der Fall, dann werden die Milchdrüsen zuerst innerhalb des marsupialen Beutels entwickelt worden sein. Bei Fischen kommt der Fall vor *(Hippocampus)*, dass die Eier in einer Tasche dieser Art ausgebrütet und die Jungen eine Zeit lang darin aufgezogen werden; auch glaubt ein americanischer Naturforscher, Mr. Lockwood, nach dem, was er von der Entwicklung der Jungen gesehen hat, dass dieselben mit einer Absonderung der Hautdrüsen der Tasche ernährt werden. Ist es nun wohl in Bezug auf die frühen Urerzeuger der Säugethiere, fast noch vor der Zeit, wo sie als solche bezeichnet zu werden verdienten, nicht wenigstens möglich, dass die Jungen auf eine ähnliche Weise ernährt wurden? Und in diesem Falle werden diejenigen Individuen, welche die in einem gewissen Grade oder in irgend einer Art und Weise nahrhafteste Flüssigkeit, so dass sie die Beschaffenheit der Milch nahebei erhielt, absonderten, in der Länge der Zeit eine grössere Zahl gut ernährter Nachkommen aufgezogen haben, als diejenigen Individuen, welche eine ärmere Flüssigkeit absonderten; und hierdurch werden die Hautdrüsen, welche die Homologa der Milchdrüsen sind, weiter entwickelt und functionsfähiger gemacht worden sein. Es stimmt mit dem weit verbreiteten Principe der Specialisation überein, dass die Drüsen auf einem bestimmten Stück der innern Oberfläche der Tasche höher entwickelt werden würden, als die übrigen, und dann würden sie eine Brustdrüse, vorläufig aber noch ohne Zitze dargestellt haben, wie wir es jetzt noch beim *Ornithorhynchus*, dem untersten Gliede der Säugethierreihe, sehen. In Folge welcher Kraft die Drüsen auf einem bestimmten Oberflächentheile höher specialisiert wurden als die übrigen, will ich mir nicht zu entscheiden anmassen, ob zum Theil durch Compensation des Wachsthums, oder durch die Wirkungen des Gebrauchs oder durch natürliche Zuchtwahl.

Die Entwicklung der Milchdrüsen würde von keinem Nutzen gewesen sein und hätte nicht durch natürliche Zuchtwahl bewirkt werden können, wenn nicht in derselben Zeit die Jungen fähig geworden wären, die Absonderung aufzunehmen. Einzusehen, wie junge Säugethiere instinctiv gelernt haben, an der Brust zu saugen, bietet keine grössere Schwierigkeit dar, als einzusehen, woher die noch nicht ausgekrochenen Küchel es gelernt haben, die Eischalen durch das Klopfen mit ihrem speciell dazu angepassten Schnabel zu durchbrechen, oder woher sie gelernt haben, wenig Stunden nach dem Verlassen der Eischale Körner zur Nahrung aufzupicken. In solchen Fällen scheint die wahrscheinlichste Lösung die zu sein, dass die Gewohnheit zuerst durch Übung auf einer spätern Altersstufe erlangt und später in einem frühern Alter auf die Nachkommen vererbt worden ist. Man sagt aber, das junge Känguruh sauge nicht, sondern hänge an der Zitze seiner Mutter, welche das Vermögen habe, Milch in den Mund ihrer hülflosen, halbausgebildeten Nachkommen einzuspritzen. Über diesen Punkt bemerkt Mr. MIVART: „Wenn keine besondere Vorrichtung bestände, so müsste das Junge „unfehlbar durch das Einströmen von Milch in die Luftröhre ersticken. „Aber eine solche specielle Vorrichtung besteht. Der Kehlkopf ist „so verlängert, dass er bis in das hintere Ende des Nasengangs „hinaufreicht; hierdurch wird er in den Stand gesetzt, die Luft frei „in die Lungen eintreten zu lassen, während die Milch, ohne zu „schaden, auf beiden Seiten dieses verlängerten Kehlkopfs hinabläuft „und so wohlbehalten den dahinter gelegenen Schlund erreicht.“ Mr. MIVART frägt dann, auf welche Weise die natürliche Zuchtwahl im erwachsenen Känguruh (und in den meisten anderen Säugethieren, nach der Annahme nämlich, dass sie von einer marsupialen Form abgestammt sind) „diese zum mindesten vollkommen unschuldige und „unschädliche Structureigenthümlichkeit“ beseitige. Man kann wohl in Beantwortung hierauf vermuthen, dass die Stimme, welche sicherlich für viele Thiere von grosser Bedeutung ist, kaum mit voller Kraft hätte benutzt werden können, solange der Kehlkopf in den Nasengang eintrat; auch hat Professor FLOWER gegen mich die Vermuthung geäussert, dass dieser Bau das Thier bedeutend daran gehindert haben würde, feste Nahrung zu verschlingen.

Wir wollen uns nun für eine kurze Zeit zu den niederen Abtheilungen des Thierreichs wenden. Die Echinodermen (Seesterne, Seeigel u. s. w.) sind mit merkwürdigen Organen versehen, den sogenannten Pedicellarien, welche, wenn sie ordentlich entwickelt sind, aus einer dreiarmigen Zange bestehen, d. h. aus einer solchen, welche drei am Rande sägezahnartig eingeschnittene Theile hat, welche genau ineinander passen und auf der Spitze eines beweglichen, durch Muskeln bewegten Stiels stehen. Diese Zangen können beliebige Gegenstände mit festem Halte ergreifen; und ALEXANDER AGASSIZ hat einen *Echinus* oder Seeigel beobachtet, wie er sehr schnell Excrementtheilchen von Zange zu Zange gewissen Linien seines Körpers entlang hinabschaffte, um seine Schale nicht durch faulende Stoffe zu schädigen. Ohne Zweifel dienen aber diese Pedicellarien ausser der Entfernung des Schmutzes noch anderen Functionen; und eine derselben ist allem Anscheine nach Vertheidigung.

Wie bei so vielen früheren Gelegenheiten frägt in Bezug auf diese Organe Mr. Mivart: „Was würde wohl der Nutzen der ersten „rudimentären Anfänge solcher Gebilde sein, und wie könnten „wohl derartige beginnende, knospenartige Anlagen jemals das Leben „auch nur eines einzigen *Echinus* erhalten haben? Er fügt hinzu: „nicht einmal die plötzliche Entwicklung der schnappenden Thätig- „keit könnte ohne den frei beweglichen Stiel wohlthätig gewesen „sein, wie auch der letztere keine Wirkung hätte äussern können „ohne die kinnladenartig zuschnappenden Zangen; und doch hätten „keine minutiösen bloss unbestimmten Abänderungen gleichzeitig „diese complicierten, einander coordinierten Structureigenthümlich- „keiten entwickeln lassen können; dies zu läugnen scheint nichts Ge- „ringeres zu sein, als ein verwirrendes Paradoxon zu behaupten.“ So paradox es auch Mr. Mivart erscheinen mag: dreiarmige Zangen, welche am Grunde unbeweglich angeheftet, aber doch im Stande sind, zuzugreifen, existieren mit Gewissheit bei manchen Seesternen; und dies ist verständlich, wenn sie wenigstens zum Theile als ein Vertheidigungsmittel dienen. Mr. Agassiz, dessen Freundlichkeit ich sehr viel Information über diesen Gegenstand verdanke, theilt mir mit, dass es andere Seesterne giebt, bei denen der eine der drei Zangenarme zu einer Stütze für die beiden anderen reduciert ist, und ferner, dass es noch andere Gattungen gibt, bei denen dieser dritte Arm vollständig verloren gegangen ist. Bei *Echinoneus* trägt die Schale nach der Beschreibung Perrier's zwei Arten von Pedicellarien, die eine gleicht denen von *Echinus*, die andere denen von *Spatangus;* und solche Fälle sind immer interessant, da sie die Mittel zur Erklärung von scheinbar plötzlichen Übergängen durch Abortion eines oder zweier Zustände eines Organs darbieten.

Was die einzelnen Stufen betrifft, durch welche diese merkwürdigen Organe entwickelt worden sind, so schliesst Mr. Agassiz aus seinen Untersuchungen und denen Joh. Müller's, dass sowohl bei den Seesternen als bei den Seeigeln die Pedicellarien unzweifelhaft als modificierte Stacheln angesehen werden müssen. Dies kann aus der Art der Entwicklung bei dem Individuum ebenso wohl wie aus einer langen und vollkommenen Reihe von Abstufungen bei verschiedenen Arten und Gattungen, von einfachen Granulationen zu gewöhnlichen Stacheln und zu vollkommenen dreiarmigen Pedicellarien geschlossen werden. Die Abstufung erstreckt sich sogar bis auf die Art und Weise, in welcher gewöhnliche Stacheln und die Pedicellarien mit ihren sie stützenden kalkigen Stäbchen an der Schale articulieren. Bei gewissen Gattungen von Seesternen sind „selbst die Combinationen zu finden, welche zu dem Nachweise er-„forderlich sind, dass die Pedicellarien nur modificierte, verästelte „Stacheln sind.“ So findet man feste Stacheln mit drei in gleicher Entfernung von einander stehenden, gezähnten, beweglichen Ästen nahe ihrer Basis eingelenkt, und weiter nach oben an demselben Stachel drei fernere bewegliche Äste. Wenn nun die letzteren von der Spitze eines Stachels entspringen, so bilden sie in der That eine rohe dreiarmige Pedicellarie und solche kann man an einem und demselben Stachel zusammen mit den drei unteren Ästen sehen. In diesem Falle ist die wesentliche Identität zwischen den Armen einer Pedicellarie und den beweglichen Ästen eines Stachels unverkennbar. Man nimmt allgemein an, dass die gewöhnlichen Stacheln als Schutzmittel dienen; und wenn dies richtig ist, so hat man keinen Grund, daran zu zweifeln, dass die mit gesägten und beweglichen Armen versehenen gleicherweise demselben Zwecke dienen, und sie würden diesen Dienst noch wirksamer verrichten, sobald sie bei ihrem Zusammentreffen als prehensiler oder schnappender Apparat wirken. Es wird daher hiernach eine jede Abstufung von einem gewöhnlichen festen Stachel zu einer fest angehefteten Pedicellarie dem Thiere von Nutzen sein.

Bei gewissen Gattungen von Seesternen sind diese Organe, anstatt an einem unbeweglichen Träger geheftet oder von einem solchen getragen zu sein, an die Spitze eines biegsamen und muskulösen, wenn auch kurzen Stiels gestellt; und in diesem Falle dienen sie wahrscheinlich noch irgend einer andern Function ausser der der Vertheidigung. Bei den Seeigeln lassen sich die Schritte verfolgen, durch welche ein festsitzender Stachel der Schale eingelenkt und dadurch beweglich wird. Ich wünschte wohl, ich hätte hier mehr Raum, um einen ausführlicheren Auszug aus Mr. Agassiz' interessanten Beobachtungen über die Entwicklung der Pedicellarien zu geben. Wie er noch hinzufügt, lassen sich gleichfalls alle möglichen Abstufungen zwischen den Pedicellarien der Seesterne und den Häkchen der Ophiuren, einer andern Gruppe der Echinodermen, auffinden, ebenso zwischen den Pedicellarien der Seeigel und den

Ankerorganen der Holothurien oder Seewalzen, welche auch zu derselben grossen Classe gehören.

Gewisse zusammengesetzte Thiere, oder Zoophyten, wie sie genannt worden sind, nämlich die Bryozoen, sind mit merkwürdigen, Avicularien genannten Organen versehen. Diese weichen in ihrem Bau bei den verschiedenen Species bedeutend von einander ab. In ihrem vollkommensten Zustande sind sie in merkwürdiger Weise dem Kopfe und Schnabel eines Geiers ähnlich, der auf einem Halse sitzt und bewegungsfähig ist, wie es in gleicher Weise auch die untere Kinnlade ist. Bei einer von mir beobachteten Species bewegten sich alle Avicularien an einem und demselben Aste oft gleichzeitig, die Unterkinnlade weit geöffnet, im Laufe weniger Secunden durch einen Winkel von ungefähr 90°; und ihre Bewegung verursachte ein Erzittern des ganzen Bryozoenstocks. Wenn die Kiefer mit einer Nadel berührt werden, wird dieselbe so fest ergriffen, dass man den ganzen Zweig daran schütteln kann.

Mr. Mivart führt diesen Fall an hauptsächlich wegen der vermeintlichen Schwierigkeit, dass Organe wie die Avicularien der Bryozoen und die Pedicellarien der Echinodermen, welche er als „wesentlich ähnlich“ betrachtet, durch natürliche Zuchtwahl in weit von einander stehenden Abtheilungen des Thierreichs entwickelt worden seien. Was aber die Structur betrifft, so kann ich keine Ähnlichkeit zwischen einer dreiarmigen Pedicellarie und einem Avicularium oder vogelkopfähnlichen Organ finden. Die letzteren sind im Ganzen den Scheeren oder Kneipern der Crustaceen ähnlicher; und Mr. Mivart hätte mit gleicher Berechtigung diese Ähnlichkeit als specielle Schwierigkeit anziehen können, oder selbst ihre Ähnlichkeit mit dem Kopfe und Schnabel eines Vogels. Mr. Busk, Dr. Smith und Dr. Nitsche, — Forscher, welche die Gruppe sorgfältig untersucht haben, — glauben, dass die Avicularien mit den Einzelnthieren und deren den Stock zusammensetzenden Zellen homolog sind, wobei die bewegliche Lippe, oder der Deckel der Zelle, der untern und beweglichen Kinnlade des Avicularium entspricht. Mr. Busk kennt aber keine jetzt existierende Abstufung zwischen einem Einzelnthier und einem Avicularium. Es ist daher unmöglich zu vermuthen, durch welche nützliche Abstufungen das eine in das andere umgewandelt werden konnte; es folgt aber hieraus durchaus nicht, dass derartige Abstufungen nicht existiert haben.

Da die Scheeren der Crustaceen in einem gewissen Grade den

Avicularien der Bryozoen ähnlich sind, beide dienen als Zangen, so dürfte es wohl der Mühe werth sein, zu zeigen, dass von den ersteren eine lange Reihe von nützlichen Abstufungen noch existiert. Auf der ersten und einfachsten Stufe schlägt sich das Endsegment einer Gliedmasse herunter entweder auf das querabgestutzte Ende des breiten vorletzten Abschnitts oder gegen eine ganze Seite desselben, und wird hierdurch in den Stand gesetzt, einen Gegenstand fest zu halten; dic Gliedmasse dient dabei aber noch immer als Locomotionsorgan. Dann finden wir zunächst die eine Ecke des breiten vorletzten Abschnitts unbedeutend vorragen, zuweilen mit unregelmässigen Zähnen versehen, und gegen diese schlägt sich nun das Endglied herab. Durch eine Grössenzunahme dieses Vorsprungs und einer unbedeutenden Modificierung und Verbesserung seiner Form ebenso wie der des endständigen Gliedes werden die Zangen immer mehr und mehr vervollkommnet, bis wir zuletzt ein so wirksames Instrument erhalten wie die Scheere eines Hummers; und alle diese Abstufungen lassen sich jetzt factisch nachweisen.

Ausser den Avicularien besitzen die Bryozoen noch merkwürdige Organe in den sogenannten Vibracula. Es bestehen dieselben allgemein aus langen, der Bewegung fähigen und leicht zu reizenden Borsten. Bei einer von mir untersuchten Species waren die Vibracula unbedeutend gekrümmt und dem äussern Rand entlang gesägt; und häufig bewegten sie sich sämmtlich an einem und demselben Bryozoenstocke gleichzeitig, so dass sie, wie lange Ruder wirkend, einen Zweig schnell quer über den Objectträger eines Mikroskops hinüberschwangen. Wurde ein Zweig auf seine vordere Fläche gelegt, so verwickelten sich die Vibracula und machten nun heftige Anstrengungen sich zu befreien. Man vermuthet, dass sie als Vertheidigungsorgane dienen, und man kann sehen, wie Mr. Busk bemerkt, „wie „sie langsam und sorgfältig über die Oberfläche des Bryozoenstockes „hinschwingen und das entfernen, was den zarten Bewohnern der „Zellen, wenn deren Tentakeln ausgestreckt sind, schädlich sein „könnte.“ Die Avicularien dienen wahrscheinlich wie diese Vibracula zur Vertheidigung, sie fangen und tödten aber auch kleine Thiere, welche, wie man annimmt, später dann durch Strömung innerhalb der Erreichbarkeit der Tentakeln der Einzelnthiere gelangen. Einige Species sind mit Avicularien und Vibrakeln versehen, manche nur mit Avicularien und einige wenige nur mit Vibrakeln.

Es ist nicht leicht, sich zwei in ihrer Erscheinung weiter von einander verschiedene Gegenstände vorzustellen, als ein einer Borste ähnliches Vibraculum und ein wie ein Vogelkopf gebildetes Avicularium; und doch sind beide fast sicher einander homolog und sind von derselben Grundlage aus entwickelt worden, nämlich einem Einzelnthier mit seiner Zelle. Wir können daher einsehen, woher es kommt, dass diese Organe in manchen Fällen, wie mir Mr. Busk mitgetheilt hat, stufenweise ineinander übergehen. So ist bei den Avicularien mehrerer Species von *Lepralia* die bewegliche Unterkinnlade so sehr vorgezogen und so einer Borste gleich, dass allein das Vorhandensein des obern oder fest stehenden Schnabels ihre Bestimmung als ein Avicularium sichert. Die Vibracula können direct, ohne den Avicularienzustand durchlaufen zu haben, aus den Deckeln der Zelle entwickelt worden sein; es erscheint aber wahrscheinlich, dass sie durch jenen Zustand hindurchgegangen sind, da während der früheren Stadien der Umwandlung die anderen Theile der Zelle mit dem eingeschlossenen Einzelnthier kaum auf einmal verschwunden sein können. In vielen Fällen haben die Vibracula eine mit einer Grube versehene Stütze, welche den unbeweglichen Oberschnabel darzustellen scheint; doch ist diese Stütze in manchen Species gar nicht vorhanden. Diese Ansicht von der Entwicklung der Vibracula ist, wenn sie zuverlässig ist, interessant; denn wenn wir annehmen, dass alle mit Avicularien versehenen Species ausgestorben wären, so würde Niemand selbst mit der lebhaftesten Einbildungskraft auf den Gedanken gekommen sein, dass die Vibracula ursprünglich als Theile eines Organes existiert hätten, welche einem Vogelkopf oder einer unregelmässigen Büchse oder Kappe glichen. Es ist interessant, zu sehen, wie zwei so sehr von einander verschiedene Organe von einem gemeinsamen Ausgangspunkte aus sich entwickelt haben; und da der bewegliche Deckel der Zelle dem Einzelnthier als Schutz dient, so liegt in der Annahme keine Schwierigkeit, dass alle Abstufungen, durch welche der Deckel zuerst in die Unterkinnlade eines vogelkopfförmigen Organes und dann in eine verlängerte Borste umgewandelt wurde, gleichfalls als Mitte zum Schutze auf verschiedene Weisen und unter verschiedenen Umständen gedient haben.

Aus dem Pflanzenreiche führt Mr. Mivart nur zwei Fälle an, nämlich die Structur der Blüthe bei Orchideen und die Bewegungen der kletternden Pflanzen. In Bezug auf die ersteren sagt er, „die „Erklärung ihres Ursprungs ist für durchaus unbefriedigt zu halten,

„gänzlich unvermögend, die beginnenden infinitesimalen Anfänge von „Bildungen zu erklären, welche nur von Nutzen sind, wenn sie be- „trächtlich entwickelt sind.“ Da ich diesen Gegenstand ausführlich in einem andern Werk behandelt habe, werde ich hier nur einige wenige Einzelnheiten über eine einzige der auffallendsten Eigenthümlichkeiten der Orchideenblüthen anführen, nämlich über ihre Pollinien. Ein Pollinium besteht, wenn es hoch entwickelt ist, aus einer Masse von Pollenkörnern, welche einem elastischen Gestell oder Schwänzchen und dieses wieder einer kleinen Masse von äusserst klebriger Substanz angeheftet ist. Die Pollinien werden mittelst dieser Einrichtungen durch Insecten von einer Blüthe auf das Stigma einer andern übertragen. Bei manchen Orchideen findet sich kein Schwänzchen an den Pollenmassen, sondern die Körner sind bloss durch feine Fäden aneinander geheftet; da solche indessen nicht auf die Orchideen beschränkt sind, brauchen sie hier nicht betrachtet zu werden; doch will ich erwähnen, dass wir am Grunde der ganzen Orchideenreihe, bei *Cypripedium*, sehen können, wie die Fäden wahrscheinlich zuerst entwickelt worden sind. Bei anderen Orchideen hängen die Fäden an dem einen Ende der Pollenmasse zusammen, und dies bildet die erste Spur oder Anlage eines Schwänzchens. Dass dies der Ursprung des Schwänzchens ist, selbst wenn dasselbe zu einer beträchtlichen Länge und Höhe entwickelt ist, dafür haben wir gute Belege in den abortierten Pollenkörnern, welche sich zuweilen innerhalb der centralen und soliden Theile eingebettet nachweisen lassen.

Was die zweite hauptsächliche Eigenthümlichkeit betrifft, nämlich die geringe Menge klebriger Masse, welche an das Ende des Schwänzchens geheftet ist, so kann eine lange Reihe von Abstufungen aufgezählt werden, von denen eine jede von offenbarem Nutzen für die Pflanze ist. In den meisten Blüthen von Pflanzen, welche zu anderen Ordnungen gehören, sondert die Narbe ein wenig klebriger Substanz ab. Nun wird bei gewissen Orchideen ähnliche klebrige Substanz abgesondert, aber in viel grösseren Mengen und nur von einem der drei Stigmen, und dies Stigma wird, vielleicht in Folge dieser massigen Absonderung, unfruchtbar. Wenn ein Insect eine Blüthe solcher Art besucht, so reibt es etwas von der klebrigen Substanz ab und nimmt dabei gleichzeitig einige der Pollenkörner mit fort. Von diesem einfachen Zustande, welcher nur wenig von dem bei einer Menge gewöhnlicher Blumen sich findenden abweicht, führen endlose Abstufungen zu Arten, bei denen die Pollenmasse in ein sehr kurzes freies Schwänzchen ausgeht, dann zu anderen, bei denen das Schwänzchen fest an die klebrige Masse angeheftet wird, während das unfruchtbare Stigma selbst bedeutend modificiert wird. In diesem letzten Falle haben wir dann ein Pollinium in seiner höchsten Entwicklung und seinem vollkommenen Zustande. Wer nur sorgfältig die Blüthen von Orchideen selbst untersuchen will, wird nicht leugnen, dass die oben angeführte Reihe von Abstufungen wirklich existiert: von Blüthen mit einer Masse von Pollenkörnern, welche nur durch Fäden miteinander verbunden sind, während das Stigma nur wenig von dem einer gewöhnlichen Blüthe abweicht, bis zu solchen mit einem äusserst complicierten Pollinium, welches für den Transport durch Insecten wunderbar wohl angepasst ist; auch wird er nicht leugnen können, dass alle diese Abstufungen bei den verschiedenen Species in Beziehung auf den allgemeinen Bau einer jeden Blüthe wunderbar gut für die Befruchtung durch verschiedene Insecten angepasst sind. In diesem, — und in der That beinahe jedem andern — Falle kann die Untersuchung noch weiter zurück verfolgt werden; man kann fragen, wie kam es, dass das Stigma einer gewöhnlichen Blume klebrig wurde. Da wir indessen nicht die vollständige Geschichte einer einzigen Gruppe organischer Wesen kennen, so ist es eben so nutzlos zu fragen, wie der Versuch derartige Fragen zu beantworten hoffnungslos ist.

Wir wollen uns nun zu den kletternden Pflanzen wenden. Diese können in eine lange Reihe angeordnet werden, von denen, welche sich einfach um eine Stütze winden, zu denjenigen, welche ich Blattkletterer genannt habe, und zu den mit Ranken versehenen. In diesen letzten zwei Classen haben die Stämme allgemein, aber nicht immer, das Vermögen des Windens verloren, trotzdem aber das Vermögen des Aufrollens, welches gleicherweise die Ranken besitzen, beibehalten. Die Abstufungen von Blattkletterern zu Rankenträgern sind wunderbar eng und gewisse Pflanzen lassen sich ganz unterscheidungslos in beide Classen einordnen. Verfolgt man indessen die Reihe aufwärts, von einfachen Windeformen zu Blattkletterern, so tritt eine bedeutungsvolle Eigenschaft hinzu, nämlich die Empfindlichkeit für eine Berührung, durch welches Mittel die Stengel der Blätter oder der Blüthen oder die in Ranken modificierten und umgewandelten Stengel gereizt werden, sich um den berührenden Gegenstand herumzubiegen und ihn zu ergreifen. Wer meine Abhandlung über diesen Gegenstand lesen will, wird denke ich, zugeben, dass alle die vielerlei Abstufungen in Structur und Function zwischen einfachen Windeformen und Rankenträgern in jedem einzelnen Falle in hohem Grade für die Species wohlthätig sind. So ist es z. B. offenbar ein grosser Vortheil für eine kletternde Pflanze, ein Blattkletterer zu werden; und es ist wahrscheinlich, dass jede windende Form, welche Blätter mit langen Stengeln besass, in einen Blattkletterer entwickelt worden sein würde, wenn die Stengel in irgend einem unbedeutenden Grade die erforderliche Empfindlichkeit für Berührung besessen hätten.

Da das Winden das einfachste Mittel ist, an einer Stütze emporzusteigen, und es die Grundlage unserer Reihe bildet, so kann natürlich gefragt werden, wie Pflanzen dies Vermögen in einem beginnenden Grade erlangten, um es später durch natürliche Zuchtwahl verbessert und verstärkt zu erhalten. Das Vermögen zu winden, hängt erstens davon ab, dass die Stämme, solange sie sehr jung sind, äusserst biegsam sind (dies ist aber ein vielen Pflanzen, welche nicht klettern, zukommender Character) und zweitens davon, dass sie sich beständig nach allen Gegenden der Windrose hinbiegen, und zwar nacheinander von einer zur andern in einer und derselben Ordnung. Durch diese Bewegung werden die Stämme nach allen Seiten geneigt und veranlasst, sich rundum zu drehen. Sobald der untere Theil eines Stammes gegen irgend einen Gegenstand anstösst und in der Bewegung aufgehalten wird, fährt der obere Theil noch immer fort, sich zu biegen und umzudrehen und windet sich in Folge dessen rund um die Stütze und an ihr in die Höhe. Die aufrollende Bewegung hört nach dem ersten Wachsthum jedes Triebes auf. Wie in vielen weit von einander getrennten Familien von Pflanzen einzelne Species und einzelne Genera das Vermögen des Aufrollens besitzen und daher Winder geworden sind, so müssen sie dasselbe auch unabhängig erhalten und können es nicht von einem gemeinsamen Urerzeuger ererbt haben. Ich wurde daher darauf geführt, vorherzusagen, dass eine unbedeutende Neigung zu einer Bewegung dieser Art sich als durchaus nicht selten bei Pflanzen herausstellen würde, welche keine Kletterer sind, und dass dieselbe die Grundlage abgegeben habe, von welcher aus die natürliche Zuchtwahl ihre verbessernde Arbeit begonnen habe. Als ich diese Vorhersage machte, kannte ich nur einen unvollkommenen Fall, nämlich die jungen Blüthenstengel einer *Maurandia*, welche wie die Stämme windender Pflanzen unbedeutend und unregelmässig sich aufrollten, ohne indess irgend einen Nutzen aus dieser Gewohnheit zu ziehen. Kurze Zeit nachher entdeckte Fritz Müller, dass die jungen Stämme eines *Alisma* und eines *Linum*, also zweier Pflanzen, welche nicht klettern und im natürlichen System weit von einander entfernt stehen, sich deutlich, wenn auch unregelmässig aufrollten: und er gibt an, er habe zu vermuthen Ursache, dass dies bei einigen anderen Pflanzen vorkommt. Diese unbedeutenden Bewegungen scheinen für die in Rede stehenden Pflanzen von keinem Nutzen zu sein; auf alle Fälle sind sie nicht von dem geringsten Nutzen in Bezug auf das Klettern, welches der uns hier berührende Punkt ist. Nichtsdestoweniger können wir aber doch einsehen, dass, wenn die Stämme dieser Pflanzen biegsam gewesen wären und wenn es unter den Bedingungen, denen sie ausgesetzt sind, für sie ein Vortheil gewesen wäre, in die Höhe hinaufzusteigen, dann die Gewohnheit sich unbedeutend und unregelmässig aufzurollen, durch natürliche Zuchtwahl verstärkt und zum Nutzen hätte verwendet werden können, bis sie in wohlentwickelte kletternde Species umgewandelt worden wären.

In Bezug auf die sensitive Beschaffenheit der Blatt- und Blüthenstengel und der Ranken finden nahezu dieselben Bemerkungen Anwendung, wie in dem Falle der vollendeten Bewegungen kletternder Pflanzen. Da eine ungeheure Anzahl von Pflanzen, welche zu weit von einander entfernt stehenden Gruppen gehören, mit dieser Art der Empfindlichkeit ausgerüstet sind, so sollte man sie in einem eben beginnenden Zustande bei vielen Pflanzen finden, welche nicht Kletterer geworden sind. Dies ist der Fall: ich beobachtete, dass die jungen Blüthenstiele der oben erwähnten *Maurandia* sich ein wenig nach der Seite hin bogen, welche berührt wurde. Morren fand bei verschiedenen Species von *Oxalis*, dass sich die Blätter und ihre Stiele, besonders wenn sie einer heissen Sonne ausgesetzt gewesen waren, bewegten, sobald sie leise und wiederholt berührt wurden oder wenn die Pflanze erschüttert wurde. Ich wiederholte diese Beobachtungen an einigen anderen Species von *Oxalis* mit demselben Resultat; bei einigen von ihnen war die Bewegung deutlich, war aber am besten an den jungen Blättern zu sehen; bei anderen war sie äusserst unbedeutend. Es ist eine noch bedeutungsvollere Thatsache, dass nach der hohen Autorität Hofmeister's die jungen Schösslinge und Blätter aller Pflanzen sich bewegen, wenn sie geschüttelt worden sind; und bei kletternden Pflanzen sind, wie man weiss, nur während der frühen Wachsthumsstadien die Stengel und Ranken sensitiv.

Es ist kaum möglich, dass die oben erwähnten unbedeutenden, in Folge einer Berührung oder Erschütterung an den jungen und wachsenden Organen von Pflanzen auftretenden Bewegungen für sie von irgend einer functionellen Bedeutung sein können. Pflanzen zeigen aber Bewegungsvermögen, in Abhängigkeit von verschiedenen Reizen, welche von offenbarer Bedeutung für sie sind, z. B. nach dem Lichte hin und seltener vom Lichte weg, gegen die Anziehung der Schwerkraft oder seltener in der Richtung derselben. Wenn die Nerven und Muskeln eines Thieres durch Galvanismus oder durch Absorption von Strychnin gereizt werden, so kann man die darauf folgenden Bewegungen zufällige nennen; denn die Nerven und Muskelm sind nicht speciell empfindlich für diese Reize gemacht worden. So scheint es auch bei Pflanzen zu sein; da sie das Vermögen der Bewegung als Antwort auf gewisse Reize haben, so werden sie durch eine Berührung oder Erschütterung in einer zufälligen Art gereizt. Es liegt daher keine grosse Schwierigkeit in der Annahme, dass es bei Blattkletterern und Rankenträgern diese Neigung ist, welche von der natürlichen Zuchtwahl zum Vortheil der Pflanze benützt und verstärkt worden ist. Es ist indessen aus Gründen, welche ich in meiner Abhandlung entwickelt habe, wahrscheinlich, dass dies nur bei Pflanzen eingetreten sein wird, welche bereits das Vermögen des Aufrollens erlangt hatten und dadurch Windeformen geworden waren.

Ich habe bereits zu erklären versucht, wie Pflanzen die Eigenschaft des Windens erlangt haben, nämlich durch eine Verstärkung einer Neigung zu unbedeutenden und unregelmässigen aufrollenden Bewegungen, welche anfangs für sie von keinem Nutzen waren; diese Bewegung, ebenso die, welche als Folge einer Berührung oder Erschütterung auftritt, war das zufällige Resultat des Bewegungsvermögens, welches zu anderen und wohlthätigen Zwecken erlangt worden war. Ob während der stufenweisen Entwicklung der kletternden Pflanzen die natürliche Zuchtwahl durch die vererbten Wirkungen des Gebrauchs unterstützt worden ist, will ich nicht zu entscheiden wagen; wir wissen aber, dass gewisse periodische Bewegungen, z. B. der sogenannte Schlaf der Pflanzen, durch Gewohnheit bestimmt werden.

Ich habe nun von den, durch einen gewandten Naturforscher ausgewählten Fällen genug, und vielleicht sogar mehr als genug betrachtet, welche beweisen sollten, dass die natürliche Zuchtwahl unzureichend sei, die beginnenden Stufen nützlicher Gebilde zu erklären; und ich habe, wie ich hoffe, gezeigt, dass in diesem Punkte wohl keine grosse Schwierigkeit vorliegt. Es hat sich dadurch eine gute Gelegenheit dargeboten, mich etwas über Abstufungen des Baues zu verbreiten, welche häufig mit veränderten Functionen verbunden sind; es ist dies ein wichtiger Gegenstand, welcher in den früheren Auflagen dieses Werkes nicht mit hinreichender Ausführlichkeit behandelt worden war. Ich will nun noch einmal kurz die vorstehend erwähnten Fälle zusammenfassen.

Was die Giraffe betrifft, so wird die beständige Erhaltung derjenigen Individuen eines ausgestorbenen hoch hinaufreichenden Wiederkäuers, welche die längsten Hälse, Beine u. s. w. besassen und die Pflanzen um ein Weniges über die durchschnittliche mittlere Höhe hinauf abweiden konnten, ebenso wie die beständige Zerstörung jener, welche nicht so hoch weiden konnten, hingereicht haben, dieses merkwürdige Säugethier hervorzubringen, aber der fortgesetzte Gebrauch aller dieser Theile zusammen mit der Vererbung wird ihre Coordination in einer bedeutungsvollen Weise unterstützt haben. Bei den vielen Insecten, welche verschiedene Gegenstände nachahmen, liegt in der Annahme nichts Unwahrscheinliches, dass in jedem einzelnen Falle die Grundlage für die Thätigkeit der natürlichen Zuchtwahl eine zufällige Ähnlichkeit mit irgend einem gewöhnlichen Gegenstande war, welche dann durch die gelegentliche Erhaltung unbedeutender Abänderungen, wenn sie nur die Ähnlichkeit irgendwie grösser machten, vervollkommnet wurde; und dies wird so lange fortgesetzt worden sein, als das Insect fortfuhr, zu variieren, und solange eine immer mehr und mehr vollkommene Ähnlichkeit sein Entkommen vor scharfsehenden Feinden beförderte. Bei gewissen Arten von Walen ist eine Neigung zur Bildung unregelmässiger kleiner Hornpunkte am Gaumen vorhanden; und es scheint vollständig innerhalb des Wirkungskreises der natürlichen Zuchtwahl zu liegen, alle günstigen Abänderungen zu erhalten, bis die Punkte zuerst in blättrige Höcker oder Zähne, wie die am Schnabel der Gans, dann in kurze Lamellen, wie die der Hausenten, dann in Lamellen, so vollkommen wie die der Löffel-Ente, und endlich in die riesigen Fischbeinplatten, wie im Munde des Grönland-Wales, verwandelt wurden. In der Familie der Enten werden die Lamellen zuerst als Zähne, dann zum Theil als Zähne, zum Theil als ein Apparat zum Durchseihen, und zuletzt beinahe ausschliesslich zu diesem letzten Zwecke benutzt.

Bei derartigen Gebilden wie den oben erwähnten Hornlamellen oder dem Fischbein kann Gewohnheit oder Gebrauch, soweit wir es zu beurtheilen im Stande sind, nur wenig oder nichts zu ihrer Entwicklung beigetragen haben. Andererseits kann man aber wohl das Hinüberschaffen des unteren Auges eines Plattfisches auf die obere Seite des Kopfes und die Bildung eines Greifschwanzes beinahe gänzlich dem beständigen Gebrauche in Verbindung mit Vererbung zuschreiben. In Bezug auf die Milchdrüsen der höheren Säugethiere ist die wahrscheinlichste Vermuthung die, dass ursprünglich die Hautdrüsen über die ganze Oberfläche der marsupialen Tasche eine nahrhafte Flüssigkeit absonderten und dass diese Drüsen durch natürliche Zuchtwahl in ihrer Function verbessert und auf eine beschränkte Fläche concentriert wurden, in welchem Falle sie nun Milchdrüsen gebildet haben werden. Die Schwierigkeit einzusehen, wie die verzweigten Stacheln eines alten Echinoderms, welche als Vertheidigungsmittel dienten, durch natürliche Zuchtwahl in dreiarmige Pedicellarien entwickelt wurden, ist nicht grösser als die, die Entwicklung der Scheeren der Crustaceen durch unbedeutende dienstbare Modificationen in dem letzten und vorletzten Gliede einer Gliedmasse, welche anfangs nur zur Locomotion benutzt wurde, zu verstehen. In den vogelkopfförmigen Organen und den Vibrakeln der Bryozoen haben wir Organe, in ihrer äussern Erscheinung weit von einander verschieden, welche sich aus derselben Grundform entwickelt haben; und bei den Vibrakeln können wir einsehen, wie die aufeinanderfolgenden Abstufungen von Nutzen gewesen sein dürften. Was die Pollinien der Orchideen betrifft, so lässt sich verfolgen, wie die Fäden, welche ursprünglich dazu dienten, die Pollenkörner zusammen zu halten, zu den Schwänzchen sich verbanden, und auch die Schritte lassen sich verfolgen, auf welchen klebrige Masse, solche wie von den Narben gewöhnlicher Blüthen abgesondert wird und noch immer nahezu, aber nicht völlig demselben Zwecke dient, den freien Enden der Schwänzchen angeheftet wird, wobei alle diese Abstufungen von offenbarem Nutzen für die in Rede stehenden Pflanzen sind. In Bezug auf die kletternden Pflanzen brauche ich das nicht zu wiederholen, was erst ganz vor Kurzem gesagt worden ist.

Es ist oft gefragt worden: wenn die natürliche Zuchtwahl so vielvermögend ist, warum haben nicht gewisse Species diese oder jene Structureinrichtung erlangt, welche ganz offenbar für sie vortheilhaft gewesen wäre? Es ist aber unverständig, eine präcise Antwort auf derartige Fragen zu erwarten, wenn man unsere Unwissenheit in Bezug auf die vergangene Geschichte einer jeden Species und auf die Bedingungen, welche heutigen Tages ihre Individuenzahl und Verbreitung bestimmen, in Betracht zieht. In den meisten Fällen lassen sich nur allgemeine Gründe anführen, aber in einigen wenigen Fällen specielle Gründe. So sind, um eine Species neuen Lebensweisen anzupassen, viele einander coordinierte Modificationen beinahe unentbehrlich, und es wird sich häufig ereignet haben, dass die erforderlichen Theile nicht in der rechten Art und Weise oder nicht bis zum richtigen Grade variierten. Viele Species müssen an der Vermehrung ihrer Individuenzahl durch zerstörende Einwirkungen gehindert worden sein, welche in keiner Beziehung zu gewissen Structureigenthümlichkeiten gestanden haben, die wir uns, da sie uns vortheilhaft für die Species zu sein scheinen, als durch natürliche Zuchtwahl erhalten vorstellen. Da der Kampf um's Leben nicht von solchen Gebilden abhieng, konnten sie in diesem Falle nicht durch natürliche Zuchtwahl erlangt worden sein. In vielen Fällen sind zur Entwicklung einer bestimmten Structureinrichtung complicierte und lang andauernde Bedingungen, oft von einer eigenthümlichen Beschaffenheit, nothwendig; und die erforderlichen Bedingungen mögen nur selten eingetreten sein. Die Annahme, dass irgend eine gegebene Bildung, von welcher wir, häufig irrthümlicherweise, glauben, dass sie für die Art wohlthätig gewesen sein würde, unter allen Umständen durch natürliche Zuchtwahl erlangt worden sein würde, steht im Widerspruch zu dem, was wir von ihrer Wirkungsweise zu verstehen im Stande sind. Mr. Mivart leugnet nicht, dass die natürliche Zuchtwahl etwas ausgerichtet hat, er betrachtet es aber als „nachweisbar ungenügend“, um die Erscheinungen zu erklären, welche ich durch ihre Thätigkeit erkläre. Seine hauptsächlichsten Beweisgründe sind nun betrachtet worden und die übrigen werden später noch in Betracht gezogen werden. Sie scheinen mir wenig von dem Character eines Beweises an sich zu tragen und nur wenig Gewicht zu haben im Vergleich zu denen, welche zu Gunsten der Kraft der natürlichen Zuchtwahl, unterstützt von den anderen speciell angeführten Agentien, sprechen. Ich halte mich für verpflichtet, hinzuzufügen, dass einige der von mir hier beigebrachten Thatsachen und Argumentationen zu demselben Zwecke in einem kürzlich in der „Medico-chirurgical Review“ veröffentlichten Artikel ausgesprochen worden sind.

Heutigen Tages nehmen alle Naturforscher Entwicklung unter

irgend einer Form an. Mr. Mivart glaubt, dass die Species sich „durch eine innere Kraft oder Neigung“ verändern, über welche irgend etwas zu wissen nicht behauptet wird. Dass die Species die Fähigkeit sich zu verändern haben, wird von allen Anhängern der Entwicklungslehre, Evolutionisten, zugegeben werden; wie es mir aber scheint, ist keine Nöthigung vorhanden, irgend eine innere Kraft ausser der Neigung zu gewöhnlicher Variabilität anzurufen, welche ja unter der Hülfe der Zuchtwahl durch den Menschen so viele gut angepasste domesticierte Rassen hat entstehen lassen, welche daher auch unter der Hülfe der natürlichen Zuchtwahl in gleicher Weise in langsam abgestuften Schritten natürliche Rassen oder Species entstehen lassen wird. Das endliche Resultat wird, wie bereits auseinandergesetzt worden ist, allgemein ein Fortschritt, aber in einigen wenigen Fällen ein Rückschritt in der Organisation sein.

Mr. Mivart ist ferner zu der Annahme geneigt, und einige Naturforscher stimmen hier mit ihm überein, dass neue Species sich „plötzlich und durch auf einmal erscheinende Modificationen“ offenbaren. Er vermuthet z. B., dass die Verschiedenheiten zwischen dem ausgestorbenen dreizehigen *Hipparion* und dem Pferde plötzlich entstanden. Er hält es für schwierig zu glauben, dass der Flügel eines Vogels „auf irgend eine andere Weise als durch eine ver-„gleichsweise plötzliche Modification einer auffallenden und be-„deutungsvollen Art entwickelt wurde;“ und allem Anscheine nach würde er dieselbe Ansicht auch auf die Flugwerkzeuge der Fledermäuse und Pterodactylen ausdehnen. Diese Schlussfolgerung, welche grosse Sprünge und Unterbrechungen in der Reihe einschliessen würde, scheint mir im höchsten Grade unwahrscheinlich zu sein.

Ein Jeder, der an langsame und stufenweise Entwicklung glaubt, wird natürlicherweise zugeben, dass specifische Abänderungen ebenso abrupt und eben so gross aufgetreten sein können, wie irgend eine einzelne Abänderung, welche wir im Naturzustande oder selbst im Zustande der Domestication antreffen. Da aber Species variabler sind, wenn sie domesticiert oder cultiviert werden, als unter ihren natürlichen Bedingungen, so ist es nicht wahrscheinlich, dass solche grosse und abrupte Abänderungen im Naturzustande häufig eingetreten sind, wie sie erfahrungsgemäss gelegentlich im Zustande der Domestication auftraten. Von diesen letzteren Abänderungen können mehrere dem Rückschlage zugeschrieben werden; und die Charactere, welche auf diese Weise wiedererscheinen, waren wahrscheinlich in vielen Fällen zuerst in einer allmählichen Weise erlangt worden. Eine noch viel grössere Zahl muss als Monstrositäten bezeichnet werden, wie das Erscheinen von sechs Fingern, einer stachligen Haut beim Menschen, das Otter- oder Ancon-Schaf, das Niata-Rind u. s. w.; und da diese in ihrem Character von natürlichen Species sehr verschieden sind, so werfen sie auf unsern Gegenstand nur wenig Licht. Schliesst man solche Fälle von abrupten Abänderungen aus, so werden die wenigen, welche übrig bleiben, im besten Falle, würden sie im Naturzustande gefunden werden, zweifelhafte, ihren vorelterlichen Typen nahe verwandte Species herstellen.

Meine Gründe, es zu bezweifeln, dass natürliche Species eben so abrupt wie gelegentlich domesticierte Rassen sich verändert haben, und es durchaus nicht zu glauben, dass sie sich in der wunderbaren Art und Weise verändert haben, wie es Mr. Mivart angegeben hat, sind die folgenden: Unserer Erfahrung zufolge kommen abrupte und stark ausgesprochene Abänderungen bei unseren domesticierten Erzeugnissen einzeln vor und nach im Ganzen langen Zeitintervallen. Kämen solche im Naturzustande vor, so würden sie, wie früher erklärt wurde, dem ausgesetzt sein, durch zufällige Zerstörungsursachen und durch später eintretende Kreuzung verloren zu werden; und man weiss, dass dies im Zustande der Domestication der Fall ist, wenn abrupte Abänderungen dieser Art nicht durch die Sorgfalt des Menschen speciell erhalten und separiert werden. Damit daher eine neue Species in der von Mr. Mivart vermutheten Art plötzlich auftrete, ist es beinahe nothwendig anzunehmen, dass, im Gegensatze zu aller Analogie, mehrere wunderbar veränderte Individuen gleichzeitig innerhalb eines und desselben Gebietes erscheinen. Diese Schwierigkeit wird, wie in dem Falle der unbewussten Zuchtwahl des Menschen, nach der Theorie der stufenweisen Entwicklung vermieden durch die Erhaltung einer grossen Zahl von Individuen, welche mehr oder weniger in irgend einer günstigen Richtung variieren, und durch die Zerstörung einer grossen Zahl, welche in der entgegengesetzten Art variieren.

Dass viele Species in einer äusserst allmählich abgestuften Weise entwickelt worden sind, darüber kann kaum ein Zweifel bestehen. Die Species und selbst die Gattungen vieler grossen natürlichen Familien sind so nahe miteinander verwandt, dass es bei nicht wenigen von ihnen schwierig ist, sie zu unterscheiden. Auf jedem Continente begegnen wir, wenn wir von Norden nach Süden, von Niederungen zu Bergländern u. s. w. fortschreiten, einer grossen

Menge nahe verwandter oder repräsentativer Species, wie wir solche gleicherweise auf gewissen verschiedenen Continenten finden, von denen wir Grund zur Annahme haben, dass sie früher in Zusammenhang standen. Indem ich aber diese und die folgenden Bemerkungen mache, bin ich genöthigt, Gegenstände zu berühren, welche später erörtert werden. Man werfe einen Blick auf die vielen rund um einen Continent liegenden äusseren Inseln und sehe, wie viele ihrer Bewohner nur bis zum Range zweifelhafter Arten erhoben werden können. So ist es auch, wenn wir einen Blick auf vergangene Zeiten werfen und die Species, welche eben verschwunden sind, mit den jetzt in demselben Gebiete lebenden vergleichen; oder wenn wir die in den verschiedenen Gliedern einer und derselben geologischen Formation eingeschlossenen fossilen Arten miteinander vergleichen. Es zeigt sich in der That offenbar, dass grosse Mengen von Species in der engsten Weise mit anderen noch existierenden oder vor Kurzem existiert habenden verwandt sind; und man wird wohl kaum behaupten, dass derartige Species in einer abrupten oder plötzlichen Art und Weise entwickelt worden sind. Man darf auch nicht vergessen, dass, wenn man auf specielle Theile verwandter Arten anstatt auf verschiedene Arten achtet, zahlreiche und wunderbar feine Abstufungen verfolgt werden können, welche sehr verschiedene Structurverhältnisse untereinander verbinden.

Viele grosse Gruppen von Thatsachen sind nur von dem Grundsatze aus verständlich, dass die Species durch sehr kleine stufenweise Schritte sich entwickelt haben; so z. B. die Thatsache, dass die von grösseren Gattungen umfassten Species näher miteinander verwandt sind und eine grössere Anzahl von Varietäten darbieten, als die Arten in den kleineren Gattungen. Die ersteren ordnen sich auch in kleine Gruppen, wie Varietäten um Species, und sie bieten noch andere Analogien mit Varietäten dar, wie im zweiten Capitel gezeigt wurde. Nach demselben Principe können wir auch verstehen, woher es kommt, dass specifische Charactere variabler sind als Gattungscharactere, und warum die Theile, welche in einer ausserordentlichen Weise oder in einem ausserordentlichen Grade entwickelt sind, variabler sind, als andere Theile der nämlichen Species. Es könnten noch viele analoge, alle nach derselben Richtung hinweisende Thatsachen hinzugefügt werden.

Obgleich sehr viele Species beinahe sicher durch Abstufungen hervorgebracht worden sind, nicht grösser als die, welche feine Varietäten trennen, so dürfte doch behauptet werden, dass einige auf eine verschiedene und abrupte Art und Weise entwickelt worden sind. Eine solche Annahme darf indessen nicht ohne Anführung gewichtiger Zeugnisse gemacht werden. Die vagen und in einigen Beziehungen falschen Analogien, (als welche sie von Mr. Chauncey Wright nachgewiesen worden sind,) welche zu Gunsten dieser Ansicht vorgebracht worden sind, wie die plötzliche Krystallisation unorganischer Substanzen oder das Fallen eines facettierten Sphäroids von einer Facette auf die andere, verdienen kaum eine Betrachtung. Indessen eine Classe von Thatsachen, nämlich das plötzliche Erscheinen neuer und verschiedener Lebensformen in unseren geologischen Formationen, unterstützt auf den ersten Blick den Glauben an plötzliche Entwicklung. Aber der Werth dieses Beweises hängt gänzlich von der Vollkommenheit der geologischen Berichte in Bezug auf Perioden ab, welche in der Geschichte der Welt weit zurückliegen. Ist dieser Bericht so fragmentarisch, wie viele Geologen nachdrücklich behaupten, dann liegt darin nichts Besonderes, dass neue Formen wie plötzlich entwickelt erscheinen.

Wenn wir nicht so ungeheure Umbildungen zugeben, wie die von Mr. Mivart vertheidigten, wie die plötzliche Entwicklung der Flügel der Vögel oder Fledermäuse, oder die plötzliche Umwandlung eines *Hipparion* in ein Pferd, so wirft der Glaube an abrupte Modificationen kaum irgend welches Licht auf das Fehlen von Zwischengliedern in unseren geologischen Formationen. Aber gegen den Glauben an derartige abrupte Veränderungen legt die Embryologie einen gewichtigen Protest ein. Es ist notorisch, dass die Flügel der Vögel und Fledermäuse und die Beine der Pferde und anderer Vierfüsser in einer frühen embryonalen Periode nicht zu unterscheiden sind und durch unmerkbar feine Abstufungen differenziert werden. Wie wir später sehen werden, lassen sich embryonale Ähnlichkeiten aller Art dadurch erklären, dass die Urerzeuger unserer existierenden Species erst nach der frühen Jugend variiert und ihre nun erlangten Charactere ihren Nachkommen in einem entsprechenden Alter überliefert haben. Der Embryo ist hiernach beinahe unberührt gelassen worden und dient als Geschichte des vergangenen Zustandes der Species. Daher kommt es, dass jetzt existierende Species während der frühen Stufen ihrer Entwicklung so häufig alten und ausgestorbenen, zu der nämlichen Classe gehörenden Formen ähnlich sind. Nach dieser Ansicht von der Bedeutung embryonaler Ähnlichkeiten, und in der That auch nach jeder andern, ist es unglaublich, dass ein Thier solche augenblickliche und abrupte Umbildungen, wie die oben angedeuteten, erfahren haben sollte, ohne dass es in seinem embryonalen Zustand auch nur eine Spur irgend einer plötzlichen Modification darböte, da eben jede Einzelnheit seines Körperbaues durch unmerkbar feine Abstufungen entwickelt wurde.

Wer da glaubt, dass irgend eine alte Form plötzlich durch eine innere Kraft oder Tendenz z. B. in eine mit Flügeln versehene Form umgewandelt worden sei, wird beinahe zu der Annahme genöthigt, dass im Widerspruch mit aller Analogie, viele Individuen gleichzeitig abgeändert haben. Es kann nicht geleugnet werden, dass derartige grosse und abrupte Veränderungen im Bau von denen weit verschieden sind, welche die meisten Species augenscheinlich erlitten haben. Er wird ferner zu glauben genöthigt sein, dass viele, allen übrigen Theilen des nämlichen Wesens und den umgebenden Bedingungen wunderschön angepassten Structureinrichtungen plötzlich erzeugt worden sind; und für solche complicierte und wunderbare gegenseitige Anpassungen wird er auch nicht einen Schatten einer Erklärung beizubringen im Stande sein. Er wird gezwungen sein, anzunehmen, dass diese grossen und plötzlichen Umbildungen keine Spur ihrer Einwirkung im Embryo zurückgelassen haben. Alles dies annehmen, heisst aber, wie mir scheint, in den Bereich des Wunders eintreten und den der Wissenschaft verlassen.

Achtes Capitel.

Instinct.

Instincte vergleichbar mit Gewohnheiten, doch andern Ursprungs. — Abstufungen der Instincte. — Blattläuse und Ameisen. — Instincte veränderlich. — Instincte domesticierter Thiere und deren Entstehung. — Natürliche Instincte des Kuckucks, des Molothrus, des Strausses und der parasitischen Bienen. — Sclavenmachende Ameisen. — Honigbienen und ihr Zellenbau-Instinct. — Veränderung von Instinct und Structur nicht nothwendig gleichzeitig. — Schwierigkeiten der Theorie natürlicher Zuchtwahl der Instincte. — Geschlechtslose oder unfruchtbare Insecten. — Zusammenfassung.

Viele Instincte sind so wunderbar, dass ihre Entwicklung dem Leser wahrscheinlich als eine Schwierigkeit erscheint, welche hinreicht, meine ganze Theorie über den Haufen zu werfen. Ich will hier vorausschicken, dass ich nichts mit dem Ursprunge der geistigen Grundkräfte, noch mit dem des Lebens selbst zu schaffen habe. Wir haben es nur mit den Verschiedenheiten des Instinctes und der übrigen geistigen Fähigkeiten der Thiere in einer und der nämlichen Classe zu thun.

Ich will keine Definition des Ausdrucks Instinct zu geben versuchen. Es würde leicht sein, zu zeigen, dass ganz allgemein mehrere verschiedene geistige Fähigkeiten unter diesem Namen begriffen werden. Doch weiss jeder, was damit gemeint ist, wenn ich sage, der Instinct veranlasse den Kuckuck zu wandern und seine Eier in anderer Vögel Nester zu legen. Wenn eine Handlung, zu deren Vollziehung selbst von unserer Seite Erfahrung vorausgesetzt wird, von Seiten eines Thieres und besonders eines sehr jungen Thieres noch ohne alle Erfahrung ausgeführt wird, und wenn sie auf gleiche Weise bei vielen Thieren erfolgt, ohne dass diese den Zweck derselben kennen, so wird sie gewöhnlich eine instinctive Handlung genannt. Ich könnte jedoch zeigen, dass keines von diesen Kennzeichen des Instincts allgemein ist. Eine kleine Dosis von Urtheil oder Verstand, wie Pierre Huber es ausdrückt, kommt oft mit in's Spiel, selbst bei Thieren, welche sehr tief auf der Stufenleiter der Natur stehen.

Frédéric Cuvier und mehrere von den älteren Metaphysikern haben Instinct mit Gewohnheit verglichen. Diese Vergleichung gibt, denke ich, einen genauen Begriff von dem Zustande des Geistes, in dem eine instinctive Handlung vollzogen wird, aber nicht nothwendig auch von ihrem Ursprunge. Wie unbewusst werden manche unserer habituellen Handlungen vollzogen, ja nicht selten in geradem Gegensatz zu unserem bewussten Willen! und doch können sie durch den Willen oder Verstand abgeändert werden. Gewohnheiten verbinden sich leicht mit anderen Gewohnheiten oder mit gewissen Zeitabschnitten und mit bestimmten Zuständen des Körpers. Einmal angenommen erhalten sie sich oft lebenslänglich. Es liessen sich noch manche andere Ähnlichkeiten zwischen Instincten und Gewohnheiten nachweisen. Wie bei Wiederholung eines wohlbekannten Gesanges, so folgt auch beim Instincte eine Handlung auf die andere durch eine Art Rhythmus. Wenn Jemand beim Gesange oder bei Hersagung auswendig gelernter Worte unterbrochen wird, so ist er gewöhnlich genöthigt, wieder von vorn anzufangen, um den gewohnheitsgemässen Gedankengang wieder zu finden. So sah es P. Huber auch bei einer Raupenart, wenn sie beschäftigt war, ihr sehr zusammengesetztes Gewebe zu fertigen; nahm er sie heraus, nachdem dieselbe ihr Gewebe, sagen wir bis zur sechsten Stufe vollendet hatte, und setzte er sie in ein anderes nur bis zur dritten vollendetes, so fertigte sie einfach die vierte und fünfte Stufe nochmals mit der sechsten an. Nahm er sie aber aus einem z. B. bis zur dritten Stufe vollendeten Gewebe und setzte sie in ein bis zur sechsten fertiges, so dass sie ihre Arbeit schon grösstentheils gethan fand, so sah sie bei weitem diesen Vortheil nicht ein, sondern fieng in grosser Befangenheit über diesen Stand der Sache die Arbeit nochmals vom dritten Stadium an, da, wo sie solche in ihrem eigenen Gewebe verlassen hatte, und suchte von da aus das schon fertige Werk zu Ende zu führen.

Wenn wir nun annehmen, — und es lässt sich nachweisen, dass dies zuweilen eintritt —, dass eine durch Gewohnheit angenommene Handlungsweise auch auf die Nachkommen vererbt wird, dann würde die Ähnlichkeit zwischen dem, was ursprünglich Gewohnheit, und dem, was Instinct war, so gross sein, dass beide nicht mehr unterscheidbar wären. Wenn Mozart statt in einem Alter von drei Jahren das Pianoforte nach wunderbar wenig Übung zu spielen, ohne alle vorgängige Übung eine Melodie gespielt hätte, so könnte man in Wahrheit sagen, er habe dies instinctiv gethan. Es würde aber ein bedenklicher Irrthum sein, anzunehmen, dass die Mehrzahl der Instincte durch Gewohnheit während einer Generation erworben und dann schon auf die nachfolgenden Generationen vererbt worden sei. Es lässt sich genau nachweisen, dass die wunderbarsten Instincte, die wir kennen, wie die der Korbbienen und vieler Ameisen, unmöglich durch die Gewohnheit erworben sein können.

Man wird allgemein zugeben, dass für das Gedeihen einer jeden Species unter ihren jetzigen Existenzbedingungen Instincte eben so wichtig sind, wie die Körperbildung. Ändern sich die Lebensbedingungen einer Species, so ist es wenigstens möglich, dass auch geringe Änderungen in ihrem Instincte für sie nützlich sein werden. Wenn sich nun nachweisen lässt, dass Instincte, wenn auch noch so wenig, variieren, dann kann ich keine Schwierigkeit für die Annahme sehen, dass natürliche Zuchtwahl auch geringe Abänderungen des Instinctes erhalte und durch beständige Häufung bis zu einem vortheilhaften Grade vermehre. In dieser Weise dürften, wie ich glaube, alle und auch die zusammengesetztesten und wunderbarsten Instincte entstanden sein. Wie Abänderungen im Körperbau durch

Gebrauch und Gewohnheit veranlasst und verstärkt, dagegen durch Nichtgebrauch verringert oder ganz eingebüsst werden können, so ist es zweifelsohne anch mit den Instincten der Fall gewesen. Ich glaube aber, dass die Wirkungen der Gewohnheit in vielen Fällen von ganz untergeordneter Bedeutung sind gegenüber den Wirkungen natürlicher Zuchtwahl auf sogenannte spontane Abänderungen des Instinctes, d. h. auf Abänderungen in Folge derselben unbekannten Ursachen, welche geringe Abweichung in der Körperbildung veranlassen.

Kein zusammengesetzter Instinct kann möglicherweise durch natürliche Zuchtwahl anders als durch langsame und stufenweise Häufung vieler geringer, aber nutzbarer Abänderungen hervorgebracht werden. Daher müssten wir, wie bei der Körperbildung, in der Natur zwar nicht die wirklichen Übergangsstufen, die jeder zusammengesetzte Instinct bis zu seiner jetzigen Vollkommenheit durchlaufen hat, — die ja bei jeder Art nur in ihren Vorgängern gerader Linie zu entdecken sein würden —, wohl aber einige Beweise für solche Abstufungen in den Seitenlinien von gleicher Abstammung finden, oder wenigstens nachweisen können, dass irgend welche Abstufungen möglich sind; und dies sind wir sicher im Stande. Bringt man aber selbst in Rechnung, dass fast nur die Instincte von in Europa und Nord-America lebenden Thieren näher beobachtet worden und die der untergegangenen Thiere uns ganz unbekannt sind, so war ich doch erstaunt zu finden, wie ganz allgemein sich Abstufungen bis zu den Instincten der zusammengesetztesten Art entdecken lassen. Instinctänderungen mögen zuweilen dadurch erleichtert werden, dass eine und dieselbe Species verschiedene Instincte in verschiedenen Lebensperioden oder Jahreszeiten besitzt, oder wenn sie unter andere äussere Lebensbedingungen versetzt wird u. s. w., in welchen Fällen dann wohl entweder nur der eine oder nur der andere Instinct durch natürliche Zuchtwahl erhalten werden wird. Beispiele von solcher Verschiedenheit des Instinctes bei einer und derselben Art lassen sich in der Natur nachweisen.

Nun ist, wie es bei der Körperbildung der Fall und meiner Theorie gemäss ist, auch der Instinct einer jeden Art nützlich für diese und soviel wir wissen niemals zum ausschliesslichen Nutzen anderer Arten vorhanden. Eines der triftigsten Beispiele, die ich kenne, von Thieren, welche anscheinend zum blossen Besten anderer etwas thun, liefern die Blattläuse, indem sie, wie Huber zuerst bemerkte, freiwillig den Ameisen ihre süssen Excretionen überlassen.

Dass sie dies freiwillig thun, geht aus folgenden Thatsachen hervor. Ich entfernte alle Ameisen von einer Gruppe von etwa zwölf Aphiden auf einer Ampferpflanze und hinderte beider Zusammenkommen mehrere Stunden lang. Nach dieser Zeit war ich sicher, dass die Blattläuse das Bedürfnis der Excretion hatten. Ich beobachtete sie eine Zeit lang durch eine Lupe: aber nicht eine gab eine Excretion von sich. Darauf streichelte und kitzelte ich sie mit einem Haare, so gut ich es konnte auf dieselbe Weise, wie es die Ameisen mit ihren Fühlern machen, aber keine Excretion erfolgte. Nun liess ich eine Ameise zu und aus ihrem eifrigen Hin- und Herrennen schien hervorzugehen, dass sie augenblicklich erkannt hatte, welch' ein reicher Genuss ihrer harre. Sie begann dann mit ihren Fühlern den Hinterleib erst einer und dann einer andern Blattlaus zu betasten, deren jede, sowie sie die Berührung des Fühlers empfand, sofort den Hinterleib in die Höhe richtete und einen klaren Tropfen süsser Flüssigkeit ausschied, der alsbald von der Ameise eingesogen wurde. Selbst ganz junge Blattläuse benahmen sich auf diese Weise und zeigten, dass ihr Verhalten ein instinctives und nicht die Folge der Erfahrung war. Nach den Beobachtungen Huber's ist es sicher, dass die Blattläuse keine Abneigung gegen die Ameisen zeigen, und wenn diese fehlen, so sind sie zuletzt genöthigt, ihre Excretionen auszustossen. Da nun die Aussonderung ausserordentlich klebrig ist, so ist es ohne Zweifel für die Aphiden von Nutzen, dass sie entfernt werde; und so ist es denn wahrscheinlich auch mit dieser Excretion nicht auf den ausschliesslichen Vortheil der Ameisen abgesehen. Obwohl kein Zeugnis dafür existiert, dass irgend ein Thier in der Welt etwas zum ausschliesslichen Nutzen einer andern Art thue, so sucht doch jede Art Vortheil von den Instincten anderer zu ziehen und macht sich die schwächere Körperbeschaffenheit anderer zu Nutze. So können denn auch in einigen Fällen gewisse Instincte nicht als absolut vollkommen betrachtet werden, was ich aber bis in's Einzelne auseinanderzusetzen hier unterlassen will, da ein derartiges Eingehen nicht unentbehrlich ist.

Da im Naturzustande ein gewisser Grad von Abänderung in den Instincten und die Erblichkeit solcher Abänderungen zur Wirksamkeit der natürlichen Zuchtwahl unerlässlich ist, so sollten wohl so viel Beispiele als möglich hierfür angeführt werden; aber Mangel an Raum hindert mich es zu thun. Ich kann bloss versichern, dass Instincte gewiss variieren, wie z. B. der Wanderinstinct nach Ausdehnung und Richtung variieren oder sich auch ganz verlieren kann. So ist es mit den Nestern der Vögel, welche theils je nach der dafür gewählten Stelle, nach den Natur- und Wärmeverhältnissen der bewohnten Gegend, theils aber auch oft aus ganz unbekannten Ursachen abändern. So hat AUDUBON einige sehr merkwürdige Fälle von Verschiedenheiten in den Nestern derselben Vogelarten, je nachdem sie im Norden oder im Süden der Vereinigten Staaten leben, mitgetheilt. Warum, hat man gefragt, hat die Natur, wenn Instinct veränderlich ist, der Biene nicht „die Fähigkeit ertheilt, andere Materalien da zu benützen, wo Wachs fehlt?" Aber welche andere Materialien könnten Bienen benützen? Ich habe gesehen, dass sie mit Cochenille erhärtetes und mit Fett erweichtes Wachs gebrauchen und verarbeiten. ANDREW KNIGHT sah seine Bienen, statt emsig Pollen einzusammeln, ein Cement aus Wachs und Terpentin gebrauchen, womit er entrindete Bäume überstrichen hatte. Endlich hat man kürzlich Bienen beobachtet, die, statt Blüthen um ihres Samenstaubs willen aufzusuchen, gerne eine ganz verschiedene Substanz, nämlich Hafermehl, verwendeten. — Furcht vor irgend einem besondern Feinde ist gewiss eine instinctive Eigenschaft, wie man bei den noch im Neste sitzenden Vögeln zu erkennen Gelegenheit hat, obwohl sie durch Erfahrung und durch die Wahrnehmung von Furcht vor demselben Feinde bei anderen Thieren noch verstärkt wird. Aber Thiere auf abgelegenen kleinen Eilanden lernen, wie ich anderwärts gezeigt habe, sich nur langsam vor dem Menschen fürchten; und so nehmen wir auch selbst in England wahr, dass die grossen Vögel, weil sie vom Menschen mehr verfolgt werden, sich viel mehr vor ihm fürchten als die kleinen. Wir können die bedeutendere Scheuheit grosser Vögel getrost dieser Ursache zuschreiben; denn auf von Menschen unbewohnten Inseln sind die grossen nicht scheuer als die kleinen; und die Elster, so furchtsam in England, ist in Norwegen eben so zahm wie die Krähe *(Corvus cornix)* in Ägypten.

Dass die geistigen Qualitäten der Individuen einer Species im Allgemeinen, auch wenn sie in der freien Natur geboren sind, vielfach abändern, kann mit vielen Thatsachen belegt werden. Auch liessen sich von nicht gezähmten Thieren Beispiele von zufälligen und fremdartigen Gewohnheiten anführen, die, wenn sie der Art nützlich wären, durch natürliche Zuchtwahl zu ganz neuen Instincten hätten Veranlassung geben können. Ich weiss aber wohl, dass diese allgemeinen Behauptungen, ohne einzelne Thatsachen zum Belege, nur einen schwachen Eindruck auf den Leser machen werden, kann jedoch nur meine Versicherung wiederholen, dass ich nicht ohne gute Beweise so spreche.

Vererbte Veränderungen der Gewohnheit und des Instinctes bei domesticierten Thieren.

Die Möglichkeit oder sogar Wahrscheinlichkeit, Abänderungen des Instinctes im Naturzustande zu vererben, wird durch Betrachtung einiger Fälle bei domesticierten Thieren noch stärker hervortreten. Wir werden dadurch auch in den Stand gesetzt, den Antheil kennen zu lernen, welchen Gewöhnung und die Züchtung sogenannter spontaner Abweichungen in Bezug auf die Modificationen der Geistesfähigkeiten unserer Hausthiere ausgeübt haben. Es ist notorisch, wie sehr domesticierte Thiere in ihren geistigen Eigenschaften abändern. Unter den Katzen z. B. geht die eine von Natur darauf aus, Ratten zu fangen, eine andere Mäuse; und man weiss, dass diese Neigungen vererbt werden. Nach St. John brachte die eine Katze immer Jagdvögel nach Hause, eine andere Hasen oder Kaninchen, und eine andere jagte auf Marschboden und fieng fast allnächtlich Haselhühner oder Schnepfen. Es lässt sich eine Anzahl merkwürdiger und verbürgter Beispiele anführen von der Vererblichkeit verschiedener Abschattungen der Gemüthsart, des Geschmacks oder der sonderbarsten Einfälle in Verbindung mit gewissen geistigen Zuständen oder mit gewissen periodischen Bedingungen. Bekannte Belege dafür liefern uns die verschiedenen Hunderassen. So unterliegt es keinem Zweifel (und ich habe selbst einen schlagenden Fall der Art gesehen), dass junge Vorstehehunde zuweilen stellen und selbst andere Hunde zum Stellen bringen, wenn sie das erstemal mit hinausgenommen werden. So ist das Apportieren der Wasserhunde gewiss oft ererbt, wie junge Schäferhunde geneigt sind, die Heerde zu umkreisen statt auf sie los zu laufen. Ich kann nicht einsehen, dass diese Handlungen wesentlich von Äusserungen wirklichen Instinctes verschieden wären; denn die jungen Hunde handeln ohne Erfahrung, ein Individuum fast wie das andere in derselben Rasse, mit demselben entzückten Eifer und ohne den Zweck zu kennen. Denn der junge Vorstehehund weiss noch eben so wenig, dass er durch sein Stellen den Absichten seines Herrn dient, wie der Kohlschmetterling weiss, warum er seine Eier auf ein Kohlblatt legt. Wenn wir eine Art Wolf sähen, welcher noch jung und ohne Abrichtung bei Witterung seiner Beute bewegungslos wie eine Bildsäule stehen bliebe und dann mit eigenthümlicher Haltung langsam auf sie hinschliche, oder eine andere Art Wolf, welche statt auf ein Rudel Hirsche zuzuspringen, dasselbe umkreiste und so nach einem entfernten Punkte hin triebe, so würden wir dieses Verhalten gewiss dem Instincte zuschreiben. Domesticierte Instincte, wie man sie nennen könnte, sind gewiss viel weniger fest fixiert als die natürlichen; es hat aber auch eine viel minder strenge Zuchtwahl auf sie eingewirkt, und sie sind eine bei weitem kürzere Zeit hindurch unter minder steten Lebensbedingungen vererbt worden.

Wie streng diese domesticierten Instincte, Gewohnheiten und Neigungen vererbt werden und wie wunderbar sie sich zuweilen mischen, zeigt sich sehr deutlich, wenn verschiedene Hunderassen miteinander gekreuzt werden. So ist eine Kreuzung mit Bullenbeissern auf viele Generationen hinaus auf den Muth und die Beharrlichkeit des Windhundes von Einfluss gewesen, und eine Kreuzung mit dem Windhunde hat auf eine ganze Familie von Schäferhunden die Neigung übertragen, Hasen zu verfolgen. Diese domesticierten Instincte, auf solche Art durch Kreuzung erprobt, gleichen natürlichen Instincten, welche sich in ähnlicher Weise sonderbar miteinander verbinden, so dass sich auf lange Zeit hinaus Spuren des Instinctes beider Eltern erhalten. So beschreibt z. B. Le Roy einen Hund, dessen Urgrossvater ein Wolf war; dieser Hund verrieth die Spuren seiner wilden Abstammung nur auf eine Weise, indem er nämlich, wenn er von seinem Herrn gerufen wurde, nie in gerader Richtung auf ihn zukam.

Domesticierte Instincte werden zuweilen als Handlungen bezeichnet, welche bloss durch eine lang fortgesetzte und erzwungene Gewohnheit erblich werden; dies ist aber nicht richtig. Gewiss hat niemals Jemand daran gedacht oder versucht, der Purzeltaube das Purzeln zu lehren, was, wie ich selbst erlebt habe, auch schon junge Tauben thun, welche nie andere purzeln gesehen haben. Man kann sich denken, dass einmal eine einzelne Taube Neigung zu dieser sonderbaren Bewegungsweise gezeigt hat und dass dann in Folge sorgfältiger und lang fortgesetzter Zuchtwahl der besten Individuen in aufeinanderfolgenden Generationen die Purzler allmählich das geworden sind, was sie jetzt sind; und wie ich von Herrn Brent erfahre, gibt es in der Nähe von Glasgow Hauspurzler, welche nicht dreiviertel Ellen weit fliegen können, ohne sich einmal kopfüber zu bewegen. Ebenso ist es zu bezweifeln, ob jemals irgend Jemand daran gedacht habe, einen Hund zum Vorstehen abzurichten, hätte nicht etwa ein individueller Hund von selbst eine Neigung verrathen, es zu thun, und man weiss, dass dies zuweilen vorkommt, wie ich es selbst einmal an einem ächten Pinscher beobachtet habe; das „Stellen“ ist wahrscheinlich, wie Manche gedacht haben, nur die verstärkte Pause eines Thieres, das sich in Bereitschaft setzt, auf seine Beute einzuspringen. Hatte sich ein erster Anfang des Stellens einmal gezeigt, so mögen methodische Zuchtwahl und die erbliche Wirkung zwangsweiser Abrichtung in jeder nachfolgenden Generation das Werk bald vollendet haben; und unbewusste Zuchtwahl ist noch immer in Thätigkeit, da jedermann, wenn auch ohne die Absicht eine verbesserte Rasse zu bilden, sich gern die Hunde verschafft, welche am besten vorstehen und jagen. Andererseits hat auch Gewohnheit allein in einigen Fällen genügt. Kaum irgend ein Thier ist schwerer zu zähmen als das Junge des wilden Kaninchens, und kaum ein Thier ist zahmer als das Junge des zahmen Kaninchens; und doch kann ich kaum glauben, dass die Hauskaninchen nur der Zahmheit wegen gezüchtet worden sind; wir müssen daher die erbliche Veränderung von äusserster Wildheit bis zur äussersten Zahmheit wenigstens zum grössern Theile der Gewohnheit und lange fortgesetzten engen Gefangenschaft zuschreiben.

Natürliche Instincte gehen im domesticierten Zustande verloren; ein merkwürdiges Beispiel davon sieht man bei denjenigen Geflügelrassen, welche selten oder nie brütig werden; d. h. welche nie eine Neigung zum Sitzen auf ihren Eiern zeigen. Nur die grosse Vertrautheit verhindert uns zu sehen, in wie hohem Grade und wie beständig die geistigen Fähigkeiten unserer Hausthiere durch Zähmung verändert worden sind. Es ist kaum möglich daran zu zweifeln, dass die Liebe zum Menschen beim Hund instinctiv geworden ist. Alle Wölfe, Füchse, Schakals und Katzenarten sind, wenn man sie gezähmt hält, sehr begierig Geflügel, Schafe und Schweine anzugreifen, und dieselbe Neigung hat sich bei solchen Hunden unheilbar gezeigt, welche man jung aus Gegenden zu uns gebracht hat, wo wie im Feuerlande und in Australien die Wilden jene Hausthiere nicht halten. Und wie selten ist es auf der andern Seite nöthig, unseren civilisierten Hunden, selbst wenn sie noch jung sind, die Angriffe auf jene Thiere abzugewöhnen. Ohne Zweifel machen sie manchmal einen solchen Angriff und werden dann geschlagen und, wenn das nicht hilft, endlich weggeschafft, — so dass Gewohnheit und wahrscheinlich einige Zuchtwahl zusammengewirkt haben, unseren Hunden ihre erbliche Civilisation beizubringen. Andererseits haben junge Hühnchen, ganz in Folge von Gewöhnung, die Furcht vor Hunden und Katzen verloren, welche sie zweifelsohne nach ihrem ursprünglichen Instincte besessen haben; denn ich erfahre von Capt. Hutton, dass die jungen Küchlein der Stammform *Gallus bankiva*, wenn sie auch von einer gewöhnlichen Henne in Indien ausgebrütet worden waren, anfangs ausserordentlich wild sind. Dasselbe ist auch mit den jungen Fasanen, die man in England von einem Haushuhn aus Eiern hat ausbrüten lassen, der Fall. Und doch haben die Hühnchen keineswegs alle Furcht verloren, sondern nur die Furcht vor Hunden und Katzen; denn sobald die Henne ihnen durch Glucken eine Gefahr anmeldet, laufen alle (zumal junge Truthühner) unter ihr hervor, um sich im Grase und Dickicht umher zu verbergen, offenbar in der instinctiven Absicht, wie wir bei wilden Bodenvögeln sehen, es ihrer Mutter möglich zu machen davon zu fliegen. Freilich ist dieser bei unseren jungen Hühnchen zurückgebliebene Instinct im gezähmten Zustande ganz nutzlos geworden, weil die Mutterhenne das Flugvermögen durch Nichtgebrauch gewöhnlich beinahe ganz verloren hat.

Es lässt sich nun hieraus schliessen, dass im Zustande der Domestication Instincte erworben worden und natürliche Instincte verloren gegangen sind, theils durch Gewohnheit und theils durch die Einwirkung des Menschen, welcher viele aufeinanderfolgende Generationen hindurch eigenthümliche geistige Neigungen und Fähigkeiten, die uns in unserer Unwissenheit anfangs nur als ein sogenannter Zufall erschienen sind, durch Zuchtwahl gehäuft und gesteigert hat. In einigen Fällen hat erzwungene Gewöhnung genügt, um solche erbliche Veränderungen geistiger Eigenschaften zu bewirken; in anderen ist durch zwangweises Abrichten nichts erreicht worden und Alles ist nur das Resultat der Zuchtwahl, sowohl unbewusster als methodischer, gewesen; in den meisten Fällen aber haben Gewohnheit und Zuchtwahl wahrscheinlich zusammengewirkt.

Specielle Instincte.

Nähere Betrachtung einiger wenigen Beispiele wird vielleicht am besten geeignet sein es begreiflich zu machen, wie Instincte im Naturzustande durch Zuchtwahl modificiert worden sind. Ich will nur drei Fälle hervorheben, nämlich den Instinct, welcher den Kuckuck treibt, seine Eier in fremde Nester zu legen, den Instinct gewisser Ameisen Sclaven zu machen, und den Zellenbautrieb der

Honigbienen; die zwei zuletzt genannten sind von den Naturforschern wohl mit Recht als die zwei wunderbarsten aller bekannten Instincte bezeichnet worden.

Instincte des Kuckucks. Einige Naturforscher nehmen an, die unmittelbare und Grundursache für den Instinct des Kuckucks seine Eier in fremde Nester zu legen bestehe darin, dass er dieselben nicht täglich, sondern in Zwischenräumen von zwei oder drei Tagen lege, so dass, wenn der Kuckuck sein eigenes Nest zu bauen und auf seinen eigenen Eiern zu sitzen hätte, die erst gelegten Eier entweder eine Zeitlang unbebrütet bleiben oder Eier und junge Vögel von verschiedenem Alter im nämlichen Neste zusammenkommen müssten. Wäre dies der Fall, so müssten allerdings die Processe des Legens und Ausbrütens unzweckmässig lang währen, besonders da der weibliche Kuckuck sehr früh seine Wanderung antritt, und die zuerst ausgeschlüpften jungen Vögel würden wahrscheinlich vom Männchen allein aufgefüttert werden müssen. Allein der americanische Kuckuck findet sich in dieser Lage; denn er baut sich sein eigenes Nest, legt seine Eier hinein und hat gleichzeitig Eier und successiv ausgebrütete Junge. Man hat es sowohl behauptet, als auch geleugnet, dass auch der americanische Kuckuck zuweilen seine Eier in fremde Nester lege; ich habe aber kürzlich von Dr. Merrell, aus Iowa, gehört, dass er einmal in Illinois einen jungen Kuckuck mit einem jungen Heher in dem Neste eines Blauhehers (*Garrulus cristatus*) gefunden habe; und da sie beide fast vollständig befiedert waren, konnte in ihrer Bestimmung kein Irrthum vorfallen. Ich könnte auch noch mehrere andere Beispiele von Vögeln anführen, von denen man weiss, dass sie ihre Eier gelegentlich in fremde Nester legen. Nehmen wir nun an, der alte Stammvater unseres europäischen Kuckucks habe die Gewohnheiten des americanischen gehabt und zuweilen ein Ei in das Nest eines andern Vogels gelegt. Wenn der alte Vogel von diesem gelegentlichen Brauche darin Vortheil hatte, dass er früher wandern konnte oder in irgend einer andern Weise, oder wenn der junge Vogel aus dem Instinct einer andern sich in Bezug auf ihre Nestlinge irrenden Art einen Vortheil erlangte und kräftiger wurde, als er unter der Sorge seiner eigenen Mutter geworden sein würde, weil diese mit der gleichzeitigen Sorge für Eier und Junge von verschiedenem Alter überladen gewesen wäre, so gewannen entweder die alten Vögel oder die auf fremde Kosten gepflegten Jungen dabei. Der Analogie nach möchte ich dann glauben, dass in Folge der Erblichkeit das so aufgeätzte Junge dazu geneigt sei, der zufälligen und abweichenden Handlungsweise seiner Mutter zu folgen, und auch seinerseits nun die Eier in fremde Nester zu legen und so erfolgreicher im Erziehen seiner Brut zu sein. Durch einen fortgesetzten Process dieser Art wird nach meiner Meinung der wunderliche Instinct des Kuckucks entstanden sein. Es ist auch neuerdings von Adolf Müller nach genügenden Beweisen behauptet worden, dass der Kuckuck gelegentlich seine Eier auf den nackten Boden legt, sie ausbrütet und seine Jungen füttert; dies seltene und merkwürdige Ereignis ist wahrscheinlich ein Rückschlag auf den lange verloren gegangenen, ursprünglichen Instinct der Nidification.

Es ist mir eingehalten worden, dass ich andere verwandte Instincte und Anpassungserscheinungen beim Kuckuck, von denen man als nothwendig coordiniert spricht, nicht erwähnt habe. In allen Fällen ist aber Speculation über irgend einen, uns nur in einer einzigen Species bekannten Instinct nutzlos, denn wir haben keine uns leitenden Thatsachen. Bis ganz vor Kurzem kannte man nur die Instincte des europäischen und des nicht parasitischen americanischen Kuckucks; Dank den Beobachtungen E. Ramsay's wissen wir jetzt etwas über die drei australischen Arten, welche ihre Eier in fremde Nester legen. Drei Hauptpunkte kommen hier in Betracht: erstens legt der gemeine Kuckuck mit seltenen Ausnahmen nur ein Ei in ein Nest, so dass der junge grosse und gefrässige Vogel reichliche Nahrung erhält. Zweitens ist das Ei so merkwürdig klein, dass es nicht grösser ist als das Ei einer Lerche, eines viermal kleineren Vogels als der Kuckuck. Dass die geringe Grösse des Eies ein wirklicher Fall von Adaptation ist, können wir aus der Thatsache entnehmen, dass der nicht parasitische americanische Kuckuck seiner Grösse entsprechende Eier legt. Drittens und letztens hat der junge Kuckuck bald nach der Geburt schon den Instinct, die Kraft und einen passend geformten Schnabel, um seine Pflegegeschwister aus dem Neste zu werfen, die dann vor Kälte und Hunger umkommen. Man hat nun kühner Weise behauptet, dies sei eine wohlthätige Einrichtung, damit der junge Kuckuck hinreichende Nahrung erhalte und dass seine Pflegegeschwister umkommen können, ehe sie viel Empfindung erlangt haben!

Wenden wir uns nun zu den australischen Arten: obgleich diese Vögel allgemein nur ein Ei in ein Nest legen, so findet man doch nicht selten zwei und selbst drei Eier derselben Kuckucksart in demselben Neste. Beim Bronzekuckuck variieren die Eier bedeutend in Grösse, von acht bis zehn Linien Länge. Wenn es nun für diese Art von irgend welchem Vortheil gewesen wäre, selbst noch kleinere Eier gelegt zu haben, als sie jetzt thut, so dass gewisse Pflegeeltern leichter zu täuschen wären, oder, was noch wahrscheinlicher wäre, dass sie schneller ausgebrütet würden (denn es wird angegeben, dass zwischen der Grösse der Eier und der Incubationsdauer ein bestimmtes Verhältnis bestehe), dann ist es nicht schwer zu glauben, dass sich eine Rasse oder Art gebildet haben könne, welche immer kleinere und kleinere Eier legte; denn diese würden sicherer ausgebrütet und aufgezogen werden. Ramsay bemerkt von zwei der australischen Kuckucke, dass, wenn sie ihre Eier in ein offenes und nicht gewölbtes Nest legen, sie einen entschiedenen Vorzug für Nester zu erkennen geben, welche den ihrigen in der Färbung ähnliche Eier enthalten. Die europäische Art zeigt sicher Neigung zu einem ähnlichen Instinct, weicht aber nicht selten davon ab, wie zu sehen ist, wenn sie ihre matt und blass gefärbten Eier in das Nest des Graukehlchens *(Accentor)* mit seinen hellen grünlich-blauen Eiern legt: hätte unser Kuckuck unveränderlich den obengenannten Instinct gezeigt, so müsste dieser ganz sicher denen beigezählt werden, welche, wie anzunehmen ist, alle auf einmal erworben sein müssen. Die Eier des australischen Bronzekuckucks variieren nach Ramsay ausserordentlich in der Farbe, so dass in Rücksicht hierauf wie auf die Grösse die natürliche Zuchtwahl bestimmt irgend eine vortheilhafte Abänderung gesichert und fixiert haben dürfte.

Was den europäischen Kuckuck betrifft, so werden die Jungen der Pflegeeltern gewöhnlich innerhalb dreier Tage nach dem Ausschlüpfen des Kuckucks aus dem Neste geworfen; und da der letztere in diesem Alter sich in äusserst hülflosem Zustande befindet, so war Mr. Gould früher zu der Annahme geneigt, dass der Act des Hinauswerfens von den Pflegeeltern selbst besorgt würde. Er hat aber jetzt eine zuverlässige Schilderung eines jungen Kuckucks erhalten, welcher, während er noch blind und nicht einmal seinen eigenen Kopf aufrecht zu halten im Stande war, factisch in dem Momente beobachtet wurde, wo er seine Pflegegeschwister aus dem Neste warf. Eins derselben wurde von dem Beobachter wieder in das Nest zurückgebracht und wurde von Neuem hinausgeworfen. Ist es nun, wie es wahrscheinlich der Fall ist, für den jungen Kuckuck von grosser Bedeutung gewesen, während der ersten Tage nach der Geburt so viel Nahrung wie möglich erhalten zu haben, so kann ich in Bezug auf die Mittel, durch welche jener fremdartige und widerwärtige Instinct erlangt worden ist, darin keine Schwierigkeit finden, dass er durch aufeinanderfolgende Generationen allmählich den blinden Trieb, die nöthige Kraft und den geeigneten Bau erlangt hat, seine Pflegegeschwister hinauszuwerfen; denn diejenigen unter den jungen Kuckucken, welche diese Gewohnheit und diesen Bau am besten entwickelt besassen, werden die best ernährten und am sichersten aufgebrachten gewesen sein. Der erste Schritt zu der Erlangung des richtigen Instincts dürfte bloss unbeabsichtigte Unruhe seitens des jungen Vogels gewesen sein, sobald er im Alter und in der Kraft etwas fortgeschritten war; die Gewohnheit wird später verbessert und auf ein früheres Alter überliefert worden sein. Ich sehe hierin keine grössere Schwierigkeit als darin, dass die noch nicht ausgeschlüpften Jungen anderer Vögel den Instinct erhalten, ihre eigene Eischale zu durchbrechen; oder dass die jungen Schlangen am Oberkiefer, wie Owen bemerkt hat, einen vorübergehenden scharfen Zahn zum Durchschneiden der zähen Eischale erhalten. Denn wenn jeder Theil zu allen Zeiten individuellen Abänderungen unterliegen kann, und die Abänderungen im entsprechenden oder früheren Alter vererbt zu werden neigen — Annahmen, welche nicht bestritten werden können —, dann kann sowohl der Instinct als der Bau des Jungen ebenso sicher wie der des Erwachsenen langsam modificiert werden, und beide Fälle stehen und fallen zusammen mit der ganzen Theorie der natürlichen Zuchtwahl.

Einige Species von *Molothrus*, einer ganz verschiedenen Gattung americanischer Vögel, welche mit unseren Staaren verwandt sind, haben parasitische Gewohnheiten, ähnlich denen des Kuckucks; und die Arten bieten eine interessante Stufenreihe in der Vervollkommnung ihrer Instincte dar. Wie ein ausgezeichneter Beobachter, Mr. Hudson, angibt, leben die Geschlechter des *Molothrus badius* zuweilen in Heerden ganz willkürlich durcheinander, zuweilen paaren sie sich. Entweder bauen sie sich ihr eigenes Nest, oder sie nehmen eines, was irgend einem andern Vogel gehört, in Besitz, und werfen die Nestlinge des Fremden hinaus. Sie legen ihre Eier entweder in das in dieser Weise angeeignete Nest oder bauen sich wunderbar genug ein solches für sich auf jenes oben darauf. Sie brüten gewöhnlich ihre eigenen Eier selbst und ziehen ihre eigenen Jungen auf. Aber Mr. Hudson hält es für wahrscheinlich, dass sie gelegentlich parasitisch leben; denn er hat gesehen, wie die Jungen dieser Species alten Vögeln einer verschiedenen Art nachfolgten und sie um Nahrung anriefen. Die parasitischen Gewohnheiten einer andern Species von *Molothrus*, des *M. bonariensis*, sind viel höher entwickelt als die der erstgenannten, sind aber bei weitem noch nicht vollkommen. Soweit es bekannt ist, legt dieser Vogel seine Eier unveränderlich in die Nester fremder; es ist aber merkwürdig, dass zuweilen mehrere von ihnen zusammen anfangen, ein unregelmässiges, unordentliches eigenes Nest an eigenthümlich schlecht passender Örtlichkeit zu bauen, wie auf den Blättern einer grossen Distel. Indess vollenden sie, soweit es Mr. Hudson ermittelt hat, niemals ein Nest für sich selbst. Sie legen häufig so viele Eier — von fünfzehn bis zwanzig — in ein und dasselbe fremde Nest, dass nur wenig oder gar keine ausgebrütet werden können. Überdies haben sie die ausserordentliche Gewohnheit, Löcher in die Eier zu picken, mögen es Eier ihrer eigenen Species oder solche ihrer Pflegeeltern sein, die sie in den angeeigneten Nestern finden. Sie lassen auch viele Eier auf den nackten Boden fallen, welche demzufolge weggeworfen sind. Eine dritte Art, der *Molothrus pecoris* in Nord-America, hat vollkommen die Instincte des Kuckucks erlangt, denn er legt niemals mehr als ein Ei in ein Pflegenest, so dass der junge Vogel sicher aufgezogen wird. Mr. Hudson ist in Bezug auf die Entwicklungstheorie entschieden ungläubig; er scheint aber durch die unvollkommenen Instincte des *Molothrus bonariensis* so sehr frappiert worden zu sein, dass er meine Worte citiert und fragt: „Müssen wir „nicht diese Gewohnheiten, nicht etwa als specielle Begabungen „oder anerschaffene Instincte, sondern vielmehr als kleine Folgen „eines allgemeinen Gesetzes, nämlich des Übergangs, betrachten?"

Verschiedene Vögel legen, wie bereits bemerkt wurde, gelegentlich ihre Eier in die Nester anderer Vögel. Dieser Brauch ist unter den hühnerartigen Vögeln nicht ganz ungewöhnlich, und wirft etwas Licht auf die Entstehung des gewöhnlichen Instinctes der straussartigen Vögel. Mehrere Strausshennen vereinigen sich hier und legen zuerst einige wenige Eier in ein Nest und dann in ein anderes; und diese werden von den Männchen ausgebrütet. Man wird zur Erklärung dieser Gewohnheiten wahrscheinlich die Thatsache mit in Betracht ziehen können, dass diese Hennen eine grosse Anzahl von Eiern und zwar wie beim Kuckuck in Zwischenräumen von zwei bis drei Tagen legen. Jedoch ist dieser Instinct beim americanischen Strausse wie bei dem *Molothrus bonariensis* noch nicht vollkommen entwickelt; denn es liegt dort auch noch eine so erstaunliche Menge von Eiern über die Ebene zerstreut, dass ich auf der Jagd an einem Tage nicht weniger als zwanzig verlassene und verdorbene Eier aufzusammeln im Stande war.

Manche Bienen schmarotzen und legen ihre Eier regelmässig in Nester anderer Bienenarten. Dies ist noch merkwürdiger als beim Kuckuck; denn diese Bienen haben nicht allein ihren Instinct, sondern auch ihren Bau in Übereinstimmung mit ihrer parasitischen Lebensweise geändert; sie besitzen nämlich die Vorrichtung zur Einsammlung des Pollens nicht, deren sie unumgänglich bedürften, wenn sie Nahrungsvorräthe für ihre eigene Brut aufhäufen müssten. Einige Arten von Sphegiden (wespenartigen Insecten) schmarotzen bei anderen Arten, und FABRE hat kürzlich Gründe für die Annahme nachgewiesen, dass, obwohl *Tachytes nigra* gewöhnlich ihre eigene Höhle macht und darin noch lebende aber gelähmte Beute zur Nahrung ihrer eigenen Larven in Vorrath niederlegt, dieselbe doch, wenn sie eine schon fertige und mit Vorräthen versehene Höhle einer andern Sphex findet, davon Besitz ergreift und für diesen Fall Parasit wird. In diesem Falle, wie bei dem *Molothrus* und dem Kuckuck, sehe ich keine Schwierigkeit, dass die natürliche Zuchtwahl aus dem gelegentlichen Brauche einen beständigen machen könnte, wenn er für die Art nützlich ist und wenn nicht in Folge dessen die andere Insectenart, deren Nest und Futtervorräthe sie sich räuberischer Weise aneignet, dadurch vertilgt wird.

Instinct Sclaven zu machen. Dieser merkwürdige Instinct wurde zuerst bei *Formica (Polyerges) rufescens* von PIERRE HUBER beobachtet, einem noch besseren Beobachter als selbst sein berühmter Vater gewesen war. Diese Ameise ist unbedigt von ihren Sclaven abhängig; ohne deren Hülfe würde die Art sicherlich schon in einem Jahre gänzlich aussterben. Die Männchen und fruchtbaren Weibchen arbeiten durchaus nicht. Die Arbeiter oder unfruchtbaren Weibchen dagegen, obgleich sehr muthig und thatkräftig beim Sclavenfangen, thun nichts anderes. Sie sind unfähig, ihre eigenen Nester zu machen oder ihre eigenen Larven zu füttern. Wenn das alte Nest unpassend befunden und eine Auswanderung nöthig wird, entscheiden die Sclaven darüber und schleppen dann ihre Herren zwischen den Kinnladen fort. Diese letzteren sind so äusserst hülflos, dass, als HUBER deren dreissig ohne Sclaven, aber mit einer reichlichen Menge des von ihnen am meisten geliebten Futters und zugleich mit ihren Larven und Puppen, um sie zur Thätigkeit anzuspornen, zusammensperrte, sie nichts thaten; sie konnten nicht einmal sich selbst füttern und starben grossentheils Hungers. HUBER brachte dann einen einzigen Sclaven (*Formica fusca*) dazu, der sich unverzüglich an's Werk machte, die Larven pflegte und alles in Ordnung brachte. Was kann es Ausserordentlicheres geben, als diese wohlverbürgten Thatsachen? Hätte man nicht noch von einigen anderen sclavenmachenden Ameisen Kenntnis, so würde es ein hoffnungsloser Versuch gewesen sein, sich eine Vorstellung davon zu machen, wie ein so wunderbarer Instinct zu solcher Vollkommenheit gedeihen könne.

Eine andere Ameisenart, *Formica sanguinea*, wurde gleichfalls zuerst von HUBER als Sclavenmacherin erkannt. Sie kömmt im südlichen Theile von England vor, wo ihre Gewohnheiten von F. SMITH vom Britischen Museum beobachtet worden sind, dem ich für seine Mittheilungen über diese und andere Gegenstände sehr verbunden bin. Wenn auch volles Vertrauen in die Versicherungen der zwei genannten Naturforscher setzend, vermochte ich doch nicht ohne einigen Zweifel an die Sache zu gehen, und es mag wohl zu entschuldigen sein, wenn Jemand an einen so ausserordentlichen Instinct, wie der ist, Sclaven zu machen, nicht unmittelbar glauben kann. Ich will daher dasjenige, was ich selbst beobachtet habe, mit einigen Einzelnheiten erzählen. Ich öffnete vierzehn Nesthaufen der *Formica sanguinea* und fand in allen einzelne Sclaven. Männchen und fruchtbare Weibchen der Sclavenart (*F. fusca*) kommen nur in ihrer eigenen Gemeinde vor und sind nie in den Haufen der *F. sanguinea* gefunden worden. Die Sclaven sind schwarz und von nicht mehr als der halben Grösse ihrer rothen Herren, so dass der Gegensatz in ihrer Erscheinung sogleich auffällt. Wird der Haufe nur wenig gestört, so kommen die Sclaven zuweilen heraus und zeigen sich gleich ihren Herren sehr beunruhigt und zur Vertheidigung bereit. Wird aber der Haufe so zerstört, dass Larven und Puppen frei zu liegen kommen, so sind die Sclaven mit ihren Herren zugleich lebhaft bemüht, dieselben nach einem sichern Platze fort zu schleppen. Daraus geht deutlich hervor, dass sich die Sclaven ganz heimisch fühlen. Ich habe während der Monate Juni und Juli in drei aufeinanderfolgenden Jahren in den Grafschaften Surrey und Sussex mehrere solcher Ameisenhaufen stundenlang beobachtet und nie einen Sclaven aus- oder eingehen sehen. Da während dieser Monate der Sclaven nur wenige vorhanden sind, so dachte ich, sie würden sich anders benehmen, wenn sie in grösserer

Anzahl vorhanden wären; aber auch Hr. Smith theilt mir mit, dass er die Nester zu verschiedenen Stunden während der Monate Mai, Juni und August in Surrey wie in Hampshire beobachtet und, obwohl die Sclaven im August zahlreich sind, nie einen derselben aus- oder eingehen gesehen hat. Er betrachtet sie daher lediglich als Haussclaven. Dagegen sieht man ihre Herren beständig Nestbaustoffe und Futter aller Art herbeischleppen. Im Jahre 1860 jedoch traf ich im Juli eine Gemeinde an mit einem ungewöhnlich starken Sclavenstande und sah einige wenige Sclaven, unter ihre Herren gemengt, das Nest verlassen und mit ihnen den nämlichen Weg zu einer hohen Kiefer, fünfundzwanzig Yards entfernt, einschlagen und am Stamm hinauflaufen, wahrscheinlich um nach Blatt- oder Schildläusen zu suchen. Nach Huber, welcher reichliche Gelegenheit zur Beobachtung gehabt hat, arbeiten in der Schweiz die Sclaven gewöhnlich mit ihren Herren zusammen an der Aufführung des Nestes, aber sie allein öffnen und schliessen die Thore in den Morgen- und Abendstunden; jedoch ist, wie Huber ausdrücklich versichert, ihr Hauptgeschäft, nach Blattläusen zu suchen. Dieser Unterschied in den herrschenden Gewohnheiten von Herren und Sclaven in zweierlei Gegenden dürfte wahrscheinlich lediglich davon abhängen, dass in der Schweiz die Sclaven zahlreicher gefangen werden als in England.

Eines Tages war ich so glücklich, eine Wanderung von *F. sanguinea* von einem Nesthaufen zum andern mitanzusehen, und es war ein sehr interessanter Anblick, wie die Herren ihre Sclaven sorgfältig zwischen ihren Kinnladen davon schleppten, anstatt selbst von ihnen getragen zu werden, wie es bei *F. rufescens* der Fall ist. Eines andern Tages wurde meine Aufmerksamkeit von etwa zwei Dutzend Ameisen der sclavenmachenden Art in Anspruch genommen, welche dieselbe Stelle durchstreiften, doch offenbar nicht des Futters wegen. Sie näherten sich einer unabhängigen Colonie der sclavengebenden Art, *F. fusca*, wurden aber kräftig zurückgetrieben, so dass zuweilen bis drei dieser letzten an den Beinen einer *F. sanguinea* hiengen. Diese letzte tödtete ihre kleineren Gegner ohne Erbarmen und schleppte deren Leichen als Nahrung in ihr neunundzwanzig Yards entferntes Nest; aber sie wurde daran gehindert, Puppen aufzunehmen, um sie zu Sclaven aufzuziehen. Ich entnahm dann aus einem andern Haufen der *F. fusca* eine geringe Anzahl Puppen und legte sie auf eine kahle Stelle nächst dem Kampfplatz nieder. Diese wurden begierig von den Tyrannen ergriffen und fortgetragen, die sich vielleicht einbildeten, doch endlich Sieger in dem letzten Kampfe gewesen zu sein.

Gleichzeitig legte ich an derselben Stelle eine Parthie Puppen einer andern Art, der *Formica flava*, mit einigen wenigen Ameisen dieser gelben Art nieder, welche noch an Bruchstücken ihres Nestes hingen. Auch diese Art wird zuweilen, doch selten zu Sclaven gemacht, wie SMITH beschrieben hat. Obwohl so klein, so ist diese Art doch sehr muthig, und ich habe sie mit wildem Ungestüm andere Ameisen angreifen sehen. Einmal fand ich zu meinem Erstaunen unter einem Steine eine unabhängige Colonie der *Formica flava* noch unterhalb eines Nestes der sclavenmachenden *F. sanguinea*; und da ich zufällig beide Nester zerstört hatte, so griff die kleine Art ihre grosse Nachbarin mit erstaunlichem Muthe an. Ich war nun neugierig, zu erfahren, ob *F. sanguinea* im Stande sei, die Puppen der *F. fusca*, welche sie gewöhnlich zur Sclavenzucht verwendet, von denen der kleinen wüthenden *F. flava* zu unterscheiden, welche sie nur selten in Gefangenschaft führt, und es ergab sich bald, dass sie diese sofort unterschied; denn ich sah sie begierig und augenblicklich über die Puppen der *F. fusca* herfallen, während sie sehr erschrocken schienen, wenn sie auf die Puppen oder auch nur auf die Erde aus dem Neste der *F. flava* stiessen, und rasch davon rannten. Aber nach einer Viertelstunde etwa, kurz nachdem alle kleinen gelben Ameisen fortgekrochen waren, bekamen sie Muth und führten auch diese Puppen fort.

Eines Abends besuchte ich eine andere Colonie der *F. sanguinea* und fand eine Anzahl derselben auf dem Heimwege und beim Eingang in ihr Nest, Leichen und viele Puppen der *F. fusca* mit sich schleppend, also nicht auf einer Wanderung begriffen. Ich verfolgte eine ungefähr vierzig Yards lange Reihe mit Beute beladener Ameisen bis zu einem dichten Haidegebüsch zurück, wo ich das letzte Individuum der *F. sanguinea* mit einer Puppe belastet herauskommen sah; aber das verlassene Nest konnte ich in der dichten Haide nicht finden, obwohl es nicht mehr fern gewesen sein kann; denn zwei oder drei Individuen der *F. fusca* rannten in der grössten Aufregung umher und eines stand bewegungslos auf der Spitze eines Haidezweiges mit ihrer eigenen Puppe im Maul, ein Bild der Verzweiflung über ihre verwüstete Heimath.

Dies sind die Thatsachen, welche ich, obwohl sie meiner Bestätigung nicht erst bedurft hätten, über den wundersamen sclavenmachenden Instinct berichten kann. Zuerst ist der grosse Gegensatz zwischen den instinctiven Gewohnheiten der *F. sanguinea* und der continentalen *F. rufescens* zu bemerken. Diese letzte baut nicht selbst ihr Nest, bestimmt nicht ihre eigenen Wanderungen, sammelt nicht das Futter für sich und ihre Brut und kann nicht einmal allein fressen; sie ist absolut abhängig von ihren zahlreichen Sclaven. Die *Formica sanguinea* dagegen hält viel weniger und zumal im ersten Theile des Sommers äusserst wenige Sclaven; die Herren bestimmen, wann und wo ein neues Nest gebaut werden soll; und wenn sie wandern, schleppen die Herren die Sclaven. In der Schweiz wie in England scheinen die Sclaven ausschliesslich mit der Sorge für die Larven beauftragt zu sein, und die Herren allein gehen auf den Sclavenfang aus. In der Schweiz arbeiten Herren und Sclaven miteinander, um Nestbaumaterial herbeizuschaffen; beide, aber vorzugsweise die Sclaven, besuchen und melken, wie man es nennen könnte, ihre Aphiden, und so sammeln beide Nahrung für die Colonie ein. In England verlassen allein die Herren gewöhnlich das Nest, um Baustoffe und Futter für sich, ihre Larven und Sclaven anzusammeln, so dass dieselben hier von ihren Sclaven viel weniger Dienste empfangen als in der Schweiz.

Ich will mich nicht vermessen zu errathen, auf welchem Wege der Instinct der *F. sanguinea* sich entwickelt hat. Da jedoch Ameisen, welche keine Sclavenmacher sind, wie wir gesehen haben, zufällig um ihr Nest zerstreute Puppen anderer Arten heimschleppen, so ist es möglich, dass sich solche, vielleicht zur Nahrung aufgespeicherte Puppen dort auch noch zuweilen entwickeln, und die auf solche Weise absichtslos im Hause erzogenen Fremdlinge mögen dann ihren eigenen Instincten folgen und das thun, was sie können. Erweist sich ihre Anwesenheit nützlich für die Art, welche sie aufgenommen hat, und sagt es dieser letzten mehr zu, Arbeiter zu fangen als zu erzeugen, so kann der ursprünglich zufällige Brauch, fremde Puppen zur Nahrung einzusammeln, durch natürliche Zuchtwahl verstärkt und endlich zu dem ganz verschiedenen Zwecke, Sclaven zu erziehen, bleibend befestigt werden. Wenn dieser Instinct einmal vorhanden, aber in einem noch viel minderen Grade als bei unserer *F. sanguinea* entwickelt war, welche noch jetzt, wie wir gesehen haben, in England von ihren Sclaven weniger Hülfe als in der Schweiz empfängt, so kann natürliche Zuchtwahl dann diesen Instinct verstärkt, und immer vorausgesetzt, dass jede Abänderung der Species nützlich gewesen sei, allmählich so weit abgeändert haben, dass endlich eine Ameisenart in so verächtlicher Abhängigkeit von ihren eigenen Sclaven entstand, wie es *F. rufescens* ist.

Zellenbauinstinct der Korbbienen. Ich beabsichtige nicht, über diesen Gegenstand in minutiöse Einzelnheiten einzugehen, sondern will mich darauf beschränken, eine Skizze von den Folgerungen zu geben, zu welchen ich gelangt bin. Es muss ein beschränkter Mensch sein, welcher bei Untersuchung des ausgezeichneten Baues einer Bienenwabe, die ihrem Zwecke so wundersam angepasst ist, nicht in begeisterte Verwunderung geriethe. Wir hören von Mathematikern, dass die Bienen praktisch ein schwieriges Problem gelöst und ihre Zellen mit dem geringstmöglichen Aufwand des kostspieligen Baumaterials, des Wachses nämlich, in derjenigen Form hergestellt haben, welche die grösstmögliche Menge von Honig aufnehmen kann. Man hat bemerkt, dass es einem geschickten Arbeiter mit passenden Massen und Werkzeugen sehr schwer fallen würde, regelmässige sechseckige Wachszellen zu machen, obwohl dies eine wimmelnde Menge von Bienen in dunklem Korbe mit grösster Genauigkeit vollbringt. Was für einen Instinct man auch annehmen mag, so scheint es doch anfangs ganz unbegreiflich, wie derselbe solle alle nöthigen Winkel und Flächen berechnen, oder auch nur beurtheilen können, ob sie richtig gemacht sind. Inzwischen ist doch die Schwierigkeit nicht so gross, wie es anfangs scheint; denn all' dies schöne Werk lässt sich, wie ich denke, von einigen wenigen, sehr einfachen Instincten herleiten.

Diesen Gegenstand näher zu verfolgen, dazu bin ich durch Hrn. Waterhouse veranlasst worden, welcher gezeigt hat, dass die Form der Zellen in enger Beziehung zur Anwesenheit von Nachbarzellen steht, und die folgende Ansicht ist vielleicht nur eine Modification seiner Theorie. Wenden wir uns zu dem grossen Abstufungsprincipe und sehen wir zu, ob uns die Natur nicht die Methode enthülle, nach welcher sie zu Werke gegangen ist. An dem einen Ende der kurzen Stufenreihe sehen wir die Hummeln, welche ihre alten Cocons zur Aufnahme von Honig verwenden, indem sie ihnen zuweilen kurze Wachsröhren anfügen und ebenso auch einzeln abgesonderte und sehr unregelmässig abgerundete Zellen von Wachs anfertigen. Am andern Ende der Reihe haben wir die Zellen der Korbbiene, zu einer doppelten Schicht angeordnet; jede Zelle ist bekanntlich ein sechsseitiges Prisma, dessen Basalränder so zugeschrägt sind, dass sie an eine stumpfdreiseitige Pyramide von drei Rautenflächen gebildet passen. Diese Rhomben haben gewisse

Winkel, und die drei, welche die pyramidale Basis einer Zelle in der einen Zellenschicht der Scheibe bilden, gehen auch in die Bildung der Basalenden von drei anstossenden Zellen der entgegengesetzten Schicht ein. Als Zwischenstufe zwischen der äussersten Vervollkommnung im Zellenbau der Korbbiene und der äussersten Einfachheit in dem der Hummel haben wir dann die Zellen der mexicanischen *Melipona domestica*, welche P. Huber gleichfalls sorgfältig beschrieben und abgebildet hat. Diese Biene selbst steht in ihrer Körperbildung zwischen unserer Honigbiene und der Hummel in der Mitte, doch der letztern näher; sie bildet einen fast regelmässigen wächsernen Zellenkuchen mit cylindrischen Zellen, worin die Jungen gepflegt werden, und überdies mit einigen grossen Zellen zur Aufnahme von Honig. Diese letzten sind fast kugelig, von nahezu gleicher Grösse und in eine unregelmässige Masse zusammengefügt. Der die Beachtung am meisten verdienende Punkt ist aber der, dass diese Zellen in einem Grade nahe aneinander gerückt sind, dass sie einander schneiden oder durchsetzen müssten, wenn die Kugeln vollendet worden wären; dies wird aber nie zugelassen, die Bienen bauen vollständig ebene Wachswände zwischen die Kugeln, da, wo sie sich kreuzen würden. Jede dieser Zellen hat mithin einen äussern sphärischen Theil und 2—3 oder mehr vollkommen ebene Seitenflächen, je nachdem sie an 2—3 oder mehr andere Zellen seitlich angrenzt. Kommt eine Zelle in Berührung mit drei anderen Zellen, was, da alle von fast gleicher Grösse sind, nothwendig sehr oft geschieht, so vereinigen sich die drei ebenen Flächen zu einer dreiseitigen Pyramide, welche, nach Huber's Bemerkung, offenbar als eine rohe Wiederholung der dreiseitigen Pyramide an der Basis der Zellen unserer Korbbiene zu betrachten ist. Wie in den Zellen der Honigbiene, so nehmen auch hier die drei ebenen Flächen einer Zelle an der Zusammensetzung dreier anderen anstossenden Zellen nothwendig Theil. Es ist offenbar, dass die *Melipona* bei dieser Art zu bauen, Wachs und, was noch wichtiger ist, Arbeit erspart; denn die ebenen Wände sind da, wo mehrere solche Zellen aneinander grenzen, nicht doppelt, sondern nur von derselben Dicke wie die äusseren kugelförmigen Theile; und doch nimmt jedes ebene Stück Zwischenwand an der Zusammensetzung zweier aneinanderstossenden Zellen Theil.

Indem ich mir diesen Fall überlegte, kam ich auf den Gedanken, dass, wenn die *Melipona* ihre kugeligen Zellen in einer gegebenen gleichen Entfernung von einander und von gleicher Grösse gefertigt und symmetrisch in eine doppelte Schicht geordnet hätte, der dadurch erzielte Bau wahrscheinlich so vollkommen wie der der Korbbiene geworden sein würde. Demzufolge schrieb ich an Professor MILLER in Cambridge, und dieser Geometer hat die folgende, nach seiner Belehrung entworfene, Darstellung durchgesehen und mir gesagt, sie sei völlig richtig.

Wenn eine Anzahl unter sich gleicher Kugeln so beschrieben wird, dass ihre Mittelpunkte in zwei parallelen Ebenen liegen, und das Centrum einer jeden Kugel um Radius $\times \sqrt{2}$ oder Radius $\times$ 1.41421 (oder weniger) von den Mittelpunkten der sechs umgebenden Kugeln in derselben Schicht und eben so weit von den Centren der angrenzenden Kugeln in der andern parallelen Schicht entfernt ist, und wenn alsdann Durchschneidungsflächen zwischen den verschiedenen Kreisen beider Schichten gebildet werden, so muss sich eine doppelte Lage sechsseitiger Prismen ergeben, welche von aus drei Rauten gebildeten dreiseitig-pyramidalen Basen verbunden werden, und alle Winkel an diesen Rauten- sowie den Seitenflächen der sechsseitigen Prismen werden mit denen identisch sein, welche an den Wachszellen der Bienen nach den sorgfältigsten Messungen vorkommen. Ich höre aber von Professor WYMAN, der zahlreiche sorgfältige Messungen angestellt hat, dass die Genauigkeit in der Arbeit der Bienen bedeutend übertrieben worden ist, und zwar in einem Grade, dass er hinzufügt, was auch die typische Form der Zellen sein mag, sie werde nur selten, wenn überhaupt je, realisiert.

Wir können daher wohl sicher schliessen, dass, wenn wir die Instincte, welche die *Melipona* jetzt bereits besitzt, welche aber an und für sich nicht sehr wunderbar sind, etwas zu verbessern im Stande wären, diese Biene einen ebenso wunderbar vollkommenen Bau zu liefern vermöchte, wie die Korbbiene. Wir müssen annehmen, die *Melipona* habe das Vermögen, ihre Zellen wirklich sphärisch und gleichgross zu machen, was nicht zum Verwundern sein würde, da sie es schon jetzt in gewissem Grade thut und viele Insecten sich vollkommen cylindrische Gänge in Holz aushöhlen, indem sie sich offenbar dabei um einen festen Punkt drehen. Wir müssen ferner annehmen, die *Melipona* ordne ihre Zellen in ebenen Lagen, wie sie es bereits mit ihren cylindrischen Zellen thut; und müssen weiter annehmen (und dies ist die grösste Schwierigkeit), sie vermöge irgendwie genau zu beurtheilen, in welchem Abstande von ihren Mitarbeiterinnen sie ihre sphärischen Zellen beginnen müsse, wenn mehrere gleichzeitig an ihren Zellen arbeiten; wir sahen sie aber ja bereits Entfernungen hinreichend bemessen, um alle ihre Kugeln so zu beschreiben, dass sie einander in einem gewissen Masse schneiden, und sahen sie dann die Schneidungspunkte durch vollkommen ebene Wände miteinander verbinden. Dies sind die an sich nicht sehr wunderbaren Modificationen des Instinctes (kaum wunderbarer als jener, der den Vogel bei seinem Nestbau leitet), durch welche, wie ich glaube, die Korbbiene auf dem Wege natürlicher Zuchtwahl zu ihrer unnachahmlichen architectonischen Geschicklichkeit gelangt ist.

Doch lässt sich diese Theorie durch Versuche prüfen. Nach TEGETMEIER's Vorgange trennte ich zwei Bienenwaben und fügte einen langen dicken rechtwinkligen Streifen Wachs dazwischen. Die Bienen begannen sogleich kleine kreisrunde Grübchen darin auszuhöhlen, die sie immer mehr erweiterten, je tiefer sie wurden, bis flache Becken daraus entstanden, die für das Auge vollkommene Kugeln oder Theile davon zu sein schienen und ungefähr vom Durchmesser der gewöhnlichen Zellen waren. Es war mir sehr interessant, zu beobachten, dass überall, wo mehrere Bienen zugleich nebeneinander solche Aushöhlungen zu machen begannen, sie in solchen Entfernungen von einander blieben, dass, als jene Becken die erwähnte Weite, d. h. die ungefähre Weite einer gewöhnlichen Zelle erlangt hatten, und ungefähr den sechsten Theil des Durchmessers des Kreises, wovon sie einen Theil bildeten, tief waren, sie sich mit ihren Rändern einander schnitten oder durchsetzten. Sobald dies der Fall war, hielten die Bienen mit der weiteren Austiefung ein und begannen auf den Schneidungslinien zwischen den Becken ebene Wände von Wachs senkrecht aufzuführen, so dass jedes sechsseitige Prisma auf den unebenen Rand eines glatten Beckens statt auf die geraden Ränder einer dreiseitigen Pyramide zu stehen kam, wie bei den gewöhnlichen Bienenzellen.

Ich brachte dann statt eines dicken rechtwinkligen Stückes Wachs einen schmalen und nur messerrückendicken Wachsstreifen, mit Cochenille gefärbt, in den Korb. Die Bienen begannen sogleich von zwei Seiten her kleine Becken nahe beieinander darin auszuhöhlen, in derselben Weise wie zuvor; aber der Wachsstreifen war so dünn, dass der Boden der Becken bei gleichtiefer Aushöhlung wie vorhin von zwei entgegengesetzten Seiten her hätte ineinander durchbrochen werden müssen. Dazu liessen es aber die Bienen nicht kommen, sondern hörten bei Zeiten mit der Vertiefung auf, so dass die Becken, sobald sie etwas vertieft waren, Boden mit ebenen Seiten bekamen; und diese ebenen Flächen, aus dünnen Plättchen des rothgefärbten Wachses bestehend, die nicht weiter ausgenagt wurden, kamen, soweit das Auge es unterscheiden konnte, genau längs der imaginären Schneidungsebenen zwischen den Becken der zwei entgegengesetzten Seiten des Wachsstreifens zu liegen. Stellenweise waren nur kleine Stücke, an anderen Stellen grössere Theile rhombischer Tafeln zwischen den einander entgegengesetzten Becken übrig geblieben; aber die Arbeit wurde in Folge der unnatürlichen Lage der Dinge nicht sauber ausgeführt. Die Bienen müssen in ungefähr gleichem Verhältnis auf beiden Seiten des rothen Wachsstreifens gearbeitet haben, als sie die kreisrunden Vertiefungen von beiden Seiten her ausnagten, um bei Einstellung der Arbeit an den Schneidungsflächen die ebenen Bodenplättchen auf der Zwischenwand übrig lassen zu können.

Berücksichtigt man, wie biegsam dünnes Wachs ist, so sehe ich keine Schwierigkeit für die Bienen ein, es von beiden Seiten her wahrzunehmen, wenn sie das Wachs bis zur angemessenen Dünne weggenagt haben, um dann ihre Arbeit einzustellen. In gewöhnlichen Bienenwaben schien mir, dass es den Bienen nicht immer gelinge, genau gleichen Schrittes von beiden Seiten her zu arbeiten. Denn ich habe halbvollendete Rauten am Grunde einer eben begonnenen Zelle bemerkt, die an einer Seite etwas concav waren, wo nach meiner Vermuthung die Bienen ein wenig zu rasch vorgedrungen waren, und auf der andern Seite convex erschienen, wo sie träger in der Arbeit gewesen. In einem sehr ausgezeichneten Falle der Art brachte ich die Wabe in den Korb zurück, liess die Bienen kurze Zeit daran arbeiten, und nahm sie darauf wieder heraus, um die Zelle auf's Neue zu untersuchen. Ich fand dann die rautenförmigen Platten ergänzt und von beiden Seiten vollkommen eben. Es war aber bei der ausserordentlichen Dünne der rhombischen Plättchen absolut unmöglich gewesen, dies durch ein weiteres Benagen von der convexen Seite her zu bewirken, und ich vermuthe, dass die Bienen in solchen Fällen von den entgegengesetzten Zellen aus das biegsame und warme Wachs (was nach einem Versuche leicht geschehen kann) in die zukömmliche mittlere Ebene gedrückt und gebogen haben, bis es flach wurde.

Aus dem Versuche mit dem rothgefärbten Streifen ist klar zu ersehen, dass wenn die Bienen eine dünne Wachswand zur Bearbeitung vor sich haben, sie ihre Zellen von angemessener Form machen können, indem sie sich in richtigen Entfernungen von einander halten, gleichen Schritts mit der Austiefung vorrücken und gleiche runde

Höhlen machen, ohne jedoch dieselben ineinander durchbrechen zu lassen. Nun machen die Bienen, wie man bei Untersuchung des Randes einer im Wachsthum begriffenen Honigwabe deutlich erkennt, eine rauhe Einfassung oder Wand rund um die Wabe und nagen dieselbe von den entgegengesetzten Seiten her weg, indem sie bei der Vertiefung einer jeden Zelle stets kreisförmig vorgehen. Sie machen nie die ganze dreiseitige Pyramide des Bodens einer Zelle auf einmal, sondern nur die eine der drei rhombischen Platten, welche dem äussersten in Zunahme begriffenen Rande entspricht, oder auch die zwei Platten, wie es die Lage mit sich bringt. Auch ergänzen sie nie die oberen Ränder der rhombischen Platten eher, als bis die Wände der sechsseitigen Zellen angefangen sind. Einige dieser Angaben weichen von denen des mit Recht berühmten älteren Huber ab, aber ich bin überzeugt, dass sie richtig sind; und wenn es der Raum gestattete, so würde ich zeigen, dass sie mit meiner Theorie in Einklang stehen.

Huber's Behauptung, dass die allererste Zelle aus einer kleinen parallelseitigen Wachswand ausgehöhlt wird, ist, soviel ich gesehen habe, nicht ganz richtig; der erste Anfang war immer eine kleine Haube von Wachs; doch will ich in diese Einzelnheiten hier nicht eingehen. Wir sehen, was für einen wichtigen Antheil die Aushöhlung an der Zellenbildung hat; doch wäre es ein grosser Fehler, anzunehmen, die Bienen könnten nicht eine rauhe Wachswand in geeigneter Lage, d. h. längs der Durchschnittsebene zwischen zwei aneinander grenzenden Kreisen, aufbauen. Ich habe verschiedene Präparate, welche beweisen, dass sie dies können. Selbst in dem rohen, dem Umfange folgenden Wachsrande rund um eine in Zunahme begriffene Wabe beobachtet man zuweilen Krümmungen, welche ihrer Lage nach den Ebenen der rautenförmigen Grundplatten künftiger Zellen entsprechen. Aber in allen Fällen muss die rauhe Wachswand durch Wegnagung ansehnlicher Theile derselben von beiden Seiten her ausgearbeitet und vollendet werden. Die Art, wie die Bienen bauen, ist sonderbar. Sie machen immer die erste rohe Wand zehn bis zwanzig Mal dicker, als die äusserst feine Zellenwand, welche zuletzt übrig bleiben soll. Wir werden besser verstehen, wie sie zu Werke gehen, wenn wir uns denken, Maurer häuften zuerst einen breiten Cementwall auf, begännen dann am Boden denselben von zwei Seiten her gleichen Schrittes, bis noch eine dünne Wand in der Mitte übrig bliebe, wegzuhauen und häuften das Weggehauene mit neuem Cement immer wieder auf der Kante der Wand an. Wir haben dann eine dünne, stetig in die Höhe wachsende Wand, die aber stets von einem riesigen Wall noch überragt wird. Da alle Zellen, die erst angefangenen sowohl als die schon fertigen, auf diese Weise von einer starken Wachsmasse gekrönt sind, so können sich die Bienen auf der Wabe zusammenhäufen und herumtummeln, ohne die zarten sechseckigen Zellenwände zu beschädigen, welche nach Professor MILLER's Mittheilung im Durchmesser sehr variieren. Sie sind im Mittel von zwölf am Rande der Wabe gemachten Messungen $\frac{1}{352}$ Zoll dick, während die Platten der Grundpyramide nahezu im Verhältnis von drei zu zwei dicker sind; nach einundzwanzig Messungen hatten sie eine mittlere Dicke von $\frac{1}{229}$ Zoll. Durch diese eigenthümliche Weise zu bauen erhält die Wabe fortwährend die erforderliche Stärke mit der grösstmöglichen Ersparung von Wachs.

Anfangs scheint die Schwierigkeit, die Anfertigungsweise der Zellen zu begreifen, noch dadurch vermehrt zu werden, dass eine Menge von Bienen gemeinsam arbeiten, indem jede, wenn sie eine Zeit lang an einer Zelle gearbeitet hat, an eine andere geht, so dass, wie HUBER bemerkt, gegen zwei Dutzend Individuen sogar am Anfang der ersten Zelle sich betheiligen. Es ist mir möglich geworden, diese Thatsache experimentell zu bestätigen, indem ich die Ränder der sechsseitigen Wand einer einzelnen Zelle oder den äussersten Rand der Umfassungswand einer im Wachsthum begriffenen Wabe mit einer äusserst dünnen Schicht flüssigen rothgefärbten Wachses überzog und dann jedesmal fand, dass die Bienen diese Farbe auf die zarteste Weise, wie es kein Maler zarter mit seinem Pinsel vermocht hätte, vertheilten, indem sie Atome des gefärbten Wachses von ihrer Stelle entnahmen und ringsum in die zunehmenden Zellenränder verarbeiteten. Diese Art zu bauen kömmt mir vor, wie eine Art Gleichgewicht, in das die Bienen gezwängt sind; indem alle instinctiv in gleichen Entfernungen von einander stehen, und alle gleiche Kreise um sich zu beschreiben suchen, dann aber die Durchschnittsebenen zwischen diesen Kreisen entweder aufbauen oder unbenagt lassen. Es war in der That eigenthümlich anzusehen, wie manchmal in schwierigen Fällen, wenn z. B. zwei Stücke einer Wabe unter irgend einem Winkel aneinander stiessen, die Bienen dieselbe Zelle wieder niederrissen und in anderer Art herstellten, mitunter auch zu einer Form zurückkehrten, die sie einmal schon verworfen hatten.

Wenn Bienen einen Platz haben, wo sie in zur Arbeit angemessener Haltung stehen können, — z. B. auf einem Holzstückchen gerade unter der Mitte einer abwärts wachsenden Wabe, so dass die Wabe über eine Seite des Holzes gebaut werden muss, — so können sie den Grund zu einer Wand eines neuen Sechsecks legen, so dass es genau am gehörigen Platze unter den anderen fertigen Zellen vorragt. Es genügt, dass die Bienen im Stande sind, in geeigneter relativer Entfernung von einander und von den Wänden der zuletzt vollendeten Zellen zu stehen, und dann können sie nach Massgabe der imaginären Kreise, eine Zwischenwand zwischen zwei benachbarten Zellen aufführen; aber, so viel ich gesehen habe, nagen und arbeiten sie niemals die Ecken einer Zelle eher scharf aus, als bis ein grosser Theil sowohl dieser als der anstossenden Zellen fertig ist. Dieses Vermögen der Bienen unter gewissen Verhältnissen an angemessener Stelle zwischen zwei soeben angefangenen Zellen eine rohe Wand zu bilden, ist wichtig, weil es eine Thatsache erklärt, welche anfänglich die vorstehend aufgestellte Theorie mit gänzlichem Umsturze bedrohte, nämlich dass die Zellen auf der äussersten Kante einer Wespenwabe zuweilen genau sechseckig sind: inzwischen habe ich hier nicht Raum, auf diesen Gegenstand einzugehen. Dann scheint es mir auch keine grosse Schwierigkeit mehr darzubieten, dass ein einzelnes Insect (wie es bei der Wespenkönigin z. B. der Fall ist) sechskantige Zellen baut, wenn es nämlich abwechselnd an der Aussen- und der Innenseite von zwei oder drei gleichzeitig angefangenen Zellen arbeitet und dabei immer in der angemessenen Entfernung von den Theilen der eben begonnenen Zellen steht, Kreise oder Cylinder um sich beschreibt und in den Schneidungsebenen Zwischenwände aufführt.

Da die natürliche Zuchtwahl nur durch Häufung geringer Modificationen des Baues oder Instinctes wirkt, von welchen eine jede dem Individuum in seinen Lebensverhältnissen nützlich ist, so kann man vernünftigerweise fragen, welchen Nutzen eine lange und stufenweise Reihenfolge von Abänderungen des Bautriebes, in der zu seiner jetzigen Vollkommenheit führenden Richtung, der Stammform unserer Honigbienen haben bringen können? Ich glaube, die Antwort ist nicht schwer: Zellen, welche wie die der Bienen und Wespen gebildet sind, gewinnen an Stärke und ersparen viel Arbeit und Raum, besonders aber viel Material zum Bauen. In Bezug auf die Bildung des Wachses ist es bekannt, dass Bienen oft in grosser Noth sind, genügenden Nectar aufzutreiben; und ich habe von Tegetmeier erfahren, dass man durch Versuche ermittelt hat, dass nicht weniger als 12—15 Pfund trockenen Zuckers zur Secretion von einem Pfund Wachs in einem Bienenkorbe verbraucht werden, daher eine überschwängliche Menge flüssigen Nectars eingesammelt und von den Bienen eines Stockes verzehrt werden muss, um das zur Erbauung ihrer Waben nöthige Wachs zu erhalten. Überdies muss eine grosse Anzahl Bienen während des Secretionsprocesses viele Tage lang unbeschäftigt bleiben. Ein grosser Honigvorrath ist ferner nöthig für den Unterhalt eines starken Stockes über Winter, und es ist bekannt, dass die Sicherheit desselben hauptsächlich gerade von der Erhaltung einer grossen Zahl von Bienen abhängt. Daher muss eine Ersparnis von Wachs, da sie eine grosse Ersparnis von Honig und von auf das Einsammeln des Honigs verwandter Zeit in sich schliesst, eine wesentliche Bedingnis des Gedeihens einer jeden Bienenfamilie sein. Natürlich kann der Erfolg der Bienenart von der Zahl ihrer Parasiten und anderer Feinde oder von ganz anderen Ursachen abhängen und insofern von der Menge des Honigs unabhängig sein, welche die Bienen einsammeln können. Nehmen wir aber an, dieser letztere Umstand bedinge es wirklich, wie es wahrscheinlich oft der Fall gewesen ist, ob eine unseren Hummeln verwandte Bienenart in irgend einer Gegend in grösserer Anzahl existieren kann, und nehmen wir ferner an, die Colonie durchlebe den Winter und verlange mithin einen Honigvorrath, so wäre es in diesem Falle für unsere Hummeln ohne Zweifel ein Vortheil, wenn eine geringe Veränderung ihres Instinctes sie veranlasste, ihre Wachszellen etwas näher aneinander zu machen, so dass sich deren kreisrunde Wände etwas schnitten; denn eine jede auch nur zwei aneinanderstossenden Zellen gemeinsam dienende Zwischenwand müsste etwas Wachs und Arbeit ersparen. Es würde daher ein zunehmender Vortheil für unsere Hummeln sein, wenn sie ihre Zellen immer regelmässiger machten, immer näher zusammenrückten und immer mehr zu einer Masse vereinigten, wie *Melipona*, weil alsdann ein grosser Theil der eine jede Zelle begrenzenden Wände auch anderen Zellen zur Begrenzung dienen und viel Wachs und Arbeit erspart werden würde. Aus gleichem Grunde würde es ferner für die *Melipona* vortheilhaft sein, wenn sie ihre Zellen näher zusammenrückte und in jeder Weise regelmässiger als jetzt machte, weil dann, wie wir gesehen haben, die sphärischen Oberflächen gänzlich verschwinden und durch ebene Flächen ersetzt werden würden, wo dann die *Melipona* eine so vollkommene Wabe wie die Honigbiene liefern würde. Aber über diese Stufe hinaus kann natürliche Zuchtwahl den Bautrieb nicht mehr vervollkommnen, weil die Wabe der

Honigbiene, so viel wir einsehen können, hinsichtlich der Ersparnis von Wachs und Arbeit absolut vollkommen ist.

So kann nach meiner Meinung der wunderbarste aller bekannten Instincte, der der Honigbiene, durch die Annahme erklärt werden, natürliche Zuchtwahl habe allmählich eine Menge aufeinanderfolgender kleiner Abänderungen einfacherer Instincte benützt; sie habe auf langsamen Stufen die Bienen allmählich immer vollkommener dazu angeleitet, in einer doppelten Schicht gleiche Kugeln in gegebenen Entfernungen von einander zu beschreiben und das Wachs längs ihrer Durchschnittsebenen aufzuschichten und auszuhöhlen, wenn auch natürlich die Bienen selbst von den bestimmten Abständen ihrer Kugelräume von einander ebensowenig wie von den Winkeln ihrer Sechsecke und den Rautenflächen am Boden ein Bewusstsein haben. Die treibende Ursache des Processes der natürlichen Zuchtwahl war die Construction der Zellen von gehöriger Stärke und passender Grösse und Form für die Larven bei der grösstmöglichen Ersparnis an Wachs und Arbeit; der individuelle Schwarm, welcher die besten Zellen mit der geringsten Arbeit machte und am wenigsten Honig zur Secretion von Wachs bedurfte, gedieh am besten und vererbte seinen neuerworbenen Ersparnistrieb auf spätere Schwärme, welche dann ihrerseits wieder die meiste Wahrscheinlichkeit des Erfolges in dem Kampfe um's Dasein hatten.

Einwände gegen die Theorie der natürlichen Zuchtwahl in ihrer Anwendung auf Instincte; geschlechtslose und unfruchtbare Insecten.

Man hat auf die vorstehend entwickelte Anschauungsweise über die Entstehung des Instinctes erwiedert, „dass Abänderungen von „Körperbau und Instinct gleichzeitig und in genauem Verhältnisse „zu einander erfolgt sein müssen, weil eine Abänderung des einen „ohne entsprechenden Wechsel des andern den Thieren hätte ver-„derblich werden müssen." Die Stärke dieses Einwandes beruht jedoch gänzlich auf der Annahme, dass die beiderlei Veränderungen, in Structur und Instinct, plötzlich erfolgten. Kommen wir zur weiteren Erläuterung auf den Fall von der Kohlmeise *(Parus major)* zurück, von welchem in einem früheren Capitel die Rede gewesen ist. Dieser Vogel hält oft auf einem Zweige sitzend Eibensamen zwischen seinen Füssen und hämmert darauf los bis er zum Kerne gelangt. Welche besondere Schwierigkeit könnte nun hier vorliegen, dass die natürliche Zuchtwahl alle geringen individuellen Abänderungen in der Form des Schnabels erhielte, welche ihn zum

Aufhacken der Samen immer besser geeignet machten, bis endlich ein für diesen Zweck so wohl gebildeter Schnabel hergestellt wäre, wie der des Nusspickers *(Sitta)*, während zugleich die erbliche Gewohnheit oder der Mangel an anderem Futter, oder zufällige Veränderungen des Geschmacks aus dem Vogel mehr und mehr einen ausschliesslichen Körnerfresser werden liessen? Es ist hier angenommen, dass durch natürliche Zuchtwahl der Schnabel nach und nach, aber im Zusammenhang mit dem langsamen Wechsel der Gewohnheit verändert worden wäre. Man lasse aber nun auch noch die Füsse der Kohlmeise sich verändern und in Correlation mit dem Schnabel oder aus irgend einer andern unbekannten Ursache sich vergrössern: bliebe es dann noch sehr unwahrscheinlich, dass diese grösseren Füsse den Vogel auch mehr und mehr zum Klettern verleiteten, bis er auch die merkwürdige Neigung und Fähigkeit des Kletterns wie der Nusspicker erlangte? In diesem Falle würde dann eine stufenweise Veränderung des Körperbaues zu einer Veränderung von Instinct und Lebensweise führen. — Nehmen wir einen andern Fall an. Wenige Instincte sind merkwürdiger als derjenige, welcher die Schwalben der ostindischen Inseln veranlasst ihr Nest ganz aus verdicktem Speichel zu machen. Einige Vögel bauen ihr Nest aus, wie man glaubt, durchspeicheltem Schlamm, und eine nordamericanische Schwalbenart sah ich ihr Nest aus Reisern mit Speichel und selbst mit Flocken von dieser Substanz zusammenkitten. Ist es dann nun so unwahrscheinlich, dass natürliche Zuchtwahl mittelst einzelner Schwalbenindividuen, welche mehr und mehr Speichel absonderten, endlich zu einer Art geführt habe, welche mit Vernachlässigung aller anderen Baustoffe ihr Nest allein aus verdichtetem Speichel bildete? Und so in anderen Fällen. Man muss zugeben, dass wir in vielen Fällen gar keine Vermuthung darüber haben können, ob Instinct oder Körperbau zuerst sich zu ändern begonnen habe.

Ohne Zweifel liessen sich noch viele schwer erklärbaren Instincte meiner Theorie natürlicher Zuchtwahl entgegenhalten: Fälle, wo sich die Veranlassung zur Entstehung eines Instinctes nicht einsehen lässt; Fälle, wo keine Zwischenstufen bekannt sind; Fälle von anscheinend so unwichtigen Instincten, dass kaum abzusehen ist, wie sich die natürliche Zuchtwahl an ihnen betheiligt haben könne; Fälle von fast identischen Instincten bei Thieren, welche auf der Stufenleiter der Natur so weit auseinanderstehen, dass sich deren Übereinstimmung nicht durch Vererbung von einer gemeinsamen Stammform erklären lässt, dass wir vielmehr glauben müssen, sie seien unabhängig von einander durch natürliche Zuchtwahl erlangt worden. Ich will hier nicht auf diese mancherlei Fälle eingehen, sondern nur bei einer besondern Schwierigkeit stehen bleiben, welche mir anfangs unübersteiglich und meiner ganzen Theorie wirklich verderblich zu sein schien. Ich will von den geschlechtslosen Individuen oder unfruchtbaren Weibchen der Insectencolonien sprechen; denn diese Geschlechtslosen weichen sowohl von den Männchen als den fruchtbaren Weibchen in Bau und Instinct oft sehr weit ab und können doch, weil sie steril sind, ihre eigenthümliche Beschaffenheit nicht selbst durch Fortpflanzung weiter übertragen.

Dieser Gegenstand verdiente wohl eine weitläufigere Erörterung; doch will ich hier nur einen einzelnen Fall herausheben, die Arbeiter- oder geschlechtslosen Ameisen. Anzugeben wie diese Arbeiter steril geworden sind, ist eine grosse Schwierigkeit, doch nicht viel grösser als bei anderen auffälligen Abänderungen in der Organisation. Denn es lässt sich nachweisen, dass einige Insecten und andere Gliederthiere im Naturzustande zuweilen unfruchtbar werden; und falls dies nun bei gesellig lebenden Insecten vorgekommen und es der Gemeinde vortheilhaft gewesen ist, dass jährlich eine Anzahl zur Arbeit geschickter aber zur Fortpflanzung untauglicher Individuen unter ihnen geboren werde, so sehe ich keine Schwierigkeit, warum dies nicht durch natürliche Zuchtwahl hätte hervorgebracht werden können. Doch muss ich über dieses vorläufige Bedenken hinweggehen. Die Grösse der Schwierigkeit liegt darin, dass diese Arbeiter sowohl von den männlichen als von den weiblichen Ameisen auch in ihrem übrigen Bau, in der Form des Bruststücks, in dem Mangel der Flügel und zuweilen der Augen, so wie in ihren Instincten weit abweichen. Was den Instinct allein betrifft, so hätte sich die wunderbare Verschiedenheit, welche in dieser Hinsicht zwischen den Arbeitern und den fruchtbaren Weibchen sich ergibt, noch weit besser an den Honigbienen erläutern lassen. Wäre eine Arbeiterameise oder ein anderes geschlechtsloses Insect ein Thier in seinem gewöhnlichen Zustande, so würde ich ohne Zögern angenommen haben, dass alle seine Charactere durch natürliche Zuchtwahl langsam entwickelt worden seien, und dass namentlich, wenn ein Individuum mit irgend einer kleinen nutzbringenden Abweichung des Baues geboren worden wäre, sich diese Abweichung auf dessen Nachkommen vererbt haben würde, welche dann ebenfalls variiert haben und bei weiterer Züchtung wieder gewählt worden sein würden, und so fort. In der Arbeiterameise aber haben wir ein Insect, welches bedeutend von seinen Eltern verschieden, jedoch absolut unfruchtbar ist, welches daher successiv erworbene Abänderungen des Baues oder Instinctes nie auf eine Nachkommenschaft weiter vererben kann. Man kann daher wohl fragen, wie es möglich sei, diesen Fall mit der Theorie natürlicher Zuchtwahl in Einklang zu bringen?

Zunächst können wir mit unzähligen Beispielen sowohl unter unseren cultivierten als unter den natürlichen Erzeugnissen belegen, dass vererbte Structurverschiedenheiten aller Arten mit gewissen Altersstufen und mit einem der zwei Geschlechter in Correlation getreten sind. Wir haben Verschiedenheiten, die in solcher Correlation nicht nur allein mit dem einen Geschlechte, sondern sogar bloss mit der kurzen Jahreszeit stehen, wo das Reproductivsystem thätig ist, wie das hochzeitliche Kleid vieler Vögel und der hakenförmige Unterkiefer des männlichen Salmen. Wir haben selbst geringe Unterschiede in den Hörnern einiger Rinderrassen, welche mit einem künstlich unvollkommenen Zustande des männlichen Geschlechts in Bezug stehen; denn die Ochsen haben in manchen Rassen längere Hörner als die anderer Rassen, im Vergleich mit denen der Bullen oder Kühe derselben Rassen. Ich finde daher keine wesentliche Schwierigkeit darin, dass irgend ein Character mit dem unfruchtbaren Zustande gewisser Mitglieder von Insectengemeinden in Correlation tritt; die Schw'erigkeit liegt nur darin zu begreifen, wie solche in Correlation stehenden Modificationen des Baues durch natürliche Zuchtwahl langsam gehäuft werden konnten.

Diese anscheinend unüberwindliche Schwierigkeit wird aber bedeutend geringer oder verschwindet, wie ich glaube, gänzlich, wenn wir bedenken, dass Zuchtwahl ebensowohl auf die Familie als auf die Individuen anwendbar ist und daher zum erwünschten Ziele führen kann. Rindviehzüchter wünschen das Fleisch vom Fett gut durchwachsen; ein durch solche Merkmale ausgezeichnetes Thier ist geschlachtet worden, aber der Züchter wendet sich mit Vertrauen und mit Erfolg wieder zur nämlichen Familie. Man darf der Wirkungsfähigkeit der Zuchtwahl so viel Vertrauen schenken, dass ich nicht bezweifle, es könne aller Wahrscheinlichkeit nach eine Rinderrasse, welche stets Ochsen mit ausserordentlich langen Hörnern liefert, langsam dadurch gezüchtet werden, dass man sorgfältig beobachtet, welche Bullen und Kühe, miteinander gepaart, Ochsen mit den längsten Hörnern geben, obwohl nie ein Ochse selbst diese Eigenschaft auf Nachkommen zu übertragen im Stande ist. Das folgende ist ein noch besseres und factisch vorliegendes

Beispiel. Nach VERLOT erzeugen einige Varietäten des einjährigen gefüllten Winterlevkoy, in Folge der lang fortgesetzten sorgfältigen Auswahl in der passenden Richtung, aus Samen immer im Verhältnis sehr viele gefüllte und unfruchtbar blühende Pflanzen; sie bringen aber gleicherweise immer einige einfach und fruchtbar blühende Pflanzen hervor. Diese letzteren, durch welche allein die Varietät fortgepflanzt werden kann, können nun mit den fruchtbaren Männchen und Weibchen einer Ameisencolonie, die unfruchtbaren gefülltblühenden mit den sterilen Geschlechtslosen derselben Colonie verglichen werden. Wie bei den Varietäten des Levkoy, so ist auch bei den geselligen Insecten Zuchtwahl auf die Familie und nicht auf das Individuum zur Erreichung eines nützlichen Ziels angewendet worden. Wir können daher schliessen, dass unbedeutende Modificationen des Baus oder Instincts, welche mit der unfruchtbaren Beschaffenheit gewisser Mitglieder der Gemeinde im Zusammenhang stehen, sich für die Gemeinde nützlich erwiesen haben; in Folge dessen gediehen die fruchtbaren Männchen und Weibchen derselben besser und übertrugen auf ihre fruchtbaren Nachkommen eine Neigung unfruchtbare Glieder mit den nämlichen Modificationen hervorzubringen. Dieser Vorgang muss vielmals wiederholt worden sein, bis diese Verschiedenheit zwischen den fruchtbaren und unfruchtbaren Weibchen einer und derselben Species zu der wunderbaren Höhe gedieh, wie wir sie jetzt bei vielen gesellig lebenden Insecten wahrnehmen.

Aber wir haben bis jetzt die grösste Schwierigkeit noch nicht berührt, die Thatsache nämlich, dass die Geschlechtslosen bei mehreren Ameisenarten nicht allein von den fruchtbaren Männchen und Weibchen, sondern auch noch untereinander, zuweilen selbst bis zu einem beinahe unglaublichen Grade, abweichen und danach in zwei oder selbst drei Kasten getheilt werden. Diese Kasten gehen überdies in der Regel nicht ineinander über, sondern sind vollkommen scharf unterschieden, sie sind so verschieden von einander, wie es sonst zwei Arten einer Gattung oder vielmehr wie zwei Gattungen einer Familie zu sein pflegen. So kommen bei *Eciton* arbeitende und kämpfende Individuen mit ausserordentlich verschiedenen Kinnladen und Instincten vor; bei *Cryptocerus* tragen die Arbeiter der einen Kaste allein eine wunderbare Art von Schild an ihrem Kopfe, dessen Gebrauch ganz unbekannt ist. Bei den mexicanischen *Myrmecocystus* verlassen die Arbeiter der einen Kaste niemals das Nest; sie werden durch die Arbeiter einer andern Kaste gefüttert und haben ein ungeheuer entwickeltes Abdomen, welches eine Art Honig absondert, als Ersatz für denjenigen, welchen die Aphiden, oder wie man sie nennen kann, die Hauskühe, welche unsere europäischen Ameisen bewachen oder einsperren, absondern.

Man wird in der That denken, dass ich ein übermässiges Vertrauen in das Princip der natürlichen Zuchtwahl setze, wenn ich nicht zugebe, dass so wunderbare und wohlbegründete Thatsachen meine Theorie auf einmal gänzlich vernichten. In dem einfacheren Falle, wo geschlechtslose Ameisen nur von einer Kaste vorkommen, die nach meiner Meinung durch natürliche Zuchtwahl von den fruchtbaren Männchen und Weibchen verschieden gemacht worden sind, in einem solchen Falle dürfen wir aus der Analogie mit gewöhnlichen Abänderungen zuversichtlich schliessen, dass die successiv auftretenden geringen nützlichen Modificationen nicht alsbald an allen geschlechtslosen Individuen eines Nestes zugleich, sondern nur an einigen wenigen zum Vorschein kamen, und dass erst in Folge des Überlebens der Colonien mit solchen Weibchen, welche die meisten derartig vortheilhaft modificierten Geschlechtslosen hervorbrachten, endlich alle Geschlechtslosen den gewünschten Character erlangten. Nach dieser Ansicht müsste man nun in einem und demselben Neste zuweilen noch geschlechtslose Individuen derselben Insectenart finden, welche Zwischenstufen der Körperbildung darstellen; und diese findet man in der That und zwar, wenn man berücksichtigt, wie wenig ausserhalb Europa's solche Geschlechtslosen untersucht worden sind, nicht einmal selten. F. Smith hat gezeigt, wie erstaunlich dieselben bei den verschiedenen englischen Ameisenarten in der Grösse und mitunter in der Farbe variieren, und dass selbst die äussersten Formen zuweilen vollständig durch aus demselben Neste entnommene Individuen untereinander verbunden werden können. Ich selbst habe vollkommene Stufenreihen dieser Art miteinander vergleichen können. Zuweilen kommt es vor, dass die grösseren oder die kleineren Arbeiter die zahlreicheren sind; oder auch beide sind gleich zahlreich mit einer mittleren weniger zahlreichen Zwischenform. *Formica flava* hat grössere und kleinere Arbeiter mit einigen wenigen von mittlerer Grösse; und bei dieser Art haben nach Smith's Beobachtung die grösseren Arbeiter einfache Augen (Ocelli), welche, wenn auch klein, doch deutlich zu beobachten sind, während die Ocellen der kleineren nur rudimentär erscheinen. Nachdem ich verschiedene Individuen dieser Arbeiter sorgfältig zergliedert habe, kann ich versichern, dass die

Ocellen der kleineren weit rudimentärer sind, als aus ihrer im Verhältnis geringeren Grösse allein zu erklären wäre, und ich glaube fest, wenn ich es auch nicht gewiss behaupten darf, dass die Arbeiter von mittlerer Grösse auch Ocellen von mittlerem Vollkommenheitsgrade besitzen. Hier finden sich daher zwei Gruppen steriler Arbeiter in einem und demselben Neste, welche nicht allein in der Grösse, sondern auch in den Gesichtsorganen von einander abweichen, jedoch durch einige wenige Glieder von mittlerer Beschaffenheit miteinander verbunden werden. Ich könnte nun noch weiter gehen und sagen, dass, wenn die kleineren Arbeiter die nützlicheren für den Haushalt der Gemeinde gewesen wären und demzufolge immer diejenigen Männchen und Weibchen, welche die kleineren Arbeiter liefern, bei der Züchtung das Übergewicht gewonnen hätten, bis alle Arbeiter einerlei Beschaffenheit erlangten, wir eine Ameisenart haben müssten, deren Geschlechtslose fast wie bei *Myrmica* beschaffen wären. Denn die Arbeiter von *Myrmica* haben nicht einmal Augenrudimente, obwohl deren Männchen und Weibchen wohlentwickelte Ocellen besitzen.

Ich will noch ein anderes Beispiel anführen. Ich erwartete so zuversichtlich Abstufungen in wesentlichen Theilen des Körperbaues zwischen den verschiedenen Kasten der Geschlechtslosen bei einer nämlichen Art zu finden, dass ich mir gern Hrn. F. Smith's Anerbieten zahlreicher Exemplare aus demselben Neste der Treiberameise *(Anomma)* aus West-Africa zu nutze machte. Der Leser wird vielleicht die Grösse des Unterschiedes zwischen diesen Arbeitern am besten bemessen, wenn ich ihm nicht die wirklichen Ausmessungen, sondern zur Veranschaulichung eine völlig correcte Vergleichung mittheile. Die Verschiedenheit war eben so gross, als ob wir eine Reihe von Arbeitsleuten ein Haus bauen sähen, von welchen viele nur fünf Fuss vier Zoll und viele andere bis sechzehn Fuss gross wären (1 : 3); dann müssten wir aber noch ausserdem annehmen, dass die grösseren vier- statt dreimal so grosse Köpfe wie die kleineren und fast fünfmal so grosse Kinnladen hätten. Überdies ändern die Kinnladen dieser Arbeiter verschiedener Grössen wunderbar in ihrer Gestalt und in der Form und Zahl der Zähne ab. Aber die für uns wichtigste Thatsache ist die, dass, obwohl man diese Arbeiter in Kasten von verschiedener Grösse gruppieren kann, sie doch unmerklich ineinander übergehen, wie es auch mit der so weit auseinander weichenden Bildung ihrer Kinnladen der Fall ist. Ich kann mit Zuversicht über diesen letzten Punkt sprechen, da Sir JOHN LUBBOCK Zeichnungen dieser Kinnladen mit der Camera lucida für mich angefertigt hat, welche ich von den Arbeitern verschiedener Grössen abgelöst hatte. BATES hat in seiner äusserst interessanten Schrift „Naturalist on the Amazons“ einige analoge Fälle beschrieben.

Mit diesen Thatsachen vor mir glaube ich, dass natürliche Zuchtwahl, auf die fruchtbaren Ameisen oder die Eltern wirkend, eine Art zu bilden im Stande ist, welche regelmässig auch ungeschlechtliche Individuen hervorbringen wird, die entweder alle eine ansehnliche Grösse und gleichbeschaffene Kinnladen haben, oder welche alle klein und mit Kinnladen von sehr verschiedener Bildung versehen sind, oder welche endlich (und dies ist die Hauptschwierigkeit) gleichzeitig zwei Gruppen von verschiedener Beschaffenheit darstellen, wovon die eine von einer gewissen Grösse und Structur und die andere in beiderlei Hinsicht verschieden ist; anfänglich hat sich eine abgestufte Reihe, wie bei *Anomma*, entwickelt, wovon aber die zwei äussersten Formen in Folge des Überlebens der sie erzeugenden Eltern immer zahlreicher überwiegend wurden, bis kein Individuum der mittleren Formen mehr erzeugt wurde.

Eine analoge Erklärung des gleich complexen Falles, dass gewisse malayische Schmetterlinge regelmässig zu derselben Zeit in zwei oder selbst drei verschiedenen weiblichen Formen erscheinen, hat WALLACE gegeben, ebenso FRITZ MÜLLER von verschiedenen brasilianischen Krustern, die gleichfalls unter zwei von einander sehr verschiedenen männlichen Formen auftreten. Der Gegenstand braucht aber hier nicht erörtert zu werden.

So ist nach meiner Meinung die wunderbare Erscheinung von zwei Kasten unfruchtbarer Arbeiter von scharf bestimmter Form in einerlei Nest zu erklären, welche beide sehr von einander und von ihren Eltern verschieden sind. Wir können einsehen, wie nützlich ihr Auftreten für eine sociale Ameisengemeinde gewesen ist, nach demselben Principe, nach welchem die Theilung der Arbeit für die civilisierten Menschen nützlich ist. Die Ameisen arbeiten jedoch mit ererbten Instincten und mit ererbten Organen und Werkzeugen, während der Mensch mit erworbenen Kenntnissen und fabriciertem Geräthe arbeitet. Ich muss aber bekennen, dass ich bei allem Vertrauen in die natürliche Zuchtwahl doch nie erwartet haben würde, dass dieses Princip sich in so hohem Grade wirksam erweisen könne, hätte mich nicht der Fall von diesen geschlechtslosen Insecten zu dieser Folgerung geführt. Ich habe deshalb auch diesen Gegenstand mit etwas grösserer, obwohl noch ganz ungenügender Ausführlichkeit abgehandelt, um daran die Wirksamkeit der natürlichen Zuchtwahl zu zeigen und weil er in der That die ernsteste specielle Schwierigkeit für meine Theorie darbietet. Auch ist der Fall darum sehr interessant, weil er zeigt, dass sowohl bei Thieren als bei Pflanzen jeder Betrag von Abänderung in der Structur durch Häufung vieler kleinen und anscheinend zufälligen Abweichungen von irgend welcher Nützlichkeit, ohne alle Unterstützung durch Übung und Gewohnheit, bewirkt werden kann. Denn eigenthümliche, auf die Arbeiter und unfruchtbaren Weibchen beschränkte Gewohnheiten vermöchten doch, wie lange sie auch bestanden haben möchten, die Männchen und fruchtbaren Weibchen, welche allein die Nachkommenschaft liefern, nicht zu beeinflussen. Ich bin erstaunt, dass noch Niemand den lehrreichen Fall der geschlechtslosen Insecten der wohlbekannten Lehre LAMARCK's von den ererbten Gewohnheiten entgegengehalten hat.

Zusammenfassung.

Ich habe in diesem Capitel kurz zu zeigen versucht, dass die Geistesfähigkeiten unserer domesticierten Thiere abändern, und dass diese Abänderungen vererbt werden. Und in noch kürzerer Weise habe ich darzuthun mich bemüht, dass Instincte im Naturzustande ein wenig abändern. Niemand wird bestreiten, dass Instincte von der höchsten Wichtigkeit für jedes Thier sind. Ich sehe daher keine Schwierigkeit, warum unter sich verändernden Lebensbedingungen die natürliche Zuchtwahl nicht auch im Stande gewesen sein sollte, kleine Abänderungen des Instinctes in einer nützlichen Richtung in jeder beliebigen Ausdehnung zu häufen. In vielen Fällen haben Gewohnheit oder Gebrauch und Nichtgebrauch wahrscheinlich mitgewirkt. Ich behaupte nicht, dass die in diesem Abschnitte mitgetheilten Thatsachen meine Theorie in einem irgend bedeutenden Grade stützen; doch ist nach meiner besten Überzeugung auch keine dieser Schwierigkeiten im Stande sie umzustossen. Auf der andern Seite aber haben wir die Thatsachen, dass Instincte nicht immer absolut vollkommen und selbst Irrungen unterworfen sind, — dass kein Instinct aufgeführt werden kann, welcher zum ausschliesslichen Vortheil eines andern Thieres entwickelt ist, wenn auch Thiere von Instincten anderer Thiere Nutzen ziehen, — dass der naturhistorische Glaubenssatz „Natura non facit saltum“ ebensowohl auf Instincte als auf körperliche Bildung anwendbar und nach den vorgetragenen Ansichten eben so erklärlich wie auf andere Weise unerklärbar ist: und alle diese Thatsachen sind wohl geeignet, die Theorie der natürlichen Zuchtwahl zu befestigen.

Diese Theorie wird noch durch einige andere Erscheinungen hinsichtlich der Instincte bestärkt; so durch die alltägliche Beobachtung, dass einander nahe verwandte, aber sicherlich verschiedene Species, wenn sie entfernte Welttheile bewohnen und unter beträchtlich verschiedenen Existenzbedingungen leben, doch oft fast dieselben Instincte beibehalten. So z. B. lässt sich aus dem Erblichkeitsprincip erklären, warum die südamericanische Drossel ihr Nest mit Schlamm auskleidet, ganz so wie es unsere europäische Drossel thut: warum die Männchen des ostindischen und des africanischen Nashornvogels beide denselben eigenthümlichen Instinct besitzen, ihre in Baumhöhlen brütenden Weibchen so einzumauern, dass nur noch ein kleines Loch in der Kerkerwand offen bleibt, durch welches sie das Weibchen und später auch die Jungen mit Nahrung versehen; warum das Männchen des americanischen Zaunkönigs *(Troglodytes)* ein besonderes Nest für sich baut, ganz wie das Männchen unserer einheimischen Art: Alles Sitten, welche bei anderen Vögeln gar nicht vorkommen. Endlich mag es wohl keine auf dem Wege der Logik erreichte Folgerung sein, es entspricht aber meiner Vorstellungsart weit besser, solche Instincte, wie die des jungen Kuckucks, der seine Nährbrüder aus dem Neste stösst, wie die der Ameisen, welche Sclaven machen, oder die der Ichneumoniden, welche ihre Eier in lebende Raupen legen, nicht als eigenthümliche oder anerschaffene Instincte, sondern nur als unbedeutende Folgezustände eines allgemeinen Gesetzes zu betrachten, welches zum Fortschritt aller organischen Wesen führt, nämlich: Vermehrung und Abänderung, die Stärksten siegen und die Schwächsten unterliegen.

Neuntes Capitel.

Bastardbildung.

Unterscheidung zwischen der Unfruchtbarkeit bei der ersten Kreuzung und der Unfruchtbarkeit der Bastarde. — Unfruchtbarkeit dem Grade nach veränderlich; nicht allgemein; durch nahe Inzucht vermehrt und durch Domestication vermindert. — Gesetze für die Unfruchtbarkeit der Bastarde. — Unfruchtbarkeit keine besondere Eigenthümlichkeit, sondern mit anderen Verschiedenheiten zusammenfallend und nicht durch natürliche Zuchtwahl gehäuft. — Ursachen der Unfruchtbarkeit der ersten Kreuzung und der Bastarde. — Parallelismus zwischen den Wirkungen veränderter Lebensbedingungen und der Kreuzung. — Dimorphismus und Trimorphismus. — Fruchtbarkeit miteinander gekreuzter Varietäten und ihrer Blendlinge nicht allgemein. — Bastarde und Blendlinge unabhängig von ihrer Fruchtbarkeit miteinander verglichen. — Zusammenfassung.

Die allgemeine Meinung der Naturforscher geht dahin, dass Arten im Falle der Kreuzung speciell mit Unfruchtbarkeit begabt sind, um die Vermengung aller organischen Formen miteinander zu verhindern. Diese Meinung hat auf den ersten Blick gewiss grosse Wahrscheinlichkeit für sich; denn in derselben Gegend beisammenlebende Arten würden sich, wenn freie Kreuzung möglich wäre, kaum getrennt erhalten können. Der Gegenstand ist nach vielen Seiten hin von Bedeutung für uns, und ganz besonders deshalb, weil die Unfruchtbarkeit der Arten bei ihrer ersten Kreuzung und der ihrer Bastardnachkommen, wie ich zeigen werde, nicht durch fortgesetzte Erhaltung nacheinander auftretender vortheilhafter Grade von Unfruchtbarkeit erlangt worden sein kann. Sie hängt nur beiläufig mit Verschiedenheiten in dem Reproductionssystem der elterlichen Arten zusammen.

Bei Behandlung dieses Gegenstandes hat man zwei Classen von Thatsachen, welche von Grund aus in hohem Masse verschieden sind, gewöhnlich miteinander verwechselt, nämlich die Unfruchtbarkeit zweier Arten bei ihrer ersten Kreuzung und die Unfruchtbarkeit der von ihnen erhaltenen Bastarde.

Reine Arten haben natürlich ihre Fortpflanzungsorgane in einem vollkommenen Zustande, liefern aber doch, wenn sie miteinander gekreuzt werden, entweder wenige oder gar keine Nachkommen. Bastarde dagegen haben ihre Reproductionsorgane in einem functionsunfähigen Zustand, wie man aus der Beschaffenheit der männlichen Elemente bei Pflanzen und Thieren deutlich erkennen kann, wenn auch die Organe selbst der Structur nach vollkommen sind, soweit es die mikroskopische Untersuchung ergibt. Im ersten Falle sind die zweierlei geschlechtlichen Elemente, welche den Embryo liefern sollen, vollkommen, im andern sind sie entweder gar nicht oder nur sehr unvollständig entwickelt. Diese Unterscheidung ist von Bedeutung, wenn die Ursache der in beiden Fällen stattfindenden Sterilität in Betracht gezogen werden soll. Die Unterscheidung ist wahrscheinlich übersehen worden, weil man die Unfruchtbarkeit in beiden Fällen als eine besondere Begabung betrachtet hat, deren Beurtheilung ausser dem Bereiche unserer Kräfte liege.

Die Fruchtbarkeit der Varietäten, d. h. derjenigen Formen, welche als von gemeinsamen Eltern abstammend bekannt sind, oder doch als so entstanden angesehen werden, bei ihrer Kreuzung und eben so die Fruchtbarkeit ihrer Blendlinge ist in Bezug auf meine Theorie von gleicher Wichtigkeit mit der Unfruchtbarkeit der Species untereinander; denn es scheint sich daraus ein klarer und scharf zu bestimmender Unterschied zwischen Arten und Varietäten zu ergeben.

Grade der Unfruchtbarkeit.

Erstens: Die Unfruchtbarkeit miteinander gekreuzter Arten und ihrer Bastarde. Man kann unmöglich die verschiedenen Werke und Abhandlungen der zwei gewissenhaften und bewundernswerthen Beobachter Kölreuter und Gärtner, welche fast ihr ganzes Leben diesem Gegenstande gewidmet haben, durchlesen, ohne einen tiefen Eindruck von der grossen Allgemeinheit eines gewissen Grades von Unfruchtbarkeit zu erhalten. Kölreuter macht es zur allgemeinen Regel; aber er durchhaut den Knoten; denn in zehn Fällen, in denen er zwei fast allgemein für verschiedene Arten geltende Formen ganz fruchtbar miteinander fand, erklärt er dieselben unbedenklich für blosse Varietäten. Auch Gärtner macht die Regel zur allgemeinen und bestreitet die zehn Fälle gänzlicher Fruchtbarkeit bei Kölreuter. Doch ist Gärtner in diesen wie in vielen anderen Fällen genöthigt, die erzielten Samen sorgfältig zu zählen, um zu beweisen, dass doch einige Verminderung der Fruchtbarkeit stattfindet. Er vergleicht immer die höchste Anzahl der von zwei miteinander gekreuzten Arten und der von ihren hybriden Nachkommen erzielten Samen mit der Durchschnittszahl der von den zwei reinen elterlichen Arten in ihrem Naturzustande producierten Samen. Doch laufen hier noch Ursachen ernsten Irrthums mit unter. Eine Pflanze, welche hybridisiert werden soll, muss castriert und, was oft noch wichtiger ist, eingeschlossen werden, damit ihr kein Pollen von anderen Pflanzen durch Insecten zugeführt werden kann. Fast alle Pflanzen, die zu Gärtner's Versuchen gedient haben, waren in Töpfe gepflanzt und in einem Zimmer seines Hauses untergebracht. Dass aber ein solches Verfahren die Fruchtbarkeit der Pflanzen oft beeinträchtigt, lässt sich nicht bezweifeln; denn Gärtner selbst führt in seiner Tabelle etwa zwanzig Fälle an, wo er die Pflanzen castrierte und dann mit ihrem eigenen Pollen künstlich befruchtete; aber die Hälfte jener zwanzig Pflanzen (die Leguminosen und alle anderen derartigen Fälle, wo die Manipulation anerkannter Massen schwierig ist, ganz bei Seite gesetzt) zeigte eine mehr oder wenig verminderte Fruchtbarkeit. Da nun überdies Gärtner einige Formen, wie *Anagallis arvensis* und *A. coerulea*, welche die besten Botaniker nur als Varietäten betrachten, wiederholt miteinander kreuzte und sie durchaus unfruchtbar miteinander fand, so dürfen wir wohl zweifeln, ob viele andere Species wirklich so steril bei der Kreuzung sind, wie Gärtner glaubte.

Es ist gewiss, dass einerseits die Unfruchtbarkeit mancher Arten bei wechselseitiger Kreuzung dem Grade nach so verschieden ist und sich allmählich so unmerkbar abschwächt, und dass andererseits die Fruchtbarkeit echter Species so leicht durch mancherlei Umstände afficiert wird, dass es für alle praktischen Zwecke äusserst schwierig ist zu sagen, wo die vollkommene Fruchtbarkeit aufhöre und wo die Unfruchtbarkeit beginne. Ich glaube, man kann keinen besseren Beweis hierfür verlangen, als der ist, dass die zwei in dieser Beziehung erfahrensten Beobachter, die es je gegeben, nämlich Kölreuter und Gärtner, hinsichtlich einiger der nämlichen Formen zu schnurstracks entgegengesetzten Ergebnissen gelangt sind. Auch ist es sehr belehrend, die von unseren besten Botanikern vorgebrachten Argumente über die Frage, ob diese oder jene zweifelhafte Form als Art oder als Varietät zu betrachten sei, mit dem aus der Fruchtbarkeit oder Unfruchtbarkeit nach den Berichten verschiedener Bastardzüchter oder den in verschiedenen Jahren angestellten Versuchen eines und desselben Beobachters entnommenen Beweise zu vergleichen. Doch habe ich hier keinen Raum, auf Details einzugehen. Es lässt sich daraus darthun, dass weder Fruchtbarkeit noch Unfruchtbarkeit einen scharfen Unterschied zwischen Arten und Varietäten liefert, dass vielmehr der sich darauf stützende

Beweis gradweise verschwindet und mithin in demselben Grade, wie die übrigen von den constitutionellen und anatomischen Verschiedenheiten hergenommenen Beweise, zweifelhaft bleibt.

Was die Unfruchtbarkeit der Bastarde in aufeinanderfolgenden Generationen betrifft, so ist es zwar Gärtner geglückt, einige Bastarde, vor aller Kreuzung mit einer der zwei Stammarten geschützt, durch 6—7 und in einem Fall sogar 10 Generationen aufzuziehen; er versichert aber ausdrücklich, dass ihre Fruchtbarkeit nie zugenommen, sondern allgemein bedeutend und plötzlich abgenommen habe. In Bezug auf diese Abnahme ist zunächst zu bemerken, dass, wenn irgend eine Abweichung in Bau oder Constitution beiden Eltern gemeinsam ist, dieselbe oft in einem erhöhten Grade auf die Nachkommenschaft übergeht; und beide sexuelle Elemente sind bei hybriden Pflanzen bereits in einem gewissen Grade afficiert. Ich glaube aber, dass in fast allen diesen Fällen die Fruchtbarkeit durch eine hiervon unabhängige Ursache vermindert worden ist, nämlich durch die allzustrenge Inzucht. Ich habe so viele Versuche gemacht und eine so grosse Menge von Thatsachen gesammelt, welche zeigen, dass einerseits eine gelegentliche Kreuzung mit einem andern Individuum oder einer andern Varietät die Kräftigkeit und Fruchtbarkeit der Nachkommen vermehrt, dass andererseits sehr enge Inzucht ihre Stärke und Fruchtbarkeit vermindert, — so viele Thatsachen, sage ich, dass ich die Richtigkeit dieser Folgerung nicht bezweifeln kann. Bastarde werden selten in grösserer Anzahl zu Versuchen erzogen, und da die elterlichen Arten oder andere nahe verwandte Bastarde gewöhnlich im nämlichen Garten wachsen, so müssen die Besuche der Insecten während der Blüthezeit sorgfältig verhütet werden; daher werden Bastarde, wenn sie sich selbst überlassen werden, für jede Generation gewöhnlich durch Pollen aus der nämlichen Blüthe befruchtet werden: und dies beeinträchtigt wahrscheinlich ihre Fruchtbarkeit, welche durch ihre Bastardnatur schon ohnedies geschwächt ist. In dieser Überzeugung bestärkt mich noch eine merkwürdige von Gärtner mehrmals wiederholte Versicherung, dass nämlich die minder fruchtbaren Bastarde sogar, wenn sie mit Bastardpollen der gleichen Art künstlich befruchtet werden, ungeachtet des oft schlechten Erfolges wegen der schwierigen Behandlung, doch zuweilen entschieden an Fruchtbarkeit weiter und weiter zunehmen. Nun wird bei künstlicher Befruchtung der Pollen ebenso oft zufällig (wie ich aus meinen eigenen Versuchen weiss) von den Antheren einer andern wie von denen der zu befruchtenden

Blume selbst genommen, so dass hierdurch eine Kreuzung zwischen zwei Blüthen, doch wahrscheinlich oft an derselben Pflanze, bewirkt wird. Ferner dürfte ein so sorgfältiger Beobachter, wie GÄRTNER, wenn die Versuche nur irgendwie compliciert gewesen waren, sicher seine Bastarde castriert haben, und dies würde bei jeder Generation eine Kreuzung mit dem Pollen einer andern Blüthe entweder von derselben oder von einer andern Pflanze von gleicher Bastardbeschaffenheit nöthig gemacht haben. So kann die befremdende Erscheinung, dass die Fruchtbarkeit in aufeinanderfolgenden Generationen von künstlich befruchteten Bastarden im Vergleich mit den spontan selbstbefruchteten zugenommen hat, wie ich glaube, dadurch erklärt werden, dass allzu enge Inzucht vermieden worden ist.

Wenden wir uns jetzt zu den Ergebnissen, welche sich durch die Versuche des dritten der erfahrensten Bastardzüchter, W. HERBERT, herausgestellt haben. Er versichert ebenso ausdrücklich, dass manche Bastarde vollkommen fruchtbar sind, so fruchtbar wie die reinen Stammarten für sich, wie KÖLREUTER und GÄRTNER einen gewissen Grad von Sterilität bei Kreuzung verschiedener Species miteinander für ein allgemeines Naturgesetz erklären. Seine Versuche bezogen sich auf einige von denselben Arten, welche auch zu den Experimenten GÄRTNER'S gedient haben. Die Verschiedenheit der Ergebnisse, zu welchen beide gelangt sind, lässt sich, wie ich glaube, zum Theil aus HERBERT'S grosser Erfahrung in der Blumenzucht und zum Theil davon ableiten, dass er Warmhäuser zu seiner Verfügung hatte. Von seinen vielen wichtigen Ergebnissen will ich hier nur ein einziges beispielsweise hervorheben, dass nämlich „jedes Ei'chen „in einer Samenkapsel von *Crinum capense*, welches mit *Crinum* „*revolutum* befruchtet worden war, auch eine Pflanze lieferte, was „ich (sagte er) bei natürlicher Befruchtung nie wahrgenommen habe." Wir haben mithin hier den Fall vollkommener und selbst mehr als gewöhnlich vollkommener Fruchtbarkeit bei der ersten Kreuzung zweier verschiedener Arten.

Dieser Fall von *Crinum* führt mich zu der Erwähnung einer ganz eigenthümlichen Thatsache, dass es nämlich bei gewissen Arten von *Lobelia*, *Verbascum* und *Passiflora* individuelle Pflanzen gibt, welche mit dem Pollen einer verschiedenen andern Art, aber nicht mit dem ihrer eigenen befruchtet werden können, trotzdem dieser Pollen durch Befruchtung anderer Pflanzen oder Arten als vollkommen gesund nachgewiesen werden kann. Bei der Gattung *Hippeastrum*, bei *Corydalis*, wie Professor HILDEBRAND gezeigt hat, bei verschiedenen Orchideen, wie SCOTT und FRITZ MÜLLER gezeigt haben, finden sich alle Individuen in diesem merkwürdigen Zustande. Es können daher bei einigen Arten gewisse abnorme Individuen und bei anderen Species alle Individuen wirklich viel leichter verbastardiert, als durch den Pollen derselben individuellen Pflanze befruchtet werden! Um ein Beispiel anzuführen: eine Zwiebel von *Hippeastrum aulicum* brachte vier Blumen; drei davon wurden von HERBERT mit ihrem eigenen Pollen und dic vierte hierauf mit dem Pollen einer complicierten aus drei anderen verschiedenen Arten gezüchteten Bastardform befruchtet; das Resultat war, „dass die „Ovarien der drei ersten Blüthen bald zu wachsen aufhörten und „nach einigen Tagen gänzlich eingiengen, während das Ovarium „der mit dem Bastardpollen befruchteten Blüthe rasch zunahm und „reife und gute Samen lieferte, welche kräftig gediehen.“ HERBERT wiederholte ähnliche Versuche mehrere Jahre hindurch und immer mit demselben Resultate. Diese Fälle dienen dazu zu zeigen, von was für geringen und geheimnisvollen Ursachen die grössere oder geringere Fruchtbarkeit der Arten zuweilen abhängt.

Die practischen Versuche der Blumenzüchter, wenn auch nicht mit wissenschaftlicher Genauigkeit ausgeführt, verdienen gleichfalls einige Beachtung. Es ist bekannt, in welch’ verwickelter Weise die Arten von *Pelargonium*, *Fuchsia*, *Calceolaria*, *Petunia*, *Rhododendron* u. a. gekreuzt worden sind, und doch setzen viele dieser Bastarde reichlich Samen an. So versichert HERBERT, dass ein Bastard von *Calceolaria integrifolia* und *C. plantaginea*, zwei in ihrem allgemeinen Habitus sehr unähnlichen Arten, „sich selbst so „vollkommen aus Samen verjüngte, als ob er einer natürlichen „Species aus den Bergen Chile’s angehört hätte.“ Ich habe mir ziemliche Mühe gegeben, den Grad der Fruchtbarkeit bei einigen durch mehrseitige Kreuzung erzielten *Rhododendron* kennen zu lernen, und die Gewissheit erlangt, dass mehrere derselben vollkommen fruchtbar sind. Herr C. NOBLE z. B. berichtet mir, dass er zur Gewinnung von Propfreisern Stöcke eines Bastardes von *Rhododendron ponticum* und *Rh. catawbiense* erzieht, und dass dieser Bastard „so reichlichen Samen liefert, wie man sich nur denken „kann“. Nähme bei richtiger Behandlung die Fruchtbarkeit der Bastarde in aufeinderfolgenden Generationen in der Weise ab, wie GÄRTNER versichert, so müsste diese Thatsache unseren Gärtnereibesitzern bekannt sein. Blumenzüchter erziehen grosse Beete voll der nämlichen Bastarde; und diese allein erfreuen sich einer richtigen

Behandlung; denn hier allein können die verschiedenen Individuen einer nämlichen Bastardform durch die Thätigkeit der Insecten sich untereinander kreuzen, und der schädliche Einfluss zu enger Inzucht wird vermieden. Von der Wirkung der Insectenthätigkeit kann jeder sich selbst überzeugen, wenn er die Blumen der sterileren Rhododendronbastarde, welche keinen Pollen bilden, untersucht; denn er wird ihre Narben ganz mit Blüthenstaub bedeckt finden, der von anderen Blumen hergetragen worden ist.

Was die Thiere betrifft, so sind der genauen Versuche viel weniger mit ihnen veranstaltet worden. Wenn unsere systematischen Anordnungen Vertrauen verdienen, d. h. wenn die Gattungen der Thiere ebenso verschieden von einander sind wie die der Pflanzen, dann können wir behaupten, dass viel weiter auf der Stufenleiter der Natur auseinanderstehende Thiere noch gekreuzt werden können, als es bei den Pflanzen der Fall ist; dagegen sind die Bastarde, wie ich glaube, unfruchtbarer. Man darf jedoch nicht vergessen, dass, da sich nur wenige Thiere in der Gefangenschaft ordentlich fortpflanzen, nur wenig zuverlässige Versuche mit ihnen angestellt worden sind. So hat man z. B. den Canarienvogel mit neun anderen Finkenarten gekreuzt, da sich aber keine dieser neun Arten in der Gefangenschaft gut fortpflanzt, so haben wir kein Recht zu erwarten, dass die ersten Kreuzungen zwischen ihnen und dem Canarienvogel oder ihre Bastarde vollkommen fruchtbar sein sollten. Ebenso, was die Fruchtbarkeit der fruchtbareren Bastarde in aufeinanderfolgenden Generationen betrifft, so kenne ich kaum ein Beispiel, dass zwei Familien gleicher Bastarde gleichzeitig von verschiedenen Eltern erzogen worden wären, so dass die üblen Folgen allzustrenger Inzucht vermieden wurden; im Gegentheil hat man in jeder nachfolgenden Generation, die beständig wiederholten Mahnungen aller Züchter nicht beachtend, gewöhnlich Brüder und Schwestern miteinander gepaart. Und so ist es in diesem Falle durchaus nicht überraschend, dass die einmal vorhandene Sterilität der Bastarde mit jeder Generation zugenommen hat.

Obwohl ich kaum einen völlig wohlbeglaubigten Fall vollkommen fruchtbarer Thierbastarde kenne, so habe ich doch einige Ursache anzunehmen, dass die Bastarde von *Cervulus vaginalis* und *C. Reevesii*, und die von *Phasianus colchicus* und *Ph. torquatus* vollkommen fruchtbar sind. Mr. Quatrefages gibt an, dass die Bastarde zweier Spinner (*Bombyx cynthia* und *arrindia*) sich in Paris als für acht Generationen unter sich fruchtbar herausgestellt hätten. Es ist neuerdings behauptet worden, dass zwei so verschiedene Arten, wie es Hasen und Kaninchen sind, wenn sie zur Begattung gebracht werden können, Nachkommen erzeugen, welche bei Kreuzung mit einer der beiden elterlichen Formen sehr fruchtbar seien. Die Bastarde der gemeinen und der Schwanengans *(Anser cygnoides)*, zweier so verschiedenen Arten, dass man sie allgemein in verschiedene Gattungen zu stellen pflegt, haben hier zu Lande oft Nachkommen mit einer der reinen Stammarten und in einem Falle sogar unter sich geliefert. Dies gelang Herrn EYTON, der zwei Bastarde von gleichen Eltern, aber von verschiedenen Bruten erzog und dann von beiden zusammen nicht weniger als acht Nachkommen (Enkel der reinen Eltern) aus einem Neste erhielt. In Indien dagegen müssen diese durch Kreuzung gewonnenen Gänse weit fruchtbarer sein; denn zwei ausgezeichnet befähigte Beurtheiler, nämlich BLYTH und HUTTON, haben mir versichert, dass dort in verschiedenen Landesgegenden ganze Heerden dieser Bastardgans gehalten werden; und da diese des Nutzens wegen gehalten werden, wo die reinen Stammarten gar nicht existieren, so müssen sie nothwendig in hohem Masse oder vollkommen fruchtbar sein.

Die verschiedenen Rassen unserer domesticierten Thiere sind, wenn sie untereinander gekreuzt werden, völlig fruchtbar; und doch sind sie in vielen Fällen von zwei oder mehr wilden Arten abgestammt. Aus dieser Thatsache müssen wir schliessen, entweder dass die ursprünglichen Stammarten gleich anfangs ganz fruchtbare Bastarde geliefert haben, oder dass die im Zustande der Domestication später erzogenen Bastarde ganz fruchtbar geworden seien. Diese letzte Alternative, welche zuerst von PALLAS ausgesprochen wurde, erscheint als die bei weitem wahrscheinlichste, und kann allerdings kaum bezweifelt werden. Es ist z. B. beinahe gewiss, dass unsere Hunde von mehreren wilden Arten herrühren; und doch sind, vielleicht mit Ausnahme gewisser in Süd-America gehaltener Haushunde, alle fruchtbar miteinander; aber die Analogie lässt mich sehr bezweifeln, ob die verschiedenen Stammarten derselben sich anfangs leicht miteinander gepaart und sogleich ganz fruchtbare Bastarde geliefert haben sollten. So habe ich ferner vor kurzem entscheidende Beweise dafür erhalten, dass die Bastarde vom Indischen Buckelochsen (dem Zebu) und dem gemeinen Rind unter sich vollkommen fruchtbar sind; und nach den Beobachtungen RÜTIMEYER's über ihre wichtigen osteologischen Verschiedenheiten, sowie nach den Angaben BLYTH's über die Verschiedenheiten beider in Gewohnheiten, Stimme, Constitution u. s. f. müssen beide Formen als gute und distincte Arten angesehen werden. Dieselben Bemerkungen können auf die zwei Hauptrassen des Schweines ausgedehnt werden. Wir müssen daher entweder den Glauben an die fast allgemeine Unfruchtbarkeit distincter Species von Thieren bei ihrer Kreuzung aufgeben oder aber die Sterilität nicht als einen unzerstörbaren Character, sondern als einen solchen betrachten, welcher durch Domestication beseitigt werden kann.

Überblicken wir endlich alle über die Kreuzung von Pflanzen- und Thierarten sicher ermittelten Thatsachen, so kann man schliessen dass ein gewisser Grad von Unfruchtbarkeit sowohl bei der ersten Kreuzung als bei den daraus entspringenden Bastarden zwar eine äusserst gewöhnliche Erscheinung ist, dass er aber nach dem gegenwärtigen Stand unserer Kenntnisse nicht als unbedingt allgemein betrachtet werden kann.

Gesetze, welche die Unfruchtbarkeit der ersten Kreuzung und der Bastarde regeln.

Wir wollen nun die Gesetze etwas mehr im Einzelnen betrachten, welche die Unfruchtbarkeit der ersten Kreuzung und der Bastarde bestimmen. Unsere Hauptaufgabe wird sein zu ermitteln, ob sich aus diesen Gesetzen ergibt, dass die Arten besonders mit dieser Eigenschaft begabt sind, um eine Kreuzung der Arten bis zur äussersten Verschmelzung der Formen zu verhüten oder nicht. Die nachstehenden Folgerungen sind hauptsächlich aus Gärtner's bewunderungswerthem Werke „über die Bastarderzeugung im Pflanzenreich“ entnommen. Ich habe mir viel Mühe gegeben zu erfahren, inwiefern dieselben auch auf Thiere Anwendung finden; und obwohl unsere Erfahrungen über Bastardthiere sehr dürftig sind, so war ich doch erstaunt zu sehen, in wie ausgedehntem Grade die nämlichen Regeln für beide Reiche gelten.

Es ist bereits bemerkt worden, dass sich die Fruchtbarkeit sowohl der ersten Kreuzung als der daraus entspringenden Bastarde von Null bis zur Vollkommenheit abstuft. Es ist erstaunlich auf wie mancherlei eigenthümliche Weise sich diese Abstufung darthun lässt; doch können hier nur die nacktesten Umrisse der Thatsachen geliefert werden. Wenn Pollen einer Pflanze von der einen Familie auf die Narbe einer Pflanze von anderer Familie gebracht wird, so hat er nicht mehr Wirkung als eben so viel unorganischer Staub. Wenn man aber Pollen von verschiedenen Arten einer Gattung auf das Stigma irgend einer Species derselben Gattung bringt, so werden sich in der Anzahl der jedesmal erzeugten Samen alle Abstufungen von jenem absoluten Nullpunkt an bis zur nahezu oder selbst factisch vollständigen Fruchtbarkeit und, wie wir gesehen haben, in einigen abnormen Fällen sogar über das bei Befruchtung mit dem eigenen Pollen gewöhnliche Mass hinaus ergeben. So gibt es unter den Bastarden selbst einige, welche sogar mit dem Pollen von einer der zwei reinen Stammarten nie auch nur einen einzigen fruchtbaren Samen hervorgebracht haben, noch wahrscheinlich jemals hervorbringen werden. Doch hat sich in einigen dieser Fälle eine erste Spur von Fruchtbarkeit insofern gezeigt, als der Pollen einer der reinen elterlichen Arten ein frühzeitigeres Abwelken der Blume der Bastardpflanze veranlasste, als sonst eingetreten wäre; und rasches Abwelken einer Blüthe ist bekanntlich ein Zeichen beginnender Befruchtung. An diesen äussersten Grad der Unfruchtbarkeit reihen sich dann Bastarde an, die durch Selbstbefruchtung eine immer grössere Anzahl von Samen bis zur vollständigen Fruchtbarkeit hervorbringen.

Bastarde von zwei Arten erzielt, welche sehr schwer zu kreuzen sind und nur selten einen Nachkommen liefern, pflegen allgemein sehr unfruchtbar zu sein. Aber der Parallelismus zwischen der Schwierigkeit eine erste Kreuzung zu Stande zu bringen, und der Unfruchtbarkeit der aus einer solchen entsprungenen Bastarde, — zwei sehr gewöhnlich miteinander verwechselte Classen von Thatsachen, — ist keineswegs streng. Denn es gibt viele Fälle, wo, wie bei der Gattung *Verbascum*, zwei reine Arten mit ungewöhnlicher Leichtigkeit miteinander gepaart werden und zahlreiche Bastarde liefern können; und doch sind diese Bastarde ganz merkwürdig unfruchtbar. Andererseits gibt es Arten, welche nur selten oder äusserst schwierig zu kreuzen sind, aber ihre Bastarde, wenn endlich erzeugt, sind sehr fruchtbar. Und diese zwei so entgegengesetzten Fälle können selbst innerhalb der nämlichen Gattung vorkommen, wie z. B. bei *Dianthus*.

Die Fruchtbarkeit sowohl der ersten Kreuzungen als der Bastarde wird leichter als die der reinen Arten durch ungünstige Bedingungen afficiert. Aber der Grad der Fruchtbarkeit ist gleicher Weise an sich veränderlich; denn der Erfolg ist nicht immer der nämliche, wenn man dieselben zwei Arten unter denselben äusseren Umständen kreuzt, sondern hängt zum Theil von der Constitution der zwei zufällig für den Versuch ausgewählten Individuen ab.

So ist es auch mit den Bastarden; denn der Grad ihrer Fruchtbarkeit erweist sich oft bei verschiedenen aus Samen einer Kapsel erzogenen und den nämlichen Bedingungen ausgesetzten Individuen ganz verschieden.

Mit dem Ausdruck systematische Verwandtschaft wird die allgemeine Ähnlichkeit verschiedener Arten in Bau und Constitution bezeichnet. Nun wird die Fruchtbarkeit der ersten Kreuzung zweier Species und der daraus hervorgehenden Bastarde in hohem Masse bestimmt von ihrer systematischen Verwandtschaft. Dies geht deutlich daraus schon hervor, dass man noch niemals Bastarde von zwei Arten erzielt hat, welche die Systematiker in zwei Familien stellen, während es dagegen leicht ist, sehr nahe verwandte Arten miteinander zu paaren. Doch ist die Beziehung zwischen systematischer Verwandtschaft und Leichtigkeit der Kreuzung keineswegs eine strenge. Denn es liessen sich eine Menge Fälle von sehr nahe verwandten Arten anführen, die gar nicht oder nur mit grösster Mühe zur Paarung gebracht werden können, während andererseits mitunter auch sehr verschiedene Arten sich mit grösster Leichtigkeit kreuzen lassen. In einer und derselben Familie können zwei Gattungen beisammen stehen, wovon die eine, wie *Dianthus*, viele solche Arten enthält, die sehr leicht zu kreuzen sind, während die der andern, z. B. *Silene*, den beharrlichsten Versuchen, eine Kreuzung zu bewirken, in dem Grade widerstehen, dass man auch noch nicht einen Bastard zwischen den einander am nächsten verwandten Arten derselben zu erzielen vermochte. Ja, selbst innerhalb der Grenzen einer und der nämlichen Gattung zeigt sich ein solcher Unterschied. So sind z. B. die zahlreichen Arten von *Nicotiana* mehr untereinander gekreuzt worden, als die Arten fast irgend einer andern Gattung; Gärtner hat aber gefunden, dass *N. acuminata*, die keineswegs eine besonders ausgezeichnete Art ist, beharrlich allen Befruchtungsversuchen widerstand, so dass von acht anderen *Nicotiana*-Arten keine weder sie befruchten noch von ihr befruchtet werden konnte. Und analoge Thatsachen liessen sich noch sehr viele anführen.

Noch Niemand hat zu bestimmen vermocht, welche Art oder welcher Grad von Verschiedenheit in irgend einem erkennbaren Character genügt, um die Kreuzung zweier Species zu verhindern. Es lässt sich nachweisen, dass Pflanzen, welche in der Lebensweise und der allgemeinen Erscheinung am weitesten auseinandergehen, welche in allen Theilen ihrer Blüthen, sogar bis zum Pollen oder in den Cotyledonen sehr scharfe Unterschiede zeigen, miteinander gekreuzt werden können. Einjährige und ausdauernde Gewächsarten, winterkahle und immergrüne Bäume und Pflanzen von den abweichendsten Standorten und für die entgegengesetztesten Climate angepasst, können oft leicht miteinander gekreuzt werden.

Unter wechselseitiger Kreuzung zweier Arten verstehe ich den Fall, wo z. B. erst ein Pferdehengst mit einer Eselin und dann ein Eselhengst mit einer Pferdestute gepaart wird; man kann dann sagen, diese zwei Arten seien wechselseitig gekreuzt worden. In der Leichtigkeit wechselseitige Kreuzungen anzustellen findet oft der möglichst grösste Unterschied statt. Solche Fälle sind höchst wichtig, weil sie beweisen, dass die Fähigkeit irgend zweier Arten, sich zu kreuzen, von ihrer systematischen Verwandtschaft, d. h. von irgend welcher Verschiedenheit in ihrem Bau und ihrer Constitution, mit Ausnahme ihres Reproductionssystems, oft völlig unabhängig ist. Diese Verschiedenheit der Ergebnisse von wechselseitigen Kreuzungen zwischen denselben zwei Arten ist schon längst von Kölreuter beobachtet worden. So kann, um ein Beispiel anzuführen, *Mirabilis Jalapa* leicht durch den Samenstaub der *M. longiflora* befruchtet werden, und die daraus entspringenden Bastarde sind genügend fruchtbar; aber mehr als zweihundert Male versuchte es Kölreuter im Verlaufe von acht Jahren die *M. longiflora* nun auch mit Pollen der *M. Jalapa* zu befruchten, aber völlig vergebens. Und so liessen sich noch einige andere gleich auffallende Beispiele geben. Thuret hat dieselbe Erscheinung an einigen Seepflanzen oder Fucoideen beobachtet, und Gärtner noch überdies gefunden, dass diese verschiedene Leichtigkeit wechselseitiger Kreuzungen in einem geringern Grade ausserordentlich gemein ist. Er hat sie selbst zwischen Formen wahrgenommen, die so nahe miteinander verwandt sind, dass viele Botaniker sie nur als Varietäten einer nämlichen Art betrachten, wie *Matthiola annua* und *M. glabra*. Ebenso ist es eine merkwürdige Thatsache, dass die beiderlei aus wechselseitiger Kreuzung hervorgegangenen Bastarde, wenn auch natürlich aus denselben zwei Stammarten zusammengesetzt, da die eine Art erst als Vater und dann als Mutter fungierte, zwar nur selten in äusseren Characteren differieren, hinsichtlich ihrer Fruchtbarkeit aber gewöhnlich in einem geringen, zuweilen aber auch in hohem Grade von einander abweichen.

Es lassen sich noch mehrere andere eigenthümliche Regeln nach Gärtner's Erfahrungen anführen, wie z. B. dass manche Arten sich überhaupt sehr leicht zur Kreuzung mit anderen verwenden lassen, ferner dass anderen Arten derselben Gattung ein merkwürdiges Vermögen innewohnt, den Bastarden eine grosse Ähnlichkeit mit ihnen aufzuprägen; doch stehen beiderlei Fähigkeiten durchaus nicht in nothwendiger Beziehung zu einander. Es gibt gewisse Bastarde, welche, statt wie gewöhnlich das Mittel zwischen ihren zwei elterlichen Arten zu halten, stets nur einer derselben sehr ähnlich sind; und gerade diese Bastarde, trotzdem sie äusserlich der einen Stammart so ähnlich erscheinen, sind mit seltener Ausnahme äusserst unfruchtbar. So kommen ferner auch unter denjenigen Bastarden, welche zwischen ihren Eltern das Mittel zu halten pflegen, zuweilen ausnahmsweise und abnorme Individuen vor, die einer der reinen Stammarten ausserordentlich gleichen; und diese Bastarde sind dann beinahe stets auch äusserst steril, selbst wenn die von Samen aus gleicher Fruchtkapsel entsprungenen Mittelformen in beträchtlichem Grade fruchtbar sind. Diese Thatsachen zeigen, wie ganz unabhängig die Fruchtbarkeit der Bastarde vom Grade ihrer äussern Ähnlichkeit mit ihren beiden Stammeltern ist.

Betrachtet man die bis hierher gegebenen Regeln über die Fruchtbarkeit der ersten Kreuzungen und der hybriden Formen, so ergibt sich, dass, wenn man Formen, die als gute und verschiedene Arten angesehen werden müssen, miteinander paart, ihre Fruchtbarkeit in allen Abstufungen von Null an selbst bis zu einer unter gewissen Bedingungen excessiven Fruchtbarkeit hinaus wechseln kann. Ferner ist ihre Fruchtbarkeit nicht nur äusserst empfindlich für günstige und ungünstige Bedingungen, sondern auch an und für sich veränderlich. Die Fruchtbarkeit verhält sich nicht immer dem Grade nach gleich bei der ersten Kreuzung und den aus dieser Kreuzung hervorgegangenen Bastarden. Die Fruchtbarkeit der Bastarde steht in keinem Verhältnis zu dem Grade, in welchem sie in der äussern Erscheinung einer der beiden Elternformen ähnlich sind. Endlich: die Leichtigkeit einer ersten Kreuzung zwischen irgend zwei Arten ist nicht immer von deren systematischer Verwandtschaft noch von dem Grade ihrer Ähnlichkeit abhängig. Diese letzte Angabe ist hauptsächlich aus der Verschiedenheit des Ergebnisses der wechselseitigen Kreuzung zweier nämlichen Arten erweisbar, wo die Leichtigkeit, mit der man eine Paarung erzielt, gewöhnlich etwas, mitunter aber auch so weit wie möglich differiert, je nachdem man die eine oder die andere der zwei gekreuzten

Arten als Vater oder als Mutter nimmt. Auch sind überdies die zweierlei durch Wechselkreuzung erzielten Bastarde oft in ihrer Fruchtbarkeit verschieden.

Nun fragt es sich, ob aus diesen eigenthümlichen und verwickelten Regeln hervorgeht, dass die Unfruchtbarkeit der Arten bei deren Kreuzung einfach den Zweck hat, ihre Vermischung im Naturzustande zu verhüten! Ich glaube nicht. Denn warum wäre in diesem Falle der Grad der Unfruchtbarkeit so ausserordentlich verschieden, wenn verschiedene Arten gekreuzt werden, da wir doch annehmen müssen, die Verhütung dieser Verschmelzung sei für alle gleich wichtig? Warum wäre sogar schon der Grad der Unfruchtbarkeit bei Individuen einer nämlichen Art angeborenermassen veränderlich? Zu welchem Ende sollten manche Arten so leicht zu kreuzen sein und doch sehr sterile Bastarde erzeugen, während andere sich nur äusserst schwierig paaren lassen und doch vollkommen fruchtbare Bastarde liefern? Wozu sollte es dienen, dass die zweierlei Producte einer wechselseitigen Kreuzung zwischen den nämlichen Arten sich oft so sehr abweichend verhalten? Wozu, kann man sogar fragen, hat die Natur überhaupt die Bildung von Bastarden gestattet? Es scheint doch eine wunderbare Anordnung zu sein, erst den Arten das Vermögen, Bastarde zu bilden, zu gewähren, dann aber deren weitere Fortbildung durch verschiedene Grade von Sterilität zu hemmen, welche in keiner strengen Beziehung zur Leichtigkeit der ersten Kreuzung ihrer Eltern stehen.

Die vorstehenden Regeln und Thatsachen scheinen mir dagegen deutlich darauf hinzuweisen, dass die Unfruchtbarkeit sowohl der ersten Kreuzungen als der Bastarde einfach mit unbekannten Verschiedenheiten im Fortpflanzungssysteme der gekreuzten Arten zusammen- oder von ihnen abhängt. Die Verschiedenheiten sind von so eigenthümlicher und eng umgrenzter Natur, dass bei wechselseitigen Kreuzungen zwischen denselben zwei Arten oft das männliche Element der einen von ganz ordentlicher Wirkung auf das weibliche der andern ist, während bei der Kreuzung in der andern Richtung das Gegentheil eintritt. Es wird rathsam sein, durch ein Beispiel etwas ausführlicher auseinander zu setzen, was ich unter der Bemerkung verstehe, dass Sterilität mit anderen Verschiedenheiten zusammenfalle und nicht eine specielle Eigenthümlichkeit für sich bilde. Die Fähigkeit einer Pflanze, sich auf eine andere propfen oder oculieren zu lassen, ist für deren Gedeihen im Naturzustande so gänzlich gleichgültig, dass wohl, wie ich glaube, Niemand diese

Fähigkeit für eine specielle Begabung der beiden Pflanzen halten, sondern Jedermann annehmen wird, sie falle mit Verschiedenheiten in den Wachsthumsgesetzen derselben zusammen. Den Grund davon, dass eine Art auf der andern etwa nicht anschlagen will, kann man zuweilen in abweichender Wachsthumsweise, Härte des Holzes, Zeit des Flusses oder Natur des Saftes u. dgl. finden; in sehr vielen Fällen aber lässt sich gar keine Ursache dafür angeben. Denn selbst sehr bedeutende Verschiedenheiten in der Grösse der zwei Pflanzen, der Umstand, dass die eine holzig, die andere krautartig, die eine immergrün, die andere winterkahl ist, selbst ihre Anpassung an ganz verschiedene Climate bilden nicht immer ein Hindernis ihrer Aufeinanderpropfung. Wie bei der Bastardbildung so ist auch beim Propfen die Fähigkeit durch die systematische Verwandtschaft beschränkt; denn es ist noch Niemand gelungen, Baumarten aus ganz verschiedenen Familien aufeinander zu propfen, während dagegen nahe verwandte Arten einer Gattung und Varietäten einer Art gewöhnlich, aber nicht immer, leicht aufeinander gepropft werden können. Doch wird auch dieses Vermögen ebensowenig wie das der Bastardbildung durch systematische Verwandtschaft in absoluter Weise beherrscht. Denn wenn es auch gelungen ist, viele verschiedene Gattungen einer und derselben Familie aufeinander zu propfen, so nehmen doch wieder in anderen Fällen sogar Arten einer nämlichen Gattung einander nicht an. Der Birnbaum kann viel leichter auf den Quittenbaum, den man zu einem eigenen Genus erhoben hat, als auf den Apfelbaum gepropft werden, der mit ihm zur nämlichen Gattung gehört. Selbst verschiedene Varietäten der Birne schlagen nicht mit gleicher Leichtigkeit auf dem Quittenbaum an, und ebenso verhalten sich verschiedene Aprikosen- und Pfirsichvarietäten dem Pflaumenbaume gegenüber.

Wie Gärtner gefunden hat, dass zuweilen eine angeborene Verschiedenheit im Verhalten der verschiedenen Individuen zweier zu kreuzenden Arten vorhanden ist, so glaubt Sageret auch an eine angeborene Verschiedenheit im Verhalten der verschiedenen Individuen zweier aufeinander zu propfender Arten. Wie bei Wechselkreuzungen die Leichtigkeit der zweierlei Paarungen oft sehr ungleich ist, so verhält es sich oft auch bei dem wechselseitigen Verpropfen. So kann die gemeine Stachelbeere z. B. nicht auf den Johannisbeerstrauch gezweigt werden, während die Johannisbeere, wenn auch mit Schwierigkeit, auf dem Stachelbeerstrauch anschlagen wird.

Wir haben gesehen, dass die Unfruchtbarkeit der Bastarde, deren Reproductionsorgane sich in einem unvollkommenen Zustande finden, eine ganz andere Sache ist, wie die Schwierigkeit, zwei reine Arten mit vollständigen Organen miteinander zu paaren; doch laufen diese beiden verschiedenen Classen von Fällen bis zu gewissem Grade miteinander parallel. Etwas Analoges kommt auch beim Propfen vor; denn Thouin hat gefunden, dass drei *Robinia*-Arten, welche auf eigener Wurzel reichlichen Samen gebildet hatten und sich ohne grosse Schwierigkeit auf eine vierte zweigen liessen, durch diese Propfung unfruchtbar gemacht wurden; während dagegen gewisse *Sorbus*-Arten, auf andere Species gesetzt, doppelt so viel Früchte wie auf eigener Wurzel lieferten. Diese Thatsache erinnert uns an die oben erwähnten ausserordentlichen Fälle bei *Hippeastrum*, *Passiflora* u. dgl., welche viel reichlicher fructificieren, wenn sie mit Pollen einer andern Art als wenn sie mit ihrem eigenen Pollen befruchtet werden.

Wir sehen daher, dass, wenn auch ein deutlicher und grosser Unterschied zwischen der blossen Adhäsion aufeinander gepropfter Stöcke und der Zusammenwirkung männlicher und weiblicher Elemente beim Acte der Reproduction stattfindet, sich doch ein gewisser Grad von Parallelismus zwischen den Wirkungen der Propfung und der Befruchtung verschiedener Arten miteinander kundgibt. Und da wir die sonderbaren und verwickelten Gesetze, welche die Leichtigkeit der Aufeinanderpropfung zweier Bäume beherrschen, als mit unbekannten Verschiedenheiten in ihren vegetativen Organen zusammenhängend betrachten müssen, so glaube ich auch, dass die noch viel zusammengesetzteren Gesetze, welche die Leichtigkeit erster Kreuzungen beherrschen, mit unbekannten Verschiedenheiten in ihrem Reproductionssysteme im Zusammenhang stehen. Diese Verschiedenheiten folgen in beiden Fällen, wie sich hätte erwarten lassen, bis zu einem gewissen Grade der systematischen Verwandtschaft, durch welche Bezeichnung jede Art von Ähnlichkeit und Unähnlichkeit zwischen organischen Wesen auszudrücken versucht wird. Die Thatsachen scheinen mir in keiner Weise zu ergeben, dass die grössere oder geringere Schwierigkeit, verschiedene Arten entweder aufeinander zu propfen oder miteinander zu kreuzen, eine besondere Eigenthümlichkeit ist, obwohl dieselbe beim Kreuzen für die Dauer und Stetigkeit der Artformen ebenso wesentlich ist, wie sie beim Propfen unwesentlich für deren Gedeihen ist.

Ursprung und Ursachen der Unfruchtbarkeit erster Kreuzungen und der Bastarde.

Es schien mir, wie es auch andern gieng, eine Zeitlang wahrscheinlich, dass die Unfruchtbarkeit erster Kreuzungen und der Bastarde wohl durch natürliche Zuchtwahl erreicht worden sein könnte, nämlich durch deren langsame Einwirkung auf unbedeutend verminderte Grade von Fruchtbarkeit, welche wie jede andere Abänderung zuerst von selbst bei gewissen Individuen einer mit einer andern gekreuzten Varietät erschienen sei. Denn es würde offenbar für zwei Varietäten oder beginnende Arten von Vortheil sein, wenn sie an einer Vermischung gehindert würden, und zwar nach demselben Princip, wie Jemand, wenn er gleichzeitig zwei Varietäten züchtet, sie nothwendig getrennt halten muss. Zuerst muss nun bemerkt werden, dass Arten, welche zwei verschiedene Gegenden bewohnen, häufig steril sind, wenn sie gekreuzt werden. Für solche getrennt lebende Arten kann es nun aber offenbar nicht von Vortheil gewesen sein, gegenseitig unfruchtbar gemacht worden zu sein; und folglich kann dies hier nicht durch natürliche Zuchtwahl bewirkt worden sein; doch könnte man hier vielleicht einwenden, dass, wenn eine Art mit irgend einem ihrer Landesgenossen unfruchtbar geworden ist, Unfruchtbarkeit mit anderen Arten wahrscheinlich als eine nothwendige Folge sich ergeben wird. Zweitens widerspricht es beinahe ebensosehr meiner Theorie der natürlichen Zuchtwahl als der einer speciellen Erschaffung, dass bei wechselseitigen Kreuzungen das männliche Element der einen Form völlig impotent in Bezug auf eine zweite Form geworden ist, während zu gleicher Zeit das männliche Element dieser zweiten Form im Stande ist, die erste ordentlich zu befruchten; denn dieser eigenthümliche Zustand des Reproductionssystems kann unmöglich für die eine wie für die andere Species von Vortheil sein.

Denkt man an die Wahrscheinlichkeit, dass die Thätigkeit der natürlichen Zuchtwahl dabei in's Spiel gekommen ist, Arten gegenseitig unfruchtbar zu machen, so wird man die grösste Schwierigkeit in der Existenz vieler gradweise verschiedener Zustände von unbedeutend verminderter Fruchtbarkeit bis zu völliger und absoluter Unfruchtbarkeit finden. Man kann zugeben, dass es für eine beginnende Art von Vortheil ist, wenn sie bei der Kreuzung mit ihrer Stammform oder mit irgend einer andern Varietät in einem geringen Grade steril wird; denn danach werden weniger verbastardierte und deteriorierte Nachkommen erzeugt, die ihr Blut mit der neuen, im Process der Bildung sich findenden Species mischen könnten. Wer sich indessen die Mühe geben will über die Wege nachzudenken, auf welchen dieser erste Grad von Sterilität durch natürliche Zuchtwahl vergrössert und bis zu jenem hohen Grade geführt werden könnte, der so vielen Arten eigen ist, und welcher ganz allgemein Arten zukommt, die bis zu einem generischen oder Familiengrade differenziert sind, der wird den Gegenstand ausserordentlich verwickelt finden. Nach reiflicher Überlegung scheint mir, dass dies nicht hat durch natürliche Zuchtwahl bewirkt werden können. Man nehme den Fall, wo zwei Species bei der Kreuzung wenig und unfruchtbare Nachkommen erzeugen: was könnte nun wohl hier das Überleben derjenigen Individuen begünstigen, welche zufällig in einem unbedeutend höheren Grade mit gegenseitiger Unfruchtbarkeit begabt sind und welche hierdurch mit einem kleinen Schritte sich der absoluten Unfruchtbarkeit nähern? Und doch müsste, wenn hier die Theorie der natürlichen Zuchtwahl als Erklärungsgrund herangezogen werden sollte, beständig ein Fortschritt in dieser Richtung bei vielen Arten eingetreten sein; denn eine Menge solcher sind wechselseitig völlig unfruchtbar. Bei den sterilen geschlechtslosen Insecten haben wir Grund zu glauben, dass Modificationen ihrer Structur und Fruchtbarkeit durch natürliche Zuchtwahl langsam gehäuft worden sind, da hierdurch der Gemeinschaft, zu der sie gehörten, indirect ein Vortheil über andere Gemeinschaften derselben Art erwuchs; wird aber ein individuelles keiner socialen Gemeinschaft angehöriges Thier beim Kreuzen mit einer andern Varietät um ein weniges steril, so würde daraus kein indirecter Vortheil für das Individuum selbst oder irgend welche andere Individuen derselben Varietät entspringen, welcher zu deren Erhaltung führte.

Es wäre aber überflüssig, diese Frage im Detail zu erörtern; denn in Bezug auf die Pflanzen haben wir bündige Beweise, dass die Unfruchtbarkeit gekreuzter Arten Folge eines von natürlicher Zuchtwahl gänzlich unabhängigen Princips ist. Sowohl Gärtner als Kölreuter haben gezeigt, dass sich bei Gattungen, welche zahlreiche Arten umfassen, eine Reihe bilden lässt von Arten, welche bei ihrer Kreuzung immer weniger und weniger Samen liefern, bis zu Arten, welche niemals auch nur einen einzigen Samen erzeugen, aber doch vom Pollen gewisser anderer Species afficiert werden, da der Keim anschwillt. Es ist hier offenbar unmöglich, die unfruchtbareren Individuen zur Zuchtwahl zu wählen, welche bereits aufgehört haben, Samen zu ergeben; so dass dieser Gipfel der Unfruchtbarkeit, wo nur der Keim afficiert wird, nicht durch Zuchtwahl erreicht worden sein kann. Und aus den die verschiedenen Grade der Unfruchtbarkeit beherrschenden Gesetzen, welche durch das ganze Pflanzen- und Thierreich so gleichförmig sind, können wir schliessen, dass die Ursache, was dieselbe auch sein mag, in allen Fällen dieselbe sein wird.

Wir wollen nun etwas näher zu betrachten versuchen, welches wohl wahrscheinlich die Natur der Verschiedenheiten ist, welche Sterilität sowohl erster Kreuzungen als der Bastarde verursachen. Bei ersten Kreuzungen reiner Arten hängt die grössere oder geringere Schwierigkeit, eine Paarung zu bewirken und Nachkommen zu erzielen, anscheinend von mehreren verschiedenen Ursachen ab. Zuweilen muss eine physische Unmöglichkeit für das männliche Element vorhanden sein bis zum Ei'chen zu gelangen, wie es bei Pflanzen der Fall wäre, deren Pistill zu lang ist, als dass die Pollenschläuche bis in's Ovarium hinabreichen können. So ist auch beobachtet worden, dass wenn der Pollen einer Art auf das Stigma einer nur entfernt damit verwandten Art gebracht wird, die Pollenschläuche zwar hervortreten, aber nicht in die Oberfläche des Stigmas eindringen. In anderen Fällen kann ferner das männliche Element zwar das weibliche erreichen, es ist aber unfähig die Entwicklung des Embryos zu veranlassen, wie das aus einigen Versuchen THURET's mit Fucoideen hervorzugehen scheint. Wir können diese Thatsachen eben so wenig erklären, wie warum gewisse Baumarten nicht auf andere gepropft werden können. Endlich kann es auch vorkommen, dass ein Embryo sich zwar zu entwickeln beginnt, aber schon in einer frühen Zeit zu Grunde geht. Diese letzte Alternative ist nicht genügend beachtet worden; doch glaube ich nach den von Hrn. HEWITT, welcher grosse Erfahrung in der Bastardzüchtung von Fasanen und Hühnern besessen hat, mir mitgetheilten Beobachtungen, dass der frühzeitige Tod des Embryos eine sehr häufige Ursache der Unfruchtbarkeit der ersten Kreuzungen ist. SALTER hat neuerdings die Resultate seiner Untersuchungen von 500 Eiern bekannt gemacht, die von verschiedenen Kreuzungen dreier Arten von *Gallus* und deren Bastarden erhalten worden waren. Die Mehrzahl dieser Eier war befruchtet, und bei der Majorität der befruchteten Eier waren die Embryonen entweder nur zum Theil entwickelt und waren dann abortiert, oder beinahe reif geworden, die Jungen waren aber nicht im Stande, die Schale zu durchbrechen. Von den geborenen Hühnchen waren über vier Fünftel innerhalb der ersten paar Tage oder höchstens Wochen gestorben, „ohne irgend welche auffallende Ursachen, scheinbar nur aus Mangel an Lebensfähigkeit“, so dass von den 500 Eiern nur zwölf Hühnchen aufgezogen wurden. Der frühe Tod der Bastardembryonen tritt wahrscheinlich in gleicher Weise bei Pflanzen ein; wenigstens ist es bekannt, dass von sehr verschiedenen Arten erzogene Bastarde zuweilen schwach und zwerghaft sind und jung zu Grunde gehen. Von dieser Thatsache hat neuerdings Max Wichura einige auffallende Fälle bei Weidenbastarden gegeben. Es verdient vielleicht hier bemerkt zu werden, dass in manchen Fällen von Parthenogenesis die aus nicht befruchteten Eiern des Seidenschmetterlings kommenden Embryonen, wie die aus einer Kreuzung zweier besonderer Arten entstehenden, die ersten Entwicklungszustände durchliefen und dann untergiengen. Ehe ich mit diesen Thatsachen bekannt wurde, war ich sehr wenig geneigt, an den frühen Tod hybrider Embryonen zu glauben, weil Bastarde, wenn sie einmal geboren sind, sehr kräftig und langlebend zu sein pflegen, wie es das Maulthier zeigt. Überdies befinden sich Bastarde vor und nach der Geburt unter ganz verschiedenen Verhältnissen. In einer Gegend geboren und lebend, wo auch ihre beide Eltern leben, befinden sie sich allgemein unter ihnen zusagenden Lebensbedingungen. Aber ein Bastard hat nur halb an der Natur und Constitution seiner Mutter Antheil und mag mithin vor der Geburt, solange er noch im Mutterleibe ernährt wird oder in den von der Mutter hervorgebrachten Eiern und Samen sich befindet, einigermassen ungünstigeren Bedingungen ausgesetzt und demzufolge in der ersten Zeit leichter zu Grunde zu gehen geneigt sein, ganz besonders, weil alle sehr jungen Lebewesen gegen schädliche und unnatürliche Lebensverhältnisse ausserordentlich empfindlich sind. Nach allem aber ist es wahrscheinlicher, dass die Ursache in irgend einer Unvollkommenheit beim ursprünglichen Befruchtungsacte liegt, welche den Embryo nur unvollkommen entwickeln lässt, als in den Bedingungen, denen er später ausgesetzt ist.

Hinsichtlich der Sterilität der Bastarde, deren Zeugungselemente unvollkommen entwickelt sind, verhält sich die Sache etwas anders. Ich habe schon mehrmals angeführt, dass ich eine grosse Menge von Thatsachen gesammelt habe, welche zeigen, dass, wenn Pflanzen und Thiere aus ihren natürlichen Verhältnissen herausgerissen werden, es vorzugsweise die Fortpflanzungsorgane sind, welche unter solchen Umständen äusserst leicht bedenklich afficiert werden. Dies ist in der That die grosse Schranke für die Domestication der Thiere. Zwischen der dadurch veranlassten Unfruchtbarkeit der Thiere und der der Bastarde bestehen manche Ähnlichkeiten. In beiden Fällen ist die Sterilität unabhängig von der Gesundheit im Allgemeinen und oft begleitet von excedierender Grösse und Üppigkeit. In beiden Fällen kommt die Unfruchtbarkeit in vielerlei Abstufungen vor; in beiden ist das männliche Element am meisten zu leiden geneigt, zuweilen aber das weibliche doch noch mehr als das männliche. In beiden geht diese Neigung bis zu gewisser Stufe gleichen Schritts mit der systematischen Verwandtschaft, denn ganze Gruppen von Pflanzen und Thieren werden durch dieselben unnatürlichen Bedinguugen impotent, und ganze Gruppen von Arten neigen zur Hervorbringung unfruchtbarer Bastarde. Auf der andern Seite widersteht zuweilen eine einzelne Art in einer Gruppe grossen Veränderungen in den äusseren Bedingungen mit ungeschwächter Fruchtbarkeit, und gewisse Arten einer Gruppe liefern ungewöhnlich fruchtbare Bastarde. Niemand kann, ehe er es versucht hat, voraussagen, ob dieses oder jenes Thier in der Gefangenschaft und ob diese oder jene ausländische Pflanze während ihres Anbaues sich gut fortpflanzen wird, noch ob irgend welche zwei Arten einer Gattung mehr oder weniger sterile Bastarde miteinander hervorbringen werden. Endlich, wenn organische Wesen während mehrerer Generationen in für sie unnatürliche Verhältnisse versetzt werden, so sind sie ausserordentlich zu variieren geneigt, was, wie es scheint, zum Theil davon herrührt, dass ihre Reproductionssysteme besonders afficiert worden sind, obwohl in minderem Grade als wenn gänzliche Unfruchtbarkeit folgt. Ebenso ist es mit Bastarden; denn Bastarde sind in aufeinanderfolgenden Generationen sehr zu variieren geneigt, wie es jeder Züchter erfahren hat.

So sehen wir denn, dass, wenn organische Wesen in neue und unnatürliche Verhältnisse versetzt, und wenn Bastarde durch unnatürliche Kreuzung zweier Arten erzeugt werden, das Reproductionssystem ganz unabhängig von dem allgemeinen Zustande der Gesundheit in ganz ähnlicher Weise afficiert wird. In dem einen Falle sind die Lebensbedingungen gestört worden, obwohl oft nur in einem für uns nicht wahrnehmbaren Grade; in dem andern, bei den Bastarden nämlich, sind die äusseren Bedingungen unverändert geblieben, aber die Organisation ist dadurch gestört worden, dass zwei verschiedene Besonderheiten der Structur und Constitution, natürlich mit Einschluss der Reproductivsysteme, zu einer einzigen verschmolzen sind. Denn es ist kaum möglich, dass zwei Organisationen in eine verbunden werden, ohne einige Störung in der Entwicklung oder in der periodischen Thätigkeit oder in den Wechselbeziehungen der verschiedenen Theile und Organe zu einander oder zu den Lebensbeziehungen zu veranlassen. Wenn Bastarde fähig sind, sich unter sich fortzupflanzen, so übertragen sie von Generation zu Generation auf ihre Nachkommen dieselbe Vereinigung zweier Organisationen, und wir dürfen daher nicht darüber erstaunen, dass ihre Unfruchtbarkeit, wenn auch einigem Schwanken unterworfen, nicht abnimmt, sondern eher noch zuzunehmen geneigt ist; diese Zunahme ist, wie früher erwähnt, allgemein das Resultat einer zu engen Inzucht. Die obige Ansicht, dass die Sterilität der Bastarde durch das Vermischen zweier Constitutionen zu einer verursacht sei, ist vor Kurzem sehr entschieden von MAX WICHURA vertreten worden.

Wir müssen indessen bekennen, dass wir weder nach dieser noch nach irgend einer andern Ansicht im Stande sind, gewisse Thatsachen in Bezug auf die Unfruchtbarkeit der Bastarde zu begreifen, wie z. B. die ungleiche Fruchtbarkeit der zweierlei Bastarde aus der Wechselkreuzung, oder die zunehmende Unfruchtbarkeit derjenigen Bastarde, welche zufällig oder ausnahmsweise einem ihrer beiden Eltern sehr ähnlich sind. Auch bilde ich mir nicht ein, mit den vorangehenden Bemerkungen der Sache auf den Grund gekommen zu sein; ich habe keine Erklärung dafür, warum ein Organismus unter unnatürlichen Lebensbedingungen unfruchtbar wird. Alles, was ich zu zeigen versucht habe, ist, dass in zwei in mancher Beziehung miteinander verwandten Fällen Unfruchtbarkeit das gemeinsame Resultat ist, in dem einen Falle, weil die äusseren Lebensbedingungen, und in dem andern, weil durch Verschmelzung zweier Organisationen in eine die Organisation oder Constitution gestört worden ist.

Ein ähnlicher Parallelismus gilt auch noch bei einer andern zwar verwandten, doch an sich sehr verschiedenen Reihe von Thatsachen. Es ist ein alter und fast allgemeiner Glaube, welcher auf einer Masse von, an einem andern Orte mitgetheilten Zeugnissen beruht, dass leichte Veränderungen in den äusseren Lebensbedingungen für alles Lebendige wohlthätig sind. Wir sehen daher Landwirthe und Gärtner beständig ihre Samen, Knollen u. s. w. austauschen, sie aus einem Boden und Clima in's andere und wieder zurück versetzen. Während der Wiedergenesung von Thieren sehen wir sie oft grossen Vortheil aus beinahe einer jeden Veränderung in der Lebensweise ziehen. So sind auch bei Pflanzen und Thieren die deutlichsten Beweise dafür vorhanden, dass eine Kreuzung zwischen verschiedenen Individuen einer Art, welche bis zu einem gewissen Grade von einander abweichen, der Nachzucht Kraft und Fruchtbarkeit verleiht, und dass enge Inzucht zwischen den nächsten Verwandten einige Generationen lang fortgesetzt, zumal wenn dieselben unter gleichen Lebensbedingungen gehalten werden, beinahe immer zu Grössenabnahme, Schwäche oder Unfruchtbarkeit führt.

So scheint es mir denn, dass einerseits geringe Veränderungen in den Lebensbedingungen allen organischen Wesen vortheilhaft sind; und dass andererseits schwache Kreuzungen, nämlich solche zwischen Männchen und Weibchen derselben Art, welche unbedeutend verschiedenen Bedingungen ausgesetzt gewesen sind oder unbedeutend variiert haben, der Nachkommenschaft Kraft und Stärke verleihen. Dagegen haben wir gesehen, dass bedeutendere Veränderungen der Verhältnisse die Organismen, welche lange Zeit an gewisse gleichförmige Lebensbedingungen im Naturzustande gewöhnt waren, oft in gewissem Grade unfruchtbar machen, wie wir auch wissen, dass Kreuzungen zwischen sehr weit oder specifisch verschieden gewordenen Männchen und Weibchen Bastarde hervorbringen, die beinahe immer einigermassen unfruchtbar sind. Ich bin vollständig davon überzeugt, dass dieser Parallelismus durchaus nicht auf einem blossen Zufalle oder einer Täuschung beruht. Wer zu erklären im Stande ist, warum der Elephant und eine Menge anderer Thiere unfähig sind, sich bei nur theilweiser Gefangenschaft in ihrem Heimathlande fortzupflanzen, wird auch die primäre Ursache dafür anzugeben im Stande sein, dass Bastarde so allgemein unfruchtbar sind. Er wird gleichzeitig zu erklären vermögen, woher es kömmt, dass die Rassen einiger unserer domesticierten Thiere, welche häufig neuen und nicht gleichförmigen Bedingungen ausgesetzt worden sind, völlig fruchtbar miteinander sind, trotzdem sie von verschiedenen Arten abstammen, welche wahrscheinlich bei einer ursprünglichen Kreuzung unfruchtbar gewesen sein werden. Beide obige Reihen von Thatsachen scheinen durch ein gemeinsames, aber unbekanntes Band miteinander verkettet zu sein, welches mit dem Lebensprincipe seinem Wesen nach zusammenhängt; das Princip ist, wie HERBERT SPENCER bemerkt hat, dies, dass das Leben von der beständigen

Wirkung und Gegenwirkung verschiedener Kräfte abhängt oder dass es in einer solchen besteht, welche Kräfte wie überall in der Natur stets nach Gleichgewicht streben; wird dies Streben durch irgend eine Veränderung leicht gestört, so gewinnen die Lebenskräfte wieder an Stärke.

Wechselseitiger Dimorphismus und Trimorphismus.

Dieser Gegenstand mag hier kurz erörtert werden; wir werden sehen, dass er ein ziemliches Licht auf die Lehre von der Bastardierung wirft. Mehrere zu verschiedenen Ordnungen gehörende Pflanzen bieten zwei, in ungefähr gleicher Zahl zusammen vorkommende Formen dar, welche in keiner andern Beziehung, nur in ihren Reproductionsorganen verschieden sind; die eine Form hat ein langes Pistill und kurze Staubfäden, die andere ein kurzes Pistill mit langen Staubfäden, beide mit verschieden grossen Pollenkörnern. Bei trimorphen Pflanzen sind drei Formen vorhanden, welche gleicher Weise in der Länge ihrer Pistille und Staubfäden, in der Grösse und Farbe ihrer Pollenkörner und in einigen anderen Beziehungen verschieden sind; und da es in jeder dieser drei Formen zwei Sorten Staubfäden gibt, so sind zusammen sechs Arten von Staubfäden und drei Arten Pistille vorhanden. Diese Organe sind in ihrer Länge einander so proportioniert, dass die Hälfte der Staubfäden in zwei dieser Formen in gleicher Höhe mit dem Stigma der dritten Form steht. Nun habe ich gezeigt, und das Resultat haben andere Beobachter bestätigt, dass es, um vollständige Fruchtbarkeit bei diesen Pflanzen zu erreichen, nöthig ist, die Narbe der einen Form mit Pollen aus den Staubfäden der correspondierenden Höhe in der andern Form zu befruchten. So sind bei dimorphen Arten zwei Begattungen, die man legitime nennen kann, völlig fruchtbar und zwei, welche man illegitim nennen kann, mehr oder weniger unfruchtbar. Bei trimorphen Arten sind sechs Begattungen legitim oder vollständig fruchtbar und zwölf sind illegitim oder mehr oder weniger unfruchtbar.

Die Unfruchtbarkeit, welche bei verschiedenen dimorphen und trimorphen Pflanzen nach illegitimer Befruchtung beobachtet wird, d. h. wenn sie mit Pollen aus Staubfäden befruchtet werden, die in ihrer Höhe nicht dem Pistill entsprechen, ist dem Grade nach sehr verschieden bis zu absoluter und äusserster Sterilität, genau in derselben Art, wie sie beim Kreuzen verschiedener Arten vorkömmt. Wie der Grad der Sterilität im letztern Falle in einem hervorragenden Grade davon abhängt, ob die Lebensbedingungen mehr oder weniger günstig sind, so habe ich es auch bei illegitimen Begattungen gefunden. Es ist bekannt, dass, wenn Pollen einer verschiedenen Art auf die Narbe einer Blüthe, und später, selbst nach einem beträchtlichen Zwischenraum, ihr eigener Pollen auf dieselbe Narbe gebracht wird, dessen Wirkung so stark überwiegend ist, dass er den Effect des fremden Pollens gewöhnlich vernichtet; dasselbe ist der Fall mit dem Pollen der verschiedenen Formen derselben Art: legitimer Pollen ist stark überwiegend über illegitimen, wenn beide auf dieselbe Narbe gebracht werden. Ich ermittelte dies dadurch, dass ich mehrere Blüthen erst illegitim und vierundzwanzig Stunden darauf legitim mit Pollen einer eigenthümlich gefärbten Varietät befruchtete; alle Sämlinge waren ähnlich gefärbt. Dies zeigt, dass der, wenn auch vierundzwanzig Stunden später aufgetragene legitime Pollen die Wirksamkeit des vorher aufgetragenen illegitimen Pollens gänzlich zerstört oder gehindert hatte. Wie ferner bei dem Anstellen wechselseitiger Kreuzungen zwischen zwei Species zuweilen eine grosse Verschiedenheit im Resultat auftritt, so kommt auch etwas Analoges bei trimorphen Pflanzen vor. So wurde z. B. die Form mit mittellangem Griffel von *Lythrum salicaria* in grösster Leichtigkeit von dem Pollen aus den längeren Staubfäden der kurzgriffligen Form illegitim befruchtet und ergab viele Samenkörner; die letztere Form aber ergab nicht ein einziges Samenkorn, wenn sie mit Pollen aus den längeren Staubfäden der mittelgriffligen Form befruchtet wurde.

In all' diesen Beziehungen, sowie in anderen, welche noch hätten angeführt werden können, verhalten sich die verschiedenen Formen einer und derselben unzweifelhaften Art nach illegitimer Begattung genau ebenso wie zwei verschiedene Arten nach ihrer Kreuzung. Dies veranlasste mich, vier Jahre hindurch sorgfältig viele Sämlinge zu beobachten, die das Resultat mehrerer illegitimer Begattungen waren. Das hauptsächlichste Ergebnis ist, dass diese illegitimen Pflanzen, wie sie genannt werden können, nicht vollkommen fruchtbar sind. Es ist möglich, von dimorphen Arten illegitim sowohl lang- als kurzgrifflige Arten zu erzielen, ebenso von trimorphen illegitim alle drei Formen. Diese können dann in legitimer Weise gehörig begattet werden. Ist dies geschehen, so sieht man keinen rechten Grund, warum sie nach legitimer Befruchtung nicht ebenso viel Samen liefern sollten, wie ihre Eltern bei legitimer Verbindung. Dies ist aber nicht der Fall; sie sind alle, aber in verschiedenem

Grade unfruchtbar; einige sind so völlig unheilbar steril, dass sie durch vier Sommer nicht einen Samen, nicht einmal eine Samenkapsel ergaben. Die Unfruchtbarkeit dieser illegitimen Pflanzen, wenn sie auch in legitimer Weise miteinander begattet werden, kann vollständig mit der Unfruchtbarkeit untereinander gekreuzter Bastarde verglichen werden. Wird andererseits ein Bastard mit einer der reinen Stammarten gekreuzt, so wird gewöhnlich die Sterilität um vieles vermindert; so ist es auch, wenn eine illegitime Pflanze von einer legitimen befruchtet wird. In derselben Weise, wie die Sterilität der Bastarde nicht immer der Schwierigkeit der ersten Kreuzung ihrer Mutterarten parallel geht, so war auch die Sterilität gewisser illegitimer Pflanzen ungewöhnlich gross, während die Unfruchtbarkeit der Begattung, der sie entsprungen, durchaus nicht gross war. Bei aus einer und derselben Samenkapsel erzogenen Bastarden ist der Grad der Unfruchtbarkeit von sich aus variabel; so ist es auch in auffallender Weise bei illegitimen Pflanzen. Endlich blühen viele Bastarde beständig und ausserordentlich stark, während andere und sterilere Bastarde wenig Blüthen producieren und schwache elende Zwerge sind; genau ähnliche Fälle kommen bei den illegitimen Nachkommen verschiedener dimorpher und trimorpher Pflanzen vor.

Es besteht überhaupt die engste Identität in Character und Verhalten zwischen illegitimen Pflanzen und Bastarden. Es ist kaum übertrieben zu behaupten, dass illegitime Pflanzen Bastarde sind, aber innerhalb der Grenzen einer Species durch unpassende Begattung gewisser Formen erzeugt, während gewöhnliche Bastarde durch unpassende Begattung sogenannter distincter Arten erzeugt sind. Wir haben auch bereits gesehen, dass in allen Beziehungen zwischen ersten illegitimen Begattungen und ersten Kreuzungen distincter Arten die grösste Ähnlichkeit besteht. Alles dies wird vielleicht durch ein Beispiel noch deutlicher. Nehmen wir an, ein Botaniker fände zwei auffallende Varietäten (und solche kommen vor) der langgriffligen Form des trimorphen *Lythrum salicaria*, und er entschlösse sich, durch eine Kreuzung zu versuchen, ob dieselben specifisch verschieden seien. Er würde finden, dass sie nur ungefähr ein Fünftel der normalen Zahl von Samen liefern und dass sie sich in allen übrigen oben angeführten Beziehungen so verhielten, als wären sie zwei distincte Arten. Um indessen sicher zu gehen, würde er aus seinen für verbastardiert gehaltenen Samen Pflanzen erziehen und würde finden, dass die Sämlinge elende

Zwerge und völlig steril sind und sich in allen übrigen Beziehungen wie gewöhnliche Bastarde verhalten. Er würde dann behaupten, dass er im Einklang mit der gewöhnlichen Ansicht bewiesen habe, dass diese zwei Varietäten so gute und distincte Arten seien wie irgend welche in der Welt; er würde sich aber darin vollkommen geirrt haben.

Die hier mitgetheilten Thatsachen von dimorphen und trimorphen Pflanzen sind von Bedeutung, weil sie uns erstens zeigen, dass die physiologische Probe verringerter Fruchtbarkeit, sowohl bei ersten Kreuzungen als bei Bastarden, kein sicheres Criterium specifischer Verschiedenheit ist; zweitens, weil wir dadurch zu dem Schlusse veranlasst werden, dass es ein unbekanntes Band oder Gesetz gibt, welches die Unfruchtbarkeit illegitimer Begattungen mit der Unfruchtbarkeit ihrer illegitimen Nachkommenschaft in Verbindung bringt, und wir veranlasst werden, diese Ansicht auf erste Kreuzungen und Bastarde auszudehnen; drittens, weil wir finden (und das scheint mir von besonderer Bedeutung zu sein), dass von derselben Art zwei oder drei Formen existieren und durchaus in gar keiner Beziehung weder im Bau noch in der Constitution in Beziehung auf äussere Lebensbedingungen von einander abweichen können, dass sie aber dennoch unfruchtbar sind, wenn sie auf gewisse Weise begattet werden. Denn wir müssen uns erinnern, dass es die Verbindung der Sexualelemente von Individuen der nämlichen Form, z. B. der beiden langgriffligen Formen ist, welche in Sterilität ausgeht; während die Verbindung der, zwei verschiedenen Formen eigenen Sexualelemente fruchtbar ist. Es scheint daher auf den ersten Blick der Fall gerade das Umgekehrte von dem zu sein, was bei der gewöhnlichen Verbindung von Individuen einer und derselben Species und bei Kreuzungen zwischen verschiedenen Species eintritt. Es ist indessen zweifelhaft, ob dies wirklich der Fall ist; und ich will mich bei diesem dunklen Gegenstand nicht länger aufhalten.

Nach der Betrachtung dimorpher und trimorpher Pflanzen können wir es indess als wahrscheinlich ansehen, dass die Unfruchtbarkeit distincter Arten bei ihrer Kreuzung und deren hybrider Nachkommen ausschliesslich von der Natur ihrer Sexualelemente und nicht von irgend welcher allgemeinen Verschiedenheit in ihrem Bau oder ihrer Constitution abhängt. Wir werden in der That zu demselben Schlusse durch die Betrachtung wechselseitiger Kreuzungen zweier Arten geführt, bei denen das Männchen der einen mit dem Weibchen der andern Art nicht oder nur mit grosser Schwierigkeit gepaart werden kann, während die umgekehrte Kreuzung mit vollkommener Leichtigkeit ausgeführt werden kann. Gärtner, ein ausgezeichneter Beobachter, kam gleichfalls zu dem Schlusse, dass gekreuzte Arten in Folge von Verschiedenheiten, die auf ihre Reproductionsorgane beschränkt sind, steril sind.

Fruchtbarkeit gekreuzter Varietäten und ihrer Blendlinge nicht allgemein.

Man könnte uns als einen überwältigenden Beweisgrund entgegenhalten, es müsse irgend ein wesentlicher Unterschied zwischen Arten und Varietäten bestehen, da ja Varietäten, wenn sie in ihrer äussern Erscheinung auch noch so sehr auseinander gehen, sich doch mit vollkommener Leichtigkeit kreuzen und vollkommen fruchtbare Nachkommen liefern. Ich gebe mit einigen sogleich nachzuweisenden Ausnahmen vollkommen zu, dass dies die Regel ist. Der Gegenstand bietet aber noch grosse Schwierigkeiten dar; denn wenn wir die in der Natur vorkommenden Varietäten betrachten, so werden, sobald zwei bisher als Varietäten angesehene Formen sich einigermassen steril miteinander zeigen, dieselben von den meisten Naturforschern sogleich zu Arten erhoben. So sind z. B. die rothe und blaue *Anagallis*, welche die meisten Botaniker für blosse Varietäten halten, nach Gärtner bei der Kreuzung vollkommen steril und werden deshalb von ihm als unzweifelhafte Arten bezeichnet. Wenn wir in solcher Weise im Zirkel schliessen, so muss die Fruchtbarkeit aller im Naturzustande entstandenen Varietäten als erwiesen angesehen werden.

Wenden wir uns zu den erwiesener oder vermutheter Massen im Culturstande erzeugten Varietäten, so werden wir auch hier in Zweifel verwickelt. Denn wenn es z. B. feststeht, dass gewisse in Süd-America einheimische Haushunde sich nicht leicht mit europäischen Hunden kreuzen, so ist die Erklärung, welche Jedem einfallen wird und wahrscheinlich auch die richtige ist, die, dass diese Hunde von ursprünglich verschiedenen Arten abstammen. Demungeachtet ist die vollkommene Fruchtbarkeit so vieler domesticierten Varietäten, die in ihrem äussern Ansehen so weit von einander verschieden sind, wie z. B. die der Tauben oder die des Kohles, eine merkwürdige Thatsache, besonders wenn wir erwägen, wie zahlreiche Arten es gibt, welche, trotzdem sie einander sehr ähnlich sind, doch bei der Kreuzung ganz unfruchtbar miteinander sind.

Verschiedene Betrachtungen jedoch lassen die Fruchtbarkeit der domesticierten Varietäten weniger merkwürdig erscheinen. Es lässt sich zunächst beobachten, dass der Grad äusserlicher Unähnlichkeit zweier Arten kein sicheres Zeichen für den Grad der Unfruchtkeit bei ihrer Kreuzung ist, so dass ähnliche Verschiedenheiten bei Varietäten auch kein sicheres Zeichen sein dürften. Es ist gewiss, dass bei Arten die Ursache ausschliesslich in Verschiedenheiten ihrer geschlechtlichen Constitution liegt. Die verschiedenartigen Bedingungen nun, welchen domesticierte Thiere und cultivierte Pflanzen ausgesetzt worden sind, haben so wenig eine Tendenz das Reproductionssystem in einer Weise zu modificieren, welche zur wechselseitigen Unfruchtbarkeit führt, dass wir wohl Grund haben, gerade das directe Gegentheil hiervon, die Theorie PALLAS', anzunehmen, dass nämlich solche Bedingungen allgemein jene Neigung eliminieren; so dass also die domesticierten Nachkommen von Arten, welche in ihrem Naturzustande in einem gewissen Grade unfruchtbar bei ihrer Kreuzung gewesen sein dürften, vollkommen fruchtbar miteinander werden. Bei Pflanzen führt die Cultur so wenig eine Neigung zur Unfruchtbarkeit distincter Species herbei, dass in mehreren bereits erwähnten wohl beglaubigten Fällen gewisse Pflanzen gerade in einer entgegengesetzten Art und Weise afficiert worden sind; sie sind nämlich selbst impotent geworden, während sie die Fähigkeit, andere Arten zu befruchten und von anderen Arten befruchtet zu werden, noch immer beibehalten haben. Wenn die PALLAS'sche Theorie von der Elimination der Unfruchtbarkeit durch lange fortgesetzte Domestication angenommen wird, — und sie kann kaum zurückgewiesen werden —, so wird es im höchsten Grade unwahrscheinlich, dass lange Zeit ähnlich bleibende Lebensbedingungen gleichfalls diese Neigung herbeiführen sollten; doch könnte in gewissen Fällen bei Species mit eigenthümlicher Constitution gelegentlich Unfruchtbarkeit dadurch herbeigeführt werden. Auf diese Weise können wir, wie ich glaube, einsehen, warum bei domesticierten Thieren keine Varietäten produciert worden sind, welche wechselseitig unfruchtbar sind und warum bei Pflanzen nur wenig derartige, sofort zu besprechende Fälle beobachtet worden sind.

Die wirkliche Schwierigkeit bei dem vorliegenden Gegenstande liegt, wie mir scheint, nicht darin, dass domesticierte Varietäten nicht wechselseitig unfruchtbar bei ihrer Kreuzung geworden sind, sondern darin, dass dies so allgemein bei natürlichen Varietäten eingetreten ist, sobald sie in hinreichendem Grade und so ausdauernd modificiert worden sind, um als Species betrachtet zu werden. Wir kennen hiervon durchaus nicht genau die Ursache; auch ist dies nicht überraschend, wenn wir sehen, wie völlig unwissend wir in Bezug auf die normale und abnorme Thätigkeit des Reproductivsystems sind. Wir können aber sehen, dass Species in Folge ihres Kampfes um die Existenz mit zahlreichen Concurrenten während langer Zeiträume gleichförmigeren Bedingungen ausgesetzt gewesen sein müssen, als domesticierte Varietäten; und dies kann wohl eine beträchtliche Verschiedenheit im Resultate herbeiführen. Denn wir wissen, wie ganz gewöhnlich wilde Thiere und Pflanzen, wenn sie aus ihren natürlichen Bedingungen herausgenommen und in Gefangenschaft gehalten werden, unfruchtbar gemacht werden; und die reproductiven Functionen organischer Wesen, welche immer unter natürlichen Bedingungen gelebt haben, werden wahrscheinlich in gleicher Weise für den Einfluss einer unnatürlichen Kreuzung äusserst empfindlich sein. Auf der andern Seite waren aber domesticierte Erzeugnisse, wie schon die blosse Thatsache ihrer Domestication zeigt, nicht ursprünglich in hohem Grade gegen Veränderungen in ihren Lebensbedingungen empfindlich und können jetzt allgemein mit unverminderter Fruchtbarkeit wiederholten Veränderungen der Bedingungen widerstehen; es konnte daher erwartet werden, dass sie Varietäten hervorbrächten, deren Reproductionsvermögen durch den Act der Kreuzung mit anderen Varietäten, die in gleicher Weise entstanden sind, nicht leicht schädlich beeinflusst werden würde.

Ich habe bis jetzt so gesprochen, als ob die Varietäten einer nämlichen Art bei der Kreuzung unabänderlich fruchtbar wären. Es ist aber unmöglich, sich den Zeugnissen für das Dasein eines gewissen Masses von Unfruchtbarkeit in den folgenden wenigen Fällen zu verschliessen, die ich kurz anführen will. Der Beweis ist wenigstens eben so gut wie derjenige, welcher uns an die Unfruchtbarkeit einer Menge von Arten glauben macht, und er ist auch von gegnerischen Zeugen entlehnt, die in allen anderen Fällen Fruchtbarkeit und Unfruchtbarkeit als sichere Beweise specifischer Verschiedenheit betrachten. Gärtner hielt einige Jahre lang eine Sorte Zwergmais mit gelben und eine grosse Varietät mit rothen Samen, welche nahe beisammen in seinem Garten wuchsen; und obwohl diese Pflanzen getrennten Geschlechtes sind, so kreuzten sie sich doch nie von selbst miteinander. Er befruchtete dann dreizehn Blüthen des einen mit dem Pollen des andern; aber nur ein einziger Kolben gab einige Samen und zwar nur fünf Körner. Die Behandlungsweise kann in diesem Falle nicht schädlich gewesen sein, indem die Pflanzen getrennte Geschlechter haben. Noch Niemand hat meines Wissens diese zwei Varietäten von Mais für verschiedene Arten angesehen; und es ist wesentlich zu bemerken, dass die aus ihnen erzogenen Blendlinge selbst vollkommen fruchtbar waren, so dass auch Gärtner selbst nicht wagte, jene Varietäten für zwei verschiedene Arten zu erklären.

Girou de Buzareingues kreuzte drei Varietäten von Gurken miteinander, welche wie der Mais getrennten Geschlechtes sind, und versichert ihre gegenseitige Befruchtung sei um so weniger leicht, je grösser ihre Verschiedenheit. In wie weit diese Versuche Vertrauen verdienen, weiss ich nicht; aber die drei zu denselben benützten Formen sind von Sageret, welcher sich bei seiner Unterscheidung der Arten hauptsächlich auf die Unfruchtbarkeit stützt, als Varietäten aufgestellt worden, und Naudin ist zu demselben Schlusse gelangt.

Weit merkwürdiger und anfangs fast unglaublich erscheint der folgende Fall: jedoch ist er das Resultat einer ganz ausserordentlichen Zahl viele Jahre lang an neun *Verbascum*-Arten fortgesetzter Versuche, welche hier noch um so höher in Anschlag zu bringen sind, als sie von Gärtner herrühren, der ein ebenso vortrefflicher Beobachter als entschiedener Gegner ist: es ist dies die Thatsache, dass die gelben und die weissen Varietäten der nämlichen *Verbascum*-Arten bei der Kreuzung miteinander weniger Samen geben, als jede derselben liefern, wenn sie mit Pollen aus Blüthen von ihrer eigenen Farbe befruchtet werden. Er versichert ausserdem, dass, wenn gelbe und weisse Varietäten einer Art mit gelben und weissen Varietäten einer andern Art gekreuzt werden, man mehr Samen erhält, wenn man die gleichfarbigen als wenn man die ungleichfarbigen Varietäten miteinander paart. Auch Scott hat mit den Arten und Varietäten von *Verbascum* Versuche angestellt, und obgleich er nicht im Stande war, Gärtner's Resultate über das Kreuzen distincter Arten zu bestätigen, so findet er doch, dass die ungleich gefärbten Varietäten derselben Art weniger Samen ergeben (im Verhältnis von 86 zu 100), als die ähnlich gefärbten Varietäten. Und doch weichen diese Varietäten in keiner andern Beziehung als in der Farbe ihrer Blüthen von einander ab, und eine Varietät lässt sich zuweilen aus dem Samen der andern erziehen.

Kölreuter, dessen Genauigkeit durch jeden späteren Beobachter bestätigt worden ist, hat die merkwürdige Thatsache nachgewiesen, dass eine eigenthümliche Varietät des gemeinen Tabaks, wenn sie mit einer ganz andern ihr weit entfernt stehenden Species gekreuzt wird, fruchtbarer ist als die anderen Varietäten. Er machte mit fünf Formen Versuche, welche allgemein für Varietäten gelten, was er auch durch die strengste Probe, nämlich durch Wechselkreuzungen bewies, und fand, dass die Blendlinge vollkommen fruchtbar waren. Doch gab eine dieser fünf Varietäten, mochte sie nun als Vater oder Mutter mit in's Spiel kommen, bei der Kreuzung mit *Nicotiana glutinosa* stets minder unfruchtbare Bastarde, als die vier anderen Varietäten bei Kreuzung mit *Nicotiana glutinosa* gaben. Es muss daher das Reproductionssystem dieser einen Varietät in irgend einer Weise und in irgend einem Grade modificiert gewesen sein.

Nach diesen Thatsachen kann nicht länger mehr behauptet werden, dass Varietäten bei ihrer Kreuzung unabänderlich völlig fruchtbar sind. Bei der grossen Schwierigkeit, die Unfruchtbarkeit der Varietäten im Naturzustande zu bestätigen, weil jede bei der Kreuzung nur in irgend einem Grade etwas unfruchtbare Varietät alsbald allgemein für eine Species erklärt werden würde, sowie in Folge des Umstandes, dass der Mensch bei seinen domesticierten Varietäten nur auf die äusseren Charactere sieht, und da solche Varietäten keine sehr lange Zeit hindurch gleichförmigen Lebensbedingungen ausgesetzt worden sind: — nach all' diesen Betrachtungen können wir schliessen, dass die Fruchtbarkeit bei Kreuzungen keinen fundamentalen Unterscheidungsgrund zwischen Varietäten und Arten abgibt. Die allgemeine Unfruchtbarkeit gekreuzter Arten kann getrost nicht als etwas besonders Erlangtes, oder als eine besondere Begabung, sondern als etwas mit Veränderungen unbekannter Natur in ihren Sexualelementen Zusammenhängendes betrachtet werden.

Bastarde und Blendlinge unabhängig von ihrer Fruchtbarkeit verglichen.

Die Nachkommen miteinander gekreuzter Arten und gekreuzter Varietäten lassen sich unabhängig von der Frage nach ihrer Fruchtbarkeit noch in mehreren anderen Beziehungen miteinander vergleichen. Gärtner, dessen vorwiegendes Bestreben darauf gerichtet war, eine scharfe Unterscheidungslinie zwischen Arten und Varietäten zu ziehen, konnte nur sehr wenige, und wie es mir scheint nur ganz unwesentliche Unterschiede zwischen den sogenannten Bastarden der Arten und den sogenannten Blendlingen der Varietäten auffinden, wogegen sie sich in vielen anderen wesentlichen Beziehungen vollkommen gleichen.

Ich werde diesen Gegenstand hier nur mit äusserster Kürze erörtern. Der wichtigste Unterschied ist der, dass in der ersten Generation Blendlinge veränderlicher als Bastarde sind; doch gibt Gärtner zu, dass Bastarde von bereits lange cultivierten Arten in der ersten Generation oft variabel sind, und ich selbst habe auffallende Belege für diese Thatsache gesehen. Gärtner gibt ferner zu, dass Bastarde zwischen sehr nahe verwandten Arten veränderlicher sind, als die von sehr weit auseinanderstehenden; und daraus ergibt sich, dass die Verschiedenheit im Grade der Veränderlichkeit stufenweise abnimmt. Werden Blendlinge und die fruchtbareren Bastarde mehrere Generationen lang fortgepflanzt, so ist es notorisch, in welch' ausserordentlichem Masse die Nachkommen in beiden Fällen veränderlich sind; dagegen lassen sich aber einige wenige Fälle anführen, wo Bastarde sowohl als Blendlinge ihren einförmigen Character lange Zeit behauptet haben. Es ist indessen die Veränderlichkeit der Blendlinge in den aufeinanderfolgenden Generationen doch vielleicht grösser als bei den Bastarden.

Diese grössere Veränderlichkeit der Blendlinge den Bastarden gegenüber scheint mir in keiner Weise überraschend zu sein. Denn die Eltern der Blendlinge sind Varietäten und meistens domesticierte Varietäten (da nur sehr wenige Versuche mit natürlichen Varietäten angestellt worden sind); und dies schliesst ein, dass ihre Veränderlichkeit noch eine neue ist, welche oft noch fortdauern und die schon aus der Kreuzung entspringende erhöhen wird. Der geringe Grad von Variabilität bei Bastarden in erster Generation im Gegensatze zu ihrer Veränderlichkeit in späteren Generationen ist eine eigenthümliche und Beachtung verdienende Thatsache; denn sie führt zu der Ansicht, die ich mir über eine der Ursachen der gewöhnlichen Variabilität gebildet habe, wonach diese nämlich davon abhängt, dass das Reproductionssystem, da es für jede Veränderung in den Lebensbedingungen äusserst empfindlich ist, unter diesen Umständen für seine eigentliche Function, mit der elterlichen Form übereinstimmende Nachkommen zu erzeugen, unfähig gemacht wird. Nun rühren die in erster Generation gebildeten Bastarde von Arten her (mit Ausschluss der lange cultivierten), deren Reproductionssysteme in keiner Weise afficiert worden waren, und sie sind nicht veränderlich; aber Bastarde selbst haben ein bedeutend afficiertes Reproductionssystem, und ihre Nachkommen sind sehr veränderlich.

Doch kehren wir zur Vergleichung der Blendlinge und Bastarde zurück. GÄRTNER behauptet, dass Blendlinge mehr als Bastarde geneigt seien, wieder in eine der elterlichen Formen zurückzuschlagen; doch ist diese Verschiedenheit, wenn die Angabe richtig ist, gewiss nur eine gradweise. GÄRTNER gibt überdies ausdrücklich an, dass Bastarde lang cultivierter Pflanzen mehr zum Rückschlag geneigt sind, als Bastarde von Arten im Naturzustande; und dies erklärt wahrscheinlich die eigenthümlichen Verschiedenheiten in den Resultaten verschiedener Beobachter. So zweifelt MAX WICHURA daran, ob Bastarde überhaupt je in ihre Stammformen zurückschlagen; und er experimentierte mit nicht cultivierten Arten von Weiden; während andererseits NAUDIN in der stärksten Weise die fast allgemeine Neigung zum Rückschlag bei Bastarden betont; und er experimentierte hauptsächlich mit cultivierten Pflanzen. GÄRTNER führt ferner an, dass, wenn zwei obgleich sehr nahe miteinander verwandte Arten mit einer dritten gekreuzt werden, deren Bastarde doch weit von einander verschieden sind, während, wenn zwei sehr verschiedene Varietäten einer Art mit einer andern Art gekreuzt werden, deren Bastarde unter sich nicht sehr verschieden sind. Dieser Schluss ist jedoch, so viel ich zu ersehen im Stande bin, nur auf einen einzigen Versuch gegründet und scheint den Erfahrungen geradezu entgegengesetzt zu sein, welche KÖLREUTER bei mehreren Versuchen gemacht hat.

Dies allein sind die an sich unwesentlichen Verschiedenheiten, welche GÄRTNER zwischen Bastarden und Blendlingen von Pflanzen auszumitteln im Stande gewesen ist. Auf der andern Seite folgen aber auch nach GÄRTNER die Grade und Arten der Ähnlichkeit der Bastarde und Blendlinge mit ihren bezüglichen Eltern, und insbesondere bei von nahe verwandten Arten entsprungenen Bastarden den nämlichen Gesetzen. Wenn zwei Arten gekreuzt werden, so zeigt zuweilen eine derselben ein überwiegendes Vermögen, eine Ähnlichkeit mit ihr dem Bastarde aufzuprägen, und so ist es, wie ich glaube, auch mit Pflanzenvarietäten. Bei Thieren besitzt gewiss oft eine Varietät dieses überwiegende Vermögen über eine andere. Die beiderlei Bastardpflanzen aus einer Wechselkreuzung gleichen einander gewöhnlich sehr, und so ist es auch mit den zweierlei Blendlings-Pflanzen aus Wechselkreuzungen. Bastarde sowohl als Blendlinge können wieder in jede der zwei elterlichen Formen zurückgeführt werden, wenn man sie in aufeinanderfolgenden Generationen wiederholt mit der einen ihrer Stammformen kreuzt.

Diese verschiedenen Bemerkungen lassen sich offenbar auch auf Thiere anwenden; doch wird hier der Gegenstand ausserordentlich verwickelt, theils in Folge vorhandener secundärer Sexualcharactere und theils insbesondere in Folge des gewöhnlich bei einem von beiden Geschlechtern überwiegenden Vermögens sein Bild dem Nachkommen aufzuprägen, sowohl wo Arten mit Arten, als wo Varietäten mit Varietäten gekreuzt werden. So glaube ich z. B., dass diejenigen Schriftsteller Recht haben, welche behaupten, der Esel besitze ein derartiges Übergewicht über das Pferd, dass sowohl Maulesel als Maulthier mehr dem Esel als dem Pferde gleichen; dass jedoch dieses Übergewicht noch mehr bei dem männlichen als dem weiblichen Esel hervortrete, daher der Maulesel als der Bastard von Eselhengst und Pferdestute dem Esel mehr als das Maulthier gleiche, welches das Pferd zum Vater und eine Eselin zur Mutter hat.

Einige Schriftsteller haben viel Gewicht auf die vermeintliche Thatsache gelegt, dass es nur bei Blendlingen vorkomme, dass diese nicht einen mittlern Character haben, sondern einem ihrer Eltern ausserordentlich ähnlich seien; doch kommt dies auch bei Bastarden, wenn gleich, wie ich zugebe, viel weniger häufig als bei Blendlingen, vor. Was die von mir gesammelten Fälle gekreuzter Thiere betrifft, welche einer der zwei elterlichen Formen sehr ähnlich gewesen sind, so scheint sich diese Ähnlichkeit vorzugsweise auf in ihrer Art beinahe monströse und plötzlich aufgetretene Charactere zu beschränken, wie Albinismus, Melanismus, Fehlen des Schwanzes oder der Hörner oder Überzahl der Finger und Zehen, und steht in keiner Beziehung zu den durch Zuchtwahl langsam entwickelten Merkmalen. Demzufolge wird auch eine Neigung plötzlicher Rückkehr zu dem vollkommenen Character eines der zwei elterlichen Typen bei Blendlingen, welche von oft plötzlich entstandenen und ihrem Character nach halbmonströsen Varietäten abstammen, leichter vorkommen, als bei Bastarden, die von langsam und auf natürliche Weise gebildeten Arten herrühren. Im Ganzen aber bin ich der Meinung von Prosper Lucas, welcher nach der Musterung einer ungeheuren Menge von Thatsachen in Bezug auf Thiere zu dem Schlusse gelangt, dass die Gesetze der Ähnlichkeit zwischen Kindern und Eltern die gleichen sind, mögen nun beide Eltern mehr oder mögen sie weniger von einander verschieden sein, mögen sich also Individuen einer und derselben oder verschiedener Varietäten oder ganz verschiedener Arten gepaart haben.

Es scheint sich, von der Frage über Fruchtbarkeit oder Unfruchtbarkeit ganz unabhängig, in allen anderen Beziehungen eine allgemeine und grosse Ähnlichkeit im Verhalten der Nachkommen gekreuzter Arten mit denen gekreuzter Varietäten zu ergeben. Bei der Annahme, dass die Arten einzeln erschaffen und die Varietäten erst durch secundäre Gesetze entwickelt worden sind, wird eine solche Ähnlichkeit als eine äusserst befremdende Thatsache erscheinen. Geht man aber von der Ansicht aus, dass ein wesentlicher Unterschied zwischen Arten und Varietäten gar nicht vorhanden ist, so steht sie vollkommen mit derselben im Einklang.

Zusammenfassung des Capitels.

Erste Kreuzungen sowohl zwischen Formen, welche hinreichend verschieden sind, um für Arten zu gelten, als auch zwischen ihren Bastarden sind sehr allgemein, aber nicht immer, unfruchtbar. Diese Unfruchtbarkeit findet in allen Abstufungen statt und ist oft so unbedeutend, dass die erfahrensten Experimentatoren zu mitunter schnurstracks entgegengesetzten Folgerungen gelangten, als sie die Formen danach ordnen wollten. Die Unfruchtbarkeit ist bei Individuen einer nämlichen Art von Haus aus variabel, und für die Einwirkung günstiger und ungünstiger Bedingungen ausserordentlich empfänglich. Der Grad der Unfruchtbarkeit richtet sich nicht genau nach systematischer Verwandtschaft, sondern wird von mehreren merkwürdigen und verwickelten Gesetzen beherrscht. Er ist gewöhnlich ungleich und oft sehr ungleich bei wechselseitiger Kreuzung der nämlichen zwei Arten. Er ist nicht immer von gleicher Stärke bei einer ersten Kreuzung und bei den aus dieser Kreuzung entspringenden Nachkommen.

In derselben Weise, wie beim Propfen der Bäume die Fähigkeit einer Art oder Varietät bei anderen anzuschlagen, mit meist ganz unbekannten Verschiedenheiten in ihren vegetativen Systemen zusammenhängt, so fällt bei Kreuzungen die grössere oder geringere Leichtigkeit einer Art, sich mit einer andern zu verbinden, mit unbekannten Verschiedenheiten in ihren Reproductionssystemen zusammen. Es ist daher nicht mehr Grund vorhanden, anzunehmen, dass von der Natur einer jeden Art ein verschiedener Grad von Sterilität in der Absicht, ihr gegenseitiges Durchkreuzen und Ineinanderlaufen zu verhüten, besonders verliehen sei, als zu glauben, dass jeder Baumart ein verschiedener und etwas analoger Grad von Schwierigkeit, beim Verpropfen auf anderen Arten anzuschlagen, verliehen sei, um zu verhüten, dass sie nicht alle in unseren Wäldern miteinander verwachsen.

Die Unfruchtbarkeit erster Kreuzungen und deren hybrider Nachkommen ist nicht durch natürliche Zuchtwahl erworben worden. Bei ersten Kreuzungen scheint die Sterilität von verschiedenen Umständen abzuhängen: in einigen Fällen zum hauptsächlichsten Theile vom frühzeitigen Absterben des Embryos. Die Unfruchtbarkeit der Bastarde hängt augenscheinlich davon ab, dass ihre ganze Organisation durch Verschmelzung zweier Arten in eine gestört worden ist; die Sterilität ist derjenigen nahe verwandt, welche so oft reine Species befällt, wenn sie neuen und unnatürlichen Lebensbedingungen ausgesetzt werden. Wer diese letzteren Fälle erklärt, wird auch im Stande sein, die Sterilität der Bastarde zu erklären. Diese Ansicht wird noch durch einen Parallelismus anderer Art nachdrücklich unterstützt, dass nämlich erstens geringe Veränderungen in den Lebensbedingungen für Gesundheit und Fruchtbarkeit aller organischen Wesen vortheilhaft sind, und zweitens, dass die Kreuzung von Formen, welche unbedeutend verschiedenen Lebensbedingungen ausgesetzt gewesen sind oder welche variiert haben, die Grösse, Lebenskraft und Fruchtbarkeit ihrer Nachkommen begünstigt, während grössere Veränderungen oft nachtheilig sind. Die angeführten Thatsachen von Unfruchtbarkeit illegitimer Begattungen dimorpher und trimorpher Pflanzen und deren illegitimer Nachkommenschaft machen es vielleicht wahrscheinlich, dass in allen Fällen irgend ein unbekanntes Band den Grad der Fruchtbarkeit der ersten Paarung und der ihrer Abkömmlinge miteinander verknüpft. Die Betrachtung dieser Fälle von Dimorphismus, ebenso wie die Resultate wechselseitiger Kreuzungen führen uns offenbar zu dem Schlusse, dass die primäre Ursache der Sterilität gekreuzter Arten auf Verschiedenheiten in deren Sexualelementen beschränkt ist. Warum aber bei verschiedenen Arten die Sexualelemente so allgemein in einer zu gegenseitiger Unfruchtbarkeit führenden Weise modificiert worden sein mögen, wissen wir nicht; es scheint dies aber in irgend einer nahen Beziehung dazu zu stehen, dass Species lange Zeiträume hindurch nahezu gleichförmigen Lebensbedingungen ausgesetzt gewesen sind.

Es ist nicht überraschend, dass der Grad der Schwierigkeit, zwei Arten miteinander zu kreuzen und der Grad der Unfruchtbarkeit ihrer Bastarde einander in den meisten Fällen entsprechen, selbst wenn sie von verschiedenen Ursachen herrühren, denn beide hängen von dem Masse irgend welcher Verschiedenheiten zwischen den gekreuzten Arten ab. Ebenso ist es nicht überraschend, dass die Leichtigkeit, eine erste Kreuzung zu bewirken, die Fruchtbarkeit der daraus entsprungenen Bastarde und die Fähigkeit wechselseitiger Aufeinanderpropfung, obwohl diese letzte offenbar von weit verschiedenen Ursachen abhängt, alle bis zu einem gewissen Grade mit der systematischen Verwandtschaft der Formen, welche bei den Versuchen in Anwendung gekommen sind, parallel gehen; denn mit dem Ausdrucke „systematische Affinität" will man alle Arten von Ähnlichkeit bezeichnen.

Erste Kreuzungen zwischen Formen, die als Varietäten gelten oder sich hinreichend gleichen, um dafür angesehen zu werden, und ihre Blendlinge sind sehr allgemein, aber nicht (wie sehr oft behauptet wird) ohne Ausnahme, fruchtbar. Doch ist diese nahezu allgemeine und vollkommene Fruchtbarkeit nicht befremdend, wenn wir uns erinnern, wie leicht wir hinsichtlich der Varietäten im Naturzustande in einen Zirkelschluss gerathen, und wenn wir uns in's Gedächtnis rufen, dass die grössere Anzahl der Varietäten im domesticierten Zustande durch Zuchtwahl blosser äusserer Verschiedenheiten hervorgebracht worden und nicht lange gleichförmigen Lebensbedingungen ausgesetzt gewesen sind. Auch darf man besonders nicht vergessen, dass lange anhaltende Domestication offenbar die Sterilität zu beseitigen strebt und daher diese selbe Eigenschaft kaum herbeizuführen in der Lage ist. Abgesehen von der Frage ihrer Fruchtbarkeit besteht zwischen Bastarden und Blendlingen in allen übrigen Beziehungen die engste allgemeine Ähnlichkeit, in ihrer Veränderlichkeit, in dem Vermögen, nach wiederholten Kreuzungen einander zu absorbieren, und in der Vererbung von Characteren beider Elternformen. Endlich scheinen mir die in diesem Capitel aufgezählten Thatsachen trotz unserer völligen Unbekanntschaft mit der wirklichen Ursache sowohl der Unfruchtbarkeit erster Kreuzungen und der Bastarde als auch der Erscheinung, dass Thiere und Pflanzen, wenn sie aus ihren natürlichen Bedingungen entfernt werden, unfruchtbar werden, doch nicht mit der Ansicht im Widerspruch zu stehen, dass Species ursprünglich Varietäten waren.

Zehntes Capitel.

Unvollständigkeit der geologischen Urkunden.

Über das Fehlen mittlerer Varietäten in der Jetztzeit. — Natur der erloschenen Mittelvarietäten und deren Zahl. — Länge der Zeiträume nach Massgabe der Ablagerung und Denudation. — Länge der verflossenen Zeit nach Jahren abgeschätzt. — Armuth unserer paläontologischen Sammlungen. — Unterbrechung geologischer Formationen. — Denudation granitischer Bodenflächen. — Abwesenheit der Mittelvarietäten in allen Formationen. — Plötzliches Erscheinen von Artengruppen. — Ihr plötzliches Auftreten in den ältesten bekannten fossilführenden Schichten. — Alter der bewohnbaren Erde.

Im sechsten Capitel habe ich die hauptsächlichsten Einwände aufgezählt, welche man gegen die in diesem Bande aufgestellten Ansichten mit Recht erheben könnte. Die meisten derselben sind jetzt bereits erörtert worden. Darunter ist allerdings eine von handgreiflicher Schwierigkeit: nämlich die Verschiedenheit der specifischen Formen und der Umstand, dass sie nicht durch zahllose Übergangsglieder ineinander verschmolzen sind. Ich habe auf Ursachen hingewiesen, warum solche Bindeglieder heutzutage unter den anscheinend für ihr Dasein günstigsten Umständen, nämlich auf ausgedehnten und zusammenhängenden Flächen mit allmählich abgestuften physikalischen Bedingungen, nicht ganz gewöhnlich zu finden sind. Ich versuchte zu zeigen, dass das Leben einer jeden Art noch wesentlicher von der Anwesenheit anderer bereits unterschiedener organischer Formen abhängt als vom Clima, und dass daher die wirklich einflussreichen Lebensbedingungen sich nicht allmählich abstufen, wie Wärme und Feuchtigkeit. Ich versuchte ferner zu zeigen, dass mittlere Varietäten deswegen, weil sie in geringerer Anzahl als die von ihnen verbundenen Formen vorkommen, im Verlaufe weiterer Veränderung und Vervollkommnung dieser letzten bald verdrängt und zum Aussterben gebracht werden. Die Hauptursache jedoch, warum nicht in der ganzen Natur jetzt noch zahllose solche Zwischenglieder vorkommen, liegt im Processe der natürlichen Zuchtwahl selbst, wodurch neue Varietäten fortwährend die Stelle ihrer Stammformen einnehmen und dieselben ersetzen. Aber gerade in dem Verhältnisse, wie dieser Process der Vertilgung in ungeheurem Masse thätig gewesen ist, muss auch die Anzahl der Zwischenvarietäten, welche vordem auf der Erde vorhanden waren, eine wahrhaft ungeheure gewesen sein. Woher kömmt es dann, dass nicht jede geologische Formation und jede Gesteinsschicht voll von solchen Zwischenformen ist? Die Geologie enthüllt uns sicherlich keine solche fein abgestufte Organismenreihe; und dies ist vielleicht die handgreiflichste gewichtigste Einrede, die man meiner Theorie entgegenhalten kann. Die Erklärung liegt aber, wie ich glaube, in der äussersten Unvollständigkeit der geologischen Urkunden.

Zuerst muss man sich erinnern, was für Zwischenformen meiner Theorie zufolge vordem bestanden haben müssten. Ich habe es nur schwer zu vermeiden gefunden, mir, wenn ich irgend welche zwei Arten betrachtete, unmittelbare Zwischenformen zwischen denselben in Gedanken vorzustellen. Es ist dies aber eine ganz falsche Ansicht, man hat sich vielmehr nach Formen umzusehen, welche zwischen jeder der zwei Species und einem gemeinsamen, aber unbekannten Urerzeuger das Mittel halten; und dieser Erzeuger wird gewöhnlich von allen seinen modificierten Nachkommen in einigen Beziehungen verschieden gewesen sein. Ich will dies mit einem einfachen Beispiele erläutern. Die Pfauentaube und der Kröpfer leiten beide ihren Ursprung von der Felstaube *(Columba livia)* her; besässen wir alle Zwischenvarietäten, die je existiert haben, so würden wir eine ausserordentlich dichte Reihe zwischen beiden und der Felstaube haben; aber unmittelbare Zwischenvarietäten zwischen Pfauentaube und Kropftaube würden wir nicht finden, keine z. B., die einen etwas ausgebreiteteren Schwanz mit einem nur mässig erweiterten Kropfe verbände, worin doch eben die bezeichnenden Merkmale jener zwei Rassen liegen. Diese beiden Rassen sind überdies so sehr modificiert worden, dass, wenn wir keinen historischen oder indirecten Beweis über ihren Ursprung hätten, wir unmöglich im Stande gewesen sein würden, durch blosse Vergleichung ihrer Structur mit der der Felstaube *(Columba livia)* zu bestimmen, ob sie aus dieser oder einer andern ihr verwandten Art, wie z. B. *Columba oenas*, entstanden seien.

So verhält es sich auch mit den natürlichen Arten. Wenn wir uns nach sehr verschiedenen Formen umsehen, wie z. B. Pferd und Tapir, so finden wir keinen Grund zur Annahme, dass es jemals unmittelbare Zwischenglieder zwischen denselben gegeben habe, wohl aber zwischen jedem von beiden und irgend einem unbekannten Erzeuger. Dieser gemeinsame Urerzeuger wird in seiner ganzen Organisation viele allgemeine Ähnlichkeit mit dem Tapir so wie mit dem Pferde besessen haben, doch in manchen Punkten des

Baues auch von beiden beträchtlich verschieden gewesen sein, vielleicht selbst in noch höherem Grade, als beide jetzt unter sich sind. Daher würden wir in allen solchen Fällen nicht im Stande sein, die elterliche Form für irgend welche zwei oder mehr Arten wiederzuerkennen, selbst dann nicht, wenn wir den Bau der Stammform genau mit dem seiner abgeänderten Nachkommen vergleichen, es wäre denn, dass wir eine nahezu vollständige Kette von Zwischengliedern dabei hätten.

Es wäre nach meiner Theorie allerdings möglich, dass von zwei noch lebenden Formen die eine von der andern abstammte, wie z. B. ein Pferd von einem Tapir, und in diesem Falle wird es directe Zwischenglieder zwischen denselben gegeben haben. Ein solcher Fall würde jedoch voraussetzen, dass die eine der zwei Arten sich eine sehr lange Zeit hindurch unverändert erhalten habe, während ihre Nachkommen sehr ansehnliche Veränderungen erfuhren. Aber das Princip der Concurrenz zwischen Organismus und Organismus, zwischen Kind und Erzeuger, wird diesen Fall nur sehr selten eintreten lassen; denn in allen Fällen streben die neuen und verbesserten Lebensformen die alten und unpassenderen zu ersetzen.

Nach der Theorie der natürlichen Zuchtwahl haben alle lebenden Arten mit der Stammart einer jeden Gattung durch Verschiedenheiten in Verbindung gestanden, welche nicht grösser waren, als wir sie heutzutage zwischen den natürlichen und domesticierten Varietäten einer und derselben Art sehen: und diese jetzt ganz allgemein erloschenen Stammarten waren ihrerseits wieder in ähnlicher Weise mit älteren Arten verkettet; und so immer weiter rückwärts, bis endlich alle in dem gemeinsamen Vorfahren einer jeden grossen Classe zusammentreffen. So muss daher die Anzahl der Zwischen- und Übergangsglieder zwischen allen lebenden und erloschenen Arten ganz unfassbar gross gewesen sein. Aber zuverlässig haben dergleichen, wenn die Theorie richtig ist, auf der Erde gelebt.

Über die Zeitdauer nach Massgabe der Ablagerung und Grösse der Denudation.

Unabhängig von dem Umstande, dass wir nicht die fossilen Reste einer so endlosen Anzahl von Zwischengliedern finden, könnte man mir ferner entgegenhalten, dass die Zeit nicht hingereicht habe, ein so ungeheures Mass organischer Veränderungen durchzuführen.

weil alle Abänderungen nur sehr langsam bewirkt worden seien. Es ist mir kaum möglich, demjenigen meiner Leser, welcher kein practischer Geologe ist, die leitenden Thatsachen vorzuführen, welche uns einigermassen die unermessliche Länge der verflossenen Zeiträume zu erfassen in den Stand setzen. Wer Sir CHARLES LYELL's grosses Werk „the Principles of Geology", welchem spätere Historiker die Anerkennung eine grosse Umwälzung in den Naturwissenschaften bewirkt zu haben nicht versagen werden, lesen kann und nicht sofort die unfassbare Länge der verflossenen Erdperioden zugesteht, der mag dieses Buch nur schliessen. Damit ist nicht gesagt, dass es genügte, die „Principles of Geology" zu studieren oder die Specialabhandlungen verschiedener Beobachter über einzelne Formationen zu lesen, um zu sehen, wie jeder Autor bestrebt ist, einen wenn auch nur ungenügenden Begriff von der Bildungsdauer einer jeden Formation oder sogar jeder einzelnen Schicht zu geben. Wir können am besten eine Idee von der verflossenen Zeit erhalten, wenn wir erfahren, was für Kräfte thätig waren, und wenn wir kennen lernen, wie viel Land abgetragen und wie viel Sediment abgelagert worden ist. Wie LYELL ganz richtig bemerkt hat, ist die Ausdehnung und Mächtigkeit unserer Sedimentärformationen das Resultat und der Massstab für die Denudation, welche unsere Erdrinde an einer andern Stelle erlitten hat. Man sollte daher selbst diese ungeheuren Stösse übereinander gelagerter Schichten untersuchen, die Bäche beobachten, wie sie Schlamm herabführen, und die See bei der Arbeit, die Uferfelsen niederzunagen, beobachten, um nur einigermassen die Länge der Zeit zu begreifen, deren Denkmäler wir rings um uns her erblicken.

Es verlohnt sich den Seeküsten entlang zu wandern, welche aus mässig harten Felsschichten aufgebaut sind, und den Zerstörungsprocess zu beobachten. Die Fluth erreicht diese Felswände in den meisten Fällen nur auf kurze Zeit zweimal des Tags, und die Wogen nagen sie nur aus, wenn sie mit Sand und Geröll beladen sind; denn bewährte Zeugnisse sprechen dafür, dass reines Wasser Gesteine nicht oder nur wenig angreift. Zuletzt wird der Fuss der Felswände unterwaschen sein, mächtige Massen brechen zusammen, und diese, nun fest liegen bleibend, müssen Atom um Atom zerrieben werden, bis sie, klein genug geworden, von den Wellen umhergerollt werden können; und dann werden sie noch schneller in Geröll, Sand und Schlamm verarbeitet. Aber wie oft sehen wir längs des Fusses zurücktretender Klippen abgerundete

Blöcke liegen, alle dick überzogen mit Meereserzeugnissen, welche beweisen, wie wenig sie durch Abreibung leiden und wie selten sie umhergerollt werden! Überdies wenn wir einige Meilen weit eine derartige der Zerstörung unterliegende Küstenwand verfolgen, so finden wir nur hie und da, auf kurze Strecken oder etwa um ein Vorgebirge herum die Klippen während der Jetztzeit leiden. Die Beschaffenheit der Oberfläche und der auf ihnen erscheinende Pflanzenwuchs beweisen, dass an anderen Orten Jahre verflossen sind, seitdem die Wasser ihren Fuss umspült haben.

Wir haben indessen neuerdings aus den Beobachtungen RAMSAY's als Vorläufer anderer ausgezeichneter Beobachter, wie JUKES, GEIKIE, CROLL und Anderer, gelernt, dass die Zerstörung der Oberfläche durch Einwirkung der Luft eine viel bedeutungsvollere Thätigkeit ist, als die Strandwirkung oder die Kraft der Wellen. Die ganze Oberfläche des Landes ist der chemischen Wirkung der Luft und des Regenwassers mit seiner aufgelösten Kohlensäure und in kälteren Zonen des Frostes ausgesetzt; die losgelöste Substanz wird während heftiger Regen selbst sanfte Abhänge hinabgespült und in grösserer Ansdehnung, als man anzunehmen geneigt sein könnte, besonders in dürren Gegenden vom Winde fortgeführt; sie wird dann durch Flüsse und Ströme weitergeführt, welche, wenn sie reissend sind, ihre Betten vertiefen und die Fragmente zermahlen. An einem Regentage sehen wir selbst in einer sanft welligen Gegend die Wirkungen dieser Zerstörungen durch die Atmosphäre in den schlammigen Rinnsalen, welche jeden Abhang hinabfliessen. RAMSAY und WHITAKER haben gezeigt, und die Beobachtung ist eine äusserst auffallende, dass die grossen Böschungslinien im Wealdendistrict und die quer durch England ziehenden, welche früher für alte Küstenzüge angesehen wurden, nicht als solche gebildet worden sein können; denn jeder derartige Zug wird von einer und derselben Formation gebildet, während unsere jetzigen Küstenwände überall aus Durchschnitten verschiedener Formationen bestehen. Da dies der Fall ist, so sind wir genöthigt anzunehmen, dass diese Böschungslinien hauptsächlich dem Umstande ihren Ursprung verdanken, dass das Gestein, aus dem sie bestehen, der atmosphärischen Denudation besser als die umgebende Oberfläche widerstanden hat; diese umgebende Fläche ist folglich nach und nach niedriger geworden, während die Züge härteren Gesteins vorspringend gelassen wurden. Nichts bringt einen stärkeren Eindruck von der ungeheuren Zeitdauer, nach unseren Ideen von Zeit, auf uns hervor, als die hieraus gewonnene Überzeugung, dass atmosphärische Agentien, welche scheinbar so geringe Kraft haben und so langsam zu wirken scheinen, so grosse Resultate hervorgebracht haben.

Haben wir hiernach einen Eindruck von der Langsamkeit erhalten, mit welcher das Land durch atmosphärische und Strand-Wirkung abgenagt wird, so ist es, um die Dauer vergangener Zeiträume zu schätzen, von Nutzen, einerseits die Masse von Gestein sich vorzustellen, welche über viele ausgedehnte Gebiete hin entfernt worden ist, und andererseits die Dicke unserer Sedimentärformationen zu betrachten. Ich erinnere mich, von der Thatsache der Entblössung in hohem Grade betroffen gewesen zu sein, als ich vulkanische Inseln sah, welche rundum von den Wellen so abgewaschen waren, dass sie in 1000 bis 2000 Fuss hohen Felswänden senkrecht emporragten, während sich aus dem geringen Fallwinkel der früher flüssigen Lavaströme auf den ersten Blick ermessen liess, wie weit einst die harten Felslagen in den offenen Ocean hinausgereicht haben müssen. Dieselbe Geschichte ergibt sich oft noch deutlicher durch die Verwerfungen, jene grossen Gebirgsspalten, längs deren die Schichten bis zu Tausenden von Fussen an einer Seite emporgestiegen oder an der andern Seite hinabgesunken sind; denn seit die Erdrinde barst (gleichviel ob die Hebung plötzlich oder, wie die meisten Geologen jetzt annehmen, allmählich in vielen einzelnen Punkten erfolgt ist), ist die Oberfläche des Bodens wieder so vollkommen ausgeebnet worden, dass keine Spur von diesen ungeheuren Verwerfungen mehr äusserlich zu erkennen ist. So erstreckt sich die Cravenspaltung z. B. über 30 englische Meilen weit; und auf dieser ganzen Strecke sind die von beiden Seiten her zusammenstossenden Schichten um 600—3000 Fuss senkrechter Höhe verworfen. Professor Ramsay hat eine Senkung von 2300 Fuss in Anglesea beschrieben und er sagt mir, er sei überzeugt, dass in Merionethshire eine solche von 12 000 Fuss vorhanden sei. Und doch verräth in diesen Fällen die Oberfläche des Bodens nichts von solchen wunderbaren Bewegungen, indem die auf beiden Seiten emporragenden Schichtenreihen bis zur Einebnung der Oberfläche weggespült worden sind.

Andererseits sind in allen Theilen der Welt auch die Massen von sedimentären Schichten von wunderbarer Mächtigkeit. In der Cordillera schätzte ich eine Conglomeratmasse auf zehntausend Fuss; und obgleich Conglomeratschichten wahrscheinlich schneller aufgehäuft worden sind, als feinere Sedimente, so trägt doch eine jede, da sie aus abgeschliffenen und runden Geröllsteinen gebildet wird, den Stempel der Zeit; sie dienen dazu, zu zeigen, wie langsam die Massen angehäuft worden sein müssen. Professor RAMSAY hat mir, meist nach wirklichen Messungen, die Masse der grössten Mächtigkeit der aufeinanderfolgenden Formationen aus verschiedenen Theilen Gross-Britanniens in folgender Weise angegeben:

Paläozoische Schichten (ohne die vulkanischen Schichten)	57 154 Fuss
Secundärschichten	13 190 „
Tertiäre Schichten	2 240 „

in Summa 72 584 Fuss, d. i. beinahe 13³/₄ englische Meilen. Einige dieser Formationen, welche in England nur durch dünne Lagen vertreten sind, haben auf dem Continente Tausende von Fuss Mächtigkeit. Überdies fallen nach der Meinung der meisten Geologen zwischen je zwei aufeinanderfolgende Formationen immer unermesslich lange leere Perioden, so dass somit selbst jene ungeheure Höhe von Sedimentschichten in England nur eine unvollkommene Vorstellung von der während ihrer Ablagerung verflossenen Zeit gewährt. Die Betrachtung dieser verschiedenen Thatsachen macht auf den Geist fast denselben Eindruck wie der eitle Versuch die Idee der Ewigkeit zu fassen.

Und doch ist dieser Eindruck theilweise unrichtig. CROLL macht in einem interessanten Aufsatze die Bemerkung, dass wir nicht darin irren, „uns eine zu grosse Länge der geologischen Perioden vorzustellen“, wohl aber in der Schätzung derselben nach Jahren. Wenn Geologen grosse und complicierte Erscheinungen beobachten und dann die Zahlen betrachten, welche mehrere Millionen Jahre ausdrücken, so bringen diese beiden einen völlig verschiedenen Eindruck hervor, und die Zahlen werden sofort für zu klein erklärt. Aber in Bezug auf die atmosphärische Denudation weist CROLL durch Berechnung der bekannten, jährlich von gewissen Flüssen herabgeführten Sedimentmenge, im Verhältnis zu ihrem Entwässerungsgebiete, nach, dass 1000 Fuss eines durch atmosphärische Agentien aufgelösten Gesteines von dem mittleren Niveau des ganzen Gebietes im Laufe von sechs Millionen Jahren entfernt werden würden. Dies Resultat erscheint staunenswerth, und mehrere Beobachtungen führen zu der Vermuthung, dass es viel zu gross sein dürfte; aber selbst wenn es halbiert oder geviertelt würde, ist es immer noch sehr überraschend. Wenige unter uns wissen indess, was eine Million wirklich heisst. CROLL gibt die folgende Illustration: man nehme einen schmalen Papierstreifen 83 Fuss 4 Zoll lang und ziehe ihn der Wand eines grossen Saales entlang; dann bezeichne man an einem Ende das Zehntel eines Zolles. Dieser Zehntel-Zoll stellt ein hundert Jahre dar und der ganze Streifen eine Million Jahre. Man muss sich aber nun, in Bezug auf die eigentliche Aufgabe des vorliegenden Buches daran erinnern, was einhundert Jahre bedeuten, wenn man sie in einem Saale von der bezeichneten Grösse durch ein völlig unbedeutendes Mass bezeichnet hat. Mehrere ausgezeichnete Züchter haben während einer einzigen Lebenszeit einige der höheren Thiere, welche ihre Art weit langsamer fortpflanzen als die meisten niederen Thiere, so bedeutend modificiert, dass sie das gebildet haben, was wohl neue Unterrassen genannt zu werden verdient. Wenig Menschen haben mit der nöthigen Sorgfalt irgend einen besondern Schlag von Thieren länger als ein halbes Jahrhundert gezüchtet, so dass hundert Jahre die Arbeit zweier aufeinanderfolgender Züchter darstellen. Man darf aber nicht annehmen, dass die Species im Naturzustande je so schnell sich verändern wie domesticierte Thiere unter der Leitung methodischer Zuchtwahl. Der Vergleich würde nach allen Richtungen hin passender sein, wenn man ihn mit Bezug auf die Resultate unbewusster Zuchtwahl anstellte, d. h. mit der Erhaltung der nützlichsten oder schönsten Thiere ohne die Absicht die Rasse zu modificieren; und doch sind durch diesen Process unbewusster Zuchtwahl mehrere Rassen im Verlauf von zwei oder drei Jahrhunderten merkwürdig verändert worden.

Species ändern indess wahrscheinlich viel langsamer, und innerhalb einer und derselben Gegend ändern nur wenige zu derselben Zeit ab. Diese Langsamkeit rührt daher, dass alle Bewohner derselben Gegend bereits so gut aneinander angepasst sind, dass neue freie Stellen im Naturhaushalte erst nach langen Zwischenräumen vorkommen, wenn Veränderungen irgend welcher Art in den physikalischen Bedingungen oder in Folge von Einwanderung neuer Formen eingetreten sind; auch dürften individuelle Differenzen oder Abänderungen der richtigen Art, durch welche einige der Bewohner besser den neuen Stellen unter den veränderten Umständen angepasst werden, nicht immer sofort auftreten. Unglücklicherweise haben wir, um es in Jahren ausdrücken zu können, kein Mittel zu bestimmen, eine wie grosse Periode zur Modificierung einer Art erforderlich ist; aber auf das Capitel von der Zeit müssen wir später zurückkommen.

Armuth unserer paläontologischen Sammlungen.

Wenden wir uns nun zu unseren reichsten geologischen Sammlungen: was für einen armseligen Anblick bieten sie uns dar! Jedermann gibt die ausserordentliche Unvollständigkeit unserer paläontologischen Sammlungen zu. Überdies sollte man die Bemerkung des vortrefflichen Paläontologen, des verstorbenen Edward Forbes, niemals vergessen, dass sehr viele unserer fossilen Arten nur nach einem einzigen, oft zerbrochenen Exemplare oder nur nach wenigen auf einem kleinen Fleck beisammen gefundenen Individuen bekannt und benannt sind. Nur ein kleiner Theil der Erdoberfläche ist geologisch untersucht und noch keiner mit erschöpfender Genauigkeit erforscht, wie die noch jährlich in Europa aufeinanderfolgenden wichtigen Entdeckungen beweisen. Kein ganz weicher Organismus ist erhaltungsfähig. Selbst Schalen und Knochen zerfallen und verschwinden auf dem Boden des Meeres, wo sich keine Sedimente anhäufen. Ich glaube, dass wir beständig in einem grossen Irrthum begriffen sind, wenn wir uns stillschweigend der Ansicht überlassen, dass sich Niederschläge fortwährend fast über die ganze Weite des Meeresgrundes hin mit hinreichender Schnelligkeit bilden, um die zu Boden sinkenden organischen Stoffe zu umhüllen und zu erhalten. In einer ungeheuren Ausdehnung des Oceans spricht die klare blaue Farbe seines Wassers für dessen Reinheit. Die vielen Berichte von Formationen, welche nach einem unendlich langen Zeitraume von einer andern und späteren Formation conform bedeckt wurden, ohne dass die tiefere auch nur Spuren einer zerstörenden Thätigkeit an sich trüge, scheinen nur durch die Ansicht erklärbar zu sein, dass der Boden des Meeres nicht selten eine unermessliche Zeit in völlig unverändertem Zustande bleibt. Die Reste, welche in Sand und Kies eingebettet wurden, werden gewöhnlich von kohlensäurehaltigen Tagewässern wieder aufgelöst, welche den Boden nach seiner Emporhebung über den Meeresspiegel zu durchsickern beginnen. Einige von den vielen Thierarten, welche zwischen Ebbe- und Fluthstand des Meeres am Strande leben, scheinen sich nur selten fossil zu erhalten. So z. B. überziehen über die ganze Erde Chthamalinen (eine Familie der sitzenden Cirripeden) in unendlicher Anzahl die Felsen der Küsten. Alle sind im strengen Sinne litoral, mit Ausnahme einer einzigen mittelmeerischen Art, welche dem tiefen Wasser angehört; und diese ist auch in Sicilien fossil gefunden worden, während man bis jetzt noch keine andere tertiäre

Art kennt; doch weiss man jetzt, dass die Gattung *Chthamalus* während der Kreideperiode existierte. Endlich fehlen in vielen grossen, zu ihrer Anhäufung ungeheure Zeiträume erfordernden Ablagerungen organische Überreste vollständig, ohne dass wir im Stande wären, hierfür eine Ursache anzugeben; eins der merkwürdigsten Beispiele ist die Flyschformation, welche aus Thonschiefer und Sandstein besteht und sich mehrere tausend, gelegentlich sechstausend Fuss an Mächtigkeit wenigstens 300 englische Meilen weit von Wien an bis nach der Schweiz erstreckt. Und trotzdem dass diese grosse Masse äusserst sorgfältig untersucht worden ist, sind, mit Ausnahme weniger pflanzlichen Reste, keine Fossile darin gefunden worden.

Hinsichtlich der Landbewohner, welche in der paläozoischen und secundären Zeit gelebt haben, ist es überflüssig darzuthun, dass unsere auf fossile Reste sich gründende Kenntnis im äussersten Grade fragmentarisch ist. So war z. B. bis vor Kurzem nicht eine Landschnecke aus einer dieser langen Perioden bekannt, mit Ausnahme einer von Sir Ch. Lyell und Dr. Dawson in den Kohlenschichten Nord-America's entdeckten Art; jetzt sind aber Landschnecken im Lias gefunden worden. Was die Säugethierreste betrifft, so ergibt ein Blick auf die historische Tabelle in Lyell's Handbuch weit besser, wie zufällig und selten ihre Erhaltung ist, als seitenlange Einzelnheiten; und doch kann ihre Seltenheit keine Verwunderung erregen, wenn wir uns erinnern, was für ein verhältnismässig grosser Theil von den Knochen tertiärer Säugethiere aus Knochenhöhlen und Süsswasserablagerungen herrühren, während nicht eine Knochenhöhle und echte Süsswasserschicht vom Alter unserer paläozoischen oder secundären Formationen bekannt ist.

Aber die Unvollständigkeit der geologischen Urkunden rührt hauptsächlich von einer andern und weit wichtigeren Ursache her, als irgend eine der vorhin angegebenen ist, davon nämlich, dass die verschiedenen Formationen durch lange Zeiträume von einander getrennt sind. Auf diese Behauptung ist von manchen Geologen und Paläontologen, welche wie E. Forbes nicht an eine Veränderlichkeit der Arten glauben mögen, grosser Nachdruck gelegt worden. Wenn wir die Formationen in wissenschaftlichen Werken in Tabellen geordnet finden, oder wenn wir sie in der Natur verfolgen, so können wir nicht wohl anzunehmen vermeiden, dass sie unmittelbar aufeinander gefolgt sind. Wir wissen aber z. B. aus Sir R. Murchison's grossem Werke über Russland, was für weite Lücken in jenem Lande zwischen den aufeinanderliegenden Formationen bestehen; und so ist es auch in Nord-America und vielen anderen Weltgegenden. Und doch würde der beste Geologe, wenn er sich ausschliesslich mit diesen weiten Ländergebieten allein beschäftigt hätte, nimmer vermuthet haben, dass während dieser langen Perioden, aus welcher in seiner eigenen Gegend kein Denkmal übrig ist, sich grosse Schichtenlagen voll neuer und eigenthümlicher Lebensformen anderweitig aufeinander gehäuft haben. Und wenn man sich in jeder einzelnen Gegend kaum eine Vorstellung von der Länge der Zeiten zwischen den aufeinanderfolgenden Formationen zu machen im Stande ist, so wird man glauben, dass dies nirgends möglich sei. Die häufigen und grossen Veränderungen in der mineralogischen Zusammensetzung aufeinanderfolgender Formationen, welche gewöhnlich auch grosse Veränderungen in der geographischen Beschaffenheit des umgebenden Landes vermuthen lassen, aus welchem das Material zu diesen Ablagerungen entnommen ist, stimmt mit der Annahme ungeheuer langer zwischen den einzelnen Formationen verflossener Zeiträume überein.

Wir können, wie ich glaube, einsehen, warum die geologischen Formationen jeder Gegend beinahe unabänderlich unterbrochen sind, d. h. sich nicht ohne Zwischenpausen einander gefolgt sind. Kaum hat eine Thatsache bei Untersuchung vieler hundert Meilen langer Strecken der südamericanischen Küsten, welche in der Jetztzeit einige hundert Fuss hoch emporgehoben worden sind, einen lebhafteren Eindruck auf mich gemacht als die Abwesenheit aller neueren Ablagerungen von hinreichender Entwicklung, um auch nur eine kurze geologische Periode zu überdauern. Längs der ganzen Westküste, die von einer eigenthümlichen Meeresfauna bewohnt wird, sind die Tertiärschichten so spärlich entwickelt, dass wahrscheinlich kein Denkmal von verschiedenen aufeinanderfolgenden Meeresfaunen für spätere Zeiten erhalten bleiben wird. Ein wenig Nachdenken erklärt es uns, warum längs der sich fortwährend hebenden Westküste Süd-America's keine ausgedehnten Formationen mit neuen oder mit tertiären Resten irgendwo zu finden sind, obwohl nach den ungeheuren Abtragungen der Küstenwände und den schlammreichen Flüssen zu urtheilen, die sich dort in das Meer ergiessen, die Zuführung von Sedimenten lange Perioden hindurch eine sehr grosse gewesen sein muss. Die Erklärung liegt ohne Zweifel darin, dass die litoralen und sublitoralen Ablagerungen beständig wieder weggewaschen werden, sobald sie durch die langsame oder stufenweise Hebung des Landes in den Bereich der zerstörenden Brandung gelangen.

Wir dürfen wohl schliessen, dass Sediment in ungeheuer dicken soliden oder ausgedehnten Massen angehäuft werden muss, um während der ersten Emporhebung und der späteren Schwankungen des Niveaus der ununterbrochenen Thätigkeit der Wogen ebenso wie der späteren atmosphärischen Zerstörung zu widerstehen. Solche dicke und ausgedehnte Sedimentablagerungen können auf zweierlei Weise gebildet werden: entweder in grossen Tiefen des Meeres, in welchem Falle der Meeresgrund nicht von so vielen und von so verschiedenen Lebensformen bewohnt sein wird als in den seichteren Meeren; daher die Masse nach ihrer Emporhebung nur eine sehr unvollkommene Vorstellung von den zur Zeit ihrer Ablagerung dort vorhanden gewesenen Lebensformen gewähren wird; — oder die Sedimente werden über einem seichten Grund zu jeder Dicke und Ausdehnung angehäuft, wenn er beständig in langsamer Senkung begriffen ist. In diesem letzten Falle bleibt das Meer so lange seicht und für viele und verschiedenartige Formen günstig, als die Senkung des Bodens und die Zufuhr der Niederschläge einander nahezu das Gleichgewicht halten; so dass auf diese Weise eine hinreichend dicke an Fossilien reiche Formation entstehen kann, um bei ihrer späteren Emporhebung einem beträchtlichen Masse von Zerstörung zu widerstehen.

Ich bin demgemäss überzeugt, dass nahezu alle unsere alten Formationen, welche im grössern Theil ihrer Mächtigkeit reich an fossilen Resten sind, bei andauernder Senkung abgelagert worden sind. Seitdem ich im Jahre 1845 meine Ansichten über diesen Gegenstand bekannt gemacht habe, habe ich die Fortschritte der Geologie verfolgt und mit Überraschung wahrgenommen, wie ein Schriftsteller nach dem andern bei Beschreibung dieser oder jener grossen Formation zum Schlusse gelangt ist, dass sie sich während der Senkung des Bodens gebildet habe. Ich will hinzufügen, dass die einzige alte Tertiärformation an der Westküste Süd-America's, die mächtig genug war, solcher Abtragung, wie sie sie bisher zu ertragen hatte, zu widerstehen, aber wohl schwerlich bis zu fernen geologischen Zeiten auszudauern im Stande ist, sich während der Senkung des Bodens gebildet und so eine ansehnliche Mächtigkeit erlangt hat.

Alle geologischen Thatsachen zeigen uns deutlich, dass jedes Gebiet der Erdoberfläche zahlreiche langsame Niveauschwankungen durchzumachen hatte, und alle diese Schwankungen haben sich augenscheinlich über weite Gebiete erstreckt. Demzufolge werden an Fossilien reiche und so mächtige und ausgedehnte Bildungen, dass sie späteren Abtragungen widerstehen konnten, während der Senkungsperioden auf weit ausgedehnten Flächen entstanden sein, doch nur so lange, wie die Zufuhr von Sediment stark genug war, um die See seicht zu erhalten und die fossilen Reste schnell genug einzubetten und zu schützen, ehe sie Zeit hatten, zu zerfallen. Dagegen konnten sich mächtige Schichten auf seichten Stellen, welche dem Leben am günstigsten sind, so lange nicht bilden, wie der Meeresboden stet blieb. Viel weniger konnte dies während wechselnder Perioden von Hebung und Senkung geschehen oder, um mich genauer auszudrücken, die Schichten, welche während solcher Schwankungen zur Zeit der Senkungen abgelagert wurden, müssen bei nachfolgender Hebung wieder in den Bereich der Brandung versetzt und so zerstört worden sein.

Diese Bemerkungen beziehen sich hauptsächlich auf litorale und sublitorale Ablagerungen. In einem weiten und seichten Meere dagegen, wie in einem grossen Theile des Malayischen Archipels, wo die Tiefe nur von 30 oder 40 bis zu 60 Faden wechselt, dürfte während der Zeit der Erhebung eine weit ausgedehnte Formation entstehen, und auch während ihres langsamen Erhebens durch Abtragung nicht sonderlich leiden. Aber die Mächtigkeit dieser Formation dürfte nicht bedeutend sein, da sie wegen der aufwärts gehenden Bewegung der Tiefe des seichten Meeres, in dem sie sich bildete, nicht gleichkommen kann; sie könnte ferner nicht sehr consolidiert noch von späteren Bildungen überlagert sein, so dass sie bei späteren Bodenschwankungen wahrscheinlich durch atmosphärische Einflüsse und die Wirkung des Meeres bald ganz verschwinden würde. Hopkins hat indess vermuthet, dass, wenn ein Theil der Bodenfläche nach seiner Hebung und vor seiner Entblössung wieder sinke, die während der Hebung entstandene, wenn auch wenig mächtige Ablagerung durch spätere Niederschläge geschützt, und so für eine sehr lange Zeitperiode erhalten werden könnte.

Hopkins sagt auch ferner, dass er die gänzliche Zerstörung von Sedimentschichten von grosser wagerechter Ausdehnung für etwas Seltenes halte. Aber alle Geologen, mit Ausnahme der wenigen, welche in den metamorphischen Schiefern und plutonischen Gesteinen noch den einst glühenden Primordialkern der Erde erblicken, werden auch annehmen, dass von den Gesteinen dieser Beschaffenheit grosse Massen deckender Schichten abgewaschen worden sind. Denn es ist kaum möglich, dass diese Gesteine in unbedecktem Zustande sollten fest und krystallisiert worden sein; war aber die metamorphosierende Thätigkeit in grossen Tiefen des Oceans eingetreten, so brauchte der frühere schützende Mantel nicht sehr dick gewesen zu sein. Nimmt man nun an, dass solche Gesteine wie Gneiss, Glimmerschiefer, Granit, Diorit u. s. w. einmal nothwendigerweise bedeckt gewesen sind, wic lassen sich dann die weiten und nackten Flächen, welche diese Gesteine in so vielen Weltgegenden darbieten, anders erklären, als durch die Annahme einer späteren Entblössung von allen überlagernden Schichten? Dass solche ausgedehnte granitische Gebiete bestehen, unterliegt keinem Zweifel. Die granitische Region von Parime ist nach Humboldt wenigstens 19 mal so gross wie die Schweiz. Im Süden des Amazonenstroms zeigt Boué's Karte eine aus solchen Gesteinen zusammengesetzte Fläche so gross wie Spanien, Frankreich, Italien, Gross-Britannien und ein Theil von Deutschland zusammengenommen. Diese Gegend ist noch nicht genau untersucht worden, aber nach den übereinstimmenden Zeugnissen der Reisenden muss dieses granitische Gebiet sehr gross sein. So gibt von Eschwege einen detaillierten Durchschnitt desselben, der sich von Rio de Janeiro an in gerader Linie 260 geographische Meilen weit landeinwärts erstreckt, und ich selbst habe ihn 150 Meilen weit in einer andern Richtung durchschnitten, ohne ein anderes Gestein als Granit zu sehen. Viele längs der ganzen 1100 englische Meilen langen Küste von Rio de Janeiro bis zur Platamündung gesammelte Handstücke, die ich untersucht habe, gehörten sämmtlich dieser Classe an. Landeinwärts sah ich längs des ganzen nördlichen Ufers des Platastromes, abgesehen von jung-tertiären Gebilden, nur noch einen kleinen Fleck mit schwach metamorphischen Gesteinen, der allein als Rest der frühern Hülle der granitischen Bildungen hätte gelten können. Wenden wir uns von da zu besser bekannten Gegenden, zu den Vereinigten Staaten und zu Canada. Indem ich aus H. D. Roger's schöner Karte die den genannten Formationen entsprechend colorierten Stücke herausschnitt und das Papier wog, fand ich, dass die metamorphischen (ohne die „halbmetamorphischen") und granitischen Gesteine im Verhältnisse von 190 : 125 die ganzen jüngeren paläozoischen Formationen überwogen. In vielen Gegenden würden die metamorphischen und granitischen Gesteine natürlich sehr viel weiter ausgedehnt sein, als sie es zu sein scheinen, wenn man alle ihnen ungleichförmig aufgelagerten und unmöglich zum ursprünglichen Mantel, unter dem sie krystallisierten, gehörigen Sedimentschichten von ihnen abhöbe. Somit ist es wahrscheinlich, dass in manchen Weltgegenden ganze Formationen vollständig fortgewaschen worden sind, ohne dass auch nur eine Spur von ihnen übrig geblieben ist.

Eine Bemerkung ist hier noch der Erwähnung werth. Während der Erhebungszeiten wird die Ausdehnung des Landes und der angrenzenden seichten Meeresstrecken vergrössert, und werden oft neue Wohnorte gebildet: alles für die Bildung neuer Arten und Varietäten, wie früher bemerkt worden, günstige Umstände; aber gerade während dieser Perioden werden Lücken in dem geologischen Berichte bleiben. Während der Senkung wird andererseits die bewohnte Fläche und die Anzahl der Bewohner abnehmen (die der Küstenbewohner etwa in dem Falle ausgenommen, dass ein Continent in Inselgruppen zerfällt wird); wenngleich daher während der Senkung viele Arten erlöschen, werden doch nur wenige neue Varietäten und Arten gebildet werden; und gerade während solcher Senkungszeiten sind unsere grossen an Fossilien reichsten Schichten abgelagert worden.

Über die Abwesenheit zahlreicher Zwischenvarietäten in allen einzelnen Formationen.

Nach diesen verschiedenen Betrachtungen ist es nicht zu bezweifeln, dass die geologischen Urkunden im Ganzen genommen ausserordentlich unvollständig sind; wenn wir aber dann unsere Aufmerksamkeit auf irgend eine einzelne Formation beschränken, so ist es doch viel schwerer zu begreifen, warum wir darin nicht enge aneinander gereihte Abstufungen zwischen denjenigen verwandten Arten finden, welche am Anfang und am Ende ihrer Bildung gelebt haben. Es werden mehrere Fälle angeführt, wo dieselbe Art in anderen Varietäten in den oberen als in den unteren Theilen derselben Formation auftritt; so führt Trautschold eine Anzahl Beispiele von Ammoniten an, und Hilgendorf hat einen äusserst merkwürdigen Fall von zehn ineinander übergehenden Formen von *Planorbis multiformis* in den aufeinanderfolgenden Schichten des Miocen von Steinheim in Württemberg beschrieben. Obwohl nun jede Formation ohne allen Zweifel eine lange Reihe von Jahren zu ihrer Ablagerung bedurft hat, so können doch verschiedene Gründe angeführt werden, warum sich solche Stufenreihen zwischen den zuerst und den zuletzt lebenden Arten nicht darin vorfinden; doch kann ich den folgenden Betrachtungen nicht das nöthige ihnen verhältnismässig zukommende Gewicht beilegen.

Obwohl jede Formation einer sehr langen Reihe von Jahren entsprechen dürfte, so ist doch wahrscheinlich eine jede kurz im Vergleiche mit der zur Umänderung einer Art in die andere erforderlichen Zeit. Nun weiss ich wohl, dass zwei Paläontologen, deren Meinungen wohl der Beachtung werth sind, nämlich BRONN und WOODWARD, zu dem Schlusse gelangt sind, dass die mittlere Dauer einer jeden Formation zwei- bis dreimal so lang wie die mittlere Dauer einer Artform ist. Indessen hindern uns, wie mir scheint, unübersteigliche Schwierigkeiten, in dieser Hinsicht zu einem richtigen Schlusse zu gelangen. Wenn wir eine Art in der Mitte einer Formation zum ersten Male auftreten sehen, so würde es äusserst übereilt sein, zu schliessen, dass sie nicht irgendwo anders schon länger existiert habe. Ebenso, wenn wir eine Art schon vor den letzten Schichten einer Formation verschwinden sehen, würde es ebenso übereilt sein, anzunehmen, dass sie dann schon völlig erloschen sei. Wir vergessen, wie klein die Ausdehnung Europa's im Vergleich zur übrigen Welt ist; auch sind die verschiedenen Etagen der einzelnen Formationen noch nicht durch ganz Europa mit vollkommener Genauigkeit parallelisiert worden.

Bei Seethieren aller Art können wir getrost annehmen, dass in Folge von climatischen und anderen Veränderungen massenhafte und ausgedehnte Wanderungen stattgefunden haben; und wenn wir eine Art zum ersten Male in einer Formation auftreten sehen, so liegt die Wahrscheinlichkeit nahe, dass sie eben da nur zuerst in jenes Gebiet eingewandert war. So ist es z. B. wohl bekannt, dass einige Thierarten in den paläozoischen Bildungen Nord-America's etwas früher als in den Europäischen erschienen, indem sie zweifelsohne Zeit nöthig hatten, um die Wanderung von den americanischen zu den europäischen Meeren zu machen. Bei Untersuchungen der neuesten Ablagerungen in verschiedenen Weltgegenden ist überall die Wahrnehmung gemacht worden, dass einige wenige noch lebende Arten in einer dieser Ablagerungen häufig, aber in den unmittelbar umgebenden Meeren verschwunden sind, oder dass umgekehrt einige jetzt in den benachbarten Meeren sehr häufige Arten in jener besondern Ablagerung nur selten oder gar nicht zu finden sind. Es ist äusserst instructiv, den erwiesenen Umfang der Wanderungen europäischer Thiere während der Eiszeit, welche doch nur einen kleinen Theil einer ganzen geologischen Periode ausmacht, sowie die grossen Niveauänderungen, die aussergewöhnlich grossen Climawechsel, die unermessliche Länge der Zeiträume in Erwägung zu ziehen, welche alle mit dieser Eisperiode zusammenfallen. Und doch dürfte es zu bezweifeln sein, ob sich in irgend einem Theile der Welt Sedimentablagerungen, welche fossile Reste enthalten, auf dem gleichen Gebiete während der ganzen Dauer dieser Periode abgelagert haben. So ist es z. B. nicht wahrscheinlich, dass während der ganzen Dauer der Eisperiode Sedimentschichten an der Mündung des Mississippi innerhalb derjenigen Tiefen, worin Thiere am gedeihlichsten leben können, abgelagert worden sind; denn wir wissen, dass während dieses Zeitraums ausgedehnte geographische Veränderungen in anderen Theilen von America erfolgt sind. Sollten solche während der Eisperiode in seichtem Wasser an der Mississippimündung abgelagerte Schichten einmal erhoben worden sein, so würden organische Reste wahrscheinlich in verschiedenen Niveaus derselben zuerst erscheinen und wieder verschwinden, je nach den stattgefundenen Wanderungen der Arten und den geographischen Veränderungen des Landes. Und wenn in ferner Zukunft ein Geolog diese Schichten untersuchte, so dürfte er zu schliessen versucht werden, dass die mittlere Lebensdauer der dort eingebetteten Organismenarten kürzer als die Eisperiode gewesen sei, obwohl sie in der That viel länger war, indem sie vor dieser begonnen und bis in unsere Tage gewährt hat.

Um nun eine vollständige Stufenreihe zwischen zwei Formen in den unteren und oberen Theilen einer Formation zu erhalten, müsste deren Ablagerung sehr lange Zeit fortgedauert haben, hinreichend lange, um dem langsamen Process der Modification Zeit zu lassen; die Schichtenmasse müsste daher von sehr ansehnlicher Mächtigkeit sein, und die in Abänderung begriffenen Species müssten während der ganzen Zeit in demselben District gelebt haben. Wir haben jedoch gesehen, dass eine mächtige, organische Reste in ihrer ganzen Dicke enthaltende Schicht sich nur während einer Periode der Senkung ansammeln kann; damit nun die Tiefe annähernd dieselbe bleibe, was nothwendig ist, damit dieselben marinen Arten fortdauernd an derselben Stelle wohnen können, wäre ferner nothwendig, dass die Zufuhr von Sedimenten die Senkung fortwährend wieder ausgliche. Aber eben diese senkende Bewegung wird oft auch die Nachbargegend mit berühren, aus welcher jene Zufuhr erfolgt, und eben dadurch die Zufuhr selbst vermindern, während die Senkung fortschreitet. Eine solche nahezu genaue Ausgleichung zwischen der Stärke der stattfindenden Senkung und dem Betrag der zugeführten Sedimente mag in der That wahrscheinlich nur selten vorkommen; denn mehr als ein Paläontolog hat beobachtet, dass sehr dicke Ablagerungen, ausser an ihren oberen und unteren Grenzen gewöhnlich leer an Versteinerungen sind.

Es möchte scheinen, als sei die Bildung einer jeden einzelnen Formation eben so, wie die der ganzen Formationsreihe eines jeden Landes, meist mit Unterbrechung vor sich gegangen. Wenn wir, wie es so oft der Fall ist, eine Formation aus Schichten von sehr verschiedener mineralogischer Beschaffenheit zusammengesetzt sehen, so können wir vernünftigerweise annehmen, dass der Ablagerungsprocess mehr oder weniger unterbrochen gewesen sei. Nun wird auch die genaueste Untersuchung einer Formation uns keine Idee von der Länge der Zeit geben, welche über ihrer Ablagerung vergangen ist. Man könnte viele Beispiele anführen, wo einzelne nur wenige Fuss dicke Schichten ganze Formationen vertreten, die in anderen Gegenden Tausende von Fussen mächtig sind und mithin eine ungeheure Länge der Zeit zu ihrer Bildung bedurft haben; und doch würde Niemand, der dies nicht weiss, auch nur geahnt haben, welch' einen unermesslichen Zeitraum jene dünne Schicht repräsentiert. So liessen sich auch viele Fälle anführen, wo die unteren Schichten einer Formation emporgehoben, entblösst, wieder versenkt und dann von den oberen Schichten der nämlichen Formation wieder bedeckt worden sind, — Thatsachen, welche beweisen, dass weite, aber leicht zu übersehende Zwischenräume während der Ablagerung vorhanden gewesen sind. In anderen Fällen liefert uns eine Anzahl grosser fossilierter und noch auf ihrem natürlichen Boden aufrecht stehender Bäume den klarsten Beweis von mehreren langen Zeitpausen und wiederholten Niveauveränderungen während des Ablagerungsprocesses, wie man sie ausserdem nie hätte vermuthen können, wären nicht zufällig die Bäume erhalten worden. So fanden Lyell und Dawson in 1400 Fuss mächtigen kohlenführenden Schichten Neu-Schottlands alte von Baumwurzeln durchzogene Lager, eines über dem andern, in nicht weniger als 68 verschiedenen Höhen. Wenn daher die nämliche Art unten, mitten und oben in der Formation vorkommt, so ist Wahrscheinlichkeit vorhanden, dass sie nicht während der ganzen Ablagerungszeit immer an dieser Stelle gelebt hat, sondern während einer und derselben geologischen Periode, vielleicht vielmals, dort verschwunden und wieder erschienen ist. Wenn daher eine solche Species während der Ablagerung irgend einer geologischen Periode beträchtliche Umänderungen erfahren sollte, so würde ein Durchschnitt durch jene Schichtenreihe wahrscheinlich nicht alle die feinen Abstufungen zu Tage fördern, welche nach meiner Theorie die Anfangs- mit der Endform jener Art verkettet haben müssen; man würde vielmehr sprungweise, wenn auch vielleicht nur kleine Veränderungen zu sehen bekommen.

Es ist nun äusserst wichtig sich zu erinnern, dass die Naturforscher keine feste Regel haben, um Arten von Varietäten zu unterscheiden. Sie gestehen jeder Art einige Veränderlichkeit zu; wenn sie aber etwas grössere Unterschiede zwischen zwei Formen wahrnehmen, so machen sie Arten daraus, wofern sie nicht etwa im Stande sind, dieselben durch engste Zwischenstufen miteinander zu verbinden. Und nach den zuletzt angegebenen Gründen dürfen wir selten hoffen, solche in einem geologischen Durchschnitte zu finden. Nehmen wir an, *B* und *C* seien zwei Arten, und eine dritte *A* werde in einer tiefern und ältern Schicht gefunden. Hielte nun selbst *A* genau das Mittel zwischen *B* und *C*, so würde man sie wohl einfach als eine weitere dritte Art ansehen, wenn nicht gleichzeitig ihre Verbindung mit einer von beiden oder mit beiden anderen durch Zwischenvarietäten nachgewiesen werden könnte. Auch darf man nicht vergessen, dass, wie vorhin erläutert worden, wenn *A* auch der wirkliche Stammvater von *B* und *C* ist, derselbe doch nicht in allen Punkten der Organisation nothwendig das Mittel zwischen beiden halten muss. So könnten wir denn sowohl die Stammart als auch die von ihr durch Umwandlung abgeleiteten Formen aus den unteren und oberen Schichten einer und derselben Formation erhalten und doch vielleicht in Ermanglung zahlreicher Übergangsstufen ihre Blutverwandtschaft zu einander nicht erkennen, sondern alle für eigenthümliche Arten anzusehen veranlasst werden.

Es ist eine bekannte Sache, auf was für äusserst geringfügige Unterschiede manche Paläontologen ihre Arten gegründet haben, und sie thun dies auch um so leichter, wenn ihre Exemplare aus verschiedenen Etagen einer Formation herrühren. Einige erfahrene Conchyliologen setzen jetzt viele von den sehr schönen Arten d'Orbigny's u. A. zum Range blosser Varietäten herunter, und thun wir dies, so erhalten wir die Form von Beweis für die Abänderung, welche wir nach meiner Theorie finden müssen. Berücksichtigen wir ferner die jüngeren tertiären Ablagerungen mit so vielen Weichthierarten, welche die Mehrzahl der Naturforscher für identisch mit noch lebenden Arten hält; andere ausgezeichnete Forscher aber, wie Agassiz und Pictet, halten diese tertiären Arten alle für von diesen letzten specifisch verschieden, wenn sie auch zugeben, dass die Unterschiede nur sehr gering sein mögen. Wenn wir nun nicht glauben wollen, dass diese vorzüglichen Naturforscher durch ihre Phantasie verführt worden sind und dass diese jüngst-tertiären Arten wirklich durchaus gar keine Verschiedenheiten von ihren jetzt lebenden Repräsentanten darbieten, oder annehmen, dass die grosse Mehrzahl der Forscher Unrecht hat und dass die tertiären Arten alle von den jetzt lebenden wahrhaft distinct sind, so erhalten wir hier den Beweis vom häufigen Vorkommen der geforderten leichten Modificationen. Wenn wir überdies grössere Zeitunterschiede, den aufeinanderfolgenden Stöcken einer nämlichen grossen Formation entsprechend, berücksichtigen, so finden wir, dass die in ihnen eingeschlossenen Fossilien, wenn auch gewöhnlich allgemein als verschiedene Arten betrachtet, doch immerhin bei weitem näher miteinander verwandt sind, als die in weiter getrennten Formationen enthaltenen Arten; so dass wir auch hier einen unzweifelhaften Beleg einer stattgefundenen Veränderung nach Massgabe meiner Theorie erhalten. Doch werde ich auf diesen Gegenstand im folgenden Abschnitte zurückkommen.

Bei Thieren und Pflanzen, welche sich rasch vervielfältigen und nicht viel wandern, haben wir, wie früher gezeigt wurde, Grund zu vermuthen, dass ihre Varietäten anfangs meistens local sind, und dass solche örtliche Varietäten sich nicht weit verbreiten und ihre Stammformen erst ersetzen, wenn sie sich in einem etwas beträchtlicheren Masse modificiert und vervollkommnet haben. Nach dieser Annahme ist die Aussicht, alle die früheren Übergangsstufen zwischen je zwei solchen Arten in einer Formation irgend einer Gegend in übereinanderfolgenden Schichten zu finden nur klein, weil vorauszusetzen ist, dass die einzelnen Übergangsstufen als Localformen auf eine bestimmte Stelle beschränkt gewesen sind. Die meisten Seethiere besitzen eine weite Verbreitung; und da wir gesehen haben, dass die Pflanzen, welche am weitesten verbreitet sind, auch am öftesten Varietäten darbieten, so werden auch unter den Mollusken und anderen Seethieren höchst wahrscheinlich diejenigen, welche sich vordem am weitesten verbreitet haben, weit über die Grenzen der bekannten geologischen Formationen Europa's, auch am öftesten die Bildung anfangs localer Varietäten und endlich neuer Arten veranlasst haben. Auch dadurch muss die Wahrscheinlichkeit in irgend welcher geologischen Formation eine ganze Reihenfolge der Übergangsstufen aufzufinden ausserordentlich vermindert werden.

Eine zu demselben Resultat führende, neuerdings von Falconer betonte Betrachtung ist noch wichtiger, dass nämlich die Zeiträume, während deren die Arten einer Modification unterlagen, wenn auch nach Jahren bemessen sehr lang, doch im Verhältnis zu den Zeiträumen, während deren dieselben Arten keine Veränderung erfuhren, wahrscheinlich kurz waren.

Man darf nicht vergessen, dass man heutigen Tages, selbst wenn man vollständige Exemplare zur Untersuchung hat, selten zwei Formen durch Zwischenvarietäten verbinden und so deren Zusammengehörigkeit zu einer Art beweisen kann, wenn man nicht viele Exemplare von vielen Örtlichkeiten zusammengebracht hat; und bei fossilen Arten ist man selten im Stande dies zu thun. Man wird vielleicht am besten begreifen, wie wenig wahrscheinlich wir in der Lage sein können, Arten durch zahlreiche feine, fossil gefundene Zwischenglieder untereinander zu verketten, wenn wir uns selbst fragen, ob z. B. Geologen späterer Zeiten im Stande sein würden zu beweisen, dass unsere verschiedenen Rinder-, Schaf-, Pferde- und Hunderassen von einem oder von mehreren ursprünglichen Stämmen herkommen, — oder ferner, ob gewisse Seeconchylien der nordamericanischen Küsten, welche von einigen Conchyliologen als von ihren europäischen Vertretern abweichende Arten und von anderen Conchyliologen als blosse Varietäten derselben angesehen werden, wirklich nur Varietäten oder sogenannte eigene Arten sind. Dies könnte künftigen Geologen nur gelingen, wenn sie viele fossile Zwischenstufen entdeckten, was jedoch im höchsten Grade unwahrscheinlich ist.

Es ist von Schriftstellern, welche an die Unveränderlichkeit der Arten glauben, immer und immer wieder behauptet worden, die Geologie liefere keine vermittelnden Formen. Diese Behauptung ist aber, wie wir im nächsten Capitel sehen werden, sicherlich falsch. Sir J. Lubbock sagt: „jede Art ist ein Mittelglied zwischen anderen verwandten Formen.“ Wir erkennen dies deutlich, wenn wir aus einer Gattung, welche reich an fossilen und lebenden Arten ist, vier Fünftel der Arten herausnehmen; niemand wird dann bezweifeln, dass die Lücken zwischen den noch übrig bleibenden Arten grösser sein werden als vorher. Sind es zufällig die extremen Formen, welche man fortgenommen hat, so wird die Gattung selbst in der

Regel von anderen Gattungen weiter getrennt erscheinen als vorher. Was die geologischen Forschungen nicht enthüllt haben, das ist das frühere Dasein der unendlich zahlreichen Abstufungen vom Werthe der wirklichen jetzt existierenden Varietäten zur Verkettung aller der jetzt existierenden und ausgestorbenen Species. Dies darf man aber nicht erwarten; und doch ist dies wiederholt als ein sehr bedenklicher Einwand gegen meine Ansichten vorgebracht worden.

Es dürfte angemessen sein, die vorangehenden Bemerkungen über die Ursachen der Unvollständigkeit der geologischen Urkunden zusammenzufassen und durch einen ersonnenen Fall zu erläutern. Der Malayische Archipel ist etwa von der Grösse Europa's vom Nordcap bis zum Mittelmeere und von England bis Russland, entspricht mithin der Ausdehnung desjenigen Theiles der Erdoberfläche, auf welchem, Nord-America ausgenommen, alle geologischen Formationen am sorgfältigsten und zusammenhängendsten untersucht worden sind. Ich stimme mit Godwin-Austen vollkommen überein, dass der jetzige Zustand des Malayischen Archipels mit seinen zahlreichen durch breite und seichte Meeresarme getrennten Inseln wahrscheinlich dem frühern Zustande Europa's, während noch die meisten unserer Formationen in Ablagerung begriffen waren, entspricht. Der Malayische Archipel ist eine der an Organismen reichsten Gegenden der ganzen Erdoberfläche; aber wenn man auch alle Arten sammelte, welche jemals da gelebt haben, wie unvollständig würden sie die Naturgeschichte der ganzen Erde vertreten!

Indessen haben wir alle Ursache zu glauben, dass die Überreste der Landbewohner dieses Archipels nur äusserst unvollständig in die Formationen übergehen dürften, die unserer Annahme gemäss sich dort ablagern. Es würden selbst nicht viele der eigentlichen Küstenbewohner und der auf kahlen untermeerischen Felsen wohnenden Thiere in die neuen Schichten eingeschlossen werden; und die etwa in Kies und Sand eingeschlossenen dürften keiner späten Nachwelt überliefert werden. Da wo sich aber keine Niederschläge auf dem Meeresboden bildeten oder sich nicht in genügender Schnelligkeit anhäuften, um organische Einflüsse gegen Zerstörung zu schützen, da würden auch gar keine organischen Überreste erhalten werden können.

An Fossilen reiche und hinreichend mächtige Formationen, um bis zu einer ebenso weit in der Zukunft entfernten Zeit zu reichen, wie die Secundärformationen bereits hinter uns liegen, würden im Allgemeinen nur während der Perioden der Senkung in dem Archipel entstehen können. Diese Perioden der Senkung würden dann durch unermesslich lange Zwischenzeiten, entweder der Hebung oder der Ruhe, von einander getrennt werden; während der Hebung würden alle fossilführenden Formationen an steilen Küsten, und zwar fast so schnell, wie sie entstanden, durch die ununterbrochene Thätigkeit der Brandung wieder zerstört werden, wie wir es jetzt an den Küsten Süd-America's sehen; und selbst in ausgedehnten und seichten Meeren innerhalb des Archipels können während der Perioden der Hebung durch Niederschlag gebildete Schichten kaum in grosser Mächtigkeit angehäuft oder von späteren Bildungen so bedeckt oder geschützt werden, dass ihnen eine Erhaltung bis in eine ferne Zukunft in wahrscheinlicher Aussicht stünde. Während der Senkungszeiten würden wahrscheinlich viele Lebensformen zu Grunde gehen, während der Hebungsperioden dagegen sich die Formen am meisten durch Abänderung entfalten, aber die geologischen Denkmäler würden dann weniger vollkommen sein.

Es dürfte zu bezweifeln sein, ob die Dauer irgend einer grossen Periode einer über den ganzen Archipel oder einen Theil desselben sich erstreckenden Senkung mit einer entsprechenden gleichzeitigen Sedimentablagerung die mittlere Dauer der alsdann vorhandenen specifischen Formen übertreffen würde; und doch würde diese Bedingung unerlässlich nothwendig sein für die Erhaltung aller Übergangsstufen zwischen irgend welchen zwei oder mehreren Arten. Wenn diese Zwischenstufen aber nicht alle vollständig erhalten werden, dann werden Übergangsvarietäten einfach als ebenso viele neue wenn auch nahe verwandte Species erscheinen. Es ist auch wahrscheinlich, dass eine jede grosse Senkungsperiode auch durch Niveauschwankungen unterbrochen werden würde und dass kleine climatische Veränderungen während solcher langer Zeiträume erfolgen würden. Und unter solchen Umständen würden die Bewohner des Archipels zu Wanderungen veranlasst, so dass kein genau zusammenhängender Bericht über deren Abänderungsgang in irgend einer der dortigen Formationen niedergelegt werden könnte.

Sehr viele der Meeresbewohner jenes Archipels wohnen gegenwärtig noch Tausende von englischen Meilen weit über seine Grenzen hinaus, und die Analogie führt offenbar zu der Annahme, dass es hauptsächlich diese weitverbreiteten Arten, wenn auch nur einige von ihnen, sein werden, welche am häufigsten neue Varietäten darbieten würden. Diese Varietäten dürften anfangs gewöhnlich nur local oder auf eine Örtlichkeit beschränkt sein, jedoch, wenn sie als solche irgend einen Vortheil voraus haben, oder wenn sie noch weiter abgeändert und verbessert werden, sich allmählich ausbreiten und ihre elterlichen Formen ersetzen. Kehrten dann solche Varietäten in ihre alte Heimath zurück, so würden sie, weil sie vielleicht zwar nur wenig, aber doch einförmig von ihrem frühern Zustande abweichen und in unbedeutend verschiedenen Unterabtheilungen der nämlichen Formation eingeschichtet gefunden würden, nach den Grundsätzen vieler Paläontologen als neue und verschiedene Arten aufgeführt werden.

Wenn daher diese Betrachtungen einigermassen begründet sind, so sind wir nicht berechtigt, zu erwarten, in unseren geologischen Formationen eine endlose Anzahl solcher feinen Übergangsformen zu finden, welche nach meiner Theorie alle früheren und jetzigen Arten einer Gruppe zu einer langen und verzweigten Kette von Lebensformen verbunden haben. Wir werden uns nur nach einigen wenigen (und gewiss zu findenden) Zwischengliedern umsehen dürfen, von welchen die einen weiter und die anderen näher miteinander verbunden sind; und diese Glieder, grenzten sie auch noch so nahe aneinander, würden von vielen Paläontologen für verschiedene Arten erklärt werden, sobald sie in verschiedene Schichten einer Formation vertheilt sind. Jedoch gestehe ich ein, dass ich nie geglaubt haben würde, welch' dürftige Nachricht von der Veränderung der einstigen Lebensformen uns auch der beste geologische Durchschnitt gewährte, hätte nicht die Abwesenheit jener zahllosen Mittelglieder zwischen den am Anfang und am Ende einer jeden Formation lebenden Arten meine Theorie so sehr in's Gedränge gebracht.

Plötzliches Auftreten ganzer Gruppen verwandter Arten.

Das plötzliche Erscheinen ganzer Gruppen neuer Arten in gewissen Formationen ist von mehreren Paläontologen, wie z. B. von Agassiz, Pictet und Sedgwick, als bedenklichster Einwand gegen den Glauben an eine allmähliche Umgestaltung der Arten hervorgehoben worden. Wären wirklich zahlreiche Arten von einerlei Gattung oder Familie auf einmal plötzlich in's Leben getreten, so müsste diese Thatsache freilich meiner Theorie einer Descendenz mit langsamer Abänderung durch natürliche Zuchtwahl verderblich werden. Denn die Entwicklung einer Gruppe von Formen, die alle von einem Stammvater herrühren, durch dieses Mittel muss ein äusserst langsamer Process gewesen sein; und die Stammformen selbst müssen ja schon sehr lange vor ihren abgeänderten Nachkommen gelebt haben. Aber wir überschätzen fortwährend die Vollständigkeit der geologischen Berichte und schliessen fälschlich, dass, weil gewisse Gattungen oder Familien noch nicht unterhalb einer gewissen geologischen Schicht gefunden worden sind, sie auch noch nicht vor dieser Formation existiert haben. In allen Fällen verdienen positive paläontologische Beweise ein unbedingtes Vertrauen, während solche von negativer Art, wie die Erfahrung so oft ergibt, werthlos sind. Wir vergessen fortwährend, wie gross die Welt der kleinen Fläche gegenüber ist, über die sich unsere genauere Untersuchung geologischer Formationen erstreckt hat; wir vergessen, dass Artengruppen andererseits schon lange vertreten gewesen und sich langsam vervielfältigt haben können, bevor sie in die alten Archipele Europa's und der Vereinigten Staaten eingedrungen sind. Wir bringen die enorme Länge der Zeiträume nicht genug in Anschlag, welche wahrscheinlich zwischen der Ablagerung unserer unmittelbar aufeinandergelagerten Formationen verflossen und vermuthlich in vielen Fällen länger als diejenigen gewesen sind, die zur Ablagerung einer jeden Formation erforderlich waren. Diese Zwischenräume werden lang genug für die Vervielfältigung der Arten von irgend einer Stammform aus gewesen sein, so dass dann solche Gruppen von Arten in der jedesmal nachfolgenden Formation so erscheinen konnten, als ob sie erst plötzlich geschaffen worden seien.

Ich will hier an eine schon früher gemachte Bemerkung erinnern, dass nämlich wohl ein äusserst langer Zeitraum dazu gehören dürfte, bis ein Organismus sich einer ganz neuen und besonderen Lebensweise anpasse, wie z. B. durch die Luft zu fliegen, und dass dem entsprechend die Übergangsformen oft lange auf eine bestimmte Gegend beschränkt geblieben sein werden; dass aber, wenn diese Anpassung einmal bewirkt worden ist und nur einmal eine geringe Anzahl von Arten hierdurch einen grossen Vortheil vor anderen Organismen erworben hat, nur noch eine verhältnismässig kurze Zeit dazu erforderlich ist, um viele auseinanderweichende Formen hervorzubringen, welche dann geeignet sind, sich schnell und weit über die Erdoberfläche zu verbreiten. Professor Pictet sagt in dem vortrefflichen Berichte, welchen er über dieses Buch gibt, bei Erwähnung der frühesten Übergangsformen beispielsweise von den Vögeln: er könne nicht einsehen, welchen Vortheil die allmähliche Abänderung der vorderen Gliedmassen einer angenommenen Stammform dieser zu gewähren im Stande gewesen sein sollte? Betrachten wir aber die Pinguine der südlichen Weltmeere; sind denn nicht bei diesen Vögeln die Vordergliedmassen geradezu eine Zwischenform von „weder wirklichen Armen noch wirklichen Flügeln?" Und doch behaupten diese Vögel im Kampfe um's Dasein siegreich ihre Stelle, zahllos an Individuen und in mannichfaltigen Arten. Ich bin nicht der Meinung, hier eine der wirklichen Übergangsstufen zu sehen, durch welche der Flügel der Vögel sich gebildet habe; was für eine Schwierigkeit liegt wohl aber gegen die Meinung vor, dass es den modificierten Nachkommen dieser Pinguine von Nutzen sein würde, wenn sie allmählich solche Abänderung erführen, dass sie zuerst gleich der Dickkopf-Ente (*Micropterus brachypterus*) flach über den Meeresspiegel hinflattern und endlich sich erheben und durch die Luft schweben lernten?

Ich will nun einige wenige Beispiele zur Erläuterung dieser Bemerkungen und insbesondere zum Nachweise darüber mittheilen, wie leicht wir uns in der Meinung, dass ganze Artengruppen auf einmal entstanden seien, irren können. Schon die kurze Zeit, welche zwischen der ersten und der zweiten Ausgabe von Pictet's Paläontologie verflossen ist (1844—46 bis 1853—57) hat zur wesentlichen Umgestaltung der Schlüsse über das erste Auftreten und das Erlöschen verschiedener Thiergruppen geführt, und eine dritte Auflage würde schon wieder bedeutende Veränderungen erheischen. Ich will zuerst an die wohlbekannte Thatsache erinnern, dass nach den noch vor wenigen Jahren erschienenen Lehrbüchern der Geologie die grosse Classe der Säugethiere ganz plötzlich am Anfange der Tertiärperiode aufgetreten sein sollte; und nun zeigt sich eine der im Verhältnis ihrer Dicke reichsten Lagerstätten fossiler Säugethierreste mitten in der Secundärreihe, und echte Säugethiere sind in Anfangsschichten dieser grossen Reihe, im [triasischen] New red Sandstone entdeckt worden. Cuvier pflegte Nachdruck darauf zu legen, dass noch kein Affe in irgend einer Tertiärschicht gefunden worden sei; jetzt aber kennt man fossile Arten von Vierhändern in Ost-Indien, in Süd-America und in Europa, sogar schon aus der miocenen Periode. Hätte uns nicht ein seltener Zufall die zahlreichen Fährten im New red Sandstone der Vereinigten Staaten aufbewahrt, wie würden wir anzunehmen gewagt haben, dass ausser Reptilien auch schon nicht weniger als mindestens dreissig Vogelarten, einige von riesiger Grösse, in so früher Zeit existiert hätten; und es ist noch nicht ein Stückchen Knochen in jenen Schichten gefunden worden. Bis vor kurzer Zeit behaupteten Paläontologen, dass die ganze Classe der Vögel plötzlich während der eocenen Periode aufgetreten sei; doch wissen wir jetzt nach Owen's Autorität, dass ein Vogel gewiss schon zur Zeit gelebt hat, als der obere Grünsand sich ablagerte; und in noch neuerer Zeit ist jener merkwürdige Vogel, *Archaeopteryx*, in den Solenhofener oolithischen Schiefern entdeckt worden mit einem langen eidechsenartigen Schwanze, der an jedem Gliede ein paar Federn trägt und zwei freie Klauen an seinen Flügeln. Kaum irgend eine andere Entdeckung zeigt eindringlicher als diese, wie wenig wir noch von den früheren Bewohnern der Erde wissen.

Ich will noch ein anderes Beispiel anführen, was mich, als unter meinen eigenen Augen vorkommend, sehr frappierte. In der Abhandlung über fossile sitzende Cirripeden schloss ich aus der Menge von lebenden und von erloschenen tertiären Arten, aus dem ausserordentlichen Reichthume vieler Arten an Individuen und deren Verbreitung über die ganze Erde von den arctischen Regionen an bis zum Aequator und von der obern Fluthgrenze an bis zu 50 Faden Tiefe hinab, aus der vollkommenen Erhaltungsweise ihrer Reste in den ältesten Tertiärschichten, aus der Leichtigkeit, selbst einzelne Klappen zu erkennen und zu bestimmen: aus allen diesen Umständen schloss ich, dass, wenn es in der secundären Periode sitzende Cirripeden gegeben hätte, solche gewiss erhalten und wieder entdeckt worden sein würden; da jedoch noch keine Schale einer Species in Schichten dieses Alters damals gefunden worden war, so folgerte ich weiter, dass sich diese grosse Gruppe erst im Beginne der Tertiärzeit plötzlich entwickelt habe. Es war dies eine Verlegenheit für mich, da es, wie ich damals glaubte, noch ein weiteres Beispiel vom plötzlichen Auftreten einer grossen Artengruppe darböte. Kaum war jedoch mein Werk erschienen, als ein bewährter Paläontolog, H. Bosquet, mir eine Zeichnung von einem vollständigen Exemplare eines unverkennbaren sitzenden Cirripeden sandte, welchen er selbst aus der belgischen Kreide entnommen hatte. Und um den Fall so treffend wie möglich zu machen, so ist dieser sitzende Cirripede ein *Chthamalus*, eine sehr gemeine, grosse und überall weitverbreitete Gattung, von welcher sogar in tertiären Schichten bis jetzt noch kein einziges Exemplar gefunden worden war. In noch neuerer Zeit ist ein *Pyrgoma*, ein Glied einer verschiedenen Unterfamilie sitzender Cirripeden von Woodward in der obern Kreide entdeckt worden, so dass wir jetzt völlig ausreichende Beweise für die Existenz dieser Thiergruppe während der Secundärzeit besitzen.

Derjenige Fall von scheinbar plötzlichem Auftreten einer ganzen Artengruppe, auf welchen sich die Paläontologen am öftesten berufen, ist die Erscheinung der echten Knochenfische oder Teleosteer, Agassiz' Angabe zufolge, erst in den unteren Schichten der Kreideperiode. Diese Gruppe enthält bei weitem die grösste Anzahl der jetzigen Fische. Gewisse jurassische und triasische Formen werden aber jetzt gewöhnlich für Teleosteer gehalten, und selbst einige paläozoische Formen sind von einer bedeutenden Autorität dahin gerechnet worden. Wären die Teleosteer wirklich auf der nördlichen Hemisphäre plötzlich zu Anfang der Kreidezeit erschienen, so wäre die Thatsache freilich höchst merkwürdig; aber auch in ihr vermöchte ich noch keine unübersteigliche Schwierigkeit für meine Theorie zu erkennen, wenn nicht gleichfalls erwiesen wäre, dass die Arten dieser Gruppe in anderen Theilen der Erde plötzlich und gleichzeitig in einer und derselben Periode aufgetreten seien. Es ist fast überflüssig, zu bemerken, dass ja noch kaum ein fossiler Fisch von der Südseite des Aequators bekannt ist; und geht man Pictet's Paläontologie durch, so sieht man, dass selbst aus mehreren Formationen Europa's erst sehr wenige Arten bekannt worden sind. Einige wenige Fischfamilien haben jetzt enge Verbreitungsgrenzen; dies könnte auch mit den Teleosteern der Fall gewesen sein, so dass sie erst dann, nachdem sie sich in diesem oder jenem Meere sehr entwickelt, sich weit verbreitet hätten. Auch sind wir nicht berechtigt, anzunehmen, dass die Weltmeere von Norden nach Süden allezeit so offen wie jetzt gewesen sind. Selbst heutigen Tages könnte der tropische Theil des Indischen Oceans durch eine Hebung des Malayischen Archipels über den Meeresspiegel in ein grosses geschlossenes Becken verwandelt werden, worin sich irgend welche grosse Seethiergruppe zu entwickeln und vervielfältigen vermöchte; und da würde sie dann eingeschlossen bleiben, bis einige der Arten für ein kühleres Clima geeignet und in Stand gesetzt worden wären, die Südcaps von Africa und Australien zu umwandern und so in andere ferne Meere zu gelangen.

Aus diesen Betrachtungen, ferner in Berücksichtigung unserer Unkunde über die geologischen Verhältnisse anderer Weltgegenden ausserhalb Europa's und Nord-America's, endlich nach dem Umschwung, welchen unsere paläontologischen Vorstellungen durch die Entdeckungen während des letzten Dutzend von Jahren erlitten haben, glaube ich folgern zu dürfen, dass wir ebenso übereilt handeln würden, die bei uns bekannt gewordene Art der Aufeinanderfolge der Organismen auf die ganze Erdoberfläche zu übertragen, wie ein Naturforscher thäte, welcher nach einer Landung von fünf Minuten an irgend einem öden Küstenpunkte Australiens auf die Zahl und Verbreitung seiner Organismen schliessen wollte.

Plötzliches Erscheinen ganzer Gruppen verwandter Arten in den untersten fossilführenden Schichten.

Es gibt noch eine andere und verwandte Schwierigkeit, welche noch bedenklicher ist; ich meine das plötzliche Auftreten von Arten aus mehreren der Hauptabtheilungen des Thierreichs in den untersten fossilführenden Gesteinen. Die meisten der Gründe, welche mich zur Überzeugung geführt haben, dass alle lebenden Arten einer Gruppe von einem gemeinsamen Urerzeuger herrühren, gelten mit gleicher Stärke auch für die bekannt gewordenen ältesten fossilen Arten. So lässt sich z. B. nicht daran zweifeln, dass alle cambrischen und silurischen Trilobiten von irgend einem Kruster abstammen, welcher lange vor der cambrischen Zeit gelebt haben muss und wahrscheinlich von allen jetzt bekannten Krustern sehr verschieden war. Einige der ältesten Thiere sind nicht sehr von noch jetzt lebenden Arten verschieden, wie *Lingula, Nautilus* u. a., und man kann nach meiner Theorie nicht annehmen, dass diese alten Arten die Erzeuger aller der später erschienenen Arten derselben Ordnungen gewesen sind, wozu sie gehören; denn sie stellen in keiner Weise Mittelformen zwischen denselben dar.

Wenn also meine Theorie richtig ist, so müssten unbestreitbar schon vor Ablagerung der ältesten cambrischen Schichten eben so lange oder wahrscheinlich noch längere Zeiträume verflossen sein, wie der ganze Zeitraum von der cambrischen Zeit bis auf den heutigen Tag; und es müsste die Erdoberfläche während dieser unendlichen Zeiträume von lebenden Geschöpfen dicht bewohnt gewesen sein. Hier stossen wir auf einen äusserst bedenklichen Einwurf; denn es scheint zweifelhaft, ob sich die Erde lange genug in einem zum Bewohntwerden passenden Zustand befunden hat. Sir W. Thompson kommt zu dem Schlusse, dass das Festwerden der Erdrinde kaum vor weniger als 20 oder vor mehr als 400 Millionen Jahren, wahrscheinlich aber vor nicht weniger als 90 oder nicht mehr als 200 Millionen Jahren eingetreten ist. Diese sehr weiten Grenzen zeigen, wie zweifelhaft die Zeitangaben sind; und es mögen vielleicht noch andere Elemente in die Betrachtung des Problems einzuführen sein. Croll schätzt die seit der cambrischen

Periode verflossene Zeit auf ungefähr 60 Millionen Jahre; aber nach dem geringen Betrag von Veränderung der organischen Welt seit dem Beginn der Glacialperiode zu urtheilen, scheint dies für die vielen und bedeutenden Änderungen der Lebensformen, welche sicher seit der cambrischen Formation eingetreten sind, eine sehr kurze Zeit zu sein; und die vorausgehenden 140 Millionen Jahre können für die Entwicklung der verschiedenartigen Lebensformen, welche bereits während der cambrischen Periode existierten, kaum als genügend betrachtet werden. Es ist indess, wie Sir W. Thompson betont, wahrscheinlich, dass die Erde in einer sehr frühen Zeit schnelleren und heftigeren Veränderungen in ihren physikalischen Verhältnissen ausgesetzt gewesen ist, als wie solche jetzt vorkommen; und solche Veränderungen würden dann zu entsprechend schnellen Veränderungen in den organischen Wesen geführt haben, welche die Erde in jener Zeit bewohnten.

Was nun die Frage betrifft, warum wir aus diesen vermuthlich frühesten Perioden vor dem cambrischen System keine an Fossilen reichen Ablagerungen mehr finden, so kann ich darauf keine genügende Antwort geben. Mehrere ausgezeichnete Geologen, wie Sir R. Murchison an ihrer Spitze, waren bis vor Kurzem überzeugt, in den organischen Resten der untersten Silurschichten die Wiege des Lebens auf unserem Planeten zu erblicken. Andere hochbewährte Richter, wie Sir Ch. Lyell und Edw. Forbes haben diese Behauptung bestritten. Wir dürfen nicht vergessen, dass nur ein geringer Theil unserer Erdoberfläche mit einiger Genauigkeit erforscht ist. Erst unlängst hat Barrande dem bis jetzt bekannten silurischen Systeme noch eine andere tiefere Etage angefügt, die reich ist an neuen und eigenthümlichen Arten; und jetzt hat Mr. Hicks noch tiefer, in der untern cambrischen Formation in Süd-Wales an Trilobiten reiche Schichten, welche verschiedene Mollusken und Anneliden einschliessen, gefunden. Die Anwesenheit phosphatehaltiger Nieren und bituminöser Substanz selbst in einigen der untersten azoischen Schichten, deutet wahrscheinlich auf ein ehemaliges noch früheres Leben in denselben hin; und die Existenz des *Eozoon* in der Laurentischen Formation von Canada wird jetzt allgemein zugegeben. Es finden sich in Canada drei grosse Schichten unter dem Silursystem, in deren unterster das *Eozoon* gefunden wurde. Sir W. Logan führt an, dass ihre „gemeinsame Mächtigkeit möglicherweise die aller folgenden Gesteine von der Basis der paläozoischen Reihe bis zur Jetztzeit übertrifft. Wir werden hierdurch

„in eine so entfernte Periode zurückversetzt, dass das Auftreten „der sogenannten Primordialfauna (Barrande's) als vergleichsweise „neues Ereignis betrachtet werden kann.“ Das *Eozoon* gehört zu den niedrigst organisierten Classen des Thierreichs, seiner Classenstellung nach ist es aber hoch organisiert; es existierte in zahllosen Schaaren und lebte, wie Dawson bemerkt hat, sicher von anderen kleinsten organischen Wesen, die wieder in grosser Zahl vorhanden gewesen sein müssen. Die Worte, welche ich 1859 über die Existenz lebender Wesen lange Zeit vor dem cambrischen Systeme niederschrieb, und welche fast dieselben sind, die seitdem Sir W. Logan ausgesprochen hat, haben sich daher als richtig erwiesen. Trotz dieser mannichfachen Thatsachen bleibt doch die Schwierigkeit, irgend einen guten Grund für den Mangel ungeheurer, an Fossilen reicher Schichtenlager unter dem cambrischen System anzugeben, sehr gross. Es scheint nicht wahrscheinlich zu sein, dass diese ältesten Schichten durch Entblössungen ganz und gar weggewaschen oder dass ihre Fossile durch Metamorphismus ganz und gar unkenntlich gemacht worden seien, denn sonst müssten wir auch nur noch ganz kleine Überreste der nächst-jüngeren Formationen entdecken dürfen, und diese müssten sich fast immer in einem theilweise metamorphischen Zustande befinden. Aber die Beschreibungen, welche wir jetzt von den silurischen Ablagerungen in den unermesslichen Ländergebieten in Russland und Nord-America besitzen, sprechen nicht zu Gunsten der Meinung, dass, je älter eine Formation ist, sie desto mehr durch Entblössung und Metamorphismus gelitten haben müsse.

Diese Thatsache muss fürerst unerklärt bleiben und wird mit Recht als eine wesentliche Einrede gegen die hier entwickelten Ansichten hervorgehoben werden. Ich will jedoch folgende Hypothese aufstellen, um zu zeigen, dass doch vielleicht später eine Erklärung möglich ist. Aus der Natur der in den verschiedenen Formationen Europa's und der Vereinigten Staaten vertretenen organischen Wesen, welche keine sehr grossen Tiefen bewohnt zu haben scheinen, und aus der ungeheuren Masse der meilendicken Niederschläge, woraus diese Formationen bestehen, können wir zwar schliessen, dass von Anfang bis zu Ende grosse Inseln oder Landstriche, aus welchen die Sedimente herbeigeführt wurden, in der Nähe der jetzigen Continente von Europa und Nord-America existiert haben müssen. Dieselbe Ansicht ist seitdem auch von Agassiz und Anderen aufgestellt worden. Aber vom Zustande der Dinge in den langen Perioden, welche zwischen der Bildung dieser Formationen verflossen sind, wissen wir nichts; wir vermögen nicht zu sagen, ob während derselben Europa und die Vereinigten Staaten als trockene Länderstrecken oder als untermeerische Küstenflächen, auf welchen inzwischen keine Ablagerungen erfolgten, oder als Meeresboden eines offenen und unergründlichen Oceans vorhanden waren.

Betrachten wir die jetzigen Weltmeere, welche dreimal so viel Fläche wie das trockene Land einnehmen, so finden wir sie mit zahlreichen Inseln besäet; aber kaum eine einzige echt oceanische Insel (mit Ausnahme von Neu-Seeland, wenn man dies eine echte oceanische Insel nennen kann) hat bis jetzt einen Überrest von paläozoischen oder secundären Formationen geliefert. Man kann daraus vielleicht schliessen, dass während der paläozoischen und Secundärzeit weder Continente noch continentale Inseln da existiert haben, wo sich jetzt der Ocean ausdehnt; denn wären solche vorhanden gewesen, so würden sich nach aller Wahrscheinlichkeit aus dem von ihnen herbeigeführten Schutte auch paläozoische und secundäre Schichten gebildet haben, und es würden dann in Folge der Niveauschwankungen, welche während dieser ungeheuer langen Zeiträume jedenfalls stattgefunden haben müssen, wenigstens theilweise Emporhebungen trockenen Landes erfolgt sein. Wenn wir also aus diesen Thatsachen irgend einen Schluss ziehen wollen, so können wir sagen, dass da, wo sich jetzt unsere Weltmeere ausdehnen, solche schon seit den ältesten Zeiten, von denen wir Kunde besitzen, bestanden haben, und dass andererseits da, wo jetzt Continente sind, grosse Landstrecken existiert haben, welche von der cambrischen Zeit an zweifelsohne grossem Niveauwechsel unterworfen gewesen sind. Die colorierte Karte, welche meinem Werke über die Corallenriffe beigegeben ist, führte mich zum Schluss, dass die grossen Weltmeere noch jetzt hauptsächlich Senkungsfelder, die grossen Archipele noch schwankende Gebiete und die Continente Hebungsgebiete sind. Aber wir haben kein Recht anzunehmen, dass diese Dinge sich seit dem Beginne dieser Welt gleich geblieben sind. Unsere Continente scheinen hauptsächlich durch vorherrschende Hebung während vielfacher Höhenschwankungen entstanden zu sein. Aber können nicht die Felder vorwaltender Hebungen und Senkungen ihre Rollen vor noch längerer Zeit umgetauscht haben? In einer unermesslich früheren Zeit vor der cambrischen Periode können Continente da existiert haben, wo sich jetzt die Weltmeere ausbreiten, und können offene Weltmeere da gewesen sein, wo jetzt die Continente emporragen. Auch würde man noch nicht anzunehmen berechtigt sein, dass z. B. das Bett des Stillen Oceans, wenn es jetzt in einen Continent verwandelt würde, uns Sedimentärformationen, welche in erkennbarer Weise älter als die cambrischen Schichten sind, darbieten müsse, vorausgesetzt, dass solche früher abgelagert worden wären; denn es wäre wohl möglich, dass Schichten, welche dem Mittelpunkte der Erde um einige Meilen näher rückten und von dem ungeheuren Gewichte darüber stehender Wasser zusammengedrückt wurden, weit stärkere metamorphische Einwirkungen erfahren haben als jene, welche näher an der Oberfläche geblieben sind. Die in einigen Weltgegenden, wie z. B. in Süd-America vorhandenen unermesslichen Strecken unbedeckten metamorphischen Gebirges, welche der Hitze unter hohen Graden von Druck ausgesetzt gewesen sein müssen, haben mir immer einer besonderen Erklärung zu bedürfen geschienen; und vielleicht darf man annehmen, dass in ihnen die zahlreichen schon lange vor der cambrischen Zeit abgesetzten Formationen in einem völlig metamorphischen und entblössten Zustande zu erblicken sind.

Die mancherlei hier erörterten Schwierigkeiten, welche namentlich daraus entspringen, dass wir in der Reihe der aufeinanderfolgenden geologischen Formationen zwar manche Mittelformen zwischen früher dagewesenen und jetzt vorhandenen Arten, nicht aber die unzähligen nur leicht abgestuften Zwischenglieder zwischen allen successiven Arten finden, — dass ganze Gruppen verwandter Arten in unseren europäischen Formationen oft plötzlich zum Vorschein kommen, — dass, so viel bis jetzt bekannt, ältere fossilführende Formationen noch unter den cambrischen Schichten fast gänzlich fehlen, — alle diese Schwierigkeiten sind zweifelsohne von grösstem Gewichte. Wir ersehen dies am deutlichsten aus der Thatsache, dass die ausgezeichnetsten Paläontologen, wie Cuvier, Agassiz, Barrande, Pictet, Falconer, Edw. Forbes und Andere, sowie alle unsere grössten Geologen, Lyell, Murchison, Sedgwick etc. die Unveränderlichkeit der Arten einstimmig und oft mit grosser Heftigkeit vertheidigt haben. Jetzt unterstützt aber Sir Charles Lyell mit seiner grossen Autorität die entgegengesetzte Ansicht und die meisten anderen Geologen und Paläontologen sind in ihrem Vertrauen sehr wankend geworden. Alle, welche die geologischen Urkunden für einigermassen vollständig halten, werden zweifelsohne meine ganze Theorie auf einmal verwerfen. Ich für meinen Theil betrachte (um Lyell's bildlichen Ausdruck durchzuführen) die geologischen Urkunden als eine Geschichte der Erde, unvollständig geführt und in wechselnden Dialekten geschrieben, von welcher Geschichte aber nur der letzte, bloss auf zwei oder drei Länder sich beziehende Band bis auf uns gekommen ist. Und auch von diesem Bande ist nur hie und da ein kurzes Capitel erhalten und von jeder Seite sind nur da und dort einige Zeilen übrig. Jedes Wort der langsam wechselnden Sprache dieser Beschreibung, mehr oder weniger verschieden in den aufeinanderfolgenden Abschnitten, wird den Lebensformen entsprechen, welche in den aufeinanderfolgenden Formationen begraben liegen und welche uns fälschlich als plötzlich aufgetreten erscheinen. Nach dieser Ansicht werden die oben erörterten Schwierigkeiten zum grossen Theile vermindert, oder sie verschwinden selbst.

Elftes Capitel.

Geologische Aufeinanderfolge organischer Wesen.

Langsames und successives Erscheinen neuer Arten. — Verschiedene Schnelligkeit ihrer Veränderung. — Einmal untergegangene Arten kommen nicht wieder zum Vorschein. — Artengruppen folgen denselben allgemeinen Regeln des Auftretens und Verschwindens, wie die einzelnen Arten. — Erlöschen der Arten. — Gleichzeitige Veränderungen der Lebensformen auf der ganzen Erdoberfläche. — Verwandtschaft erloschener Arten mit anderen fossilen und mit lebenden Arten. — Entwicklungsstufe erloschener Formen. — Aufeinanderfolge derselben Typen im nämlichen Ländergebiete. — Zusammenfassung dieses und des vorhergehenden Capitels.

Sehen wir nun zu, ob die verschiedenen Thatsachen und Gesetze hinsichtlich der geologischen Aufeinanderfolge der organischen Wesen besser mit der gewöhnlichen Ansicht von der Unabänderlichkeit der Arten, oder mit der Theorie von deren langsamer und stufenweiser Abänderung durch natürliche Zuchtwahl übereinstimmen.

Neue Arten sind im Wasser wie auf dem Lande nur sehr langsam, eine nach der andern zum Vorschein gekommen. Lyell hat gezeigt, dass es kaum möglich ist, sich den in den verschiedenen Tertiärschichten niedergelegten Beweisen in dieser Hinsicht zu verschliessen, und jedes Jahr strebt die noch vorhandenen Lücken zwischen den einzelnen Stufen mehr auszufüllen und das Procentverhältnis der noch lebend vorhandenen zu den ganz ausgestorbenen Arten mehr und mehr abzustufen. Von den in einigen der neuesten, wenn auch in Jahren ausgedrückt gewiss sehr alten Schichten vorkommenden Arten sind nur eine oder zwei ausgestorben, und nur je eine oder zwei sind für die Örtlichkeit oder, soviel wir bis jetzt wissen, für die Erdoberfläche neu. Die Secundärformationen sind mehr unterbrochen; aber in jeder einzelnen Formation hat, wie BRONN bemerkt hat, weder das Auftreten noch das Verschwinden ihrer vielen jetzt erloschenen Arten gleichzeitig stattgefunden.

Arten verschiedener Gattungen und Classen haben weder gleichen Schrittes noch in gleichem Verhältnisse gewechselt. In den älteren Tertiärschichten liegen einige wenige lebende Arten mitten zwischen einer Menge erloschener Formen. FALCONER hat ein schlagendes Beispiel ähnlicher Art berichtet; es ist nämlich ein Crocodil von einer noch lebenden Art mit einer Menge untergegangener Säugethiere und Reptilien in Schichten des Subhimalaya vergesellschaftet. Die silurischen *Lingula*-Arten weichen nur sehr wenig von den lebenden Species dieser Gattung ab, während die meisten der übrigen silurischen Mollusken und alle Kruster grossen Veränderungen unterlegen sind. Die Landbewohner scheinen sich schnelleren Schrittes als die Meeresbewohner verändert zu haben, wovon ein treffender Beleg kürzlich aus der Schweiz berichtet worden ist. Es ist Grund zur Annahme vorhanden, dass solche Organismen, welche auf höherer Organisationsstufe stehen, sich rascher als die unvollkommen entwickelten verändern; doch gibt es Ausnahmen von dieser Regel. Das Mass organischer Veränderung ist nach PICTET's Bemerkung nicht in allen aufeinanderfolgenden geologischen sogenannten Formationen dasselbe. Wenn wir aber irgend welche, ausgenommen zwei einander auf's engste verwandte Formationen miteinander vergleichen, so finden wir, dass alle Arten einige Veränderungen erfahren haben. Ist eine Art einmal von der Erdoberfläche verschwunden, so haben wir keinen Grund zur Annahme, dass dieselbe identische Art je wieder zum Vorschein kommen werde. Die anscheinend auffallendsten Ausnahmen von dieser Regel bilden BARRANDE's sogenannte „Colonien“ von Arten, welche sich eine Zeit lang mitten in ältere Formationen einschieben und dann später die vorher existierende Fauna wieder erscheinen lassen; doch halte ich LYELL's Erklärung, sie seien durch temporäre Wanderungen aus einer geographischen Provinz in die andere bedingt, für vollkommen genügend.

Diese verschiedenen Thatsachen vertragen sich wohl mit meiner Theorie. Dieselbe nimmt kein festes Entwicklungsgesetz an, welches alle Bewohner einer Gegend veranlasste, sich plötzlich oder gleichzeitig oder gleichmässig zu ändern. Der Abänderungsprocess muss ein langsamer sein und wird im Allgemeinen nur wenig Species zu einer und derselben Zeit ergreifen; denn die Veränderlichkeit jeder Art ist ganz unabhängig von der aller anderen Arten. Ob sich die natürliche Zuchtwahl solche Abänderungen oder individuelle Verschiedenheiten zu Nutzen macht, und ob die in grösserem oder geringerem Masse gehäuften Abänderungen stärkere oder schwächere bleibende Modificationen in den sich ändernden Arten veranlassen, dies hängt von vielen verwickelten Bedingungen ab: von der Nützlichkeit der Veränderungen, von der Möglichkeit der Kreuzung, vom langsamen Wechsel in der natürlichen Beschaffenheit der Gegend, von dem Einwandern neuer Colonisten, und zumal von der Beschaffenheit der übrigen Organismen, welche mit den sich ändernden Arten in Concurrenz kommen. Es ist daher keineswegs überraschend, wenn eine Art ihre Form viel länger unverändert bewahrt als andere, oder wenn sie, falls sie abändert, dies in geringerem Grade thut als diese. Wir finden ähnliche Beziehungen zwischen den Bewohnern verschiedener Länder, z. B. auf Madeira, wo die Landschnecken und Käfer in beträchtlichem Masse von ihren nächsten Verwandten in Europa verschieden geworden, während Vögel und Seemollusken die nämlichen geblieben sind. Man kann vielleicht die anscheinend raschere Veränderung in den Landbewohnern und den höher organisierten Formen gegenüber derjenigen der marinen und der tieferstehenden Arten aus den zusammengesetzteren Beziehungen der vollkommeneren Wesen zu ihren organischen und unorganischen Lebensbedingungen, wie sie in einem früheren Abschnitte auseinandergesetzt worden sind, herleiten. Wenn viele von den Bewohnern einer Gegend abgeändert und vervollkommnet worden sind, so begreift man aus dem Princip der Concurrenz und aus den vielen so höchst wichtigen Beziehungen von Organismus zu Organismus in dem Kampfe um's Leben, dass eine jede Form, welche gar keine Änderung und Vervollkommnung erfährt, der Austilgung preisgegeben ist. Daraus ersehen wir denn, warum alle Arten einer Gegend zuletzt, wenn wir nämlich hinreichend lange Zeiträume betrachten, modificiert werden; denn, wenn nicht, müssen sie zu Grunde gehen.

Bei Gliedern einer und derselben Classe mag vielleicht der mittlere Betrag der Änderung während langer und gleicher Zeiträume nahezu gleich sein. Da jedoch die Anhäufung lange dauernder an Fossilresten reicher Formationen dadurch bedingt ist, dass grosse Sedimentmassen während einer Senkungsperiode abgesetzt werden, so müssen sich unsere Formationen nothwendig meist mit langen und unregelmässigen Zwischenpausen gebildet haben; daher denn auch der Grad organischer Veränderung, welchen die in aufeinanderfolgenden Formationen abgelagerten organischen Reste darbieten, nicht gleich ist. Jede Formation bezeichnet nach dieser Anschauungsweise nicht einen neuen Act der Schöpfung, sondern nur eine gelegentliche, beinahe aus Zufall herausgerissene Scene aus einem langsam vor sich gehenden Drama.

Man begreift leicht, warum eine einmal zu Grunde gegangene Art nicht wieder zum Vorschein kommen kann, selbst wenn die nämlichen unorganischen und organischen Lebensbedingungen nochmals eintreten. Denn obwohl die Nachkommenschaft einer Art so angepasst werden kann (was zweifellos in unzähligen Fällen vorgekommen ist), dass sie den Platz einer andern Art im Haushalte der Natur genau ausfüllt und sie ersetzt, so können doch beide Formen, die alte und die neue, nicht identisch die nämlichen sein, weil beide fast gewiss von ihren verschiedenen Stammformen auch verschiedene Charactere mitgeerbt haben und weil bereits von einander abweichende Organismen auch in verschiedener Art variieren werden. So könnten z. B., wenn unsere Pfauentauben ausstürben, Taubenliebhaber durch lange Zeit fortgesetzte und auf denselben Punkt gerichtete Bemühungen möglicherweise wohl eine neue von unserer jetzigen Pfauentaube kaum unterscheidbare Rasse zu Stande bringen. Wäre aber auch deren Urform, unsere Felstaube, im Naturzustande, wo die Stammform gewöhnlich durch ihre vervollkommnete Nachkommenschaft ersetzt und vertilgt wird, zerstört worden, so müsste es doch ganz unglaubhaft erscheinen, dass ein Pfauenschwanz, mit unserer jetzigen Rasse identisch, von irgend einer andern Taubenart oder selbst von einer andern guten Varietät unserer Haustauben gezogen werden könne, weil die successiven Abänderungen beinahe sicher in irgend einem Grade verschieden sein und die neugebildete Varietät wahrscheinlich von ihrem Stammvater einige characteristische Verschiedenheiten erben würde.

Artengruppen, das heisst Gattungen und Familien, folgen in ihrem Auftreten und Verschwinden denselben allgemeinen Regeln, wie die einzelnen Arten selbst, indem sie mehr oder weniger schnell in grösserem oder geringerem Grade sich verändern. Eine Gruppe erscheint niemals wieder, wenn sie einmal untergegangen ist, d. h. ihr Dasein ist, solange es besteht, continuierlich. Ich weiss wohl, dass es einige anscheinende Ausnahmen von dieser Regel gibt; allein es sind deren so erstaunlich wenig, dass Ed. Forbes, Pictet und Woodward (obwohl dieselben alle drei die von mir vertheidigten Ansichten sonst bestreiten) deren Richtigkeit zugestehen; und diese Regel entspricht genau meiner Theorie. Denn alle Arten einer und derselben Gruppe, wie lange dieselbe auch bestanden haben mag, sind die modificierten Nachkommen früherer Arten und eines gemeinsamen Urerzeugers. So müssen z. B. bei der Gattung *Lingula* die Species, welche zu allen Zeiten nacheinander aufgetreten sind, von der tiefsten Silurschicht an bis auf den heutigen Tag durch eine ununterbrochene Reihe von Generationen miteinander im Zusammenhang gestanden haben.

Wir haben im letzten Capitel gesehen, dass es zuweilen irrthümlich so erscheint, als seien die Arten einer Gruppe ganz plötzlich in Masse aufgetreten, und ich habe versucht, diese Thatsache zu erklären, welche, wenn sie sich wirklich so verhielte, meiner Theorie verderblich sein würde. Aber derartige Fälle sind gewiss nur als Ausnahmen zu betrachten; nach der allgemeinen Regel wächst die Artenzahl jeder Gruppe allmählich zu ihrem Maximum an und nimmt dann früher oder später wieder langsam ab. Wenn man die Artenzahl einer Gattung oder die Gattungszahl einer Familie durch eine Verticallinie ausdrückt, welche die übereinanderfolgenden Formationen mit einer nach Massgabe der in jeder derselben enthaltenen Artenzahl veränderlichen Dicke durchsetzt, so kann es manchmal fälschlich scheinen, als beginne dieselbe unten plötzlich breit, statt mit scharfer Spitze; sie nimmt dann aufwärts an Breite zu, hält darauf oft eine Zeit lang gleiche Stärke ein und läuft dann in den oberen Schichten, der Abnahme und dem Erlöschen der Arten entsprechend, allmählich spitz aus. Diese allmähliche Zunahme einer Gruppe steht mit meiner Theorie vollkommen im Einklang; denn die Arten einer und derselben Gattung und die Gattungen einer und derselben Familie können nur langsam und allmählich an Zahl wachsen; der Vorgang der Umwandlung und der Entwicklung einer Anzahl verwandter Formen ist nothwendig nur ein langsamer und gradweiser: eine Art liefert anfänglich nur zwei oder drei Varietäten, welche sich langsam in Arten verwandeln, die ihrerseits wieder auf gleich langsamen Schritten andere Varietäten und Arten hervorbringen und so weiter (wie ein grosser Baum sich allmählich von einem einzelnen Stamme aus verzweigt), bis die Gruppe gross wird.

Erlöschen.

Wir haben bis jetzt nur gelegentlich von dem Verschwinden der Arten und der Artengruppen gesprochen. Nach der Theorie der natürlichen Zuchtwahl sind jedoch das Erlöschen alter und die Bildung neuer und verbesserter Formen auf's innigste miteinander verbunden. Die alte Meinung, dass von Zeit zu Zeit sämmtliche Bewohner der Erde durch grosse Umwälzungen von der Erde weggefegt worden seien, ist jetzt ziemlich allgemein und selbst von solchen Geologen, wie Elie de Beaumont, Murchison, Barrande u. A. aufgegeben, deren allgemeinere Anschauungsweise sie auf einen derartigen Schluss hinlenken müsste. Wir haben im Gegentheil nach den über die Tertiärformationen angestellten Studien allen Grund zur Annahme, dass Arten und Artengruppen ganz allmählich eine nach der andern zuerst von einer Stelle, dann von einer andern und endlich überall verschwinden. In einigen wenigen Fällen jedoch wie beim Durchbruch einer Landenge und der nachfolgenden Einwanderung einer Menge von neuen Bewohnern in ein benachbartes Meer, oder bei dem endlichen Untertauchen einer Insel mag das Erlöschen verhältnismässig rasch vor sich gegangen sein. Einzelne Arten sowohl als Artengruppen dauern sehr ungleich lange Zeiten; einige Gruppen haben, wie wir gesehen haben, von der ersten bekannten Wiegenzeit des Lebens an bis zum heutigen Tage bestanden, während andere nicht einmal den Schluss der paläozoischen Zeit erreicht haben. Es scheint kein bestimmtes Gesetz zu geben, welches die Länge der Dauer einer einzelnen Art oder einer einzelnen Gattung bestimmte. Doch scheint Grund zur Annahme vorhanden zu sein, dass das gänzliche Erlöschen einer ganzen Gruppe von Arten gewöhnlich ein langsamerer Vorgang als ihre Entstehung ist. Wenn man das Erscheinen und Verschwinden der Arten einer Gruppe ebenso wie vorhin durch eine Verticallinie von veränderlicher Dicke ausdrückt, so pflegt sich dieselbe weit allmählicher an ihrem obern dem Erlöschen entsprechenden, als am untern die Entwicklung und Zunahme an Zahl darstellenden Ende zuzuspitzen. Doch ist in einigen Fällen das Erlöschen ganzer Gruppen von Wesen, wie das der Ammoniten gegen das Ende der Secundärzeit, den meisten anderen Gruppen gegenüber, wunderbar plötzlich erfolgt.

Die ganze Frage vom Erlöschen der Arten ist ohne Grund mit dem geheimnisvollsten Dunkel umgeben worden. Einige Schriftsteller haben sogar angenommen, dass Arten, geradeso wie Individuen eine bestimmte Lebensdauer haben, auch eine bestimmte Existenzdauer haben. Durch das Verschwinden der Arten kann wohl Niemand mehr in Verwunderung gesetzt worden sein, als ich selbst. Als ich im La Plata-Staate einen Pferdezahn in einerlei Schicht mit Resten von *Mastodon*, *Megatherium*, *Toxodon* und anderen ausgestorbenen Riesenformen zusammenliegend fand, welche sämmtlich noch in später geologischer Zeit mit noch jetzt lebenden Conchylien-Arten zusammengelebt haben, war ich mit Erstaunen erfüllt. Denn da ich sah, wie die von den Spaniern in Süd-America eingeführten Pferde sich wild über das ganze Land verbreite und in beispiellosem Masse an Anzahl vermehrt haben, so musste ich mich bei jener Entdeckung selber fragen, was in verhältnismässig noch so neuer Zeit das frühere Pferd zu vertilgen vermocht habe, unter Lebensbedingungen, welche sich so ausserordentlich günstig erwiesen haben? Aber wie ganz unbegründet war mein Erstaunen! Professor Owen erkannte bald, dass der Zahn, wenn auch denen der lebenden Arten sehr ähnlich, doch von einer ganz andern nun erloschenen Art herrühre. Wäre diese Art noch jetzt, wenn auch schon etwas selten, vorhanden, so würde sich kein Naturforscher im mindesten über deren Seltenheit wundern, da es viele seltene Arten aller Classen in allen Gegenden gibt. Fragen wir uns, warum diese oder jene Art selten ist, so antworten wir, es müsse irgend etwas in den vorhandenen Lebensbedingungen ungünstig sein, obwohl wir dieses Etwas kaum je zu bezeichnen wissen. Existierte das fossile Pferd noch jetzt als eine seltene Art, so würden wir es in Berücksichtigung der Analogie mit allen anderen Säugethierarten und selbst mit dem sich nur langsam fortpflanzenden Elephanten und der Geschichte der Naturalisation des domesticierten Pferdes in Süd-America für sicher gehalten haben, dass jene fossile Art unter günstigeren Verhältnissen binnen wenigen Jahren im Stande gewesen sein müsse, den ganzen Continent zu bevölkern. Aber wir hätten nicht sagen können, welche ungünstigen Bedingungen es waren, die dessen Vermehrung hinderten, ob deren nur eine oder ob es ihrer mehrere waren, und in welcher Lebensperiode des Pferdes und in welchem Grade jede derselben ungünstig wirkte. Wären aber jene Bedingungen allmählich, wenn auch noch so langsam, immer ungünstiger geworden, so würden wir die Thatsache sicher nicht bemerkt haben, obschon jene fossile

Pferdeart gewiss immer seltener und seltener geworden und zuletzt erloschen sein würde, denn ihr Platz würde von einem andern siegreichen Concurrenten eingenommen worden sein.

Es ist äusserst schwer sich immer zu erinnern, dass die Zunahme eines jeden lebenden Wesens durch unbemerkbare schädliche Agentien fortwährend aufgehalten wird und dass dieselben unbemerkbaren Agentien vollkommen genügen können, um eine fortdauernde Verminderung und endliche Vertilgung zu bewirken. Dieser Satz bleibt aber so unbegriffen, dass ich wiederholt habe eine Verwunderung darüber äussern hören, dass so grosse Thiere wie das *Mastodon* und die älteren Dinosaurier haben untergehen können, als ob die blosse Körperstärke schon genüge, um den Sieg im Kampfe um's Dasein zu sichern. Im Gegentheile könnte gerade eine beträchtliche Grösse, wie Owen bemerkt hat, in manchen Fällen des grössern Nahrungsbedarfes wegen das Erlöschen beschleunigen. Schon ehe der Mensch Ost-Indien und Africa bewohnte, muss irgend eine Ursache die fortdauernde Vervielfältigung der dort lebenden Elephantenarten gehemmt haben. Ein sehr fähiger Beurtheiler, Falconer, glaubt, dass es gegenwärtig hauptsächlich Insecten sind, die durch beständiges Beunruhigen und Schwächen die raschere Vermehrung der Elephanten hauptsächlich hemmen; dies war auch Bruce's Schluss in Bezug auf den africanischen Elephanten in Abyssinien. Es ist gewiss, dass sowohl Insecten als auch blutsaugende Fledermäuse auf die Existenz der in verschiedenen Theilen Süd-America's eingeführten grösseren Säugethiere bestimmend einwirken.

Wir sehen in den neueren Tertiärbildungen viele Beispiele, dass Seltenwerden dem gänzlichen Verschwinden vorangeht, und wir wissen, dass dies der Fall bei denjenigen Thierarten gewesen ist, welche durch den Einfluss des Menschen örtlich oder überall von der Erde verschwunden sind. Ich will hier wiederholen, was ich im Jahr 1845 drucken liess: Zugeben, dass Arten gewöhnlich selten werden, ehe sie erlöschen, und sich über das Seltenwerden einer Art nicht wundern, aber dann doch hoch erstaunen, wenn sie endlich zu Grunde geht, — heisst so ziemlich dasselbe, wie: Zugeben, dass bei Individuen Krankheit dem Tode vorangeht, und sich über das Erkranken eines Individuums nicht befremdet fühlen, aber sich wundern, wenn der kranke Mensch stirbt, und seinen Tod irgend einer unbekannten Gewaltthat zuschreiben.

Die Theorie der natürlichen Zuchtwahl beruht auf der Annahme, dass jede neue Varietät und zuletzt jede neue Art dadurch gebildet und erhalten worden ist, dass sie irgend einen Vortheil vor den concurrierenden Arten voraus habe, in Folge dessen die weniger begünstigten Arten fast unvermeidlich erlöschen. Es verhält sich ebenso mit unseren Culturerzeugnissen. Ist eine neue und unbedeutend vervollkommnete Varietät gebildet worden, so ersetzt sie anfangs die minder vollkommenen Varietäten in ihrer Umgebung; ist sie bedeutend verbessert, so breitet sie sich in Nähe und Ferne aus, wie es unsere kurzhörnigen Rinder gethan haben, und nimmt die Stelle der anderen Rassen in anderen Gegenden ein. So sind das Erscheinen neuer und das Verschwinden alter Formen, natürlicher wie künstlicher, enge miteinander verbunden. In manchen wohl gedeihenden Gruppen ist die Anzahl der in einer gegebenen Zeit gebildeten neuen Artformen wahrscheinlich zu manchen Perioden grösser gewesen als die Zahl der alten specifischen Formen, welche ausgetilgt worden sind; da wir aber wissen, dass gleichwohl die Artenzahl wenigstens in den letzten geologischen Perioden nicht unbeschränkt zugenommen hat, so dürfen wir im Hinblick auf die späteren Zeiten annehmen, dass eben die Hervorbringung neuer Formen das Erlöschen einer ungefähr gleichen Anzahl alter veranlasst hat.

Die Concurrenz wird gewöhnlich, wie schon früher erklärt und durch Beispiele erläutert worden ist, zwischen denjenigen Formen am heftigsten sein, welche sich in allen Beziehungen am ähnlichsten sind. Daher werden die abgeänderten und verbesserten Nachkommen einer Species gewöhnlich die Austilgung ihrer Stammart veranlassen: und wenn viele neue Formen von irgend einer einzelnen Art entstanden sind, so werden die nächsten Verwandten dieser Art, das heisst die mit ihr zu einer Gattung gehörenden, der Vertilgung am meisten ausgesetzt sein. So muss, wie ich mir vorstelle, eine Anzahl neuer von einer Stammart entsprossener Species, d. h. eine neue Gattung, eine alte Gattung der nämlichen Familie ersetzen. Aber es muss sich auch oft ereignet haben, dass eine neue Art aus dieser oder jener Gruppe den Platz einer Art aus einer andern Gruppe einnahm und somit deren Erlöschen veranlasste; wenn sich dann von dem siegreichen Eindringlinge aus viele verwandte Formen entwickeln, so werden auch viele Arten diesen ihre Plätze überlassen müssen, und es werden gewöhnlich verwandte Arten sein, die in Folge eines gemeinschaftlich ererbten Nachtheils den anderen gegenüber unterliegen. Mögen jedoch die Arten, welche ihre Plätze anderen modificierten und vervollkommneten Arten abgetreten haben, zu derselben Classe gehören oder zu verschiedenen, so kann doch oft eine oder die andere von den Benachtheiligten in Folge einer Befähigung zu irgend einer besondern Lebensweise, oder ihres abgelegenen und isolierten Wohnortes wegen, wo sie eine minder strenge Concurrenz erfahren hat, sich so noch längere Zeit erhalten haben. So überleben z. B. einige Arten *Trigonia* in dem australischen Meere die in der Secundärzeit zahlreich gewesenen Arten dieser Gattung, und eine geringe Zahl von Arten der einst reichen und jetzt fast ausgestorbenen Gruppe der Ganoidfische kommt noch in unseren Süsswässern vor. Und so ist denn das gänzliche Erlöschen einer Gruppe gewöhnlich, wie wir gesehen haben, ein langsamerer Vorgang als ihre Entwicklung.

Was das anscheinend plötzliche Aussterben ganzer Familien und Ordnungen betrifft, wie das der Trilobiten am Ende der paläozoischen und der Ammoniten am Ende der secundären Periode, so müssen wir uns zunächst dessen erinnern, was schon oben über die wahrscheinlich sehr langen Zwischenräume zwischen unseren verschiedenen aufeinanderfolgenden Formationen gesagt worden ist; und gerade während dieser Zwischenräume dürften viele Formen langsam erloschen sein. Wenn ferner durch plötzliche Einwanderung oder ungewöhnlich rasche Entwicklung viele Arten einer neuen Gruppe von einem Gebiete Besitz genommen haben, so werden sie auch in entsprechend rascher Weise viele der alten Bewohner verdrängt haben; und die Formen, welche ihnen ihre Stellen hiermit überlassen, werden gewöhnlich miteinander verwandt sein, da sie irgend einen Nachtheil der Organisation gemeinsam haben.

So scheint mir die Weise, wie einzelne Arten und ganze Artengruppen erlöschen, gut mit der Theorie der natürlichen Zuchtwahl übereinzustimmen. Das Erlöschen darf uns nicht wunder nehmen; wenn uns etwas wundern müsste, so sollte es vielmehr unsere einen Augenblick lang genährte Anmassung sein, die vielen verwickelten Bedingungen zu begreifen, von welchen das Dasein einer jeden Species abhängig ist. Wenn wir auch nur einen Augenblick vergessen, dass jede Art ausserordentlich zuzunehmen strebt, dass aber irgend eine, wenn auch nur selten von uns wahrgenommene Gegenwirkung immer in Thätigkeit ist, so muss uns der ganze Haushalt der Natur allerdings sehr dunkel erscheinen. Nur wenn wir genau anzugeben wüssten, warum diese Art reicher an Individuen als jene ist, warum diese und nicht eine andere in einer gegebenen Gegend naturalisiert werden kann, dann, und nicht eher als dann, hätten wir Ursache uns zu wundern, warum wir uns von dem Erlöschen dieser oder jener einzelnen Species oder Artengruppe keine Rechenschaft zu geben im Stande sind.

Das fast gleichzeitige Wechseln der Lebensformen auf der ganzen Erdoberfläche.

Kaum irgend eine andere paläontologische Entdeckung ist so überraschend wie die Thatsache, dass die Lebensformen einem auf der ganzen Erdoberfläche fast gleichzeitigen Wechsel unterliegen. So kann unsere europäische Kreideformation in vielen entfernten Weltgegenden und in den verschiedensten Climaten wieder erkannt werden, wo nicht ein Stückchen des Kreidegesteins selbst zu entdecken ist. So namentlich in Nord-America, im äquatorialen Süd-America, im Feuerlande, am Cap der guten Hoffnung und auf der ostindischen Halbinsel; denn an all' diesen entfernten Punkten der Erdoberfläche besitzen die organischen Reste gewisser Schichten eine unverkennbare Ähnlichkeit mit denen unserer Kreide. Nicht als ob überall die nämlichen Arten gefunden würden; denn manche dieser Örtlichkeiten haben nicht eine Art miteinander gemein, — aber sie gehören zu denselben Familien, Gattungen und Untergattungen und ähneln sich häufig in so gleichgültigen Punkten, wie in der Sculptur der Oberfläche. Ferner finden sich andere Formen, welche in Europa nicht in der Kreide, sondern in den über oder unter ihr liegenden Formationen vorkommen, auch in jenen Gegenden in ähnlicher Lagerung. In den verschiedenen aufeinanderfolgenden paläozoischen Formationen Russlands, West-Europa's und Nord-America's ist ein ähnlicher Parallelismus im Auftreten der Lebensformen von mehreren Autoren wahrgenommen worden, und ebenso in den europäischen und nordamericanischen Tertiärablagerungen nach Lyell. Selbst wenn wir die wenigen fossilen Arten ganz aus dem Auge lassen, welche die Alte und die Neue Welt miteinander gemein haben, so steht der allgemeine Parallelismus der aufeinanderfolgenden Lebensformen in den verschiedenen paläozoischen und tertiären Stufen so fest, dass sich diese Formationen leicht Glied um Glied miteinander vergleichen lassen.

Diese Beobachtungen beziehen sich jedoch nur auf die Meeresbewohner der verschiedenen Weltgegenden; wir haben nicht genügende Nachweise, um beurtheilen zu können, ob die Erzeugnisse des Landes und des Süsswassers an entfernten Punkten sich einander gleichfalls in paralleler Weise ändern. Man möchte bezweifeln, dass sie sich in dieser Weise verändert haben; denn wenn das *Megatherium*, das *Mylodon*, *Toxodon* und die *Macrauchenia* aus dem La-Plata-Gebiete nach Europa gebracht worden wären ohne alle Nachweisung über ihre geologische Lagerstätte, so würde wohl Niemand vermuthet haben, dass sie mit noch jetzt lebend vorkommenden Seemollusken gleichzeitig existiert haben; da jedoch diese monströsen Wesen mit *Mastodon* und Pferd zusammen gelebt haben, so lässt sich daraus wenigstens schliessen, dass sie in einem der letzten Stadien der Tertiärperiode gelebt haben müssen.

Wenn vorhin von der gleichzeitigen Veränderung der Meeresbewohner auf der ganzen Erdoberfläche gesprochen wurde, so darf nicht etwa vermuthet werden, dass es sich dabei um das nämliche Jahr oder das nämliche Jahrhundert, oder auch nur um eine strenge Gleichzeitigkeit im geologischen Sinne des Wortes handelt. Denn, wenn alle Meeresthiere, welche jetzt in Europa leben, und alle, welche in der pleistocenen Periode (eine in Jahren ausgedrückt ungeheuer entfernt liegende Periode, indem sie die ganze Eiszeit mit in sich begreift) hier gelebt haben, mit den jetzt in Süd-America oder in Australien lebenden verglichen würden, so dürfte der erfahrenste Naturforscher schwerlich zu sagen im Stande sein, ob die jetzt lebenden oder die pleistocenen Bewohner Europa's mit denen der südlichen Halbkugel am nächsten übereinstimmen. Ebenso glauben mehrere der sachkundigsten Beobachter, dass die jetzige Lebenswelt in den Vereinigten Staaten mit derjenigen Bevölkerung näher verwandt sei, welche während einiger der letzten Stadien der Tertiärzeit in Europa existiert hat, als mit der noch jetzt da wohnenden; und wenn dies so ist, so würde man offenbar die fossilführenden Schichten, welche jetzt an den nordamericanischen Küsten abgelagert werden, in einer späteren Zeit eher mit etwas älteren europäischen Schichten zusammenstellen. Demungeachtet kann, wie ich glaube, kaum ein Zweifel darüber bestehen, dass man in einer sehr fernen Zukunft doch alle neuen marinen Bildungen, namentlich die oberen pliocenen, die pleistocenen und die im strengsten Sinne jetztzeitigen Schichten Europa's, Nord- und Süd-America's und Australiens, — weil sie Reste in gewissem Grade miteinander verwandter Organismen enthalten und weil sie nicht auch diejenigen Arten, welche allein den tiefer liegenden älteren Ablagerungen angehören, in sich einschliessen, — ganz richtig als gleichalt in geologischem Sinne bezeichnen würde.

Die Thatsache, dass die Lebensformen gleichzeitig (in dem obigen weiten Sinne des Wortes) selbst in entfernten Theilen der Welt andere werden, hat die vortrefflichen Beobachter DE VERNEUIL und D'ARCHIAC sehr frappiert. Nachdem sie auf den Parallelismus der paläozoischen Lebensformen in verschiedenen Theilen von Europa Bezug genommen haben, sagen sie weiter: „Wenden wir, überrascht „durch diese merkwürdige Folgerung, unsere Aufmerksamkeit nun „nach Nord-America, und entdecken wir dort eine Reihe analoger „Thatsachen, so scheint es gewiss zu sein, dass alle diese Ab- „änderungen der Arten, ihr Erlöschen und das Auftreten neuer, „nicht blossen Veränderungen in den Meeresströmungen oder an- „deren mehr oder weniger örtlichen und vorübergehenden Ursachen „zugeschrieben werden können, sondern von allgemeinen Gesetzen „abhängen, welche das ganze Thierreich beherrschen." Auch BARRANDE hat ähnliche Wahrnehmungen gemacht und nachdrücklich hervorgehoben. Es ist in der That ganz zwecklos, die Ursache dieser grossen Veränderungen der Lebensformen auf der ganzen Erdoberfläche und unter den verschiedensten Climaten im Wechsel der Seeströmungen, des Clima's oder anderer physikalischer Lebensbedingungen suchen zu wollen; wir müssen uns, wie schon BARRANDE bemerkt, nach einem besonderen Gesetze dafür umsehen. Wir werden dies deutlicher erkennen, wenn von der gegenwärtigen Verbreitung der organischen Wesen die Rede sein wird; wir werden dann finden, wie geringfügig die Beziehungen zwischen den physikalischen Lebensbedingungen verschiedener Länder und der Natur ihrer Bewohner sind.

Diese grosse Thatsache von der parallelen Aufeinanderfolge der Lebensformen auf der ganzen Erde ist aus der Theorie der natürlichen Zuchtwahl erklärbar. Neue Arten entstehen aus neuen Varietäten, welche einige Vorzüge vor älteren Formen voraus haben, und diejenigen Formen, welche bereits der Zahl nach vorherrschen oder irgend einen Vortheil vor anderen Formen derselben Heimath voraus haben, werden natürlich die Entstehung der grössten Anzahl neuer Varietäten oder beginnender Arten veranlassen. Wir finden einen bestimmten Beweis dafür darin, dass die herrschenden, d. h. in ihrer Heimath gemeinsten und am weitesten verbreiteten Pflanzenarten die grösste Anzahl neuer Varietäten hervorbringen. Ebenso ist es natürlich, dass die herrschenden, veränderlichen und weit verbreiteten Arten, die bis zu einem gewissen Grade bereits in die Gebiete anderer Arten eingedrungen sind, auch bessere Aussicht als andere zu noch weiterer Ausbreitung und zur Bildung fernerer Varietäten und Arten in neuen Gegenden haben. Dieser Vorgang der Ausbreitung mag oft ein sehr langsamer sein, indem er von climatischen und geographischen Veränderungen, zufälligen Ereignissen oder von der allmählichen Acclimatisierung neuer Arten in den verschiedenen von ihnen etwa zu durchwandernden Climaten abhängt; doch werden im Verlaufe der Zeit die bereits überwiegenden Formen sich meist weiter verbreiten und endlich vorherrschen. Die Verbreitung wird bei Landbewohnern verschiedener Continente wahrscheinlich langsamer vor sich gehen als bei den marinen Bewohnern zusammenhängender Meere. Wir werden daher einen minder genauen Grad paralleler Aufeinanderfolge in den Land- als in den Meereserzeugnissen zu finden erwarten dürfen, wie es auch in der That der Fall ist.

So, scheint mir, stimmt die parallele und, in einem weiten Sinne genommen, gleichzeitige Aufeinanderfolge der nämlichen Lebensformen auf der ganzen Erde wohl mit dem Princip überein, dass neue Arten von sich weit verbreitenden und sehr veränderlichen herrschenden Species aus gebildet worden sind; die so erzeugten neuen Arten werden, weil sie einige Vortheile über ihre bereits herrschenden Eltern ebenso wie über andere Arten besitzen, selbst herrschend und breiten sich wieder aus, variieren und bilden wieder neue Species. Diejenigen älteren Formen, welche verdrängt werden und ihre Stellen den neuen siegreichen Formen überlassen, werden gewöhnlich gruppenweise verwandt sein, weil sie irgend eine Unvollkommenheit gemeinsam ererbt haben; daher müssen in dem Masse, als sich die neuen und vollkommeneren Gruppen über die Erde verbreiten, alte Gruppen vor ihnen aus der Welt verschwinden. Diese Aufeinanderfolge der Formen wird sich sowohl in Bezug auf ihr erstes Auftreten als auf ihr endliches Erlöschen überall zu entsprechen geneigt sein.

Noch bleibt eine Bemerkung über diesen Gegenstand zu machen übrig. Ich habe die Gründe angeführt, weshalb ich glaube, dass die meisten unserer grossen, an Fossilen reichen Formationen in Perioden fortdauernder Senkung abgesetzt worden sind, dass aber diese Ablagerungen, soweit Fossile in Betracht kommen, durch lange Zwischenräume getrennt gewesen sind, wo der Meeresboden stet oder in Hebung begriffen war, und auch wo die Anschüttungen nicht rasch genug erfolgten, um die organischen Reste einzuhüllen und gegen Zerstörung zu bewahren. Während dieser langen und leeren Zwischenzeiten nun haben nach meiner Annahme die Bewohner jeder Gegend viele Abänderungen erfahren und viel durch Erlöschen gelitten, und grosse Wanderungen haben von einem Theile der Erde zum andern stattgefunden. Da nun Grund zur Annahme vorhanden ist, dass weite Strecken die gleichen Bewegungen durchgemacht haben, so sind wahrscheinlich auch oft genau gleichzeitige Formationen auf sehr weiten Räumen derselben Weltgegend abgesetzt worden; doch sind wir hieraus ganz und gar nicht zu schliessen berechtigt, dass dies unabänderlich der Fall gewesen sei und dass weite Strecken unabänderlich von gleichen Bewegungen betroffen worden seien. Sind zwei Formationen in zwei Gegenden zu beinahe, aber nicht genau gleicher Zeit entstanden, so werden wir in beiden aus den in den vorausgehenden Abschnitten auseinandergesetzten Gründen im Allgemeinen die nämliche Aufeinanderfolge der Lebensformen erkennen; aber die Arten werden sich nicht genau entsprechen; denn sie werden in der einen Gegend etwas mehr und in der andern etwas weniger Zeit gehabt haben abzuändern, zu wandern und zu erlöschen.

Ich vermuthe, dass Fälle dieser Art in Europa vorkommen. Prestwich ist in seiner vortrefflichen Abhandlung über die Eocenschichten in England und Frankreich im Stande, einen im Allgemeinen genauen Parallelismus zwischen den aufeinanderfolgenden Stöcken beider Länder nachzuweisen. Obwohl sich nun bei Vergleichung gewisser Etagen in England mit denen in Frankreich eine merkwürdige Übereinstimmung beider in den Zahlenverhältnissen der zu einerlei Gattungen gehörigen Arten ergibt, so weichen doch diese Arten selbst in einer bei der geringen Entfernung beider Gebiete schwer zu erklärenden Weise von einander ab, wenn man nicht annehmen will, dass eine Landenge zwei benachbarte Meere getrennt habe, welche von verschiedenen, aber gleichzeitigen Faunen bewohnt gewesen seien. Lyell hat ähnliche Beobachtungen über einige der späteren Tertiärformationen gemacht, und ebenso hat Barrande gezeigt, dass zwischen den aufeinanderfolgenden Silurschichten Böhmens und Skandinaviens im Allgemeinen ein genauer Parallelismus herrscht; demungeachtet findet er aber eine erstaunliche Verschiedenheit zwischen den Arten. Wären nun aber die verschiedenen Formationen dieser Gegenden nicht genau während der gleichen Periode abgesetzt worden, indem etwa die Ablagerungen in der einen Gegend mit einer Pause in der andern zusammenfielen, — hätten in beiden Gegenden die Arten sowohl während der Anhäufung der Schichten als während der langen Pausen dazwischen langsame Veränderungen erfahren: so würden sich in diesem Falle die verschiedenen Formationen beider Gegenden auf gleiche Weise, in Übereinstimmung mit der allgemeinen Aufeinanderfolge der Lebensformen anordnen lassen, und ihre Anordnung würde sogar fälschlich genau parallel scheinen; demungeachtet würden in den einzelnen einander anscheinend entsprechenden Schichten beider Gegenden nicht alle Arten übereinstimmen.

Über die Verwandtschaft erloschener Arten unter sich und mit den lebenden Formen.

Werfen wir nun einen Blick auf die gegenseitigen Verwandtschaftsverhältnisse erloschener und lebender Formen. Alle gehören zu einigen wenigen grossen Classen; und diese Thatsache erklärt sich sofort aus dem Princip gemeinsamer Abstammung. Je älter eine Form ist, desto mehr weicht sie der allgemeinen Regel zufolge von den lebenden Formen ab. Doch können, wie Buckland schon längst bemerkt hat, die fossilen Formen sämmtlich in noch lebende Gruppen eingereiht oder zwischen sie eingeschoben werden. Es ist gewiss ganz richtig, dass die erloschenen Formen weite Lücken zwischen den jetzt noch bestehenden Gattungen, Familien und Ordnungen ausfüllen helfen; da indess diese Angabe oft übersehen oder selbst geleugnet worden ist, so dürfte es sich der Mühe verlohnen, hierüber einige Bemerkungen zu machen und einige Beispiele anzuführen. Wenn wir unsere Aufmerksamkeit entweder allein auf die lebenden oder nur auf die erloschenen Species der nämlichen Classe richten, so ist die Reihe viel minder vollkommen als wenn wir beide in ein gemeinsames System zusammenfassen. In den Schriften des Professor Owen begegnen wir beständig dem Ausdruck „generalisierter Formen“ auf ausgestorbene Thiere angewandt, und Agassiz spricht in seinen Schriften von prophetischen oder synthetischen Typen. Diese Ausdrücke sagen eben aus, dass derartige Formen in der That intermediäre oder verbindende Glieder darstellen. Ein anderer ausgezeichneter Paläontolog, Gaudry, hat nachgewiesen, dass viele von ihm in Attica entdeckten fossilen Säugethiere in der offenbarsten Weise die Scheidewände zwischen jetzt lebenden Gattungen niederreissen. Cuvier hielt die Ruminanten und Pachydermen (Wiederkäuer und Dickhäuter) für zwei der verschiedensten Säugethierordnungen; es sind aber so viele fossile Verbindungsglieder ausgegraben worden, dass Owen die ganze Classification zu ändern gehabt und gewisse Pachydermen in dieselbe Unterordnung mit Wiederkäuern gestellt hat; so füllte er z. B. die anscheinend weite Lücke zwischen dem Schwein und dem Kamel mit Übergangsformen aus. Die Ungulaten oder Hufsäugethiere werden jetzt in Paarzehige und Unpaarzehige eingetheilt; die *Macrauchenia* von Süd-America verbindet aber in gewissem Masse diese beiden grossen Abtheilungen. Niemand wird leugnen, dass das *Hipparion* in der Mitte steht zwischen dem lebenden Pferde und gewissen anderen ungulaten Formen. Was für ein wundervolles verbindendes Glied in der Kette der Säugethiere ist das *Typotherium* von Süd-America, wie es der ihm von Prof. GERVAIS gegebene Name ausdrückt, welches in keine jetzt bestehende Säugethierordnung gebracht werden kann. Die Sirenien bilden eine sehr distincte Säugethiergruppe, und eine der merkwürdigsten Eigenthümlichkeiten bei dem jetzt lebenden Dugong und Lamantin ist das vollständige Fehlen von Hintergliedmassen, ohne auch nur ein Rudiment gelassen zu haben. Das ausgestorbene *Halitherium* hatte aber nach Professor FLOWER ein verknöchertes Schenkelbein, welches „in einer gut entwickelten Pfanne am Becken articulierte", und bietet damit eine Annäherung an gewöhnliche huftragende Säugethiere dar, mit denen die Sirenien in anderen Beziehungen verwandt sind. Die Cetaceen oder Walthiere sind von allen übrigen Säugethieren weit verschieden; doch werden die tertiären *Zeuglodon* und *Squalodon*, welche von manchen Naturforschern in eine Ordnung für sich gestellt worden sind, von Professor HUXLEY für unzweifelhafte Cetaceen betrachtet, welche „Verbindungsglieder mit den in Wasser lebenden Fleischfressern darstellen".

Selbst der weite Abstand zwischen Vögeln und Reptilien wird, wie der eben erwähnte Forscher gezeigt hat, zum Theil in der unerwartetsten Weise ausgefüllt, und zwar auf der einen Seite durch den Strauss und den *Archaeopteryx*, auf der andern Seite durch den *Compsognathus*, einen Dinosaurier, also zu einer Gruppe gehörig, welche die gigantischsten Formen aller terrestrischen Reptilien umfasst. Was die Wirbellosen betrifft, so versichert BARRANDE, gewiss die erste Autorität in dieser Beziehung, wie er jeden Tag deutlicher erkenne, dass, wenn auch die paläozoischen Thiere in noch jetzt lebende Gruppen eingereiht werden können, diese Gruppen aus jener alten Zeit doch nicht so bestimmt von einander verschieden waren, wie in der Jetztzeit.

Einige Schriftsteller haben sich dagegen erklärt, dass man irgend eine erloschene Art oder Artengruppe als zwischen lebenden Arten oder Gruppen in der Mitte stehend ansehe. Wenn damit gesagt werden sollte, dass die erloschene Form in allen ihren Characteren genau das Mittel zwischen zwei lebenden Formen oder Gruppen halte, so wäre die Einwendung wahrscheinlich haltbar. In einer natürlichen Classification stehen aber sicher viele fossile Arten zwischen lebenden Arten, und manche erloschene Gattungen zwischen lebenden Gattungen, selbst zwischen Gattungen verschiedener Familien. Der gewöhnlichste Fall zumal bei von einander sehr verschiedenen Gruppen, wie Fische und Reptilien sind, scheint mir der zu sein, dass da, wo dieselben heutigen Tages, nehmen wir beispielsweise an, durch ein Dutzend Charactere von einander unterschieden werden, die alten Glieder der nämlichen zwei Gruppen in einer etwas geringeren Anzahl von Merkmalen unterschieden waren, so dass beide Gruppen vordem einander etwas näher standen, als sie jetzt einander stehen.

Es ist eine verbreitete Annahme, dass je älter eine Form, sie um so mehr geneigt sei, mittelst einiger ihrer Charactere jetzt weit getrennte Gruppen zu verknüpfen. Diese Bemerkung muss ohne Zweifel auf solche Gruppen beschränkt werden, die im Verlaufe geologischer Zeiten grosse Veränderungen erfahren haben, und es möchte schwer sein, den Satz zu beweisen; denn hier und da wird selbst immer noch ein lebendes Thier wie der *Lepidosiren* entdeckt, das mit sehr verschiedenen Gruppen zugleich verwandt ist. Wenn wir jedoch die älteren Reptilien und Batrachier, die älteren Fische, die älteren Cephalopoden und die eocenen Säugethiere mit den neueren Gliedern derselben Classen vergleichen, so müssen wir gestehen, dass etwas Wahres in der Bemerkung liegt.

Wir wollen nun zusehen, in wie fern diese verschiedenen Thatsachen und Schlüsse mit der Theorie einer Descendenz mit Modificationen übereinstimmen. Da der Gegenstand etwas verwickelt ist, so muss ich den Leser bitten, sich nochmals nach dem im vierten Capitel gegebenen Schema umzusehen. Nehmen wir an, die numerierten cursiv gedruckten Buchstaben stellen Gattungen und die von ihnen ausstrahlenden punktierten Linien die dazu gehörigen Arten vor. Das Schema ist insofern zu einfach, als zu wenige Gattungen und Arten darauf angenommen sind; doch ist dies unwesentlich für uns. Die wagerechten Linien mögen die aufeinanderfolgenden geologischen Formationen vorstellen und alle Formen unter der obersten dieser Linien als erloschene gelten. Die drei lebenden

Gattungen a^{14}, q^{14}, p^{14} mögen eine kleine Familie bilden; b^{14} und f^{14} eine nahe verwandte oder eine Unterfamilie, und o^{14}, e^{14}, m^{14} eine dritte Familie. Diese drei Familien zusammen mit den vielen erloschenen Gattungen auf den verschiedenen von der Stammform *A* auslaufenden Descendenzreihen werden eine Ordnung bilden; denn alle werden von ihrem alten und gemeinschaftlichen Urerzeuger auch etwas Gemeinsames ererbt haben. Nach dem Princip fortdauernder Divergenz des Characters, zu dessen Erläuterung jenes Schema bestimmt war, muss jede Form, je neuer sie ist, im Allgemeinen um so stärker von ihrem ersten Erzeuger abweichen. Daraus erklärt sich eben auch die Regel, dass die ältesten fossilen am meisten von den jetzt lebenden Formen verschieden sind. Doch dürfen wir nicht glauben, dass Divergenz des Characters eine nothwendig eintretende Erscheinung ist; sie hängt allein davon ab, dass hierdurch die Nachkommen einer Art befähigt werden, viele und verschiedenartige Plätze im Haushalte der Natur einzunehmen. Daher ist es auch ganz wohl möglich, wie wir bei einigen silurischen Fossilen gesehen haben, dass eine Art bei nur geringer, nur wenig veränderten Lebensbedingungen entsprechender Modification fortbestehen und während langer Perioden doch stets dieselben allgemeinen Charactere beibehalten kann. Eine solche Art wird in dem Schema durch den Buchstaben F^{14} ausgedrückt.

All' die vielerlei von *A* abstammenden Formen, erloschene wie noch lebende, bilden nach unserer Annahme zusammen eine Ordnung, und diese Ordnung ist in Folge des fortwährenden Erlöschens der Formen und der Divergenz der Charactere allmählich in mehrere Familien und Unterfamilien getheilt worden, von welchen angenommen wird, dass einige in früheren Perioden zu Grunde gegangen sind und andere bis auf den heutigen Tag fortbestehen.

Das Schema zeigt uns ferner, dass, wenn eine Anzahl der schon früher erloschenen und angenommenermassen in die aufeinanderfolgenden Formationen eingeschlossenen Formen an verschiedenen Stellen tief unten in der Reihe aufgefunden würde, die drei noch lebenden Familien auf der obersten Linie weniger scharf von einander getrennt erscheinen müssten. Wären z. B. die Gattungen a^1, a^5, a^{10}, f^8, m^3, m^6, m^9 wieder ausgegraben worden, so würden diese drei Familien so eng miteinander verkettet erscheinen, dass man sie wahrscheinlich in eine grosse Familie vereinigen müsste, etwa so, wie es mit den Wiederkäuern und gewissen Dickhäutern geschehen ist. Wer nun etwa gegen die Bezeichnung jener die drei lebenden Familien verbindenden Gattungen als „intermediäre dem Character nach“ Verwahrung einlegen wollte, würde in der That insofern Recht haben, als sie nicht direct, sondern nur auf einem durch viele sehr abweichende Formen hergestellten Umwege sich zwischen jene anderen einschieben. Wären viele erloschene Formen oberhalb einer der mittleren Horizontallinien oder Formationen, wie z. B. Nr. VI —, aber keine unterhalb dieser Linie gefunden worden, so würde man nur die zwei auf der linken Seite stehenden Familien — a^{14} etc. und b^{14} etc. — in eine Familie zu vereinigen haben, und es würden zwei Familien übrig bleiben, welche weniger weit von einander getrennt sein würden, als sie es vor der Entdeckung der Fossilen waren. Wenn wir ferner annehmen, die aus acht Gattungen (a^{14} bis m^{14}) bestehenden drei Familien auf der obersten Linie wichen in einem halben Dutzend wichtiger Merkmale von einander ab, so würden die in der frühern mit VI bezeichneten Periode lebenden Familien sicher weniger Unterschiede gezeigt haben, weil sie auf jener früheren Descendenzstufe von dem gemeinsamen Erzeuger der Ordnung noch nicht so stark divergiert haben werden. Daher kommt es denn, dass alte und erloschene Gattungen oft in einem grössern oder geringern Grade zwischen ihren modificierten Nachkommen oder zwischen ihren Seitenverwandten das Mittel halten.

In der Natur wird der Fall weit zusammengesetzter sein als ihn unser Schema darstellt, denn die Gruppen werden viel zahlreicher, ihre Dauer wird von ausserordentlich ungleicher Länge gewesen sein und die Abänderungen werden mannichfaltige Abstufungen dargeboten haben. Da wir nur den letzten Band des geologischen Berichts und diesen in einem vielfach unterbrochenen Zustande besitzen, so haben wir, einige seltene Fälle ausgenommen, kein Recht, die Ausfüllung grosser Lücken im Natursysteme und so die Verbindung getrennter Familien und Ordnungen zu erwarten. Alles, was wir zu erwarten ein Recht haben, ist, diejenigen Gruppen, welche erst innerhalb bekannter geologischen Zeiten grosse Veränderungen erfahren haben, in den frühesten Formationen etwas näher aneinander gerückt zu finden, so dass die älteren Glieder in einigen ihrer Charactere etwas weniger weit auseinander gehen, als es die jetzigen Glieder derselben Gruppen thun; und dies scheint nach dem einstimmigen Zeugnisse unserer besten Paläontologen häufig der Fall zu sein.

So scheinen sich mir nach der Theorie gemeinsamer Abstammung mit fortschreitender Modification die hauptsächlichsten Thatsachen hinsichtlich der wechselseitigen Verwandtschaft der erloschenen Lebensformen untereinander und mit den noch lebenden in zufriedenstellender Weise zu erklären. Nach jeder andern Betrachtungsweise sind sie völlig unerklärbar.

Aus der nämlichen Theorie erhellt, dass die Fauna einer jeden grossen Periode in der Erdgeschichte in ihrem allgemeinen Character das Mittel halten müsse zwischen der zunächst vorangehenden und der ihr nachfolgenden. So sind die Arten, welche auf der sechsten grossen Descendenzstufe unseres Schema's vorkommen, die abgeänderten Nachkommen derjenigen, welche schon auf der fünften vorhanden gewesen sind, und sind die Eltern der in der siebenten noch weiter abgeänderten; sie können daher nicht wohl anders als nahezu intermediär im Character zwischen den Lebensformen darunter und darüber sein. Wir müssen jedoch hierbei das gänzliche Erlöschen einiger früheren Formen und in einem jeden Gebiete die Einwanderung neuer Formen aus anderen Gegenden und die beträchtliche Umänderung der Formen während der langen Lücke zwischen je zwei aufeinanderfolgenden Formationen mit in Betracht ziehen. Diese Zugeständnisse berücksichtigt, muss die Fauna jeder grossen geologischen Periode zweifelsohne das Mittel einnehmen zwischen der vorhergehenden und der folgenden. Ich brauche nur als Beispiel anzuführen, wie die Fossilreste des devonischen Systems sofort nach Entdeckung desselben von den Paläontologen als intermediär zwischen denen des darunterliegenden Silur- und des darauffolgenden Steinkohlensystemes erkannt wurden. Aber eine jede Fauna muss dieses Mittel nicht nothwendig genau einhalten, weil die zwischen aufeinanderfolgenden Formationen verflossenen Zeiträume ungleich lang gewesen sind.

Es ist kein wesentlicher Einwand gegen die Wahrheit der Behauptung, dass die Fauna jeder Periode im Ganzen genommen ungefähr das Mittel zwischen der vorhergehenden und der nachfolgenden Fauna halten müsse, darin zu finden, dass gewisse Gattungen Ausnahmen von dieser Regel bilden. So stimmen z. B., wenn man Mastodonten und Elephanten nach Dr. Falconer zuerst nach ihrer gegenseitigen Verwandtschaft und dann nach ihrer geologischen Aufeinanderfolge in zwei Reihen ordnet, beide Reihen nicht miteinander überein. Die in ihren Characteren am weitesten abweichenden Arten sind weder die ältesten noch die jüngsten, noch sind die von mittlerem Character auch von mittlerem Alter. Nehmen wir aber für einen Augenblick an, unsere Kenntnisse von den Zeitpunkten des Erscheinens und Verschwindens der Arten sei in diesem und ähnlichen Fällen vollständig, was aber durchaus nicht der Fall ist, so haben wir doch noch kein Recht zu glauben, dass die nacheinander auftretenden Formen nothwendig auch gleich lang bestehen mussten. Eine sehr alte Form kann gelegentlich eine viel längere Dauer als eine irgendwo anders später entwickelte Form haben, was insbesondere von solchen Landbewohnern gilt, welche in ganz getrennten Bezirken zu Hause sind. Kleines mit Grossem vergleichend wollen wir die Tauben als Beispiel wählen. Wenn man die lebenden und erloschenen Hauptrassen unserer Haustauben nach ihren Verwandtschaften in Reihen ordnete, so würde diese Anordnungsweise nicht genau übereinstimmen weder mit der Zeitfolge ihrer Entstehung, noch, und zwar noch weniger, mit der ihres Untergangs. Denn die stammelterliche Felstaube lebt noch, und viele Zwischenvarietäten zwischen ihr und der Botentaube sind erloschen, und Botentauben, welche in der Länge des Schnabels das Äusserste bieten, sind früher entstanden als die kurzschnäbeligen Purzler, welche das entgegengesetzte Ende der auf die Schnabellänge gegründeten Reihenfolge bilden.

Mit der Behauptung, dass die organischen Reste einer zwischenliegenden Formation auch einen nahezu intermediären Character besitzen, steht die Thatsache, worauf die Paläontologen bestehen, in nahem Zusammenhang, dass die Fossilen aus zwei aufeinanderfolgenden Formationen viel näher als die aus zwei entfernten miteinander verwandt sind. Pictet führt als ein bekanntes Beispiel die allgemeine Ähnlichkeit der organischen Reste aus den verschiedenen Etagen der Kreideformation an, obwohl die Arten in allen Etagen verschieden sind. Diese Thatsache allein scheint ihrer Allgemeinheit wegen Professor Pictet in seinem festen Glauben an die Unveränderlichkeit der Arten wankend gemacht zu haben. Wer mit der Vertheilungsweise der jetzt lebenden Arten über die Erdoberfläche bekannt ist, wird nicht versuchen, die grosse Ähnlichkeit verschiedener Species in nahe aufeinanderfolgenden Formationen damit zu erklären, dass die physikalischen Bedingungen der alten Ländergebiete sich nahezu gleich geblieben seien. Erinnern wir uns, dass die Lebensformen wenigstens des Meeres auf der ganzen Erde und mithin unter den allerverschiedensten Climaten und anderen Bedingungen fast gleichzeitig gewechselt haben, — und bedenken wir, welchen unbedeutenden Einfluss die wunderbarsten climatischen Veränderungen während der die ganze Eiszeit umschliessenden Pleistocenperiode auf die specifischen Formen der Meeresbewohner ausgeübt haben!

Nach der Descendenztheorie tritt die volle Bedeutung der Thatsache klar zu Tage, dass fossile Reste aus unmittelbar aufeinanderfolgenden Formationen, wenn auch als verschiedene Arten aufgeführt, nahe miteinander verwandt sind. Da die Ablagerung jeder Formation oft unterbrochen worden ist und lange Pausen zwischen der Absetzung verschiedener successiver Formationen stattgefunden haben, so dürfen wir, wie ich im letzten Capitel zu zeigen versucht habe, nicht erwarten, in irgend einer oder zwei Formationen alle Zwischenvarietäten zwischen den Arten zu finden, welche am Anfang und am Ende dieser Formationen gelebt haben; wohl aber müssten wir nach Zwischenräumen (sehr lang in Jahren ausgedrückt, aber mässig lang in geologischem Sinne) nahe verwandte Formen oder, wie manche Schriftsteller sie genannt haben, „stellvertretende Arten“ finden; und diese finden wir in der That. Kurz, wir entdecken diejenigen Beweise einer langsamen und kaum erkennbaren Umänderung specifischer Formen, wie wir sie zu erwarten berechtigt sind.

Über die Entwicklungsstufe alter Formen im Vergleich mit den noch lebenden.

Wir haben im vierten Capitel gesehen, dass der Grad der Differenzierung und Specialisierung der Theile aller organischen Wesen in ihrem reifen Alter den besten bis jetzt aufgestellten Massstab zur Bemessung der Vollkommenheits- oder Höhenstufe derselben abgibt. Wir haben auch gesehen, dass, da die Specialisierung der Theile ein Vortheil für jedes Wesen ist, die natürliche Zuchtwahl streben wird, die Organisation eines jeden Wesens immer mehr zu specialisieren und somit, in diesem Sinne genommen, vollkommener und höher zu machen; was jedoch nicht ausschliesst, dass noch immer viele Geschöpfe, für einfachere Lebensbedingungen bestimmt, auch ihre Organisation einfach und unverbessert behalten und in manchen Fällen selbst in ihrer Organisation zurückschreiten oder vereinfachen, wobei aber immer derartig zurückgeschrittene Wesen ihren neuen Lebenswegen besser angepasst sind. Auch in einem andern und allgemeinern Sinne ergibt sich, dass die neuen Arten höhere als ihre Vorfahren werden; denn sie haben im Kampfe um's Dasein alle älteren Formen, mit denen sie in nahe Concurrenz kommen, aus dem Felde zu schlagen. Wir können daher schliessen, dass, wenn in einem nahezu ähnlichen Clima die eocenen Bewohner der Welt in Concurrenz mit den jetzigen Bewohnern gebracht werden könnten, die ersteren unterliegen und von den letzteren vertilgt werden würden, ebenso wie eine secundäre Fauna von der eocenen und eine paläozoische von der secundären überwunden werden würde. Der Theorie der natürlichen Zuchtwahl gemäss müssten demnach die neuen Formen ihre höhere Stellung den alten gegenüber nicht nur durch diesen fundamentalen Beweis ihres Siegs im Kampfe um's Dasein, sondern auch durch eine weiter gediehene Specialisierung der Organe bewähren. Ist dies aber wirklich der Fall? Eine grosse Mehrzahl der Paläontologen würde dies bejahen; und es scheint, dass man diese Antwort wird für wahr halten müssen, wenn sie auch schwer zu beweisen ist.

Es ist kein gültiger Einwand gegen diesen Schluss, dass gewisse Brachiopoden von einer äusserst weit zurückliegenden geologischen Periode an nur wenig modificiert worden sind, und dass gewisse Land- und Süsswassermollusken von der Zeit an, wo sie, soweit es bekannt ist, zuerst erschienen, nahezu dieselben geblieben sind. Auch ist es keine unüberwindliche Schwierigkeit, dass Foraminiferen, wie Carpenter betont hat, selbst von der Laurentischen Formation an in ihrer Organisation keinen Fortschritt gemacht haben; denn einige Organismen müssen eben einfachen Lebensbedingungen angepasst sein, und welche passten hierfür besser, als jene niedrig organisierten Protozoen? Derartige Einwände wie die obigen würden meiner Ansicht verderblich sein, wenn diese einen Fortschritt in der Organisation als wesentliches Moment enthielte. Es würde auch meiner Theorie verderblich sein, wenn z. B. nachgewiesen werden könnte, dass die eben genannten Foraminiferen zuerst während der Laurentischen Epoche, oder die erwähnten Brachiopoden zuerst in der cambrischen Formation aufgetreten wären; denn wenn dies bewiesen würde, so wäre die Zeit nicht hinreichend gewesen, um die Organismen bis zu dem dann erreichten Grade entwickeln zu lassen. Einmal bis zu einem gewissen Punkt fortgeschritten, ist nach der Theorie der natürlichen Zuchtwahl keine Nöthigung vorhanden, den Process noch fortdauern zu lassen; dagegen werden sie während jedes folgenden Zeitraumes leicht modificiert werden müssen, um ihre Stellung im Verhältnis zu den abändernden Lebensbedingungen behaupten zu können. Alle solche Einwände drehen sich um die Frage, ob wir wirklich wissen, wie alt die Welt ist und in welchen Perioden die verschiedenen Lebensformen zuerst erschienen sind; und dies dürfte wohl bestritten werden.

Das Problem, zu entscheiden, ob die Organisation im Ganzen fortgeschritten ist, ist in vieler Hinsicht ausserordentlich verwickelt. Der geologische Bericht, schon zu allen Zeiten unvollständig, reicht nicht weit genug zurück, um mit nicht misszuverstehender Klarheit zu zeigen, dass innerhalb der bekannt gewordenen Geschichte der Erde die Organisation grosse Fortschritte gemacht hat. Sind doch selbst heutzutage, wenn man die Glieder der nämlichen Classe betrachtet, noch die Naturforscher nicht einstimmig, welche Formen als die höchsten zu betrachten sind. So sehen einige die Selachier oder Haie wegen einiger wichtigen Beziehungen ihrer Organisation zu der der Reptilien als die höchsten Fische an, während Andere die Knochenfische als solche betrachten. Die Ganoiden stehen in der Mitte zwischen den Haien und Knochenfischen. Heutzutage sind diese letzten an Zahl weit vorwaltend, während es vordem nur Haie und Ganoiden gegeben hat; und in diesem Falle wird man sagen, die Fische seien in ihrer Organisation vorwärts geschritten oder zurückgegangen, je nachdem man sie mit dem einen oder dem andern Massstabe misst. Aber es ist ein hoffnungsloser Versuch, die Stellung von Gliedern ganz verschiedener Typen nach dem Massstabe der Höhe gegeneinander abzumessen. Wer vermöchte zu sagen, ob ein Tintenfisch höher als die Biene stehe, — als das Insect, von dem der grosse Naturforscher v. Baer sagt, dass es in der That höher als ein Fisch organisiert sei, wenn auch nach einem andern Typus. In dem verwickelten Kampfe um's Dasein ist es ganz glaublich, dass solche Kruster z. B., welche in ihrer eigenen Classe nicht sehr hoch stehen, die Cephalopoden, diese vollkommensten Weichthiere, überwinden würden; und diese Kruster, obwohl nicht hoch entwickelt, würden doch sehr hoch auf der Stufenleiter der wirbellosen Thiere stehen, wenn man nach dem entscheidendsten aller Kriterien, dem Gesetze des Kampfes um's Dasein, urtheilt. Abgesehen von den Schwierigkeiten, die es an und für sich hat zu entscheiden, welche Formen die in der Organisation fortgeschrittensten sind, haben wir nicht allein die höchsten Glieder einer Classe in je zwei verschiedenen Perioden (obwohl dies gewiss eines der wichtigsten oder vielleicht das wichtigste Element bei der Abwägung ist), sondern wir haben alle Glieder, hoch und nieder, in diesen zwei Perioden miteinander zu vergleichen. In einer alten

Zeit wimmelte es von vollkommensten sowohl als unvollkommensten Weichthieren, von Cephalopoden und Brachiopoden; während heutzutage diese beiden Ordnungen sehr zurückgegangen und die zwischen ihnen in der Mitte stehenden Classen mächtig angewachsen sind. Demgemäss haben einige Naturforscher geschlossen, dass die Mollusken vordem höher entwickelt gewesen seien als jetzt; während andere sich für die entgegengesetzte Ansicht auf die gegenwärtige ungeheure Verminderung der Brachiopoden mit um so mehr Gewicht berufen, als auch die noch vorhandenen Cephalopoden, obgleich weniger an Zahl, doch höher als ihre alten Stellvertreter organisiert sind. Wir müssen auch die Proportionalzahlen der oberen und der unteren Classen der Bevölkerung der ganzen Erde in je zwei verschiedenen Perioden miteinander vergleichen. Wenn es z. B. jetzt 50 000 Arten Wirbelthiere gäbe und wir dürften deren Anzahl in irgend einer frühern Periode nur auf 10 000 schätzen, so müssten wir diese Zunahme der obersten Classen, welche zugleich eine grosse Verdrängung tieferer Formen aus ihrer Stelle bedingte, als einen entschiedenen Fortschritt in der organischen Bildung auf der Erde betrachten. Man ersieht hieraus, wie gering allem Anscheine nach die Hoffnung ist, unter so äusserst verwickelten Beziehungen jemals in vollkommen richtiger Weise die relative Organisationsstufe unvollkommen bekannter Faunen aufeinanderfolgender Perioden in der Erdgeschichte zu beurtheilen.

Wir werden diese Schwierigkeit noch richtiger würdigen, wenn wir gewisse jetzt existierende Faunen und Floren in's Auge fassen. Nach der aussergewöhnlichen Art zu schliessen, in der sich in neuerer Zeit aus Europa eingeführte Erzeugnisse über Neu-Seeland verbreitet und Plätze eingenommen haben, welche doch schon vorher von den eingeborenen Formen besetzt gewesen sein müssen, müssen wir glauben, dass, wenn man alle Pflanzen und Thiere Gross-Britanniens dort frei aussetzte, eine Menge britischer Formen mit der Zeit vollständig daselbst naturalisieren und viele der eingeborenen vertilgen würde. Dagegen dürfte die Thatsache, dass noch kaum ein Bewohner der südlichen Hemisphäre in irgend einem Theile Europa's verwildert ist, uns zu zweifeln veranlassen, ob, wenn alle Naturerzeugnisse Neu-Seelands in Gross-Britannien frei ausgesetzt würden, eine irgend beträchtliche Anzahl derselben vermögend wäre, sich jetzt von eingeborenen Pflanzen und Thieren schon besetzte Stellen zu erobern. Von diesem Gesichtspunkte aus kann man sagen, dass die Producte Gross-Britanniens viel höher auf der Stufenleiter als die Neu-Seeländischen stehen. Und doch hätte der tüchtigste Naturforscher nach Untersuchung der Arten beider Gegenden dieses Resultat nicht voraussehen können.

Agassiz und mehrere andere äusserst competente Gewährsmänner heben hervor, dass alte Thiere in gewissen Beziehungen den Embryonen neuerer Thierformen derselben Classen gleichen, und dass die geologische Aufeinanderfolge erloschener Formen nahezu der embryonalen Entwicklung jetzt lebender Formen parallel läuft. Diese Ansicht stimmt mit der Theorie der natürlichen Zuchtwahl wundervoll überein. In einem spätern Capitel werde ich zu zeigen versuchen, dass die Erwachsenen von ihren Embryonen in Folge von Abänderungen abweichen, welche nicht in der frühesten Jugend erfolgen und auch erst auf die entsprechende Altersstufe vererbt werden. Während dieser Process den Embryo fast unverändert lässt, häuft er im Laufe aufeinanderfolgender Generationen immer mehr Verschiedenheit in den Erwachsenen zusammen. So erscheint der Embryo gleichsam wie ein von der Natur aufbewahrtes Portrait des früheren und noch nicht sehr modificierten Zustandes einer jeden Species. Diese Ansicht mag richtig sein, dürfte jedoch nie eines vollkommenen Beweises fähig sein. Denn fänden wir auch, dass z. B. die ältesten bekannten Formen der Säugethiere, der Reptilien und der Fische zwar genau diesen Classen angehörten, aber doch von einander etwas weniger verschieden wären als die jetzigen typischen Vertreter dieser Classen, so würden wir uns doch so lange vergebens nach Thieren umsehen, welche noch den gemeinsamen Embryonalcharacter der Vertebraten an sich trügen, als wir nicht fossilienreiche Schichten noch tief unter den untersten cambrischen entdeckten, wozu in der That sehr wenig Aussicht vorhanden ist.

Über die Aufeinanderfolge derselben Typen innerhalb gleicher Gebiete während der späteren Tertiärperioden.

Clift hat vor vielen Jahren gezeigt, dass die fossilen Säugethiere aus den Knochenhöhlen Neuhollands sehr nahe mit den noch jetzt dort lebenden Beutelthieren verwandt gewesen sind. In Süd-America hat sich eine ähnliche Beziehung selbst für das ungeübte Auge ergeben in den Armadill-ähnlichen Panzerstücken von riesiger Grösse, welche in verschiedenen Theilen von La Plata gefunden worden sind; und Professor Owen hat auf's Schlagendste nachgewiesen, dass die meisten der dort so zahlreich fossil gefundenen

Thiere südamericanischen Typen angehören. Diese Beziehung ist selbst noch deutlicher in den wundervollen Sammlungen fossiler Knochen zu erkennen, welche Lund und Clausen aus den brasilischen Höhlen mitgebracht haben. Diese Thatsachen machten einen solchen Eindruck auf mich, dass ich in den Jahren 1839 und 1845 dieses „Gesetz der Succession gleicher Typen", diese „wunderbare Beziehung zwischen den Todten und Lebenden in einerlei Continent" sehr nachdrücklich hervorhob. Professor Owen hat später dieselbe Verallgemeinerung auch auf die Säugethiere der alten Welt ausgedehnt. Wir finden dasselbe Gesetz wieder in den von ihm restaurierten ausgestorbenen Riesenvögeln Neu-Seelands. Wir sehen es auch in den Vögeln der brasilischen Höhlen. Woodward hat gezeigt, dass dasselbe Gesetz auch auf die See-Conchylien anwendbar ist, obwohl es der weiten Verbreitung der meisten Molluskengattungen wegen nicht sehr deutlich entwickelt ist. Es liessen sich noch andere Beispiele anführen, wie die Beziehungen zwischen den erloschenen und lebenden Landschnecken auf Madeira und zwischen den ausgestorbenen und jetzigen Brackwasser-Conchylien des Aral-Kaspischen Meeres.

Was bedeutet nun dieses merkwürdige Gesetz der Aufeinanderfolge gleicher Typen in gleichen Ländergebieten? Vergleicht man das jetzige Clima Neuhollands und der unter gleicher Breite damit gelegenen Theile Süd-America's miteinander, so würde es als ein kühnes Unternehmen erscheinen, einerseits aus der Unähnlichkeit der physikalischen Bedingungen die Unähnlichkeit der Bewohner dieser zwei Continente und andererseits aus der Ähnlichkeit der Verhältnisse das Gleichbleiben der Typen in jedem derselben während der späteren Tertiärperioden erklären zu wollen. Auch lässt sich nicht behaupten, dass einem unveränderlichen Gesetze zufolge Beutelthiere hauptsächlich oder allein nur in Neuholland, oder dass Edentaten und andere der jetzigen americanischen Typen nur in America hervorgebracht worden sein sollten. Denn es ist bekannt, dass Europa in alten Zeiten von zahlreichen Beutelthieren bevölkert war; und ich habe in den oben angedeuteten Schriften gezeigt, dass in America das Verbreitungsgesetz für die Landsäugethiere früher ein anderes war als es jetzt ist. Nord-America betheiligte sich früher sehr an dem jetzigen Character der südlichen Hälfte des Continents, und die südliche Hälfte war früher mehr als jetzt mit der nördlichen verwandt. Durch Falconer und Cautley's Entdeckung wissen wir in ähnlicher Weise, dass Nord-Indien hinsichtlich seiner Säugethiere früher in näherer Beziehung als jetzt zu Africa stand. Analoge Thatsachen liessen sich auch von der Verbreitung der Seethiere anführen.

Nach der Theorie der Descendenz mit Modification erklärt sich das grosse Gesetz langwährender aber nicht unveränderlicher Aufeinanderfolge gleicher Typen auf einem und demselben Gebiete unmittelbar. Denn die Bewohner eines jeden Theils der Welt werden offenbar streben, in diesem Theile während der zunächst folgenden Zeitperiode nahe verwandte, doch etwas abgeänderte Nachkommen zu hinterlassen. Sind die Bewohner eines Continents früher von denen eines andern Festlandes sehr verschieden gewesen, so werden ihre abgeänderten Nachkommen auch jetzt noch in fast gleicher Art und fast gleichem Grade von einander abweichen. Aber nach sehr langen Zeiträumen und sehr grosse Wechselwanderungen gestattenden geographischen Veränderungen werden die schwächeren den herrschenderen Formen weichen und so ist nichts unveränderlich in Verbreitungsgesetzen früherer und jetziger Zeit.

Vielleicht fragt man mich, um die Sache in's Lächerliche zu ziehen, ob ich glaube, dass das *Megatherium* und die anderen ihm verwandten Ungethüme in Süd-America das Faulthier, das Armadill und die Ameisenfresser als ihre degenerierten Nachkommen hinterlassen haben. Dies kann man keinen Augenblick zugeben. Jene grossen Thiere sind völlig erloschen, ohne eine Nachkommenschaft hinterlassen zu haben. Aber in den Höhlen Brasiliens finden sich viele ausgestorbene Arten, welche in Grösse und anderen Merkmalen mit den noch jetzt in Süd-America lebenden Species nahe verwandt sind, und einige dieser Fossilen mögen wirklich die Erzeuger noch jetzt dort lebender Arten gewesen sein. Man darf nicht vergessen, dass nach meiner Theorie alle Arten einer und derselben Gattung von einer und der nämlichen Species abstammen, so dass, wenn von sechs Gattungen eine jede acht Arten in einerlei geologischer Formation enthält und in der nächstfolgenden Formation wieder sechs andere verwandte oder stellvertretende Gattungen mit gleicher Artenzahl vorkommen, wir dann schliessen dürfen, dass nur eine Art von jeder der sechs älteren Gattungen modificierte Nachkommen hinterlassen habe, welche die verschiedenen Species der neueren Gattungen bildeten; die anderen sieben Arten der alten Genera sind alle ausgestorben, ohne Erben zu hinterlassen. Doch möchte es wahrscheinlich weit öfter vorkommen, dass zwei oder drei Arten von nur zwei oder drei unter den sechs alten Gattungen die Eltern der neuen

Genera gewesen und die anderen alten Arten und sämmtliche übrigen alten Gattungen gänzlich erloschen sind. In untergehenden Ordnungen mit abnehmender Gattungs- und Artenzahl, wie es offenbar die Edentaten Süd-America's sind, werden noch weniger Genera und Species abgeänderte Nachkommen in gerader Linie hinterlassen.

Zusammenfassung des vorigen und dieses Capitels.

Ich habe zu zeigen gesucht, dass die geologische Urkunde äusserst unvollständig ist; dass erst nur ein kleiner Theil der Erdoberfläche sorgfältig geologisch untersucht worden ist; dass nur gewisse Classen organischer Wesen zahlreich in fossilem Zustande erhalten sind; dass die Anzahl der in unseren Museen aufbewahrten Individuen und Arten gar nichts bedeutet im Vergleiche mit der unberechenbaren Zahl von Generationen, die nur während einer einzigen Formationszeit aufeinandergefolgt sein müssen; dass an mannichfaltigen fossilen Species reiche Formationen, mächtig genug um künftiger Zerstörung zu widerstehen, sich beinahe nothwendig nur während der Senkungsperioden ablagern konnten und daher grosse Zeitzwischenräume zwischen den meisten unserer aufeinanderfolgenden Formationen verflossen sind; dass wahrscheinlich während der Senkungszeiten mehr Aussterben und während der Hebungszeit mehr Abändern organischer Formen stattgefunden hat; dass der Bericht aus diesen letzten Perioden am unvollständigsten erhalten ist; dass jede einzelne Formation nicht in ununterbrochenem Zusammenhang abgelagert worden ist; dass die Dauer jeder Formation wahrscheinlich kurz war im Vergleich zur mittlern Dauer der Artformen; dass Einwanderungen einen grossen Antheil am ersten Auftreten neuer Formen in irgend einem Lande oder einer Formation gehabt haben; dass die weit verbreiteten Arten am meisten variiert und am öftersten Veranlassung zur Entstehung neuer Arten gegeben haben; dass Varietäten anfangs nur local gewesen sind. Endlich ist es, obschon jede Art zahlreiche Übergangsstufen durchlaufen haben muss, wahrscheinlich, dass die Zeiträume, während deren eine jede der Modification unterlag, zwar zahlreich und nach Jahren gemessen lang, aber mit den Perioden verglichen, in denen sie unverändert geblieben sind, kurz gewesen sind. Alle diese Ursachen zusammengenommen werden es zum grossen Theile erklären, warum wir zwar viele Mittelformen zwischen den Arten einer Gruppe finden, warum wir aber nicht endlose Varietätenreihen die erloschenen und lebenden Formen in den feinsten Abstufungen miteinander verketten sehen. Man sollte auch beständig im Sinn behalten, dass zwei oder mehrere Formen miteinander verbindende Varietäten, die gefunden würden, als ebenso viele neue und verschiedene Arten betrachtet werden würden, wenn man nicht die ganze Kette vollständig herstellen könnte; denn wir können nicht behaupten, irgend ein sicheres Criterium zu besitzen, nach dem sich Arten von Varietäten unterscheiden lassen.

Wer diese Ansichten von der Unvollkommenheit der geologischen Urkunden verwerfen will, muss auch folgerichtig meine ganze Theorie verwerfen. Denn vergebens wird er dann fragen, wo die zahlreichen Übergangsglieder geblieben sind, welche die nächstverwandten oder stellvertretenden Arten einst miteinander verkettet haben müssen, die man in den aufeinanderfolgenden Lagern einer und derselben grossen Formation übereinander findet. Er wird nicht an die unermesslichen Zwischenzeiten glauben, welche zwischen unseren aufeinanderfolgenden Formationen verflossen sein müssen; er wird übersehen, welchen wesentlichen Antheil die Wanderungen, — die Formationen irgend einer grossen Weltgegend wie Europa für sich allein betrachtet, — gehabt haben; er wird sich auf das offenbare, aber oft nur scheinbar plötzliche Auftreten ganzer Artengruppen berufen. Er wird fragen, wo denn die Reste jener unendlich zahlreichen Organismen geblieben sind, welche lange vor der Bildung des cambrischen Systems abgelagert worden sein müssen? Wir wissen jetzt, dass wenigstens ein Thier damals existierte; diese letzte Frage kann ich aber nur hypothetisch beantworten mit der Annahme, dass unsere Oceane sich schon seit unermesslichen Zeiträumen an ihren jetzigen Stellen befunden haben, und dass da, wo unsere auf und ab schwankenden Continente jetzt stehen, sie sicher seit dem Beginn des cambrischen Systems gestanden haben; dass aber die Erdoberfläche lange vor dieser Periode ein ganz anderes Aussehen gehabt haben dürfte, und dass die älteren Continente, aus Formationen noch viel älter als irgend eine uns bekannte bestehend, sich jetzt nur in metamorphischem Zustande befinden oder tief unter dem Ocean versenkt liegen.

Doch sehen wir von diesen Schwierigkeiten ab, so scheinen mir alle anderen grossen und leitenden Thatsachen in der Paläontologie wunderbar mit der Theorie der Descendenz mit Modification durch natürliche Zuchtwahl übereinzustimmen. Es erklärt sich daraus, warum neue Arten nur langsam und nacheinander auftreten, warum Arten verschiedener Classen nicht nothwendig zusammen oder in gleichem Verhältnisse oder in gleichem Grade sich verändern, dass aber alle im Verlaufe langer Perioden Veränderungen in gewisser Ausdehnung unterliegen. Das Erlöschen alter Formen ist die fast unvermeidliche Folge vom Entstehen neuer. Wir können einsehen, warum eine Species, wenn sie einmal verschwunden ist, nie wieder erscheint. Artengruppen wachsen nur langsam an Zahl und dauern ungleich lange Perioden; denn der Process der Modification ist nothwendig ein langsamer und von vielerlei verwickelten Momenten abhängig. Die herrschenden Arten der grösseren und herrschenden Gruppen streben danach, viele abgeänderte Nachkommen zu hinterlassen, welche wieder neue Untergruppen und Gruppen bilden. Im Verhältnisse als diese entstehen, neigen sich die Arten minder kräftiger Gruppen in Folge ihrer von einem gemeinsamen Urerzeuger ererbten Unvollkommenheit dem gemeinsamen Erlöschen zu, ohne irgendwo auf der Erdoberfläche eine abgeänderte Nachkommenschaft zu hinterlassen. Aber das gänzliche Erlöschen einer ganzen Artengruppe ist oft ein langsamer Process gewesen, da einzelne Arten in geschützten oder abgeschlossenen Standorten kümmernd noch eine Zeitlang fortleben konnten. Ist eine Gruppe einmal vollständig untergegangen, so erscheint sie nie wieder, denn die Reihe der Generationen ist abgebrochen.

Wir können einsehen, woher es kommt, dass die herrschenden Lebensformen, welche weit verbreitet sind und die grösste Zahl von Varietäten ergeben, die Erde mit verwandten jedoch modificierten Nachkommen zu bevölkern streben, denen es sodann gewöhnlich gelingt, die Plätze jener Artengruppen einzunehmen, welche vor ihnen im Kampfe um's Dasein unterliegen. Daher wird es denn nach langen Zwischenräumen aussehen, als hätten die Bewohner der Erdoberfläche überall gleichzeitig gewechselt.

Wir können einsehen, woher es kommt, dass alle Lebensformen, die alten wie die neuen, zusammen nur wenige grosse Classen bilden. Es ist aus der fortgesetzten Neigung zur Divergenz des Characters begreiflich, warum, je älter eine Form ist, sie um so mehr von den jetzt lebenden abweicht; warum alte und erloschene Formen oft Lücken zwischen lebenden auszufüllen geeignet sind und zuweilen zwei Gruppen zu einer einzigen vereinigen, welche zuvor als getrennte aufgestellt worden waren, obwohl sie solche in der Regel einander nur etwas näher rücken. Je älter eine Form ist, um so öfter hält sie in einem gewissen Grade zwischen jetzt getrennten Gruppen das Mittel; denn je älter eine Form ist, desto näher verwandt und mithin ähnlicher wird sie dem gemeinsamen Stammvater solcher Gruppen sein, welche seither weit auseinander gegangen sind. Erloschene Formen halten selten direct das Mittel zwischen lebenden, sondern stehen in deren Mitte nur in Folge einer weitläufigen Verkettung durch viele erloschene und abweichende Formen. Wir ersehen deutlich, warum die organischen Reste dicht aufeinanderfolgender Formationen einander nahe verwandt sind; denn sie hängen durch Zeugung eng miteinander zusammen. Wir vermögen endlich einzusehen, warum die organischen Reste einer mittleren Formation auch in ihren Characteren intermediär sind.

Die Bewohner der Erde aus einer jeden der aufeinanderfolgenden Perioden ihrer Geschichte haben ihre Vorgänger im Kampfe um's Dasein besiegt und stehen insofern auf einer höheren Vollkommenheitsstufe als diese, und ihr Körperbau ist im Allgemeinen mehr specialisiert worden; dies kann die allgemeine Annahme so vieler Paläontologen erklären, dass die Organisation im Ganzen fortgeschritten sei. Ausgestorbene und geologisch alte Thiere sind in gewissem Grade den Embryonen neuerer zu denselben Classen gehöriger Thiere ähnlich; und diese wunderbare Thatsache erhält aus unserer Theorie eine einfache Erklärung. Die Aufeinanderfolge gleicher Organisationstypen innerhalb gleicher Gebiete während der letzten geologischen Perioden hört auf geheimnisvoll zu sein und wird nach dem Grundsatze der Vererbung verständlich.

Wenn daher die geologische Urkunde so unvollständig ist, wie es viele glauben (und es lässt sich wenigstens behaupten, dass das Gegentheil nicht erweisbar ist), so werden die Haupteinwände gegen die Theorie der natürlichen Zuchtwahl in hohem Grade abgeschwächt, oder sie verschwinden gänzlich. Andererseits scheinen mir alle Hauptgesetze der Paläontologie deutlich zu beweisen, dass die Arten durch gewöhnliche Zeugung entstanden sind. Frühere Lebensformen sind durch neue und vollkommenere Formen, den Producten der Variation und des Überlebens des Passendsten, ersetzt worden.

Zwölftes Capitel.

Geographische Verbreitung.

Die gegenwärtige Verbreitung der Organismen lässt sich nicht aus Verschiedenheiten der physikalischen Lebensbedingungen erklären. — Wichtigkeit der Verbreitungsschranken. — Verwandtschaft der Erzeugnisse eines nämlichen Continentes. — Schöpfungsmittelpunkte. — Mittel der Verbreitung: Veränderungen des Climas, Schwankungen der Bodenhöhe und gelegentliche Mittel. — Die Zerstreuung während der Eisperiode. — Abwechselnder Eintritt der Eiszeit im Norden und Süden.

Bei Betrachtung der Verbreitungsweise der organischen Wesen über die Erdoberfläche ist die erste wichtige Thatsache, welche uns in die Augen fällt, die, dass weder die Ähnlichkeit noch die Unähnlichkeit der Bewohner verschiedener Gegenden aus climatischen und anderen physikalischen Bedingungen völlig erklärbar ist. Alle, welche diesen Gegenstand studiert haben, sind neuerdings zu dem nämlichen Ergebnis gelangt. Das Beispiel America's allein würde beinahe schon genügen, seine Richtigkeit zu erweisen. Denn alle Autoren stimmen darin überein, dass mit Ausschluss der arctischen und nördlichen gemässigten Theile die Trennung der alten und der neuen Welt eine der fundamentalsten Abtheilungen bei der geographischen Verbreitung der Organismen bildet. Wenn wir aber den weiten americanischen Continent von den centralen Theilen der Vereinigten Staaten an bis zu seinem südlichsten Punkte durchwandern, so begegnen wir den allerverschiedenartigsten Lebensbedingungen, feuchten Landstrichen und den trockensten Wüsten, hohen Gebirgen und grasigen Ebenen, Wäldern und Marschen, Seen und grossen Strömen mit fast jeder Temperatur. Es gibt kaum ein Clima oder einen besondern Zustand eines Bezirkes in der alten Welt, wozu sich nicht eine Parallele in der neuen fände, so ähnlich wenigstens, wie dies zum Fortkommen der nämlichen Arten allgemein erforderlich ist. So gibt es ohne Zweifel zwar in der alten Welt wohl einige kleine Stellen, welche heisser als irgend welche in der neuen sind; doch haben diese keine von der der umgebenden Districte abweichende Fauna; denn man findet sehr selten eine Gruppe von Organismen auf einen kleinen Bezirk beschränkt, dessen Lebensbedingungen nur in einem unbedeutenden Grade eigenthümliche sind. Aber ungeachtet dieses allgemeinen Parallelismus in den Lebensbedingungen der alten und der neuen Welt, wie weit sind ihre lebenden Bewohner von einander verschieden!

Wenn wir in der südlichen Halbkugel grosse Landstriche in Australien, Süd-Africa und West-Süd-America zwischen 25°—35° S. B. miteinander vergleichen, so werden wir manche in allen ihren natürlichen Verhältnissen einander äusserst ähnliche Theile finden, und doch würde es nicht möglich sein, drei einander völlig unähnlichere Faunen und Floren ausfindig zu machen. Oder wenn wir die Naturproducte Süd-America's im Süden vom 35° Br. und im Norden vom 25° Br. miteinander vergleichen, die also durch einen Zwischenraum von zehn Breitegraden von einander getrennt und beträchtlich verschiedenen Lebensbedingungen ausgesetzt sind, so zeigen sich dieselben doch einander unvergleichbar näher miteinander verwandt, als die in Australien und Africa in fast einerlei Clima lebenden. Analoge Thatsachen könnten auch in Bezug auf die Meerthiere angeführt werden.

Eine zweite wichtige, uns bei unserer allgemeinen Übersicht auffallende Thatsache ist die, dass Schranken verschiedener Art oder Hindernisse freier Wanderung mit den Verschiedenheiten zwischen Bevölkerungen verschiedener Gegenden in engem und wesentlichem Zusammenhange stehen. Wir sehen dies in der grossen Verschiedenheit fast aller Landbewohner der alten und der neuen Welt mit Ausnahme der nördlichen Theile, wo sich das Land beinahe berührt und wo vordem unter einem nur wenig abweichenden Clima die Wanderungen der Bewohner der nördlichen gemässigten Zone in ähnlicher Weise möglich gewesen sein dürften, wie sie noch jetzt von Seiten der im engeren Sinne arctischen Bevölkerung stattfinden. Wir erkennen dieselbe Thatsache in der grossen Verschiedenheit zwischen den Bewohnern von Australien, Africa und Süd-America unter denselben Breiten wieder; denn diese Gegenden sind beinahe so vollständig von einander geschieden, wie es nur immer möglich ist. Auch auf jedem Festlande finden wir die nämliche Thatsache wieder; denn auf den entgegengesetzten Seiten hoher und zusammenhängender Gebirgsketten, grosser Wüsten und mitunter sogar nur grosser Ströme finden wir verschiedene Erzeugnisse. Da jedoch Gebirgsketten, Wüsten u. s. w. nicht so unüberschreitbar sind oder es wahrscheinlich nicht so lange gewesen sind wie die zwischen den Festländern gelegenen Weltmeere, so sind diese Verschiedenheiten dem Grade nach viel untergeordneter als die für verschiedene Continente characteristischen.

Wenden wir uns zu dem Meere, so finden wir das nämliche Gesetz. Die Meeresfaunen der Ost- und Westküsten von Süd- und Central-America sind sehr verschieden; sie haben äusserst wenige Mollusken, Krustenthiere und Echinodermen gemeinsam; GÜNTHER hat aber neuerdings gezeigt, dass von den Fischen an den gegenüberliegenden Seiten des Isthmus von Panama ungefähr dreissig Procent dieselben sind; und diese Thatsache hat einige Naturforscher zu der Annahme geführt, dass der Isthmus früher offen gewesen sei. Westwärts von den americanischen Gestaden erstreckt sich ein weiter Raum offenen Oceans mit nicht einer Insel zum Ruheplatze für Auswanderer; hier haben wir eine Schranke anderer Art, und sobald diese überschritten ist, treffen wir auf den östlichen Inseln des Stillen Meeres auf eine neue und ganz verschiedene Fauna. Es erstrecken sich also drei Meeresfaunen nicht weit von einander in parallelen Linien weit nach Norden und Süden unter sich entsprechenden Climaten. Da sie aber durch unübersteigliche Schranken von Land oder offenem Meer von einander getrennt sind, so bleiben sie beinahe völlig verschieden von einander. Gehen wir aber andererseits von den östlichen Inseln im tropischen Theile des Stillen Meeres noch weiter nach Westen, so finden wir keine unüberschreitbaren Schranken mehr; unzählige Inseln oder zusammenhängende Küsten bieten sich als Ruheplätze dar, bis wir nach Umwanderung einer Hemisphäre zu den Küsten Africa's gelangen, und in diesem ungeheuren Raume finden wir keine wohl-characterisierten und verschiedenen Meeresfaunen. Obwohl nur so wenig Seethiere jenen drei benachbarten Faunen von der Ost- und Westküste America's und von den östlichen Inseln des Stillen Oceans gemeinsam sind, so reichen doch viele Fischarten vom Stillen bis zum Indischen Ocean; und viele Weichthiere sind den östlichen Inseln der Südsee und den östlichen Küsten Africa's unter sich fast genau entgegengesetzten Längen-Meridianen gemein.

Eine dritte grosse Thatsache, schon zum Theil in den vorigen Angaben mitbegriffen, ist die Verwandtschaft zwischen den Bewohnern eines nämlichen Festlandes oder Weltmeeres, obwohl die Arten in verschiedenen Theilen und Standorten desselben verschieden sind. Es ist dies ein Gesetz von der grössten Allgemeinheit, und jeder Continent bietet unzählige Belege dafür. Demungeachtet fühlt sich der Naturforscher auf seinem Wege z. B. von Norden nach Süden unfehlbar betroffen von der Art und Weise, wie Gruppen von Organismen der Reihe nacheinander ersetzen, welche in den

Arten verschieden aber nahe verwandt sind. Er hört von nahe verwandten aber doch verschiedenen Vögeln ähnliche Gesänge, sieht ihre ähnlich gebauten aber nicht völlig gleichen Nester mit ähnlich gefärbten Eiern. Die Ebenen in der Nähe der Magellanstrasse sind von einem Nandu *(Rhea Americana)* bewohnt, und im Norden der La Plata-Ebene wohnt eine andere Art derselben Gattung, doch kein echter Strauss *(Struthio)* oder Emu *(Dromaius)*, welche in Africa und beziehungsweise in Neuholland unter gleichen Breiten vorkommen. In denselben La Plata-Ebenen finden wir das Aguti *(Dasyprocta)* und die Viscache *(Lagostomus)*, zwei Thiere nahezu von der Lebensweise unserer Hasen und Kaninchen und mit ihnen in die gleiche Ordnung der Nagethiere gehörig; sie bieten aber ganz deutlich einen rein americanischen Organisationstypus dar. Steigen wir zu dem Hochgebirge der Cordillera hinan, so treffen wir die Berg-Viscache *(Lagidium)*; sehen wir uns am Wasser um, so finden wir zwei andere Nager von südamericanischem Typus, den Coypu *(Myopotamus)* und Capybara *(Hydrochoerus)* statt des Bibers und der Bisamratte. So liessen sich zahllose andere Beispiele anführen. Wie sehr auch die Inseln an den americanischen Küsten in ihrem geologischen Bau abweichen mögen, ihre Bewohner sind wesentlich americanisch, wenn auch von eigenthümlichen Arten. Schauen wir zurück nach nächstfrüheren Zeitperioden, wie sie im letzten Capitel erörtert wurden, so finden wir auch da noch americanische Typen vorherrschend, auf dem americanischen Festlande wie in americanischen Meeren. Wir erkennen in diesen Thatsachen ein tiefliegendes organisches Gesetz, über Zeit und Raum hinweg auf demselben Gebiete von Land und Meer, unabhängig von ihrer natürlichen Beschaffenheit, herrschend. Der Naturforscher müsste wenig Forschungstrieb besitzen, der sich nicht versucht fühlte, näher nach diesem Gesetze zu forschen.

Dies Gesetz besteht einfach in der Vererbung, derjenigen Ursache, welche allein, soweit wir Sicheres wissen, einander völlig gleiche oder wie wir es bei den Varietäten sehen, nahezu gleiche Organismen hervorbringt. Die Unähnlichkeit der Bewohner verschiedener Gegenden wird der Modification durch Abänderung und natürliche Zuchtwahl, und, wahrscheinlich in einem untergeordneten Grade, dem bestimmten Einfluss verschiedener physikalischer Lebensbedingungen zuzuschreiben sein. Die Grade der Unähnlichkeit hängen davon ab, ob die Wanderung der herrschenderen Lebensformen aus der einen Gegend in die andere in späterer oder früherer Zeit mehr oder weniger wirksam verhindert worden ist; sie hängen ab von der Natur und Zahl der früheren Einwanderer, von der Einwirkung der Bewohner aufeinander, welche zur Erhaltung verschiedener Modificationen führt, indem, wie ich schon oft bemerkt habe, die Beziehung von Organismus zu Organismus im Kampfe um's Dasein die bedeutungsvollste aller Beziehungen ist. Bei den Wanderungen kommen daher die oben erwähnten Schranken wesentlich in Betracht, ebenso wie die Zeit bei dem langsamen Process der natürlichen Zuchtwahl. Weitverbreitete und an Individuen reiche Arten, welche schon über viele Concurrenten in ihrer eigenen ausgedehnten Heimath gesiegt haben, werden beim Vordringen in neue Gegenden die beste Aussicht haben, neue Plätze zu gewinnen. An ihren neuen Wohnorten werden sie neuen Lebensbedingungen ausgesetzt werden und häufig neue Abänderungen und Verbesserungen erfahren; und so werden sie den anderen noch überlegener werden und Gruppen modificierter Nachkommen erzeugen. Aus diesem Princip fortschreitender Vererbung mit Abänderung können wir verstehen, weshalb Untergattungen, Gattungen und selbst ganze Familien, wie es so gewohnter und anerkannter Massen der Fall ist, auf die nämlichen Gebiete beschränkt erscheinen.

Wie schon im letzten Capitel bemerkt wurde, ist kein Beweis vorhanden für die Existenz irgend eines Gesetzes nothwendiger Vervollkommnung. Sowie die Veränderlichkeit einer jeden Art eine unabhängige Eigenschaft ist und von der natürlichen Zuchtwahl nur so weit ausgebeutet wird, wie es den Individuen in ihrem vielseitigen Kampfe um's Dasein zum Vortheil gereicht, so besteht auch für die Modification der verschiedenen Species kein gleichförmiges Mass. Wenn eine Anzahl von Arten, die in ihrer alten Heimath miteinander lange in Concurrenz gestanden haben, in Masse nach einer neuen und nachher isolierten Gegend auswandern, so werden sie wenig Modification erfahren, indem weder die Wanderung noch die Isolierung an sich etwas dabei thun. Diese Principien kommen nur in Thätigkeit, wenn dabei Organismen in neue Beziehungen untereinander, weniger, wenn sie in Berührung mit neuen Lebensbedingungen gebracht werden. Wie wir im letzten Capitel gesehen haben, dass einige Formen den nämlichen Character seit ungeheuer weit zurückgelegenen geologischen Perioden fast unverändert behauptet haben, so sind auch gewisse Arten über weite Räume gewandert, ohne grosse oder überhaupt irgend welche Veränderungen erlitten zu haben.

Nach diesen Ansichten liegt es auf der Hand, dass die verschiedenen Arten einer und derselben Gattung, wenn sie auch die entferntesten Theile der Welt bewohnen, doch ursprünglich aus gleicher Quelle entsprungen sein müssen, da sie vom nämlichen Erzeuger herrühren. Was diejenigen Arten betrifft, welche im Verlaufe ganzer geologischer Perioden nur eine geringe Modification erfahren haben, so hat es keine grosse Schwierigkeit, anzunehmen, dass sie aus einerlei Gegend hergewandert sind; denn während der ungeheuren geographischen und climatischen Veränderungen, welche seit alten Zeiten vor sich gegangen, sind Wanderungen beinahe in jeder Ausdehnung möglich gewesen. In vielen anderen Fällen aber, wo wir Grund haben, zu glauben, dass die Arten einer Gattung erst in vergleichsweise neuer Zeit entstanden sind, ist die Schwierigkeit in dieser Hinsicht weit grösser. Ebenso ist es einleuchtend, dass die Individuen einer und derselben Art, wenn sie jetzt auch weit auseinander und abgesondert gelegene Gegenden bewohnen, von einer Stelle ausgegangen sein müssen, wo ihre Eltern zuerst erstanden sind; denn es ist, wie es im letzten Abschnitte erläutert wurde, unglaublich, dass specifisch identische Individuen durch natürliche Zuchtwahl von specifisch verschiedenen Stammformen hätten erzeugt werden können.

Einzelne vermeintliche Schöpfungscentren.

So wären wir denn bei der von Naturforschern des Breiteren erörterten Frage angelangt, nämlich, ob Arten je an einer oder an mehreren Stellen der Erdoberfläche erschaffen worden seien. Zweifelsohne gibt es viele Fälle, wo es äusserst schwer zu begreifen ist, wie die gleiche Art von einem Punkte aus nach den verschiedenen entfernten und isolierten Punkten gewandert sein solle, wo sie nun gefunden wird. Demungeachtet drängt sich die Vorstellung, dass jede Art nur von einem einzelnen ursprünglichen Geburtsorte ausgegangen sein muss, schon durch ihre Einfachheit dem Geiste auf. Und wer sie verwirft, verwirft die vera causa der gewöhnlichen Zeugung mit nachfolgender Wanderung, und nimmt zu einem Wunder seine Zuflucht. Es wird allgemein zugestanden, dass die von einer Art bewohnte Gegend in den meisten Fällen zusammenhängend ist; und wenn eine Pflanzen- oder Thierart zwei von einander so entfernte oder durch einen Zwischenraum solcher Art getrennte Punkte bewohnt, dass sie nicht leicht von einem zum andern gewandert sein kann, so betrachtet man die Thatsache als etwas Merkwürdiges und Ausnahmsweises. Die Unfähigkeit, über Meer zu wandern, ist bei Landsäugethieren vielleicht mehr als bei irgend einem andern organischen Wesen in die Augen fallend; und wir finden damit übereinstimmend auch keine unerklärbaren Fälle, wo dieselben Säugethierarten sehr entfernte Punkte der Erde bewohnten. Kein Geolog findet darin irgend eine Schwierigkeit, dass Gross-Britannien die nämlichen Säugethiere wie das übrige Europa besitzt; denn ohne Zweifel hat es einmal mit diesem zusammengehangen. Wenn aber dieselbe Art an zwei entfernten Punkten der Welt erzeugt werden kann, warum finden wir nicht eine einzige Europa und Australien oder Süd-America gemeinsam angehörige Säugethierart? Die Lebensbedingungen sind nahezu die nämlichen, so dass eine Menge europäischer Pflanzen und Thiere in America und Australien naturalisiert worden sind; sogar einige der ureinheimischen Pflanzenarten sind genau dieselben an diesen zwei so entfernten Punkten der nördlichen und südlichen Hemisphäre! Die Antwort liegt, wie ich glaube, darin, dass Säugethiere nicht fähig gewesen sind, zu wandern, während einige Pflanzen mit ihren mannichfaltigen Verbreitungsmitteln diesen weiten und unterbrochenen Zwischenraum zu überschreiten vermochten. Der mächtige und handgreifliche Einfluss geographischer Schranken aller Art wird nur unter der Voraussetzung begreiflich, dass weitaus der grösste Theil der Species nur auf einer Seite derselben erzeugt worden ist und Mittel zur Wanderung nach der andern Seite nicht besessen hat. Einige wenige Familien, viele Unterfamilien, sehr viele Gattungen und eine noch grössere Anzahl von Untergattungen sind nur auf je eine einzelne Gegend beschränkt, und mehrere Naturforscher haben die Beobachtung gemacht, dass die meisten natürlichen Gattungen, oder diejenigen, deren Arten am nächsten miteinander verwandt sind, allgemein auf dieselbe Gegend beschränkt sind oder dass, wenn sie eine weite Verbreitung haben, ihr Verbreitungsgebiet zusammenhängend ist. Was für eine wunderliche Anomalie würde es sein, wenn die entgegengesetzte Regel herrschte, sobald wir eine Stufe tiefer in der Reihe, nämlich auf die Individuen einer nämlichen Art kämen, und diese wären nicht, wenigstens zuerst, auf eine Gegend beschränkt gewesen!

Daher scheint mir, wie so vielen anderen Naturforschern, die Ansicht die wahrscheinlichste zu sein, dass jede Art nur in einer einzigen Gegend entstanden, aber nachher von da aus so weit gewandert ist, wie das Vermögen zu wandern und sich unter früheren und gegenwärtigen Bedingungen zu erhalten es gestattete. Es kommen unzweifelhaft viele Fälle vor, wo sich nicht erklären lässt, auf welche Weise diese oder jene Art von einer Stelle zur andern gelangt ist. Aber geographische und climatische Veränderungen, welche sich in den neueren geologischen Zeiten sicher ereignet haben, müssen den früher bestandenen Zusammenhang der Verbreitungsflächen vieler Arten unterbrochen haben. So gelangen wir zur Erwägung, ob diese Ausnahmen von dem Ununterbrochensein der Verbreitungsbezirke so zahlreich und so gewichtiger Natur sind, dass wir die durch die vorangehenden allgemeinen Betrachtungen wahrscheinlich gemachte Meinung, jede Art sei nur auf einem Gebiete entstanden und von da so weit wie möglich gewandert, aufzugeben genöthigt werden. Es würde zum Verzweifeln langweilig sein, alle Ausnahmsfälle aufzuzählen und zu erörtern, wo eine und dieselbe Art jetzt an verschiedenen weit von einander entfernten Orten lebt; auch will ich keinen Augenblick behaupten, für viele dieser Fälle eine genügende Erklärung wirklich geben zu können. Doch möchte ich nach einigen vorläufigen Bemerkungen einige wenige der auffallendsten Classen solcher Thatsachen erörtern, wie insbesondere das Vorkommen von einerlei Art auf den Spitzen weit von einander gelegener Bergketten, oder an entlegenen Punkten im arctischen und antarctischen Kreise zugleich; dann zweitens (im folgenden Capitel) die weite Verbreitung der Süsswasserbewohner, und drittens das Vorkommen von einerlei Landthierarten auf Inseln und dem nächsten Festland, wenn beide auch durch Hunderte von Meilen offenen Meeres von einander getrennt sind. Wenn das Vorkommen von einer und der nämlichen Art an entfernten und vereinzelten Fundstätten der Erdoberfläche sich in vielen Fällen durch die Voraussetzung erklären lässt, dass eine jede Art von einer einzigen Geburtsstätte aus dahin gewandert sei, dann scheint mir in Anbetracht unserer gänzlichen Unbekanntschaft mit den früheren geographischen und climatischen Veränderungen, sowie mit manchen zufälligen Transportmitteln die Annahme, dass eine einzige Geburtsstätte das allgemeine Gesetz gewesen ist, ohne Vergleich die sicherste zu sein.

Bei Erörterung dieses Gegenstandes werden wir Gelegenheit haben, noch einen andern für uns gleich wichtigen Punkt in Betracht zu ziehen, ob nämlich die mancherlei verschiedenen Arten einer Gattung, welche meiner Theorie zufolge einen gemeinsamen Urzeuger hatten, von irgend einem Gebiete ausgegangen und während ihrer Wanderung noch weiterer Modification unterworfen gewesen sein können. Kann nachgewiesen werden, dass eine Gegend, deren meiste Bewohner von denen einer zweiten Gegend verschieden aber denselben nahe verwandt sind, in irgend einer frühern Zeit wahrscheinlich einmal Einwanderer aus dieser letzten erhalten hat, so wird dies zur Bestätigung unserer allgemeinen Anschauung beitragen: denn die Erklärung liegt dann nach dem Principe der Descendenz mit Modification auf der Hand. Eine vulcanische Insel z. B., welche einige Hundert Meilen von einem Continent entfernt emporstiege, würde wahrscheinlich im Laufe der Zeit einige Colonisten von diesem erhalten, deren Nachkommen, wenn auch etwas modificiert, doch ihre Verwandtschaft mit den Bewohnern des Continents auf ihre Nachkommen vererben würden. Fälle dieser Art sind gewöhnlich und, wie wir nachher ersehen werden, nach der Theorie unabhängiger Schöpfung unerklärlich. Diese Ansicht über die Verwandtschaft der Arten einer Gegend mit denen einer andern ist nicht sehr von der von WALLACE aufgestellten verschieden, welcher die Folgerung aufstellt, dass die „Entstehung jeder Art in Zeit „und Raum mit einer früher vorhandenen nahe verwandten Art zu„sammentrifft". Und es ist jetzt allgemein bekannt, dass er dieses „Zusammentreffen" der Descendenz mit Modification zuschreibt.

Die Frage über ein- oder mehrfache Schöpfungsmittelpunkte ist von einer andern, wenn auch verwandten Frage verschieden: ob nämlich alle Individuen einer und derselben Art von einem einzigen Paare oder einem Hermaphroditen abstammen, oder ob, wie einige Autoren annehmen, von vielen gleichzeitig entstandenen Individuen einer Art. Bei solchen Organismen, welche sich niemals kreuzen (wenn dergleichen überhaupt existieren), muss nach meiner Theorie die Art von einer Reihenfolge modificierter Varietäten herrühren, die sich nie mit anderen Individuen oder Varietäten derselben Species gekreuzt, sondern einfach einander ersetzt haben, so dass auf jeder der aufeinanderfolgenden Modificationsstufen alle Individuen von einerlei Form auch von einerlei Stammvater herrühren mussten. In der grossen Mehrzahl der Fälle jedoch, nämlich bei allen Organismen, welche sich zu jeder einzelnen Fortpflanzung paaren oder sich gelegentlich mit anderen kreuzen, werden sich die Individuen der nämlichen Species, welche ein und dasselbe Gebiet bewohnen, durch die Kreuzung nahezu gleichförmig erhalten haben, so dass viele Individuen sich gleichzeitig abänderten, und der ganze Betrag der Abänderung auf jeder Stufe nicht von der

Abstammung von einem gemeinsamen Stammvater herrührt. Um zu erläutern, was ich meine, will ich anführen, dass unsere englischen Rennpferde von den Pferden jeder andern Züchtung abweichen, aber ihre Verschiedenheit und Vollkommenheit verdanken sie nicht der Abstammung von irgend einem einzigen Paare, sondern der fortgesetzt angewendeten Sorgfalt bei Auswahl und Erziehung vieler Individuen in jeder Generation.

Ehe ich auf nähere Erörterung der drei Classen von Thatsachen eingehe, welche ich als diejenigen ausgewählt habe, die nach der Theorie von den „einzelnen Schöpfungsmittelpunkten" die meisten Schwierigkeiten darbieten, muss ich den Verbreitungsmitteln noch einige Worte widmen.

Verbreitungsmittel.

Sir Ch. Lyell und andere Autoren haben diesen Gegenstand sehr gut behandelt. Ich kann hier nur einen kurzen Auszug der wichtigsten Thatsachen liefern. Climawechsel muss auf Wanderungen der Organismen einen mächtigen Einfluss gehabt haben. Eine Gegend mit früher verschiedenem Clima kann eine Heerstrasse der Auswanderung gewesen und jetzt der Natur des Clima wegen für gewisse Organismen ungangbar sein; diesen Gegenstand werde ich indess sofort mit einigem Detail zu behandeln haben. Höhenwechsel des Landes kommt dabei als sehr einflussreich auch wesentlich mit in Betracht. Eine schmale Landenge trennt jetzt zwei Meeresfaunen; taucht sie unter oder war sie früher untergetaucht, so werden beide Faunen zusammenfliessen oder vordem zusammengeflossen sein. Wo dagegen sich jetzt die See ausbreitet, da mag vormals trockenes Land Inseln und selbst Continente miteinander verbunden und so Landbewohner in den Stand gesetzt haben von einer Seite zur andern zu wandern. Kein Geologe bestreitet, dass grosse Veränderungen der Bodenhöhen während der Periode der jetzt lebenden Organismen stattgefunden haben, und Edw. Forbes behauptet, alle Inseln des Atlantischen Meeres müssten noch unlängst mit Africa oder Europa, wie gleicherweise Europa mit America zusammengehangen haben. Andere Schriftsteller haben in ähnlicher Weise hypothetisch der Reihe nach jeden Ocean überbrückt und fast jede Insel mit irgend einem Festlande verbunden. Und wenn sich die Argumente von Forbes bestätigen liessen, so müsste man gestehen, dass es kaum irgend eine Insel gäbe, welche nicht noch neuerlich mit einem Continente zusammengehangen hätte. Diese Ansicht zerhaut den gordischen Knoten der Verbreitung einer Art bis zu den entlegensten Punkten und beseitigt eine Menge von Schwierigkeiten. Aber nach meinem besten Wissen und Gewissen glaube ich nicht, dass wir berechtigt sind, so ungeheure geographische Veränderungen innerhalb der Periode der noch jetzt lebenden Arten anzunehmen. Es scheint mir, dass wir zwar wohl sehr zahlreiche Beweise von grossen Schwankungen im Niveau des Landes und der Meere besitzen, doch nicht von so ungeheuren Veränderungen in der Lage und Ausdehnung unserer Continente, dass sich mittelst jener eine Verbindung derselben miteinander und mit den verschiedenen dazwischen gelegenen oceanischen Inseln noch in der jetzigen Erdperiode ergäbe. Dagegen gebe ich gern die vormalige Existenz vieler jetzt im Meere begrabener Inseln zu, welche vielen Pflanzen- und Thierarten bei ihren Wanderungen als Ruhepunkte gedient haben mögen. In den Corallenmeeren erkennt man, nach meiner Meinung, solche versunkene Inseln noch jetzt mittelst der auf ihnen stehenden Corallenringe oder Atolls. Wenn es einmal vollständig eingeräumt sein wird, wie es eines Tages ohne Zweifel noch geschehen wird, dass jede Art nur eine Geburtsstätte gehabt hat, und wenn wir im Laufe der Zeit etwas Bestimmteres über die Verbreitungsmittel erfahren haben werden, so werden wir im Stande sein, über die frühere Ausdehnung des Landes mit einiger Sicherheit zu speculieren. Dagegen glaube ich nicht, dass es je zu beweisen sein wird, dass die meisten unserer jetzt vollständig getrennten Continente noch in neuerer Zeit wirklich oder nahezu miteinander und mit den vielen noch vorhandenen oceanischen Inseln zusammengehangen haben. Mehrere Thatsachen in der Verbreitung, wie die grosse Verschiedenheit der Meeresfaunen an den entgegengesetzten Seiten fast jedes grossen Continentes, die nahe Verwandtschaft tertiärer Bewohner mehrerer Länder und selbst Meere mit deren jetzigen Bewohnern, der Grad der Verwandtschaft zwischen Inseln bewohnenden Säugethieren und denen des nächsten Continents, der (wie wir später sehen werden) zum Theil durch die Tiefe des dazwischen liegenden Oceans bestimmt wird: diese und andere derartige Thatsachen scheinen mir sich der Annahme solcher ungeheuren geographischen Umwälzungen in der neuesten Periode zu widersetzen, wie sie nach den von E. Forbes aufgestellten und von seinen zahlreichen Nachfolgern angenommenen Ansichten nöthig wären. Die Natur und Zahlenverhältnisse der Bewohner oceanischer Inseln scheinen mir gleicherweise der Annahme eines frühern Zusammenhangs mit den Festländern zu widerstreben. Ebensowenig ist die beinahe ganz allgemeine vulcanische Zusammensetzung solcher Inseln der Annahme günstig, dass sie blosse Trümmer versunkener Continente seien; denn wären es ursprünglich Spitzen von continentalen Bergketten gewesen, so würden doch wenigstens einige derselben gleich anderen Gebirgshöhen aus Granit, metamorphischen Schiefern, alten organische Reste führenden Schichten u. dergl. statt immer nur aus Anhäufungen vulcanischer Massen bestehen.

Ich habe nun noch einige Worte über die sogenannten „zufälligen“ Verbreitungsmittel zu sagen, die man besser „gelegentliche“ nennen würde. Doch will ich mich hier nur auf die Pflanzen beschränken. In botanischen Werken findet man häufig angegeben, dass diese oder jene Pflanze für weite Aussaat nicht gut geeignet sei. Aber was den Transport derselben über das Meer betrifft, so lässt sich behaupten, dass die grössere oder geringere Leichtigkeit desselben beinahe völlig unbekannt ist. Bis zur Zeit, wo ich mit Berkeley's Hilfe einige wenige Versuche darüber angestellt habe, war nicht einmal bekannt in wie weit Samen dem schädlichen Einfluss des Meereswassers zu widerstehen vermögen. Zu meiner Verwunderung fand ich, dass von 87 Arten 64 noch keimten, nachdem sie 28 Tage lang im Meerwasser gelegen; und einige wenige thaten es sogar nach 137 Tagen noch. Es ist beachtenswerth, dass gewisse Ordnungen viel stärker als andere angegriffen wurden. So versuchte ich neun Leguminosen, und mit einer Ausnahme widerstanden sie dem Einflusse des Salzwassers nur schlecht; und sieben Arten der verwandten Ordnungen der *Hydrophyllaceae* und *Polemoniaceae* waren nach einem Monate alle todt. Der Bequemlichkeit wegen wählte ich meistens nur kleine Samen ohne die Fruchthüllen, und da alle schon nach wenigen Tagen untersanken, so hätten sie natürlich keine weiten Räume des Meeres durchschiffen können, mochten sie nun ihre Keimkraft im Salzwasser bewahren oder nicht. Nachher wählte ich grössere Früchte, Samenkapseln u. s. w., und von diesen blieben einige eine lange Zeit schwimmen. Es ist wohl bekannt, wie verschieden die Schwimmfähigkeit einer Holzart im grünen und im trockenen Zustande ist. Es kam mir dabei der Gedanke, dass Hochwasser wohl häufig ausgetrocknete Pflanzen oder deren Zweige mit daran hängenden Samenkapseln oder Früchten in das Meer schwemmen könnten. Ich wurde dadurch veranlasst, von 94 Pflanzenarten die Stengel und Zweige mit reifen Früchten daran zu trocknen und sie auf Meereswasser zu legen. Die Mehrzahl sank schnell unter, doch einige, welche grün nur sehr kurze Zeit an der Oberfläche geblieben waren, hielten sich getrocknet viel länger oben. So sanken z. B. reife Haselnüsse unmittelbar unter, schwammen aber, wenn sie vorher ausgetrocknet waren, 90 Tage lang und keimten dann noch, wenn sie gepflanzt wurden. Eine Spargelpflanze mit reifen Beeren schwamm 23 Tage, nach vorherigem Austrocknen aber 85 Tage, und ihre Samen keimten noch. Die reifen Früchte von *Helosciadium* sanken in zwei Tagen unter, schwammen aber nach vorgängigem Trocknen 90 Tage und keimten hierauf. Im Ganzen schwammen von den 94 getrockneten Pflanzen 18 Arten über 28 Tage lang und einige von diesen 18 sogar noch viel länger. Es keimten also $^{64}/_{87} = 0{,}74$ der Samenarten nach einer Eintauchung von 28 Tagen, und schwammen $^{18}/_{94} = 0{,}19$ der getrockneten Pflanzenarten mit reifen Samen (doch zum Theil andere Arten als die vorigen) noch über 28 Tage; es würden daher, so viel man aus diesen dürftigen Thatsachen schliessen darf, die Samen von 0,14 der Pflanzenarten einer Gegend ohne Nachtheil für ihre Keimkraft 28 Tage lang von Meeresströmungen fortgetragen werden können. In JOHNSTON's physikalischem Atlas ist die mittlere Geschwindigkeit der atlantischen Ströme auf 33 Seemeilen pro Tag (manche laufen 60 Meilen weit) angegeben; nach diesem Durchschnitt könnten die Samen von 0,14 Pflanzen eines Gebiets 924 Seemeilen weit nach einem andern Lande fortgeführt werden und, wenn sie dann strandeten und vom Winde sofort auf eine passende Stelle weiter landeinwärts getrieben würden, noch keimen.

Nach mir stellte MARTENS ähnliche Versuche, doch in weit besserer Weise an, indem er Kistchen mit Samen in's wirkliche Meer versenkte, so dass sie abwechselnd feucht und wieder der Luft ausgesetzt wurden, wie wirklich schwimmende Pflanzen. Er versuchte es mit 98 Samenarten, meistens verschieden von den meinigen, und darunter manche grosse Früchte und auch Samen von solchen Pflanzen, welche in der Nähe des Meeres wachsen; dies würde ein günstiger Umstand sein, geeignet die mittlere Länge der Zeit, während welcher sie sich schwimmend zu halten und der schädlichen Wirkung des Salzwassers zu widerstehen vermochten, etwas zu vermehren. Andererseits aber trocknete er nicht vorher die Früchte mit den Zweigen oder Stengeln, was einige derselben, wie wir gesehen haben, befähigt haben würde, länger zu schwimmen. Das Ergebnis war, dass $^{18}/_{98} = 0{,}185$ seiner Samenarten 42 Tage lang schwammen und dann noch keimten. Ich bezweifle jedoch nicht, dass Pflanzen, die mit den Wogen treiben, sich weniger lange schwimmend erhalten als jene, welche so wie in unseren Versuchen gegen heftige Bewegungen geschützt sind. Daher wäre es vielleicht sicherer anzunehmen, dass die Samen von etwa 0,10 Arten einer Flora nach dem Austrocknen noch eine 900 Meilen weite Strecke des Meeres durchschwimmen und dann keimen können. Die Thatsache, dass die grösseren Früchte länger als die kleinen schwimmen, ist interessant, weil Pflanzen mit grossen Samen oder Früchten, welche, wie ALPH. DE CANDOLLE gezeigt hat, im Allgemeinen beschränkte Verbreitungsbezirke besitzen, wohl kaum anders als schwimmend aus einer Gegend in die andere versetzt werden könnten.

Doch können Samen gelegentlich auch auf andere Weise fortgeführt werden. So wird Treibholz an den meisten Inseln ausgeworfen, selbst an den in der Mitte der weitesten Oceane; und die Eingebornen der Coralleninseln des Stillen Meeres verschaffen sich härtere Steine für ihre Geräthe fast nur von den Wurzeln der Treibholzstämme; diese Steine bilden ein erhebliches Einkommen ihrer Könige. Wenn nun unregelmässig geformte Steine zwischen die Wurzeln der Bäume fest eingeklemmt sind, so sind auch, wie ich mich durch Untersuchungen überzeugt habe, zuweilen noch kleine Partien Erde dahinter eingeschlossen, mitunter so genau, dass nicht das Geringste davon während des längsten Transportes weggewaschen werden könnte. Und nun kenne ich eine Beobachtung, von deren Genauigkeit ich sicher bin, wo aus einer solchen vollständig eingeschlossenen Partie Erde zwischen den Wurzeln einer 50jährigen Eiche drei Dicotyledonensamen gekeimt haben. So kann ich ferner nachweisen, dass zuweilen todte Vögel lange auf dem Meere treiben, ohne sofort verschlungen zu werden, und dass in ihrem Kropfe enthaltene Samen lange ihre Keimkraft behalten; Erbsen und Wicken z. B., welche sonst schon zu Grunde gehen, wenn sie nur wenige Tage im Meerwasser liegen, zeigten sich zu meinem grossen Erstaunen noch keimfähig, als ich sie aus dem Kropfe einer Taube nahm, welche schon 30 Tage lang auf künstlich bereitetem Salzwasser geschwommen hatte.

Lebende Vögel haben unfehlbar einen grossen Antheil am Transport lebender Samen. Ich könnte viele Fälle anführen um zu beweisen, wie oft Vögel von mancherlei Art durch Stürme weit über den Ocean verschlagen werden. Wir dürfen wohl als gewiss annehmen, dass unter solchen Umständen ihre Fluggeschwindigkeit oft 35 engl. Meilen in der Stunde betragen mag, und manche Schriftsteller haben sie viel höher angeschlagen. Ich habe nie eine nahrhafte Samenart durch die Eingeweide eines Vogels passieren sehen, wogegen harte Samen und Früchte unangegriffen selbst durch den Darmcanal des Truthuhns gehen. Im Laufe von zwei Monaten sammelte ich in meinem Garten aus den Excrementen kleiner Vögel zwölf Arten Samen, welche alle noch gut zu sein schienen, und einige von ihnen, die ich probierte, haben wirklich gekeimt. Wichtiger ist jedoch folgende Thatsache: Der Kropf der Vögel sondert keinen Magensaft aus und benachtheiligt nach meinen Versuchen die Keimkraft der Samen nicht im mindesten. Nun sagt man, dass, wenn ein Vogel eine grosse Menge Samen gefunden und gefressen hat, die Körner nicht vor zwölf oder achtzehn Stunden in den Magen gelangen. In dieser Zeit aber kann ein Vogel leicht 500 Meilen weit fortgetrieben werden; und wenn Falken, wie sie gern thun, auf den ermüdeten Vogel Jagd machen, so kann dann der Inhalt seines Kropfes bald umhergestreut sein. Nun verschlingen einige Falken und Eulen ihre Beute ganz und brechen nach zwölf bis zwanzig Stunden unverdaute Ballen wieder aus, die, wie ich aus Versuchen in den zoologischen Gärten weiss, oft noch keimfähige Samen enthalten. Einige Samen von Hafer, Weizen, Hirse, Canariengras, Hanf, Klee und Mangold keimten noch, nachdem sie zwölf bis einundzwanzig Stunden in dem Magen verschiedener Raubvögel verweilt hatten, und zwei Mangoldsamen wuchsen sogar, nachdem sie zwei Tage und vierzehn Stunden dort gewesen waren. Süsswasserfische verschlingen, wie ich weiss, Samen verschiedener Land- und Wasserpflanzen; Fische werden oft von Vögeln verzehrt, und so können jene Samen von Ort zu Ort gebracht werden. Ich brachte viele Samenarten in den Magen todter Fische und gab diese sodann Pelikanen, Störchen und Fischadlern zu fressen; diese Vögel brachen entweder nach einer Pause von vielen Stunden die Samen in Ballen aus oder die Samen giengen mit den Excrementen fort. Mehrere dieser Samen besassen alsdann noch ihre Keimkraft; gewisse andere dagegen wurden jederzeit durch diesen Process getödtet.

Heuschrecken werden zuweilen auf grosse Entfernungen weit vom Lande weggeweht; ich selbst fieng eine solche 370 Meilen von der africanischen Küste und habe von anderen gehört, welche in noch beträchtlicheren Entfernungen gefangen worden sind. R. T. Lowe theilte Sir Ch. Lyell mit, dass im November 1844 Heuschreckenmassen die Insel Madeira besuchten. Sie kamen in zahllosen Mengen so dicht wie die Schneeflocken im ärgsten Schneesturm und reichten so weit nach aufwärts, als nur mit dem Teleskop zu verfolgen war. Zwei oder drei Tage lang umschwärmten sie langsam die Insel in einer mindestens fünf oder sechs Meilen im Durchmesser haltenden Ellipse und setzten sich Nachts auf die höheren Bäume, welche vollständig von ihnen überzogen waren. Dann verschwanden sie über das Meer so plötzlich wie sie erschienen waren, und haben seitdem die Insel nicht wieder besucht. Einige Farmer der Colonie Natal glauben nun, indess auf unzureichende Zeugnisse gestützt, dass schädliche Unkrautsamen durch die Excremente der grossen Heuschreckenschwärme auf ihr Grasland eingeführt werden, welche jenes Land oft besuchen. In Folge dieser Ansicht schickte mir Hr. WEALE in einem Briefe ein kleines Päckchen solcher getrockneter Kothballen; und aus diesen zog ich unter dem Mikroskrop mehrere Samenkörner heraus und erzog aus ihnen sieben Graspflanzen, die zu zwei Arten zweier Gattungen gehörten. Es kann daher ein Heuschreckenschwarm wie der, welcher Madeira besuchte, leicht das Mittel werden, mehrere Pflanzenarten auf eine weit vom Festlande entfernt liegende Insel einzuführen.

Obwohl Schnäbel und Füsse der Vögel gewöhnlich ganz rein sind, so hängen doch zuweilen auch Erdtheile daran. In einem Falle entfernte ich 61 und in einem andern 22 Gran trockener thoniger Erde von dem Fusse eines Feldhuhns, und in dieser Erde befand sich ein Steinchen so gross wie ein Wickensamen. Der folgende Fall ist noch besser: von einem Freunde wurde mir das Bein einer Schnepfe geschickt, an dessen Fusse ein wenig trockene Erde, nur neun Gran wiegend, angeklebt war, und diese enthielt ein Samenkorn einer Binse *(Juncus bufonius)*, welches keimte und blühte. Herr SWAYSLAND von Brighton, welcher unseren Zugvögeln während der verflossenen vierzig Jahre grosse Aufmerksamkeit gewidmet hat, theilt mir mit, dass er oft Bachstelzen *(Motacilla)*, Weisskehlchen und Steinschmätzer *(Saxicolae)* bei ihrer ersten Ankunft und ehe sie sich auf englischem Boden niedergelassen hatten, geschossen und mehrere Male kleine Erdklümpchen an ihren Füssen bemerkt habe. Viele Thatsachen könnten angeführt werden, welche zeigen, wie der Boden überall voll von Sämereien steckt. Ich will ein Beispiel anführen: Prof. NEWTON schickte mir das Bein eines rothfüssigen Rebhuhns (*Caccabis rufa)*, was verwundet war und nicht fliegen konnte; rings um das verwundete Bein mit dem Fusse hatte sich ein Ballen harter Erde angesammelt, der abgenommen sechs und eine halbe Unze wog. Diese Erde war drei Jahre aufgehoben worden: nachdem sie aber zerkleinert, bewässert und unter eine Glasglocke gebracht war, wuchsen nicht weniger als 82 Pflanzen aus ihr hervor. Diese bestanden aus 12 Monocotyledonen, darunter der gemeine Hafer und wenigstens eine Grasart, und aus 70 Dicotyledonen, unter denen sich nach den jungen Blättern zu urtheilen mindestens drei verschiedene Arten befanden. Können wir solchen Thatsachen gegenüber zweifeln, dass die vielen Vögel, welche jährlich durch Stürme über grosse Strecken des Oceans verschlagen werden, und welche jährlich wandern, wie z. B. die Millionen Wachteln über das Mittelmeer, gelegentlich ein paar Samen, von Schmutz an ihren Füssen oder Schnäbeln eingehüllt, transportieren müssen? Doch werde ich gleich auf diesen Gegenstand noch zurückzukommen haben.

Bekanntlich sind Eisberge oft mit Steinen und Erde beladen; selbst Buschholz, Knochen und auch ein Nest eines Landvogels hat man darauf gefunden; daher ist wohl nicht zu zweifeln, dass sie mitunter auch, wie LYELL bereits vermuthet hat, Samen von einem Theile der arctischen oder antarctischen Zone zum andern, und in der Glacialzeit von einem Theile der jetzigen gemässigen Zonen zum andern geführt haben. Da den Azoren eine im Verhältnis zu den übrigen dem Festlande näher gelegenen Inseln des Atlantischen Meeres grosse Anzahl von Pflanzen mit Europa gemeinsam ist und (wie H. C. WATSON bemerkt) insbesondere solche Arten, die einen etwas nördlicheren Character haben, als der Breite entspricht, so vermuthete ich, dass ein Theil derselben mit Eisbergen in der Glacialzeit dahin gelangt sei. Auf meine Bitte fragte Sir CH. LYELL Hrn. HARTUNG, ob er erratische Blöcke auf diesen Inseln bemerkt habe, und erhielt zur Antwort, dass er grosse Blöcke von Granit und anderen im Archipel nicht vorkommenden Felsarten dort gefunden habe. Wir dürfen daher getrost folgern, dass Eisberge vordem ihre Bürden an der Küste dieser mittel-oceanischen Inseln abgesetzt haben, und so ist es wenigstens möglich, dass auch einige Samen nordischer Pflanzen mit dahin gelangt sind.

In Berücksichtigung, dass diese verschiedenen eben erwähnten und andere noch ohne Zweifel zu entdeckenden Transportmittel Jahr für Jahr und Zehntausende von Jahren in Thätigkeit gewesen sind, würde es nach meiner Ansicht eine wunderbare Thatsache sein, wenn nicht auf diesen Wegen viele Pflanzen mitunter in weite Fernen versetzt worden wären. Diese Transportmittel werden zuweilen zufällige genannt; doch ist dies nicht ganz richtig, indem weder die Seeströmungen noch die vorwaltende Richtung der Stürme zufällig sind. Es ist zu bemerken, dass wohl kaum irgend ein Mittel im Stande ist, Samen in sehr grosse Fernen zu versetzen, indem die Samen weder ihre Keimfähigkeit im Seewasser lange behalten, noch in Kropf und Eingeweiden der Vögel weit transportiert werden können. Wohl aber genügen diese Mittel, um dieselben gelegentlich über einige Hundert Meilen breite Seestriche hinwegzuführen und so von Insel zu Insel, oder von einem Continent zu einer nahe liegenden Insel, aber nicht von einem weit abliegenden Continente zum andern zu befördern. Die Floren entfernter Continente werden auf diese Weise mithin nicht in hohem Grade gemengt werden, sondern so weit verschieden bleiben, wie wir sie jetzt finden. Die Ströme würden ihrer Richtung nach niemals Samen von Nord-America nach Gross-Britannien bringen können, wie sie deren von West-Indien aus an unsere westlichen Inseln bringen könnten und wirklich bringen, wo sie aber, selbst wenn sie auf diesem langen Wege noch ihre Lebenskraft bewahrt hätten, nicht das Clima zu ertragen vermöchten. Fast jedes Jahr werden ein oder zwei Landvögel durch Stürme von Nord-America über den ganzen Atlantischen Ocean bis an die irischen und englischen Westküsten getrieben; Samen aber könnten diese seltenen Wanderer nur auf eine Weise mit sich bringen, nämlich in dem an ihren Füssen oder Schnäbeln hängenden Schmutz, was doch immer an sich schon ein seltener Fall ist. Und wie gering wäre selbst in diesem Falle die Wahrscheinlichkeit, dass ein solcher Same in einen günstigen Boden gelange, keime und zur Reife käme! Doch wäre es ein grosser Irrthum zu folgern: weil eine schon dicht bevölkerte Insel, wie Gross-Britannien ist, in den paar letzten Jahrhunderten, so viel bekannt ist (was übrigens sehr schwer zu beweisen sein würde), durch gelegentliche Transportmittel keine Einwanderer aus Europa oder einem andern Continente aufgenommen hat, so könnte auch eine wenig bevölkerte Insel selbst in noch grösserer Entfernung vom Festlande keine Colonisten auf solchen Wegen erhalten. Von hundert auf eine Insel verschlagenen Samen oder Thierarten, auch wenn sie viel weniger bevölkert wäre als England, würde vielleicht nicht mehr als eine so für diese neue Heimath geeignet sein, dass sie dort naturalisiert würde. Doch ist dies kein triftiger Einwand gegen das, was durch solche gelegentliche Transportmittel im langen Verlaufe der geologischen Zeiten geschehen konnte, während der Hebung und Bildung einer Insel und bevor sie mit Ansiedlern vollständig besetzt war. Auf einem fast noch öden Lande mit noch keinen oder nur wenigen pflanzenfressenden dort lebenden Insecten und Vögeln wird fast jedes zufällig dorthin kommende Samenkorn leicht zum Keimen und Fortleben gelangen, wenn es nur für das Clima passte.

Zerstreuung während der Eiszeit.

Die Übereinstimmung so vieler Pflanzen- und Thierarten auf Bergeshöhen, welche Hunderte von Meilen weit durch Tiefländer von einander getrennt sind, wo die Alpenbewohner nicht fortkommen können, ist eines der schlagendsten Beispiele des Vorkommens gleicher Arten auf von einander entlegenen Punkten, wobei die Möglichkeit einer Wanderung von einem derselben zum andern ausgeschlossen scheint. Es ist allerdings eine merkwürdige Thatsache, so viele Pflanzenarten in den Schneegegenden der Alpen oder Pyrenäen und wieder in den nördlichsten Theilen Europa's zu sehen; aber noch weit merkwürdiger ist es, dass die Pflanzenarten der Weissen Berge in den Vereinigten Staaten America's alle die nämlichen wie in Labrador und ferner nach ASA GRAY's Versicherung beinahe alle die nämlichen wie auf den höchsten Bergen Europa's sind. Schon vor so langer Zeit, wie im Jahre 1747, veranlassten ähnliche Thatsachen GMELIN zu schliessen, dass einerlei Species an verschiedenen Orten unabhängig von einander geschaffen worden sein müssen, und wir würden dieser Meinung vielleicht noch zugethan geblieben sein, hätten nicht AGASSIZ u. A. unsere Aufmerksamkeit auf die Eiszeit gelenkt, die, wie wir sofort sehen werden, diese Thatsachen sehr einfach erklärt. Wir haben Beweise fast jeder denkbaren Art, organischer und unorganischer, dass in einer sehr neuen geologischen Periode Central-Europa und Nord-America unter einem arctischen Clima litten. Die Ruinen eines niedergebrannten Hauses erzählen ihre Geschichte nicht so verständlich, wie die schottischen Gebirge und die von Wales mit ihren geschrammten Seiten, polierten Flächen, schwebenden Blöcken von den Eisströmen berichten, womit ihre Thäler noch in später Zeit ausgefüllt gewesen sind. So sehr hat sich das Clima in Europa verändert, dass in Nord-Italien riesige von einstigen Gletschern herrührende Moränen jetzt mit Mais und Wein bepflanzt sind. Durch einen grossen Theil der Vereinigten Staaten bezeugen erratische Blöcke und geschrammte Felsen mit Bestimmtheit eine frühere Periode grosser Kälte.

Der frühere Einfluss des Eisclimas auf die Vertheilung der Bewohner Europa's, wie ihn Edw. Forbes so klar dargestellt hat, ist im Wesentlichen folgender. Doch werden wir die Veränderungen rascher verfolgen können, wenn wir annehmen, eine neue Eiszeit rücke langsam heran und verlaufe dann und verschwinde so, wie es früher geschehen ist. In dem Grade, wie die Kälte heranrückte und wie jede weiter südlich gelegene Zone der Reihe nach für nordische Wesen geeigneter wurde, werden nordische Ansiedler die Stelle der früheren Bewohner der gemässigten Gegenden eingenommen haben. Zur gleichen Zeit werden auch diese ihrerseits immer weiter und weiter südwärts gewandert sein, wenn ihnen der Weg nicht durch Schranken versperrt war, in welchem Falle sie zu Grunde gehen mussten. Die Berge werden sich mit Schnee und Eis bedeckt haben, und die früheren Alpenbewohner werden in die Ebene herabgestiegen sein. Erreichte mit der Zeit die Kälte ihr Maximum, so bedeckte eine einförmige arctische Flora und Fauna den mittleren Theil Europa's südwärts bis zu den Alpen und Pyrenäen und selbst bis nach Spanien hinein. Auch die gegenwärtig gemässigten Gegenden der Vereinigten Staaten bevölkerten sich mit arctischen Pflanzen und Thieren und zwar nahezu mit den nämlichen Arten wie Europa; denn die jetzigen Bewohner der Polarländer, von welchen soeben angenommen worden, dass sie überall nach Süden wanderten, sind rund um den Pol merkwürdig einförmig.

Als nun die Wärme zurückkehrte, zogen sich die arctischen Formen wieder nach Norden zurück und die Bewohner der gemässigteren Gegenden rückten ihnen unmittelbar nach. Als der Schnee am Fusse der Gebirge schmolz, nahmen die arctischen Formen von dem entblössten und aufgethauten Boden Besitz, und stiegen dann immer höher und höher hinauf, wie die Wärme zunahm und der Schnee immer weiter verschwand, während ihre Brüder in der Ebene den Rückzug nach Norden hin fortsetzten. War daher die Wärme vollständig wieder hergestellt, so werden die nämlichen Arten, welche bisher in Masse beisammen in den europäischen und nordamericanischen Tiefländern lebten, wieder in den arctischen Regionen der alten und neuen Welt und auf vielen isolierten und weit von einander entfernt liegenden Bergspitzen zu finden gewesen sein.

Auf diese Weise begreift sich die Übereinstimmung so vieler Pflanzenarten an so unermesslich weit von einander entlegenen Stellen, wie die Gebirge der Vereinigten Staaten und Europa's sind. So begreift sich ferner die Thatsache, dass die Alpenpflanzen jeder

Gebirgskette mit den gerade oder fast gerade nördlich von ihnen lebenden arctischen Arten in nächster Verwandtschaft stehen; denn die erste Wanderung bei Eintritt der Kälte und die Rückwanderung bei Wiederkehr der Wärme wird im Allgemeinen eine gerade südliche und nördliche gewesen sein. Die Alpenpflanzen Schottlands z. B. sind nach H. C. Watson's Bemerkung und die der Pyrenäen nach Ramond specieller mit denen des nördlichen Skandinavien verwandt, die der Vereinigten Staaten mit denen Labradors, die sibirischen mehr mit den im Norden dieses Landes lebenden. Diese Ansicht, auf den vollkommen sicher bestätigten Verlauf einer frühern Eiszeit gegründet, scheint mir in so genügender Weise die gegenwärtige Vertheilung der alpinen und arctischen Arten in Europa und Nord-America zu erklären, dass, wenn wir in noch anderen Regionen gleiche Species auf entfernten Gebirgshöhen zerstreut finden, wir auch ohne einen weiteren Beweis beinahe schliessen dürfen, dass ein kälteres Clima ihnen vordem durch zwischen-gelegene Tiefländer zu wandern gestattet habe, welche seitdem zu warm für dieselben geworden sind.

Da die arctischen Formen je nach der Änderung des Climas erst südwärts, dann zurück nach Norden wanderten, so werden sie auf ihren langen Wanderungen keiner grossen Verschiedenheit der Temperatur ausgesetzt gewesen und, da sie auf ihren Wanderungen in Masse beisammen blieben, auch in ihren gegenseitigen Beziehungen nicht sonderlich gestört worden sein. Es werden daher diese Formen nach den in diesem Bande vertheidigten Principien, nicht allzugrosser Umänderung unterlegen haben. Etwas anderes würde es sich jedoch mit unseren Alpenbewohnern verhalten, welche von dem Momente der rückkehrenden Wärme an zuerst am Fusse der Gebirge und schliesslich auf deren Gipfeln isoliert zurückgelassen wurden. Denn es ist nicht wahrscheinlich, dass alle dieselben arctischen Arten auf weit von einander getrennten Gebirgsketten zurückgeblieben sind und dort seither fortgelebt haben. Auch werden die zurückgebliebenen aller Wahrscheinlichkeit nach sich mit früheren Alpenarten gemengt haben, welche schon vor der Eiszeit auf dem Gebirge existiert haben müssen und für die Dauer der kältesten Periode zeitweise in die Ebene herabgetrieben wurden; sie werden ferner späterhin einem etwas abweichenden climatischen Einflusse ausgesetzt gewesen sein. Ihre gegenseitigen Beziehungen werden hierdurch etwas gestört und sie selbst mithin zur Abänderung geneigt worden sein, und dies ist auch, wie wir sehen, wirklich der Fall gewesen. Denn wenn wir die gegenwärtigen Alpen-Pflanzen und -Thiere der verschiedenen grossen europäischen Gebirgsketten untereinander vergleichen, so finden wir unter ihnen zwar im Ganzen viele identische Arten, aber manche treten als Varietäten auf, andere als zweifelhafte Formen und Subspecies und einige wenige als sicher verschiedene aber nahe verwandte oder einander auf den verschiedenen Gebirgen vertretende Arten.

Bei der vorstehenden Erläuterung nahm ich an, dass bei dem Beginn der angenommenen Eiszeit die arctischen Organismen rund um den Pol so einförmig wie heutigen Tages gewesen seien. Es ist aber ferner nothwendig, anzunehmen, dass viele subarctische und einige Formen der nördlich-gemässigten Zone rings um die Erde herum die nämlichen waren; denn manche von diesen Arten sind ebenfalls auf den niedrigeren Bergabhängen und in den Ebenen Nord-America's und Europa's die gleichen; und man kann fragen, wie ich denn diesen Grad der Übereinstimmung der Formen, welche in der subarctischen und der nördlich-gemässigten Zone rund um die Erde am Anfange der wirklichen Eisperiode bestanden haben muss, erkläre? Heutzutage sind die subarctischen und nördlich-gemässigten Gegenden der Alten und der Neuen Welt von einander getrennt durch den ganzen Atlantischen und den nördlichsten Theil des Stillen Oceans. Da während der Eiszeit die Bewohner der Alten und der Neuen Welt weiter südwärts als jetzt lebten, müssen sie auch durch weitere Strecken des Oceans noch vollständiger von einander geschieden gewesen sein, so dass man wohl fragen kann, wie dieselbe Art damals oder früher in die beiden Continente hat gelangen können. Die Erklärung liegt, glaube ich, in der Natur des Climas vor dem Beginn der Eiszeit. Wir haben nämlich guten Grund zu glauben, dass damals, während der neueren Pliocenperiode, wo schon die Mehrzahl der Erdbewohner mit den jetzigen von gleichen Arten war, das Clima wärmer war als jetzt. Wir dürfen daher annehmen, dass die Organismen, welche jetzt unter dem 60. Breitegrad leben, in der Pliocenperiode weiter nördlich am Polarkreise unter dem 60°—70° Br. wohnten, und dass die jetzigen arctischen Wesen auf die unterbrochenen Landstriche noch näher an den Polen beschränkt waren. Wenn wir nun einen Erdglobus ansehen, so werden wir finden, dass unter dem Polarkreise meist zusammenhängendes Land von West-Europa an durch Sibirien bis Ost-America vorhanden ist. Und diesem Zusammenhange des Circumpolarlandes und der durch denselben möglichen freien Wanderung in einem schon günstigeren Clima schreibe ich die angenommene Einförmigkeit in den Bewohnern der subarctischen und nördlich-gemässigten Zone der Alten und Neuen Welt in einer der Eiszeit vorausgehenden Periode zu.

Da die schon angedeuteten Gründe uns glauben lassen, dass unsere Continente lange Zeit in fast nahezu der nämlichen Lage gegeneinander geblieben sind, wenn sie auch beträchtlichen Höhenschwankungen unterworfen waren, so bin ich sehr geneigt, die erwähnte Ansicht noch weiter auszudehnen und anzunehmen, dass in einer noch frühern und noch wärmern Zeit, in der ältern Pliocenzeit nämlich, eine grosse Anzahl der nämlichen Pflanzen- und Thierarten das fast zusammenhängende Circumpolarland bewohnt hat, und dass diese Pflanzen und Thiere sowohl in der Alten als in der Neuen Welt langsam südwärts zu wandern anfiengen, als das Clima kühler wurde, lange vor Anfang der Eisperiode. Wir sehen nun ihre Nachkommen, wie ich glaube, meist in einem abgeänderten Zustande die Centraltheile von Europa und der Vereinigten Staaten bewohnen. Von dieser Annahme ausgehend begreift man dann die Verwandtschaft, bei sehr geringer Gleichheit, der Arten von Nord-America und Europa, eine Verwandtschaft, welche bei der grossen Entfernung beider Gegenden und ihrer Trennung durch das ganze Atlantische Meer äusserst merkwürdig ist. Man begreift ferner die von einigen Beobachtern hervorgehobene sonderbare Thatsache, dass die Naturerzeugnisse Europa's und Nord-America's während der letzten Abschnitte der Tertiärzeit näher miteinander verwandt waren, als sie es in der gegenwärtigen Zeit sind; denn in dieser wärmeren Zeit werden die nördlichen Theile der Alten und der Neuen Welt beinahe vollständig durch Land miteinander verbunden gewesen sein, welches vordem der wechselseitigen Ein- und Auswanderung der Bewohner als Brücke diente, aber seither durch Kälte unpassierbar geworden ist.

Sobald während der langsamen Temperaturabnahme in der Pliocenperiode die gemeinsam ausgewanderten Bewohner der Alten und Neuen Welt im Süden vom Polarkreis angelangt waren, wurden sie vollständig von einander abgeschnitten. Diese Trennung trug sich, was die Bewohner der gemässigteren Gegenden betrifft, vor langen, langen Zeiten zu. Und als damals die Pflanzen- und Thierarten südwärts wanderten, werden sie in dem einen grossen Gebiete sich mit den Eingebornen America's gemengt und mit ihnen zu concurrieren gehabt haben, in dem andern grossen Gebiete mit europäischen Arten. Hier ist demnach Alles zu reichlicher Abänderung der Arten angethan, weit mehr als es bei den in einer viel jüngern Zeit auf verschiedenen Gebirgshöhen und in den arctischen Gegenden Europa's und America's isoliert zurückgelassenen alpinen Formen der Fall gewesen ist. Davon rührt es her, dass, wenn wir die jetzt lebenden Formen gemässigterer Gegenden der Alten und der Neuen Welt miteinander vergleichen, wir nur sehr wenige identische Arten finden (obwohl Asa Gray kürzlich gezeigt hat, dass die Anzahl identischer Pflanzen grösser ist, als man bisher angenommen hatte); aber wir finden in jeder grossen Classe viele Formen, welche ein Theil der Naturforscher als geographische Rassen und ein anderer als unterschiedene Arten betrachtet, zusammen mit einer Masse nahe verwandter oder stellvertretender Formen, die bei allen Naturforschern für eigene Arten gelten.

Wie auf dem Lande, so kann auch in den Gewässern der See eine langsame südliche Wanderung der Fauna, welche während oder selbst etwas vor der Pliocenperiode längs der zusammenhängenden Küsten des Polarkreises sehr einförmig war, nach der Abänderungstheorie zur Erklärung der vielen nahe verwandten, jetzt in ganz gesonderten marinen Gebieten lebenden Formen dienen. Mit ihrer Hilfe lässt sich, wie ich glaube, das Dasein einiger noch lebender und tertiären nahe verwandter Arten an den östlichen und westlichen Küsten des gemässigteren Theiles von Nord-America begreifen, sowie die bei weitem auffallendere Erscheinung des Vorkommens vieler nahe verwandter Kruster (in Dana's ausgezeichnetem Werke beschrieben), einiger Fische und anderer Seethiere im Japanischen und im Mittelmeer, in Gegenden mithin, welche jetzt durch einen ganzen Continent und eine weite Strecke des Oceans von einander getrennt sind.

Diese Fälle von naher Verwandtschaft vieler Arten, welche die Meere an der Ost- und Westküste Nord-America's, das Mittelländische und Japanische Meer, und die gemässigten Länder Nord-America's und Europa's früher bewohnten oder jetzt bewohnen, sind nach der Schöpfungstheorie unerklärbar. Wir können nicht sagen, sie seien ähnlich erschaffen in Übereinstimmung mit den ähnlichen Naturbedingungen der beiderlei Gegenden; denn wenn wir z. B. gewisse Theile Süd-America's mit Theilen von Süd-Africa oder Australien vergleichen, so finden wir Länderstriche, die sich hinsichtlich aller ihrer physikalischen Bedingungen einander genau entsprechen, aber in ihren Bewohnern sich völlig unähnlich sind.

Abwechselnder Eintritt der Eiszeit im Norden und Süden.

Wir müssen jedoch zu unserem Gegenstande zurückkehren. Ich bin überzeugt, dass Edw. Forbes' Theorie einer grossen Erweiterung fähig ist. In Europa haben wir die deutlichsten Beweise der Eiszeit von den Westküsten Gross-Britanniens an bis zur Uralkette und südwärts bis zu den Pyrenäen. Aus den im Eise eingefrorenen Säugethieren und der Beschaffenheit der Gebirgsvegetationen können wir schliessen, dass Sibirien auf ähnliche Weise betroffen wurde. Im Libanon bedeckte früher, nach Dr. Hooker, ewiger Schnee die centrale Axe und speiste Gletscher, welche in seine Thäler 4000 Fuss sich hinabsenkten. Derselbe Beobachter hat neuerdings auf der Atlas-Kette in Nord-Africa auf geringen Höhen grosse Moränen gefunden. Längs des Himalaya's haben Gletscher an 900 engl. Meilen von einander entlegenen Punkten Spuren ihrer ehemaligen weiten Erstreckung nach der Tiefe hinterlassen und in Sikkim sah Dr. Hooker Mais auf alten Riesenmoränen wachsen. Südlich vom grossen asiatischen Continent auf der entgegengesetzten Seite des Aequators erstreckten sich, wie wir jetzt aus den ausgezeichneten Untersuchungen der Herren J. Haast und Hector wissen, früher enorme Gletscher in Neu-Seeland tief herab; und die von Dr. Hooker auf weit von einander getrennten Bergen gefundenen nämlichen Pflanzenarten dieser Insel sprechen für die gleiche Geschichte einer frühern kalten Zeit. Nach den von W. B. Clarke mir mitgetheilten Thatsachen scheinen deutliche Spuren von einer frühern Gletscherthätigkeit auch in den Gebirgen der süd-östlichen Spitze Neuhollands vorzukommen.

Sehen wir uns in America um. In der nördlichen Hälfte sind von Eis transportierte Felstrümmer beobachtet worden an der Ostseite des Continents abwärts bis zum 36°—37° und an der Küste des Stillen Meeres, wo das Clima jetzt so verschieden ist, bis zum 46° nördlicher Breite; auch in den Rocky Mountains sind erratische Blöcke gesehen worden. In der Cordillera von Süd-America haben sich beinahe unter dem Aequator Gletscher ehedem weit über ihre jetzige Grenze herabbewegt. In Central-Chile habe ich einen ungeheuren Haufen von Detritus mit grossen erratischen Blöcken untersucht, welcher das Portillothal quer durchsetzt, und von welchem kaum zu bezweifeln ist, dass er eine ungeheure Moräne bildete; und D. Forbes theilt mir mit, dass er in verschiedenen Theilen der Cordillera von 13°—30° S. Br. in der ungefähren Höhe von 12 000 Fuss starkgefurchte Felsen gefunden hat, ganz wie jene, die er in Norwegen gesehen, sowie grosse Detritusmassen mit gefurchten Geschieben. Längs dieser ganzen Cordillerenstrecke gibt es selbst in viel beträchtlicheren Höhen gar keine wirklichen Gletscher. Weiter südwärts finden wir an beiden Seiten des Continents, von 41° Br. bis zur südlichsten Spitze, die klarsten Beweise früherer Gletscherthätigkeit in zahlreichen mächtigen, von ihrer Geburtsstätte weit entführten Blöcken.

Nach diesen verschiedenen Thatsachen: — dass nämlich die Wirkung des Eises sich ganz rings um die nördliche und südliche Hemisphäre erstreckte, dass diese Periode in beiden Hemisphären eine im geologischen Sinne neuere gewesen ist, dass sie in beiden, nach der Grösse ihrer Wirkungen zu schliessen, sehr lange gedauert hat, und endlich dass Gletscher noch neuerdings auf ein niedriges Niveau der ganzen Cordillerenkette entlang herabgestiegen sind, — schien mir früher der Schluss unvermeidlich zu sein, dass während der Eiszeit die Temperatur der ganzen Erde gleichzeitig gesunken sei. Nun hat aber Croll in einer Reihe ausgezeichneter Abhandlungen zu zeigen versucht, dass ein eisiger Zustand des Climas das Resultat verschiedener, durch eine Zunahme der Excentricität der Erdbahn in Wirksamkeit tretender physikalischer Ursachen ist. Alle diese Ursachen streben nach dem gleichen Ziele; die wirksamste scheint aber der Einfluss der Excentricität auf die oceanischen Strömungen zu sein. Aus Croll's Untersuchungen folgt, dass kalte Perioden regelmässig alle zehn- oder fünfzehntausend Jahre wiederkehren, dass aber in Folge gewisser zusammentreffender Umstände, von denen, wie Sir Ch. Lyell gezeigt hat, die relative Lage von Land und Wasser die bedeutungsvollste ist, in noch viel längeren Zwischenräumen die Kälte äusserst streng wird und lange Zeit anhält. Croll glaubt, dass die letzte grosse Eiszeit vor ungefähr 240 000 Jahren eintrat und mit unbedeutenden Änderungen des Climas ungefähr 160 000 Jahre anhielt. In Bezug auf ältere Eisperioden sind mehrere Geologen in Folge directer Beweise überzeugt, dass solche während der Miocen- und Eocenformationen, noch älterer Formationen nicht zu gedenken, vorkamen. In Bezug auf unseren vorliegenden Gegenstand ist indess das wichtigste Resultat, zu dem Croll gelangte, das, dass, sobald die nördliche Hemisphäre eine Kälteperiode zu durchleben hat, die Temperatur der südlichen Hemisphäre factisch erhöht ist mit viel milderen Wintern und zwar hauptsächlich in Folge von Veränderungen in der Richtung der Meeresströmungen. Und so ist es umgekehrt mit der nördlichen Hemisphäre, wenn die südliche eine Eiszeit durchmacht. Diese Folgerungen werfen ein so bedeutendes Licht auf geographische Verbreitung, dass ich sehr geneigt bin, sie für richtig zu halten. Ich will aber zunächst die einer Erklärung bedürftigen Thatsachen mittheilen.

Dr. HOOKER hat gezeigt, dass in Süd-America, ausser vielen nahe verwandten Arten, zwischen 40 und 50 Blüthenpflanzen des Feuerlandes, welche keinen unbeträchtlichen Theil der dortigen kleinen Flora bilden, trotz der ungeheuren Entfernung der beiden, auf entgegengesetzten Hemisphären liegenden Punkte, Nord-America und Europa gemeinsam zukommen. Auf den hochragenden Gebirgen des tropischen America's kommt eine Menge besonderer Arten aus europäischen Gattungen vor. Auf den Organ-Bergen Brasiliens hat GARDNER einige wenige europäische temperierte, einige antarctische und einige Andengattungen gefunden, welche in den weitgedehnten warmen Zwischenländern nicht vorkommen. An der Silla von Caracas fand AL. VON HUMBOLDT schon vor langer Zeit zu zwei Gattungen, welche für die Cordillera bezeichnend sind, gehörende Arten.

In Africa kommen auf den abyssinischen Gebirgen verschiedene characteristische europäische Formen und einige wenige stellvertretende Arten der eigenthümlichen Flora des Caps der guten Hoffnung vor. Am Cap der guten Hoffnung sind einige wenige europäische Arten, die man nicht für eingeführt hält, und auf den Bergen verschiedene stellvertretende Formen europäischer Arten gefunden worden, die man in den tropischen Ländern Africa's noch nicht entdeckt hat. Dr. HOOKER hat auch unlängst gezeigt, dass mehrere der auf den oberen Theilen der hohen Insel Fernando Po und auf den benachbarten Cameroon-Bergen im Golfe von Guinea wachsenden Pflanzen mit denen der abyssinischen Gebirge an der andern Seite des africanischen Continents und mit solchen des gemässigten Europa's nahe verwandt sind. Wie es scheint hat auch, nach einer Mittheilung Dr. HOOKER's, R. T. LOWE einige dieser selben gemässigten Pflanzen auf den Bergen der Cap-verdischen Inseln entdeckt. Diese Verbreitung derselben temperierten Formen, fast unter dem Aequator, quer über den ganzen Continent von Africa bis zu den Bergen der Cap-verdischen Inseln ist eine der staunenerregendsten Thatsachen, die je in Bezug auf die Pflanzengeographie bekannt geworden sind.

Auf dem Himalaya und auf den vereinzelten Bergketten der indischen Halbinsel, auf den Höhen von Ceylon und den vulcanischen

Kegeln Java's treten viele Pflanzen auf, welche entweder der Art nach identisch sind, oder sich wechselseitig vertreten und zugleich für europäische Formen vicariieren, die in den dazwischen gelegenen warmen Tiefländern nicht gefunden werden. Ein Verzeichnis der auf den höheren Bergspitzen Java's gesammelten Gattungen liefert ein Bild wie von einer auf einem Berge Europa's gemachten Sammlung. Noch viel auffallender ist die Thatsache, dass eigenthümliche südaustralische Formen durch Pflanzen vertreten werden, welche auf den Berghöhen von Borneo wachsen. Einige dieser australischen Formen erstrecken sich, wie ich von Dr. HOOKER höre, bis längs der Höhen der Halbinsel Malacca und kommen dünn zerstreut einerseits über Indien und andererseits nordwärts bis Japan vor.

Auf den südlichen Gebirgen Neuhollands hat Dr. F. MÜLLER mehrere europäische Arten entdeckt; andere nicht von Menschen eingeführte Species kommen in den Niederungen vor, und, wie mir Dr. HOOKER sagt, könnte noch eine lange Liste von europäischen Gattungen aufgestellt werden, die sich in Neuholland, aber nicht in den heissen Zwischenländern finden. In der vortrefflichen Einleitung zur Flora Neu-Seelands liefert Dr. HOOKER noch andere analoge und schlagende Beispiele hinsichtlich der Pflanzen dieser grossen Insel. Wir sehen daher, dass über der ganzen Erdoberfläche einestheils die auf den höheren Bergen der Tropen wachsenden Pflanzen, wie anderntheils die in gemässigten Tiefländern der nördlichen und der südlichen Hemisphäre verbreiteten entweder dieselben identischen Arten oder Varietäten der nämlichen Arten sind. Es ist indess zu beachten, dass diese Pflanzen nicht streng genommen arctische Formen sind; denn wie H. C. WATSON bemerkt hat, „je weiter „man von polaren nach äquatorialen Breiten fortschreitet, desto „mehr werden die alpinen oder Gebirgsfloren factisch immer weniger „und weniger arctisch." Neben diesen identischen und nahe verwandten Formen gehören viele von den dieselben weit von einander getrennten Bezirke bewohnenden Arten Gattungen an, welche jetzt nicht mehr in den dazwischenliegenden tropischen Tiefländern gefunden werden.

Dieser kurze Umriss bezieht sich nur auf Pflanzen allein, aber einige wenige analoge Thatsachen lassen sich auch über die Vertheilung der Landthiere anführen. Auch bei den Seethieren kommen ähnliche Fälle vor. Ich will als Beleg die Bemerkung eines der besten Gewährsmänner, des Professor DANA anführen, „dass es gewiss eine wunderbare Thatsache ist, dass Neu-Seeland hinsichtlich

„seiner Kruster eine grössere Verwandtschaft mit seinem Antipoden „Gross-Britannien als mit irgend einem andern Theile der Welt „zeigt." Ebenso spricht Sir J. Richardson von dem Wiedererscheinen nordischer Fischformen an den Küsten von Neu-Seeland, Tasmanien u. s. w. Dr. Hooker sagt mir, dass Neu-Seeland 25 Algenarten mit Europa gemein hat, die in den tropischen Zwischenmeeren noch nicht gefunden worden sind.

Nach den vorstehend angeführten Thatsachen, nämlich dem Vorhandensein von Formen gemässigter Breiten auf den Höhenzügen quer durch das ganze äquatoriale Africa und der Halbinsel von Indien entlang bis nach Ceylon und dem Malayischen Archipel und in einer weniger scharf markierten Weise quer durch das weit ausgedehnte tropische Süd-America, scheint es fast sicher zu sein, dass in einer frühern Periode; und zwar ohne Zweifel während des allerkältesten Theils der Eiszeit, die Tiefländer dieser grossen Continente unter dem Aequator überall von einer beträchtlichen Anzahl temperierter Formen bewohnt gewesen sind. In dieser Zeit war das äquatoriale Clima im Niveau des Meeresspiegels wahrscheinlich dasselbe, was jetzt in denselben Breiten bei einer Höhe von fünf- bis sechstausend Fuss herrscht oder vielleicht selbst noch kälter. Während dieser kältesten Zeit müssen die Tiefländer unter dem Aequator mit einer gemischten tropischen und temperierten Vegetation bekleidet gewesen sein, ähnlich der von Hooker beschriebenen, welche jetzt an den niedrigeren Abhängen des Himalaya in einer Höhe von vier- bis fünftausend Fuss üppig gedeiht, aber vielleicht mit einem noch bedeutenderen Vorherrschen temperierter Formen. So fand ferner Mann auf der gebirgigen Insel Fernando Po im Golf von Guinea, dass in der Höhe von ungefähr fünftausend Fuss temperierte europäische Formen aufzutreten beginnen. Auf den Bergen von Panama fand Dr. Seemann die Vegetation in einer Höhe von nur zweitausend Fuss der von Mexico gleich, indess sind dabei „Formen der tropischen Zone harmonisch mit Formen der temperierten untermischt".

Wir wollen nun zusehen, ob Croll's Schluss, dass in der Zeit, wo die nördliche Hemisphäre von der stärksten Kälte der grossen Glacialperiode ergriffen war, die südliche Hemisphäre in der That wärmer gewesen ist, irgend welches Licht auf die gegenwärtige scheinbar unerklärliche Verbreitung verschiedener Organismen in den temperierten Theilen beider Hemisphären und auf den Gebirgen der Tropen wirft. Die Eiszeit muss nach Jahren gemessen sehr lang gewesen sein; und wenn wir uns daran erinnern, über welch' ungeheure Räume einige naturalisierte Pflanzen und Thiere innerhalb weniger Jahrhunderte verbreitet worden sind, so wird jene Zeit lang genug für jeden Grad der Wanderung gewesen sein. Wir wissen, dass, als die Kälte immer intensiver wurde, arctische Formen in gemässigte Breiten einwanderten; und nach den eben mitgetheilten Thatsachen kann darüber kaum ein Zweifel bestehen, dass einige der kräftigeren, herrschenden und am weitesten verbreiteten temperierten Formen damals in die äquatorialen Tiefländer einzogen. Die Bewohner dieser heissen Tiefländer werden in derselben Zeit nach den tropischen und subtropischen Gegenden des Südens gewandert sein, denn die südliche Hemisphäre war in dieser Periode wärmer. Als mit dem Ausgange der Glacialperiode beide Hemisphären nach und nach ihre früheren Temperaturen wieder erhielten, werden die nordischen temperierten Formen, welche jetzt in den Tiefländern unter dem Aequator lebten, nach ihren früheren Wohnplätzen getrieben oder zerstört und durch die aus dem Süden zurückkehrenden äquatorialen Formen ersetzt worden sein. Indess werden beinahe gewiss einige der nordischen temperierten Formen jedes benachbarte Hochland erstiegen haben, wo sie, wenn es hinreichend hoch war, lange sich erhalten konnten, wie die arctischen Formen auf den Gebirgen Europa's. Sie werden sich selbst dann haben erhalten können, wenn ihnen das Clima nicht vollständig entsprach, denn die Veränderung der Temperatur muss sehr langsam gewesen sein, und unzweifelhaft besitzen die Pflanzen eine gewisse Fähigkeit zur Acclimatisierung, wie daraus hervorgeht, dass sie ihren Nachkommen constitutionelle Verschiedenheiten mit Bezug auf das Widerstandsvermögen gegen Hitze und Kälte überliefern.

Im regelmässigen Verlaufe der Ereignisse wird nun die südliche Hemisphäre einer intensiven Glacialzeit unterworfen worden sein, während die nördliche Hemisphäre wärmer wurde; und dann werden umgekehrt die südlichen temperierten Formen in die äquatorialen Tiefländer eingewandert sein. Die nordischen Formen, welche vorher auf den Gebirgen zurückgelassen worden waren, werden nun herabsteigen und sich mit südlichen Formen vermischen. Diese letzteren werden, als die Wärme zurückkehrte, nach ihrer früheren Heimath zurückgekehrt sein, dabei jedoch einige wenige Arten auf den Bergen zurückgelassen und einige der nordischen temperierten Formen, welche von ihren Bergvesten herabgestiegen waren, mit sich nach Süden geführt haben. Wir werden daher einige wenige Species in den nördlichen und südlichen temperierten Zonen und auf den Bergen der dazwischenliegenden tropischen Gegenden identisch finden. Die eine lange Zeit hindurch auf diesen Bergen oder in entgegengesetzten Hemisphären zurückgelassenen Arten werden aber mit vielen neuen Formen zu concurrieren gehabt haben und werden etwas verschiedenen physikalischen Bedingungen ausgesetzt gewesen sein; sie dürften daher der Modification in hohem Grade ausgesetzt gewesen sein und dürften im Allgemeinen nun als Varietäten oder als stellvertretende Arten erscheinen; und dies ist auch der Fall. Auch müssen wir uns daran erinnern, dass in beiden Hemisphären schon früher Glacialperioden eingetreten waren; denn diese werden in Übereinstimmung mit den nämlichen hier erörterten Grundsätzen erklären, woher es kommt, dass so viele völlig distincte Arten dieselben weit von einander getrennten Gebiete bewohnen und zu Gattungen gehören, welche jetzt nicht mehr in den dazwischenliegenden tropischen Gegenden gefunden werden.

Es ist eine merkwürdige Thatsache, welche Hooker hinsichtlich America's und Alphonse De Candolle hinsichtlich Australiens stark betonen, dass viel mehr identische oder jetzt unbedeutend modificierte Arten von Norden nach Süden als in umgekehrter Richtung gewandert sind. Wir sehen indessen einige wenige südliche Pflanzenformen auf den Bergen von Borneo und Abyssinien. Ich vermuthe, dass diese überwiegende Wanderung von Norden nach Süden der grösseren Ausdehnung des Landes im Norden und dem Umstande, dass diese nordischen Formen in ihrer Heimath in grösserer Anzahl existierten, zuzuschreiben ist, in deren Folge sie durch natürliche Zuchtwahl und Concurrenz bereits zu höherer Vollkommenheit und Herrschaftsfähigkeit als die südlicheren Formen gelangt waren. Und als nun beide Gruppen während der abwechselnden Glacialperioden sich in den äquatorialen Gegenden durcheinander mengten, waren die nördlichen Formen die kräftigeren und im Stande, ihre Stellen auf den Bergen zu behaupten und später mit den südlichen Formen südwärts zu wandern; dasselbe fand aber mit den südlichen Formen in Bezug auf die nordischen nicht statt. In gleicher Weise sehen wir heutzutage, dass sehr viele europäische Formen den Boden von La-Plata, Neu-Seeland und in geringerm Grade von Neuholland bedecken und die eingeborenen besiegt haben. Dagegen sind äusserst wenig südliche Formen an irgend einem Theile der nördlichen Hemisphäre naturalisiert worden, obgleich Häute,

Wolle und andere Gegenstände, mit welchen Samen leicht verschleppt werden dürften, während der letzten zwei oder drei Jahrhunderte aus den Plata-Staaten, während der letzten vierzig oder fünfzig Jahre aus Australien in Menge eingeführt worden sind. Die Neilgherrie-Berge in Ost-Indien bieten jedoch eine theilweise Ausnahme dar, indem, wie mir Dr. Hooker sagt, australische Formen sich dort rasch naturalisieren und durch Samen verbreiten. Vor der letzten grossen Eiszeit waren die tropischen Gebirge ohne Zweifel mit einheimischen Alpenpflanzen bevölkert; diese sind aber fast überall den in den grösseren Gebieten und wirksameren Arbeitsstätten des Nordens erzeugten herrschenden Formen gewichen. Auf vielen Inseln sind die eingeborenen Erzeugnisse durch die naturalisierten bereits an Menge erreicht oder überboten; und dies ist der erste Schritt zum Untergang. Gebirge sind Inseln auf dem Lande, und die Erzeugnisse dieser Inseln sind vor denen der grösseren nordischen Länderstrecken ganz in derselben Weise zurückgewichen, wie die Bewohner wirklicher Inseln überall von den durch den Menschen daselbst naturalisierten continentalen Formen verdrängt werden.

Dieselben Grundsätze sind auch auf die Erklärung der Verbreitung von Landthieren und von Seeorganismen in der nördlichen und südlichen temperierten Zone und auf den tropischen Gebirgen anwendbar. Als während der Höhezeit der Glacialperiode die Meeresströmungen sehr verschieden von den jetzigen waren, dürften wohl einige Bewohner der temperierten Meere den Aequator erreicht haben können; von diesen werden vielleicht einige wenige sofort im Stande gewesen sein, unter Benutzung der kälteren Strömungen nach Süden zu wandern, während andere die kälteren Tiefen aufsuchten und dort leben blieben, bis die südliche Hemisphäre ihrerseits nun einem glacialen Clima unterworfen wurde und ihre weiteren Fortschritte ermöglichte, in beinahe derselben Weise, wie nach der Angabe von Forbes isolierte Stellen in den tieferen Theilen der nördlichen temperierten Meere auch heutzutage existieren, welche von arctischen Formen bewohnt werden.

Ich bin weit entfernt zu glauben, dass alle Schwierigkeiten in Bezug auf die Ausbreitung und die Beziehungen der identischen und verwandten Arten, welche jetzt so weit von einander getrennt in der nördlichen und der südlichen gemässigten Zone und zuweilen auch auf den zwischenliegenden Gebirgsketten wohnen, durch die oben entwickelten Ansichten beseitigt sind. Die genauen Richtungen der Wanderung lassen sich nicht nachweisen. Wir können nicht angeben, warum gewisse Species gewandert sind und andere nicht, warum gewisse Species Abänderung erfahren haben und zur Bildung neuer Formengruppen Anlass gegeben haben, während andere unverändert geblieben sind. Wir können nicht hoffen solche Thatsachen zu erklären, solange wir nicht zu sagen vermögen, warum eine Art und nicht die andere durch menschliche Thätigkeit in fremden Landen naturalisiert werden kann, oder warum die eine zwei- oder dreimal so weit verbreitet und zwei- oder dreimal so gemein wie die andere Art in ihren Heimathgebieten ist.

Es bleiben auch noch verschiedene specielle Schwierigkeiten zu lösen übrig: z. B. das von Dr. Hooker nachgewiesene Vorkommen derselben Pflanzen auf so enorm weit auseinanderliegenden Punkten wie Kerguelen-Land, Neu-Seeland und Feuerland; wie indessen Lyell vermuthet hat, mögen Eisberge bei ihrer Verbreitung mit thätig gewesen sein. Das Vorkommen mehrerer ganz verschiedener Arten, aber aus ausschliesslich südlichen Gattungen, an diesen und anderen entlegenen Punkten der südlichen Hemisphäre ist ein weit merkwürdigerer Fall. Denn einige dieser Arten sind so abweichend, dass sich nicht annehmen lässt, die Zeit vom Anbeginn der Eiszeit bis jetzt könne zu ihrer Wanderung und nachherigen Abänderung bis zum erforderlichen Grade hingereicht haben. Die Thatsachen scheinen mir darauf hinzuweisen, dass verschiedene zu denselben Gattungen gehörige Arten in strahlenförmiger Richtung von irgend einem gemeinsamen Centrum ausgegangen sind, und ich bin geneigt mich auch in der südlichen, ebenso wie in der nördlichen, Halbkugel nach einer früheren wärmeren Periode, vor dem Beginn der letzten Eiszeit, umzusehen, wo die jetzt mit Eis bedeckten antarctischen Ländern eine ganz eigenthümliche und abgesonderte Flora besessen haben. Es lässt sich vermuthen, dass schon vor der Vertilgung dieser Flora während der Eiszeit sich einige wenige Formen derselben durch gelegentliche Transportmittel bis zu verschiedenen weit entlegenen Punkten der südlichen Halbkugel verbreitet hatten. Dabei mögen ihnen jetzt versunkene Inseln als Ruheplätze gedient haben. Durch diese Mittel, glaube ich, mögen die südlichen Küsten von America, Neuholland und Neu-Seeland eine ähnliche Färbung durch dieselben eigenthümlichen Formen des Lebens erhalten haben.

Sir Ch. Lyell hat an einer merkwürdigen Stelle mit einer der meinen fast identischen Redeweise Betrachtungen über die Einflüsse grosser über die ganze Erde ausgedehnter Schwankungen des Climas auf die geographische Verbreitung der Lebensformen angestellt. Und wir haben soeben gesehen, wie CROLL's Folgerungen, dass abwechselnd eintretende Glacialperioden auf der einen Hemisphäre mit wärmeren Perioden der entgegengesetzten Hemisphäre zusammenfielen, in Verbindung mit der Annahme einer langsamen Modification der Arten, eine Menge von Thatsachen in der Verbreitung der nämlichen und der verwandten Formen auf allen Theilen der Erde erklären. Die Ströme des Lebens sind während gewisser Perioden von Norden und während anderer von Süden her geflossen und haben in beiden Fällen den Aequator erreicht; aber die Ströme sind von Norden her viel stärker gewesen als die in umgekehrter Richtung und haben folglich viel reichlicher den Süden überschwemmt. Wie die Fluth ihren Antrieb in wagerechten Linien abgesetzt am Strande zurücklässt, jedoch dort am höchsten, wo die Fluth am höchsten ansteigt, so haben auch die Lebensströme ihren lebendigen Antrieb auf unseren Bergeshöhen hinterlassen in einer von den arctischen Tiefländern bis zu grossen Höhen unter dem Aequator langsam aufsteigenden Linie. Die verschiedenen so gestrandeten Wesen kann man mit wilden Menschenrassen vergleichen, die fast allerwärts zurückgedrängt sich noch in Bergvesten erhalten als interessante Überreste der ehemaligen Bevölkerung der umgebenden Flachländer.

Dreizehntes Capitel.

Geographische Verbreitung.

(Fortsetzung.)

Verbreitung der Süsswasserbewohner. — Die Bewohner oceanischer Inseln. — Abwesenheit von Batrachiern und Landsäugethieren. — Beziehungen der Bewohner von Inseln zu denen des nächsten Festlandes. — Über Ansiedelung aus den nächsten Quellen und nachherige Abänderung. — Zusammenfassung dieses und des vorigen Capitels.

Süsswasserformen.

Da Seen und Flusssysteme durch Schranken von Festland von einander getrennt werden, so möchte man glauben, dass Süsswasserbewohner nicht im Stande gewesen wären, sich innerhalb eines und desselben Landes weit zu verbreiten und, da das Meer offenbar eine noch weniger überschreitbare Schranke ist, dass sie sich niemals in entfernte Länder hätten verbreiten können. Und doch verhält sich die Sache gerade entgegengesetzt. Nicht allein haben viele Süsswasserspecies aus ganz verschiedenen Classen eine ungeheuer weite Verbreitung, sondern einander nahe verwandte Formen herrschen auch in auffallender Weise über die ganze Erdoberfläche vor. Ich erinnere mich noch sehr wohl der Überraschung, die ich fühlte, als ich zum ersten Male in Brasilien Süsswasserformen sammelte und die Süsswasserinsecten, Muscheln u. s. w. den englischen so ähnlich und die umgebenden Landformen jenen so unähnlich fand.

Doch kann dieses Vermögen weiter Verbreitung bei den Süsswasserbewohnern in den meisten Fällen, wie ich glaube, daraus erklärt werden, dass sie in einer für sie sehr nützlichen Weise von Teich zu Teich und von Strom zu Strom kurze und häufige Wanderungen anzustellen fähig gemacht worden sind: aus welcher Fähigkeit sich dann die Neigung zu weiter Verbreitung als eine fast nothwendige Folge ergeben dürfte. Doch können wir hier nur wenige Fälle in Betracht ziehen; von diesen bieten Fische einige der am schwierigsten zu erklärenden dar. Man glaubte früher, dass eine und dieselbe Süsswasserspecies niemals auf zwei weit von einander entfernten Continenten vorkommen könne. Dr. Günther hat aber vor Kurzem gezeigt, dass der *Galaxias attenuatus* Tasmanien, Neu-Seeland, die Falkland-Inseln und das Festland von Süd-America bewohnt. Dies ist ein wunderbarer Fall, welcher wahrscheinlich auf eine Verbreitung von einem antarctischen Centrum aus während einer früheren warmen Periode hinweist. Indess wird dieser Fall dadurch zu einem etwas weniger überraschenden, als die Arten dieser Gattung das Vermögen haben, durch irgend welche unbekannte Mittel grosse Strecken offenen Meeres zu überschreiten; so findet sich eine Species, welche Neu-Seeland und den Auckland-Inseln gemeinsam zukommt, trotzdem sie durch eine Entfernung von ungefähr 230 Meilen (engl.) von einander getrennt sind. Oft verbreiten sich Süsswasserfische auf dem nämlichen Festlande weit und in beinahe launischer Weise, so dass zwei Flusssysteme einen Theil ihrer Fische miteinander gemein, einen andern verschieden haben können. Wahrscheinlich werden sie gelegentlich durch Mittel transportiert, die man zufällige nennen kann. So werden nicht selten Fische von Wirbelwinden durch die Luft entführt, wonach sie als Fischregen wieder zur Erde gelangen; und es ist bekannt, dass die Eier ihre Lebensfähigkeit noch eine beträchtliche Zeit nach ihrer Entfernung aus dem Wasser bewahren. Doch dürfte die Verbreitung der Süsswasserfische vorzugsweise Höhenwechseln des Landes während der gegenwärtigen Periode zuzuschreiben sein, welche die Ursache wurden, dass manche Flüsse ineinander flossen. Auch lassen sich Beispiele anführen, dass dies ohne Veränderungen in den wechselseitigen Höhen durch Überschwemmungen bewirkt worden ist. Die grosse Verschiedenheit zwischen den Fischen auf den entgegengesetzten Seiten von Gebirgsketten, die continuierlich sind und folglich schon seit früher Zeit die Ineinandermündung der beiderseitigen Flusssysteme vollständig gehindert haben müssen, führt zum nämlichen Schlusse. Einige Süsswasserfische stammen von sehr alten Formen ab, und in solchen Fällen wird die Zeit weitaus hingereicht haben zu grossen geographischen Veränderungen, jene Formen werden folglich auch Zeit und Mittel gefunden haben, sich durch weite Wanderungen zu verbreiten. Überdies ist Dr. Günther neuerdings durch verschiedene Betrachtungen zu dem Schlusse veranlasst worden, dass bei Fischen die gleichen Formen eine lange Dauer besitzen. Salzwasserfische können bei sorgfältigem Verfahren langsam an's Leben im Süsswasser gewöhnt werden, und nach Valenciennes gibt es kaum eine gänzlich auf Süsswasser beschränkte Fischgruppe, so dass wir uns vorstellen können, eine marine Form einer übrigens dem Süsswasser angehörigen Gruppe wandere weit der Seeküste entlang und werde später abgeändert und endlich in Süsswassern eines entlegenen Landes zu leben befähigt.

Einige Arten von Süsswasser-Conchylien haben eine sehr weite Verbreitung, und verwandte Arten, die nach meiner Theorie von gemeinsamen Arten abstammen und mithin aus einer einzigen Quelle hervorgegangen sind, walten über die ganze Erdoberfläche vor. Ihre Verbreitung setzte mich anfangs sehr in Verlegenheit, da ihre Eier nicht zur Fortführung durch Vögel geeignet sind und wie die Thiere selbst durch Seewasser sofort getödtet werden. Ich konnte selbst nicht begreifen, wie es komme, dass einige naturalisierte Arten sich so schnell über ein und dasselbe Gebiet verbreitet haben. Doch haben zwei von mir beobachtete Thatsachen — und viele andere werden zweifelsohne noch entdeckt werden — einiges Licht über diesen Gegenstand verbreitet. Wenn eine Ente sich plötzlich aus einem mit Wasserlinsen bedeckten Teiche erhebt, so bleiben leicht, wie ich zweimal gesehen habe, einige dieser kleinen Pflanzen an ihrem Rücken hängen, und es ist mir selbst passiert, dass, als ich einige Wasserlinsen aus einem Aquarium in's andere versetzte, ich ganz absichtslos das letztere mit Süsswassermollusken des erstern bevölkerte. Doch ist ein anderer Umstand vielleicht noch wirksamer. Ich hängte einen Entenfuss in einem Aquarium auf, wo viele Eier von Süsswasserschnecken auszukriechen im Begriffe waren, und fand, dass bald eine grosse Menge der äusserst kleinen ausgeschlüpften Schnecken an dem Fuss umherkrochen und sich so fest anklebten, dass sie von dem herausgenommenen Fuss nicht abgeschabt werden konnten, obwohl sie in einem etwas mehr vorgeschrittenen Alter freiwillig davon abfallen würden. Diese frisch ausgeschlüpften Mollusken, obschon zum Wohnen im Wasser bestimmt, lebten an dem Entenfusse in feuchter Luft wohl 12—20 Stunden lang, und während dieser Zeit kann eine Ente oder ein Reiher wenigstens 600—700 englische Meilen weit fliegen, um sich dann sicher wieder in einem Sumpfe oder Bache niederzulassen, wie sie von einem Sturm über's Meer hin auf eine oceanische Insel oder auf einen andern entfernten Punkt verschlagen werden können. Auch erzählt mir Sir Ch. Lyell, dass man einen Wasserkäfer *(Dytiscus)* mit einer ihm fest ansitzenden Süsswasser-Napfschnecke *(Ancylus)* gefangen hat; und ein anderer Wasserkäfer derselben Familie aus der Gattung *Colymbetes* kam einmal an Bord des Beagle geflogen, als dieser 45 englische Meilen vom nächsten Lande entfernt war; wie viel weiter er aber mit einem günstigen Winde noch gekommen sein würde, vermag Niemand zu sagen.

Was die Pflanzen betrifft, so ist es längst bekannt, was für eine ungeheure Ausbreitung manche Süsswasser- und selbst Sumpfgewächse auf den Festländern und bis zu entferntesten oceanischen Inseln besitzen. Dies ist nach Alph. De Candolle's Bemerkung am deutlichsten in solchen grossen Gruppen von Landpflanzen zu ersehen, aus welchen nur einige Glieder aquatisch sind, denn diese letzten pflegen, als wäre es in Folge dessen, sofort eine viel grössere Verbreitung als die übrigen zu erlangen. Ich glaube, günstige Verbreitungsmittel erklären diese Erscheinung. Ich habe vorhin die Erdtheilchen erwähnt, welche gelegentlich an Schnäbeln und Füssen der Vögel hängen bleiben. Sumpfvögel, welche die schlammigen Ränder der Sümpfe aufsuchen, werden meistens schmutzige Füsse haben, wenn sie plötzlich aufgescheucht werden. Nun wandern gerade Vögel dieser Ordnung mehr als die irgend einer andern und zuweilen werden sie auf den entferntesten und ödesten Inseln des offenen Weltmeeres angetroffen. Sie werden sich nicht leicht auf der Oberfläche des Meeres niederlassen, wo der noch an ihren Füssen hängende Schlamm abgewaschen werden könnte; und wenn sie an's Land kommen, werden sie gewiss alsbald ihre gewöhnlichen Aufenthaltsorte an den Süsswassern aufsuchen. Ich glaube nicht, dass die Botaniker wissen, wie beladen der Schlamm der Teiche mit Pflanzensamen ist; ich habe jedoch einige kleine Versuche darüber gemacht, will aber hier nur den auffallendsten Fall mittheilen. Ich nahm im Februar drei Esslöffel voll Schlamm von drei verschiedenen Stellen unter Wasser, am Rande eines kleinen Teiches. Dieser Schlamm wog getrocknet nur $6^3/_4$ Unzen. Ich bewahrte ihn sodann in meinem Arbeitszimmer bedeckt sechs Monate lang auf und zählte und riss jedes aufkeimende Pflänzchen aus. Diese Pflänzchen waren von mancherlei Art und ihre Zahl betrug im Ganzen 537; und doch war all' dieser zähe Schlamm in einer einzigen Obertasse enthalten. Diesen Thatsachen gegenüber würde es nun, meine ich, geradezu unerklärbar sein, wenn es nicht mitunter vorkäme, dass Wasservögel die Samen von Süsswasserpflanzen in weite Fernen verschleppten und nach unbevölkerten Teichen und Strömen brächten. Und dasselbe Mittel mag hinsichtlich der Eier einiger kleiner Süsswasserthiere in Wirksamkeit kommen.

Auch noch andere und jetzt noch unbekannte Kräfte mögen dabei ihren Theil haben. Ich habe oben gesagt, dass Süsswasserfische manche Arten Sämereien fressen, obwohl sie viele andere Arten, nachdem sie sie verschlungen haben, wieder auswerfen; selbst kleine Fische verschlingen Samen von mässiger Grösse, wie die der gelben Wasserlilie und des Potamogeton. Reiher und andere Vögel sind Jahrhundert nach Jahrhundert täglich auf den Fischfang ausgegangen; wenn sie sich dann erheben, suchen sie oft andere Wässer auf oder werden auch zufällig über's Meer getrieben; und wir haben gesehen, dass Samen oft ihre Keimkraft noch besitzen, wenn sie in Gewölle, in Excrementen u. dergl. viele Stunden später wieder ausgeworfen werden. Als ich die grossen Samen der herrlichen Wasserlilie, *Nelumbium*, sah und mich dessen erinnerte, was Alphonse De Candolle über die Verbreitung dieser Pflanze gesagt hat, so meinte ich, ihre Verbreitung müsse ganz unerklärbar sein. Doch versichert Audubon, Samen der grossen südlichen Wasserlilie (nach Dr. Hooker wahrscheinlich das *Nelumbium luteum*) im Magen eines Reihers gefunden zu haben. Obwohl es mir nun als Thatsache nicht bekannt ist, so schliesse ich doch aus der Analogie, dass, wenn ein Reiher in einem solchen Falle nach einem andern Teiche flöge und dort eine herzhafte Fischmahlzeit zu sich nähme, er wahrscheinlich aus seinem Magen wieder einen Ballen mit noch unverdautem Nelumbiumsamen auswerfen würde.

Bei Betrachtung dieser verschiedenen Verbreitungsmittel muss man sich noch erinnern, dass, wenn ein Teich oder Fluss z. B. auf einer sich hebenden Insel zuerst entsteht, er noch nicht bevölkert ist und ein einzelnes Sämchen oder Ei'chen gute Aussicht auf Fortkommen hat. Obschon ein Kampf um's Dasein zwischen den Individuen der wenn auch noch so wenigen Arten, die bereits in einem Teiche beisammen leben, immer eintreten wird, so wird in Betracht, dass die Zahl der Arten selbst in einem gut bevölkerten Teiche im Vergleich mit den ein gleiches Stück Land bewohnenden Arten gering ist, die Concurrenz auch wahrscheinlich zwischen Wasserformen minder heftig als zwischen den Landbewohnern sein; ein neuer Eindringling aus den Wässern eines fremden Landes würde folglich auch mehr Aussicht haben eine Stelle zu erobern, als ein neuer Colonist auf dem trockenen Lande. Auch dürfen wir nicht vergessen, dass viele Süsswasserbewohner tief auf der Stufenleiter der Natur stehen; und wir können mit Grund annehmen, dass solche niedrig organisierte Wesen langsamer als die höher ausgebildeten abändern oder modificiert werden, demzufolge dann ein und die nämliche Art wasserbewohnender Organismen lange wandern kann. Wir müssen auch der Wahrscheinlichkeit gedenken, dass viele süsswasserbewohnende Species, nachdem sie früher über ungeheure Flächen in zusammenhängender Weise verbreitet waren, in den mittleren Gegenden derselben erloschen sein können. Aber die weite Verbreitung der Pflanzen und niederen Thiere des Süsswassers, mögen sie nun ihre ursprüngliche Formen unverändert bewahren oder in gewissem Grade modificiert worden sein, hängt allem Anscheine nach hauptsächlich von der weiten Verbreitung ihrer Samen und Eier durch Thiere und zumal durch Süsswasservögel ab, welche bedeutende Flugkraft haben und natürlicher Weise von einem Gewässer zum andern wandern.

Über die Bewohner oceanischer Inseln.

Wir kommen nun zur letzten der drei Classen von Thatsachen, welche ich als diejenigen ausgewählt habe, welche in Bezug auf Verbreitung die grössten Schwierigkeiten darbieten, wenn wir uns der Ansicht anschliessen, dass nicht bloss alle Individuen einer und derselben Art von irgend einem einzelnen Bezirke aus gewandert sind, sondern dass verwandte Arten, wenn sie auch jetzt die von einander getrenntesten Punkte bewohnen, doch von einem einzelnen Bezirke, der Geburtsstätte ihres frühern Urerzeugers, ausgegangen sind. Ich habe bereits meine Gründe angeführt, warum ich nicht wohl mit der FORBES'schen Ansicht übereinstimmen kann von der Ausdehnung der Continente innerhalb der Periode jetzt existierender Arten in einem so enormen Grade, dass alle die vielen Inseln der verschiedenen Oceane hierdurch mit ihren jetzigen Landbewohnern bevölkert worden sind. Diese Ansicht würde allerdings zwar viele Schwierigkeiten beseitigen, aber keineswegs alle Erscheinungen hinsichtlich der Inselbevölkerung erklären. In den nachfolgenden Bemerkungen werde ich mich nicht auf die blosse Frage von der Vertheilung der Arten beschränken, sondern auch einige andere Thatsachen betrachten, welche sich auf die Richtigkeit der beiden Theorien, die der selbstständigen Schöpfung der Arten und die ihrer Abstammung von anderen Formen mit fortwährender Abänderung beziehen.

Die Arten aller Classen, welche oceanische Inseln bewohnen, sind nur wenig im Vergleich zu denen gleich grosser Flächen festen Landes, wie ALPHONSE DE CANDOLLE in Bezug auf die Pflanzen und WOLLASTON hinsichtlich der Insecten zugeben. Neu-Seeland z. B., mit seinen hohen Gebirgen und mannichfaltigen Standorten und einer Breite von über 780 Meilen, und die davorliegenden Aucklands-, Campbell- und Chatham-Inseln enthalten zusammen nur 960 Arten von Blüthenpflanzen; vergleichen wir diese geringe Zahl mit denen einer gleich grossen Fläche am Cap der guten Hoffnung oder im südwestlichen Neuholland, so müssen wir zugestehen, dass etwas von irgend einer Verschiedenheit in den physikalischen Bedingungen ganz Unabhängiges die grosse Verschiedenheit der Artenzahlen veranlasst hat. Selbst die einförmige Grafschaft von Cambridge zählt 847 und das kleine Eiland Anglesea 764 Pflanzenarten; doch sind auch einige Farne und einige eingeführte Arten in diesen Zahlen mitbegriffen und ist die Vergleichung auch in einigen anderen Beziehungen nicht ganz richtig. Wir haben Beweise dafür, dass das kahle Eiland Ascension ursprünglich nicht ein halbes Dutzend Blüthenpflanzen besass; jetzt sind viele dort naturalisiert worden, wie es eben auch auf Neu-Seeland und auf allen anderen oceanischen Inseln, die nur angeführt werden können, der Fall ist. In Bezug auf St. Helena hat man Grund anzunehmen, dass die naturalisierten Pflanzen und Thiere schon viele einheimische Naturerzeugnisse gänzlich oder fast gänzlich vertilgt haben. Wer also der Lehre von der selbstständigen Erschaffung aller einzelnen Arten beipflichtet, der wird zugestehen müssen, dass auf den oceanischen

Inseln keine hinreichende Anzahl bestens angepasster Pflanzen und Thiere geschaffen worden ist; denn der Mensch hat diese Inseln ganz absichtslos aus verschiedenen Quellen viel besser und vollständiger als die Natur bevölkert.

Obwohl auf oceanischen Inseln die Zahl der Bewohner der Art nach dürftig ist, so ist das Verhältnis der endemischen, d. h. sonst nirgends vorkommenden Arten oft ausserordentlich gross. Dies ergibt sich, wenn man z. B. die Anzahl der endemischen Landschnecken auf Madeira oder der endemischen Vögel im Galapagos-Archipel mit der auf irgend einem Continente gefundenen Zahl und dann auch die beiderseitige Flächenausdehnung miteinander vergleicht. Es hätte sich diese Thatsache schon theoretisch erwarten lassen; denn, wie bereits erklärt worden, sind Arten, welche nach langen Zwischenräumen gelegentlich in einen neuen und isolierten Bezirk kommen und dort mit neuen Genossen zu concurrieren haben, in ausgezeichnetem Grade abzuändern geneigt und bringen oft Gruppen modificierter Nachkommen hervor. Daraus folgt aber keineswegs, dass, weil auf einer Insel fast alle Arten einer Classe eigenthümlich sind, auch die der übrigen Classen oder auch nur einer besondern Section derselben Classe eigenthümlich sind; und dieser Unterschied scheint theils davon herzurühren, dass diejenigen Arten, welche nicht abänderten, in Menge eingewandert sind, so dass ihre gegenseitigen Beziehungen nicht viel gestört wurden, theils ist er von der häufigen Ankunft unveränderter Einwanderer aus dem Mutterlande bedingt, mit denen sich die insularen Formen dann gekreuzt haben. Hinsichtlich der Wirkung einer solchen Kreuzung ist zu bemerken, dass die aus derselben entspringenden Nachkommen gewiss sehr kräftig werden müssen, so dass selbst eine gelegentliche Kreuzung wirksamer sein wird, als man voraus erwarten möchte. Ich will einige Beispiele anführen. Auf den Galapagos-Inseln gibt es 26 Landvögel, wovon 21 (oder vielleicht 23) endemisch sind, während von den 11 Seevögeln ihnen nur zwei eigenthümlich angehören, und es liegt auf der Hand, dass Seevögel leichter und häufiger als Landvögel nach diesen Eilanden gelangen können. Die Bermudas dagegen, welche ungefähr eben so weit von Nord-America, wie die Galapagos von Süd-America entfernt liegen, und einen ganz eigenthümlichen Boden besitzen, haben nicht eine einzige endemische Art von Landvögeln, und wir wissen aus J. M. Jones' trefflichem Berichte über die Bermudas, dass sehr viele nordamericanische Vögel gelegentlich diese Inseln besuchen.

Nach der Insel Madeira werden fast alljährlich, wie mir E. V. Harcourt gesagt, viele europäische und africanische Vögel verschlagen. Die Insel wird von 99 Vogelarten bewohnt, von welchen nur eine der Insel eigenthümlich, aber mit einer europäischen Form sehr nahe verwandt ist; und 3—4 andere sind auf diese und die canarischen Inseln beschränkt. So sind diese beiden Inselgruppen, der Bermudas und Madeira, von den benachbarten Continenten aus mit Vögelarten besetzt worden, welche schon seit langen Zeiten in ihrer frühern Heimath miteinander gekämpft haben und einander angepasst worden sind; und nachdem sie sich nun in ihrer neuen Heimath angesiedelt haben, wird jede Art durch die anderen in ihrer gehörigen Stelle und Lebensweise erhalten worden und mithin wenig zu modificieren geneigt gewesen sein. Auch wird jede Neigung zur Abänderung durch die Kreuzung mit den aus dem Mutterlande unverändert nachkommenden Einwanderern gehemmt worden sein. Madeira wird ferner von einer wunderbaren Anzahl eigenthümlicher Landschnecken bewohnt, während nicht eine einzige Art von Seemuscheln auf seine Küste beschränkt ist. Obwohl wir nun nicht wissen, auf welche Weise die marinen Schalthiere sich verbreiten, so lässt sich doch einsehen, dass ihre Eier oder Larven vielleicht an Seetang und Treibholz sitzend oder an den Füssen der Watvögel hängend weit leichter als Landmollusken 300—400 Meilen weit über die offene See fortgeführt werden können. Die verschiedenen Insectenordnungen auf Madeira bieten nahezu parallele Fälle dar.

Oceanischen Inseln fehlen zuweilen Thiere gewisser ganzen Classen, deren Stellen durch Thiere anderer Classen eingenommen werden. So vertreten oder vertraten neuerdings noch auf den Galapagos Reptilien und auf Neu-Seeland flügellose Riesenvögel die Säugethiere. Obwohl aber Neu-Seeland hier als oceanische Insel besprochen wird, so ist es doch zweifelhaft, ob es mit Recht dazu gezählt wird: es ist von ansehnlicher Grösse und durch kein tiefes Meer von Australien getrennt. Nach seinem geologischen Character und der Richtung seiner Gebirgsketten hat W. B. Clarke neuerdings behauptet, diese Insel sollte nebst Neu-Caledonien nur als Anhängsel von Australien betrachtet werden. Was die Pflanzen der Galapagos betrifft, so hat Dr. Hooker gezeigt, dass das Zahlenverhältnis zwischen den verschiedenen Ordnungen ein ganz anderes als sonst allerwärts ist. Alle solche Verschiedenheiten in den Zahlenverhältnissen und das Fehlen ganzer Thier- und Pflanzengruppen auf Inseln setzt man gewöhnlich auf Rechnung vermeintlicher Verschiedenheiten in den physikalischen Bedingungen der Inseln; aber diese Erklärung ist ziemlich zweifelhaft. Leichtigkeit der Einwanderung ist, wie mir scheint, reichlich ebenso wichtig wie die Natur der Lebensbedingungen gewesen.

Rücksichtlich der Bewohner oceanischer Inseln lassen sich viele merkwürdige kleine Thatsachen anführen. So haben z. B. auf gewissen nicht mit einem einzigen Säugethiere besetzten Inseln einige endemische Pflanzen prächtig mit Häkchen versehene Samen; und doch gibt es nicht viele Beziehungen, die augenfälliger wären, als die Eignung mit Haken besetzter Samen für den Transport durch die Haare und Wolle der Säugethiere. Indess können hakentragende Samen leicht noch durch andere Mittel von Insel zu Insel geführt werden, wo dann die Pflanze etwas verändert, aber ihre mit Widerhaken versehenen Samen behaltend eine endemische Form bildet, für welche diese Haken einen nun ebenso unnützen Anhang bilden, wie es rudimentäre Organe, z. B. die runzeligen Flügel unter den zusammengewachsenen Flügeldecken mancher insulären Käfer sind. Ferner besitzen Inseln oft Bäume oder Büsche aus Ordnungen, welche anderwärts nur Kräuter enthalten; nun aber haben Bäume, wie Alph. De Candolle gezeigt hat, gewöhnlich nur beschränkte Verbreitungsgebiete, was immer die Ursache dieser Erscheinung sein mag. Daher ergibt sich dann, dass Baumarten wenig geeignet sein dürften, entlegene oceanische Inseln zu erreichen; und eine krautartige Pflanze, welche auf einem Continente keine Aussicht auf Erfolg bei der Concurrenz mit vielen vollständig entwickelten Bäumen hat, kann, wenn sie bei ihrer ersten Ansiedelung auf einer Insel nur mit anderen krautartigen Pflanzen in Concurrenz tritt, leicht durch immer höher strebenden und jene überragenden Wuchs ein Übergewicht über dieselben erlangen. Ist dies der Fall, so wird natürliche Zuchtwahl die Höhe krautartiger Pflanzen, aus welcher Ordnung sie auch immer sein mögen, oft etwas zu vergrössern und dieselben erst in Büsche und endlich in Bäume zu verwandeln geneigt sein.

Abwesenheit von Batrachiern und Landsäugethieren auf oceanischen Inseln.

Was die Abwesenheit ganzer Ordnungen von Thieren auf oceanischen Inseln betrifft, so hat Bory de St.-Vincent schon vor langer Zeit die Bemerkung gemacht, dass Batrachier (Frösche, Kröten und Molche) nie auf einer der vielen Inseln gefunden worden sind, womit der Grosse Ocean besäet ist. Ich habe mich bemüht, diese Behauptung zu prüfen und habe sie vollständig richtig befunden, mit Ausnahme von Neu-Seeland, Neu-Caledonien, den Andaman-Inseln und vielleicht den Salomon-Inseln und den Seychellen. Ich habe aber bereits erwähnt, dass es zweifelhaft ist, ob man Neu-Seeland und Neu-Caledonien zu den oceanischen Inseln rechnen soll; und in Bezug auf die Andaman- und Salomon-Gruppen und die Seychellen ist es noch zweifelhafter. Dieser allgemeine Mangel an Fröschen, Kröten und Molchen auf so vielen echten oceanischen Inseln lässt sich nicht aus ihrer natürlichen Beschaffenheit erklären: es scheint vielmehr umgekehrt, als wären diese Inseln eigenthümlich gut für diese Thiere geeignet; denn Frösche sind auf Madeira, den Azoren und auf Mauritius eingeführt worden, und haben sich so vervielfältigt, dass sie jetzt fast eine Plage sind. Da aber bekanntlich diese Thiere sowie ihr Laich (so viel bekannt, mit der Ausnahme einer einzigen indischen Species) durch Seewasser unmittelbar getödtet werden, so ist leicht zu ersehen, dass deren Transport über Meer sehr schwierig wäre und sie aus diesem Grunde auf keiner streng oceanischen Insel existieren. Dagegen würde es nach der Schöpfungstheorie sehr schwer zu erklären sein, warum sie auf diesen Inseln nicht erschaffen worden wären.

Säugethiere bieten einen weitern Fall ähnlicher Art dar. Ich habe die ältesten Reisewerke sorgfältig durchgegangen und kein unzweifelhaftes Beispiel gefunden, dass ein Landsäugethier (von den gezähmten Hausthieren der Eingeborenen abgesehen) irgend eine über 300 engl. Meilen weit von einem Festlande oder einer grossen Continental-Insel entlegene Insel bewohnt habe; und viele Inseln in viel geringeren Abständen entbehren derselben gleichfalls gänzlich. Die Falkland-Inseln, welche von einem wolfartigen Fuchse bewohnt sind, scheinen einer Ausnahme am nächsten zu kommen, können aber nicht als oceanisch gelten, da sie auf einer mit dem Festlande zusammenhängenden Bank 280 engl. Meilen von diesem entfernt liegen; und da überdies schwimmende Eisberge erratische Blöcke an ihren westlichen Küsten abgesetzt haben, so könnten dieselben auch wohl einmal Füchse mitgebracht haben, wie das jetzt in den arctischen Gegenden oft vorkommt. Und doch kann man nicht behaupten, dass kleine Inseln nicht auch kleine Säugethiere ernähren könnten; denn es ist dies in der That in vielen Theilen der Erde mit sehr kleinen Inseln der Fall, wenn sie dicht an einem Continente liegen; und schwerlich lässt sich eine Insel anführen, auf der unsere kleinen Säugethiere sich nicht naturalisiert und bedeutend vermehrt hätten. Nach der gewöhnlichen Ansicht von der Schöpfung könnte man nicht sagen, dass nicht Zeit zur Schöpfung von Säugethieren gewesen wäre; viele vulcanische Inseln sind auch alt genug, wie sich theils aus der ungeheuren Zerstörung, die sie bereits erfahren haben, und theils aus dem Vorkommen tertiärer Schichten auf ihnen ergibt; auch ist Zeit gewesen zur Hervorbringung endemischer Arten aus anderen Classen; und auf Continenten erscheinen und verschwinden Säugethiere bekanntlich in rascherer Folge als andere, tieferstehende Thiere. Obgleich nun aber Landsäugethiere auf oceanischen Inseln nicht vorhanden sind, so finden sich doch fliegende Säugethiere fast auf jeder Insel ein. Neu-Seeland besitzt zwei Fledermäuse, die sonst nirgends in der Welt vorkommen; die Norfolk-Insel, der Viti-Archipel, die Bonin-Inseln, die Marianen- und Carolinengruppen und Mauritius: alle besitzen ihre eigenthümlichen Fledermausarten. Warum, kann man fragen, hat die angebliche Schöpfungskraft auf diesen entlegenen Inseln nur Fledermäuse und keine anderen Säugethiere hervorgebracht? Nach meiner Anschauungsweise lässt sich diese Frage leicht beantworten; denn kein Landsäugethier kann über so weite Meeresstrecken hinwegkommen, welche Fledermäuse noch zu überfliegen im Stande sind. Man hat Fledermäuse bei Tage weit über den Atlantischen Ocean ziehen sehen und zwei nordamericanische Arten derselben besuchen die Bermudas-Inseln, 600 engl. Meilen vom Festlande, regelmässig oder zufällig. Ich hörte von Mr. Tomes, welcher diese Familie näher studiert hat, dass viele Arten derselben eine ungeheure Verbreitung besitzen und sowohl auf Continenten als weit entlegenen Inseln zugleich vorkommen. Wir brauchen daher nur anzunehmen, dass solche wandernde Arten durch natürliche Zuchtwahl den Bedingungen ihrer neuen Heimath angemessen modificiert worden sind, und wir werden das Vorkommen von Fledermäusen auf oceanischen Inseln begreifen, bei Abwesenheit aller anderer Landsäugethiere.

Es besteht noch eine andere interessante Beziehung, nämlich die zwischen der Tiefe des, Inseln von einander und vom nächsten Festlande trennenden Meeres und dem Grade der Verwandtschaft der dieselben bewohnenden Säugethiere. Windsor Earl hat einige treffende, seitdem durch Wallace's vorzügliche Untersuchungen bedeutend erweiterte Beobachtungen in dieser Hinsicht über den grossen Malayischen Archipel gemacht, welcher in der Nähe von Celebes von einem Streifen sehr tiefen Meeres durchschnitten wird, der zwei ganz verschiedene Säugethierfaunen trennt. Auf beiden Seiten desselben liegen die Inseln auf mässig tiefen untermeerischen Bänken und werden von einander nahe verwandten oder ganz identischen Säugethierarten bewohnt. Ich habe bisher nicht Zeit gefunden, diesem Gegenstand auch in anderen Weltgegenden nachzuforschen; soweit ich aber damit gekommen bin, bleiben die Beziehungen sich gleich. Wir sehen z. B. Gross-Britannien durch einen seichten Canal vom europäischen Festlande getrennt, und die Säugethierarten sind auf beiden Seiten die nämlichen. Ähnlich verhält es sich mit vielen nur durch schmale Meerengen von Neuholland geschiedenen Inseln. Die westindischen Inseln dagegen stehen auf einer fast 1000 Faden tief untergetauchten Bank; und hier finden wir zwar americanische Formen, aber von denen des Festlandes verschiedene Arten und selbst Gattungen. Da das Mass der Modification, welcher Thiere aller Art ausgesetzt sind, zum Theil von der Zeitdauer abhängt und eher anzunehmen ist, dass durch seichte Meerengen von einander oder vom Festland getrennte Inseln in noch jüngerer Zeit als die durch tiefe Canäle geschiedenen in Zusammenhang gewesen sind, so vermag man den Grund einer häufigen Beziehung zwischen der Tiefe des zwei Säugethierfaunen trennenden Meeres und dem Grade der Verwandtschaft derselben einzusehen, einer Beziehung, welche bei Annahme unabhängiger Schöpfungsacte ganz unerklärbar bleibt.

Die vorangehenden Bemerkungen über die Bewohner oceanischer Inseln, insbesondere die Spärlichkeit der Arten und die verhältnismässig grosse Zahl endemischer Formen, — da nur die Glieder gewisser Gruppen und nicht anderer Gruppen derselben Classe modificiert worden sind —, das Fehlen gewisser ganzer Ordnungen wie der Batrachier und der Landsäugethiere trotz der Anwesenheit fliegender Fledermäuse, die eigenthümlichen Zahlenverhältnisse in manchen Pflanzenordnungen, die Verwandlung krautartiger Pflanzenformen in Bäume u. s. w., alle scheinen sich mit der Ansicht, dass im Verlaufe langer Zeiträume gelegentliche Transportmittel viel zur Verbreitung der Organismen mitgewirkt haben, besser zu vertragen als mit der Meinung, dass alle unsere oceanische Inseln vordem in unmittelbarem Zusammenhang mit dem nächsten Festlande gestanden haben; denn nach dieser letzten Ansicht würde wahrscheinlich die Einwanderung der verschiedenen Classen gleichförmiger gewesen sein, und da die Arten in Menge einzogen, so würden auch ihre gegenzeitigen Beziehungen nicht bedeutend gestört, sie selbst folglich entweder gar nicht oder alle in einer gleichmässigeren Weise modificiert worden sein.

Ich läugne nicht, dass noch viele und grosse Schwierigkeiten vorliegen, zu erklären, auf welche Weise manche Bewohner der entfernteren Inseln, mögen sie nun ihre anfängliche Form beibehalten oder seit ihrer Ankunft abgeändert haben, bis zu ihrer gegenwärtigen Heimath gelangt sind. Doch ist die Wahrscheinlichkeit nicht zu übersehen, dass viele Inseln, von denen keine Spur mehr vorhanden ist, als Ruheplätze existiert haben können. Ich will einen solchen schwierigen Fall specieller erwähnen. Fast alle und selbst die entlegensten und kleinsten oceanischen Inseln werden von Landschnecken bewohnt, und zwar meist von endemischen, doch zuweilen auch von anderwärts vorkommenden Arten. Dr. Aug. A. Gould hat einige auffallende Beispiele von Landschnecken auf den Inseln des Stillen Oceans mitgetheilt. Nun ist es eine anerkannte Thatsache, dass Landschnecken durch Seewasser sehr leicht getödtet werden, und ihre Eier (wenigstens diejenigen, womit ich Versuche angestellt habe) sinken im Seewasser unter und werden getödtet. Und doch muss es meiner Meinung nach irgend ein unbekanntes aber gelegentlich höchst wirksames Verbreitungsmittel für dieselben geben. Sollten vielleicht die jungen eben dem Eie entschlüpften Schneckchen an den Füssen irgend eines am Boden ausruhenden Vogels emporkriechen und dann von ihm weiter getragen werden? Es kam mir der Gedanke, dass Landschnecken, im Zustande des Winterschlafs und mit einem Deckel auf ihrer Schalenmündung, in Spalten von Treibholz über ziemlich breite Seearme müssten geführt werden können. Ich fand sodann, dass verschiedene Arten in diesem Zustande ohne Nachtheil sieben Tage lang im Seewasser liegen bleiben können. Eine dieser Arten war *Helix pomatia;* nachdem sie sich wieder zur Winterruhe eingerichtet hatte, legte ich sie noch zwanzig Tage lang in Seewasser, worauf sie sich wieder vollständig erholte. Während dieser Zeit hätte sie von einer Meeresströmung von mittlerer Geschwindigkeit in eine Entfernung von 660 geographischen Meilen fortgeführt werden können. Da diese Art von *Helix* einen dicken kalkigen Deckel besitzt, so nahm ich ihn ab, und als sich hierauf wieder ein neuer häutiger Deckel gebildet hatte, tauchte ich sie noch vierzehn Tage in Seewasser, worauf sie wieder vollständig zu sich kam und davon kroch. Baron Aucapitaine hat neuerdings ähnliche Versuche gemacht; er brachte 100, zu 10 Arten gehörige Landschnecken in einen mit Löchern versehenen Kasten und tauchte sie vierzehn Tage lang in Seewasser. Von den 100 Schnecken erhielten sich siebenundzwanzig. Die Anwesenheit eines Deckels scheint von Bedeutung gewesen zu sein, denn von zwölf Exemplaren von *Cyclostoma elegans*, welches einen Deckel hat, erhielten sich elf. Wenn ich bedenke, wie gut bei mir *Helix pomatia* dem Seewasser widerstand, so ist es merkwürdig, dass von vierundfünfzig zu vier Arten von *Helix* gehörigen Exemplaren, mit denen Aucapitaine experimentierte, kein einziges sich erholte. Es ist indess durchaus nicht wahrscheinlich, dass Landschnecken oft in dieser Weise transportiert worden sind; die Vogelfüsse sind ein wahrscheinlicheres Transportmittel.

Beziehungen der Bewohner von Inseln zu denen des nächsten Festlandes.

Die auffallendste und für uns wichtigste Thatsache hinsichtlich der Inselbewohner ist ihre Verwandtschaft mit den Bewohnern des nächsten Festlandes, ohne mit denselben von gleichen Arten zu sein. Davon liessen sich zahlreiche Beispiele anführen. Der Galapagos-Archipel liegt 500—600 engl. Meilen von der Küste Süd-America's entfernt unter dem Aequator. Hier trägt fast jedes Land- wie Wasserproduct ein unverkennbar continental-americanisches Gepräge. Darunter befinden sich 26 Arten Landvögel, von welchen 21 oder vielleicht 23 für besondere Arten gehalten und gemeiniglich als hier geschaffen angesehen werden; und doch ist die nahe Verwandtschaft der meisten dieser Vögel mit americanischen Arten in jedem ihrer Charactere, in Lebensweise, Betragen und Ton der Stimme offenbar. So ist es auch mit anderen Thieren und, wie Dr. Hooker in seinem ausgezeichneten Werke über die Flora dieser Inselgruppe gezeigt, mit einem grossen Theile der Pflanzen. Der Naturforscher, welcher die Bewohner dieser vulcanischen Inseln des Stillen Meeres betrachtet, fühlt, dass er auf americanischem Boden steht, obwohl er noch einige hundert Meilen von dem Festlande entfernt ist. Wie mag dies kommen? Woher sollten die, angeblich nur im Galapagos-Archipel und sonst nirgends erschaffenen Arten diesen so deutlichen Stempel der Verwandtschaft mit den in America geschaffenen haben? Es findet sich nichts in den Lebensbedingungen, nichts in der geologischen Beschaffenheit, nichts in der Höhe oder dem Clima dieser Inseln noch in den Zahlenverhältnissen der verschiedenen hier zusammenwohnenden Classen, was den Lebensbedingungen auf den südamericanischen Küsten sehr ähnlich wäre; ja es ist sogar ein grosser Unterschied in allen diesen Beziehungen vorhanden. Andererseits aber besteht eine grosse Ähnlichkeit zwischen der vulcanischen Natur des Bodens, dem Clima und der Grösse und Höhe der Inseln der Galapagos einer- und der Cap-verdischen Gruppe andererseits. Aber welche unbedingte und gänzliche Verschiedenheit in ihren Bewohnern! Die der Inseln des grünen Vorgebirges sind mit denen Africa's verwandt, wie die der Galapagos mit denen America's. Derartige Thatsachen haben von der gewöhnlichen Annahme einer unabhängigen Schöpfung der Arten keine Erklärung zu erwarten, während nach der hier aufgestellten Ansicht es offenbar ist, dass die Galapagos entweder durch gelegentliche Transportmittel oder (wenn ich auch nicht an diese Annahme glaube) in Folge eines früheren unmittelbaren Zusammenhangs mit America von diesem Welttheile, wie die Capverdischen Inseln von Africa aus, bevölkert worden sind, und dass, obwohl diese Colonisten Modificationen ausgesetzt gewesen sein werden, doch das Erblichkeitsprincip ihre erste Geburtsstätte verräth.

Es liessen sich noch viele analoge Fälle anführen; denn es ist in der That eine fast allgemeine Regel, dass die endemischen Erzeugnisse von Inseln mit denen der nächsten Festländer oder der nächsten grossen Insel in verwandtschaftlicher Beziehung stehen. Ausnahmen sind selten und die meisten leicht erklärbar. So sind die Pflanzen von Kerguelenland, obwohl dieses näher bei Africa als bei America liegt, nach Dr. Hooker's Bericht sehr eng mit denen der americanischen Flora verwandt; doch erklärt sich diese Abweichung durch die Annahme, dass die genannte Insel hauptsächlich durch strandende, den vorherrschenden Seeströmungen folgende Eisberge, bevölkert worden sei, welche Steine und Erde voll Samen mit sich geführt haben. Neu-Seeland ist hinsichtlich seiner endemischen Pflanzen mit Neuholland als dem nächsten Continente näher als mit irgend einer andern Gegend verwandt, wie es auch zu erwarten war; es hat aber auch offenbare Verwandtschaft mit Süd-America, welches, wenn auch das zweitnächste Festland, so ungeheuer entfernt ist, dass die Thatsache als eine Anomalie erscheint. Doch auch diese Schwierigkeit verschwindet grösstentheils unter der Voraussetzung, dass Neu-Seeland, Süd-America und andere südliche Länder vor langen Zeiten theilweise von einem entfernt gelegenen Mittelpunkte, nämlich von den antarctischen Inseln aus, bevölkert worden sind, als diese während einer wärmeren Tertiärzeit vor dem Anfange der letzten Glacialperiode mit Pflanzenwuchs bekleidet waren. Die, wenn auch nur schwache, aber nach Dr. Hooker doch thatsächliche Verwandtschaft zwischen den Floren der südwestlichen Spitzen Australiens und des Caps der guten Hoffnung ist ein noch viel merkwürdigerer Fall; doch ist dieselbe auf die Pflanzen beschränkt und wird auch ihrerseits sich gewiss eines Tages noch aufklären lassen.

Dasselbe Gesetz, welches die Verwandtschaft zwischen den Bewohnern von Inseln und dem nächsten Festlande bestimmt hat, wiederholt sich zuweilen in kleinerem Massstabe aber in sehr interessanter Weise innerhalb einer und der nämlichen Inselgruppe. So wird ganz wunderbarer Weise jede einzelne Insel des nur kleinen Galapagos-Archipels von vielen verschiedenen Arten bewohnt; aber diese Arten stehen in näherer Verwandtschaft zu einander, als zu den Bewohnern des americanischen Continents oder irgend eines andern Theiles der Welt. Und dies ist zu erwarten gewesen, da die Inseln so nahe beisammen liegen, dass alle zuverlässig ihre Einwanderer entweder aus gleicher Urquelle oder eine von der andern erhalten haben müssen. Aber wie kommt es, dass auf diesen verschiedenen Inseln, welche einander in Sicht liegen und die nämliche geologische Beschaffenheit, dieselbe Höhe und das gleiche Clima u. s. w. besitzen, so viele Einwanderer auf jeder in einer andern und doch nur wenig verschiedenen Weise modificiert worden sind? Dies ist auch mir lange Zeit als eine grosse Schwierigkeit erschienen, was aber hauptsächlich von dem tief eingewurzelten Irrthum herrührt, die physikalischen Bedingungen einer Gegend als das Wichtigste für deren Bewohner zu betrachten, während doch nicht in Abrede gestellt werden kann, dass die Natur der übrigen Organismen, mit welchen ein jeder zu concurrieren hat, wenigstens eben so hoch anzuschlagen und gewöhnlich eine noch wichtigere Bedingung ihres Gedeihens ist. Wenn wir nun diejenigen Bewohner der Galapagos betrachten, welche als nämliche Species auch in anderen Gegenden der Erde noch vorkommen, so finden wir, dass dieselben auf den einzelnen Inseln beträchtlich differieren. Diese Verschiedenheit hätte sich nun allerdings wohl erwarten lassen, wenn die Inseln durch gelegentliche Transportmittel bestockt worden wären, so dass z. B. der Same einer Pflanzenart zu einer und der einer andern zu einer andern Insel gelangt wäre, wenn auch alle von derselben allgemeinen Quelle ausgiengen. Wenn daher in früherer Zeit ein Einwanderer sich zuerst auf einer der Inseln angesiedelt oder sich später von einer zu der andern verbreitet hat, so dürfte er zweifelsohne auf den verschiedenen Inseln verschiedenen Lebensbedingungen ausgesetzt gewesen sein; denn er hätte auf jeder Insel mit einem andern Kreise von Organismen zu concurrieren gehabt. Eine Pflanze z. B. hätte den für sie am meisten geeigneten Boden auf der einen Insel schon vollständiger von anderen Pflanzen eingenommen gefunden als auf der andern und wäre den Angriffen etwas verschiedener Feinde ausgesetzt gewesen. Wenn sie nun abänderte, so wird die natürliche Zuchtwahl wahrscheinlich auf verschiedenen Inseln verschiedene Varietäten begünstigt haben. Einzelne Arten werden sich indess über die ganze Gruppe verbreitet und überall den nämlichen Character beibehalten haben, gerade so wie wir auch auf Festländern manche weit verbreitete Species überall unverändert bleiben sehen.

Doch die wahrhaft überraschende Thatsache auf den Galapagos, wie in minderem Grade in einigen anderen Fällen, besteht darin, dass sich die neugebildeten Arten nicht schnell über die ganze Inselgruppe ausgebreitet haben. Aber die einzelnen Inseln, wenn auch in Sicht von einander gelegen, sind durch tiefe Meeresarme, meistens breiter als der britische Canal, von einander geschieden, und es liegt kein Grund zur Annahme vor, dass sie früher unmittelbar miteinander vereinigt gewesen wären. Die Seeströmungen sind heftig und gehen quer durch den Archipel hindurch, und heftige Windstösse sind ausserordentlich selten, so dass die Inseln thatsächlich viel wirksamer von einander geschieden sind, als dies auf der Karte erscheinen mag. Demungeachtet sind doch einige der Arten, sowohl anderwärts vorkommende wie dem Archipel eigenthümlich angehörende, mehreren Inseln gemeinsam, und die gegenwärtige Art ihrer Verbreitung führt zur Vermuthung, dass diese sich wahrscheinlich von einer der Inseln aus zu den andern verbreitet haben. Aber wir bilden uns, wie ich glaube, oft eine irrige Meinung über die Wahrscheinlichkeit, dass von nahe verwandten Arten bei freiem Verkehre die eine in's Gebiet der andern vordringen werde. Es unterliegt zwar keinem Zweifel, dass, wenn eine Art irgend einen Vortheil über eine andere hat, sie dieselbe in kurzer Zeit mehr oder weniger verdrängen wird; wenn aber beide gleich gut für ihre Stellen in der Natur angepasst sind, so werden sie wahrscheinlich beide ihre eigenen Plätze behaupten und für alle Zeiten behalten.

Da es eine uns geläufige Thatsache ist, dass viele von Menschen naturalisierte Arten sich mit erstaunlicher Schnelligkeit über weite Gebiete verbreitet haben, so sind wir zu glauben geneigt, dass die meisten Arten es ebenso machen würden; aber wir müssen bedenken, dass die in neuen Gegenden naturalisierten Formen gewöhnlich keine nahen Verwandten der Ureinwohner, sondern sehr verschiedene Formen sind, welche nach Alph. De Candolle verhältnismässig sehr oft auch besonderen Gattungen angehören. Auf dem Galapagos-Archipel sind sogar viele Vögel, welche ganz wohl im Stande wären von Insel zu Insel zu fliegen, von einander verschieden, wie z. B. drei einander nahe stehende Arten von Spottdrosseln jede auf eine besondere Insel beschränkt sind. Nehmen wir nun an, die Spottdrossel von Chatham-Island werde durch einen Sturm nach Charles-Island verschlagen, das schon seine eigene Spottdrossel hat, wie sollte sie dazu gelangen sich hier festzusetzen? Wir dürfen mit Gewissheit annehmen, dass Charles-Island mit ihrer eigenen Art wohl besetzt ist, denn jährlich werden mehr Eier dort gelegt und junge Vögel ausgebrütet, als fortkommen können; und wir dürfen ferner annehmen, dass die Art von Charles-Island für diese ihre Heimath wenigstens ebenso gut geeignet ist wie die der Chatham-Inseln eigenthümliche Art. Sir Ch. Lyell und Wollaston haben mir eine merkwürdige zur Erläuterung dieser Verhältnisse dienende Thatsache mitgetheilt, dass nämlich Madeira und das dicht dabei gelegene Porto-Santo viele besondere, aber einander vertretende Landschnecken besitzen, von welchen einige in Felsspalten leben; und obwohl grosse Steinmassen jährlich von Porto-Santo nach Madeira gebracht werden, so ist doch diese letzte Insel noch nicht mit den Arten von Porto-Santo bevölkert worden; trotzdem haben sich auf beiden Inseln europäische Arten angesiedelt, weil sie zweifelsohne irgend einen Vortheil vor den eingeborenen voraus hatten. Nach diesen Betrachtungen werden wir uns nicht mehr sehr darüber wundern dürfen, dass die endemischen und die stellvertretenden Arten, welche die verschiedenen Inseln des Galapagos-Archipels bewohnen, sich noch nicht allgemein von Insel zu Insel verbreitet haben. In den verschiedenen Bezirken eines Continentes hat wahrscheinlich die frühere Besitzergreifung durch eine Art wesentlich dazu beigetragen, die Vermischung von Arten, welche Bezirke mit nahezu gleichen Lebensbedingungen bewohnen, zu hindern. So haben die südöstliche und südwestliche Ecke Australiens eine nahezu gleiche physikalische Beschaffenheit und sind durch zusammenhängendes Land mit einander verbunden, werden aber gleichwohl von einer ungeheuren Anzahl verschiedener Säugethier-, Vögel- und Pflanzenarten bewohnt; ebenso verhält es sich nach BATES mit den Schmetterlingen und anderen Thieren, welche das grosse offene und zusammenhängende Thal des Amazonenstromes bewohnen.

Dasselbe Princip, welches den allgemeinen Character der Fauna und Flora der oceanischen Inseln bestimmt, nämlich die Beziehungen zu der Quelle, aus welcher Colonisten am leichtesten hergeleitet werden können, und deren spätere Modification, ist von der weitesten Anwendbarkeit in der ganzen Natur. Wir sehen dies auf jedem Berg, in jedem See, in jedem Marschlande. Denn die alpinen Arten, mit Ausnahme der durch die Glacialereignisse weit verbreiteten Formen, sind mit denen der umgebenden Tiefländer verwandt; so haben wir in Süd-America alpine Colibris, alpine Nager, alpine Pflanzen u. s. f., aber alle von streng americanischen Formen; und es liegt auf der Hand, dass ein Gebirge während seiner allmählichen Emporhebung von den benachbarten Tiefländern aus colonisiert werden würde. So ist es auch mit den Bewohnern der Seen und Marschen, ausgenommen in so weit nicht die grosse Leichtigkeit der Überführung es den nämlichen Süsswasserformen gestattet hat sich über grosse Theile der ganzen Erdoberfläche zu verbreiten. Wir sehen dasselbe Princip in den Characteren der meisten blinden Höhlenthiere Europa's und America's. Andere analoge Thatsachen könnten noch angeführt werden. Es wird sich nach meiner Meinung überall bestätigen, dass, wo immer in zwei wenn auch noch so weit von einander entfernten Gegenden viele nahe verwandte oder stellvertretende Arten vorkommen, auch einige identische Arten vorhanden sein werden; und wo immer viele nahe verwandte Arten vorkommen, da werden auch viele Formen gefunden werden, welche einige Naturforscher als besondere Arten und andere nur als Varietäten betrachten. Diese zweifelhaften Formen drücken uns die Stufen in der fortschreitenden Abänderung aus.

Diese Beziehung zwischen dem Vermögen und der Ausdehnung der Wanderung bei gewissen Arten (sei es in jetziger Zeit oder in einer früheren Periode) und dem Vorkommen anderer nahe verwandter Arten in entfernten Theilen der Erde ergibt sich in einer andern, noch allgemeineren Weise. GOULD sagte mir vor langer Zeit, dass von denjenigen Vogelgattungen, welche sich über die ganze Erde erstrecken, auch viele Arten eine weite Verbreitung besitzen. Ich vermag kaum zu bezweifeln, dass diese Regel allgemein richtig ist, obwohl dies schwer zu beweisen sein dürfte. Unter den Säugethieren finden wir sie scharf bei den Fledermäusen und in schwächerem Grade bei den hunde- und katzenartigen Thieren ausgesprochen. Wir sehen sie in der Verbreitung der Schmetterlinge und Käfer. Und so ist es auch bei den meisten Süsswasserformen, unter welchen so viele Gattungen aus den verschiedensten Classen über die ganze Erde reichen und viele einzelne Arten eine ungeheure Verbreitung besitzen. Es soll damit nicht behauptet werden, dass in den über die ganze Erde verbreiteten Gattungen alle Arten, sondern nur, dass einige in weiter Ausdehnung vorkommen. Auch soll nicht gesagt werden, dass die Arten in solchen Gattungen im Mittel eine sehr weite Verbreitung haben; denn dies wird grossentheils davon abhängen, wie weit der Modificationsprocess gegangen ist. So können z. B. zwei Varietäten einer Art die eine Europa, die andere America bewohnen, und die Art hat dann eine unermessliche Verbreitung; ist aber die Abänderung etwas weiter gediehen, so werden die zwei Varietäten als zwei verschiedene Arten gelten und die Verbreitung einer jeden wird sehr beschränkt erscheinen. Noch weniger soll gesagt werden, dass Arten, welche das Vermögen besitzen, Schranken zu überschreiten und sich weit auszubreiten, wie mancher mit kräftigen Flügeln versehene Vogel, sich nothwendig weit ausbreiten müssen; denn wir dürfen nicht vergessen, dass zur weiten Verbreitung nicht allein das Vermögen Schranken zu überschreiten, sondern auch noch das bei weitem wichtigere Vermögen gehört, in fernen Landen den Kampf um's Dasein mit den neuen Genossen siegreich zu bestehen. Aber nach der Annahme, dass alle Arten einer Gattung, wenn gleich jetzt über die entferntesten Theile der Erde zerstreut, von einem einzelnen Urerzeuger abstammen, sollten wir finden und finden es auch, wie ich glaube, als allgemeine Regel, dass wenigstens einige Arten eine sehr weite Verbreitung besitzen.

Wir dürfen nicht vergessen, dass viele Gattungen aus allen Classen ausserordentlich alten Ursprungs sind und dass daher in solchen Fällen genügende Zeit war sowohl zur Verbreitung als zur späteren Modification. Ebenso haben wir nach geologischen Zeugnissen Grund zur Annahme, dass in jeder Hauptclasse die tieferstehenden Organismen gewöhnlich langsamer als die höheren Formen abändern; daher die tieferen Formen mehr Aussicht gehabt haben, sich weit zu verbreiten und doch dieselben specifischen Merkmale zu behaupten. Diese Thatsache in Verbindung mit dem Umstande, dass die Samen und Eier der meisten tiefstehenden Formen ausserordentlich klein sind und sich zur weiten Fortführung besser eignen, erklärt wahrscheinlich ein Gesetz, welches schon längst bekannt und erst unlängst von ALPH. DE CANDOLLE in Bezug auf die Pflanzen vortrefflich erläutert worden ist: dass nämlich jede Gruppe von Organismen sich zu einer um so weiteren Verbreitung eigne, je tiefer sie steht.

Die soeben erörterten Beziehungen, dass nämlich niedrig stehende Organismen sich weiter als die höheren verbreiten, — dass einige Arten weit ausgebreiteter Gattungen selbst eine grosse Verbreitung besitzen, — ferner derartige Thatsachen, dass Alpen-, Süsswasser- und Marschbewohner mit denen der umgebenden Tief- und Trockenländer verwandt sind, – die auffallende Verwandtschaft zwischen den Bewohnern von Inseln und denen des nächsten Festlandes, — die noch nähere Verwandtschaft der verschiedenen Arten, welche die einzelnen Inseln eines und desselben Archipels bewohnen, — alle diese Verhältnisse sind nach der gewöhnlichen Annahme einer unabhängigen Schöpfung der einzelnen Arten völlig unverständlich, dagegen zu erklären durch die Annahme stattgefundener Colonisation von der nächsten oder leichtest erreichbaren Quelle aus mit nachfolgender Anpassung der Ansiedler an ihre neue Heimath.

Zusammenfassung dieses und des vorigen Capitels.

In diesen zwei Capiteln habe ich nachzuweisen gestrebt, dass, wenn wir unsere Unwissenheit über alle Wirkungen der climatischen und Niveauveränderungen der Länder, welche in der Jetztzeit gewiss vorgekommen sind, und noch anderer Veränderungen, die wahrscheinlich stattgefunden haben mögen, gebührend eingestehen und unsere tiefe Unkenntnis der mannichfaltigen merkwürdigen gelegentlichen Transportmittel anerkennen, und wenn wir erwägen (und dies ist eine bedeutungsvolle Betrachtung), wie oft eine oder die andere Art sich über ein zusammenhängendes weites Gebiet ausgebreitet haben mag, um später in den mittleren Theilen desselben zu erlöschen, so scheinen mir die Schwierigkeiten der Annahme, dass alle Individuen einer Species, wo sie auch immer vorkommen mögen, von gemeinsamen Eltern abstammen, nicht unüberwindlich zu sein; und so leiten uns verschiedene allgemeine Betrachtungen insbesondere über die Wichtigkeit natürlicher Schranken aller Art und die analoge Vertheilung von Untergattungen, Gattungen und

Familien zu derselben Folgerung, welche viele Naturforscher mit dem Namen einzelner Schöpfungsmittelpunkte bezeichnet haben.

Was die verschiedenen Arten einer nämlichen Gattung betrifft, die nach meiner Theorie von einer Geburtsstätte ausgegangen sein müssen, so halte ich, wenn wir unsere Unwissenheit wie vorhin eingestehen und bedenken, dass manche Lebensformen nur sehr langsam abändern und mithin ungeheuer langer Zeiträume für ihre Wanderungen bedurften, die Schwierigkcit durchaus nicht für unüberwindlich, obgleich sie in diesem Falle, sowie hinsichtlich der Individuen einer nämlichen Art oft ausserordentlich gross sind.

Um die Wirkung des Climawechsels auf die Verbreitung der Organismen durch Beispiele zu erläutern, habe ich den bedeutungsvollen Einfluss der letzten Eiszeit nachzuweisen gesucht, welche selbst die Aequatorialgegenden ergriff und welche in Folge des abwechselnden Eintritts der Kälte im Norden und Süden den Geschöpfen entgegengesetzter Hemisphären sich durcheinander zu mengen gestattete und einige derselben in allen Theilen der Erde auf Bergspitzen gestrandet zurückliess. Um zu zeigen, wie mannichfaltig die gelegentlichen Transportmittel sind, habe ich die Ausbreitungsweise der Süsswasserbewohner etwas ausführlicher erörtert.

Wenn sich die Schwierigkeiten der Annahme, dass im Verlaufe langer Zeiten die Individuen einer Art eben so wie die verschiedenen zu einer und derselben Gattung gehörigen Arten von einer gemeinsamen Quelle ausgegangen sind, nicht als unübersteiglich erweisen, dann glaube ich, dass alle leitenden Erscheinungen der geographischen Verbreitung mittelst der Theorie der Wanderung und darauffolgenden Abänderung und Vermehrung der neuen Formen erklärbar sind. Man vermag alsdann die grosse Bedeutung der natürlichen Schranken, — Wasser oder Land — in Bezug nicht bloss auf die Scheidung der verschiedenen botanischen wie zoologischen Provinzen, sondern augenscheinlich auch auf die Bildung derselben zu erkennen. Man vermag dann die Concentration verwandter Species auf dieselben Gebiete zu begreifen und woher es komme, dass in verschiedenen geographischen Breiten, wie z. B. in Süd-America, die Bewohner der Ebenen und Berge, der Wälder, Marschen und Wüsten, in so geheimnisvoller Weise durch Verwandtschaft miteinander wie mit den erloschenen Wesen verkettet sind, welche ehedem einen und denselben Welttheil bewohnt haben. Wenn wir erwägen, dass die gegenseitigen Beziehungen von Organismus zu Organismus von höchster Wichtigkeit sind, vermögen wir einzusehen, warum zwei Gebiete mit beinahe den gleichen physikalischen Bedingungen oft von sehr verschiedenen Lebensformen bewohnt sind. Denn je nach der Länge der seit der Ankunft der Colonisten in einer der beiden oder in beiden Gegenden verflossenen Zeit, — je nach der Natur des Verkehrs, welcher gewissen Formen gestattete und anderen wehrte, sich in grösserer oder geringerer Anzahl einzudrängen, je nachdem diese Eindringlinge zufällig in mehr oder weniger unmittelbare Concurrenz miteinander und mit den Urbewohnern geriethen oder nicht, — und je nachdem dieselben mehr oder weniger rasch zu variieren fähig waren, müssen in zwei oder mehreren Gegenden, ganz unabhängig von ihren physikalischen Verhältnissen, unendlich vermannichfachte Lebensbedingungen entstanden sein, muss ein fast endloser Betrag von organischer Wirkung und Gegenwirkung sich entwickelt haben, — und müssen, wie es wirklich der Fall ist, einige Gruppen von Wesen in hohem und andere nur in geringerem Grade abgeändert, müssen einige sich zu grossem Übergewicht entwickelt haben und andere nur in geringer Anzahl in den verschiedenen grossen geographischen Provinzen der Erde vorhanden sein.

Nach diesen nämlichen Grundsätzen ist es, wie ich nachzuweisen versucht habe, auch zu begreifen, warum oceanische Inseln nur wenige, aber unter diesen verhältnismässig viele endemiche oder eigenthümliche Bewohner haben und warum daselbst in Übereinstimmung mit den Wanderungsmitteln die eine Gruppe von Wesen lauter eigenthümliche und die andere Gruppe, sogar in der nämlichen Classe, lauter Arten darbietet, welche mit denen eines benachbarten Welttheils dieselben sind. Es lässt sich einsehen, warum ganze Gruppen von Organismen, wie Batrachier und Landsäugethiere, auf den oceanischen Inseln fehlen, während die meisten vereinzelt liegenden Inseln ihre eigenthümlichen Arten von Luftsäugethieren oder Fledermäusen besitzen. Es lässt sich die Ursache einer gewissen Beziehung erkennen zwischen der Anwesenheit von Säugethieren von mehr oder weniger abgeänderter Beschaffenheit auf Inseln und der Tiefe der diese von einander und vom Festlande trennenden Meeresarme. Es ergibt sich deutlich, warum alle Bewohner einer Inselgruppe, wenn auch auf jedem der Eilande von anderer Art, doch innig miteinander und, in minderem Grade, mit denen des nächsten Festlandes oder des sonst wahrscheinlichen Stammlandes verwandt sind. Wir sehen deutlich ein, warum in zwei, wenn auch noch so weit von einander entfernten Ländergebieten, sobald sehr nahe verwandte oder stellvertretende Arten vorhanden sind, auch beinahe immer einige identische Species vorkommen.

Wie der verstorbene Edward Forbes oft behauptet hat: es besteht ein auffallender Parallelismus in den Gesetzen des Lebens durch Zeit und Raum. Die Gesetze, welche die Aufeinanderfolge der Formen in vergangenen Zeiten geleitet haben, sind fast die nämlichen wie die, von denen in der Jetztzeit deren Verschiedenheiten in verschiedenen Ländergebieten abhängen. Wir erkennen dies aus vielen Thatsachen. Der Bestand jeder Art und Artengruppe ist der Zeit nach continuierlich; denn der scheinbaren Ausnahmen von dieser Regel sind so wenige, dass sie wohl am richtigsten daraus erklärt werden, dass wir die Reste gewisser Formen in den mittleren Schichten, wo sie fehlen, während sie darüber und darunter vorkommen, nur noch nicht entdeckt haben; — so ist es auch in Bezug auf den Raum sicherlich allgemeine Regel, dass das von einer einzelnen Art oder einer Artengruppe bewohnte Gebiet continuierlich ist, indem die allerdings nicht seltenen Ausnahmen sich, wie ich zu zeigen versucht habe, dadurch erklären, dass jene Arten in einer früheren Zeit unter abweichenden Verhältnissen oder mittelst gelegentlichen Transportes gewandert oder dass sie in den zwischen inneliegenden Theilen ausgedehnter Gebiete erloschen sind. Arten und Artengruppen haben ein Maximum der Entwicklung in der Zeit wie im Raum. Artengruppen, welche in einem und demselben Zeitabschnitt oder in einem und demselben Raumbezirk zusammenleben, sind oft durch besondere auffallende, aber unbedeutende Merkmale, wie Sculptur oder Farbe, characterisiert. Wenn wir die lange Reihe verflossener Zeitabschnitte und die räumlich weit von einander entfernten zoologischen und botanischen Provinzen über die ganze Erdoberfläche in's Auge fassen, so finden wir hier wie dort, dass einige Species aus gewissen Classen nur wenig von einander differieren, während andere aus anderen Classen oder auch nur aus anderen Familien derselben Ordnung weit abweichen. In Zeit und Raum ändern die niedriger organisierten Glieder jeder Classe gewöhnlich minder als die höheren ab; doch kommen in beiden Fällen auffallende Ausnahmen von dieser Regel vor. Nach meiner Theorie sind diese verschiedenen Beziehungen durch Zeit und Raum ganz begreiflich; denn mögen wir die Lebensformen ansehen, welche in aufeinanderfolgenden Zeitaltern sich verändert, oder jene, welche nach ihren Wanderungen in andere Weltgegenden abgeändert haben, in beiden Fällen sind die Formen innerhalb jeder Classe durch das nämliche Band der gewöhnlichen Zeugung miteinander verkettet; und in beiden Fällen sind die Gesetze der Abänderung die nämlichen gewesen und sind Modificationen durch die nämliche Kraft der natürlichen Zuchtwahl gehäuft worden.

Vierzehntes Capitel.

Gegenseitige Verwandtschaft organischer Wesen; Morphologie; Embryologie; Rudimentäre Organe.

Classification: Unterordnung der Gruppen. — Natürliches System. — Regeln und Schwierigkeiten der Classification erklärt aus der Theorie der Descendenz mit Modification. — Classification der Varietäten. — Abstammung stets bei der Classification benutzt. — Analoge oder Anpassungscharactere. — Verwandtschaften: allgemeine, verwickelte und strahlenförmige. — Erlöschung trennt und begrenzt die Gruppen. — Morphologie: zwischen Gliedern derselben Classe und zwischen Theilen desselben Individuums. — Embryologie: deren Gesetze daraus erklärt, dass Abänderungen nicht im frühen Lebensalter eintreten und in correspondierendem Alter vererbt werden. — Rudimentäre Organe: ihre Entstehung erklärt. — Zusammenfassung.

Classification.

Von der frühesten Periode in der Geschichte der Erde an gleichen alle organischen Wesen einander in immer weiter abnehmendem Grade, so dass man sie in Gruppen und Untergruppen classificieren kann. Diese Gruppierung ist offenbar nicht willkürlich, wie die der Sterne zu Sternbildern. Die Existenz von Gruppen würde eine einfache Bedeutung haben, wenn eine Gruppe ausschliesslich für das Wohnen auf dem Lande und eine andere für das Leben im Wasser, eine für Fleisch-, eine andere für die Pflanzennahrung u. s. w. gebildet wäre; in der Natur aber verhält sich die Sache sehr verschieden, denn es ist bekannt, wie oft sogar Glieder einer nämlichen Untergruppe verschiedene Lebensweisen besitzen. Im zweiten und vierten Capitel, über Abänderung und natürliche Zuchtwahl, habe ich zu zeigen versucht, dass es in jedem Lande die weit verbreiteten, die überall vorkommenden und gemeinen, d. h. die herrschenden, zu grossen Gattungen gehörenden Arten in jeder Classe sind, die am meisten variieren. Die so entstandenen Varietäten oder beginnenden Arten gehen endlich in neue und verschiedene Arten über, welche nach dem Vererbungsprocess geneigt sind, andere neue und herrschende Arten zu erzeugen. Demzufolge streben die Gruppen, welche jetzt gross sind und allgemein viele herrschende Arten in sich einschliessen, danach, beständig an Umfang zuzunehmen. Ich habe weiter nachzuweisen gesucht, dass aus dem Streben der abändernden Nachkommen einer Art, so viele und verschiedene Stellen als möglich im Haushalte der Natur einzunehmen, eine beständige Neigung zur Divergenz der Charactere entspringt. Diese letzte Folgerung wurde unterstützt durch die Betrachtung der grossen Mannichfaltigkeit der Formen, die, auf irgend einem kleinen Gebiete, in Concurrenz miteinander gerathen, und durch die Wahrnehmung gewisser Thatsachen bei der Naturalisierung.

Ich habe ferner darzuthun versucht, dass bei den an Zahl und an Divergenz des Characters zunehmenden Formen ein fortwährendes Streben vorhanden ist, die früheren minder divergenten und minder verbesserten Formen zu unterdrücken und zu ersetzen. Ich ersuche den Leser, nochmals das Schema anzusehen, welches bestimmt war, die Wirkungsweise dieser verschiedenen Principien zu erläutern, und er wird finden, dass die einem gemeinsamen Urerzeuger entsprossenen abgeänderten Nachkommen unvermeidlich immer weiter in Gruppen und Untergruppen auseinanderfallen müssen. In dem Schema mag jeder Buchstabe der obersten Linie eine Gattung bezeichnen, welche mehrere Arten enthält, und alle Gattungen dieser obern Linie bilden miteinander eine Classe, denn alle sind von einem gemeinsamen alten Erzeuger entsprossen und haben mithin irgend etwas Gemeinsames ererbt. Aber die drei Gattungen auf der linken Seite haben diesem nämlichen Princip zufolge mehr miteinander gemein und bilden eine Unterfamilie, verschieden von derjenigen, welche die zwei rechts zunächstfolgenden einschliesst, die auf der fünften Abstammungsstufe einem ihnen und jenen gemeinsamen Erzeuger entsprungen sind. Diese fünf Genera haben auch noch Vieles miteinander gemein, doch weniger, als wenn sie in Unterfamilien vereinigt werden; sie bilden miteinander eine Familie, verschieden von den die nächsten drei Gattungen weiter rechts umfassenden, welche sich in einer noch frühern Periode von den vorigen abgezweigt haben. Und alle diese von *A* entsprungenen Gattungen bilden eine von den aus *I* entsprossenen verschiedene Ordnung. So haben wir hier viele Arten von gemeinsamer Abstammung in mehrere Genera vertheilt, und diese Genera bilden, indem sie zu immer grösseren Gruppen zusammentreten, erst Unterfamilien, dann Familien, dann Ordnungen, sämmtlich zu einer Classe gehörig. So erklärt sich nach meiner Ansicht die Erscheinung der natürlichen Subordination aller organischen Wesen in Gruppen unter Gruppen, die uns freilich in Folge unserer Gewöhnung daran nicht immer genug aufzufallen pflegt. Die organischen Wesen lassen sich ohne Zweifel, wie alle anderen Gegenstände, in vielfacher Weise in Gruppen ordnen, entweder künstlich nach einzelnen Characteren, oder natürlicher nach einer Anzahl von Merkmalen. Wir wissen z. B., dass man Mineralien und selbst Elementarstoffe so anordnen kann. In diesem Falle gibt es natürlich keine Beziehung der Classification zu der genealogischen Aufeinanderfolge, und es lässt sich für jetzt kein Grund angeben, warum sie in Gruppen zerfallen. Bei organischen Wesen steht aber die Sache anders und die oben entwickelte Ansicht erklärt ihre natürliche Anordnung in Gruppen unter Gruppen, und eine andere Erklärung ist nie versucht worden.

Die Naturforscher bemühen sich, wie wir gesehen haben, die Arten, Gattungen und Familien jeder Classe in ein sogenanntes natürliches System zu ordnen. Aber was versteht man nun unter einem solchen System? Einige Schriftsteller betrachten es nur als ein Fachwerk, worin die einander ähnlichsten Lebewesen zusammengeordnet und die unähnlichsten auseinander gehalten werden, — oder als ein künstliches Mittel, um allgemeine Sätze so kurz wie möglich auszudrücken, so dass, wenn man z. B. in einem Satz (Diagnose) die allen Säugethieren, in einem andern die allen Raubsäugethieren und in einem dritten die allen hundeartigen Raubsäugethieren gemeinsamen Merkmale zusammengefasst hat, man endlich im Stande ist, nur durch Beifügung eines einzigen ferneren Satzes eine vollständige Beschreibung jeder beliebigen Hundeart zu liefern. Das Sinnreiche und Nützliche dieses Systems ist unbestreitbar; doch glauben viele Naturforscher, dass das natürliche System noch eine weitere Bedeutung habe, nämlich die, den Plan des Schöpfers zu enthüllen; solange aber nicht näher bezeichnet wird, ob Anordnung im Raume oder in der Zeit, oder in beiden, oder, was sonst mit dem „Plane des Schöpfers" gemeint ist, scheint mir damit für unsere Kenntnis nichts gewonnen zu sein. Solche Ausdrücke, wie die berühmten LINNÉ'schen, die wir oft in mancherlei Einkleidungen versteckt wieder finden, dass nämlich die Charactere nicht die Gattung machen, sondern die Gattung die Charactere gebe, scheinen mir zugleich andeuten zu sollen, dass unsere Classification noch etwas mehr als blosse Ähnlichkeit zu berücksichtigen habe. Und ich glaube in der That, dass dies der Fall ist, und dass die Gemeinsamkeit der Abstammung (die einzige bekannte Ursache der Ähnlichkeit organischer Wesen) das, obschon unter mancherlei Modificationsstufen beobachtete Band ist, welches durch unsere natürliche Classification theilweise enthüllt werden kann.

Betrachten wir nun die bei der Classification befolgten Regeln und die dabei vorkommenden Schwierigkeiten von der Ansicht aus, dass die Classification entweder einen unbekannten Schöpfungsact darstellt oder auch nur einfach ein Mittel bietet, allgemeine Sätze auszusprechen und die einander ähnlichsten Formen zusammenzustellen. Man hätte wohl meinen können, und es ist in älteren Zeiten angenommen worden, dass diejenigen Theile der Organisation, welche die Lebensweise und im Allgemeinen die Stellung eines jeden Wesens im Haushalte der Natur bestimmen, von sehr grosser Bedeutung bei der Classification wären. Und doch kann nichts unrichtiger sein. Niemand legt mehr der äussern Ähnlichkeit der Maus mit der Spitzmaus, des Dugongs mit dem Wale, und des Wales mit dem Fisch einige Wichtigkeit bei. Diese Ähnlichkeiten, wenn auch in innigstem Zusammenhange mit dem ganzen Leben des Thieres stehend, werden als blosse „analoge oder Anpassungs-Charactere“ bezeichnet; doch werden wir auf die Betrachtung dieser Ähnlichkeiten später zurückkommen. Man kann es sogar als eine allgemeine Regel ansehen, dass, je weniger ein Theil der Organisation für Specialzwecke bestimmt ist, desto wichtiger er für die Classification wird. So z. B. sagt R. Owen, indem er vom Dugong spricht: „Ich habe die Generationsorgane, insofern sie mit Lebens- und Ernährungsweise der „Thiere in wenigst naher Beziehung stehen, immer als solche betrachtet, welche die klarsten Andeutungen über die wahren Verwandtschaften derselben zu liefern vermögen. Wir sind am wenigsten der Gefahr ausgesetzt, in Modificationen dieser Organe einen „blossen adaptiven für einen wesentlichen Character zu nehmen.“ So ist es auch mit den Pflanzen. Wie merkwürdig ist es nicht, dass die Vegetationsorgane, von welchen ihre Ernährung und ihr Leben überhaupt abhängig ist, so wenig zu bedeuten haben, während die Reproductionswerkzeuge und deren Erzeugnis, der Same und Embryo, von oberster Bedeutung sind. So haben wir früher bei Erörterung gewisser morphologischer Verschiedenheiten, welche von keiner physiologischen Bedeutung sind, gesehen, dass sie oft für die Classification von höchstem Werthe sind. Dies hängt von der Beständigkeit ab, mit welcher sie in vielen verwandten Gruppen auftreten: und diese Beständigkeit hängt wiederum hauptsächlich davon ab, dass etwaige geringe Structurabweichungen in solchen Theilen von der natürlichen Zuchtwahl, welche nur auf nützliche Charactere wirkt, nicht erhalten und angehäuft worden sind.

Dass die blosse physiologische Wichtigkeit eines Organes seine Bedeutung für die Classification nicht bestimme, ergibt sich fast schon aus der Thatsache allein, dass der classificatorische Werth eines Organes in verwandten Gruppen, wo man ihm doch eine gleiche physiologische Bedeutung zuschreiben darf, oft weit verschieden ist. Kein Naturforscher kann sich mit einer Gruppe näher beschäftigt haben, ohne dass ihm diese Thatsache aufgefallen wäre, was auch in den Schriften fast aller Autoren vollkommen anerkannt wird. Es wird genügen, wenn ich Robert Brown als den höchsten Gewährsmann citiere, welcher bei Erwähnung gewisser Organe bei den Proteaceen sagt: ihre generische Wichtigkeit „ist so wie die „aller ihrer Theile nicht allein in dieser, sondern nach meiner Er„fahrung in allen natürlichen Familien sehr ungleich und scheint „mir in einigen Fällen ganz verloren zu gehen.“ Ebenso sagt er in einem andern Werke: die Genera der Connaraceae „unterscheiden „sich durch die Ein- oder Mehrzahl ihrer Ovarien, durch Anwesen„heit oder Mangel des Eiweisses und durch die schuppige oder „klappenartige Aestivation. Ein jedes einzelne dieser Merkmale „ist oft von mehr als generischer Wichtigkeit; hier aber erscheinen „alle zusammen genommen unzureichend, um nur die Gattung *Cnestis* von *Connarus* zu unterscheiden.“ Ich will noch ein Beispiel von den Insecten anführen, wo in der einen grossen Abtheilung der Hymenopteren nach Westwood's Beobachtung die Fühler von sehr beständiger Bildung sind, während sie in einer andern Abtheilung sehr abändern und die Abweichungen von ganz untergeordnetem Werthe für die Classification sind; und doch wird Niemand behaupten wollen, dass die Fühler in diesen zwei Gruppen derselben Ordnung von ungleichem physiologischen Werthe seien. So liessen sich noch Beispiele beliebiger Zahl von der veränderlichen Wichtigkeit desselben wesentlichen Organes für die Classification innerhalb derselben Gruppe von Organismen anführen.

Es wird ferner Niemand behaupten, rudimentäre oder verkümmerte Organe wären von hoher physiologischer Wichtigkeit oder von vitaler Bedeutung, und doch besitzen ohne Zweifel sich in diesem Zustande findende Organe häufig für die Classification einen grossen Werth. So wird Niemand bestreiten, dass die Zahnrudimente im Oberkiefer junger Wiederkäuer so wie gewisse Knochenrudimente in deren Füssen sehr nützlich sind, um die nahe Verwandtschaft der Wiederkäuer mit den Dickhäutern zu beweisen. Und so bestand auch ROBERT BROWN streng auf der hohen Bedeutung, welche die Stellung der verkümmerten Blumen der Gräser für ihre Classification haben.

Dagegen liessen sich zahlreiche Beispiele von Merkmalen anführen, die von Organen hergenommen sind, welche als von sehr unbedeutender physiologischer Wichtigkeit angesehen werden müssen, welche aber allgemein für sehr nützlich zur Bestimmung ganzer Gruppen gelten. So ist z. B. der Umstand, ob eine offene Communication zwischen der Nasenhöhle und der Mundhöhle vorhanden ist, nach R. OWEN der einzige unbedingte Unterschied zwischen Reptilien und Fischen, und ebenso wichtig ist die Einbiegung des Unterkieferwinkels bei den Beutelthieren, die verschiedene Zusammenfaltungsweise der Flügel bei den Insecten, die blosse Farbe bei gewissen Algen, die Behaarung gewisser Blüthentheile bei den Gräsern, die Art der Hautbedeckung, wie Haar- oder Federkleid bei den Wirbelthierclassen. Hätte der *Ornithorhynchus* ein Federstatt ein Haargewand, so würde dieser äussere unwesentlich erscheinende Character vielleicht von manchen Naturforschern als ein wichtiges Hülfsmittel zur Bestimmung des Verwandtschaftsgrades dieses sonderbaren Geschöpfes den Vögeln gegenüber angesehen worden sein.

Die Wichtigkeit an sich gleichgültiger Charactere für die Classification hängt hauptsächlich von ihrer Correlation zu manchen anderen mehr oder weniger wichtigen Merkmalen ab. In der That ist der Werth miteinander verbundener Charactere in der Naturgeschichte sehr augenscheinlich. Daher kann sich, wie oft bemerkt worden ist, eine Art in mehreren einzelnen Characteren von hoher physiologischer Wichtigkeit und fast allgemeinem Übergewicht weit von ihren Verwandten entfernen und uns doch nicht in Zweifel darüber lassen, wohin sie gehört. Daher hat sich ferner oft genug eine bloss auf ein einziges Merkmal, wenn gleich von höchster Bedeutung, gegründete Classification als mangelhaft erwiesen; denn kein Theil der Organisation ist unabänderlich beständig. Die Wichtigkeit einer Verkettung von Characteren, wenn auch keiner davon wesentlich ist, erklärt nach meiner Meinung allein den Ausspruch LINNÉ's, dass die Charactere nicht das Genus machen, sondern dieses die Charactere gibt; denn dieser Ausspruch scheint auf eine Würdigung vieler untergeordneter ähnlicher Punkte gegründet zu sein, welche zu gering sind, um definiert werden zu können. Gewisse zu den Malpighiaceen gehörige Pflanzen bringen vollkommene und verkümmerte Blüthen zugleich hervor; die letzten verlieren nach A. DE JUSSIEU's Bemerkung „die Mehrzahl der Art-, Gattungs-, „Familien- und selbst Classencharactere und spotten mithin unserer „Classification." Als aber *Aspicarpa* mehrere Jahre lang in Frankreich nur verkümmerte Blüthen lieferte, welche in einer Anzahl der wichtigsten Punkte der Organisation so wunderbar von dem eigentlichen Typus der Ordnung abweichen, da erkannte doch RICHARD scharfsinnig genug, wie JUSSIEU bemerkt, dass diese Gattung unter den Malpighiaceen zurückbehalten werden müsse. Dieser Fall scheint mir den Geist wohl zu bezeichnen, in welchem unsere Classificationen gegründet sind.

In der Praxis bekümmern sich aber die Naturforscher nicht viel um den physiologischen Werth des Characters, deren sie sich zur Definition einer Gruppe oder bei Einordnung einer Species bedienen. Wenn sie einen nahezu einförmigen und einer grossen Anzahl von Formen gemeinsamen Character finden, der bei anderen nicht vorkommt, so benutzen sie ihn als sehr werthvoll; kömmt er bei einer geringern Anzahl vor, so ist er von geringerm Werthe. Zu diesem Grundsatze haben sich einige Naturforscher offen als zu dem einzig richtigen bekannt, und keiner entschiedener als der vortreffliche Botaniker AUGUSTE ST.-HILAIRE. Wenn gewisse unbedeutende Charactere immer in Combination mit anderen erscheinen, mag auch ein bedingendes Band zwischen ihnen nicht zu entdecken sein, so wird ihnen besonderer Werth beigelegt. Da in den meisten Thiergruppen wesentliche Organe, wie die zur Bewegung des Blutes, zur Athmung, zur Fortpflanzung bestimmten, nahezu von gleicher Beschaffenheit sind, so werden sie bei deren Classification für sehr werthvoll angesehen; wogegen wieder in anderen Thiergruppen alle diese wichtigsten Lebenswerkzeuge nur Charactere von ganz untergeordnetem Werthe darbieten. So hat FRITZ MÜLLER neuerdings bemerkt, dass in derselben Gruppe der Crustaceen *Cypridina* mit einem Herzen versehen ist, während es in zwei nahe verwandten Gattungen, *Cypris* und *Cytherea,* fehlt: eine Species von *Cypridina* hat entwickelte Kiemen, während andere Arten keine besitzen.

Wir können einsehen, warum vom Embryo entnommene Charactere sich als von gleicher Wichtigkeit erweisen, wie die der erwachsenen Thiere; denn eine natürliche Classification umfasst natürlich die Arten in allen ihren Lebensaltern. Doch liegt es nach der gewöhnlichen Anschauungsweise keineswegs auf der Hand, warum die Structur des Embryos für diesen Zweck höher in Anschlag zu bringen wäre, als die des erwachsenen Thieres, welches doch nur allein vollen Antheil am Haushalte der Natur nimmt. Nun haben bedeutende Naturforscher, wie H. Milne-Edwards und L. Agassiz, scharf hervorgehoben, dass embryonale Charactere von allen die wichtigsten für die Classification sind, und diese Behauptung ist fast allgemein als richtig aufgenommen worden. Trotzdem ist ihre Bedeutung zuweilen übertrieben worden, da die adaptiven Charactere der Larven nicht ausgeschlossen wurden, und Fritz Müller hat, um dies zu beweisen, die grosse Classe der Crustaceen allein nach ihren embryologischen Verschiedenheiten angeordnet, wobei sich zeigte, dass eine solche Anordnung keine natürliche ist. Darüber kann aber kein Zweifel bestehen, dass von dem Embryo entnommene Merkmale allgemein nicht bloss bei Thieren, sondern auch bei Pflanzen von dem höchsten Werthe sind. So sind bei den Blüthenpflanzen deren zwei Hauptgruppen nur auf embryonale Verschiedenheiten gegründet, nämlich auf die Zahl und Stellung der Blätter des Embryos oder der Cotyledonen und auf die Entwicklungsweise der Plumula und Radicula. Wir werden sofort sehen, warum diese Charactere bei der Classification so werthvoll sind, weil nämlich das natürliche System in seiner Anordnung genealogisch ist.

Unsere Classificationen stehen offenbar häufig unter dem Einflusse der Idee verwandtschaftlicher Verkettungen. Es ist nichts leichter, als eine Anzahl allen Vögeln gemeinsamer Charactere zu bezeichnen, aber hinsichtlich der Kruster ist eine solche Definition noch nicht möglich gewesen. Es gibt Kruster an den entgegengesetzten Enden der Reihe, welche kaum einen Character miteinander gemein haben; aber da die an den zwei Enden stehenden Arten offenbar mit anderen und diese wieder mit anderen Krustern u. s. w. verwandt sind, so ergibt sich ganz unzweideutig, dass sie alle zu dieser und zu keiner andern Classe der Gliederthiere gehören.

Auch die geographische Verbreitung ist oft, wenn gleich vielleicht nicht in völlig logischer Weise, zur Classification mit benützt worden, zumal in sehr grossen Gruppen nahe untereinander verwandter Formen. Temminck besteht auf der Nützlichkeit und selbst Nothwendigkeit dieses Verfahrens bei gewissen Vogelgruppen; wie sie denn auch von einigen Entomologen und Botanikern in Anwendung gezogen ist.

Was endlich den vergleichsweisen Werth der verschiedenen Artengruppen, wie Ordnungen und Unterordnungen, Familien und Unterfamilien, Gattungen u. s. w. betrifft, so scheinen sie wenigstens bis jetzt ganz willkürlich zu sein. Einige der besten Botaniker, wie Bentham u. A., haben ausdrücklich deren willkürlichen Werth betont. Man könnte bei den Pflanzen wie bei den Insecten Beispiele anführen von Artengruppen, die von geübten Naturforschern erst nur als Gattungen aufgestellt und dann allmählich zum Rang von Unterfamilien und Familien erhoben worden sind, und zwar nicht deshalb, weil durch spätere Forschungen neue wesentliche, zuerst übersehene Unterschiede in ihrer Organisation ausgemittelt worden wären, sondern nur in Folge späterer Entdeckung vieler verwandter Arten mit nur schwach abgestuften Unterschieden.

Alle voranstehenden Regeln, Behelfe und Schwierigkeiten der Classification klären sich, wenn ich mich nicht sehr täusche, durch die Annahme auf, dass das natürliche System auf die Descendenz mit fortwährender Abänderung sich gründet, dass diejenigen Charactere, welche nach der Ansicht der Naturforscher eine echte Verwandtschaft zwischen zwei oder mehr Arten darthun, von einem gemeinsamen Ahnen ererbt sind, insofern eben alle echte Classification eine genealogische ist: — dass gemeinsame Abstammung das unsichtbare Band ist, wonach alle Naturforscher unbewusster Weise gesucht haben, nicht aber ein unbekannter Schöpfungsplan, oder der Ausdruck für allgemeine Beziehungen, oder eine angemessene Methode, die Naturgegenstände nach den Graden ihrer Ähnlichkeit oder Unähnlichkeit miteinander zu verbinden oder von einander zu trennen.

Doch ich muss meine Ansicht ausführlicher auseinandersetzen. Ich glaube, dass die Anordnung der Gruppen in jeder Classe, ihre gegenseitige Nebenordnung und Unterordnung streng genealogisch sein muss, wenn sie natürlich sein soll, dass aber das Mass der Verschiedenheit zwischen den verschiedenen Gruppen oder Verzweigungen, obschon sie alle in gleicher Blutsverwandtschaft mit ihrem gemeinsamen Erzeuger stehen, sehr ungleich sein kann, indem dieselbe von den verschiedenen Graden erlittener Modification abhängig ist; und dies findet seinen Ausdruck darin, dass die Formen in verschiedene Gattungen, Familien, Sectionen und Ordnungen gruppiert werden. Der Leser wird meine Meinung am besten verstehen, wenn er sich nochmals nach dem Schema im vierten Capitel umsehen will. Nehmen wir an, die Buchstaben *A* bis *L* stellen verwandte Genera vor, welche in der silurischen Zeit gelebt haben und selbst von einer noch frühern Form abstammen. Arten von dreien dieser Genera (*A*, *F* und *I*) haben sich in abgeänderten Nachkommen bis auf den heutigen Tag fortgepflanzt, welche durch die fünfzehn Genera a^{14} bis z^{14} der obersten Horizontallinie ausgedrückt sind. Nun sind aber alle diese modificierten Nachkommen einer einzelnen Art als in gleichem Grade blutsverwandt dargestellt; man könnte sie bildlich als Vettern im gleichen millionsten Grade bezeichnen; und doch sind sie weit und in ungleichem Grade von einander verschieden. Die von *A* herstammenden Formen, welche nun in 2—3 Familien geschieden sind, bilden eine andere Ordnung als die von *I* entsprossenen, die auch in zwei Familien gespalten sind. Auch können die von *A* abgeleiteten jetzt lebenden Formen eben so wenig in eine Gattung mit ihrem Ahnen *A*, als die von *I* herkommenden in eine mit ihrem Erzeuger zusammengestellt werden. Die noch jetzt lebende Gattung F^{14} dagegen mag man als nur wenig modificiert betrachten und demnach mit deren Stammgattung *F* vereinigen, wie es ja in der That noch jetzt einige organische Formen gibt, welche zu silurischen Gattungen gehören. So kommt es, dass das Mass oder der Werth der Verschiedenheiten zwischen denjenigen organischen Wesen, die alle in gleichem Grade miteinander blutsverwandt sind, doch so ausserordentlich ungleich geworden ist. Demungeachtet aber bleibt ihre genealogische Anordnung vollkommen richtig nicht allein in der jetzigen, sondern auch in allen successiven Perioden der Descendenz. Alle modificierten Nachkommen von *A* haben etwas Gemeinsames von ihrem gemeinsamen Ahnen geerbt, wie die des *I* von dem ihrigen, und so wird es sich auch mit jedem untergeordneten Zweige der Nachkommenschaft in jeder der aufeinanderfolgenden Perioden verhalten. Sollten wir indessen annehmen, irgend welche Nachkommen von *A* oder *I* seien so bedeutend modificiert worden, dass sie sämmtliche Spuren ihrer Abkunft eingebüsst haben, so werden sie in einer natürlichen Classification ihre Stellen gleichfalls vollständig verloren haben, wie dies bei einigen noch lebenden Formen wirklich der Fall zu sein scheint. Von allen Nachkommen der Gattung *F* ist der ganzen Descendenz entlang angenommen worden, dass sie nur wenig modificiert worden sind und daher gegenwärtig nur ein einzelnes Genus bilden. Aber dieses Genus wird, obschon sehr vereinzelt, doch seine eigene Zwischenstelle einnehmen. Die Darstellung der Gruppen, wie sie hier im Schema in einer ebenen Fläche gegeben wurde, ist viel zu einfach. Die Zweige sollten als nach allen Richtungen divergierend dargestellt sein. Hätte ich die Namen der Gruppen einfach in eine lineäre Reihe schreiben wollen, so würde die Darstellung noch viel weniger natürlich gewesen sein; und es ist anerkanntermassen unmöglich, in einer Reihe auf einer Fläche die Verwandtschaft zwischen den verschiedenen Wesen einer und derselben Gruppe darzustellen. So ist nach meiner Ansicht das Natursystem genealogisch in seiner Anordnung, wie ein Stammbaum, aber das Mass der Modificationen, welche die verschiedenen Gruppen durchlaufen haben, muss durch Eintheilung derselben in verschiedene sogenannte Gattungen, Unterfamilien, Familien, Sectionen, Ordnungen und Classen ausgedrückt werden.

Es wird die Mühe lohnen, diese Ansicht von der Classification durch einen Vergleich mit den Sprachen zu erläutern. Wenn wir einen vollständigen Stammbaum des Menschen besässen, so würde eine genealogische Anordnung der Menschenrassen die beste Classification aller jetzt auf der ganzen Erde gesprochenen Sprachen abgeben; und sollte man alle erloschenen Sprachen und alle mittleren und langsam abändernden Dialecte mit aufnehmen, so würde diese Anordnung, glaube ich, die einzig mögliche sein. Da könnte nun der Fall eintreten, dass irgend eine sehr alte Sprache nur wenig abgeändert und zur Bildung nur weniger neuen Sprachen geführt hätte, während andere (in Folge der Ausbreitung und spätern Isolierung und der Civilisationsstufen einiger von gemeinsamem Stamm entsprossener Rassen) sich sehr verändert und die Entstehung vieler neuer Sprachen und Dialecte veranlasst hätten. Die Ungleichheit der Abstufungen in der Verschiedenheit der Sprachen eines Sprachstammes müsste durch Unterordnung von Gruppen unter andere ausgedrückt werden; aber die eigentliche oder selbst allein mögliche Anordnung würde nur genealogisch sein; und dies wäre streng naturgemäss, indem auf diese Weise alle lebenden wie erloschenen Sprachen je nach ihren Verwandtschaften miteinander verkettet und der Ursprung und der Entwicklungsgang einer jeden einzelnen nachgewiesen werden würde.

Wir wollen nun zur Bestätigung dieser Ansicht einen Blick auf die Classification der Varietäten werfen, von welchen man annimmt oder weiss, dass sie von einer Art abstammen. Diese werden unter die Arten eingereiht und die Untervarietäten wieder unter die Varietäten; und in manchen Fällen werden noch manche andere Unterscheidungsstufen angenommen, wie bei den domesticierten Tauben. Es werden hier fast die nämlichen Regeln wie bei der Classification der Arten befolgt. Manche Schriftsteller sind auf der Nothwendigkeit bestanden, die Varietäten nach einem natürlichen statt künstlichen Systeme zu classificieren; wir werden z. B. gewarnt, nicht zwei Ananasvarietäten zusammenzuordnen, bloss weil ihre Frucht, obgleich der wesentlichste Theil, zufällig nahezu übereinstimmt. Niemand stellt die schwedischen mit den gemeinen Rüben zusammen, obwohl deren verdickter essbarer Stiel so ähnlich ist. Der beständigste Theil, welcher es immer sein mag, wird zur Classification der Varietäten benützt; so sagt der grosse Landwirth Marshall: die Hörner des Rindviehs seien für diesen Zweck sehr nützlich, weil sie weniger als die Form und Farbe des Körpers veränderlich sind u. s. f., während sie bei den Schafen ihrer Veränderlichkeit wegen viel weniger brauchbar sind. Ich stelle mir vor, dass, wenn man einen wirklichen Stammbaum hätte, eine genealogische Classification der Varietäten allgemein vorgezogen werden würde, und einige Autoren haben in der That eine solche versucht. Denn, mag ihre Abänderung gross oder klein sein, so werden wir uns doch überzeugt halten können, dass das Vererbungsprincip diejenigen Formen zusammenhalte, welche in den meisten Beziehungen miteinander verwandt sind. So werden alle Purzeltauben, obschon einige Untervarietäten in dem wichtigen Merkmal, der Länge des Schnabels, weit von einander abweichen, doch durch die gemeinsame Sitte zu purzeln unter sich zusammengehalten, aber die kurzschnäbelige Zucht hat diese Gewohnheit beinahe oder vollständig abgelegt. Demungeachtet hält man diese Purzler, ohne über die Sache nachzudenken oder zu urtheilen, in einer Gruppe beisammen, weil sie einander durch Abstammung verwandt und in manchen anderen Beziehungen ähnlich sind.

Was dann die Arten in ihrem Naturzustande betrifft, so hat jeder Naturforscher die Abstammung bei der Classification factisch mit in Betracht gezogen, indem er in seine unterste Gruppe, die Species nämlich, beide Geschlechter aufnahm, und wie ungeheuer diese zuweilen sogar in den wesentlichsten Characteren von einander abweichen, ist jedem Naturforscher bekannt; so haben erwachsene Männchen und Hermaphroditen gewisser Cirripeden kaum ein Merkmal miteinander gemein, und doch denkt Niemand daran sie zu trennen. Sobald man wahrnahm, dass drei ehedem als eben so viele

Gattungen aufgeführte Orchideenformen, *Monachanthus*, *Myanthus* und *Catasetum*, zuweilen auf der nämlichen Pflanze entstehen, wurden sie sofort als Varietäten betrachtet; es ist mir nun aber möglich geworden zu zeigen, dass sie die männliche, weibliche und Zwitterform der nämlichen Art bilden. Der Naturforscher schliesst in eine Species die verschiedenen Larvenzustände des nämlichen Individuums ein, wie weit dieselben auch unter sich und von dem erwachsenen Thiere verschieden sein mögen, wie er auch den von Steenstrup so genannten Generationswechsel mit einbegreift, den man nur in einem technischen Sinne noch als an einem Individuum verlaufend betrachten kann. Er schliesst Missgeburten und Varietäten mit ein, nicht sowohl weil sie der elterlichen Form nahezu gleichen, sondern weil sie von derselben abstammen.

Da die Abstammung bei Classification der Individuen einer Art trotz der oft ausserordentlichen Verschiedenheit zwischen Männchen, Weibchen und Larven allgemein benutzt worden ist, und da dieselbe bei Classification von Varietäten, welche ein gewisses und mitunter ansehnliches Mass von Abänderung erfahren haben, in Betracht gezogen wird: sollte es nicht der Fall gewesen sein, dass man das nämliche Element ganz unbewusst bei Zusammenstellung der Arten in Gattungen und der Gattungen in höhere Gruppen und aller dieser im sogenannten natürlichen System angewendet hat? Ich glaube, dass dies allerdings geschehen ist; und nur so vermag ich die verschiedenen Regeln und Vorschriften zu verstehen, welche von unseren besten Systematikern befolgt worden sind. Wir haben keine geschriebenen Stammbäume, sondern sind genöthigt, die gemeinschaftliche Abstammung nur vermittelst der Ähnlichkeiten jedweder Art zu ermitteln. Daher wählen wir diejenigen Charactere aus, welche, so viel wir beurtheilen können, am wenigsten in Beziehung zu den äusseren Lebensbedingungen, welchen jede Art neuerdings ausgesetzt gewesen ist, modificiert worden sind. Rudimentäre Gebilde sind in dieser Hinsicht eben so gut und zuweilen noch besser, als andere Theile der Organisation. Mag ein Character noch so unwesentlich erscheinen, sei es ein eingebogener Unterkieferwinkel, oder die Faltungsweise eines Insectenflügels, sei es das Haar- oder Federgewand des Körpers: wenn sich derselbe durch viele und verschiedene Species erhält, durch solche zumal, welche sehr ungleiche Lebensweisen haben, so erhält er einen hohen Werth; denn wir können seine Anwesenheit in so vielerlei Formen mit so mannichfaltigen Lebensweisen nur durch seine Ererbung von einem gemeinsamen Stamm erklären. Wir können uns dabei hinsichtlich einzelner Punkte der Organisation irren; wenn aber mehrere noch so unwesentliche Charactere durch eine ganze grosse Gruppe von Wesen mit verschiedener Lebensweise gemeinschaftlich hindurchziehen, so werden wir nach der Descendenztheorie fast überzeugt sein können, dass diese Gemeinschaft von Characteren von einem gemeinsamen Vorfahren ererbt ist. Und wir wissen, dass solche in Correlation zu einander stehende oder aggregierte Charactere bei der Classification von grossem Werthe sind.

Es wird begreiflich, warum eine Art oder eine ganze Gruppe von Arten in einigen ihrer wesentlichsten Charactere von ihren Verwandten abweichen und doch ganz wohl im System mit ihnen zusammengestellt werden kann. Man kann dies getrost thun und hat es oft gethan, solange wie noch eine genügende Anzahl von wenn auch unbedeutenden Characteren das verhüllte Band gemeinsamer Abstammung verräth. Es mögen zwei Formen nicht einen einzigen Character gemeinsam besitzen, wenn aber diese extremen Formen noch durch eine Reihe vermittelnder Gruppen miteinander verkettet sind, so dürfen wir doch sofort auf eine gemeinsame Abstammung schliessen und sie alle zusammen in eine Classe stellen. Da wir Charactere von hoher physiologischer Wichtigkeit, solche die zur Erhaltung des Lebens unter den verschiedensten Existenzbedingungen dienen, gewöhnlich am beständigsten finden, so legen wir ihnen besondern Werth bei; wenn aber diese selben Organe in einer andern Gruppe oder Gruppenabtheilung sehr abweichen, so schätzen wir sie hier auch sofort bei der Classification geringer. Wir werden sehr bald sehen, warum embryonale Merkmale eine so hohe classificatorische Wichtigkeit besitzen. Die geographische Verbreitung mag bei der Classification grosser Gattungen zuweilen mit Nutzen angewendet werden, weil alle Arten einer und derselben Gattung, welche eine eigenthümliche und abgesonderte Gegend bewohnen, höchst wahrscheinlich von gleichen Eltern abstammen.

Analoge Ähnlichkeiten.

Nach den oben entwickelten Ansichten wird es begreiflich, wie wesentlich es ist, zwischen wirklicher Verwandtschaft und analoger oder Anpassungsähnlichkeit zu unterscheiden. Lamarck hat zuerst die Aufmerksamkeit auf diesen Unterschied gelenkt, und Macleay u. A. sind ihm darin glücklich gefolgt. Die Ähnlichkeit, welche zwischen dem Dugong, einem den Pachydermen verwandten Thiere, und den Walen in der Form des Körpers und der Bildung der vorderen ruderförmigen Gliedmassen, und jene, welche zwischen diesen beiden Säugethieren und den Fischen besteht, ist Analogie. So ist die Ähnlichkeit zwischen einer Maus und einer Spitzmaus *(Sorex)*, welche zu verschiedenen Ordnungen gehören, eine analoge, ebenso auch die noch grössere zwischen der Maus und einem kleinen Beutelthiere Australiens *(Antechinus)*, welche Mr. Mivart hervorhebt. Wie mir scheint, lassen sich die letzteren Ähnlichkeiten durch Adaptation für ähnlich lebendige Bewegungen durch Dickichte und Pflanzenwuchs in Verbindung mit dem Verbergen vor Feinden erklären.

Bei den Insecten finden sich unzählige Beispiele dieser Art, daher Linné, durch äussern Anschein verleitet, wirklich ein Homopter unter die Motten gestellt hat. Wir sehen etwas Ähnliches auch bei unseren cultivierten Varietäten in der auffallend ähnlichen Körperform bei den veredelten Rassen des chinesischen und gemeinen Schweines und in den verdickten Stämmen der gemeinen und der schwedischen Rübe. Die Ähnlichkeit zwischen dem Windhund und dem englischen Wettrenner ist schwerlich eine mehr auf Einbildung beruhende, als andere von einigen Autoren zwischen einander sehr entfernt stehenden Thieren aufgesuchte Analogien.

Nach der Ansicht, dass Charactere nur insofern von wesentlicher Bedeutung für die Classification sind, als sie die gemeinsame Abstammung ausdrücken, lernen wir deutlich einsehen, warum analoge oder Anpassungscharactere, wenn auch von höchstem Werthe für das Gedeihen der Wesen, doch für den Systematiker fast werthlos sind. Denn zwei Thiere von ganz verschiedener Abstammung können leicht ähnlichen Lebensbedingungen angepasst und sich daher äusserlich sehr ähnlich geworden sein: aber solche Ahnlichkeiten verrathen keine Blutsverwandtschaft, sondern sind vielmehr geeignet, die wahre Blutsverwandtschaft der Formen zu verbergen. Wir begreifen hierdurch ferner das anscheinende Paradoxon, dass die nämlichen Charactere analoge sind, wenn eine ganze Gruppe mit einer andern verglichen wird, aber für echte Verwandtschaft zeugen, woferne es sich um die Vergleichung von Gliedern einer und der nämlichen Gruppe untereinander handelt. So stellen Körperform und Ruderfüsse der Wale nur eine Analogie zu denen der Fische dar, indem solche in beiden Classen nur eine Anpassung des Thieres zum Schwimmen im Wasser bezwecken; aber beiderlei Charactere beweisen auch die nahe Verwandtschaft zwischen den Gliedern der Walfamilie selbst; denn diese Theile sind durch die ganze Ordnung hindurch so sehr ähnlich, dass wir nicht an der Ererbung derselben von einem gemeinsamen Vorfahren zweifeln können. Und ebenso ist es auch mit den Fischen.

Es liessen sich zahlreiche Fälle von auffallender Ähnlichkeit einzelner Theile oder Organe bei sonst völlig verschiedenen Wesen anführen, welche derselben Function angepasst worden sind. Ein gutes Beispiel bietet die grosse Ähnlichkeit der Kiefer beim Hunde und dem tasmanischen Wolfe, dem *Thylacinus*, dar, Thiere, welche im natürlichen System weit von einander getrennt stehen. Diese Ähnlichkeit ist aber auf die äussere Erscheinung beschränkt, wie das Vorragen der Eckzähne und die schneidende Form der Backzähne. Denn in Wirklichkeit weichen die Zähne sehr von einander ab; so hat der Hund auf jeder Seite der Oberkiefers vier falsche und nur zwei wahre Backzähne, während der *Thylacinus* drei falsche und vier wahre Backzähne hat. Auch weichen die Backzähne in den beiden Thieren sehr in der relativen Grösse und in ihrer Structur ab. Dem bleibenden Gebiss geht ein sehr verschiedenes Milchgebiss voraus. Es kann natürlich Jedermann leugnen, dass die Zähne in beiden Fällen durch die natürliche Zuchtwahl nacheinander auftretender Abänderungen zum Zerreissen von Fleisch angepasst worden sind: wird dies aber in dem einen Falle zugegeben, so ist es für mich unverständlich, dass man es im andern leugnen sollte. Ich sehe mit Freuden, dass eine so bedeutende Autorität wie Prof. Flower zu demselben Schlusse gelangt ist.

Die in einem frühern Capitel mitgetheilten ausserordentlichen Fälle, dass sehr verschiedene Fische electrische Organe besitzen, — dass sehr verschiedene Insecten Leuchtorgane besitzen, — und dass Orchideen und Asclepiadeen Pollenmassen mit klebrigen Scheiben haben, gehören in die nämliche Kategorie analoger Ähnlichkeiten. Diese Fälle sind aber so wunderbar, dass sie als Schwierigkeiten oder Einwendungen gegen meine Theorie vorgebracht worden sind. In allen solchen Fällen lassen sich gewisse fundamentale Verschiedenheiten in dem Wachsthum oder der Entwicklung der Theile und allgemein auch in ihrer reifen Structur nachweisen. Der zu erreichende Zweck ist derselbe, aber die Mittel sind, wenn sie auch oberflächlich dieselben zu sein scheinen, wesentlich verschieden. Das früher unter dem Ausdruck „der analogen Abänderung“ erwähnte Princip ist bei diesen Fällen wahrscheinlich häufig mit in's Spiel gekommen, d. h. die Glieder einer und derselben Classe haben, wenn sie auch nur entfernt miteinander verwandt sind, so vieles in ihrer

Constitution Gemeinsame ererbt, dass sie geneigt sind, unter ähnlichen anregenden Ursachen auch in einer ähnlichen Art und Weise zu variieren; und dies wird offenbar das Erlangen von Theilen oder Organen, welche einander auffallend gleichen, durch natürliche Zuchtwahl, unabhängig von ihrer directen Vererbung von einem gemeinsamen Urerzeuger, unterstützen.

Da zu verschiedenen Classen gehörige Arten häufig durch successive unbedeutende Modificationen einem Leben unter nahezu ähnlichen Umständen angepasst worden sind, — z. B. um die drei Elemente, Land, Luft und Wasser zu bewohnen, — so können wir vielleicht verstehen, woher es kommt, dass zuweilen zwischen den Untergruppen verschiedener Classen ein Zahlenparallelismus beobachtet worden ist. Ein Naturforscher, dem ein Parallelismus dieser Art auffiele, könnte dadurch, dass er den Werth der Gruppen in verschiedenen Classen (und alle unsere Erfahrung zeigt uns, dass deren Schätzung bis jetzt noch willkürlich ist) willkürlich erhöhte oder herabsetzte, den Parallelismus leicht sehr weit ausdehnen. In dieser Weise sind wahrscheinlich die Septenär-, Quinär-, Quaternär- und Ternär-Systeme entstanden.

Es gibt noch eine andere und merkwürdige Classe von Fällen, in denen grosse äussere Ähnlichkeit nicht von einer Anpassung an ähnliche Lebensweisen abhängt, sondern des Schutzes wegen erlangt worden ist. Ich meine die wunderbare Art und Weise, in welcher gewisse Schmetterlinge andere und völlig verschiedene Arten nachahmen, wie es zuerst von Bates beschrieben worden ist. Dieser ausgezeichnete Beobachter hat gezeigt, dass in einigen Districten von Süd-America, wo z. B. eine *Ithomia* in prächtigen Schwärmen vorkommt, ein anderer Schmetterling, eine *Leptalis*, oft dem Schwarm zugemischt gefunden wird, welcher in jedem Tone und Streifen der Farbe und selbst in der Form der Flügel der *Ithomia* so ähnlich ist, dass Bates trotz seiner durch elfjährige Sammlerthätigkeit geschärften Augen und trotzdem er immer auf seiner Hut war, beständig getäuscht wurde. Werden dic Spottformen und die nachgeahmten gefangen und verglichen, so sieht man, dass sie in ihrer wesentlichen Structur völlig verschieden sind und nicht bloss zu besonderen Gattungen, sondern oft sogar zu verschiedenen Familien gehören. Wäre dies Nachahmen nur in einem oder in zwei Fällen vorgekommen, so hätte man sie als merkwürdige Coincidenz übergehen können. Wenn man sich aber von einem Bezirke entfernt, wo eine *Leptalis* eine *Ithomia* nachahmt, so wird man eine andere

Spottform und eine andere nachgeahmte aus denselben beiden Gattungen, beide wieder einander gleich sehr ähnlich, finden. Im Ganzen werden nicht weniger als zehn Gattungen aufgezählt mit Arten, welche andere Schmetterlinge nachahmen. Die nachgeahmte und nachahmende Form bewohnen immer dieselbe Gegend; wir finden niemals einen Nachahmer, der entfernt von der Form lebte, die er nachbildet. Die Spötter sind fast ausnahmslos seltene Insecten; die nachgeahmten kommen fast in jedem Falle in grossen Schwärmen vor. In demselben District, in dem eine *Leptalis* eine *Ithomia* nachahmt, kommen zuweilen noch andere Lepidopteren vor, die dieselbe *Ithomia* imitieren; so dass man an derselben Stelle Arten von drei Tag- und selbst eine von einer Nacht-Schmetterlingsgattung finden kann, die alle einer Art einer vierten Gattung ausserordentlich ähnlich sind. Es verdient besonders bemerkt zu werden, dass viele sowohl der imitierenden Formen der *Leptalis* als der nachgeahmten Formen durch eine abgestufte Reihe als blosse Varietäten einer und derselben Species nachgewiesen werden können, während andere unzweifelhaft distincte Arten sind. Warum werden nun aber, kann man fragen, gewisse Formen als nachgeahmte, andere als die Nachahmer angesehen? Bates beantwortet diese Frage zufriedenstellend damit, dass er zeigt, wie die Form, welche imitiert wird, den gewöhnlichen Habitus der Gruppe, zu der sie gehört, bewahrt, während die Nachahmer ihren Habitus verändert haben und nicht mehr ihren nächsten Verwandten ähnlich sind.

Wir kommen nun zunächst zu der Frage, welcher Ursache man es möglicherweise zuschreiben kann, dass gewisse Tag- und Nacht-Schmetterlinge so oft die Tracht anderer und ganz distincter Formen annehmen; warum hat sich zur Verwirrung der Naturforscher die Natur zu Bühnenmanövern herabgelassen! Bates hat ohne Zweifel die rechte Erklärung getroffen. Die nachgeahmten Formen, welche immer äusserst zahlreich vorkommen, müssen gewöhnlich der Zerstörung in hohem Masse entgehen, sonst könnten sie nicht in solchen Schwärmen auftreten; man hat jetzt auch zahlreiche Beweise gesammelt, dass sie Vögeln und anderen insectenfressenden Thieren zuwider sind. Die imitierenden Formen, welche denselben Bezirk bewohnen, sind dagegen vergleichsweise selten und gehören zu seltenen Gruppen. Sie müssen daher gewöhnlich irgend einer Gefahr ausgesetzt sein, denn sonst würden sie, nach der Zahl der von allen Schmetterlingen gelegten Eier, in drei oder vier Generationen die ganze Gegend in Schwärmen überziehen. Wenn nun ein Glied einer dieser verfolgten und seltenen Gruppen eine Tracht annähme, die der einer gut geschützten Art so gliche, dass sie das Auge eines erfahrenen Entomologen beständig täuschte, so würde sie auch oft Raubvögel und Insecten täuschen, die Form daher der gänzlichen Vernichtung entgehen. Man kann beinahe sagen, dass BATES factisch den Process belauscht habe, durch welchen die Spottform der nachgeahmten so äusserst ähnlich wird; denn er weist nach, dass einige der Formen von *Leptalis*, welche so viele andere Schmetterlinge nachahmen, sehr variieren. In einer Gegend kommen mehrere Varietäten vor und von diesen gleicht in gewisser Ausdehnung nur eine der gemeinen *Ithomia* derselben Gegend. In einer andern Gegend finden sich zwei oder drei Varietäten, von denen eine viel häufiger als die andere ist, und diese ahmt die *Ithomia* ausserordentlich nach. Aus Thatsachen dieser Art schliesst BATES, dass die *Leptalis* zuerst variierte, und dass eine Varietät, welche zufällig in gewissem Grade irgend einem gemeinen, denselben District bewohnenden Schmetterling glich, durch diese Ähnlichkeit mit einer gut gedeihenden und wenig verfolgten Art eine grössere Wahrscheinlichkeit erlangte, der Zerstörung durch Vögel und Insecten zu entgehen, und folglich öfter erhalten wurde; — „die weniger vollständigen Ähnlichkeitsgrade „werden Generation nach Generation eliminiert und nur die anderen „zur Erhaltung ihrer Art bewahrt.“ Wir haben daher hier ein ausgezeichnetes Beispiel des Princips der natürlichen Zuchtwahl.

WALLACE und TRIMEN haben gleichfalls mehrere auffallende Fälle von Nachahmung, Mimicry, bei den Lepidopteren des Malayischen Archipels beschrieben; ebenso bei einigen anderen Insecten. WALLACE hat auch ein Beispiel von Nachahmung bei den Vögeln entdeckt; bei den grösseren Säugethieren haben wir indessen nichts Derartiges. Die viel bedeutendere Häufigkeit von Nachahmung bei Insecten als bei anderen Thieren ist wahrscheinlich die Folge ihrer geringen Grösse; Insecten können sich nicht selbst vertheidigen mit Ausnahme der Arten, welche mit einem Stachel versehen sind; und ich habe nie von einem Fall gehört, dass ein solches andere Insecten nachahme, obschon sie selbst imitiert werden; Insecten können grösseren Thieren nicht durch Flug entgehen; sie sind daher wie die meisten schwachen Geschöpfe auf Kunstgriffe und Verstellung angewiesen.

Man muss beachten, dass der Process der Nachahmung wahrscheinlich niemals bei Formen begann, welche einander in der Farbe sehr unähnlich sind. Geht er aber von Species aus, welche einander bereits etwas ähnlich waren, so kann die grösste Ähnlichkeit, wenn sie von Vortheil ist, leicht durch die oben erwähnten Mittel erlangt werden; und wenn die nachgeahmte Form in Folge irgend einer Ursache später allmählich modificiert würde, so würde die nachahmende Form denselben Weg geführt und dadurch beinahe in jedem möglichen Grade umgeändert werden, so dass sie schliesslich ein Aussehen oder eine Färbung erhielte, welche von der der anderen Glieder der Familie, zu der sie gehört, gänzlich verschieden ist. Einige Schwierigkeit liegt indess hier noch vor; denn man muss nothwendigerweise in manchen Fällen annehmen, dass die alten, zu mehreren verschiedenen Gruppen gehörigen Formen noch, ehe sie in der jetzigen Ausdehnung von einander abwichen, zufällig einem Gliede einer andern und geschützten Gruppe in einem hinreichenden Grade glichen, um einen unbedeutenden Schutz daraus zu erhalten. Und dies gab dann den Ausgangspunkt für das spätere Erlangen der allervollkommensten Ähnlichkeit.

Natur der Verwandtschaften, welche die organischen Wesen verbinden.

Da die abgeänderten Nachkommen herrschender Arten grosser Gattungen diejenigen Vorzüge, welche die Gruppen, wozu sie gehören, gross und ihre Eltern herrschend gemacht haben, zu erben streben, so sind sie beinahe sicher, sich weit auszubreiten und mehr oder weniger Stellen im Haushalte der Natur einzunehmen. So streben die grösseren und herrschenderen Gruppen in jeder Classe nach immer weiterer Vergrösserung und ersetzen demnach viele kleinere und schwächere Gruppen. So erklärt sich auch die Thatsache, dass alle erloschenen wie noch lebenden Organismen einige wenige grosse Ordnungen und noch weniger Classen bilden. Ein Beleg dafür, wie wenige an Zahl die oberen Gruppen und wie weit sie in der Welt verbreitet sind, ist die auffallende Thatsache, dass die Entdeckung Neuhollands nicht ein Insect aus einer neuen Classe geliefert hat, und dass im Pflanzenreiche, wie ich von Dr. Hooker vernehme, nur zwei oder drei kleine Familien hinzugekommen sind.

Im Capitel über die geologische Aufeinanderfolge habe ich nach dem Princip, dass im Allgemeinen jede Gruppe während des langdauernden Modificationsprocesses in ihrem Character sehr divergiert hat, zu zeigen mich bemüht, woher es kommt, dass die älteren Lebensformen oft einigermassen mittlere Charactere zwischen jetzt existierenden Gruppen darbieten. Da einige wenige solcher alten und mittleren Stammformen sich in nur wenig abgeänderten Nachkommen bis zum heutigen Tage erhalten haben, so geben diese zur Bildung unserer sogenannten vermittelnden oder aberranten Gruppen Veranlassung. Je abirrender eine Form ist, desto grösser muss die Zahl verkettender Glieder sein, welche gänzlich vertilgt worden und verloren gegangen sind. Auch dafür, dass die aberranten Formen sehr durch Erlöschen gelitten haben, finden sich einige Belege; denn sie sind gewöhnlich nur durch äusserst wenige Arten vertreten, und die wirklich vorkommenden Arten sind gewöhnlich sehr verschieden von einander, was gleichfalls auf Erlöschung hinweist. Die Gattungen *Ornithorhynchus* und *Lepidosiren* z. B. würden nicht weniger aberrant sein, wenn sie jede durch ein Dutzend statt nur eine oder zwei Arten vertreten wären. Wir können, glaube ich, diese Erscheinung nur erklären, indem wir die aberranten Formen als Gruppen betrachten, welche im Kampfe mit siegreichen Concurrenten unterlegen sind und von denen sich nur noch wenige Glieder in Folge eines ungewöhnlichen Zusammentreffens günstiger Umstände bis heute erhalten haben.

Waterhouse hat die Bemerkung gemacht, dass, wenn ein Glied aus einer Thiergruppe Verwandtschaft mit einer ganz andern Gruppe zeigt, diese Verwandtschaft in den meisten Fällen eine allgemeine und nicht eine specielle Verwandtschaft ist. So ist nach Waterhouse von allen Nagern die Viscache *(Lagostomus)* am nächsten mit den Beutelthieren verwandt; aber die Charactere, worin sie sich den Marsupialien am meisten nähert, haben eine allgemeine Beziehung zu den Beutelthieren und nicht zu dieser oder jener Art im Besondern. Da diese Verwandtschaftsbeziehungen der Viscache zu den Beutelthieren für wirkliche gelten und nicht Folge blosser Anpassung sind, so müssen sie nach meiner Theorie von gemeinschaftlicher Ererbung von einem gemeinsamen Urerzeuger herrühren. Daher wir denn auch annehmen müssen, entweder, dass alle Nager einschliesslich der Viscache von einem sehr alten Beutelthiere abgezweigt sind, welches natürlich einen mehr oder weniger mittlern Character in Bezug auf alle jetzt existierende Beutelthiere besessen hat, oder dass sowohl Nager wie Beutelthiere von einem gemeinsamen Stammvater herrühren und beide Gruppen durch starke Abänderungen seitdem in verschiedenen Richtungen auseinander gegangen sind. Nach beiderlei Ansichten müssen wir annehmen, dass die Viscache mehr von den erblichen Characteren des alten Stammvaters an sich behalten hat, als sämmtliche anderen Nager; und deshalb zeigt sie keine besonderen Beziehungen zu diesem oder jenem noch vorhandenen Beutler, sondern nur indirect zu allen oder fast allen Marsupialien überhaupt, indem sie sich einen Theil des Characters des gemeinsamen Urerzeugers oder eines frühern Gliedes dieser Gruppe erhalten hat. Andererseits besitzt nach WATERHOUSE's Bemerkung unter allen Beutelthieren die *Phascolomys* am meisten Ähnlichkeit nicht mit einer einzelnen Art, sondern mit der ganzen Ordnung der Nager überhaupt. In diesem Falle ist indes sehr zu vermuthen, dass die Ähnlichkeit nur eine Analogie ist, indem die *Phascolomys* sich einer Lebensweise angepasst hat, wie sie Nager besitzen. Der ältere DE CANDOLLE hat ziemlich ähnliche Bemerkungen hinsichtlich der allgemeinen Natur der Verwandtschaft zwischen verschiedenen Pflanzenordnungen gemacht.

Nach dem Princip der Vermehrung und der stufenweisen Divergenz des Characters der von einem gemeinsamen Ahnen abstammenden Arten in Verbindung mit der erblichen Erhaltung eines Theiles des gemeinsamen Characters erklären sich die ausserordentlich verwickelten und strahlenförmig auseinander gehenden Verwandtschaften, wodurch alle Glieder einer Familie oder höhern Gruppe miteinander verkettet werden. Denn der gemeinsame Stammvater einer ganzen Familie, welche jetzt durch Erlöschung in verschiedene Gruppen und Untergruppen gespalten ist, wird einige seiner Charactere in verschiedener Art und Abstufung modificiert allen gemeinsam mitgetheilt haben, und die verschiedenen Arten werden demnach nur durch Verwandtschaftslinien von verschiedener Länge miteinander verbunden sein, welche in weit älteren Vorgängern ihren Vereinigungspunkt finden, wie es das so oft angezogene Schema darstellt. Wie es schwer ist, die Blutsverwandtschaft zwischen den zahlreichen Angehörigen irgend einer alten oder vornehmen Familie sogar mit Hilfe eines Stammbaumes zu zeigen, und fast unmöglich, es ohne dieses Hilfsmittel zu thun, so begreift man auch die ausserordentliche Schwierigkeit, auf welche Naturforscher, ohne die Hilfe einer bildlichen Skizze, stossen, wenn sie die verschiedenen verwandtschaftlichen Beziehungen zwischen den vielen lebenden und erloschenen Gliedern einer grossen natürlichen Classe nachweisen wollen.

Das Erlöschen hat, wie wir im vierten Capitel gesehen haben, einen bedeutsamen Antheil an der Bildung und Erweiterung der Lücken zwischen den verschiedenen Gruppen in jeder Classe gehabt. Wir können selbst die Trennung ganzer Classen von einander, wie z. B. die der Vögel von allen anderen Wirbelthieren, durch die Annahme erklären, dass viele alte Lebensformen ganz verloren gegangen sind, durch welche die ersten Stammeltern der Vögel vordem mit den ersten Stammeltern der übrigen und damals noch weniger differenzierten Wirbelthierclassen verkettet gewesen sind. Dagegen sind nur wenige von den Lebensformen erloschen, welche einst die Fische mit den Batrachiern verbanden. In noch geringerem Grade ist dies in einigen anderen Classen, z. B. bei den Krustern der Fall gewesen, wo die wundersamst verschiedenen Formen noch durch eine lange und nur theilweise unterbrochene Kette von verwandten Formen zusammengehalten werden. Erlöschung hat die Gruppen nur umgrenzt, durchaus nicht gemacht. Denn wenn alle Formen, welche jemals auf dieser Erde gelebt haben, plötzlich wieder erscheinen könnten, so würde es zwar ganz unmöglich sein, die Gruppen durch Definitionen von einander zu unterscheiden, demungeachtet würde eine natürliche Classification oder wenigstens eine natürliche Anordnung möglich sein. Wir können dies ersehen, indem wir unser Schema betrachten. Nehmen wir an, die Buchstaben *A* bis *L* stellen elf silurische Gattungen dar, und einige derselben haben grosse Gruppen abgeänderter Nachkommen hinterlassen. Jedes Mittelglied in allen Ästen und Zweigen ihrer Nachkommenschaft sei noch am Leben, und diese Glieder seien so fein wie die zwischen den feinsten Varietäten abgestuft. In diesem Falle würde es ganz unmöglich sein, die vielfachen Glieder der verschiedenen Gruppen von ihren unmittelbaren Eltern und Nachkommen durch Definitionen zu unterscheiden. Und doch würde die in dem Bilde gegebene Anordnung ganz gut passen und auch natürlich sein; denn nach dem Vererbungsprincip würden alle von *A* herkommenden Formen unter sich etwas gemein haben. An einem Baume kann man diesen oder jenen Zweig unterscheiden, obwohl sich beide bei der Gabeltheilung vereinigen und ineinander fliessen. Wir könnten, wie gesagt, die verschiedenen Gruppen nicht definieren; aber wir könnten Typen oder solche Formen hervorheben, welche die meisten Charactere jeder Gruppe, gross oder klein, in sich vereinigten, und so eine allgemeine Vorstellung vom Werthe der Verschiedenheiten zwischen denselben geben. Dies wäre das, wozu wir getrieben werden würden, wenn wir je dahin gelangten, alle Formen einer Classe, die in Zeit und Raum vorhanden gewesen sind, zusammen zu bringen. Wir werden zwar ganz gewiss nie im Stande sein, eine so vollständige Sammlung zu machen, demungeachtet aber bei gewissen Classen uns diesem Ziele nähern; und Milne Edwards ist noch unlängst in einer vortrefflichen Abhandlung auf der grossen Wichtigkeit bestanden, sich an Typen zu halten, gleichviel, ob wir im Stande sind oder nicht, die Gruppen zu trennen und zu umschreiben, zu welchen diese Typen gehören.

Endlich haben wir gesehen, dass natürliche Zuchtwahl, welche aus dem Kampfe um's Dasein hervorgeht und zu Erlöschung und Divergenz des Characters in den vielen Nachkommen einer herrschenden Stammart fast unvermeidlich führt, jene grossen und allgemeinen Züge in der Verwandtschaft aller organischen Wesen, nämlich ihre Sonderung in Gruppen und Untergruppen, erklärt. Wir benutzen das Element der Abstammung bei Classification der Individuen beider Geschlechter und aller Altersabstufungen in einer Art, wenn sie auch nur wenige Charactere miteinander gemein haben; wir benutzen die Abstammung bei der Einordnung anerkannter Varietäten, wie sehr sie auch von ihrer Stammart abweichen mögen; und ich glaube, dass dieses Element der Abstammung das geheime Band ist, welches alle Naturforscher unter dem Namen des natürlichen Systemes gesucht haben. Da nach dieser Vorstellung das natürliche System, soweit es ausgeführt werden kann, genealogisch angeordnet ist und man die Grade der Verschiedenheit durch die Ausdrücke Gattungen, Familien, Ordnungen u. s. w. bezeichnet, so begreifen wir die Regeln, welche wir bei unserer Classification zu befolgen veranlasst werden. Wir können begreifen, warum wir manche Ähnlichkeit weit höher als andere abzuschätzen haben; warum wir mitunter rudimentäre oder nutzlose oder andere physiologisch unbedeutende Organe anwenden; warum wir beim Aufsuchen der Beziehungen der einen zu der andern Gruppe analoge oder Anpassungscharactere kurz verwerfen und sie doch wieder innerhalb einer und derselben Gruppe gebrauchen. Es wird uns klar, warum wir alle lebenden und erloschenen Formen in wenig grosse Classen zusammen ordnen können, und warum die verschiedenen Glieder jeder Classe in den verwickeltsten und strahlenförmig auseinanderlaufenden Verwandtschaftslinien miteinander verkettet sind. Wir werden wahrscheinlich niemals das verwickelte Verwandtschaftsgewebe zwischen den Gliedern irgend einer Classe entwirren; wenn wir jedoch einen einzelnen Theil der Aufgabe in's Auge fassen und nicht nach irgend einem unbekannten Schöpfungsplane ausschauen, so dürfen wir hoffen, sichere aber langsame Fortschritte zu machen.

Professor Häckel hat in seiner ‚generellen Morphologie' und in mehreren anderen Werken neuerdings sein grosses Wissen und sein Geschick darauf verwandt, das, was er Phylogenie oder die Descendenzlinien aller organischen Wesen nennt, zu ermitteln. Beim Verfolgen der einzelnen Reihen verlässt er sich hauptsächlich auf embryologische Charactere, zieht aber ebensogut homologe und rudimentäre Organe, wie auch die Perioden, in welchen, wie man annimmt, die verschiedenen Lebensformen in unseren geologischen Formationen nacheinander aufgetreten sind, zu Hilfe. Er hat damit kühn einen ersten Anfang gemacht und zeigt uns, wie die Classification künftig zu behandeln sein wird.

Morphologie.

Wir haben gesehen, dass die Glieder einer und derselben Classe, unabhängig von ihrer Lebensweise, einander im allgemeinen Plane ihrer Organisation gleichen. Diese Übereinstimmung wird oft mit dem Ausdrucke „Einheit des Typus“ bezeichnet; oder man sagt, die einzelnen Theile und Organe der verschiedenen Species einer Classe seien einander homolog. Der ganze Gegenstand wird unter dem Namen Morphologie begriffen. Dies ist einer der interessantesten Theile der Naturgeschichte der Thiere und kann deren wahre Seele genannt werden. Was kann es Sonderbareres geben, als dass die Greifhand des Menschen, der Grabfuss des Maulwurfs, das Rennbein des Pferdes, die Ruderflosse der Seeschildkröte und der Flügel der Fledermaus sämmtlich nach demselben Modell gebaut sind und gleiche Knochen in der nämlichen gegenseitigen Lage enthalten? Wie merkwürdig ist es, um ein untergeordnetes, wenn auch auffallendes Beispiel zu geben, dass der Hinterfuss des Känguruhs, welcher für das Springen über die offenen Ebenen, der des kletternden, blattfressenden Koala, der auch gleicherweise gut zum Ergreifen der Zweige angepasst ist, der des auf der Erde lebenden, Insecten und Wurzeln fressenden Bandicoots und der einiger anderen australischen Beutelthiere sämmtlich nach demselben ausserordentlichen Typus gebaut sind, nämlich mit äusserst schlanken und von einer gemeinsamen Hautbedeckung umhüllten Knochen des zweiten und dritten Fingers, so dass diese wie eine einzige mit zwei Krallen versehene Zehe erscheinen! Trotz dieser Ähnlichkeit des Bauplans werden die Hinterfüsse dieser verschiedenen Thiere offenbar zu so weit verschiedenen Zwecken benützt, wie nur denkbar möglich ist. Der Fall wird um so auffallender, als die americanischen Opossums, welche nahezu dieselbe Lebensweise haben, wie einige ihrer australischen Verwandten, nach dem gewöhnlichen

Plane gebaute Füsse haben. Professor FLOWER, dem ich diese Angaben entnommen habe, bemerkt zum Schlusse: „wir können dies „Übereinstimmung des Typus nennen, ohne jedoch der Erklärung „dieser Erscheinung damit viel näher zu kommen;“ und dann fügt er hinzu: „legt es aber nicht sehr nachdrücklich die Annahme wirk„licher Verwandtschaft, der Vererbung von einem gemeinsamen „Vorfahren nahe?“

GEOFFROY SAINT-HILAIRE hat mit grossem Nachdruck die grosse Wichtigkeit der wechselseitigen Lage oder Verbindung der Theile in homologen Organen hervorgehoben; die Theile mögen in fast allen Abstufungen der Form und Grösse abändern, aber sie bleiben fest in derselben Weise miteinander verbunden. So finden wir z. B. die Knochen des Ober- und des Vorderarms oder des Ober- und Unterschenkels nie umgestellt. Daher kann man den homologen Knochen in ganz verschiedenen Thieren denselben Namen geben. Dasselbe grosse Gesetz tritt in der Mundbildung der Insecten hervor. Was kann verschiedener sein, als der ungeheuer lange spirale Saugrüssel eines Abendschmetterlings, der sonderbar zurückgebrochene Rüssel einer Biene oder Wanze und die grossen Kiefer eines Käfers? Und doch werden alle diese zu so ungleichen Zwecken dienenden Organe durch unendlich zahlreiche Modificationen einer Oberlippe, Oberkiefer und zweier Paar Unterkiefer gebildet. Dasselbe Gesetz herrscht in der Zusammensetzung des Mundes und der Glieder der Kruster. Und ebenso ist es mit den Blüthen der Pflanzen.

Nichts hat weniger Aussicht auf Erfolg, als ein Versuch, diese Ähnlichkeit des Bauplanes in den Gliedern einer nämlichen Classe mit Hilfe der Nützlichkeitstheorie oder der Lehre von den endlichen Ursachen zu erklären. Die Hoffnungslosigkeit eines solchen Versuches ist von OWEN in seinem äusserst interessanten Werke „On the Nature of Limbs“ ausdrücklich anerkannt worden. Nach der gewöhnlichen Ansicht von der selbständigen Schöpfung einer jeden Species lässt sich nur sagen, dass es so ist und dass es dem Schöpfer gefallen hat, alle Thiere und Pflanzen in jeder grossen Classe nach einem einförmig geordneten Plane zu bauen; das ist aber keine wissenschaftliche Erklärung.

Dagegen ist die Erklärung nach der Theorie der natürlichen Zuchtwahl aufeinanderfolgender geringer Abänderungen, deren jede der abgeänderten Form einigermassen nützlich ist, welche aber in Folge der Correlation oft auch andere Theile der Organisation mit berühren, in hohem Grade einfach. Bei Abänderungen dieser Art wird sich nur wenig oder gar keine Neigung zur Änderung des ursprünglichen Bauplanes oder zur Versetzung der Theile zeigen. Die Knochen eines Beines können in jedem Masse verkürzt und abgeplattet, sie können gleichzeitig in dicke Häute eingehüllt werden, um als Flosse zu dienen; oder ein mit einer Bindehaut zwischen den Zehen versehener Fuss kann alle seine Knochen oder gewisse Knochen bis zu jedem beliebigen Masse verlängern und die Bindehaut im gleichen Verhältnis vergrössern, so dass er als Flügel zu dienen im Stande ist; und doch ist ungeachtet aller so bedeutender Abänderungen keine Neigung zu einer Änderung der Knochenbestandtheile an sich oder zu einer andern Zusammenfügung derselben vorhanden. Wenn wir annehmen, dass ein alter Vorfahre oder der Urtypus, wie man ihn nennen kann, aller Säugethiere, Vögel und Reptilien Beine besass, zu welchem Zwecke sie auch bestimmt gewesen sein mögen, welche nach dem vorhandenen allgemeinen Plane gebildet waren, so werden wir sofort die klare Bedeutung der homologen Bildung der Beine in der ganzen Classe begreifen. Wenn wir ferner hinsichtlich des Mundes der Insecten nur annehmen, dass ihr gemeinsamer Urahne eine Oberlippe, Oberkiefer und zwei Paar Unterkiefer, vielleicht von sehr einfacher Form, besessen hat, so wird natürliche Zuchtwahl vollkommen zur Erklärung der unendlichen Verschiedenheit in den Bildungen und Verrichtungen der Mundtheile der Insecten genügen. Demungeachtet ist es begreiflich, dass der ursprünglich gemeinsame Plan eines Organes allmählich so verdunkelt werden kann, dass er endlich ganz verloren geht, sei es durch Verkümmerung und endlich durch vollständiges Fehlschlagen gewisser Theile, durch Verschmelzung anderer Theile, oder durch Verdoppelung oder Vervielfältigung noch anderer: Abänderungen, die nach unserer Erfahrung alle in den Grenzen der Möglichkeit liegen. In den Ruderfüssen gewisser ausgestorbener riesiger See-Eidechsen *(Ichthyosaurus)* und in den Theilen des Saugmundes gewisser Kruster scheint der gemeinsame Grundplan bis zu einem gewissen Grade verwischt zu sein.

Ein anderer und gleich merkwürdiger Zweig der Morphologie beschäftigt sich mit der Reihenhomologie, d. h. mit der Vergleichung, nicht des nämlichen Theiles in verschiedenen Gliedern einer Classe, sondern der verschiedenen Theile oder Organe eines nämlichen Individuums. Die meisten Physiologen glauben, die Knochen des Schädels seien homolog — d. h. in Zahl und relativer Verbindung übereinstimmend — mit den Elementartheilen einer gewissen Anzahl von Wirbeln. Die vorderen und die hinteren Gliedmassen eines jeden Thieres sind bei allen Wirbelthierclassen offenbar homolog zu einander. Dasselbe Gesetz gilt auch für die wunderbar zusammengesetzten Kinnladen und Beine der Kruster. Wohl Jedermann weiss, dass in einer Blume die gegenseitige Stellung der Kelch- und der Kronenblätter und der Staubfäden und Staubwege zu einander eben so wie deren innere Structur aus der Annahme erklärbar werden, dass es metamorphosierte spiralständige Blätter sind. Bei monströsen Pflanzen erhalten wir oft den directen Beweis von der Möglichkeit der Umbildung eines dieser Organe in's andere; und bei Blüthen während ihrer frühen Entwicklung, sowie bei den Embryonalzuständen von Crustaceen und vielen anderen Thieren sehen wir wirklich, dass Organe, die im reifen Zustande äusserst verschieden von einander sind, auf ihren ersten Entwicklungsstufen einander ausserordentlich gleichen.

Wie unerklärbar sind diese Erscheinungen der Reihenhomologie nach der gewöhnlichen Ansicht von einer Schöpfung! Warum sollte doch das Gehirn in einem aus so vielen und so aussergewöhnlich geformten Knochenstücken zusammengesetzten Kasten eingeschlossen sein, welche dem Anscheine nach Wirbel darstellen! Wie Owen bemerkt, kann der Vortheil, welcher aus einer der Trennung der Theile entsprechenden Nachgiebigkeit des Schädels für den Geburtsact bei den Säugethieren entspringt, keinesfalls die nämliche Bildungsweise desselben bei den Vögeln und Reptilien erklären. Oder warum sind den Fledermäusen dieselben Knochen wie den übrigen Säugethieren zu Bildung ihrer Flügel und Beine anerschaffen worden, da sie dieselben doch zu gänzlich verschiedenen Zwecken, nämlich jene zum Fliegen und diese zum Gehen, gebrauchen? Und warum haben Kruster mit einem aus zahlreicheren Organenpaaren zusammengesetzten Munde in gleichem Verhältnisse weniger Beine, oder umgekehrt die mit mehr Beinen versehenen weniger Mundtheile? Endlich, warum sind die Kelch- und Kronenblätter, die Staubgefässe und Staubwege einer Blüthe, trotz ihrer Bestimmung zu so gänzlich verschiedenen Zwecken, alle nach demselben Muster gebildet?

Nach der Theorie der natürlichen Zuchtwahl können wir alle diese Fragen beantworten. Wir brauchen hier nicht zu betrachten, auf welche Weise der Körper mancher Thiere zuerst in eine Reihe von Segmenten, oder in eine rechte und linke Seite miteinander entsprechenden Organen getheilt wurde; denn derartige Fragen liegen beinahe jenseits unserer Untersuchung. Wahrscheinlich sind indessen einige reihenförmig sich wiederholende Gebilde das Resultat einer Zellenvermehrung durch Theilung, welche die Vermehrung der aus solchen Zellen sich entwickelnden Theile mit sich bringt. Es muss für unsern Zweck genügen, im Sinne zu behalten, dass eine unbestimmte Wiederholung desselben Theiles oder Organes, wie Owen bemerkt hat, das gemeinsame Attribut aller gering oder wenig modificierten Formen ist; daher besass wahrscheinlich die unbekannte Stammform aller Wirbelthiere viele Wirbel, die unbekannte Stammform aller Gliederthiere viele Körpersegmente und die unbekannte Stammform der Blüthenpflanzen viele in einer oder mehreren Spiralen geordnete Blätter. Wir haben auch früher gesehen, dass Theile, die sich oft wiederholen, sehr geneigt sind, nicht bloss in Zahl, sondern auch in der Form zu variieren. Folglich werden solche Theile, da sie bereits in beträchtlicher Anzahl vorhanden und sehr variabel sind, natürlich ein zur Anpassung an die verschiedenartigsten Zwecke geeignetes Material darbieten; und doch werden sie allgemein in Folge der Kraft der Vererbung deutliche Züge ihrer ursprünglichen oder fundamentalen Ähnlichkeit bewahren. Sie werden diese Ähnlichkeit um so mehr beibehalten, als die Abänderungen, welche die Grundlage für die spätere Modification durch natürliche Zuchtwahl darbieten, von Anfang an ähnlich zu sein streben werden, da die Theile auf einer frühern Wachsthumstufe gleich und sie nahezu denselben Bedingungen ausgesetzt sind. Derartige Theile werden, mögen sie mehr oder weniger modificiert sein, Reihenhomologa darstellen, wenn nicht ihr gemeinsamer Ursprung vollständig verdunkelt worden ist.

In der grossen Classe der Mollusken lassen sich zwar Homologien zwischen Theilen verschiedener Species, aber nur wenige Reihenhomologien nachweisen, wie z. B. die Klappe der Chitonen, d. h. wir sind selten im Stande zu sagen, dass ein Theil oder Organ mit einem andern in dem nämlichen Individuum homolog sei. Dies lässt sich wohl erklären, weil wir selbst bei den untersten Gliedern des Weichthierkreises auch nicht annähernd eine solche unbestimmte Wiederholung einzelner Theile wie in den übrigen grossen Classen des Thier- und Pflanzenreiches finden.

Morphologie ist indessen ein viel complicierterer Gegenstand, als es auf den ersten Blick scheint, wie vor Kurzem E. Ray Lankester in einer merkwürdigen Abhandlung gezeigt hat. Er zieht eine wichtige Scheidewand zwischen gewissen Classen von Fällen, welche von den Naturforschern sämmtlich in gleicher Weise für Homologie angesehen wurden. Er schlägt vor, die Gebilde, welche einander in Folge der Abstammung von einem gemeinsamen Urerzeuger mit später eintretender Modification bei verschiedenen Thieren gleichen, homogene, und die Ähnlichkeiten, welche nicht in dieser Weise erklärt werden können, homoplastische zu nennen. Er glaubt z. B., dass die Herzen der Vögel und Säugethiere im Ganzen einander homogen sind, d. h. von einem gemeinsamen Urerzeuger herzuleiten sind, dass aber die vier Herzhöhlen in den beiden Classen homoplastisch sind, d. h. sich unabhängig entwickelt haben. Lankester führt auch die grosse Ähnlichkeit der Theile auf der rechten und linken Seite des Körpers und der hintereinanderliegenden Abschnitte eines und desselben individuellen Thieres an; und hier liegen gewöhnlich homolog genannte Theile vor, welche keine Beziehung zur Abstammung verschiedener Species von einem gemeinsamen Urerzeuger haben. Homoplastische Gebilde sind dieselben, welche ich, freilich in sehr unvollkommener Weise, als analoge Modificationen oder Ähnlichkeiten bezeichnet habe. Ihre Bildung kann zum Theil dem Umstand zugeschrieben werden, dass verschiedene Organismen oder verschiedene Theile eines und desselben Organismus in analoger Weise variiert haben, zum Theile dem, dass ähnliche Modificationen für denselben allgemeinen Zweck oder die gleiche Function erhalten worden sind, wofür sich viele Beispiele anführen liessen.

Die Naturforscher stellen den Schädel oft als eine Reihe metamorphosierter Wirbel, die Kinnladen der Krabben als metamorphosierte Beine, die Staubgefässe und Staubwege der Blumen als metamorphosierte Blätter dar; doch würde es, wie Huxley bemerkt hat, in den meisten Fällen richtiger sein zu sagen, Schädel wie Wirbel, Kinnladen und Beine u. s. w. seien nicht eines aus dem andern, wie sie jetzt existieren, sondern beide aus einem gemeinsamen Elemente entstanden. Inzwischen brauchen die meisten Naturforscher jenen Ausdruck nur in bildlicher Weise, indem sie weit von der Meinung entfernt sind, dass Primordialorgane irgend welcher Art — Wirbel in dem einen und Beine im andern Falle — während einer langen Reihe von Generationen wirklich in Schädel und Kinnladen umgebildet worden seien. Und doch ist der Anschein, dass eine derartige Modification stattgefunden habe, so vollkommen, dass die Naturforscher schwer vermeiden können, eine diesem letzten Sinne entsprechende Ausdrucksweise zu gebrauchen.

Nach der hier vertretenen Ansicht können jene Ausdrücke wörtlich genommen werden; und die wunderbare Thatsache, dass die Kinnladen z. B. einer Krabbe zahlreiche Merkmale an sich tragen, welche dieselben wahrscheinlich ererbt haben würden, wenn sie wirklich während einer langen Generationenreihe durch allmähliche Metamorphose aus echten, wenn auch äusserst einfachen Beinen entstanden wären, wird zum Theil erklärt.

Entwicklung und Embryologie.

Dies ist einer der wichtigsten Theile im ganzen Gebiete der Naturgeschichte. Allgemein werden die Metamorphosen der Insecten etwas abrupt in ein paar Stufen ausgeführt; die Umformungen sind aber in Wirklichkeit zahlreich und allmählich, wenn auch verdeckt. So hat z. B. Sir J. Lubbock gezeigt, dass ein gewisses ephemerides Insect *(Chloëon)* sich während seiner Entwicklung über zwanzig Mal häutet und jedesmal einen gewissen Betrag von Veränderung erfährt; in einem solchen Falle haben wir den Act der Metamorphose in seinem natürlichen oder primären Gange vor uns. Was für grosse Structurveränderungen während der Entwicklung mancher Thiere ausgeführt werden, zeigen uns viele Insecten, noch deutlicher aber viele Crustaceen. Derartige Veränderungen erreichen indessen ihren Höhepunkt in dem sogenannten Generationswechsel einiger der niederen Thiere. Was kann z. B. grösseres Erstaunen erregen, als dass ein zartes verzweigtes, mit Polypen besetztes und an einen submarinen Felsen geheftetes Korallenstöckchen erst durch Knospung, dann durch quere Theilung eine Menge grosser schwimmender Quallen erzeugt, und dass diese Quallen Eier producieren, aus denen zunächst freischwimmende Thierchen hervorgehen, welche sich an Steine heften und sich zu verzweigten Polypenstöckchen entwickeln; und so fort in endlosen Kreisen? Die Ansicht von der wesentlichen Identität des Generationswechsels mit der gewöhnlichen Metamorphose hat neuerdings durch N. Wagner's Entdeckung eine kräftige Stütze erhalten, wonach die Larve einer *Cecidomyia*, d. i. die Made einer Fliege, ungeschlechtlich andere ähnliche Larven und diese wiederum andere erzeugt, welche endlich in reife Männchen und Weibchen entwickelt werden, die ihre Art in der gewöhnlichen Weise durch Eier fortpflanzen.

Es mag der Erwähnung werth sein, dass ich, als Wagner's Entdeckung zuerst bekannt wurde, gefragt wurde, wie es zu erklären möglich sei, dass die Larven dieser Fliegen das Vermögen der geschlechtslosen Vermehrung erlangt hätten. Solange der Fall einzig blieb, konnte keine Antwort gegeben werden. Es hat nun aber bereits GRIMM gezeigt, dass eine andere Fliege, ein *Chironomus*, sich auf eine nahezu gleiche Art und Weise fortpflanzt; auch glaubt er, dass dies in der Ordnung häufig vorkomme. Es ist die Puppe und nicht die Larve des *Chironomus,* welche diese Fähigkeit hat; und GRIMM zeigt ferner, dass dieser Fall in einer gewissen Ausdehnung „den von der *Cecidomyia* mit der Parthenogenesis der Cocciden verbindet", wobei der Ausdruck Parthenogenesis die Thatsache umfasst, dass die reifen Weibchen der Cocciden fähig sind, ohne Zuthun der Männchen fruchtbare Eier zu legen. Man kennt jetzt gewisse zu verschiedenen Classen gehörige Thiere, welche das gewöhnliche Fortpflanzungsvermögen in einem ungewöhnlich frühen Alter besitzen. Wir brauchen nun bloss die parthenogenetische Reproduction durch allmähliche Abstufungen auf ein immer früheres Alter zurückzutreiben, — wobei uns *Chironomus* einen beinahe genau intermediären Zustand, nämlich die Puppe, zeigt, — und wir können vielleicht den wunderbaren Fall der *Cecidomyia* erklären.

Es ist schon bemerkt worden, dass verschiedene Theile eines und desselben Individuums, welche sich in einer frühen embryonalen Zeit einander völlig gleich sind, im reifen Alter der Thiere sehr verschieden und zu ganz abweichenden Diensten bestimmt werden. Ebenso wurde erwähnt, dass die verschiedensten Arten und Gattungen derselben Classe im Embryonalzustand einander allgemein sehr ähnlich, wenn aber vollständig entwickelt, sehr unähnlich sind. Ein besserer Beweis dieser letzten Thatsache lässt sich nicht anführen als der, welchen VON BAER erwähnt, „dass die Embryonen von „Säugethieren, Vögeln, Eidechsen, Schlangen und wahrscheinlich „auch Schildkröten sich in der ersten Zeit, im Ganzen sowohl als „in der Bildungsweise ihrer einzelnen Theile, so ausserordentlich „ähnlich sind, dass man sie in der That nur an ihrer Grösse unter„scheiden könne. Ich besitze zwei Embryonen in Weingeist auf„bewahrt, deren Namen ich beizuschreiben vergessen habe, und nun „bin ich ganz ausser Stand zu sagen, zu welcher Classe sie ge„hören. Es können Eidechsen oder kleine Vögel oder sehr junge „Säugethiere sein, so vollständig ist die Ähnlichkeit in der Bil„dungsweise von Kopf und Rumpf dieser Thiere. Die Extremitäten „fehlen indessen noch. Aber auch wenn sie vorhanden wären, so „würden sie auf ihrer ersten Entwicklungsstufe nichts beweisen;

„denn die Beine der Eidechsen und Säugethiere, die Flügel und „Beine der Vögel nicht weniger als die Hände und Füsse der „Menschen: alle entspringen aus der nämlichen Grundform.“ — Die Larven der meisten Crustaceen gleichen auf entsprechenden Entwicklungsstufen einander sehr, wie verschieden auch die Erwachsenen werden mögen; und so verhält es sich bei vielen anderen Thieren. Zuweilen geht eine Spur des Gesetzes der embryonalen Ähnlichkeit noch in ein späteres Alter über; so gleichen Vögel derselben Gattung oder nahe verwandter Genera einander oft in ihrem Jugendkleide: alle Drosseln z. B. in ihrem gefleckten Gefieder. In der Katzenfamilie sind die meisten Arten, wenn sie erwachsen sind, gestreift oder streifenweise gefleckt; und solche Streifen oder Flecken sind auch noch am neugeborenen Jungen des Löwen und des Puma deutlich vorhanden. Wir sehen zuweilen, aber selten, auch etwas derart bei den Pflanzen. So sind die Embryonalblätter des *Ulex* und die ersten Blätter der neuholländischen Acacien, welche später nur noch Phyllodien hervorbringen, zusammengesetzt oder gefiedert, wie die gewöhnlichen Leguminosenblätter.

Diejenigen Punkte der Organisation, worin die Embryonen ganz verschiedener Thiere einer und derselben Classe sich gegenseitig gleichen, haben oft keine unmittelbare Beziehung zu ihren Existenzbedingungen. Wir können z. B. nicht annehmen, dass in den Embryonen der Wirbelthiere der eigenthümliche schleifenartige Verlauf der Arterien nächst den Kiemenspalten des Halses mit der Ähnlichkeit der Lebensbedingungen in Zusammenhang stehe: beim jungen Säugethiere, das im Mutterleibe ernährt wird, beim Vogel, welcher dem Eie entschlüpft, und beim Frosche, der sich im Laiche unter Wasser entwickelt. Wir haben nicht mehr Grund, an einen solchen Zusammenhang zu glauben, als anzunehmen, dass die Übereinstimmung der Knochen in der Hand des Menschen, im Flügel einer Fledermaus und im Ruderfusse eines Tümmlers mit einer Übereinstimmung der äusseren Lebensbedingungen in Verbindung stehe. Niemand wird annehmen, dass die Streifen an dem jungen Löwen oder die Flecken an der jungen Amsel diesen Thieren von irgend welchem Nutzen sind.

Anders verhält sich jedoch die Sache, wenn ein Thier während eines Theiles seiner Embryonalzeit activ ist und für sich selbst zu sorgen hat. Die Periode der Thätigkeit kann früher oder kann später im Leben kommen; doch wann immer sie auch kommen mag, die

Anpassung der Larve an ihre Lebensbedingungen ist eben so vollkommen und schön, wie die des reifen Thieres an die seinige. In welch' wichtiger Weise dies zur Erscheinung kommt, hat Sir J. LUBBOCK vor kurzem in seinen Bemerkungen über die grosse Ähnlichkeit der Larven mancher zu weit getrennten Ordnungen gehörender Insecten und die Unähnlichkeit der Larven anderer zu derselben Ordnung gehörender Insecten, je nach der Lebensweise, gezeigt. Durch derartige Anpassungen, besonders wenn sie eine Arbeitstheilung auf die verschiedenen Entwicklungsstufen einschliessen, wenn z. B. eine Larve auf dem einen Zustande Nahrung zu suchen, auf dem andern einen Ort zum Anheften auszuwählen hat, wird dann zuweilen auch die Ähnlichkeit der Larven einander verwandter Thiere sehr verdunkelt; und es liessen sich Beispiele anführen, wo die Larven zweier Arten und sogar Artengruppen noch mehr von einander verschieden sind, als ihre reifen Eltern. In den meisten Fällen jedoch folgen auch die thätigen Larven noch mehr oder weniger dem Gesetze der embryonalen Ähnlichkeit. Die Cirripeden liefern einen guten Beleg dafür: selbst der berühmte CUVIER erkannte nicht, dass ein *Lepas* ein Kruster ist; aber ein Blick auf ihre Larven verräth dies in unverkennbarer Weise. Und eben so haben die zwei Hauptabtheilungen der Cirripeden, die gestielten und die sitzenden, welche in ihrem äussern Ansehen so sehr von einander abweichen, Larven, die auf allen ihren Entwicklungsstufen kaum von einander unterschieden werden können.

Während des Verlaufes seiner Entwicklung erhebt sich der Embryo gewöhnlich in der Organisation; ich gebrauche diesen Ausdruck, obwohl ich weiss, dass es kaum möglich ist, genau anzugeben, was unter höherer oder tieferer Organisation zu verstehen sei. Doch wird wahrscheinlich Niemand bestreiten, dass der Schmetterling höher organisiert sei als die Raupe. In einigen Fällen jedoch, wie bei parasitischen Krustern, sieht man allgemein das reife Thier für tieferstehend als die Larve an. Ich beziehe mich wieder auf die Cirripeden. Auf ihrer ersten Stufe hat die Larve drei Paar Füsse, ein einziges sehr einfaches Auge und einen rüsselförmigen Mund, womit sie reichliche Nahrung aufnimmt, denn sie nimmt bedeutend an Grösse zu. Auf der zweiten Stufe, dem Puppenstande des Schmetterlings entsprechend, hat sie sechs Paar schön gebauter Schwimmfüsse, ein Paar herrlich zusammengesetzter Augen und äusserst zusammengesetzte Fühler, aber einen geschlossenen und unvollkommenen Mund, der keine Nahrung aufnehmen kann; ihre

Verrichtung auf dieser Stufe ist, einen zur Befestigung und zur letzten Metamorphose geeigneten Platz mittelst ihres wohl entwickelten Sinnesorganes zu suchen und mit ihren mächtigen Schwimmorganen zu erreichen. Wenn diese Aufgabe erfüllt ist, so bleibt das Thier lebenslänglich an seiner Stelle befestigt; seine Beine verwandeln sich in Greiforgane; es bildet sich wieder ein gut gebildeter Mund aus; aber das Thier hat keine Fühler, und seine beiden Augen haben sich jetzt wieder in einen kleinen und ganz einfachen Augenfleck verwandelt. In diesem letzten und vollständigen Zustande kann man die Cirripeden als höher oder tiefer organisiert betrachten, als sie im Larvenzustande gewesen sind. In einigen ihrer Gattungen jedoch entwickeln sich die Larven entweder zu Hermaphroditen von der gewöhnlichen Bildung oder zu (von mir so genannten) complementären Männchen; und in diesen letzten ist die Entwicklung sicher zurückgeschritten, denn sie bestehen aus einem blossen Sack mit kurzer Lebensfrist, ohne Mund, Magen oder anderes wichtiges Organ, das der Reproduction ausgenommen.

Wir sind so sehr gewöhnt, Structurverschiedenheiten zwischen Embryonen und erwachsenen Organismen zu sehen, dass wir uns veranlasst fühlen, diese Erscheinung als in gewisser Weise nothwendig mit dem Wachsthum zusammenfallend zu betrachten. Inzwischen ist doch kein Grund einzusehen, warum der Plan z. B. zum Flügel der Fledermaus oder zum Ruder des Tümmlers mit allen ihren Theilen in den richtigen Verhältnissen nicht schon im Embryo entworfen worden sein könnte, sobald nur irgend ein Gebilde in demselben sichtbar wurde. Und in einigen ganzen Thiergruppen sowohl als in gewissen Gliedern anderer Gruppen ist dies der Fall und weicht der Embryo zu keiner Zeit seines Lebens weit vom Erwachsenen ab; so hat Owen in Bezug auf die Tintenfische bemerkt: „da ist keine Metamorphose; der Cephalopodencharacter ist deutlich „da, schon weit früher als die Theile des Embryos vollständig sind." Land-Mollusken und Süsswasser-Crustaceen werden in der ihnen eigenen Form geboren, während die marinen Formen dieser beiden grossen Classen beträchtliche und oft sehr grosse Entwicklungsveränderungen durchlaufen. Ferner erleiden die Spinnen kaum irgend eine Metamorphose. Bei fast allen Insecten durchlaufen die Larven, mögen sie nun thätig und den verschiedenst gestalteten Lebensarten angepasst sein oder unthätig bleiben, dabei von ihren Eltern gefüttert oder mitten in die ihnen angemessene Nahrung hineingesetzt werden, eine ähnliche wurmförmige Entwicklungsstufe; in einigen wenigen Fällen aber ist, wie bei *Aphis*, nach den trefflichen Zeichnungen HUXLEY's über die Entwicklung dieses Insects, kaum eine Spur dieses wurmförmigen Zustandes zu finden.

In manchen Fällen fehlen nur die früheren Entwicklungsstufen. So hat FRITZ MÜLLER die merkwürdige Entdeckung gemacht, dass gewisse garneelenartige Crustaceen (mit *Penaeus* verwandt) zuerst in der einfachen *Nauplius*-Form erscheinen, dann zwei oder drei *Zoëa*-Stufen, dann die *Mysis*-Form durchlaufen und endlich die reife Form erlangen. Nun kennt man in der ganzen enormen Classe der Malakostraken, zu denen diese Kruster gehören, bis jetzt keine Form, die zuerst eine *Nauplius*-Form entwickelte, obschon sehr viele als *Zoëa* erscheinen. Demungeachtet belegt MÜLLER seine Ansicht mit Gründen, dass alle Crustaceen als Nauplii erschienen sein würden, wenn keine Unterdrückung der Entwicklung eingetreten wäre.

Wie sind aber dann diese verschiedenen Erscheinungen der Embryologie zu erklären? — nämlich: die sehr gewöhnliche, wenn auch nicht allgemeine Verschiedenheit der Organisation des Embryos und des Erwachsenen? — die in einer frühern Periode bestehende Gleichheit der verschiedenen Theile desselben individuellen Embryo, welche schliesslich sehr ungleich werden und verschiedenen Zwecken dienen? — die fast allgemeine obschon nicht ausnahmslose Ähnlichkeit zwischen Embryonen oder Larven der verschiedensten Species einer und derselben Classe? — das Bestehenbleiben von Bildungen am Embryo, solange er sich im Ei oder dem mütterlichen Körper findet, welche weder zu dieser noch einer spätern Periode des Lebens für ihn von Nutzen sind, während Larven, welche für sich selbst zu sorgen haben, den umgebenden Bedingungen vollkommen angepasst sind — und endlich die Thatsache, dass gewisse Larven höher auf der Stufenleiter der Organisation stehen, als die reifen Thiere, zu denen sie sich entwickeln? Ich glaube, dass sich alle diese Erscheinungen auf folgende Weise erklären lassen.

Gewöhnlich nimmt man an, vielleicht weil Monstrositäten sich oft sehr früh am Embryo zu zeigen beginnen, dass geringe Abänderungen oder individuelle Verschiedenheiten nothwendig in einer gleichmässig frühen Periode des Embryos zum Vorschein kommen. Doch haben wir dafür wenig Beweise, und diese weisen sogar eher auf das Gegentheil; denn es ist bekannt, dass die Züchter von Rindern, Pferden und verschiedenen Thieren der Liebhaberei erst eine gewisse Zeit nach der Geburt des jungen Thieres zu sagen im Stande sind, welche Form oder Vorzüge dasselbe schliesslich zeigen wird.

Wir sehen dies deutlich bei unseren eigenen Kindern; wir können nicht immer sagen, ob die Kinder von schlanker oder gedrungener Figur sein oder wie sie sonst genau aussehen werden. Die Frage ist nicht: in welcher Lebensperiode eine Abänderung verursacht worden ist, sondern in welcher die Wirkungen in die Erscheinung treten werden. Die Ursache kann schon auf Vater oder Mutter oder auf beide Eltern vor der Reproduction gewirkt haben und hat nach meiner Meinung gewöhnlich da schon gewirkt. Es verdient Beachtung, dass es für ein sehr junges Thier, solange es noch im Mutterleibe oder im Ei eingeschlossen ist oder von seinen Eltern genährt und geschützt wird, von keiner Bedeutung ist, ob es die meisten Charactere etwas früher oder später im Leben erlangt. Es würde z. B. für einen Vogel, der sich sein Futter am besten mit einem stark gekrümmten Schnabel verschafft, gleichgültig sein, ob er die entsprechende Schnabelform schon bekömmt, solange er noch von seinen Eltern gefüttert wird, oder nicht.

Ich habe im ersten Capitel angeführt, dass eine Abänderung, die in irgend welcher Lebenszeit der Eltern zuerst zum Vorschein kommt, sich auch in gleichem Alter wieder beim Jungen zu zeigen strebt. Gewisse Abänderungen können nur in sich entsprechenden Altern wieder erscheinen, wie z. B. die Eigenthümlichkeiten der Raupe oder des Cocons oder des Imago des Seidenschmetterlings, oder der Hörner des fast erwachsenen Rindes. Aber auch ausserdem streben Abänderungen, welche nach Allem, was wir wissen, einmal früher oder später im Leben eingetreten sein könnten, im entsprechenden Alter des Nachkommen wieder zu erscheinen. Ich bin weit entfernt zu glauben, dass dies unabänderlich der Fall ist, und könnte selbst eine gute Anzahl von Ausnahmefällen anführen, wo Abänderungen (im weitesten Sinne des Wortes genommen) im Kinde früher als in den Eltern eingetreten sind.

Diese zwei Gesetze, dass nämlich unbedeutende Abänderungen allgemein zu einer nicht sehr frühen Lebensperiode eintreten und zu einer entsprechenden nicht frühen Periode vererbt werden, erklären, wie ich glaube, alle oben aufgezählten Haupterscheinungen in der Embryologie. Doch, sehen wir uns zuerst nach einigen analogen Fällen bei unseren Hausthiervarietäten um. Einige Autoren, die über den Hund geschrieben haben, behaupten, der Windhund und der Bullenbeisser seien, wenn auch noch so verschieden von Aussehen, in der That sehr nahe verwandte Varietäten, vom nämlichen wilden Stamme entsprossen. Ich war daher begierig zu erfahren, wie weit ihre neugeworfenen Jungen von einander abweichen. Züchter sagten mir, dass sie beinahe eben so verschieden seien wie ihre Eltern; und nach dem Augenschein mag dies auch beinahe der Fall sein. Aber bei wirklicher Ausmessung der alten Hunde und der 6 Tage alten Jungen fand ich, dass diese letzten entfernt noch nicht die abweichenden Massverhältnisse angenommen hatten. Ebenso ist mir mitgetheilt worden, dass die Füllen des Karren- und des Rennpferdes, — zwei Rassen, welche fast gänzlich durch Zuchtwahl im Zustande der Domestication gebildet worden sind —, eben so sehr wie die erwachsenen Thiere von einander abweichen. Als ich aber sorgfältige Ausmessungen an den Müttern und den drei Tage alten Füllen eines Renners und eines Karrengauls vornahm, fand ich, dass dies keineswegs der Fall ist.

Da wir entscheidende Beweise dafür besitzen, dass die verschiedenen Haustaubenrassen von nur einer wilden Art herstammen, so verglich ich junge Tauben verschiedener Rassen 12 Stunden nach dem Ausschlüpfen miteinander; ich mass die Grössenverhältnisse (wovon ich die Einzelnheiten hier nicht mittheilen will) des Schnabels, der Weite des Mundes, der Länge der Nasenlöcher und der Augenlider, der Läufe und Zehen sowohl beim wilden Stamme, als bei Kröpfern, Pfauentauben, Runt- und Barbtauben, Drachen- und Botentauben und Purzlern. Einige von diesen Vögeln weichen nun im reifen Zustande so ausserordentlich in der Länge und Form des Schnabels und in anderen Characteren von einander ab, dass man sie, wären sie natürliche Erzeugnisse, zweifelsohne in ganz verschiedene Genera bringen würde. Wenn man aber die Nestlinge dieser verschiedenen Rassen in eine Reihe ordnet, so erscheinen, obwohl man die meisten derselben eben noch von einander unterscheiden kann, die Verschiedenheiten ihrer Proportionen in den genannten Beziehungen unvergleichbar geringer, als in den erwachsenen Vögeln. Einige characteristische Differenzpunkte der Alten, wie z. B. die Weite des Mundspaltes, sind an den Jungen noch kaum zu entdecken. Ich fand nur eine merkwürdige Ausnahme von dieser Regel, indem die Jungen des kurzstirnigen Purzlers von den Jungen der wilden Felstaube und der anderen Rassen in allen Massverhältnissen fast genau ebenso verschieden waren, wie im erwachsenen Zustande.

Die zwei oben aufgestellten Gesetze erklären diese Thatsachen. Liebhaber wählen ihre Pferde, Hunde und Tauben zur Nachzucht aus, wenn sie nahezu erwachsen sind. Es ist ihnen gleichgültig, ob die verlangten Bildungen und Eigenschaften früher oder später im Leben zum Vorschein kommen, wenn nur das erwachsene Thier sie besitzt. Und die eben mitgetheilten Beispiele insbesondere von den Tauben zeigen, dass die characteristischen Verschiedenheiten, welche den Werth einer jeden Rasse bedingen und durch künstliche Zuchtwahl gehäuft worden sind, nicht allgemein in einer frühen Lebensperiode zum Vorschein gekommen und auch erst in einem entsprechenden spätern Lebensalter auf die Nachkommen vererbt sind. Aber der Fall mit dem kurzstirnigen Purzler, welcher schon in einem Alter von zwölf Stunden seine eigenthümlichen Massverhältnisse besitzt, beweist, dass dies keine allgemeine Regel ist; denn hier müssen die characteristischen Unterschiede entweder in einer früheren Periode als gewöhnlich erschienen, oder wenn nicht, statt in dem entsprechenden in einem früheren Alter vererbt worden sein.

Wenden wir nun diese zwei Gesetze auf die Arten im Naturzustande an. Nehmen wir eine Vogelgruppe an, die von irgend einer alten Form herkommt und durch natürliche Zuchtwahl für verschiedene Lebensweisen modificiert worden ist. Dann werden in Folge der vielen successiven kleinen Abänderungsstufen, welche in einem nicht frühen Alter eingetreten sind und sich in entsprechendem Alter weiter vererbt haben, die Jungen nur wenig modificiert worden und sich einander immer noch ähnlicher geblieben sein, als es bei den Alten der Fall ist, gerade so wie wir es bei den Tauben gesehen haben. Wir können diese Ansicht auf sehr verschiedene Bildungen und auf ganze Classen ausdehnen. Die vorderen Gliedmassen z. B., welche der Stammart als Beine gedient haben, mögen in Folge langwährender Modification bei dem einen Nachkommen den Diensten der Hand, bei einem andern denen des Ruders und bei einem dritten solchen des Flügels angepasst worden sein: aber nach den zwei obigen Gesetzen werden die vorderen Gliedmassen in den Embryonen dieser verschiedenen Formen nicht sehr modificiert worden sein, obschon in jeder die Vordergliedmassen des reifen Thieres sehr verschieden sind. Was für einen Einfluss lange fortgesetzter Gebrauch oder Nichtgebrauch auf die Abänderung der Gliedmassen oder anderer Theile irgend einer Species auch immer gehabt haben mag, so wird ein solcher Einfluss doch hauptsächlich oder ganz allein das nahezu reife Thier betreffen, welches bereits seine ganze Lebenskraft zu entfalten hat und sein Leben selbst fristen muss; und die so entstandenen Wirkungen werden sich im entsprechenden nahezu reifen Alter vererben. Das Junge wird daher nicht oder nur wenig durch die Wirkungen des vermehrten Gebrauchs oder Nichtgebrauchs modificiert werden.

In einigen Fällen mögen die aufeinanderfolgenden Abänderungsstufen schon in sehr früher Lebenszeit erfolgt, oder jede solche Stufe wird in einer frühern Lebensperiode vererbt worden sein, als worin sie zuerst entstanden sind. In beiden Fällen wird das Junge oder der Embryo, (wie die Beobachtung am kurzstirnigen Purzler zeigt) der reifen elterlichen Form vollkommen gleichen. Und dies ist in einigen ganzen Thiergruppen oder nur in gewissen Untergruppen die Regel, wie bei den Tintenfischen, Land-Mollusken, Süsswasser-Crustaceen, Spinnen, und in einigen Fällen aus der grossen Classe der Insecten. Was nun die Endursache betrifft, warum das Junge in diesen Fällen keine Metamorphose durchläuft, so lässt sich erkennen, dass dies von den folgenden zwei Bedingungen herrührt; erstens davon, dass das Junge schon von sehr früher Entwicklungsstufe an für seine eigenen Bedürfnisse zu sorgen hatte, und zweitens davon, dass es genau dieselbe Lebensweise wie seine Eltern befolgte; denn in diesem Falle wird es für die Existenz der Art unabweislich sein, dass das Kind in derselben Weise wie seine Eltern modificiert wird. Was ferner die merkwürdige Thatsache betrifft, dass so viele Land- und Süsswasserformen keine Metamorphose durchlaufen, während die marinen Glieder derselben Gruppen verschiedene Umgestaltungen erfahren, so hat Fritz Müller die Vermuthung ausgesprochen, dass der Process der langsamen Modification und Anpassung eines Thieres an ein Leben auf dem Lande oder im Süsswasser, statt im Meere, bedeutend dadurch vereinfacht werden würde, wenn es kein Larvenstadium durchlief; denn es ist nicht wahrscheinlich, dass Plätze im Naturhaushalte, die sowohl für Larven, als für reife Zustände unter so neuen und bedeutend abgeänderten Lebensweisen geeignet wären, von anderen Organismen gar nicht oder schlecht besetzt sein sollten. In diesem Falle würde das allmähliche Erlangen der erwachsenen Structur auf einem immer frühern und frühern Alter durch die natürliche Zuchtwahl begünstigt, und alle Spuren früherer Metamorphosen würden endlich verloren werden.

Wenn es auf der andern Seite für den Jugendzustand eines Thieres vortheilhaft ist, eine von der elterlichen etwas verschiedene Lebensweise einzuhalten und demgemäss einen etwas abweichenden Bau zu haben, oder wenn es für Larven, die bereits von ihren Eltern abweichen, vortheilhaft ist, noch weiter abzuweichen, so kann nach dem Gesetz der Vererbung in übereinstimmenden Lebenszeiten das Junge oder die Larve durch natürliche Zuchtwahl immer mehr und mehr bis zu jedem denkbaren Grade von seinen Eltern verschieden werden. Verschiedenheiten in den Larven können auch mit den aufeinanderfolgenden Stufen ihrer Entwicklung in Correlation treten, so dass die Larve auf ihrer ersten Stufe weit von der Larve auf der zweiten Stufe abweicht, wie es bei so vielen Thieren der Fall ist. Auch das Erwachsene kann sich Lagen und Gewohnheiten anpassen, wo ihm Bewegungs-, Sinnes- oder andere Organe nutzlos werden, und in diesem Falle kann man dessen letzte Metamorphose als eine rückschreitende bezeichnen.

Nach den eben gemachten Bemerkungen lässt sich erkennen, wie durch Abänderungen im Bau der Jungen in Übereinstimmung mit einer Vererbung derselben in correspondierenden Altersstufen Thiere dazu gelangen, von dem ursprünglichen Zustande ihrer erwachsenen Erzeuger vollständig verschiedene Entwicklungszustände zu durchlaufen. Die meisten unserer besten Gewährsmänner sind jetzt überzeugt, dass die verschiedenen Larven- und Puppenzustände von Insecten in dieser Weise durch Adaptation und nicht durch Vererbung von einer alten Form aus erlangt worden sind. Der merkwürdige Fall der *Sitaris*, eines Käfers, welcher gewisse ungewöhnliche Entwicklungsstufen durchläuft, wird erläutern, wie dies zu Stande kommt. So stellt die erste Larvenform, wie es Fabre beschreibt, ein kleines, lebendiges, mit sechs Füssen, zwei langen Antennen und vier Augen versehenes Insect dar. Diese Larven kriechen in einem Bienenstocke aus; und wenn die Drohnen im Frühjahr aus ihren Verstecken hervorkommen, was sie vor den Weibchen thun, so springen jene Larven auf sie und benutzen dann die Begattung, um auf die weiblichen Bienen zu kriechen. Sobald die letzteren ihre Eier auf den in den Zellen befindlichen Honig legen, hüpft die Käferlarve auf das Ei und verzehrt es. Später erfährt sie eine complete Veränderung; die Augen verschwinden, die Füsse und Antennen werden rudimentär und sie ernährt sich von Honig. Sie gleicht daher nunmehr den gewöhnlichen Insectenlarven. Endlich unterliegt sie noch weiteren Verwandlungen und erscheint zuletzt als vollkommener Käfer. Wenn nun ein Insect mit ähnlichen Umgestaltungen wie diese *Sitaris* der Urerzeuger einer ganzen neuen grossen Insectenclasse werden sollte, so würde wahrscheinlich der allgemeine Verlauf der Entwicklung und besonders der der ersten Larvenstände in dieser neuen Classe sehr verschieden von dem der jetzt existierenden Insecten sein. Und sicher würden die ersten Larvenzustände nicht den frühern Zustand irgend eines erwachsenen und alten Insectes repräsentiert haben.

Auf der andern Seite ist es sehr wahrscheinlich, dass bei vielen Thiergruppen uns die embryonalen oder Larvenzustände mehr oder weniger vollständig die Form des Urerzeugers der ganzen Gruppe in seinem erwachsenen Zustande zeigen. In der ungeheuren Classe der Crustaceen erscheinen wunderbar von einander verschiedene Formen, wie saugende Parasiten, Cirripeden, Entomostraken und selbst Malakostraken, in ihrem ersten Larvenzustand unter einer ähnlichen *Nauplius*-Form; und da diese Larven im offenen Meere sich ernähren und leben und nicht irgendwie eigenthümlichen Lebensweisen angepasst sind, so ist es, wie auch noch nach anderen von Fritz Müller angeführten Gründen, wahrscheinlich, dass ein unabhängiges erwachsenes Thier ähnlich einem *Nauplius* in einer sehr frühern Zeit existiert und später längs mehrerer divergierender Descendenzreihen die verschiedenen obengenannten grossen Crustaceengruppen erzeugt hat. So ist es ferner nach dem, was wir von den Embryonen der Säugethiere, Vögel, Fische und Reptilien wissen, wahrscheinlich, dass diese Thiere die modificierten Nachkommen irgend eines alten Urerzeugers sind, welcher im erwachsenen Zustande mit Kiemen, einer Schwimmblase, vier flossenartigen Gliedmassen und einem langen Schwanze, alles für das Leben im Wasser passend, versehen war.

Da alle organischen Wesen, welche noch leben oder jemals auf dieser Erde gelebt haben, in einige wenige grosse Classen eingeordnet werden können, und da alle Formen innerhalb jeder Classe, unserer Theorie gemäss, früher durch die feinsten Abstufungen miteinander verkettet gewesen sind, so würde die beste, oder in der That, wenn unsere Sammlungen einigermassen vollständig wären, die einzig mögliche Anordnung derselben die genealogische sein. Gemeinsame Abstammung ist das geheime Band, welches die Naturforscher unter dem Namen natürliches System gesucht haben. Von dieser Annahme aus können wir begreifen, woher es kommt, dass in den Augen der meisten Naturforscher die Bildung des Embryos für die Classification selbst noch wichtiger als die des Erwachsenen ist. Thiere zweier oder mehrerer Gruppen mögen jetzt im erwachsenen Zustande in Bau und Lebensweise noch so verschieden von einander sein: wenn sie gleiche oder ähnliche Embryonalzustände durchlaufen, so dürfen wir uns überzeugt halten, dass beide von denselben Eltern abstammen und deshalb nahe verwandt sind. So verräth Übereinstimmung in der Embryonalbildung gemeinsame Abstammung; aber Unähnlichkeit in der Embryonalentwicklung beweist noch nicht eine verschiedene Abstammung, denn in einer von zwei Gruppen können die Entwicklungsstufen unterdrückt oder durch Anpassung an neue Lebensweisen so stark modificiert worden sein, dass man sie nicht wieder erkennen kann. Selbst in Gruppen, in welchen die Erwachsenen im äussersten Grade modificiert worden sind, wird die Gemeinsamkeit der Abstammung oft durch die Structur der Larven enthüllt; wir haben z. B. gesehen, dass die Cirripeden, obschon sie äusserlich den Muscheln so ähnlich sind, an ihren Larven sogleich als zur grossen Classe der Kruster gehörig erkannt werden können. Da der Bau des Embryo uns im Allgemeinen mehr oder weniger deutlich den Bau ihrer alten noch wenig modificierten Stammform überliefert, so sehen wir auch ein, warum alte und erloschene Lebensformen so oft den Embryonen der heutigen Arten derselben Classe gleichen. Agassiz hält dies für ein allgemeines Naturgesetz; und wir dürfen hoffen, es später noch bestätigt zu sehen. Es lässt sich indessen nur in denjenigen Fällen beweisen, wo der alte Zustand des Erzeugers der Gruppe weder durch successive in einer frühern Wachsthumsperiode erfolgte Abänderungen noch durch Vererbung derartiger Abweichungen auf ein früheres Lebensalter, als worin sie ursprünglich aufgetreten sind, verwischt worden ist. Auch ist zu erwähnen, dass das Gesetz ganz wahr sein und doch, weil sich die geologische Urkunde nicht weit genug rückwärts erstreckt, noch auf lange hinaus oder für immer unbeweisbar bleiben kann. In denjenigen Fällen wird das Gesetz nicht gelten, in denen eine alte Form in ihrem Larvenzustand irgend einer speciellen Lebensweise angepasst wurde und denselben Larvenzustand einer ganzen Gruppe von Nachkommen überlieferte; denn diese werden in ihrem Larvenzustand dann keiner noch ältern Form im erwachsenen Zustande gleichen.

So scheinen sich mir die leitenden Thatsachen in der Embryologie, welche an Wichtigkeit keinen anderen nachstehen, aus dem Princip zu erklären, dass Modificationen in der langen Reihe von Nachkommen eines frühen Urerzeugers nicht in einem sehr frühen Lebensalter eines jeden derselben erschienen und in einem entsprechenden Alter vererbt worden sind. Die Embryologie gewinnt sehr an Interesse, wenn wir uns so den Embryo als ein mehr oder weniger verblichenes Bild der gemeinsamen Stammform, entweder in ihrer erwachsenen oder Larvenform, aller Glieder derselben grossen Thierclasse vorstellen.

Rudimentäre, atrophierte und abortive Organe.

Organe oder Theile in diesem eigenthümlichen Zustande, die den offenbaren Stempel der Nutzlosigkeit an sich tragen, sind in der Natur äusserst gewöhnlich oder selbst allgemein. Es dürfte unmöglich sein, eins der höheren Thiere namhaft zu machen, bei welchen nicht irgend Theil sich in einem rudimentären Zustande findet. Bei den Säugethieren besitzen z. B. die Männchen immer rudimentäre Zitzen; bei Schlangen ist der eine Lungenflügel rudimentär; bei Vögeln kann man den Afterflügel getrost als einen verkümmerten Finger ansehen und bei einigen Arten ist der ganze Flügel in so weit rudimentär, dass er nicht zum Fliegen benutzt werden kann. Was kann wohl merkwürdiger sein als die Anwesenheit von Zähnen bei den Embryonen der Wale, die im erwachsenen Zustande nicht einen Zahn im ganzen Kopfe haben, und das Dasein von Schneidezähnen im Oberkiefer unserer Kälber vor der Geburt, welche aber niemals das Zahnfleisch durchbrechen?

Rudimentäre Organe lassen ihren Ursprung und ihre Bedeutung auf verschiedene Weise deutlich erkennen. So gibt es Käfer, welche zu nahe miteinander verwandten Arten oder selbst zu einer und derselben identischen Art gehören, welche entweder vollkommene Flügel von voller Grösse oder bloss äusserst kleine häutige Rudimente, die nicht selten unter den Flügeldecken fest miteinander verwachsen, besitzen; und in diesen Fällen ist es unmöglich zu zweifeln, dass diese Rudimente die Flügel vertreten. Rudimentäre Organe behalten zuweilen noch die Möglichkeit ihrer Functionierung; dies scheint bei den Brustdrüsen männlicher Säugethiere gelegentlich der Fall zu sein, von welchen man weiss, dass sie zuweilen sich wohl entwickelt und Milch abgesondert haben. So haben ferner die Weibchen der Gattung *Bos* gewöhnlich vier entwickelte und zwei rudimentäre Zitzen am Euter; aber bei unserer zahmen Kuh entwickeln sich zuweilen auch die zwei letzten und geben Milch. Bei Pflanzen sind zuweilen bei Individuen einer und der nämlichen Species die Kronenblätter bald nur als Rudimente und bald in ganz ausgebildetem Zustande vorhanden. Bei gewissen getrennt geschlechtlichen Pflanzen fand Kölreuter, dass sich nach der Kreuzung einer Art, bei welcher die männlichen Blüthen ein rudimentäres Pistill hatten, mit einer hermaphroditen Species, deren Blüthen natürlich ein entwickeltes Pistill besassen, das Rudiment in den Bastardnachkommen oft bedeutend vergrössert habe; und dies beweist deutlich, dass die rudimentären und vollkommenen Pistille ihrer Natur nach wesentlich gleich sind. Ein Thier kann verschiedene Theile im vollkommenen Zustande besitzen, und doch können sie in einem gewissen Sinne rudimentär sein, da sie nutzlos sind. So hat die Larve des gewöhnlichen Wassersalamanders oder *Triton*, wie G. H. Lewes bemerkt, „Kiemen und verbringt „ihr Leben unter Wasser; aber die *Salamandra atra*, welche hoch „oben im Gebirge lebt, bringt vollständig ausgebildete Junge her„vor. Dies Thier lebt niemals im Wasser. Öffnen wir indess ein „trächtiges Weibchen, so finden wir innerhalb desselben Larven „mit ausgezeichneten gefiederten Kiemen; und bringt man diese „in's Wasser, so schwimmen sie ebenso herum wie die Larven des „Wassersalamanders. Offenbar hat diese auf Wasserleben ein„gerichtete Organisation keine Beziehung zum künftigen Leben des „Thieres, ebenso wenig ist sie eine Anpassung an einen embryo„nalen Zustand; sie hat allein Bezug auf voreltenliche Anpassungen, „sie wiederholt eine Entwicklungsphase der Urerzeuger.“

Ein zweierlei Verrichtungen dienendes Organ kann für die eine und sogar die wichtigere derselben rudimentär werden oder ganz fehlschlagen und in voller Wirksamkeit für die andere bleiben. So ist die Bestimmung des Pistills die, den Pollenschläuchen zu gestatten, die in dem an seiner Basis gelegenen Ovarium enthaltenen Ei'chen zu erreichen. Das Pistill besteht aus der Narbe und dem diese tragenden Griffel; bei einigen Compositen jedoch haben die männlichen Blüthchen, welche natürlich nicht befruchtet werden können, ein Pistill in rudimentärem Zustande, indem es keine Narbe besitzt; und doch bleibt es sonst wohl entwickelt und wie in anderen Compositen mit Haaren überzogen, um den Pollen von den umgebenden und vereinigten Antheren abzustreifen. So kann auch ein Organ für seine eigentliche Bestimmung rudimentär und für einen andern Zweck benutzt werden; so scheint in gewissen Fischen die Schwimmblase für ihre eigentliche Verrichtung, den Fisch im Wasser flottierend zu erhalten, beinahe rudimentär zu werden, indem sie in ein Athmungsorgan oder eine Lunge überzugehen beginnt. Es könnten noch viele andere ähnliche Beispiele angeführt werden.

Noch so wenig entwickelte, aber doch brauchbare Organe sollten nicht rudimentär genannt werden, wenn wir nicht Grund zur Vermuthung haben, dass sie früher einmal höher entwickelt gewesen sind; sie können für „werdende“ Organe gelten und sind im Fortgange zu weiterer Entwicklung begriffen. Dagegen sind rudimentäre Organe entweder vollständig nutzlos: wie Zähne, welche niemals das Zahnfleisch durchbrechen, oder beinahe nutzlos: wie die Flügel des Strausses, die nur als Segel dienen. Da Organe in diesem Zustande früher, wenn sie noch weniger entwickelt gewesen wären, noch geringeren Nutzen gehabt hätten als jetzt, so können sie auch früher nicht durch Variation und natürliche Zuchtwahl gebildet worden sein, welche bloss durch Erhaltung nützlicher Abänderungen wirkt. Sie weisen nur auf einen frühern Zustand ihres Besitzers hin und sind theilweise nur durch Vererbung erhalten worden. Es ist indessen schwer zu erkennen, welche Organe rudimentäre und welche „werdende“ sind; denn wir können nur nach Analogie urtheilen, ob ein Theil weiterer Entwicklung fähig ist, in welchem Falle allein er ein werdender genannt zu werden verdient. Organe in diesem Zustande werden immer selten sein; denn es werden Geschöpfe mit werdenden Organen gewöhnlich durch ihre Nachkommen mit Organen in vollkommenerem und entwickelterem Zustande ersetzt worden und folglich schon vor langer Zeit ausgestorben sein. Der Flügelstummel des Pinguins ist als Ruder von grossem Nutzen und mag daher den beginnenden Vogelflügel vorstellen; nicht als ob ich glaubte, dass er es wirklich sei, denn wahrscheinlich ist er ein reduciertes und für eine neue Bestimmung hergerichtetes Organ. Der Flügel des *Apteryx* andererseits ist völlig nutzlos und wirklich rudimentär. Die einfachen fadenförmigen Gliedmassen des *Lepidosiren* betrachtet Owen als „die Anfänge von „Organen, welche bei höheren Wirbelthieren eine vollständige functionelle Entwicklung erreichen;“ nach der neuerdings von Dr. Günther vertheidigten Ansicht sind sie aber wahrscheinlich Überreste, die aus dem erhalten gebliebenen Achsentheile der Flosse bestehen, deren seitliche Strahlen oder Äste abortiert sind. Die Milchdrüsen des *Ornithorhynchus* können vielleicht, mit denen der Kuh verglichen, als werdende bezeichnet werden. Die Eierzügel gewisser Cirripeden, welche nur wenig entwickelt sind und nicht mehr zur Befestigung der Eier dienen, sind werdende Kiemen.

Rudimentäre Organe variieren sehr gern in ihrer Entwicklungsstufe sowohl als in anderen Beziehungen in den Individuen einer und der nämlichen Art. Ausserdem ist der Grad, bis zu welchem das Organ rudimentär geworden ist, in nahe verwandten Arten zuweilen sehr verschieden. Für diesen letzten Fall liefert der Zustand der Flügel bei einigen zu der nämlichen Familie gehörigen weiblichen Nachtschmetterlingen ein gutes Beispiel. Rudimentäre Organe können gänzlich fehlschlagen oder abortieren, und daher rührt es dann, dass wir bei gewissen Thieren oder Pflanzen nicht einmal eine Spur mehr von einem Organe finden, welches wir nach Analogie dort zu erwarten berechtigt sind und nur zuweilen noch in monströsen Individuen der Species hervortreten sehen. So ist bei den meisten Scrophularinen das fünfte Staubgefäss völlig abortiert; doch können wir schliessen, dass ein fünfter Staubfaden früher existiert hat; denn in vielen Arten der Familie findet sich ein Rudiment eines solchen und dies Rudiment kommt zuweilen vollständig entwickelt zum Vorschein, wie es beim gemeinen Löwenmaul zu sehen ist. Wenn man die Homologien eines Theiles in den verschiedenen Gliedern einer Classe verfolgt, so ist nichts gewöhnlicher oder nützlicher, um die Beziehungen der Theile zu einander ordentlich zu verstehen, als die Entdeckung von Rudimenten. R. Owen hat dies ganz gut in Zeichnungen der Beinknochen des Pferdes, des Ochsens und des Nashorns dargestellt.

Es ist eine bedeutungsvolle Thatsache, dass rudimentäre Organe, wie die Zähne im Oberkiefer der Wale und Wiederkäuer, oft im Embryo zu entdecken sind und nachher völlig verschwinden. Auch ist es, glaube ich, eine allgemeine Regel, dass ein rudimentäres Organ den angrenzenden Theilen gegenüber im Embryo grösser als im Erwachsenen erscheint, so dass das Organ im Embryo minder rudimentär ist und oft kaum als irgendwie rudimentär bezeichnet werden kann. Daher sagt man oft von einem rudimentären Organ, es sei auf seiner embryonalen Entwicklungsstufe auch im Erwachsenen stehen geblieben.

Ich habe jetzt die leitenden Thatsachen in Bezug auf rudimentäre Organe aufgeführt. Bei weiterem Nachdenken über dieselben muss Jedermann von Erstaunen betroffen werden; denn dieselbe Urtheilskraft, welche uns so deutlich erkennen lässt, wie vortrefflich die meisten Theile und Organe gewissen Bestimmungen angepasst sind, lehrt uns hier mit gleicher Deutlichkeit, dass diese rudimentären und atrophierten Organe unvollkommen und nutzlos sind. In den naturgeschichtlichen Werken liest man gewöhnlich, dass die rudimentären Organe nur der „Symmetrie wegen“ oder „um das Schema der Natur zu ergänzen“ vorhanden sind; dies scheint mir aber keine Erklärung, sondern nur eine Umschreibung der Thatsache zu sein. Auch ist es nicht consequent durchzuführen: so hat die *Boa constrictor* Rudimente der Hintergliedmassen und des Beckens, und wenn man nun sagt, dass diese Knochen erhalten worden sind, „um das natürliche Schema zu vervollständigen", warum sind sie, wie Professor WEISMANN frägt, nicht bei anderen Schlangen erhalten worden, welche nicht einmal eine Spur dieser Knochen besitzen? Was würde man von einem Astronomen denken, welcher behaupten wollte, weil Planeten in elliptischen Bahnen um die Sonne laufen, so nehmen Satelliten denselben Lauf um die Planeten nur der Symmetrie wegen? Ein ausgezeichneter Physiolog sucht das Vorkommen rudimentärer Organe durch die Annahme zu erklären, dass sie dazu dienen, überschüssige oder dem Systeme schädliche Materie auszuscheiden. Aber kann man denn annehmen, dass das kleine nur aus Zellgewebe bestehende Wärzchen, welches in männlichen Blüthen oft die Stelle des Pistills vertritt, dies zu bewirken vermöge? Kann man annehmen, dass die Bildung rudimentärer Zähne, die später wieder resorbiert werden, dem in raschem Wachsen begriffenen Kalbsembryo durch Ausscheidung der ihm so werthvollen phosphorsauren Kalkerde von irgend welchem Nutzen sein könne? Wenn ein Mensch durch Amputation einen Finger verliert, so kommt an den Stummeln zuweilen ein unvollkommener Nagel wieder zum Vorschein. Man könnte nun gerade so gut glauben, dass dieses Rudiment nur um Hornmaterie auszuscheiden wieder erscheine, wie dass die Nagelstummel an den Ruderfüssen des Manati dazu bestimmt wären.

Nach meiner Annahme einer Fortpflanzung mit Abänderung erklärt sich die Entstehung rudimentärer Organe vergleichsweise einfach und wir können in ziemlich weitem Umfange die ihre unvollkommene Entwicklung regelnden Gesetze einsehen. Wir kennen eine Menge Beispiele von rudimentären Organen bei unseren Culturerzeugnissen, wie den Schwanzstummel in ungeschwänzten Rassen, den Ohrstummel in ohrlosen Rassen bei Schafen, das Wiedererscheinen kleiner nur in der Haut hängender Hörner bei ungehörnten Rinderrassen, und besonders, nach YOUATT, bei jungen Thieren derselben, und den Zustand der ganzen Blüthe im Blumenkohl. Oft sehen wir auch Stummel verschiedener Art bei Missgeburten. Aber ich bezweifle, dass irgend einer von diesen Fällen geeignet ist, die Bildung rudimentärer Organe in der Natur weiter zu beleuchten, als dass er uns zeigt, dass Stummel entstehen können; denn wägt man die Beweise gegeneinander ab, so erfolgt deutlich ein Ausschlag nach der Seite der Annahme hin, dass Arten im Naturzustande keinen grossen und plötzlichen Veränderungen unterliegen. Aus dem Studium unserer Culturerzeugnisse lernen wir aber, dass der Nichtgebrauch der Theile zu einer Reduction ihrer Grösse führt, und dass dieses Resultat vererbt wird.

Aller Wahrscheinlichkeit nach hat hauptsächlich Nichtgebrauch die Organe rudimentär gemacht. Zuerst wird er in langsamen Schritten zu einer immer vollständigeren Reduction eines Theiles führen, bis dieser endlich rudimentär wird, so bei den Augen in dunklen Höhlen lebender Thiere, und bei den Flügeln oceanische Inseln bewohnender Vögel, welche selten durch Raubthiere zum Fliegen gezwungen werden und daher dieses Vermögen zuletzt gänzlich einbüssen. Ebenso kann ein unter gewissen Umständen nützliches Organ unter anderen Umständen sogar nachtheilig werden, wie die Flügel der auf kleinen und exponierten Inseln lebenden Insecten. In diesem Falle wird natürliche Zuchtwahl fortwährend dazu beigetragen haben, das Organ langsam zu reducieren, bis es unschädlich und rudimentär wird.

Eine jede Änderung im Bau und in den Verrichtungen, welche in unmerkbaren Abstufungen eintreten kann, liegt im Wirkungsbereiche der natürlichen Zuchtwahl; daher kann ein Organ, welches in Folge geänderter Lebensweise nutzlos oder nachtheilig für die eine Bestimmung wird, abgeändert und für andere Verrichtungen verwendet werden. Oder ein Organ wird nur noch für eine von seinen früheren Verrichtungen beibehalten. Ursprünglich durch natürliche Zuchtwahl gebildete, aber nutzlos gewordene Organe können ganz gut veränderlich sein, weil ihre Abänderungen nicht mehr durch natürliche Zuchtwahl aufgehalten werden können. Alles dies stimmt ganz wohl mit dem überein, was wir im Naturzustande sehen. In welchem Lebensabschnitte überdies auch ein Organ durch Nichtbenützung oder Züchtung reduciert werden mag (und dies wird gewöhnlich erst der Fall sein, wenn das Thier zu seiner vollen Reife und Thatkraft gelangt ist): das Princip der Vererbung in sich entsprechenden Altern wird dieses Organ stets im nämlichen reifen Alter in reduciertem Zustande wieder erscheinen zu lassen streben und es mithin nur selten im Embryo afficieren. So erklärt sich mithin die beträchtlichere Grösse rudimentärer Organe im Embryo im Verhältnis zu den benachbarten Theilen und deren relativ geringere Grösse im Erwachsenen. Wenn z. B. die Zehe eines erwachsenen Thieres viele Generationen lang in Folge irgend einer

Änderung der Lebensweise immer weniger und weniger benützt wurde, oder wenn ein Organ oder eine Drüse immer weniger und weniger functionell thätig war, so können wir schliessen, dass der Theil bei den erwachsenen Nachkommen dieses Thieres an Grösse reduciert sein wird, aber seinen ursprünglichen Entwicklungsmodus im Embryo nahezu beibehalten haben wird.

Es bleibt indess noch eine Schwierigkeit übrig. Wenn ein Organ nicht mehr benutzt wird und in Folge dessen bedeutend reduciert worden ist, wie kann es nun immer weiter reduciert werden, bis endlich nur eine Spur von ihm übrig bleibt; und wie kann es endlich völlig fehlschlagen? Es ist kaum möglich, dass Nichtgebrauch noch irgend eine weitere Wirkung äussern kann, nachdem das Organ einmal functionslos gemacht worden war. Hier ist noch irgend eine weitere Erklärung nothwendig, welche ich nicht geben kann. Wenn es z. B. bewiesen werden könnte, dass jeder Theil der Organisation in einem höhern Grade nach einer Grössenverminderung hin als nach einer Grössenzunahme zu variieren strebe, dann würden wir zu verstehen im Stande sein, auf welche Weise ein nutzlos gewordenes Organ unabhängig von den Wirkungen des Nichtgebrauchs rudimentär gemacht und schliesslich vollständig unterdrückt werden würde; denn die nach einer Grössenabnahme hinwirkenden Abänderungen würden nicht mehr durch natürliche Zuchtwahl aufgehalten werden. Das in einem frühern Capitel erläuterte Princip der Öconomie des Wachsthums, wonach die zur Bildung eines dem Besitzer nicht mehr nützlichen Theiles verwendeten Bildungsstoffe so weit wie möglich erspart werden, kommt vielleicht beim Rudimentärwerden eines nutzlosen Theils mit in's Spiel. Dies Princip wird aber beinahe nothwendig auf die früheren Stadien des Reductionsprocesses beschränkt sein; denn wir können nicht annehmen, dass z. B. eine äusserst kleine Papille, welche in einer männlichen Blüthe das Pistill der weiblichen Blüthe repräsentiert und bloss aus Zellgewebe besteht, noch weiter reduciert oder absorbiert werden könne, um Nahrung zu ersparen.

Da endlich rudimentäre Organe, durch was für Stufen sie auch auf ihren jetzigen nutzlosen Zustand herabgebracht worden sein mögen, die Geschichte eines frühern Zustandes der Dinge erzählen und nur durch das Vererbungsvermögen beibehalten worden sind, so wird es aus dem Gesichtspunkte einer genealogischen Classification begreiflich, woher es kommt, dass Systematiker beim Einordnen der Organismen an ihre richtigen Stellen im natürlichen Systeme die rudimentären Organe für ihren Zweck zuweilen ebenso nützlich oder selbst nützlicher befunden haben, als die Theile von hoher physiologischer Wichtigkeit. Rudimentäre Organe kann man mit den Buchstaben eines Wortes vergleichen, welche beim Buchstabieren desselben noch beibehalten, aber nicht mit ausgesprochen werden und bei Nachforschungen über dessen Ursprung als vortreffliche Führer dienen. Nach der Annahme einer Descendenz mit Abänderung können wir schliessen, dass das Vorkommen von Organen in einem verkümmerten, unvollkommenen und nutzlosen Zustande und deren gänzliches Fehlschlagen, statt wie bei der gewöhnlichen Theorie der Schöpfung grosse Schwierigkeiten zu bereiten, vielmehr nach den hier erörterten Gesichtspunkten vorauszusehen war.

Zusammenfassung.

Ich habe in diesem Capitel zu zeigen gesucht, dass die Anordnung aller organischen Wesen aller Zeiten ineinander untergeordneten Gruppen, — dass die Natur der Beziehungen, nach welchen alle lebenden und erloschenen Wesen durch zusammengesetzte, strahlenförmige und oft sehr auf Umwegen zusammenhängende Verwandtschaftslinien in einige wenige grosse Classen vereinigt werden, — dass die von den Naturforschern bei ihren Classificationen befolgten Regeln und sich darbietenden Schwierigkeiten, — dass der auf die constanten und bedeutungsvollen Charactere gelegte Werth, gleichviel ob sie für die Lebensverrichtungen von grosser oder, wie die der rudimentären Organe, von gar keiner Wichtigkeit sind, — dass der ausserordentliche Unterschied im Werthe zwischen analogen oder Anpassungs- und wahren Verwandtschaftscharacteren: — dass alle diese und noch viele andere solcher regelmässigen Erscheinungen sich naturgemäss aus der Annahme einer gemeinsamen Abstammung verwandter Formen und deren Modification durch Abänderung und natürliche Zuchtwahl in Begleitung von Erlöschung und von Divergenz des Characters herleiten lassen. Von diesem Standpunkte aus die Classification beurtheilend, muss man sich erinnern, dass das Element der Abstammung allgemein berücksichtigt wird, wenn man die beiden Geschlechter, Alterszustände, dimorphe Formen und die anerkannten Varietäten, wie verschieden von einander sie auch in ihrem Baue sein mögen, alle in eine Art zusammenordnet. Wenn wir nun die Anwendung dieses Elementes der Descendenz als die einzige mit Sicherheit erkannte Ursache von der Ähnlichkeit organischer Wesen untereinander etwas weiter ausdehnen, so wird uns die Bedeutung des natürlichen Systems klarer werden; es ist genealogisch in seinen Anordnungsversuchen, und es werden die Grade der Verschiedenheiten, in welche die einzelnen Verzweigungen auseinandergelaufen sind, mit den Kunstausdrücken Varietäten, Arten, Gattungen, Familien, Ordnungen und Classen bezeichnet.

Indem wir von dieser nämlichen Annahme einer Fortpflanzung mit Abänderung ausgehen, werden uns alle grossen Haupterscheinungen in der Morphologie erklärlich: sowohl das gemeinsame Modell, wonach die homologen Organe, zu welchem Zwecke sie auch immer bestimmt sein mögen, bei allen Arten einer Classe gebildet sind, als auch die Reihen- und seitlichen Homologien eines jeden Pflanzen- oder Thierindividuums.

Die grossen leitenden Thatsachen in der Embryologie erklären sich aus dem Princip, dass successive geringe Abänderungen nicht nothwendig oder allgemein schon in einer sehr frühen Lebenszeit eintreten, und dass sie sich dann in entsprechendem Alter weiter vererben: so die Ähnlichkeit der homologen Theile in einem Embryo, welche im reifen Alter in Form und Verrichtungen weit auseinander gehen, — und die Ähnlichkeit der homologen Theile oder Organe in verwandten, wenn auch sehr verschiedenen Arten, wenn sie auch in den erwachsenen Thieren den möglichst verschiedenen Zwecken dienen. Larven sind active Embryonen, welche in einem bedeutenderen oder geringeren Grade in Bezug auf ihre Lebensweisen speciell modificiert worden sind und diese Modificationen auf entsprechenden Altersstufen vererbt haben. Nach diesen nämlichen Principien und in Anbetracht dessen, dass, wenn Organe in Folge von Nichtgebrauch oder von Züchtung in Grösse reduciert werden, dies gewöhnlich in derjenigen Lebensperiode geschieht, wo das Wesen für seine Bedürfnisse selbst zu sorgen hat, und in fernerem Anbetracht des strengen Waltens des Erblichkeitsprincips ist, hätte das Vorkommen rudimentärer Organe selbst vorausgesehen werden können. Die Wichtigkeit embryonaler Charactere und rudimentärer Organe für die Classification wird aus der Ausnahme verständlich, dass eine natürliche Anordnung genealogisch sein muss.

Endlich scheinen mir die verschiedenen Classen von Thatsachen, welche in diesem Capitel in Betracht gezogen worden sind, so deutlich auszusprechen, dass die zahllosen Arten, Gattungen und Familien organischer Wesen, womit diese Welt bevölkert ist, allesammt und jedes wieder in seiner eigenen Classe oder Gruppe insbesondere, von gemeinsamen Eltern abstammen und im Laufe der Descendenz modificiert worden sind, dass ich dieser Anschauungsweise ohne Zögern schon folgen würde, selbst wenn ihr keine sonstigen Thatsachen und Argumente weiter zu Hilfe kämen.

Fünfzehntes Capitel.

Allgemeine Wiederholung und Schluss.

Wiederholung der Einwände gegen die Theorie natürlicher Zuchtwahl. — Wiederholung der allgemeinen und besonderen Umstände zu deren Gunsten. — Ursachen des allgemeinen Glaubens an die Unveränderlichkeit der Arten. — Wie weit die Theorie natürlicher Zuchtwahl auszudehnen ist. — Folgen ihrer Annahme für das Studium der Naturgeschichte. — Schlussbemerkungen.

Da dieser ganze Band eine lange Beweisführung ist, so wird es dem Leser angenehm sein, die leitenden Thatsachen und Schlussfolgerungen kurz zusammengefasst zu sehen.

Ich leugne nicht, dass man viele und ernste Einwände gegen die Theorie der Descendenz mit Modification durch Abänderung und natürliche Zuchtwahl vorbringen kann. Ich habe versucht, sie in ihrer ganzen Stärke zu entwickeln. Nichts kann im ersten Augenblicke weniger glaubhaft erscheinen, als dass die zusammengesetztesten Organe und Instincte ihre Vollkommenheit erlangt haben sollen nicht durch höhere, wenn auch der menschlichen Vernunft analoge, Kräfte, sondern durch die blosse Häufung zahlloser kleiner, aber jedem individuellen Besitzer vortheilhafter Abänderungen. Diese Schwierigkeit, wie unübersteiglich gross sie auch unserer Einbildungskraft erscheinen mag, kann gleichwohl nicht für wesentlich gelten, wenn wir folgende Sätze gelten lassen: dass alle Theile der Organisation und alle Instincte wenigstens individuelle Verschiedenheiten darbieten; — dass ein Kampf um's Dasein besteht, welcher zur Erhaltung jeder nützlichen Abweichung von den bisherigen Bildungen oder Instincten führt, — und endlich dass Abstufungen in der Vollkommenheit eines jeden Organes bestanden haben, die alle in ihrer Weise gut waren. Die Wahrheit dieser Sätze kann nach meiner Meinung nicht bestritten werden.

Es ist ohne Zweifel äusserst schwierig, auch nur eine Vermuthung darüber auszusprechen, durch welche Abstufungen, zumal in durchbrochenen und erlöschenden Gruppen organischer Wesen, die bedeutend durch Aussterben gelitten haben, manche Bildungen vervollkommnet worden sind; aber wir sehen so viele befremdende Abstufungen in der Natur, dass wir äusserst vorsichtig sein müssen ehe wir sagen, dass irgend ein Organ oder Instinct oder ein ganzes Gebilde nicht durch stufenweise Fortschritte zu seiner gegenwärtigen Beschaffenheit gelangt sein könne. Man muss zugeben, dass besonders schwierige Fälle der Theorie der natürlichen Zuchtwahl entgegentreten, und einer der merkwürdigsten Fälle dieser Art zeigt sich in dem Vorkommen von zwei oder drei bestimmten Kasten von Arbeitern oder unfruchtbaren Weibchen in einer und derselben Ameisengemeinde; doch habe ich zu zeigen versucht, wie auch diese Schwierigkeit zu überwinden ist.

Was die fast allgemeine Unfruchtbarkeit der Arten bei ihrer Kreuzung anbelangt, die einen so merkwürdigen Gegensatz zur fast allgemeinen Fruchtbarkeit gekreuzter Varietäten bildet, so muss ich die Leser auf die am Ende des neunten Capitels gegebene Zusammenfassung der Thatsachen verweisen, welche mir entscheidend zu sein scheinen, um darzuthun, dass diese Unfruchtbarkeit in nicht höherem Grade eine angeborene Eigenthümlichkeit bildet, als die Schwierigkeit zwei Baumarten aufeinander zu propfen, dass sie vielmehr zusammenfalle mit Verschiedenheiten, die auf das Reproductivsystem der gekreuzten Arten beschränkt sind. Wir finden die Bestätigung dieser Folgerung in der weiten Verschiedenheit der Ergebnisse, wenn die nämlichen zwei Arten wechselseitig miteinander gekreuzt werden, d. h. wenn eine Species zuerst als Vater und dann als Mutter benutzt wird. Die Betrachtung dimorpher und trimorpher Pflanzen führt uns durch Analogie zu demselben Schlusse; denn wenn die Formen illegitim befruchtet werden, so geben sie keine oder nur wenig Samen und ihre Nachkommen sind mehr oder weniger steril; und diese Formen gehören zu einer und derselben unzweifelhaften Species und weichen in keiner Weise von einander ab, ausgenommen in ihren Reproductionsorganen und -Functionen.

Obwohl die Fruchtbarkeit gekreuzter Varietäten und ihrer Blendlinge von so vielen Autoren als ausnahmslos bezeichnet worden ist, so kann dies doch nach den von Gärtner und Kölreuter mitgetheilten Thatsachen nicht als richtig gelten. Die meisten der zu Versuchen benützten Varietäten sind unter Domestication entstanden, und da die Domestication (ich meine nicht bloss Gefangenschaft) die Unfruchtbarkeit offenbar zu beseitigen strebt, welche, nach Analogie zu schliessen, die elterlichen Arten bei ihrer Kreuzung betroffen haben würde, so dürfen wir nicht erwarten, dass sie Unfruchtbarkeit bei der Kreuzung an ihren modificierten Nachkommen veranlassen werde. Die Beseitigung der Unfruchtbarkeit ist, wie es scheint, eine Folge derselben Ursache, welche die reichliche Fortpflanzung unserer domesticierten Thiere unter mannichfachen Umständen gestattet: und dies wiederum folgt augenscheinlich daraus, dass sie allmählich an häufige Veränderungen der Lebensbedingungen gewöhnt worden sind.

Eine doppelte und parallele Reihe von Thatsachen scheint auf die Unfruchtbarkeit der Species bei deren erster Kreuzung und auf die ihrer Bastardnachkommen viel Licht zu werfen. Auf der einen Seite haben wir guten Grund zu glauben, dass geringe Veränderungen in den Lebensbedingungen allen organischen Wesen Kraft und Fruchtbarkeit verleihen. Wir wissen auch, dass eine Kreuzung zwischen den verschiedenen Individuen einer nämlichen Varietät und zwischen verschiedenen Varietäten die Zahl ihrer Nachkommen vermehrt und ihnen sicher vermehrte Lebenskraft und Grösse gibt. Dies ist hauptsächlich Folge davon, dass die gekreuzten Formen etwas verschiedenen Lebensbedingungen ausgesetzt gewesen sind; denn ich habe durch eine mühevolle Reihe von Experimenten ermittelt, dass, wenn alle Individuen der nämlichen Varietät während mehrerer Generationen denselben Bedingungen ausgesetzt wurden, der aus einer Kreuzung entspringende Vortheil häufig bedeutend vermindert war oder ganz verschwand. Dies ist die eine Seite der Frage. Andererseits wissen wir, dass Species, welche lange Zeit nahezu gleichförmigen Bedingungen ausgesetzt waren, wenn sie in der Gefangenschaft neuen und bedeutend veränderten Bedingungen unterworfen werden, entweder untergehen oder, wenn sie leben bleiben, unfruchtbar werden, trotzdem sie im übrigen vollkommen gesund bleiben. Dies tritt gar nicht oder nur in sehr geringem Grade bei unseren Culturerzeugnissen ein, welche lange Zeit schwankenden Bedingungen ausgesetzt worden sind. Wenn wir daher finden, dass Bastarde, welche aus einer Kreuzung zwischen zwei verschiedenen Arten abstammen, der Zahl nach wenig sind, weil sie bald nach der Conception oder in einem sehr frühen Alter absterben, oder dass sie, wenn sie am Leben bleiben, mehr oder weniger unfruchtbar werden, so scheint dies höchst wahrscheinlich das Resultat davon zu sein, dass sie in der That, weil sie aus zwei verschiedenen Organisationen verschmolzen sind, einer grossen Veränderung in ihren Lebensbedingungen ausgesetzt worden sind. Wer in einer bestimmten Art und Weise erklärt, warum z. B. ein Elephant oder ein Fuchs in seinem Heimathlande sich nicht in der Gefangenschaft ordentlich fortpflanzt, während das domesticierte Schwein oder der Hund sich reichlich unter den verschiedenartigsten Bedingungen fortpflanzt, wird gleichzeitig auch die Frage bestimmt zu beantworten im Stande sein, warum zwei verschiedene Species bei ihrer Kreuzung ebenso wie deren hybride Nachkommen allgemein mehr oder weniger unfruchtbar sind, während zwei domesticierte Varietäten bei der Kreuzung ebenso wie deren Blendlingsnachkommen vollkommen fruchtbar sind.

Wenden wir uns zur geographischen Verbreitung, so erscheinen auch da die Schwierigkeiten für die Theorie der Descendenz mit Modification erheblich genug. Alle Individuen einer nämlichen Art und alle Arten einer Gattung oder selbst noch höherer Gruppen stammen von gemeinsamen Eltern ab; deshalb müssen sie, wenn auch jetzt in noch so weit zerstreuten und isolierten Theilen der Welt zu finden, im Laufe aufeinanderfolgender Generationen aus einer Gegend in alle anderen gewandert sein. Wir sind oft ganz ausser Stand, auch nur zu vermuthen, auf welche Weise dies geschehen sein möge. Da wir jedoch anzunehmen berechtigt sind, dass einige Arten die nämliche specifische Form während ungeheuer langer Perioden, in Jahren gemessen, beibehalten haben, so darf man kein allzugrosses Gewicht auf die gelegentliche weite Verbreitung einer und derselben Species legen; denn während langer Zeiträume wird sie auch zu weiter Verbreitung durch vielerlei Mittel Gelegenheit gehabt haben. Eine durchbrochene oder gespaltene Verbreitungsweise lässt sich oft durch Erlöschen der Arten in mitten inneliegenden Gebieten erklären. Es ist nicht zu leugnen, dass wir mit den mannichfaltigen climatischen und geographischen Veränderungen, welche die Erde erst in neueren Perioden erfahren hat, noch ganz unbekannt sind; und solche Veränderungen werden die Wanderungen häufig erleichtert haben. Beispielsweise habe ich zu zeigen versucht, wie mächtig die Eiszeit die Verbreitung sowohl der identischen als auch verwandter Formen über die Erdoberfläche beeinflusst hat. Ebenso sind wir bis jetzt auch fast ganz unbekannt mit den vielen gelegentlichen Transportmitteln. Was die Erscheinung betrifft, dass verschiedene Arten einer und derselben Gattung entfernt von einanderliegende und abgesonderte Gegenden bewohnen, so werden, da der Abänderungsprocess nothwendig langsam vor sich gegangen ist, während eines sehr langen Zeitraums alle die

Wanderungen begünstigenden Mittel möglich gewesen sein, wodurch sich einigermassen die Schwierigkeit vermindert, die weite Verbreitung der Arten einer Gattung zu erklären.

Da nach der Theorie der natürlichen Zuchtwahl eine endlose Anzahl von Mittelformen alle Arten jeder Gruppe durch ebenso feine Abstufungen, wie unsere jetzigen Varietäten darstellen, miteinander verkettet haben muss, so kann man die Frage aufwerfen, warum wir nicht alle diese vermittelnden Formen rund um uns her erblicken? Warum fliessen nicht alle organischen Formen zu einem unentwirrbaren Chaos zusammen? Aber was die noch lebenden Formen betrifft, so müssen wir uns erinnern, dass wir (mit Ausnahme einiger seltenen Fälle) nicht zur Erwartung berechtigt sind, direct vermittelnde Glieder zwischen ihnen selbst, sondern nur etwa zwischen ihnen und einigen erloschenen und durch andere ersetzten Formen zu entdecken. Selbst auf einem weiten Gebiete, das während einer langen Periode seinen Zusammenhang bewahrt hat und dessen Clima und übrige Lebensbedingungen nur allmählich von einem Bezirke, den eine Art bewohnt, zu einem andern von einer nahe verwandten Art bewohnten Bezirke abändern, selbst da sind wir nicht berechtigt, oft die Erscheinungen vermittelnder Formen in den Grenzdistricten zu erwarten. Denn wir haben Grund zur Annahme, dass nur wenige Arten einer Gattung fortgesetzte Abänderungen erleiden, dass dagegen die anderen gänzlich erlöschen, ohne eine abgeänderte Nachkommenschaft zu hinterlassen. Von den Arten, welche sich verändern, ändern immer nur wenige in der nämlichen Gegend gleichzeitig ab, und alle Modificationen gehen nur langsam vor sich. Ich habe auch gezeigt, dass die vermittelnden Varietäten, welche anfangs wahrscheinlich in den Zwischenzonen vorhanden gewesen sein werden, einer Verdrängung und Ersetzung durch die verwandten Formen von beiden Seiten her ausgesetzt gewesen sind; denn die letzteren werden gewöhnlich vermöge ihrer grossen Anzahl schnellere Fortschritte in ihren Abänderungen und Verbesserungen als die minder zahlreich vertretenen Mittelvarietäten machen, so dass diese vermittelnden Varietäten mit der Länge der Zeit ersetzt und vertilgt werden.

Nach dieser Annahme des Aussterbens einer unendlichen Menge vermittelnder Glieder zwischen den erloschenen und lebenden Bewohnern der Erde und ebenso zwischen den in einer jeden der aufeinanderfolgenden Perioden existierenden und den noch älteren Arten frägt es sich, warum nicht jede geologische Formation mit Resten solcher Verbindungsglieder erfüllt ist? und warum nicht jede Sammlung fossiler Reste einen klaren Beweis von solcher Abstufung und Umänderung der Lebensformen darbietet. Obwohl die geologischen Untersuchungen uns unzweifelhaft die frühere Existenz vieler Mittelglieder zur nähern Verkettung zahlreicher Lebensformen miteinander dargethan haben, so liefern sie uns doch nicht die unendlich zahlreichen feineren Abstufungen zwischen den früheren und jetzigen Arten, welche meine Theorie erfordert, und dies ist der am meisten in die Augen springende von den vielen gegen meine Theorie vorgebrachten Einwände. Und wie kommt es ferner, dass ganze Gruppen verwandter Arten in dem einen oder dem andern geologischen Schichtensysteme oft so plötzlich erscheinen, obschon dies häufig nur scheinbar der Fall ist? Obgleich wir jetzt wissen, dass organisches Leben auf dieser Erde in einer unberechenbar weit zurückliegenden Zeit, lange vor Ablagerung der tiefsten Schichten des cambrischen Systems, erschienen ist, warum finden wir nicht grosse Schichtenlager unter diesem Systeme erfüllt mit den Überbleibseln der Vorfahren der cambrischen Fossilen? Denn nach meiner Theorie müssen solche Schichtensysteme in diesen frühen und gänzlich unbekannten Epochen der Erdgeschichte irgendwo abgelagert worden sein.

Ich kann auf diese Fragen und Einwände nur mit der Annahme antworten, dass die geologische Urkunde bei weitem unvollständiger ist, als die meisten Geologen glauben. Die Menge der Exemplare in allen unseren Museen zusammengenommen ist absolut nichts im Vergleich mit den zahllosen Generationen zahlloser Arten, welche sicherlich gelebt haben. Die gemeinsame Stammform von je 2 bis 3 Arten wird nicht in allen ihren Characteren genau das Mittel zwischen denen ihrer modificierten Nachkommen halten, ebenso wie die Felstaube nicht genau in Kropf und Schwanz das Mittel hält zwischen ihren Nachkommen, dem Kröpfer und der Pfauentaube. Wir würden ausser Stande sein, eine Art als die Stammart einer oder mehrer anderen Arten zu erkennen, untersuchten wir beide auch noch so genau, wenn wir nicht auch die meisten der vermittelnden Glieder besässen; und bei der Unvollständigkeit der geologischen Urkunden haben wir kaum das Recht zu erwarten, dass so viele Mittelglieder je gefunden werden. Wenn man zwei oder drei oder selbst noch mehr Mittelglieder entdeckte, so würden sie viele Naturforscher einfach als eben so viele neue Arten einreihen, ganz besonders wenn man sie in eben so vielen verschiedenen Schichtenabtheilungen fände, wären in diesem Falle ihre Unterschiede auch noch so klein. Es könnten viele jetzt lebende zweifelhafte Formen angeführt werden, welche wahrscheinlich Varietäten sind; wer könnte aber behaupten, dass in künftigen Zeiten noch so viele fossile Mittelglieder werden entdeckt werden, dass die Naturforscher nach der gewöhnlichen Anschauungsweise zu entscheiden im Stande wären, ob diese zweifelhaften Formen Varietäten zu nennen sind oder nicht? Nur ein kleiner Theil der Erdoberfläche ist geologisch untersucht worden, und nur von gewissen Organismen-Classen können fossile Reste, wenigstens in grösserer Anzahl, erhalten werden. Viele Arten erfahren, wenn sie gebildet sind, niemals weitere Veränderungen, sondern erlöschen ohne modificierte Nachkommen zu hinterlassen; und die Zeiträume, während welcher die Arten der Modification unterlegen sind, waren zwar nach Jahren gemessen lang, aber wahrscheinlich im Verhältnis zu denen, in welchen sie unverändert geblieben sind, doch nur kurz. Weit verbreitete und herrschende Arten variieren am häufigsten und am meisten, und Varietäten sind anfänglich oft nur local; beide Ursachen machen die Entdeckung von Zwischengliedern in jeder einzelnen Formation noch weniger wahrscheinlich. Örtliche Varietäten verbreiten sich nicht eher in andere und entfernte Gegenden, als bis sie beträchtlich abgeändert und verbessert sind; und wenn sie sich verbreitet haben und nun in einer geologischen Formation entdeckt werden, so wird es scheinen, als seien sie erst jetzt plötzlich erschaffen worden, und man wird sie einfach als neue Arten betrachten. Die meisten Formationen sind mit Unterbrechungen abgelagert worden; und ihre Dauer ist wahrscheinlich kürzer als die mittlere Dauer der Artenformen gewesen. Zunächst aufeinanderfolgende Formationen werden in den meisten Fällen durch leere Zeiträume von grosser Dauer von einander getrennt; denn fossilführende Formationen, mächtig genug, um späterer Zerstörung zu widerstehen, können der allgemeinen Regel nach nur da gebildet werden, wo dem in Senkung begriffenen Meeresgrund viele Sedimente zugeführt werden. In den damit abwechselnden Perioden von Hebung und Ruhe wird das Blatt der Erdgeschichte in der Regel unbeschrieben bleiben. Während dieser letzten Perioden wird wahrscheinlich mehr Veränderung in den Lebensformen, während der Senkungszeiten mehr Erlöschen derselben stattfinden.

Was die Abwesenheit fossilreicher Schichten unterhalb der cambrischen Formation betrifft, so kann ich nur auf die im zehnten Capitel aufgestellte Hypothese zurückkommen: obschon nämlich unsere Continente und Oceane eine enorme Zeit hindurch in, nahezu den jetzigen gleichen relativen Stellungen bestanden haben, so haben wir doch keinen Grund anzunehmen, dass dies immer der Fall gewesen ist; folglich können Formationen, die viel älter sind, als irgend welche jetzt existierende, unter den grossen Oceanen begraben liegen. Hinsichtlich des Umstandes, dass seit der Consolidation unseres Planeten die Zeit für den angenommenen Betrag organischer Veränderung nicht hingereicht habe, — und dieser, von Sir W. Thompson hervorgehobene Einwand ist wahrscheinlich einer der schwersten der bis jetzt vorgebrachten, — so kann ich nur sagen, dass wir erstens nicht wissen, wie schnell, nach Jahren gemessen, Arten sich verändern, und zweitens, dass viele Naturforscher bis jetzt noch nicht zugestehen mögen, dass wir von der Constitution des Weltalls und von dem Innern unserer Erde genug wissen, um mit Sicherheit über die Dauer ihres frühern Bestehens speculieren zu können.

Dass die geologische Urkunde lückenhaft ist, gibt Jedermann zu; dass sie es aber in dem von meiner Theorie verlangten Grade ist, werden nur wenige zugestehen wollen. Wenn wir hinreichend lange Zeiträume überblicken, erklärt uns die Geologie deutlich, dass die Arten sich sämmtlich verändert haben, und sie haben in der Weise abgeändert, wie es meine Theorie erheischt, nämlich langsam und stufenweise. Wir erkennen dies deutlich daraus, dass die fossilen Reste organischer Formen zunächst aufeinanderfolgender Formationen unabänderlich einander weit näher verwandt sind, als die fossilen Arten aus Formationen, die durch weite Zeiträume von einander getrennt sind.

Dies ist die Summe der verschiedenen hauptsächlichsten Einwürfe und Schwierigkeiten, die man mit Recht gegen meine Theorie vorbringen kann, und ich habe die Antworten und Erläuterungen, welche, so viel ich sehen kann, darauf zu geben sind, nun in Kürze wiederholt. Ich habe diese Schwierigkeiten viele Jahre lang selbst zu sehr empfunden, als dass ich an ihrem Gewichte zweifeln sollte. Aber es verdient noch insbesondere hervorgehoben zu werden, dass die wichtigeren Einwände sich auf Fragen beziehen, über die wir eingestandener Massen in Unwissenheit sind; und wir wissen nicht einmal, wie unwissend wir sind. Wir kennen nicht alle die möglichen Übergangsabstufungen zwischen den einfachsten und den vollkommensten Organen; wir können nicht behaupten, alle die mannichfaltigen Verbreitungsmittel der Organismen während des Verlaufes so zahlloser Jahrtausende zu kennen, oder angeben zu können, wie unvollständig die geologische Urkunde ist. Wie bedeutend aber auch diese mancherlei Schwierigkeiten sein mögen, so genügen sie meiner Ansicht nach doch nicht, um meine Theorie einer Descendenz mit nachheriger Modification umzustossen.

Wenden wir uns nun zur andern Seite unserer Beweisführung. Im Zustande der Domestication sehen wir eine grosse Variabilität durch veränderte Lebensbedingungen verursacht oder wenigstens angeregt, häufig aber in einer so dunklen Art, dass wir versucht werden, die Abänderungen als spontane zu betrachten. Die Variabilität wird durch viele verwickelte Gesetze geleitet, durch Correlation des Wachsthums, Compensation, durch vermehrten Gebrauch und Nichtgebrauch von Theilen und durch die bestimmte Einwirkung der umgebenden Lebensbedingungen. Es ist sehr schwierig zu bestimmen wie viel Abänderung unsere Culturerzeugnisse erfahren haben: doch können wir getrost annehmen, dass das Mass derselben gross gewesen ist, und dass Modificationen auf lange Perioden hinaus vererblich sind. Solange wie die Lebensbedingungen die nämlichen bleiben, haben wir Grund anzunehmen, dass eine Modification, welche sich schon seit vielen Generationen vererbt hat, sich auch noch ferner auf eine fast unbegrenzte Zahl von Generationen hinaus vererben kann. Andererseits haben wir Zeugnisse dafür, dass Veränderlichkeit, wenn sie einmal in's Spiel gekommen, unter der Domestication für eine sehr lange Zeit nicht aufhört; wir wissen auch nicht, ob sie überhaupt je aufhört, denn unsere ältesten Culturerzeugnisse bringen gelegentlich noch immer neue Abarten hervor.

Der Mensch ruft Variabilität in Wirklichkeit nicht hervor, sondern er setzt nur unabsichtlich organische Wesen neuen Lebensbedingungen aus, und dann wirkt die Natur auf deren Organisation und verursacht Abänderungen. Der Mensch kann aber die ihm von der Natur dargebotenen Abänderungen zur Nachzucht auswählen und dieselben hierdurch in einer beliebigen Richtung häufen, und er thut dies auch wirklich. Er passt auf diese Weise Thiere und Pflanzen seinem eigenen Nutzen und Vergnügen an. Er kann dies planmässig oder kann es unbewusst thun, indem er die ihm zur Zeit nützlichsten oder am meisten gefallenden Individuen erhält, ohne dabei irgend eine Absicht zu haben, die Rasse zu ändern. Er kann sicher einen grossen Einfluss auf den Character einer Rasse dadurch ausüben, dass er in jeder aufeinanderfolgenden Generation individuelle Abänderungen zur Nachzucht auswählt, so geringe, dass sie für das ungeübte Auge kaum wahrnehmbar sind. Dieser Process einer unbewussten Zuchtwahl ist das grosse Agens in der Erzeugung der ausgezeichnetsten und nützlichsten unserer domesticierten Rassen gewesen. Dass nun viele der vom Menschen gebildeten Abänderungen den Character natürlicher Arten schon grossentheils besitzen, geht aus den unausgesetzten Zweifeln in Bezug auf viele derselben hervor, ob es Varietäten oder ursprünglich distincte Arten sind.

Es ist kein Grund nachzuweisen, weshalb diese Principien, welche in Bezug auf die cultivierten Organismen so erfolgreich gewirkt haben, nicht auch in der Natur wirksam gewesen sein sollten. In der Erhaltung begünstigter Individuen und Rassen während des beständig wiederkehrenden Kampfes um's Dasein sehen wir ein wirksames und nie ruhendes Mittel der natürlichen Zuchtwahl. Der Kampf um's Dasein ist die unvermeidliche Folge der hochpotenzierten geometrischen Zunahme, welche allen organischen Wesen gemein ist. Dieses rasche Zunahmeverhältnis ist durch Rechnung nachzuweisen und wird thatsächlich erwiesen aus der schnellen Vermehrung vieler Pflanzen und Thiere während einer Reihe eigenthümlich günstiger Jahre und bei ihrer Naturalisierung in einer neuen Gegend. Es werden mehr Individuen geboren, als fortzuleben im Stande sind. Ein Gran in der Wage kann den Ausschlag geben, welches Individuum fortleben und welches zu Grunde gehen, welche Varietät oder Art sich vermehren und welche abnehmen und endlich erlöschen soll. Da die Individuen einer nämlichen Art in allen Beziehungen in die nächste Concurrenz miteinander gerathen, so wird gewöhnlich auch der Kampf zwischen ihnen am heftigsten sein; er wird fast eben so heftig zwischen den Varietäten einer nämlichen Art, und dann zunächst am heftigsten zwischen den Arten einer Gattung sein. Aber der Kampf kann auch andererseits oft sehr heftig zwischen Arten sein, welche auf der Stufenleiter der Natur weit auseinander stehen. Der geringste Vortheil, den gewisse Individuen in irgend einem Lebensalter oder zu irgend einer Jahreszeit über ihre Concurrenten voraus haben, oder eine wenn auch noch so wenig bessere Anpassung an die umgebenden Naturverhältnisse wird im Laufe der Zeit den Ausschlag geben.

Bei Thieren mit getrenntem Geschlecht wird in den meisten Fällen ein Kampf der Männchen um den Besitz der Weibchen stattfinden. Die kräftigsten oder diejenigen Männchen, welche am erfolgreichsten mit ihren Lebensbedingungen gekämpft haben, werden gewöhnlich am meisten Nachkommenschaft hinterlassen. Aber der

Erfolg wird oft davon abhängen, dass die Männchen besondere Waffen oder Vertheidigungsmittel oder besondere Reize besitzen; und der geringste Vortheil kann zum Siege führen.

Da die Geologie uns deutlich nachweist, dass ein jedes Land grosse physikalische Veränderungen erfahren hat, so ist zu erwarten, dass die organischen Wesen im Naturzustande abgeändert haben, in derselben Weise wie die cultivierten unter ihren veränderten Lebensbedingungen. Und wenn nun eine Veränderlichkeit im Naturzustande vorhanden ist, so würde es eine unerklärliche Erscheinung sein, wenn die natürliche Zuchtwahl nicht in's Spiel gekommen wäre. Es ist oft versichert worden, ist aber nicht zu beweisen, dass das Mass der Abänderung in der Natur eine streng bestimmte Quantität sei. Obwohl der Mensch nur auf äussere Charactere allein und oft bloss nach seiner Laune wirkt, so vermag er doch in kurzer Zeit dadurch grossen Erfolg zu erzielen, dass er allmählich alle in einer Richtung hervortretenden individuellen Verschiedenheiten bei seinen Culturformen häuft; und Jedermann gibt zu, dass wenigstens individuelle Verschiedenheiten bei den Arten im Naturzustande vorkommen. Aber von diesen abgesehen, haben alle Naturforscher das Dasein von Varietäten eingestanden, welche verschieden genug sind, um in den systematischen Werken als solche mit aufgeführt zu werden. Doch kann Niemand einen bestimmten Unterschied zwischen individuellen Abänderungen und leichten Varietäten oder zwischen deutlicher markierten Abarten, Unterarten und Arten angeben. Auf verschiedenen Continenten und in verschiedenen Theilen desselben Continents, wenn sie durch Schranken irgend welcher Art von einander getrennt sind, und auf den in der Nähe der Continente liegenden Inseln, was für eine Menge von Formen existiert da, welche die einen erfahrenen Naturforscher als blosse Varietäten, die anderen als geographische Rassen oder Unterarten, noch andere als distincte, wenn auch nahe verwandte Arten betrachten!

Wenn daher Pflanzen und Thiere factisch, sei es auch noch so langsam oder gering, variieren, warum sollten nicht Abänderungen oder individuelle Verschiedenheiten, welche in irgend einer Weise nützlich sind, durch natürliche Zuchtwahl oder das Überleben des Passendsten bewahrt und gehäuft werden? Wenn der Mensch die ihm selbst nützlichen Abänderungen durch Geduld züchten kann: warum sollten nicht unter den abändernden und complicierten Lebensbedingungen Abänderungen, welche für die lebendigen Naturerzeugnisse nützlich sind, häufig auftreten und bewahrt oder gezüchtet werden? Welche Schranken kann man dieser Kraft setzen, welche durch lange Zeiten hindurch thätig ist und die ganze Constitution, Structur und Lebensweise eines jeden Geschöpfes rigorös prüft, das Gute begünstigt und das Schlechte verwirft? Ich vermag keine Grenze für diese Kraft zu sehen, welche jede Form den verwickeltsten Lebensverhältnissen langsam und wunderschön anpasst. Die Theorie der natürlichen Zuchtwahl scheint mir, auch wenn wir uns nur hierauf allein beschränken, im höchsten Grade wahrscheinlich zu sein. Ich habe bereits, so ehrlich wie möglich, dic dagegen erhobenen Schwierigkeiten und Einwände recapituliert; jetzt wollen wir uns zu den speciellen Thatsachen und Folgerungen wenden, welche zu Gunsten unserer Theorie sprechen.

Nach der Ansicht, dass Arten nur stark ausgebildete und bleibende Varietäten sind und jede Art zuerst als eine Varietät existiert hat, können wir sehen, woher es kommt, dass keine Grenzlinie gezogen werden kann zwischen Arten, welche man gewöhnlich als Producte eben so vieler besonderer Schöpfungsacte betrachtet, und zwischen Varietäten, die man als Bildungen secundärer Gesetze gelten lässt. Nach dieser nämlichen Ansicht ist es ferner zu begreifen, warum in einer Gegend, wo viele Arten einer Gattung entstanden sind und nun gedeihen, diese Arten noch viele Varietäten darbieten; denn, wo die Artenfabrication thätig betrieben worden ist, da dürften wir als allgemeine Regel auch erwarten, sie noch in Thätigkeit zu finden; und dies ist der Fall, wofern Varietäten beginnende Arten sind. Überdies behalten auch die Arten grosser Gattungen, welche die Mehrzahl der Varietäten oder beginnenden Arten liefern, in gewissem Grade den Character von Varietäten bei; denn sie unterscheiden sich in geringerem Masse, als die Arten kleinerer Gattungen von einander. Auch haben die naheverwandten Arten grosser Gattungen, wie es scheint, eine beschränktere Verbreitung und bilden vermöge ihrer Verwandtschaft zu einander kleine um andere Arten geschaarte Gruppen, in welchen beiden Hinsichten sie ebenfalls Varietäten gleichen. Dies sind, von dem Gesichtspunkte aus beurtheilt, dass jede Art unabhängig erschaffen worden sei, befremdende Erscheinungen, welche dagegen der Annahme ganz wohl entsprechen, dass alle Arten sich aus Varietäten entwickelt haben.

Da jede Art bestrebt ist, sich in Folge des geometrischen Verhältnisses ihrer Fortpflanzung in ihrer Zahl unendlich zu vermehren, und da die modificierten Nachkommen einer jeden Species sich um so rascher zu vervielfältigen vermögen, je mehr dieselben in Lebensweise und Organisation auseinander laufen, je mehr und je verschiedenartigere Stellen sie demnach im Haushalte der Natur einzunehmen im Stande sind, so wird in der natürlichen Zuchtwahl ein beständiges Streben vorhanden sein, die am weitesten divergierenden Nachkommen einer jeden Art zu erhalten. Daher werden im langen Verlaufe solcher allmählichen Abänderungen die geringen und blosse Varietäten einer Art bezeichnenden Verschiedenheiten sich zu grösseren, die Species einer nämlichen Gattung characterisierenden Verschiedenheiten steigern. Neue und verbesserte Varietäten werden die älteren weniger vervollkommneten und intermediären Abarten unvermeidlich ersetzen und vertilgen, und hierdurch werden die Arten grossentheils zu scharf umschriebenen und wohl unterschiedenen Objecten. Herrschende Arten aus den grösseren Gruppen einer jeden Classe streben wieder neue und herrschende Formen zu erzeugen, so dass jede grosse Gruppe geneigt ist noch grösser und divergierender im Character zu werden. Da jedoch nicht alle Gruppen in dieser Weise beständig an Grösse zunehmen können, indem zuletzt die Welt sie nicht mehr zu fassen vermöchte, so verdrängen die herrschenderen die minder herrschenden. Dieses Streben der grossen Gruppen an Umfang zu wachsen und im Character auseinander zu laufen, in Verbindung mit der meist unvermeidlichen Folge starken Erlöschens anderer, erklärt die Anordnung aller Lebensformen in Gruppen, die innerhalb einiger wenigen grossen Classen anderen subordiniert sind, eine Anordnung, die zu allen Zeiten gegolten hat. Diese grosse Thatsache der Gruppierung aller organischen Wesen in ein sogenanntes natürliches System ist nach der gewöhnlichen Schöpfungstheorie ganz unerklärlich.

Da natürliche Zuchtwahl nur durch Häufung kleiner aufeinanderfolgender günstiger Abänderungen wirkt, so kann sie keine grossen und plötzlichen Umgestaltungen bewirken; sie kann nur mit sehr langsamen und kurzen Schritten vorgehen. Daher denn auch der Canon „Natura non facit saltum“, welcher sich mit jeder neuen Erweiterung unserer Kenntnisse mehr bestätigt, aus dieser Theorie einfach begreiflich wird. Wir können ferner begreifen, warum in der ganzen Natur dasselbe allgemeine Ziel durch eine fast endlose Verschiedenheit der Mittel erreicht wird; denn jede einmal erlangte Eigenthümlichkeit wird lange Zeit hindurch vererbt, und bereits in mancher Weise verschieden gewordene Bildungen müssen demselben allgemeinen Zwecke angepasst werden. Kurz wir sehen, warum die Natur so verschwenderisch mit Abänderungen und doch so geizig mit Neuerungen ist. Wie dies aber ein Naturgesetz sein könnte, wenn jede Art unabhängig erschaffen worden wäre, vermag Niemand zu erläutern.

Aus dieser Theorie scheinen mir noch viele andere Thatsachen erklärbar. Wie befremdend wäre es, dass ein Vogel in Gestalt eines Spechtes geschaffen worden wäre, um Insecten am Boden aufzusuchen; dass eine Hochlandgans, welche niemals oder selten schwimmt, mit Schwimmfüssen, dass ein drosselartiger Vogel zum Tauchen und zum Leben von unter dem Wasser lebenden Insecten, und dass ein Sturmvogel geschaffen worden wäre mit einer Organisation, welche der Lebensweise eines Alks entspricht, und so in zahllosen anderen Fällen. Aber nach der Ansicht, dass die Arten sich beständig der Individuenzahl nach zu vermehren streben, während die natürliche Zuchtwahl immer bereit ist, die langsam abändernden Nachkommen jeder Art einem jeden in der Natur noch nicht oder nur unvollkommen besetzten Platze anzupassen, hören diese Thatsachen auf befremdend zu sein und hätten sich sogar vielleicht voraussehen lassen.

Wir können bis zu einem gewissen Grade verstehen, woher es kömmt, dass in der ganzen Natur solche Schönheit herrscht; denn dies kann in grossem Masse der Thätigkeit der Zuchtwahl zugeschrieben werden. Dass nach unseren Ideen von Schönheit Ausnahmen vorkommen, wird Niemand bezweifeln, der einen Blick auf manche Giftschlangen, Fische, auf gewisse hässliche Fledermäuse mit einer verzerrten Ähnlichkeit mit einem menschlichen Antlitz wirft. Sexuelle Zuchtwahl hat den Männchen, zuweilen beiden Geschlechtern, bei vielen Vögeln, Schmetterlingen und anderen Thieren die brillantesten Farben und andern Schmuck gegeben. Sie hat die Stimme vieler männlicher Vögel für ihre Weibchen sowohl als für unsere Ohren musikalisch wohlklingend gemacht. Blüthen und Früchte sind durch prächtige Farben im Gegensatz zum grünen Laube abstechend gemacht worden, damit die Blüthen von Insecten leicht gesehen, besucht und befruchtet, damit die Samen der Früchte von Vögeln ausgestreut würden. Woher es kommt, dass gewisse Farben, Klänge und Formen den Menschen und den niederen Thieren Vergnügen machen, — d. h. wie das Gefühl für Schönheit in seiner einfachsten Form zuerst erlangt wurde, — wissen wir ebenso wenig, als wie gewisse Gerüche und Geschmäcke zuerst angenehm gemacht wurden.

Da die natürliche Zuchtwahl durch Concurrenz wirkt, so adaptiert und veredelt sie die Bewohner einer jeden Gegend nur im Verhältnis zu den anderen Bewohnern; daher darf es uns nicht überraschen, wenn die Arten irgend eines Bezirkes, welche nach der gewöhnlichen Ansicht doch speciell für diesen Bezirk geschaffen und angepasst sein sollen, durch die naturalisierten Erzeugnisse aus anderen Ländern besiegt und ersetzt werden; ebensowenig dürfen wir uns wundern, wenn nicht alle Einrichtungen in der Natur, soweit wir ermessen können, absolut vollkommen sind, selbst das menschliche Auge nicht, und wenn manche derselben sogar hinter unseren Begriffen von Angemessenheit weit zurückbleiben. Es darf uns nicht befremden, wenn der Stachel der Biene als Waffe gegen einen Feind gebraucht ihren eigenen Tod verursacht; wenn die Drohnen in so ungeheurer Anzahl nur für einen einzelnen Act erzeugt, und dann grösstentheils von ihren unfruchtbaren Schwestern getödtet werden; wenn unsere Nadelhölzer eine so unermessliche Menge von Pollen verschwenden; wenn die Bienenkönigin einen instinctiven Hass gegen ihre eigenen fruchtbaren Töchter empfindet; oder wenn die Ichneumoniden sich im lebenden Körper von Raupen ernähren, und andere Fälle mehr. Weit mehr hätte man sich nach der Theorie der natürlichen Zuchtwahl darüber zu wundern, dass nicht noch mehr Fälle von Mangel an absoluter Vollkommenheit beobachtet werden.

Die verwickelten und wenig bekannten Gesetze, welche das Entstehen von Varietäten in der Natur beherrschen, sind, soweit unsere Einsicht reicht, die nämlichen, welche auch die Erzeugung verschiedener Species geleitet haben. In beiden Fällen scheinen die physikalischen Bedingungen eine directe und bestimmte Wirkung hervorgebracht zu haben; wie viel, können wir aber nicht sagen. Wenn daher Varietäten in ein neues Gebiet eindringen, so nehmen sie gelegentlich etwas von den Characteren der diesem Bezirk eigenthümlichen Species an. Bei Varietäten sowohl als bei Arten scheinen Gebrauch und Nichtgebrauch eine beträchtliche Wirkung gehabt zu haben; denn es ist unmöglich, sich diesem Schluss zu entziehen, wenn man z. B. die Dickkopfente *(Micropterus)* mit Flügeln sieht, welche zum Fluge fast ebensowenig brauchbar wie die der Hausente sind, oder wenn man den grabenden Tukutuku *(Ctenomys)*, welcher mitunter blind ist, und dann gewisse Maulwurfarten betrachtet, die immer blind sind und ihre Augenrudimente unter der Haut liegen haben, oder endlich, wenn man die blinden

Thiere in den dunkeln Höhlen Europa's und America's ansieht. Bei Arten und Varietäten scheint die correlative Abänderung eine sehr wichtige Rolle gespielt zu haben, so dass, wenn ein Theil abgeändert worden ist, auch andere Theile nothwendig modificiert worden sind. Bei Arten wie bei Varietäten kommt Rückschlag zu längst verlorenen Characteren gelegentlich vor. Wie unerklärlich ist nach der Schöpfungstheorie das gelegentliche Erscheinen von Streifen an Schultern und Beinen der verschiedenen Arten der Pferdegattung und ihrer Bastarde; und wie einfach erklärt sich diese Thatsache, wenn wir annehmen, dass alle diese Arten von einer gemeinsamen gestreiften Stammform herrühren in derselben Weise, wie unsere domesticierten Taubenrassen von der blau-grauen Felstaube mit schwarzen Flügelbinden abstammen!

Wie lässt es sich nach der gewöhnlichen Ansicht, dass jede Art unabhängig erschaffen worden sei, erklären, dass die Artencharactere oder diejenigen, wodurch sich die verschiedenen Species einer Gattung von einander unterscheiden, veränderlicher als die Gattungscharactere sind, in welchen alle übereinstimmen? Warum wäre z. B. die Farbe einer Blüthe in irgend einer Art einer Gattung, wo alle übrigen Arten mit verschiedenen Farben versehen sind, eher zu variieren geneigt, als wenn alle Arten derselben Gattung von gleicher Farbe sind? Wenn Arten nur stark ausgezeichnete Varietäten sind, deren Charactere schon in hohem Grade beständig geworden sind, so begreift sich dies; denn sie haben bereits seit ihrer Abzweigung von einer gemeinsamen Stammform in gewissen Merkmalen variiert, durch welche sie eben specifisch von einander verschieden geworden sind; und deshalb werden auch diese nämlichen Charactere noch fortdauernd unbeständiger sein, als die Gattungscharactere, die sich schon seit einer unermesslichen Zeit unverändert vererbt haben. Nach der Theorie der Schöpfung ist es unerklärlich, warum ein allein bei einer Art einer Gattung in ganz ungewöhnlicher Weise entwickelter und daher, wie wir natürlich schliessen können, für dieselbe Art sehr wichtiger Character vorzugsweise zu variieren geneigt sein soll; während dagegen nach meiner Ansicht dieser Theil seit der Abzweigung der verschiedenen Arten von einer gemeinsamen Stammform in ungewöhnlichem Grade Abänderungen erfahren hat und gerade deshalb seine noch fortwährende Veränderlichkeit voraus zu erwarten stand. Dagegen kann es auch vorkommen, dass ein in der ungewöhnlichsten Weise entwickelter Theil, wie der Flügel der Fledermäuse, sich doch nicht veränderlicher als irgend ein anderer Theil zeigt, wenn derselbe vielen untergeordneten Formen gemeinsam, d. h. schon seit sehr langer Zeit vererbt worden ist; denn in diesem Falle wird er durch lange fortgesetzte natürliche Zuchtwahl beständig geworden sein.

Werfen wir auf die Instincte einen Blick: so wunderbar manche auch sind, so bieten sie der Theorie der natürlichen Zuchtwahl kleiner und allmählicher nützlicher Abänderungen keine grössere Schwierigkeit als die körperlichen Bildungen dar. Man kann daraus begreifen, warum die Natur bloss in kleinen abgestuften Schritten verschiedene Thiere einer nämlichen Classe mit ihren verschiedenen Instincten versieht. Ich habe zu zeigen versucht, wie viel Licht das Princip der stufenweisen Entwicklung auf den wunderbaren Bauinstinct der Honigbiene wirft. Auch Gewohnheit kommt bei Modificierung der Instincte zweifelsohne oft in Betracht; aber dies ist sicher nicht unerlässlich der Fall, wie wir bei den geschlechtslosen Insecten sehen, die keine Nachkommen hinterlassen, auf welche sie die Erfolge langwährender Gewohnheit übertragen könnten. Nach der Ansicht, dass alle Arten einer Gattung von einer gemeinsamen Stammart herrühren und von dieser Vieles gemeinsam geerbt haben, vermögen wir die Ursache zu erkennen, weshalb verwandte Arten, wenn sie wesentlich verschiedenen Lebensbedingungen ausgesetzt sind, doch beinahe denselben Instincten folgen: wie z. B. die Drosseln des tropischen und temperierten Süd-America's ihre Nester inwendig ebenso mit Schlamm überziehen, wie es unsere europäischen Arten thun. In Folge der Ansicht, dass Instincte nur ein langsamer Erwerb unter der Leitung natürlicher Zuchtwahl sind, dürfen wir uns nicht darüber wundern, wenn manche derselben noch unvollkommen und Fehlgriffen ausgesetzt sind, und wenn manche unter ihnen anderen Thieren zum Nachtheil gereichen.

Wenn Arten nur ausgezeichnete und bleibende Varietäten sind, so erkennen wir sogleich, warum ihre durch Kreuzung entstandenen Nachkommen den nämlichen verwickelten Gesetzen unterliegen, — in Art und Grad der Ähnlichkeit mit den Eltern, in der Verschmelzung ineinander durch wiederholte Kreuzung und in anderen ähnlichen Punkten, — wie die gekreuzten Nachkommen anerkannter Varietäten. Diese Ähnlichkeit würde eine befremdende Thatsache sein, wenn die Arten unabhängig von einander erschaffen und nur die Varietäten durch secundäre Kräfte entstanden wären.

Wenn wir auch zugeben, dass die geologische Urkunde im äussersten Grade unvollständig ist, so unterstützen dann die wenigen

Thatsachen, welche die Urkunde liefert, doch kräftig die Theorie der Descendenz mit fortwährender Abänderung. Neue Arten sind von Zeit zu Zeit langsam und in aufeinanderfolgenden Intervallen auf den Schauplatz getreten und das Mass der Umänderung, welche sie nach gleichen Zeiträumen erfuhren, ist in den verschiedenen Gruppen sehr verschieden. Das Erlöschen von Arten oder ganzen Artengruppen, welches in der Geschichte der organischen Welt eine so wesentliche Rolle gespielt hat, folgt fast unvermeidlich aus dem Princip der natürlichen Zuchtwahl, denn alte Formen werden durch neue und verbesserte Formen ersetzt. Weder einzelne Arten noch Artengruppen erscheinen wieder, wenn die Kette der gewöhnlichen Fortpflanzung einmal unterbrochen worden ist. Die stufenweise Ausbreitung herrschender Formen mit langsamer Modification ihrer Nachkommen hat zur Folge, dass die Lebensformen nach langen Zeitintervallen so erscheinen, als hätten sie sich gleichzeitig auf der ganzen Erdoberfläche verändert. Die Thatsache, dass die Fossilreste jeder Formation im Character einigermassen das Mittel halten zwischen den Fossilen der darunter und darüber liegenden Formationen, erklärt sich einfach aus ihrer mittleren Stelle in der Descendenzreihe. Die grosse Thatsache, dass alle erloschenen Organismen in ein und dasselbe grosse System mit den lebenden Wesen gehören, ist eine natürliche Folge davon, dass die lebenden und die erloschenen Wesen die Nachkommen gemeinsamer Stammeltern sind. Da Arten im Allgemeinen während des langen Verlaufs ihrer Descendenz mit Modificationen im Character divergiert haben, so können wir verstehen, woher es kommt, dass die älteren Formen oder die früheren Urerzeuger jeder Gruppe so oft eine in gewissem Grade mittlere Stelle zwischen jetzt lebenden Gruppen einnehmen. Man hält die neueren Formen im Ganzen für höher auf der Stufenleiter der Organisation stehend, als die alten; und sie müssen auch insofern höher stehen als diese, da die späteren und verbesserten Formen die älteren und noch weniger verbesserten Formen im Kampfe um's Dasein besiegt haben. Auch sind im Allgemeinen ihre Organe mehr specialisiert für verschiedene Verrichtungen. Diese Thatsache ist vollkommen verträglich mit der anderen, dass viele Wesen jetzt noch eine einfache und nur wenig verbesserte Organisation, für einfachere Lebensbedingungen passend, besitzen; sie ist auch damit verträglich, dass manche Formen in ihrer Organisation zurückgeschritten sind, dadurch dass sie sich auf jeder Descendenzstufe einer veränderten und verkümmerten Lebensweise besser anpassten. Endlich wird das wunderbare Gesetz langer Dauer verwandter Formen auf einem und demselben Continente — wie die der Marsupialien in Neuholland, der Edentaten in Süd-America, und andere solche Fälle — verständlich, denn innerhalb eines und desselben Landes werden die jetzt lebenden und erloschenen Formen durch Abstammung nahe miteinander verwandt sein.

Wenn man, was die geographische Verbreitung betrifft, zugibt, dass im Verlaufe langer Erdperioden, in Folge früherer climatischen und geographischen Veränderungen und der Wirkung so vieler gelegentlicher und unbekannter Verbreitungsmittel, starke Wanderungen von einem Welttheile zum andern stattgefunden haben, so erklären sich die meisten leitenden Thatsachen der Verbreitung aus der Theorie der Descendenz mit fortdauernder Abänderung. Man kann einsehen, warum ein so auffallender Parallelismus in der räumlichen Vertheilung der organischen Wesen und ihrer geologischen Aufeinanderfolge in der Zeit besteht; denn in beiden Fällen sind diese Wesen durch das Band gewöhnlicher Fortpflanzung miteinander verkettet, und die Abänderungsmittel sind die nämlichen gewesen. Wir begreifen die volle Bedeutung der wunderbaren Thatsache, welche jedem Reisenden aufgefallen ist, dass im nämlichen Continente unter den verschiedenartigsten Lebensbedingungen, — in der Wärme und der Kälte, im Gebirge und Tiefland, in Marsch- und Wüstenstrecken, — die meisten der Bewohner aus jeder grossen Classe offenbar verwandt sind; denn es sind gewöhnlich Nachkommen von den nämlichen Stammeltern und ersten Colonisten. Nach diesem nämlichen Princip früherer Wanderungen, in den meisten Fällen in Verbindung mit entsprechender Abänderung, begreift sich mit Hilfe der Eiszeit die Identität einiger wenigen Pflanzen und die nahe Verwandtschaft vieler anderen auf den entferntesten Gebirgen und in den nördlichen und südlichen temperierten Zonen; und ebenso die nahe Verwandtschaft einiger Meeresbewohner in den nördlichen und in den südlichen gemässigten Breiten, obwohl sie durch das ganze Tropenmeer getrennt sind. Und wenn auch zwei Gebiete so übereinstimmende physikalische Bedingungen darbieten, wie es die nämlichen Arten nur je bedürfen, so dürfen wir uns darüber nicht wundern, dass ihre Bewohner weit von einander verschieden sind, falls dieselben während langer Perioden vollständig von einander getrennt waren; denn da die Beziehung von Organismus zu Organismus die wichtigste aller Beziehungen ist und die zwei Gebiete Ansiedler in verschiedenen Perioden und Verhältnissen von einem dritten Gebiete oder wechselseitig von einander erhalten haben werden, so wird der Verlauf der Abänderung in beiden Gebieten unvermeidlich ein verschiedener gewesen sein.

Nach dieser Annahme stattgefundener Wanderungen mit nachfolgender Abänderung erklärt es sich, warum oceanische Inseln nur von wenigen Arten bewohnt werden, warum aber viele von diesen eigenthümliche oder endemische sind. Wir sehen deutlich, warum Arten aus solchen Thiergruppen, welche weite Strecken des Oceans nicht zu überschreiten im Stande sind, wie Frösche und Landsäugethiere, keine oceanischen Eilande bewohnen, und weshalb dagegen neue und eigenthümliche Fledermausarten, Thiere, welche den Ocean überschreiten können, so oft auf weit vom Festlande entlegenen Inseln vorkommen. Solche Thatsachen, wie die Anwesenheit besonderer Fledermausarten und der Mangel aller anderen Säugethiere auf oceanischen Inseln sind nach der Theorie unabhängiger Schöpfungsacte gänzlich unerklärbar.

Das Vorkommen nahe verwandter oder stellvertretender Arten in irgend welchen zwei Gebieten setzt nach der Theorie gemeinsamer Abstammung mit allmählicher Abänderung voraus, dass die gleichen Eltern vordem beide Gebiete bewohnt haben; und wir finden fast ohne Ausnahme, dass, wo immer viele einander nahe verwandte Arten zwei Gebiete bewohnen, auch einige identische noch in beiden zugleich existieren. Und wo immer viele verwandte aber verschiedene Arten vorkommen, da kommen auch viele zweifelhafte Formen und Varietäten der nämlichen Gruppen vor. Es ist eine sehr allgemeine Regel, dass die Bewohner eines jeden Gebietes mit den Bewohnern desjenigen nächsten Gebiets verwandt sind, aus welchem sich die Einwanderung des ersten mit Wahrscheinlichkeit ableiten lässt. Wir sehen dies in fast allen Pflanzen und Thieren des Galapagos-Archipels, auf Juan Fernandez und den anderen americanischen Inseln, welche in auffallendster Weise mit denen des benachbarten americanischen Festlandes verwandt sind; und ebenso verhalten sich die Bewohner des Capverdischen Archipels und anderer africanischen Inseln zum africanischen Festland. Man muss zugeben, dass diese Thatsachen aus der Schöpfungstheorie nicht erklärbar sind.

Wie wir gesehen haben, ist die Thatsache, dass alle früheren und jetzigen organischen Wesen in einige wenige grosse Classen und in Gruppen geordnet werden können, welche anderen Gruppen subordiniert sind und wobei die erloschenen Gruppen oft zwischen die noch lebenden fallen, aus der Theorie der natürlichen Zuchtwahl mit den mit ihr in Zusammenhang stehenden Erscheinungen des Erlöschens und der Divergenz des Characters erklärbar. Aus denselben Principien ergibt sich auch, warum die wechselseitige Verwandtschaft von Arten und Gattungen in jeder Classe so verwickelt und weitläufig ist. Es ergibt sich, warum gewisse Charactere viel besser als andere zur Classification brauchbar sind; warum Anpassungscharactere, obschon von oberster Bedeutung für das Wesen selbst, kaum von irgend einer Wichtigkeit bei der Classification sind; warum von rudimentären Organen abgeleitete Charactere, obwohl diese Organe dem Organismus zu nichts dienen, oft einen hohen Werth für die Classification besitzen; und warum embryonale Charactere oft den höchsten Werth von allen haben. Die eigentlichen Verwandtschaften aller Organismen, im Gegensatz zu ihren adaptiven Ähnlichkeiten, rühren von gemeinschaftlicher Ererbung oder Abstammung her. Das natürliche System ist eine genealogische Anordnung, wobei die erlangten Differenzgrade durch die Ausdrücke Varietäten, Species, Gattungen, Familien u. s. w. bezeichnet werden; und die Descendenzlinien haben wir durch die beständigsten Charactere zu entdecken, welches dieselben auch sein mögen und wie gering auch deren Wichtigkeit für das Leben sein mag.

Die Thatsachen, dass das Knochengerüst das nämliche in der Hand des Menschen, wie im Flügel der Fledermaus, im Ruder des Tümmlers und im Bein des Pferdes ist, — dass die gleiche Anzahl von Wirbeln den Hals der Giraffe wie des Elephanten bildet, — und zahllose andere derartige Thatsachen erklären sich sogleich aus der Theorie der Abstammung mit geringen und langsam aufeinanderfolgenden Abänderungen. Die Ähnlichkeit des Bauplans im Flügel und Beine der Fledermaus, obwohl sie zu so ganz verschiedenen Diensten bestimmt sind, in den Kinnladen und den Beinen einer Krabbe, in den Kronenblättern, in den Staubgefässen und Staubwegen der Blüthen wird gleicherweise aus der Annahme allmählicher Modification von Theilen oder Organen erklärbar, welche in der gemeinsamen Stammform einer jeden dieser Classen ursprünglich gleich gewesen sind. Nach dem Princip, dass allmählich auftretende Abänderungen nicht immer schon in frühem Alter erfolgen und sich auf ein gleiches und nicht frühes Alter vererben, ergibt sich deutlich, warum die Embryonen von Säugethieren, Vögeln, Reptilien und Fischen einander so ähnlich und ihrer erwachsenen Form so unähnlich sind. Man wird sich nicht mehr darüber wundern, dass der Embryo eines luftathmenden Säugethiers oder Vogels Kiemenspalten und in Bogen verlaufende Arterien, wie der Fisch besitzt, welcher die im Wasser aufgelöste Luft mit Hilfe wohlentwickelter Kiemen zu athmen hat.

Nichtgebrauch, zuweilen von natürlicher Zuchtwahl unterstützt, führt oft zur Verkümmerung eines Organes, wenn es bei veränderter Lebensweise oder unter wechselnden Lebensbedingungen nutzlos geworden ist, und man bekommt auf diese Weise eine richtige Vorstellung von der Bedeutung rudimentärer Organe. Aber Nichtgebrauch und natürliche Zuchtwahl werden auf jedes Geschöpf gewöhnlich erst wirken, wenn es zur Reife gelangt ist und selbständigen Antheil am Kampfe um's Dasein zu nehmen hat, und werden daher nur wenig über ein Organ in den ersten Lebensaltern vermögen; in Folge dessen wird ein Organ in solchem frühen Altern nicht verringert oder verkümmert werden. Das Kalb z. B. hat Schneidezähne, welche aber im Oberkiefer das Zahnfleisch nie durchbrechen, von einem frühen Urerzeuger mit wohlentwickelten Zähnen geerbt, und wir können annehmen, dass diese Zähne im reifen Thiere während vieler aufeinanderfolgender Generationen durch Nichtgebrauch reduciert worden sind, weil Zunge und Gaumen oder die Lippen zum Abweiden des Futters ohne ihre Hilfe durch natürliche Zuchtwahl ausgezeichnet hergerichtet worden sind, während im Kalbe diese Zähne nicht beeinflusst und nach dem Princip der Vererbung auf gleichen Altersstufen von früher Zeit an bis auf den heutigen Tag so vererbt worden sind. Wie ganz unerklärbar ist es nach der Annahme, dass jedes organische Wesen mit allen seinen einzelnen Theilen besonders erschaffen worden sei, dass Organe, welche so deutlich das Gepräge der Nutzlosigkeit an sich tragen, wie diese nie zum Durchbruch gelangenden Schneidezähne des Kalbs oder die verschrumpften Flügel unter den verwachsenen Flügeldecken so mancher Käfer, so häufig vorkommen! Man könnte sagen, die Natur habe Sorge getragen, durch rudimentäre Organe, durch embryonale und homologe Gebilde uns ihren Abänderungsplan zu verrathen, welchen zu erkennen wir aber zu blind sind.

Ich habe jetzt die hauptsächlichsten Thatsachen und Betrachtungen wiederholt, welche mich zur festen Überzeugung geführt haben, dass die Arten während einer langen Descendenzreihe modificiert worden sind. Dies ist hauptsächlich durch die natürliche Zuchtwahl zahlreicher, nacheinander auftretender, unbedeutender günstiger Abänderungen bewirkt worden, in bedeutungsvoller Weise unterstützt durch die vererbten Wirkungen des Gebrauchs und Nichtgebrauchs von Theilen, und, in einer vergleichsweise bedeutungslosen Art, nämlich in Bezug auf Adaptivbildungen, gleichviel ob jetzige oder frühere, durch die directe Wirkung äusserer Bedingungen und das unserer Unwissenheit als spontan erscheinende Auftreten von Abänderungen. Es scheint so, als hätte ich früher die Häufigkeit und den Werth dieser letzten Abänderungsformen unterschätzt, als solcher, die zu bleibenden Modificationen der Structur unabhängig von natürlicher Zuchtwahl führen. Da aber meine Folgerungen neuerdings vielfach falsch dargestellt worden sind und behauptet worden ist, ich schreibe die Modification der Species ausschliesslich der natürlichen Zuchtwahl zu, so sei mir die Bemerkung gestattet, dass ich in der ersten Ausgabe dieses Werkes, wie später, die folgenden Worte an einer hervorragenden Stelle, nämlich am Schlusse der Einleitung aussprach: „Ich bin über-„zeugt, dass natürliche Zuchtwahl das hauptsächlichste wenn auch „nicht einzige Mittel zur Abänderung der Lebensformen gewesen ist." Dies hat nichts genützt. Die Kraft beständiger falscher Darstellung ist zäh; die Geschichte der Wissenschaft lehrt aber, dass diese Kraft glücklicherweise nicht lange anhält.

Man kann wohl kaum annehmen, dass eine falsche Theorie die mancherlei grossen Gruppen der oben aufgezählten Thatsachen in so zufriedenstellender Weise erklären würde, wie meine Theorie der natürlichen Zuchtwahl es thut. Es ist neuerdings entgegnet worden, dass dies eine unsichere Weise zu folgern sei; es ist aber dieselbe Methode, welche man bei Beurtheilung der gewöhnlichen Ergebnisse im Leben anwendet, und welche häufig von den grössten Naturforschern angewendet worden ist. Auf solchen Wegen ist man zur Undulationstheorie des Lichts gelangt, und die Annahme der Drehung der Erde um ihre eigene Achse war bis vor Kurzem kaum durch irgend einen directen Beweis unterstützt. Es ist keine triftige Einrede, dass die Wissenschaft bis jetzt noch kein Licht über das viel höhere Problem vom Wesen oder dem Ursprung des Lebens verbreite. Wer vermöchte zu erklären, was das Wesen der Attraction oder Gravitation sei? Obwohl Leibnitz einst Newton anklagte, dass er „verborgene Qualitäten und Wunder in die Philosophie" eingeführt habe, so werden doch die aus diesem unbekannten Elemente der Attraction abgeleiteten Resultate ohne Einrede angenommen.

Ich sehe keinen triftigen Grund, warum die in diesem Bande aufgestellten Ansichten gegen irgend Jemandes religiöse Gefühle verstossen sollten. Es dürfte wohl beruhigen, (da es zeigt, wie vorübergehend derartige Eindrücke sind), wenn wir daran erinnern, dass die grösste Entdeckung, welche der Mensch jemals gemacht, nämlich das Gesetz der Attraction oder Gravitation, von LEIBNITZ auch angegriffen worden ist, „weil es die natürliche Religion untergrabe und die offenbarte verläugne.“ Ein berühmter Schriftsteller und Geistlicher hat mir geschrieben, „er habe allmählich einsehen gelernt, dass es eine „ebenso erhabene Vorstellung von der Gottheit sei, zu glauben, dass „sie nur einige wenige der Selbstentwicklung in andere und noth„wendige Formen fähige Urtypen geschaffen, wie dass sie immer „wieder neue Schöpfungsacte nöthig gehabt habe, um die Lücken „auszufüllen, welche durch die Wirkung ihrer eigenen Gesetze ent„standen seien.“

Aber warum, wird man fragen, haben denn fast alle ausgezeichnetsten lebenden Naturforscher und Geologen diese Ansicht von der Veränderlichkeit der Species bis vor Kurzem verworfen? Es kann ja doch nicht behauptet werden, dass organische Wesen im Naturzustande keiner Abänderung unterliegen; es kann nicht bewiesen werden, dass das Mass der Abänderung im Verlaufe langer Zeiten eine beschränkte Grösse sei; ein bestimmter Unterschied zwischen Arten und ausgeprägten Varietäten ist noch nicht angegeben worden und kann nicht angegeben werden. Es lässt sich nicht behaupten, dass Arten bei der Kreuzung ohne Ausnahme unfruchtbar und Varietäten unabänderlich fruchtbar seien, auch nicht dass Unfruchtbarkeit eine besondere Gabe und ein Merkmal des Erschaffenseins sei. Der Glaube, dass Arten unveränderliche Erzeugnisse seien, war fast unvermeidlich, solange man der Geschichte der Erde nur eine kurze Dauer zuschrieb, und nun, da wir einen Begriff von der Länge der Zeit erlangt haben, sind wir nur zu geneigt, ohne Beweis anzunehmen, die geologische Urkunde sei so vollständig, dass sie uns einen klaren Nachweis über die Abänderung der Arten geliefert haben würde, wenn sie solche Abänderung erfahren hätten.

Aber die Hauptursache, weshalb wir von Natur aus nicht geneigt sind zuzugestehen, dass eine Art eine andere verschiedene Art erzeugt haben könne, liegt darin, dass wir stets behutsam in der Zulassung einer grossen Veränderung sind, deren Mittelstufen wir nicht kennen. Die Schwierigkeit ist dieselbe wie die, welche so viele Geologen fühlten, als LYELL zuerst behauptete, dass binnenländische Felsrücken gebildet und grosse Thäler ausgehöhlt worden seien durch die Kräfte, welche wir jetzt noch in Thätigkeit sehen. Der Geist kann die volle Bedeutung des Ausdruckes von einer Million Jahre unmöglich fassen; er kann nicht die ganze Grösse der Wirkung zusammenrechnen und begreifen, welche durch Häufung einer Menge kleiner Abänderungen während einer fast unendlichen Anzahl von Generationen entstanden ist.

Obwohl ich von der Wahrheit der in diesem Buche in der Form eines Auszugs mitgetheilten Ansichten vollkommen durchdrungen bin, so hege ich doch keineswegs die Erwartung, erfahrene Naturforscher davon zu überzeugen, deren Geist von einer Menge von Thatsachen erfüllt ist, welche sie seit einer langen Reihe von Jahren gewöhnt sind, von einem dem meinigen ganz entgegengesetzten Gesichtspunkte aus zu betrachten. Es ist so leicht, unsere Unwissenheit unter Ausdrücken, wie „Schöpfungsplan“, „Einheit des Typus“ u. s. w. zu verbergen und zu glauben, dass wir eine Erklärung geben, wenn wir bloss eine Thatsache wiederholen. Wer von Natur geneigt ist, unerklärten Schwierigkeiten mehr Werth als der Erklärung einer gewissen Summe von Thatsachen beizulegen, der wird gewiss meine Theorie verwerfen. Auf einige wenige Naturforscher von biegsamerem Geiste und welche schon an der Unveränderlichkeit der Arten zu zweifeln begonnen haben, mag dies Buch einigen Eindruck machen; aber ich blicke mit Vertrauen auf die Zukunft, auf junge und strebende Naturforscher, welche beide Seiten der Frage mit Unparteilichkeit zu beurtheilen fähig sein werden. Wer immer sich zur Ansicht neigt, dass Arten veränderlich sind, wird durch gewissenhaftes Geständnis seiner Überzeugung der Wissenschaft einen guten Dienst leisten; denn nur so kann der Berg von Vorurtheilen, unter welchen dieser Gegenstand begraben ist, allmählich beseitigt werden.

Mehrere hervorragende Naturforscher haben sich noch neuerlich dahin ausgesprochen, dass eine Menge angeblicher Arten in jeder Gattung keine wirklichen Arten vorstellen, wogegen andere Arten wirkliche, d. h. selbständig erschaffene Species seien. Mir scheint es wunderbar, wie man zu einem solchen Schlusse gelangen kann. Sie geben zu, dass eine Menge von Formen, die sie selbst bis vor Kurzem für specielle Schöpfungen gehalten haben und welche noch jetzt von der Mehrzahl der Naturforscher als solche angesehen werden, welche mithin das ganze äussere characteristische Gepräge von Arten besitzen, — sie geben zu, dass diese durch Abänderung hervorgebracht worden seien, weigern sich aber, dieselbe Ansicht auf andere davon nur sehr unbedeutend verschiedene Formen auszudehnen. Demungeachtet behaupten sie nicht eine Definition oder auch nur eine Vermuthung darüber geben zu können, welches die erschaffenen und welches die durch secundäre Gesetze entstandenen Lebensformen seien. Sie geben Abänderung als eine vera causa in einem Falle zu und verwerfen solche willkürlich im andern, ohne den Grund der Verschiedenheit in beiden Fällen nachzuweisen. Der Tag wird kommen, wo man dies als einen eigenthümlichen Beleg für die Blindheit vorgefasster Meinung anführen wird. Diese Schriftsteller scheinen mir nicht mehr über einen wunderbaren Schöpfungsact als über eine gewöhnliche Geburt erstaunt zu sein. Aber glauben sie wirklich, dass in unzähligen Momenten unserer Erdgeschichte jedesmal gewisse elementare Atome commandiert worden seien, zu lebendigen Geweben ineinander zu fahren? Sind sie der Meinung, dass durch jeden angenommenen Schöpfungsact bloss ein einziges, oder dass viele Individuen entstanden sind? Wurden alle diese zahllosen Arten von Pflanzen und Thieren in Form von Samen und Eiern, oder wurden sie als erwachsene Individuen erschaffen? und die Säugethiere insbesondere, sind sie erschaffen worden mit den unwahren Merkmalen der Ernährung im Mutterleibe? Zweifelsohne können einige dieser Fragen von denjenigen nicht beantwortet werden, welche an die Schöpfung von nur wenigen Urformen oder von irgend einer einzigen Form von Organismen glauben. Verschiedene Schriftsteller haben versichert, dass es ebenso leicht sei, an die Schöpfung von einer Million Wesen als von einem zu glauben; aber MAUPERTUIS' philosophischer Grundsatz von „der kleinsten Wirkung“ bestimmt uns, lieber die kleinere Zahl anzunehmen; und gewiss dürfen wir nicht glauben, dass zahllose Wesen in jeder grossen Classe mit offenbaren und doch trügerischen Merkmalen der Abstammung von einem einzelnen Erzeuger erschaffen worden seien.

Als Belege für einen frühern Zustand der Dinge habe ich in den vorstehenden Abschnitten und an anderen Orten mehrere Sätze beibehalten, welche die Ansicht enthalten, dass die Naturforscher an eine einzelne Entstehung jeder Species glauben; ich bin darüber, dass ich mich so ausgedrückt habe, sehr getadelt worden. Unzweifelhaft war dies aber der allgemeine Glaube, als die erste Auflage des vorliegenden Werkes erschien. Ich habe früher mit sehr vielen Naturforschern über das Thema der Evolution gesprochen und bin auch nicht einmal einer sympathischen Zustimmung begegnet. Wahrscheinlich glaubten damals Einige an Entwicklung; aber entweder schwiegen sie, oder sie drückten sich so zweideutig aus, dass es nicht leicht war, ihre Meinung zu verstehen. Jetzt haben sich die Sachen ganz und gar geändert und fast jeder Naturforscher nimmt das grosse Princip der Evolution an. Es gibt indessen noch einige, welche noch immer glauben, dass Species durch völlig unerklärte Mittel neue und gänzlich verschiedene Formen plötzlich aus sich haben entstehen lassen; wie ich aber gezeigt habe, lassen sich schwer wiegende Beweise der Annahme grosser und abrupter Modificationen entgegenstellen. Von einem wissenschaftlichen Standpunkte aus und als Anleitung zu weiterer Untersuchung lässt sich aus der Annahme, dass sich neue Formen plötzlich auf unerklärliche Weise aus alten und sehr verschiedenen Formen entwickelt haben, nur wenig mehr Vortheil ziehen als aus dem alten Glauben an die Entstehung der Arten aus dem Staube der Erde.

Man kann noch die Frage aufwerfen, wie weit ich die Lehre von der Abänderung der Species ausdehne? Die Frage ist schwer zu beantworten, weil, je verschiedener die Formen sind, welche wir betrachten, desto mehr die Argumente zu Gunsten einer gemeinsamen Abstammung weniger zahlreich werden und an Stärke verlieren. Einige Beweisgründe von dem allergrössten Gewicht reichen aber sehr weit. Die sämmtlichen Glieder ganzer Classen können durch Verwandtschaftsbeziehungen miteinander verkettet und alle nach dem nämlichen Princip in Gruppen classificiert werden, welche anderen subordiniert sind. Fossile Reste sind oft geeignet, grosse Lücken zwischen den lebenden Ordnungen des Systemes auszufüllen.

Organe in einem rudimentären Zustande beweisen oft, dass ein früher Urerzeuger dieselben Organe in vollkommen entwickeltem Zustande besessen habe; daher setzt ihr Vorkommen in manchen Fällen ein ungeheures Mass von Abänderung in dessen Nachkommen voraus. Durch ganze Classen hindurch sind mancherlei Gebilde nach einem gemeinsamen Bauplane geformt, und in einem sehr frühen Alter gleichen sich die Embryonen einander genau. Daher hege ich keinen Zweifel, dass die Theorie der Descendenz mit allmählicher Abänderung alle Glieder einer nämlichen Classe oder eines nämlichen Reiches umfasst. Ich glaube, dass die Thiere von höchstens vier oder fünf und die Pflanzen von eben so vielen oder noch weniger Stammformen herrühren.

Die Analogie würde mich noch einen Schritt weiter führen, nämlich zu glauben, dass alle Pflanzen und Thiere nur von einer einzigen Urform herrühren; doch könnte die Analogie eine trügerische Führerin sein. Demungeachtet haben alle lebenden Wesen Vieles miteinander gemein in ihrer chemischen Zusammensetzung, ihrer zelligen Structur, ihren Wachsthumsgesetzen, ihrer Empfindlichkeit gegen schädliche Einflüsse. Wir sehen dies selbst in einem so geringfügigen Umstande, dass dasselbe Gift Pflanzen und Thiere in ähnlicher Art afficiert, oder dass das von der Gallwespe abgesonderte Gift monströse Auswüchse an der wilden Rose wie an der Eiche verursacht. In allen organischen Wesen, vielleicht mit Ausnahme einiger der niedersten, scheint die geschlechtliche Fortpflanzung wesentlich ähnlich zu sein. In allen ist, so viel bis jetzt bekannt, das Keimbläschen dasselbe. Daher geht jedes individuelle organische Wesen von einem gemeinsamen Ursprung aus. Und selbst was ihre Trennung in zwei Hauptabtheilungen, in ein Pflanzen- und ein Thierreich betrifft, so gibt es gewisse niedrige Formen, welche in ihren Characteren so sehr das Mittel zwischen beiden halten, dass sich die Naturforscher noch darüber streiten, zu welchem Reiche sie gehören; Professor Asa Gray hat bemerkt, dass „Sporen und andere reproductive Körper von manchen der unvollkommenen Algen zuerst „ein characteristisch thierisches und dann erst ein unzweifelhaft „pflanzliches Dasein führen.“ Nach dem Principe der natürlichen Zuchtwahl mit Divergenz des Characters erscheint es daher nicht unglaublich, dass sich von solchen niedrigen Zwischenformen beide, sowohl Pflanzen als Thiere entwickelt haben könnten. Und wenn wir dies zugeben, so müssen wir auch zugeben, dass alle organischen Wesen, die jemals auf dieser Erde gelebt haben, von irgend einer Urform abstammen. Doch beruht dieser Schluss hauptsächlich auf Analogie, und es ist unwesentlich, ob man ihn anerkennt oder nicht. Es ist ohne Zweifel möglich, dass, wie G. H. Lewes hervorgehoben hat, im ersten Beginn des Lebens viele verschiedene Formen entwickelt worden sind; wenn dies aber der Fall ist, so dürfen wir schliessen, dass nur sehr wenige von ihnen modificierte Nachkommen hinterlassen haben. Denn wir besitzen, wie ich vorhin erst in Bezug auf die Glieder eines jeden grossen Unterreichs, wie das der Wirbelthiere, Gliederthiere u. s. w., bemerkt habe, in deren embryonalen, homologen Verhältnissen und den rudimentären Bildungen bestimmte Beweise dafür, dass alle von einem einzigen Urerzeuger abstammen.

Wenn die von mir in diesem Bande und die von Wallace im „Linnean Journal“ aufgestellten, oder sonstige analoge Ansichten, über den Ursprung der Arten allgemein zugelassen werden, so lässt sich bereits dunkel voraussehen, dass der Naturgeschichte eine grosse Umwälzung bevorsteht. Die Systematiker werden ihre Arbeiten so wie bisher fortsetzen können, aber nicht mehr unablässig durch den gespenstischen Zweifel geängstigt werden, ob diese oder jene Form eine wirkliche Art sei. Dies wird sicher, und ich spreche aus Erfahrung, keine kleine Erleichterung gewähren. Der endlose Streit, ob die fünfzig britischen *Rubus*-Sorten wirkliche Arten sind oder nicht, wird aufhören. Die Systematiker werden nur zu entscheiden haben (was keineswegs immer leicht ist), ob eine Form hinreichend beständig oder verschieden genug von anderen Formen ist, um eine Definition zuzulassen und, wenn dies der Fall, ob die Verschiedenheiten wichtig genug sind, um einen specifischen Namen zu verdienen. Dieser letzte Punkt wird eine weit wesentlichere Betrachtung als bisher erheischen, wo auch die geringfügigsten Unterschiede zwischen zwei Formen, wenn sie nicht durch Zwischenstufen miteinander verschmolzen waren, bei den meisten Naturforschern für genügend galten, um beide zum Range von Arten zu erheben.

Fernerhin werden wir anzuerkennen genöthigt sein, dass der einzige Unterschied zwischen Arten und ausgeprägten Varietäten nur darin besteht, dass diese letzten durch Zwischenstufen noch heutzutage miteinander verbunden sind oder für verbunden gehalten werden, während die Arten es früher gewesen sind. Ohne daher die Berücksichtigung noch jetzt vorhandener Zwischenglieder zwischen irgend zwei Formen verwerfen zu wollen, werden wir veranlasst, den wirklichen Betrag der Verschiedenheit zwischen denselben sorgfältiger abzuwägen und höher zu schätzen. Es ist ganz gut möglich, dass jetzt allgemein als blosse Varietäten anerkannte Formen künftighin specifischer Benennungen werth geachtet werden, in welchem Falle dann die wissenschaftliche und die gemeine Sprache miteinander in Übereinstimmung kämen. Kurz, wir werden die Arten auf dieselbe Weise zu behandeln haben, wie die Naturforscher jetzt die Gattungen behandeln, welche annehmen, dass die Gattungen nichts weiter als willkürliche der Bequemlichkeit halber eingeführte Gruppierungen seien. Das mag nun keine eben sehr heitere Aussicht sein; aber wir werden wenigstens hierdurch das vergebliche Suchen nach dem unbekannten und unentdeckbaren Wesen der „Species“ los werden.

Die anderen und allgemeineren Zweige der Naturgeschichte werden sehr an Interesse gewinnen. Die von Naturforschern gebrauchten Ausdrücke Affinität, Verwandtschaft, gemeinsamer Typus, elterliches Verhältnis, Morphologie, Anpassungscharactere, verkümmerte und fehlgeschlagene Organe u. s. w. werden statt der bisherigen bildlichen eine sachliche Bedeutung gewinnen. Wenn wir ein organisches Wesen nicht länger wie die Wilden ein Linienschiff als etwas ganz jenseits ihres Fassungsvermögen Liegendes betrachten, wenn wir jedem organischen Naturerzeugnisse eine lange Geschichte zugestehen; wenn wir jedes zusammengesetzte Gebilde und jeden Instinct als die Summe vieler einzelner, dem Besitzer nützlicher Einrichtungen betrachten, in derselben Weise wie wir etwa eine grosse mechanische Erfindung als das Product der vereinten Arbeit, Erfahrung, Beurtheilung und selbst der Fehler zahlreicher Arbeiter ansehen, wenn wir jedes organische Wesen auf diese Weise betrachten: wie viel interessanter (ich rede aus Erfahrung) wird dann das Studium der Naturgeschichte werden!

Ein grosses und fast noch unbetretenes Feld wird sich öffnen für Untersuchungen über die Ursachen und Gesetze der Variation, über die Correlation, über die Folgen von Gebrauch und Nichtgebrauch, über den directen Einfluss äusserer Lebensbedingungen u. s. w. Das Studium der domesticierten Formen wird unermesslich an Werth steigen. Eine vom Menschen neu erzogene Varietät wird ein für das Studium wichtigerer und anziehenderer Gegenstand sein, als die Vermehrung der bereits unzähligen Arten unserer Systeme mit einer neuen. Unsere Classificationen werden, so weit wie möglich, zu Genealogien werden und dann erst den wirklichen sogenannten Schöpfungsplan darlegen. Die Regeln der Classification werden ohne Zweifel einfacher werden, wenn wir ein bestimmtes Ziel im Auge haben. Wir besitzen keine Stammbäume und Wappenbücher und werden daher die vielfältig auseinanderlaufenden Abstammungslinien in unseren natürlichen Genealogien mit Hilfe von lang vererbten Characteren jeder Art zu entdecken und zu verfolgen haben. Rudimentäre Organe werden mit untrüglicher Sicherheit von längst verloren gegangenen Gebilden sprechen. Arten und Artengruppen, welche man abirrende genannt hat und bildlich lebende Fossile nennen könnte, werden uns ein vollständigeres Bild von den früheren Lebensformen zu entwerfen helfen. Die Embryologie wird uns die in gewissem Masse verdunkelte Bildung der Prototypen einer jeden der Hauptclassen des Systemes enthüllen.

Wenn wir uns davon überzeugt halten können, dass alle Individuen einer Art und alle nahe verwandten Arten der meisten Gattungen in einer nicht sehr fernen Vorzeit von einem gemeinsamen Erzeuger entsprungen und von einer gemeinsamen Geburtsstätte aus gewandert sind, und wenn wir erst besser die mancherlei Mittel kennen werden, welche ihnen bei ihren Wanderungen zu gute gekommen sind, dann wird das Licht, welches die Geologie über die früheren Veränderungen des Climas und der Niveauverhältnisse der Erdoberfläche schon verbreitet hat und noch ferner verbreiten wird, uns sicher in den Stand setzen, in wunderbarer Weise die früheren Wanderungen der Erdbewohner zu verfolgen. Sogar jetzt schon kann die Vergleichung der Meeresbewohner an den zwei entgegengesetzten Küsten eines Continents und die Natur der mannichfaltigen Bewohner dieses Continentes in Bezug auf ihre offenbaren Einwanderungsmittel dazu dienen, die alte Geographie einigermassen zu beleuchten.

Die edle Wissenschaft der Geologie verliert etwas von ihrem Glanze durch die ausserordentliche Unvollständigkeit ihrer Urkunden. Man kann die Erdrinde mit den in ihr enthaltenen organischen Resten nicht als ein wohlgefülltes Museum, sondern nur als eine zufällige und nur dann und wann einmal bedachte arme Sammlung ansehen. Die Ablagerung jeder grossen fossilführenden Formation ergibt sich als die Folge eines ungewöhnlichen Zusammentreffens von günstigen Umständen, und die leeren Pausen zwischen den aufeinanderfolgenden Ablagerungszeiten entsprechen Perioden von unermesslicher Dauer. Doch werden wir im Stande sein, die Länge dieser Perioden einigermassen durch die Vergleichung der vorhergehenden und nachfolgenden organischen Formen zu bemessen. Wir dürfen nach den Successionsgesetzen der organischen Wesen nur mit grosser Vorsicht versuchen, zwei Formationen, welche nicht viele identische Arten enthalten, als genau gleichzeitig zu betrachten. Da die Arten in Folge langsam wirkender und noch fortdauernder Ursachen und nicht durch wunderbare Schöpfungsacte entstanden und vergangen sind, und da die wichtigste aller Ursachen organischer Veränderung, — die Wechselbeziehungen zwischen Organismus zu Organismus, in deren Folge eine Verbesserung des einen die Verbesserung oder die Vertilgung des andern bedingt, — fast unabhängig von der Veränderung und vielleicht plötzlichen Veränderung der physikalischen Bedingungen ist: so folgt, dass der Grad der von einer Formation zur andern stattgefundenen Abänderung der fossilen Wesen wahrscheinlich als ein guter Massstab für die Länge der inzwischen abgelaufenen Zeit dienen kann. Eine Anzahl in Masse zusammenhaltender Arten jedoch dürfte lange Zeit unverändert fortleben können, während in der gleichen Zeit mehrere dieser Species, die in neue Gegenden auswandern und in Kampf mit neuen

Concurrenten gerathen, Abänderung erfahren würden; daher dürfen wir die Genauigkeit dieses von den organischen Veränderungen entlehnten Zeitmasses nicht überschätzen.

In einer fernen Zukunft sehe ich die Felder für noch weit wichtigere Untersuchungen sich öffnen. Die Psychologie wird sich mit Sicherheit auf den von HERBERT SPENCER bereits wohl begründeten Satz stützen, dass nothwendig jedes Vermögen und jede Fähigkeit des Geistes nur stufenweise erworben werden kann. Licht wird auf den Ursprung der Menschheit und ihre Geschichte fallen.

Schriftsteller ersten Rangs scheinen vollkommen von der Ansicht befriedigt zu sein, dass jede Art unabhängig erschaffen worden ist. Nach meiner Meinung stimmt es besser mit den der Materie vom Schöpfer eingeprägten Gesetzen überein, dass das Entstehen und Vergehen früherer und jetziger Bewohner der Erde durch secundäre Ursachen veranlasst werde denjenigen gleich, welche die Geburt und den Tod des Individuums bestimmen. Wenn ich alle Wesen nicht als besondere Schöpfungen, sondern als lineare Nachkommen einiger wenigen schon lange vor der Ablagerung der cambrischen Schichten vorhanden gewesenen Vorfahren betrachte, so scheinen sie mir dadurch veredelt zu werden. Und nach der Vergangenheit zu urtheilen, dürfen wir getrost annehmen, dass nicht eine einzige der jetzt lebenden Arten ihr unverändertes Abbild auf eine ferne Zukunft übertragen wird. Überhaupt werden von den jetzt lebenden Arten nur sehr wenige durch irgend welche Nachkommenschaft sich bis in eine sehr ferne Zukunft fortpflanzen; denn die Art und Weise, wie alle organischen Wesen im Systeme gruppiert sind, zeigt, dass die Mehrzahl der Arten einer jeden Gattung und alle Arten vieler Gattungen keine Nachkommenschaft hinterlassen haben, sondern gänzlich erloschen sind. Wir können insofern einen prophetischen Blick in die Zukunft werfen und voraussagen, dass es die gemeinsten und weit verbreitetsten Arten in den grossen und herrschenden Gruppen einer jeden Classe sein werden, welche schliesslich die anderen überdauern und neue herrschende Arten liefern werden. Da alle jetzigen Lebensformen lineare Abkommen derjenigen sind, welche lange vor der cambrischen Periode gelebt haben, so können wir überzeugt sein, dass die regelmässige Aufeinanderfolge der Generationen niemals unterbrochen worden ist und eine allgemeine Fluth niemals die ganze Welt zerstört hat. Daher können wir mit Vertrauen auf eine Zukunft von gleichfalls unberechenbarer Länge blicken. Und da die natürliche Zuchtwahl nur durch und für das Gute eines jeden Wesens wirkt, so wird jede fernere körperliche und geistige Ausstattung desselben seine Vervollkommnung zu fördern streben.

Es ist anziehend, eine dicht bewachsene Uferstrecke zu betrachten, bedeckt mit blühenden Pflanzen vielerlei Art, mit singenden Vögeln in den Büschen, mit schwärmenden Insecten in der Luft, mit kriechenden Würmern im feuchten Boden, und sich dabei zu überlegen, dass alle diese künstlich gebauten Lebensformen, so abweichend unter sich und in einer so complicierten Weise von einander abhängig, durch Gesetze hervorgebracht sind, welche noch fort und fort um uns wirken. Diese Gesetze, im weitesten Sinne genommen, heissen: Wachsthum mit Fortpflanzung; Vererbung, fast in der Fortpflanzung mit inbegriffen, Variabilität in Folge der indirecten und directen Wirkungen äusserer Lebensbedingungen und des Gebrauchs oder Nichtgebrauchs; rasche Vermehrung in einem zum Kampfe um's Dasein und als Folge dessen zu natürlicher Zuchtwahl führenden Grade, welche letztere wiederum die Divergenz des Characters und das Erlöschen minder vervollkommneter Formen bedingt. So geht aus dem Kampfe der Natur, aus Hunger und Tod unmittelbar die Lösung des höchsten Problems hervor, das wir zu fassen vermögen, die Erzeugung immer höherer und vollkommenerer Thiere. Es ist wahrlich eine grossartige Ansicht, dass der Schöpfer den Keim alles Lebens, das uns umgibt, nur wenigen oder nur einer einzigen Form eingehaucht hat, und dass, während unser Planet den strengsten Gesetzen der Schwerkraft folgend sich im Kreise geschwungen, aus so einfachem Anfange sich eine endlose Reihe der schönsten und wundervollsten Formen entwickelt hat und noch immer entwickelt.

Register.

A.

D.

E.

G.

H.

I.

J.

T.

W.

Y.

Z.

DIE ERSTEN DEUTSCHEN REZENSIONEN

Heinrich Georg Bronn
im ›Neuen Jahrbuch für Mineralogie, Geognosie, Geologie und Petrefaktenkunde‹ [1]

CH. DARWIN: ›on the Origin of Species by means of Natural Selection, or the preservation of favoured races in the struggle for life‹ (502 pp. 8°, London 1859). Eine Schrift, deren Grundgedanke geeignet ist, noch mehr Bewegung in die wissenschaftliche Welt zu bringen, als einst der in den LYELLschen ›Principles‹ entwickelte, welcher hier in gewisser Weise fortgesetzt wird; – ob mit demselben thatsächlichen Erfolge, läßt sich bezweifeln, da keine Aussicht vorhanden, unwiderlegliche Beweise in gleichem Grade wie für jenen aufzubringen, während es freilich eben so unmöglich erscheint entscheidende Gegenbeweise zu liefern.

Arten können variiren. Dies ist allgemein anerkannt! Verschiedenheit der Nahrung, des Wohn-Elements, des Klimas und manche noch unbekannte Ursachen bringen die Varietäten hervor [2]. Die fruchtbarste und allgemeinste Ursache der Varietäten-Bildung ist jedoch die „Wahl der Lebens-Weise" ("natural selection"). Die Fortpflanzung der Thiere und Pflanzen ist nämlich allzu reichlich, als daß nicht immer ein großer Theil der Nachkommenschaft genöthigt wäre, sich eine andere Nahrung und überhaupt eine andere Lebens-Weise zu wählen, als der andere. Diese abweichende Lebens-Weise erheischt und entwickelt aber allmählich auch abweichenden Gebrauch der Organe, abweichende Fähigkeiten, abweichende Formen: es entstehen, wenn dieselben äußern Ursachen von Generation zu Generation fortdauern, bleibende Rassen, welche ihre abweichenden Merkmale auch sogar unter anderen Verhältnissen auf ihre Nachkommenschaft übertragen [3], so daß man oft nicht mehr weiß, ob man Art oder Varietät vor

[1] 1860, S. 112–116.

[2] In unserer ›Geschichte der Natur‹ sind eine Menge solcher Fälle gesammelt und nach Möglichkeit auf ihre Ursachen zurückgeführt; eben so die Folgen der Arten-Kreutzung; aber die Resultanten sind daselbst nicht mit 100 000 000 multiplizirt worden.

[3] a. a. O.

sich hat; es ist ja bekannt, wie wenig in vielen Fällen solcher Art die beschreibenden Botaniker und Zoologen sich zu einigen im Stande sind. Diese neu-gebildeten ständigen Varietäten oder Rassen sind alle sehr fruchtbar und oft noch mehr als ihre Stammältern zum Variiren geneigt. In welchem Grade aber Abweichungen vom ursprünglichen Typus schon in kurzer Zeit möglich sind, lehren uns unsre Kultur-Pflanzen und Hausthiere. Indem der Mensch zu jeder zu erzielenden Variation diejenigen Individuen sorgfältig auswählt, welche in der von ihm gewollten Richtung wieder am meisten vom Urtypus abweichen, erreicht er in der verhältnissmäßig kurzen Zeit von einigen Dutzend oder Hundert Jahren schon so außerordentliche Erfolge, wie sie bei dem Verfahren der Natur freilich in zehn- oder hundert-fach längerer Zeit nicht zum Vorschein kommen. Doch zeigt sich dort, was mit der Zeit auch hier möglich seye. Wenn wir aber finden, daß auf diesem Wege in Hunderten oder Tausenden von Jahren zufällig erscheinende individuelle Abänderungen zu ständigen Rassen und diese endlich zu Arten werden können, so bedarf es ja nur Hunderttausende von Jahren, um aus verschiedenen Arten nun weiter verschiedene Sippen, – und einiger Millionen Jahre, um daraus verschiedene Ordnungen und Klassen hervorzubringen; und da wir an Zeit hiefür keinen Mangel haben, so läßt sich nichts Wesentliches mehr dagegen einwenden, wenn auch im Einzelnen, und zumal in besonderen Fällen, die Erklärungen noch große Schwierigkeiten finden mögen. In derselben Zeit war es entschieden den thierischen und pflanzlichen Grund-Formen auch möglich, sich über die ganze Erd-Oberfläche zu verbreiten; die Veränderungen der Oberflächen-Beschaffenheit, der Erd-Wärme, die Eis-Zeit u. dgl. mehr haben sie getrieben, sich allmählich überall wieder nach einer andern Lebens-Weise umzusehen und Kommunikations-Wege zwischen Ländern und Meeren zu benützen, die zu verschiedenen Zeiten offen und wieder verschlossen gewesen seyn mögen. Nach dieser Ansicht glaubt Darwin alle Thier-Formen zuletzt auf 4–5, alle Pflanzen-Formen auf eben so viele oder noch weniger Stamm-Individuen ("progenitors") zurückführen zu können; ja vielleicht rühren alle Pflanzen und Thiere von blos einem Prototype her! Dies der Gedanken-Gang des Verfassers.

Wir haben oben gesagt: Beweis und Gegenbeweis lasse sich sofort nicht liefern. Es läßt sich weder beweisen, daß die Variationen in dem bisher angenommenen Sinne beschränkte sind und gewisse Grenzen nicht überschreiten, oder daß sie wirklich unbegrenzte sind. Diesen letzten als den positiven, mithin allein antretbaren Beweis in einigermaßen genügender Art zu führen, dazu würden vielleicht einige einer Reihe von systematischen Experimenten gewidmete Jahrhunderte gehören? In der Zwischenzeit aber werden die Naturforscher wohl in zwei Lager getrennt bleiben, in das der Gläubigen und der Ungläubigen.

Über die illiminitirte Variabilisirung scheint der Verfasser nach der oben angeführten Äußerung desselben über die Zahl der Urtypen selbst noch zu zweifeln. Hier gibt es jedoch nur Eines von Beiden: entweder seine Theorie ist unrichtig (bewährt sich nicht über das Gebiet gewöhnlicher Varietäten hinaus), oder wenn sie richtig, so ist die Variabilisirung eine unbegrenzte, d. h. es gibt keine Schöpfung der organischen Welt, d. h. die Natur-Kraft ist gefunden, durch welche die organische Welt entstanden, und die Annahme einer Schöpfung ist entbehrlich. Hat es 10–5–3 oder auch nur 2 verschiedene Urtypen von Pflanzen und Thieren gegeben, so muß es auch eine Schöpfung gegeben haben. Im andern Falle könnte nur etwa eine Art PRISTLEY-scher grüner Materie, welche noch keine organische Spezies repräsentirt, der Ausgangs-Punkt der gesammten organischen Welt seyn. Warum greift der Verfasser nicht sogleich darnach; nachdem er doch einen viel kühneren Griff bereits gethan? Die *Französische* Akademie hat sich am Anfange des vorigen Jahres (wie vor längeren Jahren die *Wiener* Akademie) lebhaft mit der Frage beschäftigt, ob aus organische Materie enthaltendem Wasser, in welchem aber durch anhaltendes Kochen alle Organismen-Keime zerstört und welches hernach absolut hermetisch verschlossen aufbewahrt worden, niedrige Organismen, Pflanzen und Thiere entstehen könnten. Es war ihr eine Reihe von Versuchen vorgelegt worden, aus welchen diese Möglichkeit erwiesen schien; es waren mehre niedere Organismen-Arten darin namhaft gemacht worden, welche auch sonst bei uns vorkommen. Alle in der Akademie anwesenden und viele sonst mit ihr in Verbindung stehenden Koryphäen der Naturgeschichte und Physiologie erklärten sich zwar gegen die Beweiskraft der Versuche, indem trotz aller angewandten Vorsichts-Maaßregeln immer noch eine Möglichkeit gedacht werden könne, wie die Keime jener Organismen der Zerstörung durch die Siede-Hitze des Wassers entgangen seyn könnten; und obwohl wir uns dieser Ansicht anschließen, so muß man doch eingestehen, daß jene Einwände, jene Hinweisung auf eine anderweitige blose Möglichkeit die z. Th. äußerst vorsichtig angestellten Versuche noch nicht absolut entkräftet haben, sondern blos zu Erneuerung der Versuche mit Vermeidung alles dessen auffordern, worauf sich die Einreden beziehen. Ließe sich jene Behauptung der Entstehung von Organismen-Arten unter den angegebenen Bedingungen und unter Vermeidung aller Gründe zu Einreden, d. h. ohne organische Keime, nun auch beweisen, so würde DARWINS Theorie die stärkste Stütze gefunden haben, welche in kurzer Zeit ihr zu bieten denkbar wäre, vorbehaltlich freilich des ferneren Beweises der direkten Entstehung PRISTLEYscher oder anderer organischer Materie aus unorganischen Elementen. So lange aber als beide Möglichkeiten nicht erwiesen sind, bedürfen wir einer Schöpfungs-Kraft, und es ist nur wenig für unsre Vorstellungen, es ist gar nichts für die Wissenschaft gewonnen, ob der persönliche Schöpfer 200000, oder ob er nur 10 Pflanzen- und Thier-Arten, oder ob er den Menschen allein in die Welt setzen muß.

In der unter-silurischen Schöpfung kommen nun allerdings schon einige Dutzend Arten von Pflanzen und Wirbel-losen Thieren vor, welche bis zu den Krustern herauf-reichen und vermuthen lassen, daß die Formen-Manichfaltigkeit von Protozoen, Aktinozoen, Malakozoen und Entomozoen damals schon viel größer gewesen seye, als unsere jetzigen Kenntnisse ergeben. DARWIN würde daher, wollte er das organische Leben damit beginnen lassen, eine viel größere Anzahl von Urtypen anzunehmen genöthigt seyn, als er oben bezeichnet hat. Allein er stützt sich hiebei auf die LYELLsche Ansicht, daß die silurischen keineswegs die ältesten neptunischen Gesteine seyen, sondern wohl schon eine lange Reihe neptunischer Schichten unter denselben durch metamorphische Prozesse in krystallinische Gebilde übergeführt worden seyen, wie diese durch atmosphärische Agentien immer wieder in neptunische Bildungen umgewandelt werden. Ja LYELL nimmt bekanntlich einen endlosen Wechsel-Prozeß dieser Art an; daher wir kürzlich nicht ohne einige Überraschung fanden, daß er die DARWINsche Schrift denjenigen Geologen entgegenhält, welche an eine progressive Entwickelung der organischen Welt glauben. Die Mittel der progressiven Entwickelung würden nach DARWIN freilich sehr verschieden seyn von den bisher angenommenen, indem in fortwährendem Streben zur Anpassung an die äußeren Existenz-Bedingungen die fortwährend vollkommener und höher auftretenden neuen Arten- und Sippen-Formen usw. nach unserer Ansicht neu geschaffen worden, nach DARWIN aus den alten entstanden wären. Gerade im Falle man der DARWINschen Hypothese sich zuneigt, gerade alsdann ist man ja nur um so unvermeidlicher auf die Annahme progressiver Entwickelung – also auf einen *Anfang der Dinge* hingewiesen!

Die Schrift ist, wie sich von DARWIN nicht anders erwarten läßt, voll der anziehendsten Betrachtungen unter beständiger Berufung auf Beobachtung und Erfahrung; sie ist eine überaus lehrreiche Lektüre auch für denjenigen, welcher des Verfassers Theorie nicht sofort anzunehmen sich geneigt fühlt; sie ist die Frucht zwanzig-jähriger Beschäftigung mit dieser Frage, obwohl sie im Ganzen genommen doch nur die End-Ergebnisse liefert, indem die Aufführung all' der vielen einzelnen Beobachtungen und Thatsachen, welche DARWIN für diesen Zweck gesammelt, ein Umfang-reiches Werk ausfüllen würde, mit dessen Ausarbeitung sich derselbe beschäftigen wird, dessen Vollendung aber sowohl in der leidenden Gesundheit des Verfassers, als in dem fortwährenden Zugange neuer Materialien Aufenthalt findet. Die Theorie selber aber ist nicht neu; schon von LAMARCK in seiner ›Philosophie zoologique‹, von GEOFFROY ST. HILAIRE und Anderen aufgestellt, erscheint sie hier nur mit allem Aufwande von Scharfsinn und von Kenntnissen durchgeführt, welche der heutige Stand der Wissenschaft dem geistreichen Forscher gewährt.

Wir wiederholen also unsere eigene Überzeugung mit den Worten: Macht aus unorganischer organische Materie mit zelliger Struktur, macht aus dieser organischen Materie Keime und Eier niedriger Organismen-Arten, – eine Aufgabe, welche der heutigen Wissenschaft lösbar seyn muß, wenn sie überhaupt möglich ist –, so ist mit weiterer Hilfe der DARWINschen Theorie eine Natur-Kraft denkbar, welche alle Organismen-Arten hervorgebracht haben kann; wir sind dann nicht mehr genöthigt, zu persönlichen außerhalb der Natur-Gesetze begründeten Schöpfungs-Akten unsere Zuflucht zu nehmen[4], und wollen im Besitze dieses Gewinnes nicht mehr von vorn herein an der Möglichkeit verzweifeln, allmählich all' die ungeheuren Lücken durch spätere Entdeckungen noch auszufüllen, welche sich in den Formen-Reihen des Pflanzen- wie des Thier-Reiches jetzt hemmend unserer vollen Zustimmung entgegensetzen. So lange aber jenes nicht möglich, bleibt die DARWINsche Theorie um so mehr unwahrscheinlich als sie uns die Lösung des großen Problemes der Schöpfung nicht näher rückt. Dabei bliebe dann noch ganz unberücksichtigt, wie es denkbar seye, daß ein bis zum letzten Fäserchen so weise berechneter Organismus, wie ein Schmetterling, eine Schlange oder ein Pferd usw. nur das Erzeugniss einer blinden Natur-Kraft seyn könne!

[4] Das Inkonsequente einer solchen Annahme ist, gegenüber der Unmöglichkeit eines anderen Ausweges, in unsern ›Untersuchungen über die Entwickelungs-Gesetze der organischen Welt‹ S. 77ff. und 227ff. hervorgehoben worden.

Oskar Peschel
in ›Das Ausland. Eine Wochenschrift für Kunde des geistigen und sittlichen Lebens der Völker mit besonderer Rücksicht auf verwandte Erscheinungen in Deutschland‹ [1]

Eine neue Lehre über die Schöpfungsgeschichte der organischen Welt

1. Die Darwinsche Theorie

Auf dem letzten Meeting der britischen Naturforscher kündigten Sir Charles Lyell und Hr. Owen, der größte Geolog und der größte Zoolog Englands, ein Buch von Charles Darwin, dem Naturforscher auf der berühmten Erdumseglungsreise des Beagle, an, welches die größten Aufschlüsse über die Entstehung der Thier- und Pflanzenarten bringen werde. Dieses Buch [2] versucht den Schleier zu heben von den tiefsten Geheimnissen der Natur, und die Frage zu lösen ob für jede besondere Art der Pflanzen oder Thiere ein getrennter Schöpfungsact nöthig gewesen sey, oder nicht. Diese Frage wird verneint, und der Verfasser sucht uns zu überzeugen daß die Arten entstanden, nach gewissen Gesetzen sogar entstehen mußten; daß, wenn auch fortwährend ältere Arten zu Grunde gehen und aussterben, andere neue Arten unter unsern Augen entstehen. Eine solche Streitfrage ist seit langer Zeit schon besprochen und in letzter Zeit fast immer zu Gunsten der getrennten Schöpfungsacte für jede Art entschieden worden, so daß bis auf Darwins Buch die andere Meinung hoffnungslos, um nicht zu sagen lächerlich, erschien. Nun erwarte man nicht daß hier ein neues Gesetz entdeckt und *erwiesen* worden sey, sondern wir haben es nur mit einer Hypothese oder einer Theorie zu thun, die vielleicht nach 10 Jahren schon wieder als völlig aufgegeben gelten kann.

Man muß, um von Darwin sich überzeugen zu lassen, zuerst mit den Erscheinungen des *Abartens* oder den Variationen beginnen. Unser Autor ist der Ansicht daß Licht, Wärme, Feuchtigkeit, Nahrung etc. außerordentlich geringen Einfluß besitzen, um Einzelwesen der organischen Welt zum Abarten zu bewegen. Licht und gewisse Nahrung mögen auf Färbung, reichliche Nahrung auf Wachsthum und Größe, und das Klima vielleicht auf die Dicke des Pelzes bei einigen Pelzthieren Einfluß üben, aber man sieht: die Summe dieser Wirkun-

[1] 33. Jg. 1860, Nr. 5 (S. 97–101) und Nr. 6 (S. 135–140).
[2] Charles Darwin, On the origin of Species, London, Murray 1859.

gen ist eine höchst schwache. Gewohnheiten bewirken auch manche Veränderung der Arten: bei der zahmen Ente wiegen in Beziehung zum ganzen Skelett die Flügelknochen weniger, die Schenkelknochen mehr als bei der wilden Ente, wahrscheinlich weil die erstere weniger fliegt und mehr wandert als ihre wilde Schwester. Die Euter der Kühe und Ziegen, in Ländern wo Milchwirthschaft vorherrscht, sind unendlich mehr entwickelt als in solchen Ländern wo Viehzucht mit Ausschluß der Milchwirthschaft getrieben wird. Kein Hausthier gibt es welches nicht in irgendeinem Land hängende Ohren besitzt, und zwar erklärt man sich dieß damit daß die Ohrmuskeln erschlaffen wenn die Thiere nicht mehr durch fortwährende Gefahren aufgeschreckt werden. Dieß sind freilich Bagatellen, doch erhalten sie einigen Werth durch ein Naturgesetz, welches Darwin die Wechselbeziehungen des Wachsthums ("correlation of growth") nennt. Wir bemerken nämlich daß die Veränderung eines Organs die Veränderungen anderer Organe nach sich zieht, oder nach sich ziehen muß. Blauäugige Katzen sind immer taub; kahle Hunde haben unvollkommene Zähne; Hühner mit befiederten Schenkeln haben Häute zwischen den äußern Zehen; Tauben mit kurzen Schnäbeln haben kleine, solche mit langen Schnäbeln lange Füße.

Die Neigung der Hausthiere zum Abarten hat man früher für eine Eigenschaft der Species erklärt, indem man sagte: der Mensch habe überhaupt nur solche Thiere gezähmt, welche die Fähigkeiten zum Abarten und zu großer räumlicher Verbreitung besaßen. Diese Art zu urtheilen ist schwach und falsch, denn der Esel, das Guineahuhn, das Rennthier, das Kamel variiren nicht, oder besitzen einen beschränkten Verbreitungskreis, so daß auf sie jener Satz nicht paßt. Wie vermögen aber die Anhänger der fortgesetzten Schöpfungsacte das Entstehen der sogenannten Hunderacen zu erklären? Sagt man: sie seyen durch Kreuzungen entstanden, so müßten doch immer mindestens etliche Hunderacen ursprünglich geschaffen worden seyn, die Extreme wenigstens, bevor eine Kreuzung als möglich gedacht wird.

Den Schlüssel zu seiner Lehre fand Darwin in dem Taubenschlage. Taubenzucht gehört zu den Liebhabereien der Engländer, und die Taubenzüchter in England haben einen eigenen Club gebildet. Für den Laien bleibt Taube Taube. Der Kenner aber unterscheidet und bezahlt mit oft unglaublichem Geld wenigstens ein Duzend Racen, die in seinen Augen so wenig sich gleichen, wie ein Spitz einer Bulldogge. Bei den Taubenracen zeigen sich aber Unterschiede *selbst* im *Skelett*, insofern nämlich die Entwicklung der Gesichtsknochen in Länge,

Breite und Wölbung verschieden ist. Würde man einem Ornithologisten, der noch keine Tauben gesehen hätte, die verschiedenen Racen, die englischen Carriers, die kurzköpfigen Tummler, den Runt, Barb, Pouter und Fächerschwanz (lauter Racennamen der Taubenart) vorlegen, er würde sie nicht einmal unter dieselbe Gattung einzureihen vermögen. Dennoch ist DARWIN der Meinung daß alle diese Racen ursprünglich von der Felsentaube *(Columba livia)* abstammen; wäre dieß nicht der Fall, dann müßte man annehmen, daß mindestens sieben oder acht Racen geschaffen worden seyen, denn durch Kreuzung bringt man nie eine neue Race, sondern nur ein Mittelding zwischen zweien Racen zu Wege. Was wir Racen nennen, halten Thierzüchter in der Regel für getrennte Arten. „Man frage, ruft DARWIN aus, wie ich es gethan habe, einen berühmten Züchter von Hereforder Rindvieh, ob seine Producte von Langhörnern abstammen möchten, und er wird mit einem hellen Gelächter antworten. Nie bin ich mit einem Tauben-, Hühner-, Enten- oder Kaninchenzüchter zusammen gekommen der nicht seine Race für eine gesonderte Art gehalten hätte. VAN MONS spricht in seinem Werk über Birnen und Äpfel die stärksten Zweifel aus daß je der Ribston-pippin und der Codlin-Apfel aus den Samen desselben Baumes haben aufgehen können.“

Ausgezeichneten Züchtern ist es gelungen innerhalb Lebenszeit Schaf- und Rindviehracen beträchtlich umzugestalten. Es gelang ihnen dieß mit Hülfe der natürlichen Erblichkeit von Eigenthümlichkeiten der Einzelwesen. Nur das scharfe Auge eines guten Züchters vermag solche Eigenthümlichkeiten zu erspähen. Wird dann das ausgezeichnete Thier zur Zucht auserlesen, jede Vermischung abgewendet, werden unter den Nachkömmlingen immer wieder diejenigen für die Zucht abgesondert welche die eigenthümlichen Vorzüge der Eltern am stärksten besitzen, so kann man durch Anhäufung von Geschlecht auf Geschlecht mit Vorbedacht gewisse Racen erziehen. Diese Zuchtpolitik in Bezug auf Hausthiere ist keine moderne Erfindung. Nach England wurden in altersgrauer Zeit schon edle Hengste eingeführt, die Ausfuhr des besseren Blutes verboten, und von Zeit zu Zeit die Vertilgung von Thieren unter einem gewissen Maß befohlen. In alten chinesischen Handbüchern werden die nämlichen Grundsätze gelehrt; sie finden sich auch bei classischen Schriftstellern der Römer, und aus einzelnen Stellen der Genesis ist es klar daß man Mittel kannte auf die Farbe der Hausthiere einzuwirken. Bei Thieren geht der Proceß etwas langsamer als bei Gewächsen. Niemand erwartet ein Pracht-Stiefmütterchen oder eine königliche Dahlie aus dem Samen einer wilden

Pflanze, niemand eine edle Birne aus dem Kern des wilden Birnbaums zu ziehen. Unser köstliches Obst ist keineswegs in der Natur vorhanden gewesen, sondern rein nur ein Product der Züchtung. Die Birne war zu PLINIUS' Zeiten eine Frucht von sehr geringem Werth, aber seitdem man immer die als bestgekannte Spielart cultivirte und die besten Individuen zur Fortpflanzung auswählte, gelang es die Früchte allmählich zu veredeln. Die tropischen Früchte könnten, wenn wirklich Gartenkunst auf sie verwendet würde, weit vollkommener werden, wie es die Ansicht aller Kenner ist. Die Caplande und Australien haben fast keine Pflanze geliefert die des Anbauens werth gefunden worden wäre. Dies rühre, meint DARWIN, durchaus nicht von der Armuth dieser Räume, sondern vielmehr daher daß die Wilden sich keine Mühe gegeben haben allmählich ihre vegetabilischen Schätze durch Cultur zu veredeln, so daß diese jetzt im Vergleich zu den Nutzgewächsen der Länder alter Civilisation wie verwahrlost erscheinen. Der Mensch kann aber durch seine Zuchtwahl immer nur solche Abarten steigern welche die Natur ihm selbst zuerst, wenn auch in höchst geringem Grad, angeboten hat. Nach einer Folge unzähliger Geschlechter gelingt es ihm aber zuletzt Race oder Abart zu befestigen.

Wo sind aber die Gränzen zwischen Spielart und Art, oder Varietät und Species? Bekanntlich gibt es keine allgemein gültige Erklärung dessen was man unter Art versteht. DARWINS Lehre stößt den Unterschied zwischen Spielart und Art über den Haufen, denn für ihn ist die Spielart nur eine neue werdende Art, eine unreife Species, eine Species im Jugendzustande. Leichter noch mag man sich einigen über den Begriff der Spielart oder Varietät, worunter man die verschiedenen Formen organischer Wesen von einer nachweisbar gemeinsamen Herkunft versteht. In der Praxis aber streiten sich alle Gelehrten darüber, wo die Varietätenunterschiede aufhören und die Artenunterschiede beginnen. Ein britischer Botaniker H. C. WATSON hat DARWIN eine Liste von 182 einheimischen Gewächsen zusammengestellt, welche sämmtlich von einzelnen Botanikern als verschiedene Arten behandelt worden sind und jetzt allgemein als Varietäten gelten. „Keine scharfe Gränzlinie ist bis jetzt zu ziehen gewesen zwischen Arten und Unterarten, oder denjenigen Formen die nicht völlig den Rang von neuen Arten erreichen, oder wiederum zwischen Unterarten und wohlabgesonderten Spielarten, oder geringeren Spielarten und individuellen Verschiedenheiten. *Alle diese Verschiedenheiten fließen in unmerklichen Abstufungen ineinander, und hinterlassen dem Ver-*

stande die Vorstellung von Übergängen.“ Dieß ist die Essenz von Darwins neuester Lehre, und von seinem Gesichtspunkt aus hat er ein Recht den Begriff der Species oder Art als einen willkürlichen zu bezeichnen, der sich nur auf gegenseitige Übereinkunft der Gelehrten, nicht auf Thatsachen in der Natur gründe.

Darwin weist nach daß sogenannte dominirende Pflanzengattungen in ihren Heimathsländern, solche also die besonders reich an Arten und Individuen sind, am meisten Spielarten oder, in seiner Sprache, im Entstehen begriffene Arten aufweisen. Würde man die Arten als Producte unzähliger einzelner Schöpfungsacte betrachten, so müßte man sich höchlich über diese Erscheinung wundern. Die Gattungen von spärlichen Arten und noch spärlichern Varietäten sind nämlich im Erlöschen begriffen. Ihre Zeit ist vorbei, sie fangen schon an altmodisch zu werden, während umgekehrt die dominirenden Gattungen ihre Herrschaft durch Vervielfältigung der Spielarten noch weiter auszubreiten drohen, nach und nach aber sich wieder in kleinere Gattungen zu gruppieren beginnen. So schreitet die Schöpfung fort, so ist es von je gewesen.

Niemand läugnet daß durch Zuchtwahl der Mensch Varietäten zu erzielen vermöge, die zuletzt für den Zoologen den Werth von Artunterschieden erreichen. Kann aber die Natur ohne solche sichtliche Hülfe verfahren wie der Mensch? Sie thut es allerdings, nur daß sie langsamer, aber um so sicherer verfährt. Die organische Welt ist beständig in einem Kampf um Leben und Tod begriffen. Bei den Thieren wird dieser Kampf oft genug zum Schauspiel der Menschen; still, aber verheerend, ist er im Reiche der Gewächse. Weit abliegende Inseln haben sich lange Zeit eine eigene Flora bewahrt, bis durch Seefahrer plötzlich fremde Arten gebracht wurden, welche in kurzer Zeit die eingebornen Gewächse verdrängten und ganze Arten zum Aussterben zwangen, genau so wie es die stärkern den schwächern Menschenracen thun. Bei diesem Kampf auf Tod und Leben wird jedes Abarten eines Einzelwesens, *wenn es der Erhaltung der Art im geringsten günstig ist*, zur Aufsparung dieses begünstigten Einzelwesens beitragen und dieses wieder seine Vorzüge vererben. Diese Erscheinung nennt Darwin die natürliche Zuchtwahl (“natural selection”). Die Natur hat die belebten Wesen mit ungeheuern Fortpflanzungskräften ausgestattet. Selbst der langsam sich mehrende Mensch hat in einem Welttheil innerhalb 25 Jahren sich verdoppelt, und gienge es in diesem Tempo fort, so böte die Erde in etlichen tausend Jahren nicht so viel Raum daß alle Nachkommen nur Platz zum Stehen hätten. Linné berechnete daß, wenn eine Blume nur zwei Samenkörner zur Reife brächte – und so unfruchtbare Pflanzen gibt es nicht – im nächsten Jahr die zwei neuen Pflanzen abermals je zwei Samen, u. s. f., dennoch in 20 Jahren eine Million Pflanzen vorhanden wäre. Der Elephant ist der phlegmatischeste Fortpflanzer unter allen Thieren, denn er wirft vom 30sten bis 90sten Jahre nur drei Paar Junge, und doch könnten am Ende des fünften Jahrhunderts von Einem Elephantenpaar 15 Mill. Abkömmlinge am Leben seyn. In den La-Platagegenden bedecken Pflanzen (Disteln z. B.) quadratmeilengroße Flächen mit Ausschluß beinahe aller andern Gewächse, und dennoch sind sie erst von Europäern dahin gebracht worden. Nach Hooker haben gewisse Pflanzen ganz Indien vom Cap Comorin bis zum Fuße des Himalaya überlaufen, obgleich sie aus Amerika erst nach der Entdeckung auf die Halbinsel gelangten! Der Fulmar Petrel legt nur Ein Ei auf einmal, dennoch ist es an Zahl der Einzelnwesen der erste Vogel in der ganzen Welt! Jedes organische Wesen lebt mehr oder weniger auf Kosten seiner Nachbarn, es verhindert andere zu existiren, oder es zerstört und es ermordet sie geradezu. Es ist gut daß es so ist, denn was sollte zuletzt bei diesen Fortpflanzungskräften aus der Erde werden? Kälte und Trockenheit sind die beiden größten Arzneimittel der Natur gegen Überbevölkerung. Wenn bei uns Seuchen 10 Proc. der Einwohnerschaft nur einer Ortschaft, oder 2 Proc. eines Landes hinwegraffen, so muß die Pestilenz schon furchtbar wüthen, der kalte Winter von 1854/55 vernichtete aber in England nicht weniger als vier Fünftel der Vögel. Bisweilen hängt die Verbreitung einer Art von andern Thieren ab. In Paraguay sind Pferde, Hunde und Rindvieh nie verwildert, obgleich dieß südlich wie nördlich der Fall gewesen ist. Dieß kommt daher daß in Paraguay eine gewisse Art von Fliegen ihre Eier in die Nabel der neugebornen verwilderten Hausthiere legt und ihren Untergang dadurch veranlaßt. Der Vermehrung dieser Fliegen steuern aber insectenfressende Vögel, deren Anzahl wieder abhängt von der Verbreitung der Raubvögel. Nun überschaue man die Kette dieser Wirkungen. Vermindern sich die Raubvögel in Paraguay, so vermehren sich die Insectenfresser, die Zahl der Fliegen nimmt in Folge dessen ab, und das Vieh beginnt sich in wilden Heerden zu sammeln. Dennoch sind in der Natur die zerstörenden und erhaltenden Kräfte so fein ins Gleichgewicht gesetzt, daß wir höchlich betroffen werden wenn wir von dem Erlöschen einer Art etwas hören! Bisweilen sind sogar Pflanzen von den Thieren abhängig. Drohnen sind unentbehrlich zur Befruchtung der Stiefmütterchen *(Viola tricolor)*, denn andere Bienen besuchen diese Blume nicht; ferner sind zur Befruchtung des Wiesenklees *(Trifolium pratense)* Bienen zwar nicht entbehrlich, aber im höchsten Grade förderlich; nur die Drohnen aber besuchen den Klee, weil andere Bienen mit ihrem Rüssel den Honig nicht zu erreichen vermögen. Mehr als zwei Drittel der Nester der Drohnen werden von den Feldmäusen zerstört, weßhalb in der Nähe der Dörfer, wo Katzen fleißig auf die Mäusejagd gehen, sich viel mehr Drohnennester finden als auf dem flachen Lande selbst. So kann die Fruchtbarkeit von Stiefmütterchen und Klee von der Anzahl der Katzen abhängen. Der Kampf um das Leben herrscht aber nicht bloß zwischen Art und Art, oder Gattung und Gattung, sondern er wird auch innerhalb der Art zwischen den Spielarten gefochten. Säet man mehrere Spielarten von Weizen auf dasselbe Feld, so wird die lebensfähigere Spielart die andern verdrängen und ausrotten. Schäfer haben bemerkt, daß gewisse Gebirgsracen andere Racen völlig „auszufressen" pflegen, so daß beide zusammen nicht in einer Heerde gehen können. Das gleiche gilt von gewissen Spielarten des Blutegels der Apotheker. Das berühmteste Beispiel eines Artenkampfes aber sind die Invasionen und die Vertilgung der verschiedenen Species von Ratten, z. B. der Kampf der normännischen und der sächsischen Ratte in England. (Merkwürdig ist dabei noch daß die Ratten die Verkehrswerkzeuge (Schiffe) der Menschen benutzt haben, um in sonst ihnen unzugängliche Räume vorzudringen.)

Die Natur prüft gleichsam täglich jede leiseste Varietät, welche größere Ausdauer in dem Kampf um das Leben verspricht. Wenn blätterfressende Insecten gewöhnlich grün, rindenbohrende moderfarbig, der alpine Ptarmigan weiß und das Rebhuhn haidefarbig ist, so müssen wir uns sagen daß die Farbe der Bekleidung den Thieren nützlich gewesen seyn muß und sie erhalten hat. Es vermochten sich auch nur solche Arten und Spielarten zu erhalten die diese Vortheile besaßen. Gegen weiße Hühner werden manche Züchter in raubvögelreichen Gegenden gewarnt, weil die Habichte sie früher erspähen. So besteht für die Freunde von DARWINS Lehre kein Zweifel, daß die Natur durch ihre unwillkürliche Zuchtwahl nur Thiere von solcher Färbung erhielt, die sich am besten der Gefahr entzogen und ihre Varietätenvorzüge vererbt hatten.

In der Natur waltet aber auch eine geschlechtliche Zuchtwahl. Von vornherein kann man behaupten daß die stärkeren Männchen früher zur Begattung gelangen, die schwächsten ledig bleiben. So ist schon für eine Verbesserung der Species gesorgt. Ein Hahn ohne Sporen würde sich schwerlich im Besitz eines Harems von Hennen behaupten können, ebenso kann der Hirsch ohne starkes Geweih keine Kuh sich erkämpfen. Alligatoren hat man oft fechten, heulen und springen sehen, wie die Indianer bei einem Kriegstanz, alles um den Besitz ihrer Weibchen; die Männchen der Lachse kämpfen oft einen ganzen Tag mit einander; männliche Hirschkäfer tragen oft Wunden vom Gebiß ihrer Nebenbuhler davon; bei den Vögeln ist es bekannt daß die Männchen durch süßen Gesang ihre Weibchen zu locken suchen, so daß hier der beste Tenor den bessern schlägt; gewisse andere Vögel in Guayana und die Paradiesvögel pflegen sich zur Begattungszeit zu versammeln; die Männchen entfalten dann ihr buntes Gefieder und versuchen sich in den seltsamsten Stellungen, bis die Weibchen als Zuschauer gewählt haben, so daß in Bezug auf Gefieder die geschlechtliche Zuchtwahl große Umgestaltungen hervorzubringen vermag. Natürlich treten solche Varietäten nicht alle Tage ein, und sie brauchen Zeit um sich zu steigern. Es handelt sich aber auch hier um ein Princip, wo es Hunderttausende von Geschlechtern bedarf um vielleicht nur *ein* Racenmerkmal dauernd zu befestigen. Erst durch fortgesetztes Variiren in verschiedenen Richtungen oder Abzweigungen vom Stammtypus können zuletzt Artenunterschiede zwischen den Spielarten derselben und anfänglich ungetheilten Arten eintreten. Kurz die nämlichen Grundsätze die SIR CHARLES LYELL in der Geologie zur Geltung gebracht, will DARWIN auf die organische Schöpfung übertragen, nämlich daß durch Vererbung, Erhaltung und Anhäufung unendlich kleiner, aber unzähliger Abänderungen in der organischen Schöpfung die Formen des einen Zeitalters in die des andern übergegangen waren, und bei diesen Veränderungen die nämlichen Kräfte noch thätig sind und ähnliche Erscheinungen bewirken, wie sie immer thätig waren und immer bewirkt haben.

Daß die Vernichtung älterer organischer Formen hauptsächlich durch das Auftreten stärkerer, d. h. am Leben zäher festhaltender Formen, und viel weniger durch äußere physikalische Veränderungen erfolgt ist, schließt DARWIN höchst scharfsinnig daraus daß auf Inseln die dem Andrang und der Invasion jüngerer und streitbarer Arten weniger ausgesetzt waren, ältere und veraltete Formen sich länger erhalten haben. So soll nach OSWALD HEER die Pflanzenwelt Madeiras der erloschenen Tertiärflora Europas gleichen. Die Süßwassergebiete nehmen im Vergleich zu den Continenten und den Oceanen einen höchst beschränkten, und, was DARWIN nicht einmal geltend macht, gleichsam insularisch abgesonderten Raum ein. Hier kann der Kampf zwischen Art und Art, Spielart und Spielart nicht so heftig entbrennen, er wird, um das ominöse Wort zu gebrauchen, *localisirt*. In süßen Wassern finden sich aber sieben Arten der einst so vorherrschend gewesenen Gattung Ganoidenfische, ferner eine der absonderlichsten Formen der Schöpfung: das Schnabelthier *(Ornithorhynchos)* und der *Lepidosiren*, die man *lebende Fossilien* nennen darf, weil sie als Verbindungsglieder eines längst verklungenen organischen Zeitalters sich uns erhalten konnten.

Die Gesetze nach welchen Spielarten eintreten, sind uns völlig unbekannt. Einen geringen Einfluß nur darf man dem Klima und der Nahrung zuschreiben. So bemerkt Forbes: daß Muschelarten in der Nähe der südlichen Gränzen ihres Verbreitungsgürtels und in seichtem Wasser viel frischere Farben zeigen als weiter gegen Norden und in größern Tiefen. Gould behauptet daß Vögel derselben Art unter sonnigen Himmelsstrichen viel prächtiger gefiedert sind als wenn sie an der Küste oder auf Inseln wohnen. Die Nähe der See vermindert nach Wollaston auch die Farbenreize bei Insecten. Pelzthiere haben einen schöneren Pelz, je kälter die Räume sind die sie bewohnen. Doch hüte man sich aus diesem letzten Beispiel allzurasch einen Schluß zu ziehen. Hier kann die natürliche Zuchtwahl im Spiel seyn. Bei einem harten Winter werden nämlich die Thiere mit dünnerem Pelz viel früher erfrieren als die mit dichtem Pelz, und die überlebenden ihren größern Haarreichthum auf ihre Nachkommen vererben. Durch Übung und Vernachlässigung kann sich manches an den organischen Formen ändern, denn der Gliederbau sehr vieler Thiere ist nur durch die Wirkung eines vernachlässigten Gebrauchs zu erklären. Es gibt, hat Owen gesagt, keinen größern Widersinn als einen Vogel der nicht zu fliegen vermag, und deren kennen wir doch mehrere Arten! Da alle auf dem Erdboden sich nährenden Vögel nur bei einer Gefahr aufsteigen, so kann recht wohl der Wegfall der Gefahr die Vernachlässigung der Flügel zur Folge gehabt haben. Der Strauß bewohnt allerdings Festlande wo er vielen Feinden ausgesetzt ist, denen er nur durch die Flucht zu entgehen vermag, wenn er sie nicht durch das Ausschlagen mit seinen furchtbaren Füßen abwehrt. Wir mögen uns also recht wohl vorstellen daß der Strauß ursprünglich der Trappe glich, daß er durch natürliche Zuchtwahl aber größer und schwerer wurde, und in Folge dessen seine Füße immer besser, seine Flügel immer weniger gebrauchen lernte, bis er das Fliegen zuletzt ganz aufgab. Wollaston hat die merkwürdige Entdeckung gemacht daß von den 550 Arten Käfern die Madeira bewohnen, 200 so schwache Flügel haben daß sie nicht fliegen können, und zwar ist dieß unter den 29 dort einheimischen Gattungen bei 23 der Fall! Die Mehrzahl der fliegenden Käfer wird nämlich von dem Landwind ins Meer geweht und kommt dann kläglich um; diejenigen Käfer die aus Trägheit oder Flügelschwäche wenig flogen, waren weniger der Gefahr ausgesetzt, und überlebten ihre kühneren Cameraden, hatten daher die Gelegenheit ihre Eigenschaften den künftigen Geschlechtern zu vererben. So konnte nach Untergang von vielen Tausenden Geschlechtern die Flugunfähigkeit bei Käfern auf Madeira zur Regel werden. Diese Vermuthung bestätigt umgekehrt die Wahrnehmung daß auf Madeira andere Insecten die ihre Nahrung über dem Erdboden suchen, nämlich solche Käfer *(Coleoptera)* und Schmetterlinge *(Lepidoptera)*, die nur durch Flug ihre Nahrung gewinnen, ihre Flugwerkzeuge nicht geschwächt, sondern beträchtlich verstärkt haben. Auch hier wirkte die natürliche Zuchtwahl. Bei dem Kampf mit dem Wind überlebten die starken Flügler die schwächeren, und jede neue Generation flog daher durchschnittlich etwas besser.

Daß vorhandene und anerkannt getrennte Arten, wie Pferd, Zebra, Esel, Quagga etc. einen gemeinsamen Ursprung besitzen, macht uns Darwin durch einen merkwürdigen Umstand wahrscheinlich, nämlich durch eine Art Rückfall zur gemeinsamen Art (“Reversion”). Der Esel hat sehr deutliche Querstreifen an den Beinen, wie das Zebra, und zwar sind sie beim Füllen am deutlichsten. Das Koulan des Hrn. Pallas soll einen doppelten Schulterstreifen besitzen. Der Hemionus ist an den Beinen gestreift und schwach an der Schulter. Dem Quagga, welches sonst dem Zebra so nahe kommt, fehlen die Querstreifen der Füße. Die meisten Pferderacen, ganz vorzüglich aber die braunen, besitzen den Rückgratsstreifen, bei einzelnen europäischen Exemplaren hat man auch kurze Parallelstreifen an den Schultern gesehen. Dagegen ist im Nordwesten Indiens die Kattywar-Race so allgemein gestreift, daß ein Roß ohne dieses Wahrzeichen nicht für reines Blut angesehen wird. Das Rückgrat ist stets gestreift, die Füße besitzen allgemein Querstreifen; die Schulterstreifen, die oft doppelt und dreifach auftreten, sind gemein, am deutlichsten beim Fohlen und völlig unkenntlich bei alten Pferden. Das merkwürdigste aber ist daß der Maulesel, oder Abkömmling von Esel und Pferd, gewöhnlich Querstreifen an den Beinen hat, und Darwin sah selbst ein Exemplar, welches er deßhalb für einen Blendling vom Zebra zu halten geneigt war. Bei Kreuzungen zwischen Zebra und Esel bleiben die Querstreifen der Füße scharf, die andern Streifen ermatten. Lord Moretons berühmter Bastard von einer schwarzbraunen Roßstute und einem Quaggahengst, ja das spätere Product der Stute, welches sie mit einem arabischen Rappen erzeugte,[3] besaßen beide Fußquerstreifen, und zwar schärfere als das reine Quagga. Endlich hat Dr. Gray einen Bastard abgebildet, der von einem Esel und einem Hemionus abstammte; obgleich nun der Esel nicht immer Streifen an den Füßen, der Hemionus keine, auch keine Schulterstreifen hat, so waren doch alle vier Füße des Hybriden gestreift, und auf der Schulter kamen drei kurze Streifen zum Vorschein. So sehen wir also durch einfache Variationen getrennte Arten der Pferdegattungen entweder an den Füßen gestreift wie ein Zebra, oder an der Schulter gestreift wie der Esel. Bei den Rossen kommt diese Neigung an den Tag so oft das Haar braun ist, weil diese Farbe bei den andern Arten der Gattung gewöhnlich ist. Ebenso kommen, so oft eine Taubenbrut mit bläulichem Gefieder ausschlüpft, ganz bestimmte schwarze Streifen und andere Merkmale, die der wilden Felsentaube eigen sind, mit zum Vorschein, wenn auch kein anderer Wechsel in den Racenmerkmalen eintritt. Daher schließt Darwin, daß es tausend und abertausend Geschlechter rückwärts ein Thier gegeben habe, gestreift wie das Zebra, aber vielleicht anders gebaut als dieses, von welchem nun alle Pferdearten abstammen: das Roß, das Zebra, der Esel, der Hemionus, das Quagga.

Dieß ist die neue und großartige Theorie Darwins. Sie scheint auf den ersten Anblick geradezu überwältigend und unendlich verführerisch. Sie wird sich jedoch schwer beweisen lassen, weil dazu eben eine fortgesetzte Beobachtung durch Jahrtausende nöthig wäre. Sie läßt sich auch nicht völlig widerlegen, weil dazu Hunderttausende von Jahren gehören würden. Es gibt aber innere Schwierigkeiten und Einwände gegen die Lehre, die uns das nächstemal beschäftigen werden.

2. Die Einwände gegen die Darwinsche Theorie

Wenn Charles Darwin behauptet daß durch beständiges Variiren allmählich Spielarten, und durch die natürliche Zuchtwahl der Natur aus den Spielarten nach Anhäufung von abweichenden Einzelnheiten

[3] Dieß ist einer der Fälle auf welche Michelet in seinem berühmten Buch ›De l'amour‹ so viel Gewicht legt, daß nämlich der Mann mit dem sich eine Frau zum erstenmal begattet, ihr selbst und ihren Kindern etwas von seinem Typus hinterläßt, so daß häufig Kinder einer Wittwe aus zweiter Ehe dem verstorbenen Ehegatten gleichen.

zuletzt neue Arten entstehen, die Natur aber beständig durch den Krieg der Arten, der Spielarten und der Einzelwesen die schwächeren Formen verdrängen, die siegreichen sich verbreiten läßt, so müssen, falls sich seine Lehre bewährt, die Zwischen- oder Übergangsformen, die Stufen von Art zu Spielart, von Spielart zu neuer Species sich doch irgendwo finden. Wir suchen sie also zunächst in großer Anzahl eingeschlossen in den Schichtungen der Erdrinde. Dort aber, dieß gesteht unser Autor frank und frei, finden wir allerdings den Aufschluß nicht den wir erwarten. Doch ist dieß kein tödtlicher Einwand für seine Lehre, denn die geologischen Urkunden sind unglaublich lückenhaft. Die Erdrinde ist ein ungeheures Naturalien- oder vielmehr Fossiliencabinet, aber die Sammlungen wurden nur in kurzen günstigen Momenten zwischen ungeheuren Pausen gemacht. Wir müßten von der Paläontologie fortlaufende Berichte verlangen, und sie gibt uns nur zerstreute Fragmente. Ferner lehrt uns die Geologie daß nicht immer die heutigen Festländer Ganze waren, sondern daß sie oft genug in Inseln zertheilt lagen, selbst in den spätern tertiären Zeiten, also in der modernen Geschichte der Erdrinde. Auf Inseln können sich dann leicht getrennte Arten entwickelt haben ohne daß sich noch Zwischenstufen erhalten konnten. Wenn auch die Entwicklung neuer Arten aus älteren Species hunderttausende von Geschlechtern erforderte, so ist doch dieser Übergang gegenüber der Dauer befestigter Species wahrscheinlich viel kürzer, so daß also abermals die Übergänge leichter verschwinden mochten. Der Mangel an Fossilien zur Bestätigung der DARWINschen Theorie enthält also noch keinen sehr starken Gegenbeweis.

Darwin glaubt an eine Änderung der Arten durch veränderte Gewohnheiten, und man hat ihm die Frage vorgehalten, wie er sich denn denke daß z. B. aus einem fleischfressenden Land- ein Wasserthier werden kann? Dieß setzt ihn in keine Verlegenheit, da Übergangsformen der gewünschten Art vorhanden sind. Die Mink *(Mustella vison)*, ein Wiesel, welches für eine Varietät des Nörz gehalten wird, besitzt Schwimmhäute, und gleicht der Otter durch seinen Pelz, seine kurzen Füße und seine Schwanzform. Im Sommer legt sich dieses Thier auf den Fischfang, im Winter jagt es, wie alle Polarkatzen, Mäuse und Landthiere. Andere Beispiele finden sich in der Natur daß Thiere wirklich ihre Lebensweise geändert haben, wenigstens darf man es schließen. Kein Thier ist besser ausgestattet um Bäume zu erklettern und aus den Ritzen der Baumrinde Insecten aufzupicken als der Specht. Dennoch finden sich in Nordamerika Spechte die sich von

Früchten nähren, und in den La-Plata-Staaten Spechte die Insecten im Flug haschen. Durch ihre rauhe Stimme und durch ihren wellenförmigen Flug verrathen sie deutlich ihre Familienabkunft, dennoch haben diese Spechte das Baumklettern völlig vergessen. Es ist gewiß ein großer Irrthum jedes Geschöpf der Natur für vollkommen zu halten. Die Geologie lehrt uns, wie alles nur eine Zeitlang vollkommen gewesen ist, wir kennen auch organische Formen, die veraltet sich dem Untergang zuneigen. Die einheimischen Organismen Neu-Seelands sind vollkommen wenn man sie untereinander vergleicht, aber sie werden rasch ausgerottet von den Legionen der Gewächse und Thiere die man aus Europa eingeführt hat. Das vollkommenste was die Natur geschaffen hat, ist gewiß das menschliche Auge, und dennoch ist die Correction für die Aberration des Lichtes in diesem Organ nicht mathematisch genau. Können wir darin eine Vollkommenheit sehen, daß die Biene und Wespe, wenn sie sticht um sich gegen einen Angreifer zu wehren, wegen der ungeschickten Befestigung des Stachels diesen und einen Theil ihrer Eingeweide zurücklassen muß? Ist Vollkommenheit darin daß Tausende von Drohnen erzeugt und von ihren dianenhaften Schwestern gemordet werden? Im Bienenstaat herrscht ein ähnliches Gesetz wie bei den Osmanen, wo alle fürstliche Abkunft männlichen Geschlechtes bis auf Einen erwürgt wird. Die Bienenkönigin tödtet die Bienenprinzessinnen, ihre Töchter, sobald sie ausschlüpfen. Ganz sicherlich ist bei den Osmanen und bei den Bienen das Gesetz zur Erhaltung des Staates sehr weise; dürfen wir aber deßwegen eine solche Gesellschaft für bewundernswerth halten? Besser wär's und vollkommener jedenfalls, sie beständen ohne diese grausame Weisheit.

Solche merkwürdige Instincte sind ebenfalls eine Schwierigkeit für die Darwinsche Lehre. Wenn unsere Thierarten Abkömmlinge älterer Formen sind, haben sie von diesem Instincte geerbt, oder haben sich die Instincte erst gebildet? Instincte sind gewiß nur zu Gunsten der Species selbst vorhanden. Ein einziges Beispiel, wo (scheinbar) ein Thier dem andern eine Wohlthat erweist, ist folgendes. Blattläuse *(Aphides)* geben freiwillig ihre süßen Entleerungen den Ameisen. Darwin entfernte einmal von einem Dutzend Blattläusen sämmtliche Ameisen und hielt sie mehrere Stunden lang abgesondert. Durch ein Vergrößerungsglas betrachtet, zeigte sich daß keine Laus ausschwitzte, obgleich sie doch hohes Bedürfniß danach fühlen mußten. Darwin kitzelte sie daher mit einem Haar gerade so wie es die Ameisen mit ihren Antennä thun. Aber keine Blattlaus war durch diese

Liebkosungen zu bewegen von ihrem Honig zu geben. Endlich ließ unser Verfasser eine Ameise herein und diese begab sich mit großer Freßbegier von einer Laus zur andern. Sobald sie mit ihren Fühlern den Bauch der Laus berührte, sonderte diese einen Tropfen Süßigkeit ab, ja es thaten so auch aus Instinct die jungen Blattläuse, die mittlerweile geboren worden waren und noch nicht die Welt und die Ameisen kannten. Hier könnte es nun scheinen daß Blattläuse aus Liebe zu den Ameisen sich melken ließen, allein da der ausgeschiedene Saft sehr klebrig ist, so fühlt die Blattlaus wahrscheinlich durch die Dienste der Ameise eine Erleichterung. Daß Instincte aber erblich sind, davon liefern unsere Hunderacen das glänzendste Beispiel. Darwin selbst sah einmal einen jungen Hühnerhund, der das erstemal auf die Jagd genommen wurde, „stehen.“ Auch das Apportiren ist bisweilen bei Jagdhunden erblich, wie andererseits junge Schäferhunde ohne alle Dressur sogleich eine Heerde zu umkreisen beginnen statt unter sie zu fahren. Alle diese Hunde thun ihr Geschäft mit großem Eifer, obgleich der Hühnerhund so wenig aus Erfahrung oder sonstwie weiß, weßhalb er „steht,“ als der Schmetterling der seine Eier just auf die Kohlpflanze legt, wo die Raupen ihre Nahrung finden sollen. Bei Vermischungen verschiedener Racen werden Instincte vererbt: Blendlinge zwischen Bulldoggen und Windspielen sind feig, und eine einzige Vermischung mit einem Windspiel vererbte auf viele Geschlechter von Schäferhunden das Laster des Hasenaufjagens. Ferner scheint der Instinct des Kukuks seine Eier in fremde Nester zu legen daher entstanden zu seyn, daß dieser Vogel seine Eier nicht täglich, sondern in Pausen von zwei bis drei Tagen nur legen kann. Während nun der Nestbau dauert, müßte das Kukuk-Weibchen die Eier ungebrütet lassen, und die Jungen würden schließlich zu sehr verschiedenen Zeiten ausschlüpfen. So geht es wenigstens dem amerikanischen Kukuk von dem man nur irrthümlich behauptet hat, er lege seine Eier zuweilen in fremde Nester. Sonst aber ist das Laster nicht bloß auf den Kukuk beschränkt, sondern gelegentlich thun es auch andere Vögel. Es ist jetzt recht wohl nach der Darwinschen Lehre erklärlich, wenn unser Kukuk anfangs die Lebensart seines amerikanischen Vetters beobachtete, einzelne Exemplare der alten Welt aber, durch die Unbequemlichkeit ihres Brutsystems veranlaßt, ihre Eier in fremde Nester legten, diese Eier aber viel besser gediehen als in dem mütterlichen Neste, daß dann solche Nachkömmlinge das Laster der Mutter erbten und zuletzt nur fremdgebrütete Kukuke übrig blieben, weil diese irgend einen Vortheil vor den mütterlich erzogenen voraus hatten. Von allen thierischen Instincten der wunderbarste und am schwierigsten durch die Darwinsche Lehre zu erklären, ist der architectonische der Bienen. Indessen hat das Wunderbare des Bienenbaues in neuester Zeit sehr viel an Reiz verloren, seitdem man erkannt hat daß das Geometrische dabei etwas sehr unwillkürliches ist, und die Bienen ganz von selbst dazu kommen mathematisch zu verfahren. Man hat gefunden daß die Bienen 15 Pfund Zuckerstoff verbrauchen, um daraus ein Pfund Wachs auszuscheiden. Während des Winters hängt das Schicksal eines Stockes von den reichlichen Honigvorräthen ab. Je mehr also die Bienen Wachs zu ihren Bauten verbrauchen, desto weniger Vorräthe bleiben übrig, desto mehr Bienen gehen während des Winters zu Grunde. Sind die Zellen aber sechsseitig geformt, so wird man finden daß zu jeder Zelle eigentlich nur drei Zellenwände gehören, während die drei andern von den Nachbarn geliefert werden. Die Tendenz des Honigbaues beruht also auf der höchsten Ersparniß von Wachs. Es kann daher gekommen seyn daß die ersten Bienen welche ihre Zellen zusammenrückten um Wachswände gemeinsam zu benutzen, um so besser gediehen und ihren Instinct auf ihre Nachkommen vererbten, bis endlich nach und nach der Zellenbau diejenige geometrische Form erhielt, wo bei dem geringsten Aufwand von Wachs der meiste Honig erspart wurde. Ein anderer schwieriger Fall findet sich bei den Ameisen. Es gibt Arten welche fruchtbare Männchen und fruchtbare Weibchen, endlich aber auch noch geschlechtslose Thiere hervorbringen. Ja diese geschlechtslosen unterscheiden sich wie zwei Arten, oder gar wie zwei Gattungen einer Familie. Bei *Eciton* z. B. gibt es zwei Kasten der Geschlechtslosen: die Arbeiter und Soldaten, beide durch Instincte und Kiefernbau höchst verschieden; bei *Cryptocerus* tragen die Arbeitsameisen nur der einen Kaste einen wunderbaren Schild auf dem Kopfe, dessen Zweck man sich noch nicht hat erklären können; bei den mexicanischen *Myrmecocystus* verläßt die eine Arbeiterkaste nie das Nest und läßt sich von den Arbeitern einer andern Kaste füttern. Sie besitzt einen ungeheuren Bauch, welcher einen Honig ausscheidet der von den Herren des Nestes gefressen wird. Hier haben wir also Viehzucht in Form von Stallfütterung, Herren, Knechte und Vieh! Darwin nimmt auch hier an daß durch Abarten der Geschlechtslosen die erste Anomalie eintrat, daß diese Abarten den Ameisen selbst zum Vortheil gereichte, daher Ameisenmütter von denen die variirenden Exemplare der Geschlechtslosen stammten, ihre Eigenschaften vererbten und so fort bis zuletzt die verschiedenen Kasten der Geschlechtslosen eine wiederkehrende Erscheinung wurden.

Der Prüfstein der Lehre ist die entscheidende Frage, wie es denn komme daß alle Bastarde von scharf geschiedenen Species nie unter einander, oder wenigstens nicht fortgesetzt sich fruchtbar vermehren können, daß solche Hybriden vielmehr entweder in den einen oder andern Typus zurückfallen, oder geradezu an Unfruchtbarkeit zu Grunde gehen. Daraus haben die Anhänger der Lehre von den getrennten Schöpfungsacten den ernsten Einwand geschöpft: daß die Natur mit Unfruchtbarkeit die Bastarde bestrafe, um den Typus aller Arten rein zu erhalten. DARWIN hat darauf mit großem Scharfsinn erwidert: Wer behauptet daß der Artunterschied da beginnt wo die Fruchtbarkeit aufhört, mit dem ist gar nicht zu streiten. Beweist man ihm daß das was er für zwei Arten gehalten hat, sich fruchtbar kreuzt, so wird er sogleich erklären daß er nicht zwei Arten, sondern zwei Varietäten vor sich habe. Beweist man ihm umgekehrt daß das was er für zwei Varietäten erklärt nicht fruchtbar sich kreuze, so wird er sogleich die Varietät zum Range einer Art erheben. Nun ist DARWIN allerdings auch der Ansicht, daß wenn man eine Gränzlinie zwischen Spielart und Art ziehen will, die Unfruchtbarkeit das beste Merkmal gewähre. DARWIN unterscheidet nun zwischen Bastarden oder Hybriden, das heißt Abkömmlingen verschiedener Arten (Species) und zwischen Blendlingen ("mongrels") oder Abkömmlingen verschiedener Racen oder Spielarten (Varietäten) derselben Species. Wenn wir nicht irren, so ist in unserer Sprache kein Unterschied zwischen Bastard und Blendling, der Klarheit wegen kann man jedoch in wissenschaftlichen Erörterungen mit dem ersten Ausdruck eine Artenmischung, mit dem zweiten eine Racenmischung bezeichnen. DARWINS Beweis geht nun dahin daß zwar Bastarde scharf gesonderter Arten niemals auf die Dauer sich fruchtbar zu vermehren pflegen, daß jedoch ihre Unfruchtbarkeit sehr viele Stufen hat, endlich daß auch Blendlinge ein wenig an Sterilität leiden. In seiner Sprache beginnt die Sterilität mit dem Beginn des Abartens, und setzt sich allmählich fort, nicht bloß bis zu der Unfruchtbarkeit der Bastarde, sondern auch bis zur Unfruchtbarkeit jedes Begattungsactes zwischen Arten verschiedener Gattungen. Man hat verschiedenemale Primeln ("primrose") und Schlüsselblumen ("cowslip") zu kreuzen versucht, aber nur ein oder zweimal fruchtbare Samen erhalten, obgleich beide Pflanzen nur als Varietäten gelten; die rothe und die blaue Pimpernelle (*Anagallis arvensis* u. *coerulea*), welche die besten Botaniker als Spielarten betrachten, wurden als völlig unfruchtbar befunden. GÄRTNER, den DARWIN unter die besten jetzt lebenden Beobachter zählt, hat von Pflanzenhybriden schon sechs-, ja sogar zehnfache Geschlechter erzogen, er bemerkte jedoch dabei daß die Fruchtbarkeit von Geschlecht zu Geschlecht abgenommen habe, und diese Erkenntniß würde genügen den Satz zu beweisen: daß die Natur keine Hybriden dulde. DARWIN macht nun aufmerksam, daß man bei der Hybridenzucht bisher einen Umstand außer Acht gelassen habe. Der Pflanzenhybride wird es gewöhnlich überlassen sich mit ihrem eigenen Samenstaub zu befruchten. Dieß schadet schon beträchtlich ihrer Fruchtbarkeit, denn in der Natur sorgen die zahllosen Insecten, die Samenstaub von einer Blume zur andern tragen, daß beständig eine Kreuzung der Einzelwesen stattfindet. Es ergibt sich sogar aus GÄRTNERS eigener Beobachtung, daß wenn man eine Pflanzenhybride mit dem Samenstaub einer andern Hybride befruchtete, die Fruchtbarkeit der ersten sich vermehrte. Manche Pflanzen werden sogar fruchtbarer wenn sie Samenstaub fremder Arten erhalten. Diese Erscheinung zeigt sich bei *Crinum*, *Lobelia*, am auffallendsten aber bei *Hippeastrum aulicum*. Eine solche Pflanze, die vier Blumen trug, wurde von HERBERT mit hybridischem Samenstaub befruchtet. Die drei Blumen, denen man ihren eigenen Pollen gelassen, verwelkten, die vierte mit dem fremden Pollen trug lebenskräftige Samen. Der Versuch wurde dann fünf Jahre lang, jedesmal mit demselben Glück wiederholt. Bei Thieren scheint die Unfruchtbarkeit der Hybriden sich stärker geltend zu machen. Fruchtbare animalische Hybriden sind noch schwerer aufzufinden als vegetabilische. Man hat den Canarienvogel mit neun andern Arten Finken *(Fringillidae)* gekreuzt, aber die Bastarde nie fruchtbar gefunden. Indessen muß bemerkt werden daß jene neun Arten sämmtlich nur in der Freiheit brüten, so daß man von den Bastarden nicht verlangen darf daß sie in der Gefangenschaft es thun sollten. Ferner müßte man bei Thierhybriden, ehe man ihre Unfruchtbarkeit verkündigt, vorher Kreuzungen von Bastarden *verschiedener Paare* versuchen. DARWIN glaubt dieß sey noch nie erschöpfend geschehen, doch gilt hier wohl das Beispiel der völligen Unfruchtbarkeit der Maulthiere. Für völlig fruchtbar hält DARWIN die Bastarde von *Cervulus vaginalis* und *Reevesii*, von *Phasianus colchicus* mit *P. Torquatus* u. *P. Versicolor*. Hr. EYTON hat in England Hybriden von der gemeinen mit der chinesischen Gans *(A. cygnoides)* erzogen; diese Hybriden, *von verschiedenen Paaren stammend*, haben dann sich fruchtbar vermehrt, und es sind von ihnen acht Hybridenjunge (Enkel) erzeugt worden. In Indien dagegen sind solche Bastarde so häufig, daß man sie in Heerden hält. Die verschiedenen Hunderacen sind fruchtbar, obgleich sie DARWIN als Abkömmlinge verschiedener wilder Arten ("from several wild stocks" – der letzte Ausdruck scheint absichtlich dunkel gewählt) anzusehen sich berechtigt hält. Das höckerige Rind Hindostans und das europäische vermehren sich fruchtbar, obgleich man sonst völlig Ursache hat sie als getrennte Arten zu behandeln. Eine geheimnißvolle Erscheinung in der Pflanzenwelt wurde von Kolreuter beobachtet. Er befruchtete *Mirabilis jalapa* mit dem Samenstaub von *M. longiflora*, und die Hybriden zeigten sich genügend fruchtbar bei 200 Versuchen. Er bemühte sich dann acht Jahre hintereinander *M. longiflora* mit dem Samenstaub von *M. jal.* zu befruchten, und es mißlang jedesmal. Ähnliche Erscheinungen wie bei der Bastardzucht kommen beim Pfropfen vor. In der Regel, *aber nicht immer*, kann man Spielart auf Spielart, Art auf Artenverwandte pfropfen, aber bisweilen genügt die systematische Verwandtschaft nicht. Die Birne läßt sich auf einen Quittenstamm, aber nicht auf einen Apfelbaum pfropfen, obgleich die Quitte einer ganz andern Gattung *(genus)* angehört, der Apfel aber und die Birne als Arten der nämlichen Gattung angehören. Die Ursache von der Unfruchtbarkeit der Hybriden kann nach Darwin auf einer Veränderung der Geschlechtsorgane beruhen, doch ist alles vorläufig in Dunkel gehüllt – was weiß man denn überhaupt über das Wesen der Befruchtung selbst? Vieles, nur das Beste nicht.

Im allgemeinen kann man wieder behaupten daß Blendlinge, oder die Nachkommen von verschiedenen Racen oder Spielarten sich fruchtbar mehren. Übrigens sorgen die Systematiker am besten für diesen Grundsatz, denn kaum entdeckt man zwei Spielarten, die sich nicht fruchtbar mischen, so werden sie zum Rang von neuen Arten erhoben. Merkwürdig ist jedoch daß z. B. der deutsche Spitz sich ungleich leichter als irgendeine andere Hunderace mit dem Fuchs begattet, daß die einheimisch-südamerikanischen, zahmen Hunde außerordentlich schwer mit europäischen Racen sich begatten. Es gibt indessen noch mehr Fälle, wo Spielarten völlig unfruchtbar sich zeigen. Gärtner fand eine Zwergart Mais mit gelben Körnern unfähig sich mit einer hohen Maisrace mit rothen Körnern zu vermischen, obgleich der Mais getrennten Geschlechtes ist. Durch künstliche Befruchtung trug unter 23 Blumen nur eine Samen und nur fünf Körner, diese aber bewiesen sich als völlig fruchtbar. Noch merkwürdiger ist daß Gärtner, ein für die Darwinsche Lehre im höchsten Grade feindseliger Zeuge, jahrelang bei neun Arten Wollkraut *(Verbascum)* folgendes beobachtete: wurden gelbe mit weißen Varietäten derselben Art befruchtet, so trugen sie ungleich weniger Samen als wenn jede Blume sich mit ihren eignen Pollen befruchtete. Kreuzte man jedoch gelbe und weiße Varietäten der einen Art mit gelben und weißen Varietäten *einer getrennten Art*, so erhielt man stets mehr Samen, wenn man gelbe Spielart, mit gelber, weiße Spielart mit weißer befruchtete, als wenn man die Farben mischte. Dennoch unterschieden sich diese Spielarten nur durch ihre Farbe, ja sie sind sich so nahe verwandt daß bisweilen die eine Spielart aus den Samen der andern aufgeht. Ferner zog Kolreuter fünf unbezweifelte Spielarten des gemeinen Tabaks, deren Blendlinge als völlig fruchtbar befunden wurden. Kreuzte man aber – als Vater wie als Mutter – diese fünf Spielarten mit einer andern Art Tabak, nämlich *Nicotiana glutinosa*, so fand sich daß vier Spielarten höchst sterile, eine einzige Spielart leidlich fruchtbare Hybriden erzeugte, folglich mußte das Fortpflanzungssystem dieser einen Spielart sich merklich von den andern Spielarten entfernt haben. Darwin hat also ziemlich gut bewiesen: erstens daß es bei Hybriden verschiedene Stufen von Unfruchtbarkeit gibt, und daß auch nicht immer die Blendlinge von Varietäten fruchtbar sind. Alles fließt in einander über, gerade so wie sich allmählich auch die Spielart bis zum Artenunterschied erhebt.

Zufolge der Theorie von der natürlichen Zuchtwahl sind alle Arten mit ihren Geschwisterarten derselben Gattung einst so verbunden gewesen, wie die jetzt lebendigen Spielarten derselben Species. Der Übergang erforderte freilich ungeheure Zeiträume, allein diese sind reichlich vorhanden nach der Lyellschen Lehre von der Bildung unsrer Erdrinde. In Großbritannien haben die paläozoischen Schichten eine Mächtigkeit von 57154 Fuß, die secundären von 13190 Fuß, die tertiären von 2240 Fuß, zusammen 72584 Fuß. Manche Formationen die in England nur in dünnen Schichten auftreten, besitzen auf dem Festland eine Mächtigkeit in Tausenden von Fußen, endlich fehlen in England eine Menge Zwischenbildungen, so daß in der Reihenfolge ungeheure Lücken vorhanden sind. Was muß diese Anhäufung von Schichtungen für Zeit erfordert haben, wenn selbst der mächtige Mississippi örtlich nur 600 Fuß in 100000 Jahren niederschlägt! An Zeit kann es also nicht fehlen. Um aber für die Darwinsche Lehre paläontologische Zeugnisse zu finden, dazu sind unsere Sammlungen versteinerter Wesen viel zu lückenhaft. Manche verschwundene Thierart kennen wir nur durch das Fragment eines einzelnen Exemplars. Manche Thiere haben sich gar nicht in Versteinerungen zu erhalten vermocht. So z. B. bekleiden verschiedene Muschelarten der *Chthamalinä*, einer Familie der *Cirripedia*, die Felsen der ganzen Welt. Sie bewohnen nur die Ufer, mit der einzigen Ausnahme einer mediterraneischen Species die tiefes Wasser sucht und fossil in Sicilien angetroffen worden ist. Von dieser weit verbreiteten Familie wird auch nicht ein Exemplar in tertiären Schichten angetroffen, obgleich wir ganz genau wissen daß *Chthamalinä* in der Kreideperiode schon vorkamen. In den paläozoischen und secundären Zeiten vollends darf man gar keine Bestätigung für die Entstehungsgeschichte der organischen Welt suchen. So bruchstückartig sind bis jetzt unsere Sammlungen daß aus diesen ungeheuren Zeiträumen noch gar kein Landschalthier entdeckt worden ist, mit Ausnahme eines von LYELL in der Kohlformation Nordamerika's gefundenen Exemplares. Doch bleibt es immer eine Schwierigkeit, wenn wir in denselben Schichten nicht auf Varietäten der nämlichen Art stoßen. Aber freilich, wie will man bei Fossilien zwischen Art und Spielart unterscheiden? Gesetzt, es fänden sich *B* und *C* als getrennte Arten in einer Schicht, man würde aber in einer unterliegenden, also ältern Schicht *A* finden, eine Form die zwischen *B* und *C* mitten inne stände, also nach DARWIN Stammvater der spätern *B* und *C* seyn sollte, so würden die Paläontologen nichtsdestoweniger drei verschiedene Species erkennen, ja *B* und *C* noch um so eher als solche von *A* sondern, weil sie in verschiedenen Schichten vorkommen. In der That sind denn auch die Unterschiede auf welche die Paläontologen ihre Species gegründet haben, mitunter außerordentlich geringfügige. Man denke sich nur daß unser Rindvieh, unsre Schafe, Hunde u. s. f. in fossilen Fragmenten von einem Gelehrten der fernen geologischen Zukunft gefunden würden, so möchte er wahrscheinlich ebenso viele *Species* erkennen als wir *Racen* zählen.

Unbequem für unsre Theorie aber ist es daß allerdings ganze Gruppen von Arten am Beginn geologischer Abschnitte plötzlich aufzutreten scheinen, während doch durch die natürliche Zuchtwahl nur unendlich langsam die Art in ihre Spielarten sich zerspalten kann. DARWIN hilft sich auch hier wieder mit der Unvollständigkeit der geologischen Quellen, denn wenn auch ganze Gruppen plötzlich auftreten, wer sagt uns daß sie nicht vorher, ehe das einschließende Muttergestein geschichtet wurde, vorhanden waren? Noch vor wenigen Jahren wiederholten alle geologischen Handbücher daß die Säugethiere plötzlich in der tertiären Zeit aufgetreten seyen, während die reichste jetzt bekannte Anhäufung fossiler Säugethiere der mittleren Zeit der secundären Schichtenfolge angehört, und ein wahrhaftes Säugethier auch schon im neuen rothen Sandstein entdeckt worden ist. CUVIER legte großen Werth auf den Umstand daß kein fossiler Affe in einer tertiären Schicht vorkomme, jetzt aber sind erloschene Affenarten in Indien, Südamerika und Europa ziemlich weit zurück, nämlich in eocönen Schichten gefunden worden. Lange Zeit gab man viel darauf daß Wallfischknochen nicht in secundären Schichtungen getroffen werden, während LYELLS Handbuch (1858) bereits Wallfischspuren im obern Grünsand, also vor Beschluß des secundären Zeitalters kennt.

Geht man aber zurück an die Schwelle des paläozoischen Zeitalters und fragt DARWIN, wo denn nach seiner Theorie die Stammväter der ältesten Arten geblieben seyen, so kann er freilich darauf keine Antwort geben. In den präsilurischen Zeiten müßte nach DARWINS Theorie die Welt auch von Organismen geschwärmt haben, aber die ältesten organischen Gebilde treten jedenfalls plötzlich auf. Zwar kennen wir das Innere der Erdrinde nur an wenigen Stellen, und es ist möglich daß Schichtungen entdeckt werden die noch älter sind als die welche jetzt die ältesten heißen, schwerlich aber wird man zu einem Anfang der Schöpfung, zu den Urtypen gelangen. Die Theorie kann uns außerordentlich vieles erklären, zuletzt stehen wir aber doch wieder vor einem Geheimniß, welches ebenso groß ist als die bereits gelösten Räthsel.

Es ist ganz ausgemacht daß eine organische Form die einmal verschwindet, nie wieder zurückkehrt. Nach der DARWINschen Entwicklungslehre kann es kaum anders seyn, denn die Art mußte aussterben, weil sie im Kampf um das Leben von den concurrirenden Arten geschlagen wurde. Seitdem haben alle diese Arten ihre Waffen gleichsam verschärft, sie sind an einen härteren Kampf gewöhnt, wie könnte also jemals eine schwächere Form des organischen Alterthums noch aufkommen? Sie müßte gerade so wie Cäsar mit seinen Legionen vor einem Major und einem Bataillon unserer Infanterie davonlaufen! Die einzige Möglichkeit bei Kräften zu bleiben, besteht für die Arten darin daß sie fortfahren zu variiren, weil jede Spielart größere Lebensfähigkeit besitzt als der Urtypus, sonst wäre sie nicht entstanden. Eine Art welche die Fähigkeit verliert zu variiren, ist selbst verloren. Zuletzt trifft der Tod ganze Gattungen oder wohl auch Familien, vielleicht ist sogar die Armuth der Gattungen an Species ein Zeugniß ihres vorgerückten Alters, während Artenreichthum für die Jugend einer Gattung spricht. Wenig Ausnahmen gibt es daß sich Gattungen durch alle Zeitalter hindurch erhalten haben, eine davon ist das Muschelgenus *Lingula*, welches in ungestörter Folge von den untersten silurischen Schichten bis auf unsere Zeit herabreicht. Im allgemeinen wird aber das Aussterben der Arten viel mehr Zeit erfordert haben als die Neubildung derselben. In manchen Fällen, wie z. B. bei den *Ammoniten* am Schluß des secundären Zeitalters trat jedoch das Verschwinden wunderbar rasch ein.

Die merkwürdigste paläontologische Erkenntniß ist die, daß fast gleichzeitig in der ganzen Welt die organischen Formen sich geändert haben. Unsere sogenannte europäische „Kreideformation" kann in den verschiedensten Räumen der Welt und unter den verschiedensten Klimaten wieder erkannt werden, selbst wo auch nicht Körnchen mineralische Kreide dabei gefunden wird, als in Nordamerika, Südamerika, Feuerland, Capland und Indien. In diesen weitabliegenden Räumen zeigen die in den Schichtungen eingeschlossenen Formen die überraschendste Ähnlichkeit mit denen in unsern sogenannten Kreidebildungen. Nicht daß die nämlichen Arten wiederkehrten, denn oft ist auch nicht eine Art gemeinsam, alle Arten aber gehören zu gemeinsamen Familien und Gattungen, und sind oft genug verschieden nur durch oberflächliche Sculpturen. Sonst aber fehlen über und unter der „Kreide" aller Orten die nämlichen Formen. Ein ähnlicher *Parallelismus der Formen* ist in den aufeinanderfolgenden paläozoischen Schichtungen Rußlands, Westeuropa's und Nordamerika's zu erkennen. Diese beinahe gleichzeitige Folge von organischen Formen erklärt sich sehr gut durch die DARWINsche Lehre oder durch das Auftreten neuer durch vererbte Variationen nach und nach verbesserten Arten, denen die ältern unverbesserten nach und nach Platz machten. Es folgt dann von selbst daß auf Inseln oder andern unzugänglichen Räumen, welche vor der Invasion dieser neuauftretenden Arten geschützt waren, veraltete Formen sich so lange erhalten konnten. Da früher die organischen Formen sich viel näher standen als wie jetzt, wo durch gleichsam strahlenförmige Entfernung vom Urtypus größere Unterschiede zwischen Art, Genus, Familie, Ordnung und Classe entstanden sind, so verstehen wir auch die Thatsache daß fossile Formen die Lücken und Übergänge ausfüllen, und daß die älteren Fossilien die am weitesten entfernten Gruppen zu vereinigen vermögen. Der große Streit ob in der organischen Welt ein Entwicklungsgang von sogenannten niedern zu sogenannten höheren Organismen wahrzunehmen sey, erhält hier eine freilich unerwartete Lösung. Auch DARWIN gesteht daß er eigentlich nicht wisse, was man unter „niedern" oder „höheren" Organismen verstehen solle, da sich Qualitätsrang nicht recht feststellen läßt. Nach seiner Lehre aber folgten beständig stärkere den schwächeren Formen. Sie waren nicht höher organisirt, aber besser ausgestattet und bewaffnet den Kampf um die

Existenz mit den übrigen Arten und Einzelwesen der organischen Schöpfung bestehen zu können, in der Art daß wenn es möglich wäre einen solchen Zweikampf irgendwo zu veranstalten, unsere heutige Pflanzenwelt ganz sicherlich die eocöne, die Thierwelt des geologischen Mittelalters (secundäre), die Thierwelt des geologischen Alterthums (paläozoische) schlagen, das heißt vom Erdboden verdrängen würde. Dieß geschieht im Kleinen in Neu-Seeland wo britische Gewächse die eingebornen Schritt für Schritt verjagen. Es ist dann aber recht leicht möglich daß gewisse Arten von Krustenthieren sogenannte hochstehende Mollusken verdrängen, in welchem Falle also der sogenannte niedere Organismus den höheren schlagen würde. Einzelne Exemplare solcher verdrängter Formen werden bisweilen durch günstigen Zufall in den Schlamm von abgewaschenen Gebirgsarten gehüllt, der Schlamm bäckt zusammen und bildet eine neue Gebirgsschicht mit Einschluß des fossil gewordenen Thieres. Bei dieser Aufbewahrung früherer Organismen können die Übergangsformen aber deßwegen verloren gegangen seyn, weil Fossilien doch nur dann erhalten werden wenn Länder rasch unter den Meeresspiegel sinken und neue Schlammniederschläge geschwind nachfolgen, mit einem Worte zur Zeit des Untersinkens vom Festland ("subsidence"). Mit diesem Untersinken wird sehr oft auch das Erlöschen von Arten erfolgt seyn, während umgekehrt die Bildung neuer Arten doch nur auf Festlanden zur Zeit ihrer Hebung oder ihrer Ruhe stattfinden konnte, so daß wir in den Fossilien eigentlich nur die Schlußresultate der organischen Veränderungen vor uns haben, die Figuren die auf der Bühne waren als der Vorhang beim Actschluß fiel.

Auch die geographische Verbreitung der Organismen erklärt sich gut durch die Darwinsche Theorie. Dieselben klimatischen Verhältnisse finden sich irgendwo in Amerika und irgendwo in der Alten Welt, oder in Australien, Südafrika und Südamerika. In allen diesen Welttheilen wird es Räume von der nämlichen Temperatur, Feuchtigkeit und Elevation geben. Dennoch finden wir in den klimatischen Parallelräumen eine andere, nämlich eine nordamerikanische, eine europäische, eine südamerikanische, afrikanische, australische Fauna und Flora. Jede abgesonderte organische Welt trägt gleichsam den Typus des Welttheiles dem sie zugehört. Diese Verwandtschaft der Formen auf dem nämlichen geographisch gesonderten Schauplatz stammt nach Darwin von der Erblichkeit der organischen Formen her. Sie würde umgekehrt beweisen daß die Welttheile mit gesonderter organischer Schöpfung sehr lange Zeit getrennt gewesen seyn müssen.

Dieß schließt gegenüber modernen Theorien, welche allzu hastig in vergleichsweise (geologisch gesprochen) jüngerer Zeit, einen Zusammenhang der Welten vermuthet haben, DARWIN aus den Verschiedenheiten der Seethiere an den östlichen und westlichen Küsten der Continente, welche auf eine langdauernde Zertheilung der Wasser deutet, ferner aus der Unähnlichkeit selbst der tertiären Organismen verschiedener Festlande. Merkwürdig und schwierig zu erklären bleibt aber dann die Identität so vieler Alpenpflanzen und Alpenthiere. Die Gewächse auf den Höhen der Pyrenäen und der Alpen sind die nämlichen wie die in Norwegen oder überhaupt in den europäischen Nordpolarländern; die Pflanzen der *Weißen Berge* in Nordamerika sind die nämlichen wie die Labradors, ja diese wieder beinahe dieselben wie die an den höchsten Gipfeln Europa's. Die Anhänger einer fortgesetzten Schöpfungsthätigkeit können über diese Schwierigkeit nur lächeln. DARWIN hilft sich aber hier sehr geschickt mit der geologischen Vermuthung daß es im tertiären Zeitabschnitt eine sogenannte Eisperiode gegeben habe, von welcher her die erratischen Blöcke, ferner die Moränen in warmen südeuropäischen Ländern stammen. Das hereingebrochene Polarklima hat nach seiner Meinung damals bis an den Südabhang der Pyrenäen und der Alpen geherrscht, in beiden Theilen Amerika's hat es die Temperatur beträchtlich erniedrigt, so daß an den dortigen äquatorialen Küsten eine so geringe Wärme geherrscht habe, wie jetzt etwa auf Gebirgen über 6 bis 7000 Fuß Erhebung. Natürlich mußten große von den Polen nach dem Äquator vordringende Eismassen alle organischen Formen der gemäßigten Breiten vor sich herjagen und zugleich an ihrem Saum die gemeinsame circumpolare Thier- und Pflanzenwelt nach Süden treiben. Als nun der Rückschlag eintrat und das Eis zu schmelzen begann, verkümmerten wieder die allgegenwärtig gewordenen Polarformen, wo sie nicht vor der unerträglichen Wärme nach den höchsten Gipfeln der Gebirge flüchten konnten, und diesen Überbleibseln verdankt man die Identität von örtlich so gewaltig getrennten Arten.

Beengt durch unsern Raum müssen wir hier abbrechen, obgleich noch ganz vortreffliche Sachen in den beiden letzten Capiteln über geographische Verbreitung und über Classification gesagt wird. Letztere ganz besonders wird nach einem Sieg der DARWINschen Lehre nicht mehr einem sogenannten „Schöpfungsplan" nachjagen, sondern nur mit der Ermittlung von Genealogien in der Welt der organischen Formen sich beschäftigen. Da DARWIN an eine gemeinsame Abkunft aller Thiere glaubt, indem er sich sogar vom fliegenden Eichhörnchen zur Fledermaus und von dieser zu den Vögeln eine Brücke baut, so waren für ihn die sogenannten anfänglichen (rudimentären) oder verkümmerten Gliedmaßen die sichtbaren Fingerzeige, daß die Natur nach seiner Lehre verfahren sey, während man bisher nichts mit ihnen anzufangen wußte. In den kritischen Berichten der englischen Blätter herrscht bisher nur die Eine Stimme, daß DARWINS Buch wahrscheinlich eine so ungeheure Umwälzung in den naturgeschichtlichen Wissenschaften zur Folge haben werde, wie SIR CHARLES LYELLS Auftreten für die Geologie hatte. Ganz merkwürdig ist es auch daß der Zoolog WALLACE von den Philippinen eine Arbeit eingeschickt hat, die mit DARWINS Anschauungen strict übereinstimmt, obgleich beide Gelehrte unabhängig von einander zu ihren Sätzen gelangt sind. Vielleicht wird man denn auch bald von einem *Darwinschen Naturgesetz* reden, wie man es in Bezug auf die Lehrsätze NEWTONS, KEPLERS u. a. gethan hat.

AUSWAHLBIBLIOGRAPHIE

Die deutschen Ausgaben des ›Origin‹

1860 Über die Entstehung der Arten im Thier- und Pflanzen-Reich durch natürliche Züchtung, oder Erhaltung der vervollkommneten Rassen im Kampfe um's Daseyn.
Nach der 2. [englischen] Auflage mit einer geschichtlichen Vorrede und andern Zusätzen des Verfassers für diese deutsche Ausgabe aus dem Englischen übersetzt und mit Anmerkungen versehen v. H. G. Bronn. VIII, 520 S., Stuttgart.

1863 Dasselbe. Nach der 3. englischen Ausgabe und mit neueren Zusätzen des Verfassers für diese deutsche Ausgabe aus dem Englischen übersetzt und mit Anmerkungen versehen von H. G. Bronn. 2., verbesserte und sehr vermehrte Auflage. VIII, 551 S., Stuttgart.

1867 Über die Entstehung der Arten durch natürliche Zuchtwahl oder die Erhaltung der begünstigten Rassen im Kampfe um's Dasein.
Aus dem Englischen übersetzt von H. G. Bronn. Nach der vierten englischen sehr vermehrten Ausgabe. Durchgesehen und berichtigt von J. Victor Carus. 3. Auflage. X, 571 S., Stuttgart.

1870 Dasselbe. Nach der 5. englischen sehr vermehrten Ausgabe durchgesehen und berichtigt von J. Victor Carus. 4. Auflage. VIII, 530 S., Stuttgart.

1872 Dasselbe. Nach der 6. englischen Ausgabe durchgesehen und berichtigt. 5. Auflage. VIII, 584 S., Stuttgart.

1876 Dasselbe. Nach der 6. englischen Auflage wiederholt durchgesehen und berichtigt von J. Victor Carus. 6. Auflage. VIII, 592 S., Stuttgart (zugleich Band 2 der „Gesammelten Werke").

1884 Dasselbe. Nach der letzten englischen Auflage wiederholt durchgesehen von J. Victor Carus. 7. Auflage. VI, 578 S., Stuttgart.

1899 Dasselbe. Nach der letzten englischen Auflage wiederholt durchgesehen von J. Victor Carus. 8. Auflage. VII, 578 S., Stuttgart.

1920 Dasselbe. 9. [unveränderte] Auflage. VI, 578 S., Stuttgart.

Ab 1892 erschienen weitere Übersetzungen und Bearbeitungen von G. Gärtner (Halle 1892), D. Haek (Leipzig 1893), H. Schmidt (Volksausgabe, Leipzig 1900), P. Seliger (Leipzig 1901), R. Böhme (Berlin 1902), C. W. Neumann (Leipzig 1921).

Weitere Bücher von Charles Darwin

Narrative of the Surveying Voyages of Her Majesty's Ships "Adventure" and "Beagle" between the years 1826 and 1836, describing their examination of the Southern shores of South America, and the "Beagle's" circumnavigation of the globe. Vol. III. Journal and Remarks, 1832–1836. London 1839.

(Deutsch: Charles Darwin's Naturwissenschaftliche Reisen nach den Inseln des grünen Vorgebirges, Südamerika, dem Feuerlande, den Falkland-Inseln, Chiloe-Inseln, Galapagos-Inseln, Otaheiti, Neuholland, Neuseeland, Van Diemen's Land, Keeling-Inseln, Mauritius, St. Helena, den Azoren etc. Deutsch mit Anmerkungen von Ernst Dieffenbach. In zwei Teilen. Braunschweig 1844.)

Journal of Researches into the Natural History and Geology of the countries visited during the Voyage of H. M. S. "Beagle" round the world, under the command of Capt. Fitz-Roy, R. N. London 1845.

A Naturalist's Voyage. Journal of Researches etc. London 1860.

(Deutsch: Reise eines Naturforschers um die Welt. Übers. von J. Victor Carus. Stuttgart 1875.)

Darwin (Hrsg.): The Zoology of the Voyage of H. M. S. Beagle, under the command of Captain Fitzroy, during the years 1832 to 1836. 5 Teile: Owen, R.: Fossil Mammals. 1840. – Waterhouse, G. R.: Mammalia. 1839. – Gould, J.: Birds. 1841. – Jenyns, L.: Fishes. 1842. – Bell, Th.: Reptiles. 1843.

The Structure and Distribution of Coral Reefs. Being the First Part of the Geology of the Voyage of the "Beagle". London 1842. 2. Auflage: London 1874.

(Deutsch: Über den Bau und die Verbreitung der Corallen-Riffe. Übers. von J. Victor Carus nach der 2. engl. Aufl., Stuttgart 1876.)

Geological Observations on the Volcanic Islands, visited during the Voyage of the "Beagle". Being the Second Part of the Geology of the Voyage of the "Beagle". London 1844. 2. Auflage: London 1876.

(Deutsch: Geologische Beobachtungen über die vulcanischen Inseln, mit kurzen Bemerkungen über die Geologie von Australien und dem Cap der guten Hoffnung. Übers. von J. Victor Carus nach der 2. engl. Aufl., Stuttgart 1877.)

Geological Observations on South America. Being the Third Part of the Geology of the Voyage of the "Beagle". London 1846.

(Deutsch: Geologische Beobachtungen über Süd-America, angestellt während der Reise des "Beagle" in den Jahren 1833 bis 1836. Übers. von J. Victor Carus. Stuttgart 1878.)

A Monograph of the Sub-class Cirripedia, with Figures of all the Species. The Lepadidae; or, Pedunculated Cirripedes. London 1851.

A Monograph of the fossil Lepadidae or pedunculated Cirripedes of Great Britain. London 1851.

. . . The Balanidae, or Sessile Cirripedes; the Verrucidae etc. London 1854.

A Monograph of the fossil Balanidae and Verrucidae of Great Britain. London 1854.

On the Various Contrivances by which Orchids are fertilised by Insects. London 1862. 2. Aufl. 1877.

(Deutsch: Die verschiedenen Einrichtungen, durch welche Orchideen von Insecten befruchtet werden. Stuttgart 1877.)

The Movements and Habits of Climbing Plants. 1867. 2. Aufl. London 1875.

(Deutsch: Die Bewegungen und Lebensweise der kletternden Pflanzen. Übers. von J. Victor Carus. Stuttgart 1876.)

The Variation of Animals and Plants under Domestication. London 1868. 2. Aufl. 1875.

(Deutsch: Das Variiren der Thiere und Pflanzen im Zustande der Domestication. Übers. von J. Victor Carus. Stuttgart 1868.)

The Descent of Man, and Selection in Relation to Sex. London 1871. 2. Aufl. 1874.
(Deutsch: Die Abstammung des Menschen und die geschlechtliche Zuchtwahl. Übers. von J. Victor Carus. Stuttgart 1871.)

The Expression of the Emotions in Man and Animals. London 1872.
(Deutsch: Der Ausdruck der Gemüthsbewegungen bei dem Menschen und den Thieren. Übers. von J. Victor Carus. Stuttgart 1872.)

Insectivorous Plants. London 1875.
(Deutsch: Insectenfressende Pflanzen. Übers. von J. Victor Carus. Stuttgart 1876.)

The Effects of Cross and Self Fertilisation in the Vegetable Kingdom. London 1876. 2. Aufl. 1878.
(Deutsch: Die Wirkungen der Kreuz- und Selbstbefruchtung im Pflanzenreich. Übers. von J. Victor Carus. Stuttgart 1877.)

The different Forms of Flowers on Plants of the same Species. London 1877. 2. Aufl. 1880.
(Deutsch: Die verschiedenen Blüthenformen an Pflanzen der nämlichen Art. Übers. von J. Victor Carus. Stuttgart 1877.)

The Power of Movement in Plants. Unter Mitarbeit von Francis Darwin. London 1880.
(Deutsch: Das Bewegungsvermögen der Pflanzen. Übers. von J. Victor Carus. Stuttgart 1881.)

The Formation of Vegetable Mould, through the Action of Worms, with Observations on their Habits. London 1881.
(Deutsch: Die Bildung der Ackererde durch die Thätigkeit der Würmer, mit Beobachtungen über deren Lebensweise. Übers. von J. Victor Carus. Stuttgart 1882.)

Biographien

Charles Darwin: Erinnerungen an die Entwicklung meines Geistes und Charakters (Autobiographie) 1876–1881. Herausgegeben von S. L. Sobol, neu bearbeitet von I. Jahn und K. Senglaub. Köln 1982.

Clark, R. W.: Charles Darwin. Biographie eines Mannes und einer Idee. Frankfurt 1985.

Hemleben, J.: Charles Darwin in Selbstzeugnissen und Bilddokumenten (rowohlts monographien 137). Reinbek bei Hamburg 1968.

Jahn, I.: Charles Darwin. Köln 1982.

Charles Darwin. In Mayr, E.: Die Entstehung der biologischen Gedankenwelt. Vielfalt, Evolution und Vererbung. Berlin – Heidelberg – New York – Tokyo 1984, 314–339.

Schmitz, S.: Charles Darwin. Leben – Werk – Wirkung. Düsseldorf 1983.

Steinmüller, A., K. Steinmüller: Charles Darwin. Vom Käfersammler zum Naturforscher. Berlin 1985.

Zirnstein, G.: Charles Darwin (Biographien hervorragender Naturwissenschaftler, Techniker und Mediziner, Band 13). Leipzig [4]1982.

Zum Darwin-Jahr 1982

Das Gedenkjahr 1982 – zu Darwins Tod vor 100 Jahren – wurde *weltweit* zum Anlaß genommen, Kongresse abzuhalten und neue Untersuchungen vorzulegen: allerdings nicht in der Bundesrepublik.

Eine Übersicht über die Aktivitäten des Jahres 1982 geben:

Wassersug, R. J., M. R. Rose: A reader's guide and retrospective to the 1982 Darwin centennial. The Quarterly Review of Biology 59 (4) (1984), 417–437.

Über Publikationen zu Darwin und zur Evolutionstheorie in den Jahren 1975–1985 im deutschen Sprachbereich gibt nahezu vollständig Auskunft:

Hoppe, B.: Die Evolutionstheorie im deutschen Sprachgebiet. Zur wissenschaftlichen, epistemologischen und wissenschaftshistorischen Auseinandersetzung im vergangenen Jahrzehnt. History and Philosophy of the Life Sciences 7 (1985), 121–147 (nicht erfaßt wurden die zahllosen Artikel und Aufsätze in Tageszeitungen, Illustrierten u. a.).

Studien

Altner, G. (Hrsg.): Der Darwinismus. Die Geschichte einer Theorie. (Wege der Forschung CDIL.) Darmstadt 1981.

Barrett, P. H., D. J. Weinshank, T. T. Gottleber (eds.): A Concordance to Darwin's ›Origin of Species‹, First Edition. Ithaca – London 1981.

Bayertz, K., B. Heidtmann, H.-J. Rheinberger (Hrsg.): Darwin und die Evolutionstheorie. Dialektik, Beiträge zu Philosophie und Wissenschaften 5. Köln 1982.

Conry, Y.: L'introduction du darwinisme en France au XIXe siècle. Paris 1974.

Conry, Y. (éd.): De Darwin au darwinisme: science et idéologie. Congrès international pour le centenaire de la mort de Darwin Paris – Chantilly 13–16 septembre 1982. Paris 1983.

Gutmann, W. F., K. Bonik: Kritische Evolutionstheorie. Ein Beitrag zur Überwindung altdarwinistischer Dogmen. Hildesheim 1981.

Henrich, D. (Hrsg.): Evolutionstheorie und ihre Evolution. Vortragsreihe der Universität Regensburg zum 100. Todestag von Charles Darwin (Schriftenreihe der Universität Regensburg 7). Regensburg 1982.

Hull, D. L.: Darwin and His Critics. The Reception of Darwin's Theory of Evolution by the Scientific Community. Cambridge (Mass.) 1973.

Kohn, D. (ed.): The Darwinian Heritage. Princeton 1985.

La Vergata, A.: L'evoluzione biologica: da Linneo a Darwin 1735–1871 (Storia della Scienza 10). Torino 1979.

Lefèvre, W.: Die Entstehung der biologischen Evolutionstheorie. Frankfurt/M. – Berlin – Wien 1984.

Leisewitz, A.: Von der Darwinschen Evolutionstheorie zur Molekularbiologie. Köln 1982.

Manier, E.: The Young Darwin and His Cultural Circle (= Studies in the history of modern science 2). Dordrecht – Boston 1978.

Oldroyd, D. R.: How did Darwin arrive at his theory? The secondary literature to 1982. History of Science 22 (1984), 325–374.

Ospovat, D.: The Development of Darwin's Theory. Natural History, Natural Theology, and Natural Selection, 1838–1859. Cambridge 1981.
Pancaldi, G.: Darwin in Italia. Bologna 1983.
Peckham, M.: The Origin of Species By Charles Darwin. A Variorum Text. Philadelphia 1959.
Stauffer, R. C.: Charles Darwin's Natural Selection. Being the Second Part of His Big Species Book Written From 1856 to 1858. Cambridge 1975.
Tega, W. (a cura di): L'anno di Darwin. Problemi di un centenario. Parma 1985.
Vorzimmer, P. J.: A Catalogue of the Darwin Reprint Collection at the Botany School Library, Cambridge. Cambridge 1963 (Manuskript).
Vorzimmer, P. J.: Charles Darwin: The Years of Controversy. The ›Origin of Species‹ and its critics 1859–82. London 1972.

Über die theoretischen Notizbücher Darwins

Herbert, S. (ed.): The Red Notebook of Charles Darwin. British Museum (Natural History) and Cornell University Press, Ithaca–London 1980.
Barrett, P. H. (ed.): A transcription of Darwin's first notebook on "transmutation of species" [= Notizbuch B]. Bulletin of the Museum of Comparative Zoology 122 (6) (1960), 245–296.
De Beer, Sir Gavin (ed.): Darwin's notebooks on transmutation of species Part I. First notebook (July 1837–February 1838) [= Notizbuch B]. Bulletin of the British Museum (Natural History), Historical Series 2 (2) (1960), 23–73.
Ders.: (. . .) Part II. Second notebook (February to July 1838) [= Notizbuch C]. Ebd. 2 (3) (1960), 75–118.
Ders.: (. . .) Part III. Third notebook July 15th 1838–October 2nd 1838 [= Notizbuch D]. Ebd. 3 (4) (1960), 119–150.
Ders.: (. . .) Part IV. Fourth notebook (October 1838–10 July 1839) [= Notizbuch E]. Ebd. 2 (5) (1960), 151–183.
De Beer, Sir Gavin, M. J. Rowlands (eds.): (. . .) Addenda and Corrigenda. Ebd. 2 (6) (1961), 185–200.
De Beer, Sir Gavin, M. J. Rowlands, B. M. Skramovsky (eds.): (. . .) Part VI. Pages excised by Darwin. Ebd. 3 (5) (1967), 129–176.

Die Transkription der M- und N-Notizbücher findet sich in:

Gruber, H. E., P. H. Barrett: Darwin on Man. A psychological study of scientific creativity. Together with Darwin's early and unpublished notebooks. Transcribed and annotated by Paul H. Barrett. London 1974.

Eine neue, umfassende Publikation aller dieser und einiger weiterer Notizbücher hat gerade begonnen:

Barrett, P. H., P. J. Gautrey, S. Herbert, D. Kohn, S. Smith (eds.): Charles Darwin's theoretical notebooks (1836–1844). British Museum (Natural History), London 1987.

Darwins Korrespondenz

Burkhardt, F., S. Smith, D. Kohn, W. Montgomery (eds.): A calendar of the correspondence of Charles Darwin, 1821–1882. New York – London 1985.
Burkhardt, F., S. Smith (eds.): The correspondence of Charles Darwin. Vol. 1: 1821–1836. Cambridge – London – New York 1985.
Burkhardt, F., S. Smith (eds.): The correspondence of Charles Darwin. Vol. 2: 1837–1843. Cambridge 1986.
Darwin, F. (Hrsg.): Leben und Briefe von Charles Darwin mit einem seine Autobiographie enthaltenden Capitel (aus dem Englischen übersetzt von J. Victor Carus). 3 Bände. Stuttgart 1887, [2]1899.
Darwin, F., A. C. Seward (eds.): More letters of Charles Darwin. A record of his work in a series of hitherto unpublished letters. 2 Bände. London 1903.
Litchfield, H. E. (ed.): Emma Darwin, a century of family letters, 1792–1896. 2 Bände. London 1915.
Montgomery, W.: Editing the Darwin correspondence: a quantitative perspective. The British Journal for the History of Science 20 (1987), 13–27.
Moore, J. R.: Darwin's genesis and revelations. Isis 76 (1985), 571–580 [ausführliche Besprechung der beiden vorgenannten Werke von Burkhardt et al. 1985].
Rudwick, M.: [Besprechung der beiden vorgenannten Werke von Burkhardt et al. 1985]. The British Journal for the History of Science 19 (1986), 354–356.

Darwin und sein Verleger

Murray, J.: Darwin and his publisher. Science Progress 3 (1909), 537–542.
Paston, G. [= E. M. Symonds]: At John Murray's: Records of a Literary Circle, 1843–1892. London 1932.
Peckham, M. (ed.): The Origin of Species by Charles Darwin. A Variorum Text. Philadelphia 1959 (bes. die Einleitung S. 9–34).

Über Heinrich Georg Bronn

Baron, W.: Zur Stellung von Heinrich Georg Bronn (1800–1862) in der Geschichte des Evolutionsgedankens. Sudhoffs Archiv 45 (1961), 97–109.
Gümbel, W. v.: Heinrich Georg Bronn. Allgemeine Deutsche Biographie 3 (1876), 355–360.
Quenstedt, W.: Bronn, Heinrich Georg. Neue Deutsche Biographie 2 (1955), 633–634.
Querner, H.: H. G. Bronns Vorstellungen zum Problem der Entstehung der Arten. Verhandlungen der Deutschen Zoologischen Gesellschaft 1967, 251–255.
Querner, H.: Heinrich Georg Bronn und seine Entwicklungslehre. In: Semper Apertus. Sechshundert Jahre Ruprecht-Karls-Universität Heidelberg 1386–1986. Festschrift in sechs Bänden. Im Auftrag des Rector magnificus Prof. Dr. Gisbert Freiherr zu Putlitz bearbeitet von Wilhelm Doerr. Band II: Das neunzehnte Jahrhundert 1803–1918 (herausgegeben von Wilhelm Doerr in Zusammenarbeit mit Otto Haxel u. a.). 1985, 535–544.

Schuhmacher, I.: Die Entwicklungstheorie des Heidelberger Paläontologen und Zoologen Heinrich Georg Bronn (1800–1862). Inaugural-Dissertation Universität Heidelberg, 1975.

Über Julius Victor Carus

Beier, M.: Carus, Julius Victor. Neue Deutsche Biographie 3 (1957), 161.
Simon, H.-R.: J. V. Carus (1823–1903) und seine Beziehungen zur Dewey Decimal Classification. DK-Mitteilungen 17 (1973), 1–3.
Simon, H.-R.: Julius Victor Carus (1823–1903) als Bibliograph der Zoologie. Bibliothek und Wissenschaft 9 (1975), 250–275.
Taschenberg, O.: Zur Erinnerung an Julius Victor Carus. Zoologischer Anzeiger 26 (1903), 473–483.
Taschenberg, O.: Julius Victor Carus †. Leopoldina 39 (1903), 50–64, 66–73.
Wunsch, E.: Der Übergang der Naturphilosophie der Romantik zur exakt forschenden Richtung in der Zoologie erläutert an Carl Gustav Carus und Julius Victor Carus. Sitzungsberichte der Gesellschaft Naturforschender Freunde zu Berlin 1941, 1–77.
Zirnstein, G.: Zu Charles Darwins Briefwechsel mit seinem deutschen Übersetzer Victor Carus. Darwin-Briefe in der Deutschen Staatsbibliothek Berlin. NTM-Schriftenreihe für Geschichte der Naturwissenschaften, Technik und Medizin 14 (1977), 59–73.

Über Oskar Peschel

Ebers, G.: Oscar Peschel. Mittheilungen des Vereins für Erdkunde zu Leipzig (1875). Leipzig 1876, 3–20.
Hellwald, F. v.: Oscar Peschel. Sein Leben und Schaffen. Augsburg 1876, [2]1881.
Ratzel, F.: Peschel, Oskar. Allgemeine Deutsche Biographie 25 (1887), 416–430.